westermann

Martin Dahlke, Friedrich-Wilhelm Gieseke, Lutz Langanke, Matthias Petter,
Prof. Dr. Andy Richter, Mario Richter, Günther Tiedt

Metallbau Fachwissen

Lernfelder 5 – 13

3. Auflage

Bestellnummer 231289

service@westermann.de
www.westermann.de

Bildungshaus Schulbuchverlage Westermann Schroedel Diesterweg Schöningh Winklers GmbH, Postfach 33 20, 38023 Braunschweig

ISBN 978-3-14-**231289**-7

westermann GRUPPE

Projektmanagement [project management]

Projekt

Definition

- Ein **Projekt** ist ein Vorhaben
  - das ein bestimmtes Ziel realisieren soll (**Sachziele**),
  - dessen Anfangs- und Endpunkte festgelegt sind (**Termine**),
  - das über begrenzte personelle und materielle Ressourcen verfügt (**Kosten**).
- Weitere Kennzeichen für Projekte sind:
  - **einmalig** und **neuartig** im Ablauf,
  - **komplex** in den Zusammenhängen,
  - **interdisziplinär** in der Zusammenarbeit.
- Projekte werden von **Projektleitern** mittels **Projektmanagementmethoden** geführt.

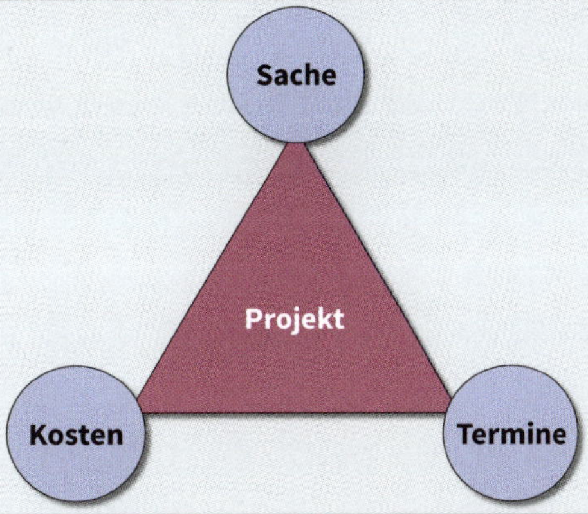

Projekt-Organisationsformen

Reine Projektorganisation

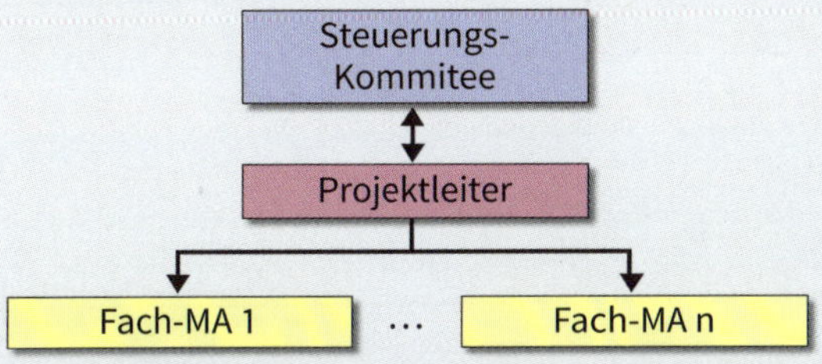

MA: Mitarbeiter

- **Vorteile**
  - 100 % Zuteilung der Mitarbeiter,
  - klare Kompetenzteilung
  - klare Verantwortlichkeiten.
- **Nachteile**
  - Spezialisierungsgefahr,
  - zeitweise Überkapazitäten, wenn keine Projekte
  - Ausgliederung aus Firmenhierarchie

Stab-Linien-Projektorganisation

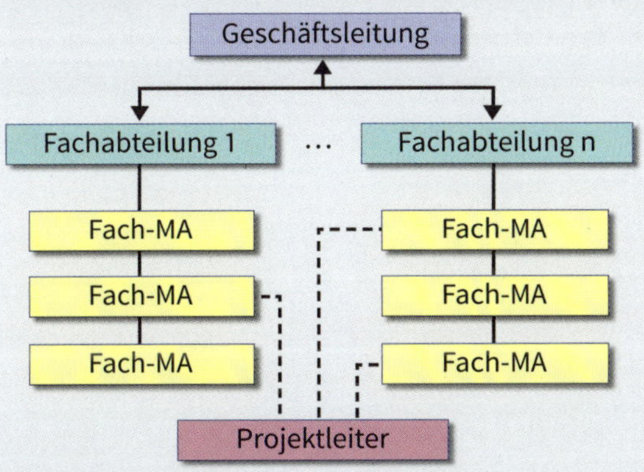

- **Vorteile**
  - unwesentliche organisatorische Umstellung,
  - hohe Flexibilität durch Mitarbeiter-Pool in den Fachabteilungen,
  - kostengünstig,
  - Wiedereingliederung der Mitarbeiter der Mitarbeiter nach Projektende entfällt.
- **Nachteile**
  - ggf. umständliche Entscheidungsfindung,
  - Interessenkonflikte zwischen Abteilungsleitung und Projektmitarbeitern,
  - durch Dezentralisierung der Aufgaben ist starke Kontrolle erforderlich.

Projektmanagement

Definition

- Das **Projektmanagement** ist eine Methodik zur optimalen Abwicklung von Projekten und wird vom Projektleiter angewendet zur
  - **Führung** der Projektmitarbeiter,
  - **Planung** der erforderlichen Projektaktivitäten,
  - **Koordinierung** der beteiligten internen und externen Projektbeteiligten,
  - **Kontrolle** der erreichten Projektziele.
- Das Projektmanagement ist die **zentrale Funktion** im Rahmen einer Projektabwicklung.

Funktionale Anordnung

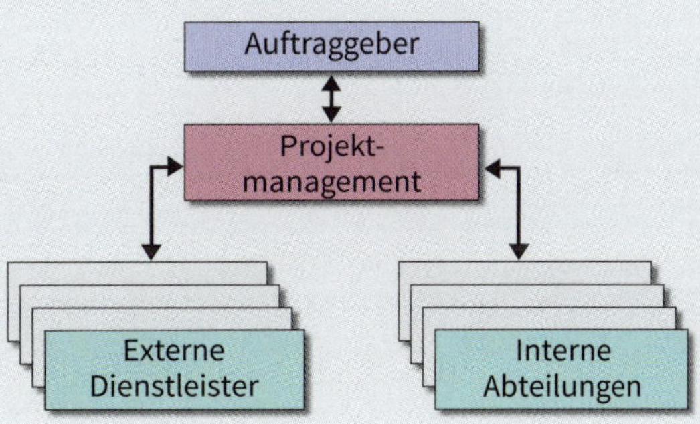

VORWORT

Dieser Titel vermittelt die berufsbezogenen Lerninhalte für das zweite bis vierte Ausbildungsjahr im Metallbau. Das Unterrichtswerk ist entsprechend nach **LERNFELDERN** gegliedert. Durch die Handlungsorientierung und die Verwendung der aktuellen technischen Standards und Normen ist das Buch auch für die berufliche Weiterbildung geeignet.

ARBEITSAUFTRAG

Eine aus mehreren Bauteilen bestehende Rahmenstütze der Produktionshalle ist in der Werkstatt herzustellen. Hierfür sind spezielle Trenn- und Fügeverfahren auszuwählen und anzuwenden.

In den Kapiteln werden die berufsbezogenen Lerninhalte an Hand von Aufträgen, die sich beispielhaft auf ausgewählte praxisorientierte Projekte beziehen, dargestellt. Die grundlegenden kommunikativen, technologischen und mathematischen Sachverhalte werden herausgearbeitet und umfassend beschrieben. Hierbei wird auch auf sicherheitstechnische und umweltbezogene Aspekte eingegangen. Für die Arbeitsaufträge werden am Ende größerer Abschnitte beispielhafte Arbeitsplanungen dargestellt und dokumentiert.

Durch dieses Konzept werden fachsystematische und handlungssystematische Strukturen miteinander verschränkt.

Fertigen

Die einzelnen Abschnitte der Kapitel sind entsprechend durch Hinweise am Seitenrand gegliedert. Abschnitte, in denen beispielsweise die einzusetzenden Verfahren, Werkzeuge und Maschinen zum Durchführen einer Arbeitshandlung beschrieben werden, sind mit dem Hinweis Fertigen gekennzeichnet.

Die Sachverhalte sind in einfacher Sprache beschrieben. Aufzählungen, tabellarische Darstellungen, Hervorhebungen und Verweise auf die zugehörigen Abbildungen unterstützen das selbstständige Lernen.

Grundlagen

Naturwissenschaftliche Grundlagen zum vertiefenden Verständnis technologischer Sachverhalte sind im entsprechenden Zusammenhang dargestellt. Es werden dabei allgemeingültige Prinzipien und Gesetzmäßigkeiten herausgearbeitet und erläutert. Diese sind auf andere Zusammenhänge übertragbar und durch einen blau unterlegten Hinweis am Seitenrand hervorgehoben.

Die mathematische Darstellung technologischer Sachverhalte erfolgt immer auch an durchgerechneten Beispielen. Sie sind durch blaue Unterlegungen gekennzeichnet.

Beispiel:

Schweißnahtberechnung

Für eine vorgegebene Belastung F der Lasche des Stützenkopfes sollen die mindestens erforderliche **Nahtquerschnittsfläche**, die Nahtdicke und die **Nahtlänge** über eine Festigkeitsrechnung bestimmt werden. Hierbei wird ausgehend vom verwendeten Werkstoff der Bauteile zunächst die Grenzschweißnahtspannung $\sigma_{w,R,d}$ bestimmt (→📖).

$$\sigma_{w,R,d} = \alpha_w \cdot \frac{f_{y,k}}{\gamma_M}$$

Farbige Merksätze und Zusammenfassungen dienen der schnellen Orientierung und Wiederholung.

! Nahtquerschnitte sind bezogen auf die Bauteildicken so klein wie möglich und so groß wie aus Festigkeitsgründen nötig zu wählen.

Zusammenfassung

Auf die Darstellung umfangreicher Tabellenwerte, die in Tabellenbüchern nachgeschlagen werden können, wurde bewusst verzichtet. Stattdessen wird im Text auf das Tabellenbuch verwiesen. Durch das Nachschlagen von Informationen soll zum selbstständigen Arbeiten mit Informationsquellen angehalten werden.

Durch umfangreiche, praxisbezogene Aufgaben wird das Wiederholen und Festigen des Gelernten unterstützt.

Aufgaben

Am Ende eines Kapitels wird am Beispiel eines kleineren technischen Systems eine Gesamtaufgabe gestellt. Sie enthält Aufgaben zum selbstständigen Informieren, Planen und Reflektieren.

Gesamtaufgabe

Ein umfangreiches Sachwortverzeichnis in deutscher und englischer Sprache soll den Fremdsprachenerwerb in der Berufsschule unterstützen.

Autoren und Verlag
Braunschweig 2019

Inhaltsverzeichnis — contents

5 Herstellen von Blechbauteilen — producing of components of sheet metal

	Gesamtauftrag Mobile Abfüllanlage	overall task mobile filling machine	13
5.1	Flacherzeugnisse	flat products	14
	Arbeitsauftrag Halbzeuge und Werkstoffe	work order semi-finished products and materials	14
5.1.1	Flacherzeugnisse aus Stahl	flat products of steel	14
5.1.2	Flacherzeugnisse aus Nichteisenmetallen	flat products of non-ferrous metals	17
	Zusammenfassung/Aufgaben	summary/exercises	20
5.2	Trennen von Blechen	cutting of sheet metals	21
	Arbeitsauftrag Einhausung	work order enclosure	21
5.2.1	Zeichnungsanalyse	drawing analysis	21
5.2.2	Scherschneiden	shear cutting	26
5.2.3	Lochstanzen und Nibbeln	hole stamping and nibbling	30
5.2.4	Sägen	sawing	32
5.2.5	Trennen durch Abtragen	cutting by removal	35
	Arbeitsauftrag Bleche zuschneiden	work order sheet cutting	35
5.2.6	Wasserstrahlschneiden	water jet cutting	37
	Zusammenfassung/Aufgaben	summary/exercises	38
5.3	Umformen von Blechen	forming of sheet metals	39
	Arbeitsauftrag Einhausung	work order enclosure	39
5.3.1	Zeichnungsanalyse	drawing analysis	39
5.3.2	Schwenkbiegen	swing bending	40
5.3.3	Gesenkbiegen	die bending	43
5.3.4	Profilieren und Sicken	profiling and beading	45
5.3.5	Herstellen von Randversteifungen	producing of edge strengtheners	46
5.3.6	Tiefziehen	deep drawing	48
	Zusammenfassung/Aufgaben	summary/exercises	49
5.4	Fügen von Blechbauteilen	joining of sheet metals	50
	Arbeitsauftrag Einhausung	work order enclosure	50
5.4.1	Zeichnungsanalyse	drawing analysis	51
5.4.2	Fügen durch Schutzgas-Schweißen	joining by shielded welding	54
5.4.2.1	Metall-Inertgasschweißen	shielded inert-gas metal arc welding	54
5.4.2.2	Wolfram-Inertgasschweißen	tungsten inert-gas welding	55
5.4.2.3	Widerstandspressschweißen	pressure resistance welding	56
5.4.2.4	Punktschweißen	spot welding	56
5.4.2.5	Rollnahtschweißen	seam welding	56
5.4.3	Fügen durch Schrauben	joining by screwing	58
	Arbeitsauftrag Einhausung	work order enclosure	58
5.4.3.1	Verschrauben mit Blechschrauben	screwing with sheet metal screws	59
5.4.3.2	Verschrauben mit Blindnietmuttern	screwing with pop rivet nuts	60
5.4.4	Fügen durch Falzen und Nieten	joining by folding and riveting	61
	Arbeitsauftrag Vordach	work order projecting roof	61
5.4.4.1	Zeichnungsanalyse	drawing analysis	62
5.4.4.2	Fügen durch Falzen	joining by seaming	62
5.4.4.3	Fügen durch Blindnieten	joining by pop rivets	64
	Zusammenfassung/Aufgaben	summary/exercises	67
	Gesamtaufgabe	overall task	68

6 Herstellen von Konstruktionen aus Profilen — producing of section constructions

	Gesamtauftrag Vordach	overall task projecting roof	71
6.1	Profile	sections	72
	Arbeitsauftrag Halbzeug	work order semi-finished products	72

Inhaltsverzeichnis — contents

6.1.1 Zeichnungsanalyse	drawing analysis	72
6.1.2 Bezeichnung von Stahlprofilen	designation of steel sections	72
Aufgaben	exercises	73
6.2 Trennen von Profilen	cutting of sections	74
Arbeitsauftrag Winkelstähle	work order angle steels	74
6.2.1 Zeichnungsanalyse	drawing analysis	74
6.2.2 Trennen durch Sägen	cutting by sawing	75
6.2.2.1 Metallbandsägen	metal bandsaws	75
6.2.2.2 Metallkreissägen	metal circular sawing machines	78
6.2.3 Trennen durch Schleifen	cutting by grinding	79
Arbeitsauftrag Abhängerhalterungen	work order hanger holders	79
6.2.3.1 Trennschleifmaschinen	abrasive disk machines	79
6.2.3.2 Auswahl der Trennschleifscheibe	choice of abrasive disk	81
6.2.4 Trennen durch Brennschneiden	cutting by oxygen cutting	82
Arbeitsauftrag Abhängerhalterungen	work order hanger holders	82
6.2.5 Trennen durch Scheren	cutting by shearing	86
Zusammenfassung/Aufgaben	summary/exercises	87
6.3 Fügen von Profilen durch Schweißen	joining of sections by welding	88
Arbeitsauftrag Pylon	work order pylon	88
6.3.1 Schweißnahtvorbereitung	weld preparation	89
6.3.2 Fügen durch Metall-Aktivgasschweißen	joining by metal active gas welding	90
Arbeitsauftrag Winkelstähle und Pylon	work order steel angle sections and pylon	90
6.3.2.1 Fügen von Bauteilen aus unlegiertem Baustahl	joining of components of non-alloy structural steels	90
6.3.2.2 Fügen von Bauteilen aus legiertem Baustahl	joining of components of alloy structural steels	94
6.3.3 Lichtbogenhandschweißen	manual metal arc welding	97
Arbeitsauftrag Träger	work order structural members	97
6.3.3.1 Schweißfolgeplan	welding sequence schedule	97
6.3.3.2 Schweißen der Träger	welding of the structural members	97
6.3.3.3 Anschweißen der Gelenklaschen	welding on the fish-plates	99
6.3.4 Richten der Stahlträger	straightening of the steel beams	100
6.3.5 Arbeitssicherheit	safety at work	102
6.3.6 Bewerten von Schweißnähten	evaluation of welded joints	104
6.3.6.1 Fehlerarten	types of defects	104
6.3.6.2 Sichtprüfung	visual testing	105
6.3.6.3 Zerstörungsfreie Werkstoffprüfung	non-destructive testing of materials	105
Zusammenfassung/Aufgaben	summary/exercises	108
6.4 Korrosionsschutz	corrosion protection	109
Arbeitsauftrag Korrosionsschutz	work order corrosion protection	110
6.4.1 Korrosionsschutz für Bauteile aus Stahl	corrosion protection for components of steel	110
6.4.1.1 Korrosionsverhalten der Stahlträger	corrosion behaviour of the steel beams	110
6.4.1.2 Korrosionsschutz der Stahlträger	corrosion protection of the steel beams	110
6.4.2 Korrosionsschutz Bauteile aus Aluminium	corrosion protection components of aluminium	116
6.4.2.1 Chemisches Korrosionsverhalten der Aluminiumpfetten	chemical corrosion behaviour of the aluminium purlins	116
6.4.2.2 Schutz der Aluminiumpfetten vor chemischer Korrosion	protection against chemical corrosion of the aluminium purlin	116
6.4.2.3 Elektrochemisches Korrosionsverhalten der Aluminiumpfetten	electrochemical corrosion behaviour of the aluminium purlins	116
6.4.2.4 Schutz der Aluminiumpfetten vor elektrochemischer Korrosion	protection of the aluminium purlins against electrochemical corrosion	117

6.4.3	Korrosionsschutz für Bauteile aus nichtrostendem Stahl	ccorrosion protection for components of stainless steel	119
4.3.1	Korrosionsverhalten des Pylons	corrosion behaviour of the pylon	119
6.4.3.2	Korrosionsschutz des Pylons	corrosion protection of the pylon	119
6.4.4	Kombination verschiedener Korrosionsschutzmaßnahmen	combination of heterogeneous corrosion protection measures	121
6.4.5	Korrosionsschutzgerechtes Gestalten	designing against corrosion	122
6.4.6	Kathodischer Korrosionsschutz	cathodic corrosion protection	124
	Zusammenfassung/Aufgaben	summary/exercises	125
	Gesamtaufgabe	overall task	126
7	**Herstellen von Umformteilen**	**producing of form components**	
	Gesamtauftrag Handlauf	overall task order handrail	129
7.1	Kaltumformen	cold forming	131
	Arbeitsauftrag Podesthandlauf	work order platform handrail	131
7.1.1	Zeichnungsanalyse.	drawing analysis	131
7.1.1.1	Maßaufnahme auf der Baustelle	determination of dimensions on construction site	131
7.1.1.2	Skizzen	sketches	133
7.1.2	Auswahl der Werkstoffe und Halbzeuge	selecting materials and semi-finished products	134
7.1.2.1	Werkstoffe	materials	134
7.1.2.2	Halbzeuge	semi-finished products	136
7.1.3	Biegemaschinen	bending machines	137
7.1.3.1	Dreiwalzen-Rundbiegemaschine	three-roll circling machine	137
7.1.3.2	Dornbiegemaschine	mandrel bending machine	139
7.1.3.3	CNC-Biegezentrum	CNC bending machine	139
7.1.4	Arbeitsplan	work schedule	140
	Zusammenfassung/Aufgaben	summary/exercises	140
7.2	Warmumformen	hot forming	141
	Arbeitsauftrag Pfosten	work order support	141
7.2.1	Zeichnungsanalyse	drawing analysis	141
7.2.2	Auswahl der Werkstoffe und Halbzeuge	selecting materials and semi-finished products	142
7.2.2.1	Werkstoffe	materials	142
7.2.2.2	Halbzeuge	semi-finished products	142
7.2.3	Vorrichtungen zum Biegen	devices for bending	143
7.2.4	Biegen des Profiles	bending of the prolil	143
	Zusammenfassung/Aufgaben	summary/exercises	144
7.3	Fertigen eines Meißels in der Werkstatt	producing a chisel in the work shop	145
	Arbeitsauftrag Meißel	work order chisel	145
7.3.1	Auswahl der Halbzeuge und Werkstoffe	selecting semi-finished products and materials	145
7.3.1.1	Auswahl der Halbzeuge	selecting semi-finished products	145
7.3.1.2	Auswahl der Werkstoffe	selecting of materials	147
7.3.2	Schmieden des Meißels	forging the chisel	149
7.3.3	Vergüten des Meißels	hardening and tempering the chisel	151
7.3.3.1	Härten der Meißelschneide	hardening the chisel cutting edge	151
7.3.3.2	Anlassen der Meißelschneide	tempering the chisel cutting edge	152
7.3.4	Prüfen des fertigen Meißels	testing the finished chisel	153
	Zusammenfassung/Aufgaben	summary/exercises	156
	Gesamtaufgabe	overall task	157

Inhaltsverzeichnis contents

8 Montieren und Demontieren von Baugruppen in der Werkstatt / assembling and disassembling of units in the production shop

	Gesamtauftrag Freitragendes Schiebetor	overall task self-supporting slide gate	159
8.1	Planung	planning	160
	Arbeitsauftrag Anforderungsliste	work order requirement list	160
8.1.1	Anforderungsliste	requirement list	160
8.1.2	Bestimmung des Toraufbaues	identification of the gate assembly	160
8.2	Montagevorbereitung	assembling preparation	162
8.2.1	Funktionsanalyse	operating analysis	162
8.2.2	Montageablauf	assembling sequence	164
	Zusammenfassung/Aufgaben	summary/exercises	165
8.3	Montage des Schiebetores	assembling the slide gate	166
8.3.1	Herstellen des Torrahmens	producing the gate frame	166
	Arbeitsauftrag Torrahmen	work order gate frame	166
8.3.1.1	Zeichnungsanalyse	drawing analysis	167
8.3.1.2	Zuschnittliste	blank list	167
8.3.1.3	Zuschnitt der Rahmenteile	blank cut of the frame components	169
8.3.1.4	Schweißnahtvorbereitung	joint preparation	169
8.3.1.5	Schweißen des Rahmens	welding the frame	170
8.3.2	Schraubenverbindungen	bolted joints	173
8.3.3	Montage der Torführung	assembling the gate guideway	176
8.3.4	Montage der Torlagerung	assembling the gate bearing	178
8.3.5	Demontage einer Torlagerung	disassembling gate bearing	184
	Zusammenfassung/Aufgaben	summary/exercises	185
8.4	Montage des Torantriebes	assembling the gate drive system	187
	Arbeitsauftrag Torantrieb	work order gate drive system	187
8.4.1	Elektrische Antriebe	electric drive systems	187
8.4.2	Getriebe	gearboxes	188
8.4.2.1	Zahnradgetriebe	gear trains	188
8.4.2.2	Schneckengetriebe	wormgears	190
8.4.2.3	Riemengetriebe	belt drives	191
8.4.2.4	Kettengetriebe	chain drives	193
8.4.3	Wellen-Naben-Verbindungen	shaft-hub-connections	196
8.4.4	Kupplungen	couplings	198
	Zusammenfassung/Aufgaben	summary/exercises	199
8.5	Heben von Lasten	lifting of loads	201
	Arbeitsauftrag Lastaufnahmeeinrichtungen	work order load handling devices	201
8.5.1	Lastaufnahmemittel	load handling devices	201
8.5.2	Anschlagmittel	lifting tackles	202
8.5.3	Tragmittel	carry devices	206
8.5.4	Seil- und Kettenzüge	cable pulls and chain hoists	207
8.5.5	Krane	cranes	207
8.5.6	Hubvorrichtungen	lifting units	209
	Zusammenfassung/Aufgaben	summary/exercises	209
8.6	Arbeits- und Umweltschutz	safety at work and environment protection	210
8.6.1	Arbeitsschutz	safety at work	210
8.6.2	Umweltschutz	environment protection	211
	Gesamtaufgabe	overall task	212

Inhaltsverzeichnis / contents

9 Herstellen von Stahl- und Metallbaukonstruktionen / producing of steel and metal constructions

	Gesamtauftrag Produktionshalle	overall task production building	215
9.1	Planen der Arbeitsschritte	planning of the production steps	217
	Arbeitsauftrag Planung	work order planning	217
9.2	Herstellen der Stützen	producing of the columns	219
9.2.1	Herstellen einer Druckstütze	producing of a pressure prop	219
	Arbeitsauftrag Druckstütze	work order pressure prop	219
9.2.2	Herstellen einer Rahmenstütze	producing of a frame stanchion	229
	Arbeitsauftrag Rahmenstütze	work order frame stanchion	229
	Zusammenfassung/Aufgaben	summary/exercises	233
9.3	Herstellen der Träger	producing of the beams	236
9.3.1	Herstellen eines Dachträgers	producing of a roof beam	236
	Arbeitsauftrag Dachträger	work order roof beam	236
9.3.2	Herstellen eines Rahmenträgers	producing of a frame beam	240
	Arbeitsauftrag Rahmenträger	work order frame beam	240
9.3.3	Trägerbauformen	beam designs	245
	Zusammenfassung/Aufgaben	summary/exercises	248
9.4	Herstellen der Windverbände	producing of the wind bracings	249
	Arbeitsauftrag Windverbände	work order wind bracings	249
9.4.1	Fertigen der Teile des Windverbandes	producing of the wind bracing elements	250
9.5	Herstellen der Streben	producing of the braces	251
	Arbeitsauftrag Streben	work order braces	251
9.5.1	Fertigen der Streben und Anschlusswinkel	producing of the braces and lug angles	251
9.6	Herstellen der Trageinrichtung	producing of the bearing device	252
	Arbeitsauftrag Trageinrichtung	work order bearing device	252
9.6.1	Fertigen der Trageinrichtung	producing of the bearing device	252
	Zusammenfassung/Aufgaben	summary/exercises	253
9.7	Einrichten der Baustelle	setup of the construction site	255
	Arbeitsauftrag Baustelleneinrichtung	work order setup of the construction site	255
9.8	Montieren der Teile der Stahlbaukonstruktion	mounting of the steel construction elements	256
	Arbeitsauftrag Produktionshalle	work order production building	256
9.8.1	Montieren der Stützen	mounting of the columns	256
9.8.2	Montieren der Windverbände	mounting of the wind bracings	258
9.8.3	Montieren der Träger	mounting of the beams	262
9.8.4	Montieren der Streben und Trageinrichtung	mounting of the braces and bearing device	268
9.9	Herstellen und Montieren der Dacheindeckung	producing and mounting of the roof covering	269
	Arbeitsauftrag Dacheindeckung	work order roof covering	269
9.10	Herstellen und Montieren der Wandverkleidung	producing and mounting of the wall covering	273
	Arbeitsauftrag Wandverkleidung	workorder wall covering	273
	Zusammenfassung/Aufgaben	summary/exercises	275
	Gesamtaufgabe	overall task	276

Inhaltsverzeichnis — contents

10 Herstellen von Türen, Toren und Gittern — producing of doors, gates and grids

	Gesamtauftrag Türanlage	overall task door system	279
10.1	Herstellen von Türen	producing of doors	280
	Arbeitsauftrag Durchgangstür	work order through door	280
10.1.1	Maßaufnahme auf der Baustelle	determination of dimensions at the construction site	280
10.1.2	Herstellen der Tür in der Werkstatt	producing the door in the work shop	282
10.1.2.1	Auswählen der Türelemente	selecting the door elements	282
10.1.2.1.1	Auswählen der Rahmenprofile	selecting the frame sections	282
10.1.2.1.2	Auswählen der Türfüllung	selecting the door panel	284
10.1.2.1.3	Auswählen der Beschläge	selecting the fittings	286
10.1.2.1.4	Auswählen der Schließbeschläge	selecting the locking hardware	289
10.1.2.1.5	Auswählen des Türschlosses	selecting the door lock	290
	Zusammenfassung/Aufgaben	summary/exercises	296
10.1.3	Fertigen der Türelemente	producing of the door elements	297
	Zusammenfassung/Aufgaben	summary/exercises	302
10.2	Verpacken und Transportieren der Türanlage	packaging and transporting of the door system	303
	Arbeitsauftrag Türanlage	work order door system	303
10.2.1	Transport im öffentlichen Straßenverkehr	transport in the public traffic	303
10.2.2	Auswählen des Transportsystems	selecting of the transport-system	304
10.2.3	Bestimmen der Ladungssicherung	determining of the load securing system	306
10.2.4	Verpackung und Schutz der Türanlage zum Transport	package and protection of the door system for the transport	310
10.2.5	Fahrt zur Baustelle	drive to the construction site	314
10.2.6	Abladen, Lagern und Sichern auf der Baustelle	unloading, storing and protecting at the construction site	314
	Zusammenfassung/Aufgaben	summary/exercises	315
10.3	Montieren der Türanlage auf der Baustelle	mounting of the door system at the construction site	316
	Arbeitsauftrag Türanlage	work order door system	316
	Zusammenfassung/Aufgaben	summary/exercises	319
10.4	Herstellen von Toren und Gittern	producing of gates and grids	320
	Arbeitsauftrag Toranlage	work order gate system	320
10.4.1	Auswählen des Torsystems	selecting of the gate system	320
10.4.2	Montieren der Toranlage	mounting of the gate system	323
10.4.3	Elektrische Torsteuerung	electrical gate control	326
10.4.4	Zaunsysteme	fence systems	331
	Zusammenfassung/Aufgaben	summary/exercises	332
	Gesamtaufgabe	overall task	333

11 Herstellen von Fenstern, Fassaden und Glasanbauten — producing facades, windows, glass-extension and its mounting

	Gesamtauftrag Fassade und Fenster	overall task facade and windows	335
11.1	Vorbereiten einer Pfosten-Riegel-Fassade	preparation of a post-bar-facade	336
	Arbeitsauftrag Fassadenelemente	work order facade elements	336
11.1.1	Zuschnittliste	cutting list	336
11.1.2	Fertigen der Pfosten und Riegel	producing of the posts and bars	337

Inhaltsverzeichnis — contents

11.1.3	Vormontage eines Fassadenelementes in der Werkstatt	pre-assembly of a facade element in the workshop	341
	Zusammenfassung/Aufgaben	summary/exercises	343
11.2	Herstellen eines Fenstereinsatzelementes	producing of a window insert element	344
	Arbeitsauftrag Fenstereinsatzelement	work order window insert element	344
11.2.1	Aufbau des Fenstereinsatzelementes	structure of the window insert element	344
11.2.2	Herstellen der Fensterrahmen	producing of the window frames	345
11.2.3	Befestigen der Dichtungen	clamping of the seals	346
11.2.4	Montieren des Drehkipp-Beschlages	mounting of the tilt turn hardware	349
11.2.5	Einsetzen des Isolierglases	insertion of the insulating glass	351
	Zusammenfassung/Aufgaben	summary/exercises	355
11.3	Montage einer Fassade	mounting of a facade	356
	Arbeitsauftrag Fassade	work order facade	356
11.3.1	Befestigen der Fassade am Bauwerk	fastening of the facade on the structure	356
11.3.2	Einsetzen der Einsatzelemente	insertion of the insert elements	359
11.3.3	Abdichten der Anschlussfugen	caulking of the installation gaps	364
11.3.4	Montieren der Abdeckprofile	mounting of the cover strip	368
	Zusammenfassung/Aufgaben	summary/exercises	363
11.4	Verbinden von Metallbaukonstruktionen mit dem Bauwerk	connecting of the metal constructions with the building	370
11.4.1	Auswählen des Befestigungssystems	selecting of the fastening system	371
11.4.2	Befestigen der Fußlager	fastening of the foot bearings	371
11.4.3	Befestigen der Kopflager	fastening of the head bearings	376
11.4.4	Befestigen der Lagerschuhe	fastening of the bearing shoes	379
	Zusammenfassung/Aufgaben	summary/exercises	383
11.5	Herstellen von Glasanbauten	producing of glass additions	385
	Arbeitsauftrag Glasanbauten	work order glass additions	385
11.5.1	Statische und wärmetechnische Vorüberlegungen	statical and thermotechnical pre-considerations	385
11.5.2	Auswählen der Profilwerkstoffe	selection of the section materials	385
11.5.3	Auswählen des Isolierglases	selecting the insulation glass	387
11.5.4	Auswählen von Schattierungssystemen	selecting of shading systems	390
11.5.5	Montieren von Glasanbauten	mounting of the glass additions	391
	Zusammenfassung/Aufgaben	summary/exercises	393
	Gesamtaufgabe	overall task	394
12	**Herstellen von Treppen und Geländern**	**producing of stairs and banisters**	
	Gesamtauftrag Treppen	overall task stairs	397
12.1	Herstellen einer geraden Stahltreppe	producing of a straight steel stairs	398
	Arbeitsauftrag Planungsunterlagen	work order planning documents	398
12.1.1	Analyse des Leistungsverzeichnisses	analysis of the bill of quantities	398
12.1.2	Analyse der technischen Unterlagen	analysis of the technical documents	401
12.1.3	Fertigen der Treppe	producing of the stairs	402
	Arbeitsauftrag Treppenbauteile	work order stair elements	402
12.1.3.1	Trittstufen und Podest aus Gitterrosten	stair treads and stair head made of grids	402
12.1.3.2	Herstellen der Wangen	producing of the stringers	406
	Zusammenfassung/Aufgaben	summary/exercises	412
12.1.4	Fertigen der Treppengeländer	producing of the banisters	413
	Arbeitsauftrag Geländer	work order banisters	413

Inhaltsverzeichnis — contents

12.1.4.1	Auswählen der Halbzeuge	selection of the semi-finished products	413
12.1.4.2	Herstellen des Geländers	producing of the banister	415
	Zusammenfassung/Aufgaben	summary/exercises	422
12.1.5	Montieren der Stahltreppe	mounting of the steel stairs	423
	Arbeitsauftrag Stahltreppe	work order steel stairs	423
12.2	Herstellen einer gewendelten Wohnhaustreppe	producing of helical stairs for a residential building	426
	Arbeitsauftrag Planungsunterlagen	work order planning documents	426
12.2.1	Planung	planning	426
12.2.2	Erstellen der Fertigungsunterlagen	creating of the product specifications	429
12.2.2.1	Berechnen der Grundmaße	calculating of basic dimensions	429
12.2.2.2	Treppenbauarten und Tragwerke	stair constructions and frames	430
12.2.2.3	Planen der Stufen und des Tragwerkes	planning of steps and of frames	432
12.2.2.4	Planen einer halbgewendelten Treppe	planning of a half helical stair	438
12.2.3	Fertigen der Stufen und Holme	producing of the steps and tread supports	440
	Arbeitsauftrag Stufen und Holme	work order steps and tread supports	440
12.2.4	Planen und Fertigen des Geländers und des Handlaufes	planning and producing of the banister and the handrail	441
	Arbeitsauftrag Geländer	work order banister	441
12.2.5	Montieren der Treppe	mounting of the stairs	442
	Arbeitsauftrag Treppe	work order stairs	442
	Zusammenfassung/Aufgaben	summary/exercises	443
	Gesamtaufgabe	overall task	444

13 Instandhalten von Systemen des Metall- und Stahlbaus — maintaining of systems of steel and metal constructions

	Gesamtauftrag Sektionaltor	overall task sectional gate	447
13.1	Warten und Inspizieren	maintenance and inspection	448
	Arbeitsauftrag Sektionaltor	work order sectional gate	448
13.1.1	Vorbereitende Tätigkeiten	preparatory works	448
13.1.2	Durchführen der Wartung	execution of the maintenance	448
13.1.3	Inspektion am Sektionaltor	inspection on the sectional gate	450
13.1.4	Funktionsprüfung und Inbetriebnahme	function test and start-up	455
	Zusammenfassung/Aufgaben	summary/exercises	455
13.2	Instandsetzen	repairing	456
	Arbeitsauftrag Bodendichtung	work order floor seal	456
13.2.1	Austausch der Bodendichtung	exchange of the floor seal	456
13.2.2	Instandhaltungsstrategien	maintenance strategies	457
13.3	Verbessern	improving	458
	Arbeitsauftrag Bodendichtung	work order floor seal	458
13.3.1	Schadensanalyse	failure analysis	458
13.3.2	Durchführen der Verbesserung	implementation of the improvement	458
	Zusammenfassung/Aufgaben	summary/exercises	458
	Gesamtaufgabe	overall task	460

Sachwortverzeichnis	alphabetical technical term index	462
Bildquellenverzeichnis	picture reference index	478

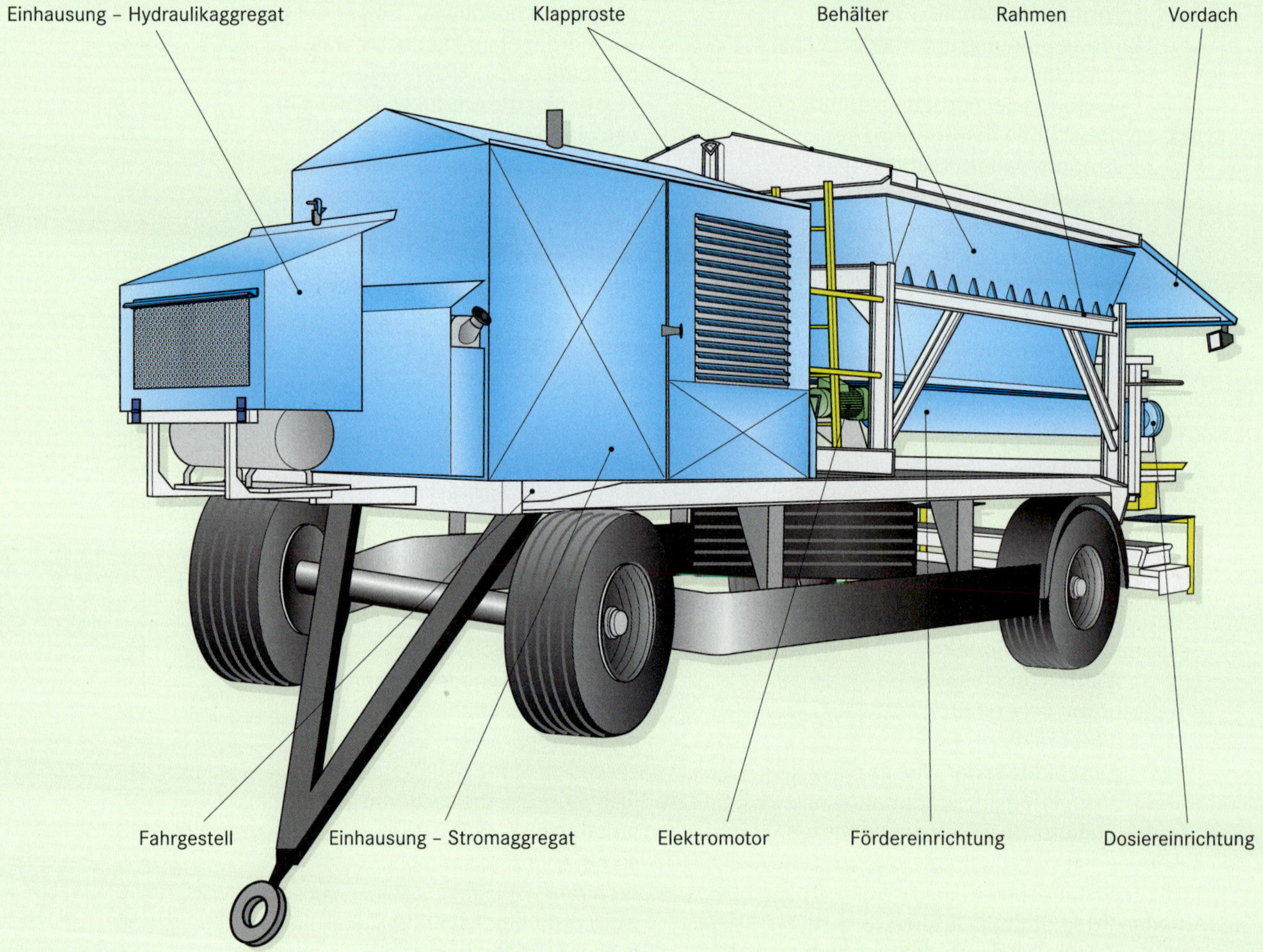
Einhausung – Hydraulikaggregat
Klapproste
Behälter
Rahmen
Vordach
Fahrgestell
Einhausung – Stromaggregat
Elektromotor
Fördereinrichtung
Dosiereinrichtung

GESAMTAUFTRAG

Die mobile Abfüllanlage ermöglicht ein schnelles Befüllen von Sandsäcken.

Für den Einsatz ist die Anlage auf das Fahrgestell eines Anhängers montiert. Links befindet sich in einer Einhausung die Antriebseinheit für die Förderschnecken der Füll- und Dosiereinheit. Die rotierenden Förderschnecken sind in den Boden des Behälters eingebaut. Sie befördern den im Behälter befindlichen Sand zur Dosiereinheit. Dort können zwei Sandsäcke gleichzeitig abgefüllt werden.

Die Blechbauteile der Abfüllanlage sollen in der Werkstatt in Einzelfertigung hergestellt und gefügt werden.

ANALYSE

Technische Unterlagen

Zur Vorbereitung der Fertigung stehen verschiedene technische Unterlagen zur Verfügung:

- Gesamtzeichnung,
- Gruppenzeichnungen,
- Einzelteilzeichnungen und
- Stücklisten.

Aufbau und Funktion der Abfüllanlage

Die Abfüllanlage besteht aus mehreren Baueinheiten. Die Mobilität und örtliche Unabhängigkeit wird durch das Fahrgestell und durch das Strom- und das Hydraulikaggregat ermöglicht.

Der Behälter nimmt den Sand auf, und durch die Form des Bodens wird der Sand auf zwei Förder- und Dosiereinrichtungen verteilt. Diese sind fest am Behälter montiert.

Beladen wird die Abfüllanlage durch externe Födereinrichtungen. Auf dem Behälter sind zwei Klapproste montiert, die verhindern, dass große Steine in die Förderschnecken gelangen. Der Rahmen verbindet den Behälter und das Fahrgestell.

Zwei Förderschnecken ermöglichen das gleichzeitige Befüllen von zwei Säcken. Die Förderschnecken werden durch Elektromotore angetrieben. Der Strom wird entweder durch das öffentliche Stromnetz oder durch ein Dieselaggregat zur Verfügung gestellt. Die Dosiereinrichtung wird durch ein Hydraulikaggregat betrieben. Beide Aggregate werden durch Einhausungen gegen Schmutz und Witterungseinflüsse geschützt, die Lärmbelastung wird gemindert. Um Wartungs- und Instandsetzungsarbeiten am Dieselmotor und am Stromaggregat durchführen zu können, befinden sich in der Einhausung große, abnehmbare Türen. Die Einhausung des Hydraulikaggregates lässt sich abklappen.

In regelmäßigen Abständen muss das Innere des Behälters durch Sichtkontrolle geprüft werden. Dazu ist ein einzelner Auftritt zwischen Einhausung und Behälter angebracht.

Das Vordach bildet einen Wetterschutz für das Bedienungspersonal und die Dosiereinrichtung. Durch das Aufhängen von Planen kann der Schutzbereich bei Bedarf vergrößert werden.

Fertigung

Die Fertigung der Einzelteile der Einhausung und des Behälters erfolgt durch Trennen. Die Auswahl des Verfahrens wird unter anderem durch den Werkstoff und die gewünschte Maßgenauigkeit bestimmt. Die Einzelteile für die Einhausungen und das Vordach werden durch mechanische, die Behälterteile durch thermische Trennverfahren hergestellt.

Die Einzelteile werden anschließend durch verschiedene Verfahren gefügt.

5.1 Flacherzeugnisse

ARBEITSAUFTRAG

Halbzeuge und Werkstoffe
Der Behälter, die Einhausungen und das Vordach bestehen aus verschiedenen Blechen.

Für die fachgerechte Bearbeitung der Bleche sind Kenntnisse über die Werkstoffe notwendig. Die erforderlichen Informationen werden den Teilzeichnungen und der Stückliste entnommen.

Informieren

5.1.1 Flacherzeugnisse aus Stahl

Bleche und Bänder können aus legiertem und unlegiertem Stahl hergestellt werden. Sie sind warm- oder kaltgewalzt.

Bänder haben eine Breite < 600 mm.

Halbzeuge mit einer Breite ≥ 600 mm bis 2000 mm werden als Blech oder Breitband bezeichnet.

Nach der Dicke werden unterschieden:

- kaltgewalzte Fein-Bleche 0,5 bis 3 mm Dicke,
- warmgewalzte Grob-Bleche > 3 mm Dicke.

Unlegierte Stahlbleche und -bänder werden in verschiedenen Qualitäten geliefert.

Außerdem werden Bleche und Bänder mit Farbbeschichtungen oder metallischen Schutzüberzügen versehen.

Die Kanten der Bänder und Bleche bleiben naturgewalzt (NK) oder sind geschnitten (GK).

Flacherzeugnisse sind Bleche und Bänder. Die Halbzeugbezeichnung für die Teile des Behälters und der Einhausungen sowie den Werkstoff findet man in der Stückliste in der Spalte Sachnummer/ Kurzbezeichnung.

Die Benennungen für die Halbzeuge können ausgeschrieben oder abgekürzt werden, z. B. für Bleche Bl und für Bänder Bd. (→)

Blech EN 10 051 - 4 x 1041 x 3312 - GK

Halbzeug
- Blech: Halbzeug-benennung
- EN 10 051: Norm-Hauptnummer
- 4 x 1041 x 3312: Maße Dicke x Breite x Länge*
- GK: Kantenbeschaffenheit, geschnitten

Stahl EN 10 025 - S235 JR

Werkstoff
- JR: Kerbschlagarbeit K = 27 J bei Raumtemperatur
- S235: Stahl für den Stahlbau
- EN 10 025: Norm-Hauptnummer
- Stahl: Werkstoff-benennung

* Die Angaben entsprechen den Zuschnittmaßen.

Tab. 1: Oberflächenqualitäten

Blechoberfläche	Oberflächenqualität
ohne Schutz (Schwarzblech)	- unbehandelte Oberfläche - entzunderte Oberfläche - geölte Oberfläche - entzunderte und geölte Oberfläche
mit nichtmetallischen Beschichtungen	- entzundert und mit Farbbeschichtung
mit metallischen Schutzüberzügen	- feuerbeschichtet - galvanisiert - plattiert - metalllackiert - metallbeschichtet

Tafelgrößen

Rechteckige Bleche werden als Tafel bezeichnet. Folgende Tafelgrößen sind Standard:

Normaltafel:	1000 x 2000 mm
Mitteltafel:	1250 x 2500 mm
Großtafel:	1500 x 3000 mm

Tafelgrößen sind bis maximal 4500 x 20000 mm möglich.

Abb. 1: Blechtafel

Warmgewalzte Bleche und Bänder

Die Bleche und Bänder werden bei ca. 1200 °C in mehreren Durchgängen ausgewalzt. Dabei entstehen Bleche und Bänder bis 3 mm Dicke mit einer glatten oder gemusterten Oberfläche.

Auf Grund der hohen Arbeitstemperatur entstehen trotz der großen Walzkräfte nur geringe Spannungen im Gefüge der Bleche und Bänder. Diese werden durch Wärmebehandlung ausgeglichen. Nach dem Richten erfolgt eine korrosionschützende Oberflächenbehandlung durch Beizen und Ölen. Anschließend wird das Blech in Tafeln von Größen bis zu 7500 x 2000 mm geschnitten.

Bezeichnungsbeispiel für warmgewalzte Bleche mit glatter Oberfläche:

Blech EN 10 051 - 4 x 1041 x 3312 –
Stahl EN 10 025 - S 235 JR ( )

In Stücklisten findet man häufig eine verkürzte Schreibweise mit der Angabe der Werkstoffnummer:

Bl 4 x 1041 x 3312 – 1.0038

Sonderformen bilden die Bleche aus Stahl mit Muster. Das Muster erhält das Blech im letzten Walzdurchgang.

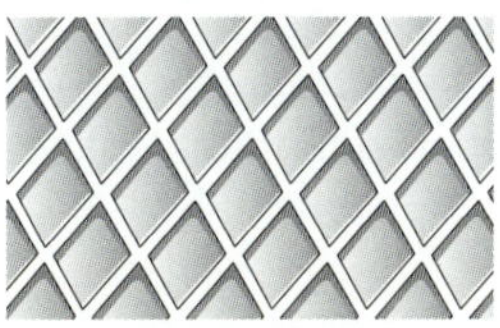
Abb. 2: Riffelblech (R)

Abb. 3:Tränenblech (T)

Riffel- oder Tränenbleche werden überall dort eingesetzt, wo es auf Standsicherheit ankommt (Abb. 2 und 3). Deshalb wird der Auftritt für das Bedienpersonal aus Tränenblech gefertigt (Abb. 4).

Abb. 4: Auftritt aus Tränenblech

Bezeichnungsbeispiel des Tränenbleches:

Blech DIN 59 220-T-3 x 500 x 600 -
Stahl EN 10 025-S 235 JR ( )

In verkürzter Schreibweise:

Bl T-3 x 500 x 600 – 1.0038

Die Anforderungen an den Behälterwerkstoff resultieren zum einen aus seinem Einsatz und zum anderen aus seiner Verarbeitung. Das Blech muss thermisch getrennt und anschließend wieder geschweißt werden. Besondere Anforderungen an die Oberflächenqualität und eine geringe Toleranz werden nicht gestellt.

Aus den genannten Gründen wird der Behälter der mobilen Abfüllanlage aus warmgewalzten Blechen hergestellt.

Kaltgewalztes Blech

Nachdem die Bleche im Warmwalzverfahren auf etwa 2 bis 5 mm ausgewalzt und anschließend entzundert sind, werden sie auf Dicken zwischen 0,15 mm bis 3 mm kalt ausgewalzt.

Beim Kaltwalzen unterliegen die Gefüge der Feinbleche einer sehr starken Verformung und damit einer Kaltverfestigung. Diese unerwünschte Verfestigung wird durch Glühen bei ca. 700 °C reduziert. Um ein erneutes Verzundern zu verhindern, erfolgt das Glühen unter einer Schutzgasatmosphäre, d. h. unerwünschte Reaktionen des Bleches mit dem Luftsauerstoff werden verhindert.

Bezeichnungsbeispiel für kaltgewalzte Bleche:

Bl DIN EN 10 131 - 1 x1700 x 2200 -
Stahl EN 10 130 DC 03 +ZE

D - Flacherzeugnis aus weichem Stahl zum Kaltumformen

C - kaltgewalzt

03 - Kennzahl für die Stahlsorte

+ZE - elektrolytisch verzinkt ( )

In verkürzter Schreibweise:

Bl 1 x 1700 x 2200 - 1.0347 +ZE

Kaltgewalzte Bleche und Bänder haben eine geringe Dickentoleranz, die Oberflächenqualität ist verbessert. Im Vergleich mit warmgewalzten Blechen ist die Struktur der Oberfläche sichtbar feiner. Die dichte Oberfläche führt dazu, dass kaltgewalzte Bleche langsamer korrodieren als warmgewalzte Bleche. Die niedrige Zugfestigkeit und eine hohe Bruchdehnung machen sie besonders zum Kaltumformen geeignet.

Schutzüberzüge können Bearbeitungsverfahren unter Wärmeeinfluss behindern.

An die Einhausung des Stromaggregates werden andere Anforderungen als an den Behälter gestellt. Die Einhausung ist in erster Linie Wetter- und Lärmschutz. Die Bearbeitung erfolgt zumeist durch Scheren und Kaltumformen. Der elektrolytische Zinküberzug macht die Einhausung besonders widerstandsfähig gegen Korrosion. Daher werden kaltgewalzte, verzinkte Stahlbleche verwendet.

Weißblech

Es gibt kaltgewalztes Feinstblech in Nenndicken von 0,17 bis 0,49 mm und doppeltreduziertes Feinstblech in Nenndicken von 0,14 bis 0,29 mm, aus weichem, unlegiertem Stahl mit einer Zinnauflage. Dieses wird als Weißblech bezeichnet. Das Verzinnen kann ein- oder beidseitig erfolgen. Dabei liegt die Zinnauflage zwischen 1,0 und 10 g/m². Bei beidseitiger Zinnauflage können die Auflagedicken auf den Seiten unterschiedlich sein.

Bezeichnungsbeispiel einer Tafel aus Weißblech:

Tafel EN 10 203-TH61-CA-stone - E 2,0/2,0 - 0,22 x 600 x 800

TH61	-	Bezeichnung des Weißblechs mit einem Härtegrad T61
CA	-	kontinuierlich geglüht
stone	-	gerichtete Oberflächenstruktur
E 2,0/2,0	-	beidseitig elektrolytisch verzinnt Auflage 2,0 g/m² ( )

In verkürzter Schreibweise:

Tafel EN 10 203- 1.0377-CA-stone- E 2,0/2,0 - 0,22 x 600 x 800

Weißblech wird vor allem bei der Verpackung von Lebensmitteln eingesetzt. Drei Eigenschaften sind dabei von besonderer Bedeutung. Das Weißblech ist durch den Überzug sehr korrosionsbeständig und ungiftig. Außerdem lässt sich Weißblech besonders gut wiederverwerten.

Bleche aus nichtrostenden Stählen

Bleche und Bänder aus nichtrostenden Stählen werden in vielen Bereichen der Industrie, des Bauwesens, der Medizin, aber auch in Privathaushalten verwendet (Abb. 1).

Ihre wesentliche Eigenschaft „Rostfrei" erhalten die Stähle durch die Legierung mit einem hohen Chromgehalt.

Bezeichnung für Bleche aus nichtrostendem Stahl:

Bl EN 10 131 1 x 1700 x 2000 - Stahl DIN 17 440 X5 CrNi 18-10 ( )

In verkürzter Schreibweise:

Bl 1 x 1700 x 2200 - 1.4301

Nach den Gefügen werden im Wesentlichen ferritische und martensitische Stähle sowie austenitische Stähle unterschieden.

Ferritische und martensitische Stahlbleche sind in ihrer Korrosionsbeständigkeit begrenzt, schlecht umformbar und nur bedingt schweißbar. Sie sind nickelfrei oder haben nur geringe Nickelanteile. Ihr Einsatzbereich liegt vor allem in der Lebensmittelindustrie und im medizinischen Apparatebau.

Austenitische Bleche und Bänder sind nicht magnetisch, gut umformbar und gut schweißbar. Die Legierungselemente Chrom und Nickel bewirken eine hohe Festigkeit und Härte. Die Bleche sind warmfest. Wegen dieser Eigenschaften kommen überwiegend diese Bleche im Handwerk zum Einsatz.

Nichtrostende Bleche und Bänder werden nur mit blanker Oberfläche geliefert. Die Oberfläche ist von einer dünnen, fest haftenden Oxidschicht überzogen, der sogenannten Passivschicht. Diese ist für das Nichtrosten verantwortlich. Bei mechanischen Beschädigungen erneuert sich die Passivschicht. Verunreinigungen wie Zunder oder Stahlspäne, aber auch Anlauffarben beeinträchtigen die Korrosionsbeständigkeit.

Für die Lieferung oder während der Be- und Verarbeitung können die Bleche und Bänder mit Folien oder Abziehlacken geschützt werden.

Abb. 1: Kücheneinrichtung aus nichtrostenden Stahlblechen

5.1.2 Flacherzeugnisse aus Nichteisen-Metallen

Wie bei den Flacherzeugnissen aus Stahl werden auch bei den NE-Metallen Bänder und Bleche unterschieden, wobei ebenfalls die Lieferbreite ausschlaggebend ist.

Die Bleche und Bänder werden aus Aluminium, Kupfer, Zink und deren Legierungen hergestellt.

Für den Einsatz von Aluminium sprechen unter anderem

- das geringe Gewicht,
- die Korrosionsbeständigkeit und
- die gute Verformbarkeit.

Bezeichnungsbeispiel für Bleche aus Aluminium:

Blech EN 485-4 – 1x1700x2200 – EN AW - 5754 [AlMg 3]

A	-	Aluminium
W	-	Knetlegierung
5754	-	Legierungsgruppe (→📖)

In verkürzter Schreibweise:

Bl 1x1700x2200 - EN AW - 5754

Aluminiumbleche werden durch Warm- oder Kaltwalzen in Dicken zwischen 0,2 bis 100 mm, Aluminiumfolien bis 0,005 mm hergestellt.

Um die Festigkeit zu erhöhen, setzt man dem Reinaluminium Legierungselemente zu. Am gebräuchlichsten sind Mangan (Mn), Magnesium (Mg), Kupfer (Cu) und Silizium (Si). Mit zunehmender Festigkeit nimmt die Korrosionsbeständigkeit ab.

Abb. 2: Einhausung des Hydraulikaggregates

Aus Gewichts- und Korrosionsschutzgründen wird die Einhausung des Hydraulikaggregates aus Aluminiumblech gefertigt (Abb. 2).

Auch Al-Bleche gibt es mit eingewalzten Mustern. Man unterscheidet z. B. die Musterarten

- Duett (two bar) (Abb. 3)
- Quintett (five bar) (Abb. 4)
- Träne (Abb. 5)
- Gerstenkorn (Abb. 6).

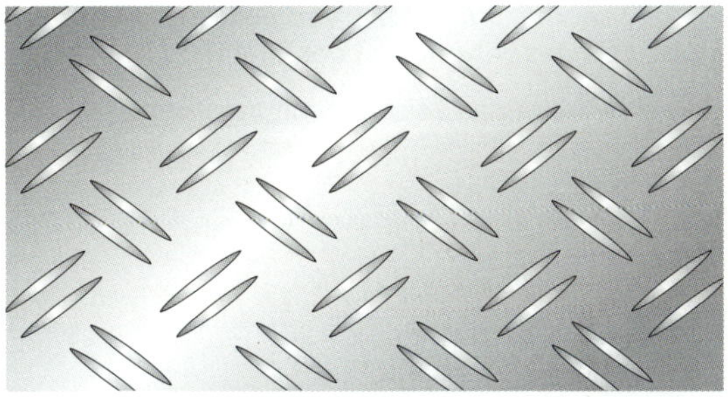

Abb. 3: Aluminiumblech Duett

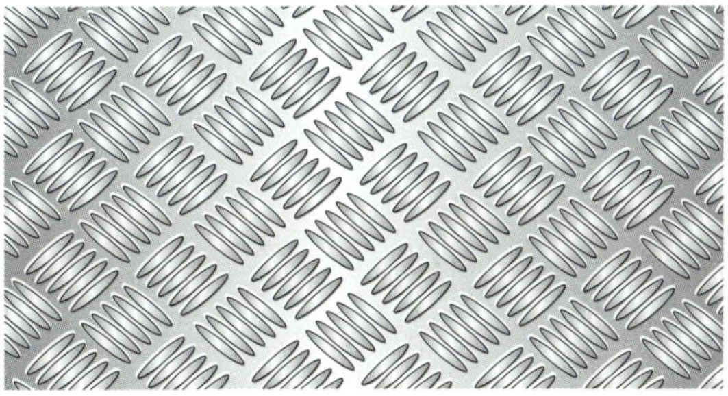

Abb. 4: Aluminiumblech Quintett

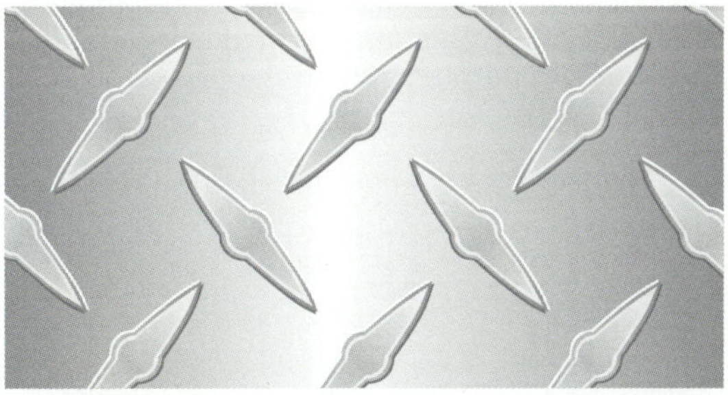

Abb. 5: Aluminiumblech Träne

Abb. 6: Aluminiumblech Gerstenkorn

Grundlagen

Volumen und Masse

Volumen

Volumen haben drei Ausdehnungen. Diese werden mit Längenmaßen angegeben. Die Einheit für das Volumen V ist der Kubikmeter (m^3). Kleine oder große Volumen gibt man mit Vorsatzzeichen (→) als Teil oder Vielfaches hiervon an. Eine besondere Einheit für das Volumen ist der Liter (l).

Berechnet wird das Volumen mit der Formel:

$$V = A \cdot h$$

V – Volumen

A – (Werkstück-) Grundfläche

h – (Werkstück-) Höhe

Masse

Die SI-Basiseinheit für die Masse m ist das Kilogramm (kg). Größere Massen gibt man in der Maßeinheit Tonnen (t) an (1 t = 1000 kg). Kleinere Massen gibt man in der Maßeinheit Gramm (g) und in den dezimalen Teilen von Gramm an.

1 t = 1000 kg
1 kg = 1000 g
1 g = 1000 mg

Körper aus unterschiedlichen Stoffen haben bei gleichen Volumen unterschiedliche Massen. Körper aus unterschiedlichen Stoffen haben bei gleicher Masse unterschiedliche Volumen.

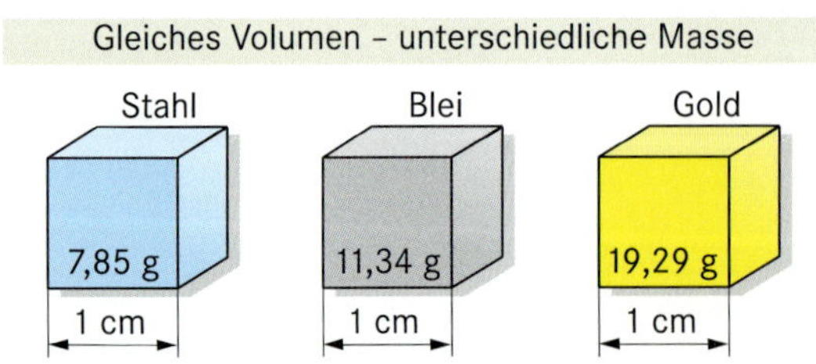

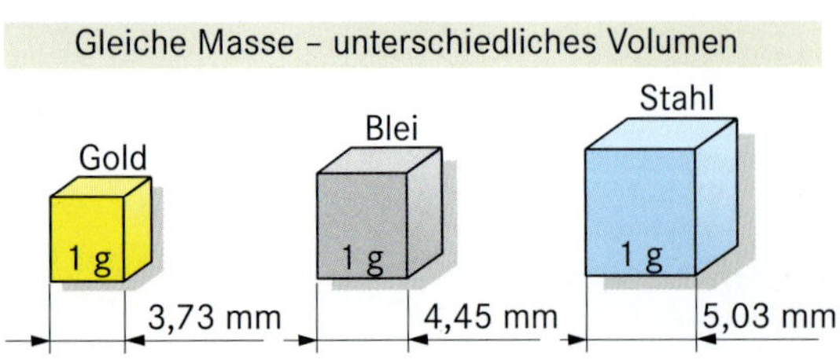

Der Quotient aus der Masse m und dem Volumen V ist die Dichte ϱ (rho) des Stoffes.

$$Dichte = \frac{Masse}{Volumen}$$

$$\varrho = \frac{m}{V}$$

Die Dichte ϱ (→) gibt an, welche Masse in Kilogramm ein Würfel mit einer Kantenlänge von 1 Dezimeter hat. Maßeinheiten der Dichte für feste und flüssige Stoffe sind g/cm^3 oder kg/dm^3 oder t/m^3. Die Dichte gasförmiger Stoffe wird in kg/m^3 angegeben.

Berechnung mit der flächenbezogenen Masse

Die Preise für Bleche und Bänder werden nach der Masse berechnet. Für eine richtige Preiskalkulation ist die Bestimmung der Masse die Grundlage.

Eine Möglichkeit, die Masse eines Blechbauteils zu bestimmen, ist die Berechnung mit Hilfe der flächenbezogenen Masse m''.

Masse = flächenbezogene Masse · Werkstückfläche

$$m = m'' \cdot A_W$$

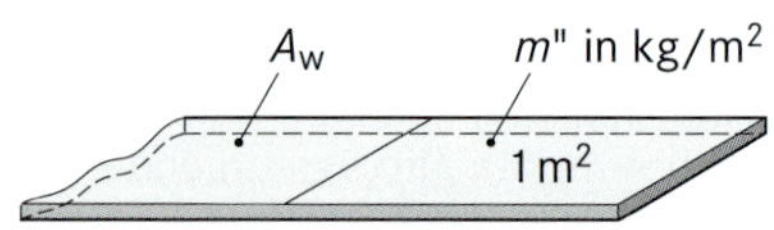

Die flächenbezogene Masse m'' bezieht sich immer auf einen Quadratmeter Blech oder Band (→).

Die flächenbezogene Masse m'' eines 1 mm dicken Bleches entspricht dem Zahlenwert der Dichte des Werkstoffs, aus dem es gefertigt wurde.

Für andere Blechdicken gilt:

flächenbezogene Masse = Dichte · Werkstückdicke

$$m'' = \varrho \cdot t$$

ϱ in $\frac{kg}{dm^3}$, t in mm

Blech EN 10 051– 4 x 1000 x 1000 – Stahl EN 10 025– S 235 JRG2

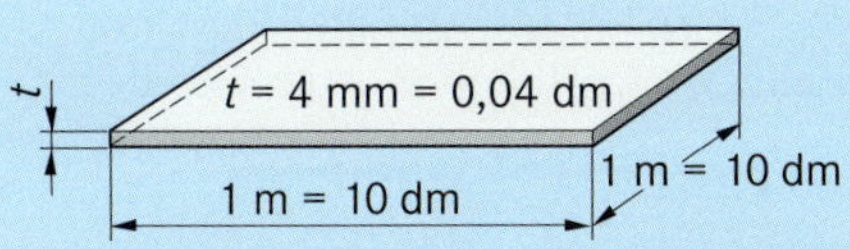

$m'' = \varrho \cdot t$

$m'' = 7{,}85\ \mathrm{kg/dm^3} \cdot 4\ \mathrm{mm}$

$[7{,}85\ \mathrm{kg/dm^3} \cdot 0{,}04\ \mathrm{dm} = 0{,}314\ \mathrm{kg/dm^2}]$

$m'' = 0{,}314\ \mathrm{kg/dm^2} = 31{,}4\ \mathrm{kg/m^2}$

$$m = m'' \cdot A_W$$

A_W ist die Werkstückfläche. Durchbrüche, Bohrungen u. Ä. werden von der Werkstückfläche A_W abgezogen.

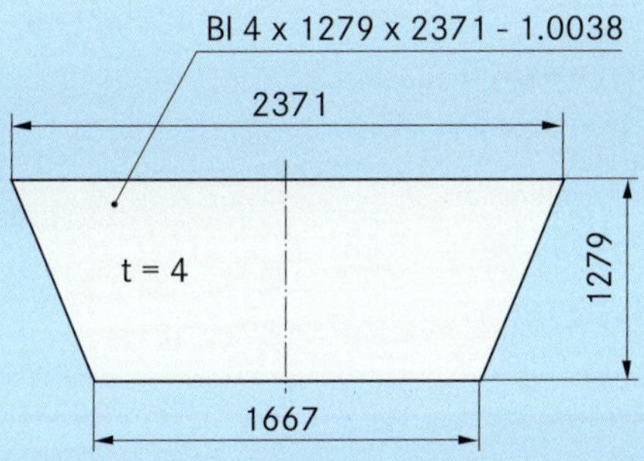

$$A_W = \frac{(l_1 + l_2)}{2} \cdot h$$

$$A_W = \frac{2371\ \mathrm{mm} + 1667\ \mathrm{mm}}{2} \cdot 1279\ \mathrm{mm}$$

$A_W = 2\,582\,301\ \mathrm{mm^2}$

$A_W \approx 2{,}58\ \mathrm{m^2}$

Die flächenbezogene Masse m" beträgt nach vorstehender Berechnung m" = 31,4 kg/m²

$m = m'' \cdot A_W$

$m = 31{,}4\ \mathrm{kg/m^2} \cdot 2{,}58\ \mathrm{m^2}$

$m = 81{,}012\ \mathrm{kg}$

Die Rückwand des Behälters hat eine Masse von 81,012 kg.

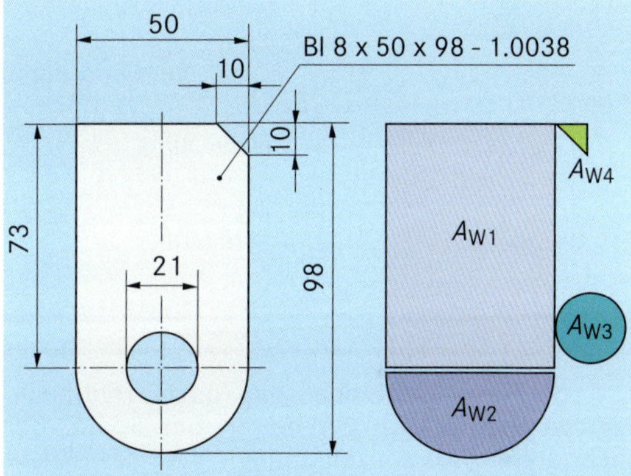

Die Fläche des Scharniers setzt sich aus mehreren Teilflächen zusammen:

$A_W = A_{W1} + A_{W2} - A_{W3} - A_{W4}$

$$A_W = 3650\ \mathrm{mm^2} + \frac{1963{,}5\ \mathrm{mm^2}}{2} - 346{,}4\ \mathrm{mm^2} - 50\ \mathrm{mm^2}$$

$A_W = 4.235{,}35\ \mathrm{mm^2} \approx 0{,}00424\ \mathrm{m^2}$

$m'' = \varrho \cdot t$

$m'' = 7{,}85\ \mathrm{kg/dm^3} \cdot 8\ \mathrm{mm}$

$m'' = 62{,}8\ \mathrm{kg/m^2}$

$m = m'' \cdot A_W$

$m = 62{,}8\ \mathrm{kg/m^2} \cdot 0{,}00424\ \mathrm{m^2}$

$m = 0{,}266\ \mathrm{kg}$

Ein Scharnier hat eine Masse von 0,266 kg.

Zusammenfassung

Bleche und Bänder

Stahl (unlegiert, legiert, korrosionsbeständig)

warmgewalzt
- Dicke > 3 mm
- Oberflächengüte gering
- Toleranz der Dicke groß

Sonderform: gemusterte Bleche

kaltgewalzt
- Dicke < 3 mm
- Oberflächengüte hoch
- Toleranz der Dicke klein

Sonderform: Weißblech Profilblech

Nichteisenmetalle (Aluminium, Kupfer, Titanzink und Legierungen)

Aluminium
- geringes Gewicht
- korrosionsbeständig
- gute Verformbarkeit

Sonderform: gemusterte Bleche

andere

Werkstoffauswahl richtet sich nach den besonderen Anforderungen an das Blech oder Band

Verwendung an der Abfüllanlage

- Behälter
- Einhausung Stromaggregat
- Einhausung Hydraulikaggregat
- Auftritt
- Vordach

Aufgaben

1. Die Fläche der Einhausung für das Hydraulikaggregat beträgt ca. 2,5 m². In der Spalte der Sachnummer/Kurzbezeichnung der Stückliste finden Sie die Bezeichnung Blech DIN EN 485 – 0,7 x 1450 x 1700 – Aluminium EN AW-5754.

a) Was bedeuten die Angaben der Stückliste?

b) Berechnen Sie die Blechmasse.

2. Wählen Sie ein geeignetes Blech für das Vordach der mobilen Abfüllanlage aus und begründen Sie Ihre Auswahl.

3. Stirnplatten sind typisierte Verbindungselemente im Stahlbau. Sie verbinden zwei Träger lösbar miteinander. Für eine typisierte Stirnplatte Typ IH 3 gilt: Bl 20 x 120 x 265 – 1.0045, 6 Bohrungen Ø 17.

Berechnen Sie die Masse für eine Stirnplatte.

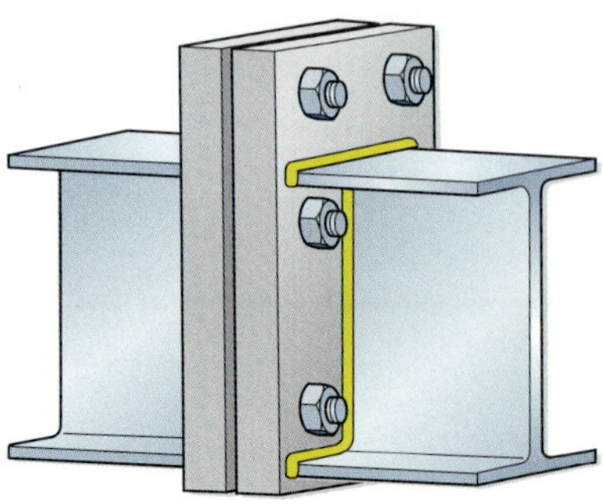

4. Berechnen Sie die Masse des 1,5 mm dicken Bleches aus Bd EN 10131 – 1,5 x 500 x 1200 – Stahl EN 10130 DC03.

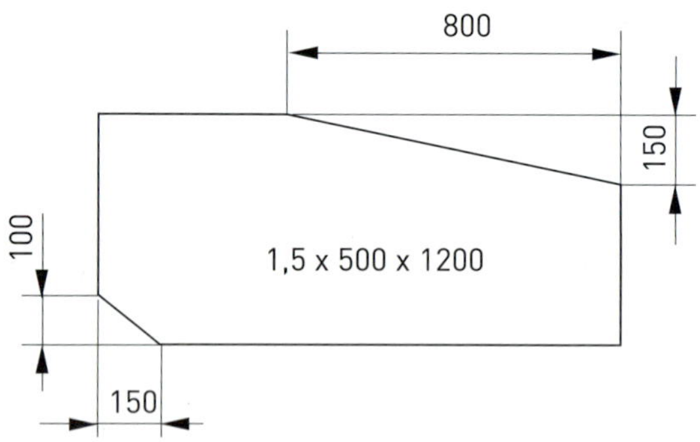

5. Um wie viel Prozent nimmt die Masse des Werkstücks aus Aufgabe 4 ab, wenn an Stelle des Stahlbands 2 mm dickes Aluminiumband für die Herstellung verwendet wird?

6. Aus einer Kupferplatte 0,9 x 600 x 2500 werden an den Ecken gleichschenklige Dreiecksflächen mit einer Kantenlänge von 150 mm herausgeschnitten. Berechnen Sie die Masse des Werkstücks in Kilogramm.

5.2 Trennen von Blechen

ARBEITSAUFTRAG

Die Einhausung des Hydraulikaggregates soll durch Scherschneiden hergestellt werden. Die Konturen müssen aus einer Blechtafel aus Aluminium ausgeschnitten werden. Auch der Ausschnitt für das Lochblech ist durch Scherschneiden zu fertigen. Die Löcher zur Befestigung des Lochblechs sowie der Scharniere werden gestanzt.

formieren

5.2.1 Zeichnungsanalyse

Von der herzustellenden Einhausung für das Hydraulikaggregat liegt nur eine isometrische Zeichnung mit den Grundabmaßen vor (Abb. 1).

Der Zeichnung ist zu entnehmen, dass die Einhausung ein nach zwei Seiten offener, prismatischer Hohlkörper ist. Die Wanddicke beträgt 1 mm.

Die Einhausung soll aus einer Aluminiumblechtafel gefertigt werden.

Die Seitenwände und das Dach sind zeichnerisch so auszubreiten, dass sie anschließend aus der

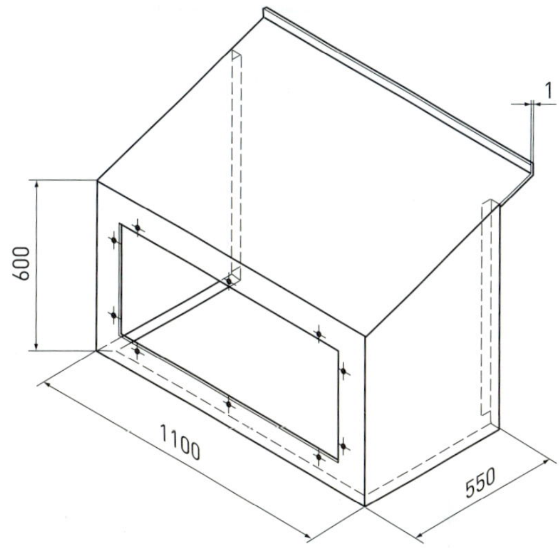

Abb. 1: Isometrische Darstellung der Einhausung

Blechtafel ausgeschnitten werden können. Diese Form der Darstellung wird *Abwicklung* (Abb. 2), das Verfahren *Abwickeln* genannt.

Neben allen Einzelheiten sind durch eine Strich-Zweipunktlinie die Abmaße der Blechtafel gekennzeichnet.

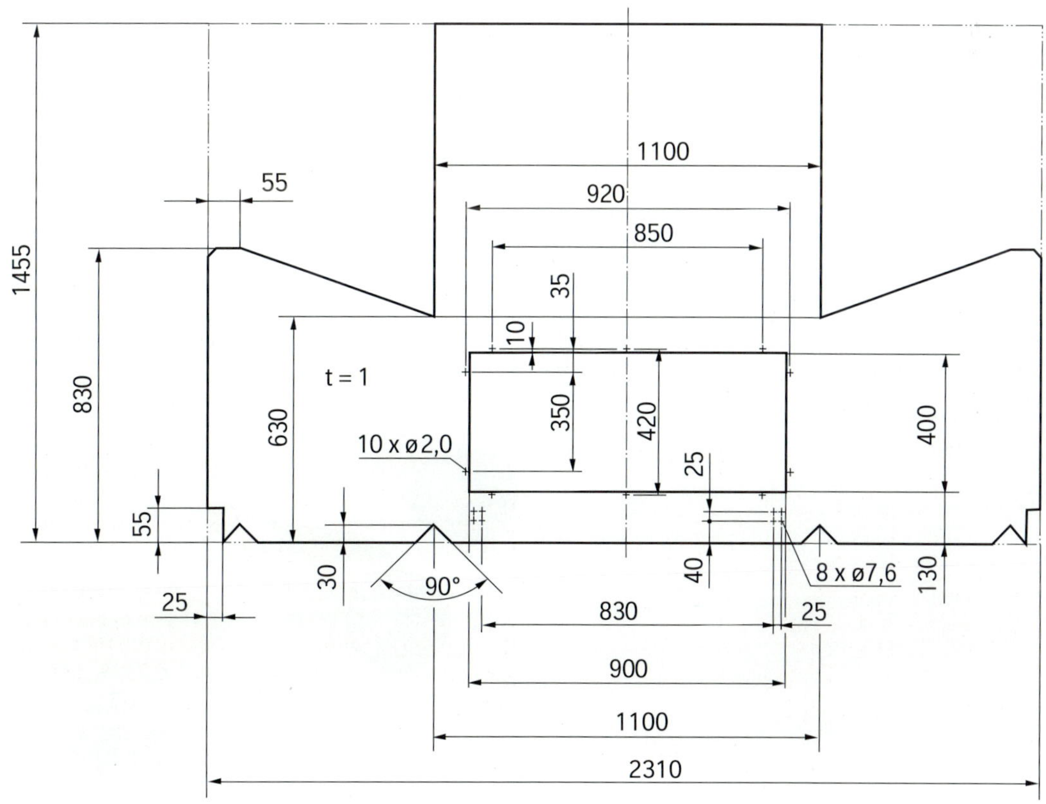

Abb. 2: Abwicklung der Einhausung

Grundlagen

Abwicklungen

Einen Körper „abwickeln“ bedeutet, seine gesamte Oberfläche in einer Ebene auszubreiten. Dabei kennzeichnet der Begriff „Abwicklung“ sowohl das Verfahren, als auch die dadurch entstehende Fläche. Eine Abwicklung, die alle Seiten eines Körpers erfasst, besteht aus der Mantelfläche, der Grundfläche und der Deckfläche. Abwicklungen können von Vollkörpern durch Aneinanderreihen der Oberflächen oder von Hohlkörpern erstellt werden.

In der Praxis haben Abwicklungen vor allem bei der Herstellung von Hohlkörpern im Behälterbau große Bedeutung. Außerdem sind Abwicklungen Ausgangsformen bei der Fertigung von Abdeckungen und Maschinenverkleidungen.

Es wird unterschieden:

- **Abwicklungen von Rohren** ①

Sie bestehen nur aus einer Mantelfläche.

- **Abwicklungen von offenen Behältern** ②

Sie bestehen aus einer Mantelfläche und einer Grundfläche.

- **Abwicklungen von Abdeckhauben** ③

Sie bestehen aus einer Mantelfläche und einer Deckfläche.

- **Abwicklungen von geschlossenen Behältern** ④

Sie bestehen aus einer Mantelfläche, einer Grundfläche und einer Deckfläche.

Abwicklungen werden durch „Runden“ oder „Biegen“ geformt und an der Trennkante (Stoßkante) zu einem Hohlkörper durch Schweißen, Löten oder Nieten verbunden. Biegekanten werden mit schmalen Volllinien in die Abwicklung gezeichnet. Diese Linien bezeichnet man als Biegelinien.

①

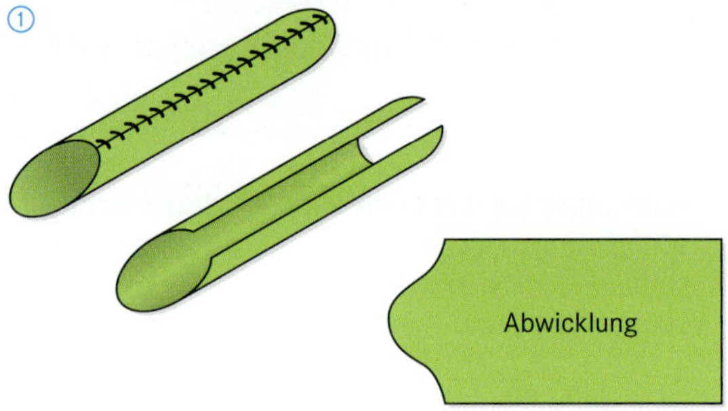

②

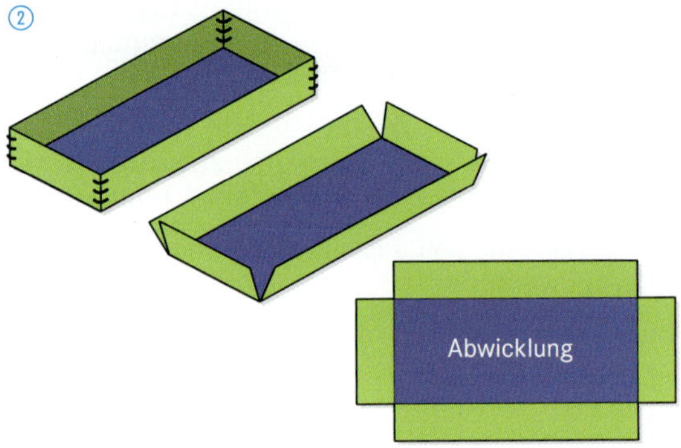

③

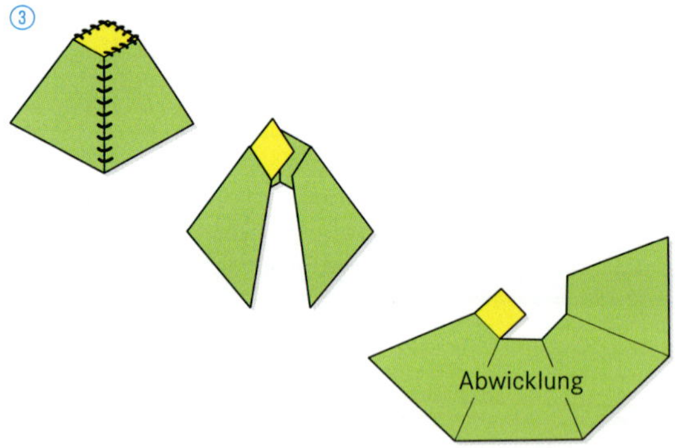

④

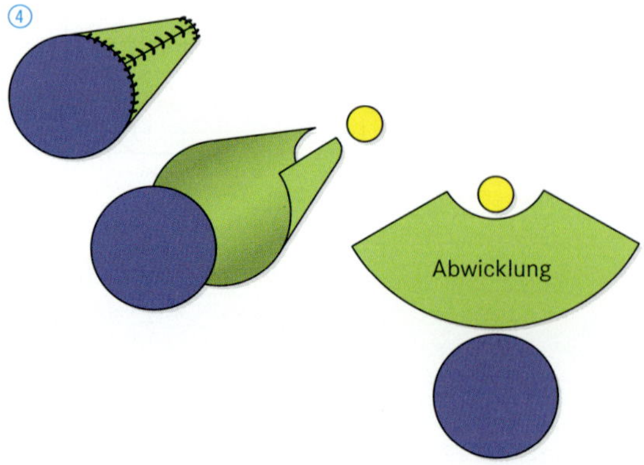

Abwicklung prismatischer Körper

Bei Prismen besteht eine Abwicklung aus der Mantelfläche, der Grundfläche und der Deckfläche.

Die Mantelfläche stellt man sich an einer senkrechten Kante geschnitten und in einer Ebene ausgebreitet vor. Die abgewickelte Länge entspricht dem Aneinanderreihen der einzelnen Seiten. Die Form und die Größe der Grund- und Deckfläche entsprechen dem Querschnitt des Prismas und werden aufgeklappt an die Mantelfläche angehängt. Alle Flächen erscheinen in ihrer wahren Größe. Die Umrisse der Abwicklung werden mit breiter Vollinie, die Biegelinien mit schmaler Volllinie gezeichnet. Für eine Kennzeichnung bzw. Zuordnung können die Ecken und Kanten mit Zahlen versehen werden.

Werden Abwicklungen mit schräger Deckfläche konstruiert, so ist für die Ermittlung der Mantelfläche wie folgt zu verfahren:

- Länge der Mantelfläche durch Aneinanderreihen der einzelnen Seitenlängen festlegen.
- Höhe der Mantelflächen durch Übertragen der Höhenmaße aus der Vorderansicht oder Seitenansicht bestimmen.

Eine Kennzeichnung durch Zahlen erleichtert die Zuordnung.

Die geneigte Deckfläche ist größer als die Grundfläche. Sie erscheint in keiner Ansicht in ihrer wahren Größe und muss daher zuerst durch Einklappen in die Projektionsebene konstruiert werden.

Sechskantprisma mit rechtwinkliger Grund- und Deckfläche:

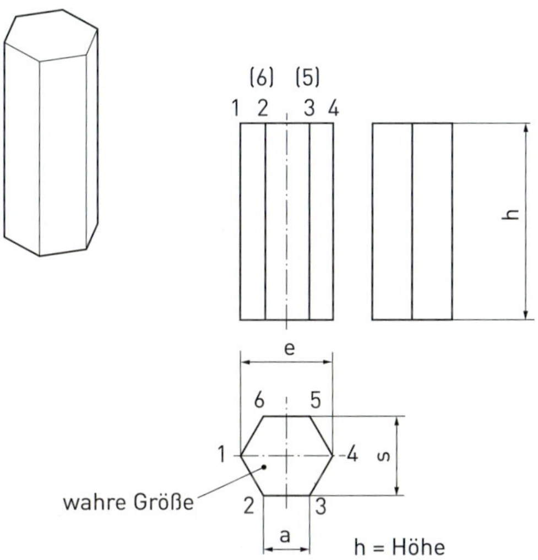

h = Höhe
e = Eckmaß
s = Schlüsselweite
a =Seitenlänge

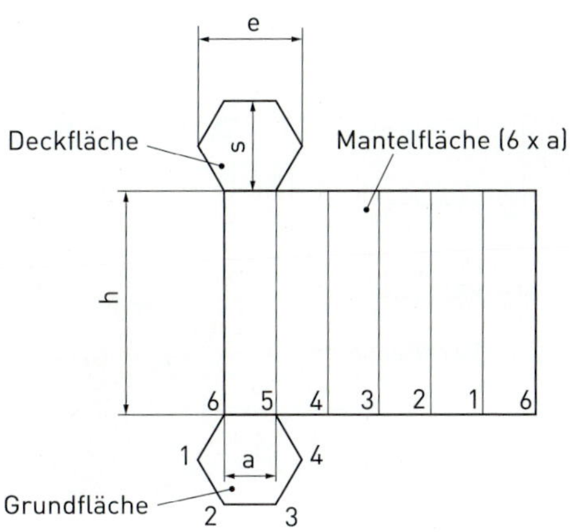

Sechskantprisma mit gerader Grundfläche und schräger Deckfläche:

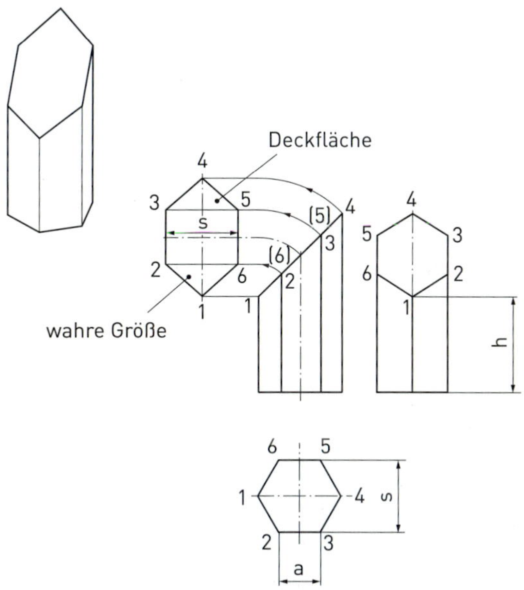

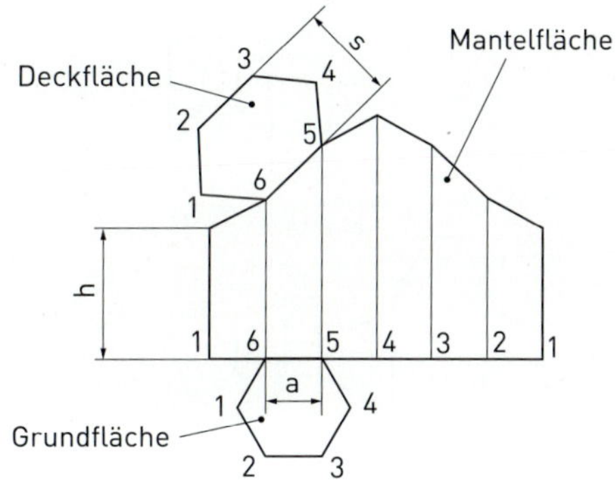

Grundlagen

Abwicklung pyramidenförmiger Körper

Pyramidenförmige Körper lassen sich nach unterschiedlichen Methoden abwickeln:

- Aufklappen der Seitenflächen an den Kanten der Grundfläche.
  Die wahre Länge bzw. die wahre Größe entsteht durch das Zeichnen der dreieckigen oder trapezförmigen Seitenflächen mit den Maßen a und b oder a, b und c.
- Aufklappen an den Seitenflächen und an den Biegelinien.

Die wahre Länge der schrägen Pyramidenkanten (Biegelinien) muss zuerst konstruiert werden. Dies geschieht durch ein Einklappen der schrägen Pyramidenkanten (Draufsicht) in die Projektionsebene. Die wahre Länge der Pyramidenseiten wird als Radius eines Kreisbogens gezeichnet. Die Seitenlänge (a) der Grundfläche wird viermal auf dem Kreisbogen angetragen. Die Größe der Grundfläche wird direkt aus der Draufsicht entnommen und an eine Mantelfläche angehängt.

Abwicklungen konstruiert durch Aufklappen der Seitenflächen an der Grund- bzw. Deckfläche:

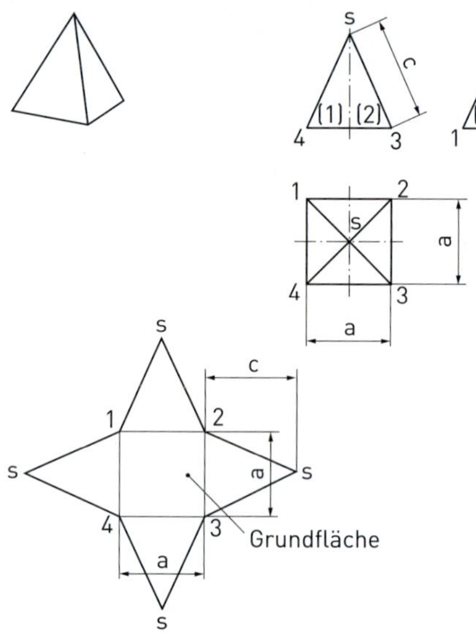

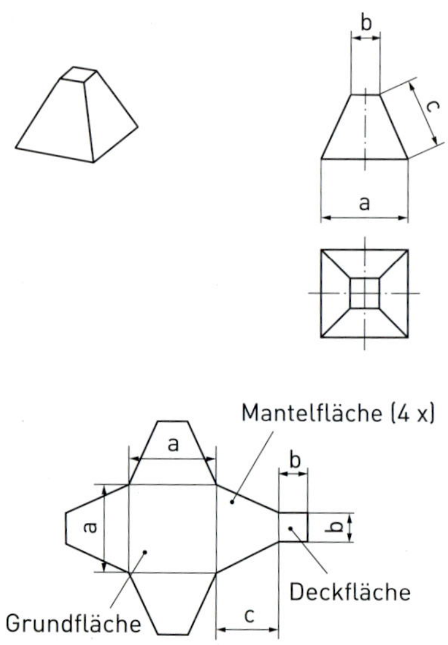

Abwicklungen konstruiert durch Aneinanderreihen der einzelnen Flächen in ihrer wahren Größe (WG):

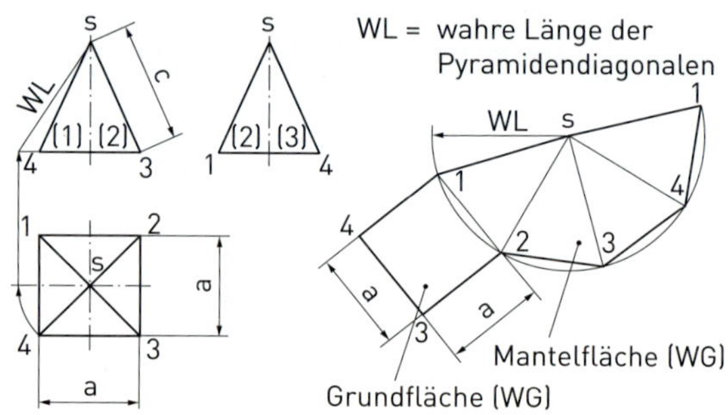

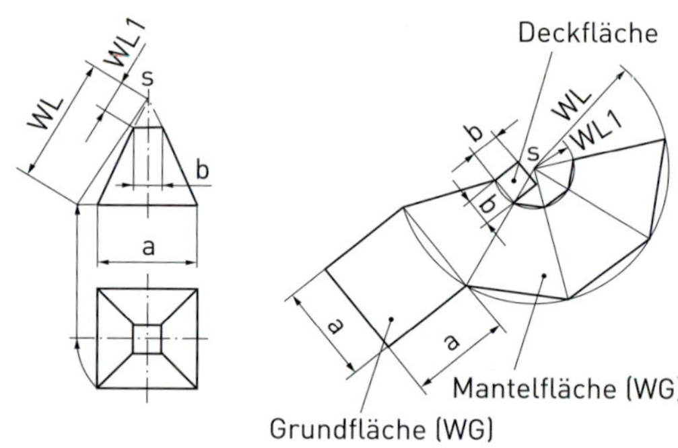

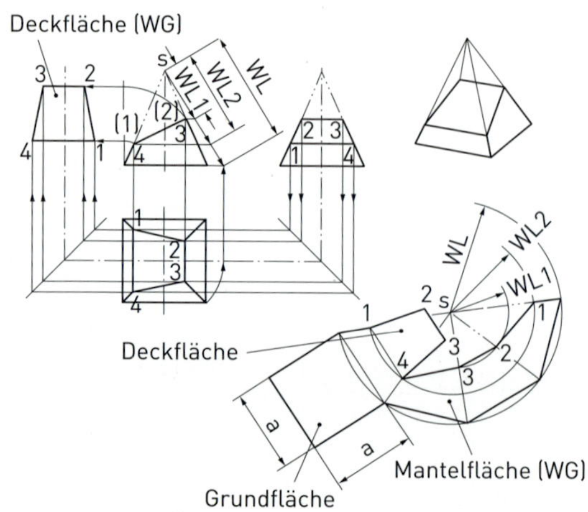

Abwicklung zylindrischer Körper

Bei einem Zylinder mit senkrechter Grund- und Deckfläche besteht die Mantelfläche aus einem Rechteck oder Quadrat. Eine Seitenlänge wird vom Umfang, die andere Seitenlänge von der Höhe des Zylinders gebildet. Die Grund- und Deckfläche sind kreisförmige Ronden mit dem Zylinderdurchmesser. Beide Ronden werden an die Mantelfäche angehängt.

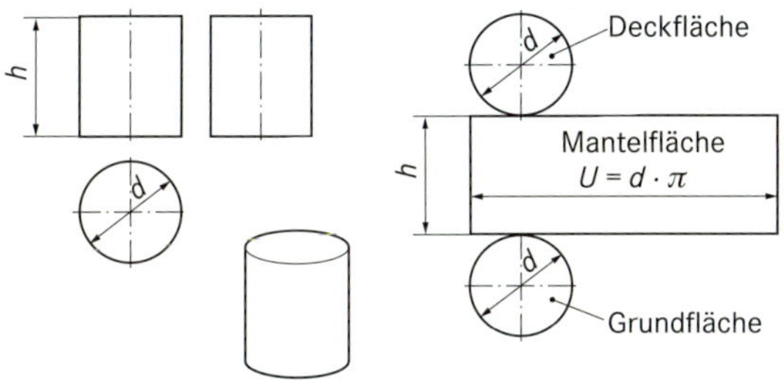

Zylinderabwicklung (rechnerische Lösung)

Neben der rechnerischen Ermittlung der Größe der Mantelfläche ist auch eine zeichnerische Lösung möglich. Dabei werden mit einem Zirkel eine Anzahl gleicher Abstände aus dem Umfang des Kreises abgegriffen und hintereinander an der Mantelfläche angetragen. Eine Zwölferteilung hat sich als zweckmäßig erwiesen, da sie mit der gleichen Zirkeleinstellung vorgenommen werden kann, mit der der Kreis gezeichnet wurde. (Der Radius eines Kreises entspricht der Seitenlänge eines entsprechenden Sechseckes.) Zwischen einer rechnerischen und einer zeichnerischen Lösung ergibt sich immer eine geringe Differenz. Sie beträgt z. B. bei einem Zylinderdurchmesser von 100 mm lediglich 3,4 mm. In der Praxis wird die rechnerische Lösung bevorzugt und eine erforderliche Aufteilung durch den Strahlensatz durchgeführt. Eine Nummerierung am Zylinderumfang und auf der Mantelfläche erleichtern die Erstellung von schwierigen Abwicklungen.

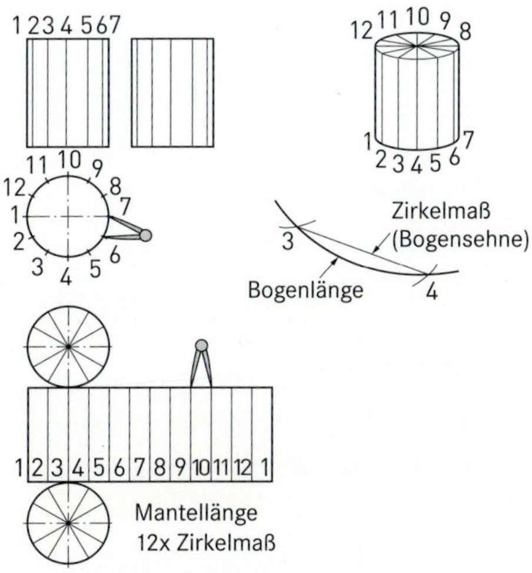

Zylinderabwicklung (Zeichenkonstruktion)

Für Zylinder mit schräger Deckfläche ergibt sich eine andere Form für Mantel- und Deckfläche. Die Form des Zuschnittes ergibt sich durch das Antragen der einzelnen Mantellinienlängen bei den entsprechenden Zahlen. Zu Beginn der Darstellung ist es von Vorteil, die Mantelfläche des unveränderten Zylinders dünn vorzuzeichnen und schon dabei die Zwölferteilung vorzunehmen. Eine Festlegung der Trennkante an der niedrigsten oder höchsten Stelle ergibt eine symmetrische Form der Mantelfläche und erspart dadurch Zeichenarbeit. Die ermittelten Höhenpunkte werden mit einem Kurvenlineal zu einer Kurve verbunden. Die Zuschnittform der schrägen Deckfläche ist größer als die Grundfläche und ellipsenförmig. Die kurze Ellipsenachse entspricht dem Zylinderdurchmesser, die lange Ellipsenachse ergibt sich aus der Länge der schrägen Fläche. Die zeichnerische Darstellung kann direkt im rechten Winkel über der Vorderansicht konstruiert werden. Die mit Hilfe der Mantellinien ermittelten Schnittpunkte werden von der schrägen Schnittfläche in der Vorderansicht rechtwinklig herausgezogen. Die Kreisteilungspunkte können mit einem Lineal, Zeichendreieck oder Zirkel aus der Draufsicht übertragen werden. Aus dem so entstandenen Gitternetz werden die begrenzenden Schnittpunkte festgelegt und mit einer Schablone verbunden.

Abwicklung eines Zylinders mit schräger Deckfläche

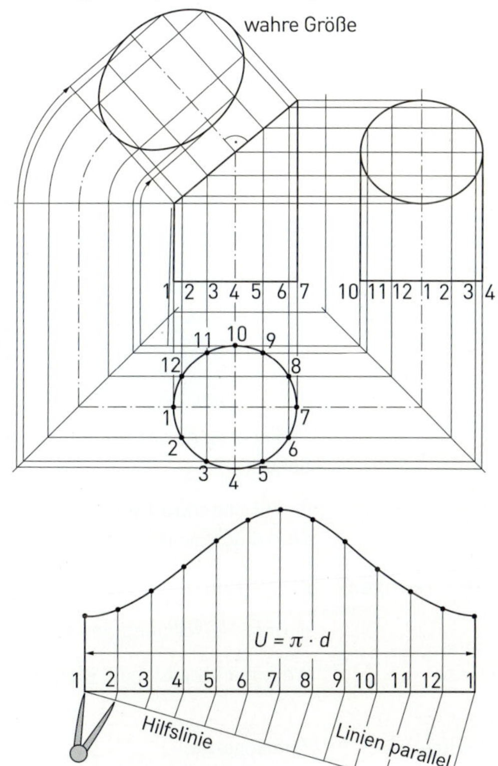

Zirkeleinstellung etwas kleiner wählen als 1/12 Kreisumfang und 12mal antragen.

Fertigen

5.2.2 Scherschneiden

Der Zuschnitt der Blechtafeln erfolgt auf einer Tafelschere. Tafelscheren gibt es in verschiedenen Größen und mit unterschiedlichsten Varianten, die Scherkraft zu erzeugen.

Alle Scheren haben zwei keilförmige Schneiden. Diese bewegen sich aneinander vorbei. Bei den Tafelscheren bewegt sich nur eine Schneide, meist die obere, das Obermesser. Durch die Stellung der Schneiden zueinander werden die Schneidverfahren unterschieden in:

- vollkantiges Schneiden und
- ziehendes Schneiden.

Die Schneidverfahren haben Auswirkungen auf die Scherkräfte F_S und auf die Verformung des Werkstücks während des Schervorgangs. Welches Verfahren Anwendung findet, wird durch die Auswahl des Werkzeuges bestimmt (Tab. 1).

Tab. 1: Vollkantiges und ziehendes Schneiden

	Vollkantiges Schneiden	Ziehendes Schneiden
Stellung der Schneidkeile	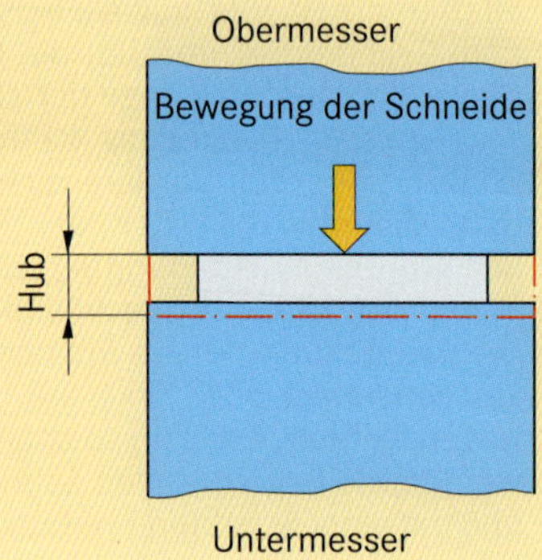 Ober- und Untermesser stehen parallel zueinander. Schneiden dringen auf der gesamten Werkstückbreite auf einmal in das Werkstück ein.	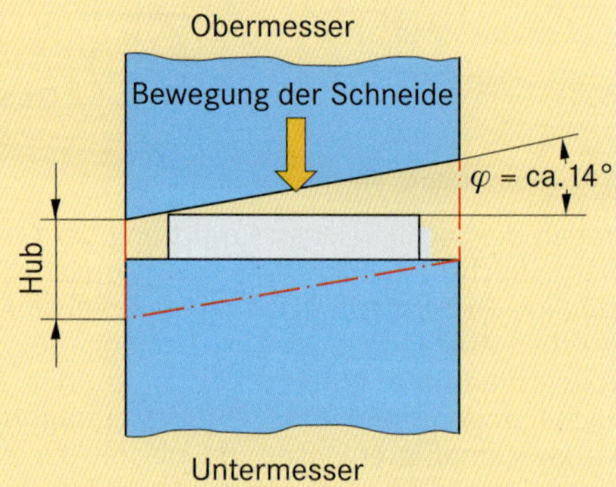 Das Obermesser ist um den Winkel φ = ca. 14° gegenüber dem Untermesser geneigt. Schneide dringt allmählich in das Werkstück ein.
Kraftwirkung	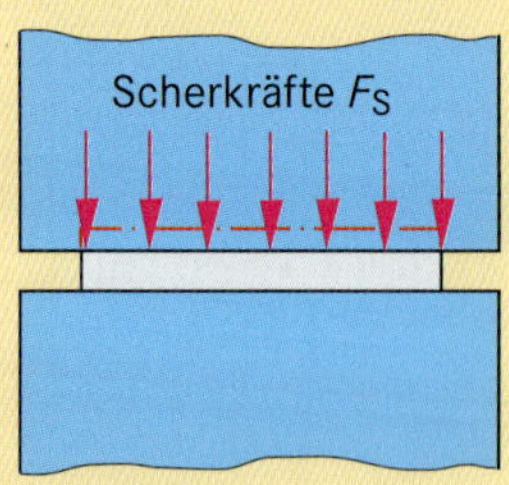 Schlagartig einsetzende und endende Scherkraft. Große Scherkraft entsprechend der Werkstückbreite.	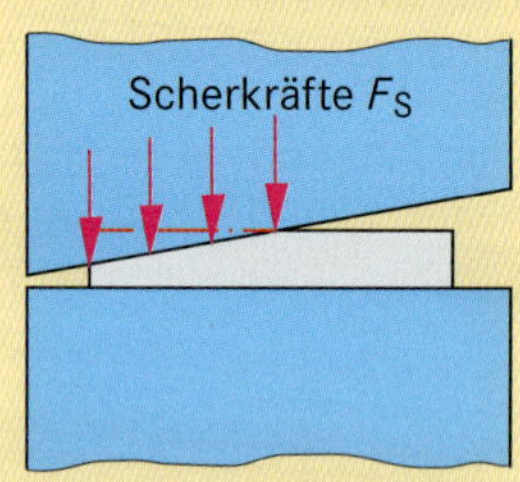 Scherkraft steigt allmählich auf einen Höchstwert und sinkt dann wieder. Insgesamt kleinere Scherkraft.
Auswirkungen	Kurzer Hub, geringe Verformung des Werkstückes. Werkstückbreite max. Messerbreite.	Großer Hub, starke Verformung des abgeschnittenen Werkstückteils. Werkstückbreite nicht begrenzt.
Werkzeuge	Tafelscheren, Schneidwerkzeuge.	Handblechscheren, Handhebelscheren, Maschinenscheren.

Tafelscheren

Der Einsatz von Tafelscheren beschränkt sich auf gerade, offene Schnitte, d. h. nur der Zuschnitt der Grundmaße (2310 x 1455) der Einhausung ist auf einer Tafelschere möglich.

Tafelscheren werden bei höheren Schnittleistungen eingesetzt (Abb. 1). Der Antrieb des Obermessers erfolgt hydraulisch oder durch Elektromotoren.

Tafelscheren gibt es mit vollkantigem und ziehendem Schnitt.

Abb. 1: Motorgetriebene Tafelschere

Ein Kriterium für die Qualität des Schnittes auf einer Tafelschere ist der Schneidspalt (S). Dieser sollte so klein wie möglich gehalten werden (Abb. 2). Die Größe des Schneidspaltes ist vor allem abhängig von der Blechdicke.

Ein zu kleiner Abstand zwischen den Schneiden verursacht eine schlechte Qualität der Schnittfläche und einen erhöhten Werkzeugverschleiß. Ist der Schneidspalt zu groß, verschlechtert sich ebenfalls die Qualität des Schnittes, es bildet sich Grat und dünne Bleche könnten in den Spalt gequetscht werden.

Handhebelscheren

Die Bewegung des Obermessers einer Handhebelschere ist nicht geradlinig, sondern kreisförmig um das Drehlager (Abb. 3). Das führt zu einem sich ständig verändernden Öffnungswinkel während des Schneidvorgangs. Um einen konstanten Öffnungswinkel von ca. 14° zu erreichen, sind bei Handhebelscheren die Obermesser gekrümmt.

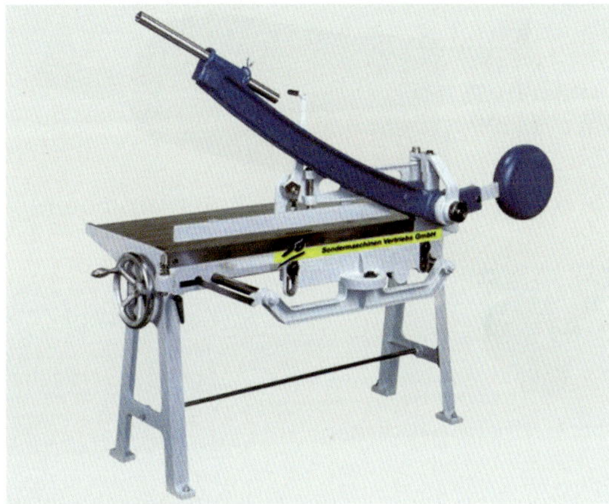

Abb. 3: Handhebelschere

Der ziehende Schnitt verringert die Schnittkraft. Er führt zu starken Verformungen des Werkstücks und macht das Richten als einen weiteren Arbeitsgang notwendig.

Auch auf der Handhebelschere können nur gerade, offene Schnitte ausgeführt werden. Die Baugröße beschränkt die Schnittlänge oder macht ein Nachsetzen des Bleches notwendig.

Wegen der geringen Blechdicken ist ein Schneidspalt nicht notwendig. Damit die Messer nicht aneinander reiben, sind sie hohlgeschliffen.

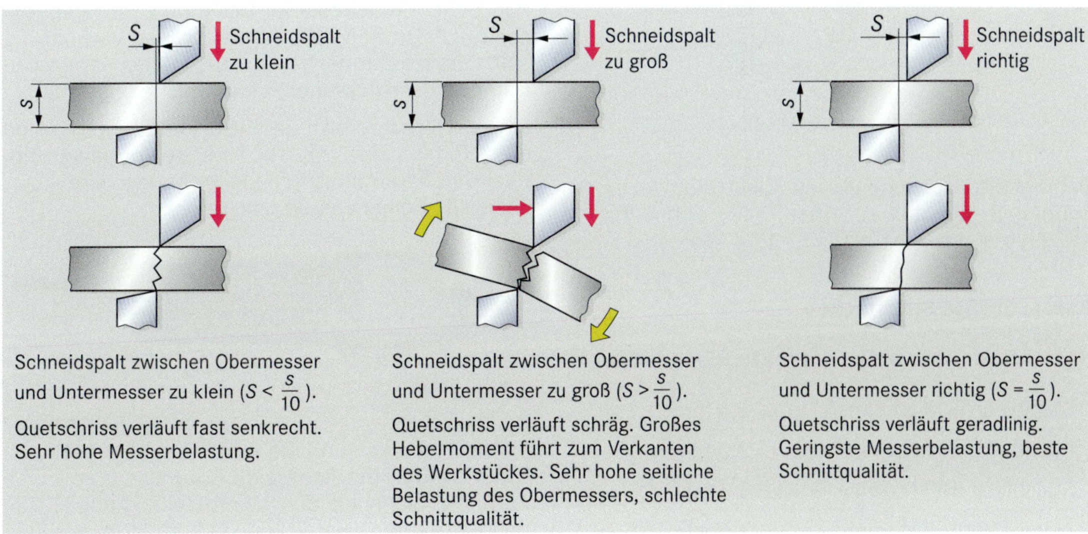

Abb. 2: Wirkung des Schneidspalts

Elektrohandschere und Kreisschere

Für kurze Schnitte oder gekrümmte Außen- und Innenkonturen eignen sich Elektrohand- oder Kreisscheren.

Elektrohandscheren zeichnen sich durch geringes Maschinengewicht und große Kurvengängigkeit aus (Abb. 1).

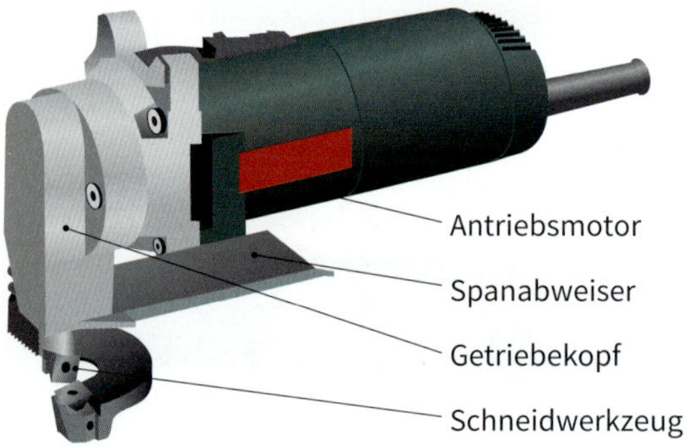

Abb. 1: Elektrohandschere

Elektrohandscheren eignen sich zum Ausschneiden von geraden und gekrümmten Kanten. Das bewegliche Obermesser führt die Schnittbewegung aus. Die Vorschubbewegung wird durch den Bediener mit der Maschine ausgeführt (Abb. 2).

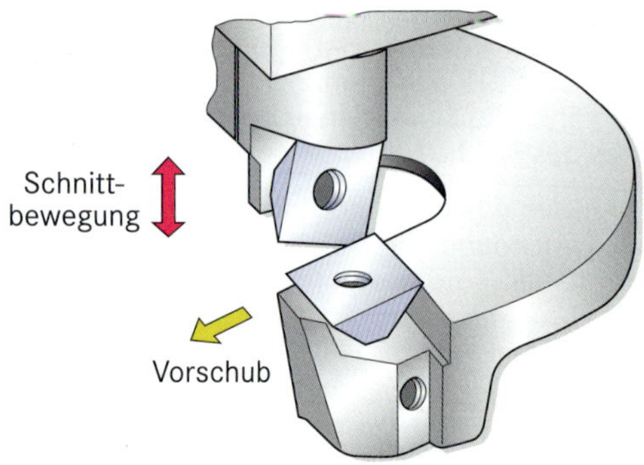

Abb. 2: Schnitt- und Vorschubbewegung

Der Schnitt ist ziehend. Mit Elektrohandscheren können Bleche bis zu einer Dicke von 2,5 mm geschnitten werden (Tab.1).

Tab.1: Größte Blechdicken

Werkstoff (Auswahl)	größte Blechdicke
Stahlblech 400 N/mm²	2,5 mm
Stahlblech 600 N/mm²	2,0 mm
Stahlblech 800 N/mm²	1,6 mm
Aluminium 250 N/mm²	2,5 mm

Zum Schutz der Maschine und des Bedieners sind Elektrohandscheren mit einem Spanabweiser ausgestattet (Abb. 3). Durch die beim Scheren wirkenden Kräfte wird der Verschnitt so verformt, dass er sich in Richtung Maschine biegt. Der Spanabweiser verhindert dies. Ohne ihn würde der scharfkantige Blechverschnitt die Maschine berühren und könnte das Gehäuse zerstören. Außerdem bestände für den Bediener ein hohes Verletzungsrisiko. Trotzdem muss der Verformung auch noch mit Muskelkraft entgegengewirkt werden.

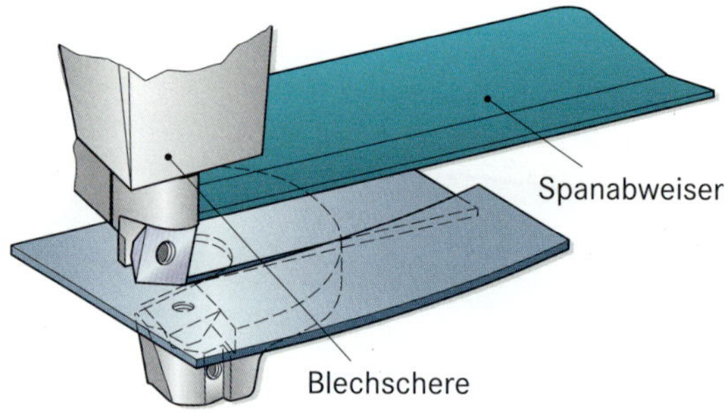

Abb. 3: Spanabweiser der Elektrohandschere

Das Trennen von dickeren Blechen ist mit handgeführten Blechscheren nicht möglich, da die Schnittkraft durch die Baugröße der Maschine begrenzt ist und die erforderliche Verformungsarbeit für den abgetrennten Streifen vom Bedienenden aufgebracht werden muss

Um den Ausschnitt für das Lochblech herzustellen, wird zunächst eine Bohrung hergestellt. Sie muss groß genug sein, damit das Schneidwerkzeug angesetzt werden kann. Dann kann der Schnitt in einer kontinuierlichen Vorschubbewegung erfolgen.

Die Größe des Schneidwerkzeuges einer Elektrohandschere macht sie für bestimmte Einsatzbereiche ungeeignet. Auf Grund der großen Vorbohrung sind Elektrohandscheren für kleine Innenausschnitte (geschlossener Schnitt) nicht einsetzbar.

Eine weitere Bauform der Elektrohandscheren sind die Schlitzscheren (Abb. 4). Mehrere Vorteile gegenüber den herkömmlichen Elektrohandscheren machen sie zu einer echten Alternative.

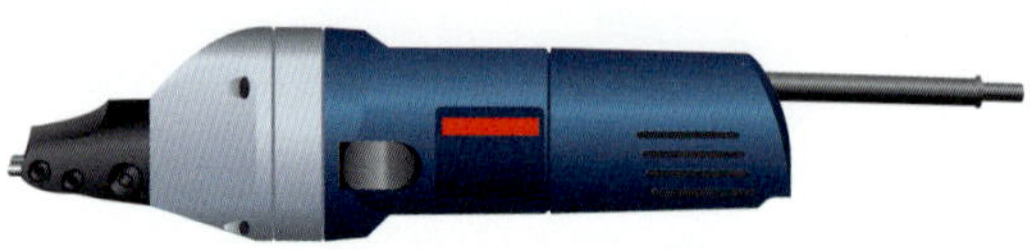

Abb. 4: Schlitzschere

Sie sind handlich und die Schnitte sind nahezu verwindungsfrei. Die kompakte Bauweise bietet eine optimale Sicht auf die Schnittstelle (Abb. 5). Die bearbeitbaren Blechdicken sind ca. 25 % geringer als bei Elektrohandscheren.

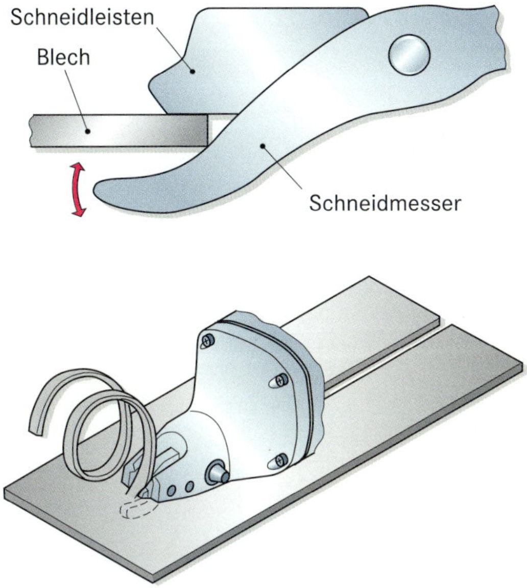

Abb. 5: Werkzeug einer Schlitzschere

Mit Kreisscheren (Abb. 6) schneidet man Ronden und Ringe aus Blechtafeln (Abb. 7). Zwei rotierende Messer, hier durch einen Elektromotor angetrieben, bilden das Schneidwerkzeug (Abb. 8).

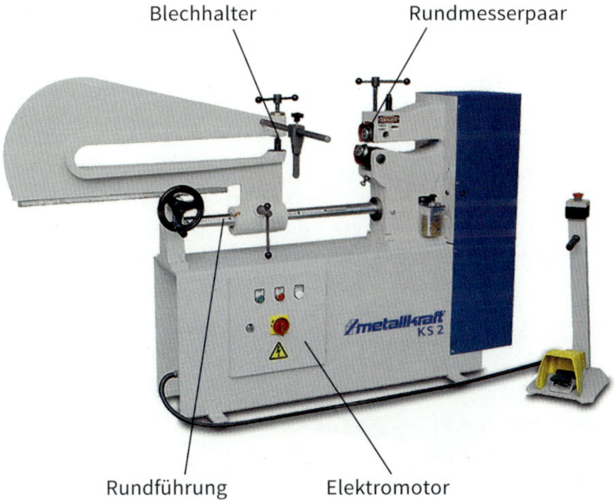

Abb. 6: Kreisschere

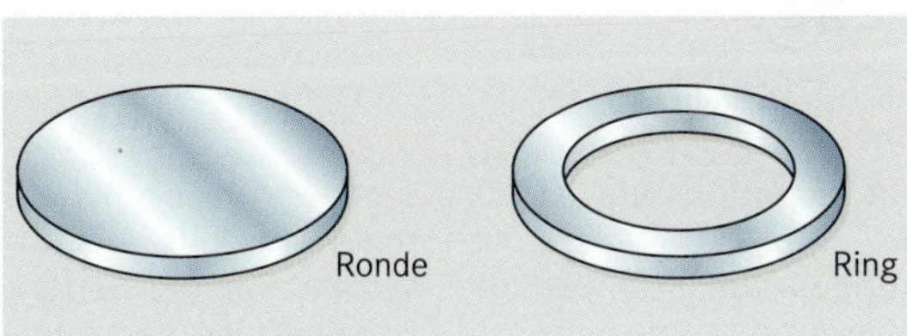

Abb. 7: Ronde und Ring

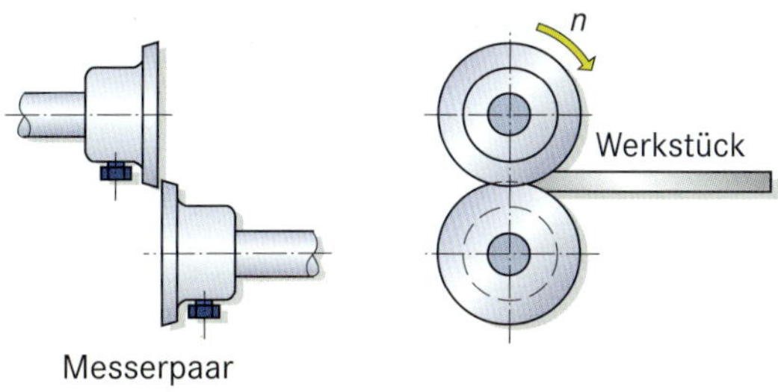

Abb. 8: Werkzeug der Kreisschere

Um die Qualität zu sichern, wird der Schneidspalt durch ein Handrad eingestellt. Der Durchmesser der Ronden wird durch den Abstand des Blechhalters und des Messerpaares bestimmt. Der Abstand kann durch Verschieben der Rundführung verändert werden.

Tab. 2: Besonderheiten von Werkstoffen

Werkstoff	Besonderheit	Folgen
Schwarzblech	sehr harte Walzhaut	höherer Verschleiß der Werkzeugschneiden
Nichtrostende Stähle	höhere Festigkeit	höhere Schnittkräfte
NE-Metalle	• geringere Festigkeit • starke Gratbildung	• geringere Schnittkräfte • „Verschmieren“ der Schneiden • erhöhte Reibung • Verkürzung der Standzeit

Arbeitssicherheit

Zur Sicherheit des Bedieners sind die Arbeitsbereiche von Tafelscheren mit Schutzvorrichtungen versehen, die das Durchgreifen während des Schneidvorganges verhindern sollen. Diese Vorrichtungen dürfen auf keinen Fall entfernt werden.

Das Obermesser der Handhebelschere muss gegen unbeabsichtigtes Scheren gesichert sein. Diese Sicherung darf erst unmittelbar vor dem Scheren gelöst werden.

Bei den elektrischen Blechscheren geht die Gefahr nicht von den Werkzeugen, sondern vom Grat der geschnittenen Blechtafeln aus. Es muss immer mit Handschuhen gearbeitet werden. Der Spanabweiser darf nicht entfernt werden. Die Anschlussleitungen sind vor jedem Einsatz auf mögliche Beschädigungen zu kontrollieren.

Fertigen

5.2.3 Lochstanzen und Nibbeln

Lochstanzen

Zur Montage des Lochblechs in die Einhausung sind 10 Löcher Ø 2,0 mm herzustellen. Zur Befestigung der Scharniere an der Einhausung des Hydraulikaggregates sind 8 Löcher Ø 7,6 mm zu fertigen. Ein effizientes Verfahren ist das Lochstanzen.

Beim Lochstanzen werden in einem Arbeitsgang Durchbrüche hergestellt. Voraussetzung ist jedoch, dass die passenden Werkzeuge vorhanden sind.

Abb. 1: Arbeitsbereich der Lochstanze

Die Werkzeuge beim Lochstanzen werden als Stempel und Matrize bezeichnet. Der Stempel ist das bewegliche Schneidwerkzeug und kann einen runden oder rechteckigen Querschnitt haben. Die geschlossene Schneide befindet sich an der Stirnseite des Stempels.

Die Matrize ist fest mit der Maschine verbunden. Sie bildet das Gegenstück zum Stempel und entspricht dem Untermesser. Der Stempel bewegt sich in der Matrize auf und ab. Der Querschnitt der Öffnung, in der sich der Stempel bewegt, muss dem Stempelquerschnitt entsprechen.

Beim Stanzen müssen große Scherkräfte aufgebracht werden, denn der Schnitt erfolgt auf der gesamten Scherlänge gleichzeitig. Um eine Überlastung der Stanzeinrichtung zu verhindern, sollte vor dem Stanzen die erforderliche Scherkraft berechnet werden (→📖).

Nibbeln

Das Nibbeln ist ein Fertigungsverfahren, das ähnlich wie das Lochstanzen arbeitet. Stempel und Matrize bilden das Schneidenpaar (Abb. 2).

Bei einer Arbeitsbewegung, einem Hub, wird ein Lochabschnitt hergestellt. Entlang einer beliebigen Schnittlinie werden kontinuierlich viele Einzellöcher gestanzt (Abb. 3). Dabei ist der Vorschub der Maschine kleiner als der Durchmesser des verwendeten Stempels. Der Zapfen am Ende des Stempels befindet sich während des Nibbelns immer in der Schnittfuge und begrenzt so den Vorschub pro Hub.

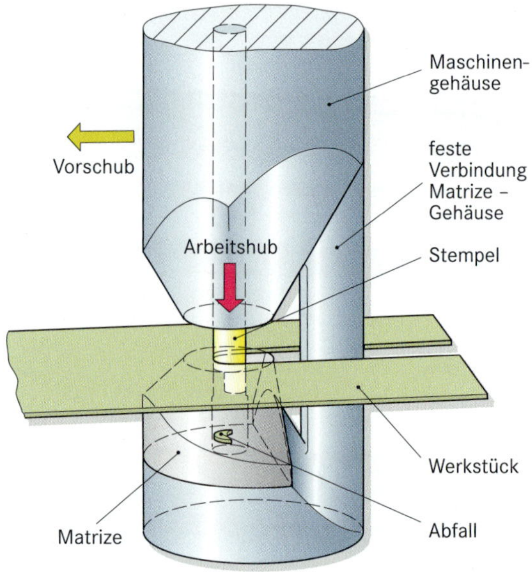

Abb. 2: Darstellung des Werkzeugs einer Nibbelmaschine

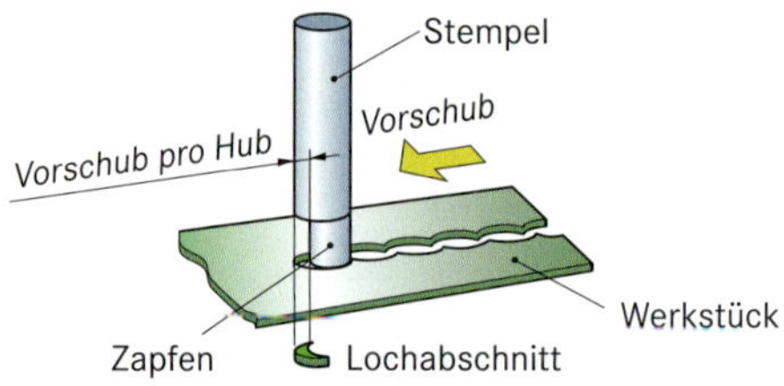

Abb. 3: Stark vergrößerte Schnittkante

Nibbelmaschinen gibt es in verschiedenen Ausführungen. Zum mobilen Einsatz in der Werkstatt und auf der Baustelle werden handgeführte Nibbelmaschinen eingesetzt (Abb. 4).

Abb. 4: Nibbelmaschine

Die Scherleistung ist ausgelegt für Bleche bis ca. 3,5 mm. Profilbleche benötigen spezielle Ausführungen von Stempel und Matrize. Für die Serienfertigung in spezialisierten Berieben werden kombinierte, CNC-gesteuerte Stanz- und Nibbelautomaten eingesetzt.

Neben der Baugröße und -form unterscheidet man die Nibbelmaschinen nach ihrem Funktionsprinzip in:

- Nibbelmaschinen mit stoßendem Schnitt,
- Nibbelmaschinen mit ziehendem Schnitt (Abb. 5).

Beim *stoßenden Schnitt* erfolgt der Stanzvorgang bei der Abwärtsbewegung des Stempels. Es werden runde und rechteckige Stempel eingesetzt. Mit runden Stempeln lassen sich Kurvenschnitte sehr gut anfertigen, rechteckige Stempel werden für gerade Schnitte eingesetzt. Beim stoßenden Schnitt werden die Späne nach unten ausgeworfen.

Beim *ziehenden Schnitt* wird der Stempel kleiner ausgeführt. Die geringere Baugröße ermöglicht einen wesentlich engeren Kurvenradius als bei Maschinen mit stoßendem Schnitt. Es werden nur runde Stempel verwendet. Die Späne, die beim ziehenden Schnitt entstehen, werden nach oben transportiert.

Die entstehenden Späne sind klein und scharfkantig. Sie dürfen auf gar keinen Fall mit der Hand entfernt werden. Es besteht ein sehr hohes Verletzungsrisiko.

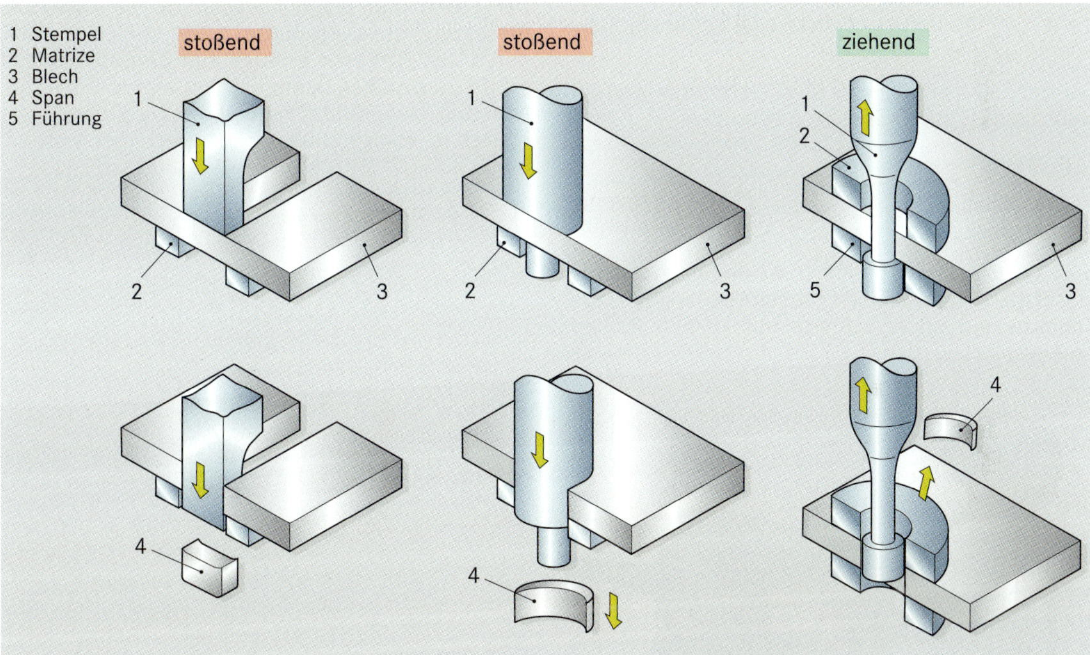

Abb. 5: Vergleich stoßender und ziehender Schnitt

Tab. 1: Werkzeugauswahl

	gerader Schnitt	Kurvenschnitt kleine Radien	Kurvenschnitt große Radien	Innenkonturen	Außenkonturen	Qualität der Schnittflächen hoch	Qualität der Schnittflächen niedrig	profiliertes Blech
Handhebel-Tafelschere	X				X	X		
Elektrohandschere	X		X	X	X	X		
Kreisschere		X	X	X	X	X		
Schlitzschere	X		X		X	X		
Nibbelmaschine		X	X	X	X		X	X

Fertigen

5.2.4 Sägen

Sägen ist ein spanendes Trennverfahren mit geometrisch bestimmten Schneiden. Die Spanabnahme erfolgt durch eine Vielzahl von schmalen Zähnen, die hintereinander angeordnet sind.

Es werden folgende Verfahren unterschieden:

- Hubsägen
- Kreissägen

Bei den Verfahren des Hubsägens ist die Schnittbewegung geradlinig. Diese teilt sich in einen Arbeitshub und einen Rückhub.

Kreissägen haben eine kreisfömige Schnittbewegung. Die Rotation ermöglicht eine kontinuierliche Spanabnahme.

Bei der Bearbeitung von Blechen werden sowohl Hubsägen als auch Kreissägen benutzt.

Hubsägen

Bei der Arbeit in der Werkstatt und auf der Baustelle werden Stichsägen verwendet (Abb. 1).

Stichsägen sind sehr handlich und dadurch vielseitig einsetzbar. Mit ihr können problemlos lange gerade Schnitte und Kurvenschnitte mit kleinen Radien durchgeführt werden.

Abb. 1: Stichsäge

Typisch für Stichsägen ist die rechtwinklige Anordnung von Motor und Sägeblatt. Das Motor- und das Getriebegehäuse dienen als Handgriff.

Durch die schwenkbare Fußplatte lässt sich die Stichsäge auch zum Herstellen von Gehrungsschnitten bis 45° einsetzen (Abb. 2).

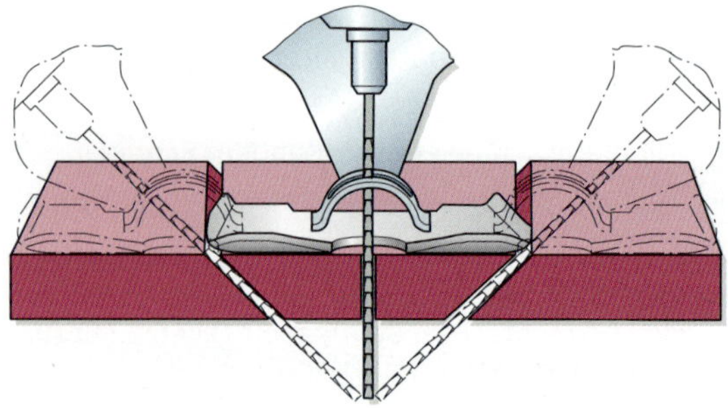

Abb. 2: Gehrungsschnitt

Der Arbeitshub bei Stichsägen ist die ziehende Bewegung des Sägeblattes. Der Vorschub wird durch den Bediener erzeugt. Um den Arbeitsfortschritt zu erhöhen, kann bei den meisten Maschinen eine mehrstufige Pendelbewegung des Sägeblattes in Vorschubrichtung zugeschaltet werden (Abb. 3).

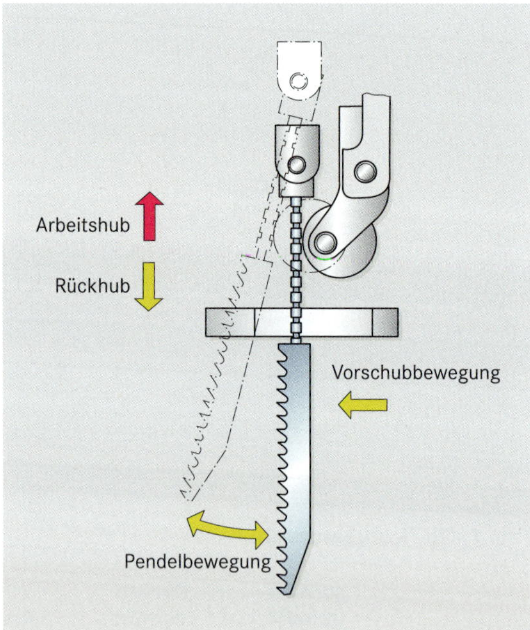

Abb. 3: Bewegungen des Sägeblattes

Sägeblätter werden bei gleicher Zahnteilung in verschiedenen Formen angeboten (Abb. 4).

Breite Blätter eignen sich besonders für lange, gerade Schnitte. Der breite Zahnrücken sorgt für eine gute Geradeausführung. Für enge Kurven gibt es spezielle Kurvensägeblätter. Schmale Blätter werden bei kombinierten Schnitten eingesetzt. Die Geradeausführung ist zufriedenstellend und Kurven mit großen Radien sind möglich.

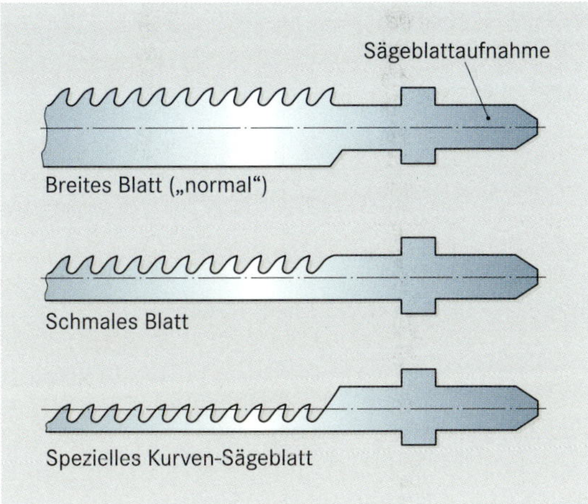

Abb. 4: Sägeblattformen

Die Form der Sägeblattaufnahme ist herstellerspezifisch.

Der Freischnitt wird durch Schränken erreicht.

Die Länge der Sägeblätter ist unterschiedlich. Je größer die Schnitttiefe ist, umso schwieriger ist der Abtransport der Späne. Die Hersteller von Sägeblättern bieten Blätter zwischen 50 und 150 mm Länge an. Die maximale Schnitttiefe muss den Herstellerempfehlungen entnommen werden.

Am häufigsten werden Sägeblätter aus Schnellarbeitsstählen verwendet. Sie sind belastbar und haben auch bei höheren Temperaturen eine gute Standzeit. Nachteilig ist die Sprödigkeit des Werkstoffs. Dies führt schon bei leichtem Verkanten zum Bruch des Sägeblattes.

Diesen Nachteil gleichen Bimetallsägeblätter aus. Das Sägeblatt besteht aus zwei (bi) unterschiedlichen Werkstoffen: der Zahnrücken besteht aus einem zähen Werkzeugstahl. Die Zähne dagegen bestehen aus HSS (Abb. 5).

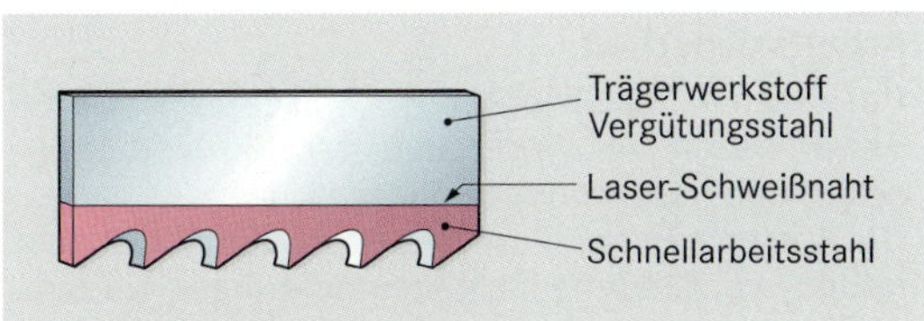

Abb. 5: Sägeblatt aus Bimetall

Diese Vielfältigkeit an Sägeblättern macht die Stichsäge zu einem universellen Werkzeug.

Ein weiteres häufig eingesetztes Werkzeug ist die Säbelsäge (Abb. 6). Das wesentliche Merkmal einer Säbelsäge ist die Lage von Motor und Sägeblatt in einer Ebene.

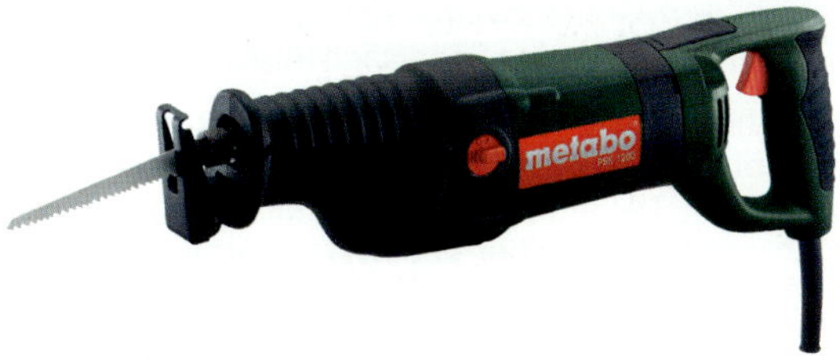

Abb. 6: Säbelsäge

Der Schnitt erfolgt, ohne dass die Maschine ganz auf dem Bauteil aufgesetzt wird (Abb. 7). Einerseits erlaubt dies fast jeden Schnittverlauf, erschwert aber andererseits einen langen geraden Schnitt. Säbelsägen werden mit zwei Händen bedient. Schwingungen, die durch die wechselnde Hubrichtung des Sägeblattes entstehen, werden durch Dämpfungssysteme ausgeglichen.

Abb. 7: Stichsäge

Für die Auswahl des Sägeblattes gelten die gleichen Kriterien wie bei Stichsägen. Die Schnitttiefe kann bis zu 250 mm betragen. Mit Zusatzeinrichtungen können Schnitte von genau 90° ausgeführt werden. Dies findet vor allem in der Installationstechnik Anwendung. Um die Schnittleistung zu erhöhen, kann eine Pendelbewegung des Sägeblattes zugeschaltet werden.

Kleine Säbelsägen werden häufig als Multisägen bezeichnet. Um die Schnittleistung zu erhöhen, kann auch bei einer Multisäge der Pendelhub zugeschaltet werden. Auf Grund ihrer geringen Baugröße und der Einhandführung ist sie sehr flexibel einsetzbar. Besonders das umfangreiche Zubehör, wie Feil- und Polieraufsätze, macht die Multisäge zu einem vielseitig einsetzbaren Werkzeug.

Der Elektrofuchsschwanz hat die gleichen Einsatzbereiche wie eine Säbelsäge (Abb.1).

Der Unterschied liegt in der Anordnung Motor – Sägeblatt, die beim Elektrofuchsschwanz rechtwinklig ist. Der einfache Aufbau macht den Elektrofuchsschwanz zu einer preiswerten Alternative zur Säbelsäge.

Abb. 1: Elektrofuchsschwanz

Handkreissäge

Handkreissägen werden für lange gerade Schnitte eingesetzt. Das Sägeblatt ist rund, die Zähne sind auf dem Umfang angeordnet. Die Rotationsbewegung des Sägeblattes ermöglicht hohe Schnittgeschwindigkeiten, einen ununterbrochenen Schnittvorgang und eine hohe Schnittqualität.

Der Aufbau einer Kreissäge ermöglicht die Einstellung der Schnitttiefe und des Schnittwinkels (Abb. 2).

Abb. 2: Handkreissäge

Bei Kreissägeblättern werden auf das Stammblatt aus HSS Hartmetallplättchen aufgelötet. Diese bilden dann die Zähne (Abb. 3).

Der Freischnitt wird durch die Form der Zähne erzielt. Pro Zahn werden nur wenige 1/10 mm abgespant.

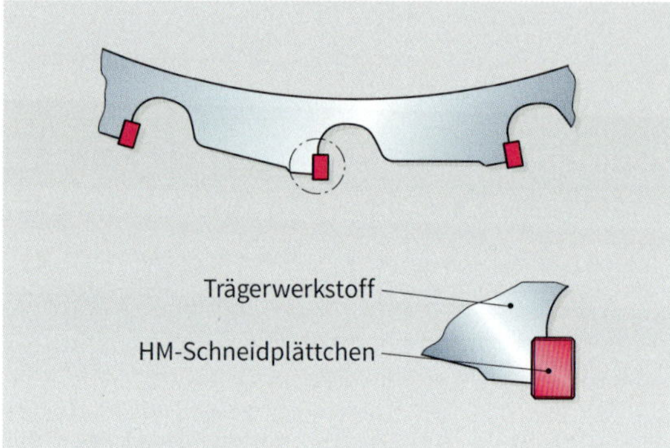

Abb. 3: Zahnaufbau am Kreissägeblatt

Der Vorschub wird durch den Bediener mit der Maschine ausgeführt. Vorschubrichtung und Rotationsrichtung des Sägeblattes sind entgegengesetzt, d. h. im Gegenlauf (Abb. 4). Bei elektronisch geregelten Handkreissägen kann die Umdrehungsfrequenz genau eingestellt und dem zu sägenden Werkstoff angepasst werden.

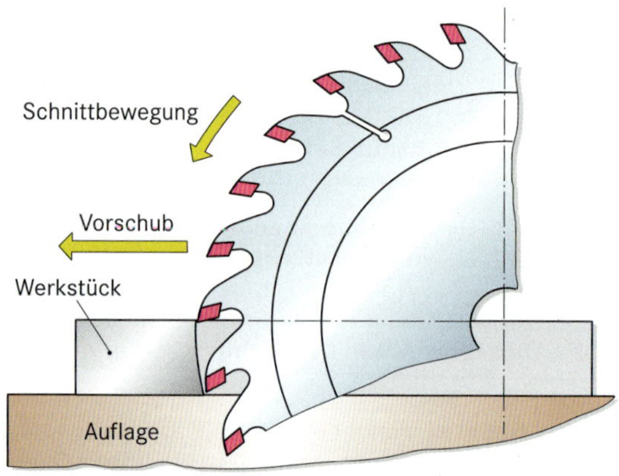

Abb. 4: Arbeitsbewegungen der Kreissäge

Arbeitssicherheit

Bei den beschriebenen Maschinen zum Sägen liegen die Werkzeuge frei. Sie sind sehr scharf und haben hohe Schnittgeschwindigkeiten. Die Bedienungsanleitung des Herstellers ist einzuhalten, vorhandene Schutzeinrichtungen dürfen nicht entfernt werden.

In jedem Fall muss eine Schutzbrille und bei längerem Arbeiten ein Gehörschutz getragen werden. Die Arbeitskleidung muss eng anliegen.

Nach Beendigung der Arbeit sollen das Sägeblatt, mit Ausnahme der Kreissäge, aus der Maschine entfernt werden. Das schützt den Bediener und das Sägeblatt.

5.2.5 Trennen durch Abtragen

ARBEITSAUFTRAG

Die Seitenteile des Behälters der Abfüllanlage sollen aus warmgewalzten Blechen aus Baustahl durch Schmelzschneiden zugeschnitten werden.

Fertigen

Zum Trennen durch Abtragen gehören die Schmelzschneid-Verfahren. Bei diesen Verfahren wird der Werkstoff nicht verbrannt, sondern geschmolzen und aus dem Schneidspalt geblasen. Sie sind für alle Metalle und je nach Verfahren auch für nichtmetallische Werkstoffe geeignet.

Man unterscheidet das

- Laserstrahlschneiden und das
- Plasmaschneiden.

Laserstrahlschneiden

Beim Laserstrahlschneiden ist die Energiequelle ein gebündelter energiereicher Strahl von sichtbarem oder unsichtbarem Licht. Das Verfahren kann angewendet werden, wenn diese Strahlung möglichst ohne Verlust, z. B. durch Reflexion oder Ableitung, in Wärme umgewandelt wird (Abb. 5).

Nach Art des zur Strahlerzeugung verwendeten Mediums unterscheidet man:

- Gaslaser, z.B. CO_2-Laser, und
- Feststofflaser, z. B. Rubinlaser.

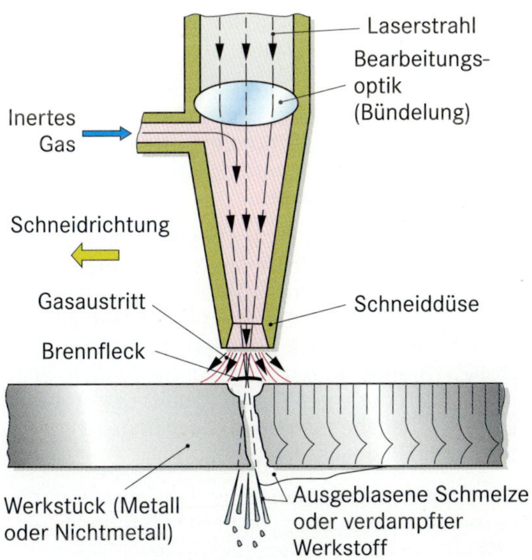

Abb. 5: Prinzip des Laserstrahlschneidens

Gaslaser arbeiten mit einem konstanten, stehenden Laserstrahl. Durch eine Veränderung des Stroms, der den Laser erzeugt, lässt sich der Gaslaser in seiner Wirkung beeinflussen.

Rubinlaser arbeiten mit nicht konstanten, gepulsten Laserstrahlen. Grund dafür ist die Erzeugung des Laserstrahles durch Blitzlicht. Durch die sehr kurze Einwirkzeit an der Trennstelle wird das umgebende Material thermisch nur gering belastet.

Zusatzgase fördern entweder eine Verbrennung oder bilden eine Schutzgaszone. Man unterscheidet:

- Laser-Brennschneiden mit O_2 als Schneidgas für oxidierende Metalle und
- Laser-Schmelzschneiden mit inerten, chemisch nicht reagierenden Schutzgasen für alle Werkstoffe.

Vorteilhaft beim Laserstrahlschneiden ist eine hohe Abtraggeschwindigkeit bei geringer Wärmeausbreitung und sehr schmaler scharfkantiger Trennfuge. Dadurch entfällt die Nacharbeit an Fertigteilen. Trennbar sind neben Metallen Stoffe wie Keramik und Textilien. Auch kunststoffbeschichtete Bleche sind ohne wesentliche Beschädigungen des Überzuges trennbar.

Die Schnittgeschwindigkeit liegt zwischen 1 und 60 m/min bei Stahl und bis zu 300 m/min bei Kunststoffen. Die Breite des Schnittspaltes liegt zwischen 0,1 und 0,8 mm.

Das Schmelzschneiden mit Laserstrahl kann für den Zuschnitt der Behälterbleche sehr gut eingesetzt werden. Die Anforderung – keine Nacharbeit – wird erfüllt. Die Blechkanten müssen nicht zusätzlich bearbeitet werden.

Plasmaschneiden

Beim Plasmaschneiden wird zunächst zwischen der Wolframelektrode und der Kupferdüse ein Lichtbogen gezündet. Dieser wird vom Plasmagas durchströmt. Dadurch wird das Plasmagas elektrisch leitend. Wenn das Plasmagas das Werkstück erreicht hat, wird der Hauptlichtbogen gezündet. Dieser Lichtbogen erreicht Temperaturen über 2000 °C. Das Werkstück schmilzt an der Trennstelle. Das verwendete Plasmagas strömt mit hoher Geschwindigkeit aus der Düse und bläst den aufgeschmolzenen Werkstoff aus dem Schneidspalt. Plasmagase sind Mischungen aus Argon und Wasserstoff oder Argon und Stickstoff (Abb. 6).

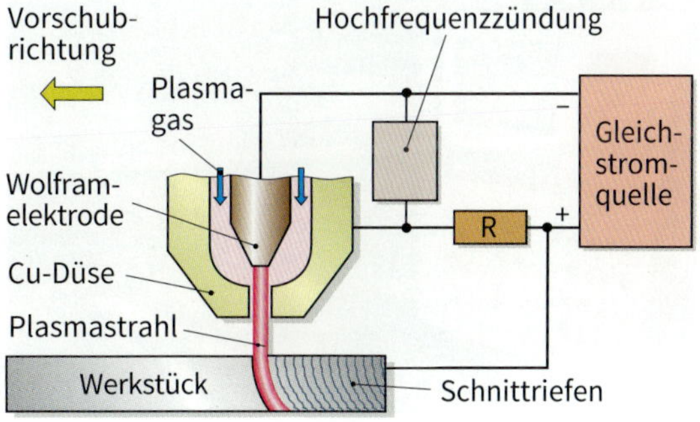

Abb. 6: Prinzip des Plasmaschneidens

Die Weiterentwicklung ist das Wasser-Plasmaschneiden, bei dem durch Wasserzugabe der Plasmastrahl noch enger gebündelt ist. Wird der Plasmastrahl mit einer Wasserglocke abgedeckt und unter Wasser geschnitten, reduziert sich dabei die Umweltbelastung durch giftige Dämpfe ganz erheblich.

Heute setzt sich das Plasmaschneiden mit Druckluft als Plasmagas immer mehr durch und wird somit auch für unlegierte Baustähle interessant. Die Schnittgeschwindigkeit ist höher als beim Brennschneiden. Dadurch sind die Kanten wegen der geringeren Wärmeeinbringung verzugsfrei.

Die verschiedenen Plasmaschneid-Verfahren werden in großen Anlagen mit automatischer Steuerung verwendet.

In der Werkstatt und auf der Baustelle werden mobile Plasmaschneidanlagen eingesetzt (Abb. 1).

Abb. 1: Plasma-Handschneidgerät

Die Druckluft ist gleichzeitig Kühl- und Plasmagas. Diese Geräte werden in verschiedenen Leistungsstufen für Werkstoffdicken von 6 – 45 mm angeboten. Je nach Größe des Gerätes werden 110 bis 130 Liter Druckluft je Minute verbraucht. Nachteilig sind die Umweltbelastung durch Lärm und Abgase sowie die kurze Lebensdauer der Schneiddüsen von maximal 10 Stunden.

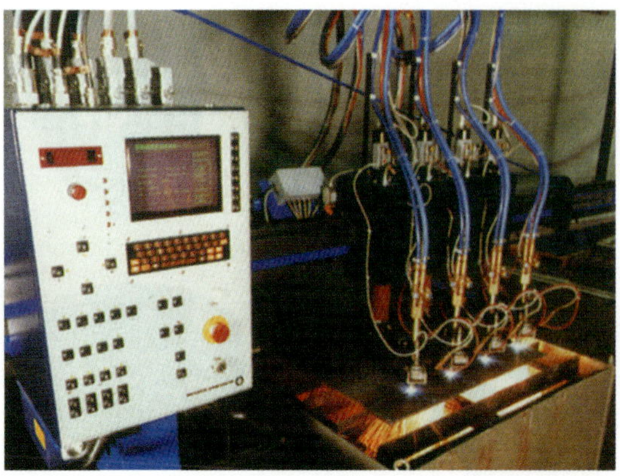

Abb. 2: CNC-Schneidanlage für das Plasmaschneiden

Anlagen zum Schmelzschneiden

Eine Schneidanlage (Abb. 2 und 3) erzeugt bessere Schneidkanten als handgeführte Schneidgeräte. Der Vorschub erfolgt mit Elektromotoren. Die Brennerbewegung wird fotoelektrisch, mit einer Schablone oder mit dem Computer (CNC) gesteuert.

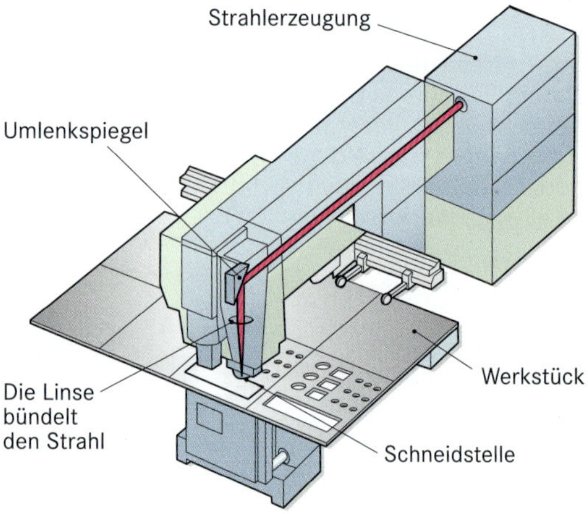

Abb. 3: Prinzip der Laserschneidanlage

Arbeitssicherheit

Wegen der Gefahren durch warme Werkstücke, UV-Strahlung und giftige Dämpfe sind ein guter Schutz der Augen und ausreichende Lüftung notwendig.

An Anlagen zum Laserstrahlschneiden wird der Bediener zusätzlich durch die Laserstrahlung gefährdet.

Für stationäre Schmelzschneidanlagen ist eine Schutzkabine vorgeschrieben. Diese soll den Arbeits- und Gefahrenbereich absichern und das Bedienpersonal schützen.

Insbesondere auf Baustellen besteht Brandgefahr durch Funkenflug. Brennbare Gegenstände müssen weiträumig entfernt oder abgedeckt werden. Öffnungen zu Nachbarräumen sind abzudichten. Eine Brandwache ist erforderlich. Häufig entstehen Brände durch glimmende Stellen erst lange nach der eigentlichen Arbeit. Daher müssen die Arbeitsbereiche auch nach dem Schmelzschneiden beobachtet werden.

Das Hantieren im Gefahrenbereich ist zu vermeiden, denn durch die sehr hohen Temperaturen besteht ein hohes Verletzungsrisiko.

Mobile und stationäre Anlagen zum Laser- und Plasmaschneiden arbeiten mit elektrischem Strom. Vor jeder Inbetriebnahme sind die elektrischen Bauteile auf mögliche Beschädigungen zu überprüfen.

Fertigen

5.2.6 Wasserstrahlschneiden

Beim Wasserstrahlschneiden handelt es sich um ein mechanisch abtragendes Verfahren. Dabei wird der Werkstoff durch einen Hochdruckwasserstrahl geschnitten. Der Druck beträgt bis zu 4000 bar. Die Austrittsgeschwindigkeit des Wassers liegt bei ca. 800 m/s. Wasserstrahlschneiden ist ein Kaltschnittverfahren, d. h. der zu schneidende Werkstoff wird nicht erwärmt.

Das Wasserstrahlschneiden kann als Alternative zum Laserschneiden eingesetzt werden. Als Kaltschnittverfahren ergeben sich keine Gefügeveränderungen und kein Verziehen durch Wärmeeinwirkung. Das ist bei dünnen Stegbreiten ein wesentlicher Vorteil (Abb. 4). Da der Werkstoff nicht verbrannt wird, entstehen auch keine giftigen Dämpfe.

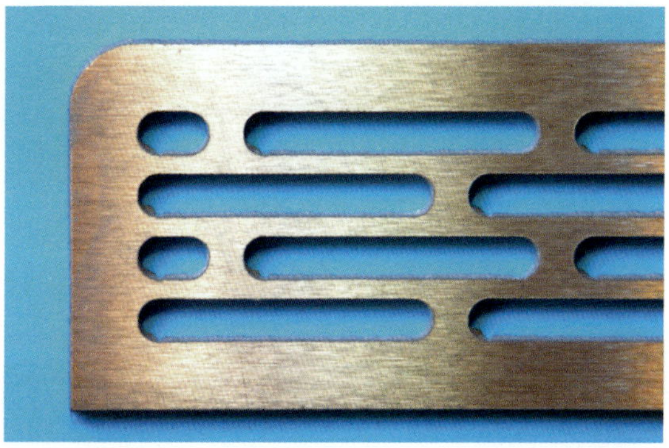

Abb. 4: Bauteil wassergestrahlt

Das Wasserstrahlschneiden findet auf CNC-gesteuerten Maschinen statt, die häufig mit mehreren Wasserstrahlen gleichzeitig trennen. Man unterscheidet zwischen Reinwasserschneiden und Abrasivschneiden.

Reinwasserschneiden

Der Wasserstrahl beim Reinwasserschneiden enthält keine Zusätze (Abb. 5).

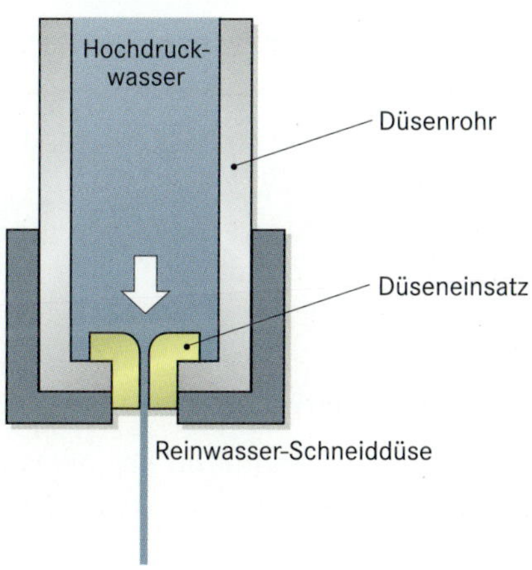

Abb. 5: Prinzip des Reinwasserschneidens

Der Schneidstrahl tritt 1 bis 2 mm über dem Werkstück aus der Strahldüse und löst kleinste Teile aus dem Werkstück. Die Teile werden aus der Schnittfuge gespült.

Dieses Verfahren findet vor allem bei weichen Werkstoffen, wie z. B. Kunststoffen, Anwendung. Aluminiumlegierungen mit geringer Festigkeit lassen sich so bis zu einer Dicke von 4 mm schneiden. Der Schneidspalt beträgt 0,1 mm.

Abrasivschneiden

Beim Abrasivschneiden wird dem Wasser ein scharfkantiger Abrasivstoff, Granat oder Korund, zugesetzt (Abb. 6). Dadurch wird die Schneidwirkung deutlich erhöht. Das Schneiden von fast allen Werkstoffen ist möglich.

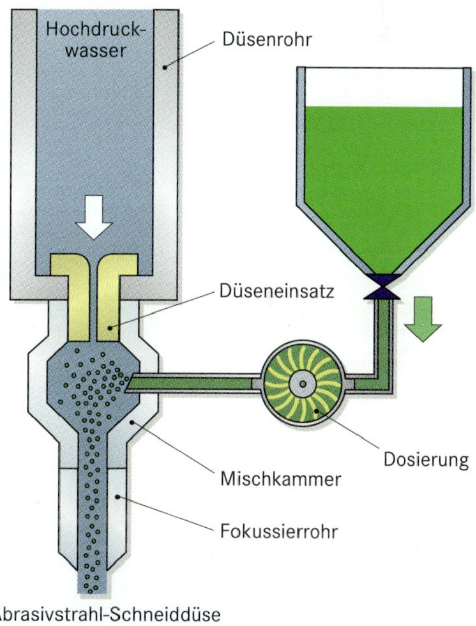

Abb. 6: Prinzip des Abrasivschneidens

Die maximalen Schnitttiefen reichen von 30 mm im Schlichtschnitt in Stahl bis 100 mm im Schruppschnitt in Kunststoffen (Tab. 1).

Tab. 1: Schnitttiefen beim Wasserstrahlschneiden

Werkstoff	Reinwasserschneiden	Abrasivschneiden	
		Schruppen	Schlichten
Stahl	–	60 mm	30 mm
Aluminium	4 mm	80 mm	40 mm
Kupfer, Messing	–	60 mm	30 mm
Kunststoffe	5 mm	100 mm	50 mm

Zusammenfassung

- **Trennen**
  - **Zerteilen**
    - **Scherschneiden**
  - **Spanen**
    - **Sägen**
  - **Abtragen**
    - **Schmelzschneiden**
    - **Wasserstrahlschneiden**

Werkzeuge und ihr Einsatz bei der Herstellung der Abfüllanlage

Schneiden mit der Tafelschere / Elektrohandschere / Lochstanzen	Sägen mit der Kreissäge / Stichsäge	Laserstrahlschneiden	Abrasivschneiden
Schneiden mit der Tafelschere • Zuschnitt der Grundmaße der Einhausungsabwicklung **Schneiden mit der Elektrohandschere** • Zuschnitt der Abwicklung der Einhausung • Ausschnitt für das Lochblech **Lochstanzen** • Herstellen der Löcher für die Schrauben und Niete	**Sägen mit der Kreissäge** • Zuschnitt der Grundmaße der Einhausungsabwicklung **Sägen mit der Stichsäge** • Zuschnitt der Abwicklung der Einhausung • Ausschnitt für das Lochblech	**Laserstrahlschneiden** • Zuschneiden der Einzelteile für den Behälter	**Abrasivschneiden** • Zuschnitt der Grundmaße der Einhausungsabwicklung • Zuschnitt der Abwicklung der Einhausung • Ausschnitt für das Lochblech • Herstellen der Löcher für die Schrauben und Niete

weitere Verfahren

Schneiden mit • Handhebelschere • Schlitzschere • Kreisschere	Sägen mit • Säbelsäge • Elektrofuchsschwanz	Plasmaschneiden	Reinwasserschneiden

Aufgaben

1. Erläutern Sie die Unterschiede zwischen vollkantigem und ziehendem Schneiden.

2. Welche Bedeutung hat der Schneidspalt beim Scherschneiden?

3. Mit welchem Werkzeug lassen sich Ronden und Blechringe besonders gut schneiden?

4. Beschreiben Sie die Funktionsweise einer Nibbelmaschine.

5. Welche Vor- und Nachteile hat eine Nibbelmaschine?

6. Unterscheiden Sie Kreissägen und Stichsägen hinsichtlich der Schnittbewegung.

7. Nennen Sie typische Fertigungsaufgaben, die
a) mit der Kreissäge und
b) mit der Stichsäge erfüllt werden können.

8. Was unterscheidet eine Säbelsäge und einen Elektrofuchsschwanz?

9. Erläutern Sie das Prinzip des Abrasivschneidens.

10. Welche Abrasivstoffe werden verwendet?

5.3 Umformen von Blechen

ARBEITSAUFTRAG

Um die Form der Einhausung des Hydraulikaggregates herstellen zu können, muss das Blech aus einer Aluminiumlegierung umgeformt werden. Dies soll durch Schwenkbiegen erfolgen.

Die großflächigen Stahlbleche der Einhausung des Stromaggregates werden durch Luftkanten versteift.

5.3.1 Zeichnungsanalyse

Informieren

Die Zeichnung zeigt die Einhausung als Abwicklung (Abb. 1).

In der Abwicklung sind an den Umformstellen die Biegelinien eingezeichnet. Sie werden als dünne Volllinien dargestellt.

Biegelinien berühren die Körperkante nicht. Der Abstand Körperkante – Biegelinie beträgt ca. 2 mm.

Die Nummerierung ①...⑨ stellt die Reihenfolge der Biegungen dar. Die Bemerkungen neben den Zahlen präzisieren die Arbeitsanweisung für diesen Biegevorgang. Die Winkelangabe ist dann erforderlich, wenn der Biegewinkel nicht 90° beträgt. Die Biegereihenfolge ist vorher zu planen und wenn möglich an einem Musterstück zu erproben.

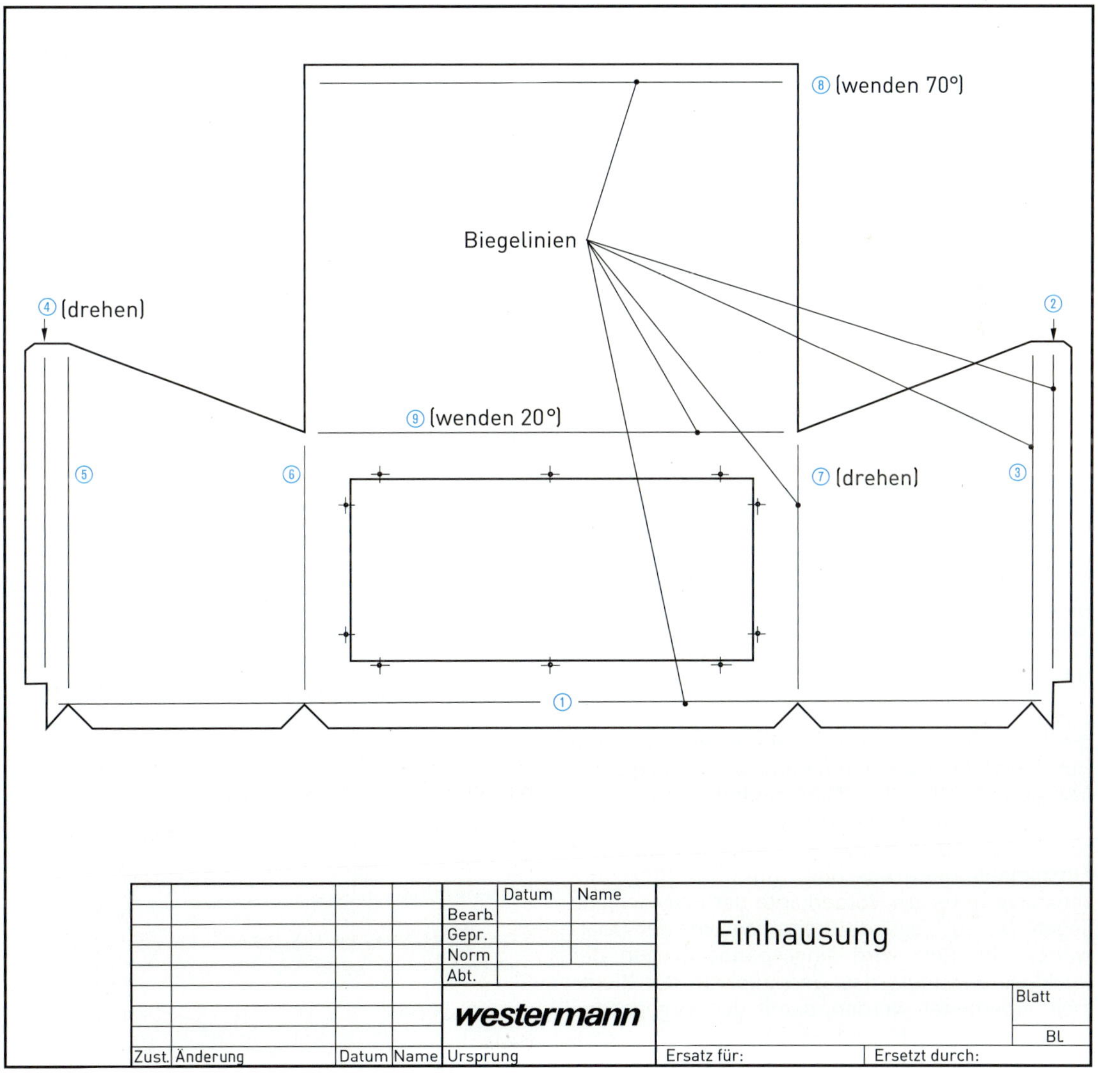

Abb. 1: Zeichnung Einhausung als Abwicklung

Fertigen

5.3.2 Schwenkbiegen

Der Zuschnitt der Einhausung soll in die gewünschte Form gebracht werden. Die Formänderung muss dauerhaft sein. Dies erreicht man, indem man die Blechtafeln über den Bereich der elastischen Verformung hinaus biegt.

Schwenkbiegen ist ein Verfahren des Umformens. Durch Biegekräfte wird die Form von Blechen dauerhaft verändert. Die Biegekräfte werden von Hand oder durch Maschinen aufgebracht.

Die Maschinen bestehen aus dem Antrieb, der Oberwange mit Werkzeug, der Unterwange mit Werkzeug, der Biegewange mit dem Biegewangenwerkzeug und dem Maschinentisch. Das an der Oberwange montierte Oberwangenwerkzeug, die Biegeschiene, ist austauschbar. Durch die Form der Biegeschiene und den verstellbaren Abstand der Wangen zueinander wird der gewünschte Biegeradius eingestellt.

Beim Schwenkbiegen wird das Blech zwischen eine Ober- und Unterwange gespannt. Der zu biegende Teil des Bleches ragt über die Einspannung hinaus. Dieser Teil wird durch eine Schwenkbewegung der Biegewange umgebogen (Abb. 1).

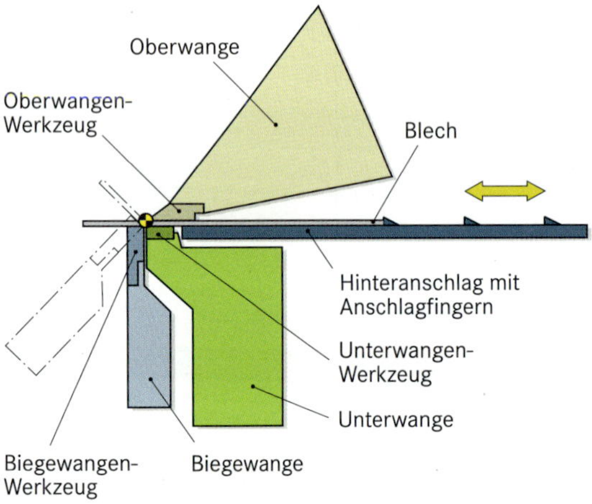

Abb. 1: Prinzip des Schwenkbiegens

Die Lage der Kantung kann entweder mit einem Hinteranschlag oder durch Anreißen der Biegelinie festgelegt werden. Die Aluminiumbleche der Einhausung dürfen nicht mit der Reißnadel angerissen werden. Dies würde zu Rissen führen. Beim Einspannen ohne Anschlag muss die Biegelinie senkrecht unter der Vorderkante der Biegeschiene liegen. Die zu biegende Breite liegt vor der Oberwange, der Rest wird eingespannt. Wegen der Rückfederung muss das Werkstück an der Biegestelle überbogen werden, damit der vorgegebene Biegewinkel erreicht wird (→📖).

Nach dem Biegevorgang erfolgt die Kontrolle der Fertigmaße und Winkel.

Die Fertigung der Einhausung erfolgt in der Reihenfolge, die in der Abwicklung festgelegt wurde.

Nach dem Zuschnitt wird als Erstes die Unterkante gebogen (Abb. 2).

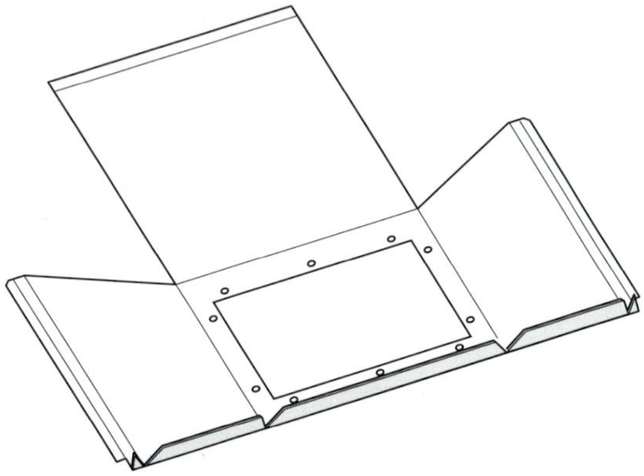

Abb. 2: Biegen der Unterkante

Danach muss die Tafel um 90° gedreht werden und der doppelte Bord an der senkrechten Kante der Seitenwand wird in zwei Vorgängen abgekantet. Die gleichen Fertigungsschritte werden an der zweiten Seitenwand durchgeführt (Abb. 3).

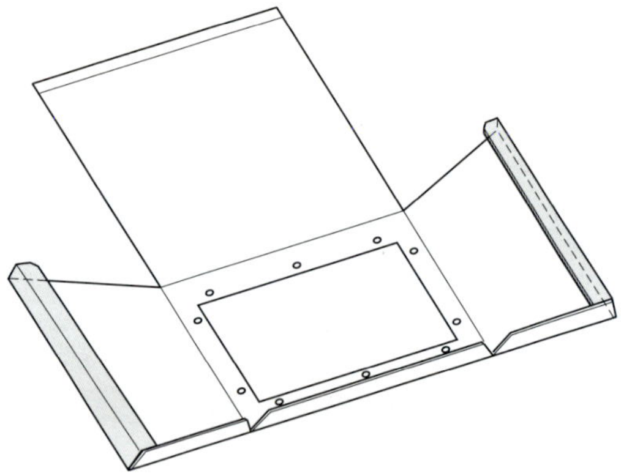

Abb. 3: Biegen der doppelten Borde

Jetzt werden die Seitenwände gebogen (Abb. 4).

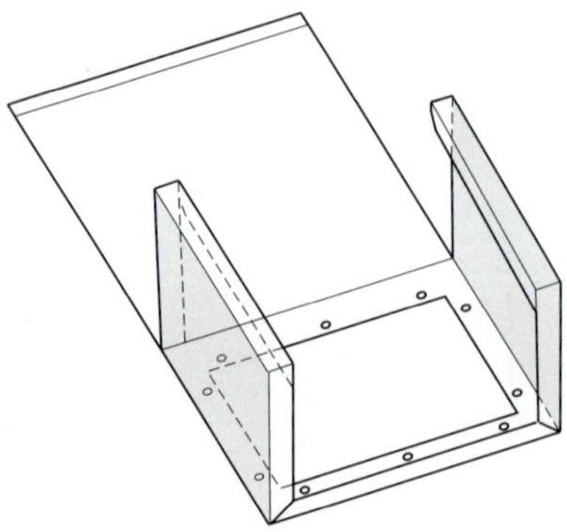

Abb. 4: Biegen der Seitenwand

Danach muss das Blech der Einhausung gewendet werden. Damit die Einhausung an der anschließenden Gehäusewand dicht abschließt, muss die Kante im Winkel von 20° gebogen werden (Abb. 5).

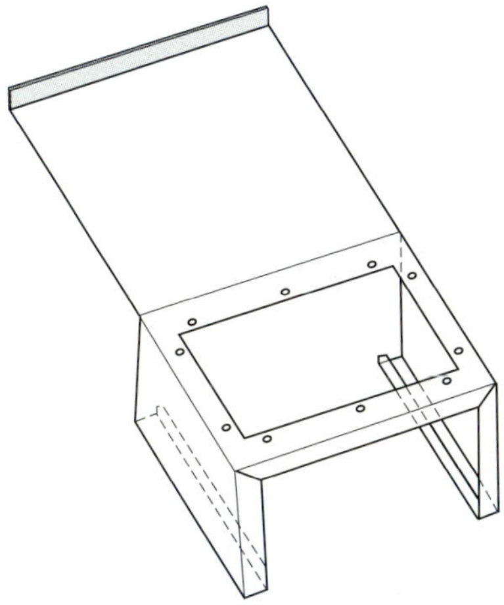

Abb. 5: Biegen der Anschlagkante

Nachdem die Einhausung gewendet ist, wird im letzten Fertigungsschritt das Dach der Einhausung im Winkel von 70° gebogen (Abb. 6).

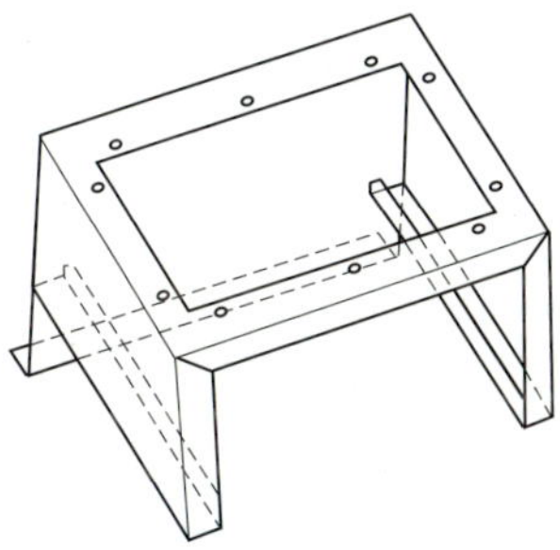

Abb. 6: Fertig gebogene Einhausung

In handwerklichen Metallbaubetrieben findet man handbetriebene Schwenkbiegemaschinen (Abb. 8). Durch ihre Baugröße und die von Hand aufzubringende Biegekraft ist ihr Einsatz auf Feinbleche mit kurzen Biegelinien begrenzt.

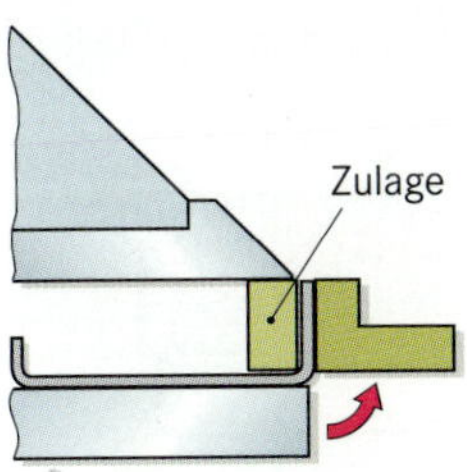

Abb. 7: Benutzung einer Zulage

Allseitig gekantete Bauteile lassen sich nur sehr schwer herstellen. In diesem Fall kann man sich mit der Benutzung von Zulagen helfen (Abb. 7).

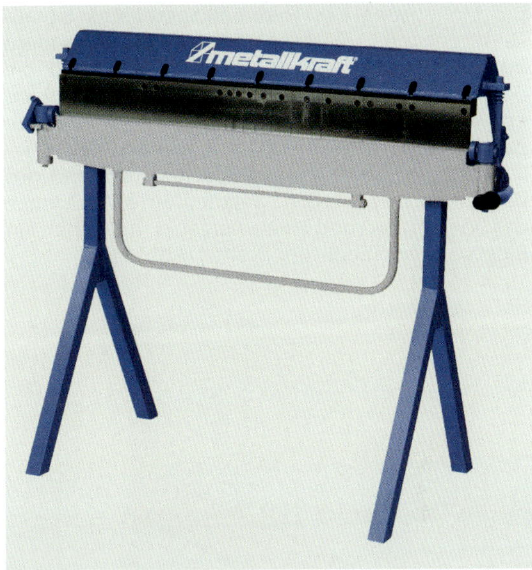

Abb. 8: Handbetriebene Schwenkbiegemaschine

In Betrieben, die sich z. B. auf die Herstellung von Biegeteilen spezialisiert haben, werden moderne Universal-Schwenkbiegemaschinen zur Fertigung eingesetzt (Abb. 9).

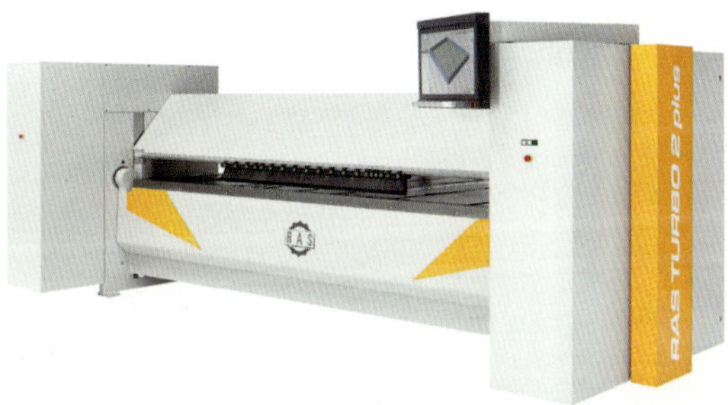

Abb. 9: Universal-Schwenkbiegemaschine

Das hydraulische oder mechanische Einspannen der Bleche und die mit großer Kraft ausgeführte Schwenkbewegung der Biegewange ermöglichen lange Biegelinien und das Biegen hochfester und dicker Bleche.

Eine Ablage mit integrierten, verstellbaren Anschlägen, das Hochhalte- und Anschlagsystem, erleichtern dem Bediener die Arbeit. Die Blechtafeln müssen nicht über den gesamten Biegevorgang hochgehalten werden, das Anschlagsystem sichert eine gleichbleibende Maßhaltigkeit.

Das Blech wird zwischen die Ober- und Unterwange gespannt und kann nicht hochschnellen. Im Vergleich mit anderen Umformverfahren wird die Unfallgefahr deutlich verringert.

Die Einhausung des Hydraulikaggregates ist allseitig gekantet. Daraus ergeben sich besondere Anforderungen an die Biegewerkzeuge. Soll die Dachfläche gebogen werden, muss das Oberwangenwerkzeug genau zwischen die Seitenwände passen. Außerdem muss der Schwenkbereich besonders groß sein, damit die Seiten während des Biegens nicht anstoßen. Segmentierte Werkzeuge der Ober-, Unter- und Biegewangen ermöglichen ein Biegen unterschiedlicher Breiten (Abb. 1).

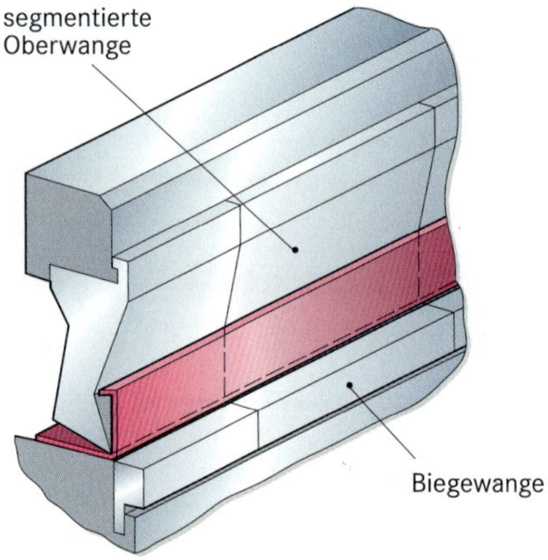

Abb. 1: Zusammengesetztes Werkzeug an der Ober- und Biegewange

Auch die Form der Biegewerkzeuge wird der Arbeitsaufgabe angepasst (Abb. 2).

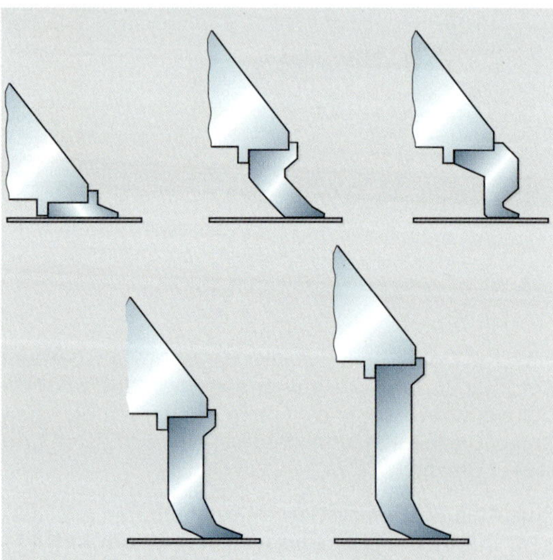

Abb. 2: Auswahl an Oberwangenwerkzeugformen

Die Einhausung ist allseitig gekantet. Das Biegen der Dachfläche stellt besondere Anforderungen an das Werkzeug der Oberwange. Es muss zwischen die bereits gebogenen Seitenwände passen, und die Rückwand darf beim Biegen die Maschine nicht berühren (Abb. 3).

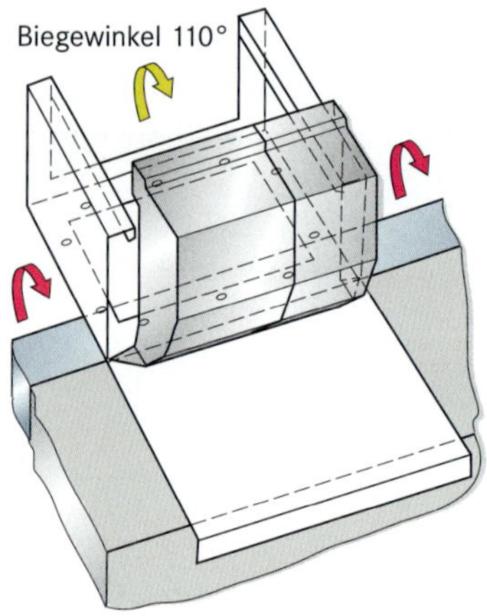

Abb. 3: Werkzeug zum Biegen des Einhausungsdachs

Ein entscheidender Faktor zur Qualitätssicherung ist die Einhaltung des Biegeradius. Dieser darf einen Mindestwert nicht unterschreiten (Tab. 1).

Tab. 1: Mindestbiegeradien

Werkstoff	Mindestzugfestigkeit R_m in N/mm^2	Blechdicke s in mm			
		≤ 1	≤ 1,5	≤ 2,5	≤ 3
DC 04	270 ... 350	1,0	1,6	2,5	3
X5CrNi 18-10	500 ... 700	1,6	2,5	4,0	5
EN AW-5754	180 ... 250	1,0	1,5	2,5	3
EN AW-1050A	60 ... 95	0,6	1,0	1,5	2

Der Biegeradius wird bestimmt durch

- den Blechwerkstoff,
- die Blechdicke,
- die Form der Biegewerkzeuge und
- die Lage des Drehpunktes der Biegewange.

Bei vielen Schwenkbiegemaschinen wird der Biegeradius durch eine Verstellung der Biegewange eingestellt. In der Ausgangsstellung befinden sich die Oberkanten der Biege- und Unterwange in einer Höhe. Um den Biegeradius einzustellen, wird die Biegewange abgesenkt. Der Abstand Oberkante Unterwange – Oberkante Biegewange muss so groß wie der Mindestbiegeradius sein (Abb. 4).

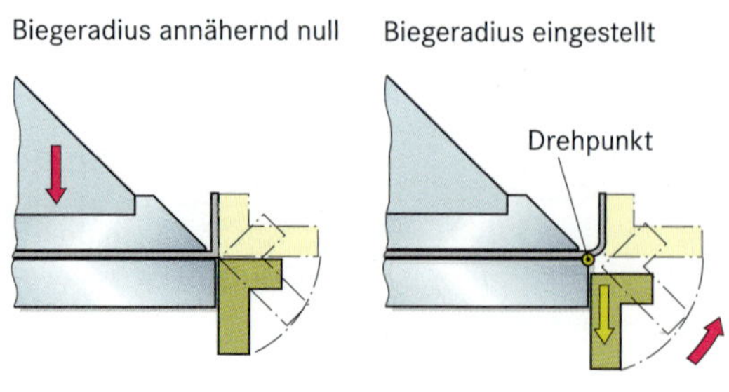

Abb. 4: Einstellung des Biegeradius

Fertigen

5.3.3 Gesenkbiegen

Für die Versteifung der Bleche der Einhausung des Stromaggregates wird das Gesenkbiegen eingesetzt.

Besonders für dickere Bleche eignet sich das Gesenkbiegen. Dabei wird das Werkstück nicht eingespannt, sondern durch den Pressendruck zwischen Stempel und Gesenk gebogen.

Stempel und Gesenk sind austauschbar und werden der Fertigungsaufgabe angepasst (Abb. 5).

Abb. 5: Auswahl von Stempeln und Gesenken

Beim Gesenkbiegen werden drei Verfahren unterschieden:

- Luftkanten oder freies Biegen,
- Dreipunktbiegen und
- Prägen.

Luftkanten

Die Türen der Stromaggregateinhausung wurden aus 0,7 mm dickem Stahlblech gefertigt. An den großflächigen Türen besteht die Gefahr der Verformung.

Durch das leichte Abkanten in den Diagonalen wird die große Fläche in kleinere Einheiten unterteilt (Abb. 6). Das führt zu einer Versteifung der Blechtafel und verhindert damit die Verformung der Türen. Für die Versteifung der Türfläche spielt der Abkantwinkel nur eine untergeordnete Rolle. Er darf nicht zu groß sein, weil sich sonst die Randbereiche verformen.

Diese geringe Verformung wird durch Luftkanten erreicht (Abb. 7).

Kennzeichnend für das Luftkanten ist, dass das Blech das Gesenk nur an den Kanten berührt. Je nach Eintauchtiefe des Stempels ergeben sich unterschiedliche Biegewinkel.

Abb. 6: Tür der Einhausung des Stromaggregates

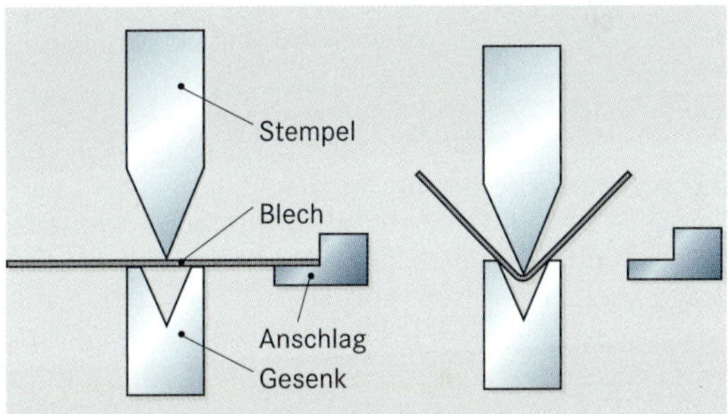

Abb. 7: Prinzip des Luftkantens

Die Bestimmung des Biegewinkels ist beim Luftkanten schwierig. Vor dem Abkanten wird die Einstellung des Biegewinkels im Versuch ermittelt.

Dreipunktbiegen

Das Dreipunktbiegen ist eine Weiterentwicklung des Luftkantens. Durch einen gesteuerten Gegenhalter im Gesenk wird eine winkelgenaue Fertigung ermöglicht (Abb. 8).

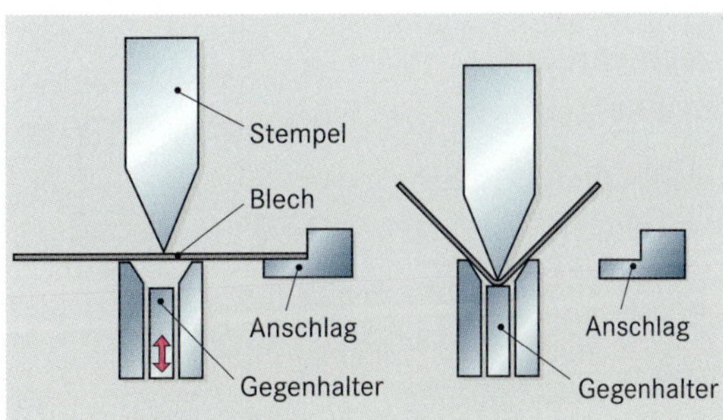

Abb. 8: Dreipunktbiegen

Damit der gewünschte Biegewinkel genau eingehalten wird, wird der Gegenhalter abgesenkt oder nach oben gefahren.

Prägen

Beim Prägen fährt der Stempel auf Anschlag (Abb. 1). Das Gesenk bestimmt den Biegewinkel. Das Arbeitsergebnis ist genauer als beim Luftkanten. Dafür ist das Prägen weniger flexibel als die anderen Verfahren, da der Werkzeugsatz, Stempel und Gesenk, nur für einen Winkel ausgelegt ist.

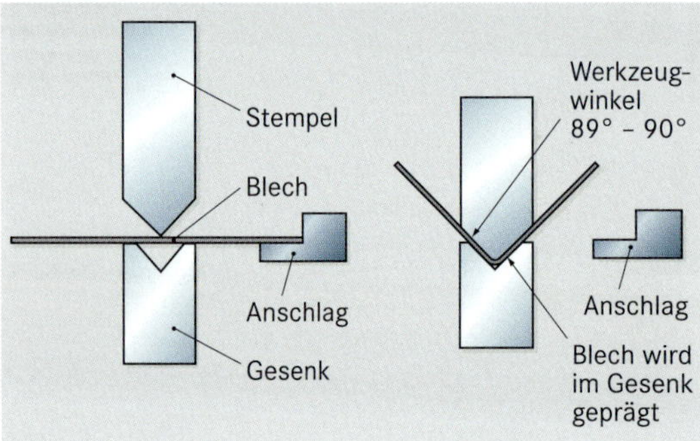

Abb. 1: Prägen

Die Arbeitsvorbereitung ist die gleiche wie beim Schwenkbiegen. Die Zuschnittbreite wird ermittelt (→📖) und der Zeichnung entsprechend die Biegelinien angerissen (Abb. 2).

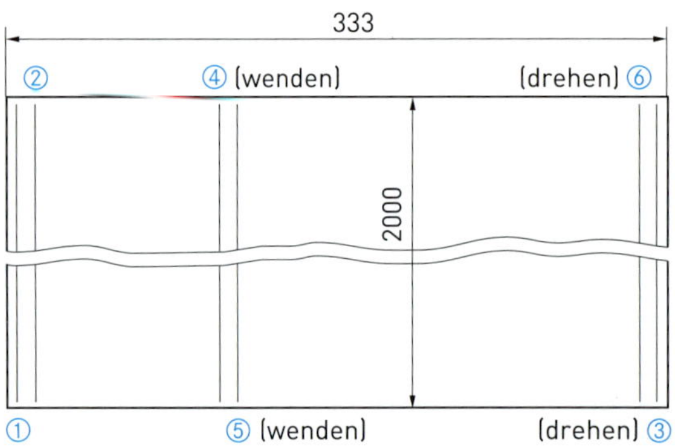

Abb. 2: Vereinfachte Abwicklung der Türzarge

Zuschnittbreite L

$L = a + b + \ldots - n \cdot v$

Werkstoff: S 235 JR

$t = 2$ mm

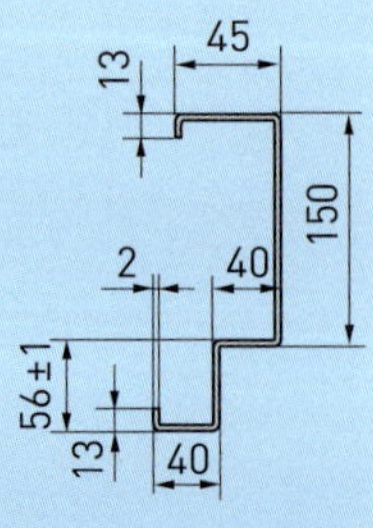

$a; b; \ldots$	Kantungsaußenmaße
n	Anzahl der Kantungen
v	Ausgleichswert

$L = (13+45+150+40+56+40+13-6 \cdot 4)$ mm

$\underline{\underline{L = 333 \text{ mm}}}$

Anschließend wird das Blech in der Gesenkpresse positioniert. Die Abkantmitte liegt genau unter der Stempelspitze, entsprechend wird der Anschlag eingestellt. Der Abkantvorgang wird entsprechend der Anzahl der Abkantungen wiederholt (Abb. 3).

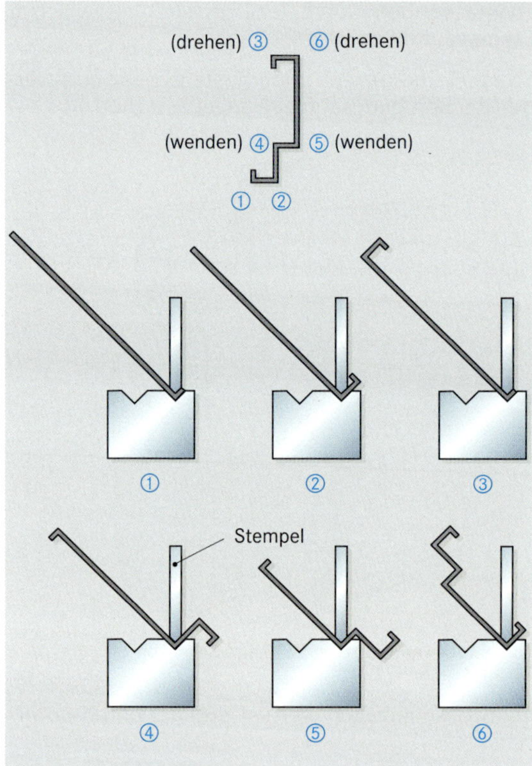

Abb. 3: Arbeitsschritte zum Abkanten der Türzarge

Vor der eigentlichen Herstellung wird ein Probestück gekantet. Anschließend erfolgt die Maß- und Winkelkontrolle.

Arbeitssicherheit

Der Arbeitsbereich darf während des Arbeitshubes nicht zugänglich sein. Das wird durch Sicherheitseinrichtungen, z. B. Zweihandbedienung, Schutzgitter oder Lichtschranken erreicht.

Vor jeder Inbetriebnahme müssen die Sicherheitsausrüstungen der Maschinen überprüft werden. Bei erkennbaren Mängeln darf die Maschine nicht in Betrieb genommen werden oder ist sofort abzuschalten.

Fertigen

5.3.4 Profilieren und Sicken

Die Steifigkeit dünner Bleche entspricht in vielen Fällen nicht den Anforderungen an das Bauteil. So verformen sich große Blechtafeln schon allein durch ihr Eigengewicht. Der Einsatz dickerer Bleche ist oft auch aus ästhetischen Gründen nicht angebracht. Als Alternative zur Verarbeitung dickerer Bleche, dies bedeutet gleichzeitig eine Zunahme an Gewicht, können dünne Blechbauteile durch besondere Verfahren versteift werden.

Profilieren

Profilieren schützt Bleche durch Erhöhung der Steifigkeit gegen Verformung (Abb. 4). Durch das Profilieren findet eine Unterteilung der großen Fläche in kleinere Einheiten statt. Das versteift die Bleche.

Abb. 4: Fassadenausschnitt aus profilierten Blechen

Für sehr große Flächen, z. B. an Fassaden, sind stärkere Profilierungen erforderlich. Hier werden vorwiegend walzprofilierte oder gepresste Bleche, wie Well- oder Trapezbleche, verwendet.

Sicken

Eine weitere Möglichkeit große Blechflächen zu versteifen, ist das Sicken. Dabei wird das Blech an den gewünschten Stellen rillenförmig profiliert (Abb. 5).

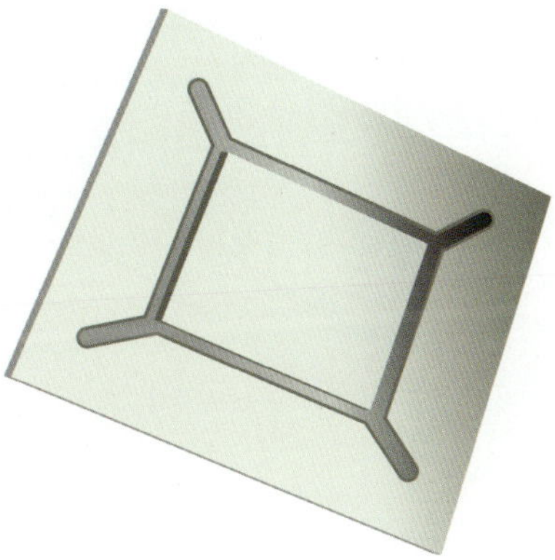

Abb. 5: Sicken in einem Blechwerkstück

Im Unterschied zum Profilieren beginnt und endet die Sickenrille oder Sicke innerhalb der Blechtafel.

Heute wird das Sicken vor allem mit Maschinen ausgeführt (Abb. 6). Die gegenläufigen Sickenwalzen werden, je nach Bauart der Maschine, von Hand oder Elektromotoren angetrieben.

Abb. 6: Sickenmaschine mit Handantrieb

Zwischen den Walzen wird das Blech umgeformt (Abb. 7). Die Walzenpaare sind auswechselbar und bestimmen durch ihre Form das Sickenprofil. Die untere Welle ist axial verstellbar, damit werden die Wellen senkrecht zueinander eingerichtet. Die obere Welle muss in der Höhe verstellbar sein, um das Einlegen des Bleches und das Einstellen der Sickentiefe zu ermöglichen.

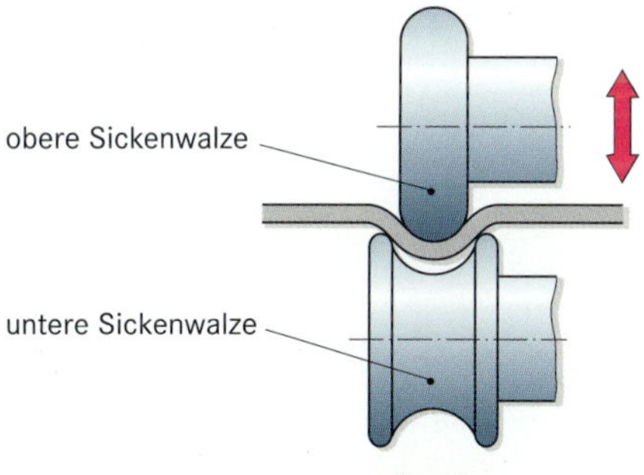

Abb. 7: Walzenpaar zum Sicken

Sickenmaschinen mit handgetriebenen Walzen eignen sich für Blechdicken bis 2 mm. Elektrisch betriebene Maschinen können Sicken in Blechen bis 5 mm herstellen.

Besonders für den mobilen Einsatz auf der Baustelle eignen sich handgeführte Sickenmaschinen (Abb. 1, nächste Seite). Mit diesen Maschinen lassen sich Stahlbleche bis 1 mm Dicke bearbeiten. Für Aluminiumbleche liegt die maximale Blechdicke bei 1,5 mm.

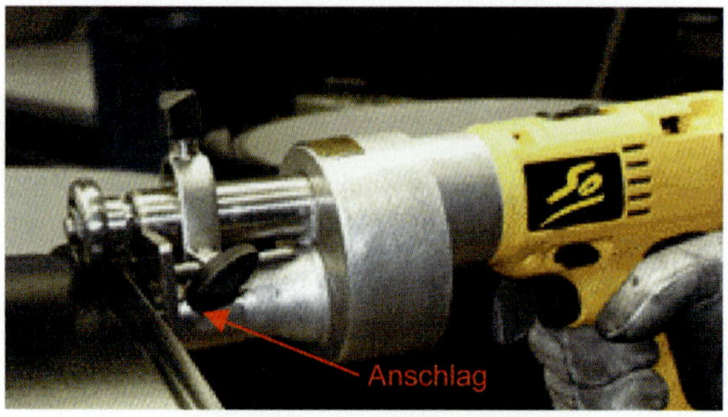

Abb. 1: Handgeführte Sickenmaschine

Nach dem Montieren und Einrichten des Walzenpaares wird die Oberwalze angehoben und das Blech eingelegt. Der Anschlag sichert den gleichmäßigen Abstand der Sicke vom Blechrand. Nun wird die Oberwalze abgesenkt, und die Sicke kann langsam in mehreren Durchgängen eingewalzt werden. Die Zustellung der Oberwalze zwischen den einzelnen Durchgängen hängt vom Werkstoff und von der Blechdicke ab. Bei zu großer Zustellung werden Maschine und Werkstück überlastet.

Eine Sicke kann auch von Hand auf dem Sickenstock mit dem Sickenhammer eingeschlagen werden (Abb. 2). Diese Arbeit erfordert viel Geschick und Übung.

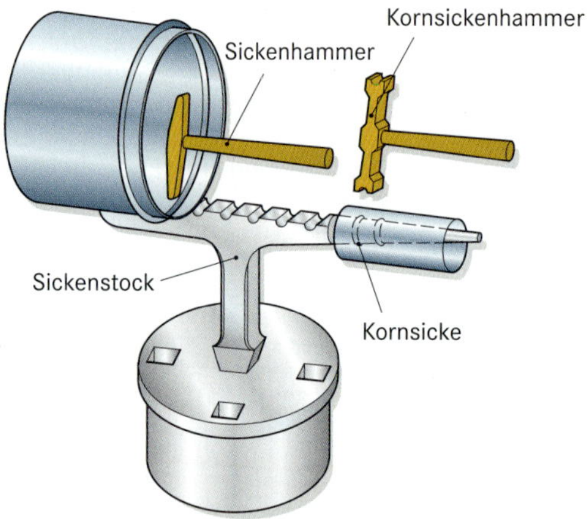

Abb. 2: Sicken von Hand

5.3.5 Herstellen von Randversteifungen

Zusätzlich zur Versteifung größerer Blechflächen ist eine Versteifung der Blechränder erforderlich. Das Luftkanten und das Sicken führen zu einer ungewollten Verformung der Ränder.

Die Versteifung eines Blechrands kann mit unterschiedlichen Formen erreicht werden (Abb. 3). Grundprinzip ist immer das Umschlagen oder Abkanten des Blechrandes. Die einfachste Möglichkeit, Blechränder zu versteifen, ist der Umschlag. Durch Kaltverfestigung und Profilierung wird dabei die gewünschte Stabilitätszunahme erreicht.

Randversteifungen setzen gleichzeitig die Verletzungsgefahr herab. Vor allem dünne Bleche sind an ihren Rändern sehr scharfkantig. Durch die Verformung wird die Gefahr, in diese Kante zu fassen, erheblich herabgesetzt.

Je stärker die Profilierung des Umschlages, um so größer wird die Steifigkeit und um so geringer die Verletzungsgefahr (Abb. 3).

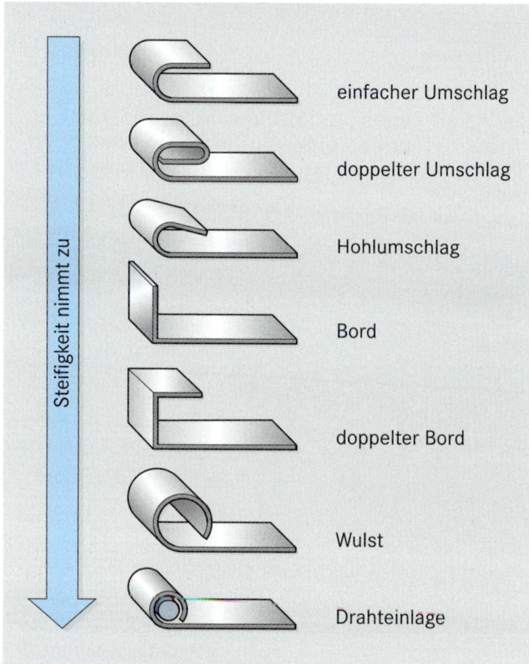

Abb. 3: Randversteifungen

Der Rand der Einhausungstür wird durch einen doppelten Bord versteift (Abb. 4). Vor dem Zuschneiden muss die Blechzugabe berechnet werden. Abgekantet wird auf einer Schwenkbiegemaschine.

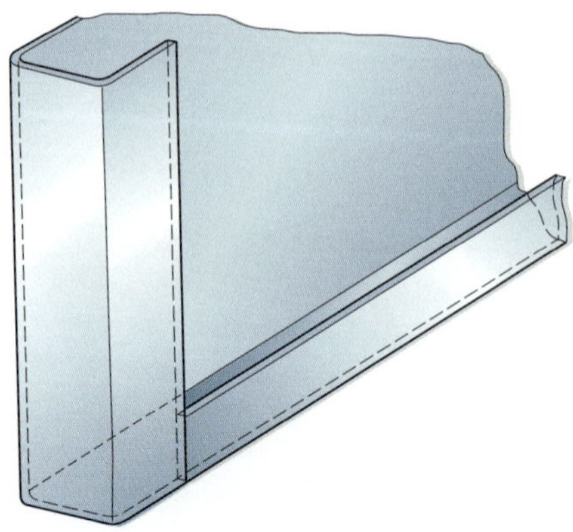

Abb. 4: Randversteifung an der Einhausung

Zusätzlich wird durch das Verschweißen der abgekanteten Borde die Steifigkeit der Ränder weiter erhöht.

Soll ein Hohlumschlag hergestellt werden, wird der Umschlag mit großem Radius vorgebogen. Zum Vorbiegen wird die Sickenmaschine mit einem entsprechenden Walzenpaar benutzt. Dann wird mit dem Hammer der Rand geschlossen. Dabei darf die Kante nicht gequetscht werden, weil sonst das Profil kleiner und die Steifigkeit geringer wird (Abb. 5).

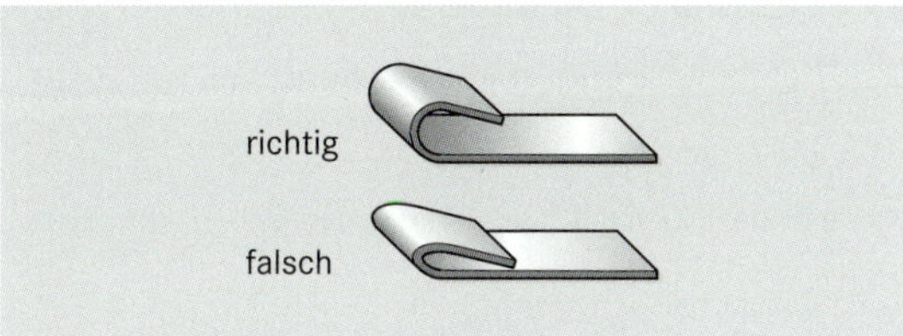

Abb. 5: Ausführung eines Hohlumschlags

Bei der Versteifung von Blechrändern mittels einer Wulst werden entweder Sickenmaschinen mit bestimmten Walzenpaaren oder spezielle Drückmaschinen verwendet. Um die Wirkung der Wulst zu verstärken, kann ein Draht in die Wulst eingelegt werden.

Um die Wulst mit einer Sickenmaschine zu fertigen, müssen zweimal die gleichen Arbeitsschritte mit verschiedenen Walzenpaaren durchgeführt werden.

Als Erstes wird das Blech eingelegt und gegen den Anschlag gedrückt. Die Oberwalze wird stufenweise zugestellt und das Blech vorgeformt (Abb. 6).

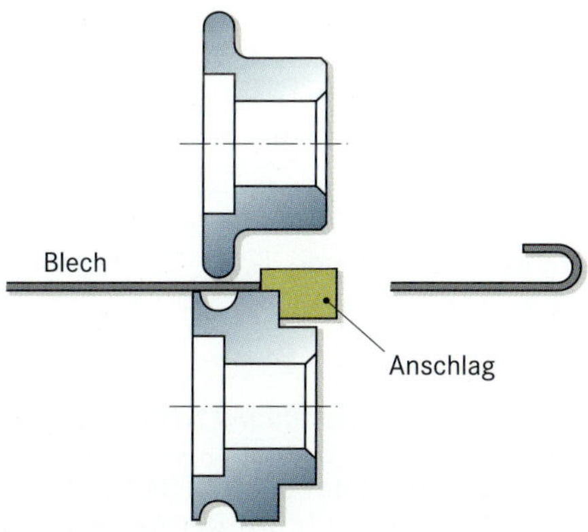

Abb. 6: Wulst vorformen

Ist die Wulst vorgeformt, wird das Walzenpaar ausgetauscht. Bei stetiger Zustellung wird die Wulst fertiggestellt (Abb. 7).

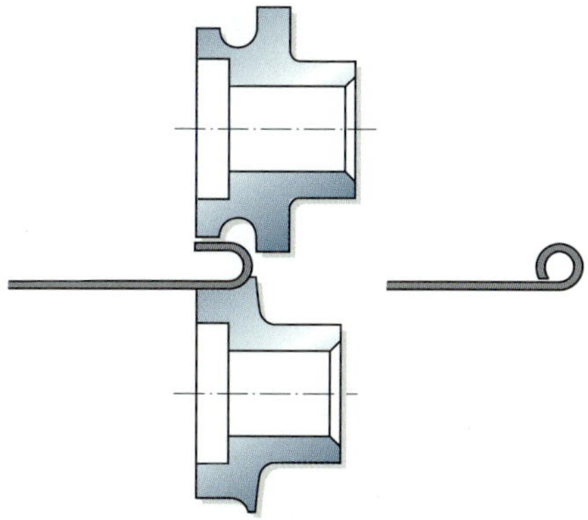

Abb. 7: Wulst

Die Blechzugabe für die Abwicklung errechnet sich als Faustformel aus dem Durchmesser der Wulst.

$$\text{Blechzugabe} \approx 2{,}5 \cdot \text{Wulstinnendurchmesser}$$

Randversteifungen mit Drahteinlagen sind bei gleicher Steifigkeit kleiner als die vergleichbare Wulst. Soll eine Drahteinlage eingearbeitet werden, so ist der Arbeitsablauf dem Wulsten sehr ähnlich. Der kleinste Drahtdurchmesser wird nach folgender Formel ermittelt:

$$\text{Drahtdurchmesser} = 5 \cdot \text{Blechdicke}$$

Die Blechzugabe berechnet sich nach der gleichen Formel wie beim Wulsten.

$$\text{Blechzugabe} \approx 2{,}5 \cdot \text{Drahtdurchmesser}$$

Bei zu geringen oder zu großen Blechzulagen kann die Randversteifung mit Drahteinlage nicht fachgerecht ausgeführt werden (Abb. 8).

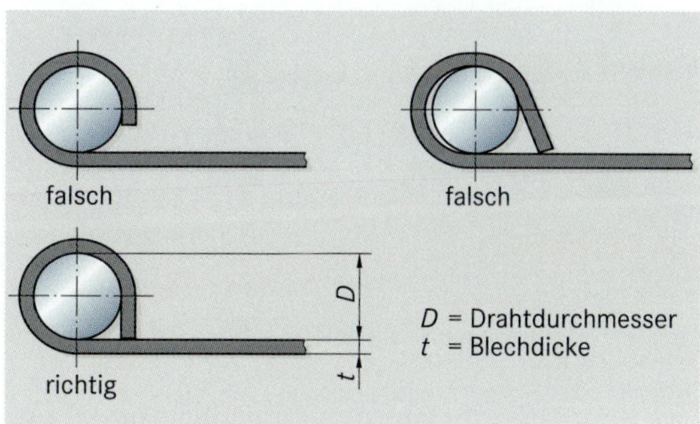

Abb. 8: Drahteinlage

Gerade Blechkanten werden auf der Schwenkbiegemaschine mit einer Rundschiene um 180° gebogen (Abb. 1). Dann wird der Draht eingelegt und mit einem Holzhammer geheftet. Das Zudrücken erfolgt auf der Sickenmaschine mit Zudrückwalzen.

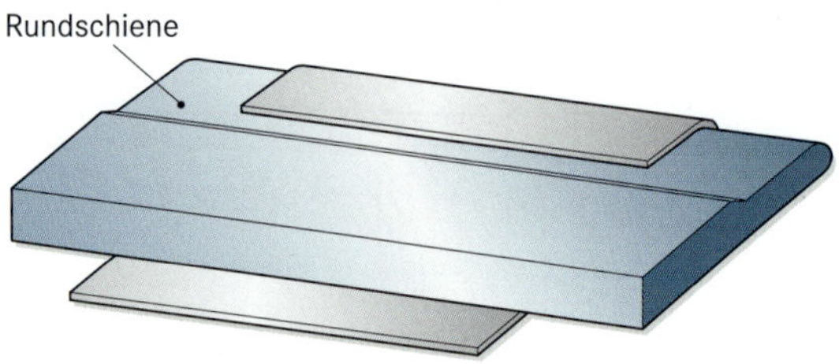

Abb. 1: Biegen mit Rundschiene

Drahteinlagen bei zylindrischen Werkstücken werden auf der Sickenmaschine mit entsprechenden Walzen ausgeführt (Abb. 2). Für die Einstellung der Walzen gilt: Der Abstand der oberen Walze vom Anschlag entspricht dem Drahtdurchmesser. Beim Vorholen der Drahtzugabe dreht man das Werkstück mehrmals durch und hebt es langsam an, wobei die obere Walze allmählich nach unten geführt wird. In die entstehende Rille wird der Draht eingelegt und mit der Zudrückwalze zugedrückt. Muss die Drahteinlage durchgesetzt werden, erfolgt dies auch auf der Sickenmaschine.

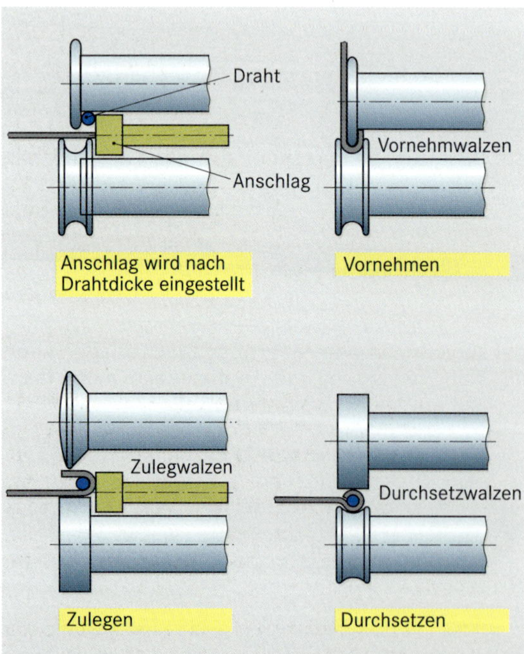

Abb. 2: Fertigung einer Drahteinlage auf der Sickenmaschine

Um Kontaktkorrosion zu vermeiden, muss bei der Drahteinlage der Werkstoff des Drahtes dem Werkstoff des Bleches entsprechen.

5.3.6 Tiefziehen

Sollen aus ebenen Blechzuschnitten Hohlteile, z. B. Karosserieteile, Getränkedosen, Töpfe hergestellt oder vorgezogene Hohlteile zu Werkstücken mit kleinerem Durchmesser und größerer Höhe umgearbeitet werden, geschieht dies durch Tiefziehen.

Werkstoffe, die durch Tiefziehen umgeformt werden sollen, müssen ausreichend große Zugfestigkeit und hohe Dehnbarkeit aufweisen. Gut geeignet sind die Stahlwerkstoffe DC 01 (früher St 12), DC 03 (früher RR St 13) und DC 04 (früher St 14).

Das Tiefziehen verläuft in 3 Phasen:

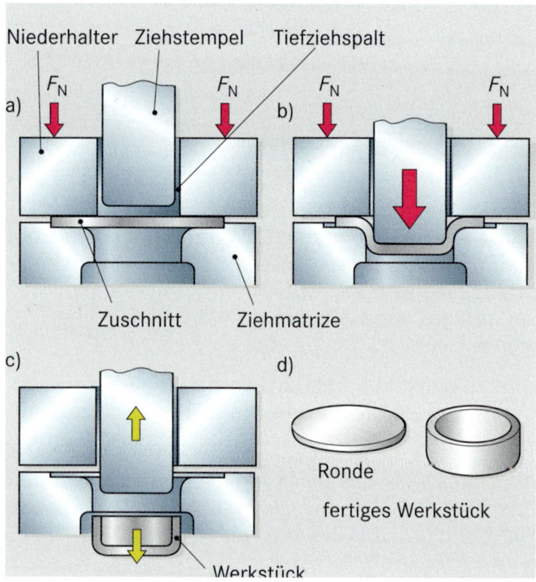

Abb. 3: Umformen durch Tiefziehen

1. Phase

Der Blechzuschnitt wird in die Aufnahme der Ziehmatrize eingelegt. Mit dem Niederhalter wird eine auf Erfahrung beruhende Kraft F_N als Haltekraft gegen das Werkstück ausgeübt (Abb. 3a).

2. Phase

Der niedergehende Ziehstempel zieht den Zuschnitt über die abgerundete Einlaufkante in die Ziehmatrize hinein und formt das ursprünglich ebene Blech zu einem Hohlteil um (Abb. 3b). Der Werkstoff wird in Wirkrichtung gestreckt und im Bereich der Einziehkante gestaucht.

3. Phase

Wenn der Umformvorgang beendet ist, federt der Gefäßrand etwas auf. Beim Hochgehen des Ziehstempels (Abb. 3c) wird dadurch das fertige Werkstück (Abb. 3d) an der Unterkante der Ziehmatrize abgestreift.

Zusammenfassung

Umformen

Fertigung durch plastisches Ändern der Form fester Körper.
Dabei werden sowohl Masse als auch Zusammenhalt der Werkstoffteilchen beibehalten.

Schwenkbiegen

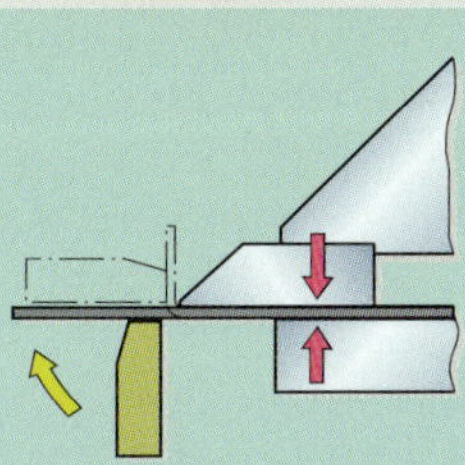

- scharfkantiges Biegen
- mit speziellen Werkzeugen allseitige Kantungen möglich
- Schließen von Falzverbindungen möglich

- Einhausung für das Hydraulikaggregat
- Abkantungen an Blechen für das Vordach

Gesenkbiegen

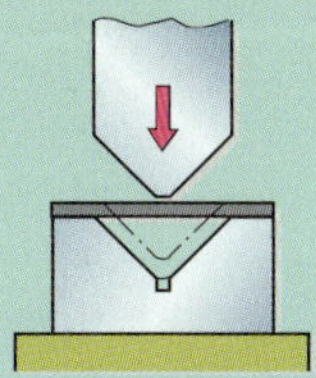

- max. Biegewinkel durch Gesenk festgelegt

Diagonalkantungen in den Türen der Einhausung für das Stromaggregat

Profilieren

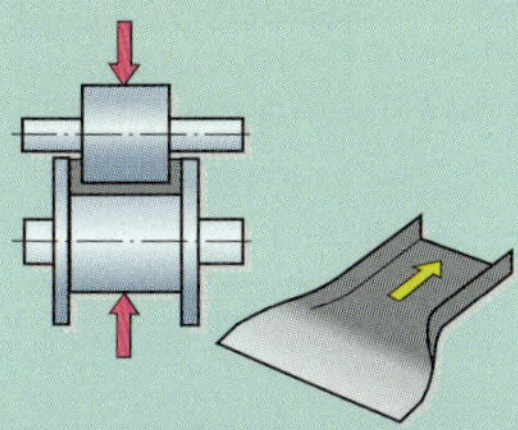

- Verformung der Blechtafel durchlaufend

Sicken

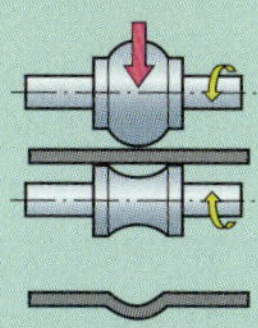

- wulstartige Vertiefungen werden in Bleche eingebracht
- nicht durchlaufend
- durch Wechsel der Walzenpaare vielseitig einsetzbare Maschinen

Falze schließen am Vordach

Alle Verfahren können zum Versteifen von Blechen eingesetzt werden.

Aufgaben

1. Beschreiben Sie den prinzipiellen Aufbau einer Schwenkbiegemaschine.

2. Wie können allseitig gekantete Bauteile auf einer Schwenkbiegemaschine hergestellt werden?

3. Warum muss der kleinste zulässige Biegeradius eingehalten werden?

4. Wie wird der gewünschte Biegeradius an der Schwenkbiegemaschine eingestellt?

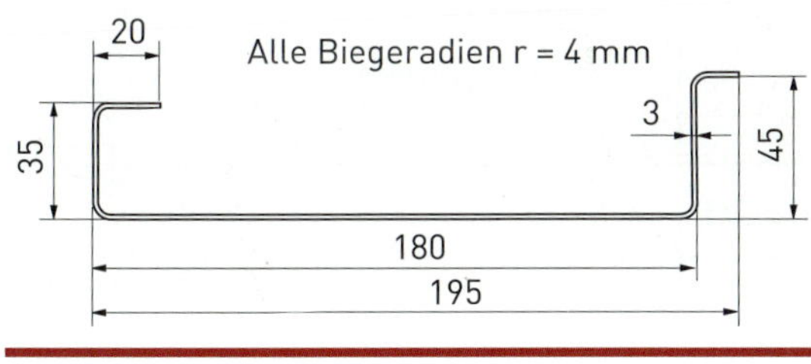

5. Wodurch wird der Biegewinkel beim Gesenkbiegen bestimmt?

6. Das skizzierte Profil ist durch Gesenkbiegen herzustellen. Bestimmen Sie die Biegereihenfolge und die Zuschnittbreite.

7. Warum werden Bleche profiliert?

8. Beschreiben Sie den Vorgang des Sickens.

9. Nennen Sie Verfahren, um Blechränder zu versteifen.

10. Welche Eigenschaften müssen Werkstoffe haben, die umgeformt werden sollen?

11. Beschreiben Sie die Fertigung eines durch Tiefziehen hergestellten Behälters.

5.4 Fügen von Blechbauteilen

ARBEITSAUFTRAG

Die vorgefertigten Einzelteile der Einhausung des Hydraulikaggregates werden durch verschiedene Verfahren gefügt.

Die Dachfläche und die Seitenwände der Einhausung sind durch Schutzgasschweißen zu fügen. Gleiches gilt für das Verschweißen des Rohrrahmens mit den Seitenteilen.

Das Lochblech und die Scharniere werden an der Rückwand angeschraubt.

Nach der Einhausung wird das Vordach fertiggestellt.

Die gebogenen Bleche werden durch Falzen zu einer Dachfläche verbunden.

Anschließend wird die Dachfläche in den aus Winkelstählen geschweißten Rahmen genietet.

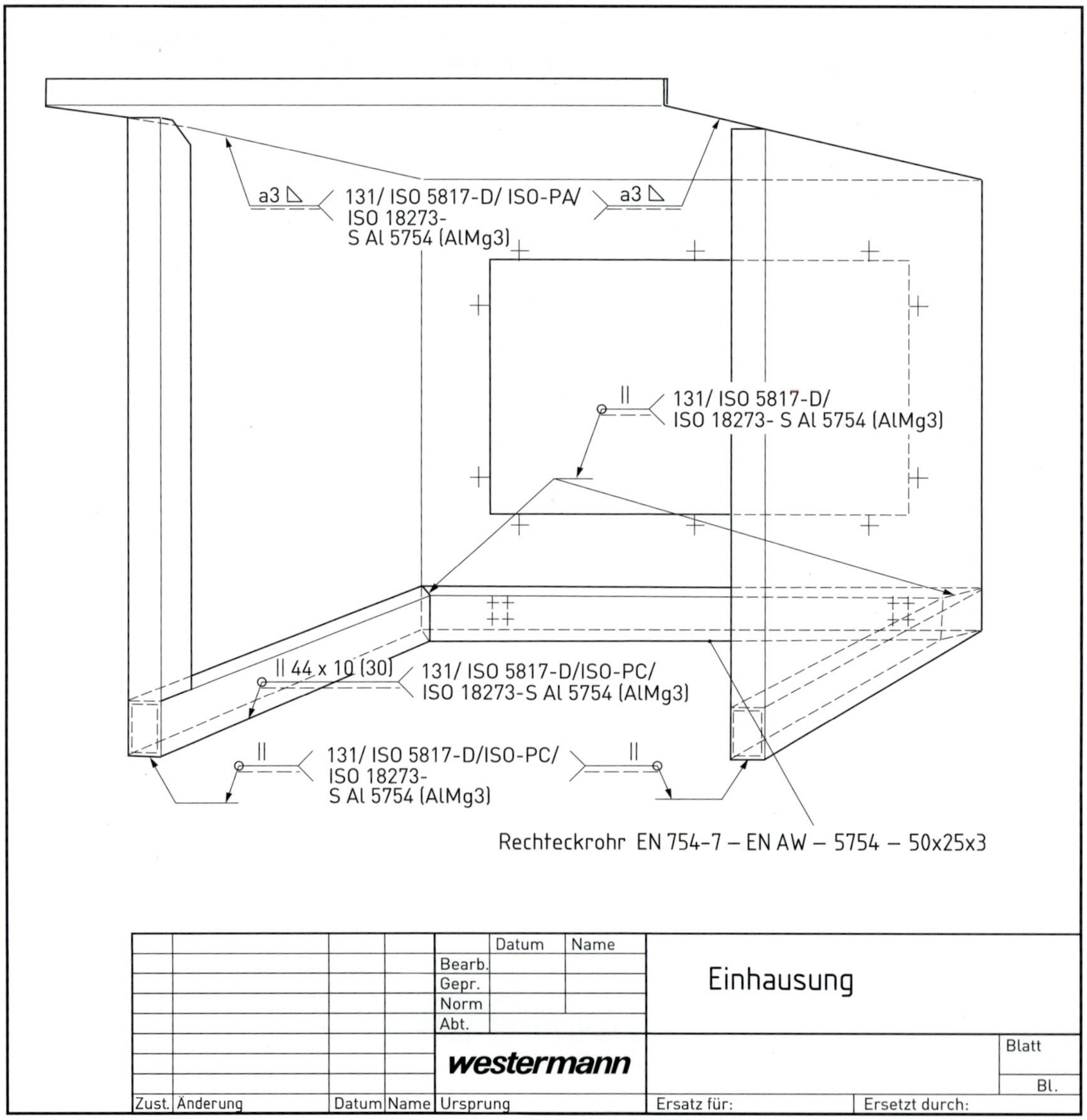

Abb. 1: Zeichnung Rahmen

5.4.1 Zeichnungsanalyse

Aus der Zeichnung gehen verschiedene Informationen zum Schweißen hervor. Durch Bezugszeichen werden die Schweißnähte gekennzeichnet.

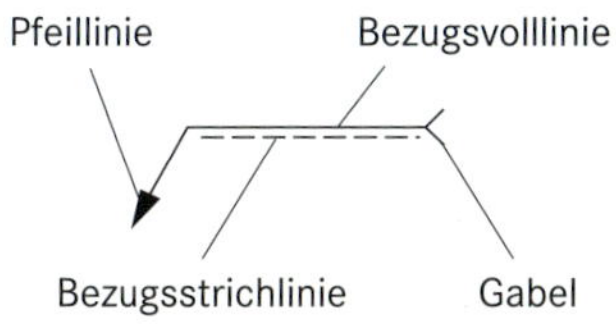

Auf dem Bezugszeichen und hinter der Gabel können unter anderem:

- das Nahtsymbol,
- die Nahtdicke,
- das Schweißverfahren und
- der Zusatzwerkstoff

vermerkt werden (Tab. 1) (➔📖).

Befinden sich die Symbole für Nahtform und Nahtdicken an der Bezugsstrichlinie, liegt die Schweißnaht auf der gegenüberliegenden Seite.

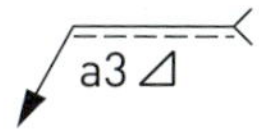

Soll eine Naht umlaufend ausgeführt werden, wird dies durch einen Kreis um den Knick des Schweißpfeils dargestellt.

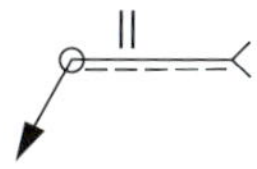

Werden verschiedene Schweißverfahren und/oder Nahtformen an einem Werkstück eingesetzt, wird dies ebenfalls durch das Bezugszeichen dargestellt.

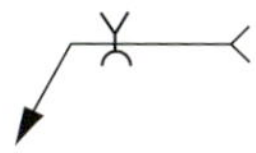

Die Angaben am Bezugszeichen müssen nicht in jedem Fall vollständig sein. So kann bei eindeutiger Darstellung die Schweißposition entfallen.

Werden die Schweißinformationen in Textform in der Nähe des Schriftfeldes vermerkt, entfallen die Angaben hinter der Gabel vollständig.

Tab. 1: Schweißinformationen

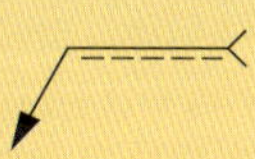	Bezugszeichen	Das Nahtsymbol befindet sich auf der Bezugsvolllinie. Der Schweißstoß befindet sich auf der Pfeilseite.
||	Nahtsymbol	I-Naht
44 x 20 (30)		Die I-Naht ist unterbrochen. Es sollten 44 Schweißnähte mit einer Länge von 20 mm gezogen werden. Der Abstand zwischen den Nähten beträgt 30 mm.
131	Schweißverfahren	Metall-Inertgasschweißen
ISO 5817-D	Bewertungsgruppe D	keine besonderen Anforderungen
ISO 6947-PA	Schweißposition	Wannenposition
DIN EN ISO 18273		Normnummer Drahtelektroden für das MIG-Schweißen von Aluminium und Aluminiumlegierungen
S		Kennbuchstabe für Drahtelektrode
Al 5754		Numerisches Kurzzeichen
AlMg3		chem. Zusammensetzung des Zusatzwerkstoffs Al Aluminium als Hauptlegierungselement Mg3 3 % Magnesium als Legierungselemnt

Farbkennzeichnung von Gasflaschen in Deutschland

Ab Juli 2006 muss die Farbkennzeichnung von Gasflaschen nach DIN EN 1089-3 erfolgen.
Die Kennzeichnung erfolgt nach allgemeinen und speziellen Kennzeichnungsregeln.

Allgemeine Kennzeichnungsregel

Eigenschaften	Schulterfarbe	Beispiele
giftig und/oder korrosiv	gelb 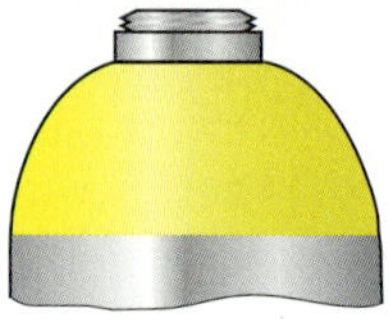	• Ammoniak • Chlor • Kohlenmonoxid
brennbar	rot 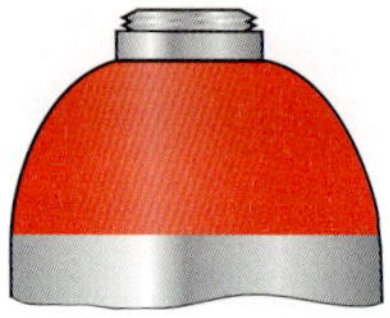	• Wasserstoff • Methan • Ethylen • Formiergas (Stickstoff/Wasserstoffgemisch)
oxidierend	hellblau 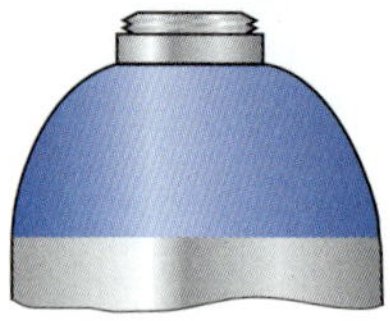	• Sauerstoff
inert	leuchtendes Grün 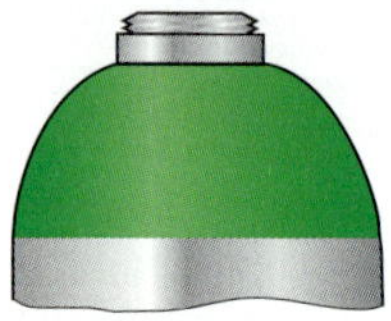	• Xenon • Neon • Schweißschutzgasgemische • Druckluft

Farbtabelle nach Norm	RAL-Nummer	RAL-Bezeichnung
gelb	1018	zinkgelb
rot	3000	feuerrot
hellblau	5012	lichtblau
leuchtendes Grün	6018	gelbgrün
kastanienbraun	3009	oxidrot
weiß	9010	reinweiß
blau	5010	enzianblau
dunkelgrün	6001	smaragdgrün
schwarz	9005	tiefschwarz
grau	7037	staubgrau
braun	8008	olivbraun

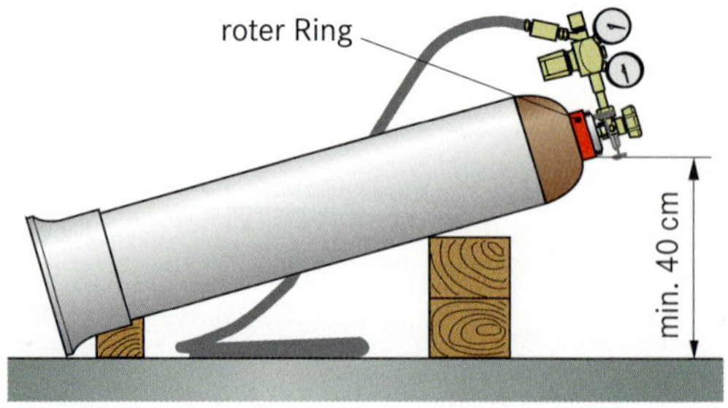

Acetylenflaschen mit einem roten Ring am Flaschenhals dürfen auch liegend entleert werden. Der Mindestabstand des Ventils zum Boden darf 40 cm nicht unterschreiten.

Wichtig: Das Ventil an Sauerstoffflaschen muss fettfrei sein und darf nicht geölt werden. Sonst besteht Explosionsgefahr!

Spezielle Kennzeichnungsregel für Industriegase

Gas	Schulterfarbe	Gas	Schulterfarbe
Acetylen	kastanienbraun 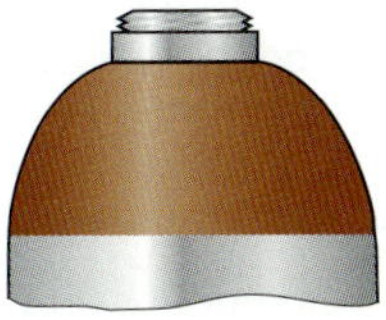	Argon	dunkelgrün 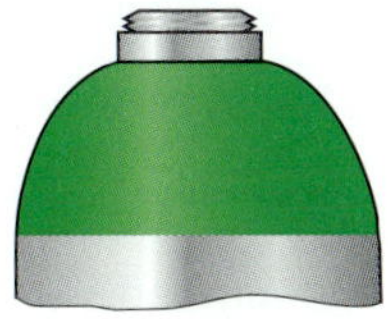
Sauerstoff	weiß 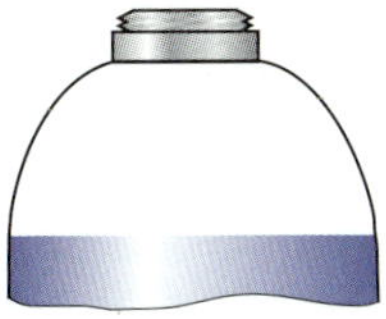	Helium	braun 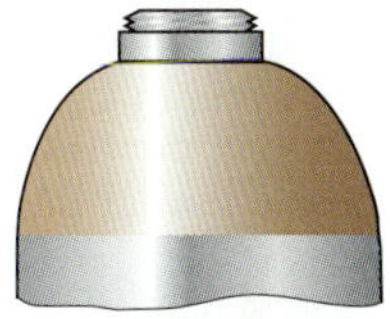
Kohlen-dioxid	grau 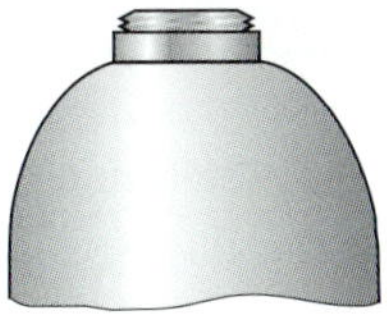	Stickstoff	schwarz 

Die Farbe des zylindrischen Flaschenmantels ist in der Norm nicht festgelegt.
Für Deutschland gilt folgende Vereinbarung:

- Flaschenmantel grau oder gleiche Farbgebung wie Schulter.
- Farbgebung des Flaschenmantels für technischen Sauerstoff erfolgt in blau.

Der Gefahrgutaufkleber enthält die verbindlichen Angaben über den Inhalt der Gasflasche.

Wenn sich auf der Gasflasche kein Gefahrgutaufkleber befindet oder die Angaben auf dem Aufkleber nicht mehr lesbar sind, darf die Gasflasche nicht mehr verwendet werden.

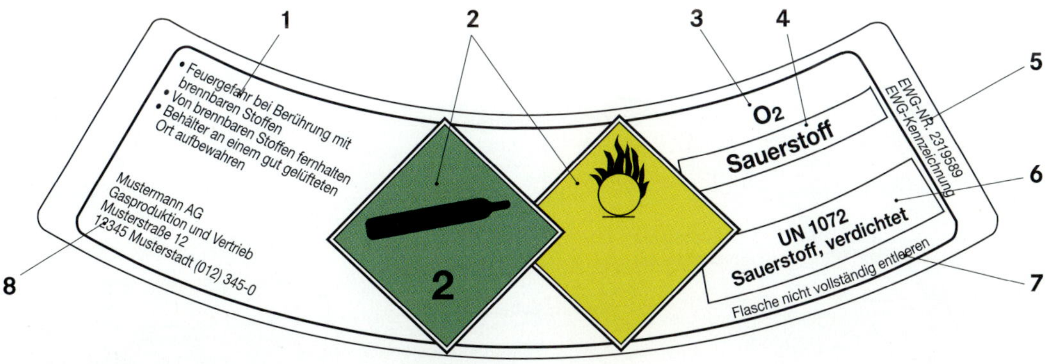

1 Risiko- und Sicherheitssätze
2 Gefahrzettel nach ADR/RID[1)]
3 Zusammensetzung des Gasgemisches oder Reinheitsangabe des Gases
4 Handelsname des Gaseherstellers
5 EWG-Nummer bei Einzelstoffen oder das Wort „Gasgemisch"
6 UN-Nummer und Benennung des Stoffes
7 Hinweis des Gasherstellers
8 Name, Anschrift und Telefonnummer des Herstellers

[1)] Accord européen relatif au transport international des marchandises Dangereuses par Route (ADR)
Reglement concernant le transport international ferroviaire de marchandises Dangereuses (RID)

Die Norm gilt nicht für Bündel- und Trailerflasche sowie für Feuerlöscher.

Fertigen

5.4.2 Fügen durch Schutzgasschweißen

Nach dem Umformen der Einhausung des Hydraulikaggregates sollen die Seitenteile und die Dachfläche verschweißt werden. Der Blechwerkstoff, eine Aluminium-Magnesium-Legierung, erfordert besondere Schweißverfahren.

5.4.2.1 Metall-Inertgasschweißen (MIG)

Das Metall-Inertgasschweißen findet bei NE-Metallen, z.B. Aluminium und Aluminiumlegierungen, Anwendung. NE-Metalle reagieren sehr schnell mit der Umgebungsluft. Schweißtemperaturen verstärken diese Reaktionsfähigkeit noch zusätzlich. Damit das Schweißgut vor schädlichen Umwelteinflüssen geschützt wird, muss der Kontakt mit der Umgebungsluft verhindert werden. Nur dann ist das Schweißen von Aluminium möglich.

Inerte Gase, beim Schweißen der Einhausung aus einer Aluminiumlegierung ist es Argon, reagieren auch bei hohen Temperaturen nicht mit ihrer Umgebung. Das Schutzgas schützt so das Schmelzbad vor schädlichen Umwelteinflüssen (Abb. 1).

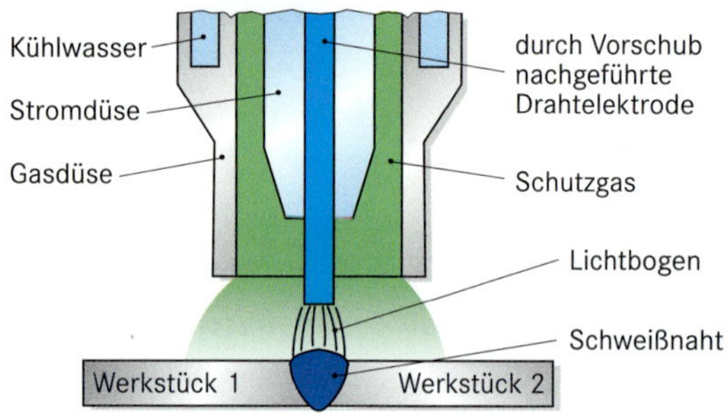

Abb. 1: Prinzip des Schutzgasschweißens

Eine Schutzgasschweißanlage besteht aus Schweißstromquelle, Schutzgasversorgung und Schlauchpaket mit Brenner (Abb. 2). Durch das Schlauchpaket wird Strom, Schutzgas und Draht zur Schweißstelle geführt.

Beim Aluminium-Schweißen wird Wechselstrom verwendet. Schweißtransformatoren liefern Wechselstrom mit einer maximalen Spannung von $U = 70$ V. Transformatoren haben einen einfachen Aufbau und sind deshalb preisgünstig.

Die Verwendung von Wechselstrom und der Einsatz von Transformatoren als Schweißstromquelle hat Nachteile. Schwankungen in der Netzspannung werden über den Schweißtransformator auf die Schweißspannung übertragen. Dadurch können Schweißfehler auftreten.

Aus Gründen der Arbeitsicherheit muss die Leerlaufspannung in Arbeitssituationen mit erhöhter Gefährdung auf 48 V begrenzt werden. Leerlaufspannung wird die Spannung genannt, die an der Sekundärspule anliegt, wenn kein Schweißstrom fließt.

Erhöhte Gefährdungen treten auf:

- wenn das Berühren elektrisch leitfähiger Teile für den Schweißer unvermeidbar ist,
- wenn am Arbeitsplatz der Abstand zwischen gegenüberliegenden, elektrisch leitfähigen Teilen kleiner als zwei Meter ist und
- an nassen, feuchten Arbeitsplätzen.

Alle Schweißtransformatoren, die für Schweißarbeiten unter erhöhter elektrischer Gefährdung geeignet sind, müssen deutlich erkennbar und dauerhaft das Symbol [S] oder das bisherige Symbol (42 V) tragen.

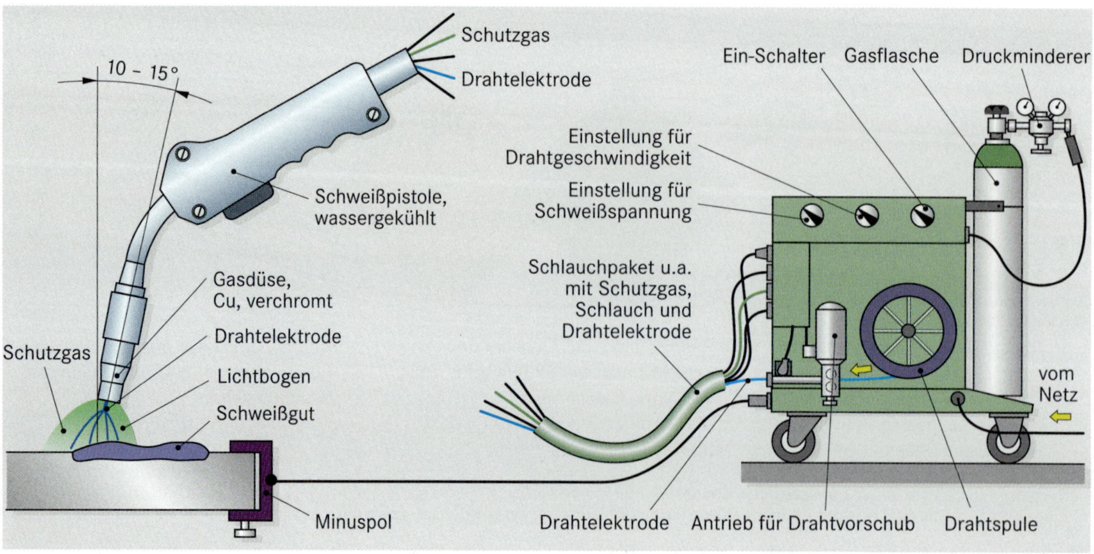

Abb. 2: Metall-Schutzgasschweißanlage

Beim Schweißen von nichtrostenden Stählen muss ebenfalls das Schweißgut geschützt und die eingebrachte Wärme möglichst gering gehalten werden. Durch Impulsschweißen erfüllt man diese Bedingungen. Aus dem Wechselstrom im öffentlichen Stromnetz wird in speziellen Gleichrichtern pulsierender Gleichstrom erzeugt (Abb. 3).

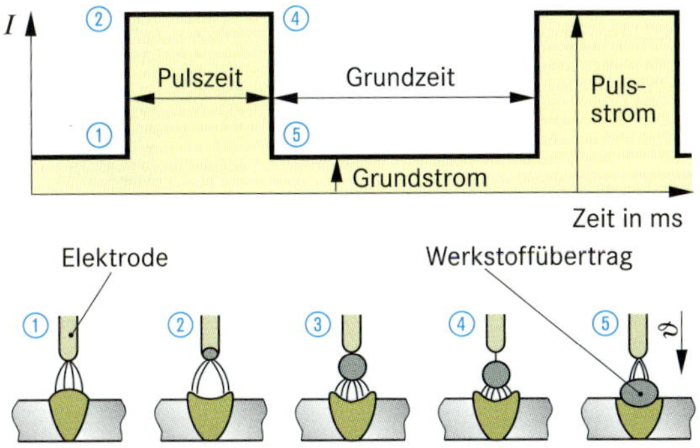

Abb. 3: Wirkung von pulsierendem Gleichstrom

Beim Impulsschweißen wird an der Schweißanlage ein Grundstrom und ein Pulsstrom eingestellt. Durch den vergleichsweise geringen Grundstrom wird ein Lichtbogen erzeugt, dessen Energie groß genug ist, so dass der Grundwerkstoff in der Schweißzone aufgeschmolzen wird ①. In sehr kurzen zeitlichen Abständen wird die Grundstromstärke durch die Anlagensteuerung periodisch auf Pulsstromstärke erhöht ②. Der bei maximaler Pulsstromstärke vorhandene Lichtbogen hat so viel Energie, dass ein Schweißtropfen von der Drahtelektrode abgelöst wird ③. Nach dem Ablösen des Tropfens fällt der Schweißstrom auf die eingestellte Grundstromstärke. Es besteht keine Verbindung zwischen Werkstoff und Elektrode, d.h. der Werkstoffübergang ist kurzschlussfrei ④. Zwischen Schweißgut und Elektrode zündet ein neuer Lichtbogen, damit beginnt ein neuer Zyklus ⑤.

5.4.2.2 Wolfram-Inertgasschweißen (WIG)

Als Alternative zum MIG-Schweißen kann die Einhausung auch mit Wolfram-Inertgasschweißen im WIG-Verfahren geschweißt werden. Dabei brennt der Lichtbogen zwischen einer nicht abschmelzenden Wolframelektrode und dem Werkstück. Der Lichtbogen wird mit hochfrequentem Strom berührungslos gezündet (Abb. 4).

Das WIG-Verfahren wird bei Aluminium und Al-Legierungen mit Wechselstrom, bei korrosionsbeständigen Stählen, Kupfer und anderen NE-Metallen mit Gleichstrom durchgeführt. Der Schweißzusatz soll beim Verbindungsschweißen der Zusammensetzung des Grundwerkstoffes entsprechen und

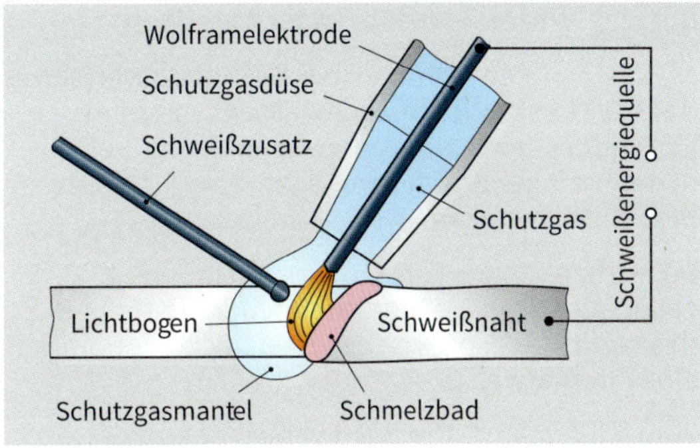

Abb. 4: WIG-Verfahren

wird außerhalb des Brenners, z. B. von Hand als Massivdraht, dem Schmelzbad zugeführt (Abb. 5).

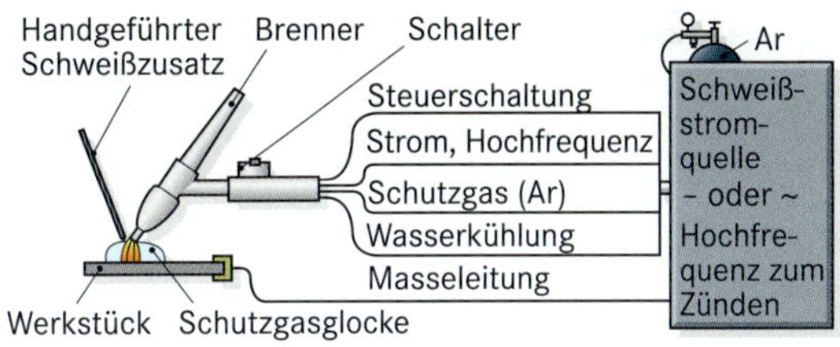

Abb. 5: Anlage zum Wolfram-Inertgasschweißen

Beim Wolfram-Inertgasschweißen im WIG-Verfahren wird Argon als inertes Schutzgas eingesetzt.

Arbeitssicherheit

- Festlegen des brandgefährdeten Bereichs mit Informieren über Brandmeldeeinrichtungen.
- Entfernen sämtlicher beweglicher Stoffe und Gegenstände, die sich durch schweißtechnische Arbeiten in Brand setzen lassen.
- In Brand geratene Kleidung mit Handschuhen oder Löschdecke ersticken.
- Gegebenenfalls Alarmierung der Rettungsdienste.
- Kontrolle auf Brandentstehung durch einen Brandposten mit geeigneten Feuerlöscheinrichtungen, z. B. Feuerlöschern oder angeschlossenem Wasserschlauch.
- Vorhalten einer Brandwache für angemessenen Zeitrahmen nach Beendigung der schweißtechnischen Arbeiten.

Lassen sich Gefahren durch eine explosionsfähige Atmosphäre trotz der getroffenen Sicherheitsmaßnahmen nicht ausschließen, dürfen schweißtechnische Arbeiten nicht durchgeführt werden!

Fertigen

5.4.2.3 Widerstandspressschweißen

Neben anderen gehören die Fertigungsverfahren des Widerstandspressschweißens zum Press-Verbindungsschweißen. Sie können bei verschiedenen Fertigungsaufgaben Niet- oder Schraubverbindungen ersetzen.

Da vorbereitende Fertigungsschritte, wie z. B. lagegenaues Bohren der Nietlöcher, entfallen, ist das Widerstandspressschweißen auch ökonomisch eine Alternative.

Zum Widerstands-Pressschweißen gehören:

- das Punktschweißen und
- das Rollnahtschweißen.

Beim Widerstandspressschweißen wird die Wärme an der Wirkstelle elektrisch durch den Übergangswiderstand an der Berührungsstelle erzeugt. Die Werkstoffe werden bis zum teigigen Zustand erwärmt und durch die nicht abschmelzenden Elektroden zusammengepresst. Es entsteht eine punktförmige Schweißlinse.

Durch Press-Verbindungsschweißen lassen sich verschiedene Metalle miteinander verschweißen (Tab. 2).

Tab. 2: Pressschweiß-Werkstoffkombinationen

Schweißbarkeit mit / von	unlegiertem Baustahl	niedriglegiertem Stahl	hochlegiertem Stahl	Kupfer	Kupfer-Zink-Legierung	Aluminium
unlegiertem Baustahl	+ +	+ +	+ +	+ +	+ +	+ +
niedriglegiertem Stahl	+ +	+ +	+ +	+ +	+ +	+ +
hochlegiertem Stahl	+ +	+ +	+ +	+ +	+ +	+
Kupfer-Zink-Legierung	+ +	+ +	+ +	+ +	+ +	+
Aluminium	+ +	+ +	+ +	+	+	+ +

+ + gut schweißbar + schweißbar, aber spröde

5.4.2.4 Punktschweißen

Beim Punktschweißen werden die zu verbindenden Werkstücke zwischen zwei stabförmige, nicht abschmelzende Kupferelektroden gelegt und zusammengedrückt. Wenn die notwendige Elektrodenhaltekraft vorhanden ist, fließt durch die Werkstücke kurzzeitig ein hoher Strom. An der Berührungsstelle werden die bis in den teigigen Zustand hinein erwärmten Bauteile durch eine punktförmige Schweißlinse miteinander verbunden (Abb. 1).

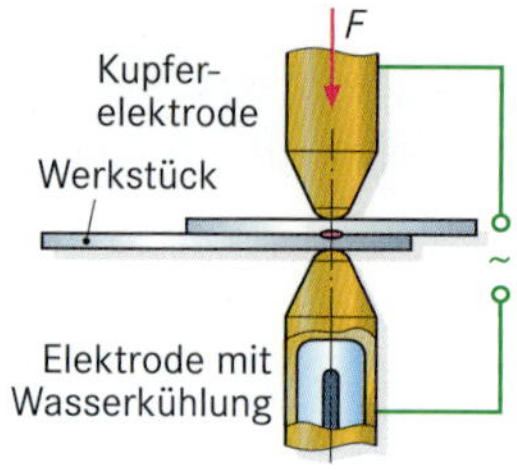

Abb. 1: Prinzip des Punktschweißens und Punktschweißgerät

Da der Bereich der Erwärmung klein ist, verziehen sich die Bauteile nicht. Das Punktschweißen findet auf Schweißanlagen statt. Schweißstromquelle ist dabei ein Transformator (Abb. 1).

Der Schweißvorgang darf nur sehr kurz sein. Dies erfordert Maschinen, die diesen Vorgang sehr genau und zuverlässig steuern können.

5.4.2.5 Rollnahtschweißen

Beim Rollnahtschweißen verwendet man anstelle der stabförmigen Elektroden mechanisch angetriebene, nicht abschmelzende Rollenelektroden. Die Rollen pressen die zu verschweißenden Bleche aneinander, übertragen den Schweißstrom und erzeugen die Vorschubbewegung der Bleche. Der Stromübergang geschieht an der jeweiligen Berührungsstelle zwischen Rollenelektrode und Werkstück (Abb. 2).

Das Rollnahtschweißen wird überall dort angewendet, wo lange, durchlaufende Schweißnähte gefertigt werden müssen. Der Einsatz ist meist nur in der industriellen Fertigung effizient (Abb. 2).

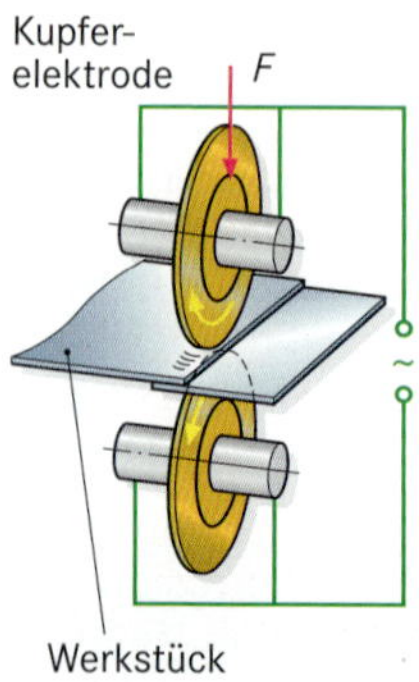

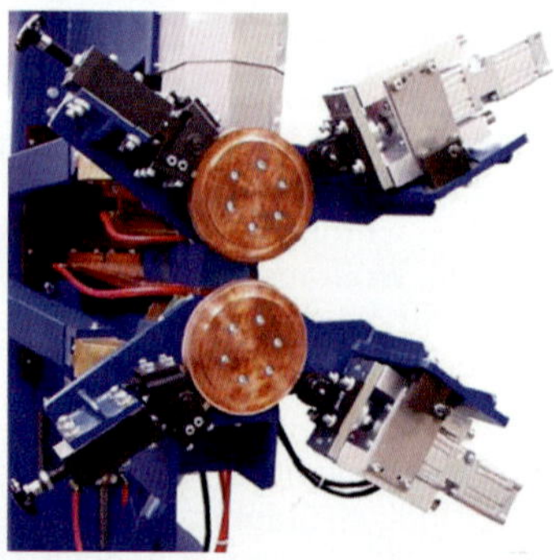

Abb. 2: Rollnahtschweißen

undlagen

Berechnung am Transformator

Wird zum Schweißen Wechselstrom benötigt, wird als Schweißstromquelle ein Schweißstromtransformator eingesetzt.

Schließt man die Primärwicklung eines Transformators an eine Wechselspannungsquelle an, so ändert sich dauernd der magnetische Fluss. Dadurch wird in der Sekundärwicklung eine Wechselspannung induziert.

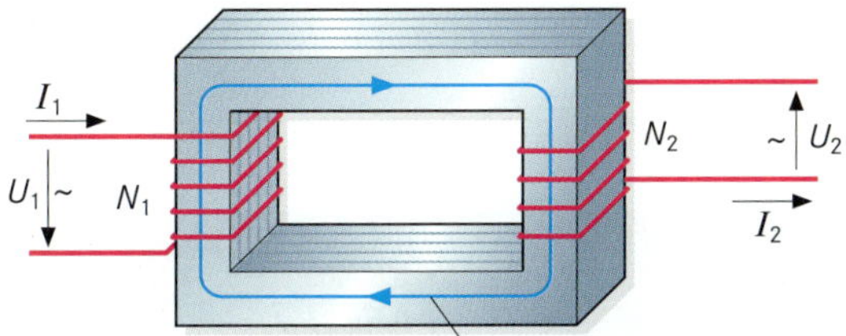

Spannungen

Das Verhältnis der Primärspannung U_1 zur Sekundärspannung U_2 entspricht dem Verhältnis der entsprechenden Windungszahlen N_1 und N_2 und wird das Übersetzungsverhältnis $ü$ des Transformators genannt.

$$\frac{U_1}{U_2} = \frac{N_1}{N_2} = ü$$

Stromstärken

Die Stromstärken I_1 und I_2 verhalten sich beim Transformator umgekehrt wie die Windungszahlen. Das Verhältnis wird ebenfalls durch das Übersetzungsverhältnis $ü$ ausgedrückt.

$$\frac{I_2}{I_1} = \frac{N_1}{N_2} = ü$$

Beispiel:

Die Primärwicklung eines Schweißtransformators besitzt für die Anschlussspannung $U_1 = 400$ V eine Windungszahl $N_1 = 1280$.

a) Wie viele Windungen muss die Sekundärwicklung erhalten, wenn die Sekundärspannung $U_2 = 10$ V haben soll?

b) Wie groß ist das Übersetzungsverhältnis $ü$?

c) Wie groß ist der Strom I_1, wenn in der Sekundärwicklung ein Strom $I_2 = 10$ A gemessen wurde?

Gegeben: $U_1 = 400$ V
$N_1 = 1280$
$U_2 = 10$ V
$I_2 = 10$ A

a)

Gesucht: N_2

Lösung: $\frac{U_1}{U_2} = \frac{N_1}{N_2}$

$$N_2 = \frac{N_1 \cdot U_2}{U_1} = \frac{1280 \cdot 10}{400}$$

$$\underline{\underline{N_2 = 32}}$$

Die Sekundärspule muss 32 Windungen haben.

b)

Gesucht: $ü$

Lösung: $ü = \frac{U_1}{U_2}$

$$ü = \frac{400\text{ V}}{10\text{ V}}$$

$$\underline{\underline{ü = 40}}$$

Das Übersetzungsverhältnis ist 40.

c)

Gesucht: I_1 in A

Lösung: $\frac{I_2}{I_1} = ü$

$$I_1 = \frac{I_2}{ü}$$

$$I_1 = \frac{10\text{ A}}{40}$$

$$\underline{\underline{I_1 = 0{,}25\text{ A}}}$$

In der Primärspule fließt ein Strom von 0,25 A.

ufgaben

Die Sekundärwicklung eines Schweißtransformators besitzt die Anschlussspannung $U_1 = 400$ V und eine Windungszahl $N_2 = 1280$.

a) Wie viele Windungen muss die Primärwicklung erhalten, wenn die Sekundärspannung $U_2 = 10$ V haben soll?

b) Wie groß ist der Strom I_2, wenn in der Primärwicklung ein Strom $I_2 = 10$ A gemessen wurde?

Fertigen

5.4.3 Fügen durch Schrauben

ARBEITSAUFTRAG

Die Einhausung des Hydraulikaggregates wird für einen Kunden als Serviceleistung neu angefertigt. Auf Wunsch des Kunden wird anstelle eines Bleches aus der Aluminiumlegierung AlMg3 ein kaltgewalztes Blech Stahl DC 03 0,7 mm verwendet. Das Lochblech und die Scharniere sollen an der Einhausung befestigt werden. Dazu werden verschiedene Schraubenverbindungen ausgewählt. Die Kernlöcher sind bereits vorhanden.

Abb. 1: Einhausung des Hydraulikaggregates

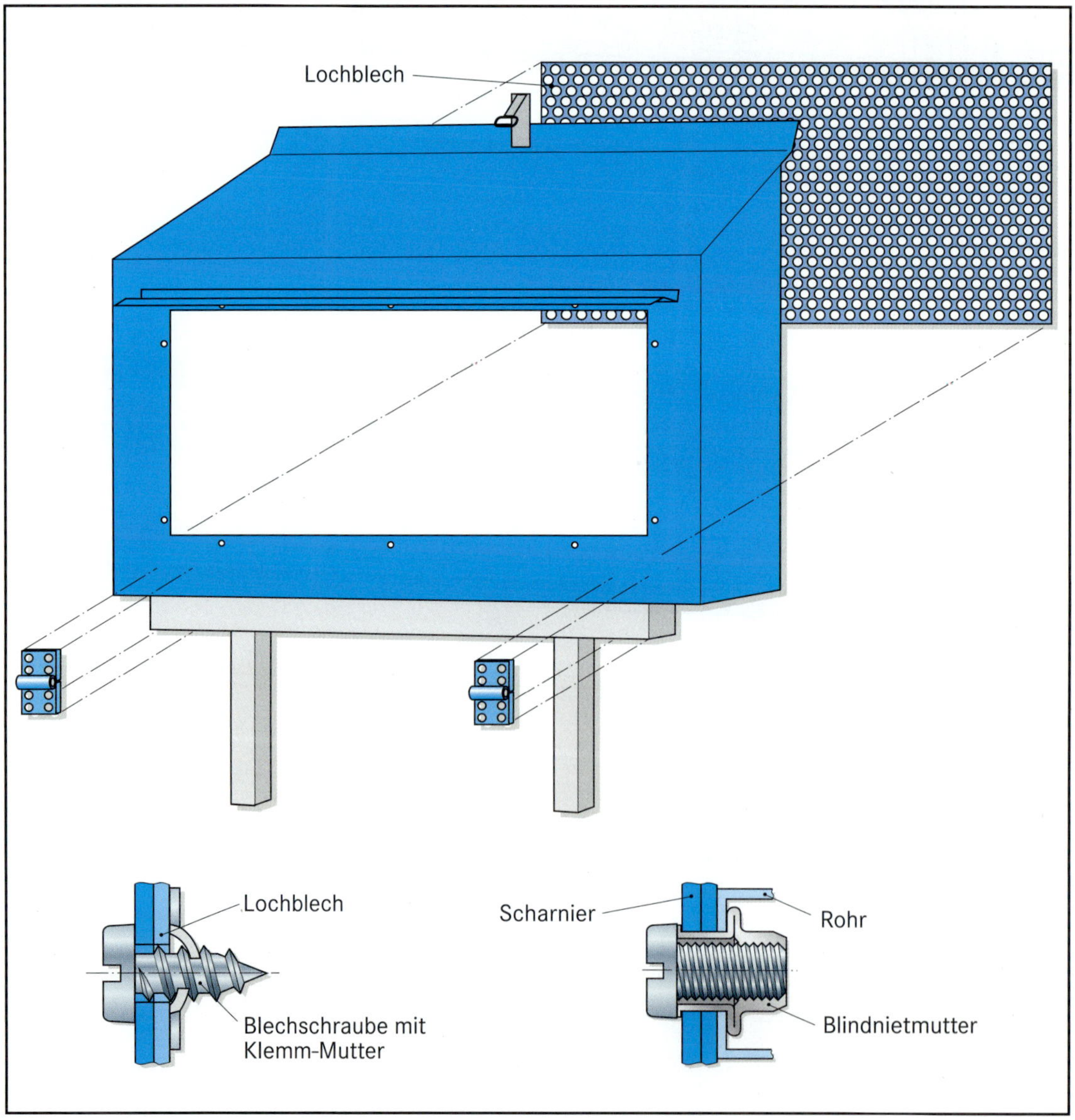

Abb. 2: Einhausung mit Lochblech

5.4.3.1 Verschrauben mit Blechschrauben

Die Einhausung für das Hydraulikaggregat und das Lochblech sind dünnwandige Stahlblechbauteile. Die Klemmlänge beträgt für beide Bleche zusammen 1,6 mm. Eine Schraube mit ISO-Gewinde kommt hier nicht in Betracht, da ein in die dünnen Bleche geschnittenes metrisches Gewinde wegen der geringen Einschraubtiefe leicht ausreißt. Mit Blechschrauben lassen sich auch dünnwandige Bauteile fügen.

Die notwendige minimale Einschraubtiefe für eine Blechschraube muss größer sein als ihre Steigung (Abb. 3). Für die gewählte Blechschraube ISO 7050 ST 2,2 x 4,5 - F - H wird vom Hersteller eine Mindestklemmlänge von 0,8 mm empfohlen.

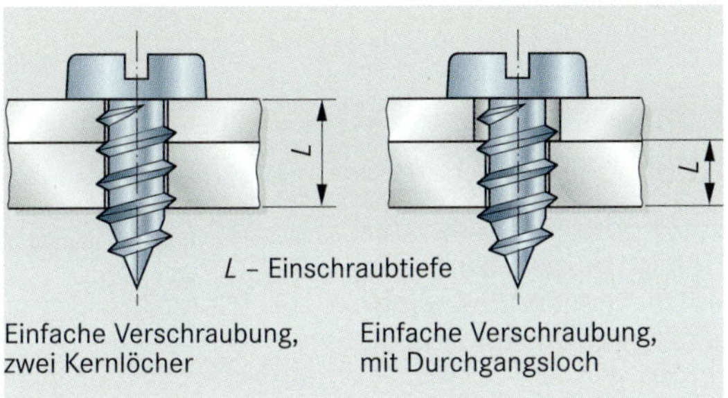

Abb. 3: Verbindung mit Blechschrauben

Die Differenz zwischen Kerndurchmesser und Außendurchmesser sowie die Steigung sind bei einer Blechschraube größer als bei einer vergleichbaren Schraube mit ISO-Gewinde (Abb. 4 und Tab. 1).

Deshalb sind bei einer Blechschraube zwar wenige Gewindegänge im Eingriff, sie sind jedoch tief in das Blech eingedrückt. Der Vorteil dieser Schraubenart besteht darin, dass sie sich ihr Gewinde selbst formt. Dazu muss das Bohrloch auf den Kerndurchmesser der Schraube vorgebohrt werden (Abb. 5).

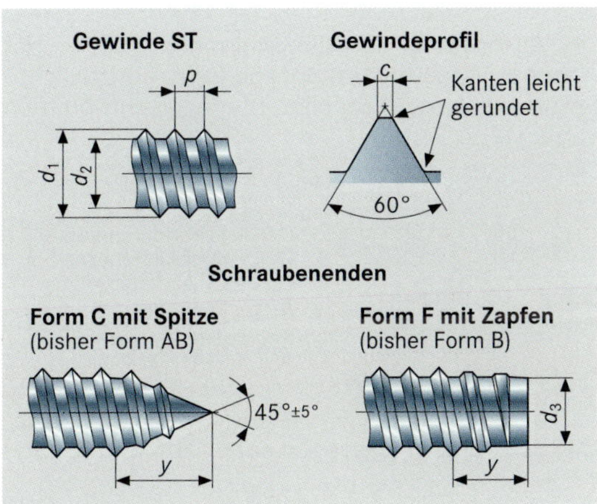

Abb. 4: Gewindedarstellung

Tab. 1: Gewindemaße

Gewindegröße		ST 2,2	
P		≈ 0,8	
d_1		max. 2,24	min. 2,1
d_2		max. 1,63	min. 1,52
d_3		max. 1,47	min. 1,37
c		max. 0,1	
y	Form C	2	
Hilfsmaß	Form F	1,6	
Nummer		2	

Blechschrauben haben, im Gegensatz zu Schrauben mit metrischem ISO-Gewinde, ein scharfkantiges Gewinde mit großer Steigung. Die Oberfläche ist gehärtet. Blechschrauben eignen sich für Bleche von 0,5 bis 4,0 mm Dicke.

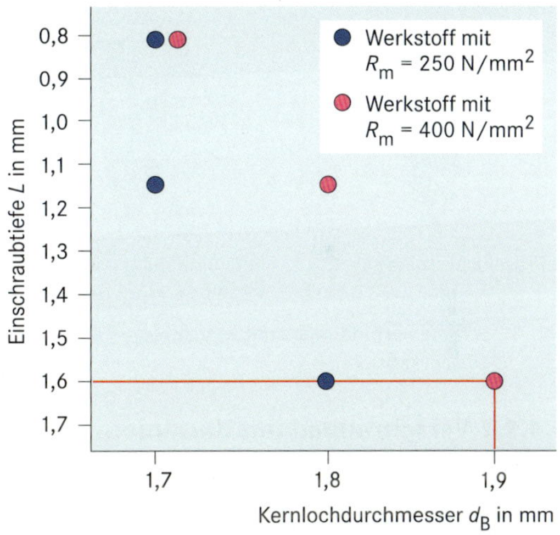

Abb. 5: Kernlochdurchmesser d_B für Gewindegröße ST2,2

Die Einschraubtiefe für die Befestigung des Lochbleches beträgt 1,6 mm. Für die Fertigung mit dem Spiralbohrer liegt der Kerndurchmesser bei 1,9 mm (Abb. 5).

Eine andere Fertigungsmöglichkeit für Kernlöcher ist das Lochstanzen. Die Schraubenhersteller empfehlen einen Kerndurchmesser, der 0,1 - 0,3 mm größer als der Bohrlochdurchmesser ist. Ein Grund dafür sind feinste Risse, die sich um das gestanzte Loch bilden. Der Stempeldurchmesser zum Stanzen der Befestigungslöcher muss demnach zwischen 2,0 und 2,3 mm liegen. Gewählt wurde der Durchmesser 2,0 mm.

Die Werte der Norm sind mit den Angaben der Hersteller zu vergleichen, da die Toleranzen in der Bemessung der Kernlöcher herstellerabhängig sind.

Während des Einsatzes des Hydraulikaggregates kann es zu Schwingungen kommen, die sich auf die Einhausung übertragen. Die Verbindung unterliegt dadurch starken, wechselnden Belastungen. Aus diesem Grund wird die Schraubenverbindung zusätzlich mit einer Klemm-Mutter gesichert.

Weitere Möglichkeiten die Einschraubtiefe zu erhöhen zeigt die Abbildung 1.

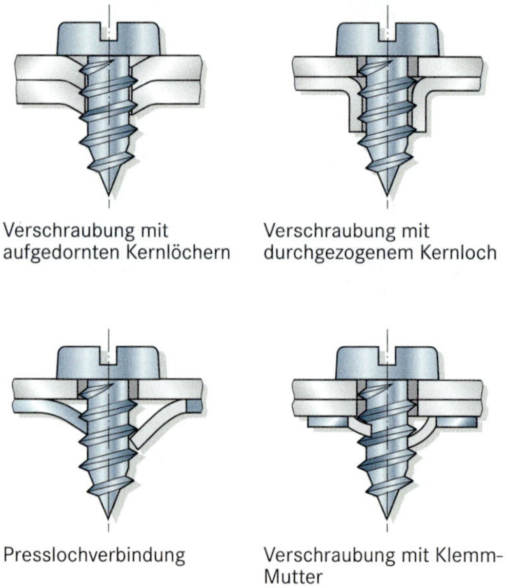

Abb. 1: Schraubverbindungen mit vergrößerter Einschraubtiefe

5.4.3.2 Verschrauben mit Blindnietmuttern

Bei der Befestigung der Scharniere ist zu berücksichtigen, dass auf die Verbindungen größere Kräfte einwirken. Die Einschraubtiefe muss möglichst groß sein.

Die Scharniere sollen mit jeweils 4 Schrauben am unteren Rand der Einhausung angeschraubt werden. Die Schrauben liegen in Höhe des Rohres, das zur Versteifung der Einhausung eingeschweißt wurde, d. h. für diese Schrauben ist die Rückseite nicht zugänglich.

Man hat sich für eine Verbindung mit Blindnietmuttern entschieden (Abb. 2).

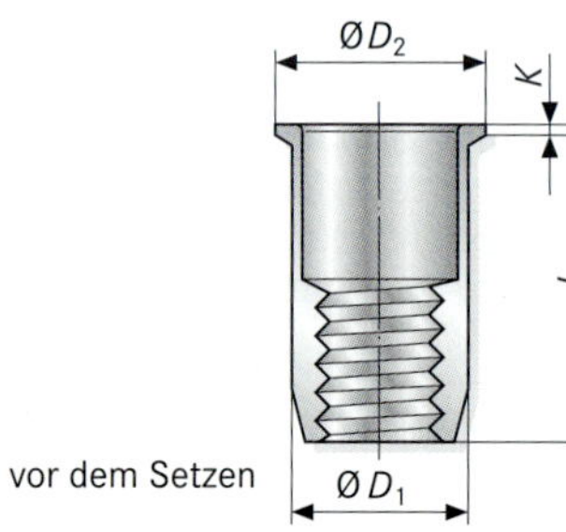

Abb. 2: Blindnietmutter

Die Scharniere sollen mit je 4 Schrauben DIN EN ISO 4762 M5 x 0,8 x 30 befestigt werden. Zur Vorbereitung der Montage der Blindnietmuttern müssen 8 Bohrungen mit einem Durchmesser von 7,6 mm in der Wand der Einhausung und im Rohr hergestellt werden. Die Bohrungsdurchmesser sind den Herstellerangaben zu entnehmen. Danach wird die Mutter mit einem Ziehgerät in drei Phasen eingesetzt.

1. Phase:

Einführen in das Bohrloch

Die Blindnietmutter wird auf die Ziehschraube gedreht und in das Bohrloch eingesetzt.

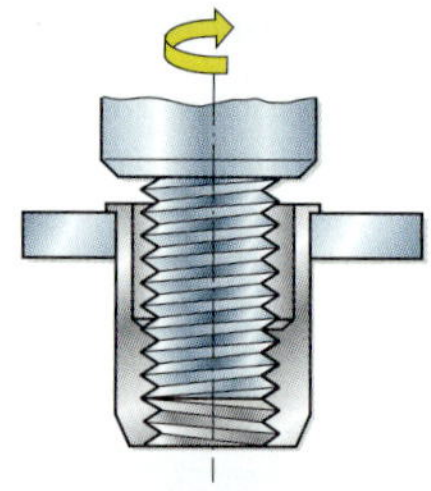

2. Phase:

Verformung des Schafts

Durch die Drehung der Ziehschraube wird die Mutter gegen das Ziehgerät gezogen und dabei verformt.

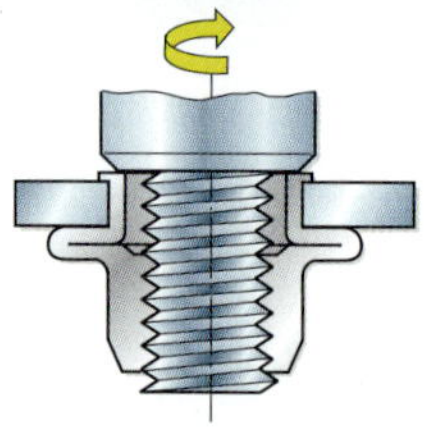

3. Phase:

Herausdrehen der Ziehschraube

Die Drehrichtung der Ziehschraube wird am Ende der Verformung der Blindnietmutter automatisch umgekehrt. Die Ziehschraube dreht aus der Mutter.

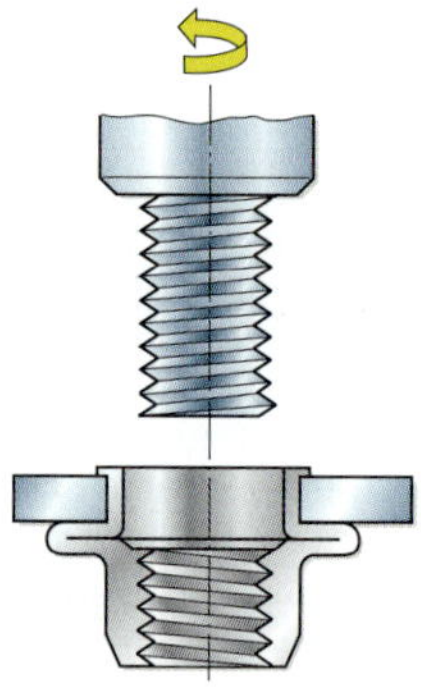

Die Verformung der Blindnietmutter ist in der Planungs- und Konstruktionsphase zu berücksichtigen und kann den Herstellerunterlagen entnommen werden (Abb. 3).

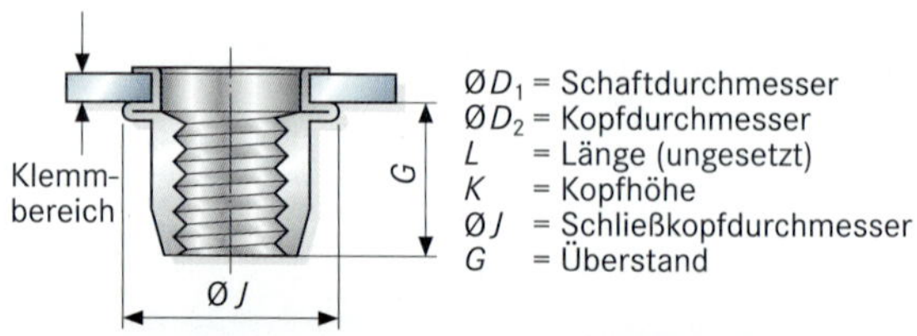

Abb. 3: Nietabmessungen nach dem Setzen

Anschließend können die Scharniere angeschraubt werden.

5.4.4 Fügen durch Falzen und Nieten

ARBEITSAUFTRAG

Die Dachfläche für das Vordach soll aus einzelnen Blechen, den Scharen, durch Falzen hergestellt werden. Anschließend wird die Dachfläche in den vorgefertigten Rahmen aus Winkelprofilen eingenietet.

Abb. 4: Vordach der Abfüllanlage

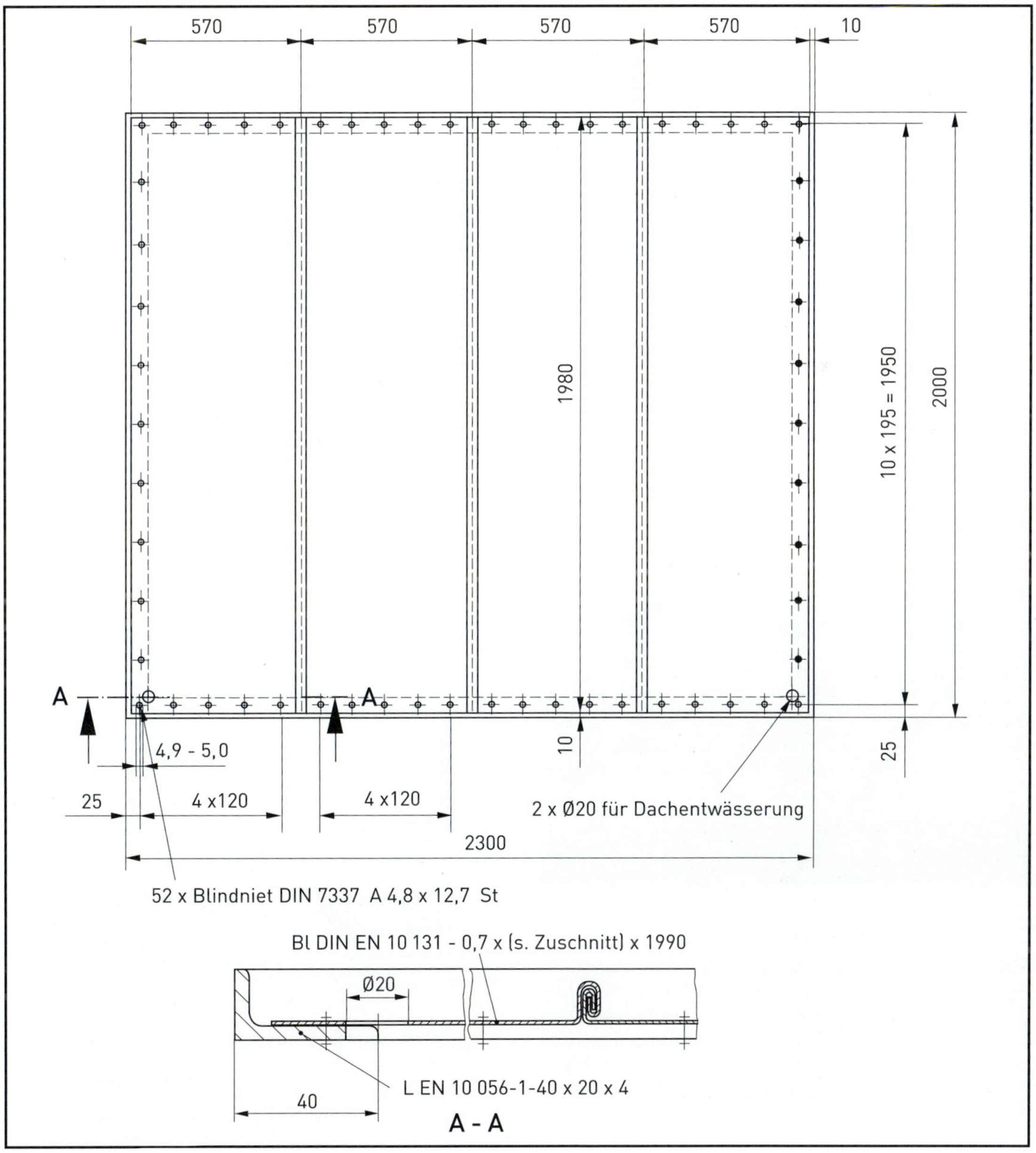

Abb. 5: Zeichnung Vordach Abfüllanlage

Informieren

5.4.4.1 Zeichnungsanalyse

Die Zeichnung zeigt das Vordach der Abfüllanlage (Abb. 5 vorherige Seite). In der Vorderansicht sind die Einbaubreiten der Blechtafeln zu erkennen.

Der Teilschnitt A – A zeigt den Doppelstehfalz als Einzelheit.

Die Zuschnittlängen und die Lage der Biegelinien werden der Einzelteilzeichnung entnommen.

Der Zeichnung kann die Lage und die Anzahl der Blindnieten entnommen werden. Da die Randabstände und auch der Abstand der Nieten zueinander gleich sind, ist nur einmal die Bemaßung erforderlich. Die Darstellung zeigt die Nieten in vereinfachter Darstellung. Die Ansicht zeigt die Verbindungselemente senkrecht zu ihrer Achse. Es müssen nicht alle Elemente eingezeichnet werden.

Die vereinfachte Darstellung von Schrauben und Nieten ist gleich. Um welche Verbindungselemente es sich handelt, kann der Zeichnung oder der Stückliste entnommen werden. Weiterführende Informationen liefert das Tabellenbuch.

Im Schnitt A - A ist ein Niet in vereinfachter Weise parallel zu seiner Achse zu sehen.

Fertigen

5.4.4.2 Fügen durch Falzen

Beim Falzen werden dünne Bleche ohne zusätzliche Fügemittel unlösbar und formschlüssig miteinander verbunden.

Falzverbindungen findet man unter anderem an Fassadenverkleidungen, Dacheindeckungen und an Lüftungskanälen.

Abb. 1: Dachfläche mit Doppelstehfalz

Abhängig von den Anforderungen, die an das Bauteil gestellt werden, und von den maschinellen Voraussetzungen im Betrieb muss die Falzart festgelegt werden (Tab.1). Die Dachfläche des Vordaches soll Wetterschutz sein. Sie ist den Witterungsbedingungen ausgesetzt. Damit die Belastungen durch Wind aufgenommen und die Verbindung regendicht ist, werden die Bleche für das Dach mit Doppelstehfalzen gefügt (Abb. 1).

Tab. 1: Falzarten

Ausführung	Falzart
	Einfacher **Stehfalz** – Falz steht senkrecht zur Bauteilfläche
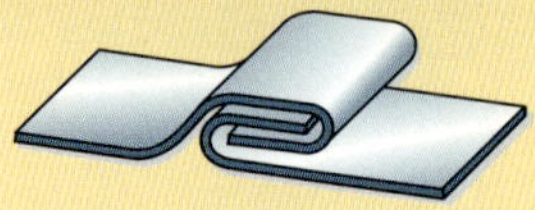	**Liegefalz** – Falz parallel oder in einer Ebene zur Bauteiloberfläche
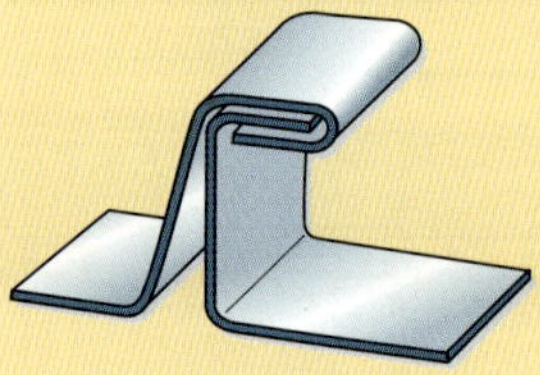	**Winkelstehfalz** – Sonderform des Stehfalz
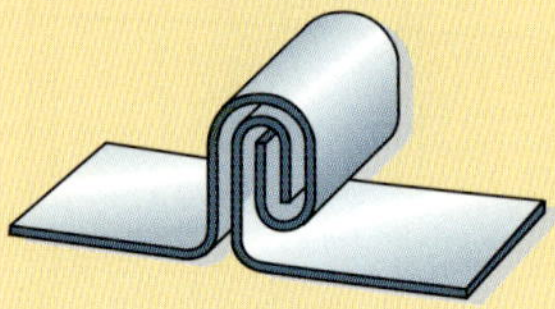	**Doppelstehfalz** Dichtheit der Verbindung wird erhöht

Falzherstellung

Die Arbeitsfolge beim Falzen ist unabhängig von der Falzform (Abb. 2).

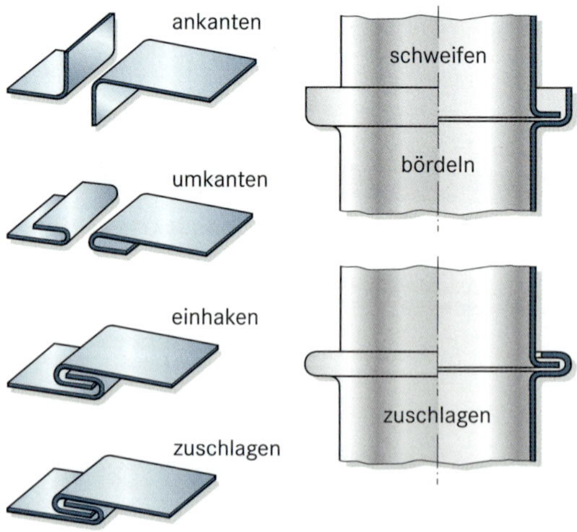

Abb. 2: Arbeitsfolge beim Falzen

Liegefalze werden nach dem Zuschlagen durchgesetzt (Abb. 3). Dieser Arbeitsgang ist notwendig, um den Falz gegen Öffnen zu sichern.

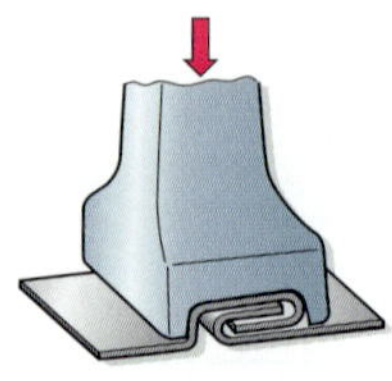

Abb. 3: Durchsetzen

Als Erstes werden die Blechtafeln angerissen und auf einer Tafelschere zugeschnitten. Für Dächer ist ein max. Abstand von 600 mm zwischen den Falzen vorgeschrieben. Aus den Abständen der Falzmitten und den erforderlichen Zugaben ergeben sich die Zuschnittbreiten (Abb. 4).

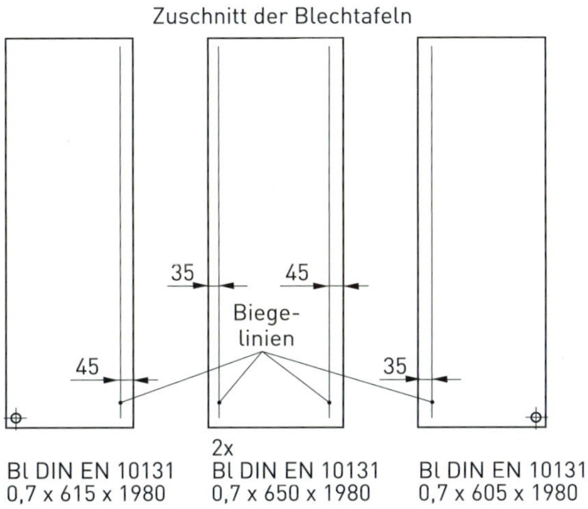

Abb. 4: Blechtafeln mit Biegelinien

Das Abkanten erfolgt auf der Schwenkbiegemaschine.

Anschließend werden die Blechtafeln zusammengestellt (Abb. 5). Damit die Bleche bei der weiteren Bearbeitung nicht verrutschen, werden sie mit mehreren Gripzangen (Abb. 6) gehalten.

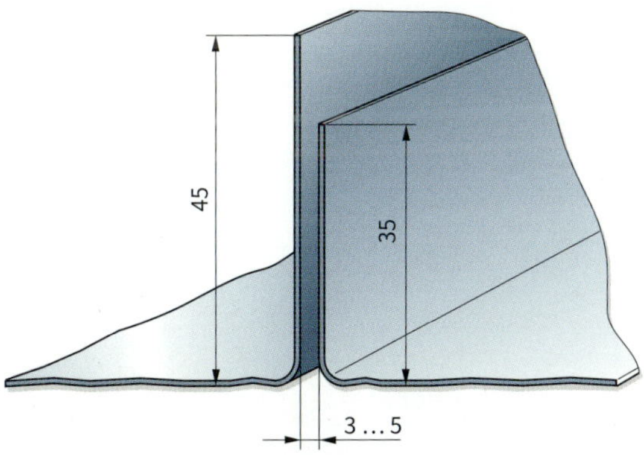

Abb. 5: Zusammengestellte Bleche

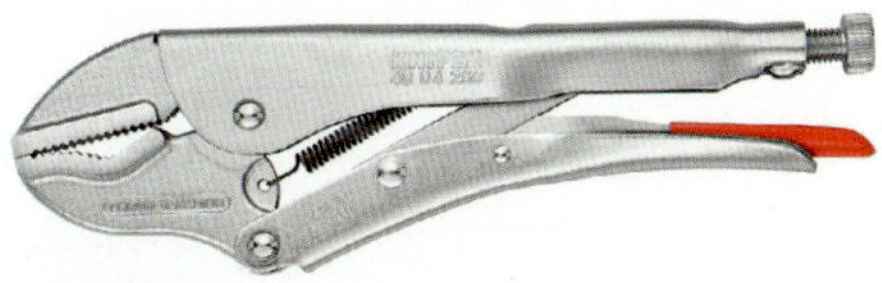

Abb. 6: Gripzange

Das lange Blechende wird über das kurze gebogen. Anschließend werden beide Enden noch einmal gemeinsam umgelegt und zusammengedrückt.

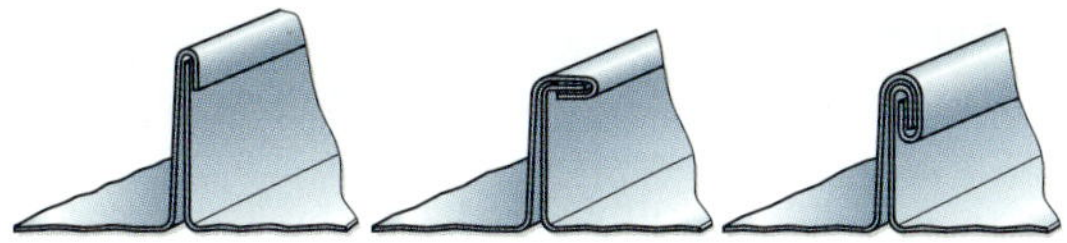

Abb. 7: Kantfolge für den Doppelstehfalz

In der handwerklichen Einzelfertigung erfolgt das Umkanten mit Hilfe eines Schaleisens und einem Holzhammer (Abb. 7 und Abb. 8).

Abb. 8: Umkanten mit Schaleisen

Bei Serienfertigung ist die Verwendung von Falzmaschinen üblich. Für den Einsatz auf der Baustelle sind die Falzschließmaschinen handgeführt (Abb. 9). In der Werkstatt finden stationäre Maschinen Verwendung.

Abb. 9: Falzschließmaschine

Mit speziellen Walzenpaaren ist der Einsatz von Sickenmaschinen zum Schließen eines Falzes möglich. Auch Schwenkbiegemaschinen können zum Herstellen eines Falzes eingesetzt werden.

Bei der Fertigung von Stehfalzverbindungen entfällt das Durchsetzen der Falznaht.

Bei einem Liegefalz ist das Durchsetzen der Falznaht der letzte Arbeitsschritt. Wird das Durchsetzen von Hand durchgeführt, kommt der Falzmeißel zum Einsatz. Er muss die gleiche Breite wie der Falz haben. Falzmaschinen sind so konzipiert, dass mit entsprechenden Werkzeugen der Falz in einem Arbeitsgang gefertigt wird.

Geeignete Bleche

Für Falzverbindungen eigen sich Bleche bis etwa 1 mm Dicke. Voraussetzung ist jedoch, dass der Werkstoff gut verformbar ist und sich daher gut kanten lässt. Gefalzt werden können Stahl-, Aluminium-, Kupfer- und Zinkbleche. Falzverbindungen eignen sich für Bleche mit Schutzüberzügen, wie Weißblech und verzinkte oder kunststoffbeschichtete Stahlbleche. Die Schutzüberzüge dürfen beim Umkanten nicht aufreißen oder wegplatzen, sonst kommt es dort zu Korrosionsschäden.

Weil das Überzugmetall Zink bei niedrigen Temperaturen versprödet, dürfen verzinkte Stahlbleche bei niedrigen Temperaturen, z.B. im Winter auf der Baustelle, nicht mehr gefalzt werden, außer man erwärmt sie vor dem Falzen.

Beim Falzen wird das Blech bis zu einem Winkel von 180° umgekantet. Damit an der Außenseite keine Risse entstehen, soll das Blech nicht scharfkantig gebogen werden.

5.4.4.3 Fügen durch Blindnieten

Um die Dachfläche und die Winkelprofile zu verbinden, sollen laut Zeichnung Blindniete verwendet werden.

Das Blindnieten wird mit Nietzangen oder pneumatisch betriebenen Nietpistolen durchgeführt. Dadurch ist der Fügevorgang einfach und schneller als mit Vollnieten oder Schrauben.

Bevor man einen geeigneten Blindniet auswählen kann, müssen die Anforderungen an die Verbindung überprüft werden.

Das Vordach wird vor allem durch Windkräfte und Regen belastet werden. Der Schließkopf muss möglichst groß sein, um diese Kräfte aufnehmen zu können. Damit der Regen nicht durch die Nietlöcher fließt, muss der Niet dicht schließen.

Scherkräfte spielen bei der Verbindung der Dachfläche mit den Winkelprofilen keine Rolle.

Während der Arbeit der Abfüllanlage treten eventuell Vibrationen auf. Die Verbindung zwischen Dachhaut und Trägerprofil darf sich dadurch nicht lösen. Der Niet muss vibrationsresistent sein.

Um Kontaktkorrosionsschäden zu vermeiden, müssen der Werkstoff der Dachfläche, des Winkelstahls und der Niethülse möglichst ähnlich sein. Deshalb sind die Dachfläche, der Winkelstahl und die Niethülse aus unlegiertem Stahl. Darüber hinaus sind die Bleche der Dachfläche und der Niet verzinkt.

Nach den aufgeführten Anforderungen wird aus den vorhandenen Herstellerunterlagen der passende Niet ausgewählt (Tab.1). Für die Fertigungsaufgabe bietet sich der „Avex“ Blindniet an.

Nach dieser Vorauswahl müssen die Arbeitswerte zur Vorbereitung der Nietverbindung aus dem Datenblatt für den gewählten Niet herausgesucht werden.

Tab. 1: Auszug aus einem Blindnietkatalog

Schließkopfart	Niettyp	Produktprofil							Nenn-Ø in mm	Hülsenmaterial			Abdeckkappen
		Schließkopfgröße	Klemmbereich	Bohrlochfüllung	Dichtigkeit	Dorntragfähigkeit	Vibrationsresistenz			AL	ST	VA	
- große Auflage	Avex Blindniet  Der vielfältige Mehrbereichsniet	++	+	+	++	+	++	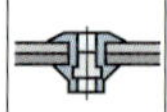	3,0 3,2 4,0 4,8	+ + + +	 + + +		+
- einfache Form	Avex SR-Blindniet  Der Dichtniet	+	+	+	+	+	+		3,2 4,0 4,8	+ + +			
- einfache Form	BS-Blindniet  Der herkömmliche Blindniet	+	+	+	+	+	+		2,4 bis 6,0	+	+	+	

+ = geeignet; ++ = besonders geeignet

undlagen

Nietverbindungen gehören zu den unlösbaren Verbindungen. Die Übertragung der Kraft erfolgt durch Formschluss (Abb. 1).

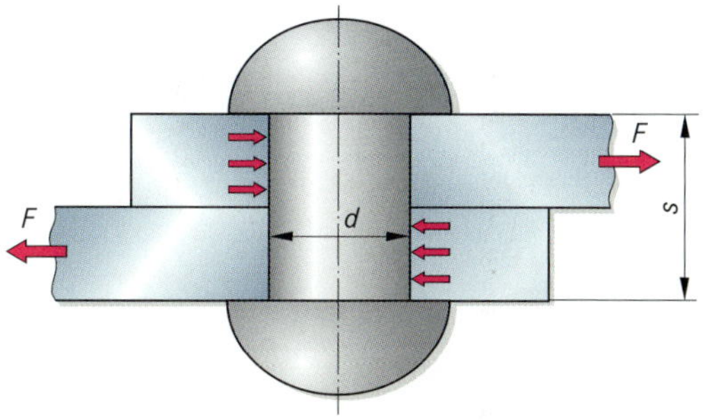

Abb. 1: Wirkprinzip des Nietens

Wirken hohe Kräfte auf die Verbindung, ist eine zweischnittige Verbindung zweckmäßig (Abb. 2). Die einwirkende Kraft wird auf zwei Querschnitte verteilt, d. h. die wirksame Scherkraft pro Querschnitt wird halbiert.

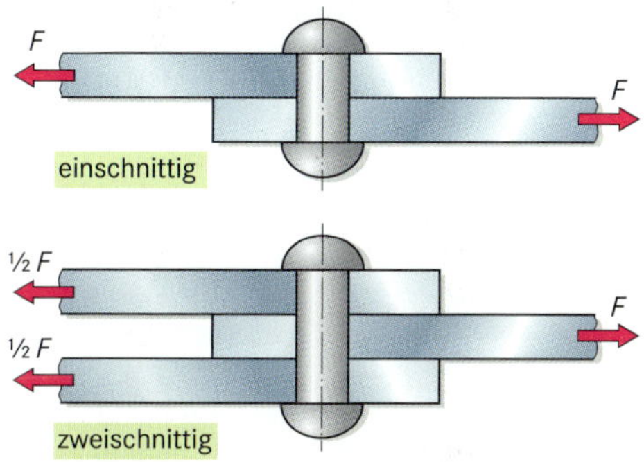

Abb. 2: Einschnittige und zweischnittige Nietverbindung

Damit eine Nietverbindung dauerhaft ihre Aufgabe erfüllen kann, müssen die Kennwerte

- Bohrlochdurchmesser,
- Nietdurchmesser,
- Nietschaftlänge

richtig bestimmt und die Paarung

- Nietwerkstoff – Werkstoff der zu verbindenden Bauteile

beachtet werden.

Für die Nietschaftlänge gilt folgende Faustformel:

Halbrundniet

$l = 1{,}1 \cdot s + 1{,}3 \cdot d$

Senkkopfniet

$l = 1{,}1 \cdot s + 0{,}5 \cdot d$

Nietschaftlänge l in mm

Klemmlänge s in mm

Nietdurchmesser d in mm

Beispiel: Nietauswahl

Zwei Flachstähle, FL EN 10 058 – 30 x 5 Stahl EN 10025 – S 235 JR und FL EN 10 058 – 30 x 6 Stahl EN 10025 – S 235 JR, sollen durch Halbrundniete nach DIN 660 gefügt werden. Der Durchmesser der Nieten beträgt d = 8 mm. Die Verbindung ist einschnittig auszuführen. Die notwendigen Daten sind zu ermitteln.

gegeben: zu verbindende Flachstähle
FL EN 10 058 –
30 x 5 Stahl EN 10025 – S 235JR

FL EN 10 058 –
30 x 6 Stahl EN 10025 – S 235JR

Halbrundniet DIN 660
Durchmesser 8 mm
einschnittige Verbindung

gesucht: Klemmlänge s, Nietschaftlänge l, Bohrlochdurchmesser

Lösung: Klemmlänge

$s = t_1 + t_2$ — s - Klemmlänge

$s = 5\text{ mm} + 6\text{ mm}$ — $t_{1,2}$ - Blechdicke

$s = 11\text{ mm}$

Die Klemmlänge beträgt 11 mm.

Nietschaftlänge

$l = 1{,}1 \cdot s + 1{,}3 \cdot d$

l – Nietschaftlänge
d – Nietdurchmesser

$l = 1{,}1 \cdot 11\text{ mm} + 1{,}3 \cdot 8\text{ mm}$

$l = 22{,}5\text{ mm}$

gewählt: 23 mm

Es muss ein Niet mit einer Nietschaftlänge von 23 mm verwendet werden.

Bohrlochdurchmesser (→📖)

gewählt: 8,4 mm

Die Nietlöcher müssen mit einem Durchmesser von 8,4 mm gefertigt werden.

Aufgaben

1. Welche Kennwerte ergeben sich für die oben berechnete Verbindung mit einem Senkniet nach DIN 661?

2. Zwei Bleche (Bl 0,8 x 1000 x 2000 – 1.0347; Bl 1 x 1000 x 2000 – 1.0347) sollen durch Halbrundniete nach DIN 660 gefügt werden. Der Durchmesser der Nieten beträgt d = 2,5 mm. Bestimmen Sie alle notwendigen Werte für eine einschnittige Verbindung.

Tab. 1: Datenblatt für "Avex-Blindniet" mit Stahlhülse

Serie 1624 Flachrundkopf Stahl/Stahl

		Werkstoff	Werkstoffbezeichnung	Werkstoff-Nr.	Oberfläche
Ø 3,2	Hülse	Stahl	QSt 32-3 (1.0303) C15E (1.1441)	1.0303	verzinkt
	Dorn			1.1132	
Ø 4,0	Hülse			1.0303	
	Dorn			1.1132	
Ø 4,8	Hülse			1.0303	
	Dorn			1.1132	

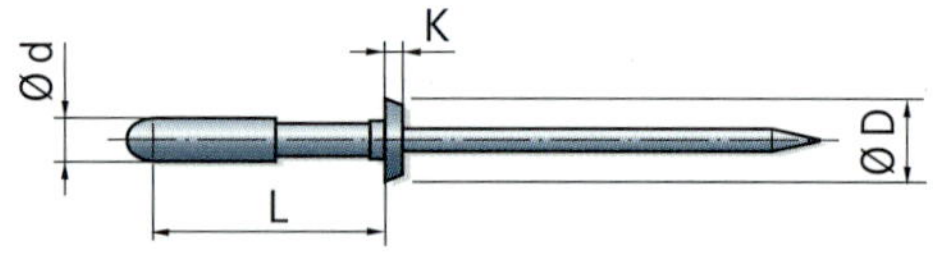

d Nenn-Ø	L ±0,5	Klemmbereich (nietbare Materialdicke)	Ø D ±0,4	K ±0,3	zulässige Kraft Scher N	Zug N	Niete pro Verp.-Einheit (ca. Stück)
3,2 / 3,3 - 3,4	9,5	1,1 - 4,0	7,2	0,9	1157	1600	8000
4,0 / 4,1 - 4,2	10,8	1,4 - 5,0	8,1	1,3	1890	2225	6000
4,8 / **4,9 - 5,0**	10,2	1,2 - 4,8	**9,8**	**1,9**	3335	**3115**	**4000**
	12,7	**4,0 - 6,3**			**4225**		

Nachdem die Vorauswahl getroffen wurde, sind die Kennwerte für den Niet in den Herstellerunterlagen zu ermitteln (Tab.1). Das wichtigste Auswahlkriterium ist der Klemmbereich. Für die Fertigungsaufgabe wird der Avex-Blindniet d = 4,8 mm und l = 12,7 mm verwendet.

Zur Vorbereitung müssen in die Bleche und die Profile Nietlöcher Ø 4,9 - 5,0 mm eingebracht werden. Dies kann durch Bohren oder Lochstanzen geschehen.

Die Herstellung von Blindnietverbindungen ist herstellerunabhängig und verläuft in drei Phasen.

1. Phase:

Einsetzen des Nietes

Der Niet wird in das Nietloch eingesetzt. Die Fügestelle muss beim Blindnieten nur von einer Seite zugänglich sein.

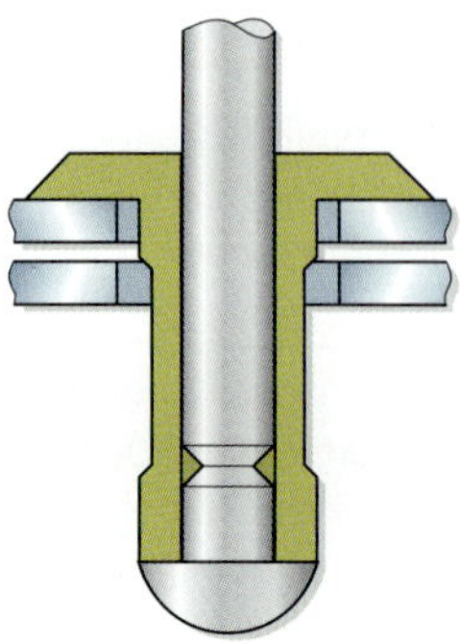

2. Phase:

Einziehen des Dorns

Mit einer Nietzange wird der Nietdorn gegen die Hülse gezogen. Die Hülse wird gestaucht und das Bohrloch gefüllt.

Das Ziehen des Nietdorns kann mit Handgeräten, wie z. B. Nietzangen, bis hin zum Einsatz von Automaten erfolgen.

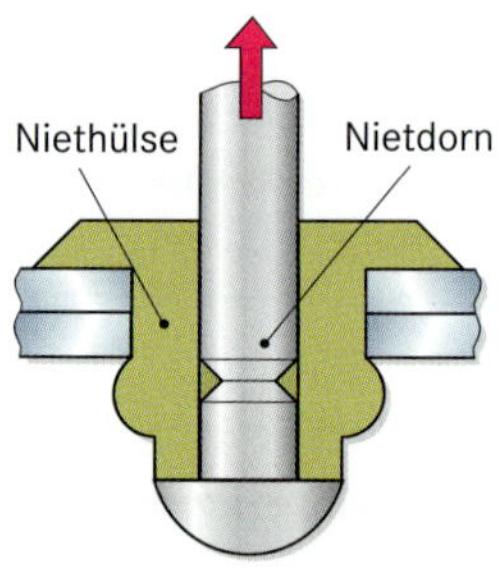

3. Phase:

Schließen der Verbindung

Bei Überschreiten der maximalen Zugkraft reißt der Nietdorn an der Sollbruchstelle ab. Dies garantiert eine bestimmte, gleichbleibende Anpresskraft für die Bauteile.

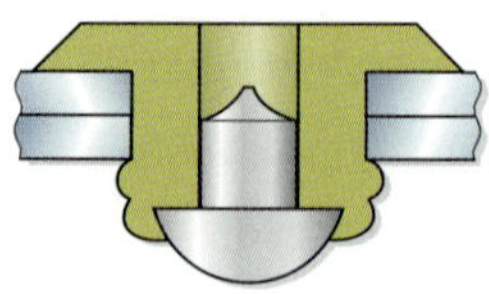

Zusammenfassung

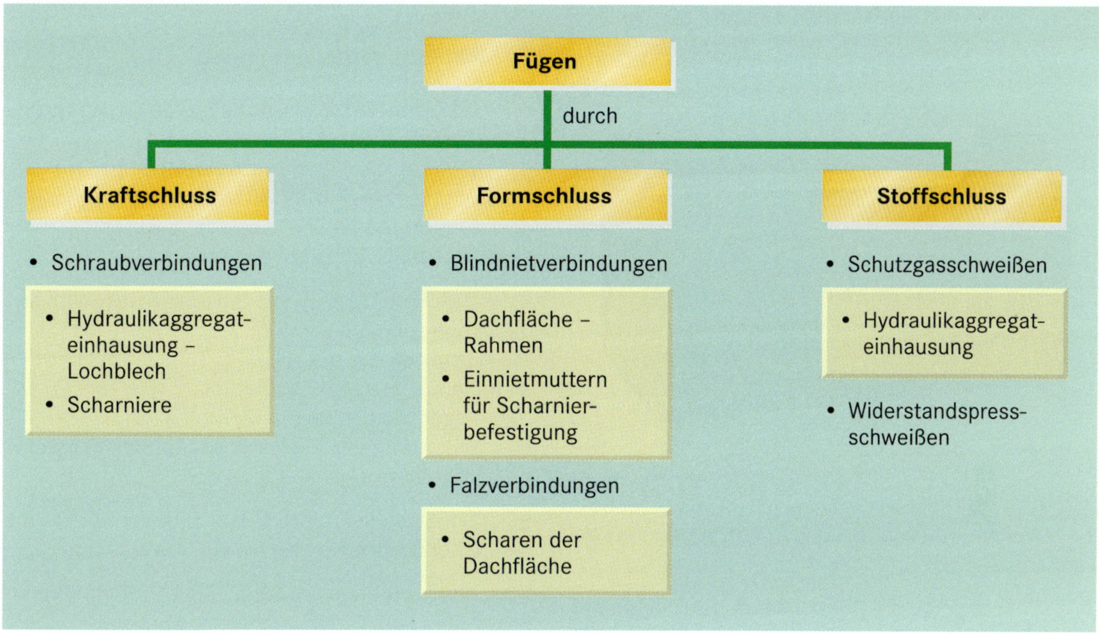

Aufgaben

1. Welche Funktion hat das Schutzgas beim Schutzgasschweißen?

2. Was sind inerte Schutzgase?

3. Mit welcher Spannungsart wird Aluminium geschweißt?

4. Welche Voraussetzung muss ein Schweißtransformator erfüllen, der an Orten mit erhöhter Gefährdung eingesetzt werden soll?

5. Wie sind Schweißtransformatoren mit begrenzter Leerlaufspannung gekennzeichnet?

6. Welche Art Schweißstrom wird beim Schweißen von korrosionsbeständigen Stählen eingesetzt?

7. Beschreiben Sie den Ablauf des Impulsschweißens.

8. Wie groß muss die minimale Klemmlänge für eine Verbindung mit Blechschrauben sein?

9. Beschreiben Sie den Arbeitsablauf zum Einnieten einer Blindnietmutter.

10. Zwei Flachstähle Fl EN 10058 – 20x6 sollen einschnittig miteinander vernietet werden. Der Nietdurchmesser beträgt 8 mm.

a) Bestimmen Sie alle notwendigen Kennwerte.

b) Die Verbindung soll zweischnittig ausgeführt werden. Überprüfen Sie die Kennwerte und bestimmen Sie diese wenn nötig neu.

11. Welchen Vorteil hat eine zweischnittige Nietverbindung?

12. Beschreiben Sie den Vorgang des Falzens.

13. Warum dürfen verzinkte Stahlbleche bei tiefen Temperaturen nicht gefalzt werden?

14. Bestimmen Sie für eine Blindnietverbindung mit Avex Blindniet, Hülsendurchmesser 4,0 mm

a) die Größe des Bohrlochs

b) den Klemmbereich.

15. Wann kann das Rollnahtschweißen effizient eingesetzt werden?

16. Beurteilen Sie die Werkstoffkombinationen hinsichtlich ihrer Schweißbarkeit durch Press-Verbindungsschweißen:

a) unlegierter Baustahl – Aluminium

b) Messing – Aluminium

17. Welche Sekundärspannung U_2 liefert ein Transformator, der an 230 V angeschlossen ist, wenn die Primärwicklung 700 und die Sekundärwicklung 25 Windungen besitzt?

18. Die Netzspannung 230 V soll auf 24 V transformiert werden. Die Primärwicklung hat 770 Windungen. Wie viele Windungen muss die Sekundärwicklung erhalten?

Gesamt-aufgabe

In der Ausbildungswerkstatt soll zu Übungszwecken der abgebildete Werkzeugkasten gebaut werden.

Zeichnungsanalyse

1. Welche Informationen können Sie der Stückliste entnehmen?

2. Erläutern Sie die Unterschiede zwischen einer Gesamt- und einer Einzelteilzeichnung an Hand der Zeichnungen des Werkzeugkastens.

3. Erläutern Sie die Halbzeugangabe zu Pos. 4.

4. Welche Funktionen hat das Mittelteil?

5. Wie werden die Teile gefügt?

6. Berechnen Sie die Masse für einen Werkzeugkasten.

Fertigung

7. Die Pos. 1 – 4 müssen aus einem Blechband ausgeschnitten werden.

a) Bestimmen Sie die notwendige Gesamtgröße des Bandes.

b) Wählen Sie geeignete Werkzeuge für die Herstellung eines Zuschnittes aus.

c) Begründen Sie Ihre Auswahl und schlagen Sie gegebenenfalls Alternativen vor.

8. Das Seitenteil 1 soll auf der Schwenkbiegemaschine gebogen werden.

a) Ermitteln Sie mit Hilfe des Tabellenbuches den kleinsten zulässigen Biegeradius.

b) Legen Sie die Biegereihenfolge fest.

c) Wie kann der Biegeradius an der Schwenkbiegemaschine eingestellt werden?

9. Ermitteln Sie mit Hilfe des Tabellenbuches die Größe der Nietlöcher.

10. Alternativ zum Nieten kann auch Punktschweißen zum Fügen eingesetzt werden. Welche Kennzahl steht für das Punktschweißen?

11. Als Schweißstromquelle steht ein Schweißtransformator zur Verfügung.

a) Welche Stromart stellt er zur Verfügung?

b) Der Schweißtransformator wird mit 230 V Spannung und 13 A Strom versorgt. Die Schweißspannung ist auf 20 V eingestellt. Wie hoch ist der Schweißstrom?

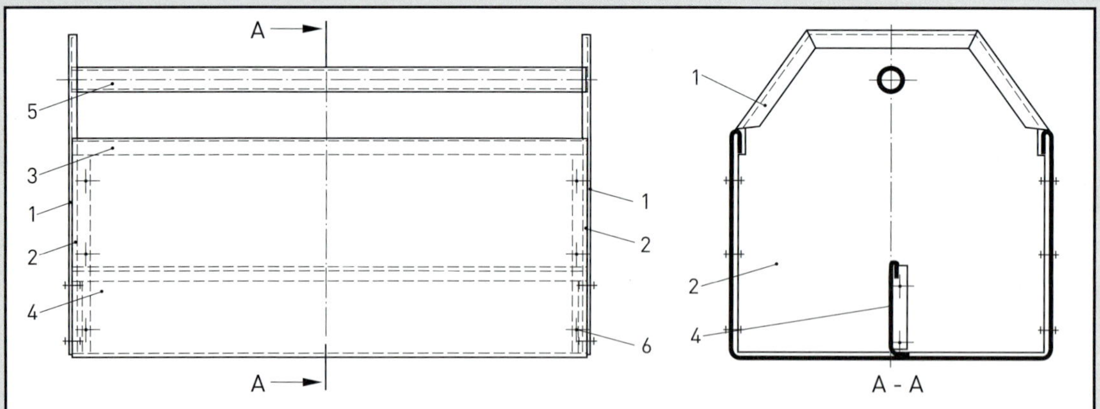

Pos.	Menge	Einheit	Benennung	Sachnummer/Norm-/Kurzbezeichnung	Bemerkung
1	2	Stck.	Seitenteil 1	Bd EN 10 131 - 228 x 230 x 1	Stahl EN 10130 - DC 03
2	2	Stck.	Seitenteil 2	Bd EN 10 131 - 196 x 204 x 1	Stahl EN 10130 - DC 03
3	1	Stck.	Unterteil	Bd EN 10 131 - 500 x 330 x 1	Stahl EN 10130 - DC 03
4	1	Stck.	Mittelteil	Bd EN 10 131 - 350 x 75 x 1	Stahl EN 10130 - DC 03
5	1	Stck.	Griffrohr	Rohr EN 10 220 - 13,5 x 1,6	Stahl EN 10025 - 235 JR
6	16	Stck.	Blindniet	ISO 15 977 - 2,4 x 6	Al/St

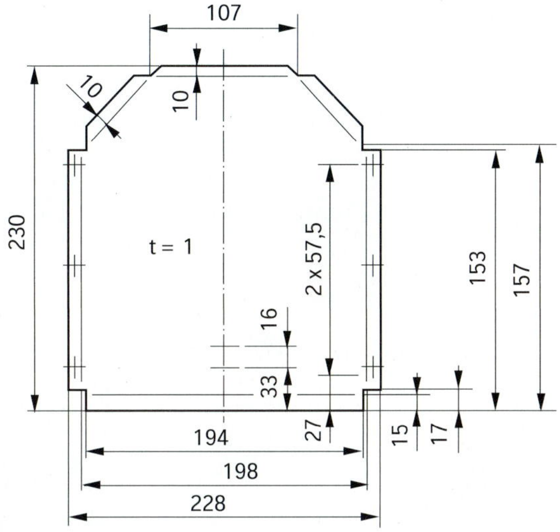
107
10
10
230
t = 1
2 x 57,5
153
157
16
33
27
15
17
194
198
228

1

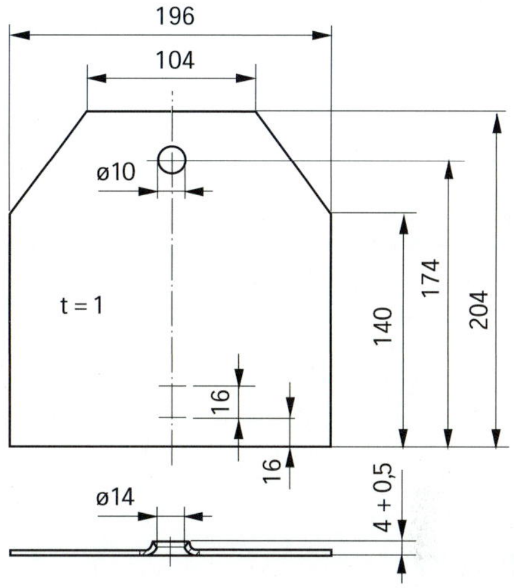
196
104
ø10
t = 1
140
174
204
16
16
ø14
4 + 0,5

2

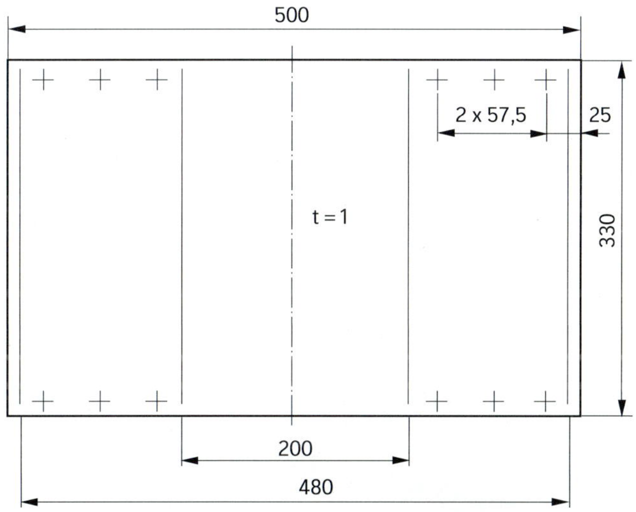
500
2 x 57,5
25
t = 1
330
200
480

3

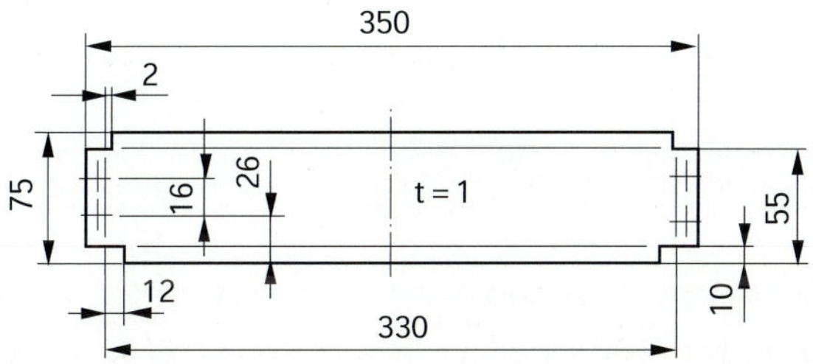
350
2
75
26
16
t = 1
55
10
12
330

4

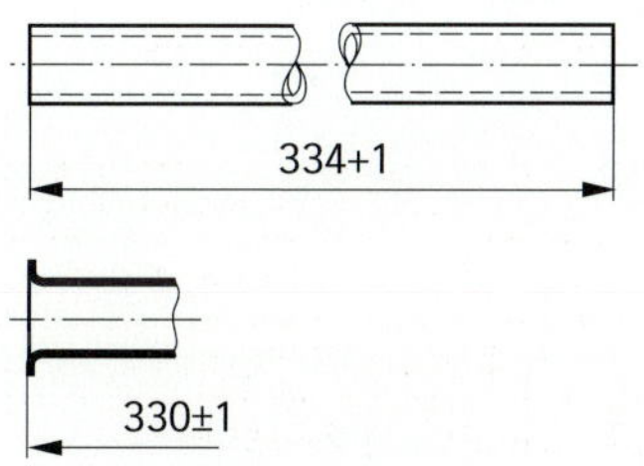
334+1
330±1

5

VORDACH

WELFENHOF
WELFENHOF
Die Brille
Brillen & Contactlin

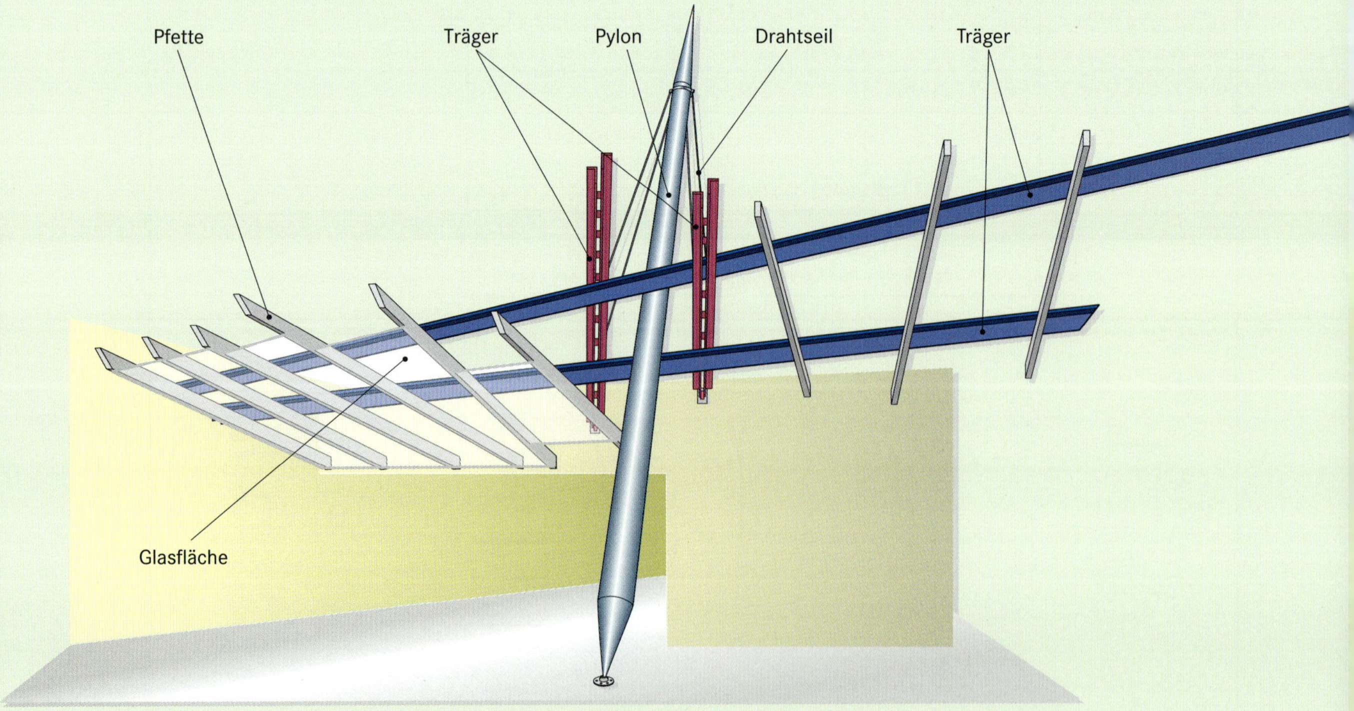
Pfette
Träger
Pylon
Drahtseil
Träger
Glasfläche

GESAMTAUFTRAG

Der Eingangsbereich einer Einkaufspassage soll durch ein Vordach geschützt werden. Der Auftrageber wünscht den Nachbau einer Vordachkonstruktion, die er an einem anderen Standort entdeckt hat. In Absprache mit dem Architekten wird die Genehmigung erteilt, das Vordach an die örtlichen Gegebenheiten anzupassen und nachzubauen.

Das Vordach besteht aus einem Pylon aus nichtrostendem Stahl, Stahlträgern, Pfetten aus Aluminium und einer Glasfläche. Die Träger, der Pylon und die Pfetten sollen in der Werkstatt hergestellt und für die Montage auf der Baustelle vorbereitet werden. Die Konstruktion ist vor Korrosion zu schützen.

ANALYSE

Technische Unterlagen

Zur Vorbereitung der Fertigung stehen verschiedene technische Unterlagen zur Verfügung:

- Gesamtzeichnung,
- Einzelteilzeichnungen,
- Stückliste und
- Schweißfolgeplan.

Aufbau und Funktion

Abweichend von konventionellen Vordächern hängt die Glasfläche bei dieser Konstruktion unter Pfetten aus Aluminiumsonderprofilen. Die Pfetten befinden sich unterhalb der Träger aus Winkelstahl. Das zentrale Element des Vordaches ist der Pylon aus nichtrostendem Stahl. An ihm hängen an Drahtseilen die Stahlträger.

Fertigung der Träger

Zuerst werden die Winkelstähle für die Träger abgelängt, dabei ist zu beachten, dass an den freien Enden der Winkelstähle eine Schräge von 45° entsteht. Nach dem Ablängen erfolgt die Herstellung der Ausschnitte für die Abhängerhalterungen. Unter Verwendung von Distanzstücken werden jeweils zwei Winkelstähle zu einem Träger gefügt. Eine Stabilisierung der Träger an den Knotenpunkten erfolgt durch die Befestigung von Versteifungsblechen. Für die Wandmontage werden an den Trägerenden die Gelenkstücke befestigt.

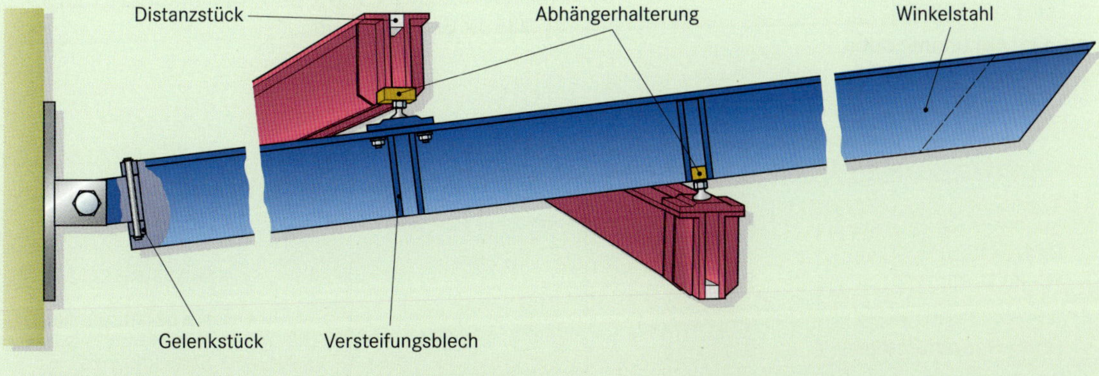

Der Pylon besteht aus mehreren vorgefertigten Abschnitten, die miteinander verbunden werden. Am fertigen Pylon sollen die Verbindungsstellen nicht sichtbar sein. Deshalb müssen an den Verbindungsstellen alle Unebenheiten beseitigt werden.

Die Pfetten aus Aluminiumprofilen werden von einem Systemanbieter geliefert. Sie werden in der Werkstatt an einem Ende schräg zugeschnitten.

6.1 Profile

ARBEITSAUFTRAG

Die Träger und Pfetten werden aus Profilen hergestellt.

Die Halbzeugbezeichnungen können den entsprechenden Zeichnungen oder Stücklisten entnommen werden. Zur Beschaffung der Profile im Metallgroßhandel und für die spätere Bearbeitung sind Kenntnisse über die Normbezeichnung der Profile notwendig.

Informieren

6.1.1 Zeichnungsanalyse

Profile werden in technischen Zeichnungen oft verkürzt und mit eingeklapptem Querschnitt dargestellt. Die zur Herstellung des Bauteils benötigten Informationen dürfen durch die verkürzte Darstellung nicht verloren gehen.

Bei der Maßeintragung am verkürzt gezeichneten Bauteil wird die Maßlinie nicht unterbrochen. Das eingetragene Nennmaß entspricht dem Originalmaß.

Der Querschnitt des Bauteils kann in die Vorderansicht geklappt gezeichnet werden, dadurch erspart man sich weitere Ansichten (Abb. 1).

Beim Zeichnen sind folgende Regeln zu beachten:

1. Bruchlinien sind Freihandlinien.
2. Umrisse von eingeklappten Querschnitten werden mit schmalen Volllinien gezeichnet.
3. Der Querschnitt wird schraffiert dargestellt.

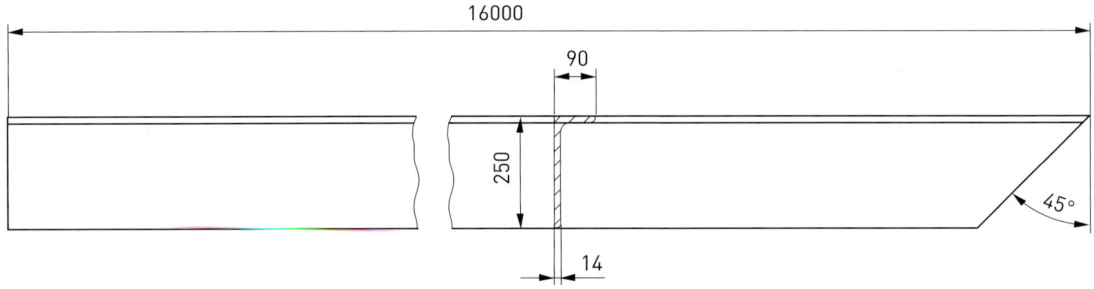

Abb. 1: Darstellung mit eingeklapptem Querschnitt

6.1.2 Bezeichnung von Stahlprofilen

Profile werden bezeichnet durch:

- eine Benennung,
- eine Abkürzung oder
- Bildzeichen (→).

Die Träger für das Vordach werden aus Winkelstahl L EN 10056-1 - 250 x 90 x 14 - Stahl EN 10025 - S 235 JR G1 hergestellt.

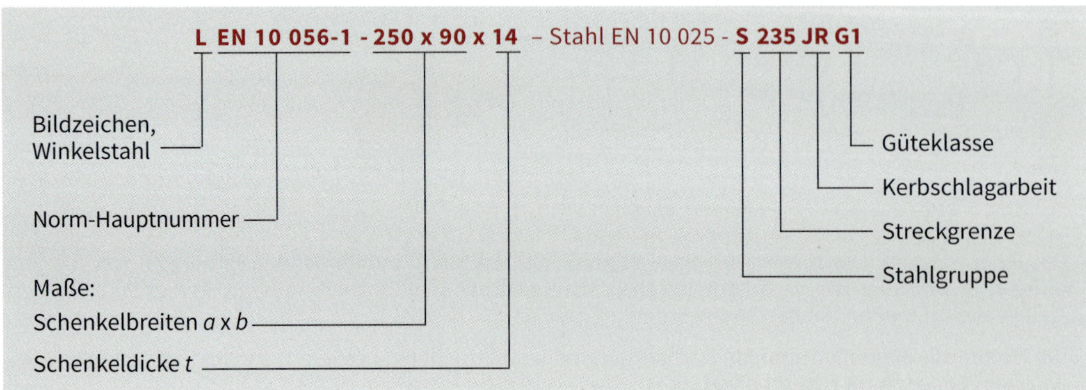

Masseberechnung

Die Masse eines Profils wird über:

- die längenbezogene Masse oder
- das Volumen ermittelt.

Berechnung mit Hilfe der längenbezogenen Masse

Die Masse genormter Profile wird mit der folgenden Formel berechnet:

$$m = m' \cdot l_w$$

m: Masse in kg
m': längenbezogene Masse in kg/m
l_w: Werkstücklänge in m

Für das Profil L EN 10 056 -1 - 200 x 100 x 15 x 8000-Stahl EN 10 025-S235JRG1 wird die Masse wie folgt berechnet:

$m' = 33{,}75$ kg/m ( )
$l_w = 8$ m
$m = 33{,}75$ kg/m $\cdot$ 8 m
$m = 270$ kg

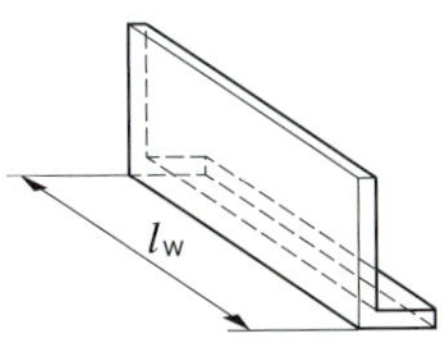

Berechnung mit Hilfe des Volumens

Ist die längenbezogene Masse nicht bekannt, erfolgt die Masseberechnung mit der Formel:

$$m = \varrho \cdot V$$

m: Masse [kg]
ϱ: Dichte [kg/dm³]
V: Volumen [dm³]

Das Profil L EN 10 056-1 - 250 x 90 x 14 x 8000 - Stahl EN 10 025-S235JRG1 kann in zwei Rechteckprismen zerlegt werden. Entsprechend wird das Volumen berechnet. Dabei werden die Kantenrundungen vernachlässigt.

Schenkellänge a
Schenkellänge b
Profildicke t

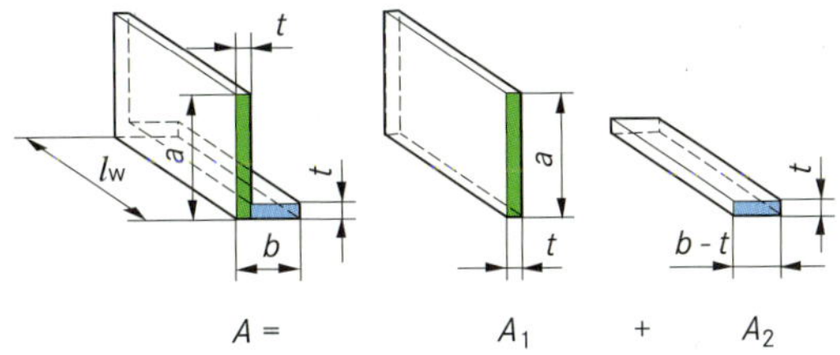

$A_1 = a \cdot t = 2{,}5$ dm $\cdot$ 0,14 dm = 0,35 dm²
$A_2 = (b - t) \cdot t = (0{,}9$ dm $- 0{,}14$ dm$) \cdot 0{,}14$ dm
$A_2 = 0{,}11$ dm²
$A = 0{,}46$ dm²

$V = A \cdot l_w = 0{,}46$ dm² $\cdot$ 80 dm
$V = 36{,}8$ dm³

$\varrho = 7{,}85$ kg/dm³
Dichte von unlegiertem Stahl ( )
$m = 7{,}85$ kg/dm³ $\cdot$ 36,8 dm³
$m = 288{,}9$ kg

1. Zeichnen Sie das T-Profil EN 10 055-T50 x 450 Stahl EN 10 025 – S235J0 im Maßstab 1:1 mit eingeklapptem Querschnitt und in verkürzter Weise.

2. Der Querschnitt eines Profils kann in die Vorderansicht geklappt gezeichnet werden. Mit welcher Linienart müssen die Umrisse gezeichnet werden?

3. Durch welche Abkürzungen und Bildzeichen können die Benennungen folgender Profile ersetzt werden?
a) Rundprofil
b) U-Profil
c) Vierkant-Profil

4. Berechnen Sie für das U-Profil DIN 1026 – U 200 x 850 – S235JR die Masse.

5. Ein Träger aus T-Profil EN 10 055-T120 – Stahl EN 10025-S235J0 hat eine Masse von 120 kg. Wie lang ist der Träger in mm?

6. Wie breit ist das Profil mit der Bezeichnung I-Profil DIN 1025 – I400 – S235JR?

7. Erklären Sie für das T-Profil EN10055 – T80 x 1450 Stahl EN 10 025 – S235J0 die Symbole der Werkstoffbezeichnung.

6.2 Trennen von Profilen

ARBEITSAUFTRAG

Die Stahlprofile für die Träger und die Aluminiumprofile für die Pfetten sollen in der Werkstatt zugeschnitten werden.

Laut Zeichnung sollen die Träger aus Winkelstahl hergestellt werden. Der längste Träger des Vordaches hat eine Länge von 16 m. Die zu verwendenden Winkelstähle können jedoch nur in maximal 12 m Länge geliefert werden.

Aus diesem Grund müssen die für den Träger benötigten Winkelstähle aus zwei Teilstücken hergestellt werden.Die Winkelstähle sind mit einer Bandsäge zu trennen.

Die Aluminiumprofile für die Pfetten werden von einem Systemanbieter in 8 m Länge geliefert. Sie sollen mit einer Kreissäge getrennt werden.

6.2.1 Zeichnungsanalyse

In der Zeichnung ist der Winkelstahl in verkürzter Form dargestellt (Abb. 1). Durch ein Schweißsymbol wird vorgegeben, mit welchem Schweißverfahren die Teilstücke gefügt werden sollen und welche Nahtform zu verwenden ist. Die Bezugslinie des Schweißsymbols zeigt auf die mit einer breiten Volllinie gezeichnete Fügestelle.

Die Lage der Fügestelle wurde mit l = 12000 mm bemaßt. Daraus ergibt sich, dass der Winkelstahl aus Teilstücken mit 12 m Länge und 4 m Länge hergestellt werden soll.

Da der Winkelstahl ein genormtes Halbzeug ist, wurde der Profilquerschnitt in der Zeichnung nicht dargestellt. Alle notwendigen Informationen über den Querschnitt des verwendeten Winkelstahls können dem Schriftfeld entnommen werden.

Bei der Herstellung der Träger sind die zulässigen Grenzabmaße zu berücksichtigen. Diese werden durch die Angabe der Allgemeintoleranzen nach **DIN ISO 2768-1** vorgegeben ( ).

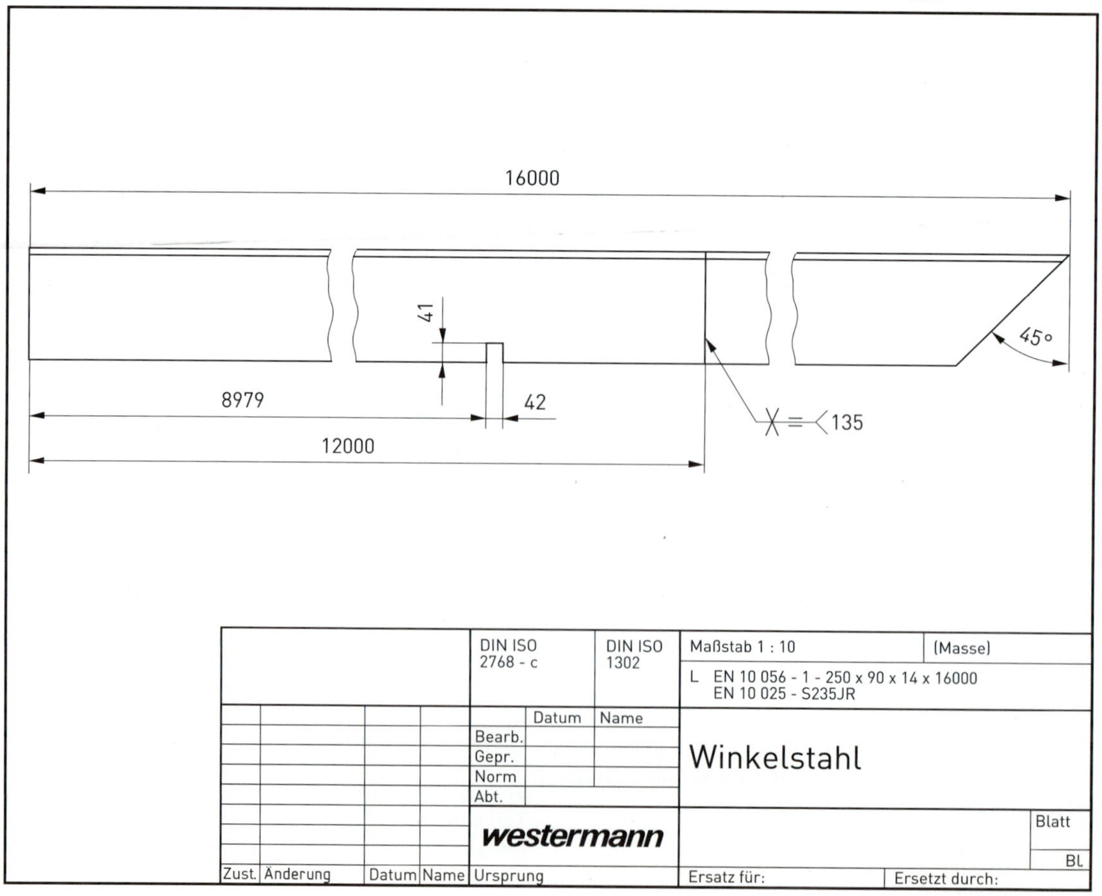

Abb. 1: Einzelteilzeichnung Winkelstahl

Fertigen

6.2.2 Trennen durch Sägen

Das Sägen von Profilen im Stahl- und Metallbau erfolgt vorzugsweise mit Metallbandsägen oder Metallkreissägen. Die Winkelstähle für die Träger des Vordaches werden an einer Bandsäge auf Länge gesägt und an einem Ende schräg abgesägt.

6.2.2.1 Metallbandsägen

Zum Sägen der Winkelstähle wird eine Bandsäge benötigt, deren Schnittbereich für den geforderten Schrägschnitt ausreichend groß ist. Die Größe des Schnittbereiches an Bandsägen ergibt sich u.a. aus:

- der Nutzlänge des Sägebandes und
- der Bügelhöhe.

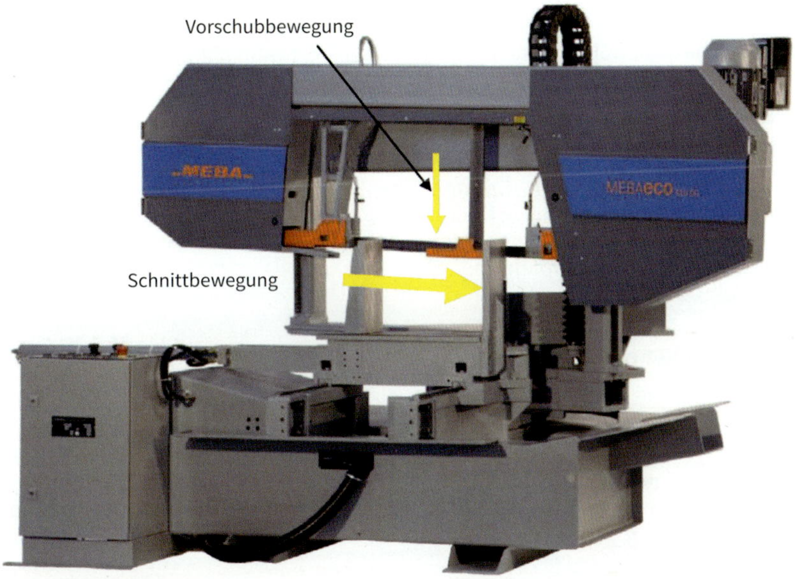

Abb. 2: Bandsäge mit Linearvorschub

Aufbau und Funktionsweise von Metallbandsägen

An Bandsägen erfolgt die Schnittbewegung durch ein endloses Sägeband, welches über Rollen geführt wird. Die Vorschubbewegung erfolgt durch:

- einen Linearvorschub, wobei das Sägeband über senkrechte Führungen parallel abgesenkt wird (Abb. 2) oder
- den Schwenkvorschub des Sägebandes (Abb. 3).

Abb. 3: Bandsäge mit Schwenkvorschub

Spannen von Profilen

Vor dem Sägen muss sichergestellt werden, dass das Profil für den geforderten Schnitt fest auf dem Maschinentisch gespannt werden kann.

Zum Sägen der Winkelstähle wird eine stationäre Bandsäge mit Linearvorschub verwendet. Laut Zeichnung soll der lange Schenkel des Profils einen schrägen Schnitt im Winkel von 45° erhalten. Deshalb muss der Schenkel, der schräg abgesägt werden soll, auf dem Maschinentisch aufliegen (Abb. 4).

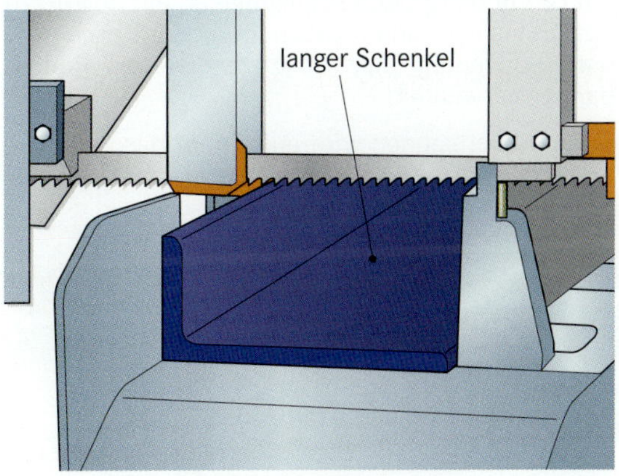

Abb. 4: Spannen des Winkelstahls auf dem Maschinentisch

Diese Einspannlage ist trotz des wirtschaftlich ungünstigeren Schnittverlaufs notwendig, weil der geforderte Schrägschnitt nur in dieser Einspannlage hergestellt werden kann.

Beim Spannen von Profilen sind folgende Grundsätze zu beachten:

- Profile müssen fest auf dem Maschinentisch eingespannt sein.
- Dünnwandige Profile sind durch Spannbeilagen vor Verformung zu schützen. Beim Sägen ist ein möglichst kurzer Vorschubweg einzuhalten.
- Es ist ein schwingungsarmer gleichmäßiger Schnittverlauf anzustreben.

Die genannten Grundsätze werden in Spannempfehlungen der Maschinenhersteller berücksichtigt. Für die verwendete Bandsäge mit Linearvorschub ergeben sich folgende Spannempfehlungen (Abb. 1).

Profilart	empfohlene Einspannlagen
L-Profil	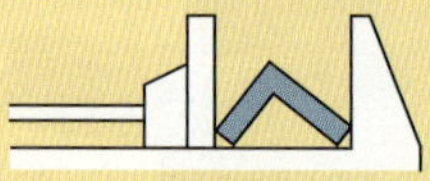
U-Profil	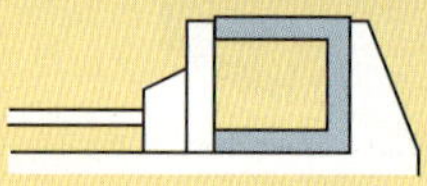
I-Profil	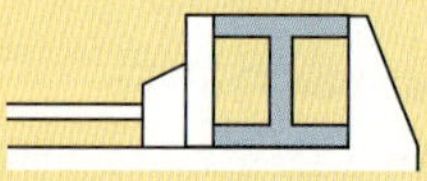
T-Profil	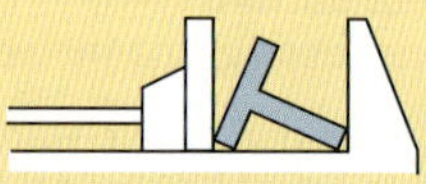

Abb. 1: Empfehlungen zum Spannen von Profilen

Die Empfehlungen für die dargestellten Einspannlagen gelten nur für 90°-Schnitte.

Auf Grund der großen Profillänge ist ein Abstützen des Profils links und rechts neben dem Maschinentisch notwendig. Zum Abstützen werden Rollenbahnen verwendet.

Durch Rollenbahnen wird außerdem das Zuführen und Abführen des Profils erleichtert (Abb. 2).

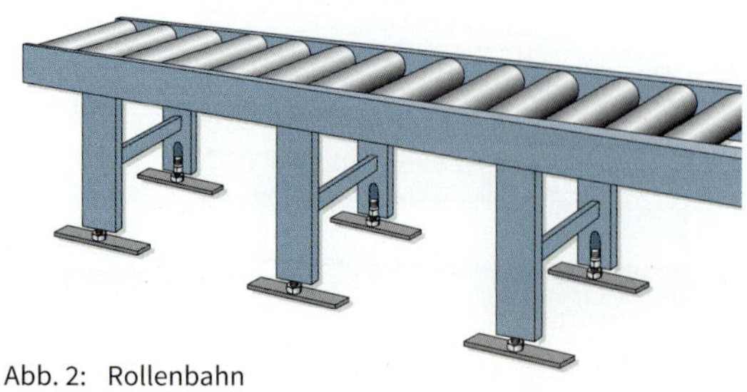

Abb. 2: Rollenbahn

Sägebänder

Metallbandsägen sind meist mit flexiblen Bimetall-Sägebändern ausgestattet.

Die Geometrie eines Sägebandes (Abb. 3) wird beschrieben durch:

- die Zahnteilung konstant oder variabel,
- die Bandbreite *b*,
- die Banddicke *s* und
- die Schränkweite *w*

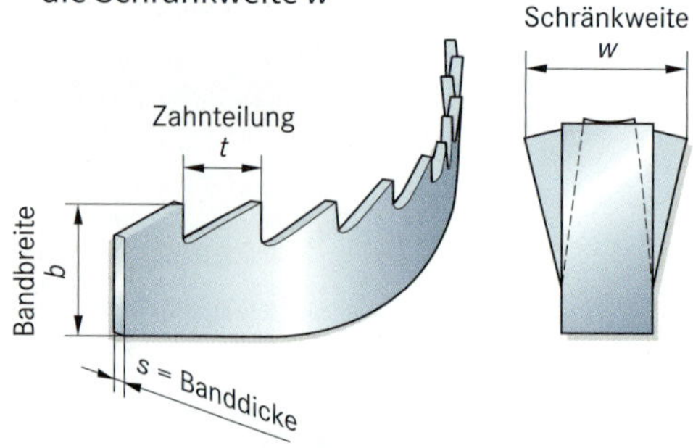

Abb. 3: Sägebandgeometrie

Bei Bandsägeblättern bedeutet die Zahnteilung die Anzahl der Zähne pro Zoll.

Es wird zwischen Sägebändern mit konstanter oder variabler Zahnteilung unterschieden (Abb. 4).

Konstant	Variabel
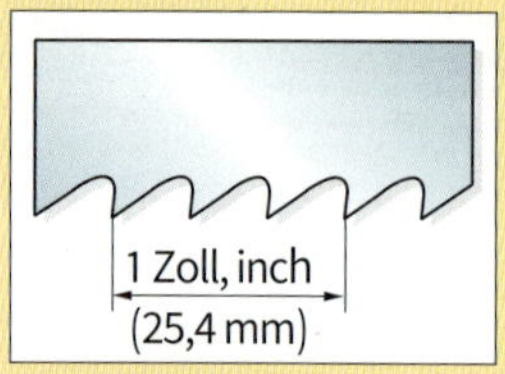 1 Zoll, inch (25,4 mm)	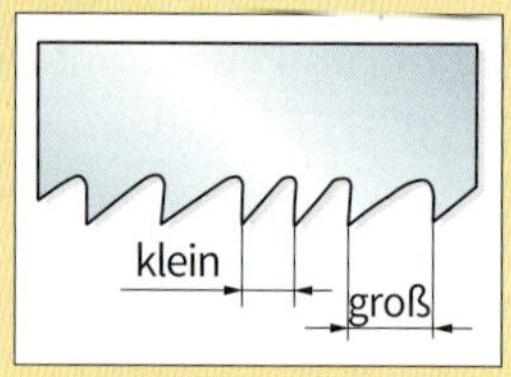 klein, groß
Merkmal: Alle Zähne haben auf dem Sägeband den gleichen Abstand.	**Merkmal:** Die Abstände der Zähne sind auf dem Sägeblatt unterschiedlich groß.

Abb. 4: Gegenüberstellung konstante und variable Zahnteilung

Im Stahl- und Metallbau haben sich Sägebänder mit variabler Zahnteilung durchgesetzt.

Sägebänder mit variabler Zahnteilung können zum Sägen unterschiedlicher Werkstückquerschnitte verwendet werden. So können beispielsweise mit dem selben Sägeband Profile, Rohre und Vollmaterial gesägt werden, ohne dass ein Wechsel des Bandes vorgenommen werden muss.

Um ein Festklemmen des Sägebandes in der Schnittfuge zu verhindern, werden die Sägezähne des Sägebandes wechselseitig nach außen gebogen. Dieser seitliche Versatz wird als Schränkung bezeichnet.

Durch das Schränken ergibt sich eine Schnittfuge, die breiter als die Banddicke *s* ist.

Zur Erzielung optimaler Arbeitsergebnisse und zur Schonung des Sägebandes sollte nach Möglichkeit eine für das zu sägende Werkstück geeignete variable Zahnteilung verwendet werden (Tab. 1).

Tab. 1: Verzahnungsempfehlung für Sägebänder mit variabler Zahnteilung zum Sägen von Profilen und Rohren

Wanddicke *s* in mm	Profilbreite bzw. Rohraußendurchmesser *b* bzw. *D* in mm					
	100	120	150	200	300	400
	Zähne pro Zoll					
10	–	–	–	4/6	4/6	4/6
15	4/6	4/6	4/6	4/6	3/4	3/4
20	4/6	3/4	3/4	3/4	3/4	2/3
30	3/4	3/4	3/4	3/4	2/3	2/3
50	–	3/4	3/4	2/3	2/3	2/3

Für das Sägen des Winkelstahls

L EN 10 056-1 – 250 x 90 x 14 gilt:

Wanddicke: $s = 14$ mm

Profilbreite: $b = 250$ mm.

Durch den Schrägschnitt mit einem Winkel von 45° ergibt sich eine zu sägende Profilbreite von ca. 350 mm.

Der Tabelle 1 kann für ein Sägeband mit variabler Zahnteilung der Wert 3/4 entnommen werden. Dies bedeutet, dass bei diesem Sägeband die Zähnezahl auf einem Zoll (25,4 mm) Sägeblattlänge 3 und 4 beträgt.

Schnittgeschwindigkeit

Vor dem Sägen wird an der Bandsäge die Schnittgeschwindigkeit eingestellt. Diese ist vom zu sägenden Werkstoff abhängig. In der Richtwerttabelle (Tab. 2) werden unter Berücksichtigung verschiedener Werkstoffe Schnittgeschwindigkeiten empfohlen. Für optimale Arbeitsergebnisse und eine lange Standzeit des Sägebandes sollten die empfohlenen Richtwerte nicht überschritten werden.

Tab. 2: Auszug aus einer Richtwerttabelle zur Bestimmung der Schnittgeschwindigkeit

Werkstoffe	Kurzname	Schnittgeschwindigkeit v_c in m/min
Baustahl	S235JR	80–100
	E295	60–85
	E335	50–70
Einsatzstahl	C10E	80–100
	16MnCr5	40–55

6.2.2.2 Metallkreissägen

Für die Pfetten des Vordaches werden Aluminiumprofile verwendet. Die in 8 m Länge gelieferten Profile sind abzulängen.

Nach Kundenwunsch sollen die Profile an einem Ende spitz zulaufen (Abb. 4).

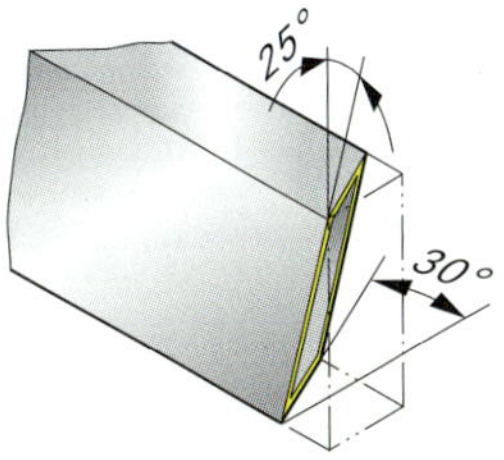

Abb. 4: Pfette mit Doppelschrägschnitt

Zur Herstellung des gewünschten Doppelschrägschnitts muss eine Kreissäge verwendet werden, deren Sägeblatt zweifach verstellt werden kann (Abb. 5).

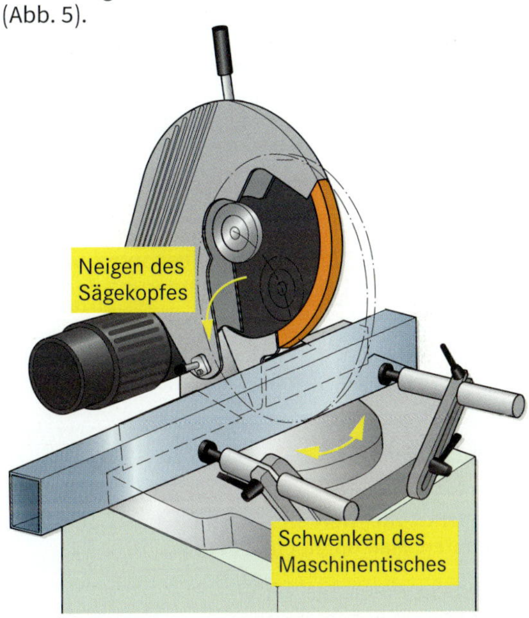

Abb. 5: Kreissäge mit Zweifachverstellung

Aufbau und Funktionsweise der Kreissäge

Beim dargestellten Maschinentyp kann die Stellung des Sägeblattes durch Schwenken des Maschinentisches und Neigen des Sägekopfes in einem bestimmten Winkelbereich stufenlos verändert werden. Das zu sägende Werkstück wird durch zwei Pneumatikspanner gespannt und dadurch in seiner Lage fixiert.

Bei Metallkreissägen wird die Schnittbewegung von einem rotierenden Kreissägeblatt ausgeführt. Die Art und die Richtung der Vorschubbewegung des Kreissägeblattes ist vom Kreissägentyp abhängig.

Der verwendete Kreissägentyp hat einen manuellen Schwenkvorschub.

Herstellung der Doppelschrägschnitte an den Pfetten

Nachdem das Pfettenprofil durch die Pneumatikspanner auf der Kreissäge fixiert wurde, wird zunächst der Maschinentisch in einem Winkel von 30° nach rechts geschwenkt. Dadurch ändert sich die Stellung des Sägeblattes zum fixierten Profil (Abb. 1).

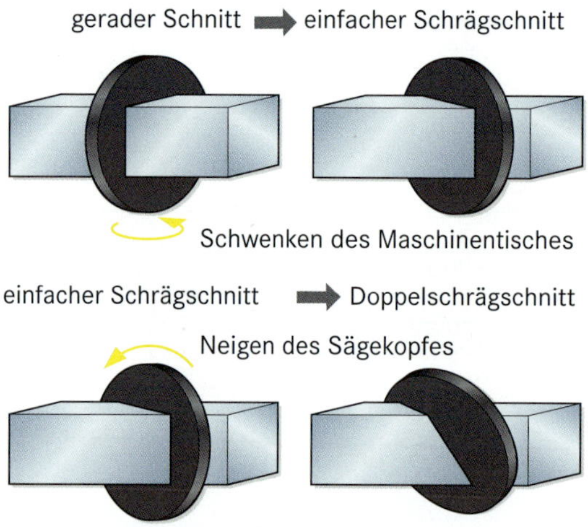

Abb. 1: Herstellen eines Doppelschrägschnittes

Ein zusätzliches Neigen des Sägekopfes um 25° nach links bewirkt eine weitere Änderung der Sägeblattstellung zum Profil.

Durch diese Zweifachverstellung wird die Herstellung eines Doppelschrägschnittes in einem Arbeitsgang ermöglicht.

Sägeblätter

Für die unterschiedlichen Bearbeitungsaufgaben und Werkstoffe werden verschiedene Sägeblätter angeboten. Man unterscheidet u. a.:

- HSS-Segmentsägeblätter
- HSS-Sägeblätter und
- Hartmetallsägeblätter

HSS-Segmentsägeblätter

Der Grundkörper dieser Sägeblätter besteht aus legiertem Vergütungsstahl. An diesen sind auswechselbare HSS-Segmente befestigt (Abb. 2).

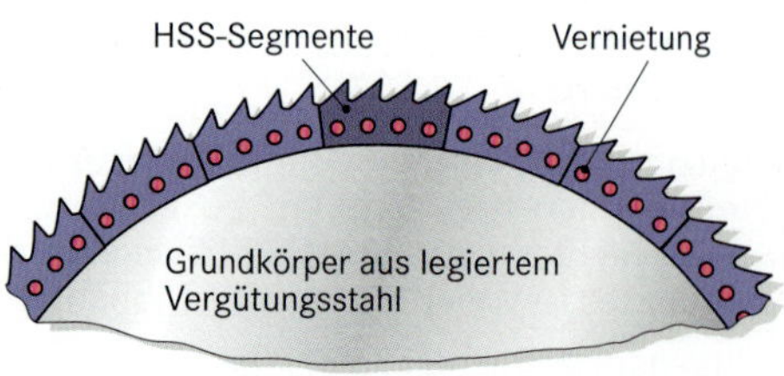

Abb. 2: Aufbau eines HSS-Segmentsägeblattes

Diese Sägeblätter werden vorwiegend zum Sägen von Stahlprofilen verwendet. Da stumpfgewordene oder beschädigte Zähne ausgetauscht werden können, werden diese Sägblätter aus wirtschaftlichen Gründen bei der Einzelfertigung im Werkstattbereich verwendet.

HSS-Vollstahlsägeblätter

Vollstahlsägeblätter sind steifer als Segmentsägeblätter und deshalb für sehr präzise Sägearbeiten geeignet.

Zur Erhöhung der Schnittgeschwindigkeit und Standzeit erhalten die Vollstahlsägeblätter oft eine Hartstoffbeschichtung mit Titan- oder Chromnitrid.

Hartmetallsägeblätter

Diese Sägeblätter bestehen aus einem Grundkörper aus Vergütungsstahl, auf dem Hartmetallzähne aufgelötet sind. Diese Sägeblätter sind für hohe Schnittgeschwindigkeiten geeignet.

Beim Sägen der Pfetten ist auf eine ausreichende Schmierung des Sägeblattes zu achten. Eine unzureichende Schmierung führt zu einem vorzeitigen Werkzeugverschleiß oder zum Werkzeugbruch. Hartmetallsägeblätter dürfen nicht mit wassermischbaren Kühlschmierstoffen (Emulsionen) gekühlt werden, weil die großen Temperaturschwankungen bei der Kühlung zu Spannungsrissen am Sägeblatt führen können. Aus diesem Grund erfolgt das Schmieren durch eine Minimalschmierung. Hierbei wird ein Öl-Luftgemisch mit Druckluft durch eine Düse direkt in die Schnittfuge des zu sägenden Werkstückes gesprüht. Beim Sägen verdampft der größte Teil des verwendeten Schmieröls, so bleibt das Material relativ trocken. Aus Umweltschutzgründen wird ein biologisch abbaubares Ölgemisch verwendet.

Zahnformen

Metallkreissägeblätter werden mit feiner und grober Zahnteilung angeboten. Zum Sägen der Pfetten werden Sägeblätter mit grober Zahnteilung und der Zahnform B verwendet (Tab. 1).

Tab. 1: Zahnformen

Zahnform	Anwendung
Winkelzahn 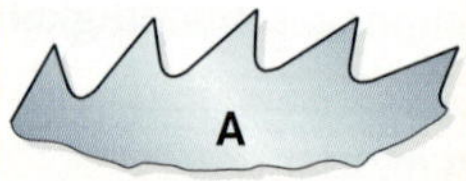	Zum Schlitzen von Werkstoffen geeignet
Bogenzahn 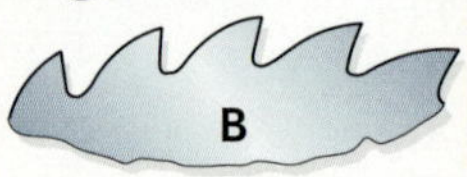	Zur Bearbeitung von Rohren und Profilen aus Stahl oder NE-Metallen

Zahnteilung

Die Zahnteilung bei Kreissägeblättern ist der lineare Abstand zwischen zwei Zähnen von Schneide zu Schneide (Abb. 3). Bei Kreissägeblättern wird die Zahnteilung t mit der Einheit Millimeter angegeben.

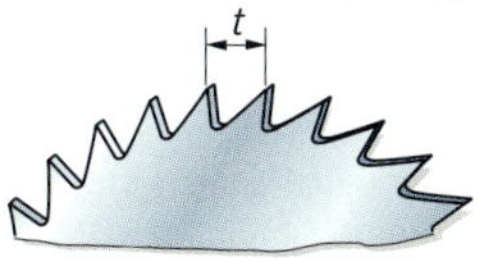

Abb. 3: Zahnteilung

Zur Auswahl der Zahnteilung gibt es Empfehlungen der Sägeblatthersteller (Tab. 2).

Tab. 2: Zahnteilung von Kreissägeblättern

Werkstoffe	Rohre und Profile Wanddicke s in mm				
	< 1	1–1,5	1,5–2	2–3	>3
	Zahnteilung t in mm				
Stahl $R_m \leq 500$ N/mm²	3	4	5	6	7
Stahl $R_m \leq 800$ N/mm²	3	4	4	5	6
Stahl $R_m \leq 1200$ N/mm²	3	3	4	5	5
Rost- und säurebeständiger Stahl	3	4	5	5	6
Aluminiumleg., Leichtmetall, Kupfer, Bronze, Messing	4	5	6	7	8

Die Empfehlung der Zahnteilung richtet sich nach der Werkstoffart und der Wanddicke s. Für das Pfettenprofil aus einer Aluminiumlegierung (Abb. 4) wird bei einer kleinsten zu berücksichtigenden Wanddicke von 4 mm ein Sägeblatt mit der Zahnteilung $t = 8$ mm empfohlen.

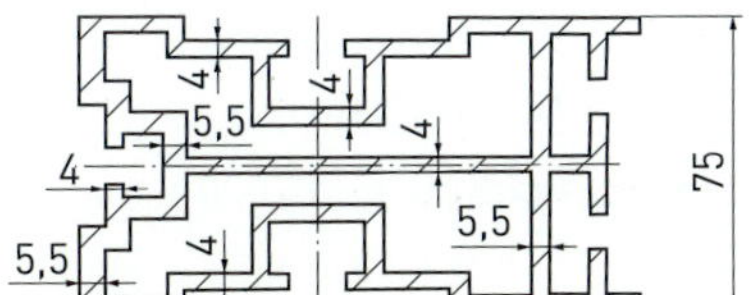

Abb. 4: Querschnitt des Pfettenprofils

Schnittgeschwindigkeit und Vorschub

Die Richtwerte für die Schnittgeschwindigkeit v_c und den Vorschub f werden einer Richtwerttabelle entnommen (➜📖).

Zum Sägen der Pfetten wird eine Schnittgeschwindigkeit $v_c = 400 \ldots 2000$ m/min empfohlen. Gewählt wird $v_c = 2000$ m/min. Der empfohlene Vorschubwert kann auf Grund des Handvorschubs nur näherungsweise eingehalten werden.

6.2.3 Trennen durch Schleifen

ARBEITSAUFTRAG

Für die Abhängerhalterungen und Distanzstücke wird ein warmgewalzter Vierkantstab mit der Bezeichnung Vierkant EN 10 059-40 Stahl EN 10 025 - S235JR verwendet. Das Ablängen der Abhängerhalterungen und Distanzstücke erfolgt durch Trennschleifen.

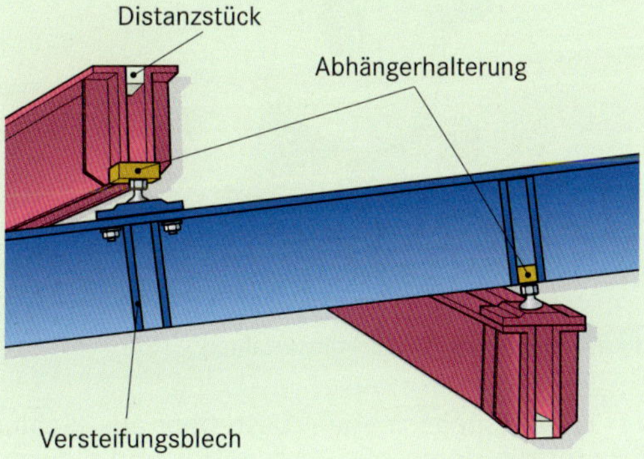

6.2.3.1 Trennschleifmaschinen

Fertigen

Das Trennschleifen kann an

- ortsfesten oder
- handgeführten Maschinen

erfolgen.

Bei Trennschleifmaschinen wird die Schnittbewegung durch eine Trennschleifscheibe mit sehr hoher Schnittgeschwindigkeit ausgeführt. Die Vorschubbewegung erfolgt maschinen- oder handgeführt.

An ortsfesten Maschinen wird die Vorschubbewegung durch eine Zwangsführung des Werkstückes oder des Werkzeuges ausgeführt (Abb. 5).

Abb. 5: Ortsfester Trennautomat

Der Vorschub an handgeführten Maschinen erfolgt entweder im Kappschnittverfahren (Abb. 1) oder wie bei Winkelschleifmaschinen (Abb. 2) freihändig.

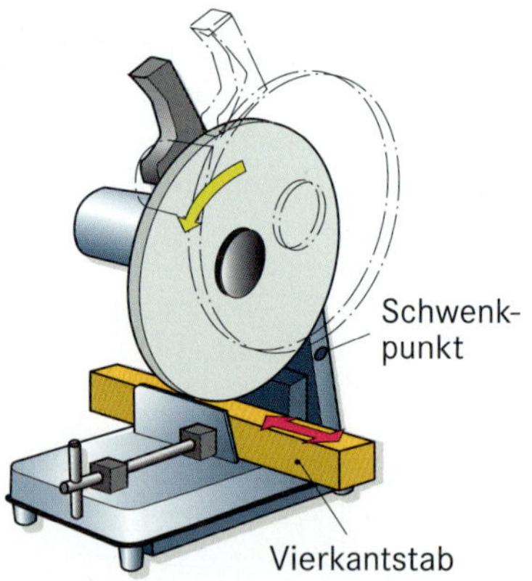

Abb. 1: Trennen im Kappschnittverfahren

Die Trennschleifscheiben bestehen aus Schleifkörnern, die durch ein Bindemittel und Gewebematten zusammengehalten werden. Zur Bearbeitung von Stahl werden Schleifkörner aus Korund verwendet. ( )

Weil stumpf gewordene Schleifkörner ausbrechen, wird der Durchmesser der Trennschleifscheibe immer kleiner.

Mit geringer werdendem Durchmesser verschlechtert sich die Trennwirkung der Trennschleifscheibe, weil die Schnittgeschwindigkeit geringer wird.

Arbeitssicherheit

Da Trennschleifmaschinen mit sehr großen Drehzahlen arbeiten, sind vor allem bei Winkelschleifmaschinen strenge Unfallverhütungsvorschriften einzuhalten.

Besonders ist darauf zu achten, dass:

- Werkstücke fest eingespannt sind,
- die Scheibe nicht zu stark auf das Werkstück gepresst wird,
- eine Schutzbrille und ein Hörschutz verwendet wird und
- sich die Schutzhaube immer zwischen der Scheibe und der Bedienperson befindet.

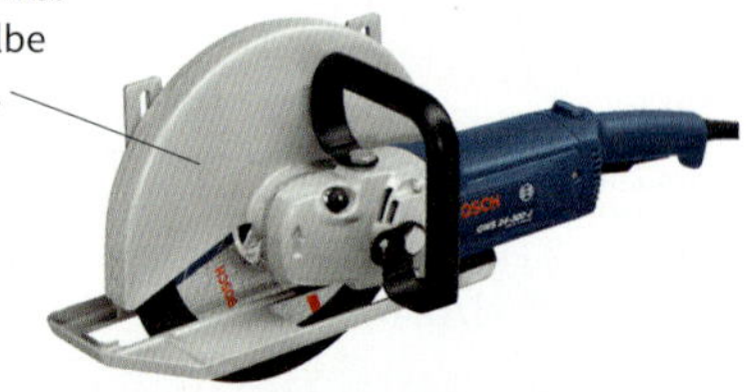

Abb. 2: Winkelschleifmaschine mit Freihand-Schnittführung

Grundlagen

Schnittgeschwindigkeit

Es werden zwei Trennschleifscheiben miteinander verglichen. Eine unbenutzte mit einem Durchmesser von 115 mm und eine gebrauchte mit einem Durchmesser von 90 mm. Beide Trennschleifscheiben werden nacheinander in denselben Winkelschleifer eingespannt. Auf dem Leistungsschild des Winkelschleifers ist die Drehzahl $n = 10\,000$ 1/min angegeben.

Die Schnittgeschwindigkeit wird mit der folgenden Formel berechnet:

$$v_c = d \cdot \pi \cdot n$$

Bestimmung der Schnittgeschwindigkeit der unbenutzten Trennschleifscheibe:

gegeben: $d = 115 \text{ mm} = 0{,}115 \text{ m}$
$n = 10000 \text{ 1/min}$

Rechnung: $v_c = 0{,}115 \text{ m} \cdot \pi \cdot 10000 \text{ 1/min}$
$v_c = 3612{,}8 \text{ m/min}$

Beim Trennschleifen wird die Schnittgeschwindigkeit in m/s angegeben. Deshalb muss der ermittelte Wert noch durch 60 geteilt werden.

Für die unbenutzte Trennschleifscheibe ergibt sich folgende Schnittgeschwindigkeit:

$$\underline{\underline{v_c = 60{,}2 \text{ m/s}}}$$

Bestimmung der Schnittgeschwindigkeit der gebrauchten Trennschleifscheibe:

gegeben: $d = 90 \text{ mm} = 0{,}09 \text{ m}$
$n = 10\,000 \text{ 1/min}$

Rechnung: $v_c = 0{,}09 \text{ m} \cdot \pi \cdot 10\,000 \text{ 1/min}$

$$v_c = \frac{2827{,}4 \text{ m/min}}{60}$$

$$\underline{\underline{v_c = 47{,}1 \text{ m/s}}}$$

Die durch die Verringerung der Schnittgeschwindigkeit verschlechterte Trennwirkung der gebrauchten Trennschleifscheibe kann durch eine Erhöhung der Vorschubkraft ausgeglichen werden.

6.2.3.2 Auswahl der Trennschleifscheibe

Die Auswahl der Trennschleifscheibe richtet sich nach

- dem zu bearbeitenden Werkstoff,
- der Antriebsleistung und
- der Baugröße der Trennschleifmaschine.

Zum Ablängen des Vierkantstahls aus S235JR muss eine Scheibe verwendet werden, die zum Trennen von Baustahl geeignet ist. Dies ist durch den Aufdruck Stahl auf der Trennschleifscheibe erkennbar. Der auf der Trennschleifscheibe aufgedruckte Durchmesser muss zur Baugröße der Trennschleifmaschine passen. Informationen über den zulässigen Scheibendurchmesser sind der Betriebsanleitung der Maschine zu entnehmen.

Trennschleifscheiben sind nach EN 12413 genormt:

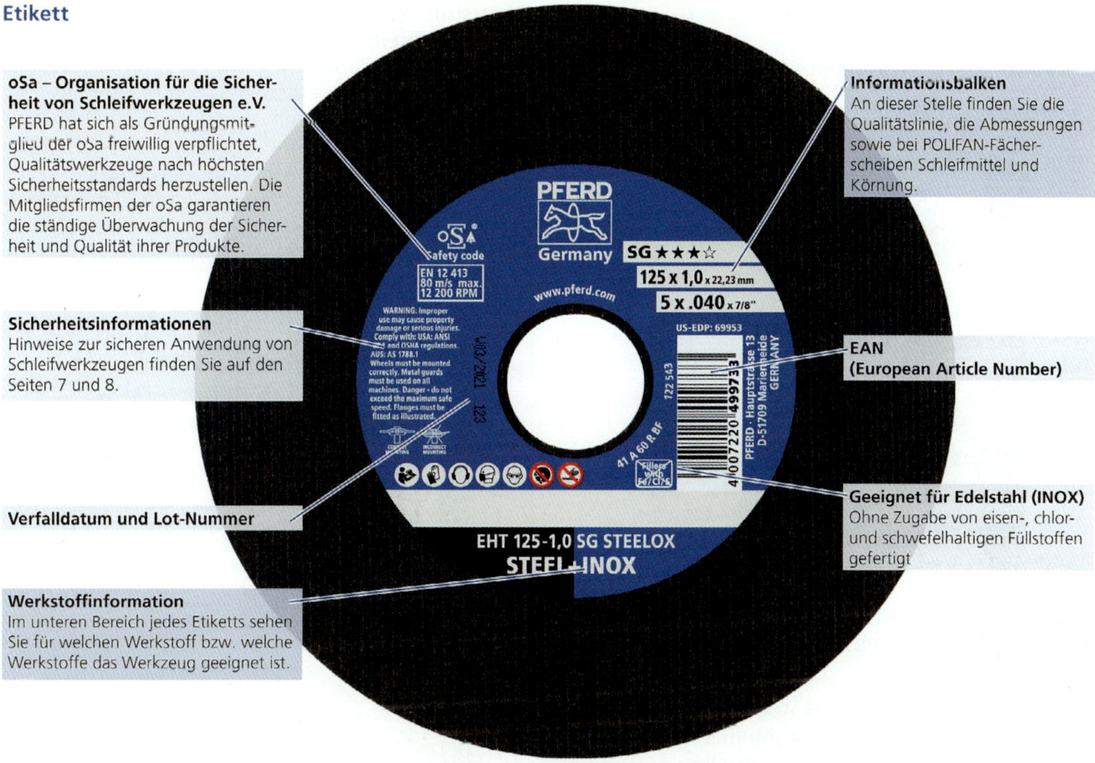

Trennschleifscheibe EN 41 A 30 T BF 80

41 A 30 T BF 80

Art und Form der Scheibe

41 = Trennschleifscheibe, gerade Ausführung
42 = Trennschleifscheibe, gekröpfte Ausführung

Schleifkornbezeichnung

A = Korund
C = Siliciumcarbid
Z = Zirkonkorund

Körnung

Härtegrad

Die Abstufung der Härtegrade erfolgt mit Buchstaben in alphabetischer Reihenfolge von weich nach hart steigend (A bis Z)

Bindung

BF = faserstoffverstärkte Kunstharzbindung

Arbeitshöchstgeschwindigkeit in m/s

Die Arbeitsgeschwindigkeit ist auch am Farbstreifen erkennbar (rot = 80 m/s)

6.2.4 Trennen durch Brennschneiden

ARBEITSAUFTRAG

Die Aussparungen für die Abhängerhalterungen werden durch Brennschneiden hergestellt.

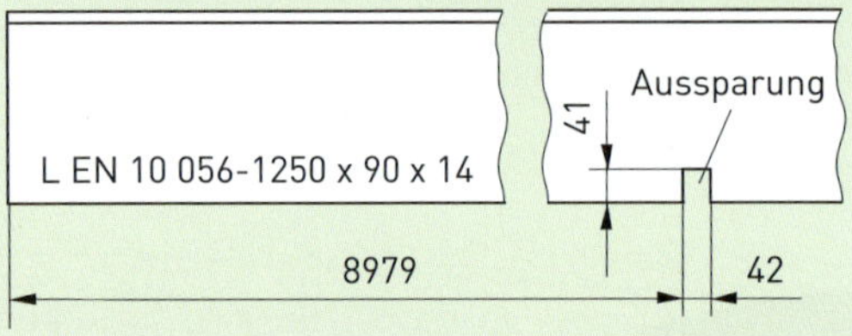

Informieren

Werkstoffvoraussetzungen

Im Gegensatz zum Schmelzschneiden erfolgt das Trennen beim Brennschneiden durch die Verbrennung des Werkstoffes entlang der Schnittfuge (Abb. 1).

Abb. 1: Brennschneiden

Ein Werkstoff ist zum Brennschneiden geeignet, wenn er vor dem Erreichen seiner Schmelztemperatur verbrennt.

Bei Eisenwerkstoffen ist die Verbrennungstemperatur unter anderem vom Kohlenstoffgehalt abhängig (Abb. 2). Unlegierter Baustahl hat eine deutlich geringere Verbrennungstemperatur als Schmelztemperatur. Aus diesem Grund können unlegierte Baustähle gut durch Brennschneiden getrennt werden. Werkstoffe wie z.B. Gusseisen lassen sich nicht Brennschneiden. Bei ihnen ist die Verbrennungstemperatur größer als ihre Schmelztemperatur.

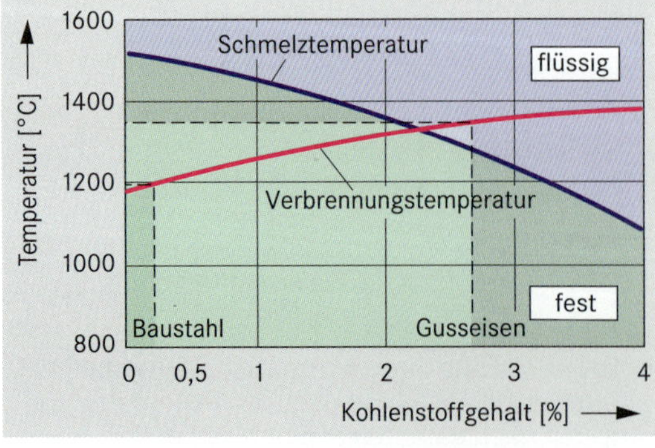

Abb. 2: Verbrennungs- und Schmelztemperatur in Abhängigkeit vom Kohlenstoffgehalt

Aufbau eines Schneidbrenners

Schneidbrenner sind ähnlich aufgebaut wie Schweißbrenner (Abb. 3). Wie bei Schweißbrennern wird in der Mischdüse ein Brenngas (Acetylen) mit dem Sauerstoff (Heizsauerstoff) vermischt. Das entstandene Heizgas wird dann der Heizdüse zugeführt.

Zur Verbrennung des Werkstoffes wird zusätzlicher Sauerstoff benötigt. Dieser Schneidsauerstoff gelangt über ein eigenes Rohr zur Schneiddüse. Heizdüse und Schneiddüse werden im Brennerkopf zu einer Brennschneiddüse vereint. Hier gibt es verschiedene Bauformen. In der Praxis haben sich die Blockdüsen bewährt. Die längere Heizflamme an Blockdüsen erlaubt einen größeren Abstand zur Werkstückoberfläche. Dadurch kann die Schnittlinie besser eingesehen werden. Die Verschmutzung der Düse durch Schlackespritzer wird ebenfalls verringert.

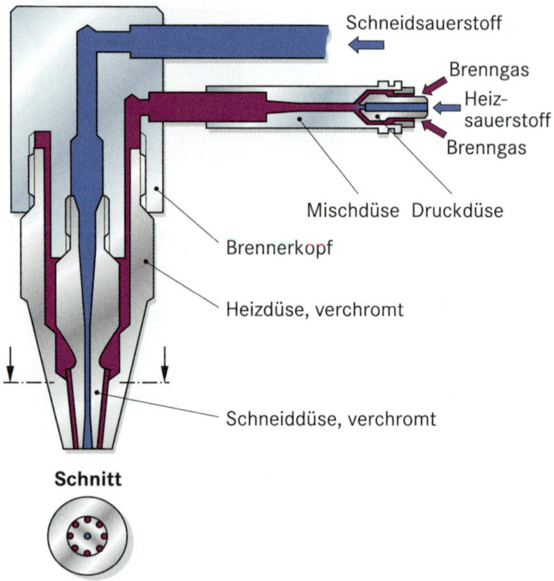

Abb. 3: Brennschneiddüse im Schnitt

Fertigen

Vorbereitung des Brennschneidens

Vor dem Ausschneiden der Aussparung sind folgende Vorbereitungen notwendig:

- Düsenauswahl,
- Ermittlung des Anreißmaßes und
- Bestimmung der Richtwerte.

Düsenauswahl

Entsprechend der Profildicke von 15 mm wird eine Schneiddüse 10 ... 25 mm empfohlen. (→📖)

Ermittlung des Anreißmaßes

Beim Brennschneiden mit der Schneiddüse 10 … 25 mm entsteht eine Schnittfugenbreite von 1,8 mm. Die herzustellende Aussparung ist um die halbe Schnittfugenbreite kleiner anzureißen (Abb. 4).

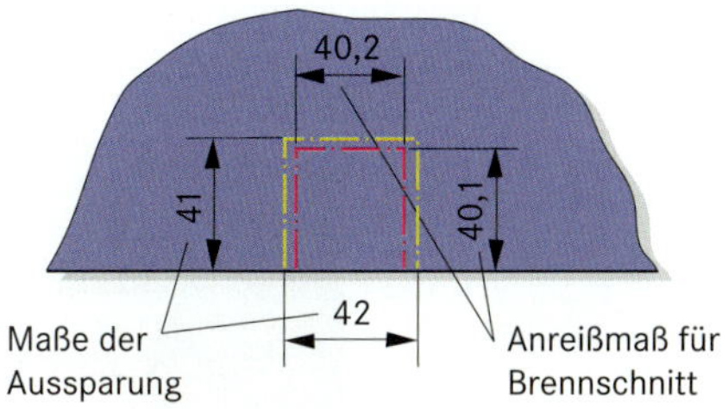

Abb. 4: Anreißmaße unter Berücksichtigung der Schnittfugenbreite

Bestimmung der Richtwerte

Für die Werkstückdicke von 14 mm wird ein Schneidsauerstoffdruck von 3,0 bar und Acetylendruck von 0,2 bar empfohlen (→📖).

Einstellen der Betriebsdrücke

Bei der Einstellung der empfohlenen Betriebsdrücke ist in folgender Reihenfolge vorzugehen (Abb. 5):

1. Flaschenventile (1 und 2) öffnen.
2. Ausgangsventil (7) am Sauerstoff-Druckminderer (3), Einstellventil für Sauerstoff (9) und Schneidsauerstoffventil (10) am Handschneidbrenner öffnen.
3. Durch Drehen der Stellschraube (5) am Flaschendruckminderer für Sauerstoff (3) den Betriebsdruck des Sauerstoffs einstellen.
4. Sobald der richtige Druck eingestellt ist, das Schneidsauerstoffventil (10) und das Einstellventil für Sauerstoff (9) wieder schließen.
5. Ausgangsventil (8) am Brenngas-Druckminderer (4) öffnen und Brenngasdruck durch Drehen der Stellschraube (6) einstellen.

Zünden und Einstellen der Flamme

Zuerst wird das Einstellventil für Sauerstoff (9), dann das Einstellventil für Brenngas (11) geöffnet. Das ausströmende Gasgemisch muss sofort gezündet werden. Es wird eine neutrale Flamme eingestellt. Anschließend erfolgt bei geöffnetem Schneidsauerstoffventil (10) eine Nachregulierung der Flamme. Sobald die Flamme wieder neutral eingestellt ist, wird das Schneidsauerstoffventil wieder geschlossen.

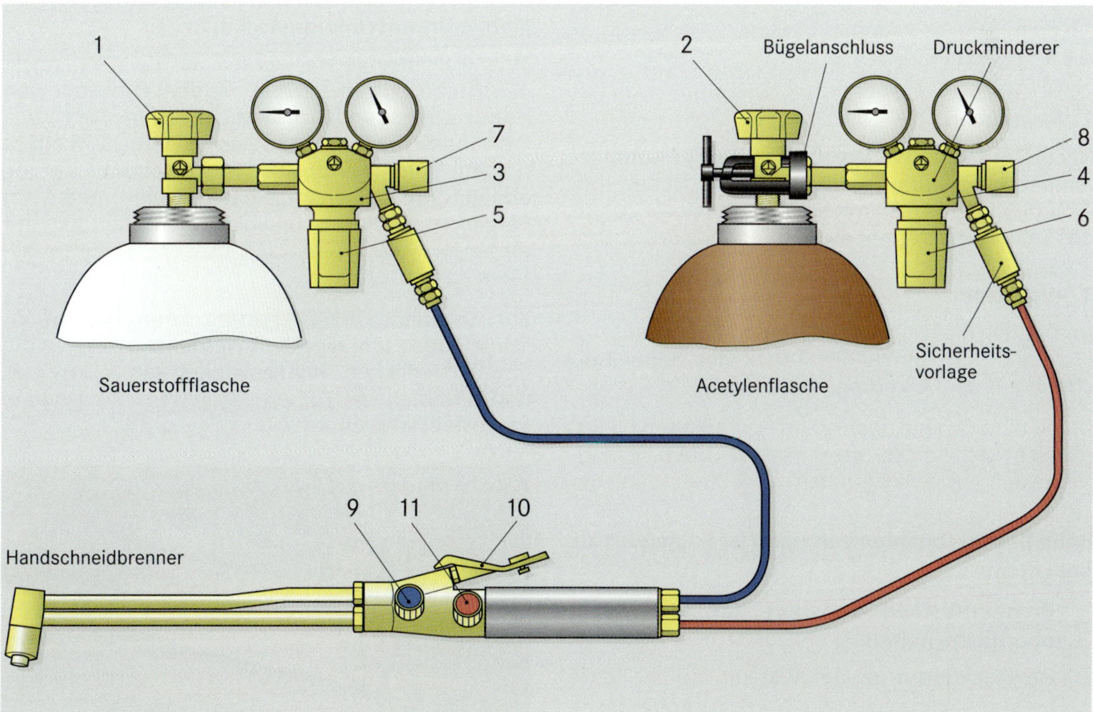

Abb. 5: Schneidbrenner mit Sauerstoff- und Acetylenflasche

Verfahrensbeschreibung

Der Brennschneidvorgang läuft in drei Phasen ab:

1. Vorwärmen
2. Verbrennen
3. Ausblasen

1. Vorwärmen:

Durch die Heizflamme erfolgt die Erwärmung des zu trennenden Werkstoffbereichs auf Verbrennungstemperatur. Die zum Brennschneiden notwendige Temperatur ist erreicht, wenn der Werkstoff in der Anwärmzone hellgelb glüht (Abb. 1).

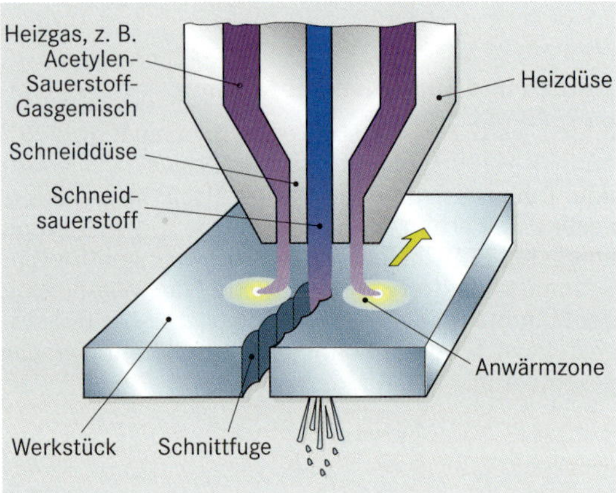

Abb. 1: Brennschneiden

2. Verbrennen

Nachdem der Werkstoff auf Verbrennungstemperatur erwärmt wurde, wird das Hebelventil für den Schneidsauerstoff betätigt. Durch die Zufuhr des Sauerstoffs beginnt die Verbrennung des Stahls.

3. Ausblasen

Das durch die Verbrennung entstehende flüssige Eisenoxid wird durch den Druck des Sauerstoffstrahls aus der Schnittfuge geblasen.

Damit der Schneidvorgang aufrecht erhalten bleibt, müssen sich diese drei Phasen beim Brennschneiden stetig wiederholen.

Beim Brennschneiden von Hand ist Folgendes zu beachten:

- **Brennerabstand konstant zur Werkstückoberfläche halten.**

  Bei Blockdüsen soll der Abstand von der Flammenkegelspitze bis zur Werkstückoberfläche 5 mm betragen.

- **Mit gleichmäßiger Schneidgeschwindigkeit arbeiten.**

  Die Schneidgeschwindigkeit ist von der Werkstückdicke abhängig (→📖).

  Während des Brennschneidens erkennt man die richtige Schneidgeschwindigkeit am senkrechten Funkenflug (Abb. 2).

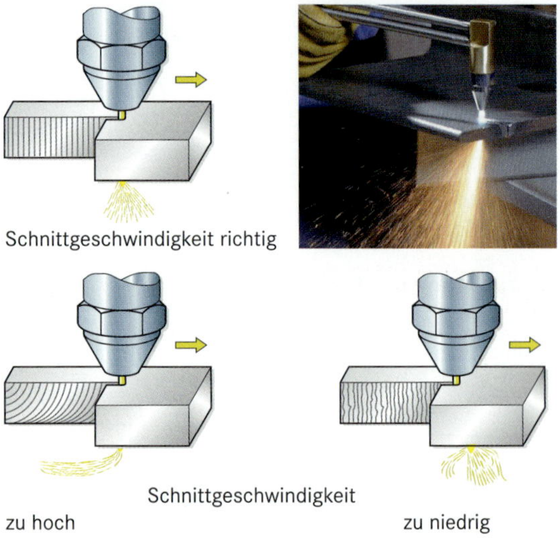

Abb. 2: Schneidgeschwindigkeit beim Brennschneiden

Mobile Brennschneidmaschinen

Mobile Schneidgeräte werden auf der Werkstückoberfläche aufgesetzt. Sie werden entweder von Hand oder durch zusätzliche Hilfsmittel, wie Führungsschienen, Schablonen oder Zirkelführungen, geführt (Abb. 3). Die Vorschubbewegung erfolgt durch einen regelbaren Elektromotor. Im Vergleich zu Handschneidbrennern können mit diesen Geräten wesentlich bessere Schnittqualitäten erreicht werden.

Zur Schweißnahtvorbereitung kann die Brennschneiddüse schräggestellt werden. So können die unterschiedlichen Flankenwinkel von V-, HV-, X- und K-Nähten (→📖) durch thermisches Trennen hergestellt werden.

Abb. 3: Brennschneiden mit Schienenführung

Stationäre Brennschneidmaschinen

Bei diesen Maschinen werden alle zum Trennen notwendigen Bewegungsabläufe von der Maschine ausgeführt. Die Überwachung der Bewegungsabläufe erfolgt durch eine Steuerung (Abb. 4). Mit Maschinenschneidbrennern sind saubere und genaue Schnitte bis zu einer Schneiddicke von 300 mm ohne eine mechanische Nachbearbeitung der Schneidfläche möglich.

Schneidfehler

Eine falsche Brennerführung oder beschädigte bzw. verschmutzte Düsen können die Ursache für unterschiedliche Schneidfehler sein.

Die Übersicht (Tab. 1) zeigt, dass bestimmte Fehlerarten mehrere Ursachen haben können. Zur Beseitigung der Fehler werden in der Praxis Probeschnitte durchgeführt. Dabei wird immer nur eine mögliche Fehlerquelle beseitigt bzw. verändert.

Nach jedem Probeschnitt erfolgt eine erneute Begutachtung der Schnittfläche. Wenn die Schneidfläche der geforderten Qualität entspricht, kann mit dem Brennschneiden der Bauteile begonnen werden. Die Qualität der Schnittfläche wird nach **DIN EN ISO 9013** (→📖) im Arbeitsauftrag vorgegeben.

Abb. 4: Numerisch gesteuerte Brennschneidmaschine

Tab. 1: Häufige Brennschneidfehler und ihre Ursachen

Fehlerarten	Fehlerursachen: Brennervorschub zu langsam	Brennervorschub zu schnell	Düsenabstand zu klein	Düsenabstand zu groß	Brennerdüse verschmutzt oder beschädigt
 Schnittfugen-verengung		X		X	X
 Schnittfugen-erweiterung		X		X	
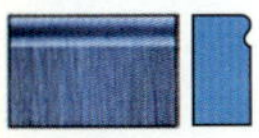 Hohlschnitt unter Oberkante				X	X
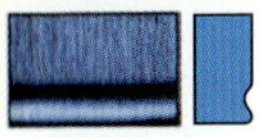 Stufe an der Unterkante		X			X
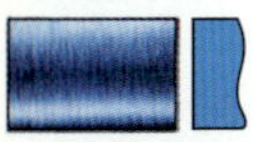 welliges Schnitt-flächenprofil		X			X
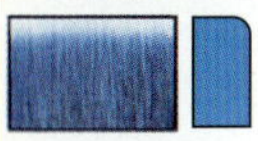 Kanten-anschmel-zung	X		X		
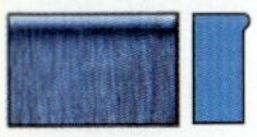 Schmelz-perlenkette			X		
 übermäßige Schnitt-riefentiefe		X	X		

Fertigen

6.2.5 Trennen durch Scheren

Das Ablängen und Zuschneiden von Profilen durch Scheren erfolgt meist an Profilstahlscheren. An kombinierten Profilstahlscheren (Abb.1) stehen dazu verschiedene Werkzeuge zur Verfügung. Es können unterschiedliche Profilarten geschnitten werden. Dazu wird das zum Profil passende Schneidwerkzeug eingesetzt. Profilstahlscheren besitzen zusätzlich Einrichtungen zum Ausklinken und Lochen. Mit der Ausklinkeinrichtung können aus dem Rand von Profilen Flächenstücke ausgeschnitten werden.

Abb. 1: Kombinierte Profilstahlschere

Ausklinken einer Aussparung

Aus einem warmgewalzten rundkantigen U-Stahl mit der Bezeichnung U-Profil DIN 1026 - U140 – S235JR soll eine Aussparung geschnitten werden (Abb. 2).

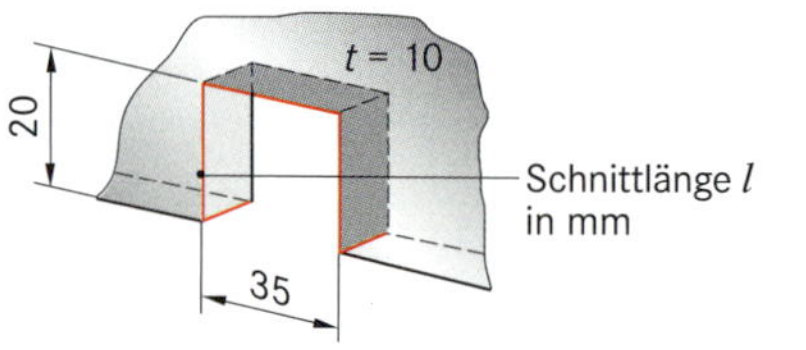

Abb. 2: U-Profil mit Aussparung

Die Herstellung der Aussparung soll mit der Ausklinkeinrichtung einer Profilstahlschere erfolgen. Um eine Überlastung bzw. Beschädigung der Ausklinkeinrichtung zu vermeiden, muss vor dem Schneiden überprüft werden, ob die Maschine die notwendige Schnittkraft erzeugen kann.

Die Schnittkraft ist beim Ausklinken von:

- der Profildicke t,
- der Schnittlänge l und
- der Werkstofffestigkeit abhängig. (→📖)

Der Zusammenhang dieser Größen wird in der Grenzwerttabelle eines Maschinenherstellers berücksichtigt (Tab. 1).

Für das Ausklinken der Aussparung gilt:

Profildicke: $t = 10$ mm

Schnittlänge: $l = 20\text{ mm} + 35\text{ mm} + 20\text{ mm}$

$\underline{\underline{l = 75\text{ mm}}}$

Tab. 1: Grenzwerte für das Ausklinken

Schnittlänge l in mm	Werkstoff S235JR Profildicke t in mm					
	4	6	8	10	12	14
50	X	X	X	X	X	X
60	X	X	X	X	X	X
80	X	X	X	X		
120	X	X				
140	X	X				

Das entsprechende Feld der Tabelle ist gekennzeichnet. Deshalb darf die Herstellung der Aussparung an der Ausklinkeinrichtung der Maschine erfolgen.

Die Überprüfung gilt nur für den Werkstoff S235JR. Für andere Werkstoffe stehen weitere Tabellen zur Verfügung.

Zusammenfassung

Trennen von Profilen

Sägen

Metallbandsägen

stationär
- für Profile mit großen Querschnitten
- hohe Schnittleistung

mobil
- für Profile mit mittelgroßen Querschnitten

Metallkreissägen

stationär
- für Profile mit mittelgroßen Querschnitten
- sehr hohe Schnittgenauigkeit

Trennschleifen

Trennschleifmaschinen

stationär
- für Profile mit kleinen Querschnitten
- sehr hohe Schnittgenauigkeit

mobil
- Trennschleifen im Kappschnitt
- hohe Schnittgenauigkeit

- Trennschleifen Freihand mit Winkelschleifer
- geringe Schnittgenauigkeit

Brennschneiden

Brennschneidmaschinen

stationär
- Verwendung bei Massenfertigung
- sehr hohe Schnittgenauigkeit

mobil
- für geringe Stückzahlen
- hohe Schnittgenauigkeit

Handschneidbrenner
- für Montagearbeiten
- geringe Schnittgenauigkeit

Scheren

kombinierte Profilstahlschere

Mit Schneidwerkzeugen zum
- Lochen
- Stanzen
- Ausklinken
- Scheren

- für Profile mit kleinen bis mittelgroßen Querschnitten

Aufgaben

1. An Bandsägen können Sägebänder mit konstanter und variabler Zahnteilung verwendet werden. Welchen Vorteil hat die Verwendung von Sägebändern mit variabler Zahnteilung?

2. Beim Bandsägen können optimale Arbeitsergebnisse nur erreicht werden, wenn ein Sägeband mit geeigneter Zahnteilung gewählt wurde. Von welchen Größen ist die Wahl der Zahnteilung abhängig?

3. Ein U-Profil DIN 1026 – U 260-S235JR soll mit einer Bandsäge abgelängt werden.
a) Wählen Sie eine geeignete Zahnteilung für ein Sägeband mit variabler Zahnteilung aus.
b) Bestimmen Sie die maximal zulässige Schnittgeschwindigkeit.

4. Für Metallkreissägen werden verschiedene Sägeblattarten angeboten. Beschreiben Sie den Aufbau eines HSS-Segmentsägeblattes.

5. Beschreiben Sie, wie beim Kreissägen von Aluminiumprofilen das Kühlen und Schmieren zu erfolgen hat.

6. Wonach richtet sich beim Trennschleifen die Auswahl der Trennschleifscheibe?

7. Beim Arbeiten mit Winkelschleifmaschinen ist die Unfall- und Verletzungsgefahr sehr groß. Worauf ist beim Trennschleifen mit diesen Maschinen besonders zu achten?

8. Vor dem Ausklinken muss überprüft werden, ob die zur Verfügung stehende Profilstahlschere die notwendige Schnittkraft erzeugen kann. Von welchen Größen ist die erforderliche Schnittkraft abhängig?

9. Welche Eigenschaften muss ein Werkstoff haben, damit er durch Brennschneiden getrennt werden kann?

10. Beim Brennschneiden unterscheidet man zwischen Heiz- und Schneidsauerstoff.
a) Welche Aufgabe hat der Heizsauerstoff?
b) Welche Aufgabe hat der Schneidsauerstoff?

6.3 Fügen von Profilen durch Schweißen

ARBEITSAUFTRAG

Die Träger und der Pylon des Vordaches bestehen aus mehreren Bauteilen. Diese sind in der Werkstatt durch Schweißen zu fügen. Dazu müssen zunächst die Fugenformen der Schweißnähte hergestellt werden. Anschließend werden die Abschnitte zueinander positioniert und geheftet. Durch das Heften wird sichergestellt, dass die Abschnitte während des Schweißens in der gewünschten Lage bleiben. Nach Abschluss der Schweißarbeiten erfolgt die Nachbehandlung und Bewertung aller Schweißnähte.

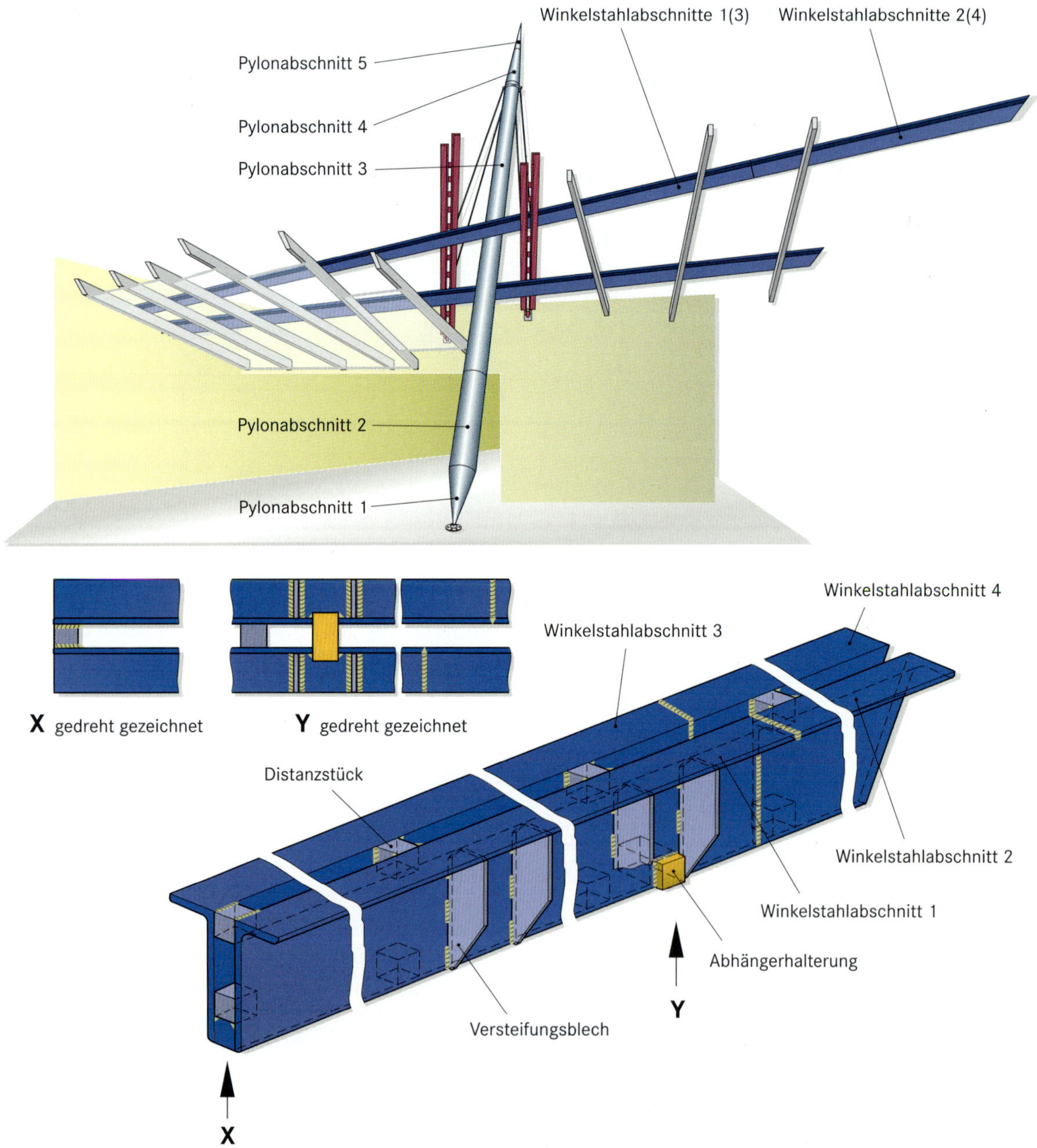

Abb. 1: Vordach und Trägerdetails

Fertigen

6.3.1 Schweißnahtvorbereitung

Vor dem Fügen werden die Bauteile und Nähte zum Schweißen vorbereitet. Dazu gehört:

- die Säuberung der Bauteile von Rost, Fett und anderen Verunreinigungen,
- das Entgraten der Bauteile und
- die Herstellung der Fugenform.

Vorbereitung der Doppel-V-Nähte

Für das Vordach werden insgesamt vier Stahlträger benötigt. Drei dieser Träger werden aus jeweils zwei Winkelstählen hergestellt.

Zur Herstellung des vierten und längsten Trägers müssen zunächst die Winkelstahlabschnitte 1–4 durch Doppel-V-Nähte stumpf zusammengeschweißt werden. Doppel-V-Nähte werden ab einer Materialdicke von 10 mm empfohlen ( ).

Vor dem Schweißen muss die Fugenform dieser Nahtart hergestellt werden. Die Herstellung der Fugenform kann durch mechanische und thermische Trennverfahren erfolgen.

Zur mechanischen Herstellung der Fugenform wird ein Winkelschleifer mit einer Schruppscheibe verwendet. Für die Qualität der herzustellenden Schweißnähte ist es wichtig, dass die Geometrie der Schweißfuge über die gesamte Schweißnahtlänge gleich ist.

Da die Winkelstahlabschnitte aus unlegiertem Baustahl bestehen, können die Schweißfugen auch thermisch durch Brennschneiden hergestellt werden. Dieses Verfahren wird besonders bei der Nahtvorbereitung von Werkstücken mit großen Materialdicken und langen Schweißnähten angewendet.

Da mit Handschneidbrennern keine gleichmäßige Fugengeometrie erzeugt werden kann, sollte die Nahtvorbereitung mit Maschinenschneidbrennern erfolgen (Abb. 2).

In jedem Fall ist darauf zu achten, dass vor dem Schweißen alle Verunreinigungen, wie z.B. anhaftende Schlackereste, entfernt werden müssen.

Abb. 2: Vorbereitung einer Doppel-V-Naht durch Brennschneiden

Vorbereitung der V-Nähte

Die Herstellung der Fugenform erfolgt mechanisch durch einen handgeführten Schweißkantenformer (Abb. 3).

Handgeführte Schweißkantenformer werden durch einen Elektromotor angetrieben und arbeiten nach dem Prinzip von Nibbelmaschinen.

Abb. 3: Vorbereitung einer V-Naht mit einem Schweißkantenformer

Vorteile des Schweißkantenformers:

- hohe Arbeitsgeschwindigkeit mit bis zu zwei Meter pro Minute,
- geringe Rautiefe,
- metallisch blanke Oberfläche,
- keine Nachbearbeitungen nötig und
- beim Arbeiten entstehen kein Staub, keine Dämpfe und Gase.

Der Schweißkantenformer kann zur Vorbereitung von V-, X-, K- und Y-förmigen Nähten bis zu einer Blechdicke von 40 mm verwendet werden.

Fertigen

6.3.2 Fügen durch Metall-Aktivgas-schweißen (MAG)

ARBEITSAUFTRAG

Das Zusammenschweißen der Winkelstahlabschnitte und das Anschweißen der Versteifungsbleche an die Winkelstähle erfolgt durch das MAG-Schweißen.

Die vorbereiteten Abschnitte des Edelstahlpylons werden durch MAG-Impuls-Schweißen gefügt.

Unter Berücksichtigung der unterschiedlichen Werkstoffe und Materialdicken sind geeignete Schutzgase und Zusatzwerkstoffe auszuwählen. Nach Beendigung der Schweißarbeiten sind alle Schweißnähte nachzubehandeln.

Heften der Winkelstahlabschnitte

Vor dem Schweißen sind die Winkelstahlabschnitte zu heften. Dazu müssen sie so ausgerichtet werden, dass entlang der Schweißnaht ein gleichmäßiger Schweißspalt entsteht (Abb. 1).

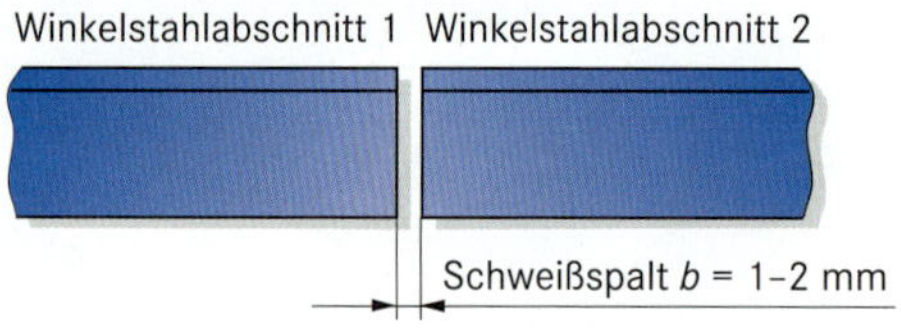

Abb. 1: Gleichmäßiger Schweißspalt über die gesamte Schweißnahtlänge

Die Spaltbreite ist abhängig von der Materialdicke und der Nahtform (➜📖). Sie muss beim Schweißen durch den abschmelzenden Zusatzwerkstoff überbrückt werden (Abb. 2).

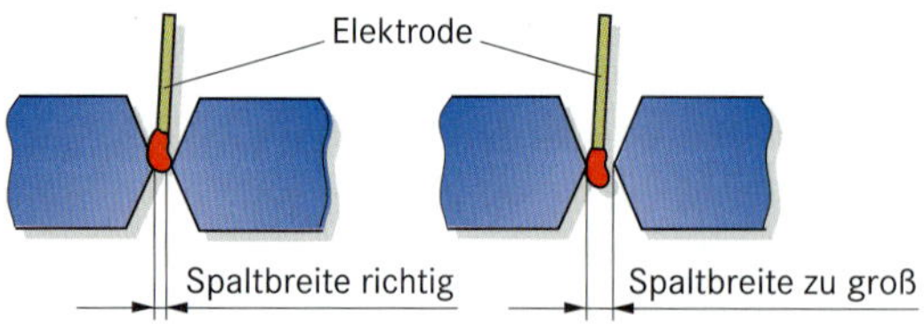

Abb. 2: Spaltüberbrückung bei verschiedenen Spaltbreiten

Das Heften der Winkelstähle erfolgt durch drei 10 – 20 mm lange Schweißraupen (Abb. 3).

Der Abstand zwischen den Heftstellen ist von der Werkstückdicke abhängig. Je dünner das Werkstück ist, desto mehr Heftstellen müssen erzeugt werden.

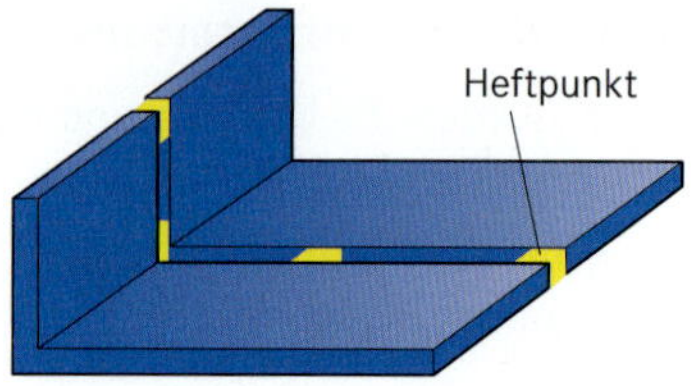

Abb. 3: Geheftete Winkelstähle

Durch das Heften soll das Zusammenziehen des Schweißspaltes in Folge der Wärmeeinbringung während des Schweißvorganges verhindert werden (Abb. 4).

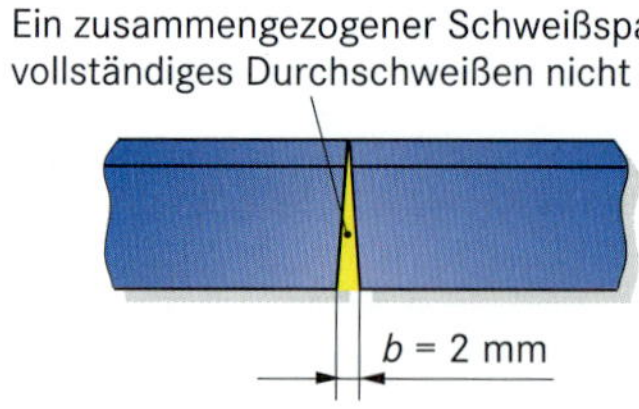

Abb. 4: Durch Schrumpfung zusammengezogener Schweißspalt

! Je nach Werkstückdicke ist in Abständen von 50 – 150 mm zu heften.

6.3.2.1 Fügen von Bauteilen aus unlegiertem Baustahl

Die Winkelstahlabschnitte 1–4 aus Winkelstahl und die Versteifungsbleche werden durch Metall-Aktivgas-Schweißen gefügt. Bei diesem Schutzgas-Schweißverfahren erfolgt der Schutz des Schweißbades durch ein Mischgas (Abb. 5).

Mischgase setzen sich beim MAG-Schweißen meist aus Argon (Ar) und Kohlendioxid (CO_2) oder Argon, Kohlendioxid und Helium (He) zusammen.

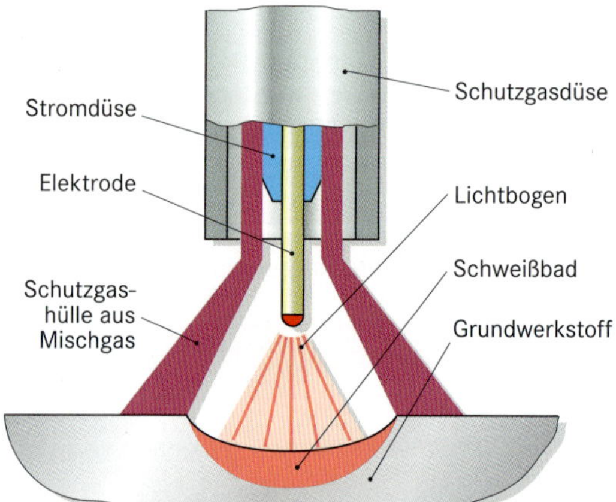

Abb. 5: Schutzgashülle an der Brennerdüse

Das Kohlendioxid des Mischgases reagiert während des Schweißprozesses chemisch mit dem Schweißbad. Aus dieser Eigenschaft wird die Bezeichnung Aktivgas-Schweißen abgeleitet

Mischgase sind in der **DIN EN ISO 14175** genormt (→📖). Die Mischgasauswahl erfolgt unter Berücksichtigung der Schweißaufgabe und der gewünschten bzw. tolerierten Schweißeigenschaften, wie z.B. Einbrand und Spritzerbildung.

Mischgaseigenschaften

Für das Schweißen der Winkelstähle wird das Mischgas M 21 verwendet (→📖). Dieses Mischgas besteht aus 82 % Argon und 18 % CO_2. Durch diese Zusammensetzung wird ein genügend tiefer Einbrand und ein spritzerarmes Schweißverhalten erreicht.

Die Verwendung eines Mischgases mit hohem CO_2-Gehalt bewirkt bei unveränderten Strom- und Spannungswerten einen tieferen Einbrand (Abb. 6). Viele Schweißspritzer auf und neben der Schweißnaht haben immer umfangreiche Nacharbeiten zur Folge. Durch die Verwendung von Mischgasen mit 18 % CO_2-Gehalt kann die Spritzerbildung im vertretbaren Rahmen gehalten werden (Abb. 7).

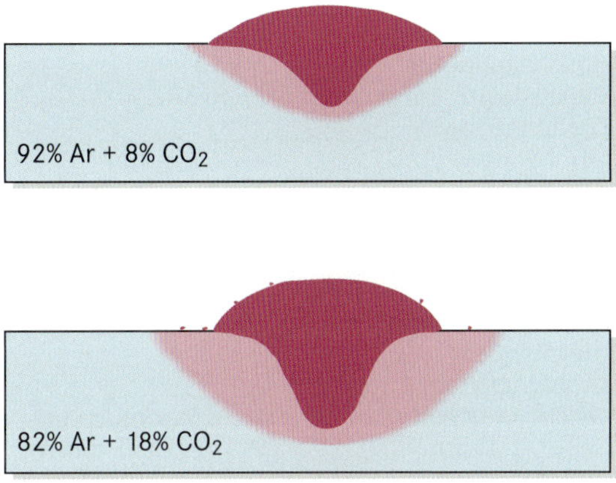

Abb. 6: Vergleich der Einbrandprofile bei unterschiedlicher Mischgaszusammensetzung

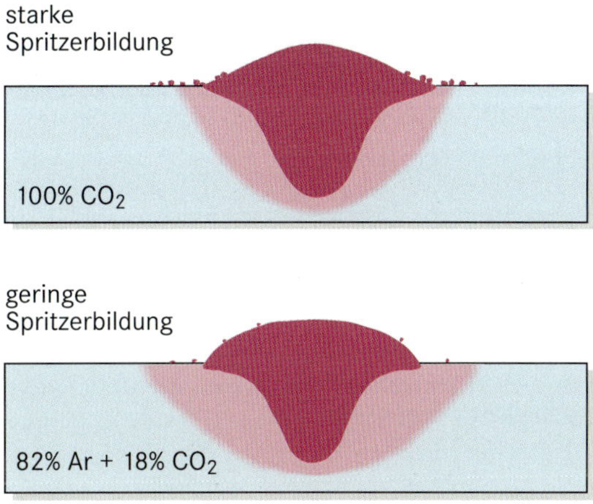

Abb. 7: Spritzerbildung bei unterschiedlichen CO_2-Gehalten

Zusatzwerkstoff

Bei der Auswahl des Zusatzwerkstoffes müssen die Werkstoffeigenschaften und die chemische Zusammensetzung des zu schweißenden Grundwerkstoffes berücksichtigt werden. Zum Schweißen der Winkelstähle aus unlegiertem Baustahl wird als Zusatzwerkstoff eine Drahtelektrode verwendet, deren Zusammensetzung und mechanische Eigenschaften mit denen des zu schweißenden Werkstoffes annähernd übereinstimmen. Drahtelektroden für das Metall-Schutzgasschweißen sind in der **DIN EN ISO 14175** zusammengefasst.

Zum Schutz vor Korrosion erhalten Drahtelektroden einen Kupferüberzug. Zur leichteren Handhabung werden sie auf Spulen gewickelt, die direkt in die Schweißanlage eingesetzt werden können.

Elektrodenbezeichnung nach DIN EN ISO 14175 (→📖)

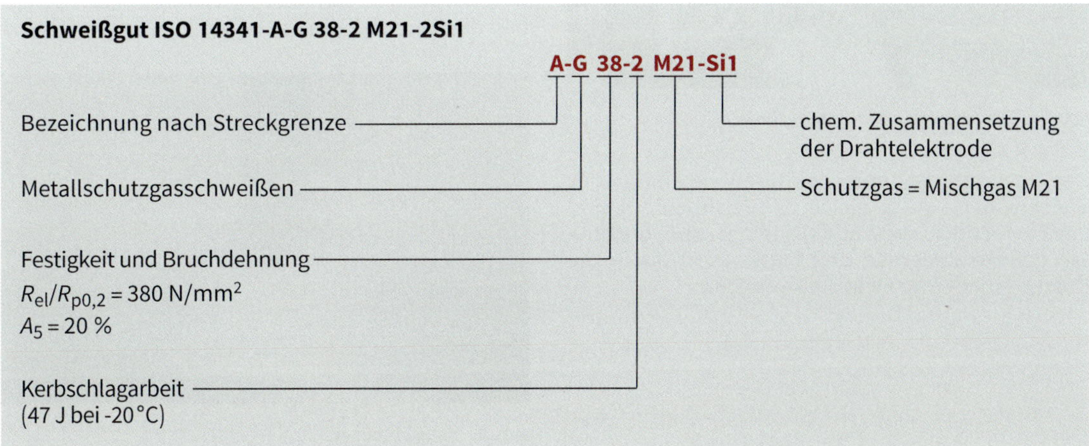

Schweißen der Winkelstahlabschnitte

Die Winkelstahlabschnitte werden durch Doppel-V-Nähte stumpf zusammengeschweißt (Abb. 1).

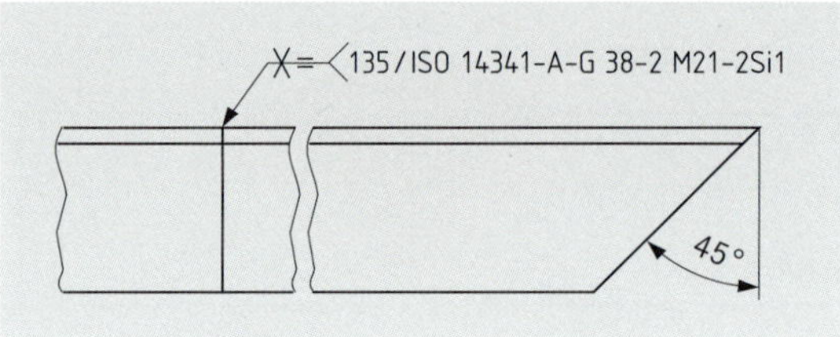

Abb. 1: Winkelstahlabschnitt

Bei der Herstellung der Doppel-V-Nähte an den 14 mm dicken Winkelstählen müssen mehrere Lagen geschweißt werden (Abb. 2).

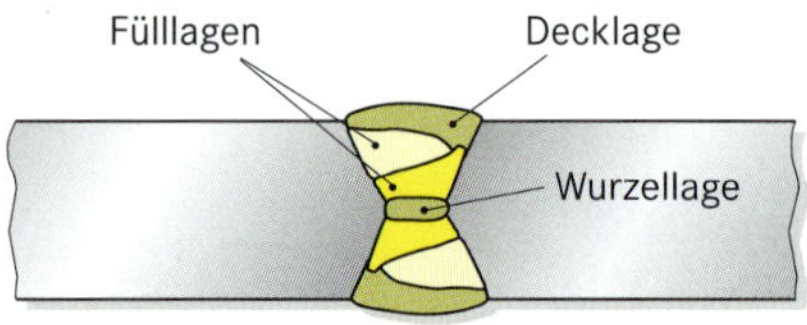

Abb. 2: Nahtaufbau einer Doppel-V-Naht

Zum Schweißen wird als Schweißstromquelle ein Inverter verwendet (Abb. 3).

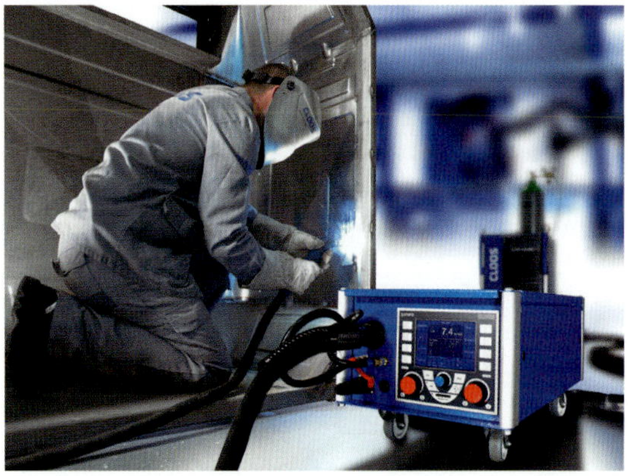

Abb. 3: Schweißgerät mit Invertertechnik

Der Inverter ist eine Weiterentwicklung des Gleichrichters. Im Vergleich zu Gleichrichtern sind Inverter jedoch wesentlich kleiner und leichter. Die geringe Baugröße und Masse wird durch die Nutzung moderner Elektronik erreicht.

Vor dem Schweißen müssen an der Schweißanlage folgende Richtwerte eingestellt werden:

- Schweißspannung,
- Schweißstrom,
- Drahtvorschubgeschwindigkeit und
- Schutzgasmenge.

Die Einhaltung der Richtwerte ist eine wichtige Voraussetzung für die Güte der Schweißverbindung. Alle für das Schweißen der Winkelstähle notwendigen Richtwerte können den zur Schweißanlage gehörenden Richtwerttabellen oder dem Tabellenbuch entnommen werden.

Richtwerte für das Schweißen der Winkelstähle:

Werkstückdicke:	$t = 14$ mm
Nahtart:	Doppel-V-Naht
Spaltbreite:	$b = 3{,}0$ mm

Für die Wurzellage gilt:

Elektrodendurchmesser:	$d = 1{,}2$ mm
Gleichspannung:	$U = 18$ V
Gleichstrom:	$I = 180$ A
Drahtvorschub-geschwindigkeit:	$v_f = 8{,}1$ m/min
Schutzgasentnahme:	$V = 10 \ldots 15$ l/min

Für die Füll- und Decklagen gilt:

Elektrodendurchmesser:	$d = 1{,}2$ mm
Gleichspannung:	$U = 27{,}5$ V
Gleichstrom:	$I = 270$ A
Drahtvorschub-geschwindigkeit:	$v_f = 8{,}1$ m/min
Schutzgasentnahme:	$V = 10 \ldots 15$ l/min

Schweißen der Wurzellage

Beim Schweißen der Wurzellage entsteht mit den empfohlenen Richtwerten ein Kurzlichtbogen (Abb. 4). Durch das Schweißen mit dem Kurzlichtbogen wird ein zähflüssiges Schweißbad erreicht und das Durchsacken der Wurzellage verhindert.

Abb. 4: Kurzlichtbogen

Schweißen der Füll- und Decklagen

Bei den für das Schweißen der Füll- und Decklagen empfohlenen Richtwerten entsteht der wesentlich längere Sprühlichtbogen (Abb.5). Durch den Sprühlichtbogen wird eine hohe Abschmelzleistung und ein dünnflüssiges Schmelzbad erreicht. Deshalb sollte nur in Wannen- oder Horizontalposition geschweißt werden.

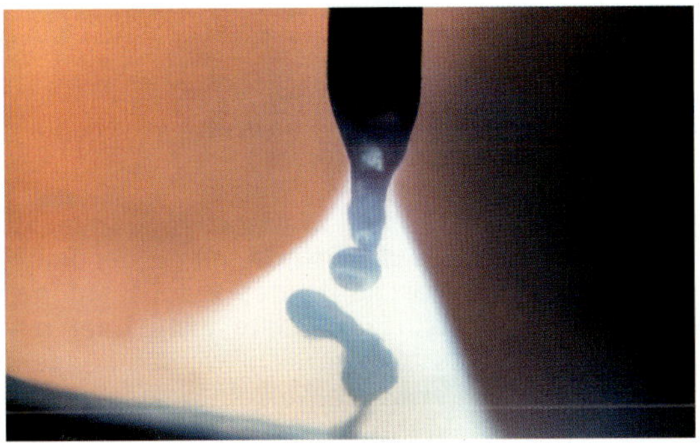

Abb. 5: Sprühlichtbogen

Brennerhaltung

Während des Schweißens kann der Schweißbrenner unterschiedlich gehalten werden. Bei der Brennerhaltung wird zwischen stechend, neutral und schleppend unterschieden (Abb. 6). Durch die Brennerhaltung kann bei unveränderten Richtwerten die Einbrandtiefe beeinflusst werden.

Das Schweißen der Wurzellage der Doppel-V-Nähte erfolgt mit dem Kurzlichtbogen und der Brennerhaltung „stechend". Dazu wird der Schweißbrenner um etwa 10° gegen die Schweißrichtung geneigt, so dass der Lichtbogen auf den noch nicht geschweißten Nahtbereich gerichtet ist. Bei dieser Brennerhaltung ist die Einbrandtiefe gering. Die Gefahr, den Grundwerkstoff zu weit aufzuschmelzen, wird dadurch erheblich reduziert.

Die Füll- und Decklagen werden mit dem Sprühlichtbogen „schleppend" geschweißt. Hierbei wird der Schweißbrenner um etwa 10° in Schweißrichtung geneigt. Dabei trifft der Lichtbogen auf den bereits flüssigen Grundwerkstoff. Auf diese Weise wird ein tieferer Einbrand und ein besseres Verschmelzen zwischen Grund- und Zusatzwerkstoff erreicht.

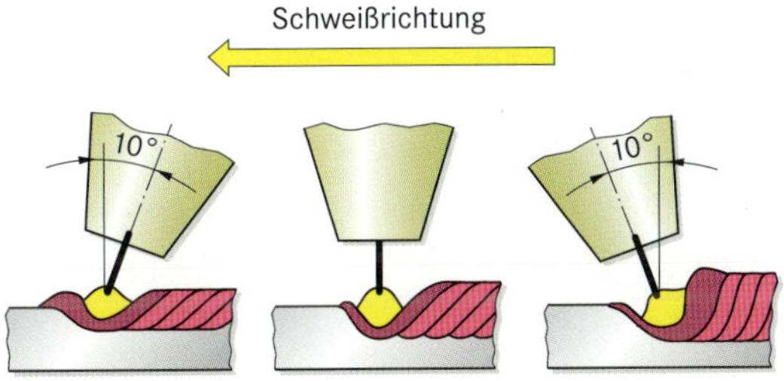

Abb. 6: Einbrandtiefe durch unterschiedliche Brennerhaltung

Anschweißen der Versteifungsbleche

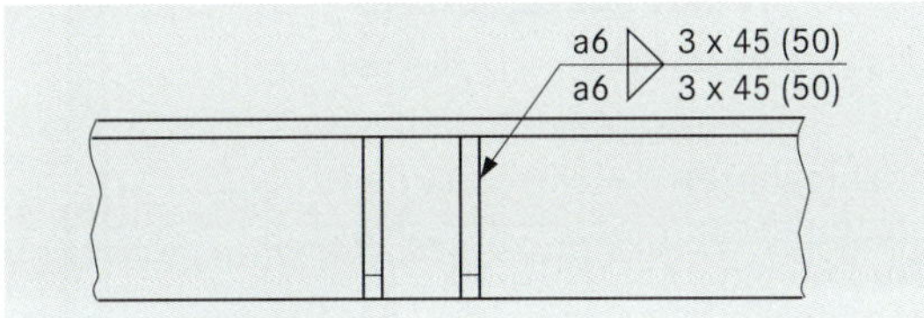

Abb. 7: Versteifungsbleche

Zur Stabilisierung werden Versteifungsbleche an die Winkelstähle geschweißt. Die Verbindung zwischen den Bauteilen soll durch unterbrochene Doppelkehlnähte erfolgen. Dadurch wird der Verzug der Versteifungsbleche verringert (Abb. 8).

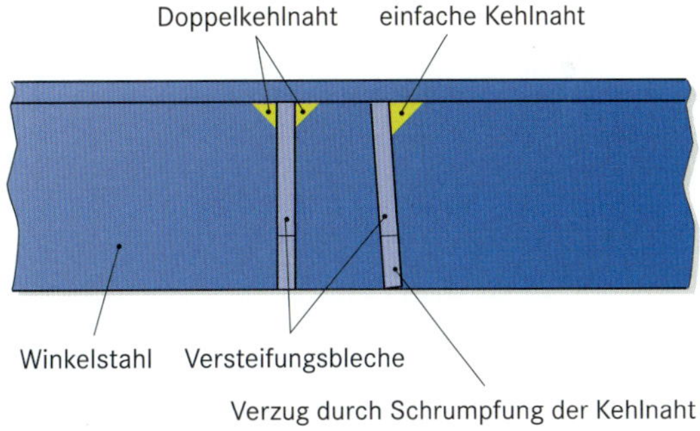

Abb. 8: Verzug bei einfacher Kehlnaht

Richtwerte für das Anschweißen der Versteifungsbleche:

Werkstückdicke:	$t = 12$ mm
Nahtart:	Kehlnaht
Nahtdicke:	$a = 6$ mm
Elektrodendurchmesser:	$d = 1{,}2$ mm
Gleichspannung:	$U = 29{,}5$ V
Gleichstrom:	$I = 300$ A
Drahtvorschub-geschwindigkeit:	$v_f = 9{,}5$ m/min
Schutzgasentnahme:	$V = 15$ l/min

Nachbehandlung der Schweißnähte

Die Nachbehandlung ist zur Verbesserung des Nahtaussehens erforderlich. Dazu werden nach dem Schweißen die Schweißnähte von Schlacke und Schweißspritzern befreit. Dabei erfolgt eine erste Sichtprüfung der Nähte. Sollten keine äußeren Fehler erkennbar sein, dann ist eine weitere Nachbehandlung der Kehlnähte nicht nötig.

Die Nahtüberwölbungen werden mit einem Winkelschleifer und einer Schruppscheibe eingeschliffen.

Fertigen

6.3.2.2 Fügen von Bauteilen aus legiertem Baustahl

Der Pylon besteht aus dem hochlegierten nichtrostenden austenitischen Stahl mit dem Kurznamen X5CrNi18-10. Die vorgefertigten Abschnitte des Pylons werden durch das MAG-Schweißen miteinander verbunden (Abb. 1).

Beim Schweißen von hochlegierten Stählen werden **Schutzgase** verwendet, die nur sehr schwach mit dem Schweißbad reagieren. Zum Schweißen des Pylons wird deshalb das Mischgas M 12 verwendet (➜📖). Dieses Schutzgas setzt sich aus 97 % Argon und 3 % CO_2 zusammen. Durch die Verwendung eines Mischgases mit einem sehr geringen CO_2-Anteil wird der Ausbrand der für den Korrosionsschutz wichtigen Legierungsbestandteile Chrom und Nickel vermindert.

Laut Auftrag wird der Pylon aus fünf vorgefertigten Abschnitten zusammengeschweißt. Die drei mittleren Abschnitte sind Rohre, die aus 3,0 mm dicken nichtrostendem Blech hergestellt wurden. Beim Schweißen von nichtrostenden Stählen kommt es zu unerwünschten chemischen Reaktionen mit der Umgebungsluft. Durch diese Reaktion entstehen entlang der Schweißnaht Anlauffarben (Abb. 2).

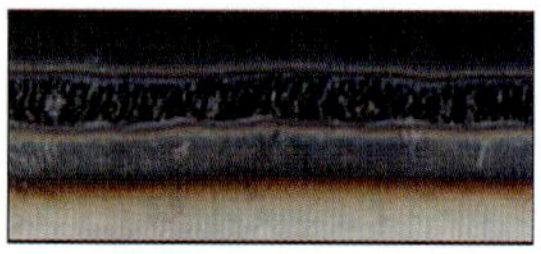

Abb. 2: Anlauffarben durch fehlenden Wurzelschutz

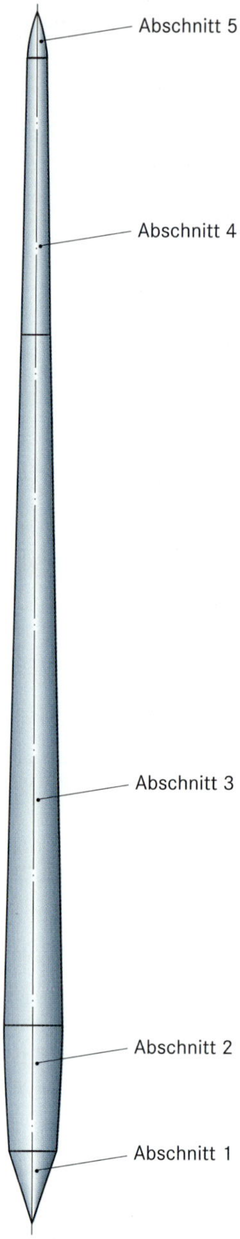

Abb. 1: Pylon

Im Bereich der Anlauffarben besteht erhöhte Korrosionsgefahr. Bei zugänglichen Schweißnähten können diese chemisch durch Beizen oder mechanisch durch Schleifen entfernt werden (Abb. 3).

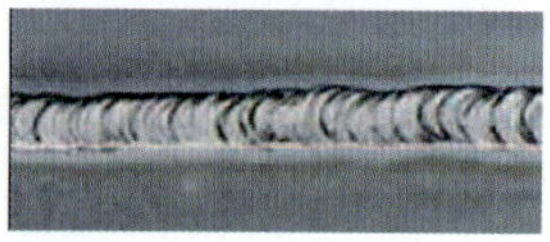

Abb. 3: Durch Formiergas geschützte Wurzelrückseite

Da die Schweißnähte der Rohrabschnitte des Pylons auf der Wurzelrückseite nicht oder nur schwer erreicht werden können, muss die Wurzelrückseite bereits während des Schweißens vor unerwünschten chemischen Reaktionen mit der Umgebungsluft geschützt werden (Abb. 3). Dies erfolgt durch die Verwendung eines zusätzlichen Schutzgases, das als Formiergas bezeichnet wird.

Als Formiergas können alle Inertgase, Stickstoff oder Gasgemische aus Stickstoff und Wasserstoff verwendet werden (➜📖).

Wurzelschutz beim Schweißen des Pylons

Vor dem Schweißen des Pylons wird die Schweißstelle durch eine Formiereinrichtung eingegrenzt (Abb. 4). In den so entstandenen Hohlraum wird während des Schweißens ständig Formiergas geleitet. Dadurch wird der hocherhitzte Nahtrandbereich mit dem Formiergas umspült und gleichzeitig die Luft aus dem Rohrinneren verdrängt.

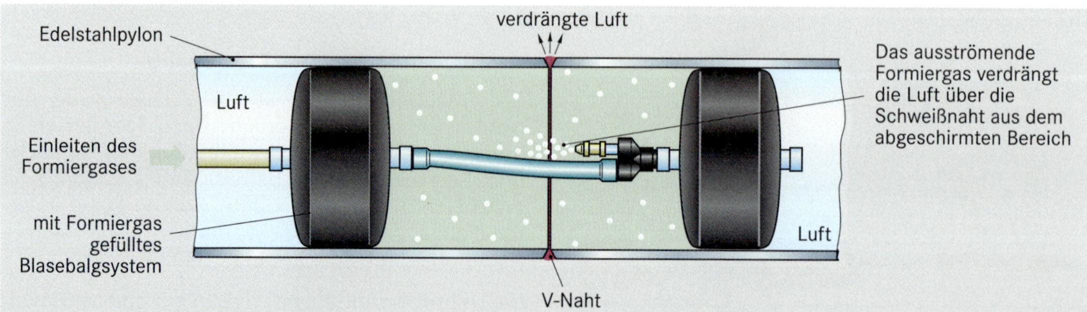

Abb. 4: Wurzelschutz durch Formiergas

Zum Schweißen des Pylons aus dem nichtrostenden austenitischen Stahl mit der Bezeichnung X5CrNi18-10 muss ein Zusatzwerkstoff gewählt werden, der in seiner chemischen Zusammensetzung zum Pylonwerkstoff passt.

Die chemische Zusammensetzung des Pylonwerkstoffes kann der Stahlbezeichnung X5CrNi18-10 entnommen werden. Die Auswahl des Zusatzwerkstoffes erfolgt hier unter Berücksichtigung der Hauptlegierungselemente Chrom und Nickel.

Im Pylonwerkstoff sind

- 18 % Chrom und
- 10 % Nickel

enthalten ( ).

Drahtelektroden zum Schutzgas-Schweißen von nichtrostenden und hitzebeständigen Stählen sind in **DIN EN 12072** genormt.

Zum Schweißen des Pylons muss der Zusatzwerkstoff mit folgender Bezeichnung verwendet werden:
Drahtelektrode EN 12072 G 19 9 L.

Drahtelektrode EN 12072 **G 19 9 L**

G 19 9 L

Schweißverfahren (Tab. 1) — G

Legierungskurzzeichen — 19 9 L
chem. Zusammensetzung der Drahtelektrode und mechanische Eigenschaften des Schweißgutes (Tab. 2)

Tab. 1: Kurzzeichen für Schweißverfahren

Kurzzeichen	Schweißverfahren
W	Wolfram-Inertgas-Schweißen
S	Unterpulverschweißen
G	Metallschutzgasschweißen
P	Plasmaschweißen

Tab. 2: Stahlsorte der Elektrode

Legierungskurzzeichen	Legierungsbestandteile in %			Mechanische Eigenschaften	
	Cr	Ni	Mo	Zugfestigkeit R_m in N/mm^2	Dehngrenze $R_{p0,2}$ in N/mm^2
Martensitisch/ferritisch					
13	12,0 - 15,0	-	-	450	250
13 4	11,0 - 14,0	3,0 - 5,0	-	750	500
17	16,0 - 18,0	-	-	450	300
Austenitisch					
19 9 L[1]	19,0 - 21,0	9,0 - 11,0	-	510	320
19 12 3 L	18,0 - 20,0	11,0 - 14,0	2,5 - 3,0	510	320
19 12 3 Nb	18,0 - 20,0	11,0 - 14,0	2,5 - 3,0	550	350
Austenitisch/ferritisch					
22 9 3 N L	21,0 - 24,0	7,0 - 10,0	2,5 - 4,0	550	450
25 7 2 L	24,0 - 27,0	6,0 - 8,0	1,5 - 2,5	700	500

[1] L: C-Gehalt ≤ 0,03%

Laut Auftrag sollen die Nahtübergänge am Edelstahlpylon nicht sichtbar sein. Dazu müssen die Schweißnähte eingeschliffen werden. Zur Erleichterung des Einschleifens der Nähte sollen beim Schweißen keine zu großen Nahtüberwölbungen entstehen. Diese Forderung wird durch das Schweißen mit dem Impulslichtbogen erfüllt. Außerdem ist beim Schweißen mit diesem Lichtbogen die Wärmeeinbringung geringer und es entstehen weniger Schweißspritzer, wodurch die Nachbehandlung erleichtert wird.

Nachbehandlung der Schweißnähte

Zur Erhaltung der Korrosionsbeständigkeit ist bei nichtrostenden Stählen eine sorgfältige Nachbehandlung der Schweißnähte durchzuführen. Durch die Nachbehandlung sind alle Anlauffarben, die während des Schweißens entstanden sind, von der Werkstoffoberfläche zu beseitigen. Dies kann durch mechanische oder chemische Verfahren erfolgen.

Die mechanische Nachbehandlung der Schweißnähte des Edelstahlpylons erfolgt durch Schleifen und anschließendes Polieren.

Schleifen

Zum Abschleifen der Nahtüberwölbungen am Pylon wird ein Winkelschleifer mit einer Schruppscheibe verwendet (→📖).

Durch Verwendung einer Schruppscheibe mit der Körnung 36 kann in kurzer Zeit viel Werkstoff abgetragen werden. Die dabei entstehende raue Werkstoffoberfläche muss fein nachgeschliffen werden. Dazu wird eine Schleifscheibe mit der Körnung 100 verwendet.

Die Abschlussbehandlung der Schweißnähte des Pylons erfolgt mit einem Winkelschleifgerät und einem Walzenschleifer mit der Körnung 240 (Abb. 1).

Alle Schleifwerkzeuge müssen wegen der Fremdrostgefahr eisenfrei sein. Sie dürfen nur zur Bearbeitung von nichtrostendem Stahl verwendet werden.

Die nach dem Schleifen noch vorhandenen Riefen und Anlauffarben müssen durch anschließendes Polieren beseitigt werden.

Polieren

Eine Weiterbehandlung feinstgeschliffener Oberflächen zum Hochglanz oder Spiegelhochglanz ist das Polieren. Dazu werden Band- oder Winkelschleifmaschinen mit entsprechenden Poliermitteln verwendet.

Als Poliermittel werden u.a. verwendet:

- Chromoxid (Chromgrün) oder
- Calcium-Magnesiumgemisch (Wiener Kalk).

Wiener Kalk wird in der Hauptsache zum Feinstpolieren verwendet.

Beim Polieren wird das Schleifgerät so lange kreuzweise über die Naht geführt, bis der Nahtübergang nicht mehr sichtbar ist, die Oberfläche riefenfrei ist und alle Anlauffarben beseitigt sind.

Abb. 1: Polieren mit einem Winkelpolierer

Arbeitsregeln

- Das Schleifgerät darf während der Oberflächenbearbeitung nicht zu stark auf das Werkstück gedrückt werden. Ein zu großer Anpressdruck bewirkt eine Erhöhung der Oberflächentemperatur und damit die Gefahr der Bildung von Anlauffarben.
- Bei der Grobbearbeitung (Schruppschleifen) darf eine hohe Bearbeitungsgeschwindigkeit verwendet werden. Die Feinbearbeitung (Feinschleifen/Polieren) muss bei niedriger Bearbeitungsgeschwindigkeit erfolgen.

Wenn eine mechanische Nachbehandlung nicht geeignet ist oder nicht ausreicht, dann müssen die Schweißnähte an Bauteilen aus nichtrostendem Stahl chemisch durch Beizen nachbehandelt werden.

Beim Beizen werden die Anlauffarben, die beim Schweißen oder Schleifen entstehen, durch säurehaltige Flüssigkeiten oder Pasten entfernt. Diese Mittel können durch ihre ätzende Wirkung erhebliche gesundheitliche Schäden verursachen. Da die säurehaltigen Beizen nicht biologisch abbaubar sind, entstehen außerdem sehr hohe Entsorgungskosten.

Durch die Verwendung von Bio-Beizen können die genannten Probleme beseitigt werden. Die Entfernung von Anlauffarben erfolgt hier durch den Einsatz von Bakterien, die für Mensch und Umwelt ungefährlich sind.

6.3.3 Lichtbogenhandschweißen

ARBEITSAUFTRAG

Die Träger des Vordaches werden durch das Fügen der vorbereiteten Winkelstähle fertiggestellt. Unter Berücksichtigung eines Schweißfolgeplans werden in der Werkstatt je zwei Winkelstähle miteinander verschweißt.

Für die Montage des Vordaches auf der Baustelle sind für die Wandanschlüsse der Träger vorgefertigte Gelenklaschen an die Fassade anzuschweißen. Die Befestigung der Gelenklaschen soll an Stahlelementen erfolgen, die Bestandteil der Gebäudefassade sind. Aus statischen Gründen dürfen keine Löcher in die Stahlelemente gebohrt werden.

ormieren

6.3.3.1 Schweißfolgeplan

Für umfangreiche Schweißarbeiten wird ein Schweißfolgeplan benötigt (Abb. 2). Er gibt vor, in welcher Reihenfolge die Schweißnähte hergestellt werden müssen. Bei Einhaltung der empfohlenen Schweißreihenfolge wird ein Verziehen des Bauteils in Folge der örtlichen Wärmeentwicklung verhindert oder zumindest reduziert.

Schweißfolgepläne können in Form von Tabellen, Skizzen oder Zeichnungen aufgestellt werden.

Die Schweißfolge zur Herstellung der Träger wird durch eine Zeichnung vorgegeben. Die Zahlen 1 bis 17 geben an, in welcher Reihenfolge geschweißt werden muss.

Fertigen

6.3.3.2 Schweißen der Träger

Da der Abstand zwischen den Winkelprofilen nur 40 mm beträgt, können die Kehlnähte nicht durch MAG-Schweißen hergestellt werden. Durch die konstruktiven Merkmale des MAG-Schweißbrenners können nicht alle Nahtbereiche zwischen den Trägerhälften erreicht werden.

Aus diesem Grund muss das Zusammenschweißen der Trägerhälften durch das Lichtbogenhandschweißen erfolgen. Bei diesem Schweißverfahren werden umhüllte Stabelektroden als Zusatzwerkstoff verwendet. Mit den langen und dünnen Stabelektroden können die zu schweißenden Nahtbereiche im engen Arbeitsraum zwischen den Winkelstählen besser erreicht werden (Abb. 3).

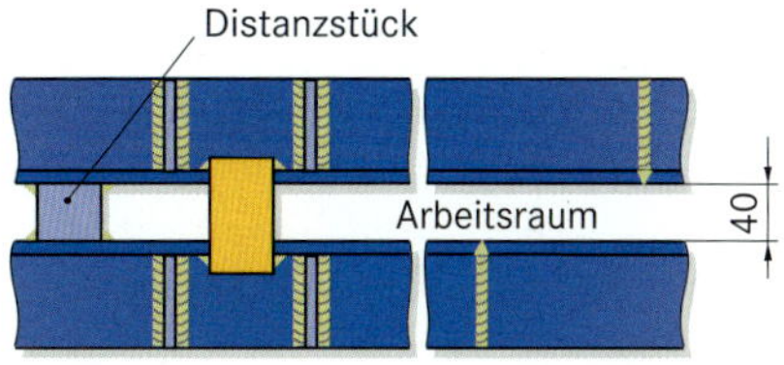

Abb. 3: Arbeitsraum zwischen den Winkelstählen

Zusatzwerkstoff

Beim Lichtbogenhandschweißen werden ausschließlich umhüllte Stabelektroden verwendet. Durch die Wärme des Lichtbogens schmilzt die Elektrode im Bereich der Schweißstelle ab. Gleichzeitig wird der Grundwerkstoff aufgeschmolzen. In dem entstehenden Schmelzbad vermischen sich Elektrodenbestandteile und der Grundwerkstoff miteinander.

Die Umhüllung der Elektrode hat folgende Aufgaben:

- Stabilisierung des Lichtbogens,
- Schutz des Schweißbades vor Oxidation,
- Einbringung von Legierungselementen in die Schweißnaht und
- Schlackebildung.

Elektrodenbezeichnung

Dem Schweißsymbol des Schweißfolgeplanes kann die Elektrodenbezeichnung entnommen werden. Demnach sollen die Trägerhälften unter Verwendung einer Stabelektrode mit der Bezeichnung A-E 38 2 RB zusammengeschweißt werden.

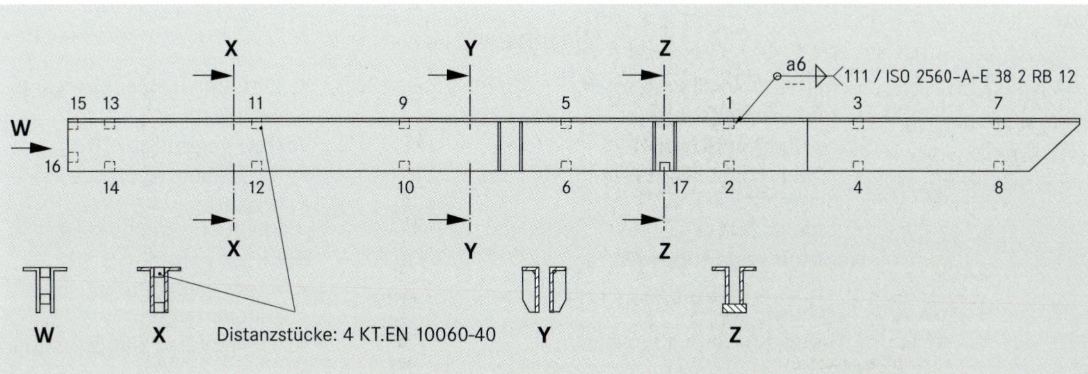

Abb. 2: Schweißfolgeplan zur Herstellung der Träger

Wegen der besseren Schweißeigenschaften werden beim Lichtbogenhandschweißen ausschließlich umhüllte Stabelektroden verwendet.

Umhüllte Stabelektroden von unlegierten Stählen und Feinkornstählen sind nach **DIN EN ISO 2560** genormt ( ).

Schweißgut EN ISO 2560-**A**-**E 382 RB12**

A E 38 2 RB 1 2

- A – Bezeichnung nach Streckgrenze
- E – Lichtbogenhandschweißen
- 38 – Festigkeit und Bruchdehnung ($R_{el}/R_{p0,2}$ = 380 N/mm²)
- 2 – Kerbschlagarbeit (47 J bei -20 °C)
- RB – Umhüllung (Tab. 1) (rutilbasisch-umhüllt)
- 1 – Ausbringung (≤ 105 %) Stromart (Wechsel- und Gleichstrom)
- 2 – Arbeitsposition (alle außer Fallposition (PG))

Tab. 1: Umhüllungstypen von Stabelektroden

Grundtypen			
Umhüllungstyp	**Eigenschaften**	**Umhüllungstyp**	**Eigenschaften**
sauer (A)	• feiner Tropfenübergang • tiefer Einbrand • feinschuppige Naht • schlechtes Zündverhalten • viele Spritzer • Schlacke leicht entfernbar • für glatte Nahtoberflächen • nicht für Fallnaht geeignet	basisch (B)	• grober Tropfenübergang • mitteltiefer Einbrand • mittelschuppige Naht • Schlacke gut entfernbar • hohe Zähigkeit des Schweißgutes (auch bei niedrigen Temperaturen) • für große Wanddicken und große Nahtquerschnitte
Rutil (R)[1]	• mittlerer bis feiner Tropfenübergang • gute Spaltüberbrückbarkeit • mitteltiefer Einbrand • feine bis mittelschuppige Naht • gutes Zündverhalten • Schlacke gut entfernbar • wenige Spritzer • sehr gutes Nahtaussehen	Cellulose (C)	• mittlerer bis grober Tropfenübergang • sehr gute Spaltüberbrückbarkeit • tiefer Einbrand • grobschuppige Naht • wenig und leicht entfernbare Schlacke • viele Spritzer • speziell für Fallnaht geeignet
Mischtypen			
rutilbasische (RB)	• mittlerer Tropfenübergang • mittelschuppige Naht **Vorteil gegenüber (R)** • höhere Zähigkeit des Schweißgutes • tieferer Einbrand **Nachteil gegenüber (R)** • etwas schlechteres Zündverhalten • schlechteres Nahtaussehen	Rutilcellulose (RC)	• mittlerer Tropfenübergang • mittelschuppige Naht **Vorteil gegenüber (R)** • für Fallnaht geeignet • bessere Spaltüberbrückbarkeit **Nachteil gegenüber (R)** • etwas schlechteres Zündverhalten • schlechteres Nahtaussehen

[1] Rutil: Titandioxid TiO_2

Die Umhüllung der Stabelektrode wird unter Berücksichtigung der Schweißaufgabe, des Schweißverhaltens und der gewünschten Nahteigenschaften gewählt. Bezüglich der Umhüllung wird zwischen Grund- und Mischtypen unterschieden.

Zum Schweißen der Trägerhälften wird eine Stabelektrode mit der Bezeichnung A-E 38 2 RB 12 empfohlen. Die Umhüllung RB ist ein Mischtyp (Tab. 1).

Elektroden sind trocken bei mindestens 18°C zu lagern. Bei nass gewordenen Elektroden bröckelt die Umhüllung vom Kerndraht ab. Diese Elektroden müssen dann fachgerecht entsorgt werden.

Basische Elektrodenumhüllungen ziehen aus der Umgebungsluft Feuchtigkeit an. Unter Beachtung der Rücktrocknungsvorschriften des Herstellers müssen diese Elektroden vor dem Schweißen in speziellen Öfen rückgetrocknet werden.

Ein weiterer Bestandteil der Elektrodenbezeichnung ist die Ausbringung. Durch die Ausbringung wird angegeben, welches Schweißnahtvolumen durch das Abschmelzen der Stabelektrode entsteht. Die Angabe erfolgt in Prozent. Dabei ist die Bezugsgröße das Volumen des Kerndrahtes.

Die Stabelektrode, die zum Anschweißen der Gelenklaschen verwendet werden soll, hat eine Ausbringung von ≤ 105 %. Daraus ergibt sich, dass das Schweißnahtvolumen um maximal 5 % größer ist als das Volumen des Kerndrahtes der Elektrode (Abb. 1).

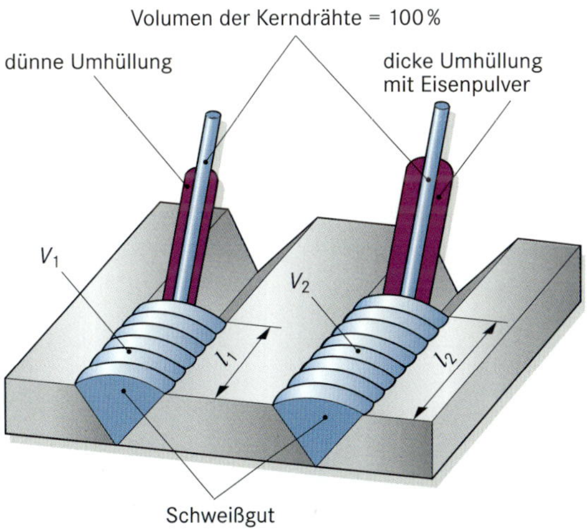

Abb. 1: Ausbringung von Stabelektroden

Beim Schweißen mit einer Stabelektrode, die für die Ausbringung und die Stromart die Kennziffer 7 hat, entsteht ein Schweißnahtvolumen, das mehr als 60 % größer ist als das Volumen des Kerndrahtes. Die Ausbringung von mehr als 160 % wird durch die Zugabe von Eisenpulver in der Elektrodenumhüllung erreicht ( ).

Das Zusammenschweißen der Trägerhälften erfolgt in der Werkstatt mit derselben Schweißanlage, die beim Schutzgas-Schweißen verwendet wurde.

Fertigen

6.3.3.3 Anschweißen der Gelenklaschen

Die Gelenklaschen werden nach Zeichnung durch Kehlnähte an die Stahlelemente der Gebäudefassade geschweißt (Abb. 2).

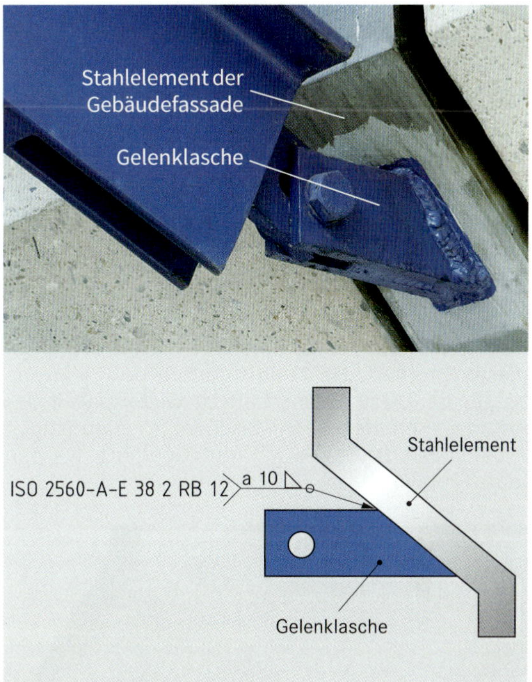

Abb. 2: Gelenklaschen-Anschluss

Das Anschweißen der Gelenklaschen erfolgt auf der Baustelle. Dafür wird eine Schweißanlage verwendet, die kleiner und flexibler einsetzbar ist als die Anlage, die zum Schutzgasschweißen verwendet wurde.

Das Lichtbogenhandschweißen zeichnet sich nicht nur durch einen geringen gerätetechnischen Aufwand aus. Dieses Verfahren ist auch gegenüber Windeinflüssen unempfindlicher als das Schutzgasschweißen.

Beim Schutzgasschweißen besteht bereits bei geringen Windgeschwindigkeiten die Gefahr, dass das zum Schweißen notwendige Schutzgas verweht wird.

Zum Anschweißen der Gelenklaschen wird eine Stabelektrode mit der Bezeichnung A-E 38 2 RB 12 empfohlen. An der Kennziffer 1 ist erkennbar, dass die Elektrode mit Gleich- und Wechselstrom verwendet werden darf.

Für das Schweißen der 10 mm dicken Kehlnähte gilt:

Elektrodenabmessung: d = 4,0 mm
l = 450 mm
Gleichstrom: I = 180 A

In der Praxis kann für die Berechnung der Schweißstromstärke folgende Faustformel verwendet werden:

$I \approx 30 - 40\ \text{A/mm} \cdot d$

$I \approx 30 - 40\ \text{A/mm} \cdot 4{,}0\ \text{mm}$

$I \approx 120 - 160\ \text{A}$

d: Kerndrahtdurchmesser in mm
I: Schweißstrom in Ampere

Das Schweißen erfolgt mit Gleichstrom, weil bei dieser Stromart das Zündverhalten der Elektrode besser ist. Diese Eigenschaft ist wichtig, weil das Anschweißen der Gelenklaschen in ungünstigen Arbeitspositionen (➜📖) durchgeführt werden muss (Abb. 1).

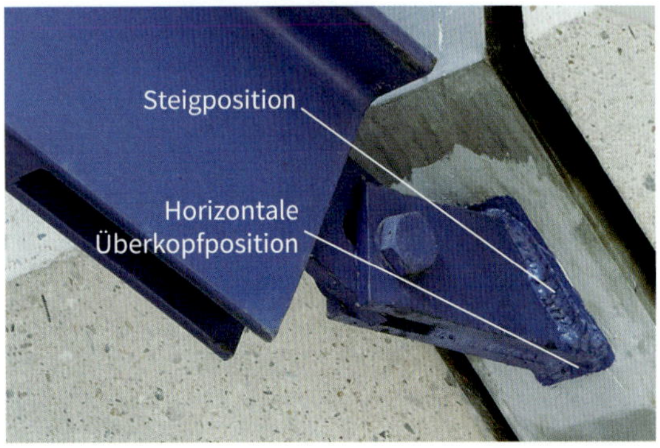

Abb. 1: Ungünstige Arbeitspositionen beim Anschweißen der Gelenklasche

Ein schlechtes Zündverhalten der Elektrode würde das Schweißen in der Steig- (PF) und Überkopfposition (PD) für den Schweißer zusätzlich erschweren.

Die Information, für welche Arbeitspositionen eine Elektrode geeignet ist, kann der Elektrodenbezeichnung entnommen werden. Die Elektrode A-E 38 2 RB 12 darf für alle Positionen außer der Fallposition verwendet werden.

6.3.4 Richten der Stahlträger

Trotz Schweißfolgeplan haben sich die Träger durch das Schweißen leicht verzogen und müssen gerichtet werden. Das Richten der Träger kann durch Kalt- oder Flammrichten erfolgen.

Kaltrichten

Das Kaltrichten der Träger erfolgt maschinell an einer Richtpresse (Abb. 2).

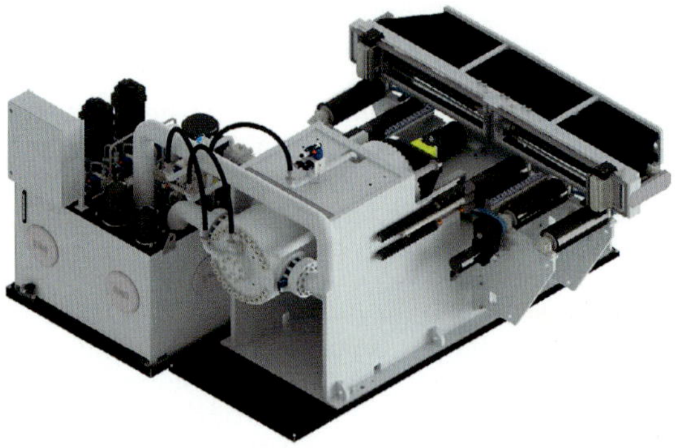

Abb. 2: Richtpresse

Der zu richtende Träger wird an zwei Widerlager gelegt. Ein Stempel wird hydraulisch gegen den verzogenen Träger gedrückt.

Beim Kaltrichten werden durch eine äußere Krafteinwirkung Werkstückzonen gestreckt oder gestaucht (Abb. 3).

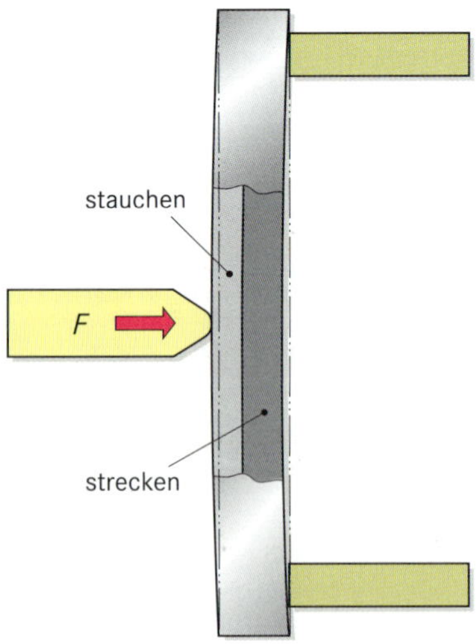

Abb. 3: Prinzip des Kaltrichtens

Das Richten erfolgt je nach Verzug in mehreren Einzelschritten.

Flammrichten

Die Träger können auch durch eine örtliche Erwärmung der verzogenen Werkstückbereiche gerichtet werden. Zum Erwärmen des Werkstückes wird ein Einflammenbrenner wie beim Gasschmelzschweißen verwendet. Brennergröße und Brennerart sind von der Werkstückdicke abhängig (Tab. 1).

Tab. 1: Brennerart in Abhängigkeit von der Werkstückdicke

Brennerart	Brennereinsatz	Werkstückdicke
Einflammenbrenner	2 4 6	<15 mm
	8 10	< 40 mm
Mehrflammenbrenner	9 11	30 - 100 mm
Sonderbrenner		> 60 mm

Richten mit Wärmekeilen

Bei dieser Richtmethode werden an den verzogenen Bereichen des Trägers mit einer Brennerflamme Wärmekeile erzeugt (Abb. 4).

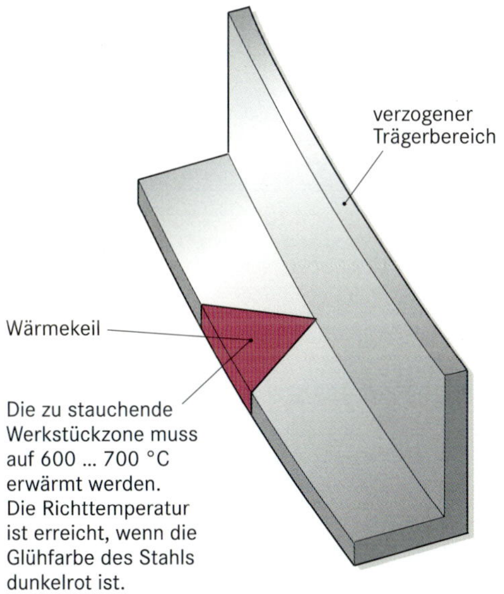

Abb. 4: Erzeugung eines Wärmekeils

Ein Wärmekeil muss schnell und scharf umgrenzt erzeugt werden. Dadurch dehnt sich der Werkstoff nur in diesem Bereich aus, was zunächst zu einer Zunahme des Verzugs führt. Am angrenzenden kalten Werkstoffbereich wird eine weitere Ausdehnung behindert. Dadurch kommt es zu einer Stauchung des erwärmten Werkstoffs (Abb. 5).

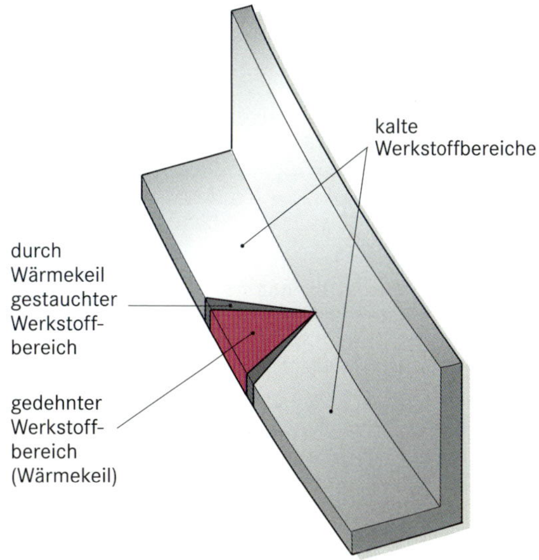

Abb. 5: Stauchung des Werkstoffes

Beim Abkühlen schrumpft der zuvor erwärmte Werkstoffbereich wieder. Die erzeugte Stauchung bleibt dabei jedoch erhalten, wodurch die Richtwirkung erzielt wird (Abb. 5).

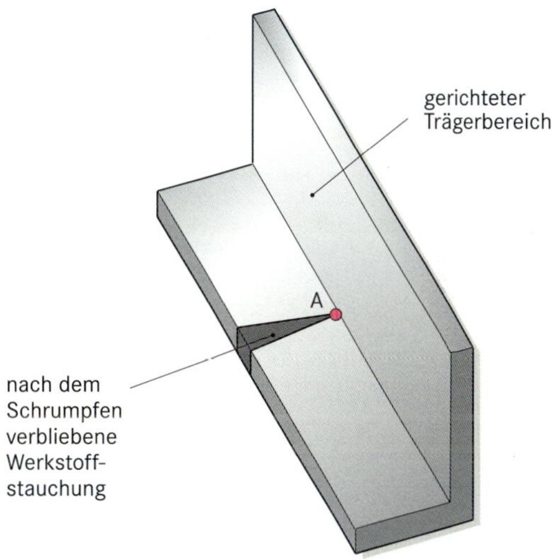

Abb. 6: Nach Schrumpfung gerichteter Trägerbereich

Arbeitshinweise für das Flammrichten:

- Schnell und gezielt erwärmen.
- Acetylen-Sauerstoffflamme mit Sauerstoffüberschuss verwenden.
- Wärmekeil von der Spitze aus erzeugen (Abb. 6).
- Erstreckt sich der Verzug über einen längeren Bereich, dann sind mehrere Wärmekeile nebeneinander zu erzeugen.
- Richtwirkung erst bei Raumtemperatur ermitteln.

Informieren

6.3.5 Arbeitssicherheit

Beim Schweißen besteht erhöhtes Verletzungsrisiko. Dabei ist die Gefahr von Augenverletzungen besonders zu berücksichtigen. Durch die Verwendung geeigneter Schutzeinrichtungen kann das Verletzungsrisiko verringert oder ganz beseitigt werden.

Augenschutzgeräte

In der Praxis werden als Augenschutz immer häufiger Schweißerschutzhelme verwendet, bei denen sich das Schutzglas mit dem Zünden des Lichtbogens automatisch abdunkelt (Abb. 1). In Abhängigkeit von der Schweißstromstärke und der daraus resultierenden Lichtbogenhelligkeit wird an Automatikhelmen die Schutzstufe eingestellt, auf die abgedunkelt werden soll. Bei normalen Schweißerhelmen müssen die Schutzgläser dem Schweißverfahren entsprechend ausgewählt und eingesetzt werden (Tab. 1).

Schutzstufe

Die Strahlendurchlässigkeit der Schutzgläser wird durch Schutzstufen angegeben. Dabei gilt, je höher die Schutzstufennummer, desto geringer ist die Durchlässigkeit für optische Strahlung. Schutzgläser für Schweißarbeiten sind in der **DIN EN 169** genormt.

Abb. 1: Augenschutzgeräte

Tab. 1: Schutzstufen für Schutzgläser zum Lichtbogenschweißen

Stromstärke in Ampere: 1,5 | 6 | 10 | 15 | 30 | 40 | 60 | 70 | 100 | 125 | 150 | 175 | 200 | 225 | 250 | 300 | 350 | 400 | 450 | 500 | 600

Verfahren	Schutzstufen (mit steigender Stromstärke)
Umhüllte Elektroden	8, 9, 10, 11 (bei 175 A), 12, 13, 14
MAG	8, 9, 10, 11, 12, 13, 14
WIG	8, 9, 10, 11, 12, 13
MIG bei Schwermetallen	9, 10, 11, 12, 13, 14
MIG bei Leichtmetallen	10, 11, 12, 13, 14
Plasmaschmelzschneiden	9, 10, 11, 12, 13

Anmerkung: Die Bezeichnung „Schwermetalle" bezieht sich auf Stähle, legierte Stähle, Kupfer und seine Legierungen usw.

Ablesebeispiel:

Beim Lichtbogenhandschweißen mit einer Stromstärke von 175 A ist ein Schutzglas mit der Schutzstufe 11 zu verwenden.

Betriebsanweisung

Zur Verhinderung von Schweißunfällen wurde für den Betrieb eine Betriebsanweisung für das Lichtbogenhandschweißen und das Schutzgasschweißen erarbeitet.

In dieser Betriebsanweisung wird der Schweißer in kurzer und verständlicher Form über die möglichen Unfallgefahren durch das Schweißen informiert. Jeder Mitarbeiter, der im Betrieb zum ersten Mal mit Schweißarbeiten beauftragt wird, muss über den Inhalt der Betriebanweisung belehrt werden. Die Belehrung ist jedes Jahr mindestens einmal zu wiederholen und durch eine Unterschrift des Mitarbeiters zu bestätigen.

(Firmenname)	BETRIEBSANWEISUNG Nr.:
Anwendungsbereich	
Arbeitsbereich: Profilbearbeitung	**Arbeitsplatz:** geschlossene Werkhalle **Tätigkeit:** Lichtbogenhandschweißen Schutzgasschweißen

Gefahren für den Menschen

1. Licht- und Wärmestrahlen
2. Verbrennungen
3. Gase und Dämpfe
4. Elektrischer Strom
5. Schlackenspritzer

Schutzmaßnahmen und Verhaltensregeln

zu 1.
- Verwendung von **Augenschutzgeräten** mit genormten Schutzgläsern.
- Schutzgläser müssen dem Schweißverfahren angepasst sein.
- Schutz unbeteiligter Mitarbeiter durch Abschirmung des Schweißplatzes mit Stellwänden.

zu 2.
- Eng anliegende Kleidung und flammsicheren Arbeitsanzug tragen.
- Kleidung nicht mit reinem Sauerstoff ausblasen.
- Festes Schuhwerk tragen.
- Lederhandschuhe tragen.

zu 3.
- Auf ausreichende Be- und Entlüftung achten.
- Bei starker Gasentwicklung mobile Absaugeinrichtung verwenden.

zu 4.
- Isolierungen des Elektrodenhalters und der Schweißleitungen müssen unbeschädigt sein.
- Unbeschädigte und trockene Lederhandschuhe mit Stulpen tragen.
- Arbeitsschuhe mit unbeschädigten Gummi- oder Kunststoffsohlen tragen.

zu 5.
- Abschließende Schutzbrille mit genormten bruchsicheren Gläsern tragen.

Verhalten bei Störungen

- Defekte Schweißgeräte vom Netz nehmen.
- Störungen dem Vorgesetzten melden.

Verhalten bei Unfällen, Erste Hilfe

Notruf: Intern: /Extern: **112**

- Bei ersten Anzeichen gesundheitlicher Beeinträchtigung (Schwindel, Übelkeit, Atemnot) Arbeiten sofort einstellen.
- Nächsten Mitarbeiter oder Vorgesetzten informieren.
- Arzt aufsuchen.
- Beginnende Kleidungsbrände mit Handschuhen ersticken.

Instandhaltung

- Defekte Schweißgeräte vom Herstellerservice überprüfen bzw. reparieren lassen.

Folgen der Nichtbeachtung

- **Gesundheitliche Schäden**
- **Arbeitsrechtliche Folgen**

Datum: 12. Oktober 2018	**Unterschrift:**

Informieren

6.3.6 Bewerten von Schweißnähten

Nach dem Schweißen müssen die Schweißnähte der Träger und des Pylons auf Fehler untersucht werden. Dabei werden die Ist-Zustände der Schweißnähte mit den durch den Auftrag vorgegebenen Soll-Zuständen verglichen. Zur Bewertung der Schweißnahtzustände müssen alle Nähte auf mögliche Unregelmäßigkeiten untersucht werden. Unregelmäßigkeiten an der Schweißnaht sind:

- Abweichungen von der vorgegebenen Nahtgeometrie und
- Schweißnahtfehler.

6.3.6.1 Fehlerarten

Schweißnahtfehler können durch unzureichende handwerkliche Fähigkeiten des Schweißers und unerwünschte physikalische oder chemische Reaktionen der Grund- und Zusatzwerkstoffe entstehen. In der folgenden Übersicht (Tab.1) ist eine Auswahl von häufig auftretenden Schweißnahtfehlern und deren Ursachen zusammengefasst.

Tab. 1: Schweißnahtfehler

Bindefehler	**Poren**	**feste Einschlüsse**	**Risse**
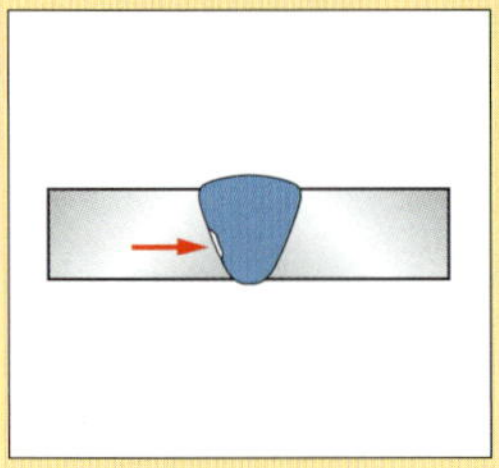	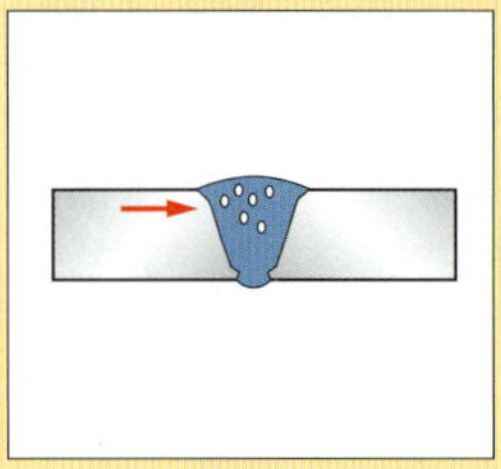	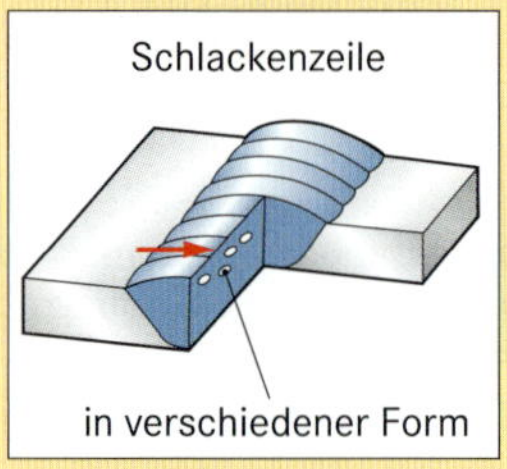	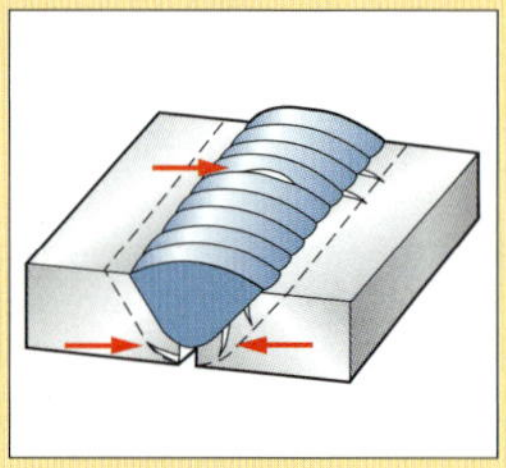
• zu hohe oder zu geringe Schweißgeschwindigkeit • falsche Brenner- oder Elektrodenstellung	• zu viel Feuchtigkeit im Schweißgut • ungenügende Schutzgasversorgung • Verunreinigungen auf der Werkstückoberfläche	• zu hohe Schweißgeschwindigkeit • zu geringe Schweißstromstärke • Verunreinigungen auf der Werkstückoberfläche	• ungeeigneter Werkstoff • zu schnelle Abkühlung der Schweißnaht
Einbrandkerben	**Nahtdickenabweichung**	**Wurzelfehler**	**offener Endkrater**
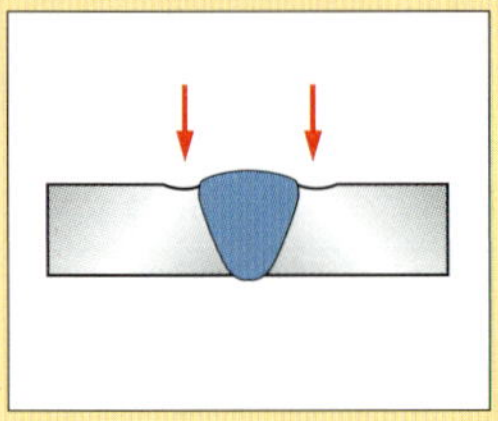 • zu große Stromstärke • zu geringe Schweißgeschwindigkeit • falsche Brenner- oder Elektrodenstellung • zu wenig gependelt	• **Nahtdickenüberhöhung** 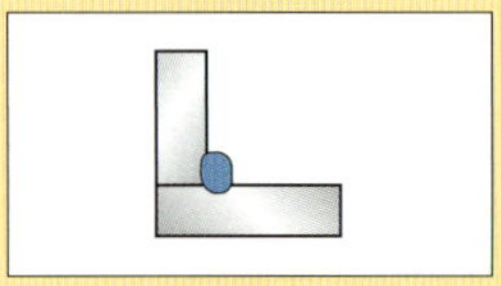 • zu geringe Schweißstromstärke • **Nahtdickenunterschreitung** 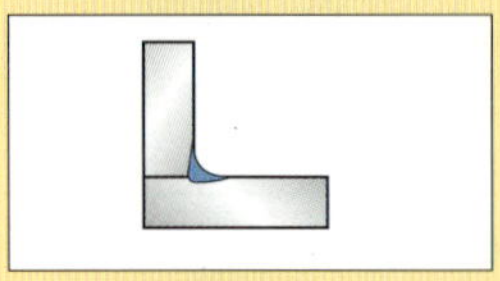 • zu hohe Schweißgeschwindigkeit	• **Wurzelüberhöhung** 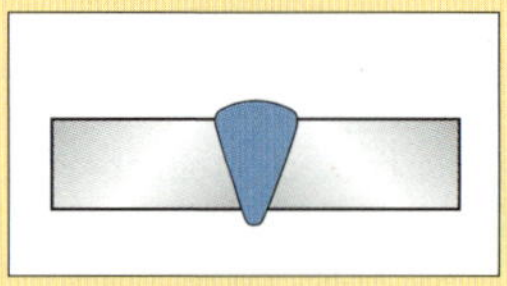 • zu geringe Schweißstromstärke • falsche Brenner- oder Elektrodenstellung • **Wurzelrückfall** 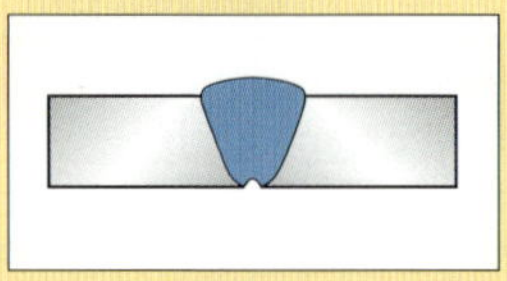 • zu großer Wurzelsteg	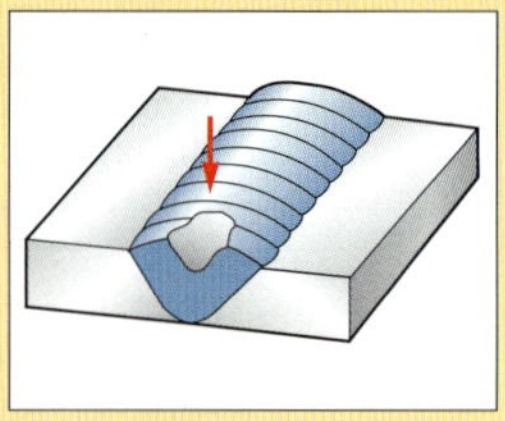 • Elektrode zu schnell entfernt

Prüfen

6.3.6.2 Sichtprüfung

Nach dem Schweißen werden alle Schweißnähte der Träger und des Pylons einer Sichtprüfung unterzogen. Dadurch können jedoch nur Abweichungen von der Nahtgeometrie und Fehler an der Nahtoberfläche, wie Poren und große Risse, erkannt werden.

Die Nahtüberhöhungen oder Nahtunterschreitungen an den Doppel-V-Nähten der Träger und den V-Nähten des Pylons sowie die Nahtdicke *a* der Kehlnähte können mit Schweißnahtlehren überprüft werden (Abb. 1).

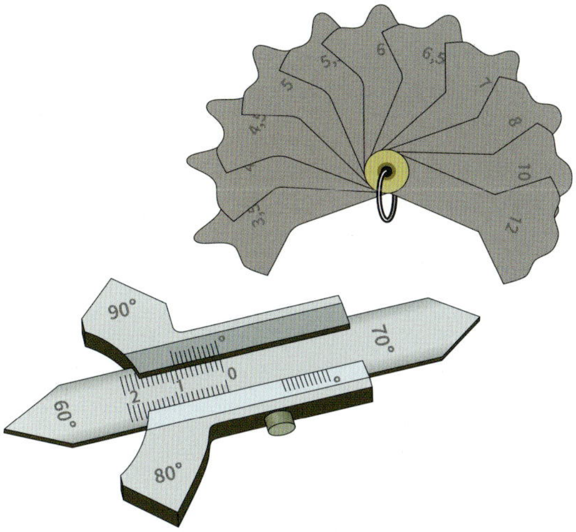

Abb. 1: Schweißnahtlehren

Eine Bewertung der Schweißnähte kann anhand der einschlägigen Vorschriften vorgenommen werden.

Da die Kehlnähte an den Trägern während des späteren Gebrauchs keiner besonderen Belastung unterliegen, ist die Sichtprüfung ausreichend.

6.3.6.3 Zerstörungsfreie Werkstoffprüfung

Die hochbelasteten Doppel-V-Nähte der Träger und die V-Nähte des Pylons sind zusätzlich auf nicht sichtbare äußere und innere Fehler zu untersuchen. Dazu stehen folgende zerstörungsfreie Werkstoffprüfverfahren zur Verfügung:

- Farbeindringverfahren,
- Magnetpulverprüfung,
- Durchstrahlungsprüfung und
- Ultraschallprüfung.

Werden bei der Prüfung Schweißnahtfehler entdeckt, dann ist unter Berücksichtigung der Bewertungskriterien zu überprüfen, ob eine Nacharbeit der Schweißnaht möglich ist. Sollte der Fehler durch Nacharbeit nicht beseitigt werden können, muss die Naht vollständig entfernt und erneut geschweißt werden.

Farbeindringverfahren

In den V-Nähten des Pylons können nicht sichtbare, zur Oberfläche hin offene Fehler, wie z. B. Haarrisse und Poren sein. Der nichtrostende Stahl, aus dem der Pylon gefertigt wurde, ist nicht magnetisierbar. Diese Fehler können daher durch das Farbeindringverfahren sichtbar gemacht werden.

Bei der Prüfung der V-Nähte durch das Farbeindringverfahren sind folgende Arbeitsschritte notwendig:

- Reinigen der Schweißnaht. Die Oberfläche muss fettfrei, schmutzfrei und trocken sein.

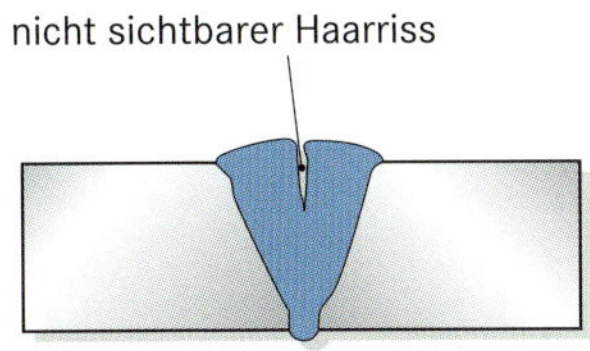

- Schweißnaht mit einer farbigen Prüfflüssigkeit besprühen oder bestreichen,

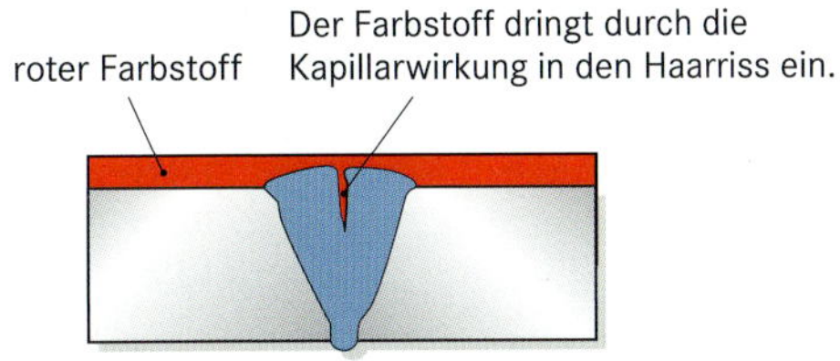

- überflüssigen Farbstoff von der Oberfläche entfernen,

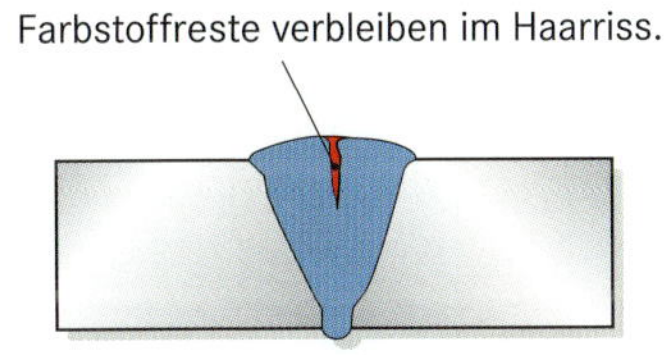

- Auftragen einer weißen saugfähigen Schlämmkreideschicht.

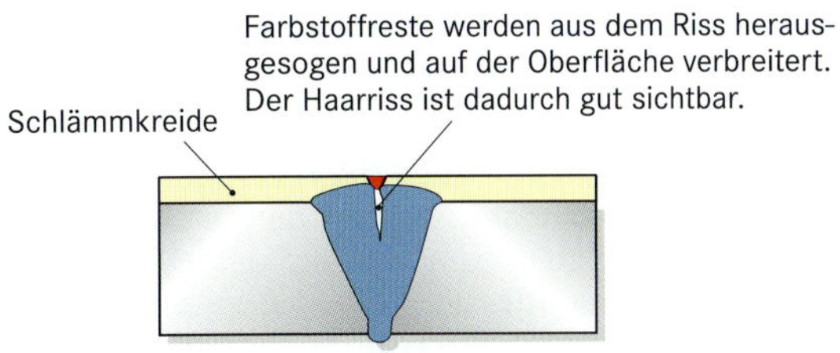

- Nach der Prüfung sind durch eine gründliche Reinigung alle Farbstoffreste vom Bauteil zu entfernen. Verbleibende Farbstoffreste führen zur Korrosion.

Vorteile des Verfahrens:

- kostengünstig,
- problemlos in der Werkstatt und auf der Baustelle anwendbar,
- keine besondere Schulung des Prüfers notwendig und
- einfache Dokumentation der Fehler durch Foto.

Nachteil des Verfahrens:

- es lassen sich nur zur Oberfläche hin offene Fehler nachweisen,
- mögliche Korrosion durch Farbrückstände und
- Prüfflüssigkeit ist gefährlich für Gesundheit und Umwelt.

Magnetpulverprüfung

Mit der Magnetpulverprüfung können zur Oberfläche hin offene Fehler an den Doppel-V-Nähten der Träger festgestellt werden. Damit dieses Verfahren angewendet werden kann, muss das zu prüfende Werkstück magnetisierbar sein. Diese Voraussetzung ist beim Trägerwerkstoff erfüllt.

Bei der Magnetpulverprüfung wird im Bereich der Schweißnaht durch Dauer- oder Elektromagneten ein Magnetfeld erzeugt. Dadurch wird das Werkstück gleichmäßig mit Magnetfeldlinien durchströmt (Abb. 1).

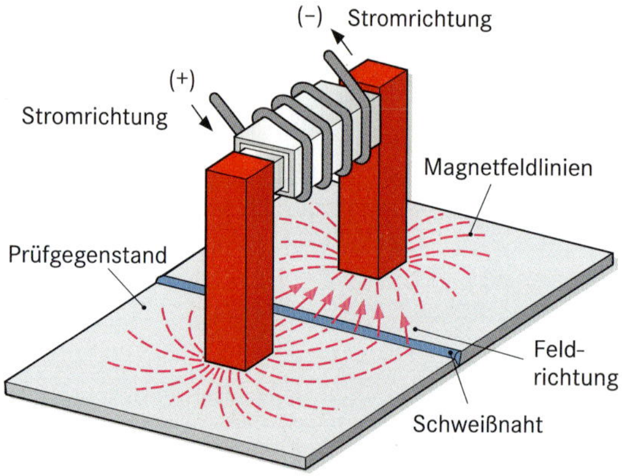

Abb. 1: Prinzip der Magnetpulverprüfung

Treffen die Feldlinien auf Fehler, die quer zu den Feldlinien liegen, dann werden die Feldlinien abgelenkt und treten zum Teil an der Oberfläche aus. Dieser Streufluss wird durch Eisenpulver, das auf die Werkstückoberfläche aufgetragen wurde, sichtbar gemacht (Abb. 2). Es sammelt sich an der Fehlstelle an, weil es durch den magnetischen Effekt angezogen wird. Risse, die parallel zu den Feldlinien verlaufen, erzeugen kein Streufeld und können somit nicht nachgewiesen werden.

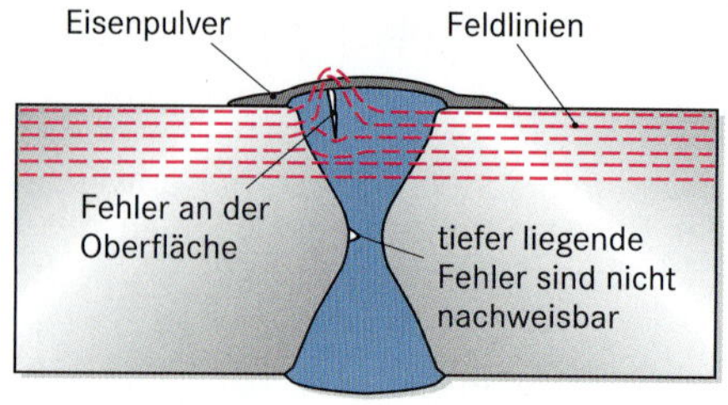

Abb. 2: Magnetischer Streufluss an fehlerhafter Schweißnaht

Vorteile des Verfahrens:

- auf Grund des geringen Prüfaufwands kostengünstig und
- keine besondere Schulung des Prüfers notwendig.

Nachteile des Verfahrens:

- es sind nur magnetische Werkstoffe prüfbar und
- bei schwierigen Bauformen sind Fehler schwer erkennbar.

Ultraschallprüfung

Mit der Ultraschallprüfung kann die Lage von innen liegenden Schweißnahtfehlern bestimmt werden. Bei diesem Verfahren werden Ultraschallwellen in das Werkstück eingeleitet. Diese hochfrequenten Schallwellen versetzen die Stoffteilchen des Werkstücks in Schwingungen. Die Schwingungen werden durch die Stoffteilchen weitergeleitet, bis sie an der Werkstückrückseite oder an Fehlstellen reflektiert werden (Abb. 3).

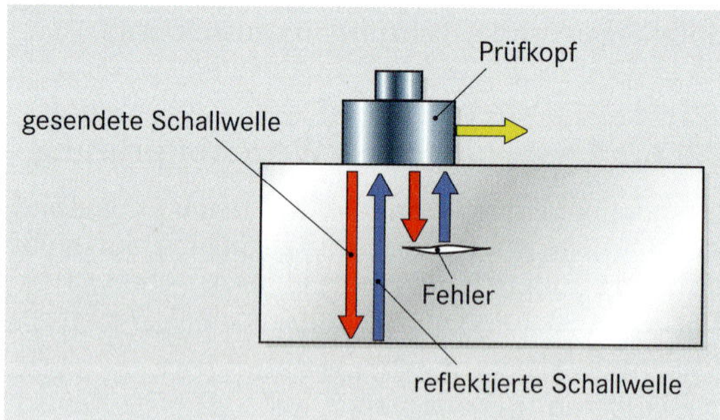

Abb. 3: Verlauf von Ultraschallwellen im Werkstück

Zum Prüfen der V-Nähte werden Winkelprüfköpfe verwendet. Diese senden die Ultraschallwellen unter einem bestimmten Winkel in das Werkstück und empfangen die reflektierten Schallwellen wenig später wieder. Die Laufzeit, die eine Schallwelle vom Senden bis zum Empfang benötigt, wird vom Prüfgerät gemessen und auf einem Bildschirm angezeigt (Abb. 4).

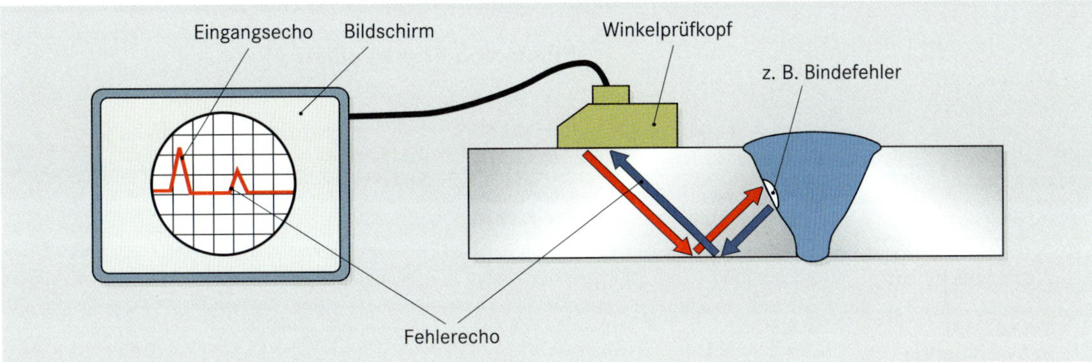

Abb. 4: Prüfung einer Schweißnaht mit einem Winkelprüfkopf

Das Eingangsecho entsteht an der Grenzfläche zwischen Prüfkopf und Werkstückoberfläche. Treffen die Schallwellen auf einen Fehler, wird dieser als Fehlerecho auf dem Bildschirm angezeigt.

Vorteile des Verfahrens:

- Lage und Tiefe der Fehler ist sehr genau bestimmbar und
- es kann auch zur Wanddickenbestimmung von z. B. Behältern und Rohren verwendet werden.

Nachteile des Verfahrens:

- Prüfung kann nur durch geschultes Personal durchgeführt werden,
- Bestimmung der Fehlerart ist sehr schwierig und
- Fehler, die parallel zur Durchdringungsrichtung der Ultraschallwellen liegen, werden nicht erkannt.

Durchstrahlungsprüfung

Bei der Durchstrahlungsprüfung werden zur Fehlersuche Röntgen- oder Gammastrahlen verwendet. Diese Strahlen haben die Fähigkeit, feste Stoffe zu durchdringen und Filmmaterial zu belichten (Abb. 5).

Beim Durchdringen der zu prüfenden Schweißnaht werden die Strahlen unterschiedlich geschwächt. Dadurch wird das Filmmaterial mehr oder weniger stark belichtet. Fehler innerhalb der Schweißnaht wie Risse, Bindefehler oder feste Einschlüsse erscheinen auf dem Röntgenfilm als dunkle Flecken.

Strahlenschutz

Röntgen- und Gammastrahlen können erhebliche gesundheitliche Schäden verursachen. Daher dürfen Durchstrahlungsgeräte nur in strahlengeschützten Räumen oder in abgesperrten Bereichen durch berechtigtes Fachpersonal betrieben werden.

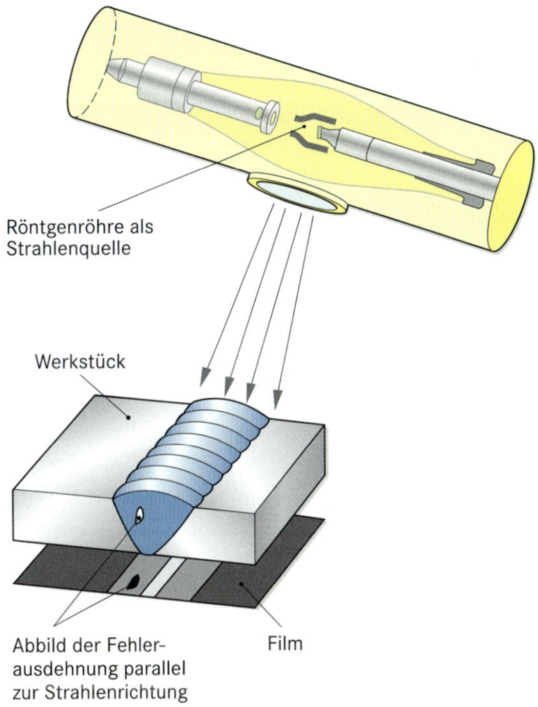

Abb. 5: Röntgenuntersuchung einer Schweißnaht

Vorteile des Verfahrens:

- Fehler können gut dokumentiert werden und
- Fehlerausdehnung gut feststellbar.

Nachteile des Verfahrens:

- Fehler wie feine Risse oder Fehler, die senkrecht zur Strahlenrichtung liegen, werden auf dem Filmmaterial u. U. nicht abgebildet,
- Fehlertiefe kann nicht ermittelt werden,
- Prüfung darf nur durch geschultes Personal durchgeführt werden und
- hoher Aufwand durch Einhaltung der Strahlenschutzbestimmungen.

Zusammenfassung

Fügen von Stahlprofilen

	Metall-Aktivgasschweißen MAG		Lichtbogenhandschweißen
	Schweißen von unlegierten Stählen	**Schweißen von legierten Stählen**	
Zusatzwerkstoff	Drahtelektrode	Drahtelektrode	umhüllte Stabelektrode
Schutz des Schweißbades	Mischgas mit hohem CO_2-Anteil	Mischgas mit niedrigem CO_2-Anteil	Elektrodenumhüllung
vorwiegende Verwendung	Herstellung von Bauteilen in der Werkstatt		Montage von Bauteilen auf der Baustelle

Prüfen von Schweißverbindungen

Sichtprüfung	Zerstörungsfreie Prüfverfahren	
	Farbeindringverfahren **Magnetpulverprüfung**	**Ultraschallprüfung** **Durchstrahlungsprüfung**
Anwendung für:	Anwendung für:	
Fehler an der Oberfläche	Fehler an der Oberfläche	innenliegende Fehler

Aufgaben

1. Ab welcher Werkstückdicke muss für das MAG-Schweißen eine Schweißnahtvorbereitung erfolgen?

2. Zwei Bauteile sollen durch eine V-Naht miteinander verbunden werden. Beschreiben Sie ein Verfahren zur Schweißnahtvorbereitung.

3. Vor dem Schweißen sind die zu fügenden Bauteile durch Heften zu fixieren. Begründen Sie, warum das Heften der Bauteile notwendig ist.

4. Zum MAG-Schweißen soll das Schutzgas ISO 14175 – M23 verwendet werden.
a) Wofür steht der Buchstabe M in der Schutzgasbezeichnung?
b) Aus welchen Komponenten setzt sich dieses Schutzgas zusammen?

5. Beim MAG-Schweißen kann der Brenner unterschiedlich gehalten werden.
a) Nennen Sie die verschiedenen Möglichkeiten der Brennerhaltung.
b) Was kann durch die Brennerhaltung beeinflusst werden?
c) Mit welcher Brennerhaltung werden die Füll- und Decklagen von V-Nähten geschweißt?

6. Beim Schweißen von Edelstahlrohren muss die Wurzelrückseite durch ein besonderes Schutzgas geschützt werden. Wie wird dieses Schutzgas bezeichnet?

7. Nach dem Schweißen von Edelstählen müssen die Schweißnähte nachbehandelt werden. Beschreiben Sie, wie die Nachbehandlung durch Schleifen und Polieren zu erfolgen hat.

8. Eine Kennziffer in der Bezeichnung von Stabelektroden informiert über die Ausbringung. Erklären Sie, was man darunter versteht.

9. Nach dem Schweißen müssen Profile sehr oft gerichtet werden. Dies kann durch Flammrichten erfolgen. Welche Werkstoffeigenschaft wird beim Flammrichten ausgenutzt?

10. Nennen Sie die Ursachen für die Entstehung von Poren in der Schweißnaht.

11. Eine Schweißnaht soll durch das Farbeindringverfahren geprüft werden. Beschreiben Sie die notwendigen Arbeitsschritte.

12. Welche Eigenschaft muss ein Werkstoff haben, damit er mit der Magnetpulverprüfung auf Fehler untersucht werden kann?

6.4 Korrosionsschutz

ARBEITSAUFTRAG

Die Stahlträger, die Aluminiumpfetten und der Pylon aus hochlegiertem, nichtrostendem Stahl des Vordaches sind auf ihr Korrosionsverhalten zu untersuchen. Es sind geeignete Korrosionsschutzmaßnahmen auszuwählen. Die Vorgaben des Auftraggebers zu den Kosten und der Farbgebung sind zu berücksichtigen.

Korrosion und Korrosionsarten

Der Begriff der Korrosion bezeichnet die Zerstörung metallischer Werkstoffe. Das bekannteste Beispiel für die Korrosion ist das Rosten von Stahl. Aber auch andere Metalle können korrodieren.

Korrosion an einem Metallbauteil

Durch Korrosion werden in Deutschland jährlich Kosten von circa 20 Milliarden Euro verursacht. Dabei sind durch Korrosion und deren Folgekosten alle Wirtschaftsbereiche betroffen.

Korrosionsvorgänge kann man grob in zwei Gruppen unterteilen:

- Bei der chemischen Korrosion reagieren die angreifenden Medien (z. B. Gase wie Sauerstoff, Schwefeldioxid und Chlorwasserstoff oder Flüssigkeiten wie Laugen und Säuren) direkt mit dem Metall und greifen dessen Oberfläche an. Hierbei bildet sich beispielsweise mit dem Sauerstoff der Luft ein *Metalloxid*.
- Bei der elektrochemischen Korrosion laufen die Korrosionsvorgänge zwischen verschiedenen Metallen und in einer elektrisch leitenden Flüssigkeit ab. Solche Flüssigkeiten werden als *Elektrolyt* bezeichnet. Wasser ist die bekannteste elektrisch leitende Flüssigkeit.

Die wichtigsten chemischen und elektrochemischen Korrosionsarten sind die Flächen-, die Lochfraß-, die Kontakt- und die Spaltkorrosion.

Korrosionsschutz

Durch geeignete Gegenmaßnahmen kann Korrosion verhindert oder gemindert werden.

Das Grundprinzip passiver Korrosionsschutzmaßnahmen besteht in der Trennung der Metalloberfläche von ihrer Umwelt, so dass entweder der Elektrolyt oder ein aggressives Medium nicht an die metallene Werkstoffoberfläche gelangen. Eine solche Trennung erfolgt meist durch Schutzschichten.

Beim aktiven Korrosionsschutz werden die Reaktionen, die während der Korrosion ablaufen, beeinflusst. Durch bestimmte Legierungsbestandteile sind einige hochlegierte Stähle korrosionsgehemmt oder sogar korrosionsbeständig. Halbzeuge aus solchen Werkstoffen sind jedoch sehr teuer und deren Einsatz ist oft unwirtschaftlich. Bei Angriff aggressiver Medien (z. B. Laugen oder Säuren) können auch nichtrostende Stähle korrodieren.

Die Auswahl von geeigneten Schutzmaßnahmen wird durch die unterschiedlichsten Bedingungen bestimmt. Es ist wichtig, die Ursachen von Korrosion, mögliche Korrosionsarten und Korrosionsschutzverfahren zu kennen. Nur so können geeignete Maßnahmen ergriffen werden, um die unterschiedlichsten Bauteile dauerhaft vor Korrosion zu schützen.

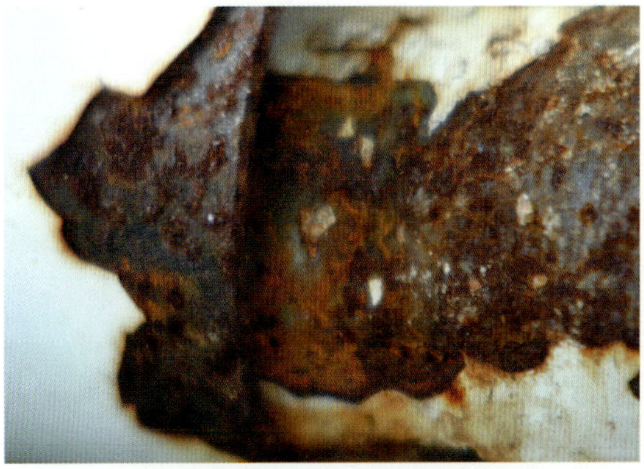

Korrosion durch defekten Korrosionsschutz

Informieren

6.4.1 Korrosionsschutz für Bauteile aus Stahl

Die Hauptträger der Vordachkonstruktion werden aus Winkelprofilen zusammengeschweißt. Halbzeuge und Bauteile aus Stahl sind besonders korrosionsanfällig. Deshalb müssen die Träger vor ihrem Einbau vor Korrosion geschützt werden.

6.4.1.1 Korrosionsverhalten der Stahlträger

Flächenkorrosion

Durch Luftbestandteile, Wasser und Wärme sind die Stahlprofile aggressiven Medien ausgesetzt. Ohne geeignete Schutzmaßnahmen würde die komplette Oberfläche des Stahls schon nach kurzer Zeit angegriffen.

Eine solche gleichmäßige Zerstörung der gesamten Oberfläche eines Bauteiles bezeichnet man als Flächenkorrosion (Abb. 1).

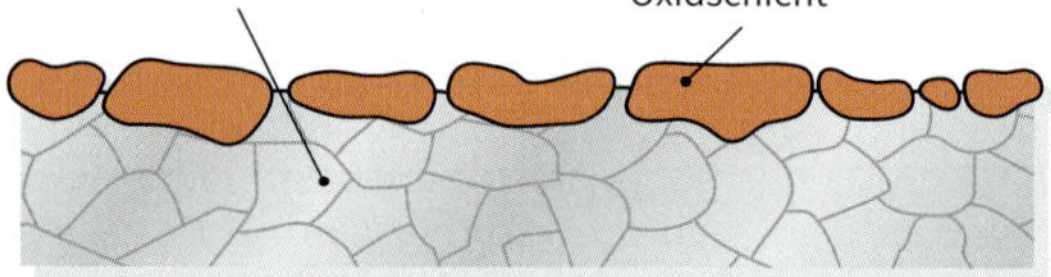

Abb. 1: Gleichmäßige Flächenkorrosion

Die Flächenkorrosion ist eine chemische Korrosionsart. Der Sauerstoff der Luft reagiert direkt mit dem Eisen im Stahl und bildet ein Oxid (Rost). Dieses Eisenoxid löst sich leicht ab. Die frei werdende Metalloberfläche korrodiert dann erneut.

Spaltkorrosion

Bei der Ausführung von Schweißverbindungen muss besonders sorgfältig gearbeitet werden, denn durch unsachgemäßes Schweißen können kleine Spalte entstehen. In diese Spalte eindringendes Wasser führt zu einer anderen Art der Korrosion, der Spaltkorrosion (Abb. 2). Die Spaltkorrosion ist eine elektrochemische Korrosionsart. Treibende Kraft ist der Konzentrationsunterschied zwischen Spalt und Außenspaltbereich des korrosiven Mediums.

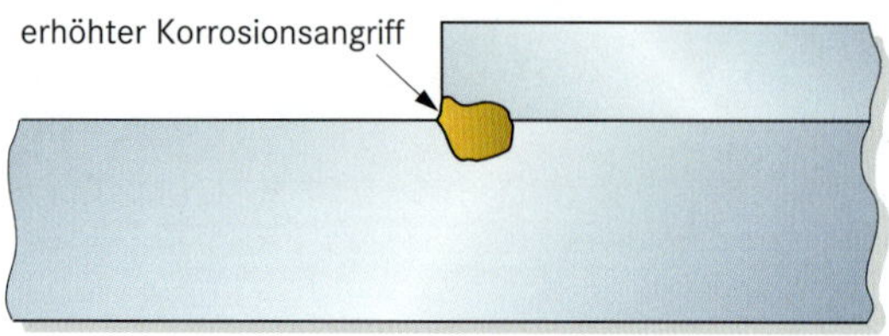

Abb. 2: Spaltkorrosion

6.4.1.2 Korrosionsschutz der Stahlträger

Fertigen

Diese beiden Korrosionsarten können auf einfache Weise vermieden werden. Durch ein Beschichten des Werkstückes wird der Luftsauerstoff oder ein Elektrolyt von der Metalloberfläche ferngehalten.

Um die Träger des Vordaches vor Korrosion zu schützen, werden sie beschichtet. Durch das Aufbringen einer Schutzschicht wird die Korrosion verhindert (Abb. 3).

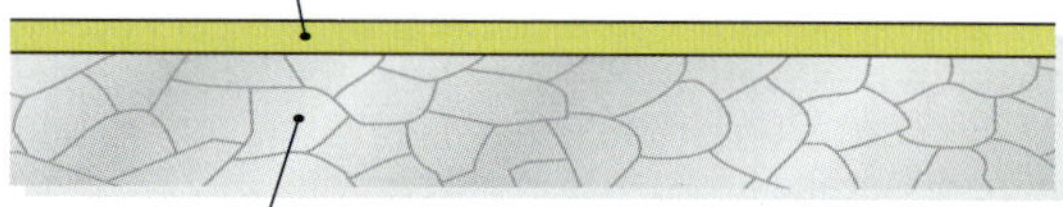

Abb. 3: Schutzschicht auf einer Metalloberfläche

Bei Korrosionsschutzschichten wird zwischen metallischen Überzügen und nichtmetallischen Beschichtungen unterschieden.

Für metallische Überzüge werden u. a. Chrom, Zink, Nickel, Kupfer, Zinn oder Kadmium verwendet.

Das Aufbringen metallischer Überzüge erfolgt durch

- Feuerverzinken: Die Schutzschicht wird durch das Eintauchen in eine Zinkschmelze aufgebracht.
- Galvanisches Verzinken: Die Bauteile werden durch Elektrolyse mit einer Zinkschicht versehen.
- Flammspritzen: Das Überzugsmaterial wird mit einer Flamme geschmolzen und z. B. mit Druckluft auf die Oberfläche verteilt.
- Kaltverzinken: Aus einer Spraydose wird Zink bei Umgebungstemperatur auf das Bauteil gesprüht.

Verfahren zum Beschichten mit nichtmetallischen Schutzschichten sind

- das Anstreichen mit Lacken und
- das Pulverbeschichten mit Kunststoffen.

Schutzschichten aus Metall werden als Überzüge, nichtmetallische Schutzschichten als Beschichtungen bezeichnet.

Schutzschichten aus metallischen Überzügen

Das Aufbringen metallischer Überzüge ist sehr aufwendig und wird meist von spezialisierten Firmen ausgeführt. Es ist jedoch wichtig, diese Verfahren zu kennen. So können die Bauteile entsprechend den Verfahrensanforderungen gefertigt und vorbereitet werden.

Feuerverzinken

Beim Feuerverzinken wird das fertige Werkstück in eine Schmelze aus Zink getaucht. Das flüssige Zink fließt dabei auch an schwer zugängliche Stellen des Bauteils. Es entsteht eine gleichmäßige Zinkschicht auf dem Bauteil.

Die meisten Stähle lassen sich zufriedenstellend feuerverzinken. Durch Reaktion an der Werkstückoberfläche entsteht zuerst eine Eisen-Zink-Schicht. Beim Herausziehen des Bauteiles aus dem Zinkbad wird die Oberfläche zusätzlich mit einer Reinzinkschicht überzogen. Diese glänzende Schutzschicht weist oftmals eine so genannte *Zinkblumenstruktur* (Abb. 4) auf.

Abb. 4: Zinkblumenstruktur an einem feuerverzinkten Bauteil

Das Aussehen dieser Zinkblumen und die Dicke der Schicht werden durch im Stahl enthaltenes Silizium (Si) und Phosphor (P) sowie durch die Prozessbedingungen beeinflusst.

Mit steigendem Si- und P-Gehalt verändert sich die Schichtdicke und die Farbe der Zinkblumen verändert sich von silbrig/glänzend bei geringer Schichtdicke zu grau/matt bei hoher Schichtdicke (Tab. 1).

Tab. 1: Einfluss des Si- und P-Gehaltes auf die Dicke und das Aussehen des Zinküberzugs

Summe Si- und P-Gehalt [%]	Dicke und Aussehen des Zinküberzugs
- 0,03	geringe Schichtdicke, silbrig glänzender Überzug
0,03 - 0,13	mittlere Schichtdicke, grauer Zinküberzug
0,13 - 0,28	mittlere Schichtdicke, silbrig mattes Aussehen
0,28 -	hohe Schichtdicke, mattgrauer Überzug

Die beim Feuerverzinken aufgebrachte Zinkschicht haftet sehr fest auf der Werkstückoberfläche. Deshalb können so beschichtete Bauteile in bestimmtem Umfang umgeformt werden. Jedoch nimmt die Umformbarkeit mit zunehmender Schichtdicke des Zinküberzugs ab.

Die Bauteile müssen beim Feuerverzinken in ein Schmelzbad getaucht werden. Deshalb kann dieses Verfahren nur bis zu einer gewissen Werkstückgröße angewendet werden.

Diese Schmelze hat eine Temperatur von circa 450 °C. Es ist darauf zu achten, dass das Werkstück dieser Temperatur stand hält und sich beispielsweise nicht verformt.

Ein zu verzinkendes Bauteil muss gründlich vorbereitet werden. Es wird entfettet, gebeizt, mit Flussmittel behandelt, danach getrocknet und erst dann verzinkt. Zwischen den einzelnen Tauchgängen wird jeweils gespült (Abb. 5).

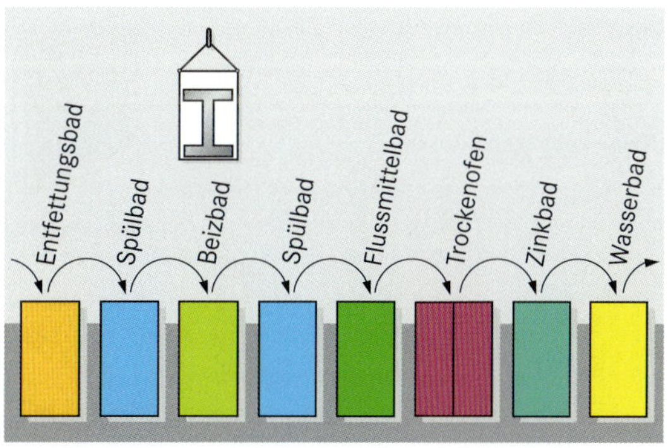

Abb. 5: Ablauf des Feuerverzinkens

Beim Feuerverzinken eines Bauteils mit geschlossenen Hohlräumen müssen Entlüftungslöcher angebracht werden. Die sich im Hohlraum erwärmende Luft und verdampfende Feuchtigkeit würde ansonsten das geschlossene Profil zum Bersten bringen. Außerdem sollte sich beim Feuerverzinken die Schmelze vollständig im Inneren des Bauteils verteilen können.

Das Überziehen mit metallischen Schutzschichten durch das Eintauchen in ein Bad funktioniert sowohl mit reinem Zink als auch mit reinem Aluminium sowie mit Zink-Aluminium-Mischschmelzen. Bei der Vorbereitung von Stahlbauteilen zum Feuerverzinken sind folgende Regeln einzuhalten (Abb. 1).

DIN EN ISO 1461 „Durch Feuerverzinken auf Stahl aufgebrachte Zinküberzüge (Stückverzinken)" berücksichtigen.

Zulauf- und Entlüftungsöffnungen vorsehen

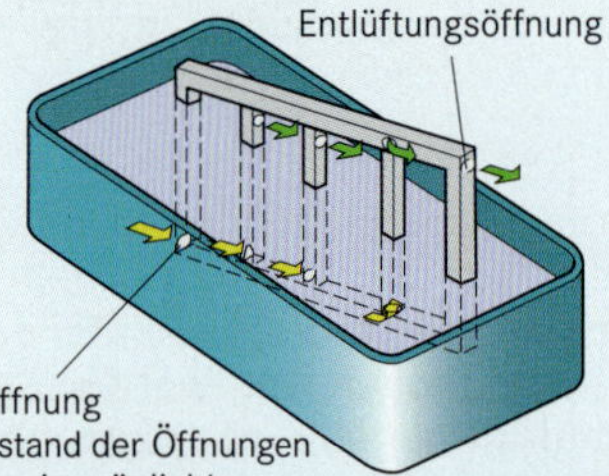

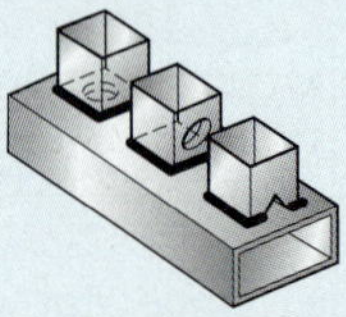

Empfehlungen für Zulauf- und Entlüftungsöffnungen

Hohlprofil-Abmessungen [mm]			Mindest-Lochdurchmesser [mm] bei einer jeweiligen Anzahl der Öffnungen von		
○	□	▭	1	2	4
kleiner als:					
15	15	20 x 10	8		
20	20	30 x 15	10		
30	30	40 x 20	12	10	
40	40	50 x 30	14	12	
50	50	60 x 40	16	12	10
60	60	80 x 40	20	12	10
80	80	100 x 60	20	16	12
100	100	120 x 80	25	20	12
120	120	160 x 80	30	25	20
160	160	200 x 120	40	25	20
200	200	260 x 140	50	30	25

Die Mindestgrößen in der Tabelle gelten für mittelgroße Konstruktionen bis zu einer Länge von ca. 6 m. Bei langen Profilen sind die Größe bzw. die Anzahl der Löcher zu erhöhen. Ohne Öffnungen keine Feuerverzinkung von Hohlkonstruktionen möglich wegen Explosionsgefahr. Anordnung und Größe der Öffnungen beeinflussen die Qualität des Feuerverzinkens.

Anmerkungen:

- Stahlteile sollten möglichst frei von Öl und Fett sein.
- Zur Vermeidung von Nacharbeit sollten Schraubenlöcher, falls möglich, 2 mm über Nenndurchmesser ausgeführt werden.
- Transport- oder Montageschäden am Korrosionsschutz sind fachgerecht auszubessern.
- Konstruktions- und/oder fertigungsbedingte Spalten und Poren, z. B. in Schweißverbindungen sind zu vermeiden.
- Gewindeteile können nach dem Feuerverzinken durch Erwärmen und Ausbürsten des Zinks wieder gängig gemacht werden.

Tote Ecken und Winkel vermeiden – Öffnungen an Überlappungen vorsehen

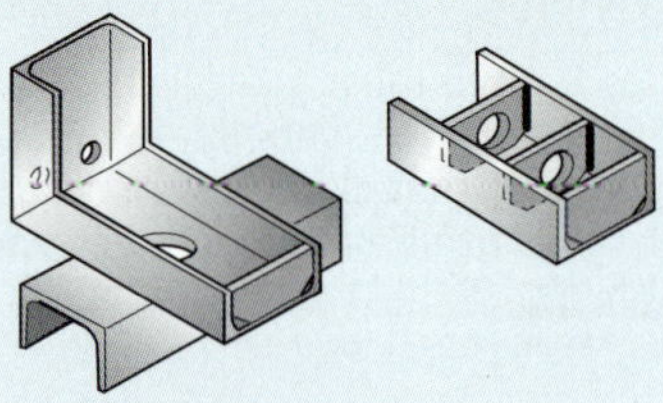

Auch bei Rahmenkonstruktionen aus offenen Profilen sind Ablaufmöglichkeiten vorzusehen.

Verzug vermeiden

1 Geeignete Schweißfolge einhalten.
2 Möglichst symmetrische Querschnitte wählen.
3 Ausdehnungsmöglichkeiten schaffen, z. B. durch Radien, Sicken oder pyramidenförmige Aussteifungen.
4 Sehr unterschiedliche Materialdicken möglichst vermeiden.

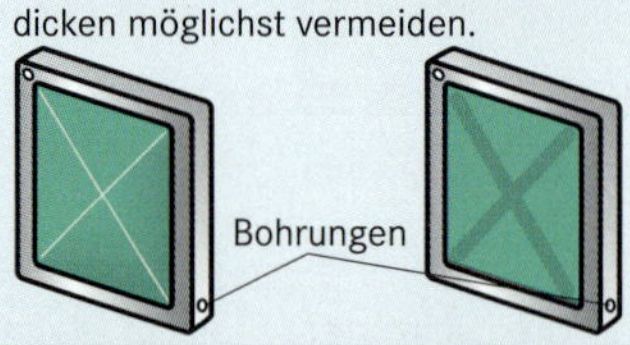

Anhängen ermöglichen

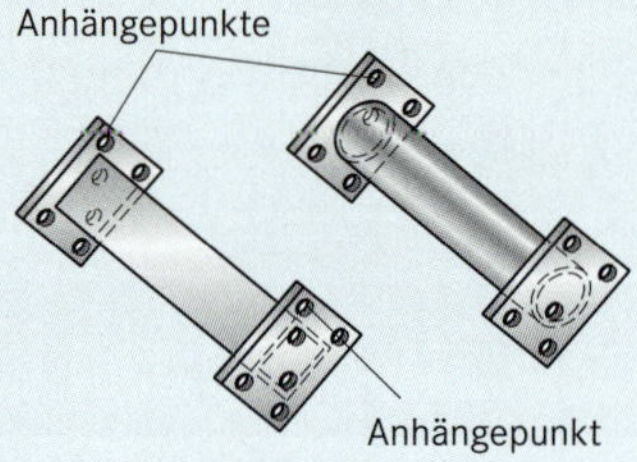

Zulauf- und Entlüftungsöffnungen möglichst senkrecht unter Anhängemöglichkeit

Keine sperrigen Bauteile

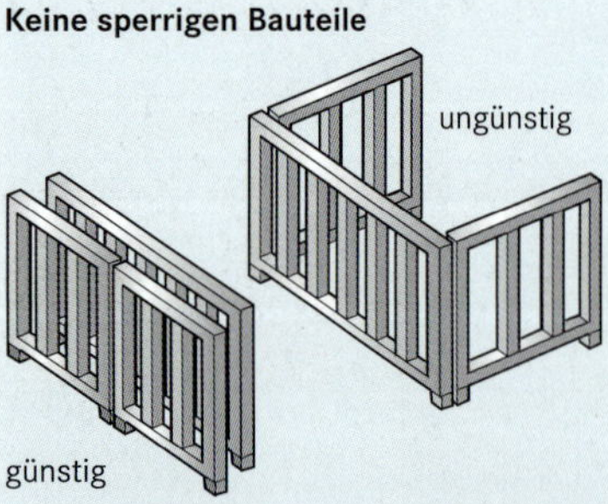

Sperrige Bauteile können zu Transport- und Verzinkungsproblemen führen; ebene Bauteile lassen sich qualitativ besser und wirtschaftlicher verzinken. Bei Hohlprofilen sind Zulauf- und Entlüftungsöffnungen vorzusehen.

Profile nicht flächig verschweißen

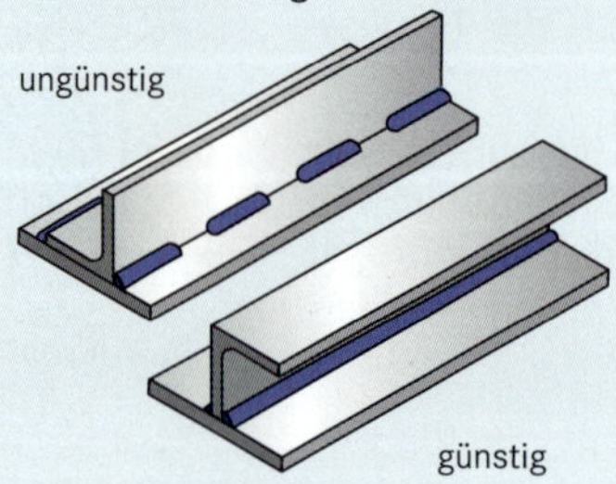

Flächig aufliegende Bauteile ringsherum verschweißen.

Keine Farbe, keine Schweißschlacke

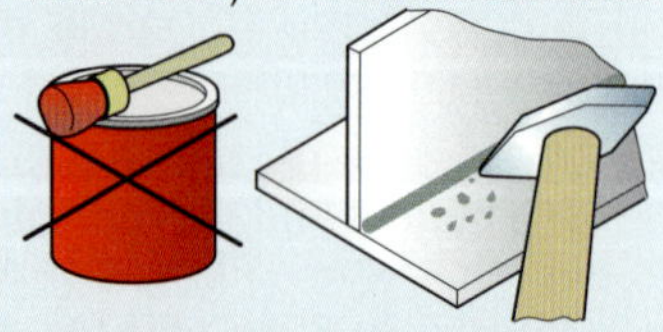

Bauteile sind frei von Farbe (Beschichtungen), Schweißschlacken bzw. -rückständen (z. B. Schweißsprays, Rückstände vom Schutzgasschweißen) und ähnlichem anzuliefern, da diese Substanzen beim Beizen nicht entfernt werden können und zu Fehlstellen führen.

Abb. 1: Konstruktions- und Vorbereitungsregeln für das Feuerverzinken von Stahlbauteilen

Galvanisches Verzinken

Das galvanische Verzinken beruht auf dem Prinzip der Elektrolyse. Das Bauteil wird hierzu vollständig in eine elektrisch leitende Flüssigkeit getaucht und am Minuspol (die Kathode) befestigt. Der Pluspol (die Anode) besteht aus Zink. Durch das Anlegen einer Gleichspannung werden kleinste Zinkteilchen von der Anode gelöst und durch den Elektrolyten zur Kathode transportiert. Dort lagern sie sich an dem zu beschichtenden Bauteil ab (Abb. 2).

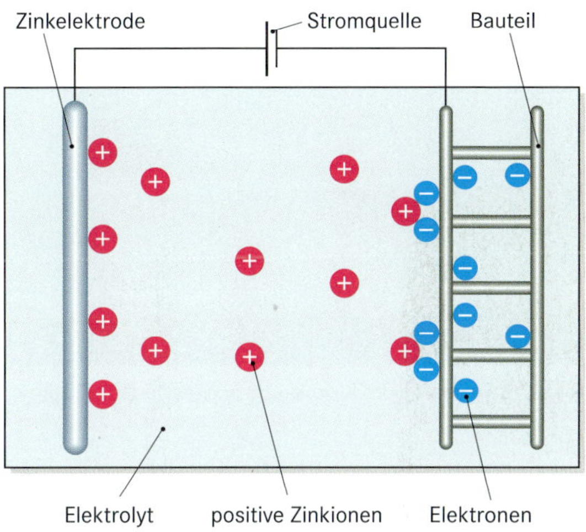

Abb. 2: Prinzip des galvanischen Verzinkens

Die entstehende Schichtdicke hängt von der Stromstärke und der Beschichtungsdauer ab. Das galvanische Verzinken erfordert eine äußerst saubere Oberfläche. Diese Oberflächenvorbereitung ist sehr aufwendig.

Der elektrolytisch erzeugte Zinküberzug löst sich leicht ab und ist anfällig gegenüber mechanischen Beschädigungen. Deshalb werden galvanisch verzinkte Oberflächen zusätzlich mit einer dünnen Schicht aus Chrom überzogen. Dieser Vorgang wird als Chromatieren bezeichnet. Ein Aufbringen des Chromüberzuges erfolgt durch Tauchen, Spritzen oder Aufwalzen.

Diese harte und feste Chromschicht verbessert zusätzlich den Korrosionsschutz. Ein Chromatieren durch Tauchen erfolgt in sauren, chromhaltigen Lösungen. Die Zusammensetzung der elektrolytischen Lösung beeinflusst die Eigenschaften und die Farbe der entstehenden Chromschicht. Deshalb kann man den Bauteilen eine blaue, gelbe, grüne oder schwarze Farbe geben. Die gewünschte Farbe muss bei der Bestellung angegeben werden.

Das galvanische Verzinken erfordert einen hohen technischen Aufwand. Es können nur elektrisch leitende Bauteile mit diesem Verfahren elektrolytisch verzinkt werden. Diese müssen zudem nach besonderen Regeln konstruiert werden. Elektrolytisch zu verzinkende Bauteile dürfen keine scharfen Kanten Ecken oder Kerben aufweisen. Gusswerkstücke sind auf Grund ihrer Oberflächenstruktur für das Galvanisieren mit Zink ungeeignet. Schrauben werden meist galvanisch verzinkt (Abb. 3).

Abb. 3: Galvanisch verzinkte Schraube

Beim galvanischen Beschichten besteht die Anode häufig aus reinem Zink oder dessen Legierungen. Weitere wichtige Beschichtungsmaterialen sind Nickel oder Kupfer sowie deren Legierungen. Diese Überzugsmaterialien besitzen jedoch nur eine geringe Bedeutung für den Korrosionsschutz im Metallbauhandwerk.

Flammspritzen

Das Flammspritzen gehört zu den thermischen Spritzverfahren (Abb. 4).

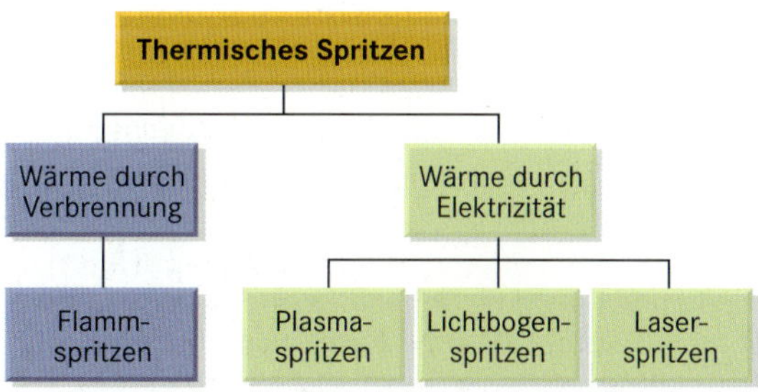

Abb. 4: Thermische Spritzverfahren

Im Metallbaubereich wird häufig das Flammspritzen mit Zink als relativ einfaches Verfahren zur Beschichtung von Bauteilen eingesetzt.

Die benötigte Wärme wird beim Flammspritzen durch die Verbrennung eines Gas-Sauerstoff-Gemisches erzeugt. Das Beschichtungsmaterial kann als Draht, Pulver oder in Stabform vorliegen.

Mit einer Brennerdüse wird das kontinuierlich zugeführte Beschichtungsmaterial geschmolzen. Die flüssigen Metalltropfen werden durch die Brennerflamme und zusätzliche Pressluft (Zerstäubergas) auf die Werkstückoberfläche geschleudert. Dort verlaufen die Tropfen, härten aus und bilden eine Schutzschicht (Abb. 1).

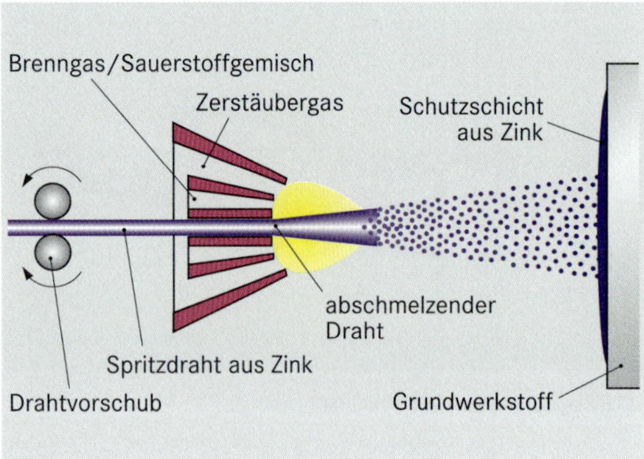

Abb. 1 Prinzip des Flammspritzens mit einem Draht

Damit dieser Überzug fest haftet, muss die zu beschichtende Oberfläche gründlich gesäubert und entfettet werden.

Die aufgespritzte Metallschicht ist jedoch sehr porös. Deshalb müssen durch Flammspritzen beschichtete Oberflächen nachbehandelt werden. Nur so ist ein ausreichender Korrosionsschutz sichergestellt. Bei dieser Nachbehandlung werden die Poren entweder beseitigt oder verschlossen. Eine Beseitigung der Porenstruktur erfolgt einerseits durch ein Strahlen mit Metall-, Glas- oder Keramikkugeln. Andererseits kann durch thermische Nachbehandlung mit Brennern ein Verschmelzen der Poren erreicht werden. Das Verschließen der Poren erfolgt durch Beschichten mit nichtmetallischen Beschichtungen.

Beim Flammspritzen wird hauptsächlich Zink als Überzugsmaterial eingesetzt. Sowohl bei diesem als auch bei anderen thermischen Spritzverfahren können auch nichtmetallische Schutzschichten (z. B. aus Keramik) aufgebracht werden. Dabei werden jedoch spezielle Plasmabrenner benötigt. Die gesinterten keramischen Beschichtungsmaterialien liegen hierbei ausschließlich in Stabform vor.

Für die Nachbereitung feuerverzinkter Bauteile und bei Ausbesserung beschädigter Werkstücke wird häufig das Flammspritzen mit Zink verwendet.

Kaltverzinken mit Zinkspray

Wenn verzinkte Bauteile geschweißt werden, wird die Zinkschicht zerstört. Sollte ein Schweißen dennoch erforderlich sein, z. B. bei einer Reparatur, sind die geschweißten Stellen erneut vor Korrosion zu schützen. Hierbei wird meist Zinkspray verwendet (Abb. 2).

Abb. 2: Erneuerung des Korrosionsschutzes durch Zinkspray

Die dadurch aufgebrachte Zinksschicht ist jedoch sehr dünn und anfällig gegenüber mechanischen Beschädigungen. Das Kaltverzinken eignet sich deshalb nur für kleinere Ausbesserungen an bearbeiteten Bauteilbereichen bestehender Konstruktionen.

Aufbringen nichtmetallischer Schutzschichten

Mit nichtmetallischen Beschichtungen kann man die Hauptträger des Vordaches ebenfalls vor Korrosion schützen. Solche Überzüge werden z. B. durch das Beschichten mit Lacken oder das Pulverbeschichten aufgebracht.

Beschichten mit Lacken

Ein Auftragen von Lacken erfolgt durch Streichen, Rollen, Tauchen oder Spritzen. Das Bauteil muss vor der Verarbeitung gründlich von Staub, Rost, Zunder, Öl, Fett oder ähnlichen Verunreinigungen befreit werden. Nur so haftet der Lack fest auf der Metalloberfläche. Anstrichstoffe sind Mischungen aus Binde- und Lösungsmitteln sowie Farb- und Füllstoffen.

Damit eine Lackbeschichtung haltbar ist und langfristig vor Korrosion schützt, werden Anstriche in mehreren Lagen aufgebracht. Ein bis zwei Grundanstriche sorgen für eine bessere Verbindung mit der Bauteiloberfläche. Danach folgen mehrere Zwischen- bzw. Deckanstriche (Anstrichsystem).

Moderne Anstrichsysteme machen eine Grundierung und die Zwischenanstriche überflüssig. Mit solchen „Eintopfsystemen“ können alle Schichten des Anstriches ausgeführt werden. Durch Zusätze wird hierbei ein erhöhter Korrosionsschutz erreicht.

Pulverbeschichten

Beim Pulverbeschichten ist die Schutzschicht aus Kunststoff.

Das Aufbringen solcher thermoplastischer Beschichtungen erfolgt meist im Wirbelsinterverfahren (Abb. 3). Um den als Pulver vorliegenden Kunststoff gleichmäßig auf die Werkstückoberfläche aufzubringen, wird das Bauteil in einem Ofen über die Schmelztemperatur des Kunststoffpulvers erwärmt (100 – 160 °C). Das Pulver wird in einem Behälter durch einen Luftstrom verwirbelt. Wenn das erwärmte Bauteil in den Pulverbehälter eingetaucht wird, schmelzen an dessen Oberfläche die Kunststoffteilchen und vernetzen sich untereinander. Beim Abkühlen bildet sich auf der Werkstückoberfläche eine gleichmäßige Kunststoffschicht, die vor Korrosion schützt.

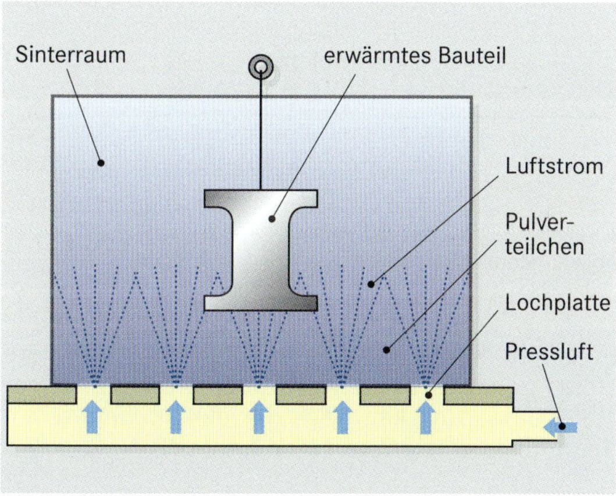

Abb. 3: Prinzip des Wirbelsinterverfahrens

Als Alternative zur Verwirbelung des Pulvers in einem Luftstrom können die Kunststoffteilchen auch elektrisch aufgeladen werden. Die geladenen Pulverteilchen werden bei diesem elektrostatischen Verfahren vom Metall angezogen und verteilen sich gleichmäßig auf der Bauteiloberfläche.

In einem Brennofen wird danach das aufgebrachte Pulver leicht oberhalb der jeweiligen Schmelztemperatur zu einer einheitlichen Oberfläche verschmolzen. Dadurch wird eine vollständige Vernetzung der einzelnen Kunststoffteilchen untereinander sichergestellt.

Eine gründliche Säuberung und Entfettung der zu beschichtenden Oberflächen ist notwendig, damit sich das Pulver gleichmäßig verteilt und vernetzt. Eine ungenügende Vorbereitung der zu beschichtenden Oberfläche kann zu Defekten in der Beschichtung führen (Abb. 4).

Abb. 4: Defekte Pulverbeschichtung auf Grund ungenügender Vorbereitung der Oberfläche

Das Kunststoffpulver kann bei beiden Verfahren eingefärbt werden. Durch die Zugabe z. B. von Metallteilchen erhält die Oberfläche einen Metallic-Effekt. Im Gegensatz zu Lacken sind beim Pulverbeschichten keine aggressiven Lösungsmittel erforderlich. Das Pulverbeschichten ist deshalb ein sehr umweltfreundliches Korrosionsschutzverfahren.

Grenzen von Beschichtungen

Nicht immer gestattet es die Funktion oder die Verwendung bestimmter Baugruppen, einen effektiven und dauerhaften Korrosionsschutz vorzunehmen.

Solche Bauteile werden meist aus sehr preiswertem Stahl gefertigt und bei Bedarf gewechselt. Auf eine leichte Austauschbarkeit ist zu achten.

So besteht z. B. der Gitterrost der Sandsackabfüllanlage (Kapitel 5) aus unlegiertem Stahl. Dieses Gitter ist sehr stark mechanisch beansprucht, denn hierüber wird die Abfüllanlage mit Sand befüllt. Durch den Sand und größere Steine wird jede Art von Beschichtung sehr schnell abgeschlagen oder abgeschliffen. Demzufolge ist es nicht möglich, den Gitterrost durch Beschichtungsverfahren zuverlässig und dauerhaft vor Korrosion zu schützen.

Eine Fertigung des Gitters aus hochlegiertem, nichtrostendem Stahl ist zwar denkbar, ein solcher Gitterrost wäre jedoch viel zu teuer.

Informieren

6.4.2 Korrosionsschutz für Bauteile aus Aluminium

Die Pfetten des Vordaches bestehen aus vorgefertigten Aluminiumprofilen. Sie werden mit Schrauben aus korrosionsbeständigem Stahl an den Hauptträgern befestigt. An die Aluminiumpfetten sind darüber hinaus Winkel aus korrosionsbeständigem Stahlguss angeschraubt. Diese Winkel nehmen die Befestigungselemente der Glasfläche auf.

6.4.2.1 Chemisches Korrosionsverhalten der Aluminiumpfetten

Aluminium reagiert mit dem Sauerstoff der Luft (chemische Korrosion). Dabei wird Aluminiumoxid gebildet. Dieses Aluminiumoxid haftet sehr fest an der Bauteiloberfläche.

Nachdem sich eine circa 1 µm (Mikrometer) dünne Aluminiumoxidschicht gebildet hat, kommt die chemische Korrosion zum Stillstand, denn diese Schicht ist so dicht, dass kein weiterer Sauerstoff mit dem Aluminium reagieren kann.

Kleine mechanische Oberflächenbeschädigungen werden durch die Bildung einer neuen Oxidschicht selbständig „repariert“. Eine solche Erneuerung nennt man Repassivierung (Abb. 1).

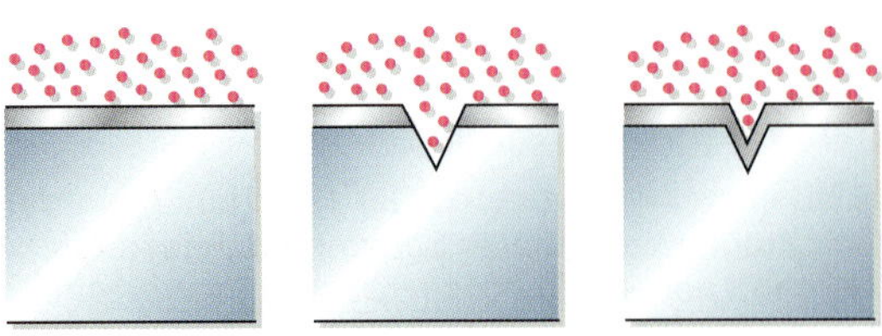

Abb. 1: Repassivierung von Aluminium

6.4.2.2 Schutz der Aluminiumpfetten vor chemischer Korrosion

Um die Oberfläche der Aluminiumpfetten vor chemischer Korrosion zu schützen, sind keine zusätzlichen Schutzmaßnahmen erforderlich. Die Aluminiumoxidschicht verhindert eine weitere Reaktion mit dem Luftsauerstoff.

Allerdings wird das Aussehen des an der Atmosphäre gebildeten Aluminiumoxids durch Schmutzpartikel in der Luft negativ beeinflusst.

Darüber hinaus ist Aluminium trotz seiner natürlichen Oxidschicht aufgrund der ungünstigen Position in der elektrochemischen Spannungsreihe (➜📖) noch sehr anfällig gegenüber elektrochemischer Korrosion.

6.4.2.3 Elektrochemisches Korrosionsverhalten der Aluminiumpfetten

Elektrochemische Korrosionsvorgänge finden immer dann statt, wenn sich verschiedene metallische Werkstoffe berühren und durch eine elektrisch leitende Flüssigkeit (Elektrolyt) verbunden sind. In einem solchen Fall spricht man von Kontaktkorrosion (Abb. 2). Es entsteht ein so genanntes Korrosionselement.

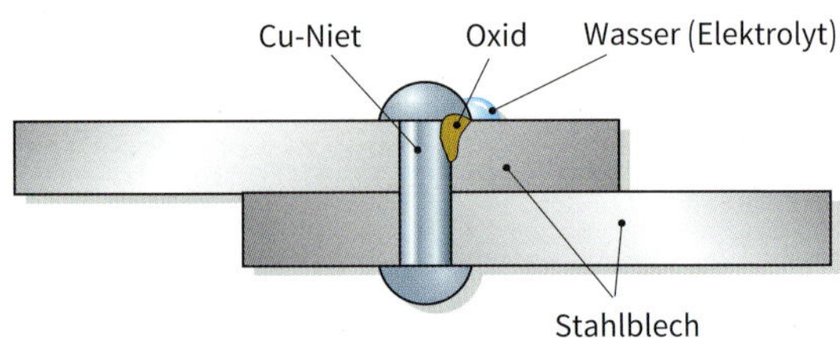

Abb. 2: Kontaktkorrosion

In einem Korrosionselement wird das unedlere Metall zerstört. Das jeweils unedlere Metall einer Materialpaarung kann aus der elektrochemischen Spannungsreihe entnommen werden (➜📖).

Die elektrochemische Spannungsreihe

In der elektrochemischen Spannungsreihe wird das Spannungspotenzial der Metalle zu einem Bezugselement dargestellt. Für das Bezugselement wird die Spannung mit 0 Volt festgelegt (Tab. 1).

Je nachdem, ob das Spannungspotential zum Bezugselement positiv oder negativ ist, unterscheidet man metallische Werkstoffe in edle und unedle Metalle.

Tab. 1: Ausgewählte Elemente bzw. Werkstoffe der elektrochemischen Spannungsreihe (Bezugselement: Wasserstoff)

Element bzw. Werkstoff	Spannung in Volt	
Magnesium	−2,34	unedel
Aluminium	−1,67	↑
Zink	−0,76	
Eisen	−0,44	
Nickel	−0,25	
Zinn	−0,14	
Blei	−0,14	
X4CrNi 18-10 (V2A)*	−0,05	
Wasserstoff	**±0,00**	
X8CrNiMoTi 17-12-2 (V4A)*	+0,20	
Kupfer	+0,35	
Silber	+0,80	
Platin	+1,20	↓
Gold	+1,42	edel

* V2A und V4A sind Markenbezeichnungen der Firma Krupp. Sie beziehen sich auf eine bestimmte Versuchsanordnung zur Untersuchung des Korrosionsverhaltens hochlegierter Stähle. Auch bei anderen Unternehmen gibt es vergleichbare Stähle, dann jedoch mit anderen Bezeichnungen.

Haben die Metalle in der elektrochemischen Spannungsreihe ein hohes Potenzial, sind diese edel, Metalle mit niedrigem Potenzial sind unedel.

Sind zwei verschiedene Metalle durch einen Elektrolyten leitend miteinander verbunden, erfolgt ein Potenzialausgleich. Durch den Ausgleich dieser Spannungen wird das unedlere Metall in einer Materialkombination durch elektrochemische Korrosionsvorgänge aufgelöst.

Der Potenzialunterschied einer Materialkombination berechnet sich aus der Differenz der Spannungen von Werkstoff 1 und Werkstoff 2 entsprechend der elektrochemischen Spannungsreihe.

Je höher diese Spannungsdifferenz ist, desto größer ist die Gefahr einer elektrochemischen Korrosion des unedleren Materials (Abb. 3).

Abb. 3: Elektrochemische Korrosion an einer Schraubverbindung (Elektrolyt vorhanden)

Elektrochemische Korrosionsvorgänge kommen zum Erliegen, wenn ein Elektrolyt nicht mehr vorhanden ist. Es besteht jedoch weiterhin die Gefahr einer chemischen Korrosion der ungeschützten Metalloberflächen (Abb. 4).

Abb. 4: Korrosion einer Schraubverbindung nach etwa einem halben Jahr (Elektrolyt nicht mehr vorhanden)

6.4.2.4 Schutz der Aluminiumpfetten vor elektrochemischer Korrosion

Fertigen

Eine auch vor elektrochemischer Korrosion schützende Oxidschicht auf einer Aluminiumoberfläche kann durch Oxidation in einem Elektrolyten erreicht werden. Dieses Verfahren wird als Eloxieren bezeichnet.

Eloxieren

Beim Eloxieren (auch Anodisieren) wird eine gleichmäßige und reine Schutzschicht auf der Aluminiumoberfläche erzeugt. Diese Schutzschicht besteht aus Eloxal (**El**ektrolytisch **Ox**idiertes **Al**uminium).

Vor dem eigentlichen Eloxieren muss die Oberfläche gründlich gesäubert und entfettet werden. In einem ersten Arbeitsgang wird eine fest haftende Schicht aus Aluminiumoxid aufgebracht. Dies geschieht in einem Säurebad mit Hilfe von Gleichspannung. Das Prinzip ist dem des Galvanisierens ähnlich. Jedoch wird beim Eloxieren das Bauteil aus Aluminium am Pluspol (der Anode) angebracht. Daher kommt auch die Bezeichnung: Anodisieren. Das Aluminium zersetzt sich bei diesem Verfahren jedoch nicht, sondern es oxidiert.

Mit diesem Prozess wird das Verhalten von Aluminium unterstützt, eine feste und dichte, vor weiterer chemischer Korrosion schützende Oxidschicht zu bilden. Auf natürlichem Wege bildet sich lediglich eine sehr dünne und verunreinigte Aluminiumoxidschicht. Die beim Eloxieren erzeugte Schicht ist hingegen dicker und äußerst rein.

Die Eloxalschicht ist jedoch sehr porös. Mit zunehmender Schichtdicke entstehen mehr Poren in der Oberfläche. In diese Poren können in einem zweiten Arbeitsschritt Farbpigmente eingelagert werden. Dazu wird das Bauteil in eine Farblösung getaucht.

Im dritten Arbeitsgang werden durch ein Verdichten der Oberfläche die Poren versiegelt. Das Verdichten erfolgt durch das Eintauchen des Bauteils in kochendes Wasser (Abb. 1).

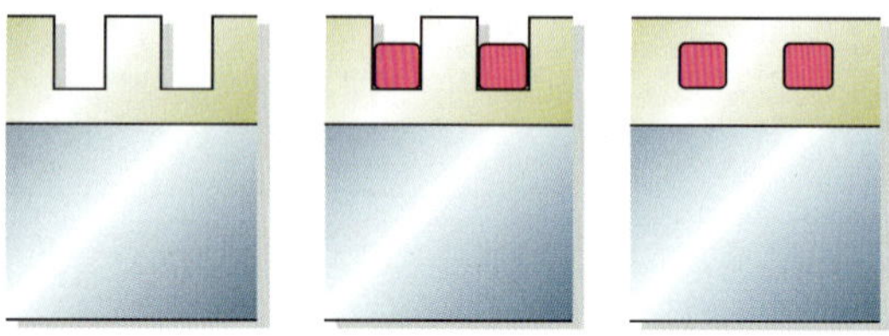

Abb. 1: Prinzip des Eloxierens

Die danach entstehende Oberfläche ist sehr kratzfest und fast so hart wie ein Diamant. Eloxalfarben sind mischbar. Dadurch können unterschiedliche Farbtöne erzeugt werden. Durch entsprechend hohe Schichtdicken aus Eloxal können Bauteile auch unter extremen Umweltbedingungen eingesetzt werden.

Die Aluminiumprofile für das Vordach werden eloxiert geliefert. Ein weiterer Schutz vor chemischer oder elektrochemischer Korrosion ist somit nicht erforderlich.

Trennung von Bauteilen

Der Korrosionsschutz fängt schon bei der Konstruktion von Bauteilen mit der Auswahl geeigneter Werkstoffe an. Kontaktkorrosion wird verhindert, wenn Bauteile oder Baugruppen aus denselben Materialien hergestellt werden. Dabei kann sich kein Korrosionselement bilden, weil es keinen Potenzialunterschied gibt.

Viele Baugruppen können jedoch nicht aus einem einzigen Werkstoff hergestellt werden. In einem solchen Fall sind die einzelnen Bauteile voneinander durch elektrisch nicht leitende Materialien (z. B. Gummi, Kunststoff oder Beschichtungen) zu trennen.

An den Aluminiumpfetten sind zur Befestigung der Glasfläche Winkel aus korrosionsbeständigem Stahlguss angeschraubt. Damit sich kein Korrosionselement bilden kann, müssen die Schrauben sowohl von den Aluminiumpfetten als auch von den Winkeln aus korrosionsbeständigem Stahlguss durch Gummi- oder Kunststoffdichtungen bzw. durch Beschichtungen voneinander getrennt werden (Abb. 2).

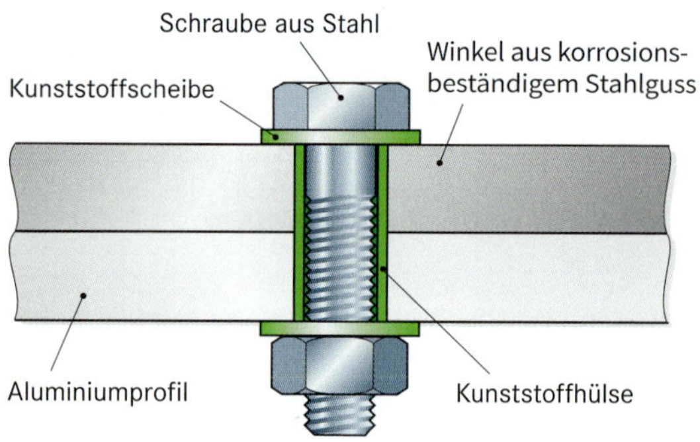

Abb. 2: Korrosionsschutzgerechte Ausführung einer Schraubverbindung

Die Kontaktflächen zwischen den Winkeln aus korrosionsbeständigem Stahlguss und dem Aluminiumprofil der Pfetten müssen nicht voneinander getrennt werden. Beide Materialien bilden selbstständig an der Luft eine Passivschicht aus dem jeweiligen Metalloxid.

Diese Metalloxide haften fest an der Oberfläche, sind nicht leitend und verhindern somit die Entstehung eines Korrosionselements.

Die Pfetten wurden zudem eloxiert geliefert. Dies verstärkt zusätzlich den Schutz vor elektrochemischer Korrosion.

rmieren

6.4.3 Korrosionsschutz für Bauteile aus korrosionsbeständigem Stahl

Der Pylon des Vordaches besteht aus korrosionsbeständigem Stahl. Auch hochlegierte, korrosionsbeständige Stähle (→) müssen auf ihr Korrosionsverhalten überprüft werden.

6.4.3.1 Korrosionsverhalten des Pylons

Viele korrosionsbeständige Stähle sind korrosionsgehemmt, einige sogar korrosionsbeständig. Hauptsächlich ist Chrom (Cr) als Legierungselement für die Korrosionsbeständigkeit verantwortlich. Nickel (Ni), Molybdän (Mo) und Silizium (Si) werden neben anderen Bestandteilen bei hochlegierten Stählen hinzulegiert und verstärken die Widerstandsfähigkeit gegenüber angreifenden Medien wie Laugen oder Säuren. Damit korrosionsbeständiger Stahl bei diesen Medien nicht korrodiert, muss der Werkstoff entsprechend den Einsatzbedingungen (z. B. bei Schwimmbädern) ausgewählt werden.

Die Korrosionsbeständigkeit von korrosionsbeständigen Stählen beruht auf der Bildung einer sehr dünnen Passivschicht aus Chromoxid. Diese Passivschicht kann sich erneuern (Repassivierung). Die Korrosionshemmung oder -beständigkeit ist bei hochlegierten Stählen unterschiedlich hoch und hängt vom jeweiligen Werkstoff und den Nachbehandlungen ab. Diese beiden Faktoren beeinflussen maßgeblich die Ausbildung der Passivschicht (Abb. 3).

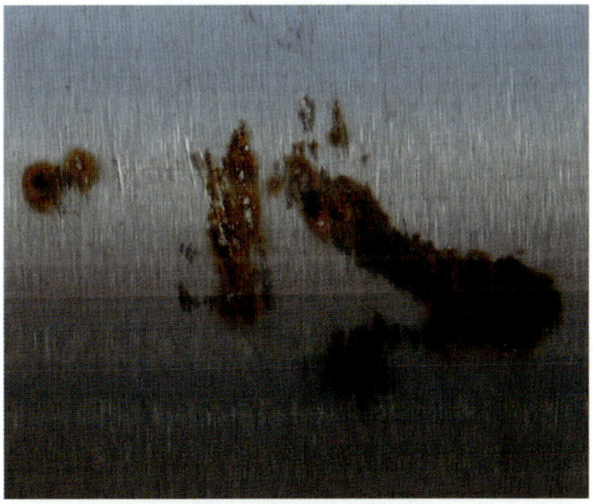

Abb. 3: Korrosion an einem korrosionsbeständigen Stahl durch Ausbildung einer ungleichmäßigen Passivschicht

Fertigen

6.4.3.2 Korrosionsschutz des Pylons

Durch Strahlen, Schleifen und Polieren oder Beizen kann die Oberfläche von hochlegierten, korrosionsbeständigen Stählen so bearbeitet werden, dass sich eine gleichmäßige Passivschicht ausbildet.

Strahlen, Schleifen und Polieren

An einer rauen Oberfläche können sich auch bei nichtrostenden Stählen kleinste Schmutzteilchen anlagern. Auch ein Elektrolyt kann an einer solchen Oberfläche nicht gut ablaufen. Dadurch wird die Bildung von kleinen Korrosionselementen begünstigt. Durch Strahlen, Schleifen und Polieren der Bauteile werden auf mikroskopischer Ebene Oberflächenunebenheiten entfernt (Abb. 4).

Abb. 4: Unbehandelte (links) und polierte Oberfläche (rechts) einer Wabendichtung

Die Korrosion verursachenden Metallteilchen können sich an einer glatten Oberfläche schlechter ablagern. Darüber hinaus wird die Bildung einer gleichmäßigen Passivschicht unterstützt.

Ein mechanisches Strahlen erfolgt mit Glasperlen, Glasbruch oder eisenfreiem Quarzsand. Das Schleifen der Bauteile wird je nach notwendiger Oberflächengüte mit Schleifpapier oder Schleifpasten vorgenommen. Die Schleifscheiben, Schleifbänder oder Schleifkörner müssen jedoch eisenoxidfrei sein. Somit wird ein Fremdrosteintrag verhindert. Hochlegierte, nichtrostende Stähle dürfen nur mit geringem Anpressdruck geschliffen oder poliert werden, um eine zu hohe Wärmeentwicklung zu vermeiden. Das Polieren von Hand erfolgt in der Werkstatt durch Stoffscheiben, auf die ein Poliermittel aufgebracht wird (Abb. 5).

Abb. 5: Stoffscheibe und Poliermittel-Block

Beizen

Durch das Beizen werden korrosionsfördernde Einschlüsse in der Oberfläche hochlegierter, nichtrostender Stähle beseitigt.

Beim Badbeizen wird das Bauteil vollständig in ein Säuregemisch getaucht. Diese Mischsäure besteht zu 10–30 % aus Salpetersäure (HNO_3, 50 %ig) und zu 2–3 % aus so genannter Flusssäure. Der Rest ist Wasser. Die Salpetersäure wandelt die Einschlüsse in ein Metallsalz um. Die Flusssäure löst das Salz von der Werkstückoberfläche ab. Nach dem Säurebad muss das Bauteil gründlich mit Wasser gespült werden. Dieses Spülen erfolgt meist mit Hochdruckwaschgeräten. Anschließend bildet sich mit dem Sauerstoff der Luft innerhalb von mehreren Stunden eine dünne und gleichmäßige Passivschicht aus. Bei großen und sperrigen Bauteilen wird das Beizmittel durch Sprühen aufgebracht.

Beim Beizen sind die Benutzung von Schutzkleidung und die Verwendung eines Atemschutzgerätes zum Schutz vor Säurespritzern und den entstehenden Dämpfen vorgeschrieben.

Durch Schweißen zusammengefügte Bauteile aus korrosionsbeständigem Stahl müssen nachbearbeitet werden. Mischungsunterschiede in der Schweißnaht und Gefügeveränderungen in der Wärmeeinflusszone setzen die Korrosionsbeständigkeit unter Umständen stark herab (Abb. 1).

Abb. 1 Korrosion an einem nichtrostenden Stahl durch Mischungsunterschiede in der Schweißnaht

Die Nachbearbeitung von Schweißnähten durch Schleifen erfolgt im Trocken-, Nass- oder Ölschliffverfahren mit einer Schleifgeschwindigkeit von maximal 40 m/s.

Zum Beizen von Schweißnähten oder kleineren Beschädigungen werden Beizpasten eingesetzt.

Der Pylon des Vordaches wurde nach dem Schweißen geschliffen, poliert und gebeizt. Er benötigt deshalb keinen weiteren Korrosionsschutz, da lediglich der Sauerstoff der Luft und Regenwasser auf ihn einwirken können.

Mechanische Bearbeitung verschiedener Metalle

Bei der Bearbeitung von Bauteilen aus verschiedenen Werkstoffen ist darauf zu achten, dass Stahl, korrisionsbeständiger Stahl und Aluminium nicht mit denselben Werkzeugen bearbeitet werden.

Anhaftende Späne auf den Werkzeugen werden auf die jeweils anderen Materialien übertragen (Abb. 2 und Abb. 3). Dadurch bilden sich kleine Korrosionselemente und diese führen zu einer Kontaktkorrosion.

Abb. 2: Aluminiumablagerungen auf einer Fächerscheibe

Abb. 3: Aluminiumspäne auf einem Entgratungswerkzeug

Fertigen

6.4.4 Kombination von verschiedene Korrosionsschutzmaßnahmen

Der Sauerstoff der Luft, Wasser, Fette und Öle, Splitt, Sand oder Streusalze wirken auf Träger, Zäune, Tore oder Türen aus unlegiertem Stahl in freier Umgebung in hohem Maße ein. Darüber hinaus können mechanische Belastungen durch Anfassen, Anfahren, Anstoßen, Abrieb oder Steinschlag eine auf Bauteilen aufgebrachte Schutzschicht zerstören.

Die genannten Umwelteinflüsse würden ein ausschließlich mit Farbe beschichtetes Bauteil bei einer mechanischen Beschädigung sehr schnell angreifen, denn an den beschädigten Stellen bilden sich entweder kleine Korrosionselemente oder der Luftsauerstoff kann ungehindert mit der Stahloberfläche reagieren. Ein Unterwandern mit anschließendem Abblättern der Beschichtung und die Zerstörung des Grundwerkstoffs sind die Folgen (Abb. 4).

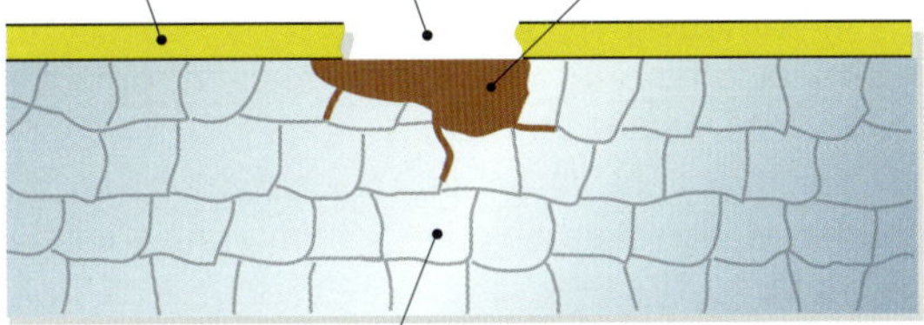

Abb. 4: Korrosion durch beschädigte Einfachbeschichtung

Ein ausreichender Schutz sowohl vor chemischer als auch elektrochemischer Korrosion ist dann nicht mehr gegeben. In einigen Fällen kann jedoch die Kombination aus einem metallischen Überzug und einer nichtmetallischen Beschichtung einen dauerhaften Korrosionsschutz sicherstellen. Das Aufbringen eines Zinküberzugs mit anschließendem Beschichten wird als Duplex-System bezeichnet (Abb. 5).

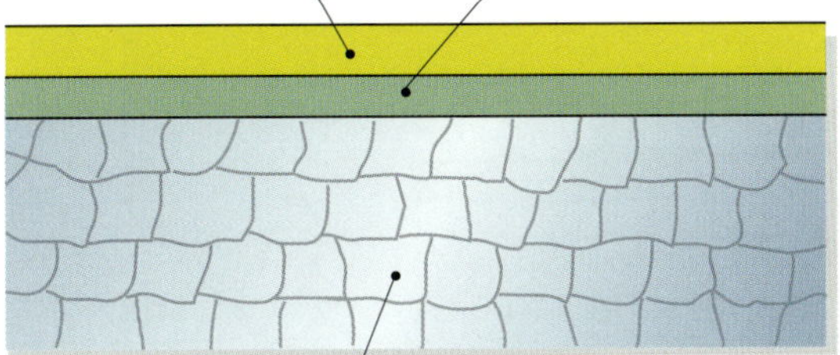

Abb. 5: Duplex-System aus Zinküberzug und Farbbeschichtung

Duplex-Systeme bieten selbst bei hoher mechanischer Beanspruchung einen sehr guten Korrosionsschutz. Wenn bei einem so behandelten Bauteil die Beschichtung beschädigt wird, schützt noch der Zinküberzug mit seiner hohen mechanischen, chemischen und elektrochemischen Belastbarkeit vor Korrosion (Abb. 6).

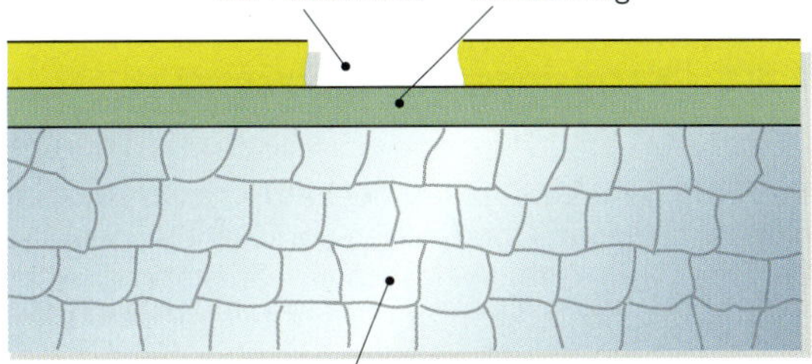

Abb. 6: Prinzip des Korrosionsschutzes durch ein Duplex-System

Durch Duplex-Systeme erhöht sich die Korrosionsschutzdauer. Sie ist bis zu 2,5-mal höher als die Einzelschutzzeiten von Feuerverzinken und der jeweiligen Beschichtung.

Das Anstreichen mit Lacken oder ein Pulverbeschichten kann sowohl auf den frischen Zinküberzug erfolgen als auch nach einer Bewitterung der Zinkschicht. Nach heutigen Erkenntnissen ist das Beschichten auf frische Zinküberzüge zu bevorzugen, da eine aufwändige Vorbereitung der bewitterten Zinkoberfläche entfällt.

Für eine gute Verbindung des Zinküberzuges mit der Farbbeschichtung ist es von Bedeutung, ob sich an der Oberfläche des Bauteils eine Reinzinkschicht oder eine Eisen-Zink-Legierungsschicht ausgebildet hat. Die Eisen-Zink-Legierungsschicht weist eine größere Rauheit auf und eignet sich somit besser für den anschließenden Farbauftrag.

Eine Oberflächenvorbereitung durch Abwaschen, Entfetten, Abbürsten, Druckwasserstrahlen oder mechanisches Strahlen bewirkt eine bessere Haftung des Beschichtungsstoffes auf dem verzinkten Bauteil. Durch das mechanische Strahlen wird die Oberfläche gereinigt und gleichzeitig aufgeraut. Eine weitere Oberflächenvorbehandlung durch Chromatieren oder Phosphatieren (→📖) ermöglicht eine besonders gute Haftung des Beschichtungsmaterials auf der Schutzschicht aus Zink.

Für verschiedene Oberflächen, Umwelteinflüsse und Belastungsfälle müssen die jeweils geeigneten Beschichtungsmaterialien und -verfahren ausgewählt werden. Es gibt keine Universalbeschichtung, die alle notwendigen Eigenschaften in sich vereint. Die Beschichtungsstoffe können sowohl in flüssiger als auch in pulverförmiger Form vorliegen. Sie werden durch Streichen, Rollen, Spritzen oder durch elektrostatisches Sprühen aufgebracht.

Informieren

6.4.5 Korrosionsschutzgerechtes Gestalten

Die Form eines Bauteiles beeinflusst seine Korrosionsanfälligkeit. Oberflächen von Stahlbauten, die erhöhten Korrosionsbelastungen ausgesetzt sind, sollten möglichst klein und wenig gegliedert sein. Die Gesamtkonstruktion sollte darüber hinaus wenige Unregelmäßigkeiten wie z. B. Überlappungen, Ecken oder Kanten aufweisen.

Damit Korrosionsschutzschichten aufgetragen, kontrolliert und gegebenenfalls erneuert werden können, sollten Stahlbauteile zugänglich oder zumindest erreichbar gestaltet sein.

Zugänglichkeit bedeutet, dass der Raum zwischen Bauwerken und/oder Bauteilen den Zutritt von Personen erlaubt. Erreichbarkeit bedeutet, dass alle Flächen von Hand mit Werkzeugen vorbereitet, beschichtet und geprüft werden können.

Für Stahloberflächen, die nach der Montage nicht mehr zugänglich bzw. erreichbar sind oder die besonderen Korrosionsbelastungen unterliegen, müssen erhöhte Korrosionsschutzmaßnahmen, z. B. durch Duplex-Beschichtungen, ergriffen werden.

Sollte ein ausreichender und dauerhafter Korrosionsschutz dennoch nicht möglich sein, sind Bauteile wie z. B. Maueranker oder Erdstützen so zu dimensionieren, dass ihre Tragfähigkeit selbst bei Korrosion über die Lebensdauer der Gesamtkonstruktion erhalten bleibt.

Gestaltungsregeln

Oberflächenformen, auf denen sich Wasser ansammeln kann und die in Verbindung mit Fremdstoffen wie Schmutz oder Salzen die Korrosionsbelastung verstärken, sollten vermieden werden (Tab. 1).

Ist eine solche Vermeidung nicht möglich, sind an den Bauteilen entsprechende Ablaufmöglichkeiten wie Bohrungen, Durchbrüche oder Aussparungen vorzusehen. Hierbei ist jedoch sicherzustellen, dass die Statik der Bauteile erhalten bleibt.

Tab. 1: Korrosionsschutzgerechte Oberflächenformen von Stahlbauteilen

ungünstig	günstig
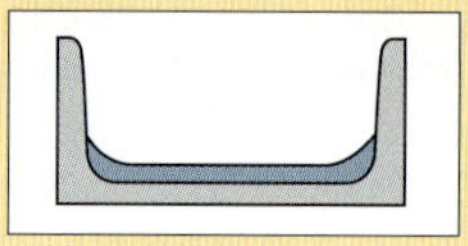	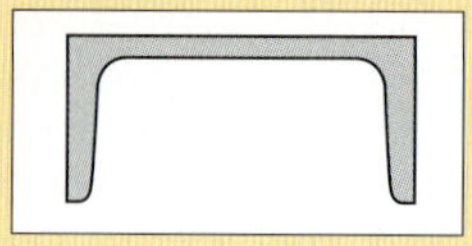
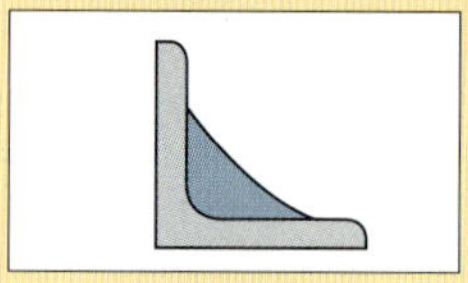	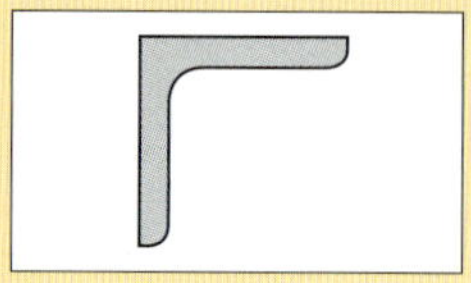
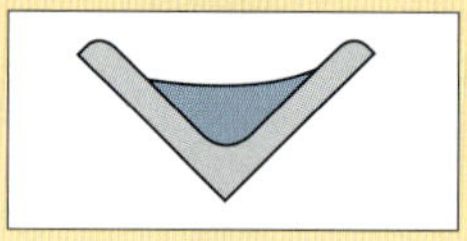	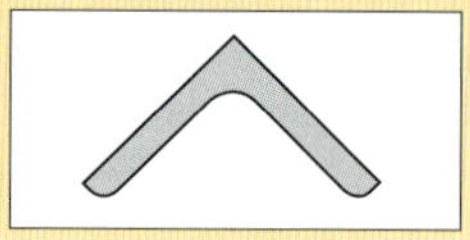

Deshalb sind bei Stahlbauten:

- Konstruktionen mit geneigten oder abgeschrägten Oberflächen vorzusehen,
- oben offene Profile zu vermeiden oder in Schräglage anzuordnen,
- Taschen oder Vertiefungen auszuschließen, in denen sich Wasser oder Schmutz ansammeln kann,
- zwischen Profilen mit Höhen über 100 mm Abstände von mindestens 15 mm einzuhalten sowie
- Wasser und korrosive Flüssigkeiten von den Bauteilen oder der Konstruktion abzuleiten.

Offene Hohlräume, die der Einwirkung von Oberflächenfeuchte ausgesetzt sind, müssen mit Umluft und/oder Entwässerungsöffnungen versehen sowie innen wirksam gegen Korrosionseinflüsse geschützt werden. Geschlossene Hohlräume verbleiben hingegen ohne Korrosionsschutz.

Spalte und Schlitze sind zu verschließen. Bei Bauteilen, die erhöhten Witterungseinflüssen ausgesetzt sind, sollten Punktschweißungen und unterbrochene Schweißnähte vermieden werden (Abb. 1).

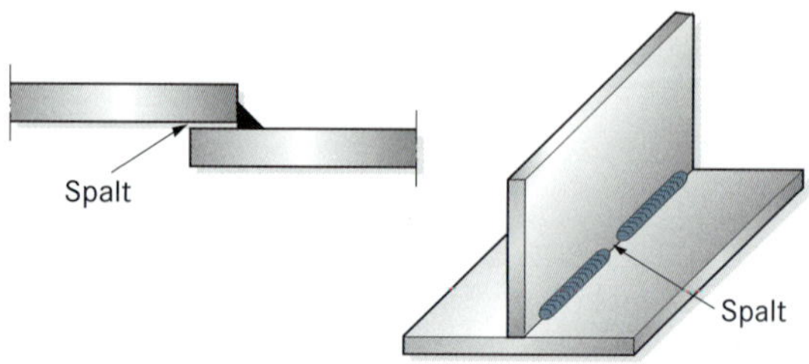

Abb. 1: Ungünstige Ausführung von Schweißnähten

Unterbrochene Schweißnähte und Punktschweißnähte können jedoch angewendet werden, wenn die Korrosionsgefahr unbedeutend ist.

Konstruktionen, die durch das Verbinden einzelner Bauteile hergestellt werden, sollten möglichst einfach gestaltet sein. Beim Verschweißen von Bauteilen ist zusätzlich darauf zu achten, dass Bauformen gewählt werden, bei denen keine Spalte oder Hohlräume entstehen (Tab. 2).

Tab. 2: Korrosionsschutzgerechte Gestaltung von Stahlbauteilen

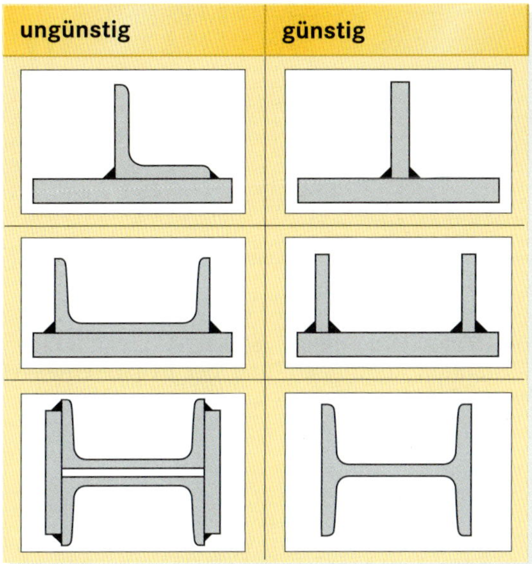

Aussparungen in Aussteifungsrippen, Stegen oder ähnlichen Bauteilen sollten einen Radius von mindestens 50 mm besitzen, damit elektrolytische Flüssigkeiten ungehindert ablaufen können (Abb. 2).

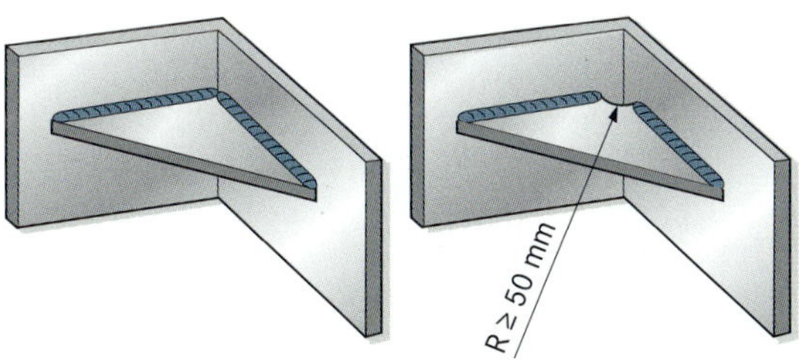

Abb. 2: Aussparung an einem Versteifungsblech

Schweißnähte müssen immer bis zur Wurzel durchgeschweißt werden (Abb. 3), damit keine Spalten entstehen, in die ein Elektrolyt eindringen kann.

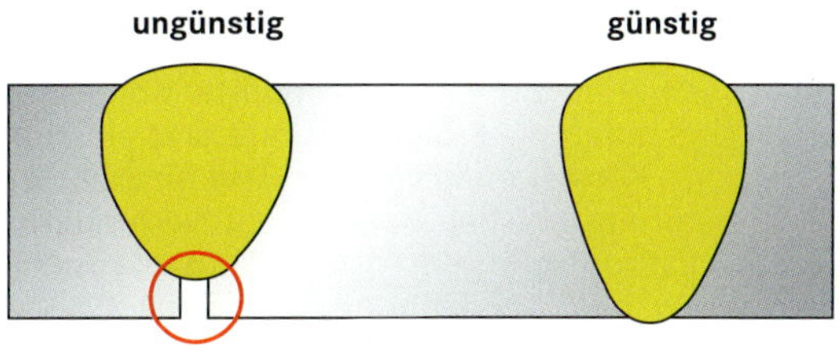

Abb. 3: Korrosionsschutzgerechte Ausführung einer Schweißnaht

Vorbereitung von Bauteilen zum Galvanisieren

Bauteile, die galvanisch verzinkt werden, müssen ganz besonders vorbereitet werden.

An Ecken und Kanten tritt beim Galvanisieren ein verstärktes Schichtwachstum auf. An Innenkanten bildet sich hingegen eine geringe Schichtdicke aus.

Scharfe Kanten aus dem Fertigungsprozess müssen deshalb zumindest gebrochen werden. Grate an Löchern und Schnittkanten sind zu entfernen.

Wenn möglich, sollten Ecken und Außenkanten gerundet werden. Der Mindestradius beträgt 2 mm. Innenkanten sind ebenfalls zu runden. Hierbei ist ein Mindestradius von 5 mm einzuhalten (Abb. 4).

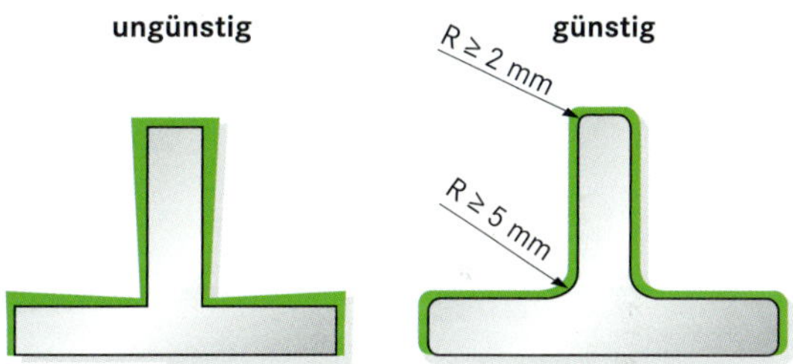

Abb. 4: Galvanisieren: gerundete Außen- und Innenkontur

Spitze Kerben sind ebenfalls schlecht zu galvanisieren. Sie sollten möglichst durch flache, muldenförmige Formen ersetzt werden (Abb. 5).

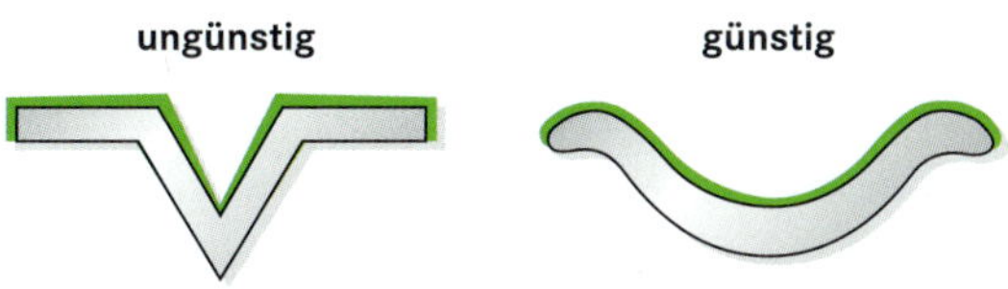

Abb. 5: Galvanisieren: Vermeidung von spitzen Kerben

Durchgangsbohrungen müssen zumindest entgratet werden. Ein beidseitiges Senken ist jedoch zu bevorzugen.

Informieren

6.4.6 Kathodischer Korrosionsschutz

Insbesondere in die Erde verbrachte Konstruktionen sind durch die Erdfeuchte verstärkt elektrochemischer Korrosion ausgesetzt. Um eine korrosive Zerstörung solcher Bauteile zu verhindern, werden kathodische Korrosionsschutzmaßnahmen angewandt. Der kathodische Schutz ist ein aktiver Korrosionsschutz. Hierbei wird das unterschiedliche Potenzial der Metalle entsprechend der elektrochemischen Spannungsreihe (→) ausgenutzt.

Durch das Anlegen einer Gegenspannung (Fremdstrom) zwischen dem zu schützenden Bauteil und einer Graphitanode kann kein Potenzialunterschied entstehen (Abb. 1). Die Bildung eines Korrosionselements wird somit unterbunden.

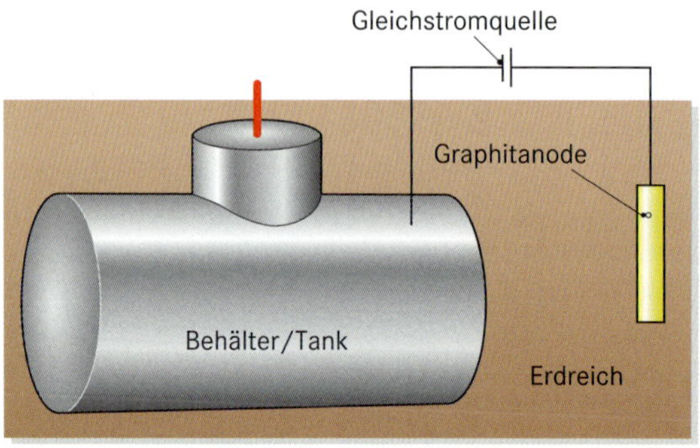

Abb. 1: Kathodischer Korrosionsschutz mit Fremdstrom

Die Höhe der anzulegenden Spannung wird jedoch nicht für jede Materialpaarung gesondert berechnet. Erfahrungen haben ergeben, dass bei einer Spannung von ca. 1 V ein ausreichender Schutz vor elektrochemischer Korrosion gewährleistet ist.

Das Anbringen einer Opferanode an dem zu schützenden Bauteil aus einem unedlen Metall mit niedrigem Potenzial (z. B. Zink oder Magnesium) führt dazu, dass diese Anode und nicht das edlere Material des Behälters aufgelöst wird (Abb. 2).

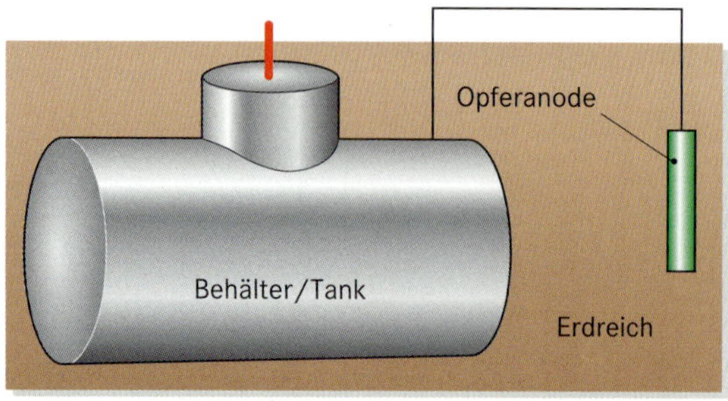

Abb. 2: Kathodischer Korrosionsschutz mit Opferanode

Die Opferanode muss jedoch in regelmäßigen Abständen kontrolliert und bei Bedarf erneuert werden.

Zusammenfassung

Korrosion

chemisch

durch Reaktion der metallenen Oberfläche mit

Gasen | Laugen/Basen | Säuren

Es bilden sich Metalloxide oder Metallsalze und es kommt zur:

- *Flächenkorrosion.*

Metalloxide können sehr fest an der Oberfläche haften (Aluminiumoxid) und eine weitere Korrosion verhindern. Einige Oxide sind ablösbar (Eisenoxid). Die Korrosion kann dann ungehindert voranschreiten.

elektrochemisch

durch Bildung eines Korrosionselements

Das jeweils unedlere Metall löst sich in einer Materialkombination auf und es kommt zur:

- *Kontaktkorrosion,*
- *Lochfraßkorrosion,*
- *Spaltkorrosion.*

Die Korrosionsanfälligkeit einer Materialpaarung und das jeweils unedlere Metall können mit Hilfe der elektrochemischen Spannungsreihe bestimmt werden.

Die Korrosionsbeständigkeit bzw. die Korrosionsanfälligkeit eines Metalls geben an, wie gut dieses angreifenden Gasen, Laugen bzw. Basen oder Säuren widerstehen kann.

Zusammenfassung

Korrosionsschutz

- **geeignete Werkstoffauswahl**
- **Schutzschichten auftragen**
  - ***metallische Überzüge***
    - thermisches Spritzen
    - Kaltverzinken
    - Galvanisieren
    - Feuerverzinken
  - ***nichtmetallische Beschichtungen***
    - Pulverbeschichten
    - Eloxieren
    - Ölen/Fetten
    - Lacke/Farben
  - Feuerverzinken + Lacke/Farben: ***Duplex-System***
- **kathodischer Korrosionschutz**
  - Anlegen einer Gegenspannung
  - Opferanode aus Zink oder Magnesium
- **sonstige Maßnahmen**
  - korrosionsschutzgerechtes Gestalten
  - Bauteiltrennung durch nichtleitende Materialien

Eine zu beschichtende Oberfläche muss gründlich gesäubert, entfettet, entzundert und entrostet werden.

Die Aufbereitung der Oberfläche vor dem eigentlichen Beschichten erfolgt durch Strahlen, Schleifen, Beizen, Phosphatieren, Chromatieren, Verkupfern oder Grundieren.

Bei der Auswahl geeigneter Korrosionsschutzmaßnahmen sind jeweils die mechanische, chemische, elektrochemische und thermische Beanspruchung sowohl der einzelnen Materialien als auch der Gesamtkonstruktion zu analysieren und zu bewerten.

Arbeits- und Umweltschutz

Bei der Oberflächenvorbereitung zu beschichtender Bauteile mit Chemikalien ist die vorgeschriebene Schutzkleidung zu benutzen, um Gesundheitsgefährdungen auszuschließen. Das Eindringen von Chemikalien in das Erdreich ist zu verhindern, Abfälle sind vorschriftsgemäß zu deklarieren und zu entsorgen.

Aufgaben

1. Beschreiben Sie die grundsätzlichen Vorgänge bei chemischer und elektrochemischer Korrosion.

2. Beschreiben Sie folgende Merkmale der Flächen- und Kontaktkorrosion: Korrosionsart, Korrosionsbedingung, Erscheinungsbild und Korrosionsschutz. Nutzen Sie dazu die folgende Tabelle.

Merkmal	Flächenkorrosion	Kontaktkorrosion
Korrosions-art	...	...

3. Skizzieren und beschreiben Sie das Wirkprinzip in einem Korrosionselement.

4. Welche Bedeutung hat die elektrochemische Spannungsreihe für Konstruktionen aus Metallteilen?

5. Bestimmen Sie den Potenzialunterschied einer Eisen-/Aluminium-Paarung sowie einer Paarung aus nichtrostendem Stahl (X4CrNi18-10) und Aluminium. Legen Sie jeweils fest, welches Material bei elektrochemischer Korrosion zerstört wird.

6. Durch welche gestalterischen Maßnahmen lässt sich Kontaktkorrosion vermeiden?

7. Beschreiben Sie die Vorgänge, die das Korrosionsverhalten von Aluminium und nichtrostendem Stahl positiv beeinflussen.

8. Beschreiben Sie, durch welche Bearbeitungsverfahren die Passivierung von nichtrostendem Stahl positiv beeinflusst werden kann. Welche Vorsichtsmaßnahmen zum Schutz der Gesundheit sind hierbei zu treffen?

9. Worin unterscheiden sich Schutzschichten und Überzüge? Geben Sie je zwei Beispiele an.

10. Welche vorbereitenden Maßnahmen erfordert das Anstreichen mit Farben und Lacken?

11. Skizzieren Sie den Aufbau eines Anstrichsystems. Beschreiben Sie die Aufgaben des Grundanstrichs. Welche Funktionen übernimmt die Deckschicht?

12. Welche Anforderungen werden an metallische Überzüge gestellt?

13. Beschreiben Sie den Ablauf des Feuerverzinkens in einem Bad.

14. Ein Stahlbauteil aus geschlossenen Hohlprofilen soll feuerverzinkt werden. Erstellen Sie den Arbeitsplan. Achten Sie insbesondere auf die Gestaltung und die Vorbereitung der Bauteile.

15. Erläutern Sie den Aufbau und das Wirkprinzip eines Duplex-Systems.

Gesamt-aufgabe

Die Trägerelemente des abgebildeten Vordaches sollen nach Kundenauftrag mit kleinen Änderungen in der Werkstatt nachgebaut werden. An Stelle der beim Original verwendeten Stahlrohre sollen für den Nachbau rechteckige Stahlrohre 60 x 40 verwendet werden. Die Montage des Vordaches und die Befestigung der Acrylglasfläche übernimmt der Kunde in Eigenleistung.

Nach einem Kundengespräch wurde folgende Zeichnung angefertigt:

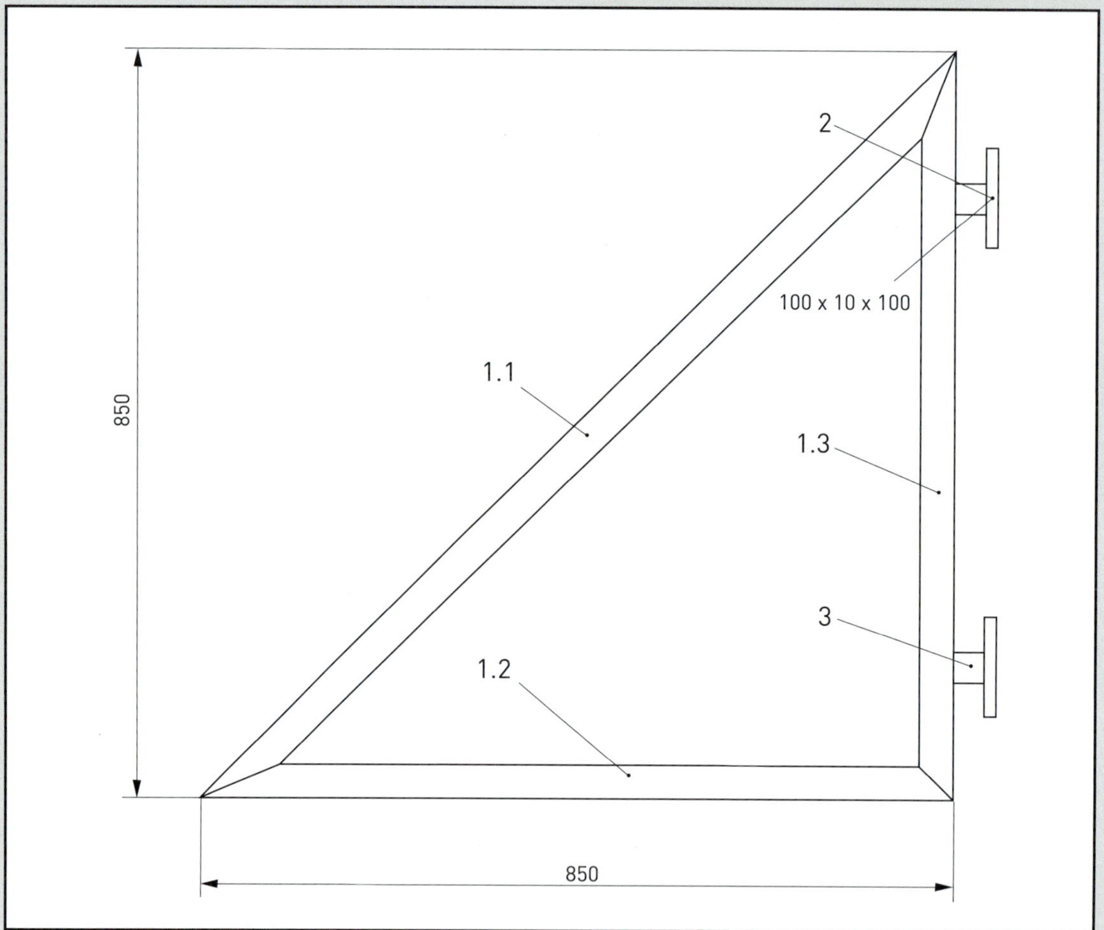

Pos.	Menge	Einheit	Benennung	Sachnummer/Norm-/Kurzbezeichnung	Bemerkung
1.1	1	Stck	Rahmenteil 1		Stahl EN 10 025-S235JR
1.2	1	Stck	Rahmenteil 2		Stahl EN 10 025-S235JR
1.3	1	Stck	Rahmenteil 3		Stahl EN 10 025-S235JR
2	2	Stck.	Anschlussplatte		Stahl EN 10 025-S235JR
3	2	Stck.	Verbindungsstück	HFRHF - EN 10 210 - 40 x 40 x 3 x 50	Stahl EN 10 025-S235JR

Halbzeuge

1. Erläutern Sie die Halbzeugbezeichnung für Pos. 3.

2. Zeichnen Sie die Anschlussplatte Pos. 2 mit vier Bohrungen d = 10 mm im Maßstab 1:1. Die Mittelpunkte der Bohrungen sollen sich 15 mm vom Werkstückrand befinden.

3. Berechnen Sie die für die Herstellung des Rahmens erforderliche Materiallänge für Pos. 1.1.

4. Welche Halbzeuglänge muss bei Bestellung der Pos. 3 mindestens angegeben werden, damit das Material zur Herstellung der Trägerelemente ausreicht?

Trennen von Profilen

5. Der Zuschnitt der Rahmenteile erfolgt mit einer Kreissäge.
a) Welche Gehrungswinkel müssen beim Zuschnitt an der Säge eingestellt werden?
b) Mit welcher maximalen Schnittgeschwindigkeit darf der Zuschnitt erfolgen?
c) Welche Zahnteilung sollte das Sägeblatt haben?

Fügen von Profilen

6. Beschreiben Sie, wie die Rahmenteile zum Schweißen vorbereitet werden.

7. Die Rahmenteile sollen durch das MAG-Schweißen miteinander verschweißt werden. Wählen Sie für diese Schweißaufgabe eine geeignete Nahtart.

8. Die Verbindungsstücke sollen durch ringsumlaufende Kehlnähte an den Rahmen geschweißt werden.
a) Ermitteln Sie die dafür notwendige Nahtdicke.
b) Bestimmen Sie mit dem Tabellenbuch die Richtwerte für das MAG-Schweißen.
c) Beschreiben Sie die Herstellung der Kehlnähte einschließlich der Nahtvor- und -nachbereitung.

9. Durch einen Defekt der MAG-Schweißanlage müssen die letzten beiden Verbindungsstücke durch das Lichtbogenhandschweißen angeschweißt werden. Zum Schweißen wird eine Stabelektrode mit der Bezeichnung ISO 2560-A-E 38 2 B 12 H10 verwendet.
a) Erläutern Sie die Bestandteile der Elektrodenbezeichnung.
b) Welche Schweißstromstärke ist am Schweißgerät einzustellen?

10. Alternativ sollen die Trägerelemente aus nichtrostendem Stahl hergestellt werden.
a) Wählen Sie für den zur Verfügung stehenden nichtrostenden Stahl X5CrNiMo17-12-2 einen geeigneten Zusatzwerkstoff.
b) Überprüfen Sie, ob das Schutzgas ISO 14175 – M21 zum Schweißen von nichtrostenden Stählen verwendet werden darf. Begründen Sie Ihre Antwort.

11. Als Augenschutz steht Ihnen ein Automatikhelm mit automatischer Abdunklung zur Verfügung. Welche Schutzstufe müssen Sie am Helm zum Schweißen der Kehlnähte einstellen?

12. Bei der Beurteilung der Kehlnähte stellen Sie fest, dass die Naht stark überhöht ist.

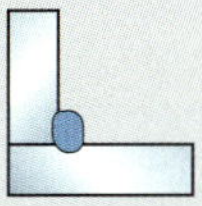

a) Welche Ursache hat dieser Fehler?
b) Wie muss die Fehlerbeseitigung erfolgen?

Korrosionsschutz

13. Die geschweißten Trägerelemente sollen durch Verzinken vor Korrosion geschützt werden. Beschreiben Sie, wie die Elemente zum Verzinken vorzubereiten sind.

14. Für das Verzinken muss die Masse des Trägerelements bekannt sein. Berechnen Sie die Masse.

15. Nach dem Verzinken sollen die Trägerelemente eine zusätzliche Farbbeschichtung erhalten.
a) Welche Bezeichnung hat dieses Prinzip des Korrosionsschutzes?
b) Beschreiben Sie, wie die Oberfläche für die Farbbeschichtung vorbereitet werden muss.
c) Welche Funktion haben die einzelnen Schichten?

16. Der Auftraggeber fragt bei Übergabe der Trägerelemente, ob bei der Montage des Vordaches Schrauben aus NiRo verwendet werden können. Was raten Sie dem Kunden bezüglich des Korrosionsschutzes? Begründen Sie Ihre Antwort.

17. Wenn die Trägerelemente aus nichtrostendem Stahl hergestellt werden, sind weitere Korrosionsschutzmaßnahmen zu beachten.
a) Wie wird während des Schweißens der Rechteckrohre verhindert, dass sich auf der Wurzelrückseite der Schweißnaht Anlauffarben bilden?
b) Beschreiben Sie, wie die Schweißnähte an Bauteilen aus nichtrostendem Stahl nachbehandelt werden müssen, damit auch langfristig keine Korrosionsschäden auftreten.

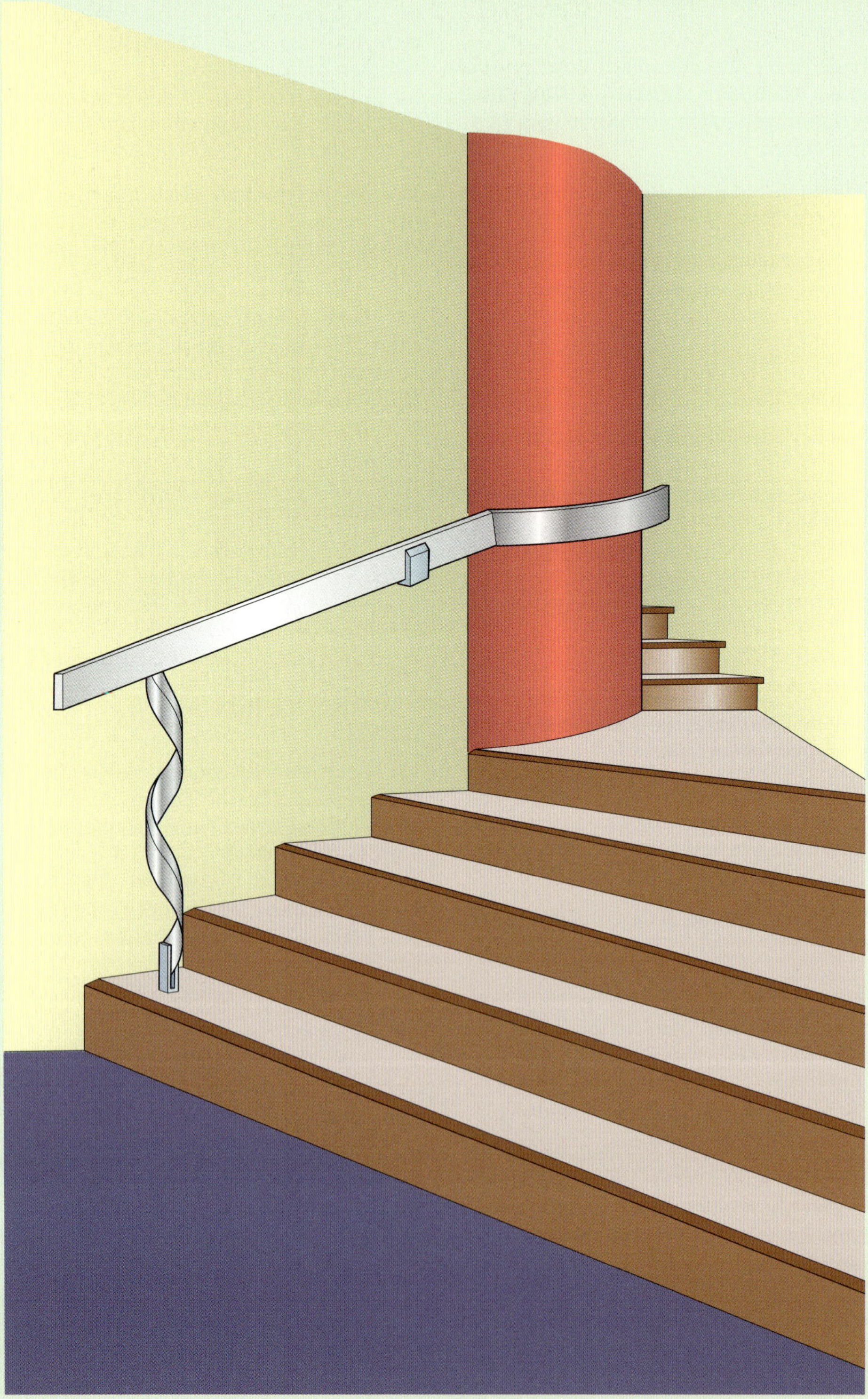

GESAMTAUFTRAG

Für das abgebildete Treppenhaus ist ein Handlauf zu entwerfen und anschließend herzustellen. Die Gestaltungswünsche des Kunden dienen als Planungsgrundlage. In einem Beratungsgespräch sollen die Kundenwünsche und die rechtlichen und fachlichen Vorgaben gegenübergestellt werden.

Da es sich um ein Altbau handelt, stehen keine Zeichnungen mit den Treppenhausmaßen zur Verfügung. Deswegen müssen die erforderlichen Maße auf der Baustelle ermittelt werden.

ANALYSE

Vorgaben für den Handlauf

Die Krümmung des Handlaufes wird durch die Wand- und Treppenführung bestimmt. Die Wand verläuft als gleichmäßige Rundung. Die Treppe ist nach 5 Steigungen durch ein Podest geteilt. Dies bedeutet für den Handlauf eine unterbrochene Steigung. Er kann somit aus mehreren Einzelteilen hergestellt werden.

Für die Höhe des Handlaufes und den Abstand zur Wand sind die baurechtlichen Bestimmungen einzuhalten.

Für den Kunden steht das Aussehen im Vordergrund. Diese Vorstellungen muss der Facharbeiter mit dem praktisch Machbaren verbinden. Neben den rechtlichen Bestimmungen sind folgende Vorgaben für das Angebot zu berücksichtigen:

- Festigkeit und Belastbarkeit der Werkstoffe,
- mögliche Fertigungsverfahren,
- Transport und Montierbarkeit,
- Beständigkeit (Pflege und Wartung) und
- Aufwand und Preis.

Als Ergebnis legt der Facharbeiter dem Kunden verschiedene Entwürfe vor, die gleichzeitig die kreativen und fachlichen Aspekte berücksichtigen.

Entwurf eines Handlaufes

Der abgebildete Entwurf wurde von dem Kunden ausgewählt. Der Betrieb ist auf Grund seiner Werkstattausstattung und seines Fachpersonals in der Lage, diesen Handlauf für einen angemessenen Preis herzustellen.

ANALYSE

Technische Unterlagen

Da die Grundrisszeichnung des Treppenhauses nicht mehr vorliegt, müssen die erforderlichen Maße für den Handlauf auf der Baustelle aufgenommen werden. Sie sind die Voraussetzung für das Erstellen der technischen Unterlagen. Auf Grund der einfachen Ausführung der Einzelteile werden Freihandskizzen angefertigt. Für den Handlauf liegen folgende Skizzen vor:

- Pfosten,
- Treppenhandlauf,
- Podesthandlauf,
- Wandbefestigung und
- Bodenbefestigung.

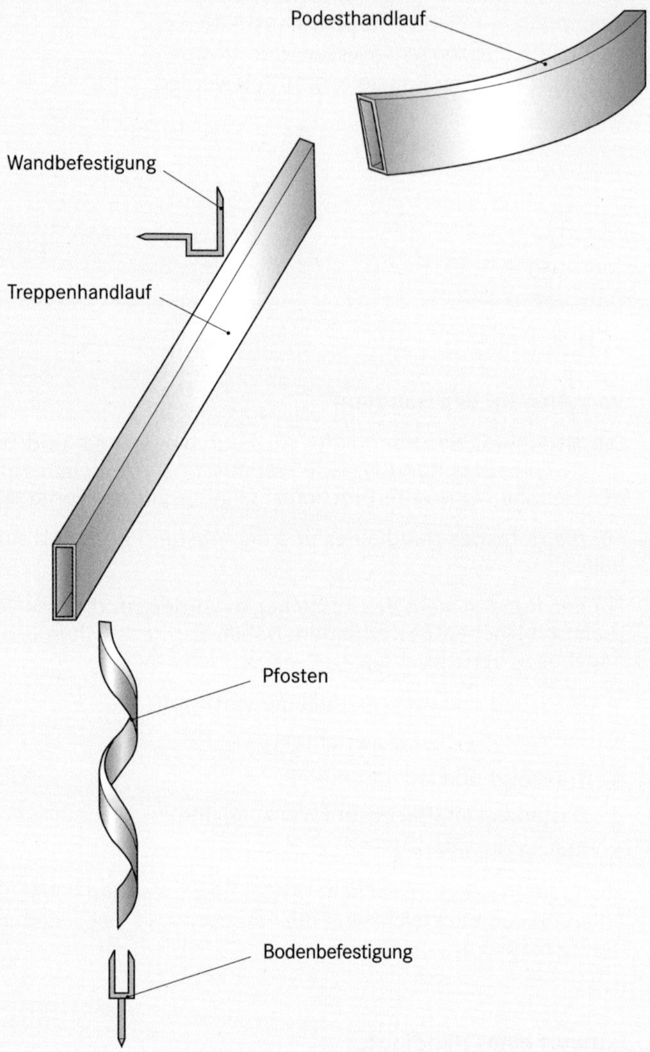

Aufbau des Handlaufes

Der Handlauf besteht aus einem warmgefertigten Rechteckrohr aus unlegiertem Baustahl. Aus Fertigungsgründen muss die Breite des Profils klein sein. Darum wird für den Podesthandlauf ein Rechteckrohr 100 x 30 x 3 mm eingesetzt. Dieses Profil besitzt eine Sondergröße. Als Pfosten kommt ein Flachstahl 20 x 15 mm zum Einsatz. Die Einzelteile des Handlaufes werden in der Werkstatt gefertigt und bei der Montage auf der Baustelle verschweißt. Der Handlauf liegt in der U-förmigen Vertiefung der Handbefestigung und ist über den Pfosten mit der Bodenbefestigung verbunden. Diese Befestigung erlaubt ein ausreichend großes Montagespiel. Mit Schrauben wird der Handlauf mit der Wand- und Bodenbefestigung verbunden. Die Oberfläche der Einzelteile wird mit einem Speziallack überzogen.

Fertigung in der Werkstatt

Das Rechteckrohr wird mit einer Maschinensäge auf die Längen zugeschnitten. Der Podesthandlauf und der Treppenhandlauf werden auf einer Dreiwalzen-Rundbiegemaschine kaltverformt. Hierfür wird der Baustahl S235 JRC mit guter Kaltumformbarkeit verwendet.

Der Pfosten wird auf einer Biegevorrichtung warm umgeformt. Hier kommt ein S235JRN mit guter Warmumformbarkeit zum Einsatz.

Die Profile für die Wand- und Bodenbefestigung werden zuerst gebogen und anschließend gebohrt. Die Gewindebohrungen für den Handlauf werden bei der Montage auf der Baustelle angefertigt.

Der Gesamtauftrag ist in einzelne Arbeitsaufträge unterteilt. Auf Grund der Werkstattbelegung werden die Aufträge Podesthandlauf und Handlaufeinzug vorgezogen.

7.1 Kaltumformen

ARBEITSAUFTRAG

Der Podesthandlauf wird aus einem Hohlprofil DIN EN 10210 - 100 x 30 x 3 - S235 JRC gefertigt. Zum Biegen des Profils steht eine Dreiwalzen-Rundbiegemaschine zur Verfügung. Nach dem Biegen sind die Enden auf Gehrung zu schneiden.

rmieren

7.1.1 Zeichnungsanalyse

Da von dem Treppenhaus keine Grundrisszeichnung mit den entsprechenden Maßen vorliegt, müssen die Maße auf der Baustelle ermittelt werden.

7.1.1.1 Maßaufnahme auf der Baustelle

Bevor eine Skizze für den Podesthandlauf angefertigt werden kann, müssen folgende Maße auf der Baustelle ermittelt werden:

- die Wandlänge des Podestes für die Länge des Handlaufes,
- der Durchmesser der Wandkrümmung für den Biegeradius des Handlaufes und
- der Steigungswinkel der Treppe für den Gehrungsschnitt des Handlaufes.

Die Maßaufnahme kann entweder durch direktes Messen oder durch Messen und Berechnen erfolgen.

Ermittlung der Wandlänge *l* des Podestes

Der Podesthandlauf verläuft mit einem Wandabstand von 80 mm an der Wandkrümmung entlang, um ein sicheres Greifen zu ermöglichen. Die Länge des Handlaufes *l* entspricht der Wandlänge des Podestes plus einer Zugabe für den Wandabstand (Abb. 1).

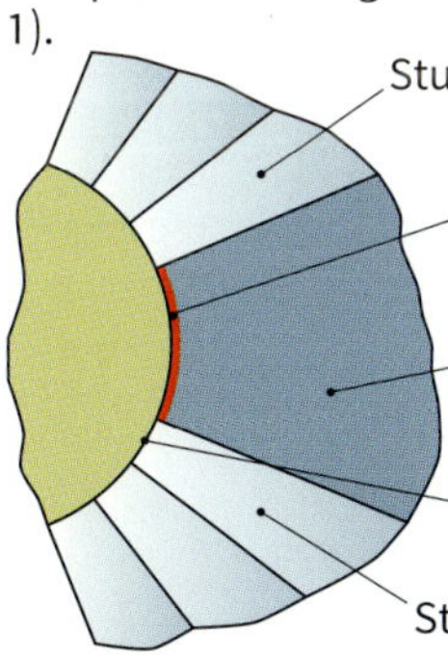

Abb. 1: Wandlänge *l*

Das Maß für die Wandlänge *l* wird mit einem Maßband aufgenommen. Für die Zugabe für den Wandabstand wird ein Erfahrungswert von 50 mm vorgegeben.

Die gemessene Wandlänge des Podestes beträgt $l = 685$ mm. Der Podesthandlauf muss 50 mm länger sein. Länge Handlauf = 735 mm.

Ermittlung des Durchmessers *d* der Wandkrümmung

Der Podesthandlauf folgt im Abstand von 80 mm der Krümmung der Wand. Die Krümmung der Wand ist durch den Durchmesser festgelegt. Da er nicht direkt gemessen werden kann, muss er durch eine Hilfskonstruktion ermittelt werden (Abb. 2).

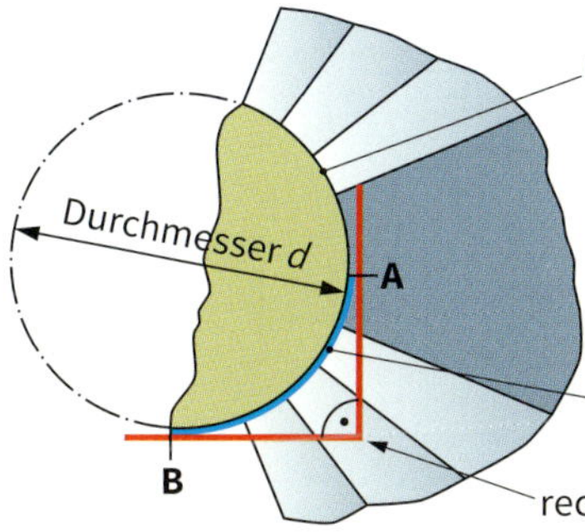

Abb. 2: Ermittlung des Durchmessers der Wandkrümmung

Zwei ausreichend lange Leisten bilden einen rechten Winkel. Dieser wird waagerecht an die Wand gelegt. Die beiden Berührungspunkte A und B des Winkels mit der Wand werden markiert. Die beiden Punkte begrenzen einen Viertelkreis. Ihre Strecke auf der Wand entspricht der Umfangslänge eines Viertelkreises. Diese Länge *L* wird mit dem Maßband gemessen. Sie beträgt $L = 1964$ mm. Den Umfang *U* der Wandkrümmung erhält man, wenn man die Viertelkreislänge mit vier multipliziert.

$$U = 4 \cdot L$$
$$U = 4 \cdot 1964 \text{ mm}$$
$$\underline{\underline{U = 7856 \text{ mm}}}$$

Der Durchmesser *d* der Wandkrümmung wird mit folgender Formel berechnet:

$$U = d \cdot \pi$$
$$d = \frac{U}{\pi}$$
$$d = \frac{7856 \text{ mm}}{\pi}$$
$$\underline{\underline{d = 2500 \text{ mm}}}$$

Zum Herstellen des Podesthandlaufes benötigt man den Biegeradius *r*.

$$r = \frac{d}{2}$$
$$\underline{\underline{r = 1250 \text{ mm}}}$$

Die Handlaufkrümmung muss zusätzlich noch den Wandabstand 80 mm beinhalten. Dieser wird zum Biegeradius addiert.

$$r = 1250 \text{ mm} + 80 \text{ mm} = \underline{\underline{1330 \text{ mm}}}$$

Der Biegeradius für den Handlauf beträgt 1330 mm.

Die Wandkrümmung kann auch durch eine verstellbare Schablone ermittelt werden (Abb. 1).

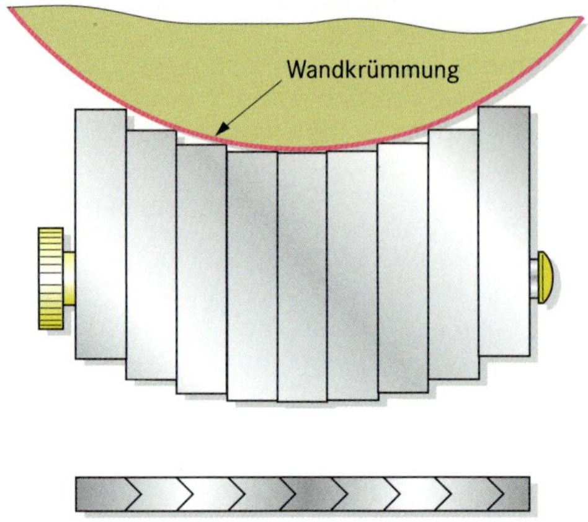

Abb. 1: Verstellbare Schablone

Die einzelnen Gliederstäbe werden entsprechend der Krümmung verschoben und durch eine Feststellschraube verspannt. Die so aufgenommene Krümmung wird anschließend auf eine Biegeschablone übertragen. Auch hier muss die Krümmung um den Wandabstand vergrößert werden.

Möglich ist auch das Anfertigen einer Schablone aus einer Sperrholzplatte. Hierbei wird die Platte an die Wand gehalten, die Krümmung abgezeichnet und mit einer Stichsäge ausgesägt. Je nach Krümmung der Wand können weitere Korrekturschnitte erforderlich sein.

Ermittlung des Steigungswinkels

Der Podesthandlauf geht in den Treppenhandlauf über. Der Treppenhandlauf hat den Steigungswinkel der Treppe. Beide Handläufe sind unter diesem Winkel verbunden. Damit ihre Schnittkanten gleich lang sind, müssen beide Profilenden den gleichen Schnittwinkel besitzen. Diesen Winkelschnitt bezeichnet man als Gehrungsschnitt. Er ist abhängig vom Steigungswinkel der Treppe. Der Winkel ergibt sich aus der Gesamthöhe und der Lauflänge der gesamten Treppe oder aus dem Steigungswinkel der Stufen (Abb. 2).

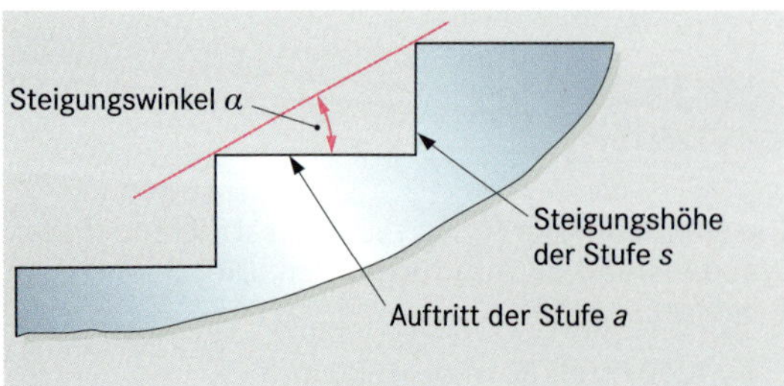

Abb. 2: Steigungswinkel der Treppe

Bei der Aufnahme der Maße muss der Wandabstand von 80 mm berücksichtigt werden.

Gemessen wurden:

Steigungshöhe s = 170 mm

Auftritt a = 272 mm

Mit der Winkelfunktion Tangens lässt sich der Steigungswinkel ermitteln:

$$\tan\alpha = \frac{\text{Steigungshöhe } s}{\text{Auftritt } a}$$

$$\tan\alpha = \frac{170\ \text{mm}}{272\ \text{mm}}$$

$$\underline{\underline{\alpha = 32°}}$$

Mit einer Schmiege kann der Steigungswinkel auch direkt aufgenommen werden. Eine Leiste wird mit dem Wandabstand von 80 mm auf die Stufen gelegt. Der Winkel zwischen der Leiste und der Auftrittsfläche der Stufe wird mit der Schmiege abgenommen. Aus dem Steigungswinkel α ergibt sich der Gehrungswinkel $\alpha/2$ für den Handlauf (Abb. 3).

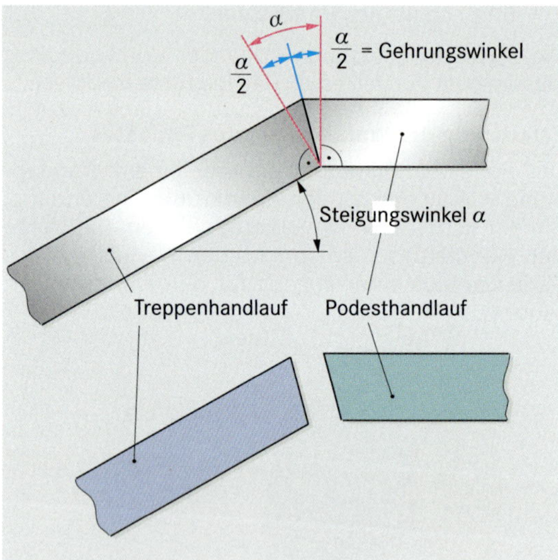

Abb. 3: Gehrungsschnitt für den Handlauf

Der Gehrungswinkel beträgt $\frac{\alpha}{2} = 16°$.

Die Profilenden des Handlaufes müssen unter dem halben Steigungswinkel abgesägt werden.

Bei größeren Projekten ist ein Datenblatt zur Maßaufnahme auf der Baustelle hilfreich. Es strukturiert den Messvorgang und verhindert, dass Maße vergessen werden (Abb. 4).

Datenblatt	**Bauherr:** E. Klaus, Dreyerstr. 13		**Bauvorhaben:** Handlauf	
Verantwortlich: W. Meier			**Datum:** 17.04.18	
			Messmittel/ Hilfsmittel	**Bemerkungen**
1. Allgemein				
2. Podesthandlauf				
Länge	Wandlänge	*l* =	Maßband	Zuschlag 50 mm
Biegeradius	Wandlänge A – B	*L* =	Maßband, rechter Winkel	
Gehrung	Steigungshöhe *s* Auftritt *a*	*s* = *a* =	Maßband	Wandabstand 80 mm berücksichtigen
3. Treppenhandlauf				
4. Einzug				

Abb. 4: Auszug aus dem Datenblatt für den Handlauf

Nachdem alle erforderlichen Maße für den Podesthandlauf vorhanden sind, kann die Skizze angefertigt werden.

7.1.1.2 Skizzen

Eine Skizze ist nach **DIN 199** eine vereinfachte, vorwiegend frei Hand erstellte Zeichnung. Sie muss nicht unbedingt maßstäblich sein, jedoch sollten die Formen des Werkstückes verhältnisrichtig dargestellt werden. Eine Skizze enthält alle Angaben, die zur Herstellung eines Bauteils notwendig sind. Oft ist sie die einzige technische Unterlage für ein Bauteil.

Die Skizze für den Podesthandlauf ist freihändig gezeichnet ① (Abb. 5). Sie enthält neben den Maßangaben auch Informationen über das anzuwendende Fertigungsverfahren ②. Das Profil ist in der Ansicht eingeklappt dargestellt ③. Die Maßlinienbegrenzungen sind nach DIN 1356 als Schrägstriche dargestellt ④. Schriftliche Angaben werden in Druckbuchstaben ausgeführt ⑤. Aus fertigungstechnischen Gründen ist die Länge des Handlaufes als Hilfsmaß angegeben. Es ist in Klammern gesetzt ⑥. Die Skizze besitzt kein Schriftfeld, für Rückfragen sollte der Name des Zeichners, das Datum, die Bauteilbezeichnung sowie der Kunde angegeben werden ⑦.

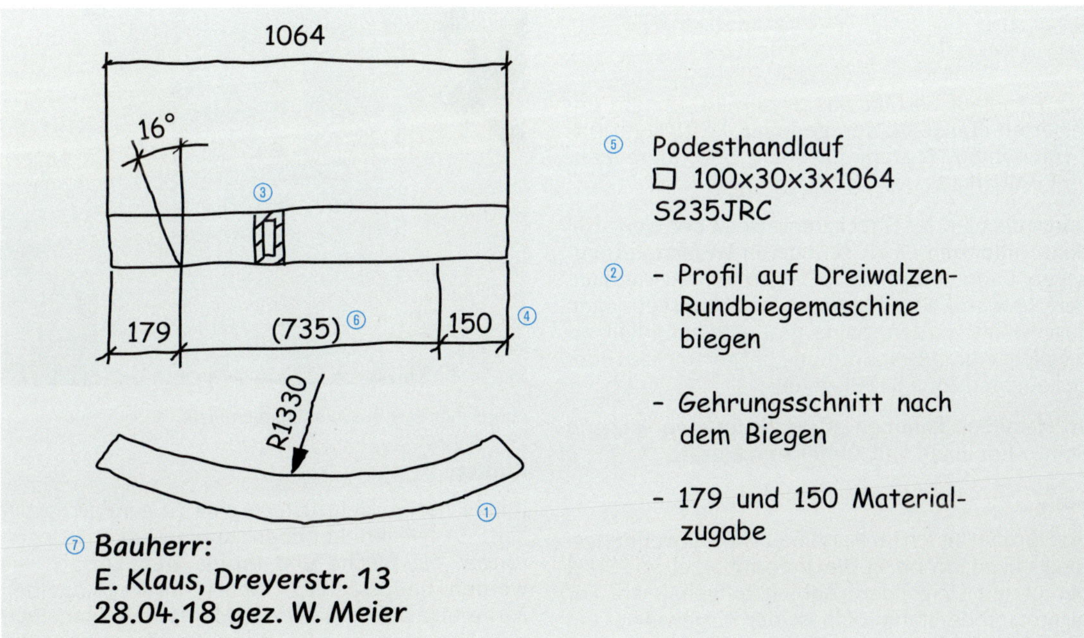

Abb. 5: Skizze für den Podesthandlauf

7.1.2 Auswahl der Werkstoffe und Halbzeuge

Für einen fehlerfreien Biegevorgang ist ein richtiger Werkstoff und eine günstige Querschnittslage des Halbzeuges zum Biegeradius zu wählen.

7.1.2.1 Werkstoffe

Für das Kaltumformen eignen sich Werkstoffe, die sich mit geringer Kraft stark verformen lassen, ohne zu reißen. Die bleibende Verformung muss groß gegenüber der elastischen Rückfederung sein. Dieses Umformverhalten lässt sich durch das Kraft-Verlängerung-Diagramm darstellen (Abb. 1). Es wird durch den Zugversuch ermittelt und zeigt, wie sich ein Werkstoff mit zunehmender Kraft verlängert. Ein Werkstoff lässt sich gut verformen, wenn die Verlängerung ΔL groß gegenüber seiner Ausgangslänge ist.

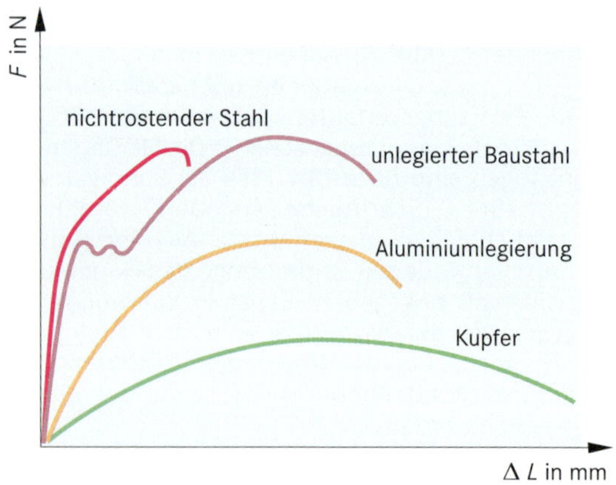

Abb. 1: Kraft-Verlängerung-Diagramm für verschiedene Werkstoffe

Der Handlauf besteht aus S 235 JRC, einem unlegierten Baustahl mit geringer Festigkeit. Das Zusatzsymbol **C** steht für seine besondere Kaltumformbarkeit.

Durch die niedrige Streckgrenze setzt der Werkstoff dem Umformen einen geringeren Widerstand entgegen. Dadurch kann eine Biegemaschine mit kleinerer Baugröße und geringerem Arbeitsvermögen ausgewählt werden. Seine große Dehnbarkeit ermöglicht eine gute Verformung der gestreckten oder gestauchten Zone des Biegeteils.

Im Metallbau kommen als Werkstoffe vorwiegend Stahl, Aluminium und Kupfer zum Einsatz.

Stahl

Stahlprofile bieten im Metallbau viele Anwendungsmöglichkeiten (Abb. 2). Die Umformbarkeit von Stahl nimmt mit steigendem Kohlenstoffgehalt ab. Für nichtrostende Stahlprofile ist der Biegewiderstand und die Rückfederung größer als für unlegierten Baustahl.

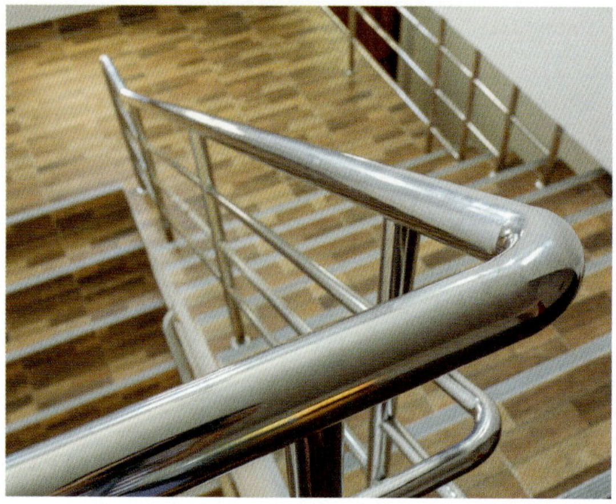

Abb. 2: Handlauf aus nichtrostendem Stahl

Aluminium

Aluminium lässt sich gut durch Biegen, Kanten und Walzen verformen. Da die Festigkeit von Reinaluminium jedoch gering ist, verwendet man hauptsächlich Aluminiumlegierungen. Durch die Erzeugung unterschiedlichster Profilformen ist ihr Einsatzbereich im Metallbau vielfältig (Abb. 3). Für das Kaltumformen ist eine AlMgSi-Legierung geeignet.

Abb. 3: Vordach aus Aluminiumprofilen

Kupfer

Kupfer hat im Reinzustand eine zu geringe Festigkeit. Deswegen kommen Kupfer-Zink-Knetlegierungen als Bleche und Profile zum Einsatz. Sie werden hauptsächlich wegen ihrer goldgelben Farbe aus dekorativen Gründen verarbeitet. Sehr gute Eigenschaften für das Kaltumformen besitzt der Werkstoff CuZn28.

Zugversuch

Das Verhalten von Werkstoffen unter Zugbeanspruchung wird mit einem Zugversuch ermittelt. Dazu wird mit langsam ansteigender Kraft eine Probe bis zum Zerreißen verlängert.

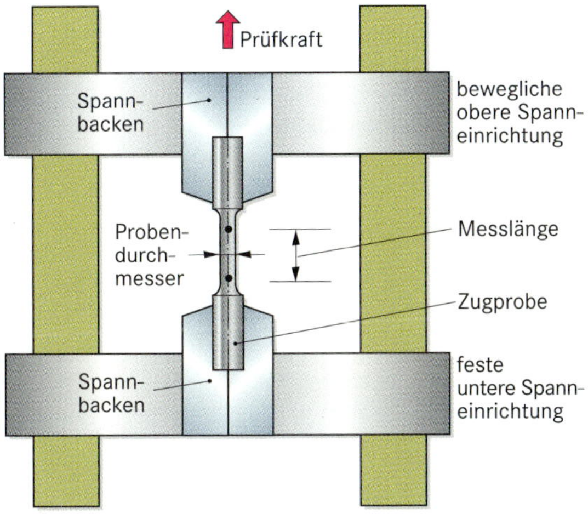

Abb. 4: Prinzip des Zugversuchs

Die Zugprobe ist aus dem zu prüfenden Werkstoff gefertigt. Die Abmessungen dieser Proben sind genau vorgegeben (→📖). Während des Versuchs werden die aufgebrachte Kraft F und die entstehende Verlängerung ΔL der Probe kontinuierlich aufgezeichnet. Diese werden anschließend in die Spannung σ und die Dehnung ε umgerechnet (→📖) und in einem Spannung-Dehnungs-Diagramm dargestellt.

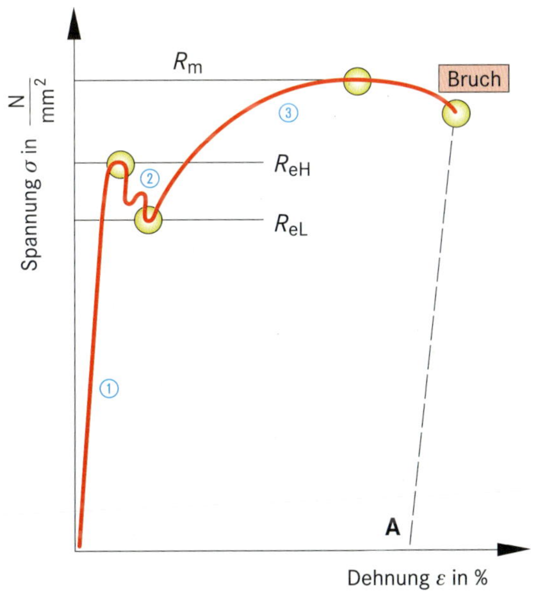

Abb. 5: Typischer Verlauf eines Spannung-Dehnungs-Diagramms

Im Spannung-Dehnungs-Diagramm (→📖) sind drei charakteristische Bereiche zu erkennen:

① Im ersten Bereich steigt die Gerade linear an. Dieser Anstieg wird auch als Hooke'sche-Gerade bezeichnet. In diesem Bereich verhält sich der Werkstoff elastisch. Er kehrt nach seiner Entlastung wieder in den Ausgangszustand zurück.

② Im zweiten Bereich setzt zusätzlich zur elastischen auch eine plastische Verformung ein. Diese kann nicht rückgängig gemacht werden. Die Zugprobe kehrt auch nach Rücknahme der Prüfkraft nicht mehr in ihre Ausgangslänge zurück. Oberhalb des elastischen Bereichs ① liegt die Streckgrenze R_e. Bei unlegierten Baustählen wird zwischen der oberen Streckgrenze R_{eH} und der unteren Streckgrenze R_{eL} unterschieden. Bei vielen anderen Werkstoffen ist diese Unterscheidung nicht möglich, da keine eindeutige Steckgrenze ermittelt werden kann. Als Ersatz hierfür wird die 0,2 % Dehngrenze $R_{p\ 0,2}$ bestimmt (→📖).

③ Wird die Probe weiter belastet, erreicht man im dritten Bereich die Mindestzugfestigkeit R_m. Belastet man den Werkstoff über diese Grenze hinaus, so beginnt sich die Probe einzuschnüren, es bilden sich Risse und es kommt schließlich zum Bruch.

Abb. 6: Zugproben nach dem Bruch

Die Bruchdehnung A gibt Aufschluss über die Zähigkeit des Werkstoffs. Sie wird auch zur Beurteilung des Umformvermögens herangezogen.

Beim Zerreißen der Proben können sowohl ein Sprödbruch, ein Verformungsbruch als auch ein Mischbruch (→📖) auftreten.

7.1.2.2 Halbzeuge

Als Halbzeuge bezeichnet man Bleche, Bänder, Profile und Rohre, die zu Bauteilen weiterverarbeitet werden. Je nach dem Herstellungsverfahren unterteilt man Halbzeuge in:

- kalt- oder warmgewalzt und
- geschweißt oder nahtlos.

Für den Handlauf wird als Halbzeug ein warmgefertigtes, rechteckiges, nahtloses Rohr verwendet.

Kalt- oder warmgewalzte Halbzeuge

Gewalzte Halbzeuge erhalten ihre Form durch mehrere Walzen, die den Querschnitt entsprechend verändern. Dabei wird das Gefüge des Werkstoffes stark verformt (Abb. 1).

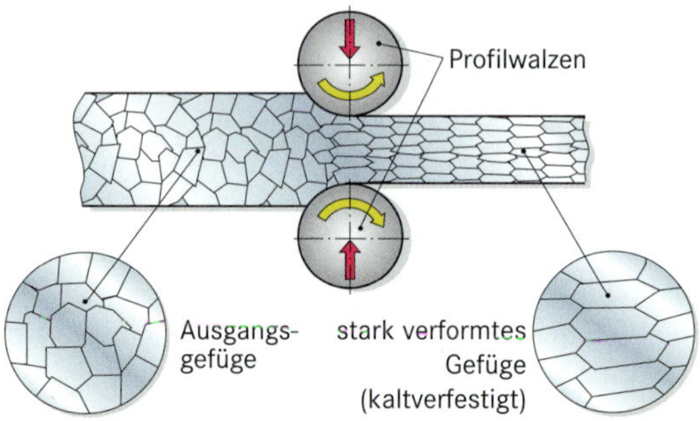

Abb. 1: Gefügeänderung beim Walzen

Geschieht diese Verformung bei geringen Temperaturen, so wird das Halbzeug kaltverfestigt. Die Kaltverfestigung führt zu einer Erhöhung der Festigkeit und einer Abnahme der Dehnbarkeit. Eine weitere Verformung ist nur unter höherem Kraftaufwand möglich. Der Werkstoff neigt zur Rissbildung, so dass er für die Kaltumformung nur eingeschränkt geeignet ist.

Durch Rekristallisationsglühen wird die Kaltverfestigung rückgängig gemacht.

Werden die Halbzeuge bei hohen Temperaturen warmgewalzt, unterbleibt die Kaltverfestigung. Entsprechend eignen sich warmgewalzte Halbzeuge für die Kaltumformung.

Das Halbzeug für den Handlauf ist warmgefertigt. Es lässt sich gut kalt umformen.

Geschweißte oder nahtlose Halbzeuge

Bei der Verwendung von geschweißten Profilen muss die Schweißnaht in der neutralen Zone liegen, da sie sonst aufreißt (Tab. 1).

Tab. 1: Lage der Schweißnaht

Neutrale Zone	Gestauchte Zone	Gestreckte Zone
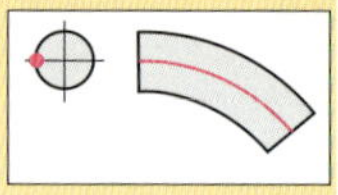	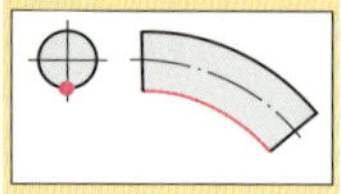	
Schweißnaht spannungsfrei	Schweißnaht reißt	Schweißnaht reißt

Nahtlose Rohre besitzen keine Schweißnaht. Sie können in alle Richtungen verformt werden.

Je nach Lage des Querschnitts zur Biegeachse ist die Biegekraft und die Streckung oder Stauchung in den äußeren Biegezonen unterschiedlich. Grundsätzlich nimmt die Biegespannung, Verformung und Rissgefahr mit steigender Profilhöhe zu (Tab. 2).

Tab. 2: Biegespannungen an einem Winkelprofil

Lage hochkant	Lage flach
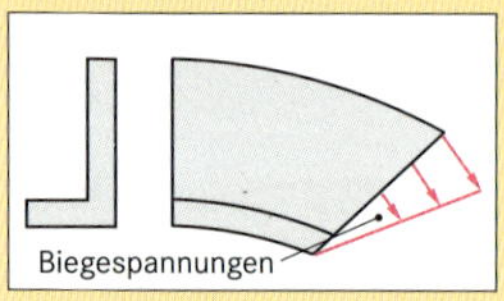	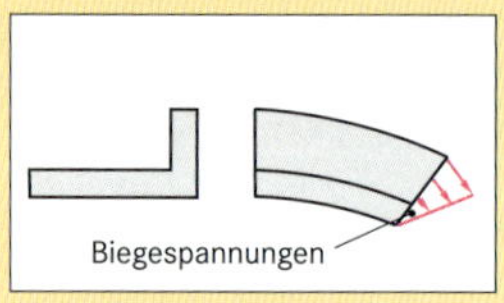
Große Biegespannungen Große Verformungen	Kleine Biegespannungen Kleine Verformungen

Grundlagen

Rekristallisationsglühen

Das Rekristallisationsglühen wendet man an, um die Kaltverfestigung stark verformter Bauteile rückgängig zu machen. Durch das Erwärmen des verformten Gefüges oberhalb der Rekristallisationstemperatur kommt es zu einer Neuausrichtung des Gefüges. Die Glühtemperatur ist vom Werkstoff und vom Umformgrad des Werkstückes abhängig.

Werkstoff	Stahl	Aluminium	Kupfer
Rekristallisationstemperatur	550 °C	150 °C	200 °C

Durch Rekristallisationsglühen wird die Zugfestigkeit gemindert und die Dehnung gesteigert. Dadurch erhält das Bauteil annähernd seine Ausgangseigenschaften zurück.

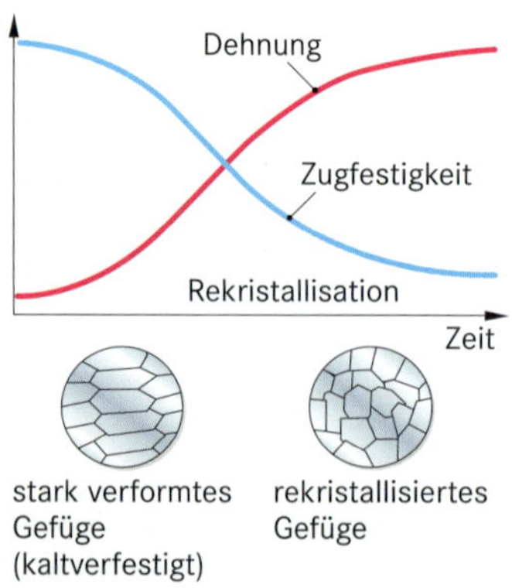

Fertigen

7.1.3 Biegemaschinen

Der Podesthandlauf soll laut Skizze auf einer Dreiwalzen-Rundbiegemaschine gebogen werden. Beim Biegen von Profilen ist darauf zu achten, dass der Werkstoff nicht reißt und der Querschnitt nicht einknickt. Diese Biegefehler machen das Werkstück unbrauchbar. Sie treten auf bei:

- zu großem Biegewinkel,
- zu kleinem Biegeradius und
- zu geringer Dehnbarkeit des Werkstoffes.

Durch eine biegegerechte Festlegung der Biegewinkel und Biegeradien können Biegefehler vermieden werden.

Zum Biegen von großen Werkstücken werden Biegemaschinen verwendet. Ihre Biegekraft wird meist durch hydraulische Zylinder erzeugt. Je nach Biegeaufgabe und zu biegendem Werkstück kommen unterschiedliche Biegemaschinen zum Einsatz:

- Dreiwalzen-Rundbiegemaschine,
- Dorn-Biegemaschine und
- CNC-Biegezentrum.

7.1.3.1 Dreiwalzen-Rundbiegemaschine

Entsprechend der Skizze ist für den Podesthandlauf die Dreiwalzen-Rundbiegemaschine vorgesehen. Diese Maschine eignet sich für das Biegen von Profilen (Abb. 2).

Abb. 2: Dreiwalzen-Rundbiegemaschine

Das Profil wird durch drei Biegewalzen geführt. Die angetriebenen Unterwalzen erzeugen den Vorschub des Biegeteils. Die obere Walze dient beim Biegen als Gegenlager. Die beiden unteren Walzen werden durch Handräder verstellt. Durch mehrere Vor- und Rückwärtsläufe mit entsprechender Zustellung der unteren Biegewalzen wird das Profil gebogen (Abb. 3).

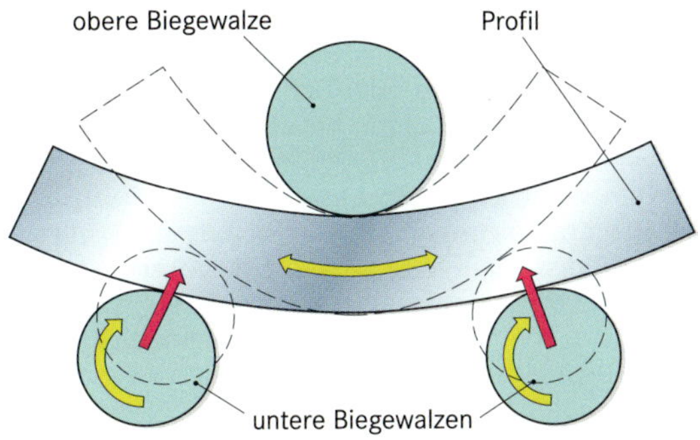

Abb. 3: Biegen auf einer Dreiwalzen-Rundbiegemaschine

Die Form der Biegewalzen muss dem Querschnitt des Profils entsprechen, damit er beim Biegen gestützt wird (Abb. 4).

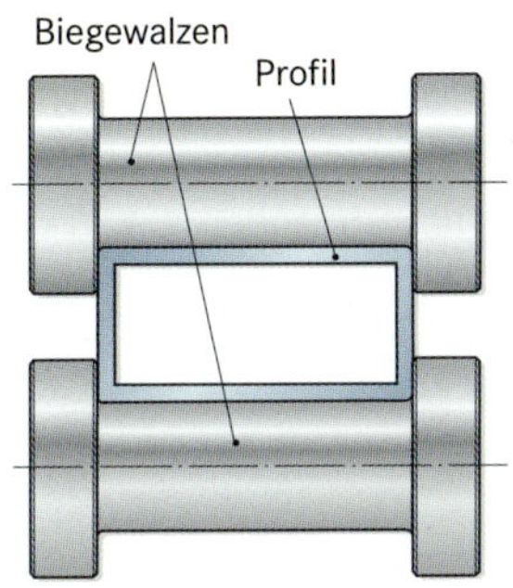

Abb. 4: Profilführung durch Biegewalzen

Unsymmetrischen Profile, wie Winkelstahl, neigen beim Biegen zu Verwindungen. Dieser Verdreheffekt wird durch die seitlich angebrachten verstellbaren Führungsrollen ausgeglichen.

Die Enden des Profils werden auf der Dreiwalzen-Rundbiegemaschine nicht gebogen (Abb. 5).

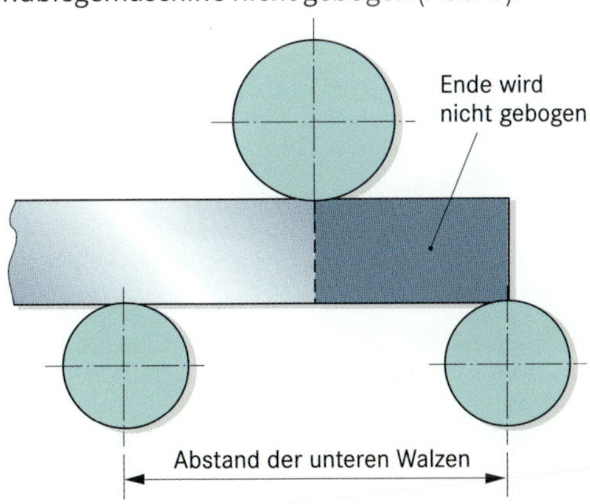

Abb. 5: Ungebogenes Profilende

Sie müssen nach dem Biegen abgeschnitten werden. Darum muss das Profil mit einer Längenzugabe versehen werden. Diese beträgt für jedes Ende etwas mehr als den halben Abstand der unteren Walzen.

Da die Dreiwalzen-Rundbiegemaschine keine Anzeige für den Biegeradius besitzt, muss das Werkstück mit einer Lehre oder Schablone geprüft werden. Radienlehren stehen für kleine Vorzugsradien zur Verfügung. Schablonen müssen angefertigt werden, wenn keine Lehre vorhanden ist. Dazu wird der Biegeradius mit einem Faden, einem Nagel und einem Bleistift auf eine biegesteife Unterlage, z. B. Sperrholzplatte, aufgezeichnet (Abb. 1). Anschließend wird die Kreisschablone mit einer Stichsäge sorgfältig ausgesägt.

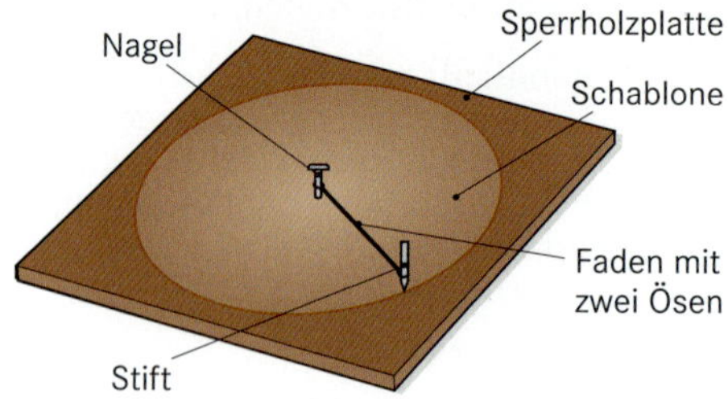

Abb. 1: Herstellen einer Kreisschablone

Grundlagen

Biegeversuch und Mindestbiegeradius

Im Metallbau besitzt das Biegen von Werkstücken eine große Bedeutung. Um das Verhalten von Werkstoffen beim Kaltumformen bestimmen zu können, wird ein Biegeversuch durchgeführt.

Das Ergebnis des Biegeversuches richtet sich nach der Art des untersuchten Werkstoffs:

- Bei plastisch verformbaren Werkstoffen dient dieser zur Bestimmung des größtmöglichen Biegewinkels (→📖).
- Bei spröden Werkstoffen wird der Biegeversuch verwendet, um deren Festigkeit zu charakterisieren.

Für die Durchführung des Versuches werden einfache, genormte Proben verwendet. Die Probestücke mit eckigem oder rundem Querschnitt werden beidseitig gelagert, und danach in der Mitte über einen Prüfdorn mit der Prüfkraft *F* belastet.

Abb. 2: Prinzip des Biegeversuchs

Der Durchmesser des Prüfdorns ist ebenfalls genormt. Er ist vom zu prüfenden Werkstoff abhängig.

Die Materialprobe wird beim Biegeversuch so weit durchgebogen, bis ein bestimmter Biegewinkel α erreicht oder das Umformvermögen des Werkstoffs erschöpft ist.

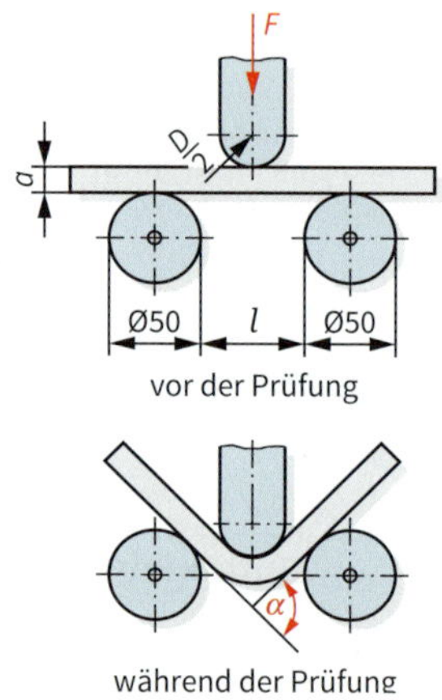

Mit Hilfe der aufgebrachten Kraft *F* und dem unter Belastung gemessenen Biegewinkel α kann die Biegefestigkeit des Werkstoffs bestimmt werden.

Um gute Biegeergebnisse zu erhalten, muss der Mindestbiegeradius (→📖) eingehalten werden. Beim Unterschreiten des Mindestbiegeradius kommt es zur Materialverjüngung und eventuell auch zu einer Rissbildung in der Biegezone.

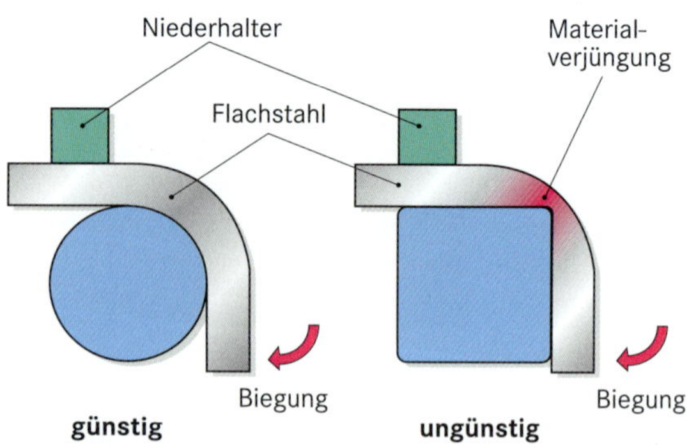

Der Mindestbiegeradius ist abhängig von:

- der Festigkeit des Werkstoffs,
- der Dicke des Werkstücks und
- dem Biegewinkel.

Um das Profil prüfen zu können, muss das Biegestück ausgespannt und gegen das Prüfmittel gehalten werden. Ist der Biegeradius noch nicht erreicht, muss erneut eingespannt werden. Die weitere Zustellung erfolgt nach Erfahrung.

7.1.3.2 Dornbiegemaschine

Für das Biegen von dünnwandigen Rohren eignet sich eine Biegemaschine mit Dorn (Abb. 2).

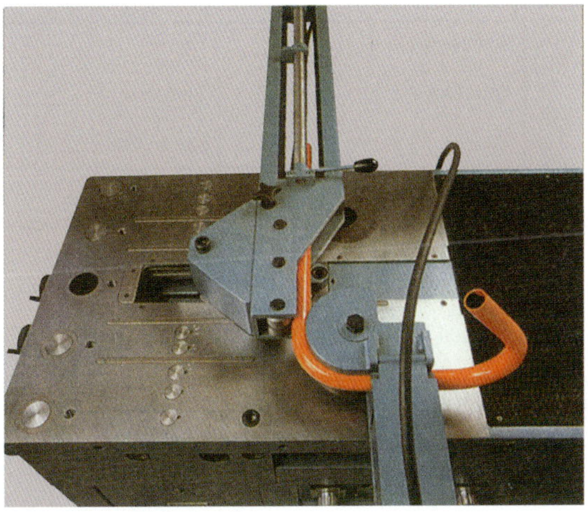

Abb. 2: Dorn-Biegemaschine

Das Rohr wird in der Spannvorrichtung gespannt (Abb. 3). Durch das Drehen der Biegescheibe wird das Rohr gebogen. Die mitlaufende Rohrführung verhindert Oberflächenbeschädigungen. Der feststehende Dorn bleibt in der Biegezone und sorgt dafür, dass dünne Querschnittsprofile nicht einknicken oder Falten bilden.

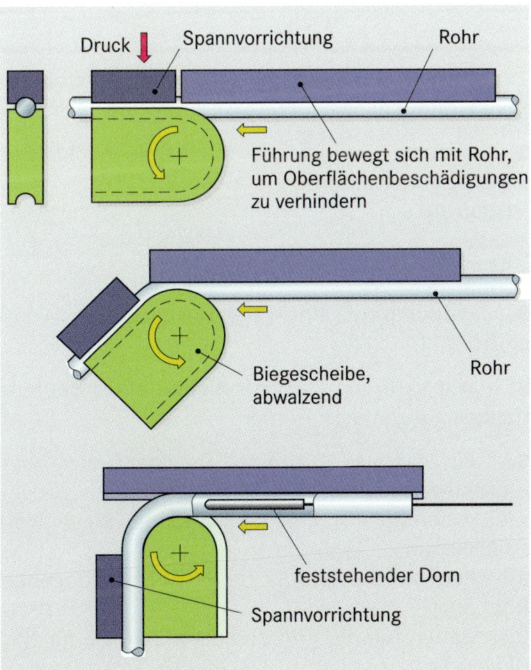

Abb. 3: Biegen mit einem feststehenden Dorn

Für ein fehlerfreies Biegen muss der Durchmesser des Dornes so groß sein, dass das Rohr mit geringem Spiel über den Dorn gleiten kann.

7.1.3.3 CNC-Biegezentrum

Aufwändige Biegeteile mit unterschiedlich großen Biegeradien und gewendelten Biegekurven werden auf einem CNC-Biegezentrum hergestellt (Abb. 4).

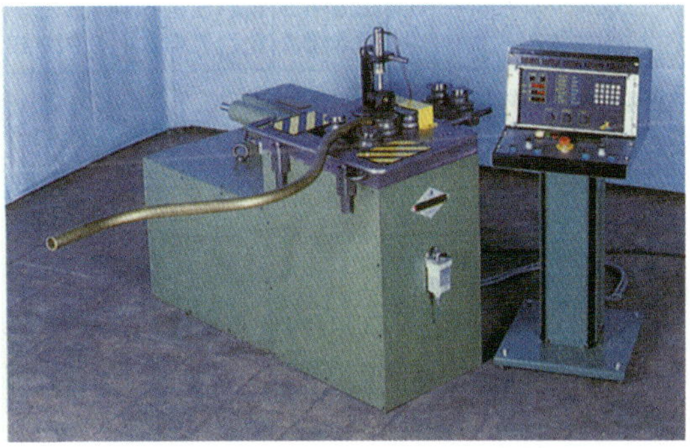

Abb. 4: CNC-Biegezentrum

Mit den entsprechenden Vorrichtungen für das Dreiwalzenrundbiegen und dem Dornbiegen lassen sich mit dem CNC-Biegezentrum alle gängigen Biegearbeiten, wie Wendelbiegen und Kurvenbiegen, in einer Aufspannung vollautomatisch herstellen.

Über eine Eingabestation wird das Biegeprogramm der Steuerung zugeführt. Der gesamte Biegeprozess wird computergesteuert durchgeführt und überwacht. Dadurch kann eine hohe Genauigkeit erreicht werden.

Da das Schreiben des Biegeprogramms aufwändig ist, kommen Biegezentren hauptsächlich bei komplizierten Biegeteilen sowie in der Serienfertigung zum Einsatz.

Arbeitssicherheit

Für das Arbeiten an Biegemaschinen besteht Quetschgefahr. Weiter gelten folgende Regeln:

- Das Tragen von Handschuhen ist verboten, da sie von den Walzen erfasst werden können.
- Das Tragen einer Schutzbrille schützt vor abplatzenden Materialteilchen.
- Das Einrichten der Maschinen ist nur im stromlosen Zustand erlaubt.
- Große Profile müssen beim Biegen mit Rollstativen abgestützt werden.

Planen/ Dokumentieren

7.1.4 Arbeitsplan

In dem Arbeitsplan stehen alle erforderlichen Informationen zur Herstellung des Podesthandlaufs.

Zuerst muss eine Schablone als Prüfmittel für den Biegeradius angefertigt werden. Dann wird das Profil auf einer Dreiwalzen-Rundbiegemaschine gebogen. Das Profil besitzt eine Längenzugabe, da die Enden nicht gebogen werden. Um den richtigen Biegeradius zu erhalten, muss das Profil ausgespannt und mit der Schablone verglichen werden. Anschließend wird das Profil auf Gehrung geschnitten.

westermann	Arbeitsplan	Blatt-Nr. 1	Anzahl 1
Benennung Podesthandlauf **Zeichn.-Nr.**		**Auftrags-Nr.**	**Name**
Halbzeug 100 x 30 x 3 S 235 JRC		**Stückzahl** 1	**Vorname**
[x] **Einzelteil** [ ] **Montage** [ ] **Demontage**		**Termin**	**Kontr.-Nr.**

Lfd. Nr.	Arbeitsvorgang	Arbeitsplatz	Arbeitsmittel	Bemerkungen
	Arbeitsvorbereitung: Anfertigen der Schablone	Werkbank	Hammer, Stichsäge, Holzfeile	
1	Rohteil entgraten, reinigen und auf Länge prüfen		Flachfeile, Lappen, Maßband	
2	Dreiwalzen-Rundbiegemaschine einrichten für Profil 100 x 30	Dreiwalzen-Rundbiegemaschine	Schlüssel zum Verstellen der Walzen	Arbeiten bei ausgeschalteter Maschine
3	Profil biegen		Schablone R 1330 mm Mehrere Gänge	Biegeradius mit Schablone vergleichen
4	Gehrungswinkel 16° anreißen		Reißnadel, Winkelmesser, Stahlmaßstab, Maßband	
5	Gehrung sägen	Maschinensäge		
6	Schnittkanten entgraten		Flachfeile	
7	Maß- und Formkontrolle			

Zusammenfassung

Kaltumformen

Werkstoffe
- Stahl: hohe Festigkeit und Dehnbarkeit
- Aluminiumlegierung: leicht, witterungsbeständig
- Kupferlegierung: dekorativ

Verfahren

Plastisches Verformen unterhalb der Rekristallisationstemperatur

Halbzeuge
- kaltgewalzt: kaltverfestigt
- warmgewalzt: gut umformbar
- geschweißt: Schweißnaht in der neutralen Zone
- nahtlos: alle Biegerichtungen möglich

Maschinen
- Dreiwalzen-Rundbiegemaschine
- Dornbiegemaschine
- CNC-Biegezentrum

Aufgabe

1. Welche Eigenschaften sollte ein Werkstoff besitzen, damit er sich für das Kaltumformen eignet?

2. Ordnen Sie folgende Werkstoffe nach ihrer Eignung zum Kaltumformen:
- S 355 JR
- C 35E
- S275 JR

3. Wodurch tritt eine Kaltverfestigung von Werkstoffen auf?

4. Wie kann die Kaltverfestigung eines Bauteils rückgängig gemacht werden?

5. Ein Stahlrohr 30 x 1,5 soll auf einer Dreiwalzen-Rundbiegemaschine gebogen werden. Der Biegeradius beträgt r = 1750 mm und die Biegelänge l = 2500 mm.

a) Fertigen Sie eine Skizze von dem gebogenen Rohr an.

b) Geben Sie die erforderlichen Schritte für das Biegen an.

Informieren

7.2 Warmumformen

ARBEITSAUFTRAG

Der Pfosten wird aus einem Profil DIN EN 10058 - 20 x 15 - S235 JRN hergestellt. Der Pfosten muss auf einer Biegevorrichtung warm umgeformt werden. Alle erforderlichen Maße sind der Skizze zu entnehmen.

7.2.1 Zeichnungsanalyse

Als technische Unterlage für den Pfosten steht eine Skizze zur Verfügung (Abb. 1).

Der Pfosten wird um einen Biegekern schraubenförmig gebogen. Der Biegekern ist in der Skizze eingezeichnet ① und als Rohteil angegeben ②. Neben der Darstellung des Pfostens werden folgende Angaben zur Herstellung gemacht:

- vorbereitende Tätigkeiten ③,
- Fertigungsverfahren ④ und
- Weiterbearbeitung ⑤.

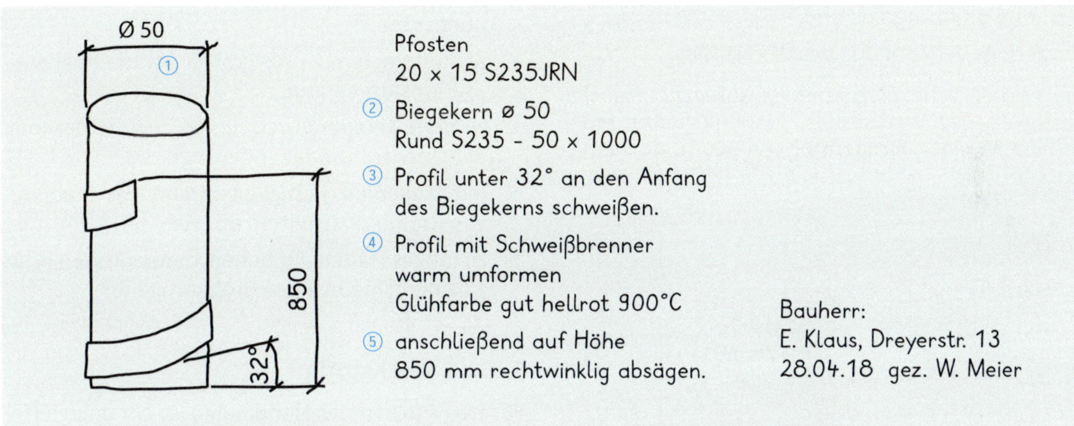

Abb. 1: Skizze des Pfostens

Berechnung der Rohlänge für den Pfosten

Das Profil ist um den Biegekern mit dem Durchmesser d schraubenförmig gebogen (Abb. 2). Mit jeder Umdrehung steigt die Höhe des Pfostens um h. Die Gesamthöhe des Pfostens beträgt $H = 850$ mm.

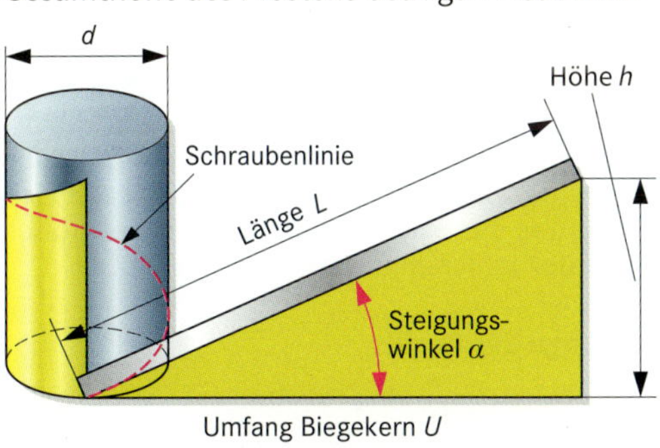

Abb. 2: Ermittlung der Profillänge

Die Anzahl N der Umdrehungen um den Biegekern ergibt sich aus: $N = H / h$

Die Länge L, die je Umdrehung benötigt wird, errechnet sich aus: $L = U / \tan\alpha$ mit $U = d \cdot \pi$

Zu der berechneten Länge wird noch eine Zugabe von 500 mm addiert, um einen ausreichenden Hebel für das Umformen von Hand zu besitzen.

$U = d \cdot \pi$
$U = 50\ \text{mm} \cdot \pi$
$\underline{U = 157{,}1\ \text{mm}}$

$h = U \cdot \tan\alpha$
$h = 157{,}1\ \text{mm} \cdot \tan 32°$
$\underline{h = 98{,}2\ \text{mm}}$

Anzahl der Umdrehungen N
$N = H / h$
$N = 850\ \text{mm} / 98{,}2\ \text{mm}$
$\underline{N = 8{,}7 \sim 9}$

Länge pro Umdrehung
$L = U / \cos\alpha$
$L = 157{,}1\ \text{mm} / \cos 32°$
$\underline{L = 185{,}3\ \text{mm}}$

Gesamtbiegelänge L_G
$L_G = N \cdot L$
$L_G = 9 \cdot 185{,}3\ \text{mm}$
$\underline{L_G = 1667{,}7\ \text{mm}}$

7.2.2 Auswahl der Werkstoffe und Halbzeuge

Der Pfosten wird aus einem unlegierten Baustahl hergestellt. Das Biegen erfolgt mit einer Biegevorrichtung, die Biegekraft wird von Hand aufgebracht. Um die Biegekräfte gering zu halten, wird der Pfosten warm umgeformt.

Werkstücke mit großen Wanddicken oder starken Formänderungen werden warm umgeformt. Hierbei wird die Biegezone des Werkstückes vor dem Biegen erwärmt. Die Vorteile des Warmumformens sind:

- geringe Biegekräfte,
- hohe Umformgrade und
- geringe Verfestigung des Werkstoffes.

Die erforderliche Biegekraft ist abhängig von der Festigkeit des Werkstoffes. Ein unlegierter Stahl verliert ab einer Temperatur von 300 °C an Festigkeit (Abb. 1).

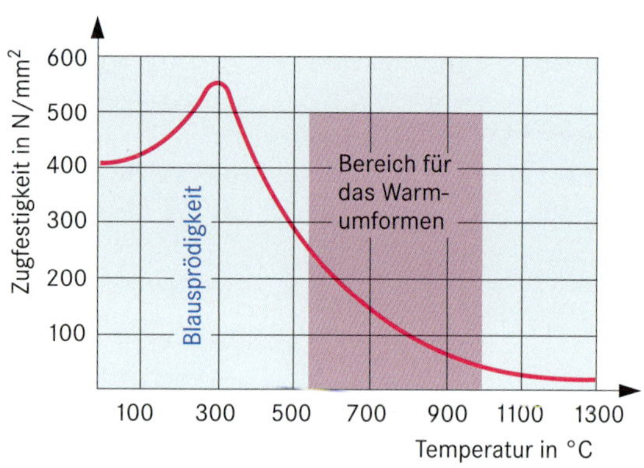

Abb. 1: Änderung der Festigkeit eines unlegierten Stahles bei Erwärmung

Zwischen 100 °C und 300 °C steigt seine Festigkeit, da er einen Teil seiner Zähigkeit verliert (Blausprödigkeit). Danach nimmt seine Festigkeit kontinuierlich ab. Die obere Temperatur für das Warmumformen von Stahl liegt im Schmiedebereich und ist vom Kohlenstoffgehalt abhängig (Abb. 2).

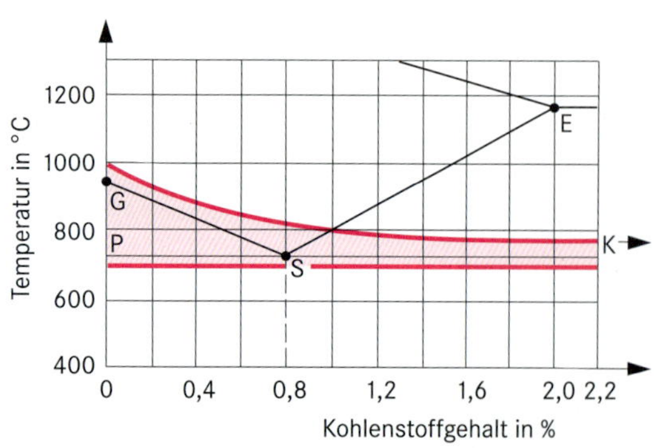

Abb. 2: Temperaturbereich für das Warmumformen von Stählen

Der Umformgrad nimmt mit der Temperatur zu. Die Kristallneubildung oberhalb der Rekristallisationstemperatur von 550 °C verhindert, dass das Gefüge seinen Zusammenhalt verliert und reißt. Die Neubildung der Kristalle ist vom Werkstoff, vom Umformgrad und von der Umformgeschwindigkeit abhängig.

Die Maßtoleranzen sind bei warmumgeformten Bauteilen groß.

Regeln für das Warmumformen:

- die Herstellerangaben sind einzuhalten,
- gleichmäßiges Erwärmen vermeidet Spannungsrisse,
- als untere Temperaturgrenze gilt die Rekristallisationstemperatur,
- zu hohe Temperaturen führen zum Verbrennen der Oberfläche (Verzunderung),
- mit sinkender Festigkeit nimmt die Stabilität von Profilquerschnitten ab und
- zu langes Halten auf hohen Temperaturen führt zu einem ungünstigen Grobkorngefüge.

7.2.2.1 Werkstoffe

Für den Pfosten des Handlaufes ist ein unlegierter Stahl S 235 JRN vorgesehen. Das Profil ist im Anlieferungszustand normalgeglüht. Der Zusatz N steht für eine gute Warmumformbarkeit.

Mit steigendem Kohlenstoffgehalt und dem Anteil an Legierungselementen nimmt die Warmumformbarkeit von Stählen ab.

7.2.2.2 Halbzeuge

Der Pfosten des Handlaufes besteht aus dem Halbzeug DIN EN 10058 15 x 20. Das Profil wird hochkant gebogen. Diese Lage des Querschnitts ist für das Biegen günstig. Je ungünstiger die Lage des Querschnittes zum Biegeradius ist, um so größer sind die erforderlichen Biegekräfte (Tab. 1).

Tab. 1: Lage des Profils

Lage des Profils	
flach	**hochkant**
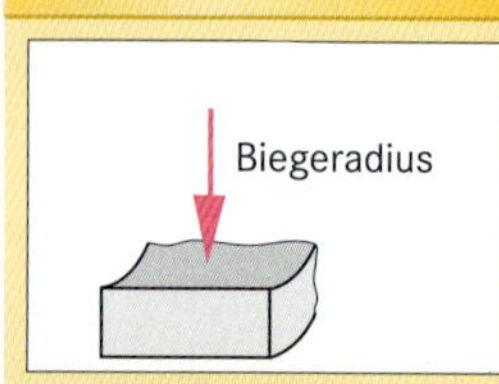	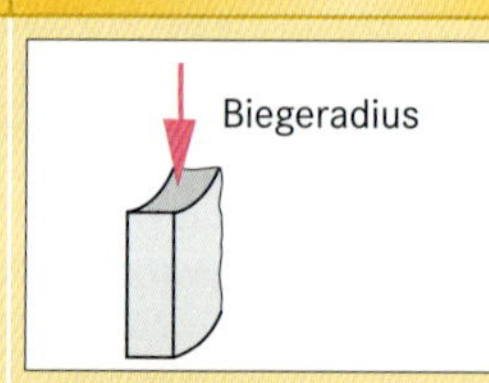
geringe Biegekräfte	große Biegekräfte

In der Regel lassen sich alle Halbzeuge warm verformen. Grundsätzlich gilt, je höher die notwendige Verformung, um so höher muss die Temperatur sein. Jedoch sollte die Umformtemperatur weit unter der Schmelzgrenze des Werkstoffes liegen, damit der Querschnitt des Werkstückes noch eine ausreichende Stabilität besitzt.

Planen

7.2.3 Vorrichtungen zum Biegen

Der Pfosten des Handlaufes wird auf einer Biegevorrichtung gebogen. Sie besteht aus einem Rundprofil, um das das Rechteckprofil schraubenförmig gebogen wird. Die Umformwärme wird durch einen Schweißbrenner aufgebracht, so dass in der Biegezone hohe Temperaturen herrschen.

Das Warmumformen von einfachen Biegeteilen erfolgt in der Werkstatt durch das Freiformbiegen oder mit Hilfe von Vorrichtungen.

Beim Freiformbiegen wird das Werkstück nicht geführt (Abb. 3). Aufgrund der geringen Biegekräfte werden die Werkstücke meist von Hand mit einer Schmiedezange gebogen.

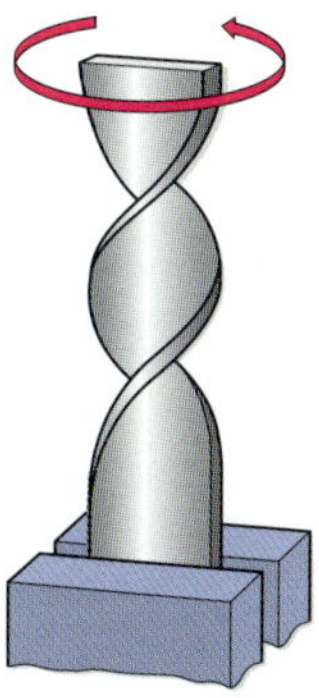

Abb. 3: Freiformbiegen

Beim Biegen mit einer Biegevorrichtung wird das Werkstück über eine entsprechende Biegeschablone gebogen (Abb. 4).

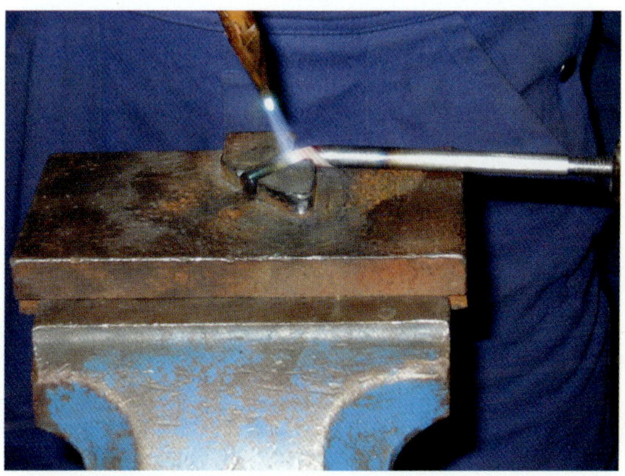

Abb. 4: Vorrichtung zum Biegen einer Rundung

An Umformvorrichtungen werden folgende Anforderungen gestellt:

- Wärmebeständigkeit,
- gleichmäßige Verteilung der Umformkräfte und
- maß- und formgenaue Abbildung des Biegeteils.

Die Herstellung eines Biegeteils durch Warmumformen erfolgt meist in einem Arbeitsgang. Deshalb muss die Vorrichtung die Umformung des Werkstückes in die endgültige Form zulassen. Um das Messen am erwärmten Werkstück zu vermeiden, verwendet man Anschläge und Führungen.

Die Bestimmung der erforderlichen Temperatur erfolgt durch einen Vergleich mit den Glühfarben für Stahl (→📖).

Der Pfosten des Handlaufes muss bei einer Temperatur von 900 °C gebogen werden. Dies entspricht einer gut hellroten Glühfarbe. Als Wärmequelle kommt ein Schweißbrenner zum Einsatz.

7.2.4 Biegen des Profiles

Fertigen

Der Pfosten wird in der Werkstatt aus einem Profil 15 x 20 hergestellt. Die Rohlänge ist mit 1850 mm entsprechend länger gewählt, um das Profil mit der Zange handhaben zu können. Als Biegekern für die Schraubenlinie kommt ein Rundprofil Ø 50 x 1000 zum Einsatz (Abb. 5).

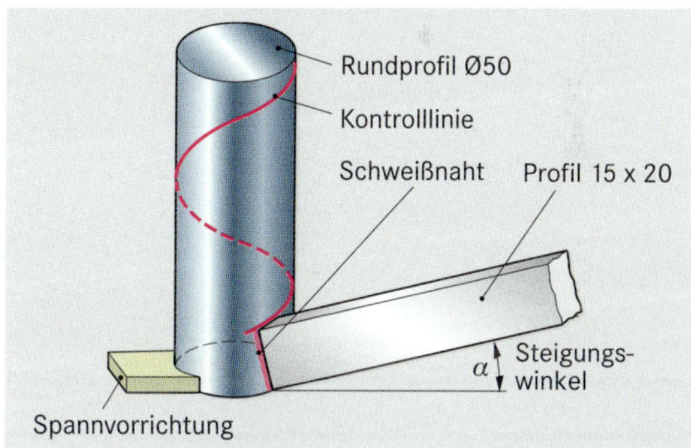

Abb. 5: Herstellen des Profiles

Das Rundprofil wird in eine Spannvorrichtung eingespannt. Die Kontrolllinie mit dem Steigungswinkel $\alpha = 32°$ wird mit einer Schmiege, einem elastischen Lineal und Kreide auf das Rundprofil angezeichnet. Sie soll bis zum Ende des Rundprofiles durchgezogen werden. Das Profil wird an der Kontrolllinie angelegt und mit der Schmiege ausgerichtet. Die Befestigung des Profils an dem Rundprofil erfolgt durch Schweißen. Das Profil wird ausreichend lang gebogen, so dass diese Verbindung nach dem Biegen mit einem Winkelschleifer getrennt werden kann. Anschließend wird der Anfang des Profils mit dem Schweißbrenner erwärmt. Dabei ist auf eine pendelnde Bewegung zu achten, um eine gleichmäßige Erwärmung zu erzielen und um Wärmespannungen zu vermeiden.

Ein großer Brennereinsatz sorgt für eine schnelle Erwärmung. Die Farbe der erwärmten Zone wird mit den Glühfarben verglichen. Bei der gut hellroten Glühfarbe (900 °C) kann das Biegen beginnen. Der Schweißbrenner muss der Biegezone vorauseilen, damit ein kontinuierliches Biegen möglich ist (Abb. 1). Das Profil kann nur von Hand langsam gebogen werden. Ein Lederhandschuh schützt die Hand vor der Wärme des Profils. Beim Biegen darf das Profil nicht gezogen werden, da sonst der Querschnitt einschnürt oder das Profil reißen kann. Der Biegevorgang ist an Hand der aufgezeichneten Kontrolllinie zu kontrollieren. Das Ende des Profils wird aufgrund der Erwärmung mit einer Schweißerzange gebogen. Der Pfosten kann langsam an der Luft abkühlen. Mit einem Winkelschleifer wird danach der Pfosten vom Rundprofil getrennt und auf eine Höhe von 850 mm rechtwinklig abgesägt. Anschließend wird mit einer Drahtbürste die Zunderschicht von der Oberfläche des Werkstückes entfernt.

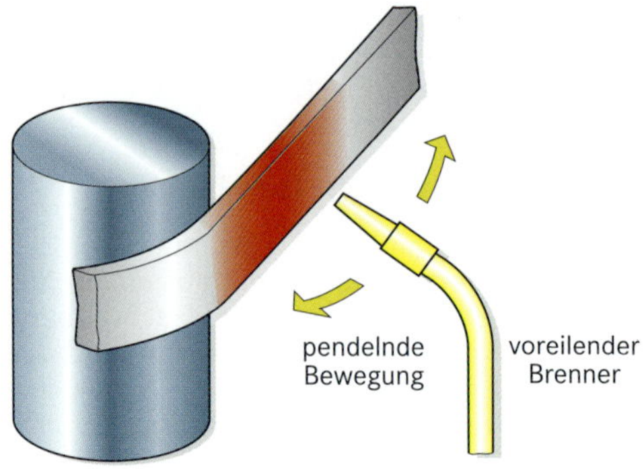

Abb. 1: Voreilender Schweißbrenner

Zusammenfassung

Warmumformen

Plastisches Verformen oberhalb der Rekristallisationstemperatur

Werkstoffe
- hoher Umformgrad
- keine Kaltverfestigung

Verfahren
- Freiformbiegen
- Biegevorrichtungen

Vergleich Kaltumformen – Warmumformen

Kaltumformen
- keine/geringe Erwärmung
- enge Maßtoleranzen
- kein Wärmeverzug
- Erhöhung der Festigkeit durch Kaltverfestigung

Warmunformen
- geringe Biegekräfte
- großer Umformgrad
- Verzundern der Oberfläche
- große Maßtoleranzen

Aufgaben

1. Nennen Sie die Vorteile des Warmumformens.

2. Geben Sie die untere und obere Temperaturgrenze für das Warmumformen an.

3. Wovon ist die Rekristallisationstemperatur abhängig?

4. Was bedeutet der Begriff Blausprödigkeit?

5. Erklären Sie die Regeln für das Warmumformen anhand eines Beispieles.

6. Welche Anforderungen werden an Biegevorrichtungen gestellt?

7. Ein Winkelstahl 45 x 30 x 4 soll gebogen werden. Um welchen Schenkel muss gebogen werden, damit eine geringere Biegekraft erforderlich ist?

8. Der Vergleich eines erwärmten Profils mit den Glühfarben für Stahl ergibt eine kirschrote Farbe. Welche Temperatur hat das Profil?

9. Beim Warmbiegen einer Rundung um einen Biegekern schnürt der Querschnitt an einer Stelle ein. Geben Sie mögliche Ursachen für diesen Biegefehler an.

10. Beim Umgang mit erwärmten Werkstücken kann es zu Hautverbrennungen kommen.
Erkundigen Sie sich in Ihrem Betrieb, welche Maßnahmen in solch einem Fall zu ergreifen sind.

7.3 Fertigen eines Meißels in der Werkstatt

ARBEITSAUFTRAG

Das Schmieden soll in der Lehrwerkstatt geübt werden. Dazu wird das Herstellen eines Meißels ausgewählt.

In der Werkstatt ist ein entsprechender Handmeißel herzustellen. Hierbei sind die Vorschriften zur Herstellung eines Handmeißels für den Baubereich zu beachten. Der Meißel ist zu schmieden und zu vergüten. Der fertige Maurermeißel ist auf seine Eignung zu prüfen.

Planen

7.3.1 Auswahl der Halbzeuge und Werkstoffe

Für die Fertigung eines Werkzeugs ist die richtige Auswahl des zu verwendenden Halbzeugs entscheidend. Nur durch eine aufgaben- und anforderungsgerechte Auswahl sind die Herstellung sowie die sichere und zuverlässige Benutzung möglich.

Ein Meißel (Abb. 2) darf weder zu lang noch zu kurz sein, um eine Verletzungsgefahr auszuschließen.

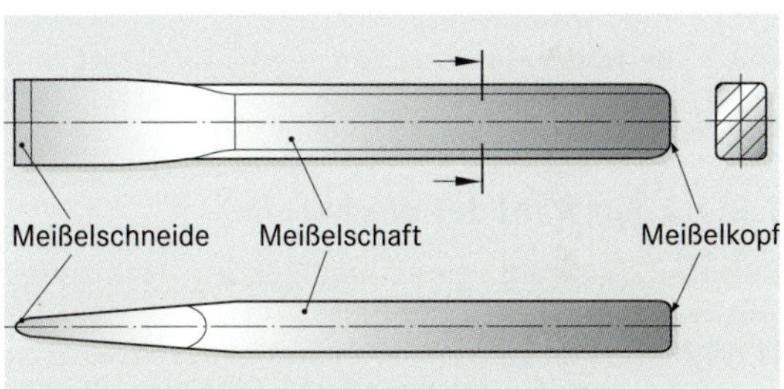

Abb. 2: Aufbau eines einfachen Flachmeißels

Die Schneide eines Meißels muss hart sein, damit sie nicht so schnell verschleißt. Gleichzeitig müssen Meißelschaft und -kopf eine ausreichende Zähigkeit aufweisen, um einerseits eine Verformung des Meißelschafts und andererseits ein Absplittern von Metallteilen am Meißelkopf zu verhindern. Beim Meißelvorgang absplitternde Metallteilchen könnten den Anwender erheblich verletzen.

Für die Herstellung von Maueröffnungen zur Aufnahme von Wandankern eignet sich ein einfacher Maurermeißel. Dessen Abmessungen müssen jedoch so dimensioniert sein, dass damit die jeweilige Arbeitsaufgabe fachgerecht ausgeführt werden kann.

7.3.1.1 Auswahl der Halbzeuge

Für die Herstellung des Maurermeißels ist eine geeignete Halbzeuggeometrie auszuwählen. Hierbei sind die Abmessungen des fertigen Werkzeugs zu beachten.

Aufbau und Abmaße von Maurermeißeln

Meißel für Arbeiten im Baubereich (**DIN 7254**) sind länger und die Schneide ist breiter als für eine Metallbearbeitung. Die Meißelabmessungen werden wesentlich durch:

- die Nennlänge *l*,
- die Schneidenbreite *a* sowie
- die Breite *b* und
- die Höhe *h* des Meißelschafts

bestimmt.

Die Länge der Schneide ist bei Maurermeißeln nicht genormt. Flachmeißel für den Baubereich können auch einen Achteckquerschnitt aufweisen (Abb. 3 und Tab. 1).

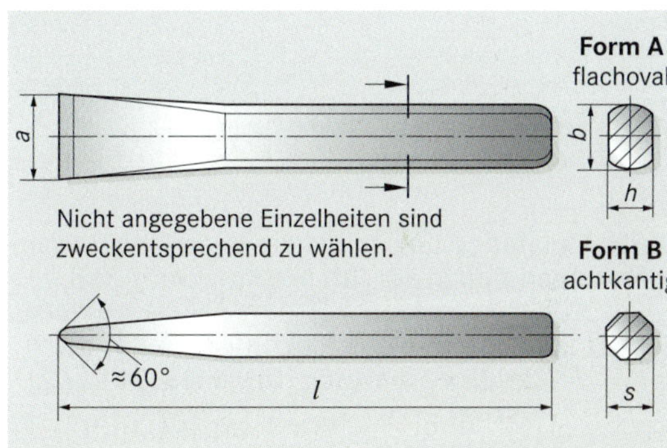

Abb. 3: Fertigmaße eines einfachen, flachen Maurermeißels

Tab. 1: Normmaße von Flachmeißeln für den Baubereich (DIN 7254: 2012-02; Auszug)

<table>
<tr><th colspan="2">Nennlänge
l

in mm</th><th colspan="2">Form A</th><th colspan="2">Form B</th></tr>
<tr><th></th><th></th><th>*a*

in mm</th><th>*b x h*
min.
in mm</th><th>*a*

in mm</th><th>*s*
min.
in mm</th></tr>
<tr><td>200</td><td rowspan="3">±3</td><td rowspan="2">24</td><td rowspan="2">20 x 12</td><td rowspan="2">21</td><td rowspan="2">16</td></tr>
<tr><td>250</td></tr>
<tr><td>300</td><td rowspan="4">27</td><td rowspan="4">23 x 13</td><td rowspan="2">24</td><td rowspan="4">18</td></tr>
<tr><td>350</td><td rowspan="3">±5</td></tr>
<tr><td>400</td><td rowspan="2">28</td></tr>
<tr><td>500</td></tr>
</table>

Für die Herstellung der Maueröffnungen wird ein Flachmeißel mit einer Länge von 350 mm und einem flachovalen Querschnitt ausgewählt. Demnach ergeben sich für die Abmessungen des benötigten Halbzeugs die folgenden Richtwerte:

$L \times B \times H = 350 \text{ mm} \times 23 \text{ mm} \times 13 \text{ mm}$.

Aufbau und Abmaße von Meißeln für die Metallbearbeitung

Flachmeißel für die Metallbearbeitung weisen ausschließlich einen abgerundeten Rechteckquerschnitt auf und die Schneidenlänge *c* ist bei diesen Meißeln genormt (Abb. 1).

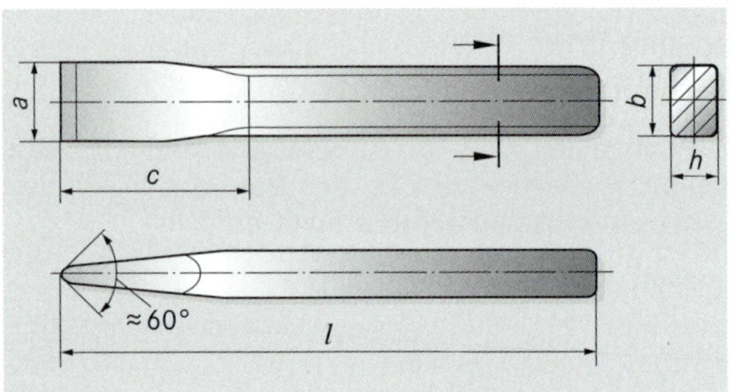

Abb. 1: Fertigmaße eines einfachen Flachmeißels für die Metallbearbeitung

Die Meißelabmessungen und die zulässigen Maßabweichungen sind in der **DIN 6453** genormt (Tab. 1).

Tab. 1: Normmaße von Flachmeißeln für die Metallbearbeitung (DIN 6453: 2012-02; Auszug)

l ±3 in mm	*a* in mm	*c* ± 5 in mm	*b* x *h* min. in mm
100	14	37	14 x 9
125			
150	17	45	17 x 11
175	20	50	20 x 12
200	23	52	23 x 13
250	24		
300	25		

In der Metallbearbeitung werden neben einfachen Flachmeißeln z. B. auch Kreuz- und Nutenmeißel für spezielle Arbeiten eingesetzt.

Eine Meißelschneide für die Bearbeitung mittelharter Metalle besitzt einen Keilwinkel β von ca. 60°. Für weiche Metalle kann dieser verkleinert und er sollte für harte Metalle vergrößert werden (Tab. 2).

Tab. 2: Keilwinkel β in Abhängigkeit vom zu bearbeitenden Werkstoff

Keilwinkel β	Werkstoff
40 - 50°	weiche Werkstoffe: z. B. Aluminium, Kupfer
60 - 70°	mittelharte Werkstoffe: z. B. Baustahl
70 - 80°	harte Werkstoffe: CuZn-Legierungen, Gusseisen

Eine Meißelsonderform für die Metallbearbeitung ist der Trennstemmer. Er besitzt vier gerade Meißelschneiden und seine Abmessungen sind nicht genormt. Ein Trennstemmer wird für das Heraustrennen ausgebohrter Werkstückteile verwendet (Abb. 2).

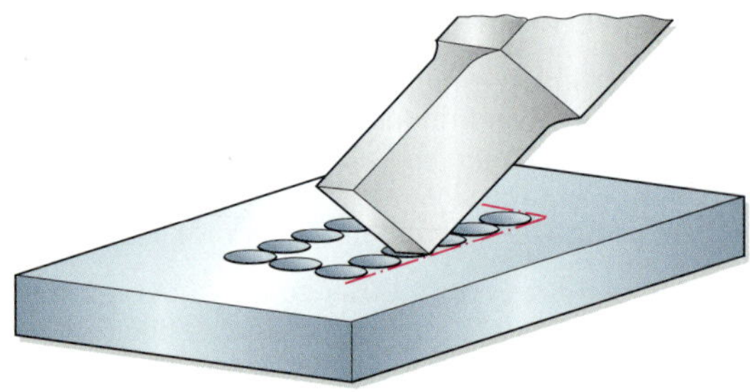

Abb. 2: Heraustrennen ausgebohrter Werkstückteile mit einem Trennstemmer

7.3.1.2 Auswahl der Werkstoffe

Bei der Auswahl eines geeigneten Halbzeugs zur Herstellung des Meißels sind nicht nur die Fertigmaße und Eigenschaften des Endproduktes zu beachten, sondern auch die Anforderungen, die der Fertigungsprozess stellt.

Der Maurermeißel soll in der Werkstatt geschmiedet und anschließend vergütet werden. Deshalb ist bei der Materialauswahl darauf zu achten, dass sich der Werkstoff einerseits zum Schmieden eignet und andererseits auch das Härten und Anlassen der Meißelschneide möglich ist.

! Vergüten ist Härten mit anschließendem Anlassen bei hohen Temperaturen zur Steigerung der Zähigkeit. Ein solches Anlassen oberhalb von 550 °C wird für Werkstücke verwendet, die wie der Maurermeißel sehr stark auf Stoß, Schlag oder ruckweise beansprucht werden.

Meißel für die Metallbearbeitung werden hingegen bei niedrigeren Temperaturen zwischen 180 und 300 °C angelassen, da hier die Schneide besonders hart sein muss.

Das Schmieden in der Werkstatt setzt einen Kohlenstoffgehalt von bis zu 0,6 % voraus. Das anschließende Vergüten der Meißelschneide und des -kopfes erfordert einen Kohlenstoffgehalt des Werkstoffs von 0,2 bis 0,7 %.

Aus diesen Gründen wird ein unlegierter Vergütungsstahl für die Herstellung des Meißels ausgewählt. Das entsprechende Halbzeug aus C60 (→📖) wird auf die festgelegten Richtwerte zugeschnitten und kann hiernach geschmiedet werden.

Wenn das Material eines Halbzeugs jedoch unbekannt oder die Werkstoffkennzeichnung nicht mehr vorhanden ist, kann eine Unterscheidung verschiedener Metalle durch Werkstattprüfverfahren erfolgen. Diese lassen sich ohne aufwändige Prüfgeräte durchführen.

Im Unterschied zu Laborprüfverfahren können mit den Werkstattprüfverfahren nur grobe Klassifizierungen vorgenommen werden. Dennoch eignen sich Werkstattprüfverfahren, um Metalle voneinander zu unterscheiden.

Grundlagen

Werkstattprüfverfahren

Folgende einfache Werkstattprüfverfahren können zur groben Unterscheidung der Materialart herangezogen werden:

- Beurteilung nach Aussehen und Farbe,
- Magnetprobe,
- Klangprobe,
- Feilprobe sowie
- Biege- und Bruchflächenprüfung

Durch die Beurteilung nach dem Aussehen kann eine erste Differenzierung zwischen verschiedenen Metallen vorgenommen werden, denn Nichteisenmetalle, Gusswerkstoffe und Stähle unterscheiden sich durch ihre Farbe und/oder Oberflächenbeschaffenheit voneinander.

Mit der Magnetprobe können magnetische von nicht magnetischen Werkstoffen unterschieden werden. Die Prüfung erfolgt meist mit einem kleinen Dauermagneten. Magnetisch sind un- und niedriglegierte Stähle. Nichteisen-Metalle sind unmagnetisch und hochlegierte Stähle nur schwach magnetisch.

Durch die Klangprobe können Werkstoffe voneinander unterschieden und zusätzlich Risse in Werkstücken erkannt werden. Hierzu wird der zu prüfende Gegenstand an einer Schnur frei aufgehängt und mit einem Hammer leicht angeschlagen. Die Klangprobe zur Klassifizierung der Materialart erfordert viel Erfahrung. Gusswerkstoffe klingen tief und dumpf. Stähle haben einen relativ hohen Klang. Je härter die Stahlprobe ist, desto höher ist auch ihr Klang. Ertönt jedoch ein klirrendes Geräusch, hat das Halbzeug meist einen Riss.

Mit Hilfe der Feilprobe lassen sich harte von weichen Materialien unterscheiden. Während bei einem weichen Material eine Feile viele und relativ große Späne abheben kann, rutscht sie bei einem harten Material nur über das Werkstück oder die Späne sind sehr klein.

Mit der Biegeprüfung und der Bruchflächenprüfung lassen sich ebenfalls Abschätzungen über die Sprödigkeit und weitere Eigenschaften eines Werkstoffs vornehmen. Hierzu wird das zu prüfende Werkstück in einen Schraubstock gespannt und mehrmals hin und her gebogen. Spröde Werkstoffe brechen ohne vorherige nennenswerte Verformung. Zähe Werkstoffe brechen erst nach einer größeren Verformung. Weiterhin kann die Bruchfläche Aufschluss über eine vorhergehende Wärmebehandlung geben. Der frische Bruch zeigt bei Wasserhärtung 3–8 mm Einhärtungstiefen mit „seidigem“ oder „samtigem“ Kern, bei Ölhärtung 5–20 mm Einhärtungstiefe und bei Luftabkühlung völlige Durchhärtung.

Biege- und Bruchflächenprüfung

Für die Herstellung des Maurermeißels in der Werkstatt wird ein Halbzeug aus unlegiertem Stahl mit einem Kohlenstoffgehalt von ca. 0,6 % benötigt. Eine näherungsweise Bestimmung des Kohlenstoffgehalts eines Stahls, beispielsweise bei unkenntlicher oder nicht mehr vorhandener Werkstoffkennzeichnung, erfolgt in der Werkstatt mit der Funkenprobe. Hierbei können jedoch lediglich Überschlags- oder Schätzwerte für die Kohlenstoffkonzentration und das Vorhandensein bestimmter Legierungselemente ermittelt werden.

Funkenprobe

Eine näherungsweise Bestimmung des Kohlenstoffgehalts eines Stahls kann mit Hilfe der Funkenprobe erfolgen. Die Funkenprobe ist ein Werkstattprüfverfahren mit dem sich Stahlwerkstoffe vergleichen lassen.

Bei der Funkenprobe werden die zu untersuchenden Stahlproben in einem abgedunkelten Raum oder einer dunklen Raumecke an einer Schleifscheibe angeschliffen. Das entstehende Funkenbild liefert Hinweise über die Zusammensetzung des Stahls.

Zur Funkenprobe werden benötigt:

- Vergleichsproben mit bekannter Zusammensetzung, die gleichzeitig oder nacheinander mit dem zu bestimmenden Werkstoff angeschliffen werden sowie
- eine unverschmierte, scharfe und mittelharte Schleifscheibe.

Als Anpressfläche eignen sich eine gerade Bruchfläche oder eine gesägte Schnittfläche. Zum Vergleich der Proben untereinander sollten die Form und Größe dieser Flächen annähernd gleich sein. Die Probestücke sind jeweils mit gleichem und konstantem Anpressdruck zu schleifen. Am hierbei entstehenden Funkenbild werden der Strahlverlauf, die Funkengarbe, die Strahlenden, die Art des Auseinanderspringens und die Farbe der Funken ausgewertet.

Strahlformen bei der Funkenprobe (idealisiert):

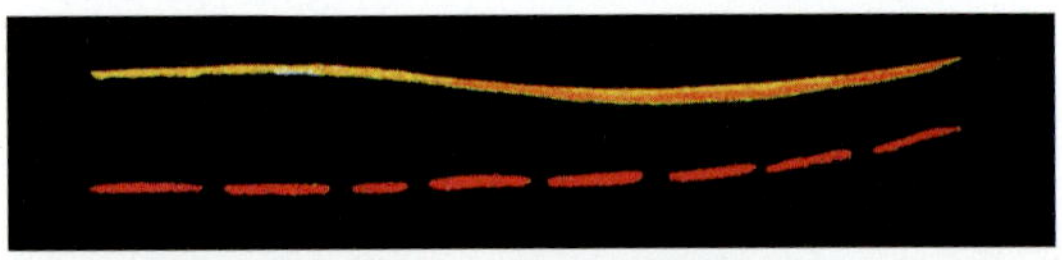

glatter, gelber und unterbrochener, roter Strahl

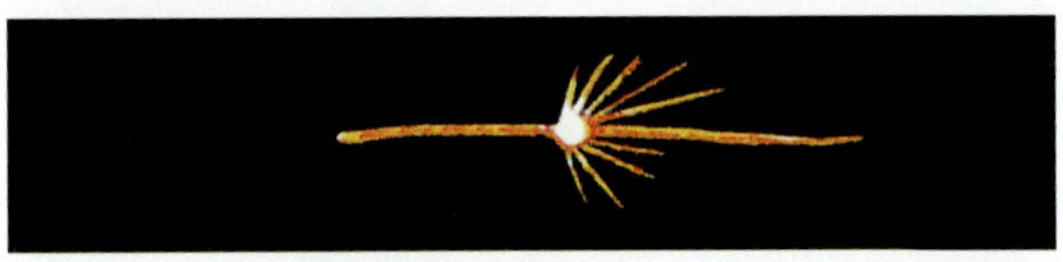

Kohlenstoffexplosion mit Stacheln

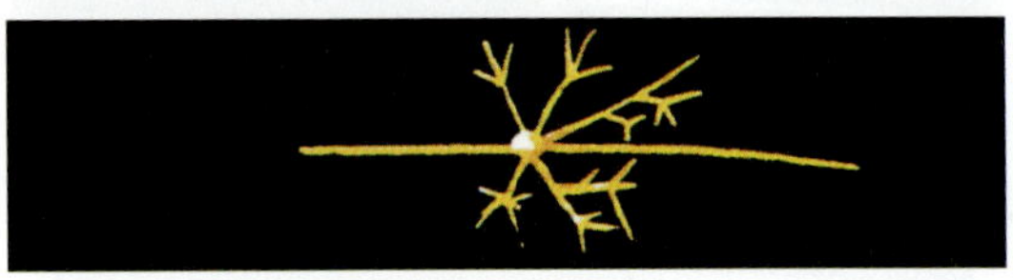

Kohlenstoffexplosion mit Verästelungen

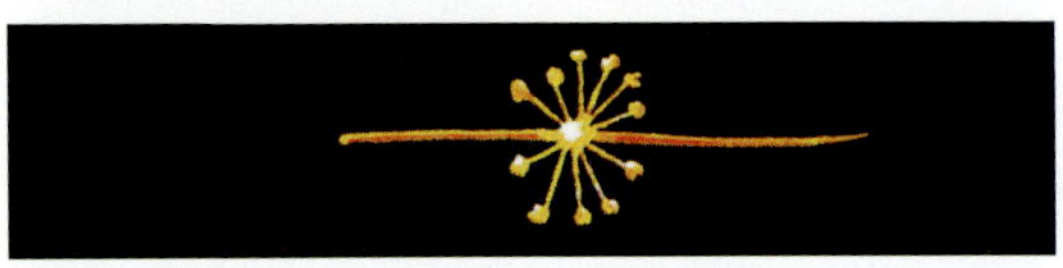

Kohlenstoffexplosion, blumig mit Endtropfen

Das Gesamtfunkenbild wird hauptsächlich durch den Kohlenstoff-Gehalt und weniger durch die Legierungselemente beeinflusst. Die Farbe der Funkengarbe wird vornehmlich durch die Legierungselemente bestimmt und verändert sich mit steigendem Kohlenstoff-Gehalt nur unwesentlich.

Bei Stählen mit einem Kohlenstoff-Gehalt unter 0,7 % entstehen lange, glatte und helle Strahlen. Es sind kaum Explosionen zu verzeichnen.

Funkenbilder eines Stahls mit geringem C-Gehalt:

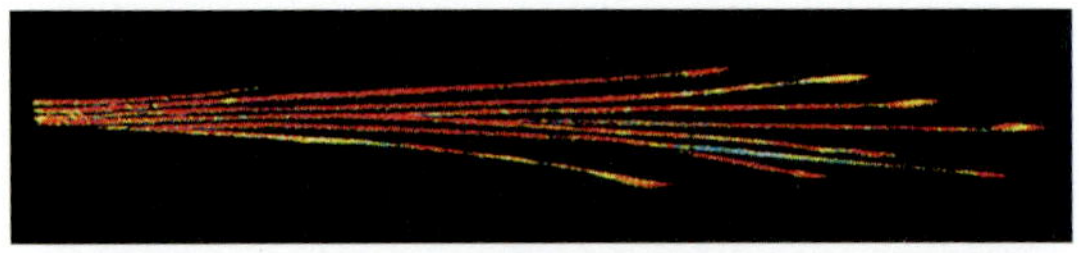

glatte Strahlen ohne Kohlenstoffexplosionen

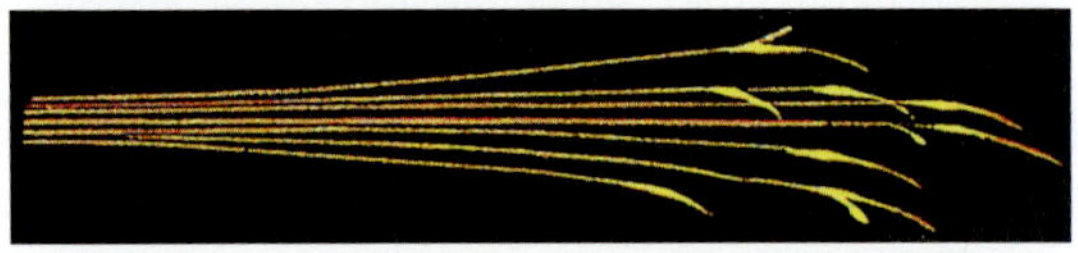

wenige, feine C-Explosionen mit heller, glatter End-Keule

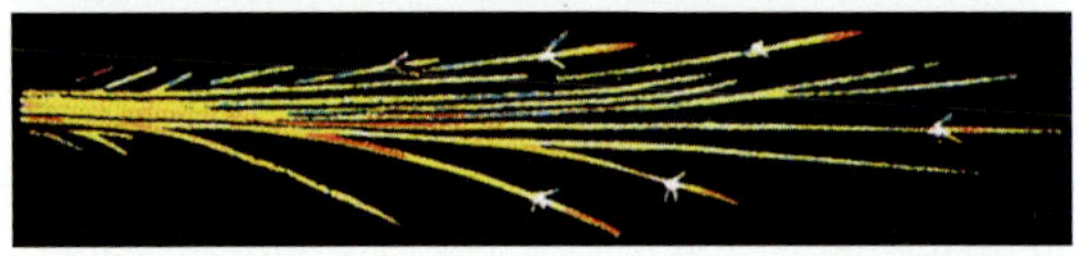

wenige, stachelförmige C-Explosionen

Mit steigendem Kohlenstoff-Gehalt wird die Funkengarbe kürzer und die Anzahl der Explosionen steigt. Das Gesamtbild erscheint dann dichter und verzweigter. Schon bei einem Kohlenstoff-Gehalt von 0,8 % ist das Funkenbild mit Explosionen durchsetzt.

Funkenbilder eines Stahls mit hohem C-Gehalt:

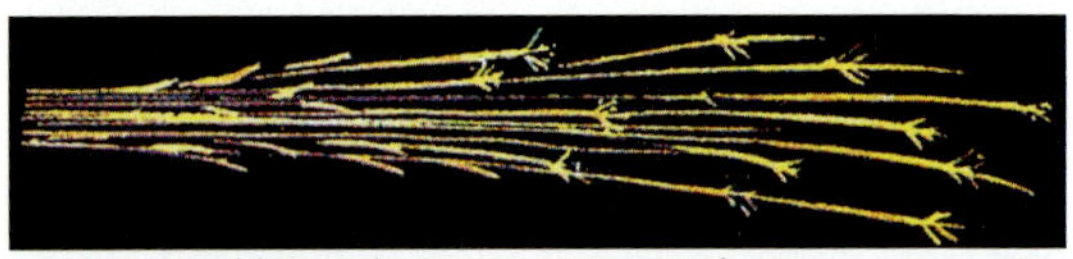

mittlere Anzahl C-Explosionen mit Verästelung

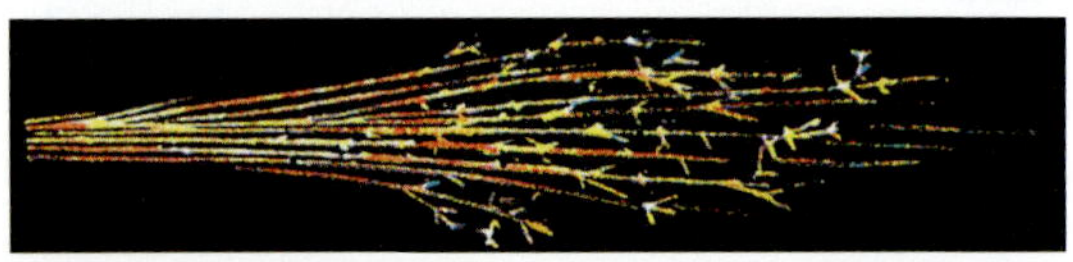

viele C-Explosionen am Ende der Garbe, stark verästelt

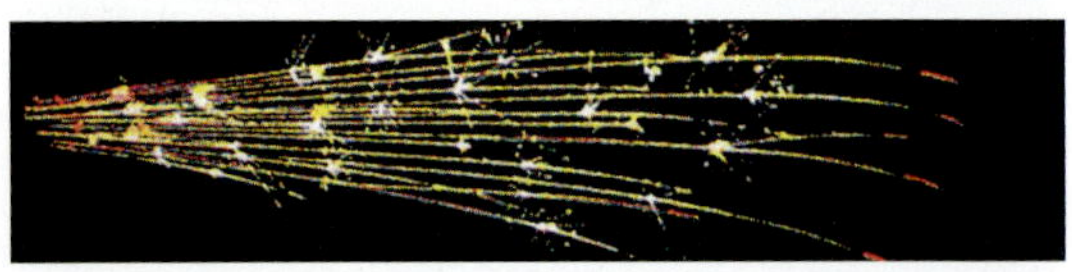

viele C-Explosionen, feine und büschelförmige Strahlen, rote Lanzenspitzen

Fertigen

7.3.2 Schmieden des Meißels

Nachdem das Halbzeug für den Meißel aus einem Werkzeugstahl C60 zugeschnitten wurde, kann die Grundform des Meißels geschmiedet werden.

Das Schmieden ist ein Umformverfahren, bei dem die Formänderung im warmen Zustand erfolgt. Durch das Erwärmen des Werkstücks auf Schmiedetemperatur wird das Metall in einen „knetbaren" Zustand überführt. Dadurch wird die für den Umformvorgang benötigte Energie erheblich reduziert.

Das Volumen des Schmiederohlings entspricht nahezu dem Volumen des umgeformten Fertigteils. Deshalb entstehen nur geringe Werkstoffverluste. Ein geschmiedetes Werkstück ist meist fester und zäher als das Ausgangsmaterial.

Beim Schmieden wird unterschieden zwischen

- dem Freiformschmieden und
- dem Gesenkschmieden.

Freiformschmieden

Beim Freiformschmieden wird das Schmiedegut auf einem Amboss oder auf einem großen metallischen Block mit Hilfe verschiedener Hämmer und Zusatzeinrichtungen umgeformt (Abb. 1).

Abb. 1: Amboss, verschiedene Hämmer und Gesenkformen

Auf einem Amboss können mit Hilfe der Ambossbahn, des Ambosshorns und des Gesenklochs, in das verschiedene Gesenkformen eingesteckt werden, vielgestaltige Schmiedestücke hergestellt werden.

Beim Schmieden ist darauf zu achten, dass nur gut befestigte Hämmer verwendet werden. Die Ambossbahn darf nicht mit Wasser benetzt sein, da dieses beim Schlagen mit dem Hammer zwischen Ambossbahn und glühendem Werkstück sofort in Wasserdampf übergeht.

Der erwärmte Meißelrohling wird mit einer Flachzange gehalten. Für verschiedene Werkstückgeometrien gibt es spezifische Zangenmaulformen (Abb. 2).

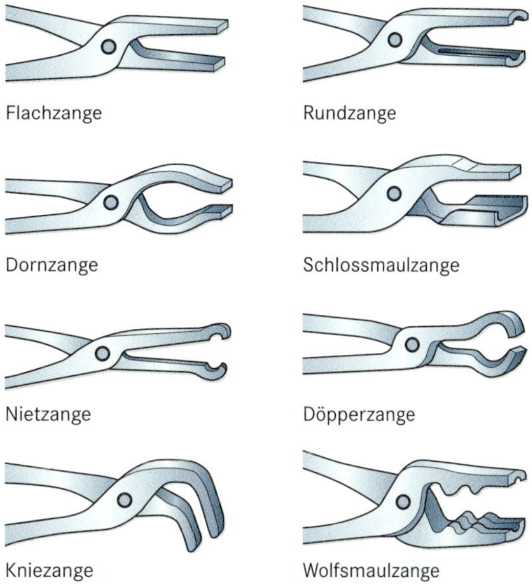

Abb. 2: Standard-Schmiedezangen

Die Umformenergie wird beim Freiformschmieden durch mehrfaches Schlagen mit einem Hammer aufgebracht (Abb. 3). Es ist darauf zu achten, dass diese Schläge schnell erfolgen, um ein übermäßiges Auskühlen der Meißelschneide zu vermeiden. Bei einer zu niedrigen Temperatur wird das Material beim Schmieden spröde und rissig. Falls das Schmiedestück zu stark abkühlt, muss es erneut auf die richtige Schmiedetemperatur erwärmt werden.

Abb. 3: Schmieden der Meißelschneide auf einem Amboss

Der Meißel wird auf einem Amboss mit Hilfe verschiedener Hämmer ausgeschmiedet. Das Werkstück sollte beim Schmiedevorgang möglichst eben auf der Ambossbahn aufliegen, um Prellschläge zu verhindern. Bei der Ausformung der Meißelspitze kann es leicht angehoben werden.

Beim Freiformschmieden kann das Schmiedegut gestreckt, geschlichtet, abgesetzt oder gestaucht werden (Abb. 1).

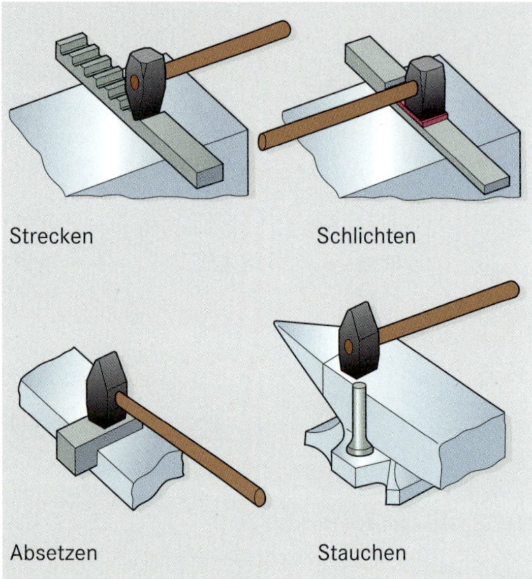

Abb. 1: Schmiedevarianten

Das Freiformschmieden eignet sich für die Einzelfertigung oder sehr geringe Stückzahlen. Für das Schmieden eines einzelnen Meißels, an dessen Maßtoleranzen zudem keine hohen Anforderungen gestellt werden, ist das Freiformschmieden deshalb gut geeignet.

Gesenkschmieden

Beim Gesenkschmieden wird das auf Schmiedetemperatur erwärmte Rohteil zwischen ein Obergesenk und ein Untergesenk gelegt. Durch das herunterfahrende Obergesenk wird das Rohteil umgeformt. Die Form der beiden Gesenke bestimmt dabei die Geometrie des fertigen Werkstücks (Abb. 2).

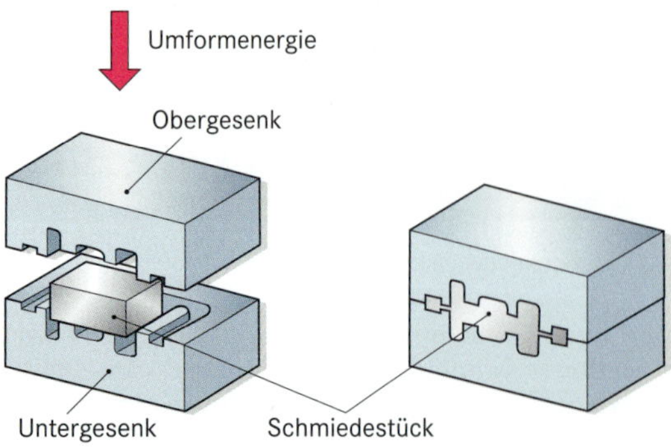

Abb. 2: Prinzip des Gesenkschmiedens

In einem Arbeitsgang können durch das Gesenkschmieden sehr komplexe Werkstücke mit gleich bleibender Qualität und identischen Abmessungen gefertigt werden. Als Schmiedegut werden hauptsächlich Werkstücke aus höher legierten Stählen verwendet. Das Fertigen der Schmiedegesenke ist jedoch sehr aufwendig und teuer. Die Umformenergie wird beim Gesenkschmieden in der Regel durch mechanische oder hydraulische Pressen erzeugt.

Aus diesen Gründen wird das Gesenkschmieden nur für das Schmieden großer Stückzahlen angewandt und ist auch für hochfeste Werkstoffe geeignet.

Erwärmung des Schmiedegutes

Zur Erwärmung des Schmiedegutes werden in der Werkstatt kleine, mit Öl, Gas oder Strom betriebene Wärmeöfen verwendet (Abb. 3).

Abb. 3: Gasbetriebener Wärmeofen

Bei manchen Wärmeöfen kann die Temperatur genau eingestellt und deren Erreichen an einem Thermometer abgelesen werden. Das Einhalten der richtigen Schmiedetemperatur ist dann relativ einfach.

Wenn jedoch ein Wärmeofen in der Werkstatt nicht vorhanden ist, kann bei einem Einzelstück wie dem Meißel das Erwärmen auch mit einer Gasflamme erfolgen.

Die Bestimmung der Temperatur des Werkstücks kann auch mit Hilfe von Temperaturstiften oder den Glühfarben von Stahl erfolgen (➜📖).

Festlegung der Schmiedetemperatur

Die zulässige Schmiedetemperatur ist abhängig von dem zu schmiedenden Werkstoff. Ist die Temperatur zu hoch, verbrennt das Metall bzw. der Kohlenstoff im Stahl. Bei einer zu niedrigen Temperatur wird das Material beim Schmieden spröde und rissig und der Meißel somit unbrauchbar.

Deshalb ist es wichtig, für jedes Metall einen Temperaturbereich festzulegen, in dem dieses geschmiedet werden kann. Hierfür werden eine Anfangs- und eine Endschmiedetemperatur bestimmt, die je nach Werkstoff verschieden sind. Die Temperaturen werden entweder aus Tabellen abgelesen oder mit Hilfe von Diagrammen ermittelt (Abb. 4).

Für den Stahl C60 mit einem Kohlenstoffgehalt von 0,6 % liegt die Anfangsschmiedetemperatur bei ungefähr 1150 °C und die Endschmiedetemperatur bei etwa 870 °C. Um ein Verbrennen des Meißelwerkstoffs auszuschließen, sollte jedoch die Anfangsschmiedetemperatur nicht über 1100 °C liegen.

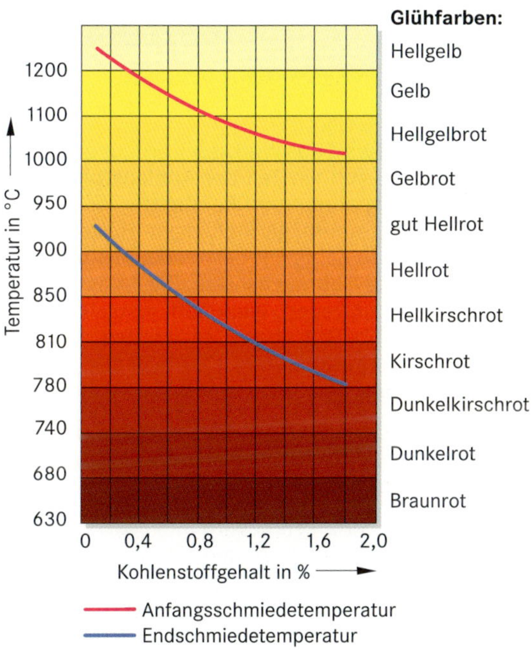

Abb. 4: Schmiedetemperaturen von Stahl in Abhängigkeit vom Kohlenstoffgehalt

Nachdem die Meißelschneide annähernd auf Anfangsschmiedetemperatur erwärmt wurde und eine hellgelbrote Farbe angenommen hat, wird sie auf dem Amboss ausgeschmiedet. Anschließend wird durch ein Schleifen am Schleifbock die Endform hergestellt.

7.3.3 Vergüten des Meißels

Durch verschiedene Wärmebehandlungen () kann man die Gebrauchseigenschaften unlegierter Stähle verändern und dem jeweiligen Verwendungszweck anpassen. Das für den Meißel verwendete Wärmebehandlungsverfahren wird als Vergüten bezeichnet. Vergüten ist Härten mit anschließendem Anlassen bei Temperaturen oberhalb von 550 °C.

Unlegierte Stähle mit einem Kohlenstoffgehalt unter 0,8 % besitzen nur eine geringe Härte und Zähigkeit. Die Meißelschneide oder der -schaft würden sich bei der ersten Verwendung vermutlich stark verformen und somit wäre der Meißel unbrauchbar (Abb. 5).

Abb. 5: Beschädigte Meißelschneide durch ungenügende Härte

Die Eigenschaften eines Werkstoffs werden durch seinen Aufbau bestimmt. Metalle bestehen aus einem Metallgefüge. Dieses Metallgefüge setzt sich aus einer großen Anzahl von Kristallen zusammen. Kristalle werden wiederum durch ein spezifisches Raumgitter bestimmt, das aus einzelnen Atomen gebildet wird. Die Anordnung der Metallatome im Raumgitter bestimmt wesentlich die Gebrauchseigenschaften des Werkstoffs. Bei Stählen beeinflussen u. a. die in das Gefüge eingelagerten Kohlenstoffatome die Werkstoffeigenschaften.

7.3.3.1 Härten der Meißelschneide

Nach dem Schmieden und Abkühlen der Meißelschneide wurde diese angeschliffen. Obwohl nun die endgültige Form des Meißels vorliegt, ist dieser noch nicht für eine Verwendung als Stemmwerkzeug geeignet, denn die Schneide ist noch zu weich. Mit Hilfe des Härtens kann der Meißelschneide die erforderliche Härte gegeben werden, damit sich diese bei der Benutzung nicht verformt.

! Das Härten von Stahl bewirkt eine Erhöhung seiner mechanischen Widerstandsfähigkeit durch gezielte Änderung seines Gefüges. Es erfolgt durch Erwärmung mit anschließendem schnellen Abkühlen. Der Kohlenstoffgehalt muss größer als 0,2 % sein.

Mit steigender Härte nimmt jedoch die Zähigkeit und Dehnbarkeit eines Werkstoffs ab und er wird spröde.

Ablauf des Härtens

Die Meißelschneide wird auf die Härtetemperatur erwärmt. Diese Temperatur beträgt bei einem C60 800–840 °C. Die Temperatur wird eine Zeit lang gehalten, das Werkstück wird dadurch gleichmäßig durchgewärmt. Hierbei verändert sich das Gefüge: Die Eisen-Kohlenstoff-Verbindungen zerfallen und der Kohlenstoff lagert sich im Raumgitter ein. Anschließend wird der Meißel schnell abgekühlt, so dass sich der Kohlenstoff nicht mehr herauslösen kann. Der eingelagerte Kohlenstoff verspannt das Gefüge, der Stahl wird hart.

Die Geschwindigkeit, mit der das Abkühlen der Meißelspitze erfolgt, beeinflusst hierbei die Härte. Ein solches Abschrecken kann in Wasser oder in Öl erfolgen. Hierbei sind folgende Regeln einzuhalten:

- Werkstücke niemals in das Abschreckbad werfen, da bestimmte Werkstoffe wie Glas zerspringen und die Bruchstücke zu Verletzungen führen können.
- Längliche und flächige Werkstücke zuerst mit der Stirnseite eintauchen. Danach den Rest des Werkstücks rasch nachführen, um unerwünschte Spannungen und Verzug zu vermeiden.
- Werkstücköffnungen müssen nach oben zeigen, damit Dampfblasen ungehindert entweichen können.

Bestimmung der Härtetemperatur

Die Härtetemperatur unlegierter Stähle wird wesentlich durch deren Kohlenstoffgehalt bestimmt. Sie liegt oberhalb der GSK-Linie im Eisen-Kohlenstoff-Diagramm (➜📖). Für viele Stähle kann die Härtetemperatur auch mit Hilfe von Tabellen bestimmt werden.

Ob der Werkstoff die richtige Temperatur erreicht hat, kann am Thermometer des Wärmeofens abgelesen werden. Die Werkstücktemperatur kann auch anhand der Glühfarben (➜📖) oder mit Hilfe von Temperaturstiften bestimmt werden (Abb. 1).

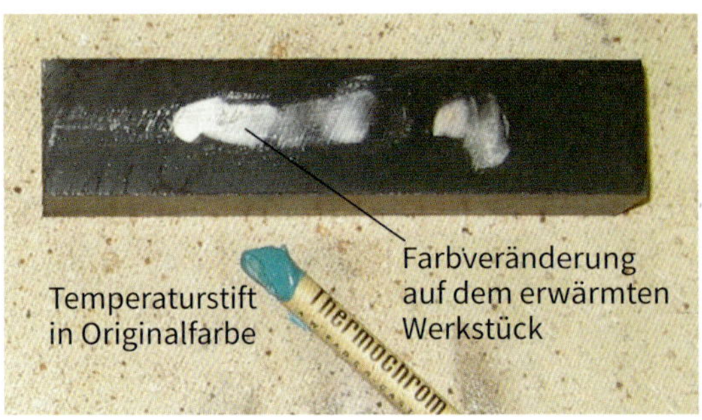

Abb.1: Temperaturbestimmung mit Temperaturstiften

Anhand der Farbänderung des aufgebrachten Stiftmaterials kann die Temperatur des Werkstücks mit Hilfe einer Farbtabelle ermittelt werden.

7.3.3.2 Anlassen der Meißelschneide

Gehärteter unlegierter Stahl weist eine geringe Zähigkeit auf. Die Meißelschneide ist deshalb nach dem Härten noch sehr spröde. Sie würde bei den ersten Stemmarbeiten reißen, ausbrechen oder sogar zersplittern (Abb. 2). Dies birgt die Gefahr der Verletzung.

Abb. 2: Ausgebrochene Schneide eines Meißels

Beim Anlassen wird das Werkstück erneut erwärmt. Dadurch kann sich ein Teil der Kohlenstoff-Atome aus seiner Verspannung im Raumgitter lösen. Dies führt zwar zu einem geringfügigen Härteverlust, steigert aber die Zähigkeit des Werkstoffs und gibt dem Stahl seine Gebrauchshärte. Die Anlasstemperaturen sind für jeden Werkstoff festgelegt und können aus Tabellen abgelesen werden. Für den unlegierten Vergütungsstahl C60 liegt die Anlasstemperatur zwischen 550 und 660 °C (➜📖).

Nach dem Erreichen der Anlasstemperatur wird das Werkstück nicht erneut abgeschreckt, sondern an der Luft langsam abgekühlt.

Unlegierter Werkzeugstahl wird hingegen bei niedrigeren Temperaturen zwischen 180 und 300 °C angelassen. Hiernach weist die Werkstückoberfläche eine Verfärbung auf. Diese wird als Anlassfarbe (➜📖) bezeichnet. Sie gibt auch nach erfolgter Abkühlung darüber Auskunft, bei welcher Temperatur das Werkstück angelassen wurde.

Während die Meißelschneide eine ausreichende Härte haben muss, soll der Meißelkopf weich bleiben. Dadurch wird ein Absplittern von Werkstoffteilen verhindert. Bei längerem Gebrauch wird der Meißelkopf durch die Hammerschläge kaltverfestigt. Es bildet sich allerdings ein Grat (Abb. 3).

Eine übermäßige Gratbildung führt zu einem erhöhten Verletzungsrisiko des Anwenders. Der Meißelkopf ist deshalb vor Beginn der Arbeiten zu kontrollieren und der Grat ist gegebenenfalls abzuschleifen.

Abb. 3: Übermäßiger Grat an einem Meißelkopf

Die Fertigung des Meißels ist nach dem Vergüten abgeschlossen. Neben einer Maß- und Oberflächenkontrolle müssen selbst hergestellte Werkzeuge auch auf ihre Gebrauchstauglichkeit geprüft werden.

Prüfen

7.3.4 Prüfen des fertigen Meißels

Nachdem der Meißel vergütet wurde, muss er auf seine Gebrauchshärte sowie eventuell vorliegende Materialfehler überprüft werden.

Risse können durch

- das Farbeindringverfahren oder
- die Magnetpulverprüfung

festgestellt werden.

Die Härte der Meißelschneide kann mit Hilfe verschiedener Prüfverfahren bestimmt werden.

! Die Werkstoffkenngröße Härte bezeichnet den Widerstand eines Werkstoffs, den dieser dem Eindringen eines anderen Körpers entgegensetzt.

In der Werkstatt kann die Härte der Meißelschneide sehr einfach mit einer Arbeitsprobe geprüft werden. Bei einer Arbeitsprobe trennt man mit dem gehärteten Meißel z. B. einen Blechstreifen. Bleibt dabei die Meißelschneide unbeschädigt, kann man mit dem Meißel vergleichbare Werkstoffe trennen. Hierbei ist jedoch nur eine qualitative Aussage über die Härte möglich.

Werden quantitative Aussagen über die Härte benötigt, erfolgt die Ermittlung über:

- die Schlaghärteprüfung mit dem Poldihammer als Werkstattprüfverfahren zur Bestimmung der Gebrauchshärte oder
- die recht aufwändigen Laborprüfverfahren zur Bestimmung der Härte als Werkstoffkenngröße.

Schlaghärteprüfung mit dem Poldihammer

Bei einer zu erwartenden Härte unter 45 HRC kann in der Werkstatt die Schlaghärteprüfung mit dem Poldihammer zur Bestimmung der Gebrauchshärte angewendet werden. Diese Prüfung ist ein dynamisches Verfahren zur näherungsweisen Härtebestimmung.

Der Poldihammer besteht aus einer Halterhülse, an deren unterem Ende eine gehärtete Stahlkugel mit einem Durchmesser $D = 10$ mm leicht beweglich befestigt ist. Oberhalb dieser Stahlkugel befindet sich eine Aussparung zur Aufnahme eines Vergleichsstabs mit bekannter Härte. Dieser Härtevergleichsstab wird durch eine Druckfeder gehalten.

Bei der Prüfung wird der Poldihammer senkrecht auf die zu prüfende Werkstückoberfläche aufgesetzt und am oberen Ende mit einem normalen, ca. 1 kg schweren Hammer kräftig angeschlagen (Abb. 4).

Abb. 4: Poldihammer mit Härtevergleichsstab

Die gehärtete Stahlkugel im Poldihammer drückt sich durch den Hammerschlag zugleich in das Prüfstück und den Härtevergleichsstab (Abb. 5).

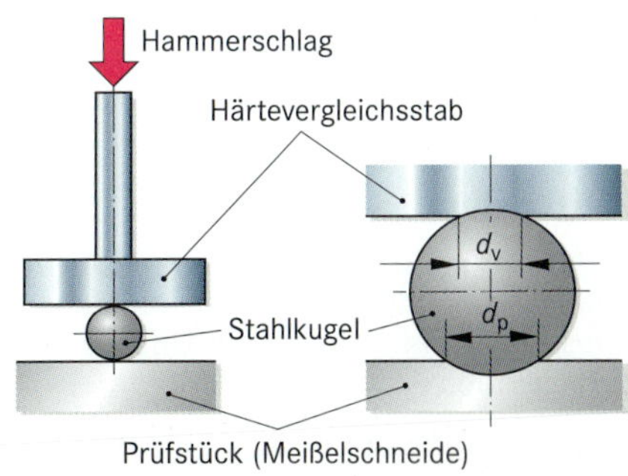

Abb. 5: Prinzip der Schlaghärteprüfung mit Poldihammer

Der Durchmesser d_v des Eindrucks auf dem Vergleichsstab und der Durchmesser d_p auf dem Prüfstück werden mit einer Messlupe oder einem Messmikroskop ausgemessen.

Bei gleich großen Eindrücken entspricht die Härte des zu prüfenden Werkstücks etwa der Härte des Vergleichsstabs. Anderenfalls kann mit der bekannten Härte des Vergleichsstabs und den beiden Durchmessern die „Poldihärte" des Prüfstücks berechnet oder mit Hilfe von Tabellen bestimmt werden.

Die dynamisch ermittelte Poldihärte einer Oberfläche liefert nur einen Näherungswert, der jedoch zur Charakterisierung der Gebrauchshärte des Werkstückes ausreicht. Wenn die Härte eines Werkstoffs sehr genau ermittelt werden muss, erfolgt dies mit den aufwändigeren Laborprüfverfahren.

Grundlagen

Laborprüfverfahren zur Härtebestimmung

Die Härte ist eine Werkstoffkenngröße und bezeichnet den Widerstand eines Werkstoffs, den dieser dem Eindringen eines anderen Körpers entgegensetzt.

Zur genauen Bestimmung der Härte eines Werkstoffs werden folgende Laborprüfverfahren verwendet:

- Härtebestimmung nach Brinell,
- Härtebestimmung nach Vickers sowie
- Härtebestimmung nach Rockwell.

Diese Härteprüfverfahren beruhen alle auf dem gleichen Prinzip: Ein genormter Prüfkörper wird mit einer bestimmten Kraft F in den zu prüfenden Werkstoff gedrückt.

Aus der entstehenden örtlichen Verformung bzw. der Eindringtiefe wird die Härte der Werkstoffprobe ermittelt.

Die einzelnen Verfahren unterscheiden sich darüber hinaus durch

- die Form des Prüfkörpers und
- den Werkstoff des Prüfkörpers

voneinander.

Bei allen Prüfverfahren ist darauf zu achten, dass die Werkstoffprobe frei von Fremdkörpern, Zunder oder Schmierstoffen ist.

Beim Zuschnitt und der Oberflächenvorbereitung ist weiterhin sicherzustellen, dass das Prüfstück so wenig wie möglich erwärmt bzw. kaltverfestigt wird. Bei der Härteprüfung muss der Probenkörper fest aufliegen.

Härtebestimmung nach Brinell

Bei der Härteprüfung nach Brinell (Kurzzeichen HB) wird eine Hartmetallkugel (HBW) mit genormtem Durchmesser D senkrecht in die Oberfläche einer glatt aufliegenden Probe gedrückt.

Hierbei ist die Prüfkraft F in zwei bis acht Sekunden aufzubringen. Danach muss der Prüfkörper noch zwischen zehn und 15 Sekunden auf die Probe einwirken, um eine elastische Rückverformung der Probe auszuschließen.

Prinzip der Härtebestimmung nach Brinell:

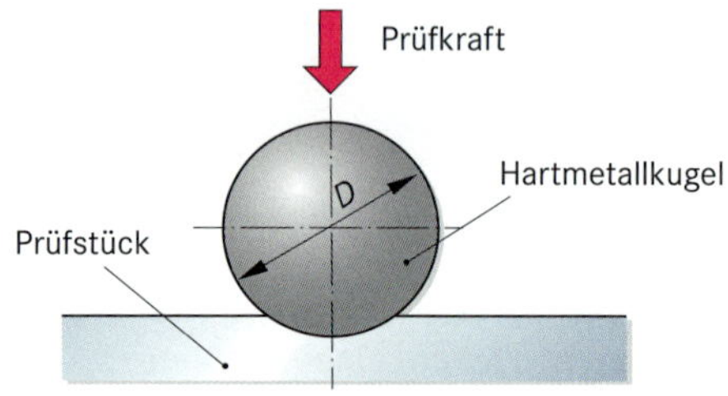

Aus den rechtwinklig zueinander stehenden Durchmessern d_1 und d_2 des entstehenden Eindrucks wird das arithmetische Mittel gebildet. Mit Hilfe dieses errechneten Durchmessers wird die Fläche A des Eindrucks ermittelt ( ).

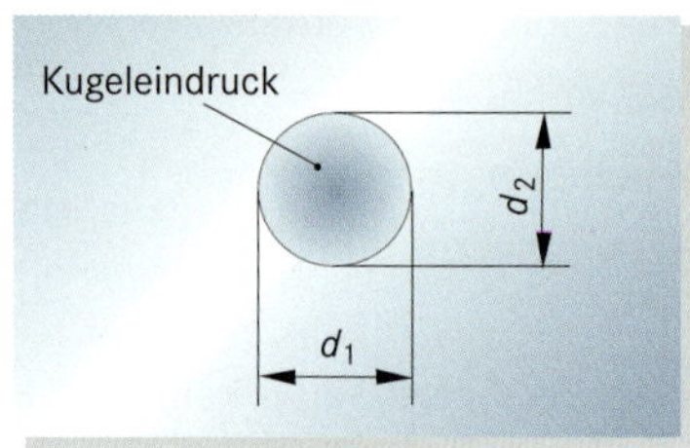

Mit der Prüfkraft F und dem Flächeninhalt A wird die Brinellhärte (HB) berechnet:

$$HB = \frac{0{,}102 \cdot F}{A} \left[\frac{\text{N}}{\text{mm}^2}\right]$$

Die Härtewerte müssen jedoch in der Regel nicht errechnet, sondern können mit Hilfe von Tabellen bestimmt werden.

Das Härtemessverfahren nach Brinell wird vornehmlich bei weichen Werkstoffen wie Baustahl und Nichteisenmetallen angewendet.

Aus der Brinellhärte lässt sich näherungsweise die Zugfestigkeit R_m des Werkstoffs bestimmen.

$$R_m \approx 3{,}5 \cdot HB \left[\frac{\text{N}}{\text{mm}^2}\right]$$

Grundlagen

Härtebestimmung nach Vickers

Bei der Bestimmung der Härte nach Vickers (Kurzzeichen HV) wird eine genormte, vierseitige Pyramide mit einem Winkel von 136° als Prüfkörper verwendet. Da die Pyramide aus Diamant besteht, eignet sich dieses Verfahren zur Prüfung sehr harter und dünner Proben sowie für gehärtete Oberflächen.

Prinzip der Härtebestimmung nach Vickers:

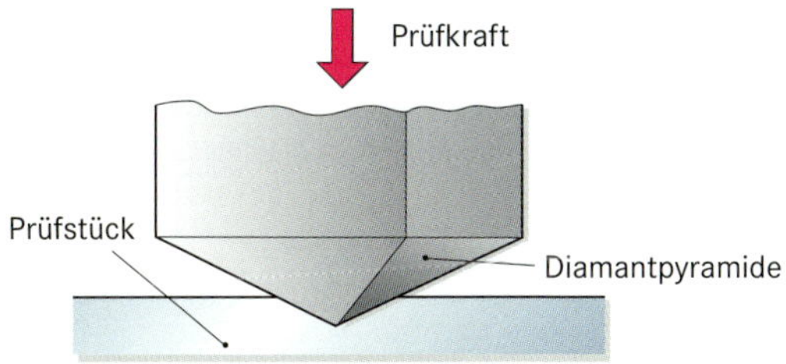

Die Prüfkraft *F* ist in zwei bis acht Sekunden aufzubringen. Danach muss der Prüfkörper noch zwischen zehn und 15 Sekunden auf die Probe einwirken. Bei diesem Verfahren entsteht ein quadratischer Eindruck in der Werkstoffprobe.

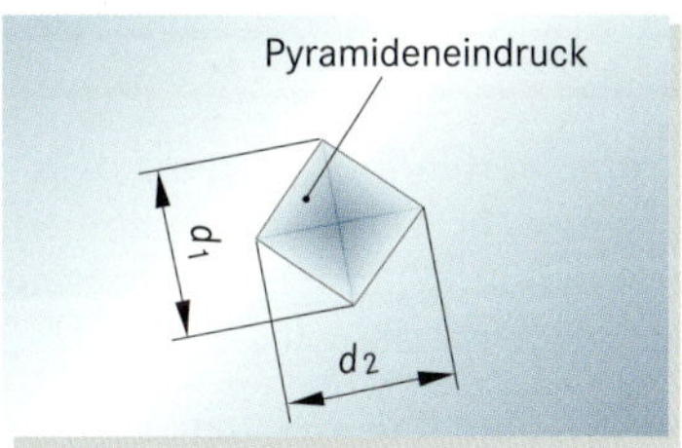

Aus den beiden Diagonalen d_1 und d_2 wird zuerst das arithmetische Mittel und hieraus die Fläche *A* des Eindruckes berechnet. Mit der verwendeten Prüfkraft *F* und dem Flächeninhalt *A* wird die Vickershärte (HV) errechnet (→📖).

Als Überschlag gilt:

$$HV \approx \frac{0{,}1891 \cdot F}{d^2} \left[\frac{\text{N}}{\text{mm}^2}\right]$$

Die Härtewerte müssen jedoch in der Regel nicht errechnet, sondern können mit Hilfe von Tabellen bestimmt werden.

Härtebestimmung nach Rockwell

Die Härteprüfung nach Rockwell (Kurzzeichen HR) erfolgt je nach Härte und Geometrie des Probenkörpers in verschiedenen Varianten.

Für weiche und mittelharte Werkstoffe wird eine Stahlkugel als Prüfkörper verwendet. Bei harten bzw. sehr harten Werkstoffen sowie für dünne und schmale Proben wird ein genormter Diamantkegel in den zu prüfenden Werkstoff gedrückt.

Prinzip der Härtebestimmung nach Rockwell mit Diamantkegel:

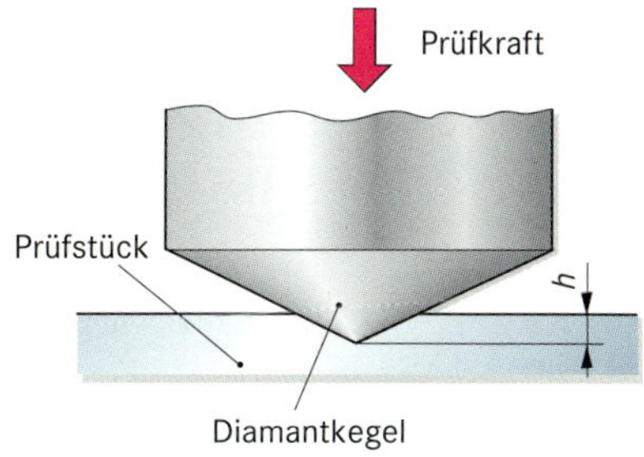

Die einzelnen Verfahrensvarianten werden durch verschiedene Kurzzeichen gekennzeichnet (→📖). Diese geben Auskunft über den verwendeten Probenkörper und die aufgebrachten Prüfkräfte.

Beim Rockwellverfahren wird der Härtegrad über die Eindringtiefe *h* des Prüfkörpers ermittelt. Hierbei ist folgendes Vorgehen einzuhalten:

- Der Probekörper wird mit einer Prüfvorkraft F_0 in die Werkstoffprobe eingedrückt ①. Die daraus resultierende Eindringtiefe dient als Bezugsebene für die eigentliche Messung.
- Erst hiernach wird die eigentliche Prüfkraft F_1 zusätzlich auf die Probe aufgebracht. Es wird die größte Eindringtiefe ② erreicht.
- Nach einer Einwirkdauer von zwei bis sechs Sekunden wird die Prüfkraft F_1 zurückgenommen. Durch elastische Rückverformung ③ wird die zu messende Eindringtiefe erreicht.
- Aus der verbleibenden Eindringtiefe ④ wird die Rockwellhärte (HR) abgeleitet (→📖). Sie kann direkt an der Prüfeinrichtung abgelesen werden.

Ablauf der Härtebestimmung nach Rockwell mit Diamantkegel:

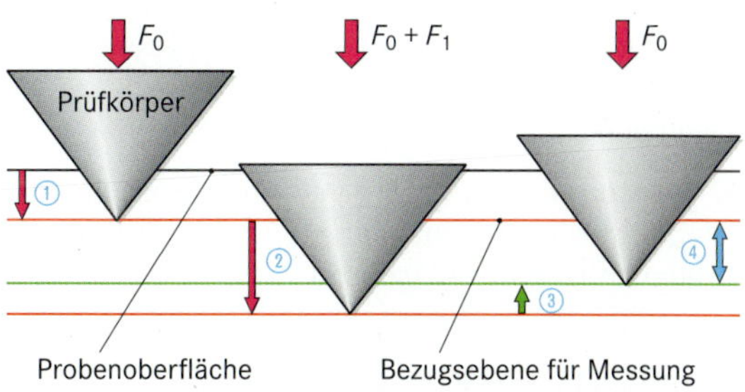

Zusammenfassung

Herstellen eines einfachen Maurermeißels in der Werkstatt

- **1. Auswahl geeigneter Halbzeuge und Werkstoffe**
  - Normvorgaben
  - Beurteilung nach Aussehen und Farbe
  - Biege- und Bruchflächenprüfung
  - Feilprobe
  - Funkenprobe
- **2. Auswahl geeigneter Fertigungsverfahren**
  - Freiformschmieden
- **3. Festlegung und Kontrolle der Schmiedetemperatur**
  - Tabellen/Übersichten
  - Kontrolle
    - Glühfarben
    - Temperaturstifte
- **4. Festlegung geeigneter Wärmebehandlungen**
  - Vergüten
- **5. Prüfen der Gebrauchseigenschaften des Meißels**
  - Farbeindringverfahren
  - Magnetpulverprüfung
  - Schlaghärteprüfung mit Poldihammer
  - Arbeitsprobe

Arbeitssicherheit beim Schmieden und Härten

Arbeitsschutzkleidung verwenden, Zangenmaulformen entsprechend der Werkstückgeometrie wählen, nur gut befestigte Hämmer nutzen, Ambossbahn darf nicht mit Wasser benetzt sein und Dampfentwicklung beim Abschrecken berücksichtigen.

Aufgaben

1. Begründen Sie die unterschiedlichen Anforderungen an die Materialeigenschaften der Meißelschneide, des Meißelschaftes und des Meißelkopfes.

2. Bestimmen Sie die Abmaße eines Halbzeugs für die Herstellung eines Flachmeißels für die Metallbearbeitung mit einer Länge von 200 mm.

3. Welchen Durchmesser muss das Halbzeug für die Form B eines Maurermeißels aufweisen, wenn
a) die Achteckform durch Trennen und
b) die Achteckform durch Schmieden
hergestellt wird?

4. Welches Werkstattprüfverfahren kann zur groben Bestimmung des Kohlenstoffgehalts herangezogen werden? Beschreiben Sie dessen Anwendung.

5. Begründen Sie, warum das Freiformschmieden nicht für das Schmieden einer komplexen Werkstückgeometrie mit hohen Maßanforderungen geeignet ist.

6. Bestimmen Sie die Anfangs- und Endschmiedetemperatur eines unlegierten Stahls mit einem Kohlenstoffgehalt von 0,45 %.

7. Erläutern Sie, wie die Temperatur des Schmiedegutes bestimmt werden kann.

8. Wie kann verhindert werden, dass sich der durch Wärmezufuhr eingelagerte Kohlenstoff bei langsamer Abkühlung auf Raumtemperatur wieder aus dem Metallgitter herauslöst?

9. Erläutern Sie, mit welchen Wärmebehandlungen der Maurermeißel seine Gebrauchseigenschaften erhält.

10. Begründen Sie, warum bei der Erwärmung von Bauteilen die Temperatur nach ihrem Erreichen noch eine gewisse Zeit gehalten werden muss.

11. Erläutern Sie, welche Eigenschaften ein unlegierter Stahl durch das Anlassen bei niedrigen und bei hohen Temperaturen erhält.

12. Erläutern Sie detailliert mögliche Verfahren zur Prüfung von Bauteilen auf Materialfehler.

13. Begründen Sie, welche Verfahren zur Ermittlung der Gebrauchseigenschaften von fertigen Werkstücken nur bedingt in der Werkstatt durchgeführt werden können.

14. Erläutern Sie, warum die Poldihärte nicht direkt mit den durch die Laborprüfverfahren ermittelten Härtewerten verglichen werden kann.

Das abgebildete Gitterfenster aus genieteten Profilstählen dient als Einbruchschutz. Bei der Gestaltung wurden die Kundenwünsche berücksichtigt. Die verwendeten Profile sind der Materialliste zu entnehmen.

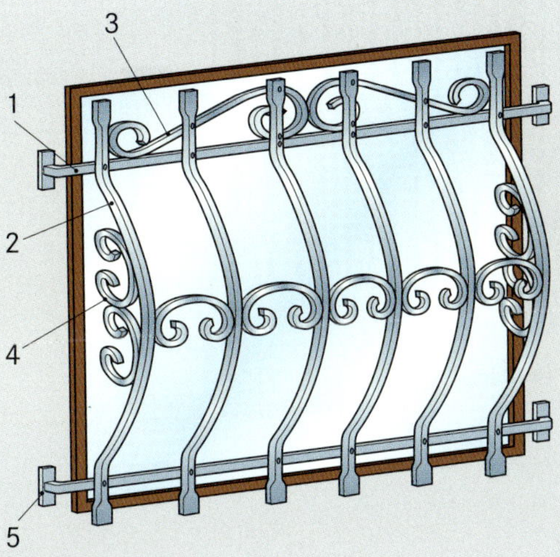

Planung

1. Das Gitterfenster wurde nach Kundenwunsch gefertigt. Nennen Sie die Vorgaben, die bei der Gestaltung berücksichtigt werden.

2. Stellen Sie Regeln auf, wie man sich einem Kunden gegenüber verhalten sollte.

3. Zur Planung des Fenstergitters müssen die Maße auf der Baustelle aufgenommen werden. Geben Sie an, welche Maße und Messmittel hierfür erforderlich sind.

Kaltumformen

4. Für das Fenstergitter wird der Werkstoff S 275 JR verwendet. Begründen Sie, warum dieser Werkstoff für das Umformen geeignet ist.

5. Obwohl Aluminium gute Eigenschaften für die Kaltumformung besitzt, ist sein Einsatz hier nicht ratsam. Begründen Sie diese Aussage.

6. Bestimmen Sie für den Querträger 30 x 20 mm den kleinsten zulässigen Biegeradius und den erforderlichen Biegewinkel.

7. Zum Prüfen der gebogenen Gitterstäbe ist eine Schablone anzufertigen. Welche Arbeitsschritte sind zur Herstellung der Schablone erforderlich?

8. Die Gitterstäbe werden auf einer Dreiwalzen-Rundbiegemaschine gebogen. Beschreiben Sie den Biegevorgang.

9. Beschreiben Sie kurz, welche Gefahren beim Arbeiten mit Biegemaschinen bestehen.

Warmumformen

10. Das Biegen der C-Krollen erfolgt durch das Warmumformen mit einer Biegevorrichtung.
a) Welche Anforderungen muss diese Vorrichtung erfüllen?
b) Welche Regeln sind beim Biegen der Krollen zu beachten?

Schmieden

11. Die Enden der Gitterstäbe werden auf dem Amboss ausgeschmiedet.
a) Wählen Sie ein geeignetes Verfahren zum Erwärmen der Gitterstäbe.
b) Wodurch lassen sich Prellschläge verhindern?

12. Der Werkstoff S 275 JR für das Gitterfenster besitzt 0,2 % Kohlenstoff.
a) Geben Sie den Temperaturbereich für das Schmieden an.
b) Welche Folgen hat das Über- und Unterschreiten der Schmiedetemperatur für das Schmiedestück?

13. Welche Arbeitsschritte sind erforderlich, um die Gitterstäbe zu schmieden?

Materialliste:

Pos.	Menge	Einheit	Benennung	Sachnummer/Norm-/Kurzbezeichnung	Bemerkung
1	2	Stck.	Querträger	Fl EN 10278	S 275 JR
2	6	Stck.	Gitterstab	4kt EN 10278	S 275 JR
3	2	Stck.	S-Krolle	4kt EN 10278	S 275 JR
4	9	Stck.	C-Krolle	4kt EN 10278	S 275 JR
5	4	Stck.	Anschlussstück	Fl EN 10278	S 275 JR

FREITRAGENDES SCHIEBETOR

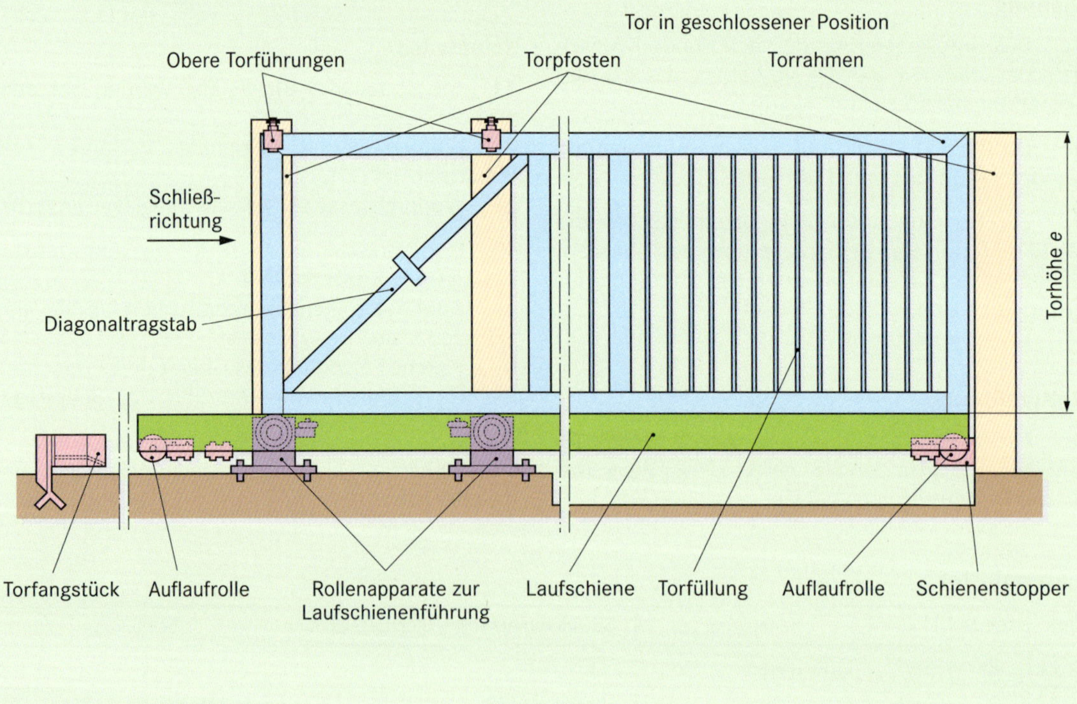

GESAMTAUFTRAG

Ein Industriegelände wird durch Zäune gegenüber unbefugtem Zutritt gesichert. Der Lieferverkehr zu und von diesem Industriegelände wird durch eine Toranlage ermöglicht. Diese Toranlage arbeitet witterungsunabhängig. Sie wird durch einen elektrischen Antrieb geöffnet bzw. geschlossen und soll Fahrzeuge problemlos passieren lassen.

Es soll ein geeignetes Tor geplant und in der Werkstatt hergestellt werden.

ANALYSE

Technische Unterlagen

Zur Erledigung des Kundenauftrages sind verschiedene Unterlagen erforderlich.

Dazu gehören

- die Beschreibung des Schiebetores einschließlich der Maßangaben zur Einbausituation;
- Zeichnungen oder Bilder der geplanten Zaunanlage und des abzusperrenden Fahr- und Fußweges;
- eine Aufstellung der Kundenwünsche zur Gestaltung der Toranlage;
- je nach Vereinbarung zwischen Kunde und Betrieb zusätzlich Ergebnisse von Maßaufnahmen der fertigen Zaunanlage bzw. der Zuwegung;
- Unterlagen von Zulieferfirmen von Schiebetoranlagen;
- Unterlagen der Berufsgenossenschaften sowie baubehördliche Unterlagen zur Gestaltung von Toranlagen für Industriebauten.

Für den Auftrag liegen folgende Kundenwünsche vor:

- Lichte Öffnungsweite zwischen den Torpfosten: 6000 mm;
- Höhe der Toroberkante über dem Fahrbahnbelag: 2000 mm;
- Farbe der Toranlage: RAL 6024;
- Ausführung als freitragendes Schiebetor ohne Führungsschienen auf der Fahrbahn;
- Sicherungseinrichtung zur Vermeidung von Unfällen beim Öffnen und Schließen des Schiebetores.

Auswahl

Freitragende Toranlagen bestehen aus vielen verschiedenen Einzelteilen. Sie sind zu kompliziert, um von einem nicht spezialisierten Metallbaubetrieb aus einfachen Halbzeugen funktionssicher und wirtschaftlich hergestellt werden zu können. Deshalb greift ein Metallbaubetrieb in diesem – wie in vielen anderen Fällen – auf die Produkte von Zulieferern zurück. Mit Hilfe der Zukaufteile von Zulieferfirmen ist dann der Metallbaubetrieb in der Lage, speziell auf den einzelnen Kundenwunsch zugeschnittene Lösungen wirtschaftlich anzubieten.

8.1 Planung

ARBEITSAUFTRAG

Vor der Herstellung der Schiebetoranlage sind umfangreiche Planungsarbeiten durchzuführen. Zunächst sind alle Anforderungen in Absprache mit dem Kunden genau zu ermitteln und festzuhalten. Anschließend sind Kataloge von Zulieferern zu sichten und Torvarianten auszuwählen.

Für die genaue Ausführung des Tores ist eine Anforderungsliste zu erstellen.

Alle Anforderungen werden in einer Anforderungsliste (Tab. 1) systematisch erfasst und bis zur endgültigen Angebotserstellung laufend aktualisiert.

Planen

8.1.1 Anforderungsliste

Zunächst werden die Vorgaben des Kunden ermittelt. Dies geschieht während eines Gespräches oder bei größeren Objekten durch ein schriftlich vorgelegtes Pflichtenheft. Unter Berücksichtigung der schon festgelegten Zaunanlage und der Zuwegung enthält das Pflichtenheft für die Toranlage folgende Angaben:

- Größe der lichten Toröffnung,
- Höhe der Toroberkante,
- Art der Torfüllung und Farbton der Beschichtung und
- ggf. Art des Torantriebes, der Torführung sowie der Steuerung.

Zusätzlich zu diesen vom Kunden vorgegebenen Anforderungen sind vielfältige weitere Anforderungen an ein Schiebetor zu stellen. Die Berücksichtigung aller Anforderungen führt zu einer fachgerecht konstruierten und ausgeführten Toranlage.

Bei diesen Anforderungen handelt es sich im Einzelnen beispielsweise um:

- hohe Lebensdauer,
- Funktionssicherheit bei jeder Witterung,
- einfache und sichere Bedienbarkeit,
- geringer Wartungsaufwand bzw. Wartungsfreiheit,
- formgebungsgerechte Gestaltung,
- niedrige Herstell-, Montage- und Betriebskosten.

Nach den ersten Kundengesprächen werden die Lieferprogramme der einschlägigen Schiebetorhersteller gesichtet. Damit werden die grundsätzlichen Ausführungsmöglichkeiten zum vorliegenden Kundenauftrag ermittelt und die Anforderungsliste komplettiert.

Tab. 1: Anforderungsliste für eine Schiebetoranlage

Anforderungsliste für eine Schiebetoranlage für das Bauvorhaben xyz (Auszug)			
Nr.	Forderung	Festlegung	Bemerkung
I.	*Festforderung*		
	Toroberkante	2000 mm über Boden	
	Farbton	RAL 6024	
	Lichte Torweite	6000 mm	
II.	*Mindestforderung*		
	Kosten	< 8500,– €	
III.	*Wunsch*		
	Wartungsfrei		

Tormaße und Torbauteile											
Laufschienenprofilnummer	Toraufbau	Lichte Torweite l in mm	Abstandsmaße in mm			Rohrprofile für Schiebetorrahmen					
						Torhöhe $e \leq 1600$ mm			Torhöhe $e \leq 2200$ mm		
			a	c_1	c_2	O; E in mm	U in mm	F in mm	O; E in mm	U in mm	F in mm
2	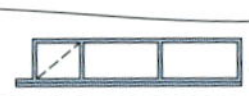	4000	700			70 x 70 x 4			70 x 70 x 4		
	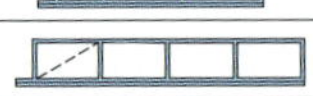	5000	1200			70 x 70 x 4			80 x 80 x 3,6		
	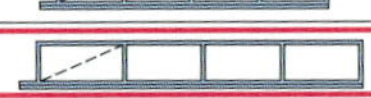	6000	1700	307	493	80 x 80 x 3,6			90 x 90 x 4		
		7000	2700			90 x 90 x 4			100 x 100 x 4	100 x 80 x 4	

Abb. 1: Katalogauszug eines Zulieferbetriebes

8.1.2 Bestimmung des Toraufbaues

Im vorliegenden Fall ergibt sich aus den Unterlagen des Kunden z.B. eine geforderte lichte Toröffnungsweite von 6,0 m. Anhand von Katalogen (Abb. 1) kann der Metallbauer dann einen den Anforderungen entsprechenden Toraufbau auswählen. Ebenso erhält der Metallbauer auch alle hierfür notwendigen Rohrprofile und Beschläge. Der Betrieb hat damit auch die Sicherheit, seinem Kunden eine erprobte, funktionsfähige Toranlage garantieren zu können.

Im Folgenden soll ein ganz bestimmtes, nach den Vorgaben eines Zulieferers aufgebautes freitragendes Schiebetor ausgewählt, analysiert und montiert werden (Abb. 2).

Entsprechend der Anforderungsliste und den Vorgaben des Zulieferbetriebes wird in einer Vorauswahl das in der Katalogübersicht rot markierte Tor ausgewählt. Der Katalog des Zulieferbetriebes gibt dann genaue Auskunft über Tormaße, Torbauteile und zu wählende Profile.

Das ausgewählte Tor besitzt einen Torrahmen (Pos. 8a) aus Stahlrohr HFRHF - EN 10210 - 90 x 90 x 4 Stahl EN 10025 - S235JR. Der Rahmen wird durch drei senkrechte Rahmenpfosten (Pos. 8c) und einen längenverstellbaren Diagonalstab (Pos. 10) verstärkt.

Die Torfüllung besteht aus senkrechten Stäben aus Vierkantstahl (Pos. 8b) EN 10 060 - 10 Stahl EN 10025 - S235JR.

An den Rahmen wird die Laufschiene (Pos. 1) aus dem herstellerspezifischen Laufschienenprofil geschweißt. Über dem Laufschienenprofil am Rahmenuntergurt wird die Zahnstange (Pos. 12) für den Torantrieb befestigt.

Das Tor wird unten geführt über die zwei Rollenapparate (Pos. 2) mit Längs- und Querrollen, die in das Laufschienenprofil eingreifen. Die obere Führung übernehmen die zwei Führungsrollensätze (Pos. 7), die im gezeigten Beispiel an jeweils zwei Doppeltorpfosten (Pos. 9a) befestigt sind.

Die Bewegungsbegrenzung des geöffneten Schiebetores übernimmt die Auflaufrolle mit Schienenendkappe (Pos. 4) samt verstellbarem Schienenstopper (Pos. 5) sowie das Torfangstück (Pos. 6b). Die Bewegungsbegrenzung des geschlossenen Schiebetores übernimmt die Auflaufrolle mit Schienenendkappe und Schienenstopper (Pos. 3) sowie das Torfangstück (Pos. 6a).

Der Torantrieb erfolgt über die Antriebseinheit (Pos. 11). Die Steuerung des Torantriebes erfolgt über eine Steuereinheit, Bedienelemente und Sensoren.

Sicherheitseinrichtungen verhindern, dass Personen verletzt oder Gegenstände beschädigt werden. Dies geschieht durch Sensoren an der Torvorderkante und durch eine Begrenzung des Drehmomentes des Antriebsmotors.

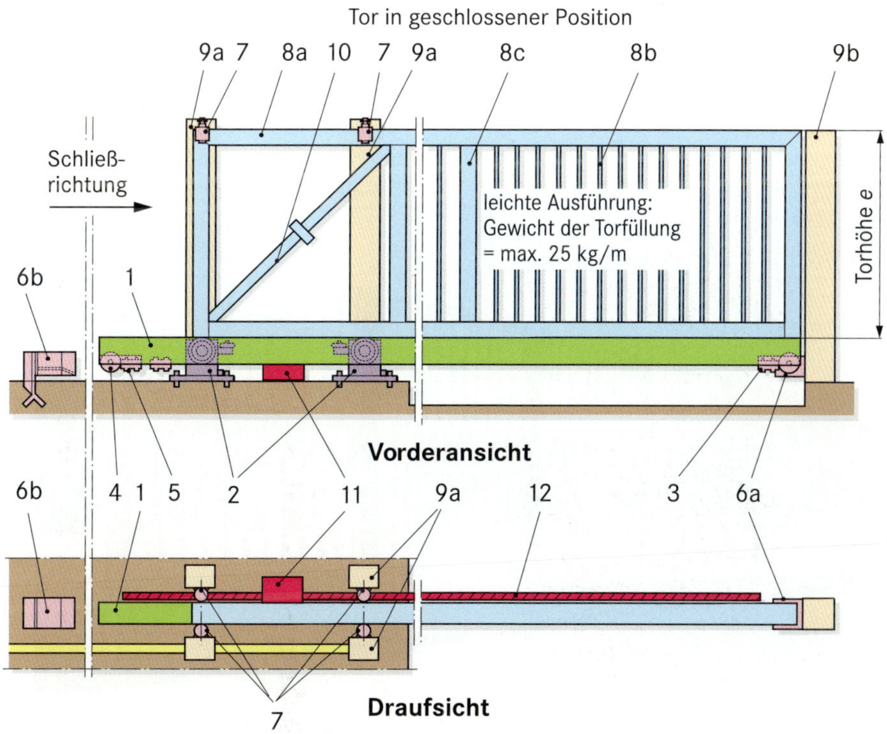

Abb. 2: Schiebetor in Vorderansicht und Draufsicht

8.2 Montagevorbereitung

Informieren

8.2.1 Funktionsanalyse

Das Schiebetor besteht aus mechanischen, elektrischen, elektronischen und Software-Komponenten bzw. Teilsystemen. Das geordnete Zusammenwirken aller Teile ergibt die Funktionsweise des Gesamtsystems.

Das Tor wird über die Bedienelemente „Tor öffnen" und „Tor schließen" der Steuereinheit geöffnet und geschlossen.

Zusätzliche Sensoren haben die Aufgabe, die Endstellungen „Tor geöffnet" und „Tor geschlossen" an die Steuereinheit zu melden. Außerdem sollen sie die Torschließung stoppen, für den Fall, dass sich ein Objekt im Schließbereich des Tores befindet. Eine zusätzliche Überlastsicherung am Torantrieb schaltet den Antrieb aus, für den Fall, dass einer der Sensoren nicht arbeitet.

Der Torantrieb erfolgt durch die Antriebseinheit mittels elektrischem Getriebemotor über Antriebsritzel und Zahnstange. Die Zahnstange bewegt die mit ihr verbundene Laufschiene samt Torrahmen.

Die Laufschiene wird durch die im Fundament befestigten Rollenapparate geführt. Die obere Führung übernehmen zweimal zwei Führungsrollen, zwischen denen das obere Torrahmenprofil läuft.

Durch die Einspannung in den zwei Rollenapparaten und die Führung in den zwei oberen Rollenführungspaaren braucht dieses Tor keine mitlaufende untere Rollenführungen an den Torenden. Deshalb werden auch keine Führungsschienen auf dem Boden benötigt. Aus diesem Grund wird dieses Tor als freitragend bezeichnet.

Vorteile dieser Konstruktion sind die Ebenheit der Zuwegung und die Unempfindlichkeit gegenüber Verschmutzung, Vereisung, Schnee und dergleichen im Torschließbereich.

Das planmäßige Durchführen von Montagearbeiten bei der Herstellung des Gesamtsystems oder von Demontagevorgängen bei Instandhaltungsarbeiten erfordert ein entsprechendes Verständnis über den Aufbau und die Wirkungsweise des Gesamtsystems und seiner Teilsysteme.

Umfangreiche Systeme können in überschaubare Teilsysteme zerlegt werden, um nur die jeweils interessierenden Gruppen und Elemente zu betrachten. Eine systematisch ordnende Betrachtungsweise ermöglicht es, den Aufbau und die Wirkungsweise von komplexen Systemen zu verstehen.

In technischen Systemen werden Energie, Stoff und Informationen umgesetzt.

Die Zerlegung von Gesamtsystemen unter dem Gesichtspunkt der jeweils vorliegenden Teilfunktion führt zu immer gleichartigen Funktionseinheiten. Die Aufgabe dieser Funktionseinheiten ist die maschinenspezifische Umsetzung von Energie, Stoff und Informationen (Abb. 1).

Die Funktionseinheiten bestehen häufig aus standardisierten Baugruppen und Bauelementen. Auch am Schiebetor lassen sich die üblichen Funktionseinheiten unterscheiden (Tab. 1).

! Das planmäßige Durchführen von Montage- und Demontagearbeiten erfordert ein entsprechendes Verständnis über den Aufbau und die Wirkungsweise des Gesamtsystems und einzelner Teilsysteme.

Abb. 1: Energie-, Stoff- und Informationsfluss in technischen Systemen

Stütz- und Trageinheiten

Die verschiedenen Funktionseinheiten eines technischen Gesamtsystems müssen in ihrer Lage fixiert werden, auch für den Fall, dass Kräfte auf sie einwirken.

Diese Lagefixierung übernehmen die Stütz- und Trageinheiten. Übliche Funktionseinheiten zum Stützen und Tragen sind Rahmen, Gestelle und Gehäuse. Sie dienen der Befestigung von Antriebseinheiten, Arbeitseinheiten, Ver- und Entsorgungseinheiten usw..

Weitere Stütz- und Trageinheiten sind Führungen und Lager. Sie fixieren Bauteile üblicherweise nicht in allen Richtungen. So lassen Führungen wie z. B. die Führungsschiene des Tores geradlinige Bewegungen in einer Richtung zu, verhindern aber Bewegungen in andere Richtungen. Lager fixieren oft Wellen, lassen aber deren Rotationsbewegung zu.

Antriebseinheiten

Zum Antrieb des Tores wird ein Elektromotor verwendet. Elektromotoren wandeln elektrische Energie in mechanische Energie um. Sie stellen die benötigte mechanische Energie für das Öffnen und Schließen des Tores zur Verfügung.

Neben elektrischen Antrieben werden besonders für geradlinige Bewegungen häufig pneumatische und hydraulische Antriebe verwendet.

Energieübertragungseinheiten

Beim Schiebetor sind Funktionseinheiten erforderlich, um aus der Drehbewegung der Motorwelle des Elektromotors eine Hin- und Herbewegung des Tores zu erzeugen. Eine Möglichkeit ist der Zahnrad-/Zahnstangentrieb, eine weitere Möglichkeit wäre ein Reibradantrieb. Es ist grundsätzlich die Aufgabe von Getrieben, eine vorhandene Energieform der geforderten Aufgabenstellung anzupassen und diese zu übertragen.

Steuerungs- und Regelungseinheiten

Die Steuerungslogik zum Öffnen und Schließen des Tores aufgrund einer Betätigung der Bedieneinheit oder aufgrund von Steuerungssignalen weiterer Sensoren stellt die Steuerungseinheit des Schiebetores dar.

Ver- und Entsorgungseinheiten

Der elektrische Antriebsmotor des Schiebetores wird über Leitungen mit elektrischer Energie versorgt. Der Anschluss der Leitungen erfolgt über Schraub- oder Klemmleisten. Gleiches gilt für die Versorgung der Steuerungseinheit und der Sensoren.

Ein Facharbeiter muss in der Lage sein, die verschiedenen Komponenten fachgerecht zu montieren und zu demontieren.

Tab. 1: Funktionseinheiten des Schiebetores

Funktionseinheiten	Erläuterungen	Baugruppen und Bauelemente
Stütz- und Trageinheiten	Funktionseinheiten zusammenhalten und führen, Kräfte aufnehmen und weiterleiten	Rahmen, Gestelle, Pfosten
Antriebseinheiten	Antriebsenergie in geeigneter Form und Menge bereitstellen	Elektromotor
Energieübertragungseinheiten	Energie zwischen Funktionseinheiten weiterleiten und deren Größen, wie Drehmoment und Drehrichtung, umformen oder Drehbewegung in geradlinige Bewegung umformen	Zahnrad, Zahnstange, Reibrad
Steuerungs- und Regelungseinheiten	Informations- und Signalumsetzung zur Beeinflussung und Überwachung von Energie- und Stoffumsetzungen	Schalter, Sensoren
Ver- und Entsorgungseinheiten	Funktionseinheiten mit Energie oder Stoff versorgen	Elektrische Leitungen

Montieren

8.2.2 Montageablauf

Der Montageprozess umfasst die Vorgänge Montage und Demontage.

Durch Montage werden Bauteile und Baugruppen zu funktionstüchtigen Maschinen und Geräten zusammengefügt. Montagearbeiten fallen an

- beim Zusammenbau eines technischen Systems oder
- nach einer Instandhaltung.

Durch Demontage werden technische Systeme teilweise oder vollständig in Baugruppen und Bauteile zerlegt. Anlass für Demontagearbeiten können

- Wartungs- und Inspektionsarbeiten an technischen Systemen oder
- Instand setzungsarbeiten (Reparaturen) sein.

Montagestufen

Der Montageprozess komplexer technischer Systeme gliedert sich in mehrere aufeinander folgende Montagestufen.

Dabei werden zunächst in der Vormontage Einzelteile zu Baugruppen gefügt. Anschließend werden die Baugruppen, eventuell mit weiteren Einzelteilen, in Stufen zu übergeordneten Baugruppen montiert. In der Endmontage erfolgt der Zusammenbau aller vormontierten Baugruppen zum fertigen technischen System.

Die Gliederung des Montageablaufs in verschiedene Montagestufen ermöglicht einen wirtschaftlichen Montageprozess. Je nach betrieblichen Organisationsformen können die Einzelteile und Baugruppen an unterschiedlichen Orten und zu verschiedenen Zeiten gefertigt und anschließend zu übergeordneten Baugruppen zusammengefügt werden.

Die Montage kann manuell, mechanisiert oder automatisiert erfolgen.

Montagetätigkeiten

Der Montageprozess besteht immer aus den Tätigkeiten (Abb. 1):

- Fügen, Zerlegen
- Prüfen und
- Handhaben.

Durch Fügen werden Verbindungen zwischen Einzelteilen oder Baugruppen hergestellt. Die Verbindungen können lösbare oder unlösbare Verbindungen sein. Lösbare Verbindungen haben den Vorteil, dass sich die verbundenen Bauteile bei einer Demontage ohne Zerstörung wieder zerlegen lassen.

Das Prüfen kann vor, zwischen und nach der Montage stattfinden. Art, Anzahl und Beschaffenheit der zu fügenden Bauteile oder Baugruppen müssen kontrolliert werden. Das Prüfen schließt auch die Funktionskontrolle ein. Art und Häufigkeit der Kontrollen hängen von der Organisation des Montageprozesses ab.

Das Handhaben umfasst das Lagern, Transportieren und Positionieren der Bauteile und Baugruppen für den Zusammenbau. Je nach Automatisierungsgrad und Beschaffenheit der Teile ergeben sich unterschiedliche Handhabungstätigkeiten. Große, schwere Teile erfordern z. B. Hebezeuge.

Daneben können weitere Tätigkeiten notwendig sein. Solche Nebentätigkeiten sind die Oberflächenbehandlung, das Schmieren, das Auswuchten und das Justieren von Teilen. Durch Justieren werden beim Zusammenbau von Bauteilen unvermeidbare Abweichungen der Fertigung ausgeglichen.

! Die Montage umfasst immer die Tätigkeiten Fügen, Prüfen und Handhaben. Außerdem können Nebentätigkeiten erforderlich sein.

Montagetätigkeiten

Fügen/Zerlegen	Prüfen	Handhaben	Nebentätigkeiten
• lösbare Verbindungen • unlösbare Verbindungen	• Art und Anzahl der Teile • Maßhaltigkeit • Oberflächenbeschaffenheit • Form- und Lagegenauigkeit • Funktion	• Lagern • Transportieren • Positionieren	• Oberflächenbehandlung • Schmieren • Justieren • Auswuchten

Abb. 1: Montagetätigkeiten

Zusammenfassung

Montagevorbereitung

- **Funktionsanalyse**
  - **Gesamtfunktion des Gesamtsystems**
    - **Teilfunktionen der Funktionseinheiten**
      - Stütz- und Trageinheiten
      - Antriebseinheiten
      - Energieübertragungseinheiten
      - Steuerungs- und Regelungseinheiten
      - Ver- und Entsorgungseinheiten
- **Montageablauf**
  - Montagestufen
    - Vormontage
    - Baugruppenmontage
    - Endmontage
  - Montagetätigkeiten
    - Fügen/Zerlegen
    - Prüfen
    - Handhaben
    - Nebentätigkeiten

Das planmäßige Durchführen von Montagearbeiten an technischen Systemen erfordert ein Verständnis über den Aufbau und die Wirkungsweise des Gesamtsystems und der Teilsysteme. Umfangreiche Systeme werden deshalb in überschaubare Teilsysteme bzw. Funktionseinheiten zerlegt, die ganz bestimmte Teilfunktionen erfüllen. Diese können dann gezielt betrachtet und untersucht werden.

Die Montage unterschiedlicher technischer Systeme umfasst immer gleichartig strukturierte Montageabläufe mit gleichen Montagestufen und Montagetätigkeiten. Deren Kenntnis ermöglicht das zielgerichtete Montieren und Demontieren aller technischen Systeme.

Aufgaben

Sie sollen die unten abgebildete Feuerschutztür in der Werkstatt aus den zuvor gefertigten bzw. zugelieferten Baugruppen vormontieren.

In diesem Zusammenhang sind die folgenden Aufgaben zu lösen.

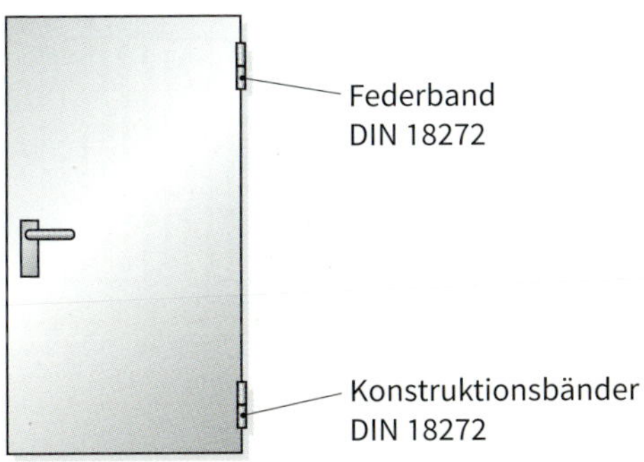

1. Nennen Sie die grundsätzlich möglichen Funktionseinheiten technischer Systeme und ordnen Sie jeder vorkommenden Funktionseinheit ein Bauteil oder eine Baugruppe der Feuerschutztür zu.

2. Beschreiben Sie, welche grundsätzlichen Montagetätigkeiten zur Montage der Tür nötig sind.

3. Erklären Sie, welche lösbaren kraft- und formschlüssigen Fügeverfahren angewandt werden.

4. Erklären Sie, welche Montagetätigkeiten der Vormontage und welche einer Baugruppenmontage zuzuordnen sind.

5. Erklären Sie, an welchen Stellen Prüfvorgänge in den Montageprozess eingebunden werden müssen, und beschreiben Sie diese.

6. Beschreiben Sie Nebentätigkeiten, die bei der Türmontage erforderlich werden.

8.3 Montage des Schiebetores

ARBEITSAUFTRAG

Entsprechend den Kundenvorgaben und den Vorgaben des Zulieferers ist der Torrahmen aus Stahlrohr HFRHF-EN10210-90 x 90 x 4 Stahl EN10025-S235JR und aus Vierkantstahl EN10 060 -10 Stahl EN 10025 - S235JR sowie einem vorgefertigten Laufschienenprofil zu fertigen.

Dabei ist zu beachten, dass der Torrahmen anschließend feuerverzinkt und pulverbeschichtet werden soll.

Zur Montage des Schiebetores in der Werkstatt sind verschiedene Arbeitsschritte nötig. Die einzelnen Arbeitsschritte müssen geplant und in der richtigen Reihenfolge durchgeführt werden. Hierbei sind die Montagepläne des Zulieferers zu beachten.

Die benötigten Werkzeuge und Hilfsmittel müssen ausgewählt und bereitgestellt werden. Zur Überprüfung der einzelnen Fertigungs- und Montagearbeiten sind verschiedene Prüfmittel erforderlich.

Folgende Verbindungen sind bei der Fertigung und Montage des Schiebetores herzustellen: Schweißverbindungen, Schraubenverbindungen, Stiftverbindungen, Passfederverbindungen, Pressverbindungen.

Nach Abschluss aller Fertigungs- und Montagearbeiten in der Werkstatt erfolgt eine Überprüfung der Gesamtfunktion, soweit dies vor dem Einbau auf der Baustelle in der Werkstatt möglich ist.

Gegenstand der wesentlichen Montageabschnitte sind die durch die Funktionsanalyse ermittelten Funktionseinheiten, nämlich:

- Stütz- und Trageinheiten:
  - Rahmen
  - Pfosten
  - Gestelle
- Antriebseinheit:
  - Elektromotor
- Energieübertragungseinheit:
  - Zahnrad
  - Zahnstangentrieb
- Steuerungs- und Regelungseinheit:
  - Torsteuerung
- Ver- und Entsorgungseinheiten:
  - elektrische Leitungen

8.3.1 Herstellen des Torrahmens

Der Torrahmen einschließlich Torfüllung und Führungsschiene sowie die Torpfosten bilden die Stütz- und Trageinheiten des Schiebetores.

Die weiteren Funktionseinheiten können erst montiert werden, wenn die Stütz- und Tragkonstruktion fertiggestellt ist. Deshalb steht die Fertigung des Torrahmens am Anfang der Herstellung des Schiebetores.

Die Fertigung des Torrahmens entspricht den Vorgaben des Systemlieferanten. Die Vorgaben basieren auf der Anforderungsliste und legen Material, Form und Fertigungsverfahren fest. Sie können der Zeichnung des Torrahmens und der Stückliste entnommen werden.

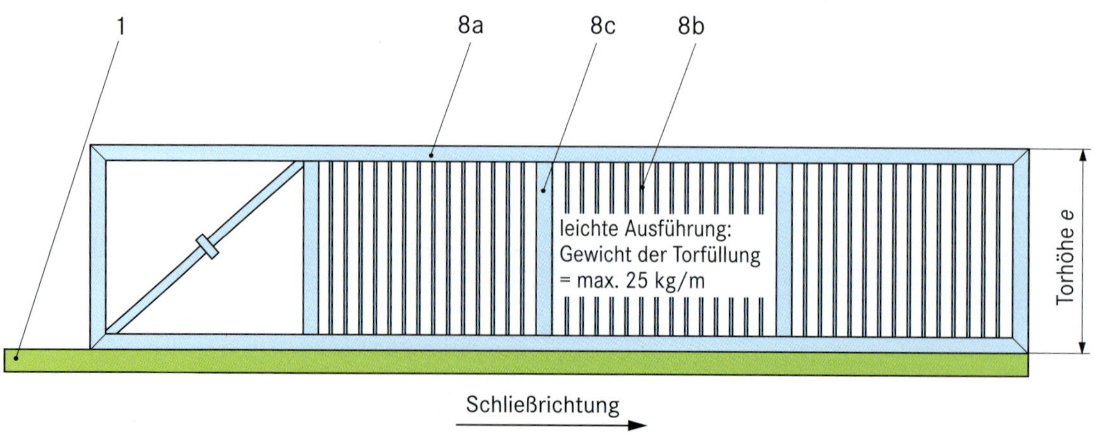

Abb. 1: Darstellung des freitragenden Schiebetors

8.3.1.1 Zeichnungsanalyse

Grundlage der weiteren Auftragsbearbeitung bildet die Zeichnung des Tores und die Stückliste des Zulieferbetriebes (Abb. 2).

Aus diesen beiden Unterlagen wird die Zuschnittliste entwickelt.

Pos.	Menge	Einheit	Benennung	Sachnummer/Norm-/Kurzbezeichnung	Bemerkung
1	1	Stck.	Laufschiene	Profil Nr. 700 - 8500 lang	
2	2	Stck.	Rollapparat mit Längs- und Querrolle	Rollapparat Nr. 760	
3	1	Stck.	Auflaufrolle mit Schienen-endkappe und Schienenstopper	Auflaufrolle Nr. 700L	
4	1	Stck.	Auflaufrolle mit Schienenendkappe	Auflaufrolle Nr. 700 K	
5	1	Stck.	Verstellbarer Schienenstopper	Schienenstopper Nr. 1700 P/2	
6a	1	Stck.	Torfangstück für geschlossenes Tor	Fangstück Nr. 700 F	
6b	1	Stck.	Torfangstück für geöffnetes Tor	Fangstück Nr. 700 F	
7	4	Stck.	Obere Führungsrolle	Führungsrolle Nr. 969 F	
8a	1	Stck.	Torrahmen	HFRHF- EN10210 - 90 x 90 x 4	S235JR
8b		Stck.	Torrahmenfüllung	Vierkantstahl EN 10 060 - 10	S235JR
8c	3	Stck.	Rahmenpfosten	HFRHF- EN10210 - 90 x 90 x 4	S235JR
9a,b	3	Stck.	Torpfosten		
10a	2	Stck.	Diagonalstabteil	HFRHF- EN10210 - 90 x 90 x 4	S235JR
10b	2	Stck.	Diagonalstabkopfplatte	Flachstahl EN 10058 - 90 x 10 -160	S235JR
10c	4	Stck.	Sechskantschraube	ISO 4017 M12 x 100 - 8.8	
10d	4	Stck.	Sechskantmutter mit Klemmteil	ISO 7040 - M12 - 8	
11	1	Stck	Antriebseinheit inkl. Steuerung, Empfänger, Handsender	Antrieb Helm ZA 600	
12	1	Stck.	Zahnstange Modul 4 inkl. Befestigungsmaterial	Kunststoffzahnstange mit Stahlkern Nr.001110007125	
13			Steuerungszubehör	Schließkanten, Not-Aus-Taster, Schlüsseltaster und Zylinder, Lichtschranke, Blinkleuchte	

Abb. 2: Stückliste des freitragenden Schiebetors

8.3.1.2 Zuschnittliste

Anhand der Tordarstellung und der Stückliste (Abb. 2) des Zulieferbetriebes ist erkennbar, dass zunächst ein Rahmen aus Quadratrohr zu fertigen ist.

Der Rahmen wird durch Verschweißen von Quadratrohren gefertigt, die auf Gehrung geschnitten sind. In diesen Rahmen werden die Rahmenpfosten, der Diagonalstab und die Füllstäbe eingesetzt.

Aus Sicherheitsgründen darf der lichte waagerechte Abstand zwischen den Füllstäben des Tores nach DIN 18065 maximal 120 mm betragen (→).

Deshalb muss die Anzahl der erforderlichen Stäbe und ihr genaues Abstandsmaß berechnet werden.

Im Anschluss an diese Berechnungen ist es sinnvoll, für alle Einzelteile des Torrahmens eine Zuschnittliste zu erstellen. Dadurch wird ein falsches Zuschneiden der Profilrohre und Vierkantprofile vermieden.

Die Zuschnittliste enthält die Benennung der Einzelteile, deren jeweilige Stückzahl, die größte Profillänge, eine Skizze der Form des zugeschnittenen Profils und die Angabe der Profilart.

Grundlagen

Anzahl und Abstände der Stäbe

Bei der Torkonstruktion wird der gesamte Torrahmen durch 3 Rahmenpfosten in vier gleich große Felder unterteilt.

Drei dieser Felder sind mit Füllstäben aus Vierkantstahl 10 x 10 zu versehen.

Wie viele Stäbe sind einzuschweißen und wie groß ist der lichte Stababstand?

Gegeben:

Torgesamtlänge	$l =$	8052 mm
Rahmen- und Pfostenprofilbreiten	$b =$	90 mm
Füllstabdicke	$d =$	10 mm
Füllstababstand	$i \leq$	120 mm

Gesucht:

- Lichte Weite zwischen den Pfosten eines Teilfeldes — w in mm
- Anzahl der Teilungen — z
  (Anzahl der Abstände zwischen den Stäben der Torfüllung in einem Teilfeld)
- Anzahl der Füllstäbe in einem Teilfeld — n
- Anzahl aller Füllstäbe des Tores — n_{ges}
- Lichte Weite zwischen den Füllstäben (Teilung) — p in mm

$$w = \frac{(8052\text{ mm} - 5 \cdot 90\text{ mm})}{4} = \underline{\underline{1900{,}5\text{ mm}}}$$

$$z_{vorläufig} = \frac{1900{,}5\text{ mm}}{120\text{ mm}} = 15{,}83$$

$$z_{gerundet} = 16$$

$$n = z - 1$$

$$n = 16 - 1$$

$$n = 15$$

$$p = \frac{w - n \cdot d}{z}$$

$$p = \frac{1900{,}5\text{ mm} - 15 \cdot 10\text{ mm}}{16} = 109{,}4\text{ mm}$$

Hinweis: Die berechnete lichte Weite p liegt deutlich unter 120 mm. Um Arbeitszeit und Material zu sparen, soll deshalb in einem zweiten Rechengang versucht werden, mit einem Stab weniger auszukommen.

$n = 14$; $z = 15$

$$p = \frac{1900{,}5\text{ mm} - 14 \cdot 10\text{ mm}}{15} = \underline{\underline{117{,}36\text{ mm}}}$$

$$\underline{\underline{n_{ges} = 3 \cdot 14 = 42\text{ Stäbe}}}$$

Zuschnittliste

Benennung	Stück	Länge	Form	Profilart
Rahmenobergurt	1	8052 mm		Rohr 90 x 90 x 4
Rahmenuntergurt	1	8052 mm		
Rahmenseiten	2	1950 mm		Rohr 90 x 90 x 4
Diagonalstabteil	2	1300 mm		Rohr 90 x 90 x 4
Rahmenpfosten	3	1770 mm		Rohr 90 x 90 x 4
Füllstäbe	42	1770 mm		Vierkant 10 x 10
Laufschiene	1	8500 mm		Profil Nr. 700

Fertigen

8.3.1.3 Zuschnitt der Rahmenteile

An den Ober- und Untergurten (Pos. 8a) sowie den Rahmenseitenteilen (Pos. 8a) sind Gehrungsschnitte auszuführen. Das heißt, dass die Profile entsprechend der Skizze der Zuschnittliste in einem Winkel von 45° zur Stabachse abzulängen sind. Dies kann mit verschiedenen Maschinen ausgeführt werden.

Mögliche Maschinen hierfür sind die Maschinenbügelsäge, die Metallkreissäge, die Metallbandsäge sowie ortsfeste und handgeführte Trennschleifmaschinen.

Entscheidend für die Maschinenauswahl sind die Anforderungen an die Qualität des Sägeschnittes, die Eignung für das zu trennende Profil und der erforderliche Zeitaufwand.

In diesem Fall wird eine Metallkreissäge verwendet (Abb. 1).

Abb. 1: Metallkreissäge

Das zu sägende Halbzeug wird über die Rollen zum Kreissägeblatt geführt und dort in einem Maschinenschraubstock eingespannt. Durch Verdrehen des Kreissägeblattes wird ein Gehrungswinkel von 45° eingestellt.

Zunächst wird eine Seite des Profils auf Gehrung geschnitten. Die zweite Seite wird entsprechend der Maßvorgabe auf Gehrung angerissen. An diesem Riss wird das Kreissägeblatt angesetzt und das Profil abgelängt. Anschließend werden die Sägeschnitte an ortsfesten (Abb. 2) oder mit handgeführten Schleifmaschinen (Abb. 3) entgratet.

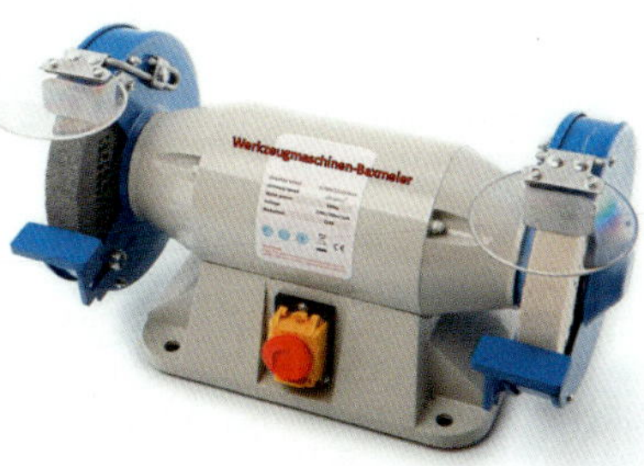

Abb. 2: Ortsfeste Schleifmaschine

Nach einer Kontrollmessung kann nun der Anschlag eingestellt und anschließend damit das jeweils zweite Profil zugeschnitten werden.

Abschließend werden der Diagonalstab (Pos.10) sowie die Füllstäbe (Pos. 8b) zugeschnitten.

Abb. 3: Handgeführte Schleifmaschine

8.3.1.4 Schweißnahtvorbereitung

Zum fachgerechten Verschweißen der Rahmenteile ist es erforderlich, die Profilenden vorzubereiten.

Ziel ist es, ein Verschweißen der Bauteile über die gesamte Materialdicke, d.h. ein Durchschweißen, zu erreichen. Dazu müssen die Oberflächen metallisch rein sein, die Oxidationsschicht (Walzhaut) der warmgewalzten Profile muss entfernt werden.

Bei Materialdicken über 4 mm, bei beidseitigem Schweißen über 8 mm, muss außerdem die Fugenform von Stumpfnähten entsprechend **DIN EN ISO 9692-1** ausgeführt werden (➔📖).

Für beide Vorbereitungsarbeiten eignen sich z.B. ortsfeste oder handgeführte Schleifmaschinen.

Die Auswahl der Schleifscheiben richtet sich nach dem zu bearbeitenden Werkstoff. Weiche Werkstoffe erfordern harte Schleifscheiben, für harte Werkstoffe sollen weiche Scheiben verwendet werden.

In die handgeführte Schleifmaschine muss für diese Arbeit eine Schleifscheibe eingesetzt werden, welche die quer zur Schleifscheibe wirkenden Druckkräfte aufnehmen kann. Trennschleifscheiben sind hierfür nicht geeignet.

Im vorliegenden Fall sind die Stumpfnähte aber nicht mit einer besonderen Fugenform zu versehen, weil die Materialdicke der Bauteile nicht mehr als 4 mm beträgt. Für die Kehlnahtverschweißung der Füllstäbe sind ebenfalls keine Nahtvorbereitungen erforderlich.

Arbeitssicherheit

Beim Arbeiten mit Schleifscheiben ist zu beachten:

- keine Schutzeinrichtungen entfernen und
- Schutzbrille tragen.

8.3.1.5 Schweißen des Rahmens

Schweißverfahren

Beim Schweißen werden grundsätzlich Bauteile aus gleichem Werkstoff verbunden.

Der für die Profile des Schiebetores verwendete Stahl S235JR ist schweißgeeignet und kann mit verschiedenen Schweißverfahren geschweißt werden.

Die Schweißarbeiten werden in der Werkstatt durchgeführt. Es wird das Metallschutzgasschweißen mit Drahtelektrode angewandt. Dieses Verfahren ist sehr wirtschaftlich und einfach zu handhaben; es bildet sich nur wenig Schlacke (Abb. 1).

Abb. 1: Schweißen mit Schutzgasschweißgerät

Schweißgase

Zur fachgerechten Ausführung der Schweißnaht gehört die Auswahl des richtigen Schutzgases. Ausschlaggebend für die Schutzgasauswahl sind folgende Aspekte:

- Am Torrahmen müssen die Schweißnähte in unterschiedlichen Arbeitspositionen hergestellt werden.
- Aus Kostengründen ist ein Schutzgas mit möglichst hohem CO_2-Anteil zu wählen.
- Der Nachteil eines Schutzgases mit hohem CO_2-Anteil ist das Entstehen vieler Schweißspritzer. Im vorliegenden Fall ist das aber nicht entscheidend, weil die Stumpfnähte des Rohrrahmens sowieso eingeschliffen werden müssen. Das Entfernen von Schweißspritzern bedeutet damit keine wesentliche Mehrarbeit.

Aus diesen Gründen wird ein Argon-Kohlendioxid-Mischgas mit 18 % CO_2-Anteil gewählt. Nach **DIN EN 439** wird dieses Gas wie folgt bezeichnet: Schutzgas EN 439 – M 21 (→).

Schweißzusatzstoffe

Das Schweißgut bzw. die Drahtelektroden zum Metallschutzgasschweißen von unlegierten Stählen und Feinkornstählen sind nach **DIN EN 440** genormt (→).

Die Drahtelektroden werden auf Spulen geliefert und haben üblicherweise 0,8, 1,0, 1,2 oder 1,6 mm Durchmesser (Abb. 2).

Die Unterscheidung der Drähte erfolgt außerdem nach der Festigkeit, der Kerbschlagarbeit sowie der geeigneten Schutzgasart und der chemischen Zusammensetzung des Drahtelektrodenwerkstoffes.

Abb. 2: Drahtelektrodenrolle im Schutzgasschweißgerät

Ausschlaggebend für die Auswahl des Zusatzwerkstoffes sind folgende Aspekte:

- Für den Werkstoff S235JR ist ein Schweißzusatzwerkstoff mit R_e = 420 N/mm^2 und einer Mindestkerbschlagarbeit von 47 J bis –30 °C in jedem Falle ausreichend.
- Beim Schweißen soll ein Mischgas verwendet werden.
- Wegen des späteren Feuerverzinkens liegt der Siliziumgehalt des Stahles der zu verschweißenden Bauteile bei 0,5 bis 0,8 %.

Es wird als Schweißzusatzwerkstoff eine Drahtelektrode mit 0,8 mm Durchmesser, EN 440 – G 42 3 M G2Si1 gewählt (→).

Beim Einsetzen einer neuen Rolle ist darauf zu achten, dass das neue Drahtende gerade abgelängt wird, bevor es in das Schlauchpaket eingeführt wird. Wesentlich für die einwandfreie Funktion ist außerdem das richtige Einstellen der Andrückrolle. Ein zu geringer Druck lässt die Vorschubrolle durchrutschen, zu hoher Druck verformt den Schweißdraht.

Fertigungsablauf

Nach Auswahl des Schweißverfahrens, des Schweißgases und des Zusatzwerkstoffes können die vorbereiteten Profile zum Rahmen gefügt werden.

Dazu werden die Profile für den Ober- und Untergurt und für die Rahmenseiten auf eine ebene Unterlage entsprechend der Zeichnung gelegt.

Die erste Ausrichtung der Profile erfolgt mit einem großen Flachwinkel (Abb. 3).

Anschließend werden die Rahmenteile mit je zwei Schweißpunkten pro Ecke geheftet und der Rahmen auf die andere Seite gedreht.

Dann wird das „Diagonalmaß" gemessen und der Rahmen ausgerichtet, bis beide Diagonalmaße gleich groß sind (Abb. 4 und 5).

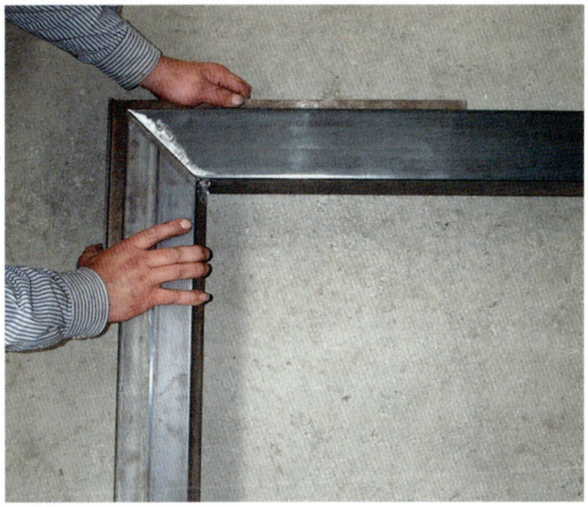

Abb. 3: Ausrichtung der Torprofile

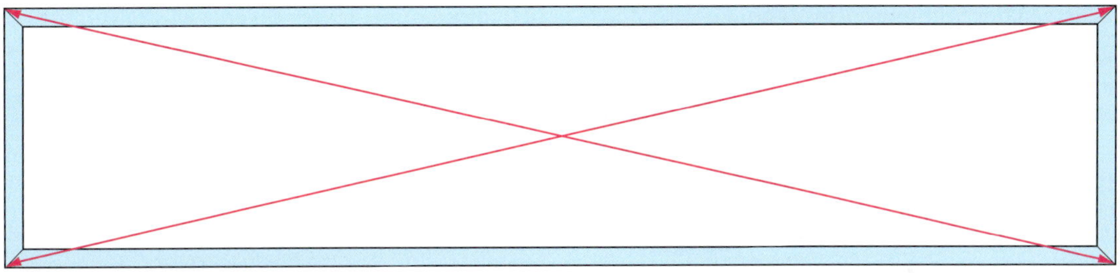

Abb. 4: Kontrolle des Diagonalmaßes

Abb. 5: Maßband zur Kontrolle des Diagonalmaßes

Danach wird der geheftete Rahmen liegend mit Schraubzwingen auf die Unterlage gespannt. Dieses Festspannen erfolgt bei jedem Schweißvorgang und soll den Schweißverzug verringern.

Zuerst werden die Stumpfnähte geschweißt. Nach nochmaliger Kontrolle der Winkligkeit werden die in der Ecke liegenden Kehlnähte geschweißt. Zuletzt erfolgt das Fertigschweißen der zunächst gehefteten Nähte auf der anderen Rahmenseite.

Anschließend ist der Rahmen auf Ebenheit und Winkligkeit zu prüfen. Liegen Abweichungen von der Sollform vor, ist der Rahmen mechanisch oder durch Wärmeeinwirkung mittels Acetylengasflamme zu richten.

Bevor die Rahmenpfosten eingesetzt werden können, sind die Schweißnähte mit handgeführten Schleifmaschinen einzuschleifen.

Bei kleinen Bauteilen sind dies Einhandwinkelschleifer. Bei großen Bauteilen bzw. großem Bearbeitungsvolumen werden Zweihandwinkelschleifer verwendet.

Das Einschleifen der Stumpfnähte ist auch deshalb erforderlich, damit später die obere Torführung einwandfrei funktionieren kann. Da die Rohre über die gesamte Wandstärke verschweißt werden, erfolgt durch das Einschleifen keine unzulässige Schwächung der Schweißverbindung.

Abb. 1: Planschleifen mit Schruppscheibe

Zweckmäßigerweise erfolgt das Planschleifen zunächst mit der Schruppscheibe (Abb. 1).

Der Feinschliff wird dann mit einer Fächerscheibe ausgeführt (Abb. 2).

Abb. 2: Fächerscheibe

Wichtig ist, nicht zu viel Material mit der Fächerscheibe abzuschleifen. Dabei entsteht leicht ein Hohlschliff, wodurch die Festigkeit der Schweißverbindung abnimmt und das Aussehen beeinträchtigt wird.

Anschließend wird die Lage der drei einzusetzenden Rahmenpfosten (Pos. 8c) angerissen. Die Pfosten werden eingesetzt, ihre Winkligkeit wird nochmals kontrolliert. Dann werden sie mit jeweils zwei Heftpunkten an beiden Enden geheftet, in der Lage kontrolliert und fertiggeschweißt.

Danach werden die Füllstäbe eingesetzt.

Um die Arbeit zu vereinfachen, werden z. B. aus Vierkantstahl zwei Zwischenlegeschablonen mit der Breite $p = 117{,}4$ mm zugeschnitten.

Außerdem werden zwei Unterlagen der Dicke

$t = (90\ \text{mm} - 10\ \text{mm}) : 2 = 40\ \text{mm}$

gefertigt. Diese werden unter den jeweiligen Stab gelegt, damit er mittig im Torrahmenprofil befestigt werden kann.

Die mit Distanzklötzen und Unterlagen ausgerichteten Füllstäbe werden zunächst an beiden Enden geheftet (Abb. 3).

Anschließend werden die Füllstäbe mit je einer umlaufenden Kehlnaht fertiggeschweißt. Hierbei wird das Tor jeweils senkrecht stehend auf der Unterlage festgespannt.

Abb. 3: Lagefixierung der Füllstäbe mittels Distanzklötze

Freitragende Schiebetore dieser Größe können sich infolge ihres hohen Eigengewichts verformen. Dies kann dazu führen, dass sich das freitragende Torende absenkt und am Boden schleift. Um dies zu verhindern, wird im letzten Teilfeld statt der Füllstäbe ein Diagonalzugstab eingeschweißt. Dieser besteht aus zwei Teilstücken aus Stahlrohr HFRHF – EN 10210 – 90 x 90 x 4 mit jeweils einer angeschweißten und für vier Schrauben gebohrten Kopfplatte (Abb. 4).

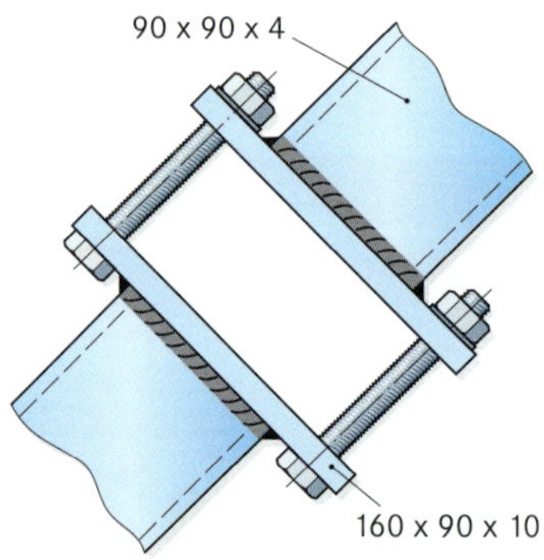

Abb. 4: Diagonalstab mit Kopfplatten

Jeweils ein Ende der Teilstücke muss mittels Sägen oder Trennschleifen so bearbeitet werden, dass es in die Rahmenecken passt (Abb. 5).

Nach den Schweißarbeiten ist der Torrahmen auf Schweißverzug zu prüfen. Wenn erforderlich ist der Rahmen mittels Wärme zu richten.

Der Torrahmen soll durch Feuerverzinken gegen Korrosion geschützt werden. Er ist dafür vorzubereiten.

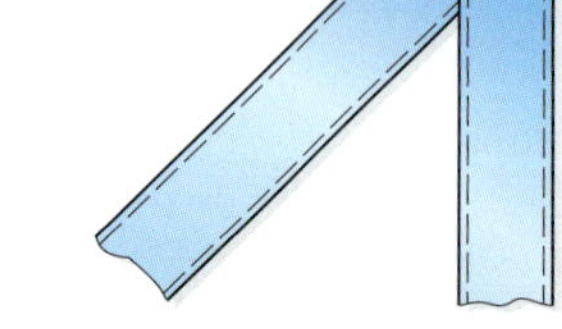

Abb. 5: Rahmenecke

8.3.2 Schraubenverbindungen

Die beiden Kopfplatten aus Flachstahl EN10058 – 90 x 10 x 160 S235 (Pos. 10b) werden durch vier Sechskantschrauben ISO 4017 M12 x 100 – 8.8 (Pos. 10c) samt Sechskantmuttern mit Klemmteil ISO 7040-M12 – 8 (Pos. 10d) miteinander verbunden.

Um den Diagonalstab vorzuspannen, ist eine Zugkraft im Schraubenschaft erforderlich. Dies wird mit dem Anziehen der Schraube oder Mutter mit einem geeigneten Schraubenschlüssel erreicht.

Bei zu großer Vorspannkraft wird die Schraube plastisch verformt und kann brechen. Die maximale Vorspannkraft F_V und das maximale Anzugsmoment M_A können berechnet oder dem Tabellenbuch entnommen werden (→📖).

! Eine Schraubenverbindung ist eine lösbare, kraftschlüssige Verbindung. Es werden zwei oder mehrere Bauteile miteinander fest verbunden.

Vorspannkraft und Anziehmoment

Beim Anziehen einer Schraube oder Mutter wird ein Drehmoment erzeugt. Über die Steigung des Gewindes wird der Schraubenschaft auf Zug beansprucht und gedehnt. Die Fügeteile werden verspannt. Die insgesamt auf die Fügeteile wirkende Kraft ist die Vorspannkraft F_V.

Die Vorspannkraft F_V wird durch das Anziehmoment M_A erzeugt. Beim Anziehen von Hand ist das Anziehmoment M_A das Produkt aus der Handkraft F_H und der Länge des Schraubenschlüssels l. Die Vorspannkraft F_V errechnet sich aus dem Anziehmoment M_A und der Steigung P der Schraube.

Die Reibung zwischen Schrauben- und Mutterngewinde geht über den Wirkungsgrad η mit ein.

Die erforderliche Vorspannkraft F_V und das zugehörige Anziehdrehmoment M_A einer Schraubenverbindung können für verschiedene Reibungszahlen μ_{ges} aus Tabellen entnommen werden (→📖). Die Reibungszahl μ_{ges} berücksichtigt die Reibung an der Schraubenverbindung und den Schmierzustand.

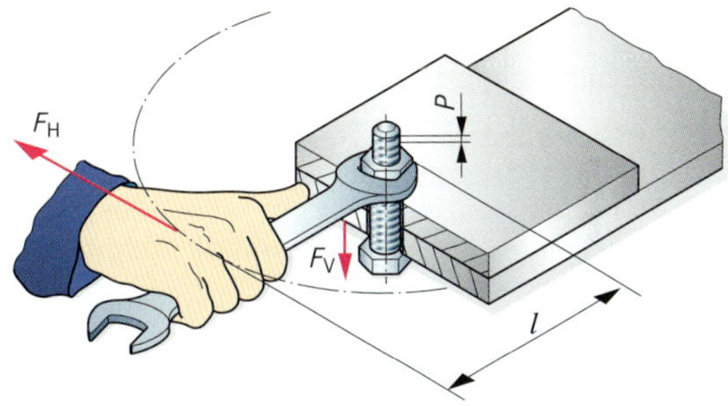

$$M_A = F_H \cdot l$$

$$F_V \cdot P = F_H \cdot l \cdot 2 \cdot \pi \cdot \eta$$

$$F_V \cdot P = M_A \cdot 2 \cdot \pi \cdot \eta$$

$$F_V = \frac{M_A \cdot 2 \cdot \pi}{P} \cdot \eta$$

$$F_V = M_A \cdot \frac{2 \cdot \pi}{P} \cdot \eta$$

Beispiel:

Die Schrauben im Diagonalstab M 12 x 100 - 8.8 sollen beim Anziehen nicht zu stark beansprucht werden.

Nach Tabellenbuch (→📖) ist bei einer Reibungszahl μ_{ges} = 0,10 eine maximale Vorspannkraft F_V = 41,5 KN möglich.

Berechnen Sie das für diese Vorspannkraft an einem Drehmomentschlüssel maximal einzustellende Drehmoment.

Die infolge der Reibung entstehenden so genannten „Reibungsverluste“ sollen mit 83 % angesetzt werden.

Vergleichen Sie das Ergebnis mit dem im Tabellenbuch angegebenen Anzugsmoment M_A.

Gegeben: $F_V = 41{,}5$ KN
$P = 1{,}75$ mm
$\eta = 0{,}17$

Gesucht: M_A in Nm

Lösung:

$$M_A = \frac{F_V \cdot P}{2 \cdot \pi \cdot \eta}$$

$$M_A = \frac{41500\ \text{N} \cdot 0{,}00175\ \text{m}}{2 \cdot \pi \cdot 0{,}17}$$

$$\underline{\underline{M_A = 68\ \text{Nm}}}$$

Drehmoment-Werkzeuge

Beim Anziehen von Hand werden Schrauben bis M10 oft überdreht, größere Schrauben werden nicht fest genug angezogen.

Um die geforderten Werte des Anziehmomentes einhalten zu können, werden bei hochwertigen Schraubenverbindungen messende Drehmoment-Werkzeuge eingesetzt.

Es gibt handbetriebene Drehmomentschlüssel und motorbetriebene Dreh- oder Schlagschrauber.

Man unterscheidet:

- drehmomentgesteuertes Anziehen,
- drehwinkelgesteuertes Anziehen und
- streckgrenzengesteuertes Anziehen.

Beim drehmomentgesteuerten Anziehen wird das Anziehmoment angezeigt oder als Grenzwert eingestellt. Wird der Grenzwert erreicht, ertönt ein Messsignal oder eine Kupplungsautomatik trennt den Antrieb vom Hebel (Abb. 1).

Abb. 1: Handbetätigter Drehmomentschlüssel

Beim drehwinkelgesteuerten Anziehen von Schrauben wird die Mutter mit einem Drehmomentschlüssel so weit angezogen, bis ein vom Hersteller vorgegebenes Drehmoment erreicht ist. Anschließend wird durch zusätzliches Anziehen um einen vom Hersteller vorgegebenen Drehwinkel die erforderliche Spannkraft erreicht. Hierdurch werden Fehler infolge großer Reibungsunterschiede bei großen Vorspannkräften beim reinen drehmomentgesteuerten Schraubenanziehen vermieden (Abb. 2).

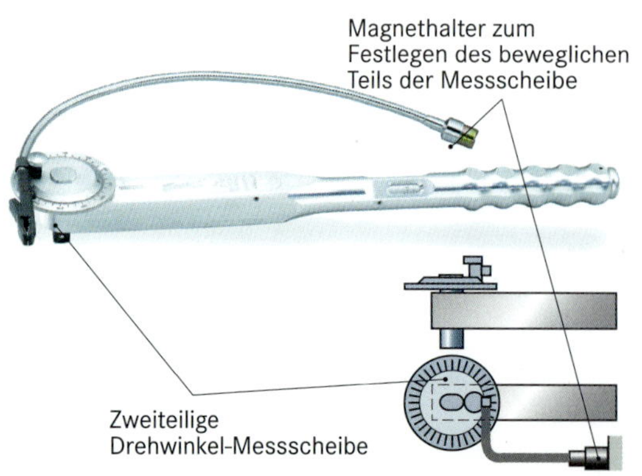

Abb. 2: Drehwinkelgesteuertes Schraubenanziehen

Beim streckengrenzengesteuerten Anziehen wird die Schraube so lange angezogen, bis ein elektronisch gesteuerter Schrauber das Erreichen der Streckgrenze des Schraubenwerkstoffes anzeigt (Abb. 3).

Abb. 3: Streckgrenzengesteuertes Schraubenanziehen

Montieren nicht vorgefertigter Teile

Sollen nicht vorgefertigte Teile durch Schrauben miteinander verbunden werden, sind folgende Arbeitsschritte erforderlich:

- Anreißen und Körnen der Bohrungen,
- Bohren, Entgraten,
- Fügen der Schraube,
- Fügen der Schraubensicherung und
- Anziehen der Mutter.

Wenn es notwendig ist, sind die zu fügenden Bauteile nach entsprechenden Angaben der Zeichnung gemeinsam zu bohren, damit die Bohrungen fluchten (Abb. 4).

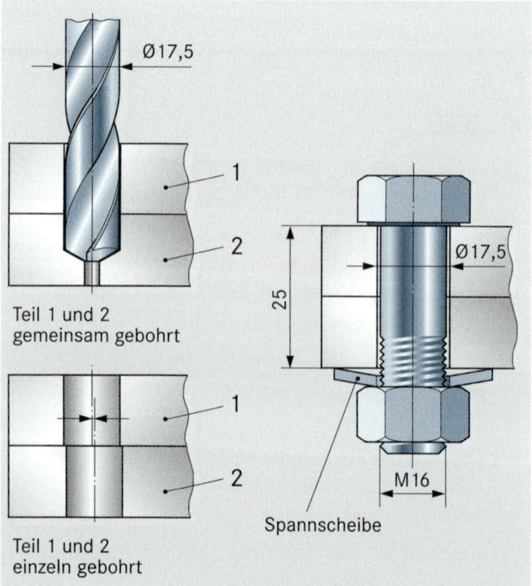

Abb. 4: Herstellen einer Schraubenverbindung

Sichern von Schraubenverbindungen

Man unterscheidet

- statisch belastete Schraubenverbindungen, z. B. im Stahlhochbau, und
- dynamisch belastete Schraubenverbindungen, z. B. im Getriebe- und Motorenbau.

Statisch belastete Schraubenverbindungen sind gegen selbsttätiges Lösen durch Selbsthemmung im Gewinde gesichert. Die Selbsthemmung ist um so größer, je kleiner die Steigung des Gewindes ist. Diese Verbindungen erfordern keine zusätzlichen Sicherungen.

Dynamisch belastete Verbindungen müssen gegen selbsttätiges Lösen gesichert werden. Man unterscheidet Setz-, Losdreh- und Verliersicherungen (→📖) (Tab. 1).

Setzsicherungen werden unter den Schraubenkopf und/oder zwischen Mutter und Fügeteil gelegt. Schraube oder Mutter sind fest anzuziehen, um die Funktion der Sicherung zu gewährleisten.

Losdrehsicherungen verhindern als einzige zuverlässig ein Losdrehen von Schraube oder Mutter bei dynamisch belasteten Bauteilen.

Eine Möglichkeit der Losdrehsicherung stellen Sperrverzahnungen an Muttern und Schrauben dar. Eine weitere übliche Losdrehsicherung erfolgt über das Verkleben von Schraube und Mutter. Hierbei ist entweder das Gewinde klebstoffbeschichtet oder es wird nach dem Fügen flüssiger Klebstoff zwischen Mutter und Schraube eingebracht.

Verliersicherungen beruhen auf Formschluss. Dieser kann durch einen Splint, eine Scheibe mit Lappen, eine Mutter mit Klemmteil oder eine Drahtsicherung erreicht werden.

Lagefixierung der zu fügenden Bauteile

Nach einer Demontage und einer erneuten Montage einer Schraubenverbindung ist üblicherweise nicht gewährleistet, dass die Einzelteile in der ursprünglichen Lage zueinander gefügt werden. Ursache dafür ist der meist vorhandene Unterschied zwischen dem Schraubenschaftdurchmesser und dem Durchmesser der Durchgangsbohrung.

Wenn eine genaue Lagesicherung erforderlich ist, erfolgt diese durch Verstiften mittels Zylinderstift oder durch Einsatz von Passschrauben (Abb. 5).

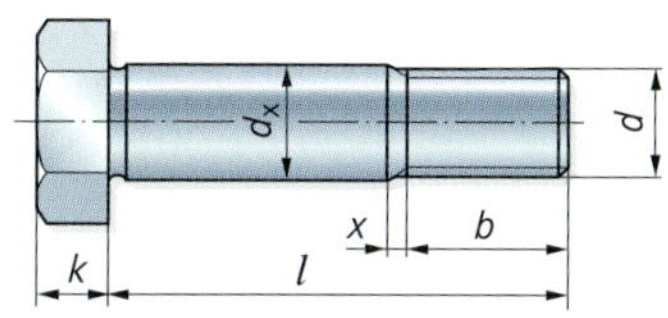

Abb. 5: Passschraube

Tab. 1: Schraubensicherungen

Setzsicherungen	Losdrehsicherungen	Verliersicherungen
Setzsicherungen gleichen die Abnahme der Klemmlänge durch die plastische Verformung aller Klemmteile aus und verhindern eine Abnahme der notwendigen Vorspannkraft.	Losdrehsicherungen verhindern ein Lockern der Schraube oder der Mutter, sie gleichen die Abnahme der Klemmlänge durch die plastische Verformung aller Klemmteile nicht aus.	Verliersicherungen verhindern nach dem Lockern und dem Verlust der Vorspannkraft ein völliges Auseinanderfallen der Verbindung.
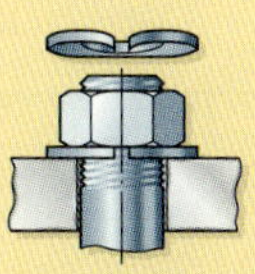 Federring  Zahnscheibe	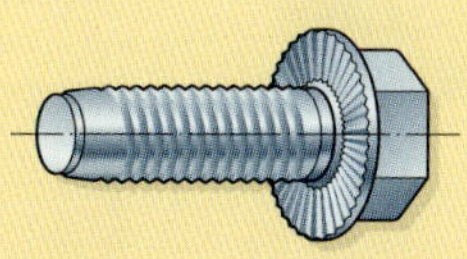 Sperrzahnschraube	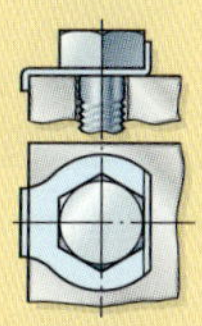 Scheibe mit Lappen 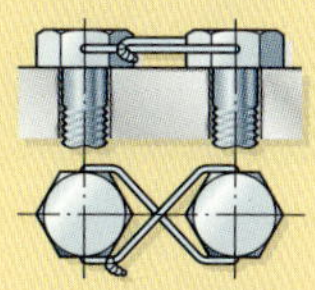 Drahtsicherung
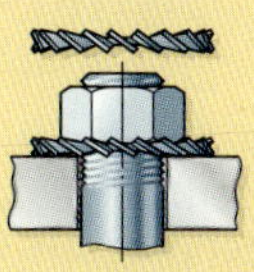 Fächerscheibe 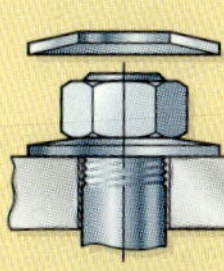 Spannscheibe oder Tellerfeder	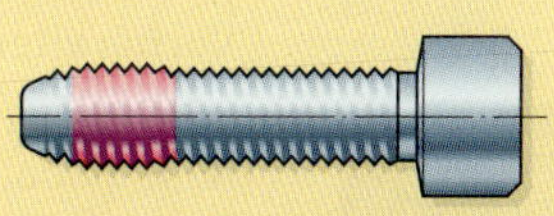 klebstoffbeschichtetes Gewinde	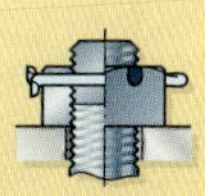 Kronenmutter mit Splint 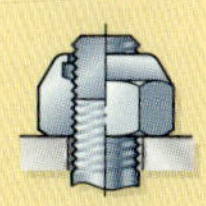 Mutter mit Klemmteil

8.3.3 Montage der Torführung

ARBEITSAUFTRAG

Entsprechend der Anforderungsliste ist eine Torführung auszuwählen und zu montieren.

Montieren

Gestaltung und Auswahl von Führungen

Die Torführung gehört wie der Torrahmen einschließlich Torfüllung zu den Stütz- und Trageinheiten des Schiebetores. Die Torführung muss gewährleisten, dass sich das Tor leicht hin- und herbewegen lässt, ansonsten aber geführt ist.

Führungen bestehen aus einem Führungskörper und einem Gleitkörper. Beide müssen formschlüssig zueinander passen.

Man unterscheidet Führungen zum einen nach der Form in Rund- und Flachführungen. Weiterhin wird unterschieden nach der Art der Reibung zwischen den Bauteilen in Gleit- und Wälzführungen.

Im Bereich der Schiebetore wird unterschieden zwischen schienengebundenen und freitragenden Führungen (Abb. 1 und 2).

Abb. 1: Schienengebundene Torführung

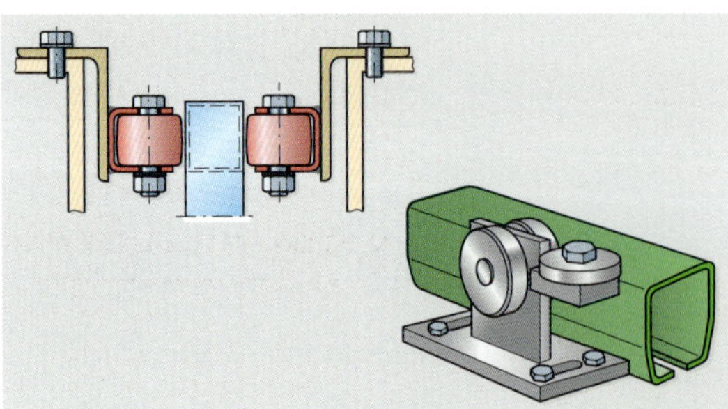

Abb. 2: Obere und untere Führung für freitragende Torführung

An Führungen werden folgende Anforderungen gestellt:

- hohe Führungsgenauigkeit,
- große Tragfähigkeit,
- geringe Reibung,
- einfaches Ein- und Nachstellen des Spiels,
- unempfindlich gegen Verschmutzung und
- einfache Wartung.

Für das Schiebetor wird die freitragende Führung ausgewählt (Abb. 3).

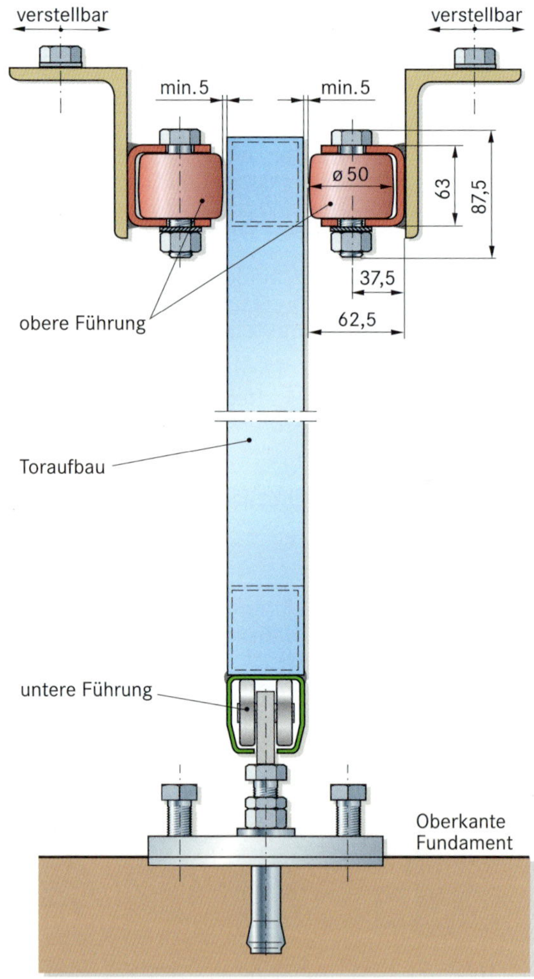

Abb. 3: Obere und untere Torführung im Schnitt

Vorbereitende Arbeiten

Um eine einwandfreie Funktion der Führung nach dem Einbau zu gewährleisten, müssen die verwendeten Einzelteile hinsichtlich Maßgenauigkeit und Oberflächengüte den Angaben in den Zeichnungen und Montagebeschreibungen entsprechen. Dies ist durch entsprechende Sicht-, Maß-, Oberflächen- und Formprüfungen vor dem Einbau sicherzustellen.

Prüfen

Sichtprüfung

Nach Bereitstellung der Bauteile ist zuerst eine Sichtprüfung des vom Zulieferer gesendeten Torlaufschienenprofils durchzuführen.

Es werden hier die Ebenheit, die Winkligkeit, die Parallelität und die Symmetrie von Bauteilen geprüft.

Werden Verformungen oder Beschädigungen an einzelnen Teilen erkannt (Abb. 4), ist entweder nachzuarbeiten oder Ausschuss festzustellen und eine Nachbestellung zu machen.

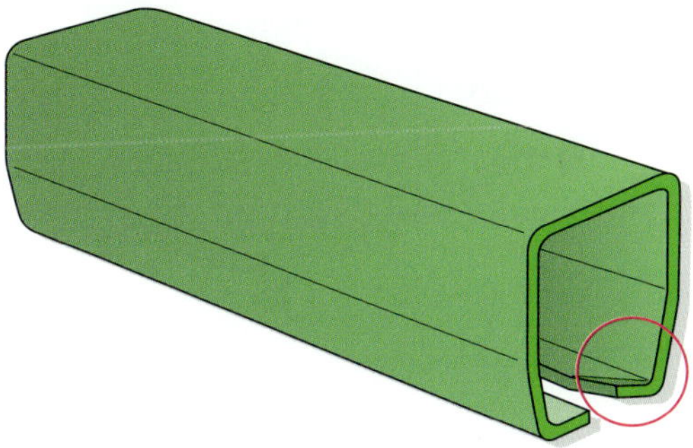

Abb. 4: Kantungsfehler am Torlaufschienenprofil

Maßprüfung

Für die Montage wichtige Maße sind mit geeigneten Prüfmitteln zu kontrollieren, um eine störungsfreie Montage und Funktion sicherzustellen. Für die Feststellung der Maße und deren Toleranzen werden Maßbänder, Stahlmaße und Messschieber verwendet.

Die Maße werden dem Lieferkatalog, der Stückliste oder den zugehörigen Einzelteilzeichnungen entnommen. Sie sind üblicherweise nach **DIN ISO 2768-1** toleriert.

Oberflächenprüfung

Um Verletzungen auszuschließen und um die Funktion von Bauteilen zu sichern, müssen die Bauteilkanten entgratet bzw. mit einer Fase versehen werden.

Der Oberflächenzustand muss den vereinbarten Lieferbedingungen entsprechen. Die Angaben zur Oberflächenbeschaffenheit findet man im Lieferkatalog oder in der zugehörigen Einzelteilzeichnung.

Das Torfangsstück für das geschlossene Tor ist feuerverzinkt mit einer Schichtdicke von 100 µm zu liefern (Abb. 5). Diese Schichtdicke garantiert eine langjährige Korrosionsbeständigkeit.

Außerdem führt der Abrieb bei der Nutzung am Torfangstück nicht vorzeitig zum Verlust der Schutzschicht.

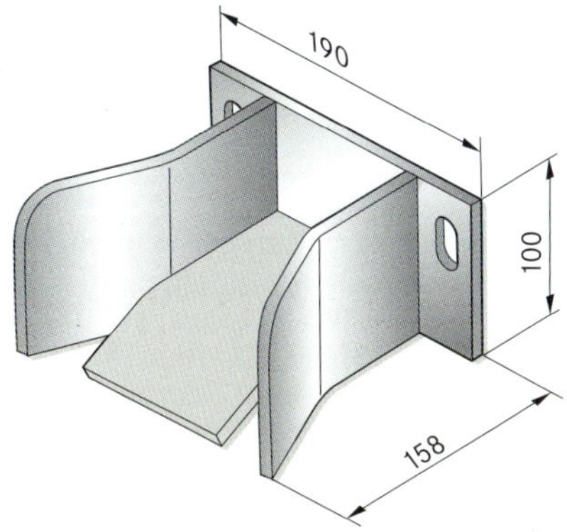

Abb. 5: Torfangstück

Geringere Schichtdicken führen zu vorzeitiger Korrosion. Aus diesem Grunde ist die Schichtdicke zu prüfen. Dies geschieht mit Schichtdickenmessgeräten (Abb. 6).

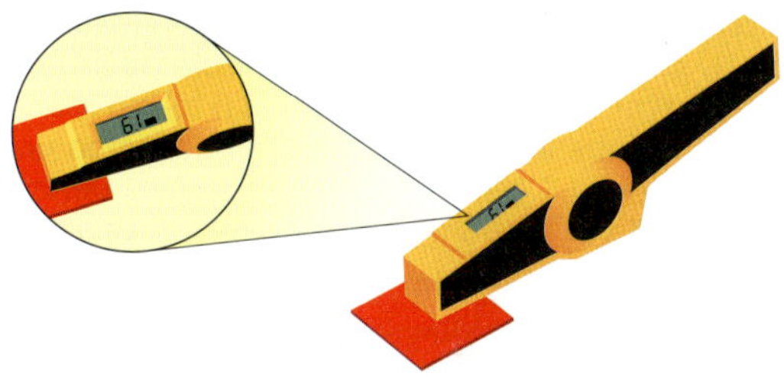

Abb. 6: Schichtdickenmessgerät

Außerdem sind viele Bauteile farbig beschichtet. Als Farbton kann ein RAL Farbton vereinbart werden, z. B. RAL 6024 – verkehrsgrün. Mittels RAL-Farbtonkarten kann der Farbton der gelieferten Beschichtung überprüft werden (Abb. 7).

Abb. 7: RAL-Farbtonkarte

Montieren

Montage der Führungsschiene

Der Zulieferer schreibt vor, die Torführungsschiene an den Torrahmen zu schweißen. Ein besonderes Problem stellt hierbei der auftretende Schweißverzug dar.

Um diesen Schweißverzug zu minimieren, muss die Laufschiene entsprechend einem vom Zulieferer vorgegebenen Schweißfolgeplan an das untere Torrahmenprofil geschweißt werden (Abb. 1). Auch die Nahtlänge ist vorgegeben. Zu große Nahtlängen und die damit eingebrachte Wärmemenge würden sonst ebenfalls zu Schweißverzug führen.

Zunächst ist die Torführungsschiene mit wenigen Heftpunkten auf dem unteren Rohrprofil zu fixieren. Dann sind die Schweißnähte rechts beginnend in der Reihenfolge 111 - 222 - 333 - 111 usw. zu schweißen. Das bedeutet, dass der Schweißer als Erstes die ganz rechts oben abgebildete mit ① gekennzeichnete Naht von 100 mm Länge schweißt.

Anschließend schweißt er die unten abgebildete und mit ① gekennzeichnete Naht, dann die oben links mit ① gekennzeichnete Naht. Danach folgen immer rechts beginnend die mit ② gekennzeichneten und dann die mit ③ gekennzeichneten Nähte. Danach setzt sich die Schweißfolge wieder mit ① beginnend fort.

Dabei sind die festgelegten Abstände am Anfang und untereinander sowie die Nahtlängen einzuhalten. Entsprechend der Zeichnung ist eine Nahtdicke von a = 3 mm mittels Lichtbogenhandschweißen oder Metall-Aktivgasschweißen herzustellen.

Da das Tor feuerverzinkt werden soll, ist die Torführungsschiene mit einem geringen Abstand von ca. 2 mm zum Torrahmenprofil anzuschweißen. Dies wird durch herausnehmbare Abstandsbleche von 2 mm Dicke realisiert.

Informie

8.3.4 Montage der Torlagerung

Die Torführungsschiene wird durch Lager getragen und geführt. Im vorliegenden Fall tragen und führen zwei Rollapparate die Torführungsschiene. Der Rollapparat der unteren Führung besteht aus zwei Lagern mit horizontaler Lagerachse und einem Lager mit vertikaler Achse (Abb. 2).

Abb. 2: Rollapparat der unteren Führung

Diese Lager gewährleisten die horizontale Führung der Schiene und lassen nur eine Hin- und Herbewegung zu. Zusätzlich führt eine Rollenführungsgarnitur den oberen Torrahmen (Abb. 3).

Als Lager kommen grundsätzlich Gleitlager oder Wälzlager in Betracht.

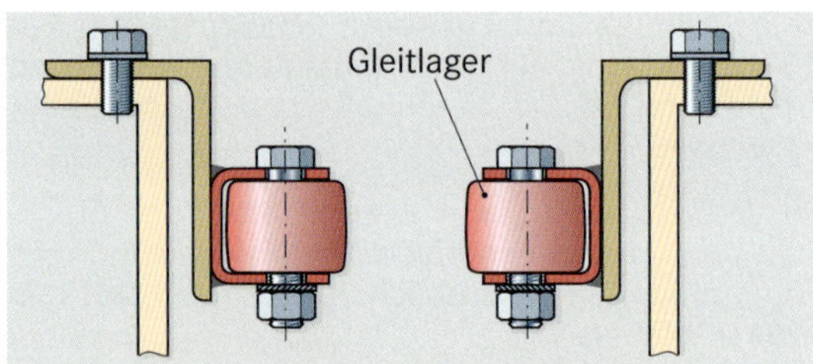

Abb. 3: Rollenführungsgarnitur der oberen Führung

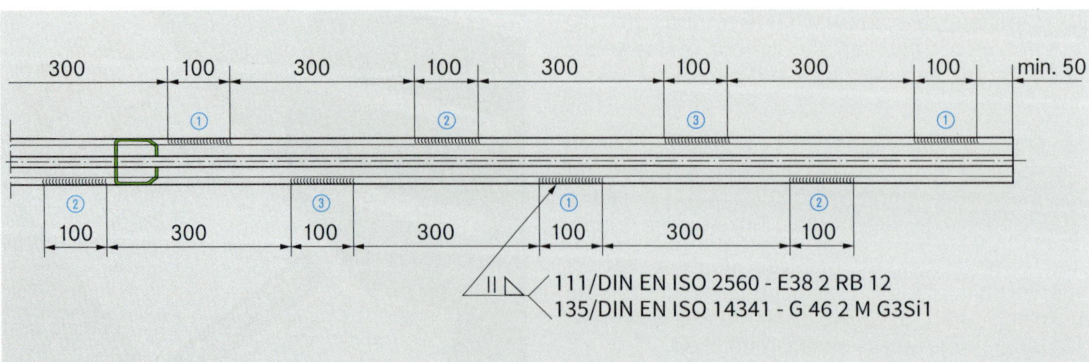

Abb. 1: Schweißfolgeplan

Gleitlager

Das obere Torlager besteht aus einem Rollkörper und einer Lagerbuchse. Diese Bauteile sind mit einer Schaftschraube am Lagerhalter drehbar montiert (Abb. 4). Zwischen der Lagerbuchse und dem Schraubenschaft findet die Gleitbewegung statt. Durch einen Schmierfilm werden Reibung und Verschleiß herabgesetzt.

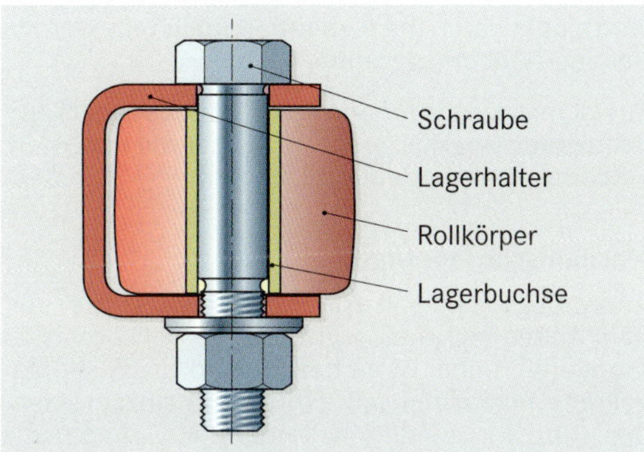

Abb. 4: Gleitlagerung des oberen Torlagers

Um die Herstellung von Gleitlagern zu vereinfachen, werden genormte Gleitlagerbuchsen verwendet (→📖). Diese Buchsen bestehen u. a. aus Kupferlegierungen oder Kunststoff (Abb. 5). Um einen Festsitz der Buchse im Rollkörper zu erhalten, ist sie in die Bohrung einzupressen.

Gleitlager eignen sich für ständig laufende Lagerungen mit vergleichsweise niedrigen An- und Auslaufzeiten oder für sehr gering belastete Lager. Für den geforderten leichten Lauf auch eines schweren Tores ist die Gleitlagerung für den Rollapparat der unteren Torführung weniger geeignet.

Abb. 5: Genormte Gleitlagerbuchsen

Die Verwendung von Gleitlagern für die obere Torführung ist wegen der geringen Belastung und des einfachen Lageraufbaus gut möglich.

Wälzlager

Wälzlager sind genormte, einbaufertige Maschinenelemente. Sie bestehen aus einem Außenring, den Wälzkörpern und einem Innenring. In das Lager kann ein Käfig eingebaut sein. Dieser hält die Wälzkörper in gleichmäßigem Abstand (Abb. 6).

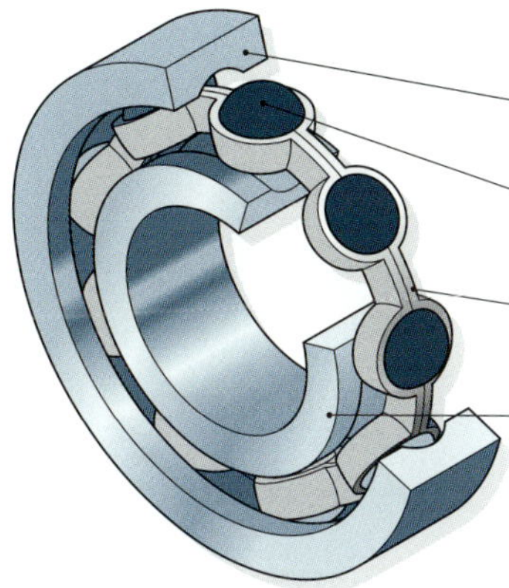

Abb. 6: Rillenkugellager

Wälzlager unterteilt man nach der vorwiegenden Belastungsrichtung in Radial- und Axiallager. Lager werden auch nach der Form der Wälzkörper unterteilt. Daneben wird zwischen zerlegbaren und nicht zerlegbaren Lagern unterschieden.

In Wälzlagern liegt Rollreibung vor. Diese ist geringer als die Gleitreibung. Deshalb sind für einige Lagerungen der unteren Torführung Wälzlager zu verwenden.

Um die Reibung weiter zu verringern und den Lagerverschleiß zu mindern, werden Lager geschmiert. Dies kann durch Öl oder Fett erfolgen. Vor der Montage eines Lagers ist dieses nach den Angaben des Lagerherstellers zu schmieren.

Ölschmierung ist für hochbelastete schnell laufende Lager vorteilhaft. Nachteilig ist die erforderliche Schmiereinrichtung zur Versorgung der Lager mit Schmieröl.

Bei Fettschmierung wird das Lager meistens einmalig mit Fett gefüllt. Ein Versorgungssystem entfällt. Dafür sind die höchstmöglichen Drehzahlen etwas niedriger als bei der Ölschmierung.

Wälzlager sind vor Schmutz und Feuchtigkeit zu schützen. Bereits kleinste Teilchen, die in das Lager gelangen, beschädigen die Laufflächen.

Die untere Torlagerung ist Schmutz und Nässe ausgesetzt. Wegen dieser Einbausituation wird ein abgedichtetes Lager aus nichtrostendem Stahl mit Fettfüllung eingebaut (Abb. 1, nächste Seite).

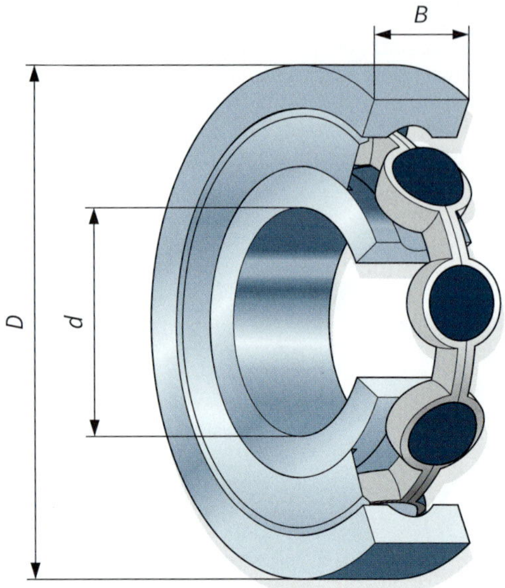

Abb. 1: Rillenkugellager mit Dichtscheiben

Funktion der Lagerung

Die Rillenkugellager sind beim Rollapparat mit einer Schraube bzw. mit einem feststehenden Bolzen über den Innenring befestigt. Auf dem Außenring ist der Rollkörper befestigt, der die Führungsschiene berührt (Abb. 2).

Damit die Drehbewegung vom Rollkörper auf den Lageraußenring übertragen wird, ist dieser fest aufzupressen.

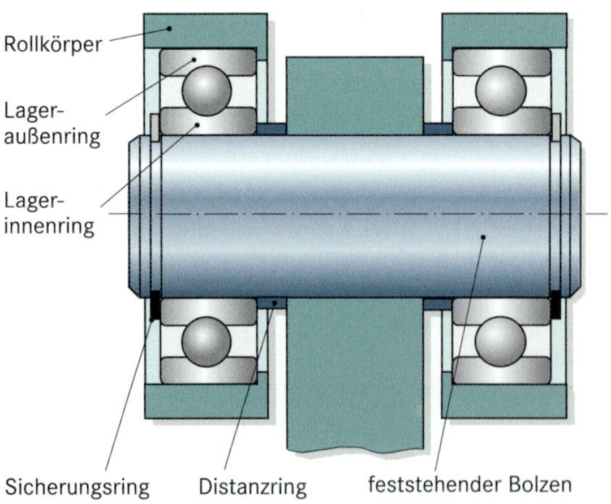

Abb. 2: Rollapparat mit Rollkörper und Lagern

Der Innenring ist bei losem Sitz auf dem feststehenden Bolzen mit einem Sicherungsring befestigt. Lagerringe mit losem Sitz können meist ohne weitere Hilfsmittel von Hand montiert werden.

Der Einbau von Lagerringen mit festem Sitz erfordert dagegen besondere Montageverfahren und Hilfsmittel.

Vorbereitung der Lagermontage

Montageunterlagen wie Zeichnungen, Stücklisten Montagepläne und Fotos werden bereitgelegt.

Ein sauberer und ausreichend großer Montageplatz wird eingerichtet. Die zu montierenden Teile werden bereitgestellt und gesäubert.

Zuerst müssen die für den Transport des Lagers aufgebrachten Oberflächenschutzmittel wie Wachs, Öl, Fett oder Ähnliches entfernt werden.

Mechanische Montage

Im vorliegenden Fall ist ein Rillenkugellager mit dem Außenring in die Bohrung des Rollkörpers zu montieren. Dabei ist zu beachten, dass die Montagekräfte immer nur auf den gerade einzupressenden Ring wirken dürfen. Andernfalls würden die Eintreibkräfte über die Wälzkörper weitergeleitet und das Rillenkugellager schon beim Einbau zerstört werden.

Der erste Montageschritt besteht im Einpressen des Rillenkugellagers in den Rollkörper mit einer mechanischen oder hydraulischen Presse (Abb. 3).

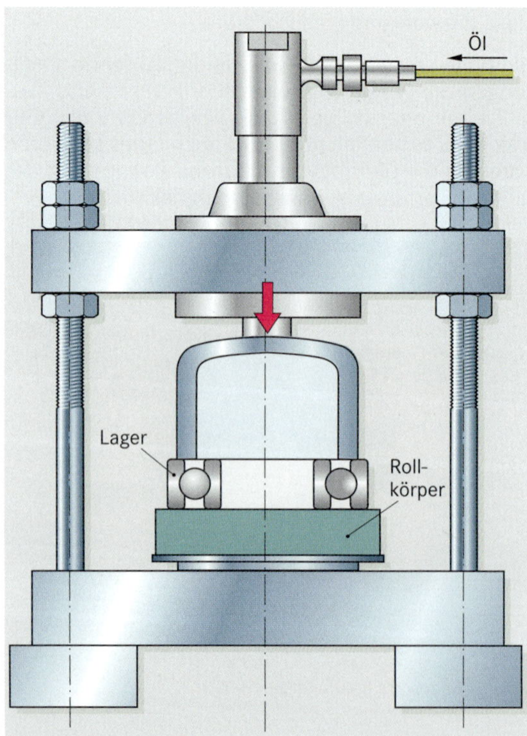

Abb. 3: Einpressen des Rillenkugellagers mittels Hydraulikpresse

Die Montage des in den Rollkörper eingepressten Lagers auf den feststehenden Bolzen erfolgt von Hand mittels Hammer und Schlagbüchse. Um das Lager bzw. den Rollkörper mit der gehärteten Hammerbahnfläche nicht zu beschädigen, wird eine Schlagbüchse aus weichem Stahl mit ebener Auflagefläche verwendet (Abb. 4).

In jedem Fall werden vor der Montage des Außen- und des Innenringes die sauberen Gleitflächen eingeölt.

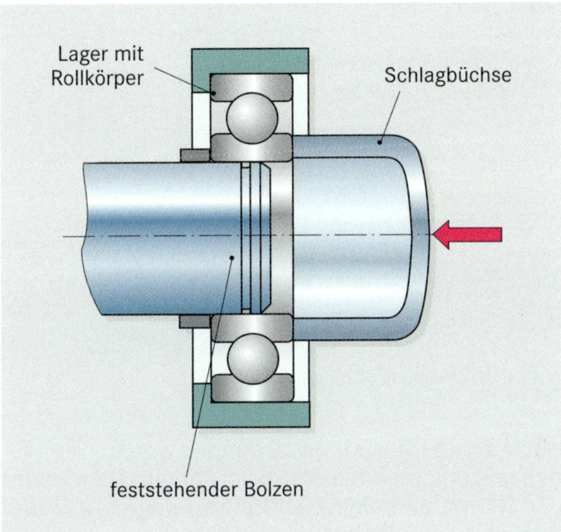

Abb. 4: Lagermontage mit Schlagbüchse

Thermische Montage

Bauteile, bei denen eine feste Passung vorgeschrieben ist, werden auch durch Einsatz von Wärme montiert. Diese thermische Montage basiert auf dem Effekt, dass sich Stahl bei Erwärmung ausdehnt. Die Erwärmung erfolgt entweder im Ölbad (Abb. 5) oder auf einer temperaturgeregelten Heizplatte. In jedem Fall ist eine gleichmäßige Erwärmung auf ca. 80 °C erforderlich. Das Sieb soll diese gleichmäßige Wärmeverteilung gewährleisten. Außerdem soll das Lager von Schmutzpartikeln am Behälterboden ferngehalten werden.

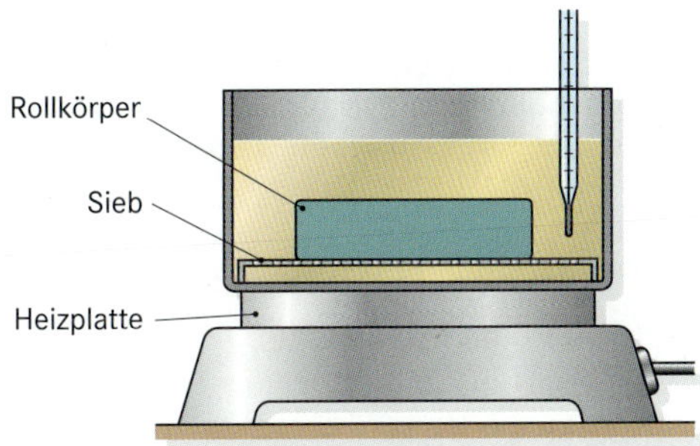

Abb. 5: Anwärmen im Ölbad

Im vorliegenden Fall kann der Rollkörper thermisch auf den Lageraußenring montiert werden. Dazu wird er erwärmt und anschließend zügig auf den Außenring des Lagers geschoben.

Als Schutz für die Hände verwendet man Schutzhandschuhe und nicht fasernde Lappen.

Informieren

Dichtungen

Dichtungen verhindern das Eindringen von Staub, Schmutz und Flüssigkeiten in Getriebe, Lagerstellen oder Führungen sowie den Austritt von Schmiermitteln.

Die bei der Torlagerung vorliegende werksseitige Abdichtung der Lager ist eine Möglichkeit der Lagerabdichtung. Diese mit Dichtungsscheiben versehenen Lager sind mit Fett gefüllt. Nachteilig bei dieser Abdichtung ist, dass die Lagerlebensdauer durch die Dauer der Funktionsfähigkeit der Kunststoff-Dichtungslippen begrenzt ist. Aus diesem Grund werden oft lagerunabhängige Dichtungen verschiedener Bauarten eingesetzt.

Grundsätzlich werden dabei zwei Dichtungsarten unterschieden. Zum einen Dichtungen zwischen Bauteilen, die sich nicht gegeneinander bewegen, so genannte statische Dichtungen. Zum anderen Dichtungen, bei denen eine Bewegung zwischen den Dichtflächen stattfindet, so genannte dynamische Dichtungen.

Im Bereich des Metallbaues werden als statische Dichtungen Flachdichtungen verwendet und als dynamische Dichtungen hauptsächlich O-Ringe (Abb. 6).

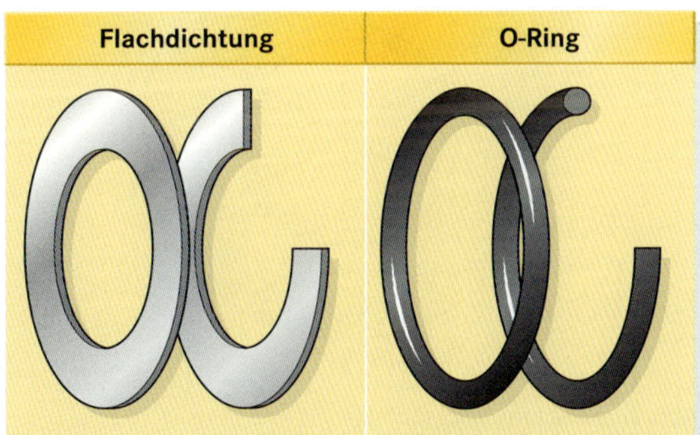

Abb. 6: Statische und dynamische Dichtungen

Vorbereitung der Bauteile

Vor der Montage von Dichtungen sind die Dichtflächen zu kontrollieren. Es dürfen keine Beschädigungen durch Korrosion, Kratzer, Riefen oder Poren vorhanden sein. Ebenso sind die abzudichtenden Flächen von Konservierungsmitteln, Spänen, Schmutz und anderen Fremdstoffen zu reinigen. Es ist sicherzustellen, dass die Dichtungen selbst keine Beschädigungen aufweisen.

Flachdichtungen

Flachdichtungen werden für die Abdichtung ebener Flächen an Motoren, Getrieben und Rohrleitungen verwendet, die sich nicht gegeneinander bewegen. Die Dichtwirkung wird nur erreicht, wenn nach dem Einlegen der Flachdichtung die Dichtflächen gleichmäßig auf die Dichtung drücken. Für das abgebildete Beispiel einer Flanschverbindung werden sechs Schrauben verwendet, um dies zu erreichen (Abb. 1).

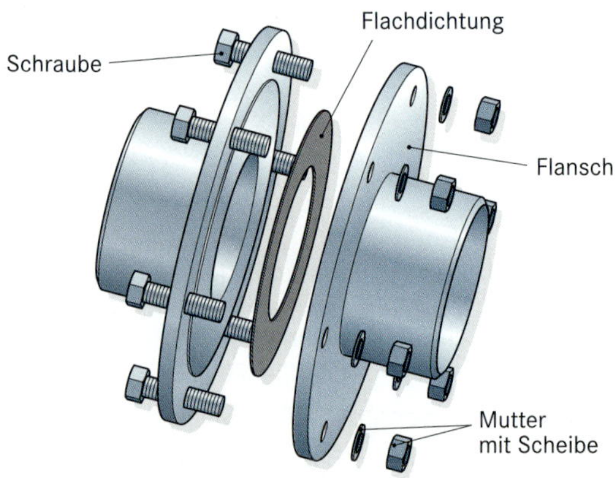

Abb. 1: Flansche mit Flachdichtung

Außerdem müssen die Schrauben in einer bestimmten Abfolge und mit einem bestimmten Anzugsmoment an- und festgezogen werden (Abb. 2).

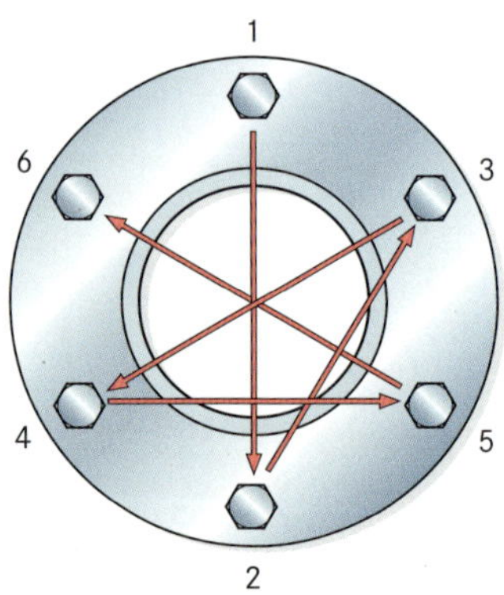

Abb. 2: Verschraubungsabfolge

O-Ringe

O-Ringe können sowohl ruhende als auch sich mit geringer Geschwindigkeit zueinander bewegende Flächen abdichten. Zunächst ist der gemäß Zeichnung vorgeschriebene O-Ring auszuwählen.

O-Ring DIN 3771 – 11,8 x 1,8

Innendurchmesser (11,8)
Durchmesser des Querschnittes (1,8)

Der Querschnittsdurchmesser kann mit dem Messschieber, der Innendurchmesser durch Aufziehen auf einen Messdorn geprüft werden (Abb. 3).

Abb. 3: Messdorn für O-Ringe

Der O-Ring wird dann in eine Bohrungs- oder Wellennut eingesetzt (Abb. 4). Nach dem Einsetzen sollte dem O-Ring Zeit zur Rückverformung gegeben werden.

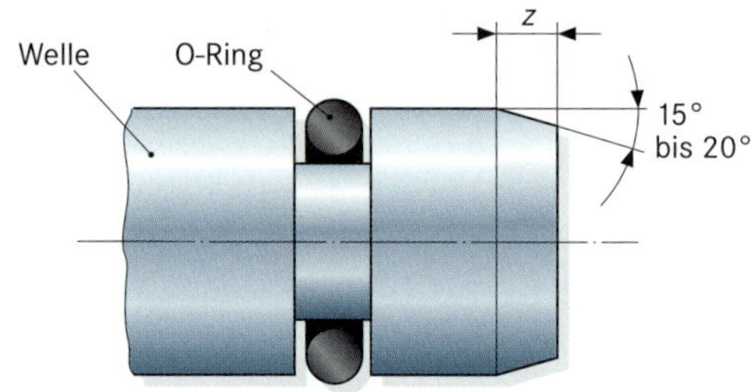

Abb. 4: O-Ring in der Wellennut

Nach dem Einsetzen des O-Ringes werden die beiden abzudichtenden Bauteile gefügt. Dabei wird der O-Ring an beide Dichtflächen angedrückt und dichtet sie damit ab (Abb. 5).

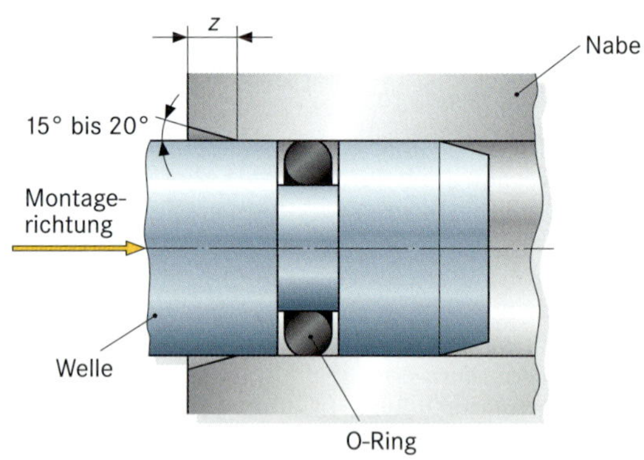

Abb. 5: Gefügter O-Ring

Um den O-Ring bei der Montage nicht zu beschädigen, darf er nicht über scharfe Kanten gezogen werden. Deshalb müssen Nabe und Welle über eine vom Hersteller vorgeschriebene Länge (Maß „z“) mit 15° bis 20° angefast sein.

! Darüber hinaus ist bei der Montage von O-Ringen Folgendes zu beachten:

- O-Ring nicht überdehnen,
- O-Ring nicht verdrehen,
- vorgeschriebene Nutbreite und -tiefe beachten.

Axiale Lagesicherung von Bauteilen

Um eine Längsverschiebung von Bauteilen auf Wellen oder in Bohrungen zu verhindern, werden Sicherungselemente verwendet.

Beim Rollapparat der unteren Torführung muss der Rollkörper mit Lager auf dem feststehenden Bolzen axial gesichert werden (Abb. 6). Dies kann mit Sicherungsringen und Sicherungsscheiben erfolgen (Tab. 1).

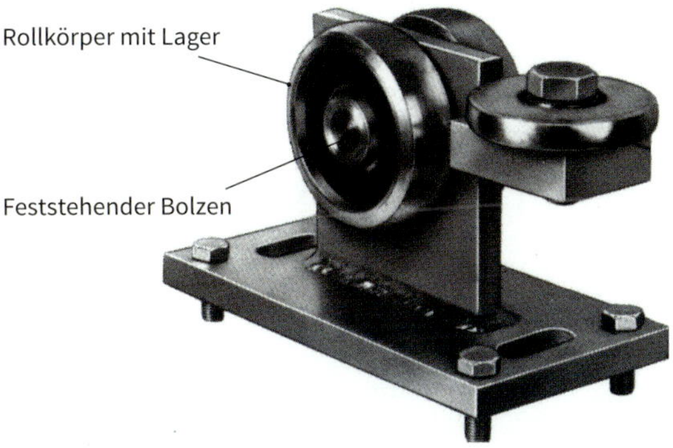

Abb. 6: Rollapparat

Entsprechend der Auswahl des Sicherungselementes werden Wellenende oder Nabe gestaltet. Meist werden die Sicherungselemente in Wellen- oder Bohrungsnuten eingesetzt. Die Auswahl des Sicherungselementes erfolgt nach den Montageunterlagen.

Ausschlaggebend für die Wahl des Sicherungsringes oder der Sicherungsscheibe ist die Zugänglichkeit bei der Montage und Demontage.

Tab. 1: Axiale Sicherungselemente

Sicherungsringe		Sicherungsscheibe
für Wellen DIN 471	für Bohrungen DIN 472	DIN 6799

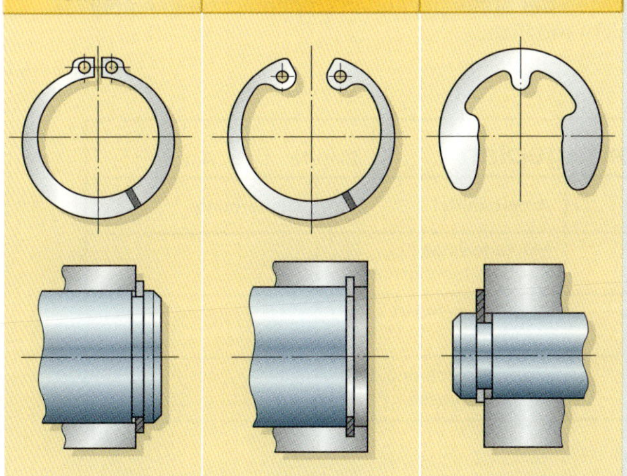

Einsetzen von Sicherungsringen

Sicherungsringe werden federnd in die Wellen- oder Nabennuten eingesetzt. Hierzu werden Montagezangen verwendet (Abb. 7). Sicherungsringe für Wellen werden gespreizt und Sicherungsringe für Bohrungen zusammengepresst. So wird es möglich, die Sicherungsringe in Achsrichtung über die Welle zu schieben bzw. in die Nabe einzusetzen. Die Sicherungsringe dürfen bei der Montage nicht überdehnt werden. Anschließend ist der freie Sitz des Sicherungselements durch Drehen mit der Zange zu kontrollieren.

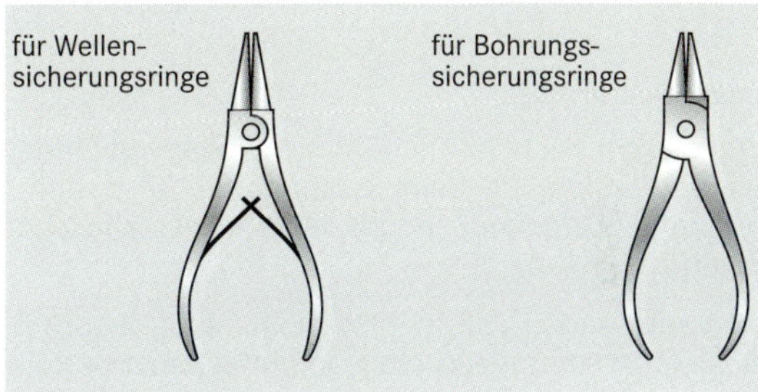

Abb. 7: Montagezangen für Sicherungsringe

Aufschieben von Sicherungsscheiben

Sicherungsscheiben werden radial in die Wellennut geschoben.

Der Rollkörper mit Lager wird durch einen Sicherungsring auf dem feststehenden Bolzen gesichert. Die Montage des Ringes erfolgt mit der Montagezange für Wellen. Jeder Montageprozess wird mit der Funktionskontrolle abgeschlossen.

Nachdem der Rollapparat komplett montiert ist, wird die Freigängigkeit der Lager getestet.

Anschließend werden die Lager mit Rollkörper noch in der Werkstatt probeweise in die an den Torrahmen angeschweißte Laufschiene eingeführt.

Eine leichte Bewegbarkeit in Laufschienenrichtung muss vorliegen. Das Spiel quer zur Laufrichtung muss klein sein.

Sicherung mit Splint und Scheibe

Eine weitere Möglichkeit der axialen Sicherung von Bauteilen besteht in der Verwendung von Splint und Scheibe (Abb. 8).

Nachteilig ist die erforderliche Bohrung in der Welle bzw. der Achse und die umständliche Demontage des Splintes. Außerdem sind die maximal aufnehmbaren Axialkräfte gering.

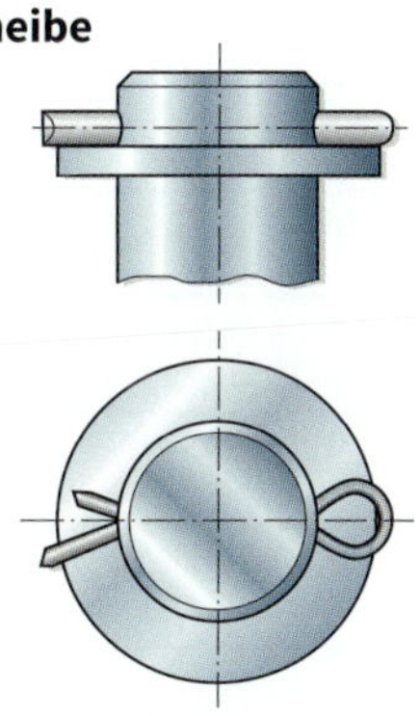

Abb. 8: Splintsicherung

8.3.5 Demontage einer Torlagerung

ARBEITSAUFTRAG

Die Lager des Rollapparates der Torführung laufen schwergängig und sollen ersetzt werden. Deshalb muss die aus dem Kugellager und dem Rollkörper bestehende Baugruppe demontiert werden.

Hierfür sind die Werkzeuge auszuwählen und ein Demontageplan ist aufzustellen.

Demontieren

Lagerdemontage

Wenn Lager nach der Demontage wieder verwendet werden sollen, ist beim Ausbau mit besonderer Sorgfalt vorzugehen, um das Lager nicht zu beschädigen.

Im vorliegenden Fall ist dies nicht nötig, wodurch sich einige Montagearbeiten vereinfachen. Der Rollkörper mit dem eingepressten Lager wird vom feststehenden Bolzen des Rollapparates entfernt. Dazu wird eine Abziehvorrichtung verwendet. Hiermit kann das Lager ohne es zu verkanten abgezogen werden (Abb. 1).

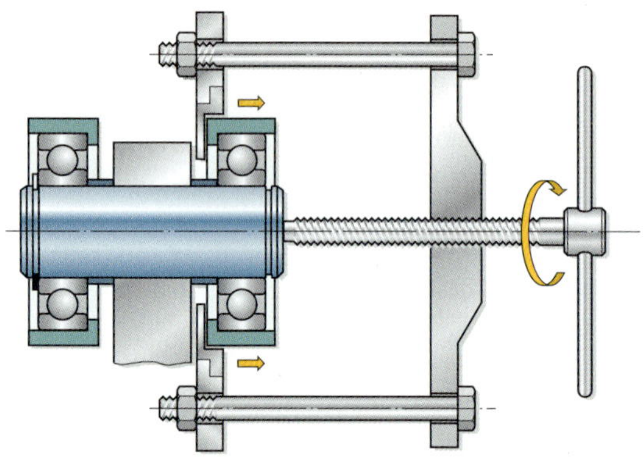

Abb. 1: Abziehen des Lagers mit Rollkörper

Allerdings wird in diesem Fall die Abziehkraft über den Bund des Rollkörpers auf den Lageraußenring und von dort über die Kugeln auf den Lagerinnenring übertragen.

Hierbei wird das Lager überlastet und beschädigt. Das Lager muss ersetzt werden. Der Demontageplan schildert den entsprechenden Arbeitsablauf (Abb. 2).

Soll ein Lager wieder verwendet werden, muss die Abziehkraft direkt auf den Innenring wirken. Dazu verwendet man eine Spannzange mit Kugellagerabzieher für Rillenkugellager (Abb. 3).

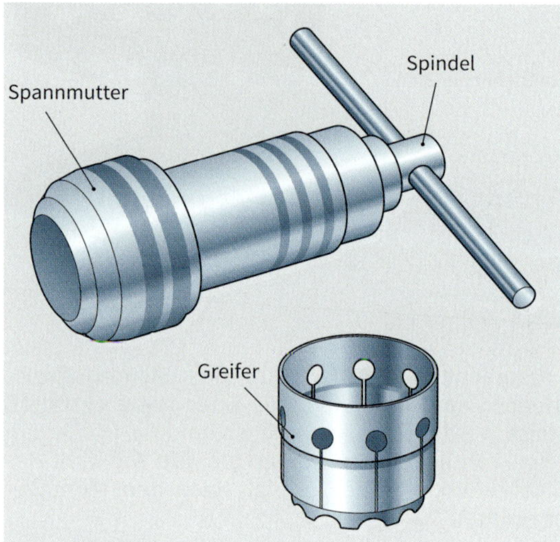

Abb. 3: Spannzange mit Rillenkugellagerabzieher

Die fingerartigen Vorsprünge dieser Vorrichtung greifen an die Laufbahnkante des Lagers oder hinter die Wälzkörper. Mit Hilfe der Spannmutter wird der Abzieher auf dem Innenring festgezogen.

Anschließend wird mit der Spindel das Lager abgezogen. Im vorliegenden Fall ist dieses Verfahren wegen der außenliegenden Lippendichtungen aber nicht möglich.

westermann	Demontageplan		Blatt-Nr. 1	Anzahl 1
Lfd. Nr.	**Arbeitsvorgang**	**Arbeitsplatz**	**Arbeitsmittel**	**Bemerkung**
1	Sicherungsring auf feststehendem Bolzen öffnen und entfernen	Werkbank	Montagezange für Wellensicherungsringe	
2	Rollkörper mit Lager von Bolzen abziehen		Abziehvorrichtung	
3	Lager aus Rollkörper pressen		Platte mit Bohrung, Dorn, Hydraulikpresse	

Abb. 2: Demontageplan

Zusammenfassung

Montage des Torrahmens

Für die Montage von Bauteilen oder Baugruppen sind zunächst Planungsaufgaben zu erledigen. Anschließend sind Materialien und Werkzeuge bereit zu stellen. Über verschiedene Fügeverfahren wird dann das Bauteil oder die Baugruppe montiert.

Planung

- Analyse der Zeichnung und Stückliste
- Bereitstellung von Materialien
- Fertigungsberechnung von Stablängen und -abständen
- Aufstellung einer Zuschnittliste
- Festlegung der Schweißfolge entsprechend den Herstellerangaben
- Auswahl der Torführung
- Auswahl der Torlagerung aus Lagerkatalogen
- Auswahl von Montage- und Demontagewerkzeugen

Durchführung

- Zuschnitt der Rahmenteile
- Vorbereitung der Schweißnaht
- Schweißen des Rahmens
- Herstellen von Schraubenverbindungen
- Lagermontage
  - mechanisch
  - thermisch
- Lagesicherung der Lager
- Schmierung und Abdichtung von Lagern
- Lagerdemontage

Aufgaben

Der Rahmen des unten abgebildeten Gartentores soll hergestellt werden. In diesem Zusammenhang sind die folgenden Aufgaben zu lösen:

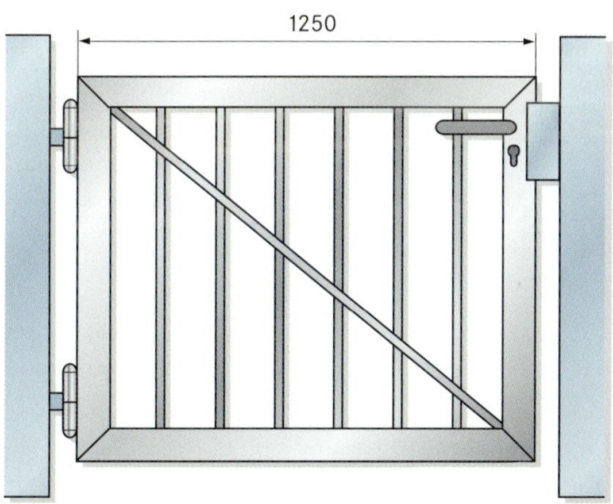

1. Berechnen Sie die Anzahl der Füllstäbe so, dass der lichte Stababstand weniger als 120 mm beträgt und möglichst wenig Füllstäbe benötigt werden.

2. Erstellen Sie eine Stückliste für einen Torrahmen mit 1250 mm Rahmenbreite und 1000 mm Rahmenhöhe. Dabei soll der Rahmen aus warmgefertigtem Rechteckrohr 60 x 40 x 3, der Diagonalstab aus warmgewalztem Vierkantstahl 13 x13 und die Füllstäbe aus warmgewalztem Vierkantstab 10 x10 bestehen.

3. Begründen Sie, warum der lichte Stababstand meist nicht mehr als 120 mm betragen darf.

4. Erstellen Sie eine Zuschnittliste für den Torrahmen und erklären Sie, welchen Sinn die Zuschnittliste hat.

5. Erklären Sie, welche Art der Schweißnahtvorbereitung bei den zugeschnittenen Profilen durchgeführt werden muss.

6. Erklären Sie die Funktion des Diagonalstabes und begründen Sie seine Lage.

7. Das Tor soll geschweißt und anschließend feuerverzinkt werden. Wählen Sie ein Schweißverfahren, einen Schweißzusatzstoff und ein Schutzgas für das Schweißen des Torrahmens aus und begründen Sie Ihre Auswahl.

8. Erstellen Sie einen Arbeitsplan für die Herstellung des Torrahmens einschließlich der genauen Beschreibung aller Hilfsmittel und Prüfvorgänge.

Aufgaben

9. Beschreiben Sie, mit welchen Maßnahmen Sie einen Verzug des Torrahmens durch das Schweißen vermindern können.

10. Erklären Sie, welche Maßnahmen Sie für die Vorbereitung des Torrahmens auf das Feuerverzinken ergreifen.

11. Um Setzungen des Torrahmens und Fehlstellungen der Torpfosten auszugleichen, werden Torbänder mit Augenschrauben verwendet (Abb. 1).

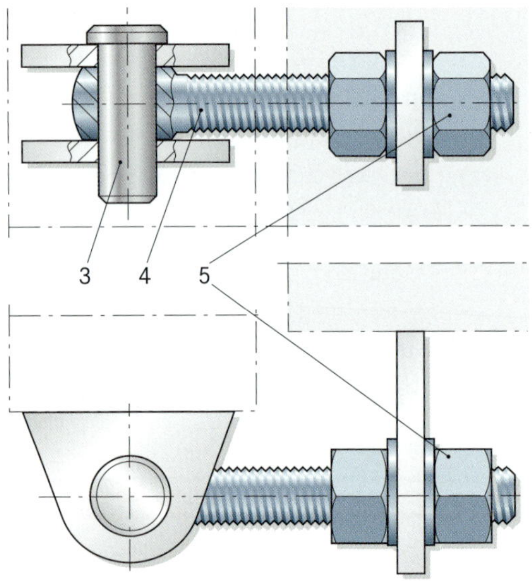

Abb. 1: Verstellbares Torband

Berechnen Sie, welche Zugkraft durch das Anziehen der Mutter M16 (Pos. 5) mit einem Anziehmoment M_A = 150 Nm bei Reibungsverlusten von 85 % im Gewindeschaft der Augenschraube (Pos. 4) wirkt.

12. Zählen Sie Werkzeuge auf, mit denen sichergestellt wird, dass beim Schraubenanziehen das vorgegebene Anziehmoment in der Schraube realisiert wird.

13. Zwischen dem Bolzen (Pos. 3) und der Bohrung der Augenschraube (Pos. 4) besteht Gleitreibung. Dadurch nutzen beide Bauteile ab. Beschreiben Sie, wie der Verschleiß bei einem Gleitlager vermindert werden kann.

14. Erklären Sie, warum bei schweren Toranlagen Wälzlager in die Torbänder eingesetzt werden (Abb. 2).

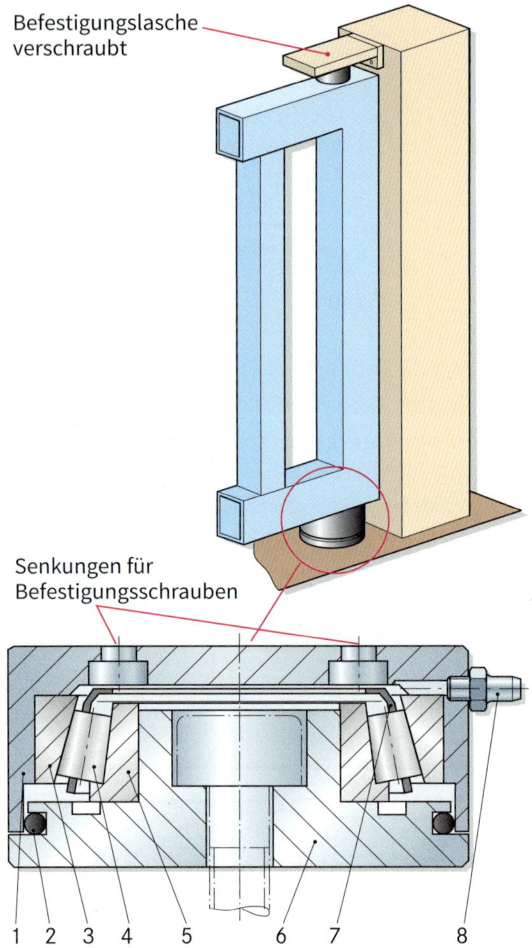

Abb. 2: Schwere Toranlage mit Wälzlagerung

15. Beschreiben Sie den Aufbau des unteren Torlagers und benennen Sie die in der Schnittdarstellung erkennbaren Einzelteile.

16. Geben Sie an, welche Wälzlagerart verwendet wird und begründen Sie dies.

17. Wodurch erfolgt die Abdichtung des Wälzlagers gegen Schmierstoffaustritt bzw. gegen Eintritt von Schmutz?

18. Wodurch erfolgt die Schmierung des Lagers und wie kann der Schmierstoffvorrat ergänzt werden?

19. Erstellen Sie einen Demontageplan für den Fall, dass das Torlager für eine Reparatur zerlegt werden muss. Gehen Sie dabei auch auf die Demontage des Lagerinnenringes ein.

20. Skizzieren Sie eine mögliche obere Torlagerung mit Wälzlager.

8.4 Montage des Torantriebes

ARBEITSAUFTRAG

Das Schiebetor soll über einen Torantrieb bewegt werden. Er besteht aus dem elektrischen Antrieb und den Energieübertragungseinheiten. Die Bauteile des Torantriebes sind auf der Torrück- und Unterseite gemäß Skizze angeordnet.

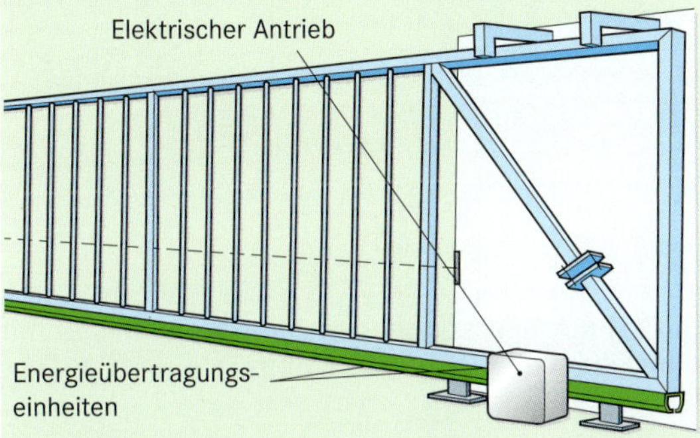

Für den Torantrieb sollen geeignete Antriebsbauteile ausgewählt und vormontiert werden.

mieren

8.4.1 Elektrische Antriebe

Als elektrische Antriebe werden im Metallbau Elektromotore verwendet. Hier unterscheidet man nach der Stromart zwischen Gleichstrom-, Wechselstrom- und Drehstrommotoren.

Gleichstrommotore

Die Zulieferfirma schlägt für den Torantrieb einen Gleichstromgetriebemotor mit max. 24 V Anschlussspannung vor (Abb. 3).

Abb. 3: Gleichstrommotor für Torantrieb

Vorteilhaft ist bei Gleichstrommotoren die einfache Drehzahlregelung über die Spannungshöhe. Die geringe Spannung von 24 Volt erlaubt die Montage und den Anschluss des Motors auch durch den Metallbauer.

Wechselstrommotore

Wechselstrommotore werden ebenfalls für Antriebe von Metallbaukonstruktionen verwendet. Sie werden an das übliche 230-Volt-Netz angeschlossen (Abb. 4).

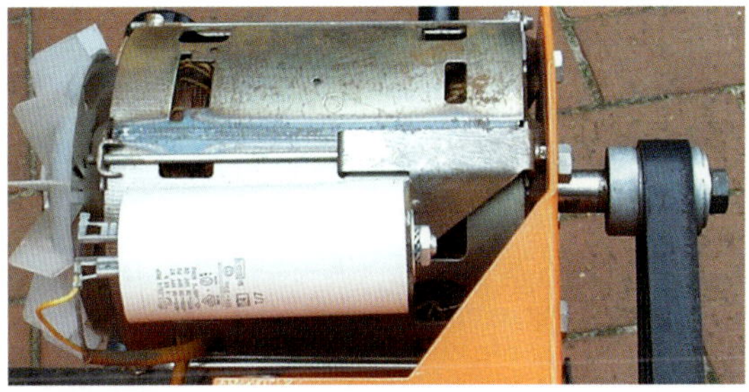

Abb. 4: Wechselstrommotor

Nachteilig ist, dass diese Motoren nur von einer ausgebildeten Fachkraft oder über den vormontierten Stecker angeschlossen werden dürfen.

Drehstrommotore

Drehstrommotore werden in verschiedenen Bauarten eingesetzt. Für Antriebe von Werkzeugmaschinen werden am häufigsten Drehstrom-Asynchronmotore verwendet (Abb. 5).

Abb. 5: Drehstrom-Asynchronmotor

Diese Motore sind einfach aufgebaut und besitzen deswegen eine hohe Lebensdauer.

Dem Typenschild kann man entnehmen, dass diese Motore an 400 Volt Drehstrom anzuschließen sind (Abb. 6). Wegen der hohen Spannung darf dieser Motor nur von einer ausgebildeten Fachkraft oder über einen vormontierten Stecker angeschlossen werden.

3~ Mot.		Typ		Nr.	
△ 400	V		1,86		A
0,75	kW		cos φ		0,85
2800	/min		50		Hz
Is. Kl.	F	IP	44	DIN VDE 0530	

Abb. 6: Typenschild eines Drehstrom-Asynchronmotors

8.4.2 Getriebe

Für den Torantrieb muss die Drehbewegung des Gleichstrommotors in eine geradlinige Bewegung umgewandelt und auf das Tor übertragen werden. Hierfür werden Energieübertragungseinheiten verwendet.

Bei diesen Einheiten wird unterschieden zwischen:

- Getrieben
- Kupplungen
- Wellen-Naben-Verbindungen

Bei der Montage müssen die verschiedenen Energieübertragungseinheiten so gefügt werden, dass die Funktionsanforderungen erfüllt werden. Die Energieübertragungseinheiten müssen die Kräfte und Drehmomente zuverlässig übertragen und die gewünschten Bewegungen ausführen.

Außerdem sollen die eingebauten Bauteile und Baugruppen eine lange Nutzungsdauer haben und einen geringen Instandhaltungsaufwand erfordern.

Bei der Montage und Demontage dieser Baugruppen sind Tätigkeiten auszuführen, die unabhängig von der Art des technischen Systems, in dem sie verwendet werden, sind.

8.4.2.1 Zahnradgetriebe

Für den Antrieb des Schiebetores sieht der Zulieferer eine elektrische Antriebseinheit mit Antriebszahnrad vor (Abb. 1).

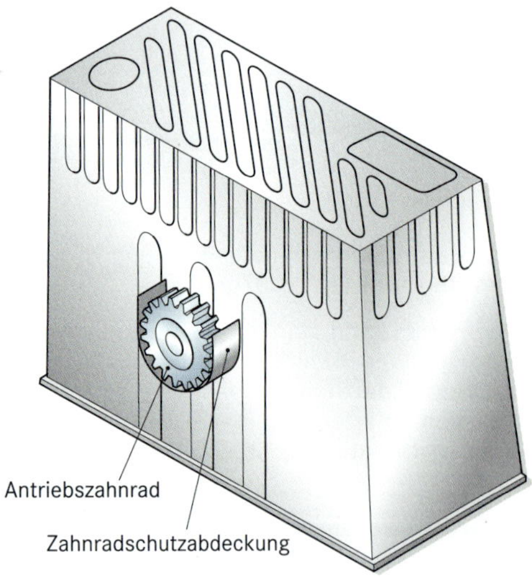

Abb. 1: Antriebseinheit mit Antriebszahnrad

Das Antriebszahnrad führt eine Drehbewegung aus. Diese Drehbewegung muss in eine geradlinige Bewegung des Schiebetores umgewandelt werden. Das Antriebszahnrad überträgt deshalb die Motorleistung auf eine Zahnstange (Abb. 2).

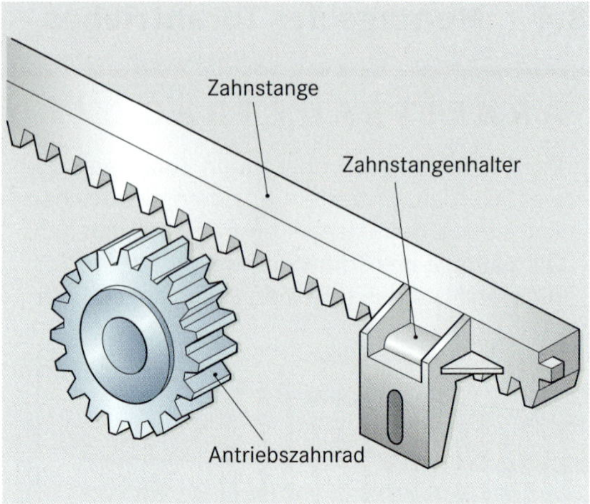

Abb. 2: Zahnstangenantrieb

Die Zahnstange ist über den Zahnstangenhalter mit dem Schiebetor verbunden (Abb. 3).

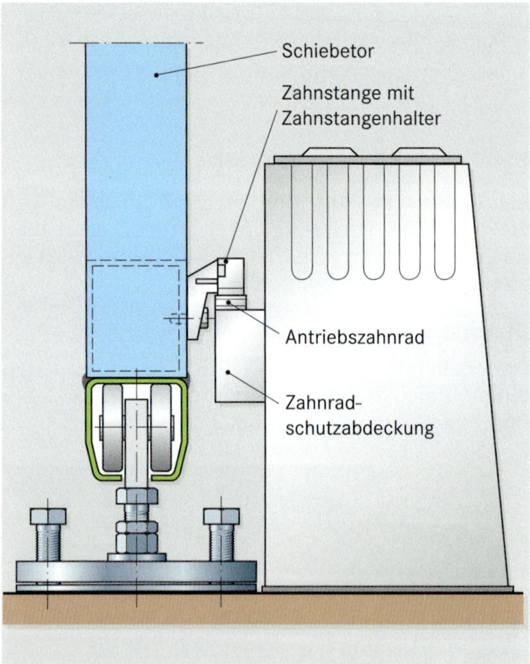

Abb. 3: Schiebetor mit Zahnstangenantrieb

Bei der Montage der Einzelteile eines Zahnradgetriebes muss darauf geachtet werden, dass die von den Maßen her zueinander passenden Zahnräder bzw. Zahnstangen montiert werden.

! Zahnräder, die ineinander greifen, müssen den gleichen Modul haben.

ntieren

Montieren des Antriebes

Die Zahnflanken fehlerhaft eingebauter Zahnräder unterliegen einer größeren Beanspruchung und verschleißen schneller. Nur eine sachgerechte Montage sichert einen ruhigen Lauf und eine lange Lebensdauer von Zahnradgetrieben.

Beim Einbau und bei der Ausrichtung der Antriebseinheit und der Zahnstange ist deshalb auf Folgendes besonders zu achten:

- Die Antriebseinheit muss so ausgerichtet werden, dass die Stirnfläche des Zahnrades parallel zur Zahnstange steht.
- Das Zahnrad muss so in der Höhe gegenüber der Zahnstange eingestellt werden, dass es einerseits leichtgängig läuft, andererseits aber kein zu großes Spiel aufweist.

Nachteilig beim beschriebenen Zahnrad-Zahnstangen-Getriebe ist, dass es über keine Selbsthemmung verfügt. Das heißt, dass über das Tor die Zahnstange und dann das Zahnrad von Hand oder andere äußere Kräfte bewegt werden könnten. Dies kann durch den Einbau von Brems- oder Feststelleinrichtungen verhindert werden.

Grundlagen

Zahnradabmessungen

Zahnräder übertragen in einem Getriebe Drehmomente und verändern Umdrehungsfrequenzen und Drehrichtungen. Dabei wird die Kraft formschlüssig durch ineinandergreifende Zähne weitergeleitet.

Die Zahnräder sitzen je nach der Funktion des Getriebes fest oder axial verschiebbar auf einer Welle. Die Welle-Nabe-Verbindung von Zahnrädern kann zum Beispiel als Passfederverbindung ausgeführt sein.

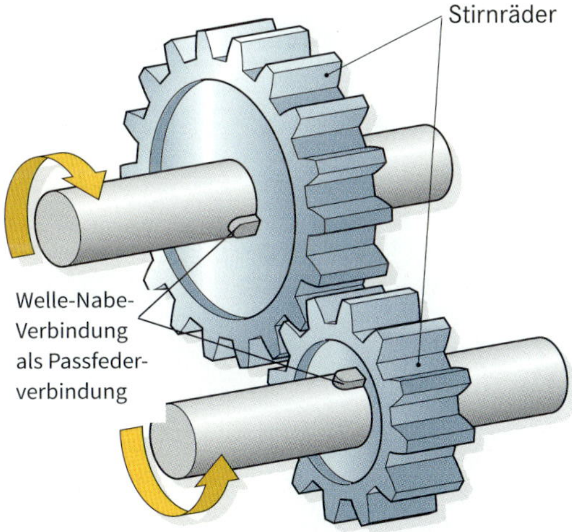

Zahnräder werden mit Außen- und Innenverzahnung hergestellt. Die Verzahnung der Zahnräder kann gerade, schräg und pfeilförmig sein.

Zahnräder bzw. Zahnrad und Zahnstange müssen über zueinander passende Verzahnungen verfügen. Dies ist gegeben, wenn die Zahnteilung, die Zahnhöhe, das Zahnprofil und auch die Zahnbreite der ineinander greifenden Verzahnungen gleich sind.

Die Zahnteilung p ist der Abstand von einer Zahnflanke bis zur nächsten gleichgerichteten Zahnflanke, gemessen auf dem Teilkreis.

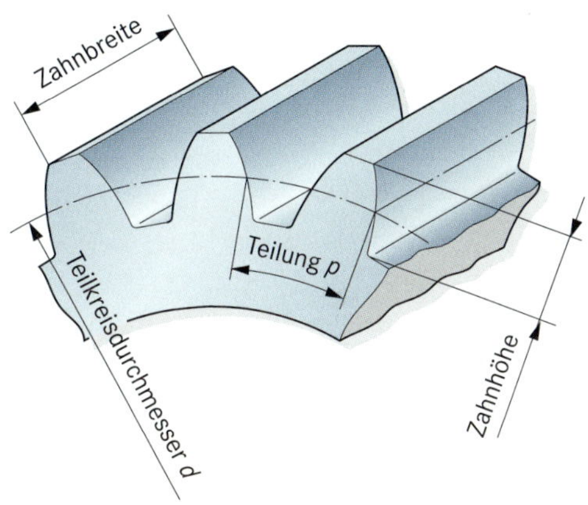

Rechnerisch ergibt sich die Teilung p aus dem Teilkreisdurchmesser d und der Zähnezahl z nach folgender Formel

$$p = \frac{d \cdot \pi}{z}$$

Der Teilkreisdurchmesser berechnet sich

$$d = \frac{z \cdot p}{\pi}$$

$$\frac{d}{z} = \frac{p}{\pi} = m$$

Das Verhältnis $\frac{p}{\pi}$ nennt man Modul m, angegeben in mm.

$$m = \frac{p}{\pi}$$

Es werden nur festgelegte Modulgrößen verwendet (→📖). Nur Zahnräder mit gleichem Modul können gepaart werden.

Informieren

8.4.2.2 Schneckengetriebe

Das Schiebetor soll möglichst durch den Antrieb selbst in jeder Position, auch bei Motorstillstand arretiert sein. Mit einem Schneckengetriebe kann diese Anforderung erfüllt werden.

Schneckengetriebe bestehen aus einer Schnecke und einem Schneckenrad. Die Wellen von Schnecke und Schneckenrad kreuzen sich unter einem Winkel von 90°. Eine eingängige Schnecke bewirkt bei einer Umdrehung eine Drehung des Schneckenrades um einen Zahn. Dadurch ermöglichen Schneckengetriebe große Übersetzungen bei geringem Platzbedarf. Die Energieübertragung kann nur von der Schnecke auf das Schneckenrad erfolgen (Abb. 1).

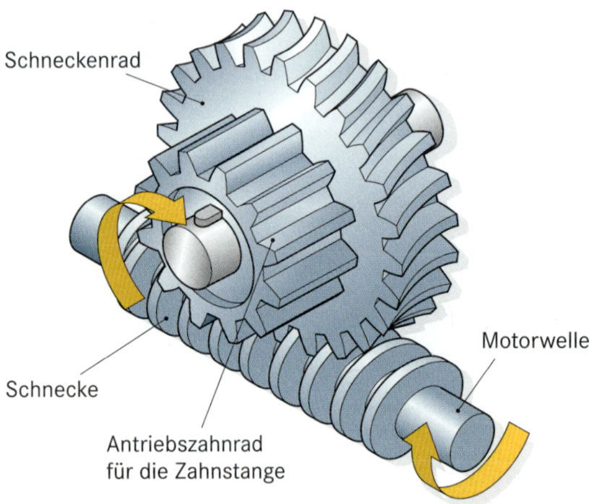

Abb. 1: Schneckenradsatz mit Antriebszahnrad

Umgekehrt kann das Schneckenrad keine Drehbewegung auf die Schnecke übertragen. Dadurch liegt Selbsthemmung vor.

Im vorliegenden Fall ist deshalb ein Schneckengetriebe direkt am Motor angeflanscht (Abb. 2).

Abb. 2: Gleichstrommotor mit angeflanschtem Schneckengetriebe

In dem angeflanschten Schneckengetriebe sitzt die Schnecke auf der schnell laufenden Welle des Motors. Sie treibt das langsam laufende Schneckenrad an.

Auf der gleichen Welle wie das Schneckenrad sitzt das Antriebszahnrad, das in die Zahnstange am Schiebetor eingreift.

Für solch einen Torantrieb müssen zusätzliche Sicherheitseinrichtungen vorgesehen werden. Es muss möglich sein, einen eingeklemmten Gegenstand oder eine eingeklemmte Person zügig und auch von Hand zu befreien. Außerdem muss das Tor auch bei Motorausfall bewegt werden können.

Hierfür sind vom Lieferanten des Torantriebes besondere Sicherheitseinrichtungen vorgesehen (Abb. 3).

Abb. 3: Sicherheitseinrichtung am Torantrieb

Wenn der Not-Entriegelungshebel nach oben gezogen wird, schwenkt der Motor samt Schneckengetriebe und Zahnrad nach unten von der Zahnstange weg. Damit wird das Tor freigegeben und kann von Hand bewegt werden.

8.4.2.3 Riemengetriebe

Für Antriebe, bei denen große Achsabstände überbrückt werden müssen, eignen sich Riemengetriebe.

Zum Antrieb von vertikal laufenden Rolltoren werden deshalb Riemengetriebe eingesetzt (Abb. 4).

Abb. 4: Rolltor

Der gekapselte Antrieb besteht aus einem Antriebsmotor und dem Riementrieb (Abb. 5).

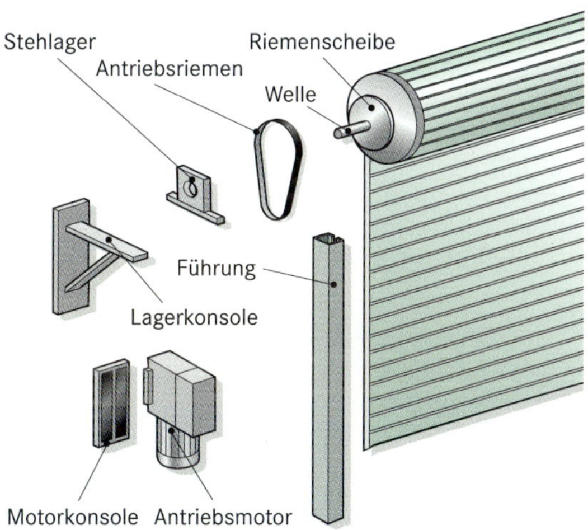

Abb. 5: Antriebsmotor mit Riementrieb

Das Riemengetriebe überträgt die Antriebsenergie vom Antriebsmotor auf die Welle des Rolltores. Je nach Riemenart wird zwischen verschiedenen Riemengetrieben unterschieden.

Keilriemengetriebe

Bei Keilriemengetrieben läuft der Keilriemen über zwei Riemenscheiben. Die Zugkräfte im gespannten Riemen bewirken starke Druckkräfte zwischen den Flanken des Riemens und der Riemenscheiben. Die daraus entstehenden Reibungskräfte ermöglichen die kraftschlüssige Übertragung der Antriebsleistung (Abb. 6).

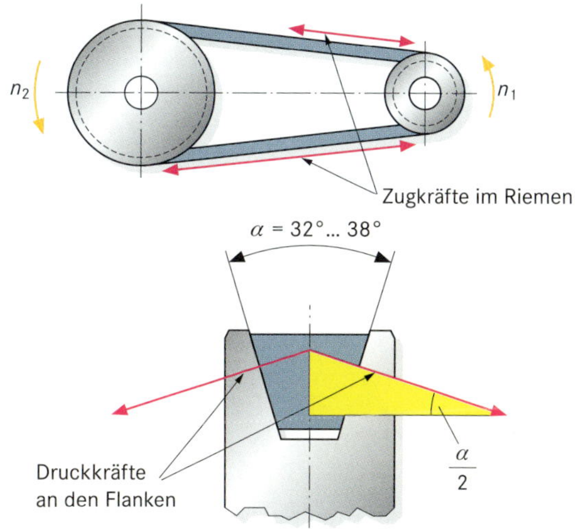

Abb. 6: Keilriementrieb

Bei der Montage des Riemengetriebes ist darauf zu achten, dass das trapezförmige Profil des Riemens mit dem Profil der Riemenscheibe übereinstimmt. Anderenfalls ist der Riementrieb nicht funktionstüchtig. Besonders wenn der Keilriemen im Riemenscheibengrund aufliegt, kommt die zur Kraftübertragung notwendige Keilwirkung des Trapezprofils nicht zustande (Abb. 7a).

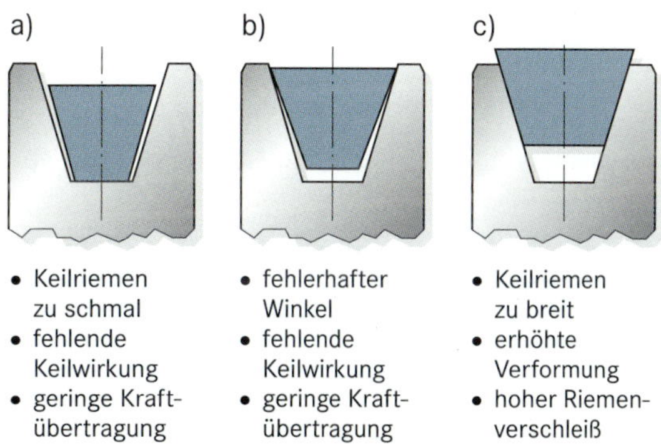

Abb. 7: Fehlerhafte Profilzuordnung

Es ist darauf zu achten, dass die Riemenscheiben frei von Grat, Rost, Öl und Schmutz sind, weil sonst ein erhöhter Riemenverschleiß bzw. eine Verminderung der Flankenreibung auftritt. Es werden verschiedene Keilriemenprofile verwendet. Üblich sind die genormten Schmalkeilriemen nach **DIN 7753-1**, Normalkeilriemen nach **DIN 2215** sowie Hochleistungskeilriemen nach **DIN 2215** oder **DIN 7753-1**.

Zahnriemengetriebe

Um einen formschlüssigen Antrieb zu ermöglichen, werden Zahnriemengetriebe verwendet.

Hierbei greifen die Zähne des biegsamen Zahnriemens (Synchronriemen) in die Verzahnung der Zahnscheiben (Synchronscheiben) ein.

Durch Bordscheiben werden die Zahnriemen seitlich geführt. Diese Bordscheiben werden meist an der kleineren Zahnscheibe angebracht, können aber auch an beiden Zahnscheiben befestigt sein (Abb. 1).

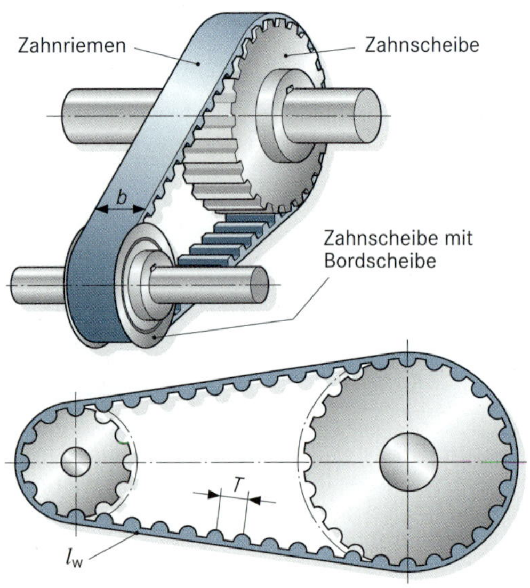

Abb. 1: Zahnriementrieb

Zahnriemengetriebe haben eine schlupffreie synchrone Bewegungsübertragung. Sie dämpfen stoßartige Belastungen und Schwingungen.

Bei sachgemäßer Montage sind Zahnriemengetriebe wartungsfrei.

Bei der Montage ist darauf zu achten, dass die Profilform des Zahnriemens und die Hauptabmessungen mit denen der Zahnscheiben übereinstimmen.

Ein wesentliches Maß ist die Zahnteilung *T*. Sie kennzeichnet den Abstand zwischen zwei benachbarten Zähnen.

Das Auflegen der Zahnriemen muss leicht von Hand erfolgen. Dazu ist der Achsabstand zu verringern. Wenn dies nicht möglich ist, muss der Zahnriemen zusammen mit einer oder mit beiden Zahnscheiben montiert werden.

Als Zahnriemen werden genormte Riemen mit metrischer Teilung nach **DIN 7721** verwendet.

Außerdem kommen Zahnriemen mit Zollteilung nach **ISO 5296** zum Einsatz.

Daneben gibt es verschiedene nicht genormte Spezialzahnriemenprofile wie z. B. HTD-Zahnriemen (High-Torque-Drive). Diese besitzen eine wesentlich höhere Leistungsfähigkeit und Lebensdauer als die genormten Zahnriemen (Abb. 2).

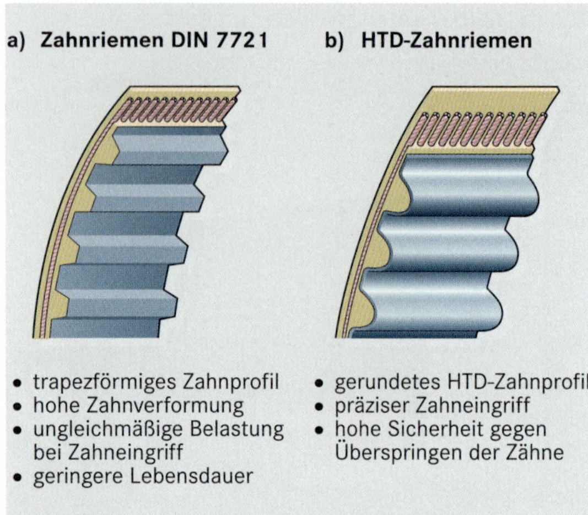

Abb. 2: Zahnriemenprofile

Einstellen der Riemenvorspannung

Nach dem Auflegen sowohl eines Keilriemens als auch eines Zahnriemens ist die Vorspannung über die Verstellung des Achsabstandes oder mittels Andruckrolle einzustellen.

Die Kontrolle der Vorspannung erfolgt durch Eindrücken des Riemens mit einer bestimmten Kraft. Dabei wird die Riemenauslenkung gemessen und mit der vorgeschriebenen Eindrücktiefe verglichen. Die für die Kontrolle nötigen Daten sollten auf einem Aufkleber festgehalten sein, der gut sichtbar am Antrieb angebracht ist (Abb. 3).

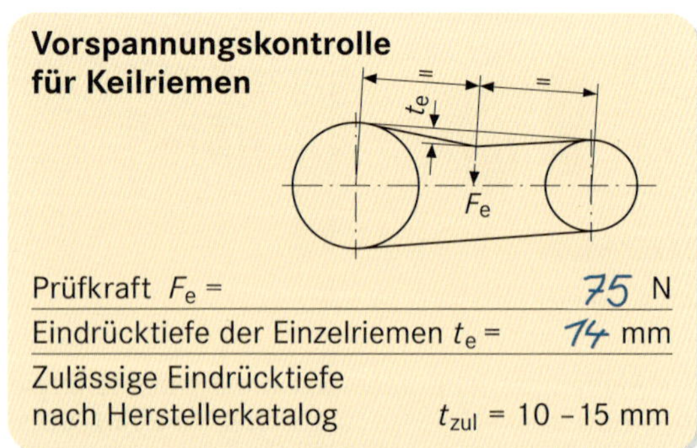

Abb. 3: Kontrolle der Riemenvorspannung

Zu hohe Vorspannung verursacht hohe Laufgeräusche und bewirkt vorzeitigen Riemenverschleiß. Zu geringe Vorspannung begünstigt das Überspringen der Riemenzähne des Zahnriemens bzw. das Durchrutschen des Keilriemens.

8.4.2.4 Kettengetriebe

Schwere Rollgitter zur Sicherung von Einzelhandelsgeschäften können über ein Kettengetriebe bewegt werden (Abb. 4).

Abb. 4: Schweres Rollgitter

Kettengetriebe dienen zum Übertragen von großen Kräften und Drehmomenten. Die Zähne der Kettenräder greifen in die Glieder der Kette ein und übertragen die Antriebskräfte formschlüssig.

Gleichzeitig wird die Kette durch die Zähne der Kettenräder seitlich geführt. Bei Kettengetrieben wird keine Vorspannung aufgebracht. Deshalb hängt der unbelastete Teil der Kette durch (Abb. 5).

! Kettengetriebe übertragen große Antriebsenergien durch Formschluss.

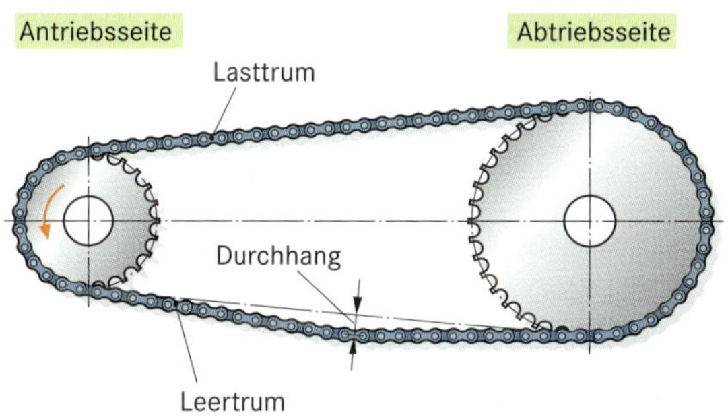

Abb. 5: Kettengetriebe

Eine Kette verlängert sich während ihres Einsatzes. Um diese Verlängerung auszugleichen, sollte ein Kettenrad des Getriebes verstellbar angeordnet sein. Bei nicht verstellbarem Kettenrad ist der Einbau von Kettenspannelementen erforderlich.

Kettengetriebe müssen ständig geschmiert werden, um eine vorzeitige Abnutzung der Kette zu verhindern.

Für Antriebsketten werden meist Rollenketten verwendet. Sie sind genormt nach **DIN 8187** und bestehen aus standardisierten Einzelteilen (Abb. 6).

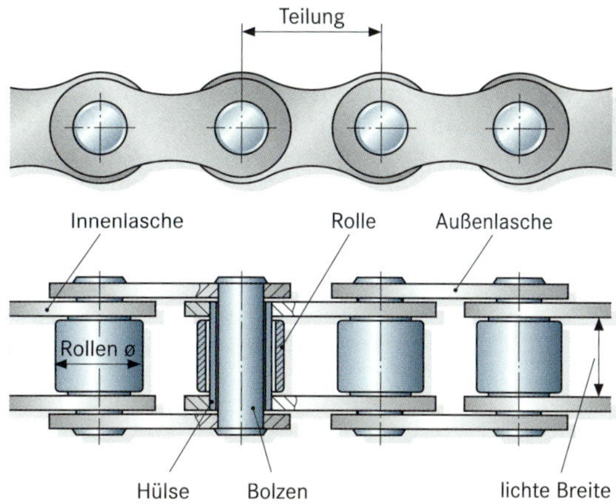

Abb. 6: Rollenkette

Man unterscheidet geschlossene und offene Ketten. Geschlossene Ketten sind komplett zu einer endlosen Kette vernietet und können nur durch Zerstörung eines Bolzens aufgetrennt werden. Offene Ketten sind mit einem lösbaren Verbindungsglied ausgestattet.

Die Kette wird von Kettenrädern aufgenommen. Kette und Kettenrad müssen deshalb zueinander passen.

Die normgerechte Bezeichnung einer Rollenkette ist folgendermaßen aufgebaut:

Rollenkette DIN ISO 606 – 08 B-1 x 79 E

Norm der Rollenkette

Größe der Kettenteilung *p* in 1/16 Zoll. Beispiel:
Beispiel:
08 = 8 x 1/16 x25,4 mm
= 12,7 mm

Angabe ob Einfach- (B-1), Zweifach- (B-2) oder Dreifachrollenkette (B-3).
Beispiel:
B-1 = Einfachrollenkette

Anzahl der Kettenglieder.
Beispiel:
79 = 79 Kettenglieder

Art des Kettenverbindungsgliedes:
A = Außenglied; E = Einfachglied;
L = gekröpftes Glied;
C = gekröpftes Doppelglied
Beispiel:
E = Einfachglied

Montieren

Montieren einer Kette

Zur Erleichterung der Montage einer Kette werden möglichst offene Ketten mit lösbaren Verbindungsgliedern verwendet. Eine Möglichkeit ist die Verwendung des Kettenverbindungsgliedes E mit Feder (Abb. 1).

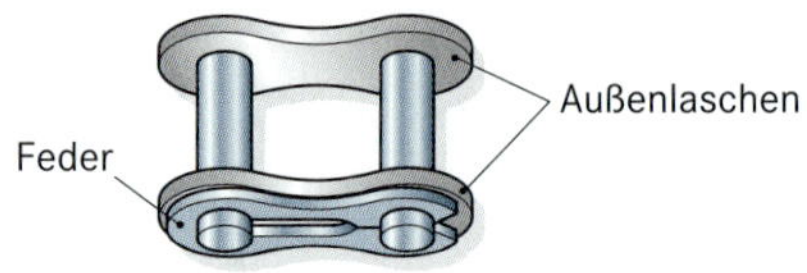

Abb. 1: Verbindungsglied E mit Feder

Beim Fügen eines Verbindungsgliedes muss die so genannte Feder mit der Öffnung entgegen der Kettenlaufrichtung angeordnet werden (Abb. 2).

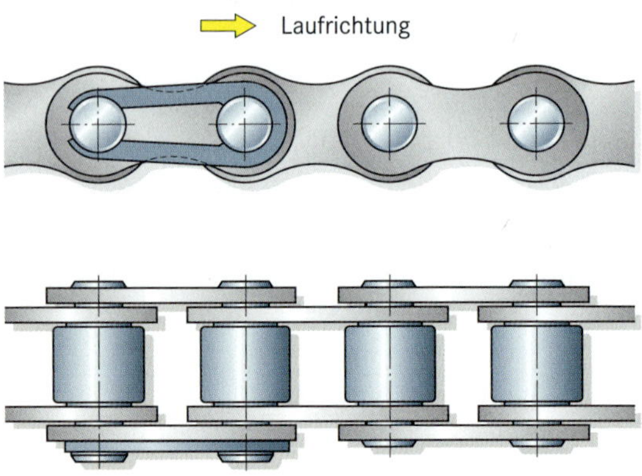

Abb. 2: Kette mit Verbindungsglied E und Feder

Eingebaute Ketten sollten einschließlich Verbindungsglied möglichst eine gerade Gliederzahl aufweisen.

Bei der Montage müssen alle zu einer Kette gehörenden Kettenräder passend zueinander montiert werden. Die Kettenräder dürfen keinen seitlichen Versatz aufweisen und die Achsen der Kettenräder müssen parallel zueinander angeordnet sein. Fluchtungsfehler und Versatz führen zu frühzeitiger Abnutzung der Kette und der Kettenradzähne.

Nach dem Zusammenbau muss der Durchhang der Kette geprüft werden. Jede Kette hat im unbelasteten Kettenstrang einen gewissen Durchhang. Dieser Durchhang soll bei einer neuen Kette etwa 1 % des Achsabstandes betragen.

Gemessen wird der Durchhang zwischen der Kette und einer gedachten Tangente der beiden Kettenräder.

Am einfachsten ist die Messung an der oberen Kette mit Hilfe eines Lineals und eines Stahlmaßes durchzuführen. Dazu wird ein Kettenrad so verdreht, dass die Kette unten gespannt verläuft (Abb. 3).

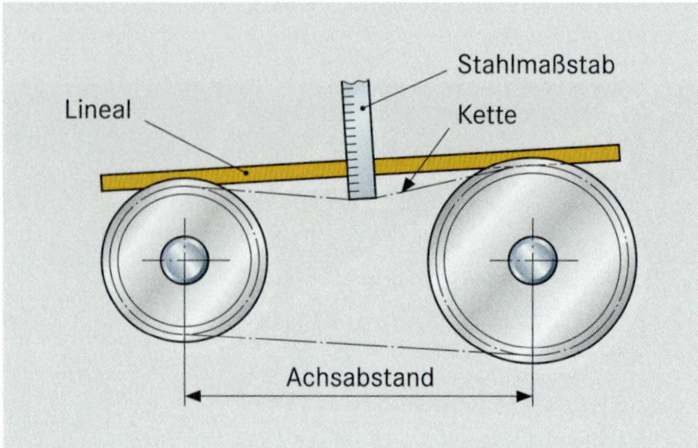

Abb. 3: Prüfen des Kettendurchhanges

Wenn der Kettendurchhang zu groß oder zu klein ist, muss der Achsabstand der Kettenräder verändert werden.

Ist dies nicht möglich, werden Kettenspannelemente verwendet. Sie werden stets im Leertrum angeordnet. Hierfür kommen Spannräder oder Gleitschienen zum Einsatz (Abb. 4).

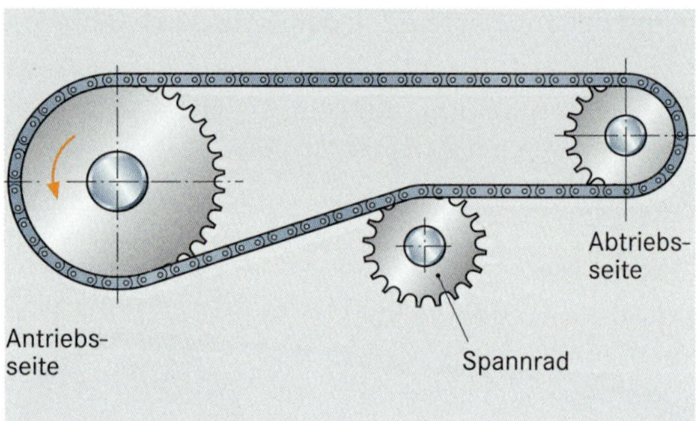

Abb. 4: Kettenspannrad

Ist der Kettendurchhang zu groß, kann dies zum Überspringen oder Abspringen, mindestens aber zu Schwingungen der Kette führen. Ein zu kleiner Kettendurchhang bewirkt einen erhöhten Kettenverschleiß.

Die Kette verschleißt besonders an den Bolzen und Laschen. Um Reibung und Verschleiß zu mindern, wird die Kette nach Abschluss aller Einstellarbeiten geschmiert.

Geeignet für die Kettenschmierung sind dünnflüssige, nicht verharzende Mineralöle.

Neben der Schmierung ist der Verschmutzungsgrad entscheidend für die Höhe des Kettenverschleißes. Deshalb sollen Ketten vor Verschmutzung geschützt und, falls erforderlich, gereinigt werden.

Getriebeübersetzungen

Getriebe dienen der Übertragung und Änderung von Umdrehungsfrequenzen, Drehmomenten und Drehrichtungen sowie der Umwandlung von Drehbewegungen in geradlinige Bewegungen und umgekehrt. Bei jedem Getriebe ist die Umfangsgeschwindigkeit v_u aller hintereinander geschalteten Räder gleich groß. Es ist gleichgültig, ob die Räder über Riemen oder Kette oder direkt über Zahnräder miteinander verbunden sind. Deshalb laufen Räder mit kleinem Durchmesser mit größerer Umdrehungsfrequenz als Räder mit großem Durchmesser. Das Verhältnis der Umdrehungsfrequenzen in Richtung des Energieflusses wird als Übersetzungsverhältnis *i* bezeichnet. Es wird als Verhältniszahl (z. B. 3 : 4) oder als Dezimalzahl (z. B. 0,75) angegeben. Die Umdrehungsfrequenzen verhalten sich umgekehrt wie die Wirkdurchmesser.

Riemen- oder Kettengetriebe

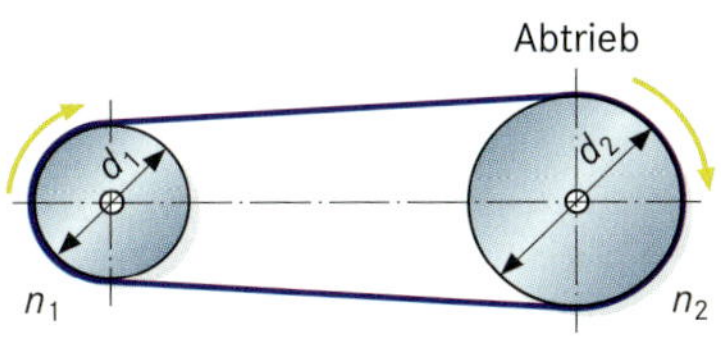

$n_1 \cdot d_1 = n_2 \cdot d_2$

$i = \frac{n_1}{n_2}$ $\quad i = \frac{d_2}{d_1}$

Zahnradgetriebe

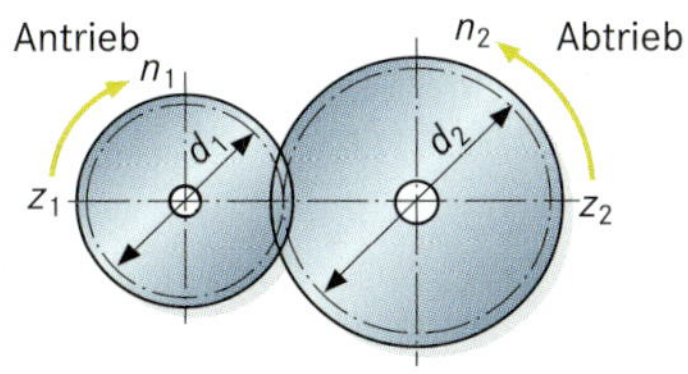

$n_1 \cdot z_1 = n_2 \cdot z_2$

$i = \frac{n_1}{n_2}$ $\quad i = \frac{z_2}{z_1}$

Schneckengetriebe

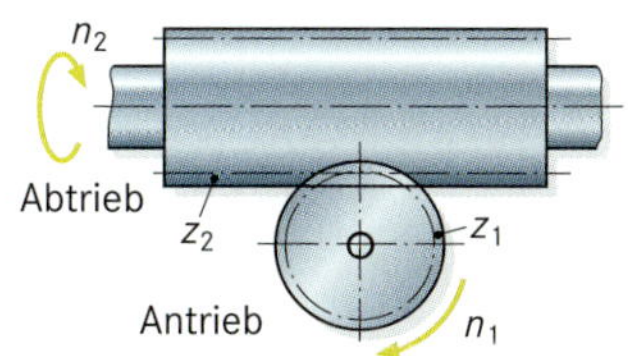

$n_1 \cdot z_1 = n_2 \cdot z_2$

$i = \frac{n_1}{n_2}$ $\quad i = \frac{z_2}{z_1}$

d Durchmesser in mm
n Umdrehungsfrequenz in min^{-1}
i Übersetzungsverhältnis
z Zähnezahl

Zahnstangengetriebe

Ein Zahnstangengetriebe wandelt drehende Bewegungen in geradlinige um oder umgekehrt. Es besteht aus einem Zahnrad und einer Zahnstange, die beide den gleichen Modul haben. Bei einer Umdrehung des Zahnrades (Verdrehwinkel α = 360°) verschiebt sich die Zahnstange um einen Weg, der der Länge des Teilkreisumfangs des Zahnrades entspricht.

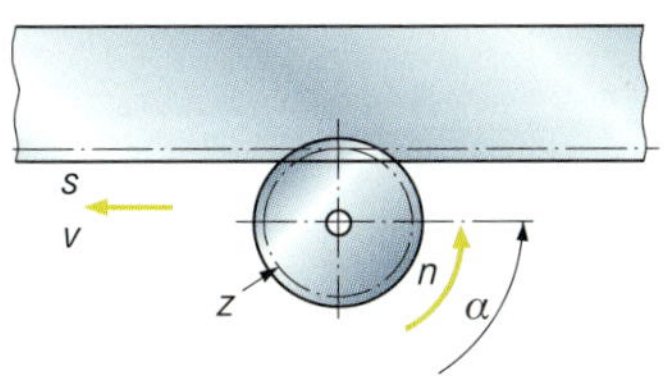

$s = d \cdot \pi$

$s = m \cdot z \cdot \pi$

$s = \frac{m \cdot z \cdot \pi \cdot \alpha}{360°}$

$v = m \cdot z \cdot \pi \cdot n$

$v = d \cdot \pi \cdot n$

s Weg der Zahnstange in mm
v Geschwindigkeit der Zahnstange in mm/min
d Durchmesser des Zahnrades in mm
m Modul in mm
z Zähnezahl des Zahnrades
α Verdrehwinkel in °
n Umdrehungsfrequenz in min^{-1}

Drehmomente an Zahnradgetrieben

Getriebe übersetzen das durch den Antriebsmotor bereitgestellte Drehmoment und leiten es weiter. Die auf den Teilkreisen wirkenden Umfangskräfte F_1 und F_2 sind gleich groß und entgegengesetzt gerichtet. Die Teilkreisradien entsprechen den wirksamen Hebellängen.

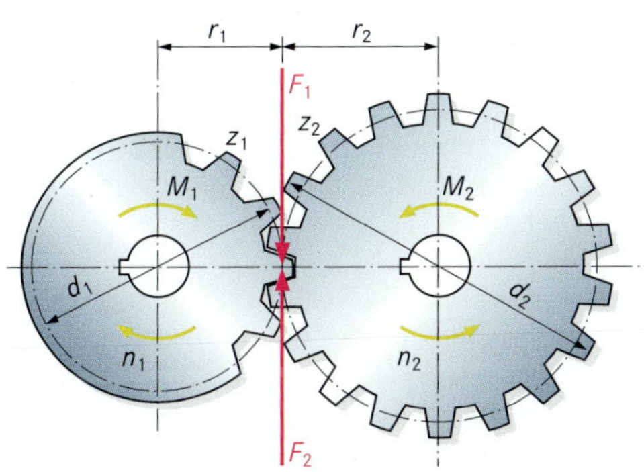

$M_1 = F_1 \cdot r_1 \quad M_2 = F_2 \cdot r_2$

$\frac{M_2}{M_1} = \frac{r_2}{r_1} = \frac{d_2}{d_1}$

$\frac{M_2}{M_1} = \frac{m \cdot z_2}{m \cdot z_1} = \frac{z_2}{z_1}$

$\frac{M_2}{M_1} = \frac{n_1}{n_2} = i$

M Drehmoment in Nm
F Umfangskraft in N
r Teilkreisradius in mm
z Zähnezahl
n Umdrehungsfrequenz in min^{-1}
i Übersetzungsverhältnis

Informieren

8.4.3 Wellen-Naben-Verbindungen

Wellen übertragen Drehmomente. Die Übertragung der Drehmomente von einer Welle zur anderen Welle erfolgt über Zahnräder, Riemen oder Ketten. Die hierfür auf der Welle befestigten Maschinenelemente wie Zahnräder, Riemenscheiben oder Kettenräder werden allgemein als Naben bezeichnet.

Es werden unterschiedliche Arten der Welle-Nabe-Verbindung angewendet. Die Verbindung zwischen Welle und Nabe muss anforderungsgerecht ausgewählt und hergestellt werden.

Das Antriebszahnrad für den Torantrieb ist frei unter der Zahnstange angeordnet. Durch Umwelteinflüsse wie Staub, Schmutz und Feuchtigkeit tritt erhöhter Verschleiß auf (Abb. 1).

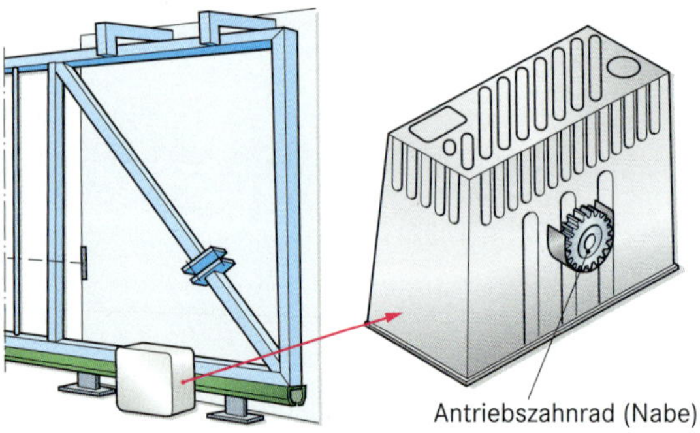

Abb. 1: Torantrieb

Deshalb muss das Zahnrad regelmäßig kontrolliert und bei Erreichen der vom Hersteller festgelegten Verschleißgrenze ausgetauscht werden. Gleiches gilt für die Schnecke und das Schneckenrad im angeflanschten Getriebe.

Der Austausch dieser Verschleißteile erfordert eine lösbare Verbindung zwischen Zahnrad und Welle. Lösbare Verbindungen sind jederzeit demontierbar und können wieder hergestellt werden, ohne die Bauteile zu zerstören. Dafür verwendet man als Wellen-Naben-Verbindungen:

- Pressverbindungen,
- Passfederverbindungen,
- Scheibenfederverbindungen und
- Spannelementverbindungen.

Pressverbindungen

Die Welle für das Torantriebszahnrad weist relativ geringe Abmessungen auf. Hier würde das Einbringen von Nuten für so genannte Federverbindungen zu einer erheblichen Schwächung der Welle führen. Deshalb wird eine Pressverbindung verwendet.

Der Zusammenhalt zwischen Welle und Zahnrad erfolgt rein kraftschlüssig über Druck- und Reibungskräfte zwischen Bohrung und Welle (Abb. 2).

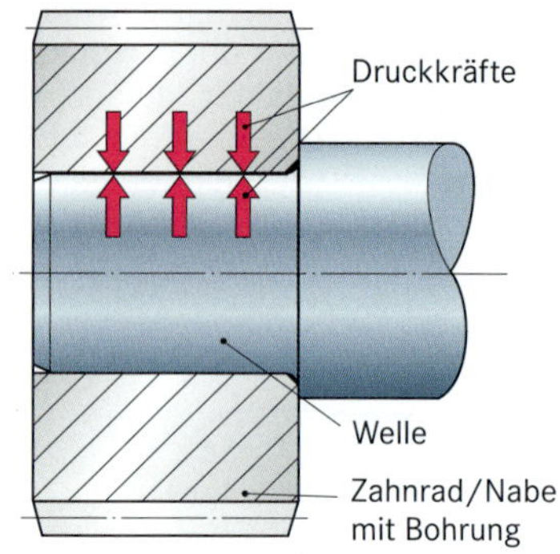

Abb. 2: Pressverbindung

Voraussetzung für diese kraftschlüssige Verbindung ist eine Übermaßpassung zwischen der Welle und der Bohrung der Nabe (➔📖). Ein Drehmoment kann übertragen werden.

Welle und Nabe können mit verschiedenen Verfahren miteinander verpresst werden. Eine Möglichkeit ist das mechanische Fügen mittels Hammerschlägen oder mit einer Presse (Abb. 3).

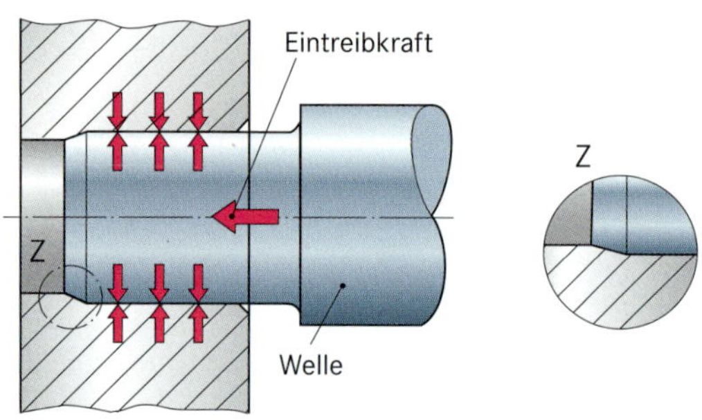

Abb. 3: Herstellen einer Pressverbindung

Eine zweite Möglichkeit ist das Erwärmen der Nabe und anschließendes Aufziehen auf die Welle.

Nachteilig bei den Pressverbindungen ist das schwierige Lösen der Verbindung. Nur mit einem erheblichen Kraftaufwand kann die Nabe von der Welle geschoben werden. Oft sind Spezialwerkzeuge wie Abzieher nötig.

! Pressverbindungen sind kraftschlüssige bedingt lösbare Verbindungen.

Wesentlich einfacher sind formschlüssige Verbindungen zu demontieren. Diese werden bei größeren Wellen-Naben-Verbindungen eingesetzt.

Passfederverbindungen

Um das Drehmoment von der Welle auf das Zahnrad zu übertragen, verwendet man eine Passfeder nach **DIN 6885**. Diese befindet sich in den Nuten von Welle und Nabe (Abb. 4).

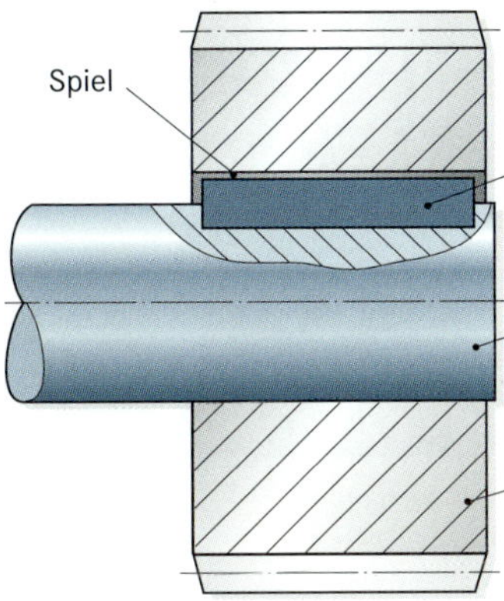

Abb. 4: Passfederverbindung

Die Passfederverbindung ist eine formschlüssige Verbindung. Zwischen der Oberseite der Passfeder (Passfederrücken) und dem Nutgrund der Nabe ist Spiel vorhanden. Es findet keine Verspannung zwischen Nabe und Welle statt. Das Drehmoment wird über die Seitenflächen der Nuten und der Passfeder übertragen.

! Federverbindungen sind lösbare, formschlüssige Verbindungen.

Kegelverbindungen mit Scheibenfeder

Bei Kegelverbindungen werden Drehmomente kraftschlüssig übertragen. Durch das Anziehen der Mutter wird die kegelförmige Nabe auf die passende Welle gepresst. Die Lagesicherung erfolgt durch eine Scheibenfeder nach **DIN 6888** (Abb. 5).

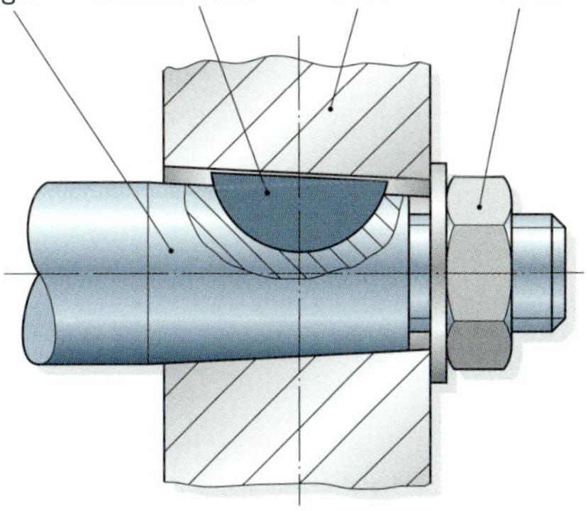

Abb. 5: Kegelverbindung mit Scheibenfeder

Grundlagen

Flächenpressung in Passfederverbindungen

Passfedern werden auf Abscherung und Flächenpressung beansprucht. Da die Abscherung gegenüber der Flächenpressung gering ist, kann sie vernachlässigt werden.

Die Flächenpressung p ergibt sich aus der Belastung durch die Umfangskraft F_u auf der Berührungsfläche A zwischen Passfeder und Nabennut bzw. Wellennut. Berechnet wird die Flächenpressung für das Bauteil mit der geringeren Werkstofffestigkeit p_{zul}.

$$p = \frac{F_u}{A} \leq p_{zul}$$

Die Berührungsfläche A ergibt sich vereinfacht aus der halben Passfederhöhe $h/2$ und der nutzbaren Länge l_n.

$$A = \frac{h}{2} \cdot l_n$$

Sind die genormten Passfederabmessungen eingebaut, brauchen Passfederverbindungen nicht berechnet zu werden (→📖).

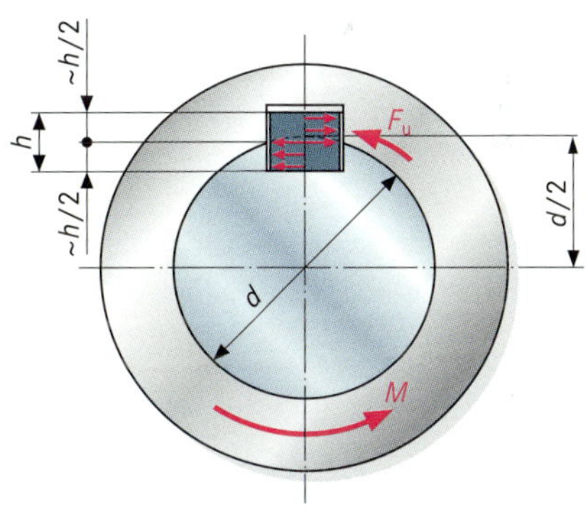

Umfangskraft: $F_u = \frac{M}{d/2}$

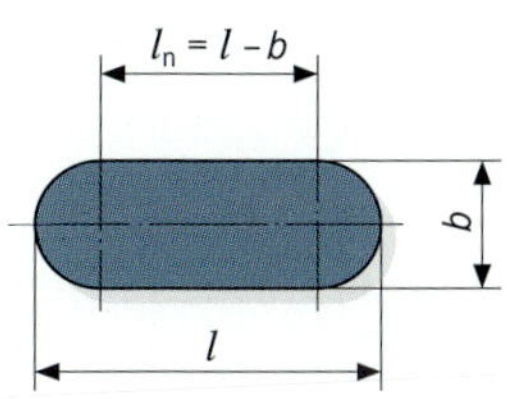

Montieren

Montage von Passfederverbindungen

Vor der Montage einer Passfederverbindung ist eine Prüfung der Bauteile notwendig. Hierbei werden die Passfederart und deren Maße mit den Montageunterlagen verglichen.

Die normgerechte Bezeichnung von Passfedern ist folgendermaßen aufgebaut (→📖):

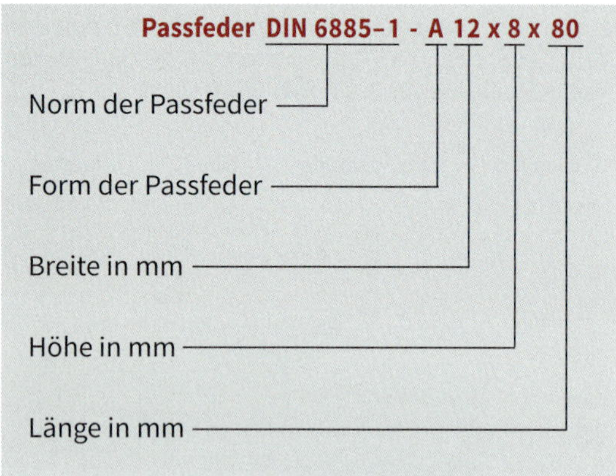

Passfedern gibt es entsprechend **DIN 6885** in verschiedenen Formen (Tab. 1).

Tab. 1: Passfederformen

	Federn		
	Passfedern nach DIN 6885		
	ohne Bohrungen	mit Bohrung für Halteschraube	mit Bohrungen für Halteschrauben und Gewinde für Abdrückschraube
geradstirnig	Form B 	Form D 	Form F 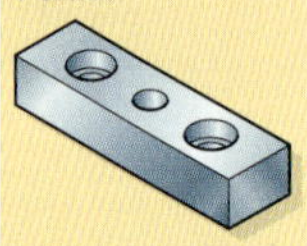
rundstirnig	Form A 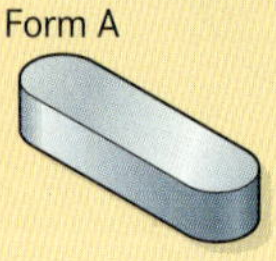	Form C 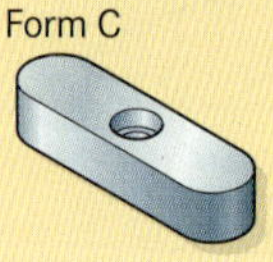	Form E 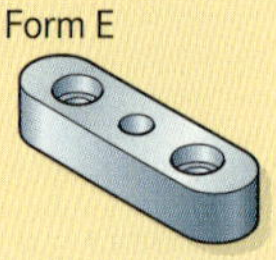

Außerdem wird die Feder auf Beschädigungen und Korrosion geprüft. Die Bohrung der Nabe, die Nabennut, der Wellendurchmesser sowie die Wellennut sind auf Maß-, Form- und Lagegenauigkeit zu prüfen. Vor der eigentlichen Montage werden die Bauteile probeweise gefügt.

Zu Beginn der Montage sind Feder und Nut leicht einzufetten. Die Passfeder wird in die Nut eingesetzt. Es ist darauf zu achten, dass sie vollständig auf dem Nutgrund aufliegt. Die Feder darf nicht verkantet werden.

Verbindung durch Spannelemente

Große Kettenräder von Rollgitterantrieben werden über Spannelemente mit der Welle verbunden (Abb. 1).

Abb. 1: Kettenantrieb für ein Rolltor

Häufig eingesetzte Spannelemente sind die Konus-Spannelementverbindungen (Abb. 2). Sie werden in die Bohrung des Kettenrades eingeschoben. Anschließend wird die Nabe mit dem Konus-Spannelement auf die Welle geschoben.

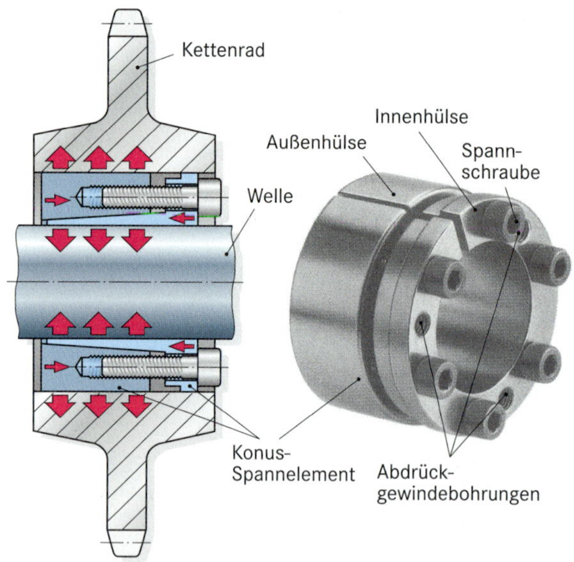

Abb. 2: Konus-Spannelementverbindung

Durch das Anziehen der Spannschrauben werden Welle und Nabe gegeneinander verspannt. Der Anpressdruck zwischen der Nabenbohrung und der Außenhülse sowie zwischen Innenhülse und Welle erzeugt Reibungskräfte. Diese ermöglichen die Übertragung des Drehmoments. Welle und Nabe werden nicht durch Nuten geschwächt. Allerdings haben diese Verbindungen ein großes Bauvolumen.

8.4.4 Kupplungen

Die Übertragung von Drehmomenten von einer Antriebswelle (Abb. 3) auf eine andere Welle erfolgt über Kupplungen.

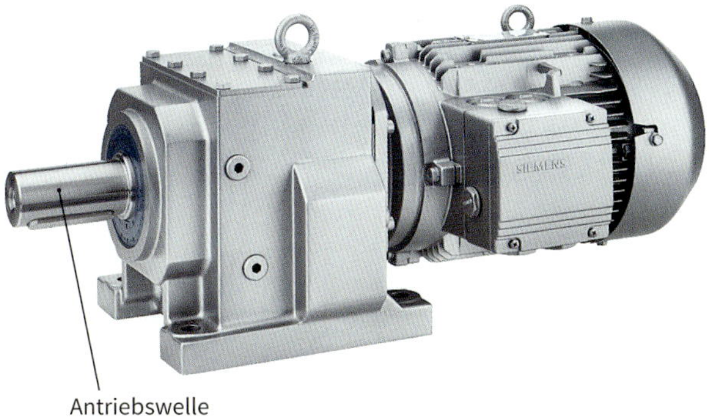

Abb. 3: Getriebemotor mit Antriebswelle

Kupplungen bestehen aus zwei Kupplungshälften und aus Verbindungselementen. Eine Kupplungshälfte befindet sich am Antriebswellenende, die andere Hälfte am Ende der getriebenen Welle.

Die Kupplungshälften können auf unterschiedliche Weise miteinander verbunden sein. Eine mögliche Bauform ist die Scheibenkupplung.

Bei dieser Kupplung erfolgt die starre Verbindung der zwei Kupplungshälften über die Verbindungsschrauben. Die Verbindung zu den Wellen wird über Passfederverbindungen hergestellt (Abb. 4).

Scheibenkupplungen erfordern ein genaues Fluchten der Wellen miteinander und können keinen Wellenversatz ausgleichen.

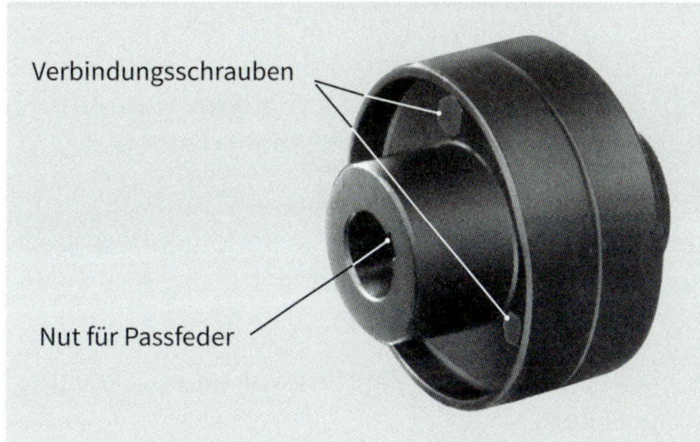

Abb. 4: Scheibenkupplung

Wenn die zu verbindenden Wellen nicht genau fluchten und stoßartige Belastungen gedämpft übertragen werden sollen, werden Gummibolzen-Kupplungen eingesetzt (Abb. 5).

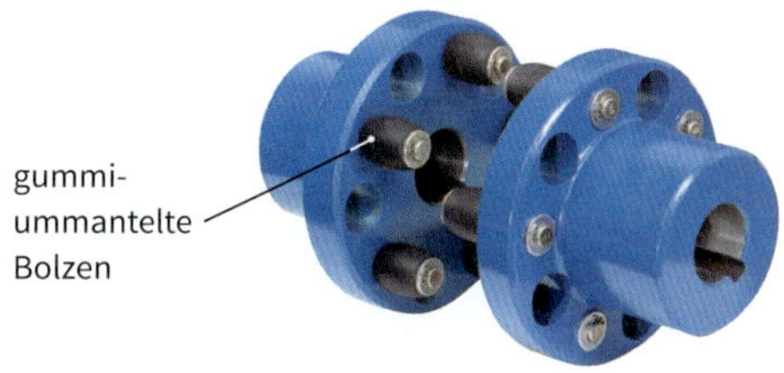

Abb. 5: Gummibolzen-Kupplung

Bei dieser Kupplung greifen die mit Gummi ummantelten Bolzen der einen Kupplungshälfte in die Bohrungen der anderen Kupplungshälfte ein.

Die Gummibolzen als elastische Zwischenglieder gleichen axialen, radialen und winkligen Versatz innerhalb bestimmter Toleranzen aus. Außerdem dämpfen sie Drehmomentstöße und Schwingungen. Dies führt allerdings zu erhöhter Abnutzung der elastischen Elemente.

Montage des Torantriebes

Für den Torantrieb müssen ein elektrischer Antriebsmotor, ein Getriebe und eine Wellen-Naben-Verbindung gemäß Anforderungsliste und Herstellerkatalog ausgewählt werden.

Die Montage wird nach Herstellerangaben und allgemein gültigen Regeln der Technik durchgeführt.

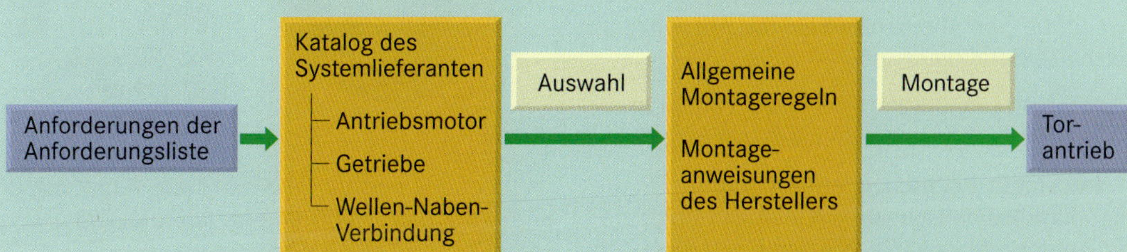

Aufgaben

1. Erklären Sie, warum im Bereich des Metallbaus sehr häufig 24-V-Gleichstrommotoren zum Antrieb von Toren, Markisen etc. verwendet werden.

2. Erklären Sie, welche Aufgaben Getriebe grundsätzlich haben, und wählen Sie für folgende Anwendungsfälle je eine Getriebeart aus:

Antrieb

- eines schweren Rollgitters vor einem Juweliergeschäft,
- eines schnelllaufenden Rolltores zu einem Lagergebäude,
- eines Schiebetores.

3. Nennen und erklären Sie die zu den Ziffern 1 bis 4 gehörenden Begriffe und Größen an einem Zahnrad.

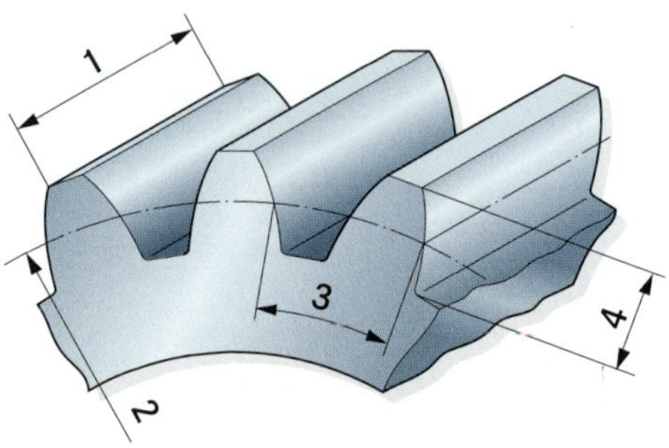

4. Für den Antrieb einer Zahnstange soll ein Zahnrad mit dem Modul m = 3 mm verwendet werden. Erklären Sie diesen Wert.

5. Berechnen Sie die Teilkreisdurchmesser zweier Zahnräder mit dem Modul m = 3 mm und einer Zähnezahl von $v_1 = 18$ bzw. $v_2 = 27$.

6. Berechnen Sie das Übersetzungsverhältnis zwischen den in Aufgabe 5. berechneten Zahnrädern, wenn Zahnrad 1 auf der Antriebsmotorwelle und Zahnrad 2 auf der angetriebenen Welle sitzt.

7. Erklären Sie am Beispiel eines Schneckengetriebes, was unter der Selbsthemmung eines Getriebes zu verstehen ist.

8. Erklären Sie grundsätzliche Vorteile bei der Verwendung von Riementrieben für Antriebe im Bereich des Metallbaues.

9. Worin liegen die Vorteile eines Zahnriemengetriebes gegenüber einem Keilriemengetriebe?

10. Bei einem Keilriemengetriebe wurde für die vorhandene Riemenscheibe ein Riemen mit kleinerem Riemenprofil gewählt. Wie wirkt sich dieses im Betrieb aus?

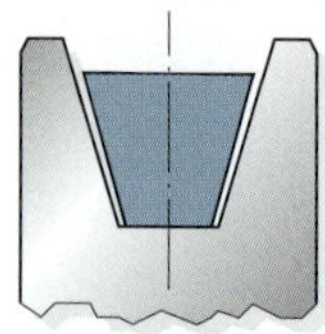

11. Wie wird bei Riemengetrieben die richtige Riemenvorspannung ermittelt?

12. In einem Kettengetriebe ist die Kette zu ersetzen. Folgende Angaben liegen vor:
Einfachrollenkette mit einfachem Verbindungsglied, Zahl der Kettenglieder = 65; Kettenteilung = 19,05 mm.
Ermitteln Sie für die Ersatzteilbestellung die zugehörige Normbezeichnung der Kette nach DIN 8187.

13. Beschreiben Sie, wie Sie an einem Kettengetriebe den Kettendurchhang prüfen und geben Sie an, wie groß dieser sein soll.

14. Auf der Antriebswelle (d = 12 mm) des Getriebemotors soll ein Zahnrad befestigt werden. Beschreiben Sie, welche Art der Wellen-Naben-Verbindung vorliegt und wie das Zahnrad mit der Welle gefügt wird.

15. Zur Dämpfung der Stöße soll für einen Torantrieb die Gummibolzenkupplung eingesetzt werden.

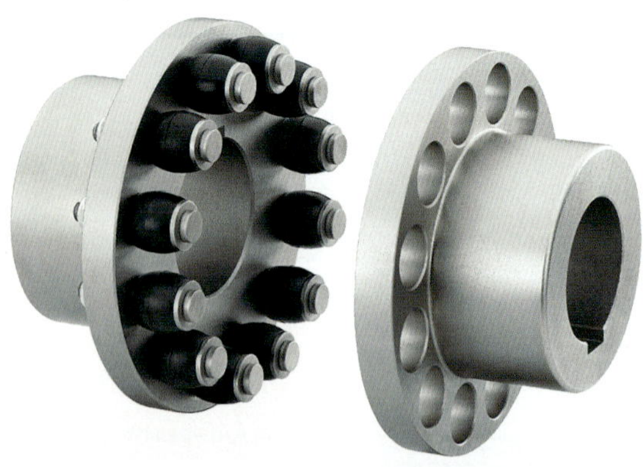

Welche weiteren Vorteile hat diese Kupplung und wie wird das Drehmoment auf die Welle übertragen?

8.5 Heben von Lasten

ARBEITSAUFTRAG

Der Rahmen des Schiebetores wird durch Verschweißen der Rahmenbauteile hergestellt.

Der fertige Torrahmen mit Füllung und Führungsschiene hat eine Masse von ca. 430 kg. Um die Schweißnähte anfertigen und anschließend schleifen zu können, muss der Rahmen mehrfach angehoben und gewendet werden.

Hierfür sind die erforderlichen Lastaufnahmeeinrichtungen auszuwählen.

Jede Lastaufnahmeeinrichtung setzt sich aus mehreren Komponenten zusammen. Dies sind:

- Lastaufnahmemittel
- Anschlagmittel
- Tragmittel
- Hebezeuge
- Krane (Abb. 1)

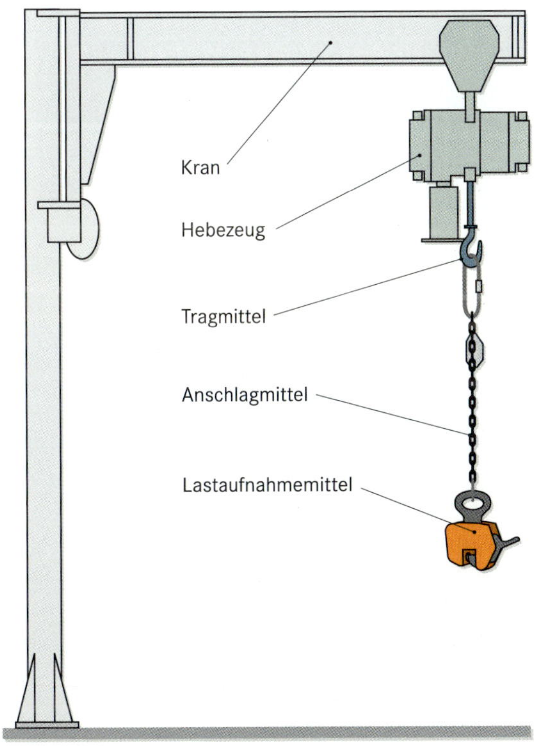

Abb. 1: Komponenten der Lastaufnahmeeinrichtung

Je nach Anwendungsfall können alle Komponenten zum Einsatz kommen. Oft werden aber Anschlagmittel gleichzeitig als Lastaufnahmemittel verwendet.

8.5.1 Lastaufnahmemittel

Informieren

Lastaufnahmemittel dienen der Verbindung des aufzunehmenden Bauteils mit dem Anschlagmittel oder unmittelbar mit dem Tragmittel. Die Auswahl richtet sich nach

- Masse,
- Form und Größe,
- Oberflächenbeschaffenheit und Material

des Bauteils und nach dem Anschlagmittel.

Man unterscheidet:

- Greifer, Zangen
- Hebeklemmen
- Seile, Ketten, Hebebänder
- Traversen.

Als Lastaufnahmemittel für den Torrahmen können spezielle Greifer (a), Rundschlingen (b) oder Hebebänder (c) gewählt werden (Abb. 2).

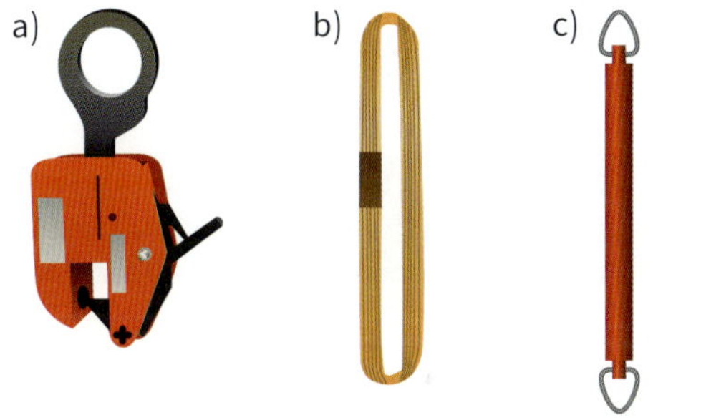

Abb. 2: Lastaufnahmemittel

Wenn der Torrahmen sich beim Heben und Absetzen drehen soll, muss der Greifer ein Drehgelenk besitzen.

Greifer, Zangen und Hebeklemmen sind speziell auf bestimmte Werkstücke ausgelegte Lastaufnahmemittel. Ihr Einsatz ist dann wirtschaftlich, wenn hauptsächlich gleichartige Werkstücke mit demselben Lastaufnahmemittel zu handhaben sind. Universeller, meist aber auch zeitaufwändiger ist der Einsatz von Seilen, Ketten, Hebebändern und Rundschlingen als Lastaufnahmemittel (Tab. 1).

Tab. 1: Auswahl der Lastaufnahmemittel

Art und Zustand der Lastoberfläche	Lastaufnahmemittel
glatt, empfindlich, runde Kanten	Hebeband, Rundschlinge
scharfkantig, hohe Oberflächentemperatur	Kette
glatt, ölig, wenig gerundete Kanten	Seil

8.5.2 Anschlagmittel

Anschlagmittel stellen die Verbindung zwischen Lastaufnahmemittel und Tragmittel oder direkt zwischen der aufzunehmenden Last und dem Tragmittel des Hebezeuges her.

Die Auswahl der Anschlagmittel richtet sich nach Masse, Form und Größe der Last sowie nach dem Lastaufnahmemittel und dem Tragmittel.

Man unterscheidet:

- Hebebänder, Rundschlingen
- Ketten
- Stahldrahtseile
- Aufhängeglieder

Jedes dieser Anschlagmittel gibt es in verschiedenen Ausführungsformen.

Rundschlingen und Hebebänder

Für den Torrahmen aus rundkantigem Vierkantrohr ist bei Einzel- oder Kleinserienfertigung der Einsatz von Rundschlingen oder Hebebändern möglich.

Die Farbe des Hebebandes oder der Schlinge gibt die zulässige Tragfähigkeit an (Abb. 1).

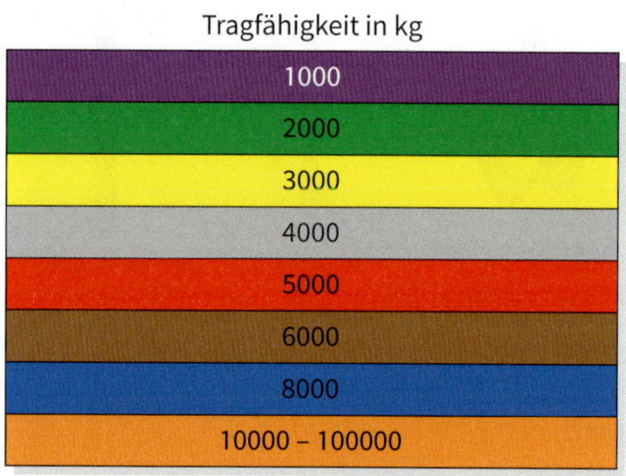

Abb. 1: Farbkennzeichnung der Tragfähigkeit von Rundschlingen und Hebebändern

Die verschiedenen Tragfähigkeiten gelten nur für ein einsträngig verwendetes Anschlagmittel. Die Lastaufnahme kann auf sehr unterschiedliche Art und Weise erfolgen. Dies beeinflusst die Tragfähigkeit erheblich.

Die Aufnahme des Rahmens im Hebeband oder in der Rundschlinge kann im Hängegang oder im Schnürgang erfolgen. Dies hängt von der Länge und Festigkeit der vorhandenen Lastaufnahme- bzw. Anschlagmittel ab.

Bei einer Verwendung im Schnürgang dürfen die Lastaufnahme- bzw. Anschlagmittel nur 80 % der einsträngig zugelassenen Tragfähigkeit aufnehmen (Abb. 2).

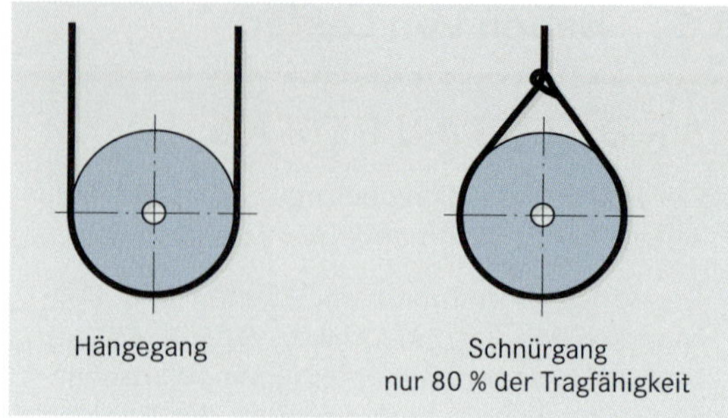

Abb. 2: Lastaufnahmearten

Das Material des Lastaufnahmemittels und die Tragfähigkeit für unterschiedliche Aufnahmearten und verschiedene Hängegänge ist auf dem eingenähten Etikett angegeben (Abb. 3).

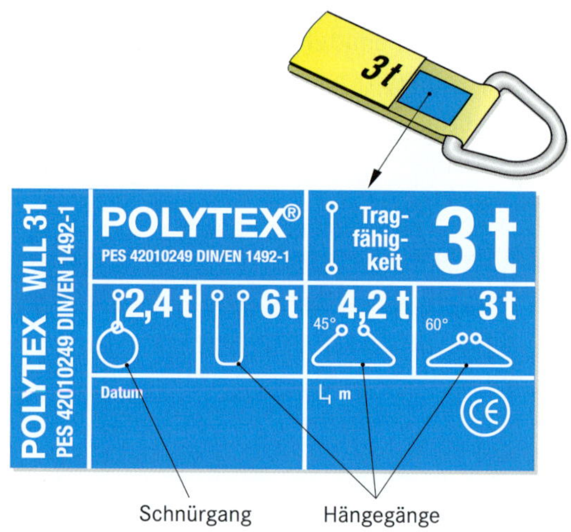

Abb. 3: Etikett eines Hebebandes

Die Farbe des Etiketts gibt den Werkstoff von Rundschlinge bzw. Hebeband an:

- Blaues Etikett: Polyester-Hebeband; hohe Festigkeit und gute Beständigkeit gegen Säuren, Lösungsmittel, Licht und Wärme, aber nur wenig laugenbeständig.
- Grünes Etikett: Polyamid-Hebeband; gute Laugenbeständigkeit, aber feuchtigkeitsempfindlich und geringere Festigkeit.
- Braunes Etikett: Polypropylen-Hebeband; chemisch sehr beständig, aber geringere Festigkeit.

Arbeitssicherheit

Hebebänder und Schlingen sind auszusondern bei starker Verformung des Bandes sowie bei Beschädigung der Webkanten, Nähte oder Ummantelung.

Ketten

Wegen des 8,5 m langen Torrahmens hätte eine mittige Aufnahme mit nur einer einzelnen Rundschlinge und einer einsträngigen Anschlagkette Nachteile. Beispielsweise könnten Rahmenbauteile verformt werden.

Heben des Torrahmens

Deshalb werden zwei Rundschlingen als Lastaufnahmemittel und eine zweisträngige Kette nach **EN 818** als Anschlagmittel gewählt (Abb. 4).

Entscheidend für den richtigen Einsatz von Anschlagmitteln ist die Berücksichtigung des Neigungswinkels β. Ein zunehmender Winkel β erhöht bei gleicher Last die Zugkraft in den Tragsträngen. Dies wird in Tragfähigkeitstabellen berücksichtigt.

Aus Tabellen können unter Berücksichtigung des vorhandenen Neigungswinkels β die zulässigen Tragfähigkeiten abgelesen werden.

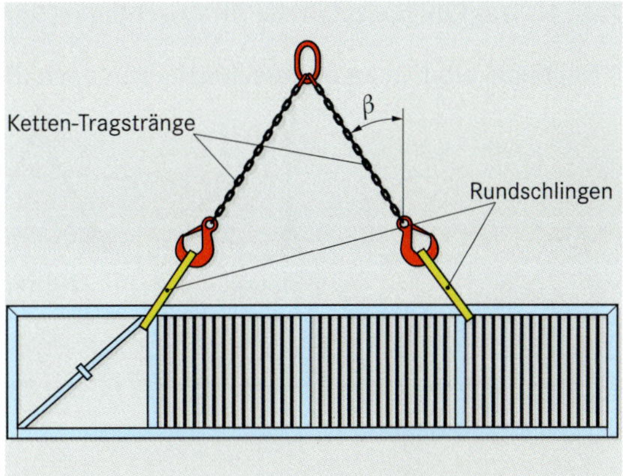

Abb. 4: Zweisträngig angeschlagener Torrahmen

Grundsätzlich darf der Neigungswinkel β 60° nicht übersteigen, sonst würden die Zugkräfte in jedem einzelnen Tragstrang größer als die insgesamt zu tragende Last.

Die 2-strängige Anschlagkette mit d = 6 mm trägt bei einem Neigungswinkel von 60° noch 1120 kg bzw. rund 11200 N (Tab. 1 nächste Seite). Deshalb reicht sie für das ca. 430 kg schwere Tor mit einer Gewichtskraft F_G = 4300 N aus.

Kraftzerlegung

Beim Anheben von Lasten mit mehrsträngigen Anschlagmitteln ist die Zugkraft in den Tragsträngen F_{TS} von der Größe der Gewichtskraft F_G und vom Neigungswinkel β des Tragstranges abhängig.

Die Größe der Belastung kann durch Kraftzerlegung mittels Kräfteparallelogramm ermittelt werden.

Kräfteparallelogramm mit $\beta = 45°$:

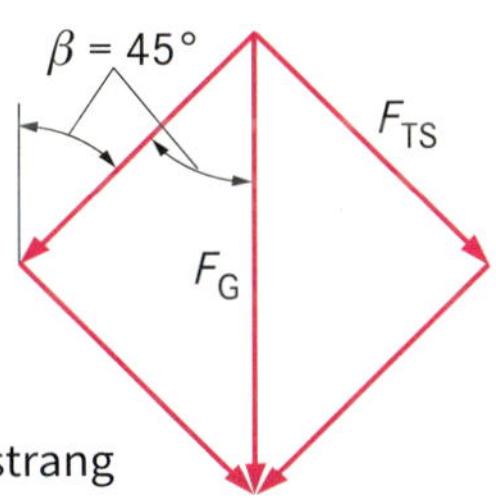

F_G: Gewichtskraft

F_{TS}: Zugkraft im Tragstrang

β: Neigungswinkel

Mit steigendem Neigungswinkel β nimmt die Kraft im Tragstrang F_{TS} zu. Bei $\beta = 60°$ entspricht die Kraft in nur einem Strang schon der Gewichtskraft.

Kräfteparallelogramm mit $\beta = 60°$:

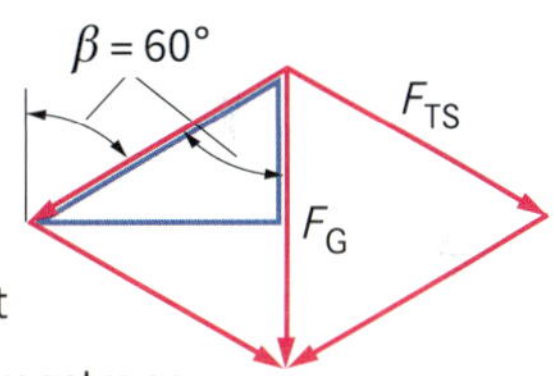

F_G: Gewichtskraft

F_{TS}: Zugkraft im Tragstrang

β: Neigungswinkel

Bei Neigungswinkeln von mehr als 60° steigen die Zugkräfte in den Tragsträngen sehr stark an. Deshalb sind beim Heben von Lasten Neigungswinkel über 60° unzulässig.

Die Kraft im Tragstrang kann über Winkelfunktionen berechnet werden. Für F_G = 4300 N und β = 60° gilt:

$$\cos\beta = \frac{\frac{F_G}{2}}{F_{TS}}$$

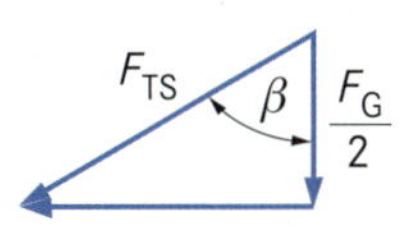

$$F_{TS} = \frac{\frac{F_G}{2}}{\cos\beta} = \frac{\frac{4300\ \text{N}}{2}}{\cos 60°}$$

$$F_{TS} = \underline{\underline{4300\ \text{N}}}$$

Tab. 1: Tragfähigkeitstabelle für Anschlagketten Güteklasse 8

Tragfähigkeiten in kg für Anschlagketten nach EN 818-4

	1-Strang	2-Strang		3/4-Strang		Kranz
Neigungswinkel β°	–	> 0–45	> 45–60	0–45	> 45–60	–
Faktor	1,0	1,4	1,0	2,1	1,5	1,6
Kette Ø mm						
6	1120	1600	1120	2360	1700	1800
7	1500	2120	1500	3150	2240	2500
8	2000	2800	2000	4250	3000	3150
10	3150	4250	3150	6700	4750	5000
13	5300	7500	5300	11200	8000	8500
16	8000	11200	8000	17000	11800	12500
20	12500	17000	12500	26500	19000	20000
22	15000	21200	15000	31500	22400	23600
26	21200	30000	21200	45000	31500	33500
32	31500	45000	31500	67000	47500	50000

Die Kennzeichnung der Ketten erfolgt über genormte Kettenanhänger (Abb. 1).

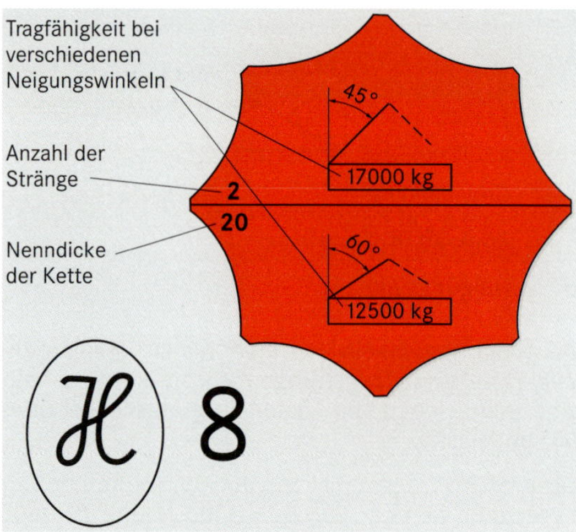

Abb. 1: Kettenanhänger und -Stempel

Die Tragfähigkeit einer Kette hängt von der Nenndicke und der **Güteklasse** der Kette ab. Die Güteklasse ist bestimmt durch den Kettenwerkstoff.

Es gibt nach **EN 818-4** die Güteklassen 2 bis 8 und zusätzlich nach **EN 818 PAS 1061** die Güteklassen 10 und 12. Güteklasse 2 hat die geringste Festigkeit, Güteklasse 12 die höchste mit einer Bruchfestigkeit des Kettenwerkstoffes von 1200 N/mm^2. Hohe Güteklassen sind grundsätzlich vorzuziehen wegen des besseren Verhältnisses von Eigengewicht zu Tragfähigkeit. Die verschiedenen Güteklassen werden durch verschiedene Kettenanhänger sowie verschiedene Kettenstempel auf jedem 20. Kettenglied gekennzeichnet.

Geht ein Kettenanhänger verloren, darf die Kette nur noch mit der Tragfähigkeit einer Kette der Güteklasse 2 eingesetzt werden.

Beim Einhaken der Haken an den Kettenenden, z. B. in die Rundschlingen, ist darauf zu achten, dass der Haken nach außen zeigt (Abb. 5 vorherige Seite).

Dies und die Verwendung von Hakensicherungen verhindert ein ungewolltes Aushängen der Last.

Arbeitssicherheit

Ketten sind auszusondern, wenn:

- eine Verlängerung um mehr als 10 % oder sonstige Verformungen eines Kettengliedes vorliegen,
- die Dicke eines Kettengliedes um mehr als 10 % abgenommen hat oder
- stromführende Teile berührt wurden.

Nach spätestens 3 Jahren ist eine Rissprüfung, z. B. die Magnetpulverprüfung, durchzuführen.

mieren

Stahldrahtseile

Als Anschlagmittel für den Torrahmen können auch Stahlseile verwendet werden. Stahlseile bestehen aus Litzen und diese aus Drähten. Zur Erhöhung der Seilflexibilität befindet sich in der Seilmitte eine Textilfasereinlage (Abb. 2).

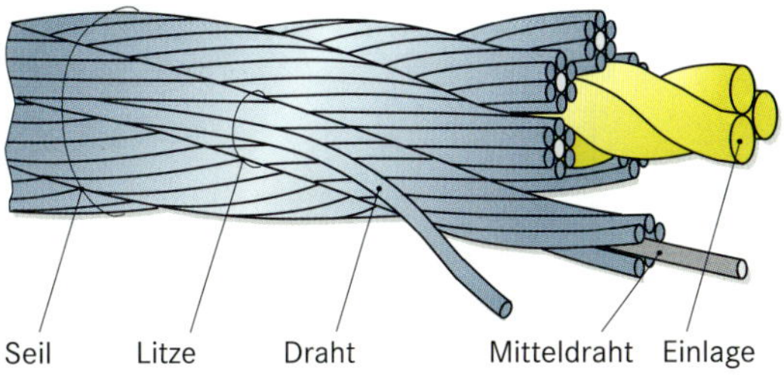

Abb. 2: Stahldrahtseil mit Textileinlage

Die Seilauswahl erfolgt nach der Tragfähigkeit über Tragfähigkeitstabellen. An den Enden der Seile befinden sich Seilendverbindungen zur Bildung von Aufhängeösen. Diese Ösen dienen der Befestigung von Haken, Schäkeln und ähnlichen Aufhängegliedern (Abb. 3).

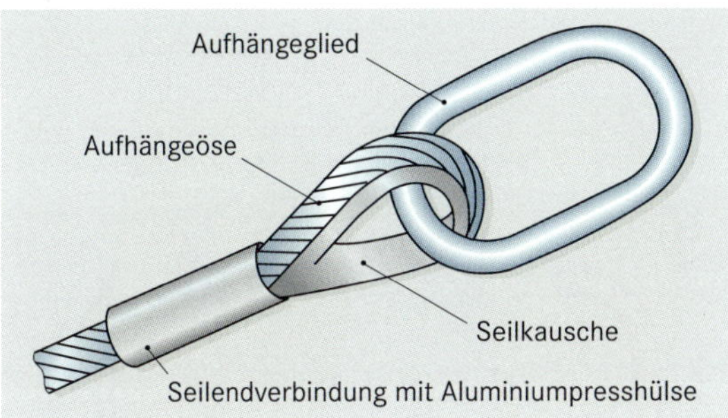

Abb. 3: Aufhängeöse mit Aufhängeglied

Seilendverbindungen werden mit genormten Aluminiumpressklemmen nach DIN EN 13411 hergestellt. Sie müssen das aus zwei Buchstaben bestehende Kennzeichen des Verpressers eingeprägt haben (Abb. 4).

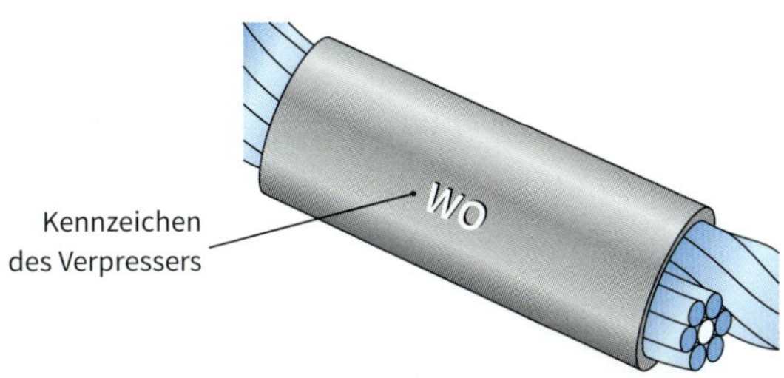

Abb. 4: Aluminium-Pressklemme

Seilendverbindungen dürfen nicht durch Verknotung hergestellt werden, weil dadurch die Seilfestigkeit etwa halbiert wird.

Als Tragseile dürfen nur mit einer Metallplakette gekennzeichnete Stahldrahtseile verwendet werden. Die Messung des Seildurchmessers erfolgt mit einem Messschieber (Abb. 5).

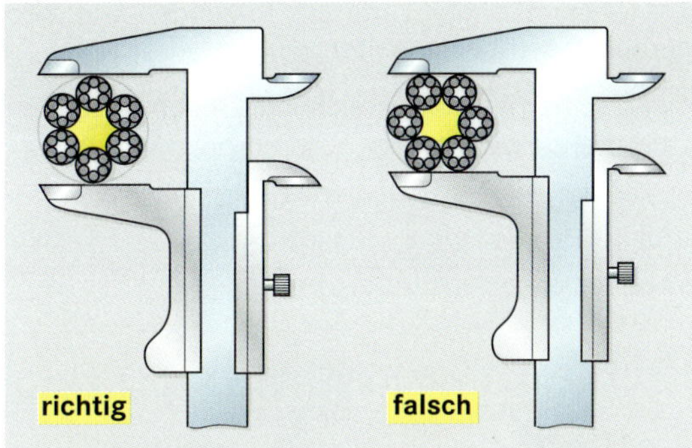

Abb. 5: Messung des Seildurchmessers

Die Kennzeichnung des Seiles erfolgt auf ovalen Metallplaketten, die am Seil befestigt sind (Abb. 6).

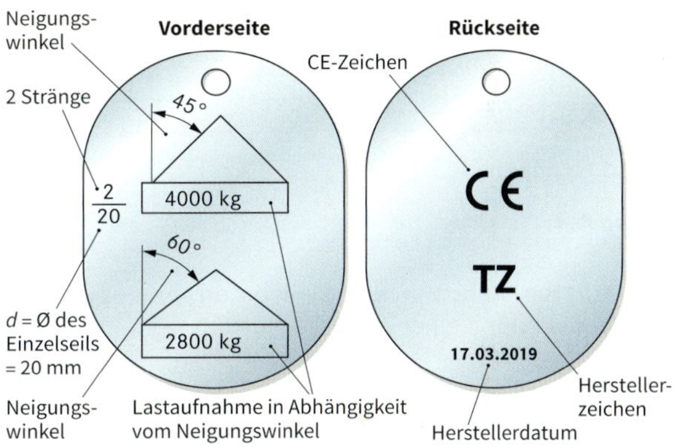

Abb. 6: Kennzeichnung von Stahldrahtseilen

Seile sind auszusondern, wenn

- mehrere Drähte in einem kurzen Bereich gebrochen sind (Abb. 7a),
- Quetschungen (Abb. 7b) oder Knickungen (Abb. 7c) vorliegen,
- starke Korrosion vorliegt oder
- stromführende Teile berührt wurden.

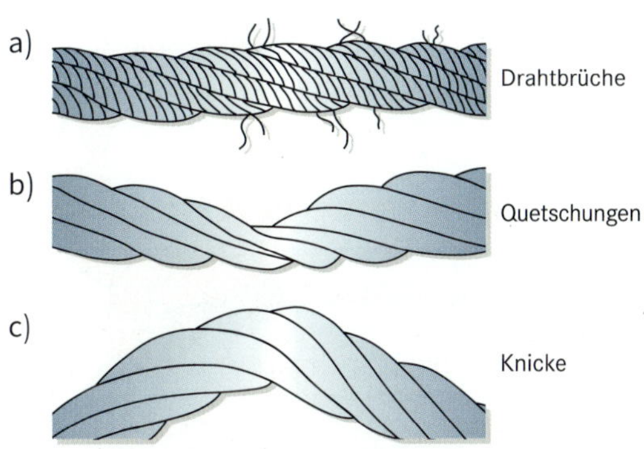

Abb. 7: Beschädigungen von Stahldrahtseilen

Hilfsmittel

Bei großen Bauteilen muss mehrsträngig angeschlagen werden, um ein Pendeln der Last und Bauteilverformungen zu verhindern. Der maximal zulässige Neigungswinkel kann aus folgenden Gründen hierbei oft nicht eingehalten werden:

- Es stehen keine ausreichend langen Anschlagmittel zur Verfügung.
- Die Hallenhöhe ist zu gering.

In diesen Fällen werden Mehrfachhebezeuge oder Traversen eingesetzt (Abb. 1).

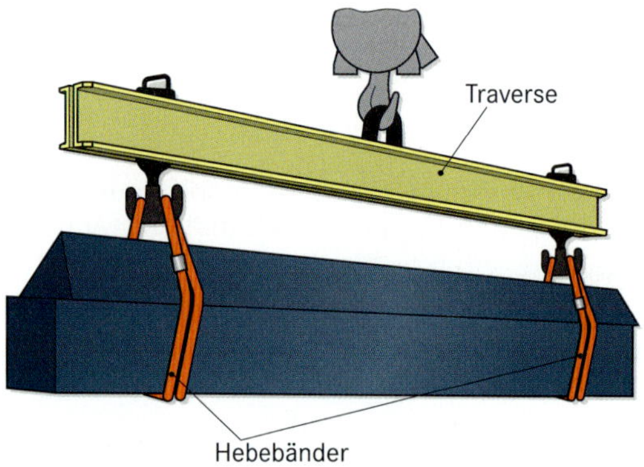

Abb. 1: Traverse

Für das Anheben des Schiebetorrahmens ist die Verwendung einer Traverse möglich.

Informieren

8.5.3 Tragmittel

Tragmittel sind dauernd mit dem Hebezeug verbunden und dienen der Aufnahme der Anschlagmittel.

Gebräuchlich sind Lasthaken, die mit einer Hakensicherung versehen sind (Abb. 2).

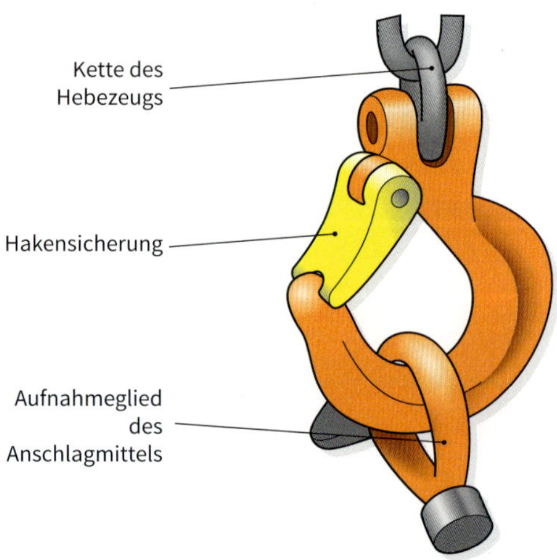

Abb. 2: Lasthaken mit Hakensicherung

Außerdem können auch Schäkel als Tragmittel verwendet werden (Abb. 3).

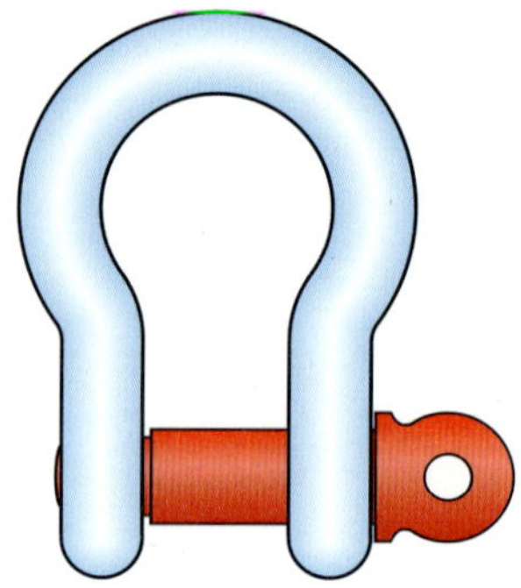

Abb. 3: Schäkel

Die Tragfähigkeit des Tragmittels ist auf die Tragfähigkeit des Hebezeugs abgestimmt.

Wichtig ist die zum Tragmittel passende Auswahl des Aufnahmegliedes. Das Aufnahmeglied muss so groß sein, dass es über den Haken passt und nicht verklemmt (Abb. 4).

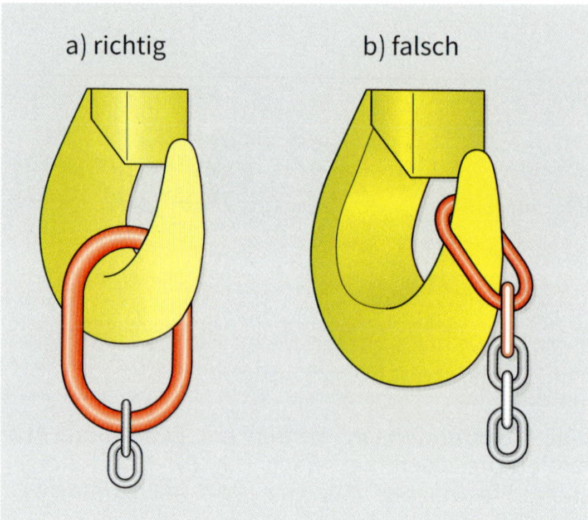

Abb. 4: Lasthaken mit Aufnahmeglied

Durch das Verklemmen wird das Aufnahmeglied verformt. Es besteht hierbei die Gefahr des Aufreißens und der verstärkten Abnutzung.

Tragmittel müssen ausgesondert werden, wenn deutliche

- Verformungen oder
- Abnutzungen

festzustellen sind.

Die Größe der Abnutzung wird durch Messungen mit dem Messschieber und Vergleich mit der Sollgröße ermittelt. Die Abnutzung darf maximal 5 %, bezogen auf die Sollgröße, betragen.

8.5.4 Seil- und Kettenzüge

Für das Heben und Senken von frei beweglichen Lasten an Kranen werden Züge verwendet. Die Hubbewegung kann dabei durch Handbetrieb, Druckluft oder einen Elektromotor erzeugt werden. Im Metallbaubereich kommen Elektro-Seilzüge (Abb. 5) oder Elektro-Kettenzüge (Abb. 6) zum Einsatz.

Abb. 5: Elektro-Seilzug

Abb. 6: Elektro-Kettenzug

In seltenen Fällen werden auch noch handbetätigte Flaschenzüge verwendet.

Die Züge sind direkt am Kran montiert und werden über das Tragmittel mit dem Anschlagmittel verbunden.

Wie alle anderen Hubwerke auch, unterliegen Züge der Pflicht eine wiederkehrende Prüfung durchzuführen.

8.5.5 Krane

Um einen Transport von Bauteilen innerhalb eines bestimmten Arbeitsbereiches zu ermöglichen, werden Hebezeuge an Kranen befestigt. Im Bereich des Metallbaus wird hauptsächlich unterschieden zwischen:

- Schwenkkranen,
- Deckenkranen und
- verfahrbaren Portalkranen.

Schwenkkrane decken einen kleinen Arbeitsbereich ab und werden als Säulenschwenkkran und Wandschwenkkran eingesetzt (Abb. 7).

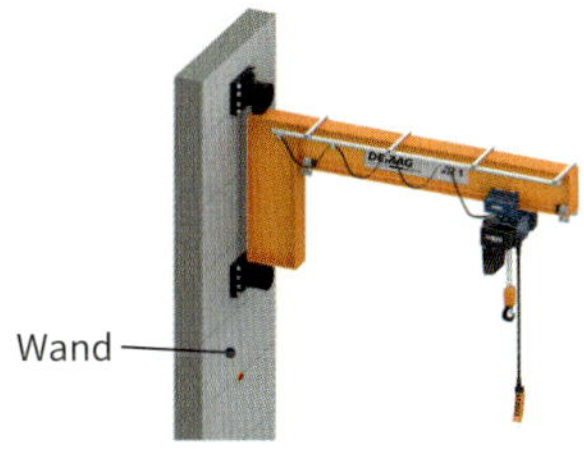

Abb. 7: Wandschwenkkran

Deckenkrane haben einen wesentlich größeren Arbeitsbereich (Abb. 8).

Abb. 8: Einträger-Deckenkran mit Mehrfachhebezeug

Auch sie werden meist durch den Anschläger der Last über eine Fernbedienung gesteuert.

Einen Sonderfall stellen verfahrbare Portalkrane dar (Abb. 9). Ihr Arbeitsbereich ist nur durch die Größe der ohne Unterbrechungen befahrbaren Fläche begrenzt. Sie stellen eine Zwischenlösung zwischen einem fest installierten Kran und einem Transportfahrzeug dar.

Abb. 9: Portalkran

Arbeitssicherheit

Das Führen eines Kranes ist nach Vorschrift der Berufsgenossenschaft nur unter folgenden Voraussetzungen möglich:

- Mindestalter 18 Jahre,
- körperlich und geistig geeignet,
- zuverlässig und
- eingewiesen und Befähigung nachgewiesen.

Der Unternehmer ist für die Einhaltung dieser Vorschriften verantwortlich.

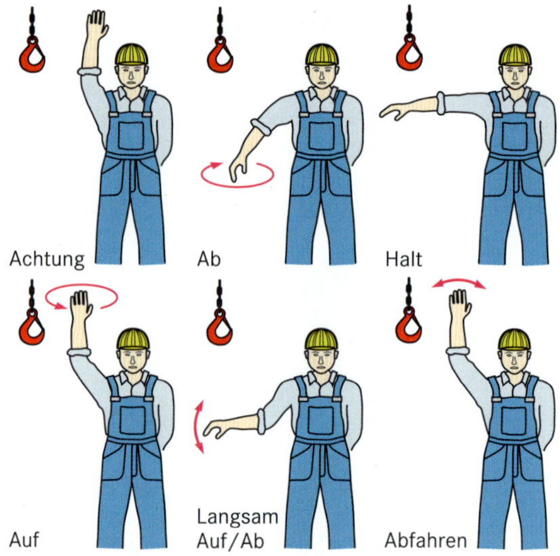

Abb. 1: Handzeichen zur Verständigung (Auswahl)

Für den Fall, dass die Bedienung des Krans nicht über den Anschläger selbst, sondern über einen Kranführer erfolgt, sind bestimmte Handzeichen zwecks Verständigung zwischen dem Anschläger und dem Kranführer verbindlich vorgeschrieben (Abb. 1).

Beim Heben von Lasten müssen zur Vermeidung von Unfällen bestimmte Regeln und Abläufe eingehalten werden (Tab. 1). Die Verantwortung dafür tragen Anschläger und Kranführer.

Tab. 1: Arbeitsablauf beim Heben von Lasten

Gewicht der Last und Schwerpunkt ermitteln.
Geeignete Lastaufnahme- und Anschlagmittel einschließlich Kantenschutz bereitstellen. Bei Lasten mit scharfen Kanten niemals Textilbänder oder Rundschlingen verwenden.
Bei mehrsträngigen Anschlagmitteln nicht benötigte Stränge hoch hängen.
Befestigungspunkte der Lastaufnahmemittel an der Last festlegen.
Bei mehrsträngigem Anschlagen auf gleichmäßige Belastung der einzelnen Stränge achten.
Lasten probeweise leicht anheben und Hebezustand kontrollieren.
Last so absetzen, dass sie weder umkippen noch auseinander fallen noch abgleiten kann.
Lastaufnahme- und Anschlagmittel abnehmen und sicher ablegen bzw. ordentlich lagern.

Arbeitssicherheit

Neben der Einhaltung bestimmter Arbeitsabläufe sind für ein sicheres Heben von Lasten weitere Vorschriften zu beachten.
Hierzu gehören:

- Tragen von Schutzhelm, Sicherheitsschuhen, Schutzhandschuhen und ggf. eines Wetterschutzanzuges bei Arbeit im Freien.
- Beachten, dass sich niemand im Gefahrenbereich aufhält oder unter schwebende Lasten tritt.
- Beachten, dass sich der Anschläger frei bewegen kann und nicht in Zwangshaltung oder auf beengtem Raum arbeiten muss.
- Für ausreichende Beleuchtung sorgen.
- Nur mit Prüfzeichen bzw. Plakette oder Etikett versehene Lastaufnahmemittel verwenden.
- Lastaufnahmeeinrichtungen grundsätzlich vor der Verwendung auf Schäden überprüfen.

Wenn in Bereichen mit Lärmbelastung gearbeitet wird, muss ein Gehörschutz verwendet werden. Die Verständigung zwischen Anschläger und Kranfahrer erfolgt dann über Handzeichen.

8.5.6 Hubvorrichtungen

Für das direkte Anheben von Lasten können spezielle Hubvorrichtungen verwendet werden. Eine Möglichkeit stellen Schraubenböcke dar (Abb. 2).

Abb. 2: Schraubenbock

Für schnellere Hubbewegungen und längere Hubwege bieten sich Zahnstangenwinden an (Abb. 3).

Sie werden über eine Kurbel bedient und verfügen über einen Sperrmechanismus.

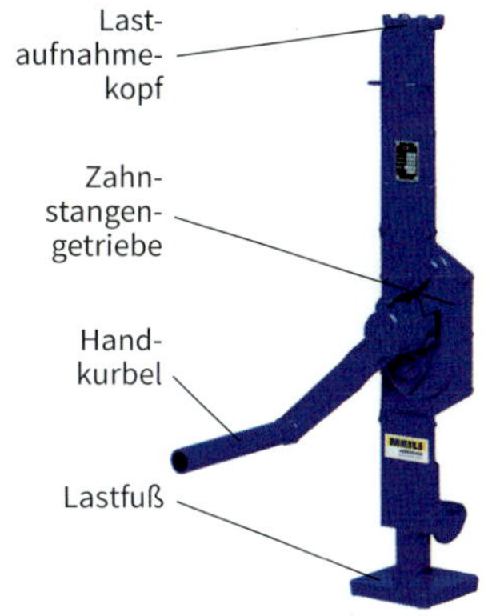

Abb. 3: Zahnstangenwinde

Zusammenfassung

Heben von Lasten

Auswählen und Einsetzen von Lastaufnahmeeinrichtungen

Lastaufnahmemittel	• Greifer, Zangen, Hebeklemmen • Stahldrahtseile, Ketten, Hebebänder, Rundschlingen • Traversen
Anschlagmittel	• Hebebänder, Rundschlingen • Ketten, Stahldrahtseile
Tragmittel	• Lasthaken • Schäkel
Hebezeuge	• Kettenzüge • Seilzüge • Flaschenzüge
Krane	• Schwenkkrane • Deckenkrane • Portalkrane
Hubvorrichtungen	• Schraubenböcke • Zahnstangenwinden

Das Heben und Transportieren von Lasten birgt Unfallgefahren. Unfallverhütung erfordert eine sachgerechte Auswahl der Lastaufnahmeeinrichtungen und die strikte Einhaltung der Vorschriften der Berufsgenossenschaften.

Aufgaben

1. Mehrere 8 m lange Träger aus IPE 300 sollen für Schweißarbeiten transportiert werden.
Wählen Sie Lastaufnahme- und Anschlagmittel aus und begründen Sie Ihre Auswahl.

2. In welchen Fällen dürfen Hebebänder und Rundschlingen keinesfalls als Lastaufnahmemittel verwendet werden?

3. Bei mehrsträngigen Anschlagmitteln muss der Neigungswinkel e beachtet werden.
Wie groß darf der Neigungswinkel werden? Begründen Sie Ihre Aussage.

4. Wie kann die Tragfähigkeit von Anschlagmitteln für verschiedene Neigungswinkel ermittelt werden?

5. Wann müssen Ketten, Stahldrahtseile und Textilhebebänder ausgesondert werden?

6. Welche Vorteile bietet die Verwendung von Traversen?

7. Welche Regeln sind bei der Handhabung von Lasten immer zu beachten?

8.6 Arbeits- und Umweltschutz

ARBEITSAUFTRAG

Die bei der Tormontage möglicherweise auftretenden Gesundheitsgefahren und Umweltbelastungen sind zu ermitteln. Geeignete Maßnahmen des Arbeits- und Umweltschutzes sind festzulegen.

Bei der Montage und Demontage von Baugruppen können Gefahren für die Gesundheit der beteiligten Personen und Belastungen der Umwelt auftreten. Diese sind durch Maßnahmen des Personen- und Umweltschutzes zu minimieren bzw. ganz zu vermeiden.

Informieren

8.6.1 Arbeitsschutz

Maßnahmen des Arbeitsschutzes werden in den Arbeitssicherheitsvorschriften der Berufsgenossenschaften beschrieben.

Bei der Herstellung des Schiebetores müssen die für die einzelnen Fertigungs- und Montageverfahren festgelegten Arbeitssicherheitsvorschriften, beispielsweise für die Arbeit mit Einhand-Winkelschleifern, beachtet werden.

Dies sind im Wesentlichen Vorschriften zum Augen-, Gehör- und Atemschutz sowie zum Schutz von Kopf, Händen und Füßen.

Arbeitsbereiche, in denen das Tragen dieser Schutzeinrichtungen grundsätzlich vorgeschrieben ist, sind durch Gebotszeichen nach **DIN 4844-1+2** zu kennzeichnen (Tab. 1).

Tab. 1: Gebotszeichen

Bei der Arbeit mit dem Einhand-Winkelschleifer sind bis auf den Atemschutz alle oben angeführten Schutzmaßnahmen zu ergreifen. Zusätzlich ist die richtige Auswahl der Schleifscheibe für ein sicheres Arbeiten wesentlich.

Bei der Herstellung des Tores sind Bauteile zu reinigen bzw. zu entfetten. Zur Reinigung der verölten und verschmutzten Oberflächen der zu verschweißenden Rohrprofile können lösemittelhaltige oder alkalische Reinigungsmittel verwendet werden. Um Gesundheitsschäden zu vermeiden, müssen die Angaben des Herstellers der Reinigungsmittel beachtet werden (Abb. 1).

Kennzeichnung: Reiniger IMD-3/16 JQ

kennzeichnungspflichtig nach der GefStoffV neueste Fassung:

- Leichtentzündlich
- Reizend
- Gesundheitsschädlich

R-Sätze:

11	Leichtentzündlich
38	Reizt die Haut
50/53	Sehr giftig für Wasserorganismen, kann in Gewässern längerfristig schädliche Wirkung haben.
65	Kann bei Verschlucken Lungenschäden verursachen.
66	Wiederholter Kontakt kann zu spröder oder rissiger Haut führen.
67	Dämpfe können Schläfrigkeit und Benommenheit verursachen.

S-Sätze

9	Behälter an einem gut gelüfteten Ort aufbewahren.
16	Von Zündquellen fernhalten – Nicht rauchen!
23	Gas/Dampf/Rauch/Aerosol nicht einatmen.
24/25	Berührung mit den Augen und der Haut vermeiden.
29	Nicht in die Kanalisation gelangen lassen.
33	Maßnahmen gegen elektrostatische Aufladung vornehmen.
60	Dieses Produkt und seine Behälter sind als gefährliches Produkt zu entsorgen.
61	Freisetzung in die Umwelt vermeiden. Besondere Hinweise einholen. Sicherheitsdatenblatt zu Rate ziehen.
62	Bei Verschlucken kein Erbrechen herbeiführen. Sofort ärztlichen Rat einholen und Verpackung oder dieses Etikett vorzeigen.

Abb. 1: Auszug aus Herstellerangaben

Um sicherzugehen, dass bei der Anwendung des Reinigers die oben genannten Hinweise bekannt sind, werden die Behälter der Reinigungsmittel mit einer Kennzeichnung versehen.

Bei Gefahrstoffen ist eine einheitliche Kennzeichnung nach **Gefahrstoffverordnung „GefStoffV"** vorgeschrieben (→).

Die Kennzeichenschilder enthalten das Gefahrensymbol, die Gefahrenbezeichnung, die Stoffbezeichnung, Gefahrenhinweise (R-Sätze), Sicherheitsratschläge (S-Sätze) sowie Name und Anschrift des Lieferanten bzw. des Herstellers (Abb. 2).

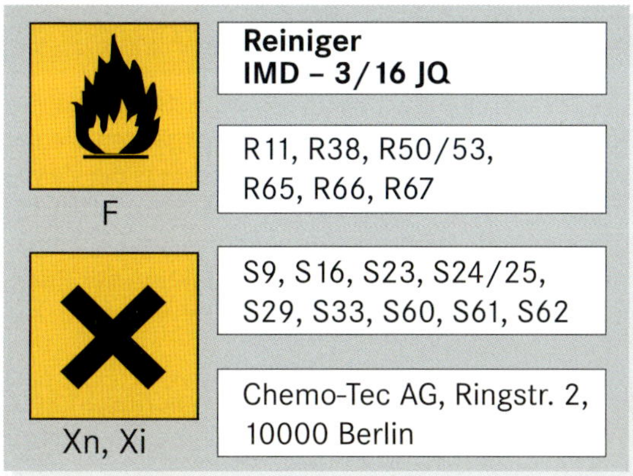

Abb. 2: Kennzeichenschild für Reinigungsmittel

Zusätzlich enthält die Gefahrstoffverordnung mit den so genannten „E-Sätzen" Beseitigungsratschläge.

Im vorliegenden Fall gibt der Hersteller nur an, dass der Reiniger nicht in die Kanalisation gelangen darf. Dies kann mit dem Beseitigungsratschlag E12 angegeben werden. Auf das gleiche Schutzziel weist schon der Sicherheitsratschlag S29 hin.

Der Gefahrenhinweis R67 und der Sicherheitsratschlag S23 weisen darauf hin, dass der Reiniger gasförmige Bestandteile abgibt und dass das Einatmen dieser Gase Gesundheitsgefahren birgt.

Durch die Festlegung maximaler Arbeitsplatzkonzentrationen, so genannter MAK-Werte, für gefährliche gas- oder staubförmige Stoffe soll eine Gesundheitsgefährdung vermieden werden.

In den **„Technischen Regeln für Gefahrstoffe 900"** – **TRGS 900** – werden die MAK-Werte festgelegt. Für kohlenwasserstoffhaltige Reinigungsmittel wie beispielsweise Aceton wird ein MAK-Wert von 1200 mg/m^3 festgelegt ().

Mit Messungen an entsprechend belasteten Arbeitsplätzen muss die Einhaltung dieses Grenzwertes überprüft werden.

Durch den Einsatz von Absauganlagen kann eine Verringerung der Belastung durch gesundheitsschädigende Gase und Stäube bei Reinigungsarbeiten und auch bei Schweißarbeiten erreicht werden.

8.6.2 Umweltschutz

Belastungen der Umwelt entstehen bei der Herstellung des Tores durch verschiedene Arbeitsprozesse sowie durch den Einsatz von Werk- und Hilfsstoffen und die Nutzung elektrischer Energie. Durch Schutzmaßnahmen sind die Belastungen so gering wie möglich zu halten.

Zunächst sind die Arbeitsprozesse so zu gestalten, dass andere Personen möglichst nicht gefährdet werden.

Im Fall der Torherstellung sind Maßnahmen gegen die Gefährdung anderer Personen durch Lärm und Funkenflug bei der mechanischen Bearbeitung sowie durch Strahlung bei Schweißarbeiten zu treffen. Dies ist möglich durch Verwendung von Stellwänden oder Auslagerung bestimmter Tätigkeiten in separate Räume.

Wenn diese Maßnahmen aus technischen oder wirtschaftlichen Gründen nicht realisierbar sind, müssen andere Personen durch Verbots- und Warnzeichen vor den auftretenden Gefahren einzelner Arbeitsprozesse gewarnt werden ().

Im Fall der Torherstellung sind wegen der Arbeit mit kohlenwasserstoffhaltigen Reinigungsmitteln durch Verbotszeichen das Rauchen und Feuer sowie offenes Licht zu unterbinden. Außerdem ist durch Warnzeichen im Bereich von Kränen vor schwebenden Lasten zu warnen (Abb. 3).

Abb. 3: Verbots- und Warnzeichen bei der Torherstellung

Weiterhin ist zur Vermeidung von Umweltbelastungen Folgendes grundsätzlich zu beachten:

- Minderung des Energieeinsatzes durch Verwendung von Maschinen mit geringer Energieaufnahme und angemessenen Werkzeugen, z. B. Verwendung von Inverterschweißgeräten statt Umformern.
- Schonung der Ressourcen durch Einsatz von Werk- und Hilfsstoffen, deren Herstellung mit geringem Energieeinsatz und geringer Abfallbelastung möglich ist und die recyclingfähig sind, z. B. Verwendung von Metallen statt Kunststoffen und biologisch abbaubaren Reinigungsmitteln statt kohlenwasserstoffhaltigen Mitteln.
- Vorrang von Abfallvermeidung und Verwertung vor Entsorgung.
- Sachgerechte Entsorgung durch Sortentrennung und Beachtung der Entsorgungshinweise des Herstellers und der Abfallentsorgungsbestimmungen ().

Gesamtaufgabe

Bei einer Drehtür mit Rücklaufsperre wird die Sperrfunktion nicht mehr erfüllt. Diese Fehlfunktion soll behoben werden. Bearbeiten Sie in diesem Zusammenhang die folgenden Aufgaben.

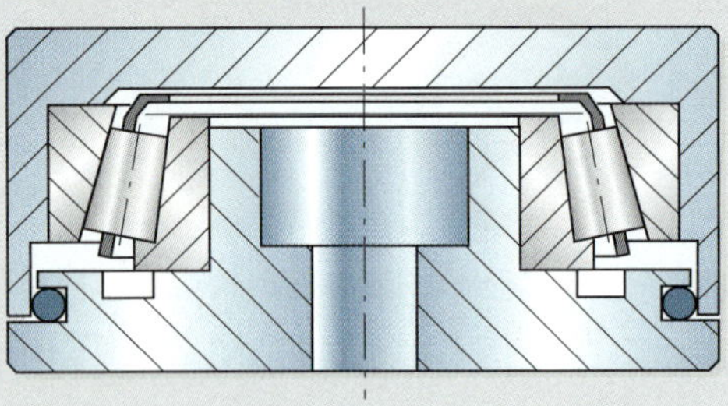

Drehtür mit unterer Türlagerung

Funktionsanalyse

1. Erläutern Sie, welche Aufgaben die abgebildete Drehtür hat und wo solche Drehtüren eingesetzt werden.

2. Erklären Sie, warum Drehtüren oft mit einer Rücklaufsperre ausgerüstet werden.

3. Geben Sie an, welche besonderen Anforderungen an die Lagerung und die Rücklaufsperre der Drehtür zu stellen sind.

4. Erklären Sie, aus welchen wesentlichen Baugruppen bzw. Bauelementen und welchen Funktionseinheiten die Drehtür besteht.

5. Beschreiben Sie mit Hilfe der Bilder und Zeichnungen, wie die Drehtür gelagert ist.

6. Geben Sie an, welche Vor- und Nachteile die Verwendung von Gleit- bzw. Wälzlagern hat.

7. Die Rücklaufsperre ist an der Oberseite der Drehtür befestigt.
a) Beschreiben Sie, aus welchen Bauteilen die Rücklaufsperre aufgebaut ist, und ergänzen Sie die Stückliste um die Positionsnummern aus der Zeichnung.
b) Erklären Sie unter Verwendung der Positionsnummern die Sperr- und Freilauffunktion der Rücklaufsperre und geben Sie die Freilauf- und die Sperrrichtung an.

8. Erklären Sie, welche Ursachen vorliegen können, wenn die Sperrfunktion der Rücklaufsperre nicht mehr erfüllt wird.

Demontage

9. Wegen der nötigen Austauschbarkeit sind die einzelnen Bauteile durch lösbare Verbindungen gefügt.
a) Geben Sie an, welche Verbindungsmittel verwendet werden.
b) Mit welchem Werkzeug wird die Pos. 6 gelöst?
c) Beschreiben Sie zwei Möglichkeiten, durch die ein Lösen von Pos. 6 bei Schwergängigkeit erleichtert werden kann.
d) Der Innensechskant in Pos. 4 ist rund. Wie ist ein Ausbau von Pos. 4 dennoch möglich?
e) Erstellen Sie einen Demontageplan für den Ausbau und die Zerlegung der Rücklaufsperre.

Montage

10. Beschreiben Sie, welche grundlegenden Arbeiten vor einer erneuten Montage der Rücklaufsperre und der Drehtür auszuführen sind.

11. Beschreiben Sie grundlegende Regeln für den Umgang mit Gefahrstoffen und die Entsorgung von Reststoffen.

12. Erklären Sie, welche grundsätzlichen Montagestufen und Montagetätigkeiten beim Wiedereinbau der Drehtür erforderlich sind.

13. Ermitteln Sie die für die verwendeten Schrauben maximal zulässigen Anzugsmomente.

14. Beschreiben Sie, welche Werkzeuge zum Anziehen der Schrauben verwendet werden müssen.

15. Beschreiben Sie, was beim abschließenden Funktionstest geprüft werden muss.

16. Wodurch kann sicher gestellt werden, dass die Schrauben sich nicht lösen?

17. Im Betrieb sollen die Teile der Drehtür mit einem Kran verladen werden. Wählen Sie hierfür Lastaufnahme- bzw. Anschlagmittel aus.

18. In welchen Fällen dürfen Textilschlingen oder Hebebänder gar nicht und auch Seile nur eingeschränkt verwendet werden?

19. Geben Sie an, welche persönliche Schutzausrüstung üblicherweise bei Arbeiten im Metallbaubetrieb anzulegen ist.

Rücklaufsperre
ohne obere Befestigungsplatte

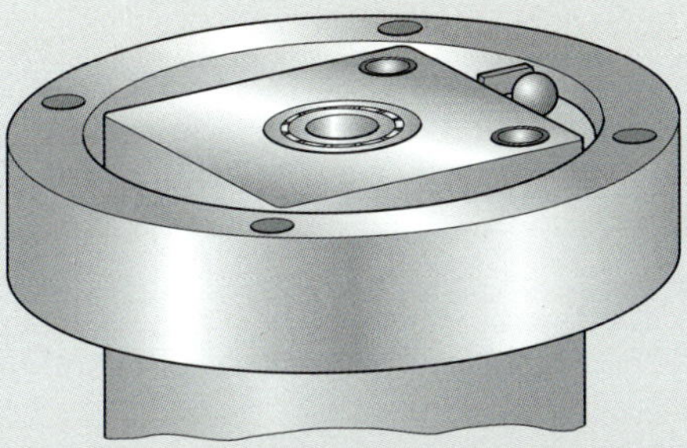

Rücklaufsperre

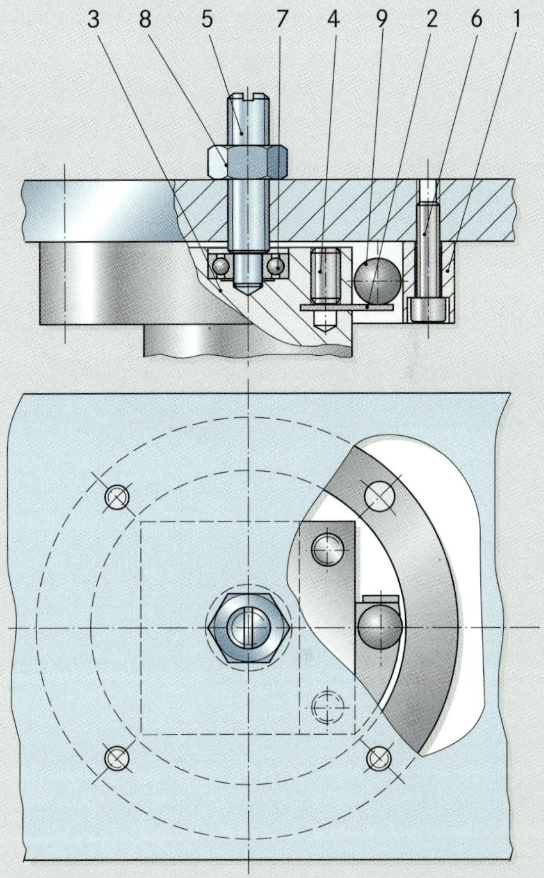

Pos.	Menge	Einheit	Benennung	Sachnummer/Norm-/Kurzbezeichnung	Bemerkung
	1	Stck.	Klemmring	Rundstab EN 10060 - 92 x 14 - 115Mn30	1.0715
	1	Stck.	Kugelhalterung	Band EN 10131 -1 x 40 x 40 - DC 03	1.0347
	1	Stck.	Drehständer	Vierkantstab EN 10059 - 40 x 40 - S235 JR	1.0038
	2	Stck.	Gewindestift	M6 x 8 - ISO 4026	8.8
	1	Stck.	Gewindestift	M10 x 30 - DIN EN 27435	8.8
	4	Stck.	Zylinderschraube	M6 x 20 - ISO 4762	5.8
	1	Stck.	Rillenkugellager	DIN 625-1 - 606	
	2	Stck.	Sechskantmutter	M10 - ISO 4032	8
	1	Stck.	Sperrkugel	KLV Ø10 - DIN 5401	

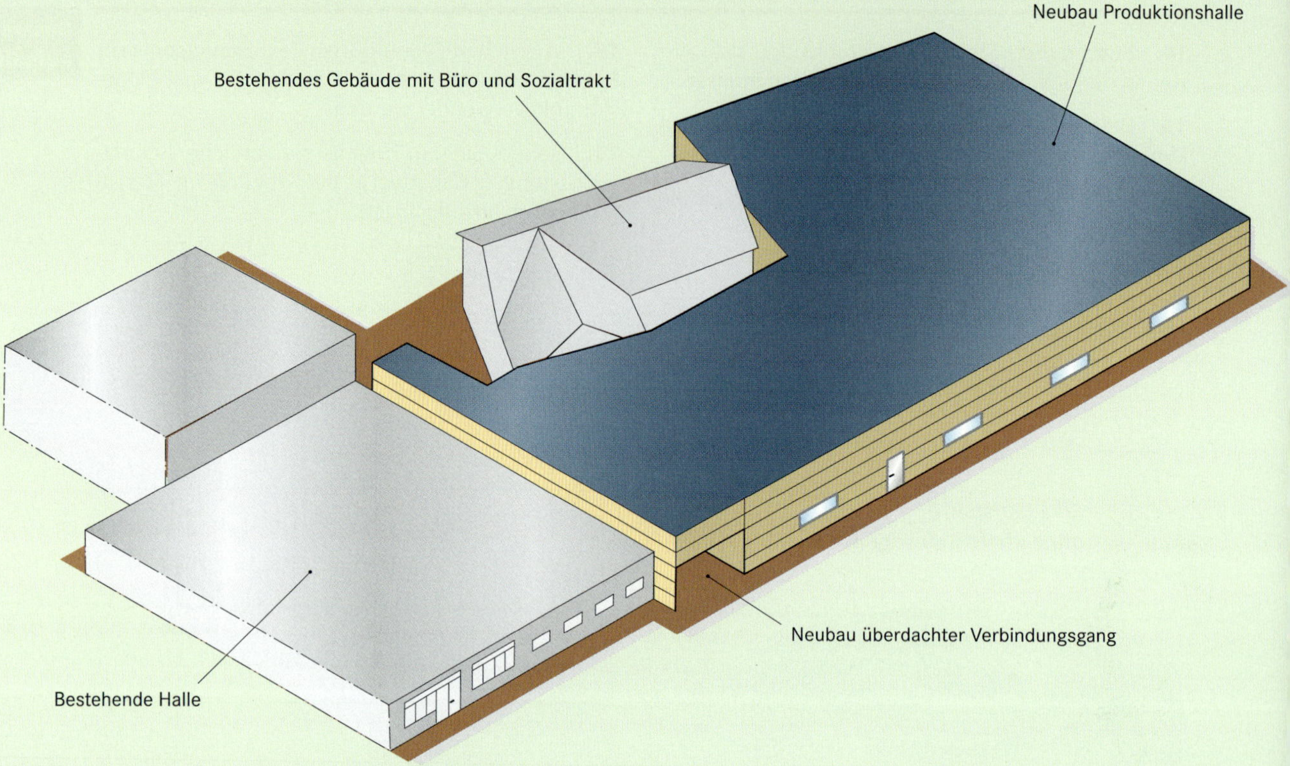

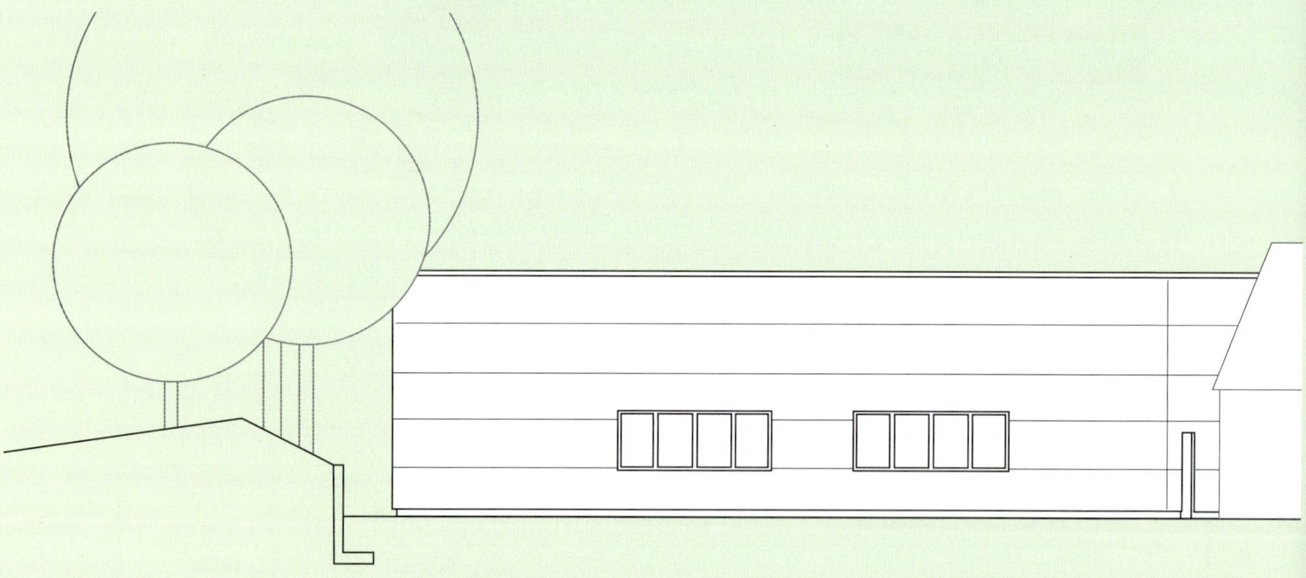

ERWEITERUNG

NORDOSTEN

HERSTELLEN VON STAHL- UND METALLBAUKONSTRUKTIONEN

9

GESAMTAUFTRAG

Eine Großbäckerei will ihre Produktionskapazität erweitern. Hierfür soll zwischen einem schon bestehenden Gebäude mit Büro- und Sozialtrakt und einer schon vorhandenen Halle eine neue Produktionshalle in Stahlbauweise errichtet werden.

Die Bauelemente und Baugruppen für dieses eingeschossige Gebäude mit rund 1100 m² großem mehreckigem Grundriss sind in der Werkstatt herzustellen und auf der Baustelle zu montieren. Um einen reibungslosen Ablauf bei der Herstellung und eine termingerechte Fertigstellung des Gebäudes zu erreichen, sind Planungsunterlagen zu berücksichtigen und eigene Arbeitsplanungen durchzuführen.

ANALYSE

Technische Unterlagen

Zur Erledigung des Kundenauftrages sind folgende Unterlagen vorhanden:

- Ansicht und Grundriss der neuen Produktionshalle,
- Termin- und Ablaufpläne,
- Gesamtzeichnung, Gruppenzeichnungen, Einzelteilzeichnungen, Stücklisten,
- Nachweise zur Baustatik und Baugenehmigungsunterlagen.

Aufbau

Die Gebäudeansicht zeigt die neue Produktionshalle mit den Anschlussflächen zu den bestehenden Gebäuden.

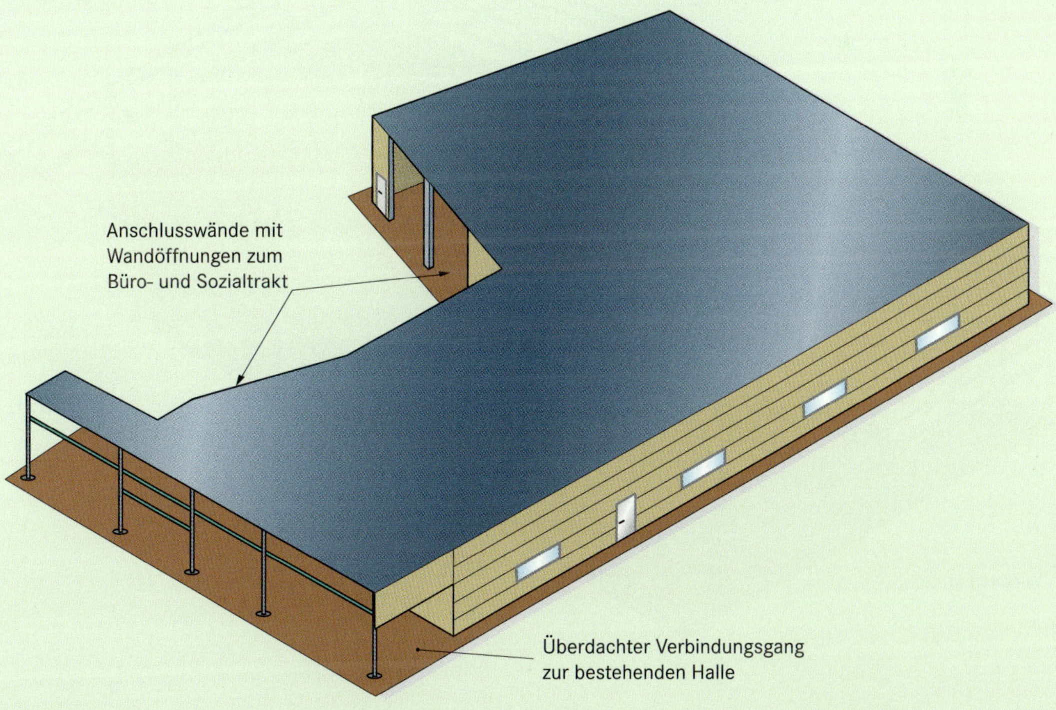

ANALYSE

Die Produktionshalle wird als Stahlhochbau ausgeführt. Solche Bauten bestehen aus Baugruppen, die bestimmte Aufgaben innerhalb des Bauwerkes erfüllen.

Im Wesentlichen sind dies

- die Dachhaut, sie bildet den Witterungsschutz und nimmt Wind- und Schneelasten auf;
- die Trageinrichtung, sie ist ein auf die besondere Verwendung dieser Halle abgestimmtes Bauelement und nimmt weitere Bauteile auf;
- die Traufriegel, sie sind an den Stützen befestigt und nehmen die Dachkonstruktion am Außenrand sowie die Sandwich-Isolierwand auf;
- die Träger, sie nehmen die Dachhaut und die Trageinrichtung auf und leiten die Kräfte weiter zu den Stützen;
- die Stützen, sie nehmen die Träger auf und leiten die Kräfte in das Fundament;
- die Windverbände, sie verhindern, dass das Gebäude bzw. die Stützen infolge Winddruck kippen;
- die Wandriegel, sie nehmen die Sandwich-Isolierwand auf;
- die Wände, sie bestehen aus Sandwich-Isolierplatten, bilden den Witterungsschutz und nehmen die Windlasten auf;
- die Streben, sie verhindern, dass die Stützen, die nicht durch Windverbände gesichert sind, infolge Winddruck kippen.

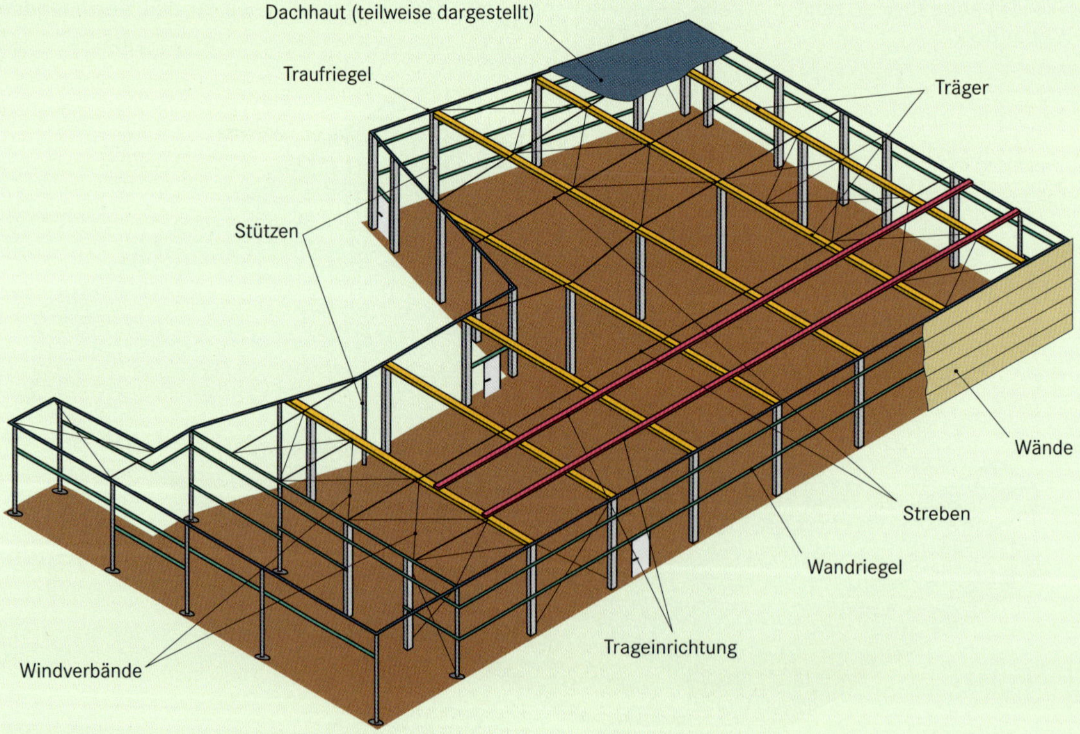

9.1 Planen der Arbeitsschritte

ARBEITSAUFTRAG

Der Fertigungs- und Montageablauf ist zu ermitteln. Hierzu ist der Termin- und Ablaufplan zu analysieren und es sind Inhalt und Reihenfolge der einzelnen Fertigungs- und Montageschritte festzulegen.

rmieren

Bevor die Herstellung der Produktionshalle beginnt, werden die Ziele und Abläufe des Projektes allen beteiligten Mitarbeitern in einer gemeinsamen Besprechung verdeutlicht.

Damit die Produktionshalle in möglichst kurzer Zeit und ohne Leerlaufzeiten hergestellt werden kann, ist eine bestimmte zeitliche Abfolge von bestimmten Arbeitsschritten einzuhalten. Jeder Produktionsprozess beginnt zunächst mit dem Konstruktionsprozess und den Vorbereitungsarbeiten auf der Baustelle. Anschließend beginnt die Werkstattfertigung (17) der Baugruppen und Bauteile und im Anschluss daran die Montage auf der Baustelle (18).

Die Abfolge aller Fertigungs- und Montageschritte wird in einem Termin- und Ablaufplan beschrieben (Tab. 1). Der vorliegende Ausschnitt aus diesem Plan zeigt, in welcher Reihenfolge welche Vorgänge auszuführen sind und wann der jeweilige Prozess begonnen und wann er abgeschlossen sein muss.

Diese Abfolge ist durch

- den Aufbau des Gebäudes,
- die Art der Einbausituation auf der Baustelle,
- die Werkstattkapazität und
- die Anzahl und Qualifikation der Mitarbeiter

bestimmt.

Tab. 1: Termin- und Ablaufplan für die Herstellung der Produktionshalle

Stahlkonstruktion		40 Tage	Mo 02.01.18	Fr 24.02.18
16	Konstruktion	15 Tage	Mo 02.01.18	Fr 20.01.18
17	Werkstatt-fertigung	10 Tage	Mo 23.01.18	Fr 03.02.18
18	Stahlmontage Halle komplett	12 Tage	Mo 06.02.18	Di 21.02.18
19	Stahlmontage Vordach	3 Tage	Mo 22.02.18	Di 24.02.18
20	Anlieferung Thermowand	1 Tag	Do 09.02.18	Do 09.02.18
21	Anlieferung Dachbleche	1 Tag	Fr 10.02.18	Fr 10.02.18
22	Verlegen Dachbleche	5 Tage	Mo 20.02.18	Fr 24.02.18
23	Thermowand Achse H+9	7 Tage	Mo 20.02.18	Di 14.03.18
24	Thermowand Achse A+1	7 Tage	Mo 27.02.18	Mi 15.03.18
25	Dach-eindichtung	7 Tage	Mo 27.02.18	Di 07.03.18
26	Montage Kühllager	7 Tage	Mo 06.03.18	Di 14.03.18
27	Betonsohle Kühllager	2 Tage	Do 16.03.18	Fr 17.03.18
28	Außentüren, Tore und Fenster	5 Tage	Mo 06.03.18	Fr 10.03.18

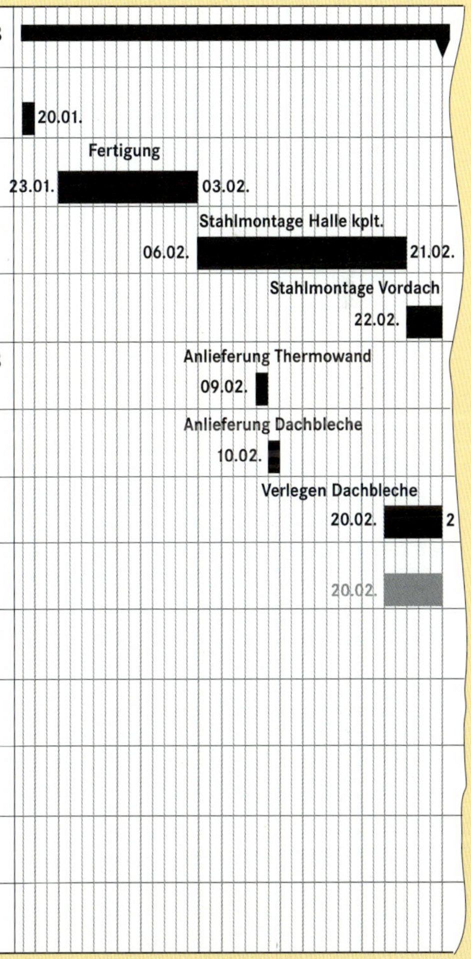

Planen der Werkstattfertigung

Der Termin- und Ablaufplan sieht für die Fertigung der Einzelteile und Baugruppen in der Werkstatt eine Zeit von 10 Tagen vor.

Die Reihenfolge der Arbeitsschritte in der Werkstatt ist durch die festgelegte Reihenfolge der Anlieferung der Bauteile und Baugruppen auf der Baustelle bestimmt. Hier werden zuerst die Stützen auf die von anderen Firmen angefertigten Fundamente gestellt. Dann erfolgt die Montage der Windverbände, der Träger und der Trageinrichtung. Daran schließt sich das Verlegen der Dachhaut, die Montage der Sandwichwand, die Dacheindichtung und der Innenausbau mit Aufstellung der Wände und Einbau der Gebäudeausrüstung an.

Außerdem ist die Reihenfolge der Fertigungs- und Montageprozesse in der Werkstatt von der Maschinenausstattung, der Anzahl und Qualifikation der Mitarbeiter und den jeweils erforderlichen Arbeitsgängen abhängig.

Ausgehend von den genannten Einflussfaktoren wird für die erforderlichen Arbeitsschritte in der Werkstatt ein detaillierter Termin- und Ablaufplan erstellt (Tab. 1).

Tab. 1: Termin- und Ablaufplan der Werkstattfertigung

						KW 4							KW 5						
Nr.	Vorgangsname	Dauer	Anfang	Ende		M	D	M	D	F	S	S	M	D	M	D	F	S	S
0	Strahlen und Grundieren der Profile																		
1	Zuschnitt Stützenteile																		
2	Zuschnitt Träger und Trageinrichtungsteile																		
3	Zuschnitt Windverbände																		
4	Zuschnitt Pfosten- und Riegelteile; Streben																		
5	Mechanische Bearbeitung Stützen (Lochen/Bohren)																		
6	Mechanische Bearbeitung Träger (Lochen/Bohren)																		
7	Mechanische Bearbeitung Riegel; Streben (Lochen/Bohren)																		
8	Schweißen der Stützen																		
9	Schweißen der Träger																		
10	Schweißen der Pfosten																		
11	Schweißen der Riegel																		

Der Termin- und Ablaufplan der Werkstattfertigung zeigt, dass nach dem Strahlen und Grundieren die erforderlichen Teile zugeschnitten werden müssen. Dies erfolgt durch Sägen, Scherschneiden oder thermisches Trennen. Anschließend erfolgt die weitere mechanische Bearbeitung der Einzelteile durch Lochen und Bohren. Dann werden die Baugruppen durch Fügen der Einzelteile mittels Schweißen hergestellt. Danach erfolgt das Beschichten der Bauteile und Baugruppen, anschließend der Versand zur Baustelle und dann die Montage.

Aus den Termin- und Ablaufplänen werden so genannte Arbeits- oder Auftragskarten erstellt, die der jeweilige Mitarbeiter für seine Arbeit zusammen mit weiteren Auftragsunterlagen wie Zeichnungen, Stücklisten und Arbeitsanweisungen erhält. Nach Erledigung des Arbeitsauftrages gibt der Mitarbeiter üblicherweise dies über ein Erfassungsgerät in das betriebliche Planungs- und Steuerungssystem ein. Die Arbeitsvorbereiter können dann erkennen, ob der Auftrag wie geplant bearbeitet wird oder ob Abweichungen vorliegen und Änderungen in der Auftragsbearbeitung veranlasst werden müssen.

Umfangreiche Projekte wie die Produktionshalle können nur dann termingerecht und mit kurzen Durchlaufzeiten fertiggestellt werden, wenn alle Arbeitsgänge von der Arbeitsvorbereitung geplant und vor Ort in der vorgegebenen Weise ausgeführt werden.

9.2 Herstellen der Stützen

ARBEITSAUFTRAG

Eine aus mehreren Bauteilen bestehende Außenstütze ist in der Werkstatt herzustellen. Dazu sollen die Bauteile gefertigt werden. Hierfür sind geeignete Trennverfahren auszuwählen und anzuwenden. Anschließend sind die Einzelteile zu fügen.

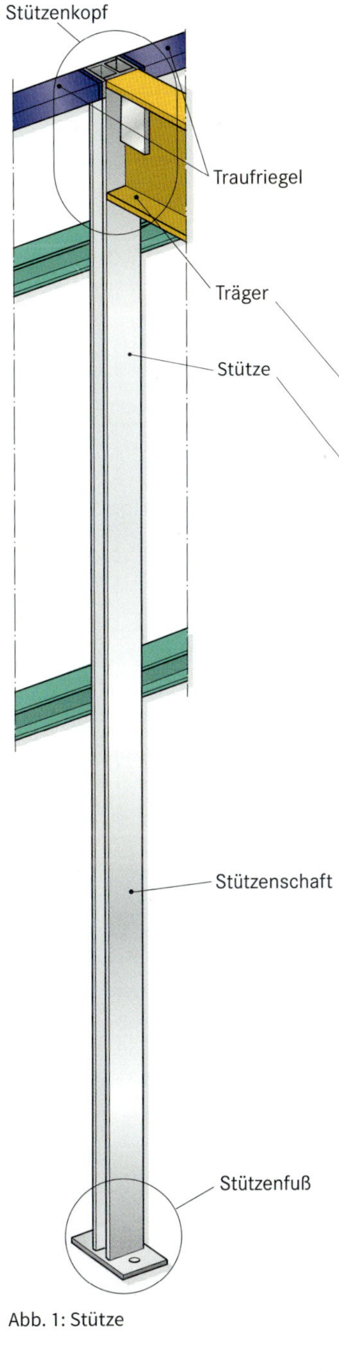

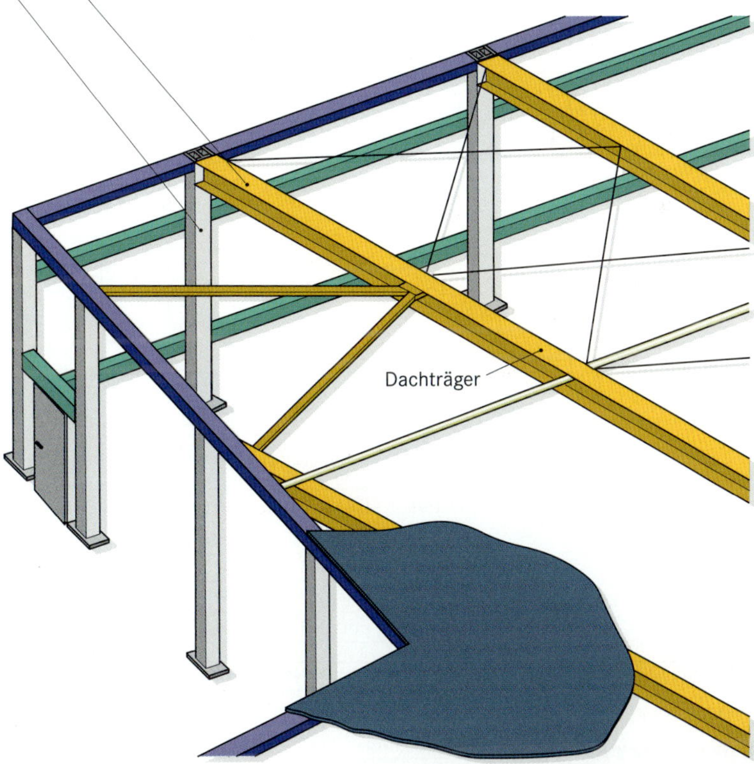

Abb. 1: Stütze

Stützen stellen eine wesentliche Baugruppe der Produktionshalle dar. Grundsätzlich werden unterschieden:

- Druckstützen; sie nehmen ausschließlich Druckkräfte von der Dachkonstruktion auf und leiten diese zum Stützenfuß,
- Rahmenstützen; sie nehmen sowohl Druckkräfte als auch Biegemomente auf.

9.2.1 Herstellen einer Druckstütze

Aufbau/ Funktion

Die Druckstütze ist an der Hallenaußenseite angeordnet (Abb. 1). Sie nimmt den Dachträger mit den Pfetten und der Dachhaut auf und leitet die Druckkräfte in das Fundament.

An dieser Stütze wird zusätzlich die Außenwand befestigt. Die Gewichtskräfte dieser Wand sowie die Windkräfte werden ebenso aufgenommen und in das Fundament geleitet.

Durch diese Einwirkungen wird die Stütze hauptsächlich auf Druck und Knickung beansprucht (→).

Stützen sind, um ihre Aufgaben erfüllen zu können, immer in ähnlicher Weise aufgebaut. Jede Stütze besteht aus dem Stützenkopf, dem Stützenschaft und dem Stützenfuß.

Am Stützenkopf werden Träger und Traufriegel befestigt. Vom Stützenkopf werden die Kräfte auf den Stützenschaft und über den sich anschließenden Stützenfuß in das Fundament übertragen.

Wegen der geringeren Druckfestigkeit des Betons gegenüber Stahl muss die Druckkraft auf eine größere Fläche verteilt werden. Dies geschieht durch die Fußplatte des Stützenfußes.

Fertigen der Teile der Druckstütze

Die Grundlage des Herstellungsprozesses bilden die Ausführungsunterlagen (Abb. 1):

- Zeichnung und Stückliste der Stütze,
- Angaben zu den verwendeten Schrauben und zum Lochspiel,
- Angaben zu Prüfzeugnissen,
- Angaben zur Ausführung der Schweißnähte.

Zunächst werden die Einzelteile des Stützenkopfes, der Stützenschaft und die Fußplatte des Stützenfußes gefertigt.

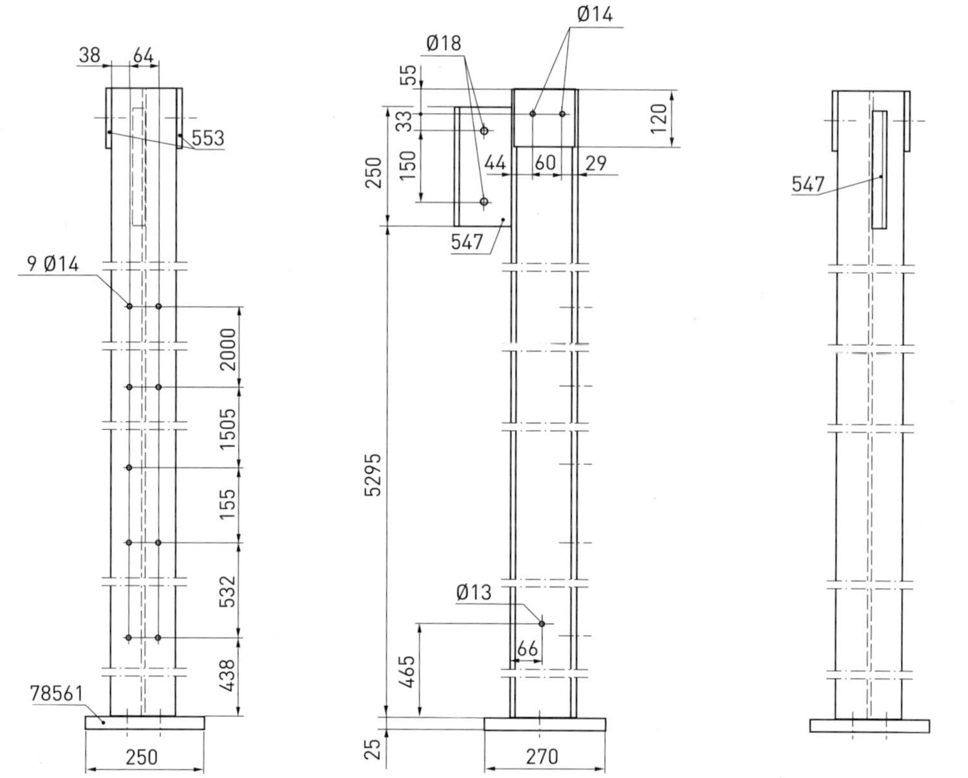

Schweißnähte ohne Angabe: Kehlnaht, a = 4 mm

Pos.	Benennung	Profil	Stückzahl	Material	Länge [mm]
27	Außenstütze	HEA140	s. Versandliste	S235JR+N	5583,3
547	Lasche	FL 120 x 10	1	S235JR+N	250
553	Stirnplatte	FL 120 x 10	2	S235JR+N	123
78561	Fußplatte	FL 250 x 25	1	S235JR+N	270

Verantwortliche Abt.	Technische Referenz F.-W. Gieseke	Dokumentenart	Dokumentenstatus freigegeben
westermann	Erstellt durch A. Sperling	Titel, zusätzliche Titel Außenstütze	
	Genehmigt von G. Tiedt		Änd. Ausgabedatum 2018-02-09 · Spr. de · Blatt 1/1

Abb. 1: Ausführungsunterlagen

Fertigen des Stützenkopfes

Die Stütze ist an der Wandachse des Gebäudes ausgerichtet. Die Trägerachse des mit der Stütze zu verbindenden Trägers verläuft unter einem Winkel von 76° zur Wandachse (Abb. 2).

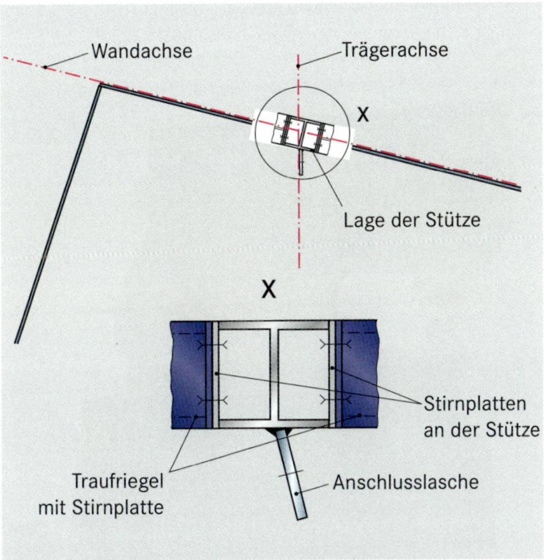

Abb. 2: Grundrissausschnitt mit Lage der Stütze

Die Lage der Stütze zur Trägerachse hat Auswirkungen auf die Gestaltung des Trägeranschlusses am Stützenkopf.

Im vorliegenden Fall wird der Anschluss des Trägers an die Stütze über eine am Stützenkopf angeschweißte Anschlusslasche (LA/547) realisiert. Wegen der Lage der Stütze zur Trägerachse muss die Anschlusslasche schräg unter einem Winkel von 76° zur Flanschfläche verschweißt werden (Abb. 3).

Die Lasche besteht aus Flachstab EN 10058 - 120 x 10 x 250 Stahl EN 10025 - S 235JR+N. Die Lasche weist zwei Löcher auf, damit sie über zwei Schrauben M 16 x 50 mit dem Träger verbunden werden kann. Für die Löcher sind 2 mm Lochspiel vorgeschrieben.

Das Lochspiel Δ_l ergibt sich folgendermaßen:

$$\Delta_l = d_l - d_{sch}$$

mit

d_l Lochdurchmesser

d_{sch} Schraubendurchmesser

Das Lochspiel beträgt im Stahlhochbau üblicherweise 2 mm. Dies erleichtert die Montage auf der Baustelle. Daraus ergibt sich für eine Befestigung mit einer Schraube M16 ein Lochdurchmesser von $d_l = 18$ mm.

Solche Laschenanschlüsse, die mit dem Steg des Trägerprofils verbunden werden, können nur Kräfte und keine Biegemomente vom Träger in den Stützenkopf einleiten.

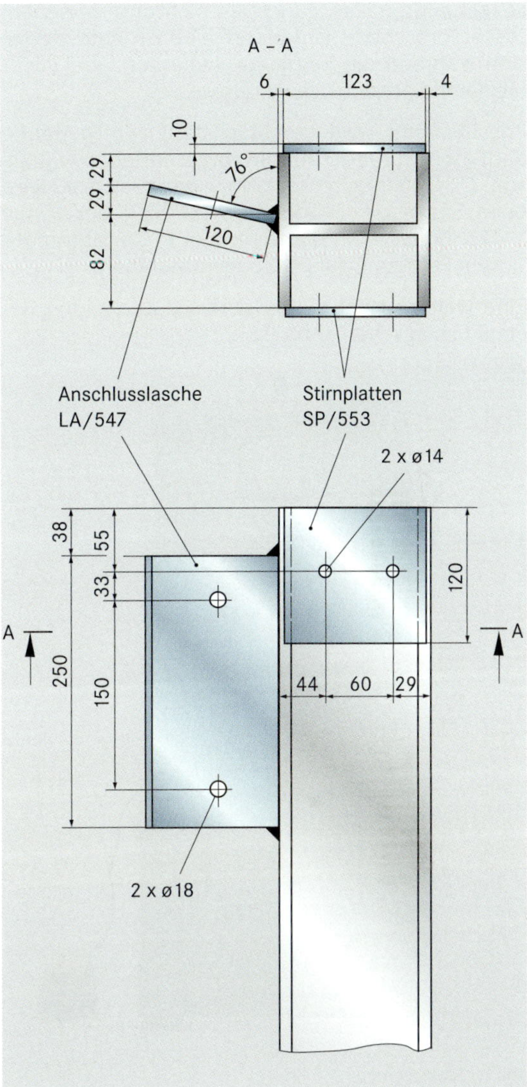

Abb. 3: Stützenkopf

Am Stützenkopf dieser Außenstütze sind zusätzlich zum Träger links und rechts noch je ein Traufriegel befestigt. Hierzu wird je eine Stirnplatte (SP/553) angeschweißt. Die Stirnplatten bestehen aus Flachstab EN 10058 - 120 x 10 x 123 Stahl EN 10025 - S 235JR+N. Sie werden mit dem Stützenprofil verschweißt.

Die Stirnplatten haben zwei Löcher, damit sie über zwei Schrauben M12 x 40 mit den Traufriegeln verbunden werden können. Diese Löcher haben einen Durchmesser von 14 mm.

Die Einzelteile von Stahlhochbauten werden aus warmgewalzten Profilen oder Blechen hergestellt. Die oft im Freien gelagerten Halbzeuge werden vor ihrer Verarbeitung in automatisierten Durchlaufanlagen sandgestrahlt und häufig mit einer so genannten Fertigungsbeschichtung versehen. Diese Farbschicht verhindert eine erneute Korrosion während der Fertigung, behindert aber nicht die nachfolgenden Schweißprozesse.

Anschließend wird der Flachstahl zur Fertigung der Lasche (LA/547) auf die vorgeschriebene Länge von l = 250 mm gesägt. In gleicher Weise wird beim Sägen der Stirnplatten (SP/553) der Länge l =123 mm verfahren. Dies erfolgt in der automatisierten Fertigung auf CNC-Sägemaschinen.

Eine weitere Möglichkeit ist das Zuschneiden auf einer Schlagschere (Abb. 1).

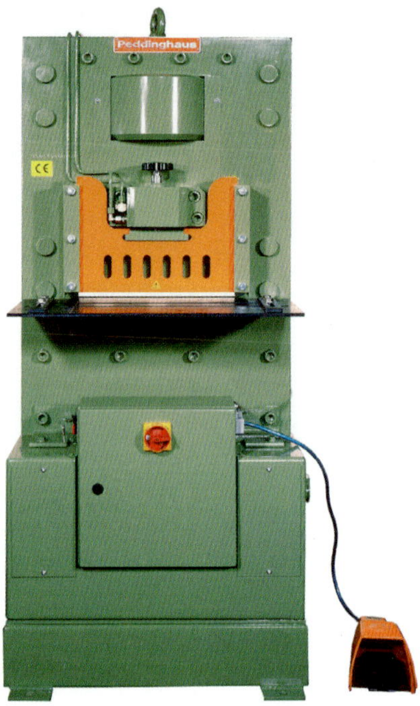

Abb. 1: Schlagschere

Die Zuschnittzeit ist bei diesem Verfahren wesentlich kürzer als beim Sägen. Allerdings wird die Platte an der Zuschnittkante verformt und es können sich Haarrisse bilden. Haarrisse und Verformungen an den Zuschnittkanten sind nur bei bestimmten Bauteilen zulässig. Der Konstrukteur legt fest, wie die Einzelteile zuzuschneiden sind. Im vorliegenden Fall ist das Sägen vorgeschrieben (→📖).

Anschließend sind die Löcher herzustellen. Eine Möglichkeit ist das Anreißen, Körnen und Bohren der Bohrungen mit d = 18 mm in der Lasche und d =14 mm in den Stirnplatten. Hierbei ist zu beachten, dass die Bohrungen in der Stirnplatte nicht symmetrisch angeordnet sind. Der Grund ist, dass der Traufriegel außen mit der Stütze bündig abschließen soll. Heute werden die Bohrungen in Großbetrieben meist auf CNC-gesteuerten Maschinen hergestellt.

In kleineren Betrieben werden oft Magnetbohrmaschinen eingesetzt.

Eine weitere Möglichkeit stellt das Lochen dar. Dies erfolgt mit einer Hydraulikstanze (Abb. 2).

Abb. 2: Hydraulikstanze

Dieses Verfahren ist oft schneller als das Bohren. Es hat aber den Nachteil, dass sich rund um den Lochrand feine Risse bilden können. Durch diese Risse wird die Bauteilfestigkeit herabgesetzt. Deshalb ist dieses Fertigungsverfahren nur für untergeordnete Verbindungsteile im Stahlhochbau zugelassen. Außerdem sind bei gestanzten Löchern größere Schraubenabstände erforderlich. Die Verfahrensauswahl ist durch die Art der Belastung und die Bauteildicke bestimmt (Tab. 1).

Tab. 1: Auswahl des Fertigungsverfahrens

Belastung	Bauteildicke d	Fertigungsverfahren
Statisch auf Druck	Jede Dicke	Lochen
Statisch auf Zug	$d \leq$ 16 mm	Lochen
	$d \geq$ 16 mm	Lochen + Aufreiben oder Bohren
Dynamisch, z. B. im Kran- und Brückenbau	Jede Dicke	Lochen + Aufreiben oder Bohren

Durch das Reiben wird der Zeitvorteil des Lochens zum Teil wieder aufgehoben.

Tab. 2: I-Profile

Schmaler I-Träger DIN 1025-1	Mittelbreiter I-Träger IPE DIN 1025-5	Breiter I-Träger IPB DIN 1025		
		Leichte Ausführung IPBL DIN 1025-3/HEA	Standardausführung IPB DIN 1025-2/HEB	Verstärkte Ausführung IPBv DIN 1025-4/HEM

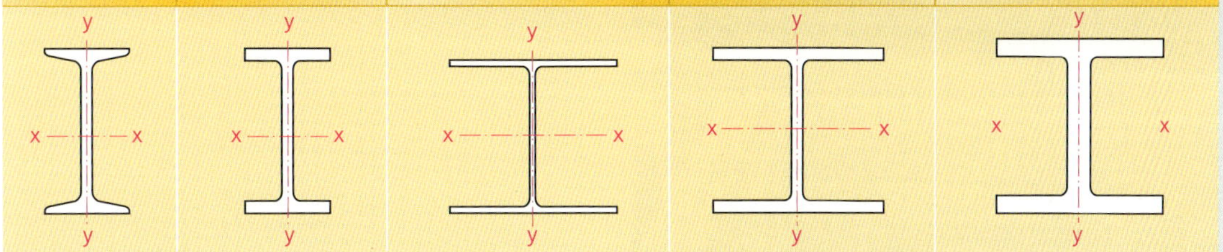

Fertigen des Stützenschaftes

Die Belastung der vorliegenden Druckstütze nimmt vom Stützenkopf zum Stützenfuß hin im Vergleich zur Gesamtbelastung nur unwesentlich zu. Deshalb ändert sich in diesem Fall auch der Stützenschaftquerschnitt nicht. Stützenschäfte werden in diesem Fall aus relativ dickwandigen genormten I-Walzprofilen hergestellt. Die Gründe hierfür sind die

- hohe Beanspruchbarkeit gegenüber Druck und Knickung,
- einfache Anschlussmöglichkeit von Trägern,
- relativ hohe Feuerwiderstandsdauer und
- geringe Korrosionsanfälligkeit infolge der großen Materialdicken.

Es werden drei verschiedene Arten von I-Profilen unterschieden (Tab. 2):

- schmale I-Profile,
- mittelbreite IPE-Profile,
- breite IPB-Profile.

Gemäß Zeichnung und Stückliste ist der Stützenschaft aus einem HEA 140 - S235JR-N mit 5583 mm Länge zu fertigen. Dies ist ein warmgewalztes Voll-Profil aus Baustahl mit einem doppel-T-förmigen Profilquerschnitt. Eine ebenso nach Norm zulässige Bezeichnung dieses Profils lautet IPBL 140. Diese Bezeichnung gibt genauer an, um welche Profilart es sich handelt, nämlich um ein I-Profil mit parallelen Flanschflächen in breiter und leichter Ausführung.

Grundsätzlich gibt die Profilbezeichnung die Profilhöhe an. Eine Ausnahme bilden die IPBL- bzw. HEA-Profile und die IPBv- bzw. HEM-Profile. Beim IPBL-140 bzw. HEA-140 ist die Profilhöhe nicht h = 140 mm, sondern h = 133 mm. Alle IPBL-Profile haben eine kleinere Profilhöhe als die Profilbezeichnung angibt (➡📖).

Beim IPBv-140 bzw. HEM-140 ist die Profilhöhe nicht h = 140 mm, sondern h = 160 mm. Alle verstärkten IPBv-Profile haben eine größere Profilhöhe als die Profilbezeichnung angibt.

Lediglich bei den Standardausführungen der IPB- bzw. HEB-Profile entspricht die Profilhöhe der Profilbezeichnung. Bis zu einer Profilhöhe von 400 mm ist bei allen IPB-Profilen die Profilbreite gleich der Profilhöhe. Darüber ist die Profilhöhe größer als die Profilbreite.

Die mittelbreiten IPE-Profile haben parallele Flanschflächen. Die Profilhöhen sind aber immer wesentlich größer als die jeweiligen Profilbreiten.

Auch bei den schmalen I-Profilen **DIN 1025-1** sind die Profilhöhen immer größer als die jeweiligen Profilbreiten. Diese I-Profile haben aber schräge Flanschflächen. Deshalb müssen bei Schraubenverbindungen keilförmige Unterlegscheiben nach **DIN 435** verwendet werden (Abb. 3).

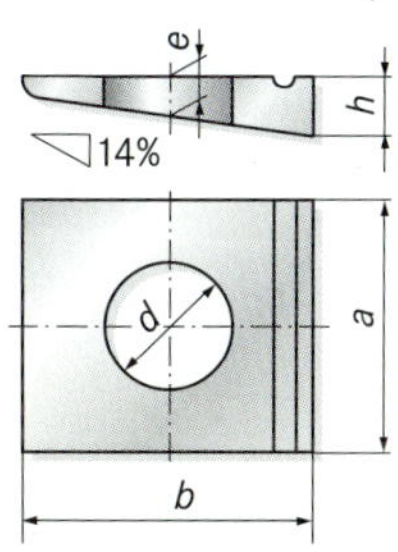

Abb. 3: Unterlegscheibe nach DIN 435

Neben diesen Profilen werden noch aus Blechen zusammengeschweißte meist symmetrische I-Profile (a) oder Hohlprofile (b) sowie warmgewalzte Rechteckrohre (c) oder Rundrohre (d) verwendet (Abb. 4).

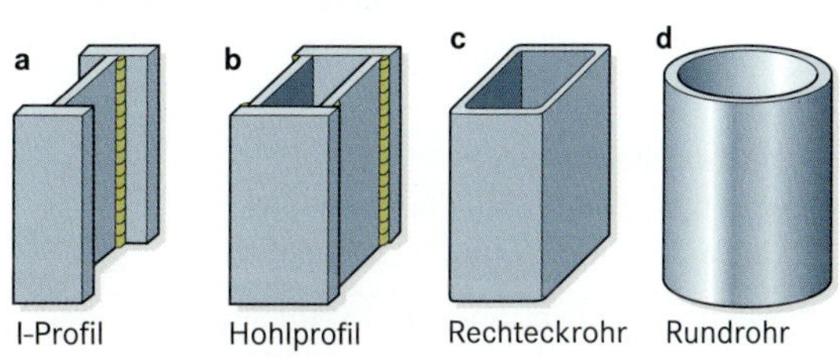

Abb. 4: Stützenprofile

Das Profil für den Stützenschaft wird zuerst gestrahlt und grundiert. Dann wird das Profil auf einem CNC-Bearbeitungszentrum in einer Aufspannung gesägt und gebohrt (Abb. 1).

Abb. 1: CNC-Profilbearbeitungszentrum

Die Schaftlänge wird dabei über verfahrbare Anschläge auf 5583 mm eingestellt.

Nach dem Sägen wird das Profil um 90° gedreht. Anschließend werden die 10 Bohrungen mit d = 14 mm zur Befestigung der Wandriegel gebohrt.

Eine weitere Möglichkeit ist, das Profil nach dem Sägen auf einer CNC-gesteuerten Radialbohrmaschine zu bohren (Abb. 2).

Abb. 2: CNC-Radialbohrmaschine

Fertigen des Stützenfußes

Den Stützenfuß bildet eine Fußplatte (FU/78561) aus Blech EN 10058 - 25x250x270 Stahl EN 10025 - S 235 JR+N (Abb. 3).

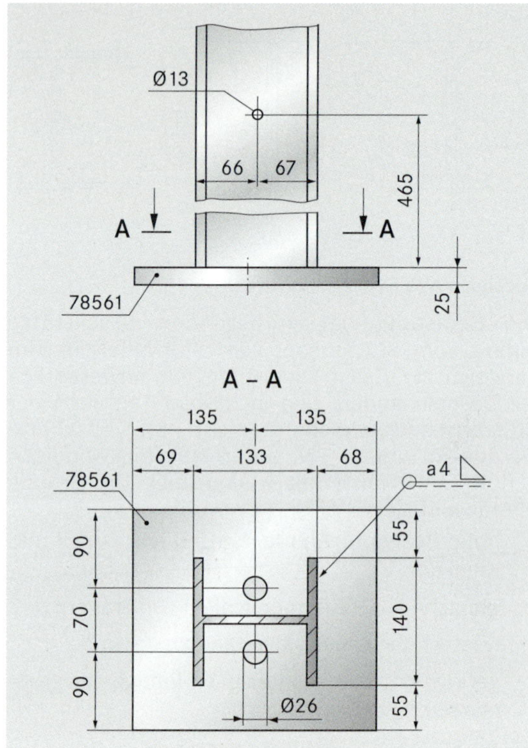

Abb. 3: Stützenfuß mit Fußplatte

Die Fußplattendicke von t = 25 mm verhindert, dass sich die Platte bei der Übertragung der Druckkraft vom Stützenschaft auf das Fundament verformt. Sie gewährleistet eine gleichmäßige Verteilung der Druckkraft auf die gesamte Auflagefläche.

Die Fußplatte ist mit zwei Bohrungen d = 26 mm versehen. Sie dienen der späteren Verbindung der Stütze mit dem Fundament. Diese Verbindung ist erforderlich, um Zugkräfte aufnehmen zu können, die durch Windsog auf der Dachoberfläche entstehen.

Außerdem sichert diese Verbindung den Stützenfuß gegen seitliches Verschieben quer zur Stützenachse. Diese Sicherung ist erforderlich, weil seitlich wirkende Kräfte, z. B. durch Anprall von Transportfahrzeugen, berücksichtigt werden müssen.

Arbeitssicherheit

Eng anliegende Arbeitskleidung und bei längeren Haaren Kopfbedeckung tragen.

Werkstückwechsel und Werkzeugwechsel sowie alle Einrichtarbeiten oder Messungen grundsätzlich bei ausgeschalteter Maschine durchführen.

Späne nur mit Hilfsmitteln wie Pinsel und Handfeger entfernen.

Zum Schutz gegen fortgeschleuderte Späne oder vor spritzendem Kühlschmierstoff Schutzvorrichtung verwenden oder Schutzbrille tragen.

Dünnere Fußplatten sind dann möglich, wenn die Kräfte über zusätzliche Steifen vom Stützenschaft auf die Fußplatte übertragen werden (Abb. 4)

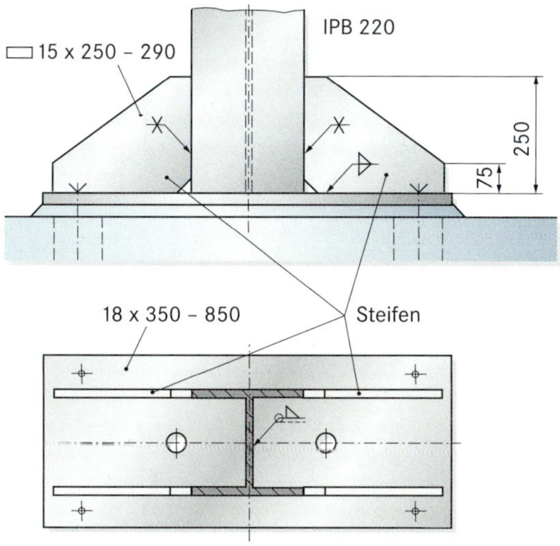

Abb. 4: Stützenfuß mit Steifen

Vorteilhaft an versteiften dünnen Fußplatten ist die Materialeinsparung. Nachteilig ist der größere Arbeitsaufwand für die Herstellung der Steifen und das Verschweißen der Einzelteile. Außerdem führen die in den Raum hineinragenden Steifen zu Behinderungen bei der Hallennutzung. Aus diesen Gründen werden meist unversteifte dicke Fußplatten trotz des höheren Materialaufwandes gewählt.

Die Bohrungen der Fußplatte werden wegen der großen Materialdicke durch Bohren gefertigt.

In seltenen Fällen erfolgt bei der Einzelteilfertigung die Kennzeichnung der Außenkontur und Bohrungen der Fußplatte auf dem Halbzeug durch so genannte Naturgrößen. Hierbei werden Einzelteilzeichnungen des Maßstabes M 1 :1 auf das Halbzeug gelegt.

Anschließend werden die Ecken der Fußplatte und die Bohrungsmittelpunkte durch die Zeichnung hindurch mit dem Körner auf dem Halbzeug markiert.

Die hier verwendete Fußplatte soll aus Blech mit 25 mm Dicke gefertigt werden. Dies ist durch Sägen nur bedingt möglich. Häufig werden solche Fußplatten durch Brennschneiden zugeschnitten.

Dies erfolgt auch unter Wirtschaftlichkeitsgesichtspunkten auf CNC-gesteuerten Brennschneidemaschinen.

Bei diesen Maschinenschnitten ist die Kantenqualität so hoch, dass nicht nachgearbeitet werden muss. (Abb. 5).

Abb. 5: CNC-Brennschneidemaschine

Fügen

Fügen der Teile der Druckstütze

Schweißverbindungen im Stahlhochbau

Grundsätzliche Ziele bei der Fertigung von Schweißverbindungen im Stahlhochbau sind

- angemessene Verbindungsfestigkeit,
- geringer Schweißverzug,
- kurze Fertigungszeit und geringe Kosten.

Um diese Ziele verwirklichen zu können, sind folgende Anforderungen zu erfüllen:

- Verwendung für den Stahlhochbau zugelassener schweißgeeigneter Stähle,
- Sicherstellen hinreichend großer Schweißnahtflächen bei Kehlnähten durch ausreichende Nahtdicken und Nahtlängen,
- Sicherstellen des Durchschweißens über den gesamten Bauteilquerschnitt bei Stumpfstößen. Dafür ist eine entsprechende Schweißnahtvorbereitung erforderlich,
- Minimierung der Wärmeeinbringung in das Werkstück durch angemessene Verfahrensauswahl und geringe Nahtquerschnitte,
- Möglichst wenig Aufwand für die Nahtvorbereitung,
- Vermeidung des Schweißens in Zwangslagen.

Die hier genannten Ziele müssen beim Fügen der Stützenteile gegeneinander abgewogen werden.

Schweißen der Stütze

Die Zeichnung des Stützenkopfes gibt die genaue Lage der Stirnplatten und der Lasche zum Stützenschaftprofil an (Abb. 1). Dementsprechend werden die Stirnplatten (SP/553) und die Lasche (LA/547) mit dem Stützenschaft geschweißt.

Die zu schweißenden Stützenteile bestehen aus S235JR+N. Dieser Werkstoff gehört zur Gruppe der uneingeschränkt schweißgeeigneten Stähle. Zu dieser Gruppe gehört auch der Baustahl S355. Durch Zusatzsymbole werden weitere notwendige Eigenschaften der Stähle festgelegt (➜📖).

Eine weitere Vorgabe lautet:

„Nähte ohne Angabe: Kehlnaht $a = 4$ mm“

Hiermit wird die Nahtdicke der Kehlnaht festgelegt. Sie hängt von der Dicke t der zu verschweißenden Bauteile ab. Die Nahtdicke a kann für das Verschweißen von Bauteilen mit verschiedenen Materialdicken nach folgender Formel abgeschätzt werden:

$$a \geq \sqrt{t_{max}} - 0{,}5;\ a \leq 0{,}7 \cdot t_{min};\ a_{min} = 2 \text{ mm}$$

Außerdem wird zur Qualität der auszuführenden Schweißnähte folgende Angabe gemacht:

„Bewertungsgruppe C nach **DIN EN ISO 5817**“ (➜📖).

Deshalb sind nach dem Fügen der Bauteile die Schweißnähte entsprechend dieser Norm zu bewerten.

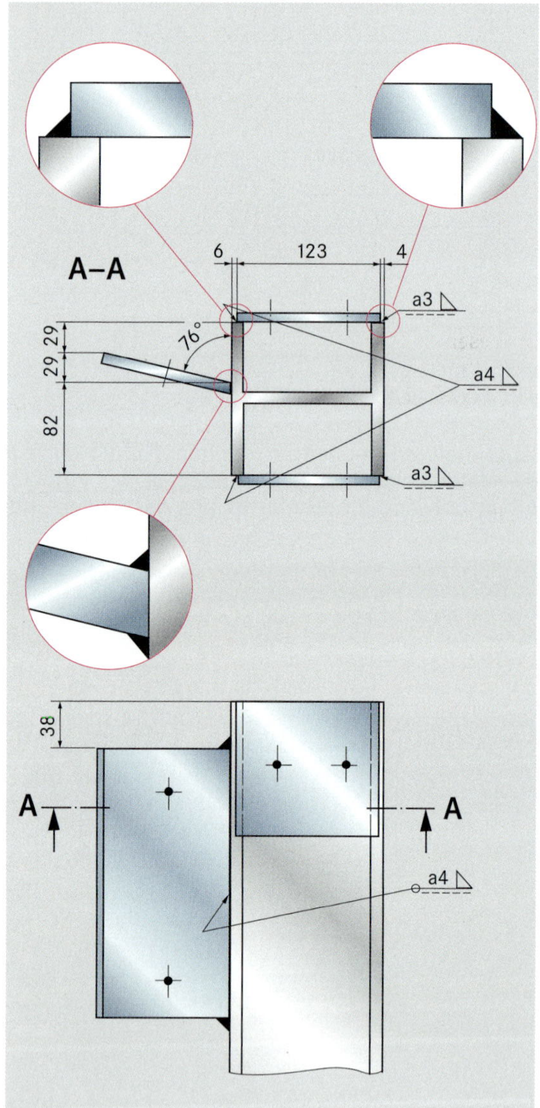

Abb. 1: Schweißnähte am Stützenkopf

Entsprechend der Zeichnung wird die Lasche (LA) als Schrägstoß mit einem Flansch des Stützenschaftprofils durch Heften fixiert und danach geschweißt. Die Stirnplatten (SP) werden über zwei Eckstöße mit beiden Stützenschaftflanschen verbunden. Die Stoßart hängt von der Lage der zu fügenden Bauteile zueinander ab (Tab. 1).

Tab. 1: Übliche Stoßarten im Stahlhochbau

Stoßart	Lage der Teile	Beschreibung
Stumpfstoß	——	Die Teile liegen in einer Ebene und stoßen stumpf gegeneinander.
T-Stoß	⊥	Die Teile stoßen rechtwinklig (T-förmig) aufeinander.
Schrägstoß	_⁄	Ein Teil stößt schräg gegen ein anderes.
Eckstoß	┐ /\ ┐ >	Zwei Teile stoßen unter beliebigem Winkel aneinander (Ecke).

Wenn die lagermäßig vorhandenen IPBL-Profile kürzer als die erforderliche Stützenschaftlänge l = 5583 mm sind, muss der Stützenschaft aus mehreren Einzelprofilen hergestellt werden.

In diesem Fall werden die IPBL-Profile als Stumpfstoß angeordnet. Die Nahtdicke und die Nahtlänge sind durch die Bauteilgröße der gestoßenen Profile festgelegt.

Bei der Fertigung des Stützenschaftes ist ein Durchschweißen der Bauteile über die gesamte Bauteildicke sicherzustellen. Gleichzeitig soll ein möglichst geringes Nahtvolumen und ein möglichst geringer Aufwand für die Nahtvorbereitung erreicht werden.

Dies gelingt hauptsächlich durch die richtige Auswahl der Nahtart und der Fugenform der zu verbindenden Bauteile (Tab. 2).

Tab. 2: Fugenform von Stumpfnähten

Fugenform von Stumpfnähten			DIN EN ISO 9692	
Werkstückdicke t in mm	einseitig t ≤ 4 zweiseitig t ≤ 8	3 ≤ t ≤ 10	t > 10	t > 12
Fugenform	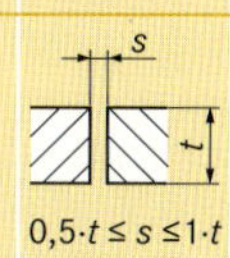	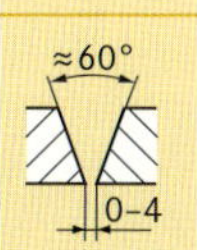	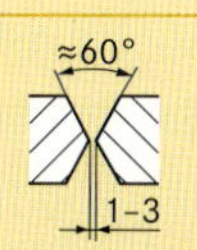	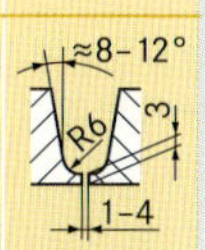
Benennung	I-Naht	V-Naht	X-Naht	U-Naht

Ein Durchschweißen von Stumpfstößen bei einseitig ausgeführter Schweißung und nicht weiter vorbereiteten Nahtflanken kann nur bis zu einer Materialdicke von 4 mm sichergestellt werden.

Bei größeren Materialdicken muss eine Vorbereitung der Nahtflanken zur V-Naht erfolgen. Bei weiter steigender Bauteildicke muss eine Doppel-V-Naht oder eine U-Naht ausgeführt werden.

Dies bietet zwei wesentliche Vorteile:

- die Bauteile verziehen sich bei einer Doppel-V-Naht kaum;
- der Nahtquerschnitt und damit das Nahtvolumen einer Doppel-V-Naht ist bei gleicher Bauteildicke nur halb so groß wie bei einer V-Naht (Abb. 2).

Die gepunktet dargestellten Rechtecke haben dabei jeweils gleiche Flächengrößen wie die entsprechenden Nahtquerschnittsflächen.

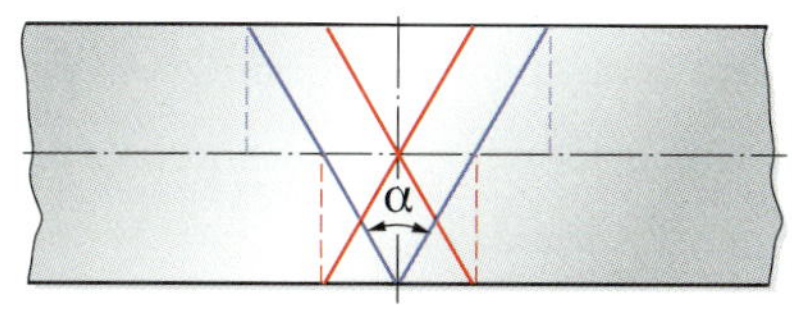

Abb. 2: V- und Doppel-V-Nahtquerschnittsflächen

Die Doppel-V-Naht ist allerdings nur bei einer Zugänglichkeit der Schweißnaht von beiden Seiten anwendbar. In Fällen, wo dies nicht gegeben ist, wird die U-Naht eingesetzt. Auch sie bietet bei gleicher Nahtdicke ein geringeres Nahtvolumen als die V-Naht (Abb. 3).

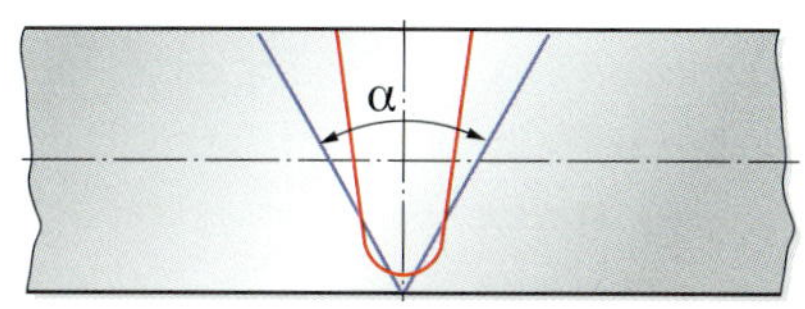

Abb. 3: V- und U-Nahtquerschnittsflächen

Der vorhandene, aber geringere Schweißverzug im Vergleich zur V-Naht ist ebenfalls vorteilhaft. Allerdings ist die Nahtvorbereitung sowohl der Doppel-V-Naht als auch der U-Naht aufwendiger als bei der V-Naht.

Für die Qualität einer Schweißnaht ist weiterhin die Arbeitsposition, in der sie hergestellt wird, entscheidend. Je nach Lage der Schweißnaht am Bauteil werden verschiedene Arbeitspositionen unterschieden (➜📖).

Die höchste Nahtqualität ist in den Positionen PA und PB erreichbar. Das Gegenteil gilt für die so genannten Zwangslagen PF und PD. Diese bedürfen bei der Ausführung zusätzlicher Maßnahmen und sollten vermieden werden. Deshalb werden in der Werkstatt die zu schweißenden Bauteile auch mit Hilfe von Lastaufnahmeeinrichtungen so positioniert, dass in Wannenposition (PA) und Horizontalposition (PB) geschweißt werden kann.

Für das Schweißen sind die Verfahren am besten geeignet, die neben einer hohen Nahtqualität eine hohe Schweißleistung, d. h. ein hohes Schweißvolumen pro Zeiteinheit, ermöglichen. Deshalb werden im Stahlhochbau Metallschutzgasschweißverfahren mit abschmelzender Drahtelektrode eingesetzt.

Nach der Fertigstellung des Stützenkopfes wird die Fußplatte mit dem Stützenschaft über eine Kehlnaht ringsum geschweißt.

Auch hier gilt die Forderung nach einem geringen Nahtquerschnitt der Kehlnaht, um die Schweißzeit, die Wärmeeinbringung und den Schweißverzug gering zu halten. Dies steht im grundsätzlichen Widerspruch zur Forderung nach einer angemessenen Schweißnahtfestigkeit durch Festlegung einer ausreichend großen Schweißnahtdicke a. Auch hier gilt grundsätzlich die Vorgabe der Zeichnung:

„Nähte ohne Angabe: Kehlnaht, $a = 4$ mm“

Die Überschlagsformeln für die Nahtdicke a lauten:

Gleichung 1: $a \geq \sqrt{t_{max}} - 0{,}5$;

Gleichung 2: $a \leq 0{,}7 \cdot t_{min}$; (→📖).

Beim Schweißen der Fußplatte an das Schaftprofil erhält man mit $t_{max} = 25$ mm (Fußplatte) und $t_{min} = 5{,}5$ mm (I-Profilsteg) folgende Ergebnisse:

mit Gleichung 1: $a > 4{,}5$ mm

mit Gleichung 2: $a < 3{,}85$ mm.

Diese Angaben widersprechen sich. Sie zeigen, dass die Überschlagsformel nur bei geringen Materialdickenunterschieden der zu verschweißenden Teile angewendet werden kann. Für die Berechnung der Nahtquerschnitte gilt der Grundsatz:

! Nahtquerschnitte sind bezogen auf die Bauteildicken so klein wie möglich und so groß wie aus Festigkeitsgründen nötig zu wählen.

Schweißnahtberechnung

Für eine vorgegebene Belastung F der Lasche des Stützenkopfes sollen die mindestens erforderliche Nahtquerschnittsfläche und die Nahtdicke und die Nahtlänge über eine Festigkeitsrechnung bestimmt werden. Hierbei wird ausgehend vom verwendeten Werkstoff der Bauteile zunächst die Grenzschweißnahtspannung $\sigma_{w,R,d}$ bestimmt (→📖).

$$\sigma_{w,R,d} = \alpha_w \cdot \frac{f_{y,k}}{\gamma_M}$$

α_w: Grenzspannungsbeiwert. Mit diesem Wert wird in Abhängigkeit vom Werkstoff, von der Beanspruchung und der Nahtart der Grenzspannungswert gemindert (→📖). Der Wert liegt zwischen 1,0 und 0,55

$f_{y,k}$: Streckgrenze R_e des Bauteilwerkstoffes in N/mm^2

γ_M: Teilsicherheitsbeiwerte mit $\gamma_M = 1{,}1$

Werte nach DIN 18800-1 (→📖).

Anschließend kann ausgehend von der gegebenen Belastung F und dem berechneten Wert für $\sigma_{w,R,d}$ die erforderliche Schweißnahtquerschnittsfläche A_w berechnet werden.

$$\sigma_{w,R,d} = \frac{F}{A_w} \Rightarrow A_w = \frac{F}{\sigma_{w,R,d}}$$

Wenn die Nahtdicke a vorgeschrieben wurde, kann mit dem berechneten Wert A_w die erforderliche Schweißnahtlänge l berechnet werden.

$$\text{weil } A_w = l \cdot a \text{ ist} \quad l = \frac{A_w}{a}$$

Gegeben:

Nahtdicke $a = 4$ mm,

Belastung $F = 160$ KN,

Werkstoff S235JR+N mit $f_{y,k} = 240\ N/mm^2$

α_w-Wert für Beanspruchung auf Schub: $\alpha_w = 0{,}95$

Gesucht:

Schweißnahtlänge l in mm

Lösung:

$$\sigma_{w,R,d} = \alpha_w \cdot \frac{f_{y,k}}{\gamma_M}$$

$$\sigma_{w,R,d} = \frac{0{,}95 \cdot 240\ N/mm^2}{1{,}1}$$

$$\underline{\sigma_{w,R,d} = 207{,}27\ N/mm^2}$$

$$A_w = \frac{F}{\sigma_{w,R,d}}$$

$$A_w = \frac{160.000\ N}{207{,}27\ N/mm^2}$$

$$\underline{\underline{A_w = 771{,}93\ mm^2}}$$

$$l = \frac{A_w}{a}$$

$$l = \frac{771{,}93\ mm^2}{4\ mm}$$

$$\underline{\underline{l = 192{,}98\ mm}}$$

9.2.2 Herstellen einer Rahmenstütze

ARBEITSAUFTRAG

Eine aus mehreren Bauteilen bestehende Rahmenstütze der Produktionshalle ist in der Werkstatt herzustellen. Hierfür sind spezielle Trenn- und Fügeverfahren auszuwählen und anzuwenden.

Aufbau/ Funktion

Die Produktionshalle wird in einigen Bereichen in der für Stahlhallen oft verwendeten Rahmenbauweise erstellt. Dabei besteht das tragende Gerüst der Halle aus einer Aneinanderreihung gleicher Rahmen, welche die vorhandenen Lasten aufnehmen und in das Fundament weiterleiten.

Diese Bauweise ermöglicht große Rahmenspannweiten, erfordert aber auch große Stützenprofile (Abb. 1).

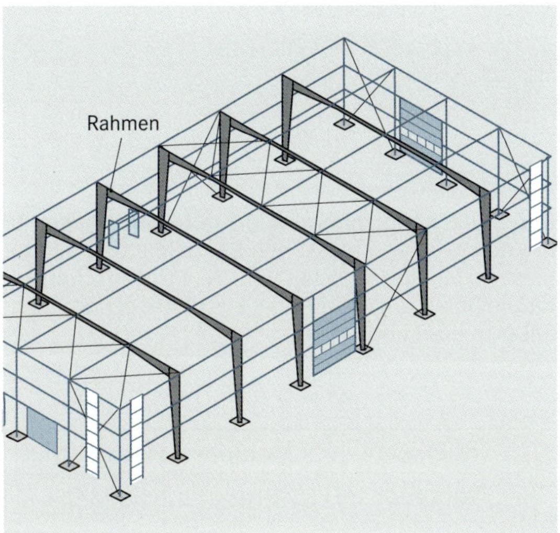

Abb. 1: Rahmenbauweise

Der grundlegende Aufbau der Rahmenstütze entspricht mit Stützenkopf, -schaft und -fuß der bereits bekannten Druckstütze. Wesentliche Unterschiede bestehen im größeren Schaftprofil und in der anderen Gestaltung des Trägeranschlusses am Stützenkopf zur Aufnahme von Druck- und Biegebelastungen (Abb. 2).

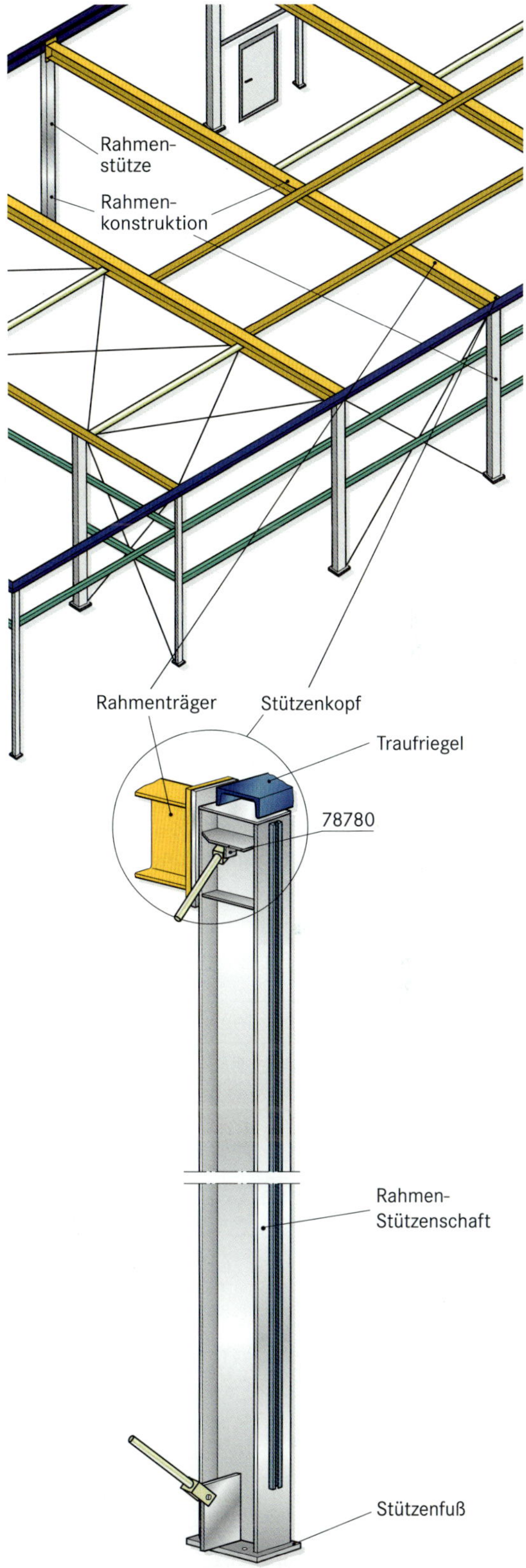

Abb. 2: Rahmenstütze

Grundsätzlich werden Stahlhochbauten aus waagerecht verlaufenden Trägern und senkrecht verlaufenden Stützen aufgebaut.

Bei der Rahmenbauweise werden Träger und Stützen auf spezielle Weise zu einem Rahmen verbunden. Mindestens eine Stütze ist hier biegesteif mit einem Rahmenträger verbunden. Deshalb nehmen diese Rahmenstützen neben den Druckkräften auch in großem Umfang Biegung auf. Außerdem können seitlich wirkende Kräfte diese Konstruktion nicht zum Kippen bringen.

Solche Rahmenstützen werden dann oft als Rahmenstiel, die Rahmenträger als Rahmenriegel bezeichnet.

Es werden verschiedene Rahmenarten unterschieden nach

- Anzahl der biegesteifen Trägeranschlüsse,
- Art der Ausführung des Rahmenfußes als eingespanntes oder nicht eingespanntes Auflager und
- Art der Gestaltung von Stiel und Riegel (Abb. 1).

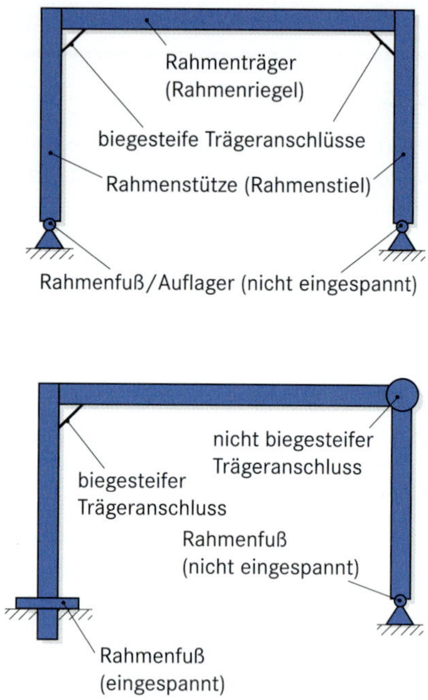

Abb. 1: Rahmenarten

Fertigen

Fertigen der Teile der Rahmenstütze

Die Rahmenstütze ist aus einer Vielzahl verschiedener Einzelteile aufgebaut. Grundlage des Herstellungspozesses sind Zeichnungen und die Stückliste (Abb. 2).

Grundsätzlich sind der Stützenkopf, der Stützenschaft und der Stützenfuß zu unterscheiden.

Der Stützenkopf nimmt die Kräfte und Biegemomente der angeschlossenen Bauteile auf und leitet diese in den Stützenschaft ein. Der Stützenschaft leitet die Belastungen über die Fußplatte des Stützenfußes in das Fundament.

Pos.	Benennung	Profil	Stückzahl	Material	Länge [mm]
8	Rahmenstütze-RS	I-Profil DIN 1025-5 IPE 400	s. Versandliste	S235JR+N	5873,0
500	Rahmenplatte-RP	Blech EN 10029–15A x 86	2	S235JR+N	373
501	Halfenschiene	HM 38 x 17	1	S235JR+N	5680
504	Stirnplatte-SP	Flachstab EN 10058 - 200x16	1	S235JR+N	500
506	Fußplatte-FU	Blech EN10029–20A x 200	1	S235JR+N	420
507	Anschlussblech-VA	Blech EN10029–10A x 200	1	S235JR+N	250
510	Kopfplatte-KP	FL 180 x 15	1	S235JR+N	395
511	Rahmenplatte-RP	FL 180 x 10	1	S235JR+N	373
516	Rahmenplatte-RP	FL 100 x 10	1	S235JR+N	373
78780	Anschlussblech VA	FL 90 x 10	1	S235JR+N	90

Abb. 2: Stückliste der Rahmenstütze

Die Rahmenstütze besteht aus insgesamt 10 Einzelteilen (Abb. 3).

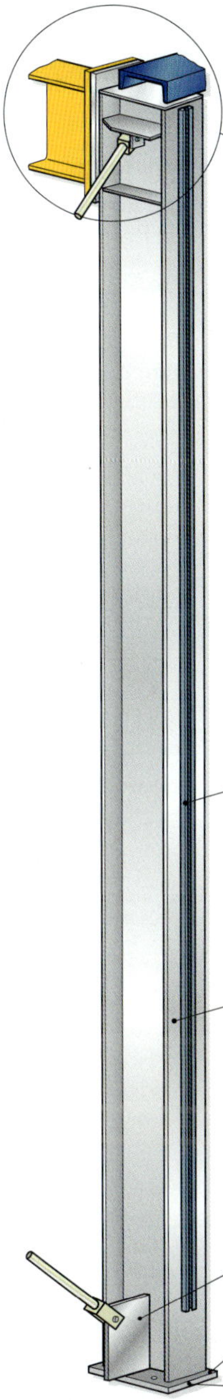

Abb. 3: Rahmenstütze

Der Ablauf bei der Herstellung der Rahmenstütze entspricht dem Ablauf bei der Druckstütze. Zunächst werden die Einzelteile gefertigt. Anschließend werden die Teile des Rahmenstützenkopfes und -fußes mit dem Schaftprofil durch Schweißen gefügt.

Fertigen des Rahmenstützenkopfes

Der Rahmenstützenkopf ist aus 7 Einzelteilen und dem Schaftprofil aufgebaut. Am Stützenkopf werden der Rahmenträger, die Traufriegel und der Diagonalstab des Windverbandes oder anstatt des Diagonalstabes die Strebe befestigt (Abb. 4).

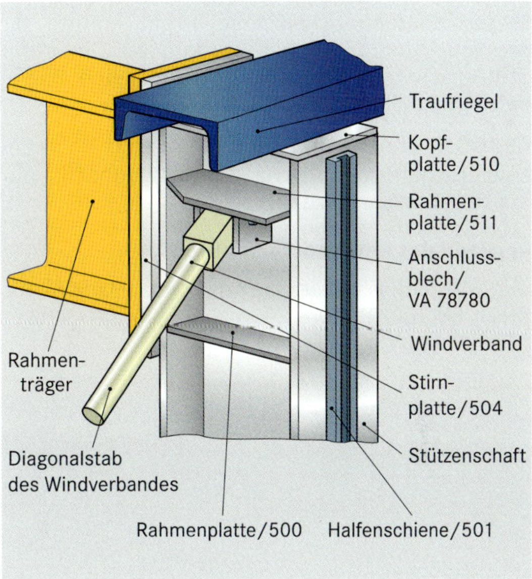

Abb. 4: Rahmenstützenkopf

Der biegesteife Anschluss des Rahmenträgers erfolgt über die Stirnplatte (SP/504). Die Befestigung der Traufriegel wird über die Kopfplatte (KP/510) und die Befestigung der Streben über die Rahmenplatten (RP/511 bzw. RP/516 auf der nicht sichtbaren Rückseite) erreicht. Der Diagonalstab des Windverbandes wird über das Anschlussblech VA mit dem Stützenkopf verbunden.

Zur Versteifung des Kopfes sind die Rahmenplatten (RP/500) vorgesehen. Die Größe der Einzelteile ist aus der Stückliste ersichtlich, ihre Lage im Stützenkopf geht aus Zeichnungen bzw. der perspektivischen Darstellung hervor.

Das Fertigen der Einzelteile des Rahmenstützenkopfes erfolgt auf die gleiche Weise wie bei der Druckstütze. Zunächst wird die Außenkontur der Einzelteile durch Sägen, Scheren oder Brennschneiden gefertigt.

Anschließend werden die Löcher hergestellt. Dies erfolgt bei der Stirnplatte (504/SP) und der Kopfplatte (510/KP) durch Bohren, bei den anderen Bauteilen durch Lochen. Zusätzlich ist bei der Kopfplatte (KP/510) mit den Maßen 180 x 15 x 395 eine 180 mm lange Kante für die spätere HV-Naht durch Brennschneiden mit einer 30°-Schräge zu versehen. Hiermit wird das Fügen durch eine HV-Naht vorbereitet.

Fertigen des Rahmenstützenschaftes

Um die Druck- und die Biegebelastung vom Träger aufnehmen zu können, wird für den Stützenschaft der Rahmenstütze ein Walzprofil IPE 400 DIN 1025-5 gewählt. Der Biegewiderstand dieses Profils ist etwa 7,5 mal höher als der des Walzprofiles HEA 140 des Druckstützenschaftes.

Dieses deutlich schwächere Profil konnte für die Druckstütze gewählt werden, weil hier der Stützenschaft nur Druckkräfte und keine Biegebelastung aufnehmen muss.

Gemäß Zeichnung und Stückliste ist das Rahmenstützenschaftprofil IPE400 - S235JR-N zunächst nur auf 5873 mm Länge zu sägen.

Fertigen des Rahmenstützenfußes

Den Stützenfuß bildet eine Fußplatte (FU/506) aus Blech EN 10029 - 20 A 200 x 420 Stahl EN 10025 - S 235 JR+N (Abb. 1).

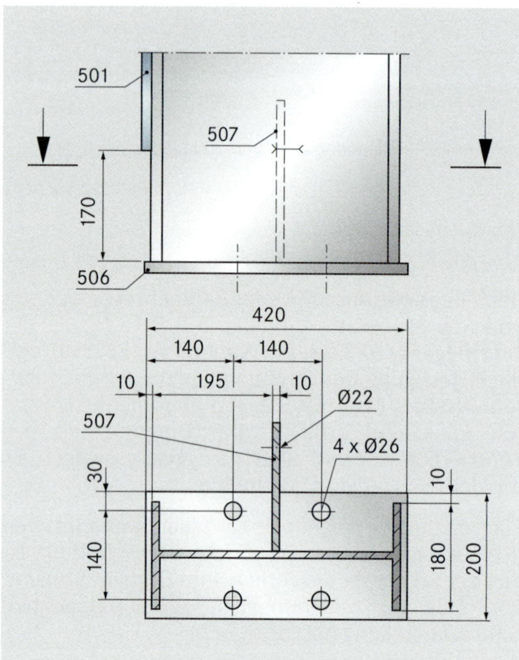

Abb. 1: Rahmenstützenfuß

Die Fußplatte leitet ausschließlich Druckkräfte in das Fundament. Sie ist mit vier Bohrungen d = 26 mm für die Befestigung der Stütze am Fundament versehen.

Zusätzlich ist an der Fußplatte und am Steg des Stützenschaftprofils ein Anschlussblech angeordnet (VA/507). Dieses Blech enthält eine Bohrung d = 22 mm und dient zur Befestigung des Diagonalstabes für den Windverband.

Die Fußplatte wird aus Blech mit einer Dicke t = 20 mm und das Anschlussblech aus Blech mit einer Dicke t = 10 mm zugeschnitten. Dies erfolgt durch Brennschneiden mit Hilfe einer Brennschneidemaschine. Die Bohrungen der Fußplatte werden wegen der großen Materialdicke durch Bohren gefertigt. Das Loch des Anschlussbleches kann gelocht werden.

Fügen der Teile der Rahmenstütze

Zunächst werden die Teile des Rahmenstützenkopfes gefügt. Entsprechend der Zeichnung werden die Einzelteile aus S235JR+N geheftet und anschließend geschweißt.

Begonnen wird mit den Rahmenplatten (RP/500; 511; 516). Anschließend werden die Kopfplatte (KP/510) und die Stirnplatte (SP/504) geheftet und verschweißt, dann folgt das Anschlussblech (VA/78780).

Die Nahtdicken der Kehlnähte sind grundsätzlich mit a = 4 mm bzw. an besonderen Stellen mit a = 5 mm auszuführen. Die Dicke der HV-Naht zwischen der Stirnplatte und der Kopfplatte ist durch die Stirnplattendicke t = 15 mm vorgegeben (Abb. 2).

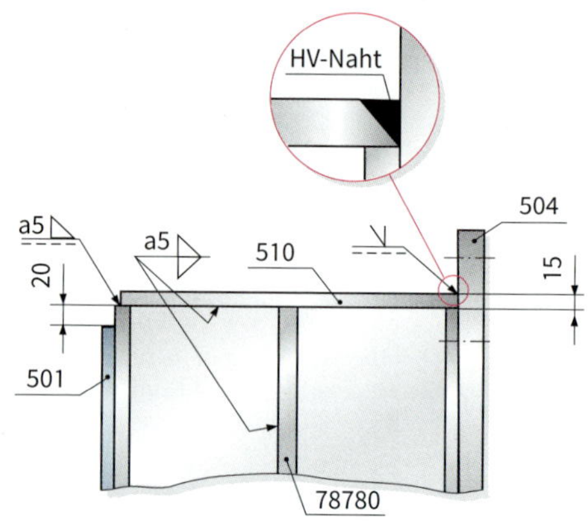

Abb. 2: HV-Naht-Anschluss

Danach werden die Einzelteile des Rahmenstützenfußes, nämlich die Fußplatte (FU/506) und das Anschlussblech (VA/507) gefügt.

Zuletzt wird die Halfenschiene (501) angeschweißt (Abb. 3).

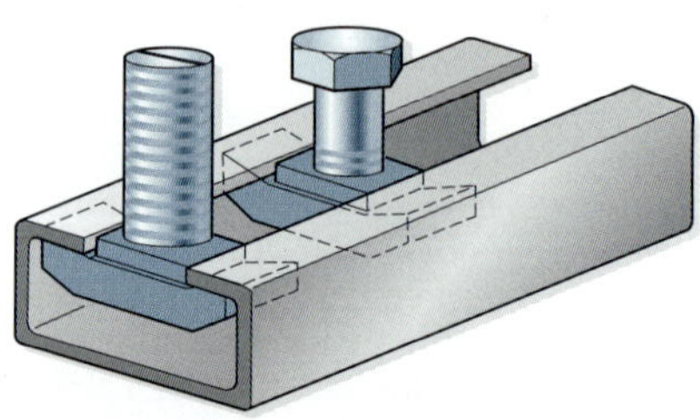

Abb. 3: Halfenschiene mit Befestigungsmitteln

Bei der Halfenschiene handelt es sich um ein C-förmiges Stahlprofil, an dem über spezielle Schraubenverbindungen Wandverkleidungsteile befestigt werden.

Die Halfenschiene der Rahmenstütze beginnt 20 mm unter der Kopfplattenoberkante und endet 170 mm vor der Fußplattenoberkante.

Sie ist gegenüber der Stirnplatte mittig außen auf dem Flansch des Stützenschaftprofils angeordnet (Abb. 4).

Die Halfenschiene dient hier der Befestigung der Wandkonstruktion.

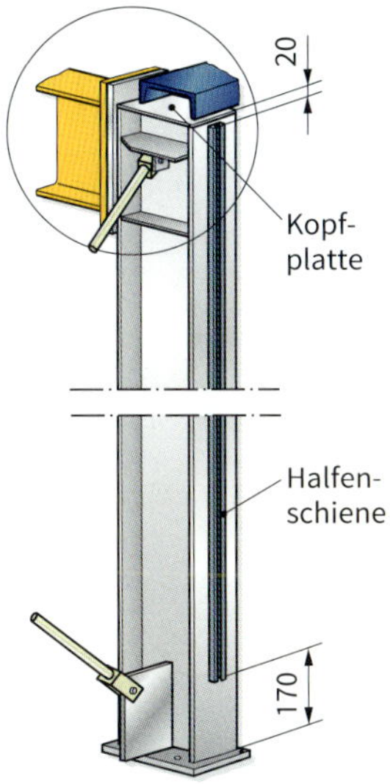

Abb. 4: Rahmenstütze mit Lage der Halfenschiene

Die Rahmenstütze ist an der Außenwand der Halle angeordnet. Daneben gibt es in der Produktionshalle noch vier innenliegende Stützen (Abb. 5).

Hierbei handelt es sich auch um Rahmenstützen. Der Unterschied zur außen liegenden Rahmenstütze RS8 liegt darin, dass auf beiden Seiten der Stütze Träger angeschlossen werden.

Die Funktion dieser innenliegenden Stützen ist es, die freie Trägerlänge zu verkleinern. Dadurch wird die Biegebeanspruchung der Träger herabgesetzt. Es können deshalb kleinere Trägerprofile verwendet werden.

Nachteilig ist, dass in der Hallenmitte eine Stütze steht.

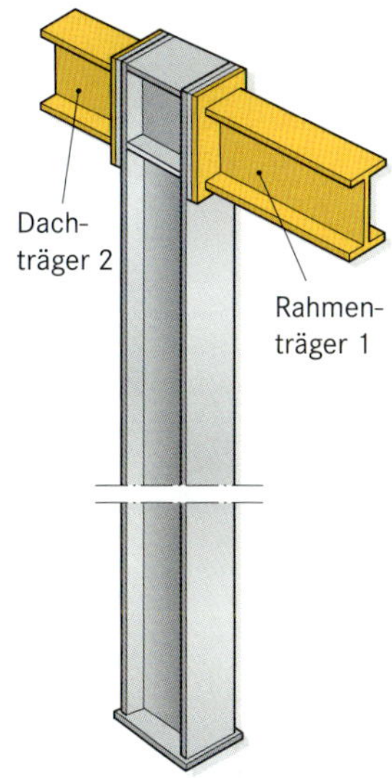

Abb. 5: Innenliegende Rahmenstütze

Zusammenfassung

Herstellen der Stütze

Planung

Vor der Fertigung müssen Unterlagen analysiert und Planungsaufgaben erledigt werden:

- Analyse der Ausführungsunterlagen
  - Ansicht, Grundriss
  - Zeichnungen
  - Ablaufpläne
- Aufbau von Stahlhochbauten
  - Baugruppen, Bauteile
- Fertigungs- und Montageablauf
  - Werkstattfertigung
  - Montage
- Aufgaben von Stützen
- Stützenarten
  - Druckstütze
  - Rahmenstütze
- Stützenaufbau
  - Kopf, Schaft, Fuß

Fertigen der Stützenteile

Hier sind Werkstoffe, Halbzeuge und Bearbeitungsverfahren auszuwählen und die Einzelteile zu fertigen:

- Werkstoff
- Halbzeuge
  - Walzprofile, Hohlprofile
- Zuschnitt
  - Verfahrensauswahl
    - Sägen
    - Scheren
    - Brennschneiden
- Fertigen von Löchern
  - Durchmesserbestimmung
  - Verfahrensauswahl
    - Bohren
    - Lochen
  - Maschinenauswahl

Fügen der Stützenteile

Ausgehend von den Anforderungen an das Gesamtbauteil sind die Einzelteile vorzubereiten und zum Gesamtbauteil zu fügen:

- Ziele des Schweißprozesses
- Anforderungen
- Schweißeignung des Werkstoffes
- Stoßarten
- Nahtarten
  - Auswahl
  - Nahtvorbereitung
  - Nahtdicke
- Schweißnahtfestigkeit
  - Festigkeitsberechnung
- Arbeitspositionen
- Verfahrensauswahl

Aufgaben

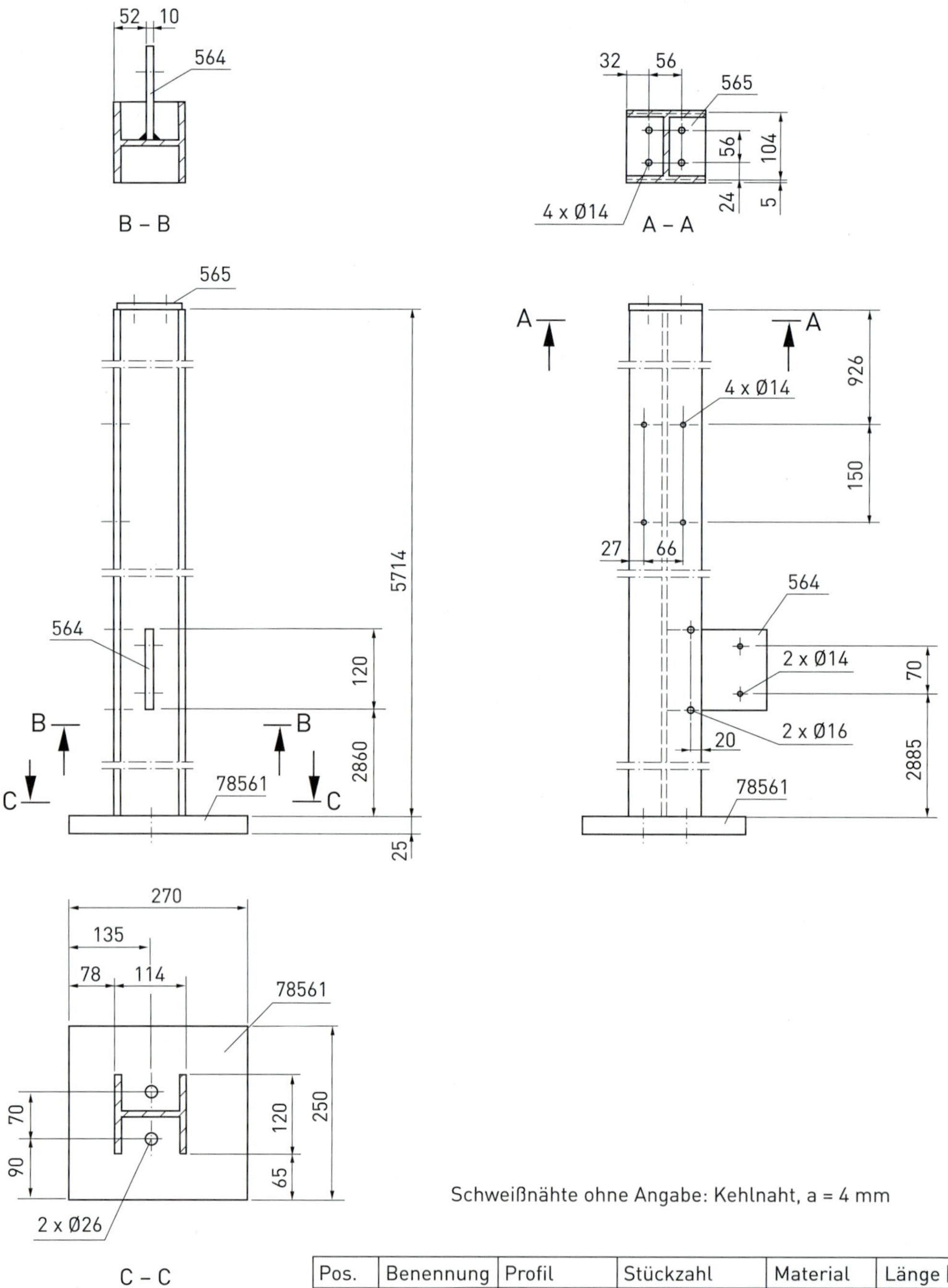

Schweißnähte ohne Angabe: Kehlnaht, a = 4 mm

Pos.	Benennung	Profil	Stückzahl	Material	Länge [mm]
76	ST	HEA120	s. Versandliste	S235JR+N	5714,3
564	LA	FL 120 X 10	1	S235JR+N	150
565	PL	FL 120 X 10	1	S235JR+N	104
78561	FU	FL 250 X 25	1	S235JR+N	270

Die Stütze (ST76) soll hergestellt werden. In diesem Zusammenhang sind die folgenden Fragen zu beantworten. Als Unterlagen liegen Ihnen die Gesamtzeichnung der Stütze und ein Ausschnitt aus der Hallenzeichnung vor.

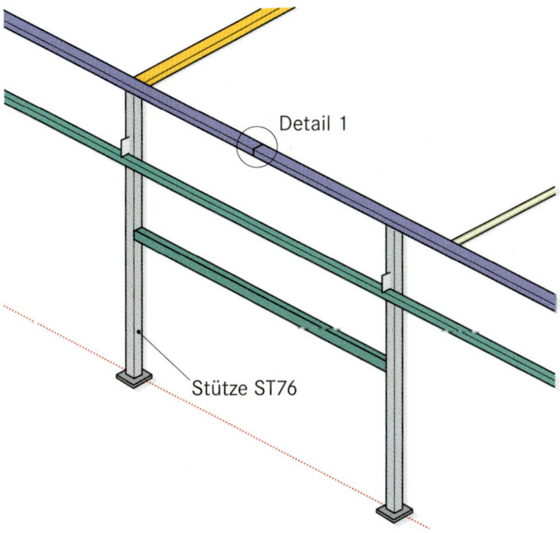

1. Aus welchen Einzelteilen besteht die Stütze?

2. Was bedeutet die Werkstoffangabe S235JR+N und warum wird dieser Stahl verwendet?

3. Ermitteln Sie die Höhe des Stützenschaftprofils und erklären Sie, warum die Profilangabe dennoch HEA120 lautet.

4. Welche Aufgabe hat die am Stützenschaft angeschweißte Lasche Pos. 564?

5. Erklären Sie, warum für die Fußplatte Pos. 78561 die große Dicke von $d = 25$ mm gewählt wurde und welche Alternative zur großen Plattendicke möglich wäre.

6. Beschreiben Sie, welche vorbereitenden Arbeiten an Halbzeugen zu verrichten sind, bevor der eigentliche Fertigungsprozess beginnt.

7. Erklären Sie, wodurch die Reihenfolge der Bauteil- und Baugruppenfertigung in der Werkstatt eines Stahlbaubetriebes bestimmt ist.

8. Mit welchem Verfahren sind die Fußplatte Pos. 78561 und die Platte Pos. 565 wirtschaftlich herzustellen?

9. Geben Sie an, mit welchem Durchmesser und mit welchem Verfahren die vier Löcher/Bohrungen im Schaftprofil HEA 120 herzustellen sind. Erklären Sie, was in diesem Zusammenhang unter dem Lochspiel zu verstehen ist und warum es dies gibt.

10. Die Einzelteile der Stütze sind durch Schweißen in der Werkstatt zu fügen. Welche grundsätzlichen Ziele werden beim Schweißen von Stahlbauten verfolgt und welche Anforderungen müssen erfüllt werden, um diese Ziele in der Praxis zu erreichen?

11. Geben Sie an, über welche Stoßart und mit welcher Nahtart folgende Bauteile der Stütze zu fügen sind:

- Fußplatte Pos. 78561 an Schaft Pos. 76;
- Lasche Pos. 564 an Schaft Pos. 76;
- Platte Pos. 565 an Schaft Pos. 76.

12. Bestimmen Sie unter technischen und wirtschaftlichen Gesichtspunkten die erforderliche Nahtdicke der Schweißnähte aus Aufgabe 11.

13. Möglichst alle Schweißnähte sollen in den Arbeitspositionen PA bzw. PB ausgeführt werden. Erklären Sie, was man unter diesen Arbeitspositionen versteht und begründen Sie, warum die Einzelteile in diesen Arbeitspositionen verschweißt werden sollen.

14. Die beiden Riegel werden mittels Stumpfstoß verlängert (Detail 1). Wodurch wird sichergestellt, dass Stumpfstöße solcher Bauteile mit mehr als 4 mm Wanddicke durchgeschweißt werden können?

15. Bei Materialdicken über $t = 10$ mm sollen Bauteile statt mit einer V-Naht mit einer Doppel-V-Naht geschweißt werden. Erklären Sie, welche Vorteile und welche Nachteile damit verbunden sind.

16. Erklären Sie, in welchen Fällen V-Nähte durch U-Nähte ersetzt werden und welche Vor- und Nachteile dies bringt.

17. Zwei Flachstähle mit den Querschnittsabmessungen 50 x 10 sollen verschweißt werden.
a) Berechnen Sie, welche Kraft F über die fachgerecht ausgeführte Schweißverbindung übertragen werden kann, wenn die Flachstähle aus S355 JO bestehen.
b) Welche Besonderheit ist bei der Berechnung von Schweißnähten an Stumpfstößen von Bauteilen aus S235JR mit Dicken über 16 mm zu berücksichtigen?

18. Welches Schweißverfahren ist für das Fügen der Bauteile auszuwählen? Begründen Sie Ihre Auswahl.

19. Die Schweißnähte sind nach DIN EN 25817, Bewertungsgruppe C zu beurteilen. An der Schweißnaht zwischen Lasche Pos. 564 und Schaft Pos. 76 wurden Einbrandkerben mit einer maximalen Tiefe von 1 mm festgestellt. Ist dies noch zulässig?

9.3 Herstellen der Träger

ARBEITSAUFTRAG

Ein Dachträger ist in der Werkstatt herzustellen. Dazu sollen die Bauteile gefertigt und anschließend gefügt werden. Hierfür sind geeignete Trenn- und Fügeverfahren auszuwählen und anzuwenden.

Träger stellen die zweite wesentliche Baugruppe der Produktionshalle dar. Grundsätzlich wird unterschieden zwischen

- Dachträgern und
- Rahmenträgern.

Der Dachträger wird nicht biegesteif an die Druckstütze angeschlossen und überträgt deshalb ausschließlich Druckkräfte in die Stütze.

Der Rahmenträger wird biegesteif an die Rahmenstütze angeschlossen. Aus diesem Grunde überträgt er sowohl Druckkräfte als auch Biegemomente.

Aufbau/ Funktion

9.3.1 Herstellen eines Dachträgers

Dachträger sind horizontal zwischen den Stützenköpfen angeordnet. Sie nehmen von der Dachhaut und der Trageinrichtung Druckkräfte auf und werden dadurch hauptsächlich auf Biegung beansprucht.

Durch seitlich wirkende Windkräfte besteht außerdem die Gefahr des Kippens der Hallentragkonstruktion. Dies wird durch Streben und Windverbände zwischen den Trägern verhindert (Abb. 1).

Grundsätzlich werden folgende Bauformen von Trägern unterschieden:

- Vollprofilträger,
- Hohlprofilträger,
- Stegblechträger,
- Wabenprofilträger,
- Kastenträger und
- Fachwerkträger.

Bei der Produktionshalle werden Vollprofilträger verwendet. Diese Träger sind, um ihre Aufgaben erfüllen zu können, immer in ähnlicher Weise aufgebaut. Sie bestehen aus einem vorgefertigten warm gewalzten Stahlprofil, das bei geringem Eigengewicht hohe Biegebelastungen aufnehmen kann.

Ein wesentliches Konstruktionselement sind die Trägeranschlüsse an den Trägerenden. Mit ihnen wird die Verbindung zu den Stützen hergestellt. Grundsätzlich werden biegesteife und nicht biegesteife (gelenkige) Trägeranschlüsse unterschieden. Der Dachträger der Produktionshalle ist über einen gelenkigen Anschluss mit der Stütze aus HEA 140 verbunden. Daneben sind Anschlussmöglichkeiten für Streben und Windverbände vorgesehen.

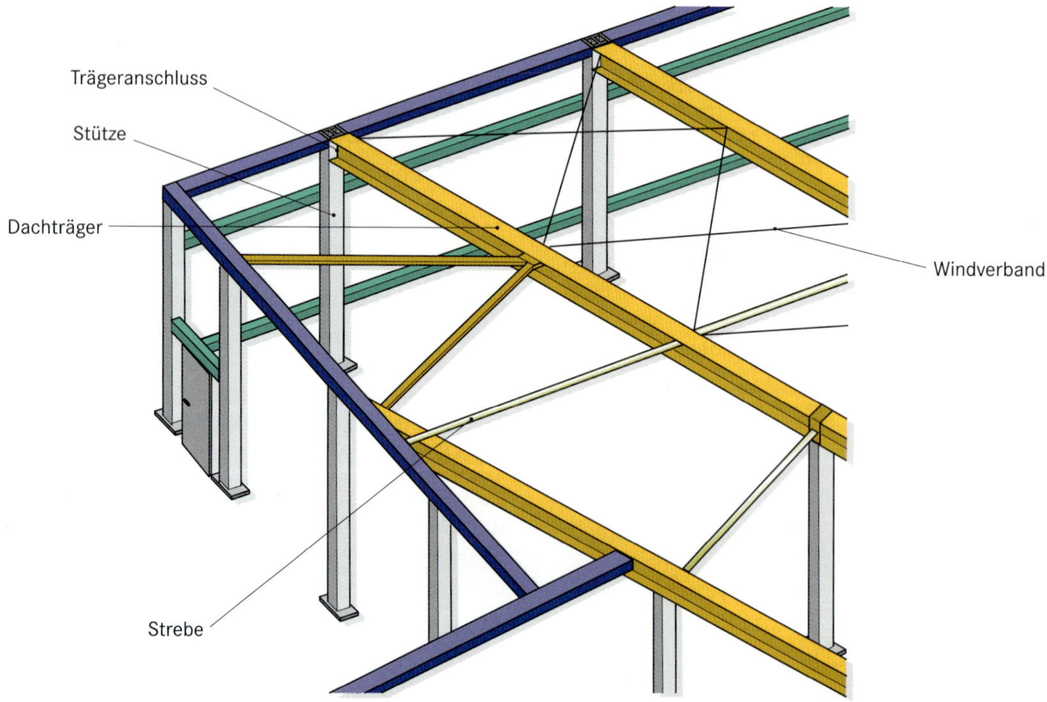

Abb. 1: Hallenausschnitt mit Dachträger

Fertigen der Teile des Dachträgers

Die Grundlage des Herstellungsprozesses bilden die

- Zeichnung und die
- Stückliste (Abb. 2).

Der Dachträger (DA/20) besteht aus Stahlprofil IPE 500. Dieses mittelbreite I-Profil hat eine Höhe von 500 mm, eine Breite von 200 mm und eine größte Materialdicke von 16 mm.

Der maximale Auflagerabstand und die Tragfähigkeit solcher Trägerprofile wird mit Hilfe von Tabellen ermittelt (Tab. 1).

Nach dieser Tabelle darf ein IPE 500-Profil aus S 235 bei einem maximalen Auflagerabstand von z. B. 14,7 m eine Streckenlast von q = 10 KN/m aufnehmen.

Unter dem maximalem Auflagerabstand ist die Trägerlänge zwischen zwei Stützen, an denen der Träger angeschlossen ist, zu verstehen.

Eine Streckenlast von q = 10 KN/m bedeutet, dass der Träger auf einen Meter Länge gleichmäßig verteilt mit einer Kraft F = 10.000 N belastet wird.

Im vorliegenden Fall kann der 14,7 m lange Träger deshalb gleichmäßig mit einer Kraft von insgesamt F = 147 KN belastet werden.

Diese Last kann der Dachträger (DA/20) zusätzlich zu seiner eigenen Masse von 1354 kg aufnehmen.

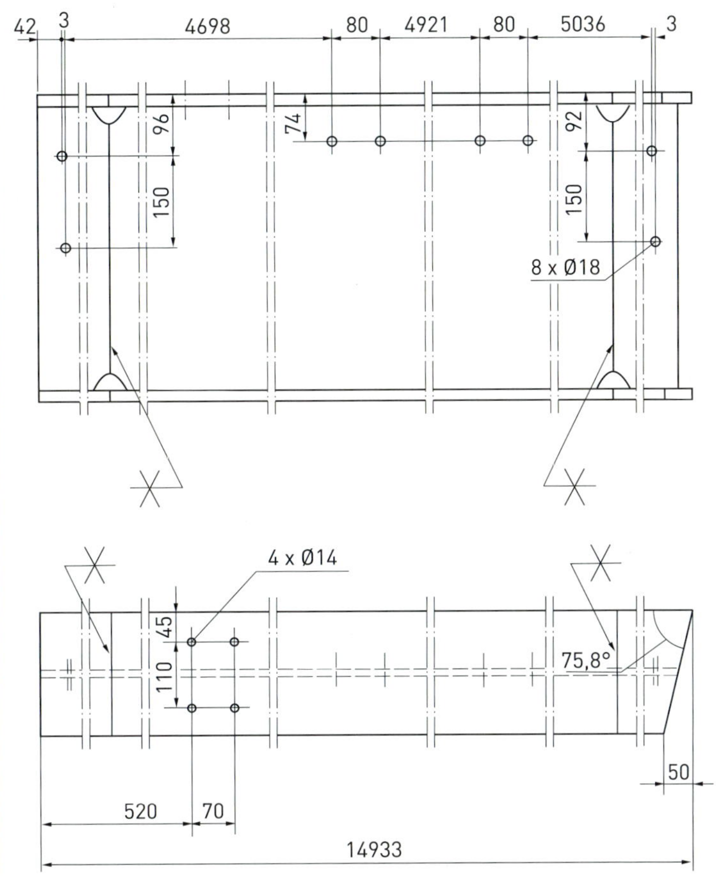

Pos.	Benennung	Profil	Stückzahl	Material	Länge [mm]
20	DA	IPE 500	sh. Versandliste	S235JR+N	14933,4

Abb. 2: Zeichnung und Stücklistenausschnitt des Dachträgers

Tab. 1: Maximale Auflagerabstände von IPE-Trägerprofilen

Streckenlast q in kN/m	Träger-werkstoff	Maximaler Auflagerabstand in m IPE					
		300	360	400	450	500	600
5	S235	11,2	14,2	16,1	18,0	$l > 18$	$l > 18$
	S355	13,7	17,4	18,0	$l > 18$	$l > 18$	$l > 18$
10	S235	7,9	10,1	11,4	12,0	14,7	18,0
	S355	9,7	12,3	14,0	15,9	18,0	$l > 18$

Da die Lieferlänge für das IPE 500-Profil im vorliegenden Fall nur 8000 mm beträgt, muss der Träger aus mehreren Einzelprofilen gefertigt werden.

Die Fügestelle zwischen den Einzelprofilen soll nicht in der Nähe der am stärksten beanspruchten Trägermitte liegen. Bei Verwendung von zwei Profilstücken mit einer Länge von 8000 mm bzw. 6933 mm liegt die Trennstelle aber nur rund einen halben Meter von der Trägermitte entfernt. Deshalb muss der 14933 mm lange Träger aus drei Profilstücken gefügt werden. Um die Fügestellen weiter nach außen zu legen, wird links und rechts des 8000 mm langen Mittelstücks je ein Profilstück gefügt.

Außerdem wurde für das spätere Fügen jeweils ein Spalt zwischen den Bauteilen von 2,5 mm gewählt. Dies ist in der Norm zur Fugenform von Stumpfnähten vorgeschrieben.

Die Gesamtträgerlänge von l_{ges} = 14933 mm ergibt sich aus den Profilteillängen l_1 und l_2 sowie den Schweißspaltmaßen s an den zwei Fügestellen. Damit können die zu fertigenden Profilteillängen l_2 bestimmt werden:

Vorgaben:

$l_1 = 8000\ \text{mm}, s = 2{,}5\ \text{mm}$

$$l_{ges} = l_1 + 2 \cdot l_2 + 2 \cdot s$$

$$l_2 = \frac{l_{ges} - l_1 - 2 \cdot s}{2}$$

$$l_2 = \frac{14933\ \text{mm} - 8000\ \text{mm} - 2 \cdot 2{,}5\ \text{mm}}{2}$$

$$l_2 = 3464\ \text{mm}$$

Eine Seite des Trägers wird an die Druckstütze (ST/27) über eine an der Stütze angeschweißte Lasche angeschlossen. Die Trägerachse verläuft nicht senkrecht, sondern schräg in einem Winkel von 76° zur Flanschfläche der Stütze. Wegen dieser Einbausituation ist eine Seite eines kurzen Profilstückes schräg zu sägen (Abb. 1).

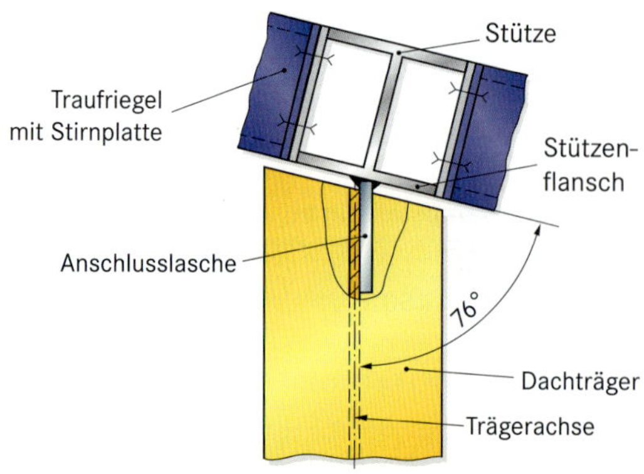

Abb. 1: Schräg gesägter Träger

Anschließend werden die Bohrungen hergestellt. Insgesamt sind acht Bohrungen mit einem Durchmesser d = 18 mm und vier Bohrungen mit einem Durchmesser d = 14 mm zu fertigen. Danach müssen die Schweißfugen durch mechanische oder thermische Bearbeitung vorbereitet werden. Für die Bearbeitung ist wegen der hohen Masse des Dachträgers der Einsatz von Lastaufnahmeeinrichtungen erforderlich.

Fügen der Teile des Dachträgers

Die drei Trägerprofilstücke werden durch zwei Stumpfstöße zum Dachträger gefügt. Durch geeignete Nahtvorbereitung ist das Durchschweißen des Steges und der Flansche sicherzustellen. Da der Steg eine Dicke von s = 10,2 mm und der Flansch eine Dicke von t = 16 mm hat, sind jeweils Doppel-V-Nähte vorzubereiten und auszuführen (Abb. 2).

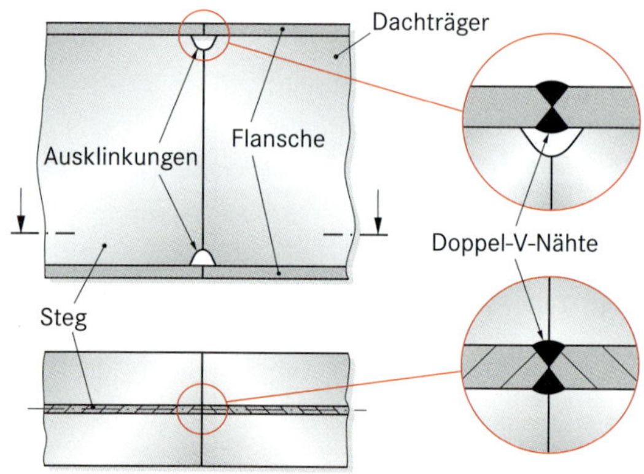

Abb. 2: Doppel-V-Nähte an Steg und Flansch

Um den Zugang beim Schweißen des inneren Teils der Doppel-V-Naht an den Flanschen zu ermöglichen, sind die Stege beider Profile im Bereich des Stoßes auszuklinken. Diese Ausklinkungen sind gerundet, damit keine Kerbwirkung und damit keine Schwächung des Trägers hervorgerufen wird (Abb. 3).

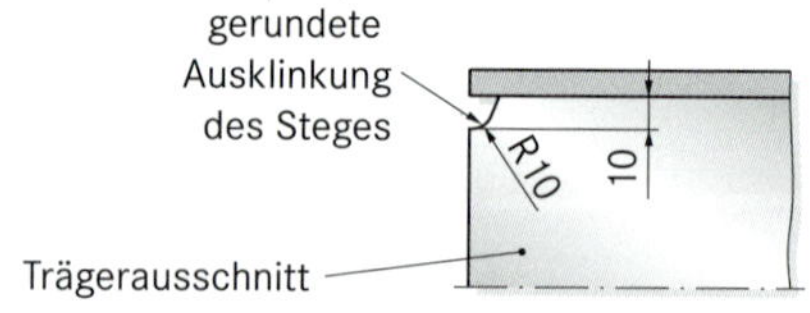

Abb. 3: Stegausklinkung

Der Ausklinkungsradius soll dabei nach Angaben des Deutschen Stahlbauverbandes (DSTV) mindestens 8,5 mm betragen. Um den Zugang beim Schweißen der Schweißnaht zu gewährleisten, wird die Ausklinkung hier etwas größer mit R = 10 mm ausgeführt. Die sonstigen Vorgaben beim Schweißen entsprechen denjenigen beim Schweißen der Stütze. Als Schweißverfahren wird das Metallschutzgasschweißen angewendet.

Der hier ausgeführte Laschenanschluss des Trägers an die Stütze resultiert aus der besonderen Anordnung des Trägers zur Stütze. Üblicherweise werden typisierte Trägeranschlüsse verwendet.

Typisierte gelenkige Trägeranschlüsse

Im Stahlhochbau werden Träger mit Stützen über Trägeranschlüsse verbunden. Die Konstruktion und Berechnung solcher Anschlüsse ist äußerst aufwendig und nur durch speziell ausgebildete Statiker möglich.

Aus Rationalisierungsgründen wird oft auf „typisierte Trägeranschlüsse" zurückgegriffen. Dies sind vom Deutschen Stahlbauverband (DSTV) festgelegte standardisierte Anschlüsse. Die Gestaltung dieser Anschlüsse ist vorgeschrieben und die zulässigen Grenzanschlusskräfte sind angegeben.

Grundsätzlich wird zwischen biegesteifen und nicht biegesteifen Trägeranschlüssen unterschieden. Nicht biegesteife, das heißt gelenkige Trägeranschlüsse liegen dann vor, wenn durch den Anschluss nur Druckkräfte und keine Biegemomente vom Träger in die Stütze übertragen werden können.

Bei den gelenkigen typisierten Trägeranschlüssen werden zwei grundsätzliche Arten unterschieden:

- gelenkige I-Träger-Winkelanschlüsse - „IW"
- gelenkige I-Träger-Stirnplattenanschlüsse - „IS"

Bei gelenkigen I-Träger-Winkelanschlüssen „IW" wird der Steg eines I-Trägers über zwei Anschlusswinkel mit der Stütze verbunden (Abb. 4).

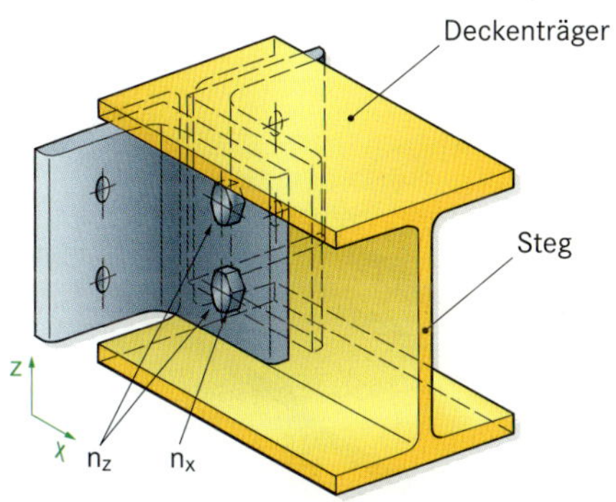

Abb. 4: I-Träger-Winkelanschluss IW 16 12

Für einen Dachträger aus IPE 500 ist bei rechtwinkeligem Anschluss an eine Stütze ein gelenkiger I-Träger-Winkelanschluss IW 16 12 anwendbar. Dabei bedeutet die Bezeichnung IW 16 12 Folgendes:

16 Gewindenenndurchmeser der Anschlussschrauben in mm;

1 Anzahl der Schrauben in horizontaler Richtung n_x am anzuschließenden Träger;

2 Anzahl der Schrauben in vertikaler Richtung n_z am anzuschließenden Träger.

Für den IW 16 12 ist als Winkelprofil ein L EN 10056-1 90 x 90 x 9 auszuwählen. Die Länge der Anschlusswinkel und die Anordnung und Größe der Bohrungen sind für jeden typisierten Anschluss ebenfalls vorgeschrieben (Abb. 5).

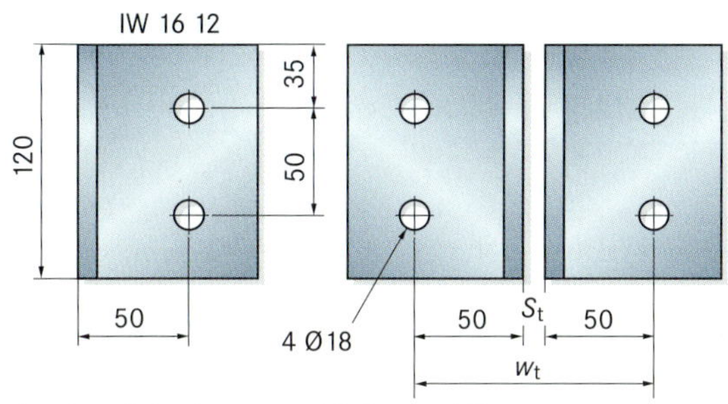

S_t - Stegdicke des anzuschließenden Trägers

Abb. 5: Anschlusswinkel für IW 16 12

Bei Einhaltung aller Vorgaben beträgt die Grenzanschlusskraftkraft $F_{A,R,d}$ dieses Winkelanschlusses dann $F_{A,R,d}$ = 71,61 KN (→📖). Allerdings ist dieser Anschluss bei der vorliegenden Stütze aus HEA140 wegen des Maßes w_t = 105,5 nicht anwendbar. Deshalb würde hier ein Stirnplattenanschluss gewählt werden.

Bei den gelenkigen I-Träger-Stirnplattenanschlüssen IS wird an den Kopf des Trägers eine Stirnplatte geschweißt. Dabei erfolgt die Schweißverbindung über eine Doppelkehlnaht zwischen Stirnplatte und dem Trägersteg sowie bei bestimmten Ausführungsformen zusätzlich noch mit einem Flansch (Abb. 6).

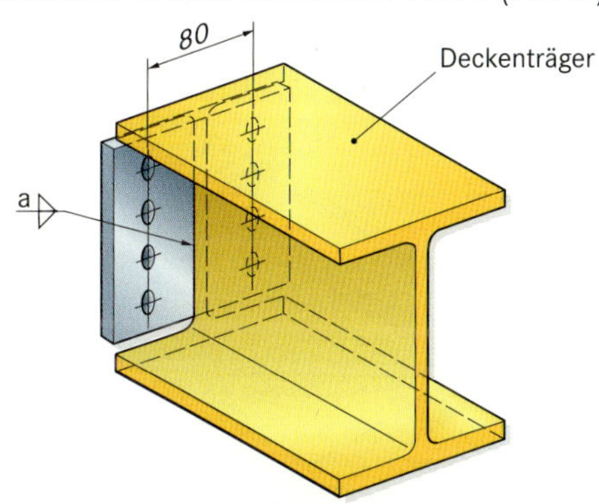

Abb. 6: I-Träger Stirnplattenanschluss

Auch bei diesen Anschlüssen werden alle Maße und die Grenzanschlusskraft vorgegeben (→📖). Möglich für den Anschluss des Dachträgers IPE500 an ein Stützenprofil HEA140 wäre ein Stirnplattenanschluss IS 20 8 8. Dabei bedeutet IS 20 8 8:

20 Gewindenenndurchmesser der Anschlussschrauben in mm;

8 Anzahl der Schrauben in der Stirnplatte;

8 horizontaler Schraubenabstand w in cm

Die Grenzanschlusskraft des IS 20 8 8 beträgt $F_{A,R,d}$ = 409,9 KN (→📖).

9.3.2 Herstellen eines Rahmenträgers

ARBEITSAUFTRAG

Ein Rahmenträger ist in der Werkstatt herzustellen. Dazu sollen die Bauteile gefertigt und anschließend gefügt werden. Hierfür sind geeignete Trenn- und Fügeverfahren auszuwählen und anzuwenden.

Aufbau/ Funktion

Rahmenträger nehmen Druckkräfte von der Dachhaut und der Trageinrichtung auf. Dadurch entstehen im Träger Biegemomente. Diese werden über biegesteife Trägeranschlüsse in die Rahmenstützen eingeleitet.

Außerdem können über den Rahmen seitlich wirkende Kräfte aufgenommen werden. Rahmenträger werden als Vollprofil-, Hohlprofil-, Stegblech-, Wabenprofil-, Kasten- und Fachwerkträger ausgeführt. Die Rahmenträger der Produktionshalle sind Vollprofilträger aus warmgewalzten Stahlprofilen (Abb. 1).

Der Rahmenträger besteht aus

- dem Trägerprofil,
- den biegesteifen Trägeranschlüssen sowie
- den Anschlüssen für Windverbände und/oder Streben.

Die wesentlichen Konstruktionselemente des Rahmenträgers sind die biegesteifen Anschlüsse an die Rahmenstützen. Im vorliegenden Fall werden typisierte „momententragfähige Stirnplattenanschlüsse IH" nach Vorschrift des Deutschen Stahlbauverbandes verwendet.

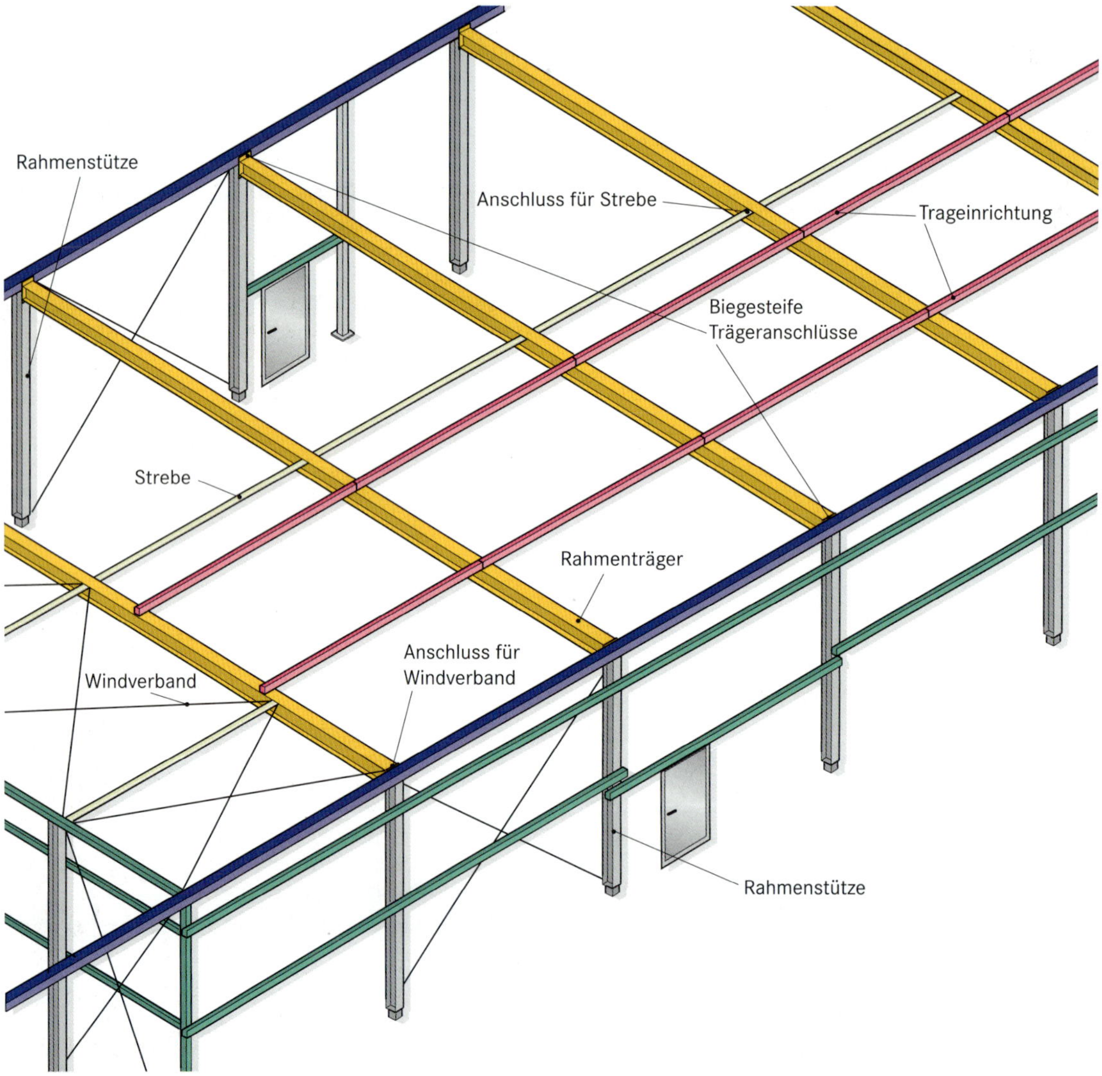

Abb. 1: Hallenausschnitt mit Rahmenträger

Typisierte momententragfähige Stirnplattenanschlüsse

Im Stahlhochbau werden Rahmenträger mit Rahmenstützen über momententragfähige Stirnplattenanschlüsse verbunden. Momententragfähige, d. h. biegesteife Trägeranschlüsse liegen dann vor, wenn durch den Anschluss sowohl Druckkräfte als auch Biegemomente vom Träger in die Stütze übertragen werden können.

Aus Vereinfachungsgründen wird bei den biegesteifen Anschlüssen auf entsprechende „typisierte Trägeranschlüsse" des Deutschen Stahlbauverbandes (DSTV) zurückgegriffen.

Die Gestaltung dieser Anschlüsse ist beschrieben und die zulässigen Grenzanschlusskräfte und Grenzanschlussmomente sind vorgegeben.

Bei den momententragfähigen Stirnplattenanschlüssen werden zwei Typen unterschieden:

- Typ IH 1: Anschluss mit bündiger Stirnplatte,
- Typ IH 3: Anschluss mit überstehender Stirnplatte.

Beim Typ IH 1 sind die Stirnplatten nur etwas länger und breiter als Trägerhöhe und Trägerbreite. Dies ermöglicht das Schweißen einer ringsum verlaufenden Kehlnaht zwischen Trägerprofil und Stirnplatte. Schrauben sind bei diesem Anschluss nur innerhalb des Trägerprofils angeordnet (Abb. 2).

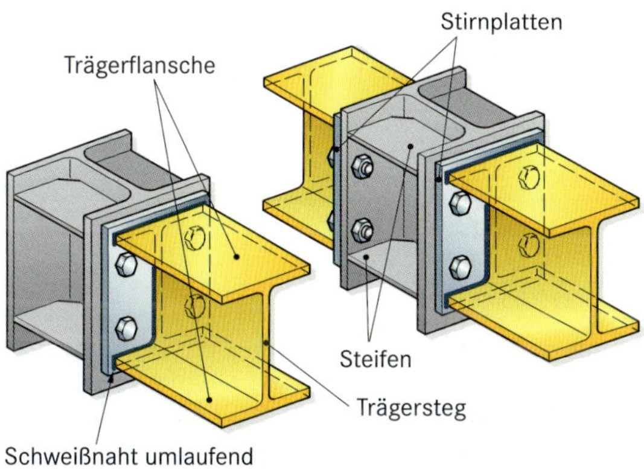

Abb. 2: Momententragfähiger Stirnplattenanschluss IH 1

Beim momententragfähigen Stirnplattenanschluss Typ IH 3 steht die Stirnplatte auf einer Seite ebenfalls nur so viel über, dass die Doppelkehlnaht geschweißt werden kann.

Auf der anderen Seite geht die Stirnplatte aber so weit über die Trägeroberkante hinaus, dass noch eine weitere Schraubenreihe außerhalb des Trägerprofils angeordnet werden kann. Dadurch kann dieser Anschluss in einer Richtung deutlich höhere Biegemomente aufnehmen (Abb. 3).

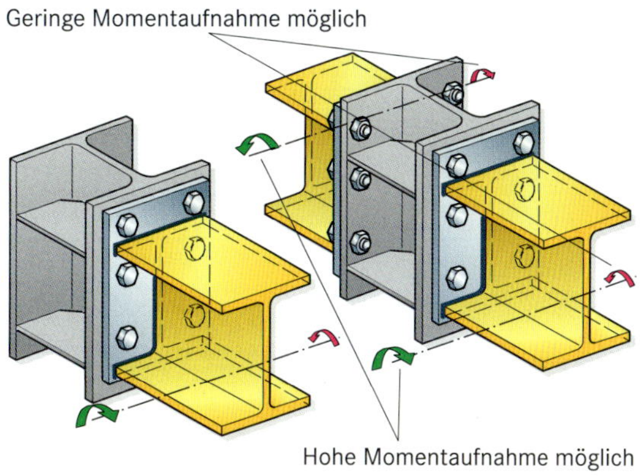

Abb. 3: Momententragfähiger Stirnplattenanschluss IH 3

Eine Möglichkeit eines momententragfähigen Stirnplattenanschlusses eines Trägerprofils IPE 400 an eine Stütze ist der Anschluss IH 3 E 40 20. Dabei bedeutet die Bezeichnung Folgendes:

IH Momententragfähiger Anschluss für I-Profile

3 überstehende Stirnplatte

E Trägerprofil IPE

40 Nennhöhe des Trägerprofils in cm

20 Gewindenenndurchmesser der Anschlussschrauben in mm

Für den IH 3 E 40 20 ist eine Stirnplatte zu verwenden, deren Abmessungen einschließlich Anordnung und Größe der Bohrungen genau vorgeschrieben sind und Tabellen entnommen werden können (Abb. 4).

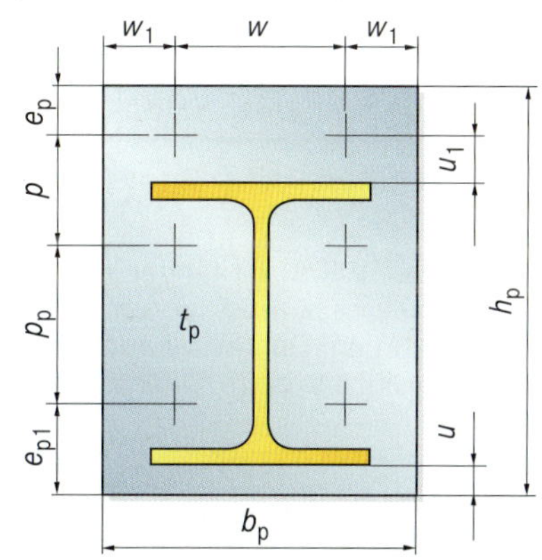

Abb. 4: Stirnplattenabmessungen des IH 3 E 40 20

Auch die Nahtdicken der Doppelkehlnähte sind vorgeschrieben. Für die Naht am Flansch beträgt die Nahtdicke a_f = 9 mm und für die Naht am Steg a_s = 6 mm.

Bei Einhaltung aller Vorgaben können diese Anschlüsse die in den Tabellen angegebenen Grenzanschlusskräfte und Grenzanschlussmomente aufnehmen.

Fertigen

Fertigen der Teile des Rahmenträgers

Der Rahmenträger (RR/3) hat eine Länge von 15944 mm einschließlich der beiden Stirnplattendicken von je 16 mm. Dieser Träger besteht aus Stahlprofil IPE 400 (Abb. 1).

Die Maße dieses mittelbreiten I-Profils sind Tabellen zu entnehmen.

Die Grundlage des Herstellungsprozesses bilden:

- die Zeichnung und
- die Stückliste.

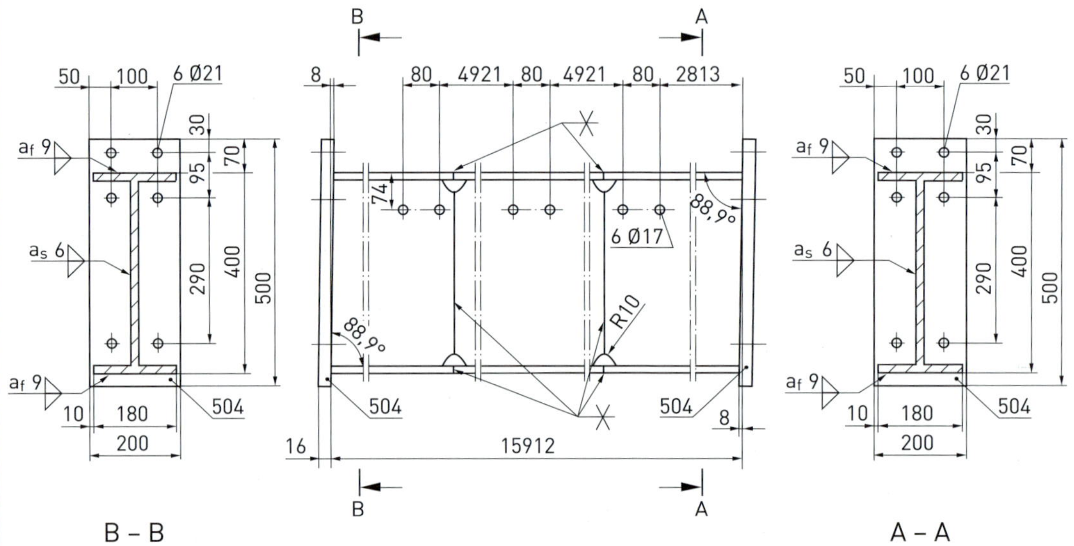

Pos.	Benennung	Profil	Stückzahl	Material	Länge [mm]
3	RR	IPE 400	s. Versandliste	S235JR+N	15912
504	SP	Flachstab EN 10058 - 200 x 16 x 500	2	S235JR+N	

Abb. 1: Rahmenträger

Der Rahmenträger (RR/3) ist länger als der Dachträger (DA/20). Deshalb muss dieser Träger auch mehr Last aufnehmen. Dennoch kann ein deutlich kleineres IPE-Profil als beim Dachträger (DA/20) verwendet werden.

Die Ursache liegt in der Größe des auf den Träger wirkenden Biegemomentes. Das auf den Rahmenträger wirkende Biegemoment berechnet sich bei zweiseitigem biegesteifen Anschluss an die Stützen und gleichmäßiger Trägerbelastung nach der Formel:

$$M_b = \frac{F \cdot l}{12}$$

Für den beidseitig gelenkig angeschlossenen Dachträger gilt dagegen die Formel:

$$M_b = \frac{F \cdot l}{8}$$

Damit ist bei gleicher Belastung F das im biegesteif angeschlossenen Rahmenträger wirkende Biegemoment deutlich kleiner als das Biegemoment im gelenkig angeschlossenen Dachträger.

Deshalb kann der Rahmenträger wegen der biegesteifen Anschlüsse an die Stützen eine deutlich höhere Biegebelastung aufnehmen als ein gelenkig angeschlossener Träger.

Bei gleicher Biegebelastung kann ein kleineres Trägerprofil als beim Dachträger verwendet werden.

Nachteilig ist bei der Rahmenkonstruktion, dass die Rahmenstützen die vom Rahmenträger kommenden Biegemomente zusätzlich zu den Druckkräften aufnehmen müssen (Abb. 2).

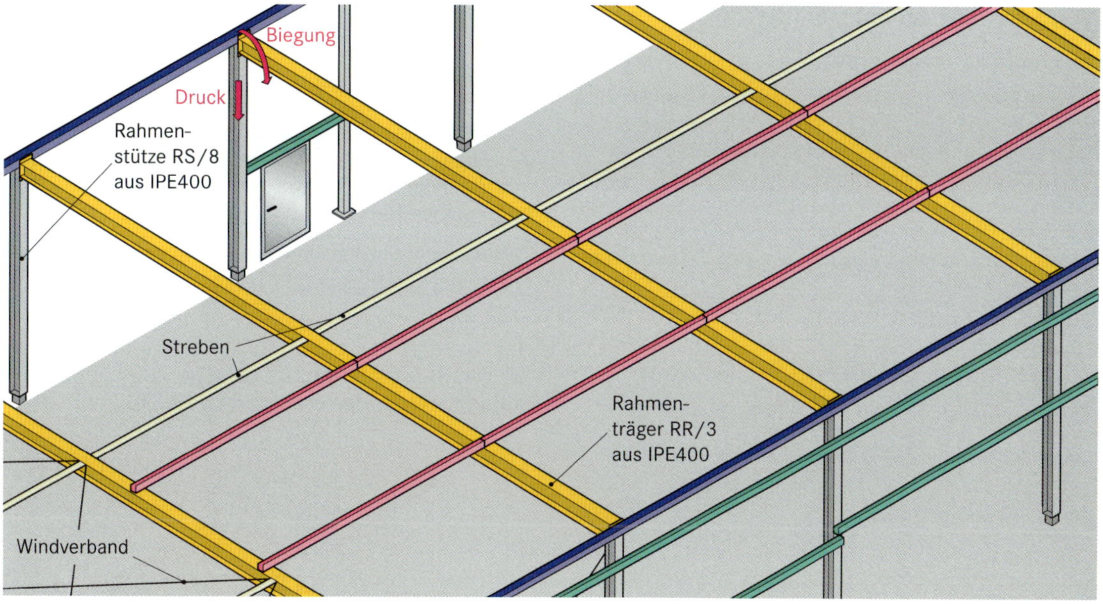

Abb. 2: Rahmenträger mit Streben und Windverbänden

Der Rahmenträger (RR/3) muss aufgrund der maximalen Lieferlänge des Profils von 8000 mm aus mehreren Einzelprofilen geschweißt werden.

Damit die Fügestellen zwischen den Einzelprofilen nicht in der Nähe der am stärksten beanspruchten Trägermitte liegen, werden drei Profilteile verwendet. Die Gesamtschaftlänge von l_{ges} = 15912 mm ergibt sich aus den Profilteillängen l_1 und l_2 sowie den Schweißspaltmaßen s an den zwei Fügestellen. Damit können die zu fertigenden Profilteillängen l_2 bestimmt werden.

Vorgaben:

$l_1 = 8000\ \text{mm};\ s = 2\ \text{mm}$

$$l_{ges} = l_1 + 2 \cdot l_2 + 2 \cdot s$$

$$l_2 = \frac{l_{ges} - l_1 - 2 \cdot s}{2}$$

$$l_2 = \frac{15912\ \text{mm} - 8000\ \text{mm} - 2 \cdot 2\ \text{mm}}{2}$$

$$\underline{\underline{l_2 = 3954\ \text{mm}}}$$

Die Größe des Schweißspaltes s = 2 mm ist in der Norm zur Fugenform von X-Nähten vorgeschrieben.

Durch das Anschweißen der zwei Stirnplatten mit einer Dicke von jeweils d = 16 mm ergibt sich die Gesamtlänge des fertigen Rahmenträgers mit l_{ges} = 15944 mm.

In den Trägersteg werden sechs Bohrungen mit einem Durchmesser d = 17 mm eingebracht. Diese Bohrungen dienen der späteren Befestigung der Streben und weiterer Bauteile (Abb. 2).

Außerdem sind zwei Stirnplatten (SP/504) nach Zeichnung zu fertigen. Über die beiden Stirnplatten wird der Rahmenträger mit den Stützenköpfen verbunden.

Die Stirnplatten werden aus Blech EN 10 029-16 A x 200 x 500 S235JR+N mittels Brennschneiden ausgeschnitten (Abb. 3).

Anschließend werden je Stirnplatte sechs Bohrungen mit d = 21 mm gebohrt. Sie dienen dem Anschluss des Trägers an die Stütze.

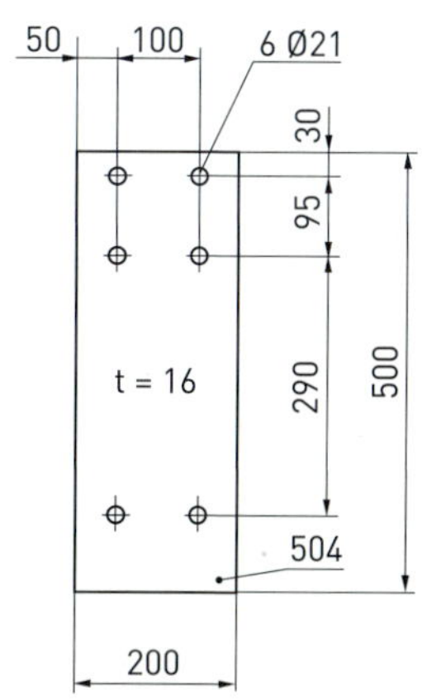

Abb. 3: Stirnplatte des Rahmenträgers

Fügen

Fügen der Teile des Rahmenträgers

Geschweißte Trägerstöße

Die drei Einzelprofile werden über zwei Stumpfstöße zum Rahmenträger gefügt. Das Trägerprofil IPE 400 hat eine Stegdicke $s = 8{,}6$ mm und eine Flanschdicke $t = 13{,}5$ mm. Um ein Durchschweißen zu gewährleisten, werden Doppel-V-Nähte vorbereitet und geschweißt. Die Stegausklinkungen gewährleisten den Zugang zum innenliegenden Teil der Schweißnaht am Flansch (Abb. 1).

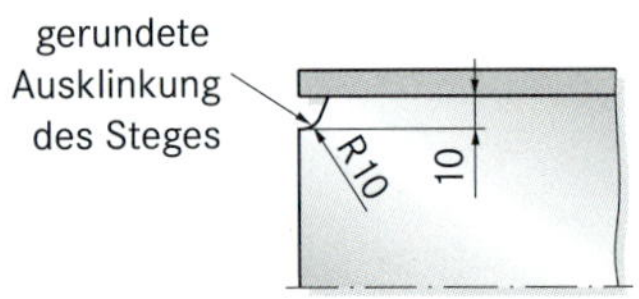

Abb. 1: Stegausklinkung

Anschließend werden die Stirnplatten mit dem Trägerprofil geschweißt. Dies erfolgt durch Doppel-Kehlnähte mit einer Kehlnahtdicke von $a_s = 6$ mm am Steg und $a_f = 9$ mm an den Flanschen (Abb. 2).

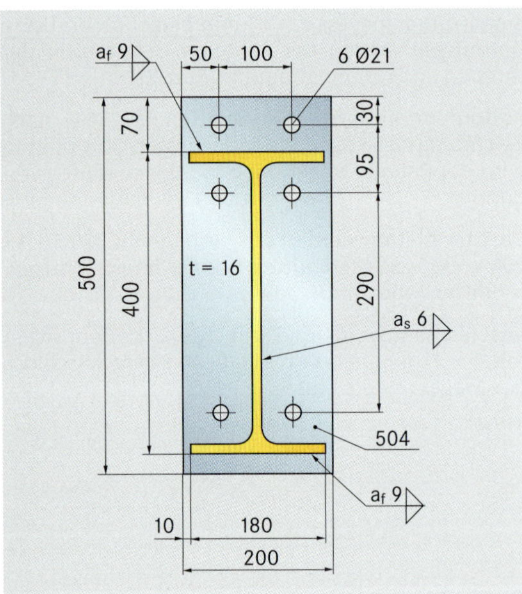

Abb. 2: Geschweißte Stirnplatte

Um den Schweißverzug gering zu halten, wird die Stirnplatte zunächst am Steg und danach an den Flanschen geheftet.

Die Kehlnähte werden beidseitig ausgeführt, damit möglichst wenig Schweißverzug entsteht. Die großen Nahtquerschnitte sind durch mehrlagiges Schweißen zu erreichen. In der gleichen Reihenfolge wie beim Heften werden die einzelnen Lagen nacheinander geschweißt.

Geschraubte Trägerstöße

Wenn Träger aus Transportgründen erst auf der Baustelle zu fügen sind, werden meist geschraubte Trägerstöße verwendet. Hintergrund ist, dass für eine Schweißverbindung Witterungsschutz sichergestellt werden muss. Außerdem muss der Träger mehrfach gedreht werden, damit Zwangspositionen beim Schweißen vermieden werden.

Wenn der Trägerstoß Biegemomente übertragen muss, werden biegesteife Trägerstöße verwendet.

Eine übliche Ausführung ist der Stirnplattenstoß. Hier werden meist die typisierten momententragfähigen Stirnplattenanschlüsse IH 3 des Deutschen Stahlbauverbandes verwendet (Abb. 3).

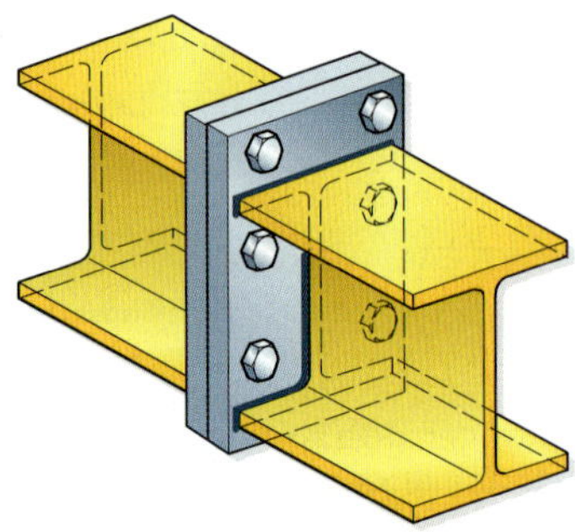

Abb. 3: Biegesteifer Stirnplattenträgerstoß

Als biegesteife Trägerstöße ohne Schweißnähte werden Laschenstöße verwendet. Ihre Herstellung ist aufwendiger als die der Stirnplattenstöße (Abb. 4).

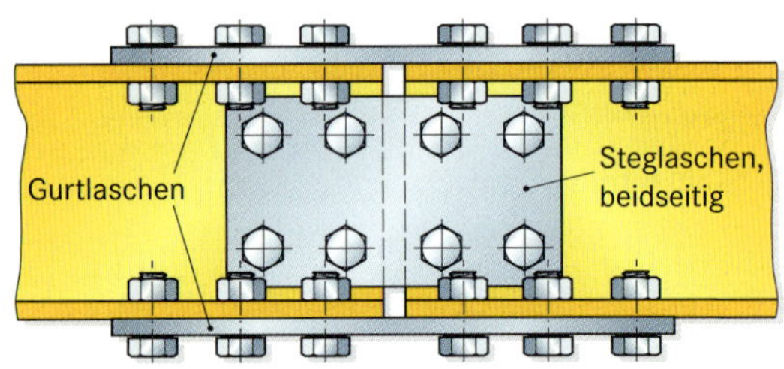

Abb. 4: Biegesteifer Laschenträgerstoß

Wenn keine Biegemomente übertragen werden müssen, z. B. weil der Träger im Bereich des Trägerstoßes auf einer Stütze aufliegt, können gelenkige Laschenstöße verwendet werden (Abb. 5).

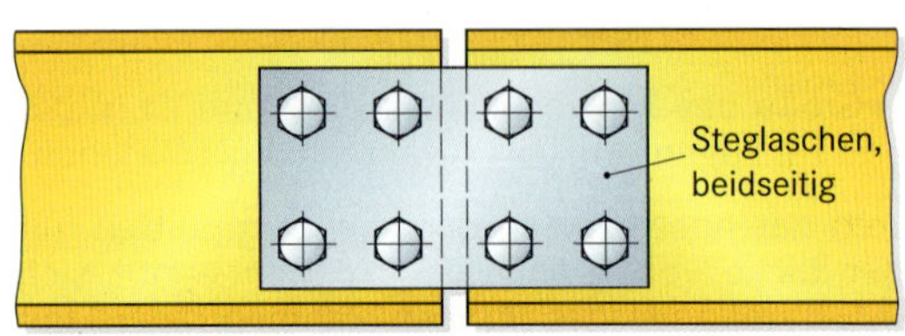

Abb. 5: Gelenkiger Laschenträgerstoß

9.3.3 Trägerbauformen

Die dargestellten Vollprofilträger werden für Trägerlängen bis ca. 20 m verwendet. Bei größeren Trägerlängen steigt das Eigengewicht im Vergleich zur Tragfähigkeit des Trägers stark an. Auch wegen des zunehmenden Fertigungsaufwandes beim Walzen großer Profile wird diese Trägerform unwirtschaftlich. Es kommen dann andere Trägerformen zum Einsatz und zwar:

- Stegblechträger,
- Wabenprofilträger,
- Kastenträger und
- Fachwerkträger.

Stegblechträger werden durch Schweißen des Profils aus mehreren Einzelteilen, hier Flachstählen, wirtschaftlich hergestellt (Abb. 6).

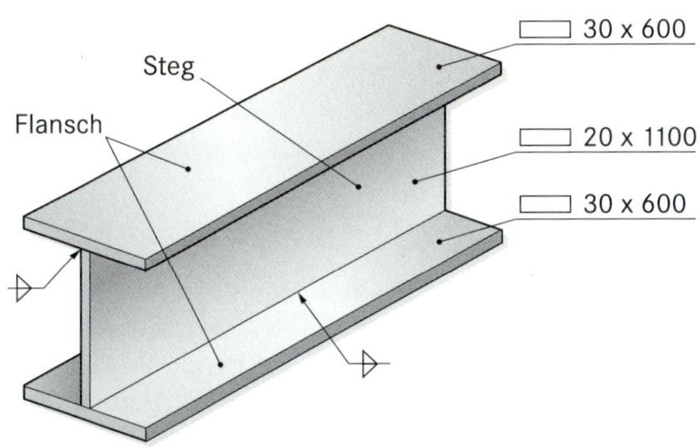

Abb. 6: Stegblechträger

Bei den Stegblechträgern wird der hohe Biegewiderstand durch eine große Profilhöhe und die Verwendung von Flanschen mit großer Dicke erreicht.

Wabenträger sind im prinzipiellen Aufbau dem Stegblechträger ähnlich. Durch wabenförmige Öffnungen im Profilsteg wird ein geringes Eigengewicht des Trägers erreicht. Er besteht aus speziell getrennten Teilen eines Vollprofils (Abb. 7).

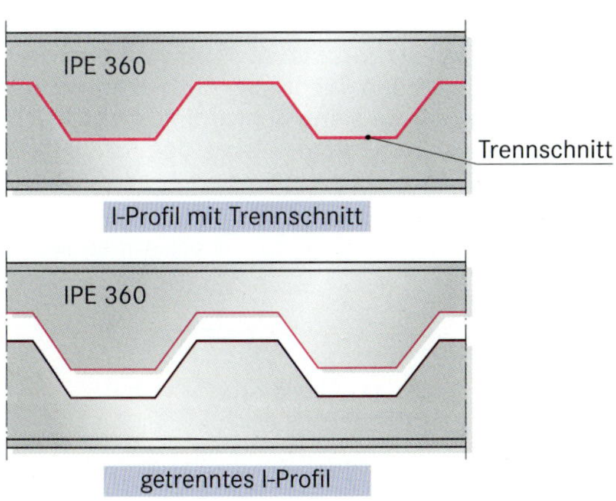

Abb. 7: Fertigen von Wabenträgerteilen

Die Teile werden gegeneinander verschoben und zum Wabenprofil verschweißt. Dabei ist die Verwendung von Zwischenblechen möglich (Abb. 8).

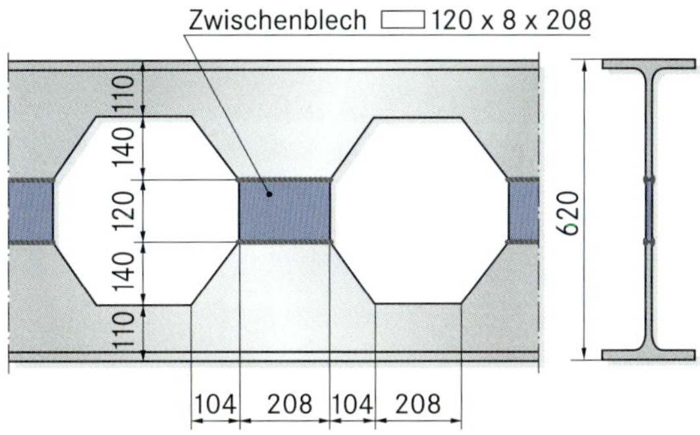

Abb. 8: Wabenträger

Kastenträger werden aus mehreren Einzelteilen geschweißt. Aufgrund der Bauweise haben sie bei gleicher oder geringerer Bauhöhe eine höhere Tragfähigkeit als Stegblechträger. Außerdem ermöglichen sie die Aufnahme von Ver- und Entsorgungsleitungen (Abb. 9).

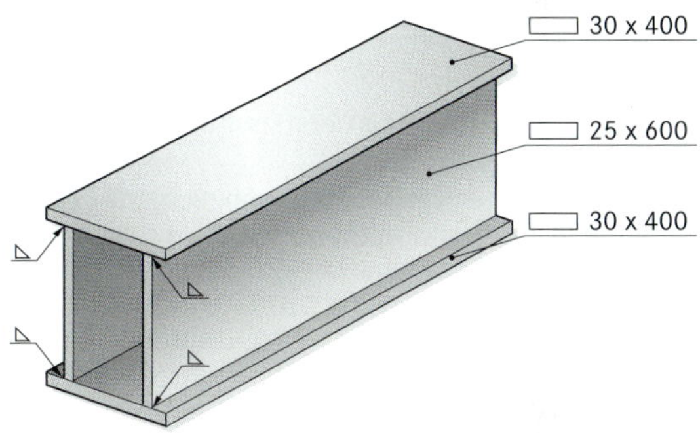

Abb. 9: Kastenträger

Fachwerkträger sind wirtschaftlich ab 15 m Auflagerabstand einsetzbar. Das Eigengewicht von Fachwerkträgern ist mit zunehmenden Trägerlängen deutlich geringer als bei gleichlangen Profilträgern gleicher Tragfähigkeit. Alle Fachwerkträger bestehen grundsätzlich aus einer Aneinanderreihung von Dreieckstrukturen (Abb. 10).

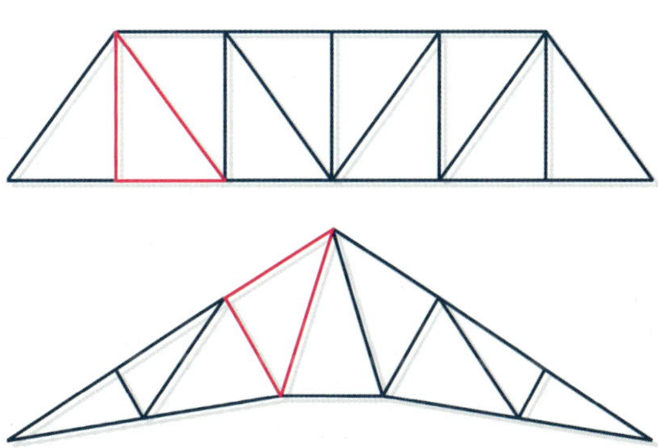

Abb. 10: Dreieckstrukturen in Fachwerkträgern

Hintergrund ist, dass Dreieckstrukturen einen starren Verband bilden. Auch wenn die einzelnen Stäbe eines Dreieckverbandes gelenkig miteinander verbunden sind, verschiebt sich dieser Verband bei Belastung im Gegensatz zu anderen Verbänden nicht (Abb. 1).

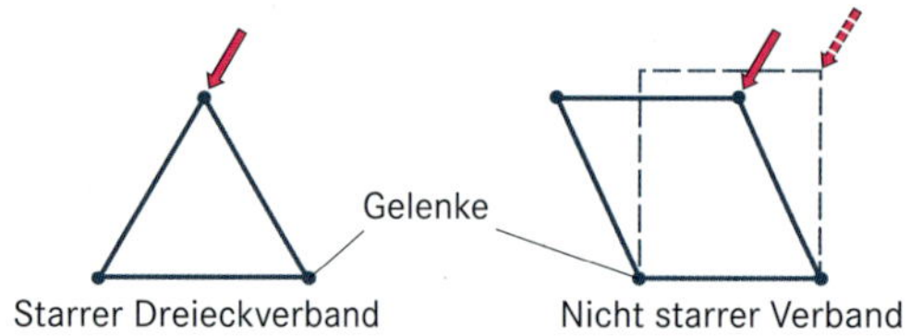

Abb. 1: Stabverbände

In den Stäben eines Dreieckverbandes wirken nur Druck- und Zugkräfte. Eine Biegebelastung der Stäbe liegt nicht vor (Abb. 2).

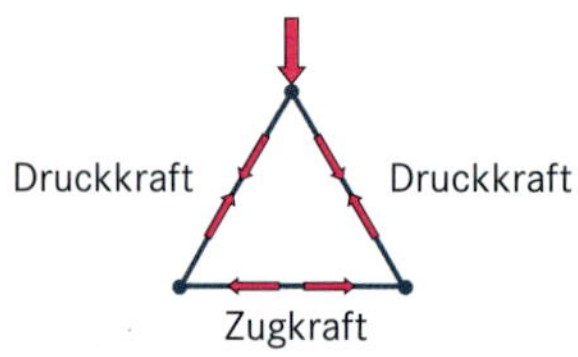

Abb. 2: Druck- und Zugkräfte in Dreieckverbänden

Deswegen können die Zugstäbe sehr schlank gestaltet werden. Druckstäbe müssen wegen der zusätzlichen Knickbeanspruchung kräftiger dimensioniert werden. Um die Fertigung zu vereinfachen, werden Druck- und Zugstäbe trotz der unterschiedlich hohen Beanspruchung dennoch oft aus gleich großen Profilen hergestellt. Die hiermit verbundene Überdimensionierung der Zugstäbe wird wegen des insgesamt geringeren Herstellungsaufwandes in Kauf genommen.

Die Einzelteile eines Fachwerkes werden mit festgelegten Begriffen bezeichnet (Abb. 3).

Dies sind:

- Ober- und Untergurte,
- Füllstäbe/Diagonale,
- Füllstäbe/Vertikale und
- Knoten.

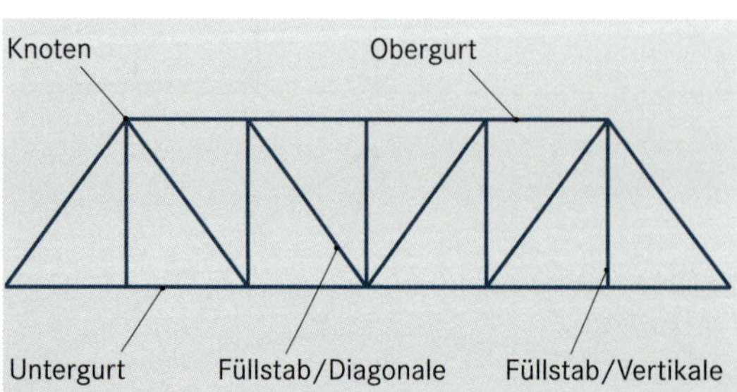

Abb. 3: Einzelteile eines Fachwerkträgers

Bei der Planung eines Fachwerkträgers werden die wesentlichen Bezeichnungen und Größen in einem Netz- bzw. Systemplan erfasst. Dies sind:

- die Bezeichnung der Knotenpunkte I, II, ...
- die Bezeichnung der Stäbe,
  - Untergurtstäbe: U1, U2, ...
  - Obergurtstäbe: O1, O2, ...
  - Diagonalstäbe: D1, D2, ...
  - Vertikalstäbe: V1, V2, ...,
- der Auflagerabstand,
- die Trägerhöhe (Abb. 4).

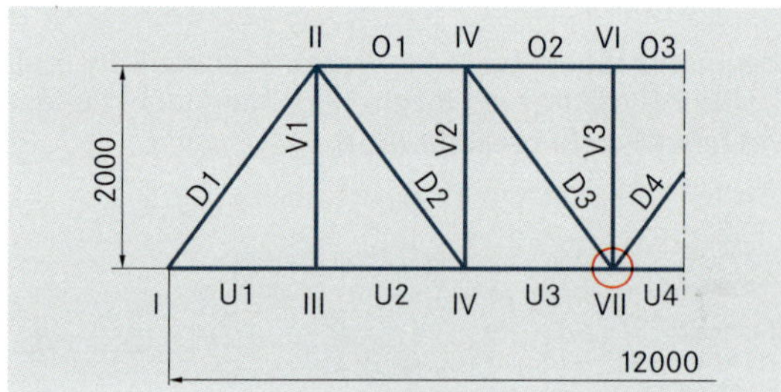

Abb. 4: Ausriss aus einem Netzplan

Wichtig bei der Konstruktion eines Fachwerkträgers sind die Systemlängen. Hierunter versteht man die Abstände von Knotenpunkt zu Knotenpunkt, angegeben in mm. Diese Maße können anstatt der Abkürzungen U1, U2 usw. direkt im Netzplan angegeben werden. Eine übersichtliche Methode ist die Darstellung der Systemlängen in einer Tabelle (Tab. 1).

Tab. 1: Systemlängen eines Fachwerkes

Nr.	Stab	Systemlänge in mm
1	$U_{1,2}$	2000
2	$O_{1,2}$	2000
3	$V_{1,2,3}$	2000
4	$D_{1,2,3}$	2828
...		

Bei der Herstellung des Fachwerkträgers ist die Anordnung der Stabprofile im Fachwerk entscheidend. Dabei werden nicht die Außenkanten des Stabprofils, sondern seine Schwerlinie berücksichtigt. Für jedes Profil ist die Lage der Schwerlinie bekannt (Abb. 5).

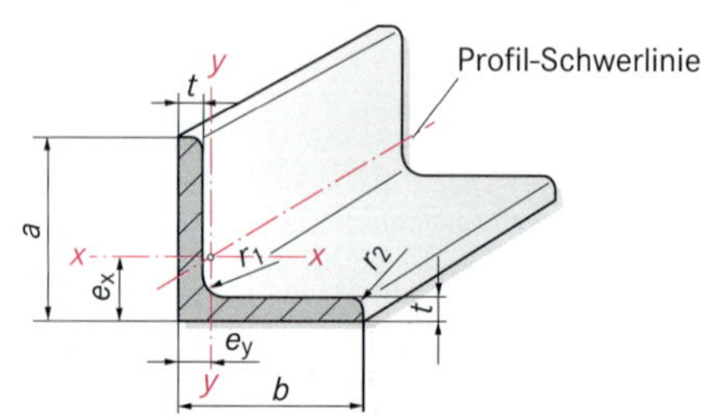

Abb. 5: Lage der Schwerlinie im Winkelprofil

Die Stäbe müssen so eingeordnet werden, dass sich ihre Schwerlinien in einem Punkt, dem Knotenpunkt treffen (Abb. 6).

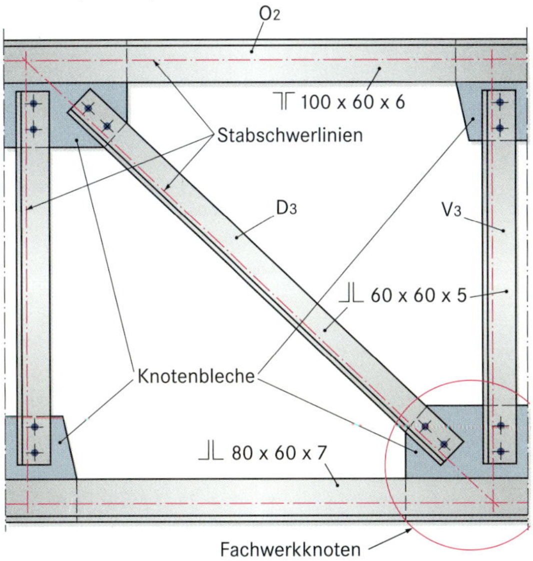

Abb. 6: Anordnung der Stäbe im Fachwerk

Hierdurch wird ausgeschlossen, dass im Knoten und in den Stäben Biegebeanspruchungen auftreten.

Die Fachwerkstäbe werden über Knotenbleche miteinander verbunden. Das Knotenblech leitet die Stabkräfte weiter. Die Befestigung der Stäbe am Knotenblech kann durch Schweißen oder Schraubenverbindungen erfolgen (Abb. 7).

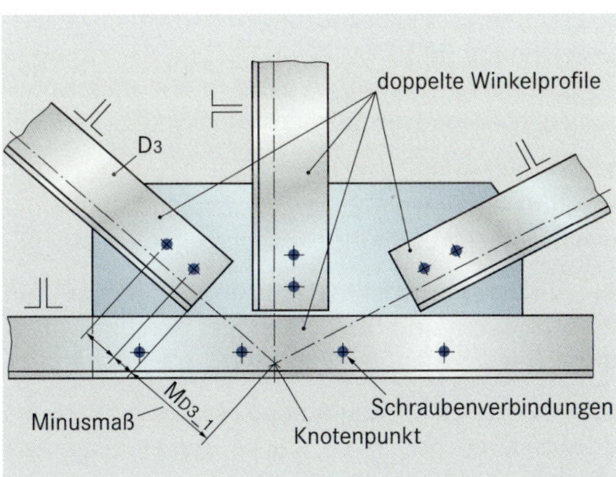

Abb. 7: Fachwerkknoten

In die Zeichnung werden außer den Knotenblechumrissen auch die Systemlinien, die Profilumrisse und die Bohrungsmittelpunkte eingezeichnet (Abb. 8).

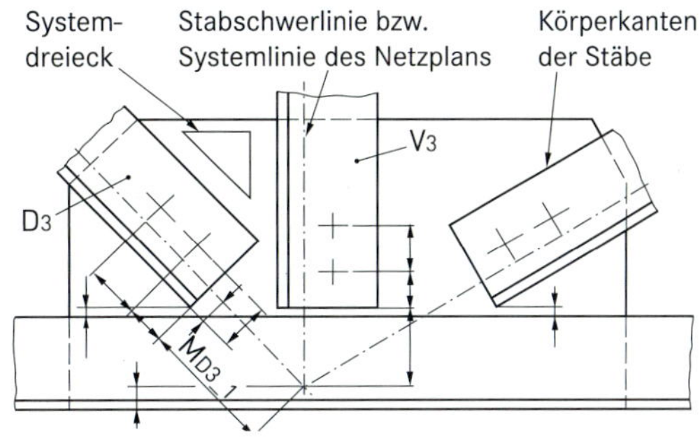

Abb. 8: Zeichnung eines Knotens mit Stäben

Um Winkelangaben zu vermeiden, wird die Neigung der Systemlinien über ein so genanntes Systemdreieck angegeben. Dazu wird z. B. das Systemdreieck der Stäbe V3, O2 und D3 aus dem Netzplan in die Zeichnung des Knotenbleches übertragen und mit den drei Systemlängen versehen.

Eine Möglichkeit, das Knotenblech zu fertigen, besteht darin, die Zeichnung im Maßstab M 1:1 auf das Blech, aus dem das Knotenblech gefertigt werden soll, zu legen. Dann werden mit einem Körner die Eckpunkte des Knotenbleches sowie die Bohrungsmittelpunkte durch die Zeichnung hindurch auf dem Blech markiert. Dies wird als Arbeiten mit Naturgrößen bezeichnet. Anschließend werden die Außenkontur angerissen und zugeschnitten sowie die Bohrungen gefertigt. Dieses Verfahren wird zunehmend durch eine CNC-gestützte Fertigung ersetzt.

Die Knotenblechzeichnung in M 1:1 wird auch zur Ermittlung der tatsächlichen Stablängen verwendet. Aus dem Systemplan sind die Systemlängen der einzelnen Stäbe bekannt. In der Knotenblechzeichnung wird der Abstand des Stabendes bis zum Knotenpunkt in Richtung der Systemlinie abgegriffen. Dieser Abstand wird als Minusmaß, hier beispielsweise MD3_1, bezeichnet (Abb. 8).

Um die tatsächliche Stablänge zu erhalten, werden von der Systemlänge, z. B. D3, die Minusmaße, z. B. MD3_1 und MD3_2, an den beiden Stabenden abgezogen. So werden die Längen aller Fachwerkstäbe für die Zuschnittliste ermittelt. Aus Gründen der Übersichtlichkeit erfolgt dies in Tabellen (Tab. 2).

Tab. 2: Stablängenermittlung

Nr.	Stab	Systemlänge in mm	Minusmaß 1	Minusmaß 2	Stablänge D3
1	D3	2828	116	125	2587
2	O3	2000			
3	V3	2000			

Die Stäbe können auch direkt miteinander verbunden werden. Dies setzt umfangreiche Anpassungsarbeiten wie Gehrungsschnitte und Ausklinkungen an den Stabenden voraus und ist meist nur bei Schweißkonstruktionen möglich.

Zusammenfassung

Die Trägerherstellung erfordert zu Beginn umfangreiche Planungsarbeiten. Ausgehend von den Aufgaben der Träger, der Trägerart und dem Trägeraufbau werden die Fertigung und das Fügen der Einzelteile festgelegt und ausgeführt.

Herstellen der Träger

Planen

- Aufgaben von Trägern
- Trägerarten
  - Dachträger
  - Rahmenträger
  - Stegblechträger
  - Wabenträger
  - Kastenträger
  - Fachwerkträger
- Trägeraufbau
  - Schaft
  - Stoß
    - biegesteif/gelenkig
    - geschweißt/geschraubt
  - Anschluss
    - biegesteif/gelenkig
    - geschweißt/geschraubt

Fertigen der Trägerteile

- Auswählen der Halbzeuge
- Anreißen
- Sägen/Zuschneiden
- Bohren/Stanzen von Löchern

Fügen der Trägerteile

- Vorbereiten der Schweißnahtflanken
- Verfahrensauswahl
  - Lichtbogenhandschweißen
  - Metallschutzgasschweißen
- Schweißen der Einzelteile

Aufgaben

1. Geben Sie an, welche Bauformen von Trägern grundsätzlich unterschieden werden, und welche Aufgaben diese Träger haben.

2. Ein 14 m langer Träger aus IPE 360 - S235 ist durch Schweißen dreier Teilstücke mit max. 8 m Einzellänge zu fertigen.
a) Welche Gesamtkraft in KN kann dieser Träger bei gleichmäßiger Lastverteilung aufnehmen, wenn durch die Schweißnaht keine Schwächung erfolgt?
b) Beschreiben Sie Anordnung, Vorbereitung und Ausführung der Schweißnähte am Trägerprofil.
c) Welchen Sinn haben Stegausklinkungen bei der Vorbereitung von Stumpfstößen zwischen I-Profilen?

3. Gelenkige Trägeranschlüsse können als typisierte Anschlüsse nach DSTV ausgeführt werden.
a) Beschreiben Sie, welche Arten von gelenkigen Trägeranschlüssen hier unterschieden werden.
b) Welche Vorteile bietet die Verwendung typisierter Trägeranschlüsse im Stahlbau?

4. Beschreiben Sie, worin der grundsätzliche Unterschied zwischen einfachen Dachträgern und Rahmenträgern liegt.

5. Erklären Sie, warum Rahmenträger bei gleicher Größe höher belastet werden können als einfache Dachträger.

6. Momententragfähige Trägeranschlüsse können ebenfalls als typisierte Anschlüsse nach DSTV ausgeführt werden.
a) Beschreiben Sie, wieso die Stirnplattenanschlüsse Typ IH3 in einer Richtung höher beansprucht werden können und in welcher Richtung dies möglich ist.
b) Erklären Sie die Bedeutung der Trägeranschlussbezeichnung IH 1 E 30 27 und geben Sie an, ob in verschiedenen Richtungen gleich große oder unterschiedliche Momente aufgenommen werden können.

7. Erklären Sie, welche Aufgabe Trägerstöße haben und skizzieren und beschreiben Sie einen möglichst einfach ausgeführten biegesteifen Trägerstoß.

8. Erklären und skizzieren Sie den Aufbau von Wabenträgern und begründen Sie, welchen Vorteil diese Träger gegenüber Vollwand-I-Trägern haben.

9. Skizzieren Sie den Aufbau eines Kastenträgers und erklären Sie, wann solche Träger eingesetzt werden.

10. Beschreiben und begründen Sie den grundsätzlichen Aufbau von Fachwerkträgern.

11. Skizzieren Sie den Netzplan eines einfachen Fachwerkträgers, der nur aus folgenden Stäben besteht: D1, D2, D3, D4, O1, U1, U2.

12. Was ist unter Naturgrößen und Minusmaßen beim Fachwerkträgerbau zu verstehen?

9.4 Herstellen der Windverbände

ARBEITSAUFTRAG

Der Windverband neben der Eingangstür der Produktionshalle ist in der Werkstatt herzustellen. Dazu sollen die Bauteile gefertigt und anschließend zusammengebaut werden. Hierfür sind geeignete Trenn- und Fügeverfahren auszuwählen und anzuwenden.

Aufbau/ Funktion

Windverbände verhindern, dass die Stützen bzw. die Rahmen der Halle infolge seitlichen Winddruckes kippen. Sie sind deshalb an mehreren Stellen der Produktionshalle angeordnet (Abb. 1).

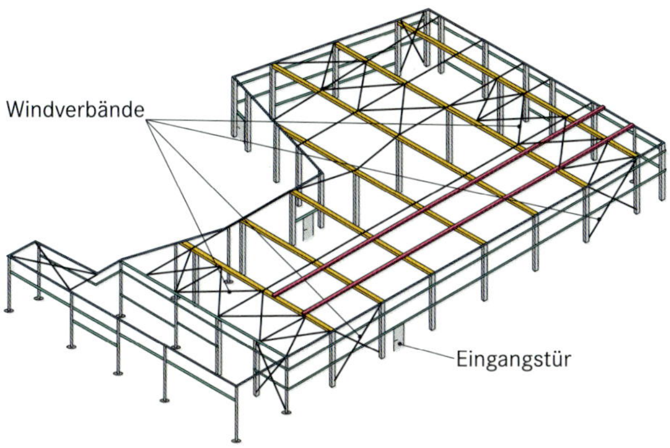

Abb. 1: Windverbände der Produktionshalle

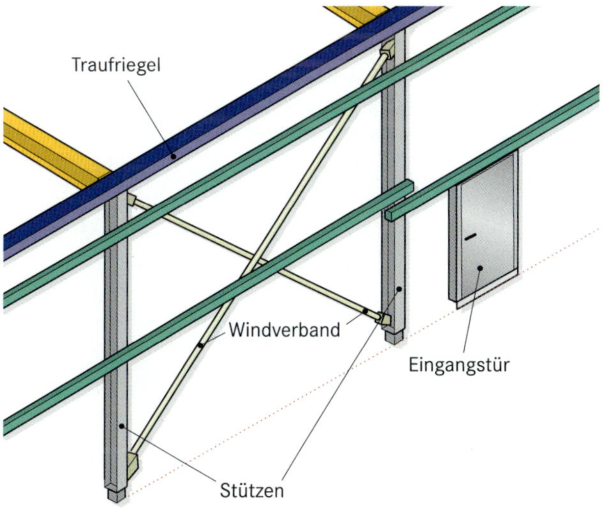

Abb. 2: Einbausituation des Windverbandes

Windverbände bestehen aus jeweils zwei Stäben, die diagonal zwischen Trägern und Stützen der Halle eingebaut sind. Die Stabenden des Windverbandes neben der Eingangstür sind in der Nähe des Stützenkopfes und des Stützenfußes durch Anschlussbleche am Stützenschaft befestigt (Abb. 2).

Wird dieser Windverband seitlich belastet, dann wird eine Diagonale auf Zug und eine auf Druck beansprucht (Abb. 3).

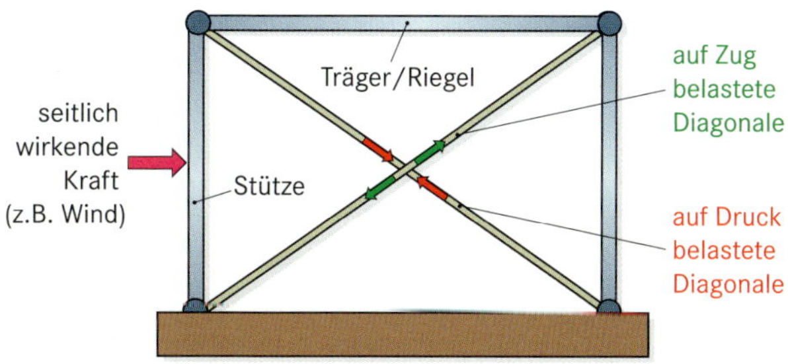

Abb. 3: Belastung der Diagonalen

Für die Stabilität des Bauwerkes sorgt nur die jeweils zugbelastete Diagonale. Dies liegt daran, dass bei Druckbelastung lange schlanke Bauteile bei Überschreiten einer geringen so genannten Grenzdruckkraft ausknicken (➜📖) (Abb. 4).

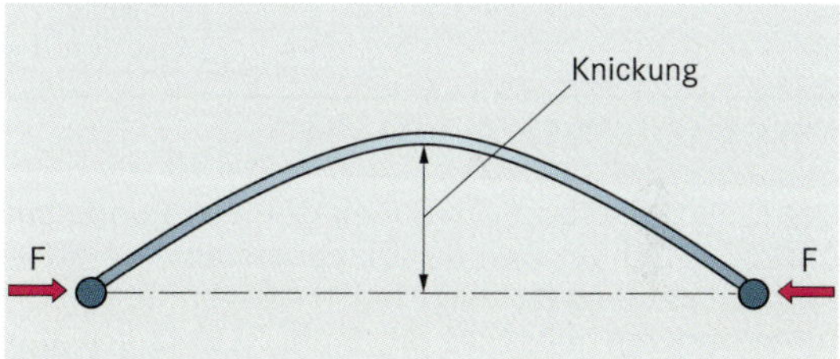

Abb. 4: Knickung eines druckbeanspruchten Bauteils

Die geringe Bauteilfestigkeit bei Knickbeanspruchung im Vergleich zur Festigkeit bei Zugbeanspruchung kann am Beispiel der Rundstähle des Windverbandes belegt werden. So besitzt der verwendete Rundstahl aus S355 mit d = 18,3 mm eine Grenzzugkraft von rund 86 KN.

Auf Druck kann dieser Rundstahl bei einer Stablänge von 7,69 m dagegen gar nicht belastet werden, weil er sich schon aufgrund seines Eigengewichtes verformt.

Die Berechnung der Grenzdruckkräfte von auf Knickung beanspruchten Stäben ist sehr aufwendig. Deshalb werden oft Tabellen genutzt (➜📖).

Fertigen

9.4.1 Fertigen der Teile des Windverbandes

Ein Diagonalstab eines Windverbandes besteht aus folgenden Teilen:

- Rundstab zur Aufnahme der Zugkräfte,
- Anschlussstücke mit Rechts- bzw. Linksgewinde zur Befestigung an den Anschlussblechen der Stützen,
- Kontermutter zur Sicherung gegen Losdrehen.

Die Grundlage des Herstellungsprozesses bilden die Zeichnung und die Stückliste (Abb. 1).

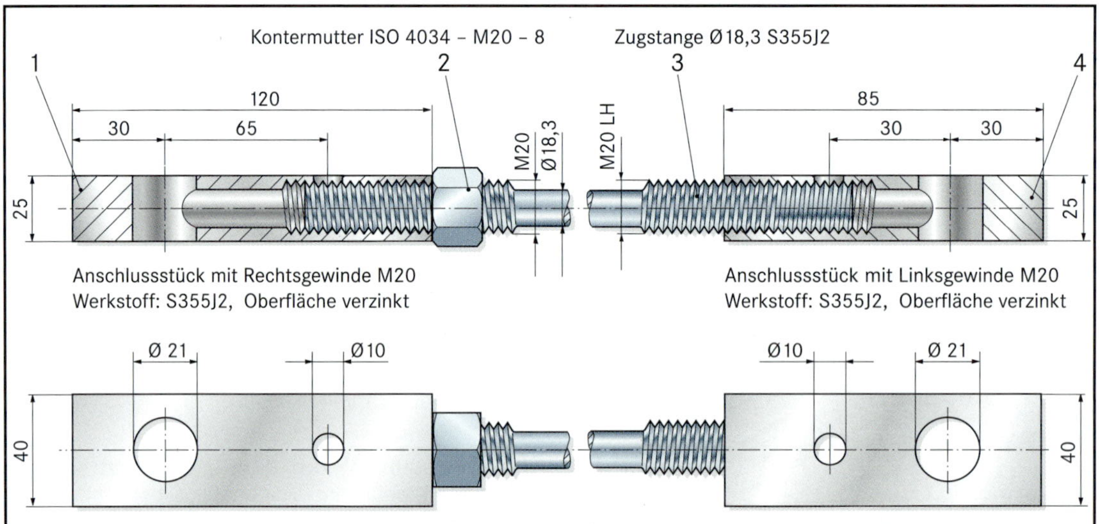

Pos.	Benennung	Profil	Stückzahl	Material	Länge [mm]
1	Anschlussstück	FL 40 x 25 x 120	1	S355J2	120
2	Kontermutter	ISO 4034 - M20	1	8	
3	Rundstab	Rd 18,3/M20	1	S355J2	7693
4	Anschlussstück LH	FL 40 x 25 x 85	1	S355J2	120

Abb. 1: Diagonalstab mit Anschlussstücken

Der Diagonalstab ist ein Zulieferteil aus Rundstahl mit d = 18,3 mm. Weil der Diagonalstab eine hohe Kerbschlagzähigkeit auch bei niedrigen Temperaturen besitzen soll, wird der Stahl S355J2 gewählt (→📖).

Der Rundstab hat an einem Ende ein Rechtsgewinde M20 x 80, an dem anderen Ende ein Linksgewinde M20 x 80 LH. Zur Sicherung des Rundstabes gegen unbeabsichtigtes Verdrehen wird das Rechtsgewinde mit einer Sechskantmutter ISO 4034 - M 20 - 8 gekontert.

Der Diagonalstab wird mit den Anschlussblechen der Stützen verbunden. Dazu befinden sich an den Enden des Diagonalstabes Anschlussstücke aus Flachstab EN 10058 - 40 x 25 S355J2 in verzinkter Ausführung. Die Bohrung d = 21 mm im Anschlussstück dient der Verbindung des Diagonalstabes mit dem Anschlussblech über eine Schraube M20.

Die Kontrollbohrung d = 10 mm dient der Kontrolle der Einschraubtiefe des Rundstabgewindes. Das M20-Gewinde des Rundstabes muss durch die Kontrollbohrung sichtbar sein. Nur dann können die Kräfte sicher vom Rundstab auf das Anschlussstück übertragen werden.

Die Anschlussstücke werden nach Zeichnung gefertigt. Besonders zu beachten ist, dass ein Anschlussstück ein Linksgewinde erhält.

Anschließend wird das Anschlussstück feuerverzinkt. Nach dem Verzinken ist das Gewinde wegen der Beschichtungsdicke von 0,1 mm bis 0,15 mm nicht mehr zu verschrauben. Deshalb muss es nachgeschnitten werden. Die Kontrollbohrung und die Bohrung d = 21 mm müssen nicht nachgearbeitet werden.

Anstelle der aufwändigen Fertigung des Anschlussstückes können auch Gabelköpfe als Zukaufteile für den Anschluss des Diagonalstabes an die Stützen verwendet werden (Abb. 2).

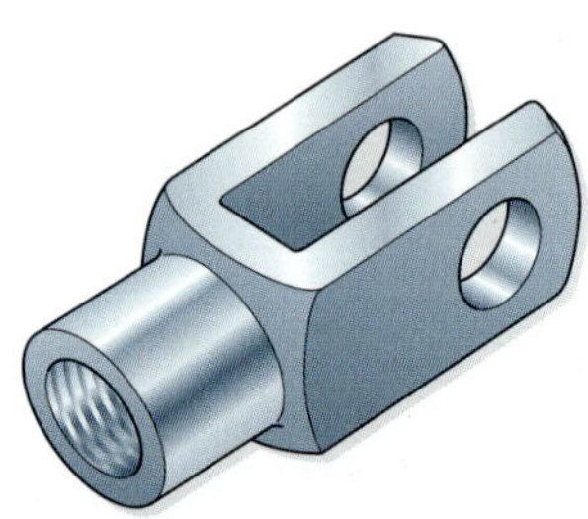

Abb. 2: Gabelkopf

Fertigen

9.5 Herstellen der Streben

ARBEITSAUFTRAG

Eine Strebe zwischen den Rahmenträgern RR3 ist in der Werkstatt aus Rohrmaterial herzustellen. Zusätzlich sind die Anschlusswinkel zu fertigen.

ufbau/
nktion

Nach dem Sichern der äußeren Stützen und Rahmen durch Windverbände werden die Zwischenrahmen durch Streben verbunden und gesichert. Dies erfordert weniger Aufwand als der Einbau weiterer Windverbände (Abb. 3).

Die Streben werden über Anschlusswinkel mit den Trägern verbunden (Abb. 4).

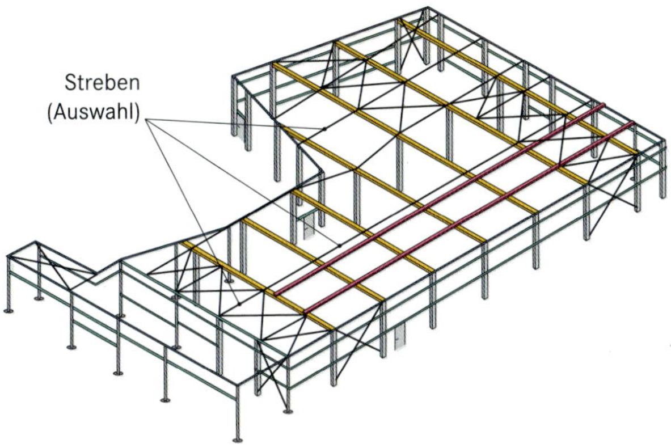

Abb. 3: Hallenaufbau mit Streben

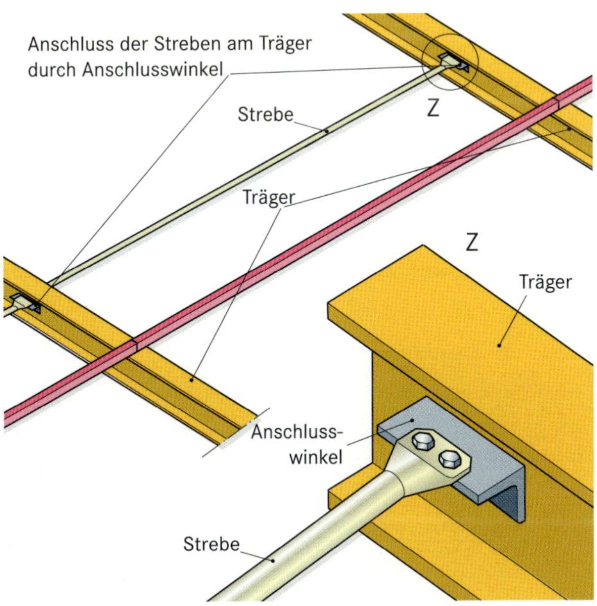

Abb. 4: Strebenanschluss

9.5.1 Fertigen der Streben und Anschlusswinkel

Die Strebe wird aus Rohr EN 10220 - 76,1 x 2,6 - P 235 gefertigt.

Dazu wird das Halbzeug auf die Länge l = 5891 mm gesägt. Anschließend wird das Rohr an den Enden bei Raumtemperatur auf jeweils 65 mm Länge flach zusammengedrückt. Dies geschieht in einer hydraulischen Presse.

Dann sind die 45°-Fasen und die Bohrungen d = 13 mm zu fertigen (Abb. 5).

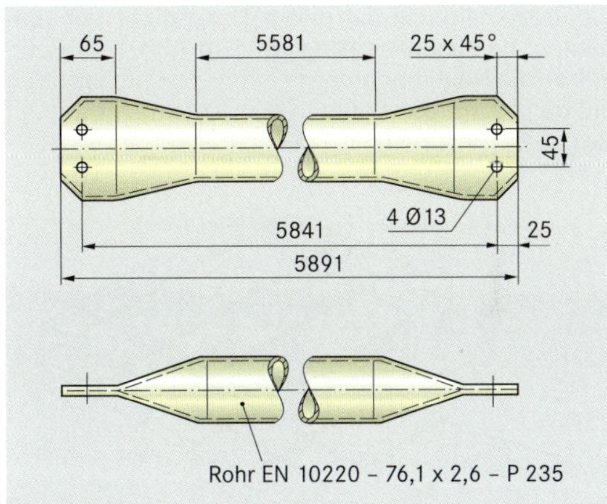

Abb. 5: Strebe

Für den Anschluss der Streben an die Träger werden Winkelprofile EN 10 056 - 1 - 60 x 60 x 6 verwendet. Sie sind auf 130 mm Länge zu sägen und mit zwei Bohrungen d = 13 mm sowie zwei Bohrungen d = 17 mm zu versehen (Abb. 6).

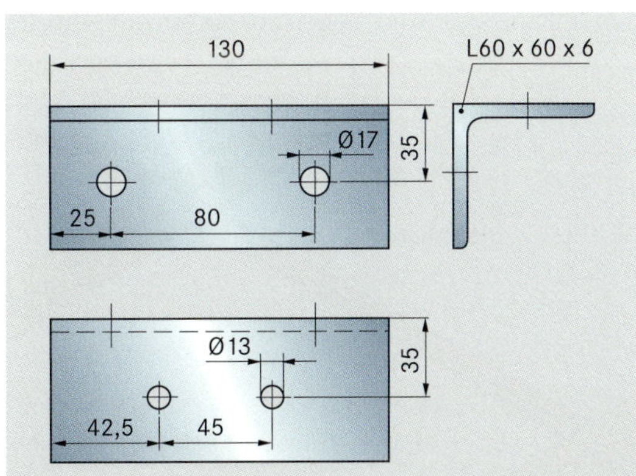

Abb. 6: Anschlusswinkel

9.6 Herstellen der Trageinrichtung

ARBEITSAUFTRAG

Die Trageinrichtung der Halle ist in der Werkstatt herzustellen. Dazu sollen das Halbzeug für die Trageinrichtung abgelängt und die Anschlussbauteile zusammengestellt werden.

Aufbau/ Funktion

Die Trageineinrichtung dieser Halle dient der Aufnahme von Hallenausrüstungsteilen (Abb. 1). Sie werden an die Trageinrichtung gehängt. Dadurch werden die trägerförmigen Bauteile der Trageinrichtung auf Biegung beansprucht.

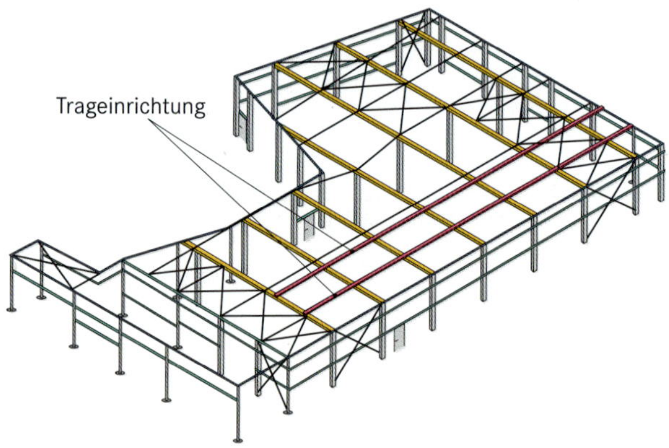

Abb. 1: Hallenaufbau mit Trageinrichtung

Die Bauteile der Trageinrichtung verlaufen quer zu den Hallenträgern und liegen auf diesen auf (Abb. 2).

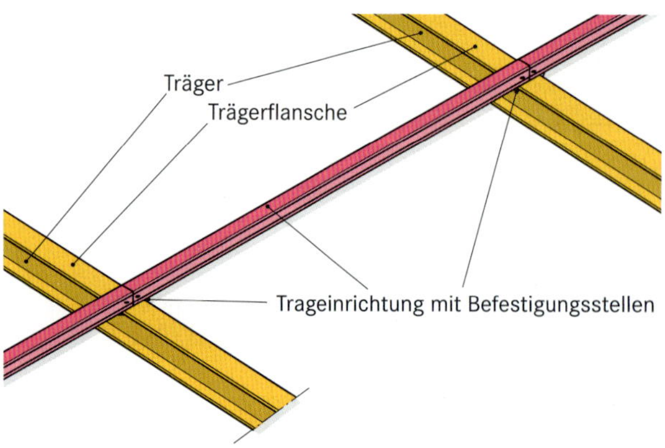

Abb. 2: Anordnung der Trageinrichtung

Der Abstand der beiden trägerförmigen Bauteile untereinander und zur Hallenvorderseite beträgt ca. 3,5 m. Als Profil wird ein HEA 120 verwendet.

Die Befestigung der Profile erfolgt an jedem Profilende über zwei Schrauben und eine Klemmplatte. Dabei wird das HEA 120-Profil an den Flansch des Hallenträgers festgeklemmt (Abb. 3).

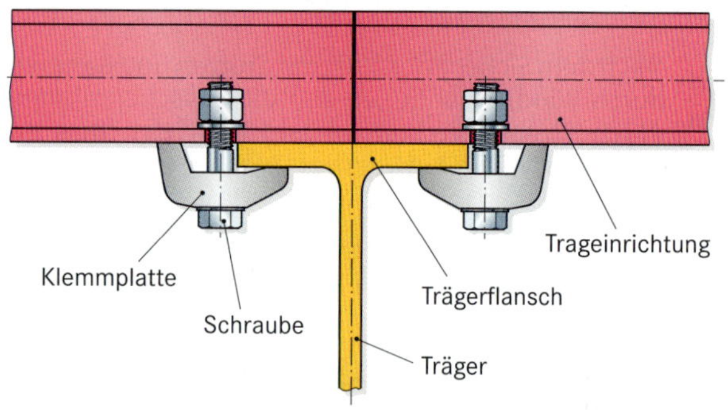

Abb. 3: Befestigung der Trageinrichtung

Diese Befestigung ermöglicht ein Ausrichten durch Verschieben des HEA 120-Profils und damit eine einfache Montage.

Für den Fall, dass die einzelnen Profile in Profillängsrichtung miteinander verbunden werden sollen, können hierfür typisierte Ausführungen von sogenannten Profilstößen nach Vorschriften des Deutschen Stahlbauverbandes verwendet werden.

9.6.1 Fertigen der Trageinrichtung

Fertige

Entsprechend der Zeichnung wird ein I-Profil DIN 1025 IPBL120 - S 235 J2 (HEA120) auf eine Länge l = 5990 mm gesägt. Anschließend werden an jedem Ende zwei Bohrungen d =13 mm gefertigt (Abb. 4). Sie dienen der Befestigung der Klemmplatten, die jeweils eine Länge von l = 120 mm haben.

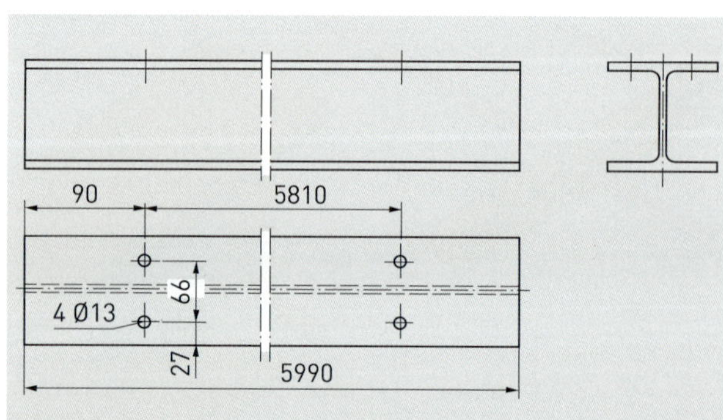

Abb. 4: Trageinrichtung aus HEA 120

Typisierte Profilstöße

Eine Verbindung von Stahlprofilen in Profillängsrichtung wird als Profil- oder Pfettenstoß bezeichnet. Beispielsweise bei der Verlängerung von Profilen zur Aufnahme und Befestigung der Dachhaut einer Stahlbauhalle kommen solche Verbindungen häufig zum Einsatz. Meist liegen diese Profil- und Pfettenstöße auf einem Träger auf.

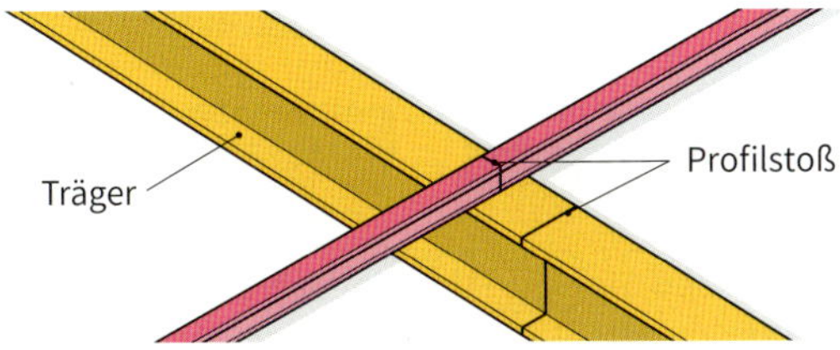

Diese Verbindungen werden nicht auf Biegung beansprucht. Solche Profil- oder Pfettenstöße werden als gelenkige Stöße bezeichnet.

Aus Rationalisierungsgründen werden oft die vom Deutschen Stahlbauverband festgelegten standardisierten gelenkigen Profil- bzw. Pfettenstöße verwendet. Eine Bauform stellen die „gelenkigen Profil- bzw. Pfettenstöße PQ" dar. Sie werden in den Ausführungsformen Typ A und Typ B hergestellt. In beiden Fällen werden die Profile mittels zweier Steglaschen verbunden. Bei Typ A werden für jedes Profil zwei Verbindungsschrauben hintereinander gesetzt.

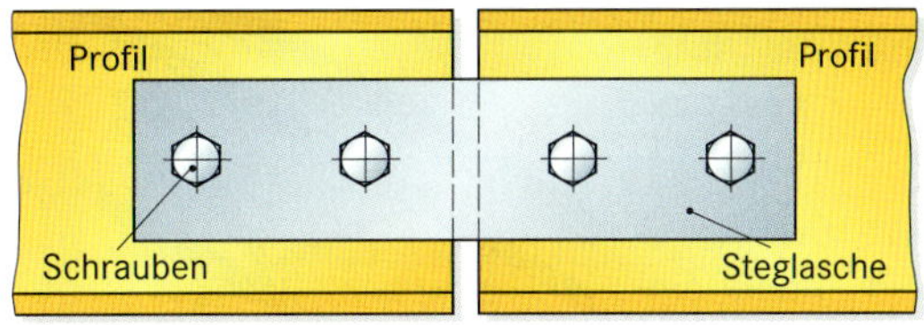

Bei Typ B werden für jedes Profil zwei Verbindungsschrauben übereinander gesetzt.

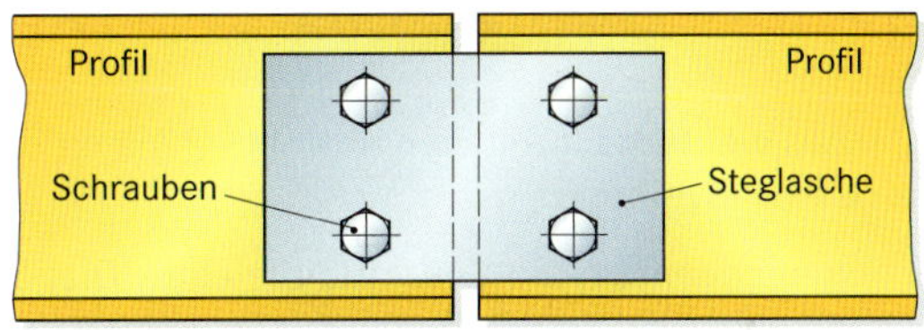

Die Bezeichnung der Profilstöße und alle Abmessungen sind genau festgelegt (➔📖). Aus Tabellen kann entnommen werden, welche Kräfte diese Profilstöße aufnehmen können.

Für eine fachgerechte Herstellung der einzelnen Bauteile ist es erforderlich, deren Aufgaben und Aufbau sowie die verschiedenen für die Fertigung erforderlichen Verfahren zu kennen.

Herstellen der Windverbände, Streben und Trageinrichtungen

Aufgaben	Aufbau	Fertigung
Windverbände	**Windverbände**	**Windverbände**
• Verhindern des Kippens der Stützen und Rahmen infolge seitlichen Winddruckes.	• Diagonalstäbe aus Rundstahl, die auf Zug beansprucht werden, • Anschlussstücke zum Anschluss an Trägern und Stützen.	• Fertigen von Zugstangen und Anschlussstücken durch Sägen, Bohren und Gewindefertigen.
Streben	**Streben**	**Streben**
• Sichern der Zwischenstützen und -rahmen gegen Kippen.	• Streben aus Rundrohr, • Anschlusswinkel zum Anschluss an Trägern.	• Fertigen von Streben und Anschlusswinkeln durch Sägen, Bohren, Umformen.
Trageinrichtung	**Trageinrichtung**	**Trageinrichtung**
• Aufnehmen von Bauelementen.	• Stäbe aus I-, U- oder Z-Profilen, • Stabbefestigung am Träger • Klemmverbindungen, • Schraubenverbindung.	• Sägen und Bohren der Profile, • Auswählen von Befestigungsteilen.

Aufgaben

Windverbände

Der abgebildete Windverband soll hergestellt werden. In diesem Zusammenhang sind die folgenden Fragen zu beantworten.

Als Unterlage liegt Ihnen ein Ausschnitt aus der Hallenzeichnung vor.

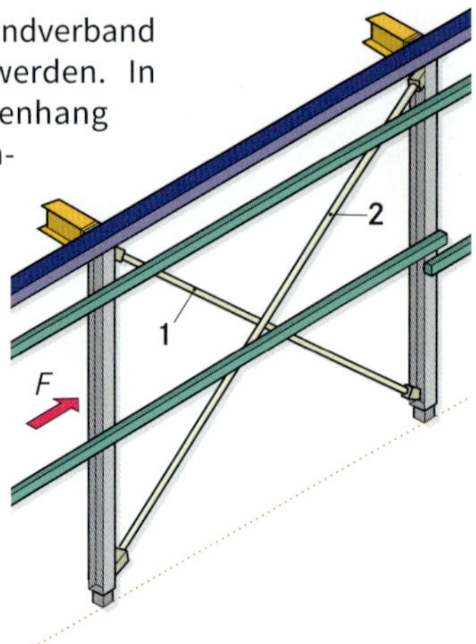

1. Aus welchen Einzelteilen besteht im Allgemeinen ein Windverband?

2. Berechnen Sie die Gesamtlänge eines Diagonalstabes bis zu den Bohrungsmittelpunkten für die Anschlussschrauben an die Stützen, wenn die Anschlussbohrungen an den Stützen folgende Abstände haben:
Vertikalabstand: 5320 mm
Horizontalabstände: 5820 mm

3. Erklären Sie, welcher Diagonalstab allein bei der gezeigten Belastung *F* das Kippen der Stützen verhindert und wie dieser Stab dabei beansprucht wird.

4. Erklären Sie, warum bei Windverbänden immer zwei Diagonalstäbe eingebaut werden.

5. Begründen Sie, warum die Diagonalstäbe eines Windverbandes in Stabachse längenverstellbar sind.

6. Beschreiben Sie, welche Gewindearten sich an den Enden eines längeneinstellbaren Diagonalstabes eines Windverbandes befinden müssen.

7. Berechnen Sie die Grenzzugkraft eines Diagonalstabes aus Rd 20,3/M22 S235J2.

8. Beschreiben Sie, wie bei längeneinstellbaren Diagonalstäben sichergestellt wird, dass das Rundstangengewinde genügend weit in das Anschlussstück eingeschraubt ist.

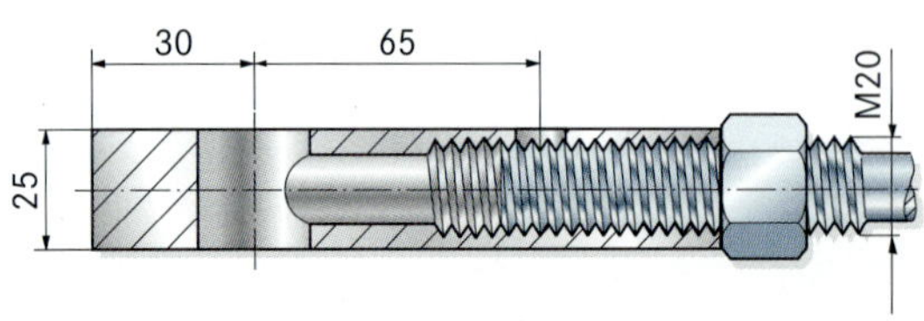

Streben

9. Neben der durch Umformen hergestellten Strebe werden auch solche Streben verwendet, bei denen je ein T-Profil EN 10055 - T100 - 25 an die Enden eines Rohres EN10220-76,1 x 2,6 geschweißt wird.

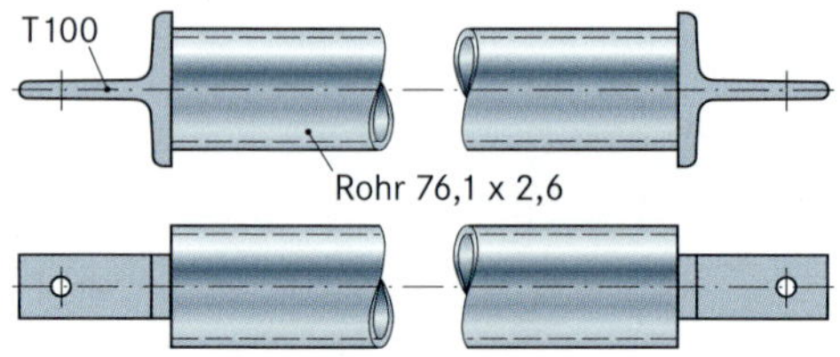

Beschreiben Sie den Fertigungsablauf bei der Herstellung dieser Strebe und erklären Sie Vor- und Nachteile dieser Bauart im Vergleich zur im Buch vorgestellten Bauart.

10. Welche Schweißnahtform wird beim Schweißen des T-Profils mit dem Rohr verwendet?

11. Warum werden diese Streben im Innenbereich der Halle anstelle der Windverbände verwendet?

12. Welche Masse hat solch eine Strebe bei einer Länge von 5790 mm?

Trageinrichtung

13. Beschreiben Sie, wofür in der vorliegenden Halle die sogn. Trageinrichtung eingebaut wird.

14. Die Trageinrichtung soll aus zwei Profilen HEA 120 mit einer jeweiligen Länge von 5990 mm gefertigt werden.

a) Erklären Sie die Profilbezeichnung.

b) Welche Masse haben die beiden Profile zusammen?

c) Für welche Schraubengröße sind die Bohrungen im Trageinrichtungsprofil geeignet?

15. In einem ähnlichen Bauwerk sollen die Trageinrichtungsprofile mittels des typisierten Profil- und Pfettenstoßes PQ L A A 12 verbunden werden.

a) Erklären Sie, was unter typisierten Profil- und Pfettenstößen zu verstehen ist.

b) Erklären Sie, warum dieser Profil- und Pfettenstoß als gelenkig bezeichnet wird.

c) Erläutern Sie die Stoßbezeichnung genau.

d) Skizzieren Sie maßstäblich in einer Ansicht diesen Profil- bzw. Pfettenstoß.

16. Welche Vorteile hat es grundsätzlich, wenn die Trageinrichtungsprofile mit dem Träger über Klemmverbindungen verbunden werden?

9.7 Einrichten der Baustelle

ARBEITSAUFTRAG

Die Baustelle für die Produktionshalle ist einzurichten. Dazu sind Planungs- und Vorbereitungsarbeiten durchzuführen.

rmieren

Ziele der Baustelleneinrichtung

Die Baustelle soll so eingerichtet werden, dass

- der Transport der Bauteile bei kurzen Transportwegen ermöglicht wird,
- die Bauaufsicht gewährleistet ist und
- die Arbeitssicherheitsvorschriften eingehalten werden.

Diese Ziele werden dadurch erreicht, dass die verschiedenen Einheiten einer Baustelleneinrichtung untereinander und bezogen auf das zu erstellende Gebäude mit dem dazugehörigen Grundstück sinnvoll angeordnet werden.

Einheiten der Baustelleneinrichtung

Grundsätzlich werden folgende Einheiten einer Baustelleneinrichtung unterschieden:

- Versorgungseinrichtungen zur Bereitstellung von Wasser, elektrischem Strom sowie gegebenenfalls Druckluft und anderer technischer Gase,
- technische Einrichtungen wie Transportmittel, Lastaufnahmeeinrichtungen, Lagerplätze, Transportwege und Hilfsbauten, wie z. B. Gerüste, Werkzeuglager und Vormontagezelte,
- Wohneinrichtungen wie Aufenthaltsräume, Wohnwagen sowie Toiletten- und Waschanlagen.

Baustellenplan

Im Baustellenplan wird die Anordnung der einzelnen Einheiten auf der Baustelle festgelegt. Diese Anordnung erfolgt unter

- räumlichen und
- funktionalen

Aspekten.

Die Anordnung unter räumlichen Aspekten sieht in erster Linie eine nahe Anordnung der jeweiligen Materialien und Werkzeuge am jeweiligen Montageort vor.

Die Anordnung unter funktionalen Aspekten stellt z. B. sicher, dass

- der Schwenkbereich eines Krans sowohl das Lager als auch den Montagebereich abdeckt,
- die Versorgungseinrichtungen gut erreichbar sind,
- vom Büro der Bauaufsicht aus sowohl das eingehende und ausgehende Material beobachtet werden kann als auch die Arbeit auf der Baustelle zu überwachen ist.

Aus den Anforderungen ergibt sich der ideale Baustellenplan (Abb. 1).

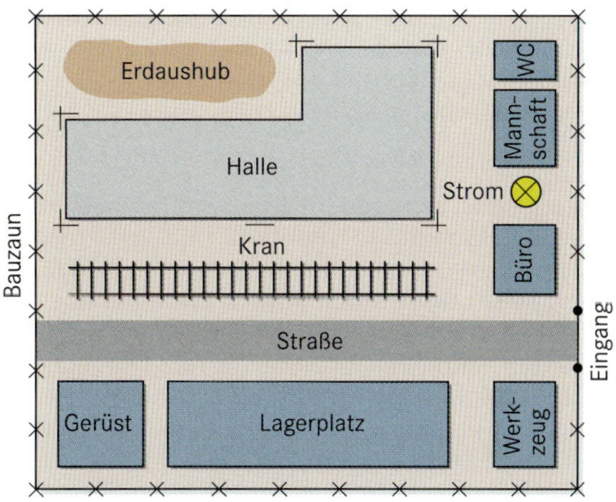

Abb. 1: Idealer Baustellenplan

Baustelle der Produktionshalle

Der Baustellenplan für die Produktionshalle weicht, wie in den meisten anderen Fällen auch, vom Idealplan ab. Ursache ist die spezielle Grundstückform sowie die Lage des Neubaus und die Lage der bereits auf dem Grundstück vorhandenen Gebäude (Abb. 2).

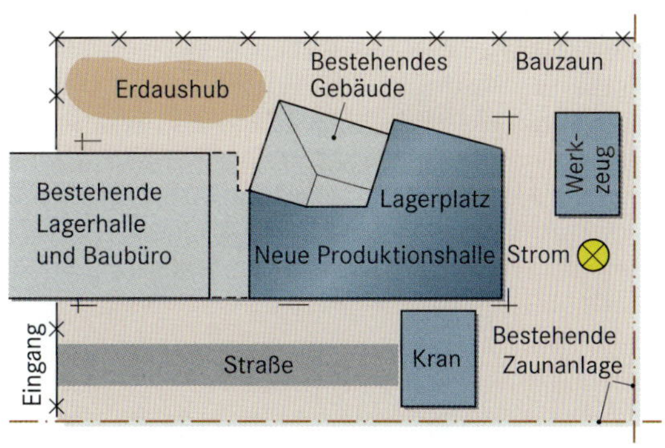

Abb. 2: Realer Baustellenplan für die Produktionshalle

Als Baubüro wird hier ein bestehendes Gebäude mit genutzt.

Wegen der eingeschränkten räumlichen Verhältnisse auf dem Baugrundstück wird die Grundplatte des Rohbaus gleichzeitig als Materiallager mit genutzt. Dadurch wird die Arbeit auf der Baustelle teilweise behindert.

9.8 Montieren der Teile der Stahlbaukonstruktion

ARBEITSAUFTRAG

Die Einzelteile der Produktionshalle sind zu montieren. Dazu sind die verschiedenen Bauteile zunächst aufzustellen, auszurichten und ggf. einzustellen. Anschließend sind sie mit Hilfseinrichtungen zu sichern und über Schraubenverbindungen zur Hallenkonstruktion zu fügen.

Montieren Während des Montageprozesses ist zu beachten, dass alle Bauteile so montiert und ggf. zusätzlich gesichert werden, dass sie weder durch ihr Eigengewicht noch durch äußere Einflüsse aus der Solllage gebracht werden können. Unter äußeren Einflüssen sind hierbei Wind- und Schneelasten sowie Stoßkräfte beim Einsetzen der Bauteile zu verstehen. Aus diesem Grund ist die Montagefolge der Einzelteile bei jedem Bauwerk genau vorgeschrieben.

Üblicherweise werden zunächst zwei Stützen montiert und über einen Windverband gesichert (Abb. 1).

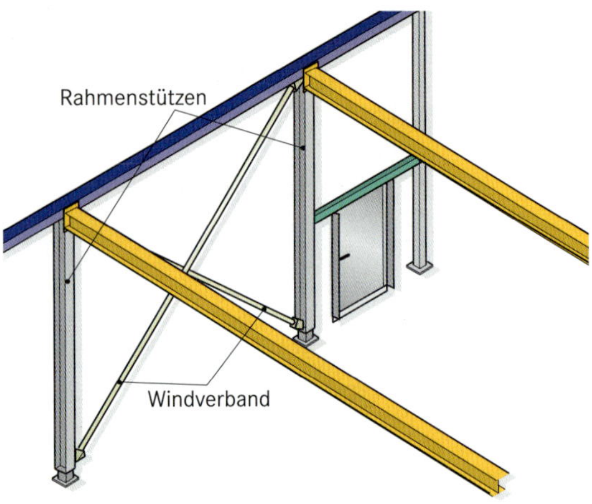

Abb. 1: Rahmenstützen mit Windverband

9.8.1 Montieren der Stützen

Die Rahmenstütze wird über die Fußplatte des Stützenfußes mit zwei Ankern am Fundament befestigt.

Zunächst sind die Maße am Stützenfuß und die Maße der Anker zu prüfen (Abb. 2). Anschließend werden die vier Anker im Fundament an Winkelprofilen eingehakt.

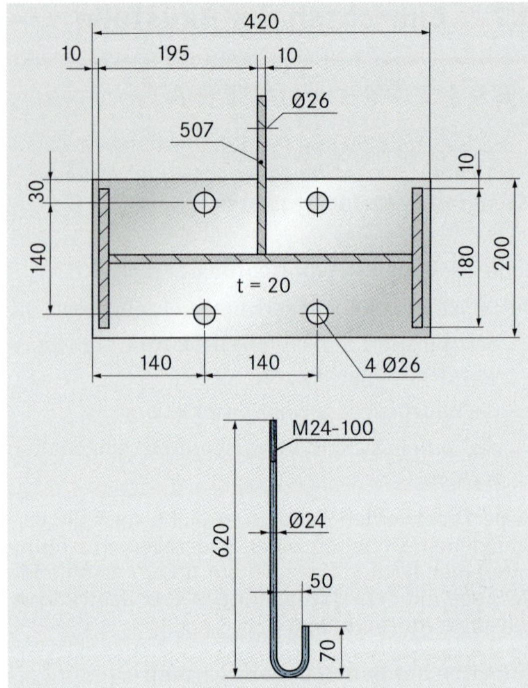

Abb. 2: Maße der Fußplatte und der Anker

Danach wird die Rahmenstütze im Bereich der Anker auf die Fundamentplatte gestellt (Abb. 3).

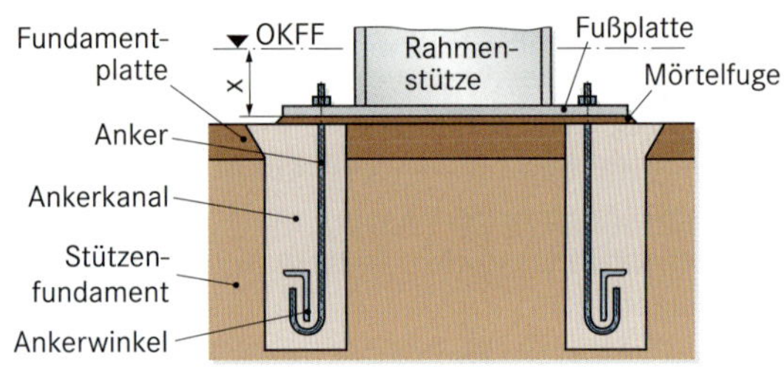

Abb. 3: Stützenfuß mit Verankerung

Wegen der Stützenmasse von ca. 460 kg sind hierfür ein Baukran sowie Schäkel als Lastaufnahmemittel und Seile oder Ketten als Anschlagmittel zu verwenden.

Anschließend erfolgt das Ausrichten der Stütze. Die Unterkante der Stützenfußplatte muss in einem exakten Abstand (Maß „x") zur **O**ber**k**ante des **F**ertig**f**ußbodens (OKFF) eingebaut werden. Da der Fertigfußboden zum Zeitpunkt des Einbaus der Stütze noch nicht vorhanden ist, sondern nur die Fundamentplatte, muss ein anderer Bezugspunkt für das Ausrichten der Stütze gewählt werden. Dies ist der Meterriss. Der Meterriss liegt genau 1 m über dem späteren Fertigfußboden. Er wird an einem bereits bestehenden Gebäudebauteil oder einem angrenzenden Gebäude angebracht und hat folgendes Aussehen (Abb. 4).

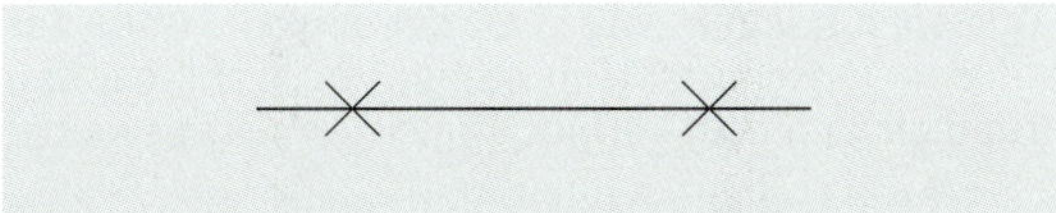

Abb. 4: Meterriss

Wenn solch ein Gebäudeteil mit einem Meterriss nicht vorhanden ist, wird die Bezugshöhe von einem Höhenfestpunkt abgenommen. Diese Festpunkte werden vom zuständigen Vermessungsamt an einem geeigneten Bauteil in der Nähe des Neubaus meist in Form eines Metallbolzens angebracht. Im Bauplan des Neubaus ist die Höhe z. B. des Fertigfußbodens über oder unter diesem Festpunkt festgelegt.

Der Rohfußboden der Fundamentplatte ist uneben. Damit die Stütze dennoch exakt in der Höhe ausgerichtet werden kann, ist eine Mörtelfuge vorgesehen. Nach dem Ausrichten und Sichern der Stütze durch Unterlegplatten oder Keile wird diese Fuge mit Mörtel ausgefüllt. Bis zum Aushärten des Mörtels muss die Stütze fixiert werden. Dies geschieht bei der ersten Stütze mit Hilfe eines Krans.

Die zweite Stütze kann anschließend über den Anschluss des Windverbandes an die erste Stütze und weitere Hilfsmittel wie Seile und Ketten gesichert werden (Abb. 5).

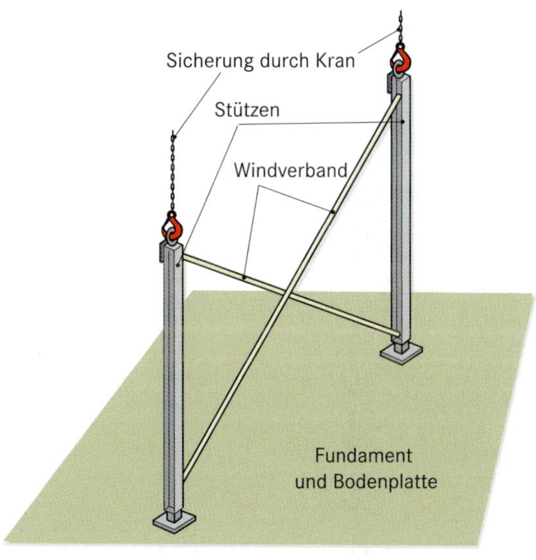

Abb. 5: Sichern der Stützen

Die Muttern an den Fundamentankern werden beim Aufstellen der Stützen vormontiert, aber bis zum endgültigen Ausrichten der gesamten Halle noch nicht fest angezogen. Die Druckstützen der Produktionshalle werden auf die gleiche Weise aufgestellt und befestigt. Die bei dieser Halle verwendeten Stützenbefestigungen übertragen keine Biegemomente von der Stütze in das Fundament.

Es gibt Stützenverankerungen, bei denen Biegemomente von der Stütze in das Fundament übertragen werden. In diesem Fall spricht man von eingespannten Stützen. Die entsprechenden Verankerungen können auf zwei grundsätzlich verschiedene Arten ausgeführt werden.

Eine Art der Einspannung von Stützen entspricht im Prinzip der bereits beschriebenen Verankerung nicht eingespannter Stützen. Der Unterschied besteht darin, dass der Stützenfuß und die Verankerung hier so dimensioniert sind, dass sie Biegemomente aufnehmen können (Abb. 6).

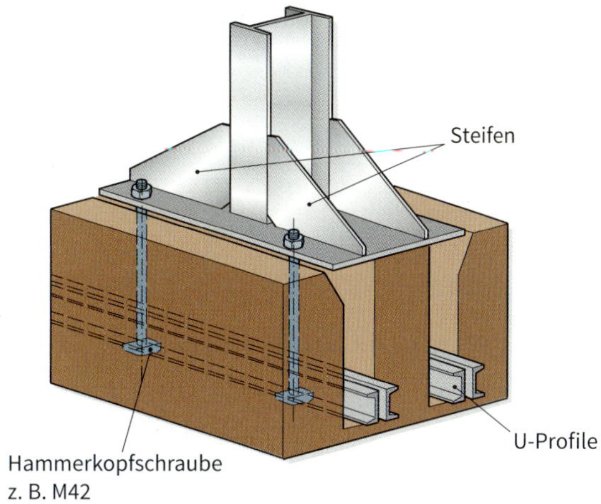

Abb. 6: Eingespannter Stützenfuß mit Hammerschraubenankern

Eine andere Möglichkeit der Stützeneinspannung ist das Einbetonnieren des Stützenschaftes in ein Köcherfundament aus Stahlbeton (Abb. 7).

In dieses Fundament wird der Stützenschaft eingesetzt und mit Beton vergossen.

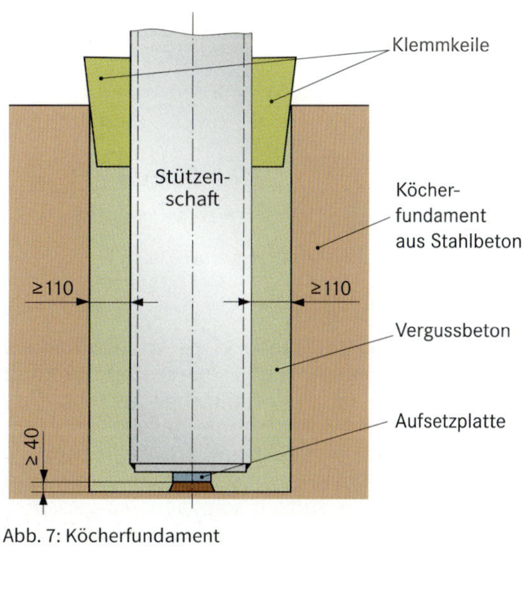

Abb. 7: Köcherfundament

Die Stützenfüße sowie eventuell vorhandene Steifen und Befestigungen sind üblicherweise in der fertigen Halle nicht mehr sichtbar. Der Grund hierfür ist, dass auf die Oberfläche der Bodenplatte, auf welcher der Stützenfuß steht, noch weitere Schichten aufgebracht werden, bis die Fertigfußbodenhöhe (OKFF) erreicht ist (Abb. 1).

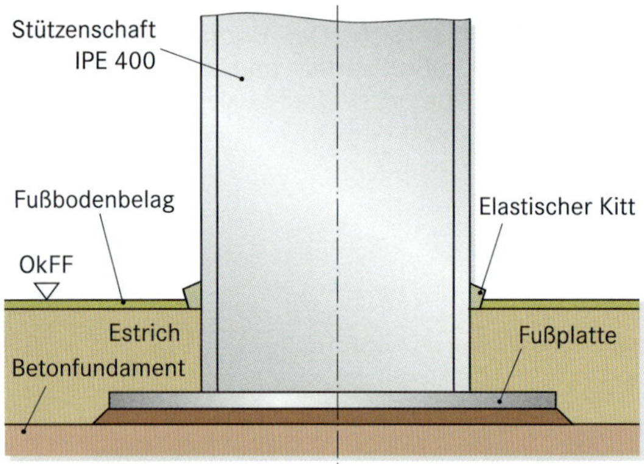

Abb. 1: Fußbodenaufbau eines Hallenbodens

9.8.2 Montieren der Windverbände

Ein Windverband besteht aus zwei Diagonalstäben. Ein Diagonalstab besteht aus einer Zugstange mit Gewindeenden und zwei Anschlussstücken. Die Gewindeenden werden so weit in die Anschlussstücke eingeschraubt, bis eine Montage der Anschlussstücke an den Anschlussblechen der Stützen möglich ist. Die Befestigung erfolgt mit je einer Schraube DIN 7990 M20 x 60 4.6 (Abb. 2).

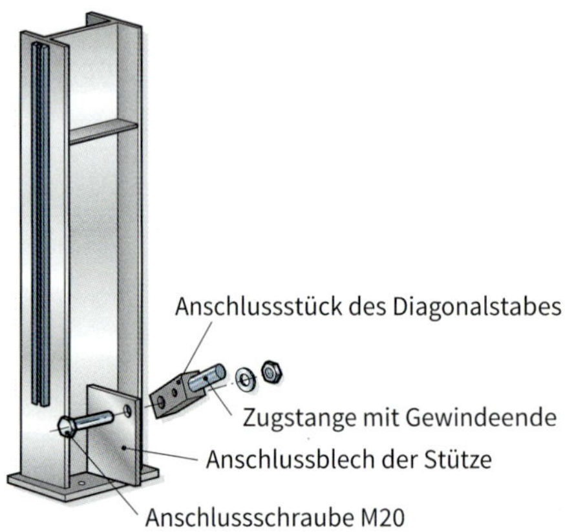

Abb. 2: Diagonalstabbefestigung

Wenn beide Diagonalstäbe eines Windverbandes montiert sind, werden sie gespannt. Dazu werden die Zugstangen mit einer Rohrzange gedreht. Weil am einen Ende der Zugstange ein Linksgewinde und am anderen Ende ein Rechtsgewinde vorhanden ist, lässt sich durch Verdrehen die Diagonalstablänge verändern, bis die Stützen senkrecht ausgerichtet und die Diagonalstäbe selbst gespannt sind.

Für Befestigungen, wie z. B. des Anschlussstückes mit dem Anschlussblech stehen im Stahlhochbau grundsätzlich zwei Verbindungsarten zur Auswahl:

- Scher-Lochleibungs-Verbindungen (SL-Verbindungen) und
- Gleitfest-vorgespannte Verbindungen (GV-Verbindungen).

Bei den verschiedenen Verbindungsarten sind bestimmte Schraubenarten zu verwenden.

Beim Anschluss des Diagonalstabes an das Anschlussblech handelt es sich um eine SL-Verbindung.

Scher-Lochleibungs-Verbindung

Bei der SL-Verbindung wird die Schraube auf Scherung und Pressung und die Bohrung auf Lochleibungsdruck beansprucht (Abb. 3).

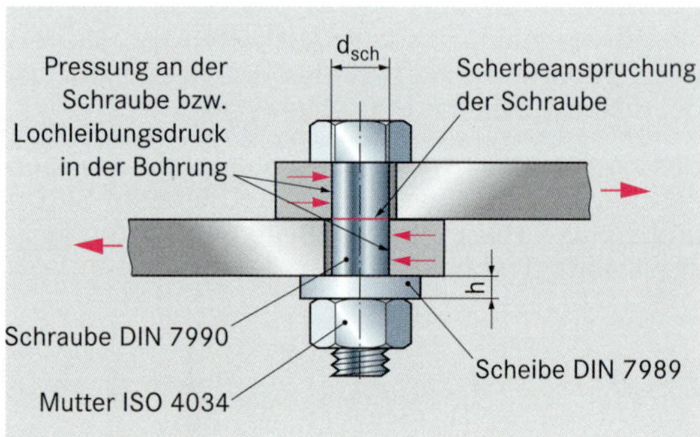

Abb. 3: Scher-Lochleibungsbeanspruchung einer SL-Verbindung

Gebräuchlich sind bei dieser Verbindungsart Schrauben ISO 4014 Festigkeitsklasse 8.8. Es werden aber auch noch Schrauben DIN 7990, so genannte „Rohe Sechskantschrauben" verwendet. Zulässig sind ebenfalls Sechskantschrauben DIN EN 14399-4.

Bei der SL-Verbindung werden spezielle Scheiben **DIN 7989** verwendet. Diese unterscheiden sich von den üblicherweise verwendeten Scheiben durch die größere Scheibenhöhe. Für eine Schraube M 20 beträgt die Höhe dieser Scheibe $h = 8$ mm.

Der Grund liegt darin, dass das Schraubengewinde nicht die Bohrungswandung berühren, sondern innerhalb der Scheibe auslaufen soll. Dadurch wird der Schraubenschaft und nicht das Gewinde der Schraube gegen die Bohrungswandung gedrückt. Deshalb ist der Lochleibungsdruck an der Bohrungswandung geringer und die Belastbarkeit dieser Schraubenverbindung größer. Für die hier verwendete Schraube wird eine Scheibe DIN 7989 - 20 - A - 100 HV gewählt.

Das Lochspiel, also der Durchmesserunterschied zwischen der Bohrung und dem Schraubenschaft, beträgt bei dieser Verbindungsart 1 – 2 mm.

Neben dieser einfachen SL-Verbindung werden noch andere SL-Verbindungsarten mit den dazugehörigen Schrauben verwendet. Dies sind:

- die Scher-Lochleibungs-Pass-Verbindung (SLP-Verbindung),
- die vorgespannte Scher-Lochleibungs-Verbindung (SLV-Verbindung) und
- die vorgespannte Scher-Lochleibungs-Pass-Verbindung (SLVP-Verbindung).

Die SLP-Verbindung wird verwendet, wenn Teile passgenau gefügt werden sollen. Es werden Passschrauben DIN 7968 der Festigkeitsklasse 4.6 oder 5.6 eingesetzt (Abb. 4).

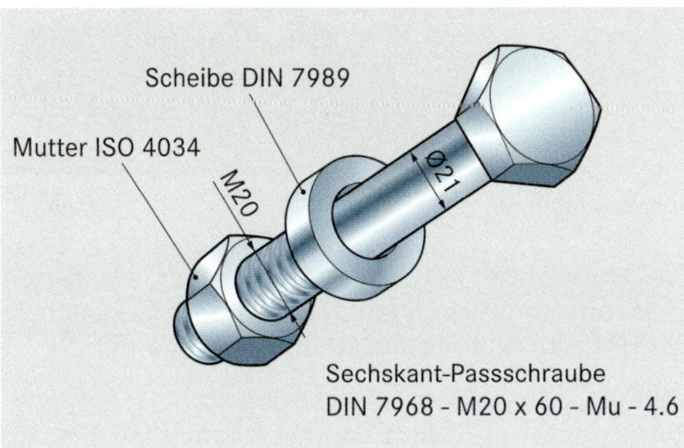

Abb. 4: Passschraube für Stahlkonstruktionen

Diese Schrauben besitzen gegenüber dem Gewindedurchmesser einen um 1 mm größeren Schaftdurchmesser. Dadurch hat diese Schraube eine höhere Tragfähigkeit als die einfache Sechskantschraube gleichen Gewindedurchmessers. Der Durchmesserunterschied zwischen Bohrung und Schraubenschaft darf bei dieser Verbindung maximal 0,3 mm betragen. Die SLP-Verbindung erfordert eine aufwändigere Fertigung als bei der SL-Verbindung, weil die Bohrung mit ca. 2 mm Untermaß vorgebohrt und dann aufgerieben werden muss.

Die SLV-Verbindung wird verwendet, wenn zusätzlich zur Scherbeanspruchung auch Kräfte in Richtung der Schraubenachse auf die Verbindung wirken. Deshalb können sie z. B. bei biegebelasteten Verbindungen verwendet werden. Es werden Schrauben mit großen Schlüsselweiten DIN EN 14399-4 der Festigkeitsklasse 10.9 eingesetzt. Über ein festgelegtes Schraubenanzugsmoment wird eine definierte Vorspannung zwischen den gefügten Bauteilen erreicht. Nachteilig sind die höheren Kosten für die Schrauben und die aufwändigere Montage.

Die SLVP-Verbindung wird verwendet, wenn die Teile passgenau gefügt werden sollen und Kräfte in Richtung der Schraubenachse wirken. Eingesetzt werden Passschrauben mit großen Schlüsselweiten DIN EN 14399-8. Die SLVP-Verbindung stellt eine Kombination der SLP- mit der SLV-Verbindung dar.

Die Festigkeit der verschiedenen SL-Verbindungen kann über Tabellen ermittelt werden (→📖).

Beim Fügen von Bauteilen aus U-Profilen DIN 1026-1 oder I-Profilen DIN 1025-1 müssen die schrägen Flanschflächen dieser Profile berücksichtigt werden. Damit sich die Schrauben nicht verziehen, müssen Keilscheiben zum Ausgleich der Schrägen verwendet werden (Abb. 5).

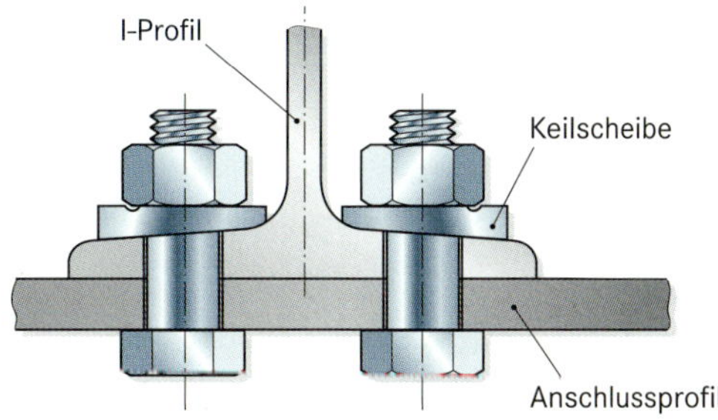

Abb. 5: Verwendung von Keilscheiben

Welche Keilscheibe auszuwählen ist, hängt von der verwendeten Schraube und der Profilart ab (Tab. 1).

Tab. 1: Keilscheibenauswahl

	Keilscheibe	
	U-Profil DIN 1026-1	**I-Profil DIN 1025-1**
Schraube • DIN 7990 • DIN 7968 • ISO 4014	 Scheibe DIN 434	 Scheibe DIN 435
Schraube • DIN EN 14399-4 • DIN EN 14399-8	 Scheibe DIN 6918	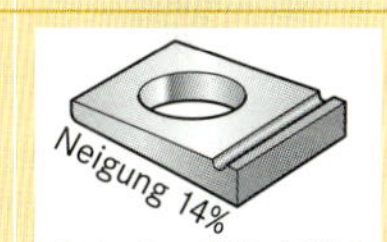 Scheibe DIN 6917

Die Sicherung der Schraubenverbindung gegen unbeabsichtigtes Losdrehen erfolgt durch das feste Anziehen der Schraube. Zur Erhöhung der Sicherheit werden außerdem Sicherungsmuttern verwendet (Abb. 6).

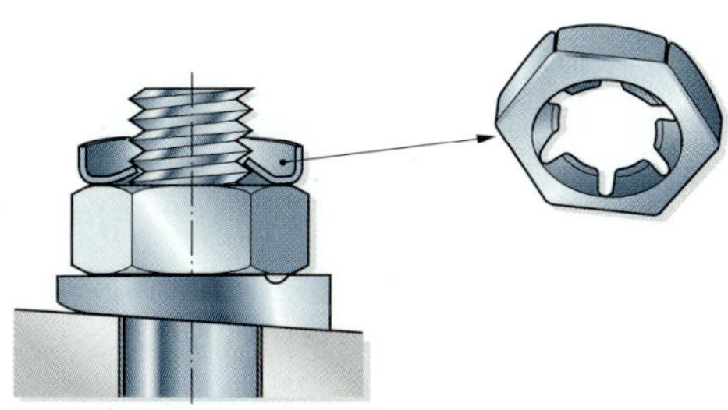

Abb. 6: Sicherungsmutter/PAL-Mutter

Montageeinrichtungen

Bei der Montage der Windverbände werden die oberen Diagonalstabenden im Bereich der Stützenköpfe in rund 5 m Höhe montiert. Die unteren Diagonalstabenden werden in der Nähe des Stützenfußes angebracht. Die Masse eines Diagonalstabes beträgt zwar nur etwa 18 kg; um eine sichere Montage zu ermöglichen, müssen für die Montage der oberen Diagonalstabenden aber besondere Montageeinrichtungen verwendet werden.

Eine mögliche Montageeinrichtung sind Rollgerüste (Abb. 1).

Abb. 1: Rollgerüst mit Abstrebungen

Mit solchen Rollgerüsten sind Arbeiten in Höhen bis ca. 12 m durchführbar. Die Längen der Rollgerüste liegen zwischen 2,5 m und 3 m, die Breiten zwischen 0,8 und 1,6 m. Mit Hilfe der angebrachten Rollen ist eine schnelle und einfache Positionsänderung möglich.

Die Sicherung gegen Kippen erfolgt durch

- feststellbare Rollen,
- vergrößerte Gerüstgrundrahmen und
- Abstrebungen.

Es dürfen nur geprüfte und mit Prüfplaketten versehene Gerüste verwendet werden.

Die Ausführung des Geländers der Arbeitsplattform ist abhängig von der Absturzhöhe. Die Höhe des Geländerhandlaufes beträgt mindestens 1100 mm. Außerdem sind Knie- und Fußleisten erforderlich. Wenn diese Gerüste verfahren werden, ist Folgendes zu beachten:

- Es dürfen sich weder Personen noch lose Teile auf dem Gerüst befinden,
- das Gerüst ist langsam und möglichst nur in Längsrichtung oder diagonal zu verfahren,
- vor dem Benutzen ist die Standsicherheit zu überprüfen.

Eine weitere Montageeinrichtung stellt die Hubbühne dar (Abb. 2).

Abb. 2: Hubbühne

Die Hubbühne hat den Vorteil, dass sie durch Elektromotorantrieb sowohl verfahren als auch in der Höhe stufenlos eingestellt werden kann.

Für die Sicherheit am Bau ist neben der sachgerechten Auswahl und dem vorschriftsmäßigen Einsatz der Montageeinrichtungen und Montagehilfsmittel die persönliche Schutzausrüstung (PSA) entscheidend.

Hierzu gehören:

- Schutzhelm,
- Arbeitsschuhe,
- Arbeitsanzug,
- Arbeitshandschuhe sowie
- Absturzsicherungsgurt für besondere Montagesituationen, in denen Gerüste nicht verwendet werden können (Abb. 3).

Abb. 3: Absturzsicherungsgurt

Ausführungsformen von Scher-Lochleibungs-Schraubenverbindungen

Eine wesentliche Art der Schraubenverbindung ist die Scher-Lochleibungsverbindung (SL-Verbindung). Bei dieser Verbindungsart wird die Schraube auf Scherung und Pressung und die Bohrung auf Lochleibungsdruck beansprucht. Es werden verschiedene Ausführungsformen von SL-Verbindungen unterschieden:

SL-Verbindung	SLP-Verbindung	SLV-Verbindung	SLVP-Verbindung
Scher-Lochleibungsverbindung für Verbindungen im Stahlbau.	Scher-Lochleibungs-Passverbindung für passgenaue Verbindungen im Stahlbau.	Vorgespannte Scher-Lochleibungs-Verbindung für auch in Richtung der Schraubenachse belastete Verbindungen.	Vorgespannte Scher-Lochleibungs-Passverbindung für passgenaue Verbindungen, die auch in Richtung der Schraubenachse belastet werden.
• Schrauben, z. B. ISO 4014 oder DIN 7990 • Muttern, z. B. ISO 4034 • Scheiben, z. B. DIN 7989 oder DIN 434	• Schrauben, z. B. DIN 7968 • Muttern, z. B. ISO 4034 • Scheiben, z. B. DIN 7989	• Schrauben DIN EN 14399-4 • Muttern DIN EN 14399-5 • Scheiben DIN EN 14399-6	• Schrauben DIN EN 14399-8 • Muttern DIN EN 14399-5 • Scheiben DIN EN 14399-6

Dimensionierung von Scher-Lochleibungs-Schraubenverbindungen

Der Diagonalstab des Windverbandes wird über eine Scher-Lochleibungs-Schraubenverbindung mit dem Anschlussblech einer Stütze verbunden. Diese Verbindung kann mit Hilfe von Tabellen dimensioniert werden. Zunächst wird die Kraft, die vom Diagonalstab auf das Anschlussblech der Stütze übertragen wird, ermittelt.

Dies kann über die Berechnung der Einwirkungen auf die Halle und die Windverbände erfolgen. Eine andere Möglichkeit ist, die maximale Zugbelastbarkeit des gegebenen Diagonalstabes aus Rundstahl S355 J2 mit einem Durchmesser d = 18,3 mm zu ermitteln und die Schraubenverbindung für die gleiche Belastung zu dimensionieren.

Die Grenzzugkraft des Diagonalstabes $F_{R,d}$ ergibt sich für

- die Stabquerschnittsfläche von $S = 263$ mm^2,
- eine Werkstoffstreckgrenze von $f_{y,k} = 360$ N/mm^2
- einen Teilsicherheitsbeiwert von $\gamma_M = 1{,}1$ zu

$$F_{R,d} = S \cdot f_{y,k} / \gamma_M$$

$$F_{R,d} = 86 \text{ kN}$$

Die Kraft $F_{R,d}$ = 86 kN muss durch eine Schraube aufgenommen werden. Die Schraube wird dabei auf Abscherung beansprucht. Tabellen kann entnommen werden, wie groß die so genannte Grenzabscherkraft $V_{a,R,d}$ einer Schraube ist, die nicht überschritten werden darf (→📖).

Für die Schraubenverbindung sind im Anschlussblech an der Stütze und im Anschlussstück des Diagonalstabes Bohrungen d = 21 mm vorgesehen. In diese kann eine Schraube M 20 eingesetzt werden. Die Tabelle gibt für eine Schraube M 20 mit der Schraubenfestigkeit 5.6 für die Verbindungsart SL eine Grenzabscherkraft im Schraubenschaft von $V_{a,R,d}$ = 85,68 kN an. Die vorgesehene Schraube ist also in der Lage, die Kraft $F_{R,d}$ = 86 kN annähernd aufzunehmen. Der Klammerwert in der Tabelle gilt, wenn nicht der Schraubenschaft, sondern das Gewinde der Schraube in der Scherfuge liegt.

Grenzabscherkräfte

Grenzabscherkraft $V_{a,R,d}$ einer Schraube für eine Scherfuge

Verbindungsart	Schraubenfestigkeitsklasse	Schraubenwerkstofffestigkeit		Grenzabscherkraft $V_{a,R,d}$ in kN							
				Lochdurchmesser und Durchmesser für Passschrauben in mm							
				13	17	21	23	25	28	31	37
				Schraubengröße							
		$f_{u,b,k}$ in N/mm^2	$f_{y,b,k}$ in N/mm^2	M12	M16	M20	M22	M24	M27	M30	M36
SL	4,6	400	240	24,68 (18,39)	43,87 (34,18)	68,54 (53,41)	82,94 (66,20)	98,70 (76,91)	124,9 (100,2)	154,2 (122,3)	222,1 (178,2)
	5,6	500	300	30,84 (22,98)	54,84 (42,73)	85,68 (66,76)	103,7 (82,75)	123,4 (96,14)	156,2 (125,3)	192,8 (152,9)	277,6 (222,7)

9.8.3 Montieren der Träger

Nach der Montage der ersten vier Stützen und des Windverbandes werden die ersten zwei Träger montiert. Dadurch entsteht ein Verband, der eine ausreichende Stabilität für die weitere Montage garantiert (Abb. 1).

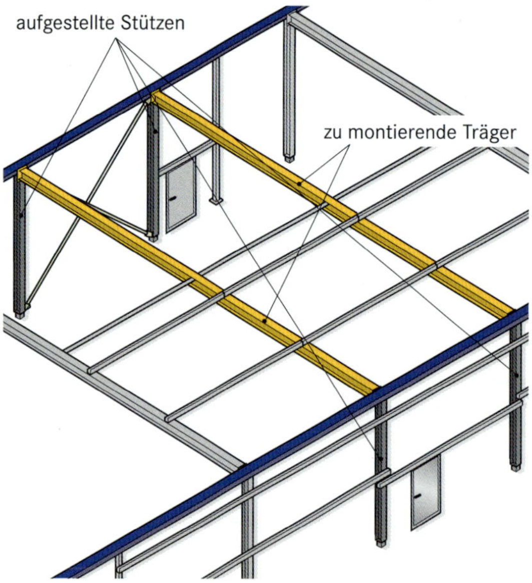

Abb. 1: Einbausituation vor der Trägermontage

Wegen der Trägermasse von ca. 1100 kg sind geeignete Lastaufnahmeeinrichtungen auszuwählen. Der Anschluss der Rahmenträger an die Rahmenstützen erfolgt gemäß Zeichnung über die Stirnplatten von Stütze und Träger durch vier Schrauben zwischen den Trägerflanschen und zwei Schrauben oberhalb des Trägerflansches (Abb. 2).

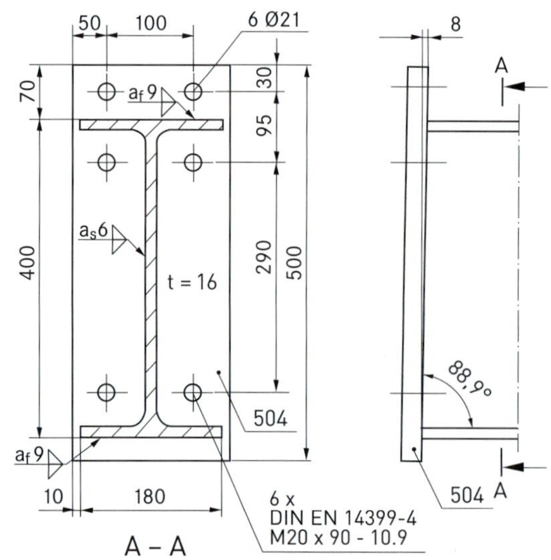

Abb. 2: Rahmenträger mit Stirnplatte

Die Verbindung wird als „Gleitfest vorgespannte Verbindung" ausgeführt. Diese GV-Verbindung ist geeignet, die Biegemomente vom Rahmenträger auf die Rahmenstütze zu übertragen.

In dieser Verbindung werden die Schrauben ausschließlich auf Zug beansprucht. Über die Zugkräfte in den Schrauben werden die Bauteile zusammengepresst. Die dadurch entstehenden Reibungskräfte leisten der äußeren Belastung Widerstand und bewirken so den Zusammenhalt der gefügten Bauteile (Abb. 3).

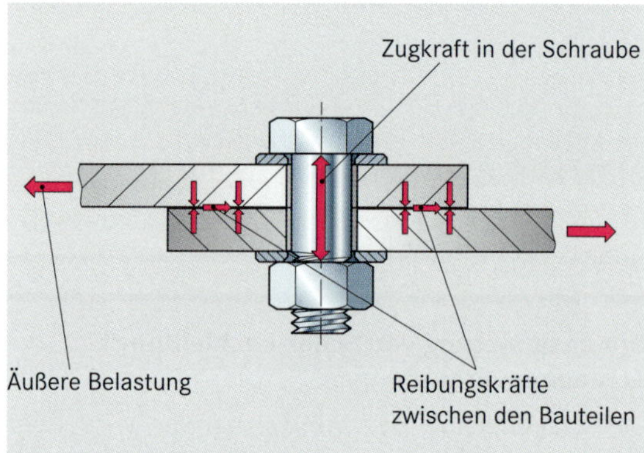

Abb. 3: Gleitfest vorgespannte Schraubenverbindung

Bei dieser Verbindungsart werden Schrauben DIN 6914 der Festigkeitsklasse 10.9 verwendet. Sie haben eine größere Schlüsselweite und werden auch als HV-Schrauben bezeichnet. Dabei steht HV für hochfest-vorgespannt. Diese Schrauben dürfen nur als komplette Garnitur, bestehend aus der Schraube, der dazugehörigen Mutter und zwei speziellen Unterlegscheiben, verwendet werden (Abb. 4).

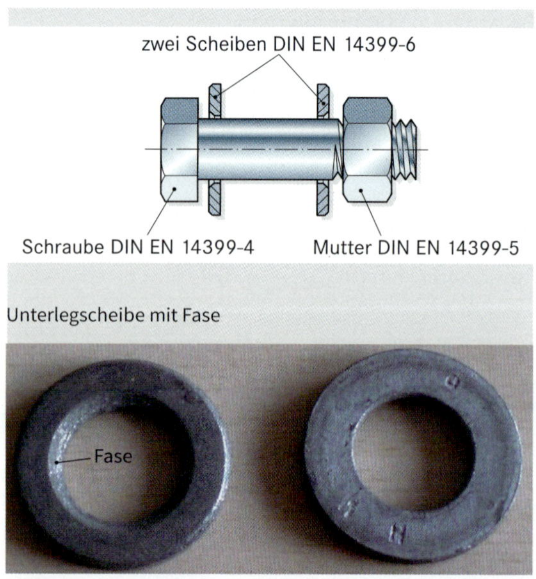

Abb. 4: Schraubengarnitur einer GV-Verbindung

Die Bohrungen dieser Unterlegscheiben sind an einer Seite mit einer Fase versehen. Diese Fasen müssen zum Schraubenkopf bzw. zur Mutter zeigen. Andernfalls würde die Schraube beschädigt und damit geschwächt werden.

Gleitfest vorgespannte Verbindungen werden auch als Pass-Verbindung, GVP-Verbindung, ausgeführt. Dafür werden Passschrauben DIN EN 14399-8 verwendet. Die Merkmale dieser Verbindung sind:

- die GVP-Verbindung führt zu einer genauen Lagefixierung der Bauteile zueinander,
- der Schaftdurchmesser ist 1 mm größer als der Gewindedurchmesser der Schraube,
- der Durchmesserunterschied zwischen der Bohrung und dem Schraubenschaft darf maximal 0,3 mm betragen,
- die Verbindung erfordert eine aufwändige Fertigung mit Vorbohren und Reiben der Bohrung.

Herstellen der GV-Verbindung

Um die Träger an die Stützen anschließen zu können, müssen zunächst die Fügeflächen vorbereitet werden. Dies ist erforderlich, weil die GV- und die GVP-Verbindung gleitfeste Fügeflächen voraussetzen. Das bedeutet, dass diese Flächen eine Reibungszahl $a \geq 0,5$ aufweisen müssen.

Die Art der Vorbehandlung und der Beschichtung sind durch Normen festgelegt.

Die Werksvorgabe für die Vorbereitung der Fügeflächen des Trägeranschlusses lautet:

„Oberflächenvorbereitungsgrad Sa 2 1/2 oder St 2."

Die Angaben bedeuten nach DIN EN ISO 12944-4:

- Sa 2 1/2 - Oberflächenvorbereitung mittels Strahlen mit Intensität 2 1/2,
- St 2 - handmaschinelle Oberflächenvorbereitung mit Intensität 2.

Die Norm beschreibt außerdem genau, wie diese Oberflächen vorzubereiten sind. So bedeutet die Angabe St 2, dass lose Walzhaut, loser Rost, lose Beschichtungen und weitere lose artfremde Verunreinigungen handmaschinell zu entfernen sind.

Eine zweite Möglichkeit der Oberflächenbeschreibung erfolgt durch repräsentative fotografische Vergleichsnormale nach EN ISO 8501-1. Hier wird eine Musteroberfläche dargestellt, der die vorzubereitenden Fügefläche nach der Bearbeitung entsprechen soll (Abb. 5).

Abb. 5: Fotografische Vergleichsnormale für Oberflächenvorbereitungsgrad Sa 2 1/2

Im vorliegenden Fall wird die handmaschinelle Oberflächenvorbereitung mit Intensität 2 gewählt und mit Hilfe eines Winkelschleifers ausgeführt.

Um eine Wiederverschmutzung zu verhindern, wird die Oberflächenvorbereitung erst kurz vor dem Aufbringen der Beschichtung durchgeführt.

Im Anschluss an die Oberflächenvorbereitung ist eine für GV-Verbindungen zugelassene gleitfeste Korrosionsschutzbeschichtung auf die Fügeflächen aufzubringen.

Zum Einsatz kommen Schutzbeschichtungen mit Zusätzen wie Zinkphosphat, Zinkoxid und Zinkstaub sowie Deckanstriche mit Acrylharz- oder Polyurethan(PUR)-Lacken. Diese Beschichtung ist direkt vor der Montage zu überprüfen.

Das anschließende Herstellen der GV-Verbindung erfolgt in mehreren Schritten und mit genau festgelegten Verfahren.

Zunächst werden die sechs Schraubengarnituren ausgewählt und bereitgestellt. Es muss sichergestellt sein, dass nur Schrauben DIN EN 14399-4, Muttern DIN EN 14399-5 und Scheiben DIN EN 14399-6 verwendet werden. Um Verwechslungen mit anderen Schraubenelementen zu vermeiden, sind alle Teile der Schraubengarnitur schon vom Hersteller mit der Abkürzung HV gekennzeichnet.

Aus Korrosionsschutzgründen werden feuerverzinkte HV-Schrauben verwendet.

Die Montage beginnt damit, dass das Schraubengewinde M 20 mit Molybdänsulfit (MoS_2) eingefettet wird. Dann wird die erste Unterlegscheibe mit der Fase nach außen am Schraubenkopf platziert. Die zweite Scheibe wird ebenfalls mit der Fase nach außen vor dem Ansetzen der Schraubenmutter aufgeschoben. Anschließend werden die Schrauben M 20 mit dem vorgeschriebenen Anziehmoment $M_A = 490$ Nm angezogen (➡📖).

Im Stahlhochbau werden für das Anziehen von Schrauben mit Anziehmoment zwei Verfahren verwendet:

- das Drehmomentverfahren und
- das Drehimpulsverfahren.

Beim Drehmomentverfahren wird mit einem Drehmomentschlüssel das voreingestellte Anziehmoment aufgebracht. Eine weitere Möglichkeit besteht darin, die Schraube mit einem Drehmomentschlüssel mit Messskala anzuziehen (Abb. 1).

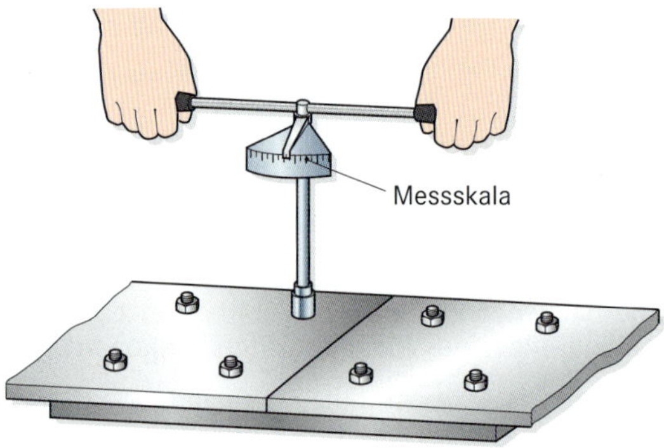

Abb. 1: Drehmomentschlüssel mit Messskala

Damit wird die Schraube so lange angezogen, bis auf der Messskala das erforderliche Anziehmoment angezeigt wird. Das Drehmomentverfahren kann im vorliegenden Fall angewendet werden. Um das große Anziehmoment von 490 Nm aufbringen zu können, müssen große Kräfte aufgebracht oder große Hebellängen verwendet werden. Geeigneter für große Anziehmomente ist das Drehimpulsverfahren.

Hiefür werden meist druckluftbetriebene Schlagschrauber eingesetzt (Abb. 2).

Abb. 2: Druckluftbetriebener Schlagschrauber

Dieser Schlagschrauber stellt sicher, dass das voreingestellte Anziehmoment übertragen wird.

Das Anziehen der Schrauben erfolgt in mehreren Durchgängen mit schrittweise zunehmendem Anziehmoment. Dabei werden die Schrauben pro Durchgang in der Reihenfolge „1 - 2 - 3 - 4 - 5 - 6“ angezogen (Abb. 3).

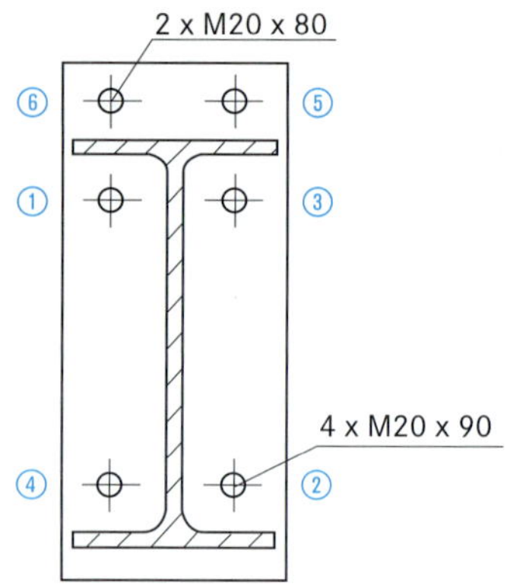

Abb. 3: Anziehfolge

Prüfen der GV-Verbindung

GV-Verbindungen sind besonders zu prüfen. Hierfür werden 5 % der Schrauben einer Verbindung, mindestens jedoch eine Schraube weiter angezogen.

Es wird zunächst die Ausgangslage der Mutter markiert. Anschließend wird beim Drehimpulsverfahren der Schlagschrauber mit der gleichen Anziehmomenteinstellung nochmals angesetzt und betätigt. Beim Drehmomentverfahren wird die Schraube mit einem um 10 % höheren Anziehmoment nachgezogen. In der Regel drehen sich in beiden Fällen die geprüften Schrauben um einen kleinen Winkelbetrag α weiter (Abb. 4).

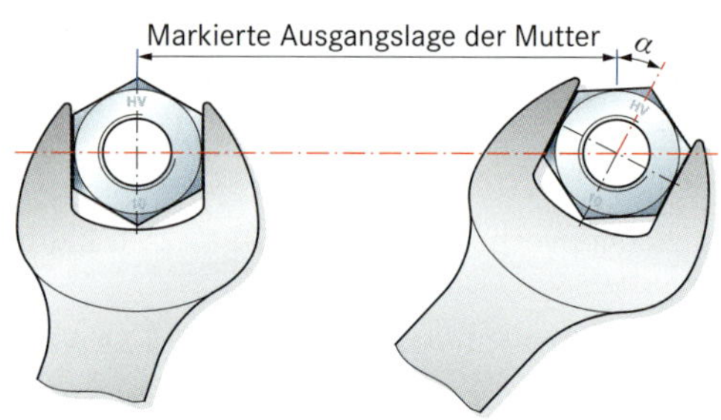

Abb.4: Prüfung einer GV-Verbindung

Die Ergebnisse dieser Prüfung sind wie folgt zu bewerten (Tab. 1).

Tab. 1: Bewertung der Prüfung von GV-Verbindungen

A-Prüfungsergebnis	B-Bewertung/Maßnahme
Keine der geprüften Schrauben dreht mehr als 30° weiter	Die Vorspannung ist ausreichend, es ist keine weitere Prüfung erforderlich
Eine Schraube dreht zwischen 30° und 60° weiter	Zwei weitere Schrauben prüfen und entsprechend Spalte A bewerten
Eine Schraube dreht über 60° weiter	Betreffende Schraube austauschen, zwei weitere Schrauben prüfen und entsprechend Spalte A bewerten

Zusammenfassung

Ausführungsformen von gleitfest vorgespannten Schraubenverbindungen

Eine zweite wesentliche Art der Schraubenverbindung ist die Gleitfest-vorgespannte Verbindung (GV-Verbindung). Bei dieser Verbindungsart werden die Schrauben auf Zug beansprucht. Über die Zugkräfte in den Schrauben werden die zu fügenden Bauteile zusammengepresst. Die dadurch entstehenden Reibungskräfte leisten der äußeren Belastung Widerstand und bewirken den Zusammenhalt der Bauteile. Es werden verschiedene Ausführungsformen von GV-Verbindungen unterschieden:

GV-Verbindung

Gleitfest vorgespannte Verbindung für steife und dynamisch belastbare Verbindungen im Stahlhochbau.

- Schrauben DIN EN 14399-4
- Muttern DIN EN 14399-5
- Scheiben DIN EN 14399-6

GVP-Verbindung

Gleitfest vorgespannte Pass-Verbindung für passgenaue, steife und dynamisch belastbare Verbindungen im Stahlhochbau.

- Schrauben DIN EN 14399-8
- Muttern DIN EN 14399-5
- Scheiben DIN EN 14399-6

Grundlagen

Dimensionierung von gleitfest-vorgespannten Schraubenverbindungen

Auch der Dachträger Pos. 20 der Halle wird über zwei Schrauben einer GV-Schraubenverbindung mit der Lasche der Druckstütze Pos. 27 verbunden. Diese Verbindung kann mit Hilfe von Tabellen dimensioniert werden. Zunächst wird die vom Trägerende auf die Stütze wirkende Kraft ermittelt.

Dies kann über die Berechnung der Einwirkungen auf den Träger und der Auflagerkräfte erfolgen. Eine andere Möglichkeit ist, mit Hilfe von Tabellenwerken, die maximale Belastbarkeit des Trägers zu ermitteln und diese Belastung anschließend auf die beiden Trägerenden zu verteilen.

Für den Dachträger Pos. 20 wird ein IPE 500 verwendet. Dieser kann bei einer gleichmäßig verteilten Kraft eine Belastung von insgesamt F = 147 kN aufnehmen. Zusätzlich wird er durch die eigene Masse von 1354 kg belastet. Damit ergibt sich die Gesamtbelastung zu:

$$F_{Ges} = 147\ \text{kN} + 1354\ \text{kg} \cdot 9{,}81\ \text{m/sec}^2$$

$$F_{Ges} = 160{,}3\ \text{kN}$$

Auf die zwei Trägerenden gleichmäßig verteilt, ergibt sich für die Kraft F_{St}, die vom Trägerende auf die Stütze einwirkt, ein Wert von F_{St} = 80,2 kN.

In der GV-Verbindung muss zwischen Lasche und Trägersteg eine Reibungskraft erzeugt werden, die mindestens so groß ist, wie die von außen einwirkende Kraft.

Dazu werden die Schrauben mit einem vorgeschriebenen Anzugsmoment angezogen (→📖). Dadurch entsteht in der Verbindung eine Vorspannkraft. Diese erzeugt eine so genannte Grenzgleitkraft, die größer als die von außen einwirkende Kraft sein muss.

Tabellen kann entnommen werden, wie groß die so genannte Grenzgleitkraft $V_{g,R,d}$ einer Schraube ist, die nicht überschritten werden darf (→📖).

Für die Schraubenverbindung sind in der Lasche und im Träger Bohrungen d = 18 mm vorgesehen. In diese können Schrauben M 16 eingesetzt werden. Die Tabelle gibt für eine Schraube M 16 mit der Schraubenfestigkeit 10.9 für die Verbindungsart GV eine Grenzgleitkraft von $V_{g,R,d}$ = 43,48 kN an. Die zwei vorgesehenen Schrauben sind also in der Lage, die Kraft F_{St} = 80,2 kN aufzunehmen.

Grenzgleitkräfte

Grenzgleitkraft $V_{g,R,d}$ einer Reibfläche einer Schraube

Verbindungsart	Schraubenfestigkeitsklasse	Grenzgleitkraft $V_{g,R,d}$ in kN[1]							
		Schraubengröße							
		M12	M16	M20	M22	M24	M27	M30	M36
GV, GVP	10.9	21,74	43,48	69,57	82,61	95,65	126,1	152,2	221,7

[1] Die Zahlenwerte gelten für planmäßig vorgespannte Verbindungen ohne zusätzliche Zugbeanspruchung der Schrauben (N = 0)

Grundlagen

Trägerauflager

Träger werden nicht nur an Stützen, sondern stattdessen auch direkt an vorhandene Bauwerke angeschlossen. Hierbei müssen senkrechte und zum Teil auch waagerechte Kräfte vom Träger in die angrenzenden Bauwerksteile eingeleitet werden.

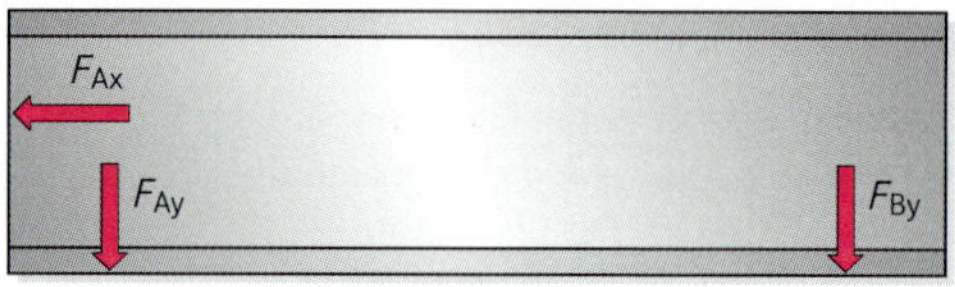

Diese Krafteinleitung erfolgt über Auflager. Hierbei wird zwischen

- Festlager und
- Loslager unterschieden.

Festlager sind so gestaltet, dass sie den Träger fixieren und Kräfte aus allen Richtungen aufnehmen können. Festlager können unterschiedlich gestaltet werden. Unter anderem gibt es die Möglichkeit, den Träger auf einer als Sattellager ausgeführten Stahlplatte zu lagern und die Fixierung in waagerechter Richtung durch Verschrauben der Trägerstirnplatte mit einer zweiten einbetonierten Stahlplatte zu erreichen. Die Längenanpassung erfolgt über ein Futterblech.

Festlager

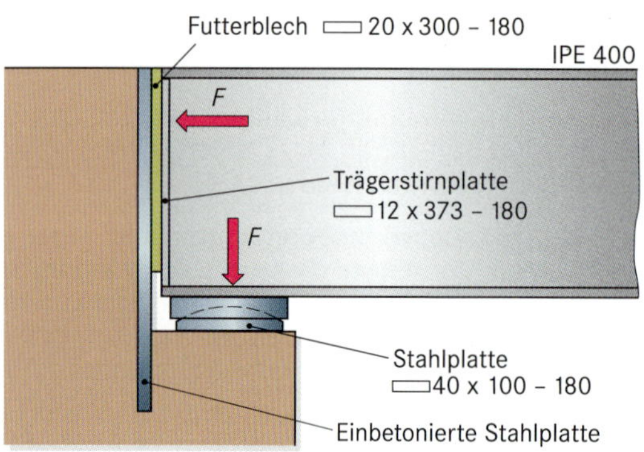

Damit der Träger sich bei Temperaturunterschieden ausdehnen bzw. zusammenziehen kann, ist das zweite Lager als Loslager auszuführen. Dieses Loslager fixiert das Trägerende nur in einer Richtung und ermöglicht Bewegungen in der anderen Richtung. Meist sind die Lager so gestaltet, dass sie senkrecht zur Trägerachse wirkende Kräfte aufnehmen können, nicht aber Kräfte, die parallel zur Trägerachse in Ausdehnungsrichtung wirken.

Loslager als Gleitlager

Die Loslager können bei leichten Konstruktionen als Gleitlager ausgeführt werden.

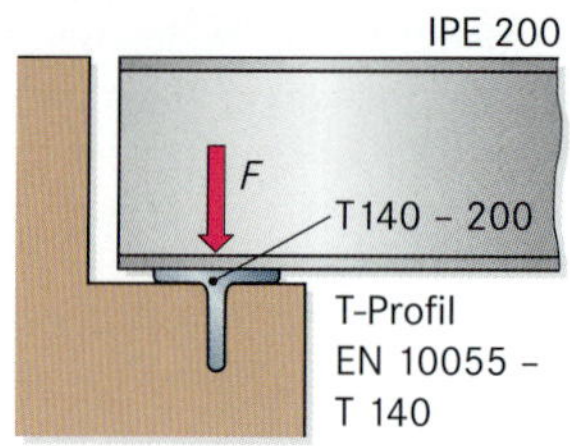

Loslager als Rollenlager

Um die Reibungskräfte zu verringern, werden Loslager insbesondere bei schweren Konstruktionen als Rollenlager ausgeführt.

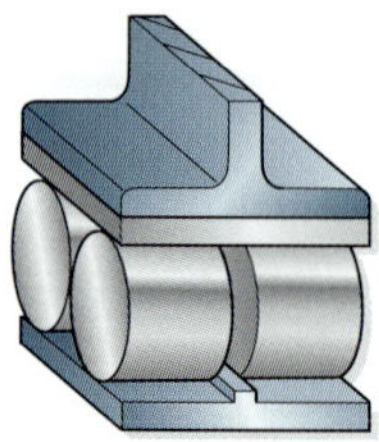

Kantenpressung bei Trägerdurchbiegung

Lange Träger biegen aufgrund des Eigengewichtes und der äußeren Belastung durch. Dies führt zu einer sehr hohen Kantenpressung und zur Beschädigung des Lagers. Um dies zu verhindern, wird bei langen, schweren Trägern das Auflager als Sattellager ausgeführt.

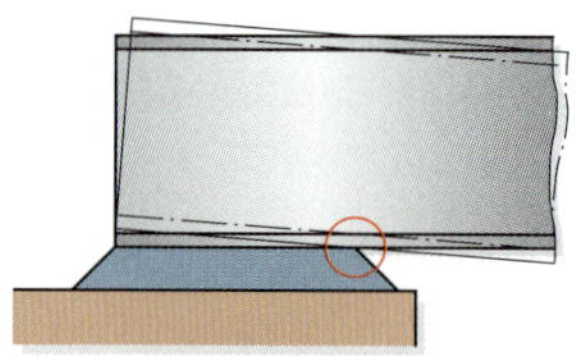

Sattellager

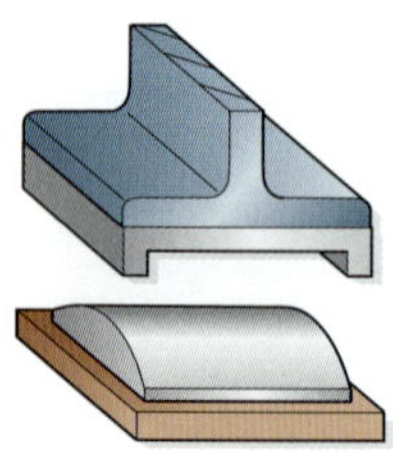

Auflagerberechnung

Die Träger der Halle müssen u.a. folgende Belastungen aufnehmen:

- Eigengewicht des Trägerprofils,
- Gewicht der Dachhaut und
- Gewicht der Trageinrichtung.

Diese Belastungen werden vom Träger in die Auflager der Stützen geleitet.

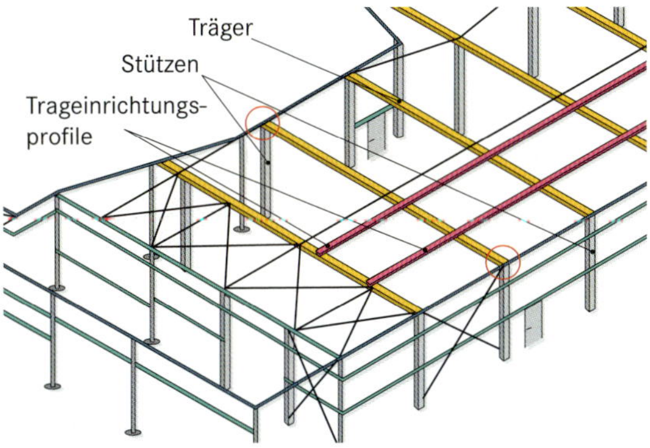

Die Auflager bestehen aus einem Fest- und einem Loslager, über die nur Kräfte vom Träger in die Stützen geleitet werden. Diese Kräfte werden als Auflagerkräfte bezeichnet.

Zur Berechnung werden die Lasten des Trägers und der Dachhaut als eine resultierende Kraft F_R, die aus den aufliegenden Trageinrichtungsprofilen einwirkenden Kräfte als F_{Pf1} und F_{Pf2} eingezeichnet.

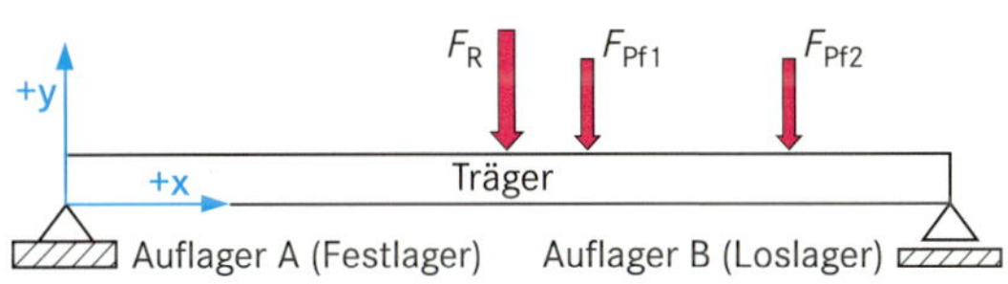

Auf den Träger wirken nur senkrechte Kräfte. In den Auflagern A und B wirken dann die Reaktionskräfte F_{Ay} und F_{By}. Die im Festlager A anzunehmende Reaktionskraft F_{Ax} ist hier null. In eine weitere Skizze werden statt der Auflager die Reaktionskräfte eingetragen.

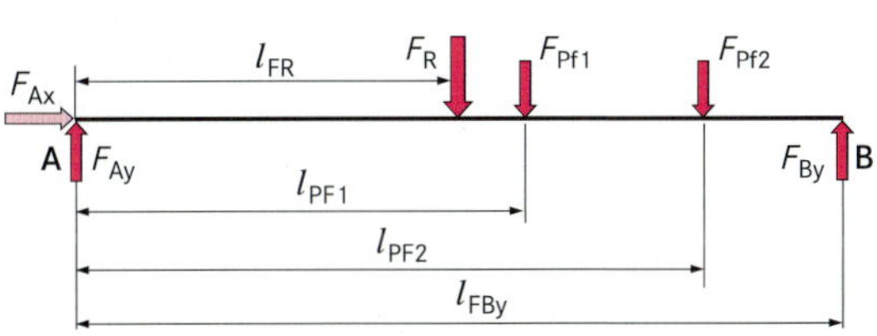

Außerdem werden hier die Abstände der einzelnen Kräfte von einem Auflager eingezeichnet. Diese Maße werden später als Hebellängen für die Berechnung der wirkenden Drehmomente verwendet. Der Träger ruht auf den Stützen. Das bedeutet, dass sich alle Kräfte und Momente gegenseitig aufheben. Deshalb gilt:

-(1) Die Summe aller Kräfte in x-Richtung ist null,

$$\Sigma F_x = 0 = F_{Ax}$$

-(2) Die Summe aller Kräfte in y-Richtung ist null,

$$\Sigma F_y = 0$$

und

-(3) die Summe aller Momente um einen Drehpunkt, z. B. Auflager „A", ist null.

$$\Sigma M_A = 0$$

Das Festlager wird in x-Richtung nicht belastet, daher ist $F_{Ax} = 0$. Dies ist auch ohne Berechnung ersichtlich, weil von außen keine Kraft in x-Richtung auf den Träger einwirkt.

Mit der Annahme, dass nach oben wirkende Kräfte positiv eingesetzt werden, ergibt sich:

(4) $\Sigma F_y = 0 = + F_{Ay} - F_R - F_{Pf1} - F_{Pf2} + F_{By}$

$$F_{Ay} = + F_R + F_{Pf1} + F_{Pf2} - F_{By}$$

Wegen der zwei Unbekannten (F_{Ay} und F_{By}) in dieser Gleichung muss nun erst Gleichung (5) aufgestellt werden. Dabei wird eine Links-Drehung um den Drehpunkt „A" als positiv angenommen.

(5) $\Sigma M_A = 0$

$$= - F_R \cdot l_{FR} - F_{Pf1} \cdot l_{Pf1} - F_{Pf2} \cdot l_{Pf2} + F_{By} \cdot l_{FBy}$$

$$+ F_{By} = \frac{+ F_R \cdot l_{FR} + F_{Pf1} \cdot l_{Pf1} + F_{Pf2} \cdot l_{Pf2}}{l_{FBy}}$$

Durch Einsetzen des Ergebnisses von F_{By} in Gleichung (4) erhält man den Wert für F_{Ay}.

Für einen Dachträger sind folgende Werte gegeben:

$F_R = 122$ KN, $F_{Pf1} = 16$ KN, $F_{Pf2} = 18$ KN

$l_{FR} = 7{,}55$ m, $l_{Pf1} = 8{,}5$ m, $l_{Pf2} = 11{,}5$ m, $l_{FBy} = 15{,}1$ m

Für die Auflagerkräfte ergibt sich damit:

$$F_{By} = \frac{122\text{KN} \cdot 7{,}55\text{ m} + 16\text{KN} \cdot 8{,}5\text{ m} + 18\text{KN} \cdot 11{,}5\text{m}}{15{,}1\text{ m}}$$

$$\underline{\underline{F_{By} = 83{,}71\text{ KN}}}$$

$$F_{Ay} = 122\text{ KN} + 16\text{ KN} + 18\text{ KN} - 83{,}71\text{ KN}$$

$$\underline{\underline{F_{Ay} = 72{,}29\text{ KN}}}$$

9.8.4 Montieren der Streben und Trageinrichtung

Montieren der Streben

Die Befestigung der Streben an den Trägern erfolgt über Anschlusswinkel. Die Anschlusswinkel sind an den Trägern mit Sechskantschrauben M16 x 60 **DIN EN 14399-4**, Scheiben **DIN EN 14399-6** und Muttern **DIN EN 14399-5** befestigt. Die Streben selbst werden dann mit Sechskantschrauben **ISO 4014** M 12 x 35, Scheiben **DIN 7989** und Muttern **ISO 4032** montiert (Abb. 1).

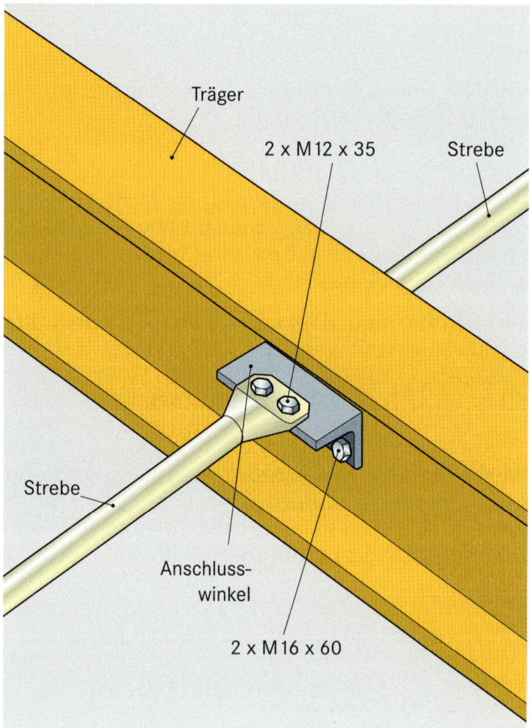

Abb. 1: Montage der Streben

Da die Schrauben des Winkelanschlusses hauptsächlich auf Zug beansprucht werden, ist eine SLV-Verbindung vorgesehen.

Die Schrauben der Verbindung zwischen Strebe und Winkel werden hauptsächlich auf Abscherung und Pressung beansprucht. Hier reicht die einfache SL-Verbindung.

Die Masse der Streben beträgt jeweils ca. 30 kg. Sie werden mit dem Kran an den Montageort gehoben und dann montiert.

Bei der Montage müssen die Streben zwischen den Trägern eingepasst werden. Dabei ist es oft erforderlich geringe Lageabweichungen der Träger zu korrigieren. Dies ist möglich über eine Längenverstellung der Diagonalstäbe der Windverbände zwischen den Trägern bzw. zwischen den Stützen.

Montieren der Trageinrichtung

Nachdem alle Stützen, Träger, Windverbände und Streben montiert sind, erfolgt die Montage der Trageinrichtung. Die Enden der Trageinrichtungsprofile liegen auf dem Träger auf und werden mit dem Trägerflansch verklemmt. Das Klemmen erfolgt über besondere Klemmplatten. Dies bedeutet eine wesentliche Vereinfachung der Montage (Abb. 2).

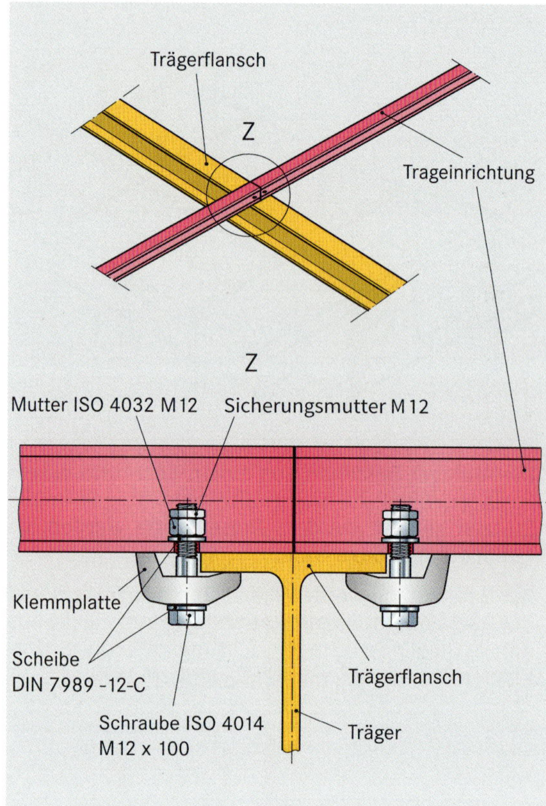

Abb. 2: Montage der Trageinrichtung

Die Masse der Trageinrichtungsprofile aus HEA 120 von jeweils 5990 mm Länge ist so groß, dass sie mit dem Kran auf die Träger gelegt werden müssen.

Nach dem Ausrichten der Profile werden die Klemmplatten vormontiert. Anschließend werden die Klemmschrauben mit dem vorgeschriebenen Anziehmoment M_A = 69 Nm mit einem Schlagschrauber angezogen.

Durch das Anziehen der Schraube werden die Profile gegen die Flanschoberseite des Trägers gedrückt. Die entstehenden Reibungskräfte fixieren die Profile in der vorgeschriebenen Lage.

Die Verbindung wird gegen Losdrehen durch eine PAL-Mutter gesichert.

9.9 Herstellen und Montieren der Dacheindeckung

ARBEITSAUFTRAG

Das Dach der Produktionshalle ist einzudecken. Dazu sind Dachtrapezbleche mit Hilfe von Verbindungselementen auf den Trägern zu montieren.

Aufbau/Funktion

Die Dacheindeckung dient dem Schutz des Halleninneren vor Witterungseinflüssen wie Wind und Feuchtigkeit.

Für die Arbeitsräume in der Halle sind Norminnentemperaturen vorgeschrieben. Sie betragen zwischen 12 °C und 20 °C je nach Schwere der zu verrichtenden körperlichen Arbeit. Deshalb muss für diese Halle zusätzlich ein ausreichender Wärmeschutz im Winter und im Sommer gewährleistet werden.

Weiterhin wird bei Dacheindeckungen auf ein geringes Eigengewicht, hohen Brandschutz, eine lange Lebensdauer und einfache Montagemöglichkeit geachtet. Deshalb werden Trapezblechprofile ausgewählt, auf welche die Wärmedämmung und ggf. Dichtfolien aufgebracht werden.

Bei der Produktionshalle wird eine Dacheindeckung aus „Stahl-Trapezblech 135/310" verwendet. Diese Bezeichnung gibt die wesentlichen Abmessungen des Trapezprofiles an (Abb. 3).

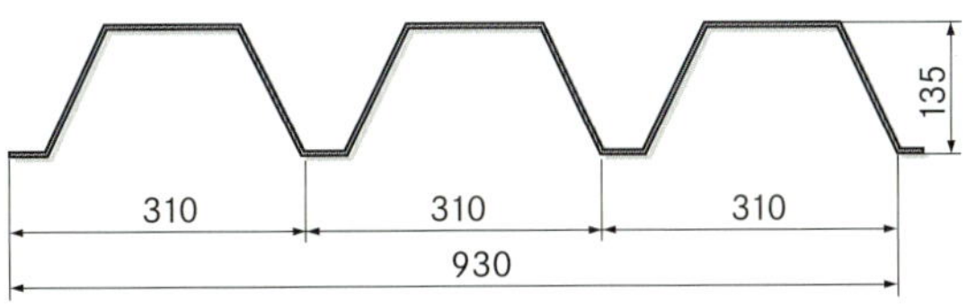

Abb. 3: Trapezblech 135/310

Aus Korrosionsschutzgründen ist das Stahlblech mit einer so genannten Duplex-Beschichtung versehen. Diese besteht aus einer Zinkschicht und einer zusätzlichen Kunststoffschicht. Bei dieser Dacheindeckung wurde der Farbton RAL 9010 - „reinweiß" - gewählt.

Im vorliegenden Fall ist das Trapezblech so gewählt, dass es die Dachlast aufnehmen und direkt in die Träger weiterleiten kann, ohne durch Pfetten stabilisiert werden zu müssen.

Die genaue Ausführung der Dacheindeckung wird durch einen Dachblechverlegeplan beschrieben. In diesem Plan wird u. a. Folgendes dargestellt:

- die Längen und Breiten der einzelnen Dachbleche,
- die Anordnung der einzelnen Bleche,
- die Befestigung der Bleche.

Die Einzelteile für die Dacheindeckung werden zugeliefert. Hierzu gehören:

- Trapezbleche in den erforderlichen Längen und Breiten,
- Befestigungsmaterial,
- Anschluss- und Abschlussbauteile.

Montieren

Nach Anlieferung auf der Baustelle werden die Trapezbleche auf die Träger gelegt (Abb. 4).

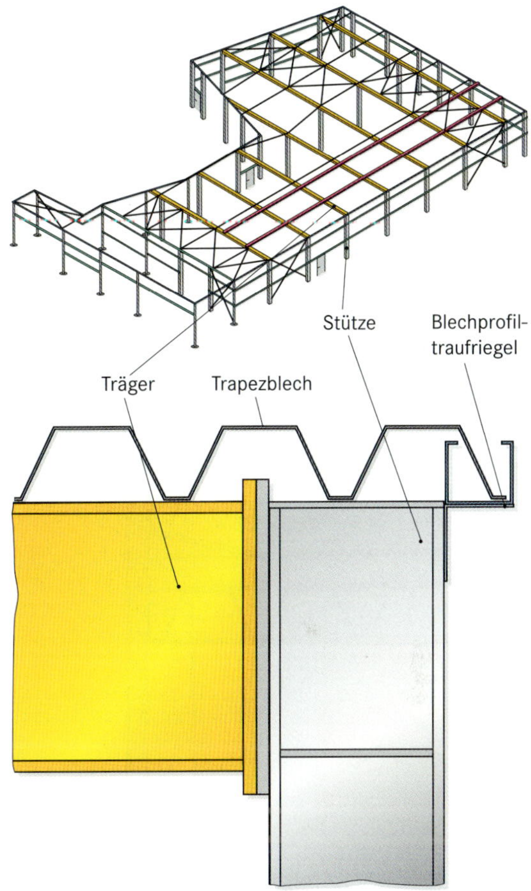

Abb. 4: Lage der Trapezbleche

Nach dem Ausrichten werden die Trapezbleche befestigt. Die Befestigung muss so ausgeführt werden, dass

- sie Kräften durch Windsog widersteht,
- die wirkenden Kräfte in die Träger geleitet werden,
- eine Dachentwässerung möglich ist.

Das Trapezblech wird im Profilgrund mit feuerverzinkten Bohrschneidschrauben mit Dichtung an den Trägern und am Traufriegel befestigt. Bei dieser Schraube werden die Bohrung, das Muttergewinde und die Verschraubung der Fügeteile in einem

Arbeitsgang hergestellt. Außerdem dichtet diese Schraube über die Dichtung am Schraubenkopf die Bohrung nach dem Festziehen ab (Abb. 1).

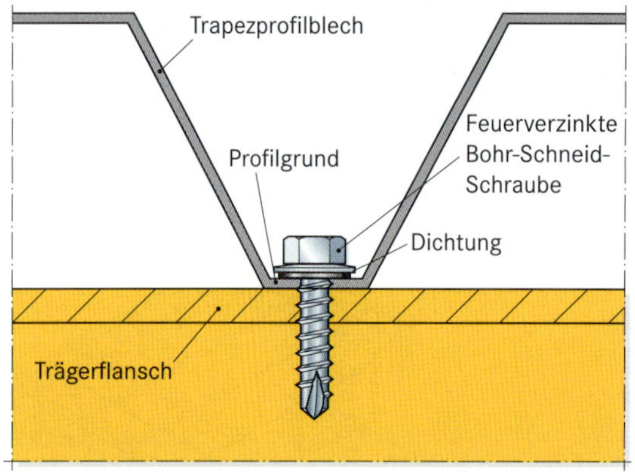

Abb. 1: Trapezblechbefestigung mit Bohr-Schneid-Schraube und Dichtung

Auf das Trapezblech werden anschließend eine Dampfsperre, die Dämmung und die Dichtbahnen aufgebracht. Die Dichtung der Schraube steht dann nicht im Wasser (Abb. 2).

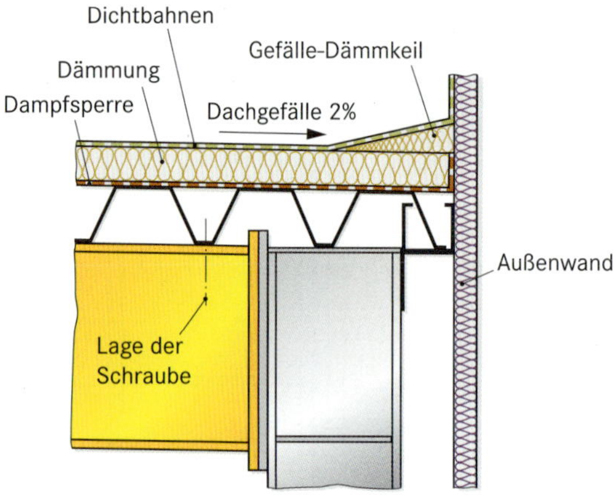

Abb. 2: Dachdichtung und -dämmung

Trapezbleche können auch direkt die Dachhaut eines Bauwerks bilden (Abb. 3).

Abb. 3: Halle mit Trapezblechdach

Dann müssen die Rinnen des Trapezprofils in Richtung des Dachgefälles verlaufen, um den Wasserablauf zu gewährleisten (Abb. 4).

Abb. 4: Trapezblechanordnung in Richtung Dachgefälle

Damit die Dichtung der Befestigungsschraube nicht im Wasser steht, wird die Schraube nicht im Trapezblechgrund, sondern auf der Trapezblechoberseite angeordnet. Zur Erhöhung der Verbindungsfestigkeit wird zusätzlich ein Deckblech verwendet (Abb. 5).

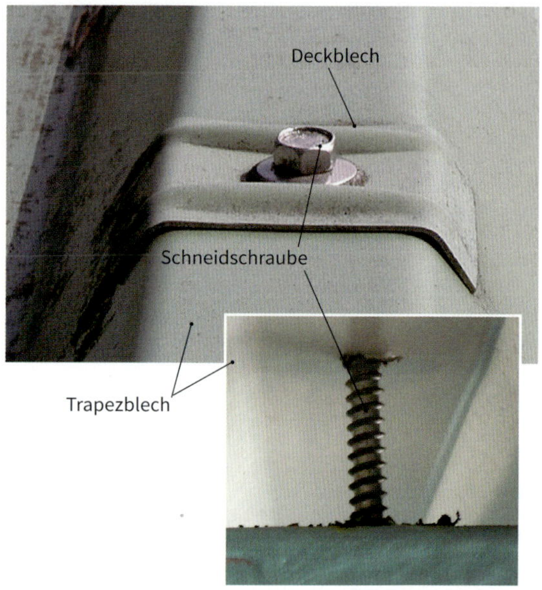

Abb. 5: Trapezblechbefestigung mit Schneidschraube und Deckblech

In diesem Fall müssen lange Schneidschrauben verwendet werden. Wegen des langen Schaftes kann diese Schraube nicht als Bohrschneidschraube ausgeführt werden. Mit der langen Schraube könnte weder die erforderliche Führung noch das erforderliche Drehmoment für die Fertigung einer Bohrung aufgebracht werden.

Deshalb wird zuerst vorgebohrt. Dann wird mit der Schneidschraube in einem Arbeitsgang das Gewinde geschnitten und die Befestigung ausgeführt.

Einsatz von Pfetten

Eine direkte Montage der Dachhaut auf den Hallendachträgern ist nicht immer möglich. Der Grund ist, dass für jede Dacheindeckung ein maximal zulässiger Abstand zwischen den Auflageträgern vorgegeben ist. Wenn der Abstand zwischen den Dachträgern größer ist, als der für die gewählte Dacheindeckung maximal zulässige Trägerabstand, dann wird die Dachhaut nicht direkt auf den Trägern befestigt sondern auf Zwischenträgern, die als Pfetten bezeichnet werden (Abb. 1).

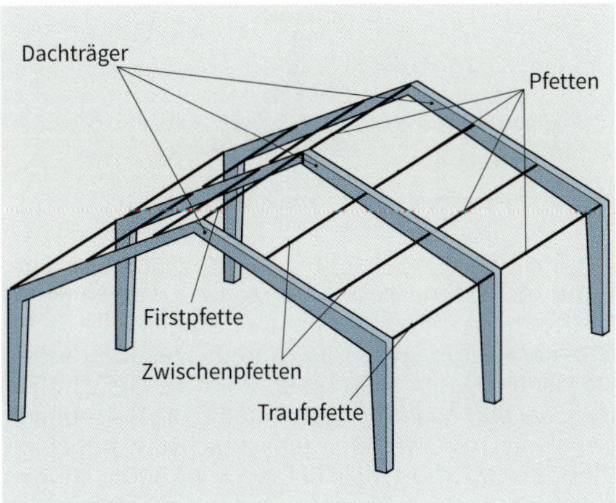

Abb. 1: Hallenkonstruktion mit Pfetten

Eine genauere Bezeichnung unterscheidet zwischen der Firstpfette an der höchsten Stelle des Daches und den Traufpfetten an der niedrigsten Stelle. Die dazwischen liegenden Pfetten werden dann als Zwischenpfetten bezeichnet.

Die Pfetten nehmen die Dachlasten von der Dachhaut auf und leiten diese an die Träger weiter. Dabei werden sie auf Biegung beansprucht. Die Pfettenprofile müssen also geeignet sein, eine hohe Biegebeanspruchung aufzunehmen bei einem möglichst geringen Eigengewicht.

Außerdem muss sowohl eine einfache Befestigung des Pfettenprofils am Dachträger als auch der Dacheindeckung an der Pfette möglich sein. Unter diesen Gesichtspunkten sind besonders U-Profile, Z-Profile und I-Profile geeignet.

Bei der Belastung auf Biegung ist das I-Profil am besten geeignet. Dies zeigt der Vergleich von Profilen mit ähnlichem Eigengewicht (Tab. 1).

Tab. 1: Profilkennwerte

Profil	Metergewicht *m'* in kg/m	axiales Widerstandsmoment *Wx* in cm³
U100	10,6	41,2
Z100	11,4	44,4
IPE120	10,4	53

Das axiale Widerstandsmoment ist ein Maß für die Größe des Biegewiderstands eines Profils. Im gewählten Beispiel hat das IPE 120 Profil bei geringster Eigenmasse den größten Biegewiderstand.

Hinsichtlich der Befestigung der Dachhaut sind das U- und das Z-Profil besser als das I-Profil geeignet. Dies liegt daran, dass bei gleicher oder ähnlicher Profilhöhe die freie Flanschbreite für die Aufnahme der Befestigungsschrauben bei diesen Profilen größer ist und deshalb eine einfachere Montage zulässt (Abb. 2)

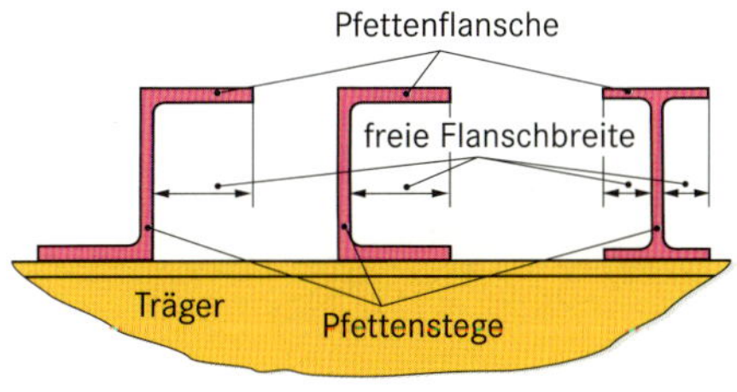

Abb. 2: Freie Flanschbreite an Pfettenprofilen

Die Montage der Dacheindeckung erfolgt meist „blind“ mittels Bohrschneid- oder Schneidschrauben. Das bedeutet, dass zunächst die nicht vorgebohrte Dacheindeckung auf die Pfetten gelegt wird. Dann wird mittels Schnur auf der Dacheindeckung die Lage der darunter liegenden Pfetten angezeigt.

Bei der Verwendung von Schneidschrauben wird nun durch die Dacheindeckung in den Pfettenflansch vorgebohrt. Anschließend wird mit der Schneidschraube die Verbindung hergestellt.

Bei Bohrschneidschrauben wird mit der Schraube selbst durch die Dacheindeckung in den Pfettenflansch gebohrt und im gleichen Arbeitsgang die Schraubverbindung hergestellt.

Das Anbohren der Pfettenstege ist zu vermeiden.

Für die Befestigung der Pfette am Träger ist bei Montage mit Schrauben die Zugänglichkeit der Schrauben beim Z-Profil am besten (Abb. 3).

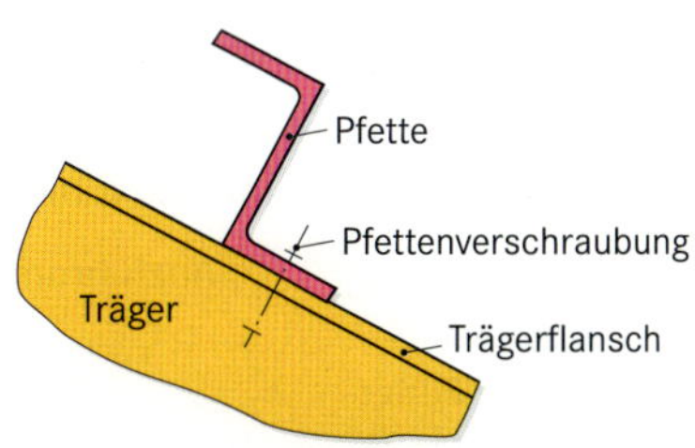

Abb. 3: Schraubenzugänglichkeit am Z-Profil

Allerdings kippt das Z-Profil im Gegensatz zum I- und zum U-Profil aufgrund des unsymmetrischen Aufbaus und muss deshalb bei der Montage zusätzlich gehalten werden. Außerdem weist diese direkte Befestigung der Pfette mittels Schrauben am Träger Nachteile auf.

Dies sind:

- die eingeschränkte Zugänglichkeit der Befestigungsschrauben bei U- und I- Profilen für den Einsatz von Schlagschraubern,
- die erforderliche Genauigkeit der Lage der Bohrungen im Dachträger und in der Pfette zueinander,
- die starke zusätzliche Momentenbelastung des Pfettenprofils im unteren Stegbereich bei geneigten Dächern (Abb. 1).

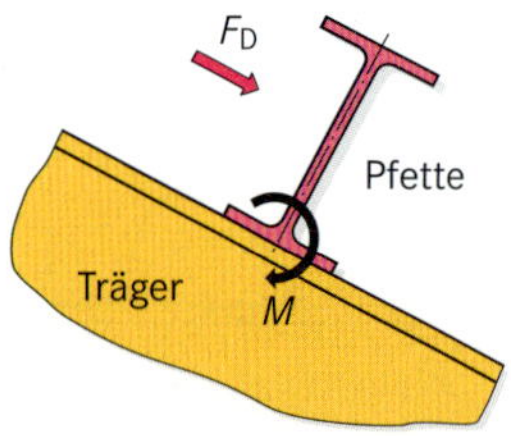

Abb. 1: Momentenbelastung von Pfetten

Wegen dieser Nachteile direkter Pfettenverbindungen und aus Rationalisierungsgründen werden Pfetten meist mit zusätzlichen Befestigungselementen verbunden (Abb. 2).

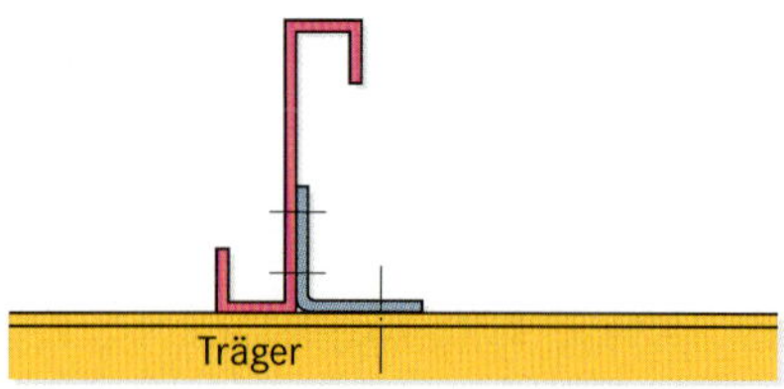

Abb. 2: Befestigungswinkel für Z-Profil-Pfetten

Diese Befestigungselemente können fertig bezogen werden und weisen die beschriebenen Nachteile nicht auf.

Typisierte Pfettenschuhe

Oft werden auch die vom Deutschen Stahlbauverband festgelegten standardisierten Pfettenbefestigungen, die so genannten Pfettenschuhe verwendet. Für Pfetten aus I- und IPE-Profilen wird grundsätzlich zwischen den Pfettenschuhtypen W und F unterschieden (Tab. 1).

Tab. 1: Pfettenschuhtypen und Ausführungen

Typ	Ausführung A	Ausführung B
W	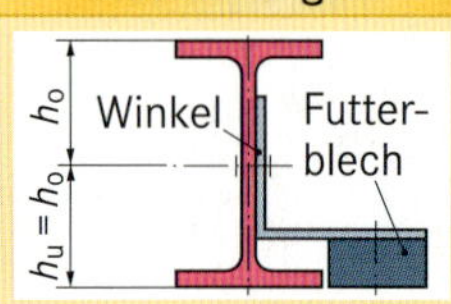	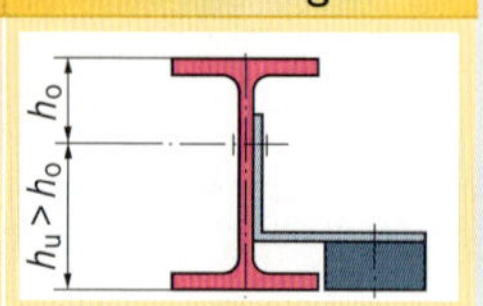
F	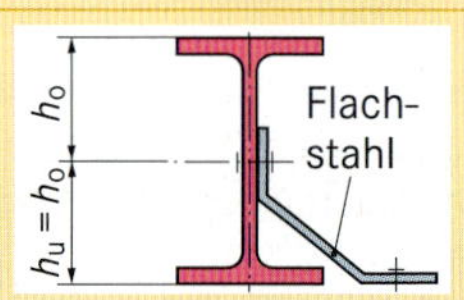	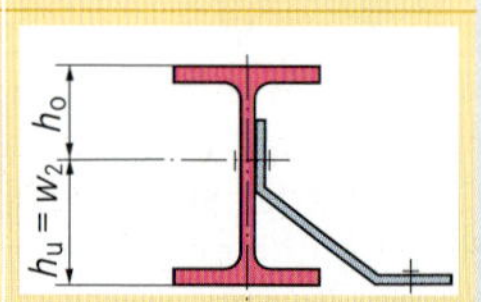

Bei den dazu gehörigen Ausführungen A und B werden beim Typ W Winkel und Futterbleche als Befestigungselemente verwendet. Beim Typ F werden statt dessen nur gekantete Flachstäbe verwendet. Die Verbindung zwischen diesen einzelnen Elementen erfolgt mittels Schrauben.

Nur für den Pfettenschuhtyp F ist noch eine Ausführung C vorgesehen. Bei dieser Ausführung wird zwischen den Träger und das Pfettenprofil noch ein Futterblech mit vorgeschriebener Abmessung gesetzt (Abb. 3).

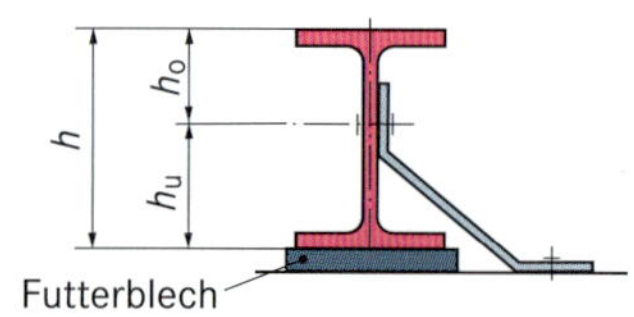

Abb. 3: Pfettenschuh Typ F - Ausführung C

Die Ausführungen B und C haben gegenüber Ausführung A den Vorteil, dass sie bei geneigten Dächern die parallel zum Dachträger wirkenden Druckkräfte F_D und die daraus resultierenden Momente besser aufnehmen können. Ursache ist, dass bei den Ausführungen B und C die Befestigung am Winkel bzw. am gekanteten Flachstahl höher am Pfettenprofil ansetzt als bei Typ A. Dadurch können Momente besser aufgenommen werden (Abb. 4).

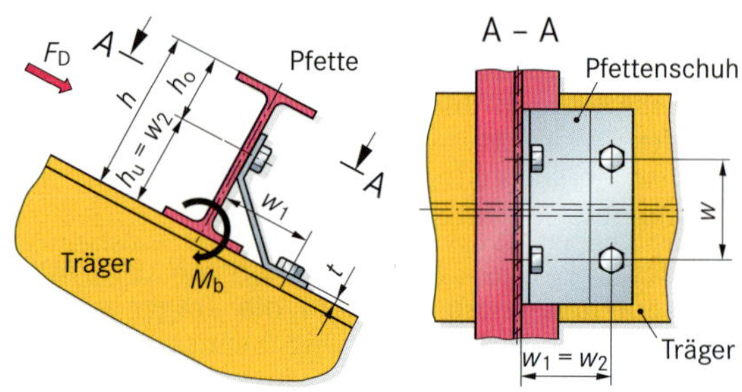

Abb. 4: Momentenaufnahme am Pfettenschuh

Durch die Verwendung von Futterblechen können gleiche Pfettenschuhflachstähle für unterschiedlich hohe Pfettenprofile verwendet werden.

Bei geneigten Dächern sind die typisierten Pfettenschuhe dachabwärts anzuordnen.

Die Bezeichnung der Pfettenschuhe ist genau festgelegt und bedeutet z. B. bei der Bezeichnung PS F 7 10–Ausführung B Folgendes:

- Pfettenschuhtyp F aus Flachstahl,
- Schraubenpositionen $h_u = w_2 = 70$ mm,
- Schraubenabstand $w = 100$ mm,
- Ausführung B mit außermittigem Anschluss an der Pfette ohne Futterblech.

Dieser Pfettenschuh ist geeignet für die Befestigung der Pfettenprofile I120 bzw. IPE 120.

9.10 Herstellen und Montieren der Wandverkleidung

ARBEITSAUFTRAG

Die Wandverkleidung der Produktionshalle ist anzubringen. Dazu sind zunächst Befestigungswinkel und Wandriegel zu montieren und anschließend die Sandwichelemente mit Hilfe vorgegebener Verbindungselemente anzubringen.

Aufbau/ Funktion

Die Wände haben die gleichen Aufgaben und Anforderungen zu erfüllen wie die Dacheindeckung hinsichtlich:

- Witterungsschutz,
- Wärme- und Sonnenschutz,
- Brandschutz,
- Lebensdauer und
- Montagefreundlichkeit.

Zusätzlich werden Anforderungen an den Lärmschutz und das Aussehen der Wandverkleidung bzw. Fassade gestellt. Außerdem müssen in die Fassade Fenster und Türen integriert werden können. Bei der Produktionshalle wird eine Sandwichwand als Fassade verwendet (Abb. 5).

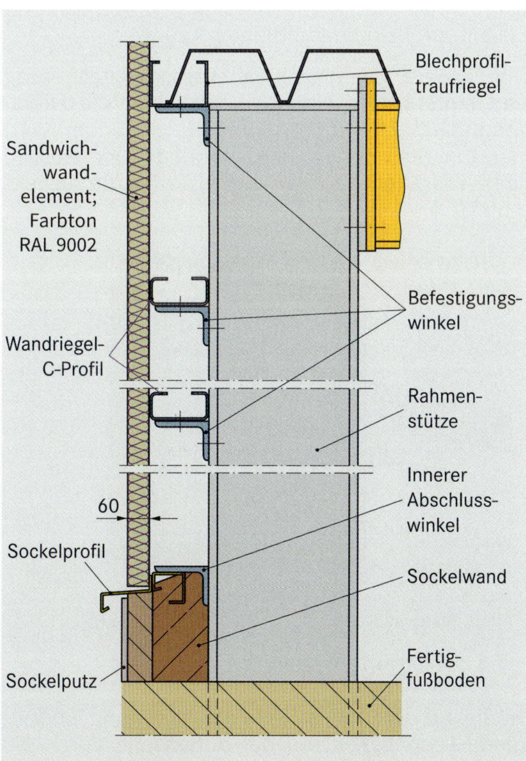

Abb. 5: Wandverkleidung mit Sandwichwand

Bei der Sandwichwand handelt es sich um das Produkt eines Systemherstellers.

Die Sandwichwand besteht hier aus einzelnen Sandwichelementen. Diese bestehen aus jeweils zwei Aluminium- oder Stahlblechprofilschalen, die mit dem dazwischen liegenden Hartschaumdämmstoff verklebt sind.

Um die Wärmedämmfähigkeit zu verbessern, sind die beiden Blechprofilschalen nicht direkt, sondern über Kunststoffteile miteinander verbunden. Diese verhindern wegen ihrer schlechten Wärmeleitfähigkeit, dass niedrige Außentemperaturen von der Außenseite des Sandwichelementes zur Innenseite übertragen werden. Dies wird als thermische Trennung bezeichnet (Abb. 6).

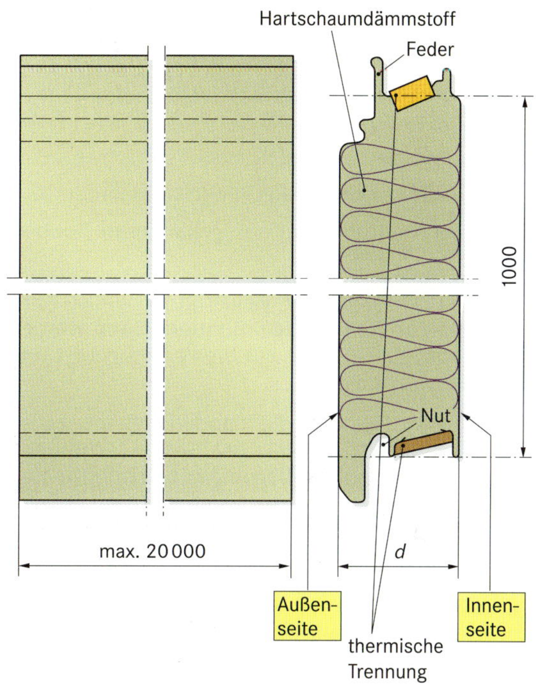

Abb. 6: Sandwichelement

Die Sandwichelemente besitzen bestimmte Kenngrößen, die in Tabellen aufgeführt sind (Tab. 2).

Tab. 2: Kenngrößen von Sandwichelementen

Bauteilbezeichnung z. B.	Elementdicke d mm	Materialdicke Deckschalen mm	Gewicht kg/m²	max. Lieferlänge m	Wärmedurchgangskoeffizient U W/m²·K
ML-60 va	60	0,55	12,5	20	0,39
ML-80 va	80	0,55	13,4	20	0,30

Bei der Fassade der Produktionshalle handelt es sich um eine nicht hinterlüftete Fassade. Weil alle Fassadenteile direkten Kontakt untereinander und mit der beheizten Gebäudeinnenseite haben, spricht man von einer so genannten Warmfassade.

Die Produktionshalle grenzt mit zwei Seiten direkt an ein Gebäude mit Büro und Sozialräumen. Hier sind Brandschutzwände vorzusehen. Die Sandwichelementwand kann den geforderten Brandschutz nicht erfüllen. Deshalb sind hier Wände aus Porenbeton vorgesehen.

Die Einzelteile für die Fassade werden zum größten Teil zugeliefert. Diese Zulieferung umfasst im Wesentlichen:

- Sandwichelemente, Porenbetonwandplatten,
- Dämm-, Dicht- und Befestigungsmaterial sowie
- Anschluss- und Abschlussbauteile.

Fertigen

In der Metallbauwerkstatt sind folgende Bauteile zu sägen und zu bohren:

- Wandriegel-C-Profile,
- Befestigungswinkel aus Winkelstahl und
- Blechprofiltraufriegel aus gekantetem Sonderprofil.

Zunächst werden die Befestigungswinkel mit Schrauben an den Stützen montiert. Dann werden die Wandriegel-C-Profile auf die Winkel gelegt und mit diesen verschraubt.

Anschließend werden die Sandwichelemente an den Wandriegel-C-Profilen mit Schneidschrauben befestigt. Die Montage beginnt mit dem untersten Sandwichelement und setzt sich mit den folgenden Elementen nach oben hin fort. Die Schrauben werden durch das Aufsetzen des jeweils nächsten Elementes verdeckt (Abb. 1).

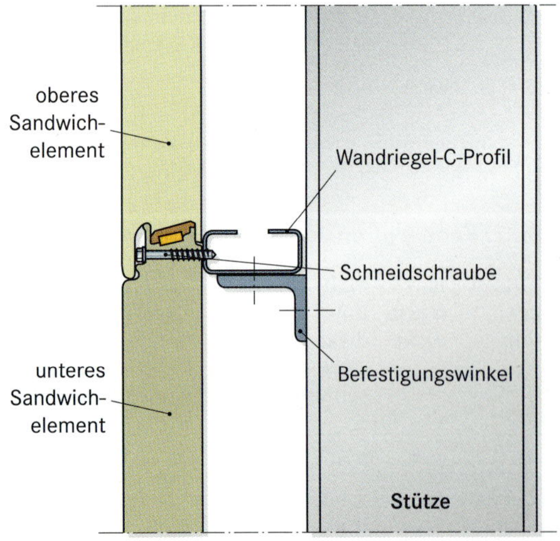

Abb. 1: Befestigung eines Sandwichelementes

Eine weitere Möglichkeit einer nicht hinterlüfteten Warmfassade sind Pfosten-Riegel-Konstruktionen mit direkt angeschlossenen Fassadenelementen aus Blechen (Abb. 2).

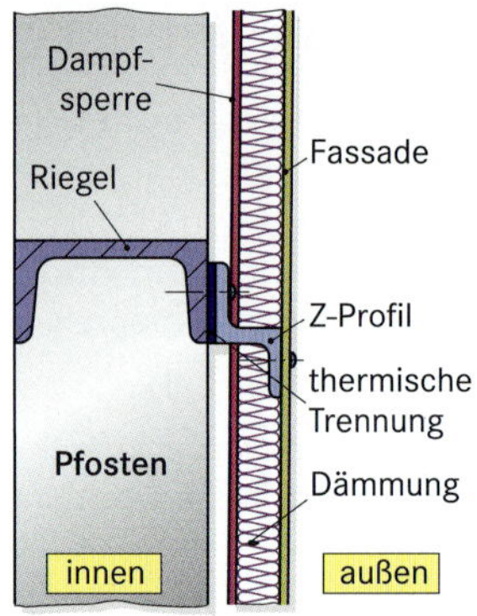

Abb. 2: Warmfassade mit Dampfsperre

Die Dampfsperre besteht aus einer Kunststoff- oder Aluminiumfolie. Sie hat die Aufgabe, zu verhindern, dass Feuchtigkeit von innen in die Dämmung eindringt.

Wenn diese Dampfsperre nicht eingebaut wird, kann Feuchtigkeit in die Dämmung eindringen. Weil die Feuchtigkeit bei dieser Fassade nicht nach außen abgeführt werden kann, durchfeuchtet die Dämmung dauerhaft.

Dadurch wird die Dämmwirkung herabgesetzt und es kann zur Schimmmelbildung kommen.

Eine andere Möglichkeit der Fassadenausführung sind hinterlüftete Fassaden. Weil hier die Fassadenaußenfläche nicht komplett mit dem warmen Innenteil der Fassade verbunden ist, werden diese Fassaden auch als Kaltfassaden bezeichnet (Abb. 3).

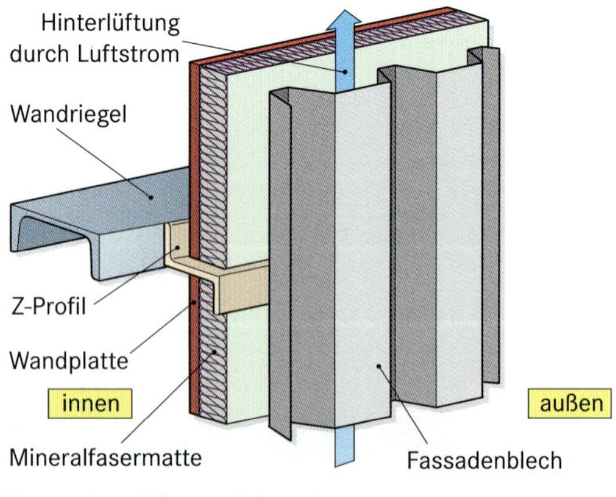

Abb. 3: Hinterlüftete Kaltfassade

Da die auf der Innenseite in die Dämmung eindringende Feuchtigkeit auf der Außenseite durch die Hinterlüftung abgeführt werden kann, ist hier keine Dampfsperre erforderlich.

Bei einfachen Lagerhallen ohne vorgeschriebene Norminnentemperaturen werden ungedämmte Fassaden eingebaut.

Hierdurch wird nur ein Schutz vor Regen und Wind erreicht. Die Befestigung der Trapezbleche erfolgt an Rahmenriegeln aus warmgewalzten U-Profilen oder an gekanteten Blechprofilen (Abb. 4).

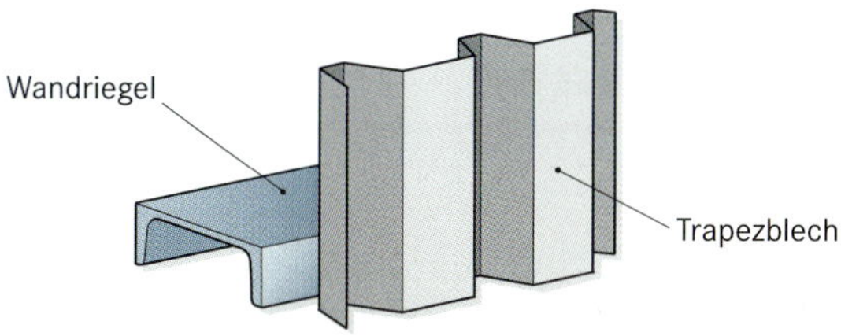

Abb. 4: Ungedämmte Fassade

Die Befestigung der Bleche erfolgt hier direkt im Trapezblechgrund mit feuerverzinkten Bohrschneidschrauben mit Dichtscheibe (Abb. 5).

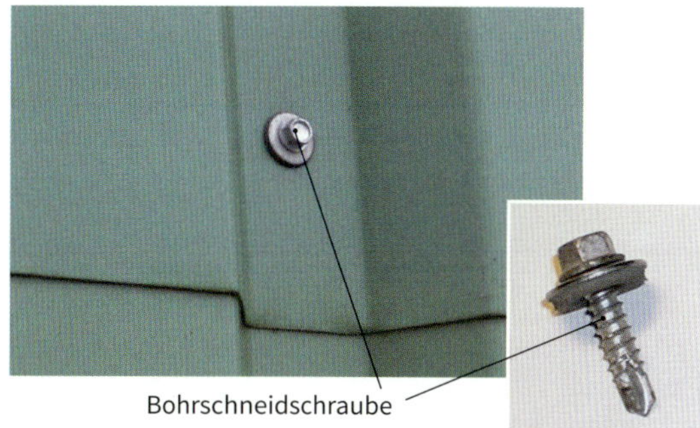

Abb. 5: Trapezblechbefestigung mit Bohrschneidschraube

Nach der Fertigstellung des Gebäudes erfolgt die Abnahme durch Sachverständige des Bauamtes und den Auftraggeber.

Zusammenfassung

Montage der Produktionshalle

Einrichten der Baustelle

- Ziele
- Einheiten der Baustelleneinrichtung
- Baustellenplan

Montieren der Stahlbauteile

Stützen | Windverbände | Träger | Streben und Pfetten

- Ausrichten und Sichern der Bauteile: Meterriss, Oberkante Fertigfußboden, Sicherungsmaßnahmen.
- Auswählen der Montageeinrichtungen: Rollgerüste, Hubbühnen.
- Ausführen der Schraubenverbindungen: Scher-Lochleibungs-Verbindungen, Gleitfest vorgespannte Verbindungen, Passverbindungen, Prüfverfahren.

Herstellen und Montieren der Gebäudehülle

Dacheindeckung | Wandverkleidung

- Aufbau und Funktion: Witterungsschutz, Wärmeschutz, Brandschutz.
- Auswahl der Zulieferteile: Trapezbleche, Sandwichelemente, Befestigungsmaterial, Dichtungsmaterial.
- Herstellen der Eigenfertigungsteile: Anschluss- und Abschlussprofile.
- Montage der Bauteile.

Aufgaben

1. Erklären Sie, welche Ziele bei der Einrichtung einer Baustelle verfolgt werden und aus welchen Einheiten sich eine Baustelleneinrichtung zusammensetzt.

2. Beschreiben Sie den Ablauf bei der Montage einer Rahmenstütze auf der Fundamentplatte.

3. Erklären Sie, was unter SL-Verbindungen zu verstehen ist, welche Arten dieser Verbindung es gibt und wofür sie jeweils verwendet werden.

4. Begründen Sie, warum und bei welchen Profilen Keilscheiben verwendet werden müssen.

5. Erklären Sie mit Hilfe einer Skizze, wie der Zusammenhalt in einer GV-Verbindung entsteht.

6. Beschreiben Sie die Anfertigung und Prüfung einer GV-Verbindung einschließlich der nötigen Werkzeuge.

7. Welche Anforderungen sind an die Dacheindeckung und Wandverkleidung einer Produktionshalle zu stellen?

8. Beschreiben Sie einen möglichen Verfahrensablauf bei der Befestigung von Trapezblechen an Blechriegeln.

9. Beschreiben Sie mit einer Skizze den Aufbau einer wärmegedämmten Kaltfassade.

Gesamt-
aufgabe

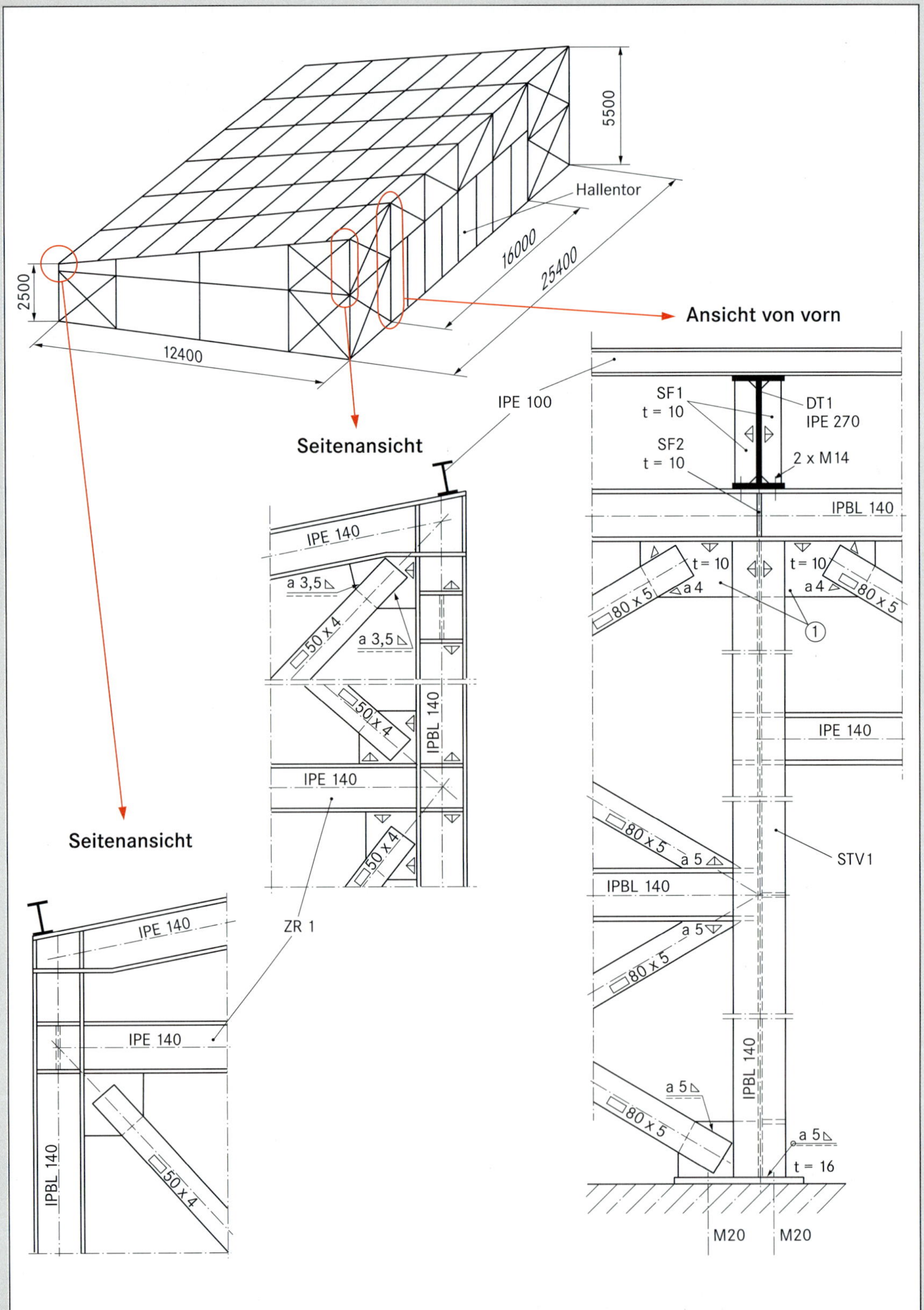

Die Fahrzeughalle soll hergestellt werden. In diesem Zusammenhang sind die folgenden Fragen zu beantworten. Als Unterlagen liegen Ihnen die Übersichtszeichnung der Halle und Einzelheiten der Hallenzeichnung vor.

1. Kennzeichnen Sie in der Übersichtszeichnung die Stützen, Träger, Pfetten und Windverbände und geben Sie die Aufgaben der jeweiligen Baugruppen an.

2. Erstellen Sie eine Übersicht über die bei der Herstellung der Fahrzeughalle erforderlichen grundlegenden Fertigungs- und Montageschritte. Gliedern Sie dann die notwendigen Arbeitsschritte bei der Werkstattfertigung genauer auf.

3. Geben Sie an, welches Stützenschaftprofil verwendet werden soll, und erläutern Sie die Profilbezeichnung.

4. Welche Aufgabe haben die in der Nähe des Stützenkopfes der Stütze STV1 angebrachten Bleche Pos. 1?

5. Erklären Sie, welche Dicke die Fußplatte der Stütze STV1 hat und warum diese vergleichsweise geringe Materialdicke so gewählt werden konnte.

6. Beschreiben Sie, wie die Fußplatte gefertigt wird und welche Fertigungsmaschinen verwendet werden. Gehen Sie dabei besonders auf die Fertigung der Bohrungen bzw. Löcher ein.

7. Erklären Sie, welche Nahtart für das Fügen der Fußplatte mit dem Stützenschaft vorgeschrieben wird und bestimmen Sie die erforderliche Nahtdicke.

8. Ermitteln Sie, aus welchem Halbzeug die in der Nähe des Stützenkopfes der Stütze STV1 angebrachten Diagonalen gefertigt werden und welche Funktion sie haben.

9. Begründen Sie, welche Nahtart zu wählen ist, wenn die Diagonale aus Aufgabe 8 wegen zu geringer Halbzeuglängen aus zwei Einzelteilen über einen Stumpfstoß gefügt werden soll.

10. Berechnen Sie die Zugfestigkeit der geschweißten Diagonalen aus Aufgabe 8, wenn diese aus S 355 JO besteht.

11. Das Hallentor hat eine lichte Öffnungsweite von 16 m. Um die Dachlasten der fünf mittleren Dachträger aufnehmen zu können, befindet sich ein Fachwerkträger mit untenstehendem Netzplan zwischen

der linken Stütze STV1 und der rechten Stütze. Bezeichnen Sie die Einzelteile dieses Fachwerkträgers; erklären Sie den Begriff Systemlänge und berechnen Sie die Systemlängen des Fachwerkträgers für die Netzplanhöhe $h = 2000$ mm.

12. Aus welchem Grund besteht der Fachwerkträger aus einer Aneinanderreihung von Dreieckstrukturen und welche Beanspruchungen wirken in den Fachwerkstäben?

13. Erklären Sie, aus welchem Profil der Dachträger besteht, der oberhalb der Stütze STV1 angeordnet ist und wählen Sie für die Befestigung des Dachträgers auf dem Fachwerkträger eine Verbindungsart und eine Schraubenart begründet aus. Berücksichtigen Sie dabei auch, dass wegen der Windsogkräfte der Träger gegen Abheben gesichert sein muss.

14. Am Ende des Dachträgers DT1 sind zwei Flachstähle SF1 eingeschweißt. Wie werden diese Teile bezeichnet und welche Funktion haben sie?

15. Welches Profil wird für den außenliegenden Dachträger DT2 in der Seitenwand gewählt und warum ist dieses Profil wesentlich kleiner als das Profil des Dachträgers DT1?

16. Die Pfetten sollen über einen Pfettenschuh PS F 6 6 - Ausführung B am Dachträger befestigt werden. Erläutern Sie diese Pfettenschuhbezeichnung anhand einer Skizze und begründen Sie, warum diese Pfettenbefestigungen verwendet werden.

17. Welche Montagehilfsmittel benötigen Sie bei der Montage der jeweils 6 m langen Pfetten auf den Trägern?

18. Der waagerechte Zwischenriegel ZR1 soll an die hintere Stütze aus IPBL 140 über einen Anschluss IS 16 2 8 angeschlossen werden. Erklären Sie mit einer Skizze die Bezeichnung und begründen Sie, warum typisierte Trägeranschlüsse verwendet werden.

19. Beschreiben Sie den Fertigungsablauf für das Fügen des Trägeranschlussbauteils am Zwischenriegel ZR1.

20. Erklären Sie, welche Dachträgerform für Spannweiten im Bereich von ca. 15 m gewählt werden kann, wenn warmgewalzte Profilträger zu schwer und Fachwerkträger zu aufwändig sind.

21. Erklären Sie mit einer Skizze, wie der Fuß der nicht eingespannten Stütze STV1 am Fundament befestigt werden kann.

22. Wie werden bei statischer Belastung die Befestigungsschrauben gegen Losdrehen gesichert?

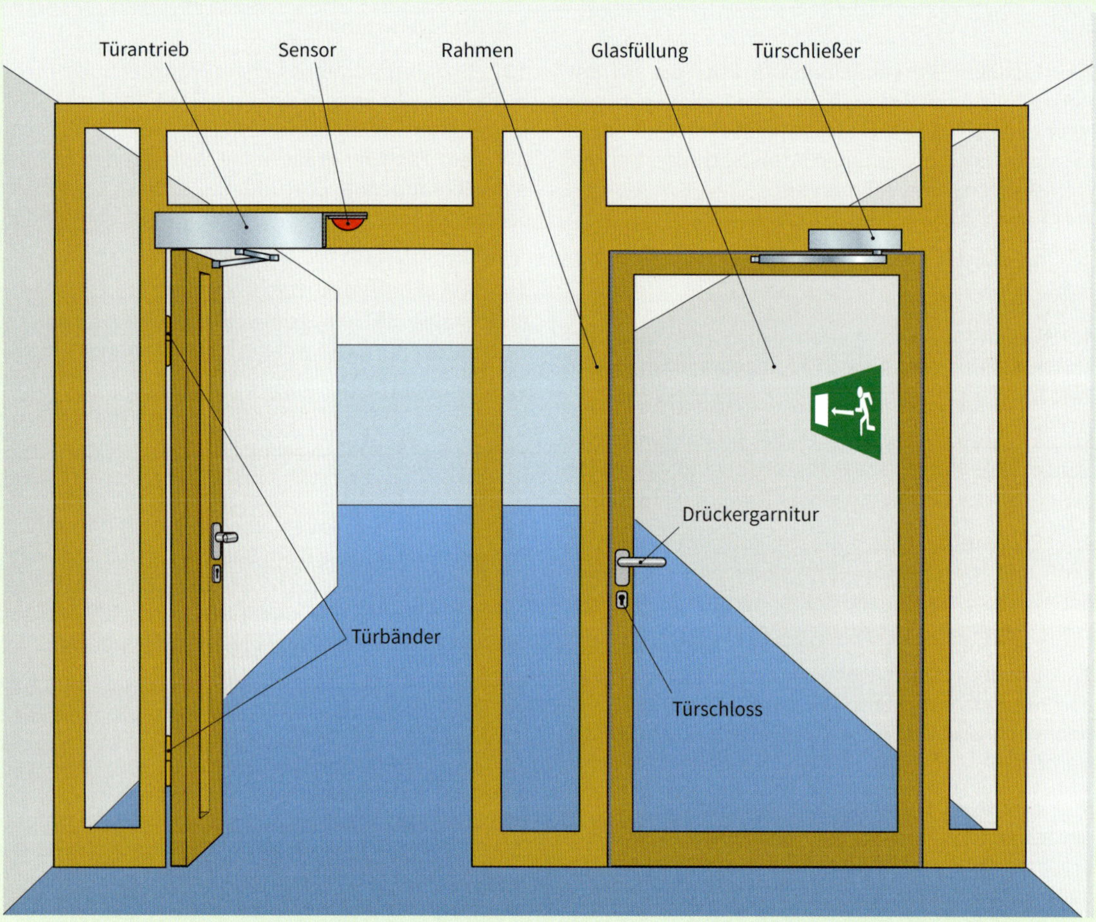
Türantrieb
Sensor
Rahmen
Glasfüllung
Türschließer
Drückergarnitur
Türbänder
Türschloss

HERSTELLEN VON TÜREN, TOREN UND GITTERN

10

GESAMTAUFTRAG

Für ein Verwaltungsgebäude soll in einem Durchgangsbereich eine Türanlage eingebaut werden. Der Auftraggeber hat sich für eine Türanlage mit zwei Drehflügeltüren entschieden. Er wählt außerdem eine Stahl-Rahmen-Konstruktion mit Glasfüllung.

Diese Türanlage muss besonderen Bestimmungen des Brandschutzes entsprechen. Die Vorschriften sind in der jeweils geltenden Landesbauordnung festgelegt. Außerdem soll eine Tür mit einer Türsteuerung ausgerüstet werden, um auch körperbehinderten Menschen einen barrierefreien Zugang zu ermöglichen.

Zum Bau der Türanlage müssen die Maße an der bestehenden Türöffnung aufgenommen und die notwendigen Profile und Bauelemente ausgewählt werden. Anschließend soll die Türanlage in der Werkstatt nach Maßgabe der Profilhersteller gefertigt und auf der Baustelle montiert werden.

ANALYSE

Technische Unterlagen

Zur Fertigung und Montage der Türanlage liegen folgende Unterlagen vor:

- Maßaufnahme an der Türöffnung,
- Entwurfsskizze,
- Bestimmungen zum Brandschutz und zur Einbruchsicherung,
- Vorschriften zur barrierefreien Bauausführung,
- Kataloge von Hersteller- und Zulieferfirmen.

Aufbau und Funktion der Türanlage

Die Türanlage besteht aus den Baugruppen:

- Türrahmen,
- Türflügel,
- Festverglasung,
- Beschläge.

Der Türrahmen wird am Mauerwerk der Türöffnung befestigt. Der Türflügel wird mit den Türbändern am Türrahmen montiert. Es ist die Montage eines Türschließers vorgesehen, der wegen der Beschaffenheit des Fußbodens als Obentürschließer ausgeführt wird. Außerdem ist für einen Flügel der Einbau eines elektrischen Türantriebes geplant. Der entsprechende Sensor ist als Bewegungsmelder ausgelegt.

Neben den eigentlichen Türen sind als weitere Grundelemente obere und seitliche Festverglasung Bestandteil der Türanlage. Die Sicherheit gegen unbefugtes Öffnen wird durch den Einbau eines Einsteckschlosses mit Profilzylinder gewährleistet. Die Türen öffnen in Fluchtrichtung, um in einem Notfall das schnelle Verlassen des Gebäudes zu ermöglichen.

10.1 Herstellen von Türen

ARBEITSAUFTRAG

Zum Herstellen der Tür in der Werkstatt müssen die benötigten Maße auf der Baustelle aufgenommen werden. Zusätzlich müssen die geeigneten Profile, Türbeschläge und Verglasungen aus dem Katalog der Herstellerfirma ausgewählt werden. Die gesetzlichen Bestimmungen zum Brandschutz und zur behindertengerechten Ausführung sind zu beachten.

Informieren

10.1.1 Maßaufnahme auf der Baustelle

Für die Fertigung der Türanlage müssen die notwendigen Maße ermittelt werden. Die Maßaufnahme erfolgt an der Türöffnung auf der Baustelle.

Zu den zu ermittelnden Maßen zählen:

- lichte Breite *b* und
- lichte Höhe *h*.

Um diese zu ermitteln, müssen die lichte Breite *b* und die lichte Höhe *h* an drei Stellen gemessen werden (Abb. 1).

Das Messen der Längen erfolgt mit einem Gliedermaßstab oder einem Bandmaß. Die Lot- und Waagerechtigkeit werden mit einer Wasserwaage überprüft. Die kleinsten Maße der Türöffnung sind die Bezugsmaße für die Herstellung der Tür. Am Rohbau ohne fertigen Fußboden muss der Meterriss *m* berücksichtigt werden.

Der Meterriss ist eine wichtige Bezugsgröße zur Bestimmung von Höhen in Gebäuden. Er dient allen am Bau beteiligten Firmen als Bezugslinie.

Als Meterriss ist eine Höhe von +1,00 m über der Oberkante des Fertigfußbodens (OKFF) definiert.

Bei Türanlagen ist die Höhe des Türdrückers durch Richtlinien vorgegeben. Die Tür muss so eingebaut werden, dass die Mitte des Türdrückers 1050 mm über OKFF liegt.

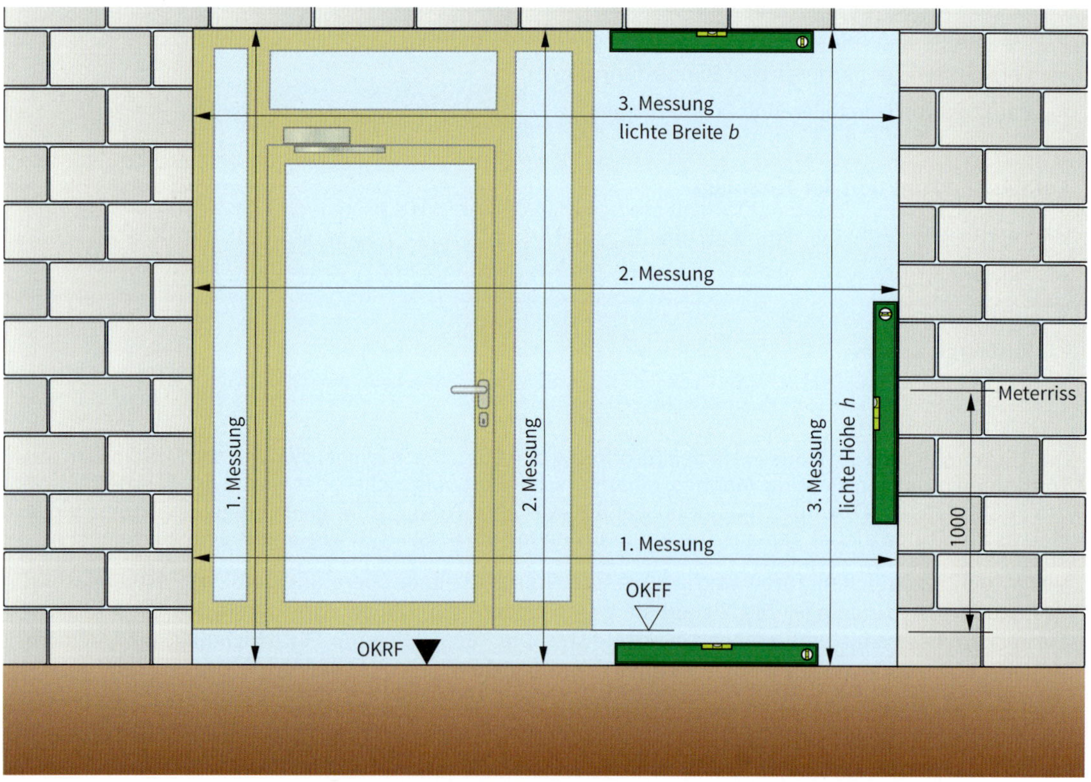

Abb. 1: Maßaufnahme

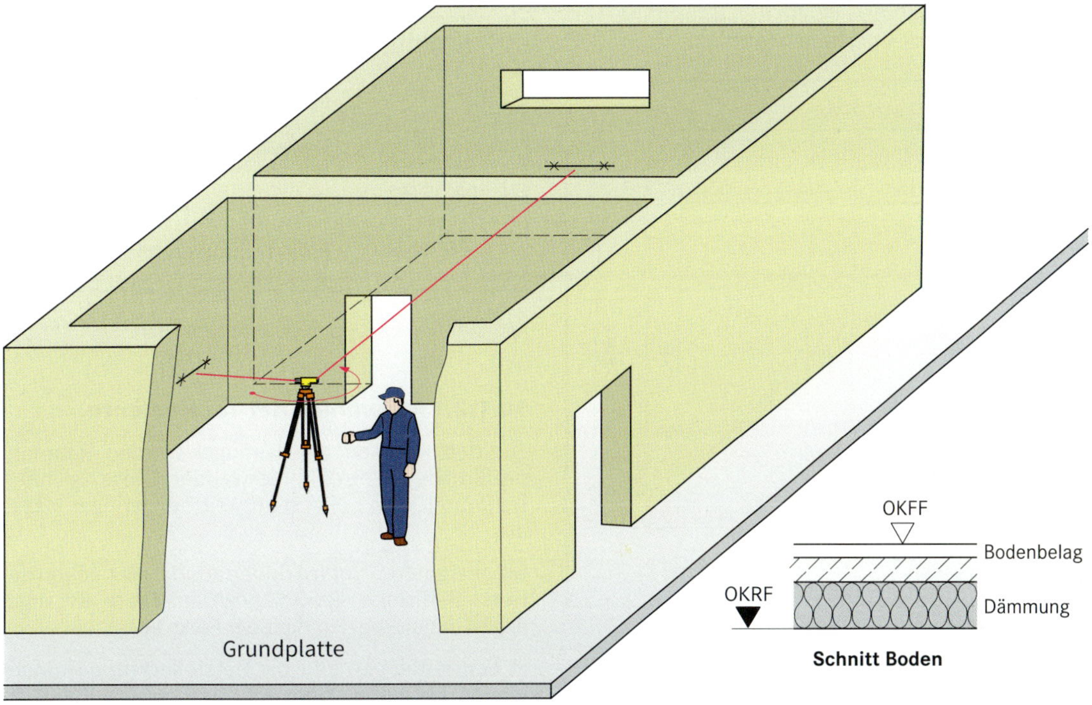

Abb. 2: Meterriss

Der Meterriss wird entweder mit Hilfe einer Schlauchwaage oder eines Nivelliergerätes auf die anderen Wände übertragen (Abb. 2).

Das Nivelliergerät überträgt den vorhandenen Meterriss mit Hilfe eines Laserstrahls (Abb. 3).

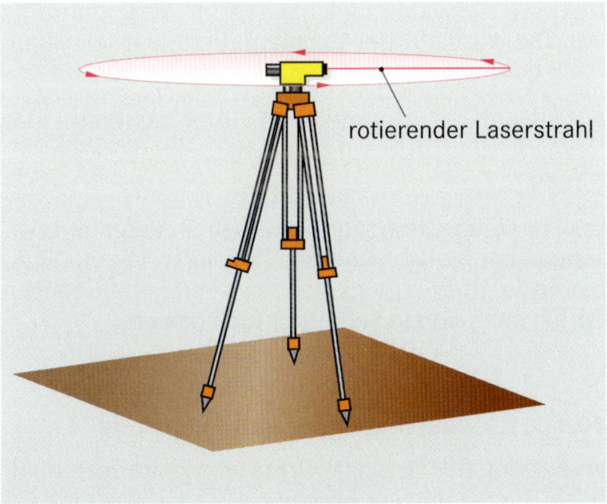

Abb. 3: Wirkungsweise Nivelliergerät

Dabei ist auf eine exakt waagerechte Stellung des Gerätes zu achten. Dies wird durch eine integrierte Dosenlibelle ermöglicht (Abb. 4).

Abb. 4: Nivelliergerät mit Dosenlibelle

Die Schlauchwaage funktioniert nach dem Prinzip kommunizierender Röhren. Zwei Gefäße, die mit einer Messskala versehen sind, werden mit einem Schlauch verbunden. Wird dieses System mit Wasser gefüllt, befinden sich die Wasseroberflächen in beiden Gefäßen auf dem gleichen Höhenniveau (Abb. 5).

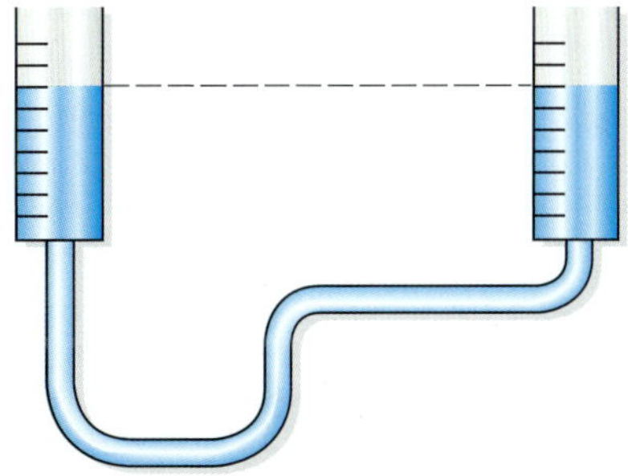

Abb. 5: Prinzip der Schlauchwaage

Die kleinsten ermittelten Maße der Türöffnung werden auf eine Skizze übertragen (Abb. 1).

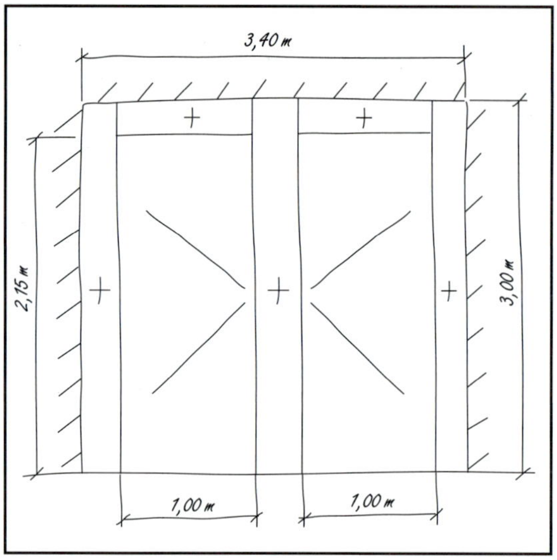

Abb. 1: Entwurfsskizze Türanlage

Auf der Grundlage dieser Entwurfsskizze werden später die Maße der Profile bestimmt und ggf. Einzelteilzeichnungen erstellt.

Es wird zwischen rechten und linken Türen unterschieden. Eine Tür DIN rechts hat die Bänder in Blickrichtung auf der rechten Seite. Bei einer Tür DIN links befinden sich die Bänder auf der linken Seite (→).

10.1.2 Herstellen der Tür in der Werkstatt

Für öffentliche Gebäude, wie das Verwaltungsgebäude, verlangen die Landesbauordnungen einen erhöhten Brandschutz. Daher ist die geplante Türanlage als Brandschutztür T-30 auszuführen. Dies bedeutet, dass die geschlossene Tür das Übergreifen eines Brandes für 30 Minuten verhindern soll.

Die Tür muss nach den Vorgaben des Systemlieferanten gefertigt werden. Wird die Tür nach diesen Vorgaben gebaut, ist sichergestellt, dass sie die geforderte Feuerwiderstandsdauer erreicht.

Die Feuerwiderstandsdauer wird in einem Brandversuch nach **DIN 4102** nachgewiesen. Geprüfte Brandschutztüren sind gekennzeichnet (Abb. 2).

Weiterhin verlangen die Landesbauordnungen einen einfachen Zugang und leichte Begehbarkeit von öffentlichen Gebäuden für Menschen mit körperlichen Behinderungen. Daher wurde der Einbau eines Türöffners mit elektrischem Antrieb vorgesehen.

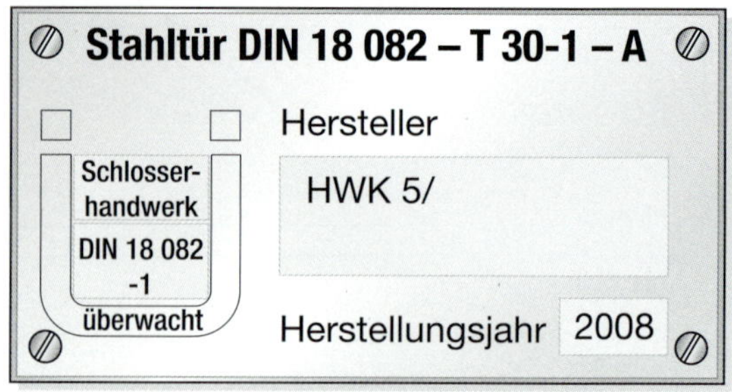

Abb. 2: Kennzeichnungsschild Brandschutztür

10.1.2.1 Auswählen der Türelemente

Für den Rahmen der Türflügel werden Rahmenprofilrohre (RP-Profile) verwendet. Diese zeichnen sich durch eine hohe Steifigkeit bei geringer Masse aus.

Die geeigneten Profile können aus den Katalogen der Herstellerfirmen gewählt werden. Diese Kataloge liegen in der Regel in digitaler Form vor.

In den Katalogen gibt die Herstellerfirma Empfehlungen für die Auswahl von Profilen und Zubehörteilen. Dazu zählen:

- Rahmenprofile,
- Türfüllungen mit Glashalteleisten und Dichtungen,
- Beschläge sowie
- Türschlösser.

Bei Brandschutz-Türsystemen gibt der Hersteller mehrere Auswahlmöglichkeiten für Rahmenprofile vor. Die Auswahl der Profile richtet sich vor allem nach der Funktion und der Bauform der Tür.

Aufgabe des Türrahmens ist unter anderem, das Gewicht der Türfüllung und das Eigengewicht zu tragen.

Der Hersteller unterscheidet in seinen Vorgaben zwischen einflügeligen und zweiflügeligen Türen. Die zu bauende Türanlage besteht aus zwei einflügeligen Türen, die beide in Fluchtrichtung öffnen.

10.1.2.1.1 Auswählen der Rahmenprofile

Im Katalog der Herstellerfirma werden unterschiedliche Türsysteme angeboten.

Da die geplante Tür als Brandschutztür ausgeführt werden soll, wird die entsprechende Datei im Katalog für Türsysteme ausgewählt. In dieser Datei macht der Systemhersteller Vorschläge für die Auswahl der Türprofile. Für die geplante Türanlage werden folgende Rahmenprofile empfohlen (Tab.1):

Tab. 1: Rahmenprofile

Symbol	Profil-Nr./ Art.-Nr.	Bezeichnung	Gewicht kg/m
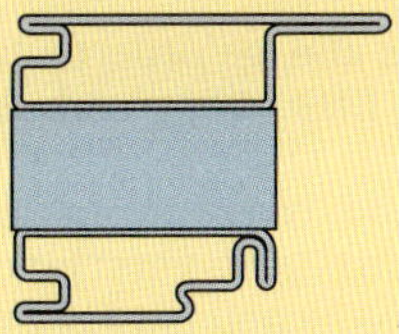	RP 3500	Blendrahmenprofil mit Brandschutzeinsatz Stahl, verzinkt Profilmaß fest Lieferlänge 6000 mm	6,65
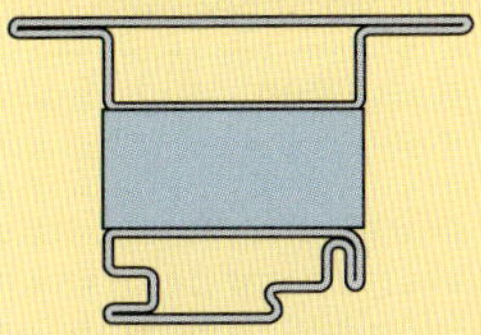	RP 3510	Rahmenprofil mit Brandschutzeinsatz Stahl, verzinkt Profilmaß fest Lieferlänge 6000 mm	6,69
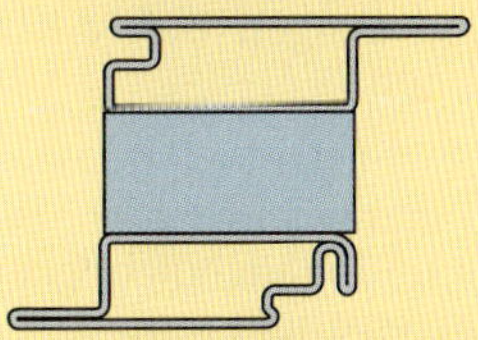	RP 3518	Flügelrahmenprofil mit Brandschutzeinsatz Stahl, verzinkt Profilmaß fest Lieferlänge 6000 mm	6,94
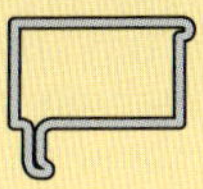	RP 1606	Glashalteleiste aus Stahl verzinkt oder blank b = 23 mm; h = 20 mm Profilmaß variabel Lieferlänge 6000 mm	1,15

Zusätzlich werden die Türen von seitlichen und oberen Festverglasungen eingefasst.

Der Hersteller gibt dafür RP3518 vor. Dies ist eine interne Herstellerbezeichnung.

Die Anordnung der Profile wird durch eine Schnittdarstellung verdeutlicht. Die Schnittebene liegt oberhalb des Türdrückers (Abb. 3).

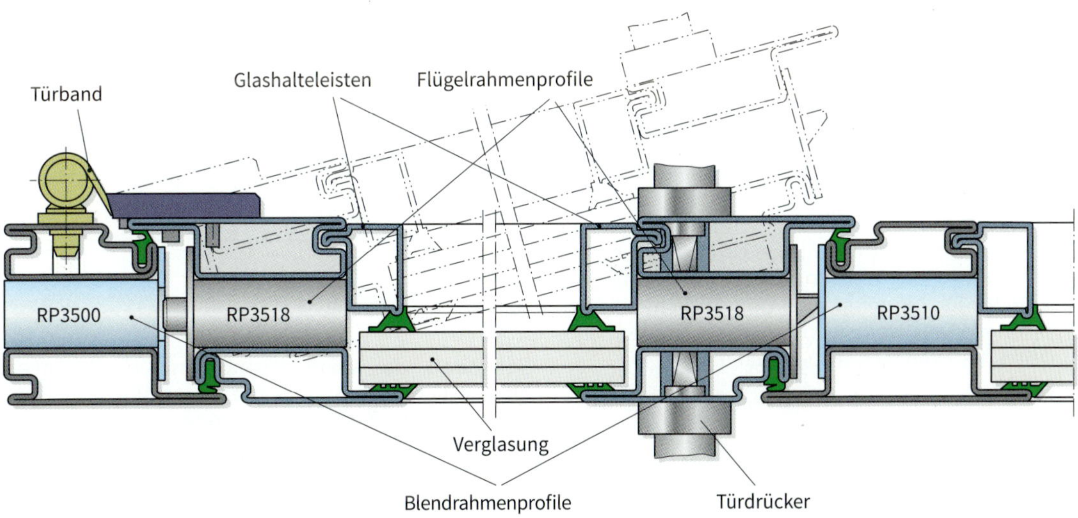

Abb. 3: Horizontalschnitt Türanlage

Die Profile von Brandschutztüren müssen den Übertritt eines Brandes für eine festgelegte Zeit verhindern. Dies erfolgt über eine zusätzliche, feuerhemmende Isolierschicht. Im unteren Profil soll eine Bodendichtung eingebaut werden. Hier gibt der Hersteller als Sockelprofil RP 3515 vor. (Abb. 1).

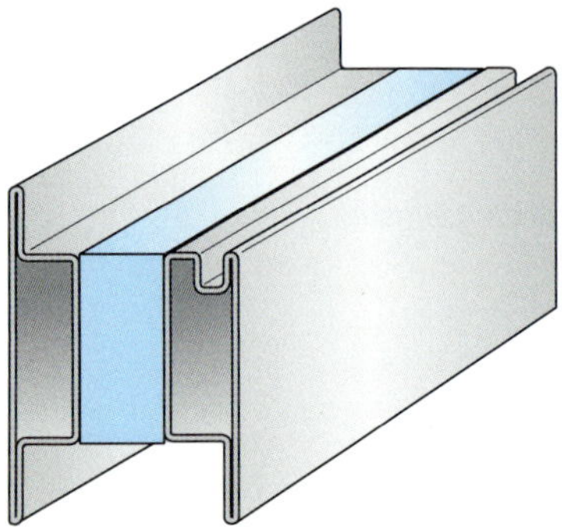

Abb. 1: Sockelprofil Türflügel

Die Bodendichtung ist im Profil versenkt und fährt beim Schließen der Tür nach unten aus. Dort dichtet sie im Fall eines Brandes den Spalt zwischen dem Türrahmen und der Oberkante des Fußbodens rauchdicht ab (Abb. 2).

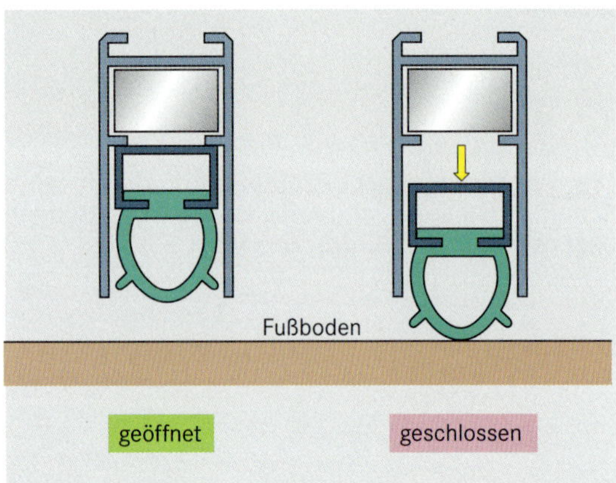

Abb. 2: Bodendichtung im geöffneten und geschlossenen Zustand

Für die geplante Türanlage lassen sich im Katalog neben der Angabe der Profile für die Türflügel auch die Profile für die oberen und seitlichen Festverglasungen auswählen. Auch diese müssen die Vorgaben des Brandschutzes erfüllen.

10.1.2.1.2 Auswählen der Türfüllung

Nach der Auswahl der Rahmenprofile erfolgt die Festlegung der Füllung. Die Unfallgefahr soll dadurch herabgesetzt werden, dass Personen frühzeitig durch die geschlossene Tür erkannt werden können.

Daher soll die Füllung für die Türanlage aus Glas bestehen. Außerdem sprechen ästhetische Gründe und eine bessere Beleuchtung für die Verwendung von Glasfüllungen.

Auch die Türfüllung muss die geforderte Brandschutzklasse T30 erfüllen. Dies wird durch Brandschutzglas erreicht, das neben Rauch- und Flammdichtigkeit eine thermische Isolation gewährleistet. Brandschutzglas wird von verschiedenen Herstellern unter unterschiedlichen Markennamen, wie z. B. Pyrostop oder Contraflam angeboten.

Es wird zwischen G-Verglasungen und F-Verglasungen unterschieden.

Bei G-Verglasungen wird die Wärmestrahlung bei der Festlegung der Brandschutzklasse nicht berücksichtigt. Das bedeutet, dass sich durch Wärmestrahlung hinter einer Tür mit G-Verglasungen befindliche Gegenstände entzünden können.

Dies ist bei F-Verglasungen nicht der Fall, da diese Verglasungen die Wärmestrahlung blockieren. Die Anforderungen an Flamm- und Rauchdichtigkeit müssen bei beiden Verglasungen erfüllt sein.

Die Grundkonstruktion ist bei allen Brandschutzgläsern ähnlich. Zwischen zwei oder mehreren Glasscheiben wird eine chemische Verbindung aufgebracht. Diese dehnt sich bei Erwärmung zu einem Schaum aus, der den Durchgang von Wärmestrahlung unterbindet (Abb. 3).

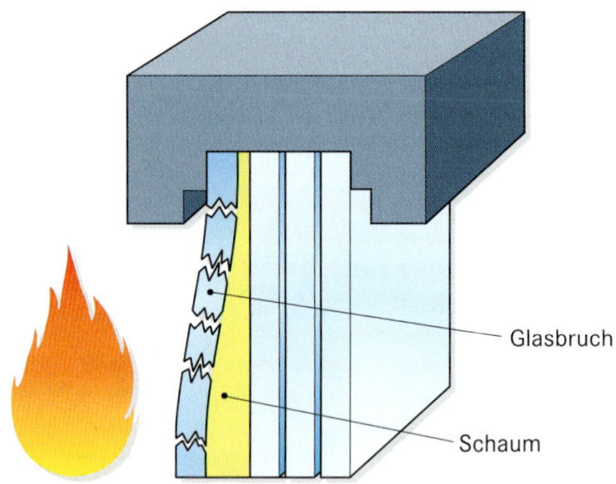

Abb. 3: Wirkprinzip Brandschutzverglasung

Bei Türen, die keine besonderen Anforderungen hinsichtlich des Brandschutzes erfüllen müssen, können auch andere Verglasungen eingesetzt werden. Hierzu zählen:

- Floatglas,
- Einscheiben-Sicherheitsglas (ESG),
- Verbundscheiben-Sicherheitsglas (VSG) und
- Drahtglas.

Beim Einscheiben-Sicherheitsglas wird durch eine thermische Behandlung eine Vorspannung in der Scheibe erzeugt. Dadurch ergeben sich

- eine höhere Biegefestigkeit,
- erhöhte Stoß- und Schlagfestigkeit,
- bessere Temperaturwechselfestigkeit und
- geringeres Verletzungsrisiko.

Das geringere Verletzungsrisiko entsteht dadurch, dass bei einer Beschädigung die Scheibe in viele kleine, meist stumpfkantige Glasstücke zerspringt (Abb. 4).

Abb. 4: Bruchbild eines Einscheiben-Sicherheitsglases

Beim Verbundscheiben-Sicherheitsglas befindet sich eine transparente Folie aus Polyvinyl-Butyral (PVB) zwischen zwei oder mehreren Glasscheiben. Bei Zerstörung oder Beschädigung der Scheibe haften die Glassplitter an der eingelegten Folie und das Verletzungsrisiko wird verringert.

Drahtglas ist ein gegossenes Glas, in das ein Drahtgewebe eingelegt ist (Abb. 5). Dadurch wird die mechanische Widerstandsfähigkeit der Scheibe erhöht. Bei Glasbruch bleibt das Drahtgeflecht erhalten.

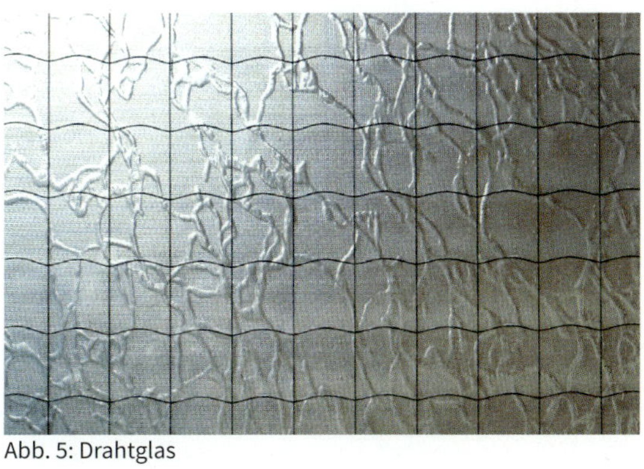

Abb. 5: Drahtglas

Verglasungsarten

Verglasungen können als Anschlagverglasung oder als Mittenverglasung ausgeführt werden. Bei der Türanlage wird eine Anschlagverglasung verwendet (Abb. 6). Hierbei dient ein Falz im Profil als Anschlag für die Glasscheibe. Diese wird dann mit der Glashalteleiste an den Anschlagfalz gedrückt und dort gehalten. Besteht diese Dichtung aus einem elastischen Profil, spricht man von einer Trockenverglasung. Dieses Verfahren hat sich gegenüber der Nassverglasung mit Dichtstoffen wie Silikon oder Polyurethan (PU) durch eine einfachere Handhabung durchgesetzt. Dies gilt sowohl bei der Erstmontage als auch bei Wartung und Reparatur.

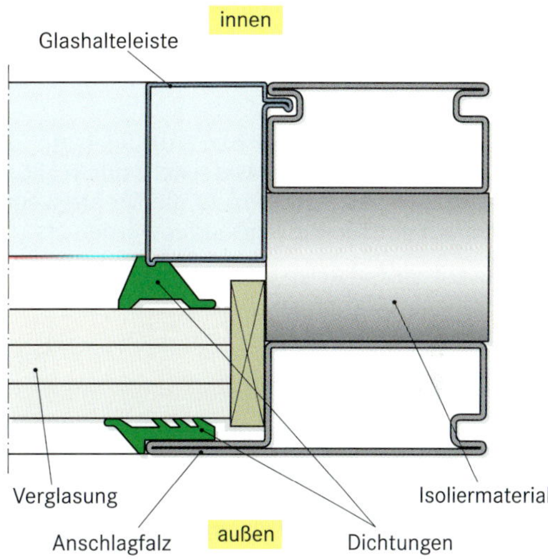

Abb. 6: Prinzip der Anschlagverglasung

Eine weitere Möglichkeit stellt die Mittenverglasung dar. Hierbei wird die Verglasung von zwei Glashalteleisten fixiert. Dadurch wird die Montage aufwändiger (Abb. 7).

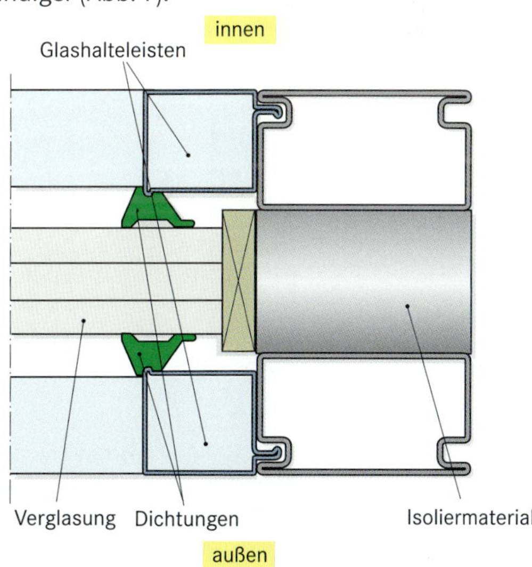

Abb. 7: Prinzip der Mittenverglasung

Die Mittenverglasung wird ausschließlich aus ästhetischen Gründen verwendet. Sie bleibt wegen der Probleme beim Einbruch- und Witterungsschutz meist auf Innentüren beschränkt.

Die Glashalteleisten müssen bei einer Brandschutztür besonderen Anforderungen entsprechen. Darum bestehen sie hier, wie die Rahmenprofile, aus Stahl.

Für die Füllung wird Brandschutzglas ausgewählt, da es sich bei der Türanlage um eine Brandschutztür handelt.

10.1.2.1.3 Auswählen der Beschläge

Zu den Beschlägen zählen:

- Türbänder,
- Schließvorrichtungen und
- Schließbeschläge.

Die Türbänder verbinden den Türflügel mit dem Türrahmen. Sie nehmen das Gewicht des Türflügels auf. Außerdem ermöglichen sie die Drehbewegung zum Öffnen der Tür. Die Türbänder werden als

- Anschweißbänder,
- Konstruktionsbänder und
- Federbänder

angeboten.

Die Anschweißbänder bestehen aus einer oberen Anschweißnase zum Fügen am Türflügel, einer unteren Anschweißnase zum Fügen am Türrahmen und einem Bandzapfen, der beide Anschweißlappen miteinander verbindet. Der Bandzapfen aus Stahl ist fest mit dem unteren Anschweißlappen verbunden. Um die Reibung zwischen oberen und unteren Anschweißlappen zu verringern, wird zwischen diesen ein Laufring aus Messing montiert (Abb. 1).

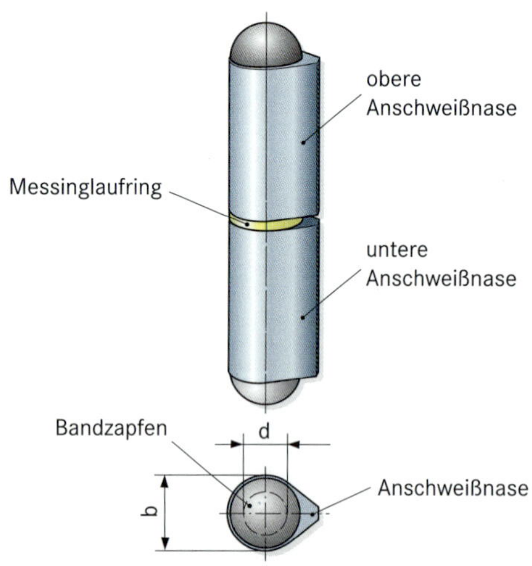

Abb. 1: Anschweißband

Konstruktionsbänder werden in zweiteiliger oder dreiteiliger Ausführung angeboten. Im Gegensatz zum Anschweißband ist der Bandzapfen oft nicht fest mit einer Bandhälfte verbunden, sondern lose eingesetzt und durch Einschlagknöpfe gesichert. Es sind auch Ausführungen gebräuchlich, bei denen der Bandzapfen über einen Kopf verfügt und von oben in das Band eingesetzt wird. Dadurch wird die Montage der Tür erleichtert. Konstruktionsbänder sind mit Bandlappen versehen, mit denen sie an Türflügel und Türrahmen befestigt werden können (Abb. 2).

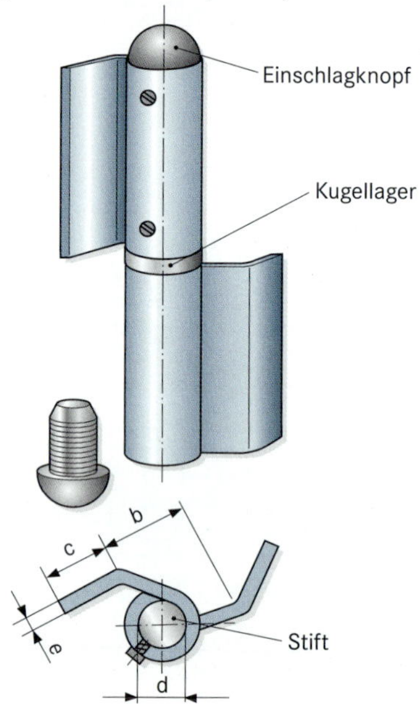

Abb. 2: Konstruktionsband

Federbänder werden nur bei der Montage von Feuerschutztüren eingesetzt. Sie haben die Aufgabe, eine Feuerschutztür selbstständig zu schließen. Dies erfolgt durch eine integrierte zylindrische Schraubenfeder (Abb. 3). Es wird unterschieden zwischen Federbändern mit und ohne schleifenden Bandlappen.

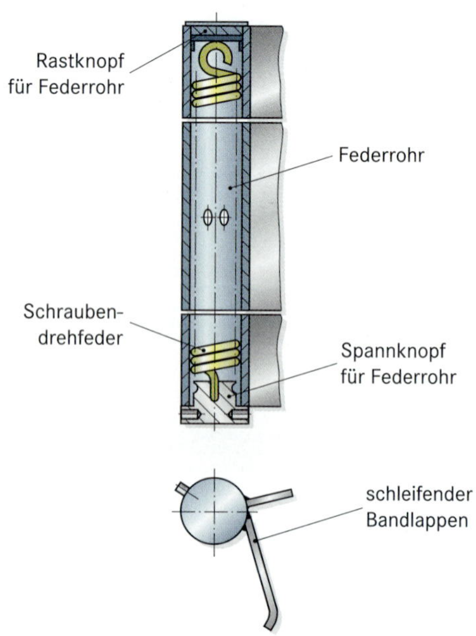

Abb. 3: Federband

Für die Standardausführung einer Feuerschutztür werden ein Federband ohne Bandlappen und ein Konstruktionsband verwendet. Dabei kann das Federband unten oder oben angebracht sein.

Federbänder können das Türgewicht nur begrenzt aufnehmen. Bei schweren Türen werden daher zwei tragende Konstruktionsbänder und ein Federband mit schleifenden Bandlappen zum Schließen verwendet. Die Bänder müssen in einer Flucht liegen, um ein sicheres Öffnen und Schließen zu gewährleisten. Da dies bei drei Bändern nur schwer möglich ist, wird ein schleifender (beweglicher) Bandlappen am Federband verwendet (Abb. 4).

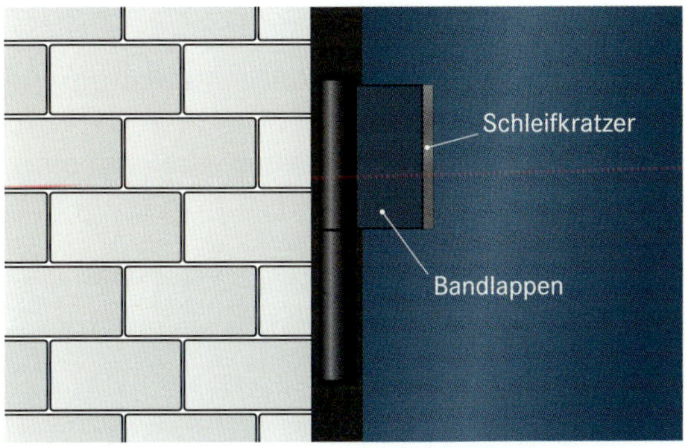

Abb. 4: Federband mit schleifenden Bandlappen

Zum selbsttätigen Schließen der Tür kann auch ein Türschließer verwendet werden. Ein Türschließer wird eingesetzt, wenn die Schließgeschwindigkeit reguliert werden soll.

Bei der geplanten Türanlage soll ein Türflügel mit einem Türschließer ausgestattet werden. Dieser hat die Aufgabe, die Tür nach dem Öffnen wieder selbstständig zu schließen. Es gibt drei Bauformen von Türschließern:

- Obentürschließer,
- Bodentürschließer und
- integrierte Türschließer.

Die geplante Tür soll mit einem Obentürschließer versehen werden.

Im Gehäuse eines solchen Türschließers befindet sich eine Druckfeder, die beim Öffnen der Tür gespannt wird. Beim Loslassen der Tür entspannt sich diese Feder und durch die Federkraft schließt die Tür selbsttätig. Die Kraftübertragung erfolgt hierbei über ein Hebelgestänge oder eine Gleitschiene.

Obentürschließer können in zwei Positionen montiert werden:

- in Normalmontage oder
- in Sturzmontage.

Bei der Normalmontage wird der Türschließer am Türflügel und der Hebelarm meist in einer Gleitschiene laufend am Türrahmen befestigt (Abb. 5).

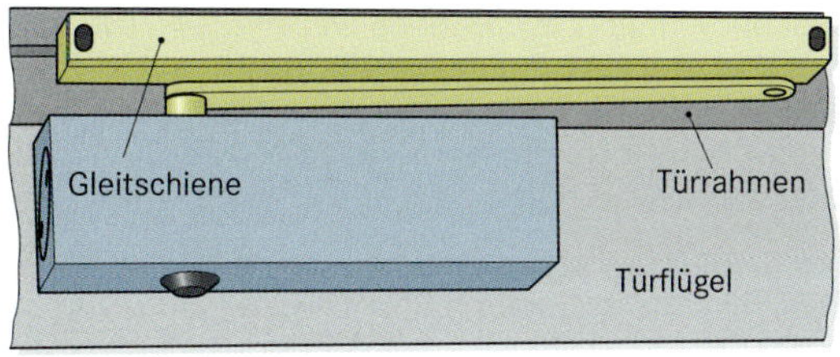

Abb. 5: Türschließer mit Gleitschiene in Normalmontage

Bei der Sturzmontage wird der Türschließer am Türrahmen und die Gleitschiene am Türflügel montiert (Abb. 6).

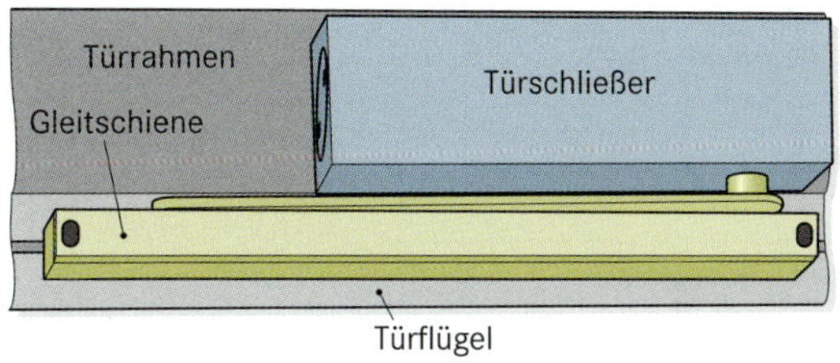

Abb. 6: Türschließer mit Gleitschiene in Sturzmontage

Die Sturzmontage wird oft bei nach außen öffnenden Türen angewendet. Dadurch wird sichergestellt, dass sich der Türschließer im Inneren eines Gebäudes befindet und so vor Witterungseinflüssen oder Zerstörung geschützt ist.

Neben den Türschließern mit Gleitschiene werden auch Türschließer mit Gestänge verwendet. Dabei erfolgt die Kraftübertragung vom Türschließer auf den Türrahmen oder den Türflügel über das Gestänge (Abb. 7).

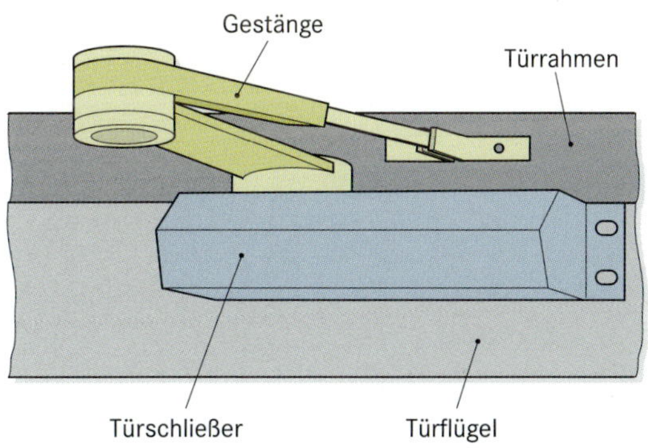

Abb. 7: Türschließer mit Gestänge

Mit Hilfe von Türschließern werden die Öffnungsdämpfung, die Schließgeschwindigkeit und der Endschlag reguliert. Die Öffnungsdämpfung erfolgt über die Feder. Sie verhindert, dass der Türflügel beim Öffnen ungebremst zum Beispiel an eine Wand schlägt.

Beschädigungen werden so vermieden. Die Einstellung der Schließgeschwindigkeit verhindert, dass sich die Tür beim Passieren zu schnell schließt und Personen durch den zufallenden Türflügel verletzt werden.

Der Endschlag soll sicherstellen, dass die Tür sicher in das Schloss fällt. Deswegen wird die Schließgeschwindigkeit kurz vor dem Schließen der Tür erhöht. Ist der Endschlag zu gering, schließt die Tür nicht vollständig und die Sicherheit vor unbefugtem Zutritt ist nicht mehr gegeben.

Öffnungsdämpfung, Schließgeschwindigkeit und Endschlag werden über ein hydraulisches System eingestellt (Abb. 1).

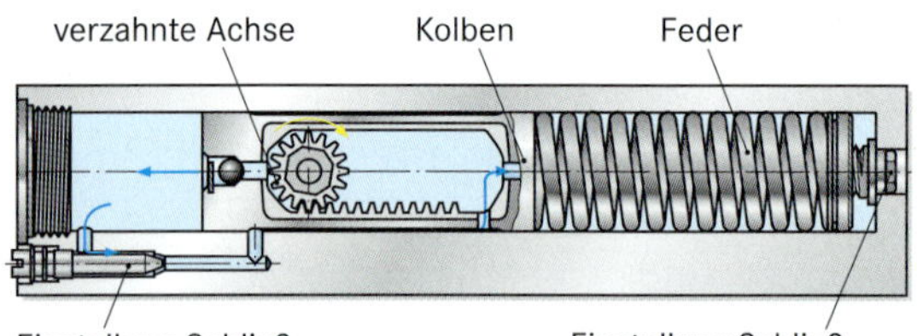

Abb. 1: Aufbau eines Türschließers

Dieses ist im Gehäuse des Türschließers untergebracht. Die Feder ist mit einem Kolben verbunden, der Hydrauliköl von einer Kammer des Zylinders in die andere drückt. Dazwischen ist ein Rückschlagventil eingebaut. Beim Öffnen der Tür drückt der Zylinder gegen die Feder. Das Öl läuft ungebremst über das Rückschlagventil. Ohne Rückschlagventil würde die Tür genauso schwergängig öffnen, wie sie schließt (Abb. 2).

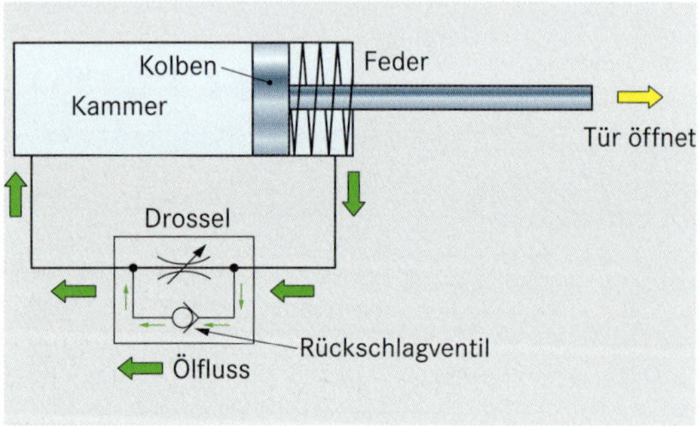

Abb. 2: Funktionsweise des Türschließers beim Öffnen der Tür

Beim Schließen der Tür drückt der zurückfahrende Kolben das Hydrauliköl aus der Kammer. Dabei blockiert das Rückschlagventil den Fluss des Öles.

Dieses muss daher über die verstellbare Drossel in den Zylinder zurückströmen (Abb. 3).

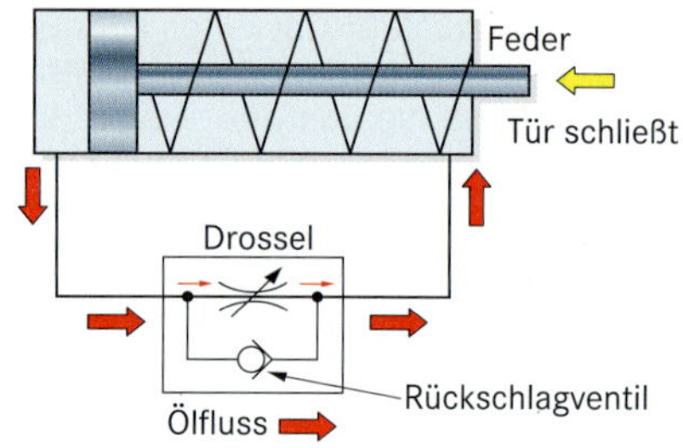

Abb. 3: Funktionsweise des Türschließers beim Schließen der Tür

Über die Drossel kann die Schließgeschwindigkeit der Tür eingestellt werden.

Der Bodentürschließer funktioniert in gleicher Weise wie der Obentürschließer (Abb. 4).

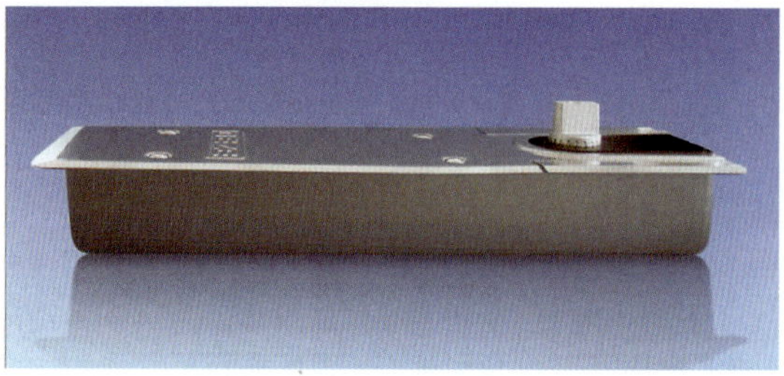

Abb. 4: Bodentürschließer

Dieser ist jedoch in den Boden eingelassen. Nachteilig ist der höhere Wartungsaufwand gegenüber einem Obentürschließer. Außerdem ergibt sich ein hoher Aufwand bei einer eventuell notwendigen Reparatur bzw. einem Austausch des Türöffners. Bodentürschließer sind aufgrund ihrer Einbaulage anfällig gegen Schmutz und Feuchtigkeit.

Integrierte Türschließer werden auch als Rahmentürschließer bezeichnet. Sie werden im Kopfprofil des Türflügels eingebaut und sind somit nicht sichtbar. Die Montage der Rahmentürschließer erfolgt meist schon in der Werkstatt. Durch den Einbau in das Rahmenprofil des Türflügels sind integrierte Türschließer weitgehend vor Witterungseinflüssen geschützt. Bei integrierten Türschließern ist der Austausch mit einem höheren Aufwand als beim Obentürschließer verbunden (Abb. 5).

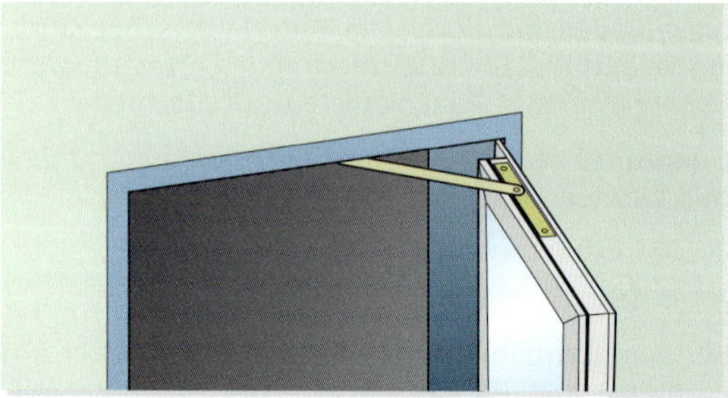

Abb. 5: Integrierter Türschließer in montiertem Zustand

Da die Türanlage auch den barrierefreien Zugang von Menschen mit körperlichen Behinderungen ermöglichen soll, ist der andere Türflügel mit einem elektrischen Türantrieb ausgestattet. Dieser Antrieb öffnet die Tür bei Annäherung einer Person automatisch.

Der Türantrieb ist als elektrische Steuerung aufgebaut. Eine elektrische Steuerung ist von der Struktur her einer pneumatischen Steuerung ähnlich.

Wesentliche Bauteile der elektrischen Steuerung sind

- Signalglieder,
- Leitungen und
- Antriebsglieder.

Für die Signalübertragung und als Energie für die Antriebsglieder dient in diesem Fall der elektrische Strom. Als ein Signalglied steht ein Tastschalter an der Wand zur Verfügung. Das zweite Signalglied der Türanlage ist ein Bewegungsmelder. Dieser registriert die Annäherung einer Person und gibt ein Signal an das Antriebsglied, in diesem Fall einen Elektromotor. Dieser treibt über eine Hydraulikpumpe und ein Gestänge oder eine Gleitschiene den Türflügel an.

Auch bei Türantrieben sind bei entsprechend vorhandenem Platz sowohl Überkopf- als auch Normalmontage möglich.

10.1.2.1.4 Auswählen der Schließbeschläge

Um die Tür zu öffnen, ist ein Türdrücker erforderlich. Neben einer schönen Optik und guter Ergonomie müssen vor allem das Maß des Einsteckschlosses mit den Maßen des Beschlages übereinstimmen (Abb. 6).

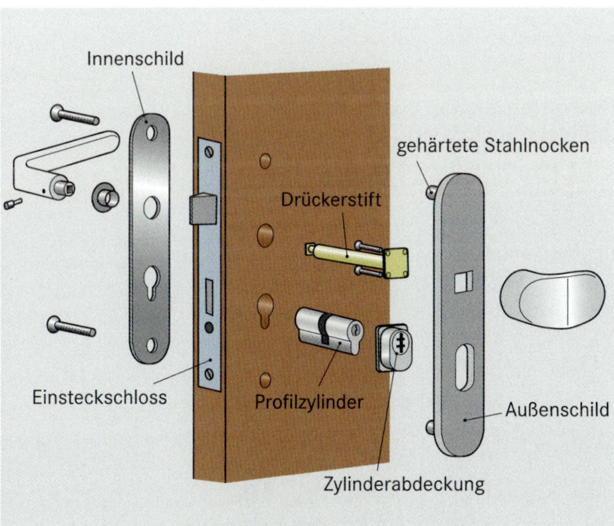

Abb. 6: Schließvorrichtung

Außerdem soll der Schild des Türdrückers das Aufbrechen des Schlosskörpers erschweren bzw. verhindern.

Als unterschiedliche Ausführungsformen stehen

- der Türdrücker,
- die Drückergarnitur und
- Türknäufe/Türknöpfe

zur Auswahl.

Der Türdrücker setzt sich aus Türdrückerlochteil, Türdrückerhebel und einem zusätzlichen Schlüsselschild zusammen. Das Türdrückerlochteil ist in der Regel mit einem Schild versehen (Abb. 7).

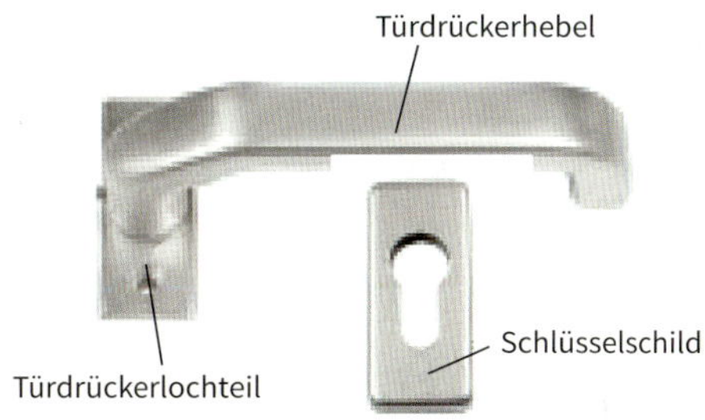

Abb. 7: Türdrücker mit Schlüsselschild

Wenn das Schild des Türdrückerlochteils und das Schlüsselschild zu einem Teil verbunden sind, spricht man von einer Drückergarnitur (Abb. 8).

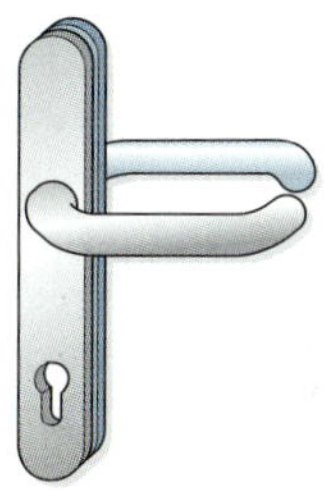

Abb. 8: Drückergarnitur

In manchen Fällen ist auf einer Seite der Tür kein Drückerhebel, sondern ein Türknauf bzw. ein Türknopf angebracht. Diese können fest oder drehbar sein. Grund ist ein erhöhter Einbruchschutz, da eine Tür mit feststehendem Knauf nicht ohne Schlüssel geöffnet werden kann (Abb. 9).

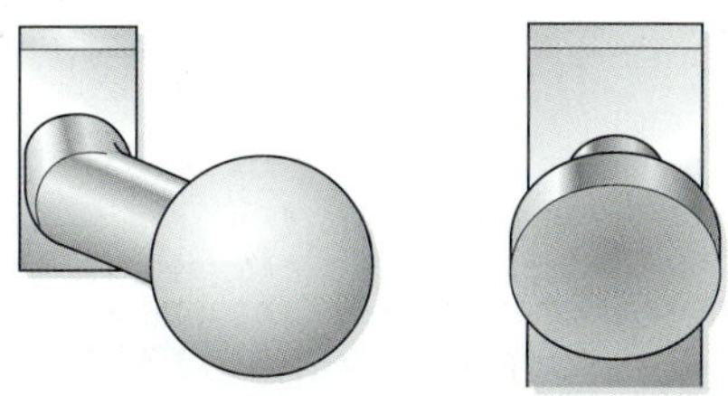

Abb. 9: Türknauf und Türknopf

Türdrücker und Türknäufe werden als Metallgussteile angeboten. In seltenen Fällen, z. B. bei der Restaurierung von antiken Türen oder aus anderen optischen Gründen, werden auch geschmiedete Schließbeschläge verwendet.

10.1.2.1.5 Auswählen des Türschlosses

Das Türschloss wird in den Türflügel eingebaut. Die Rohrprofile des Türflügels und des Türrahmens haben ein lichtes Maß von 50 mm.

Die Türanlage wird mit einem Rohrrahmen-Einsteckschloss versehen. Dieses verfügt im Vergleich zu einem Einsteckschloss über eine geringere Einbautiefe (Abb. 1).

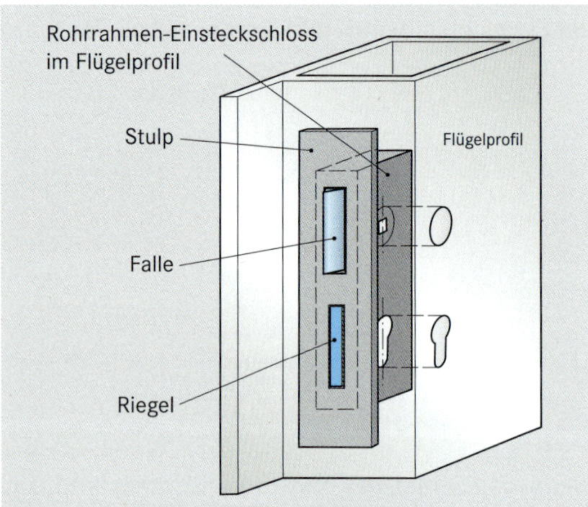

Abb. 1: Rohrrahmen-Einsteckschloss

Der grundsätzliche Aufbau von Rohrrahmen-Einsteckschlössern und Einsteckschlössern ist gleich (Abb. 2).

In die Vierkantöffnung des Schlosses wird der Vierkant z. B. eines Türdrückers eingesteckt. Mit dem Türdrücker wird die Falle in das Schloss zurückgezogen. Nach dem Loslassen des Türdrückers sorgt die Nussfeder dafür, dass sich Nuss und Türdrücker wieder in ihre Ausgangsstellung zurückdrehen.

Der Riegel wird nach Anheben der Zuhaltung über die Drehung des Schlüsselbartes betätigt. Dadurch wird der Riegel in das Schließblech im Türrahmen geschoben.

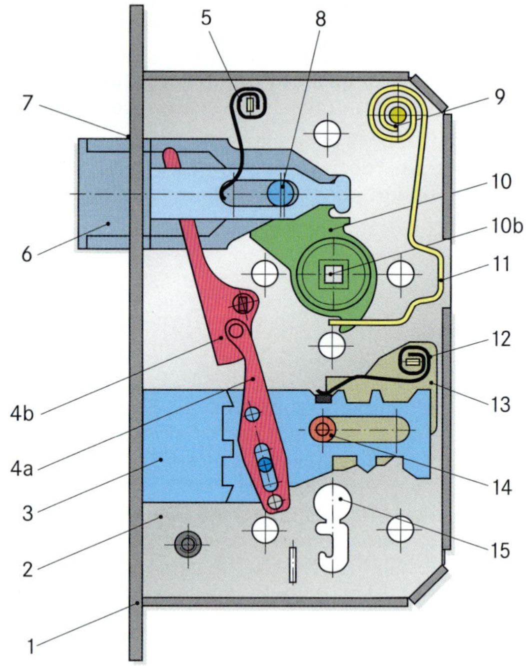

1 Stulp
2 Schlossboden
3 Riegel
4a Wechseldruckstück
4b Wechselhebel
5 Fallenfeder
6 Falle
7 Fallenführung im Stulp
8 Fallenführung durch Bolzen
9 Nussfeder
10 Nuss
10b Drückerstiftöffnung
11 Nussfederbrücke
12 Zuhaltungsfeder
13 Bügelzuhaltung
14 Riegelführungsstift
15 Öffnung für Buntbartschlüssel

Abb. 2: Aufbau eines Einsteckschlosses

Man unterscheidet zwischen eintourigen und zweitourigen Schlössern. Ein eintouriges Schloss hat nur eine Schließposition. Hat der Riegel zwei Rastpositionen, handelt es sich um ein zweitouriges Schloss (Abb. 3).

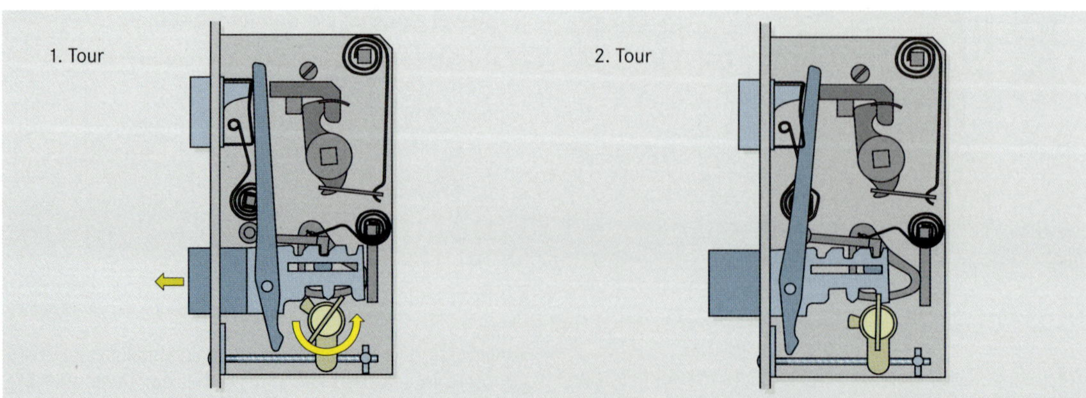

Abb. 3: Zweitouriges Schloss

Es gibt Schlösser mit und ohne Wechsel. Bei Schlössern mit Wechsel kann die Falle direkt durch das Drehen des Schlüssels zurückgezogen werden, ohne den Türdrücker zu betätigen. Hierbei erfolgt die Bewegung der Falle über einen zweiseitigen Hebel, den so genannten Wechsel.

Das Schloss mit Wechsel findet dort Anwendung, wo die Falle mit dem Schlüssel zurückgezogen werden soll. Dies ist bei Türen mit festen Knäufen der Fall. Dazu zählen zum Beispiel Hauseingangs- oder Wohnungsabschlusstüren (Abb. 4).

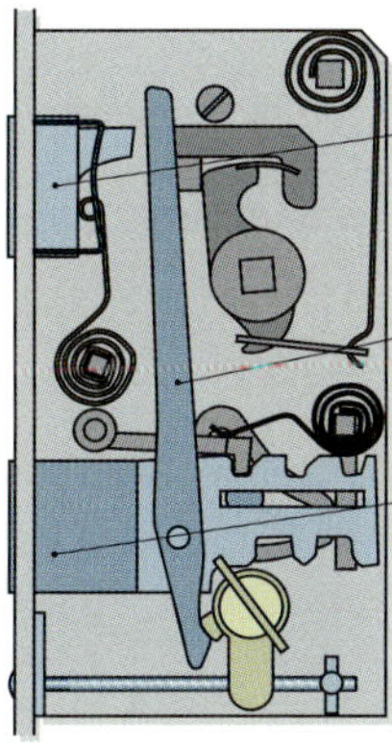

Abb. 4: Betätigung des Wechsels

Die wichtigsten Maße von Einsteckschlössern sind genormt (Abb. 5) (➜📖).

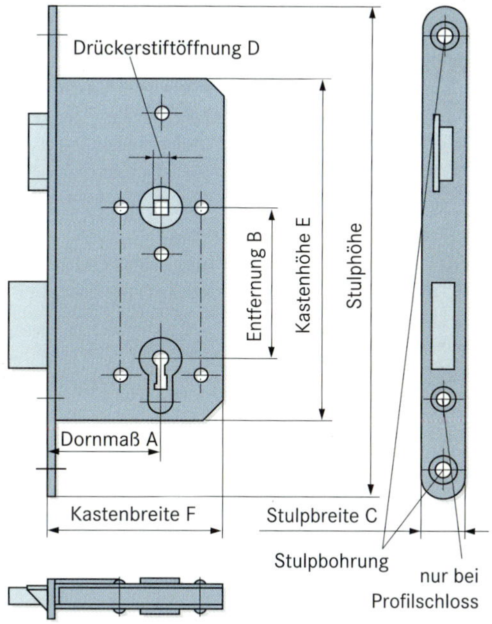

Abb. 5: Maße von Einsteckschlössern

Tab. 1: Maßbezeichnungen an Einsteckschlössern

Maßbezeichnung	Beschreibung
Dornmaß A	Abstand zwischen der Außenseite des Stulps und dem Mittelpunkt der Drückerstiftöffnung
Entfernung B	Abstand zwischen dem Mittelpunkt des Vierkants und dem Mittelpunkt der Reide bzw. der Öffnung für den Zylinderkern
Randabstand	Abstand zwischen der Unterkante des Schlosskastens und dem Mittelpunkt der Reide bzw. der Öffnung für den Zylinderkern
Drückerstiftöffnung D	Die Lichte Weite der Drückerstiftöffnung muss mit dem Maß des Vierkants übereinstimmen
Kastenhöhe E	Höhe des Schlosskastens
Kastenbreite F	Breite des Schlosskastens
Kastendicke	Dicke des Schlosskastens
Stulphöhe	Größte Höhe des Stulps
Stulpbreite C	Größte Breite des Stulps
Abstand Stulpbohrung	Abstand zwischen den Bohrlöchern zur Befestigung des Schlosses am Türflügel

Neben den Außenmaßen des Schlosses sind auch der Abstand zwischen dem Mittelpunkt der Nuss und dem Mittelpunkt der Bohrung für den Schlüsseldorn, die so genannte Entfernung, ein wichtiges Maß (Tab. 1). Neben dem Maß 72 mm ist für viele Türen inzwischen 92 mm das Standardmaß für die Entfernung. Der Abstand zwischen der Vorderkante des Türstulps und dem Mittelpunkt von Nuss und Zylinderkern wird als Dornmaß bezeichnet. Bei Rohrrahmen-Einsteckschlössern liegt das Dornmaß bei ca. 40 mm.

Das in der Türanlage vorhandene Schloss verfügt über einen elektrischen Türöffner. Dieser ermöglicht das Öffnen der Tür, ohne die Türfalle zurückzuziehen (Abb. 1).

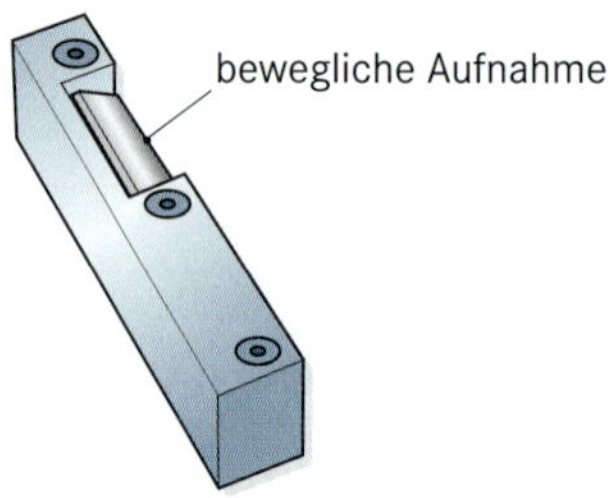

Abb. 1: Elektrischer Türöffner

Dieser elektrische Türöffner verfügt über eine bewegliche Aufnahme, die über einen Schließmagneten verriegelt wird. Dieser kann elektrisch bedient und entriegelt werden. Dabei klappt ein Teil des Türöffners, der die Falle sperrt, weg. Dies ist vor allem in Wohn- und Geschäftsgebäuden mit großer Geschossanzahl üblich, da man von seiner Wohnung oder Büro aus den Haupteingang für Besucher öffnen kann. Durch Umlegen eines Hebels kann der elektrische Türöffner auch permanent die Falle freigeben. Dies ist in Ladengeschäften üblich, um den Kunden einen ungehinderten Zutritt zu gewähren.

Eine weitere Möglichkeit, Türen ohne Betätigung des Türdrückers zu öffnen, besteht in der Verwendung einer Rollenfalle (Abb. 2).

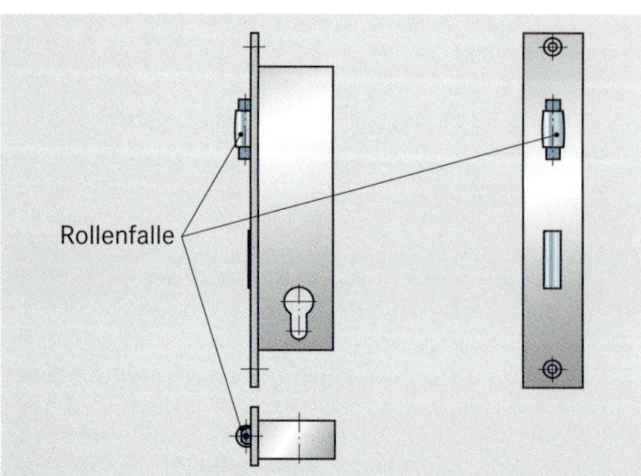

Abb. 2: Schloss mit Rollenfalle

Die Rollenfalle ist federnd gelagert und drückt sich beim Kontakt mit dem Schließblech in das Schloss. Um die Reibung und somit den Öffnungswiderstand sowie den Verschleiß gering zu halten, ist die Falle zusätzlich drehbar gelagert.

Neben Einsteckschlössern und Rohrrahmen-Einsteckschlössern gibt es noch Kastenschlösser und Vorhangschlösser. Kastenschlösser finden vorwiegend im Torbau Verwendung, während Vorhangschlösser der Sicherung von einfachen Türriegeln in untergeordneten Bauten dienen.

Andere Fallenausführungen sollen die Sicherheit der Türschlösser erhöhen. Bei Sperrfallenschlössern (Abb.3) wird die Falle beim Schließen der Tür durch einen Stift blockiert. Dadurch wird ein Zurückdrücken der Falle, und damit ein unbefugtes Öffnen der Tür, verhindert.

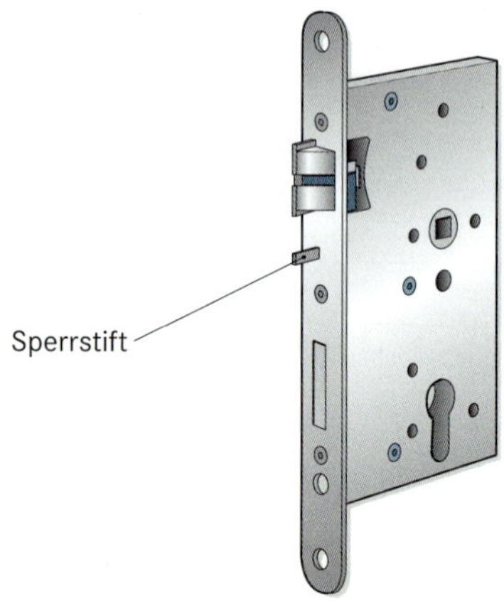

Abb. 3: Sperrfallenschloss

Darauf aufbauend sind auch Türschließer im Einsatz, bei denen der Riegel beim Schließen der Tür automatisch ausfährt. Die Falle ist dabei als Kreuzfalle konstruiert, welche ebenfalls durch einen Sperrstift arretiert wird. Dadurch ist eine sichere Zweipunkt-Verriegelung gegeben (Abb. 4).

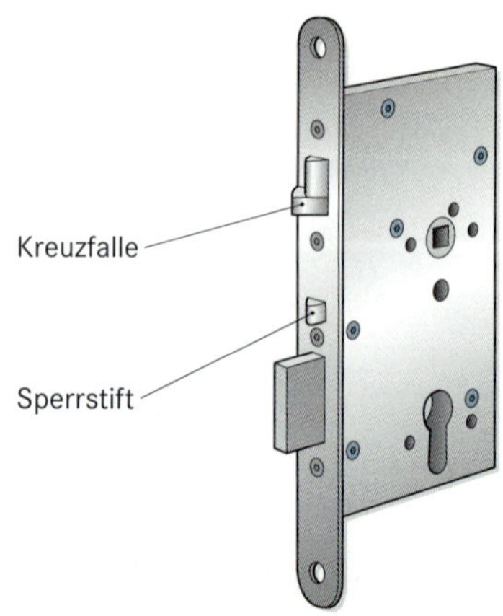

Abb. 4: Schloss mit Kreuzfalle

Schließwerke

Die Sicherheit eines Schlosses gegen unbefugtes Öffnen wird durch die Art des Schließwerkes beeinflusst. Unbefugtes Öffnen wird als Nachschließen Bezeichnet.

Es gibt

- Buntbartschlösser,
- Chubb-Schlösser und
- Zylinderschlösser.

Die einfachste Form eines Schließwerkes ist das Buntbartschloss. Der Name ist von der Form des Schlüssels abgeleitet (Abb. 5).

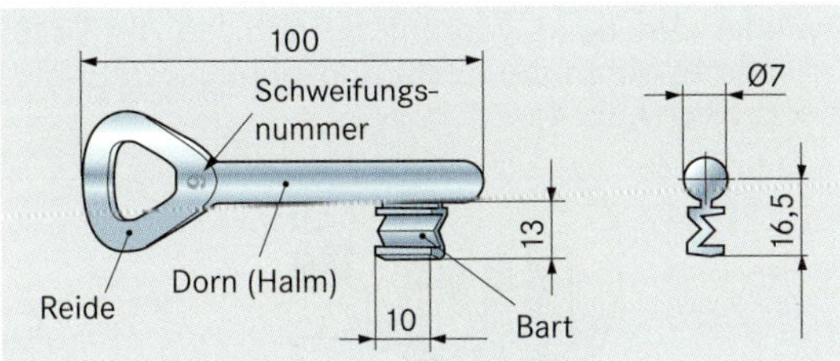

Abb. 5: Buntbartschlüssel

Die Sicherheit gegen unbefugtes Nachschließen wird dadurch erreicht, dass der Bart des Schlüssels in die Schließöffnung des Schlosses passt (Abb. 6). Die Form des Bartes nennt man Schweifung (→📖).

Abb. 6: Buntbartschloss mit passendem Schlüssel

Diese Schlosssicherung kann schon durch einfache Werkzeuge (Sperrhaken, Dietrich usw.) überwunden werden und findet daher auch nur für Zimmertüren und ähnliche Raumabschlüsse Verwendung.

Eine Weiterentwicklung des Buntbartschlosses ist das Chubb-Schloss. Bei dieser Schlossform ist der Riegel gegen Verschieben durch mehrere Bleche gesichert. Diese Bleche werden Zuhaltungsbleche genannt. Sie müssen durch Bartstufen am Schlüsselbart auf ein Niveau gehoben werden, um eine Bewegung des Riegels zu ermöglichen. Dadurch ist es schwieriger, das Schloss mit Hilfe von Werkzeugen zu öffnen. Die Sicherheit gegen unbefugtes Nachschließen wird erhöht (Abb. 7).

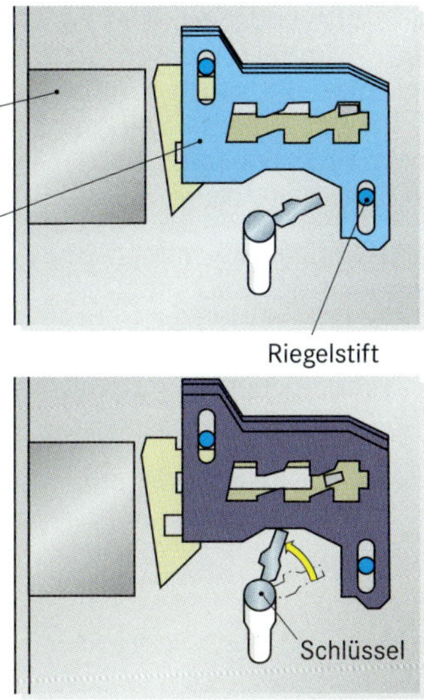

Abb. 7: Chubbschloss

In der Regel werden mindestens vier Zuhaltungsbleche verwendet. Da Türen von beiden Seiten abschließbar sein müssen, sind die Bartstufen des Chubb-Schlüssels immer symmetrisch angeordnet (Abb. 8).

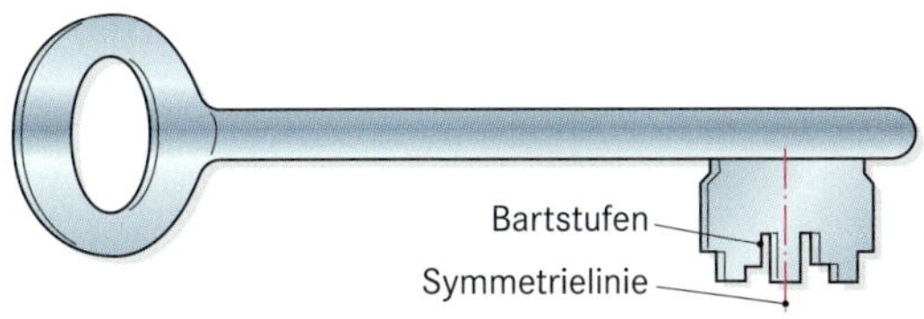

Abb. 8: Chubbschlüssel

Das Rohrrahmen-Einsteckschloss der Türanlage ist für die Aufnahme eines Profilzylinders vorbereitet (Abb. 9). Dies stellt den derzeitigen Stand der Technik dar. Das Rohrrahmen-Einsteckschloss hat eine deutlich geringere Kastenbreite *F* als andere Einsteckschlösser. Dies ermöglicht den Einbau in RP-Profile.

Abb. 9: Rohrrahmen-Einsteckschloss

Der Profilzylinder ist eine Form der Schlosssicherung. Zylinderschlösser werden in Türanlagen eingesetzt. Sie sind verbreitet wegen der kleinen, gut handhabbaren Schlüssel und der möglichen Kombinationsvielfalt.

Als Schließwerke für Zylinderschlösser werden Profilzylinder verwendet (Abb. 1). Profilzylinder bestehen aus den Bauteilen:

- Zylinderkern mit Schlüsselkanal,
- Zylindergehäuse,
- Schließnase sowie
- Kern- und Gehäusestifte.

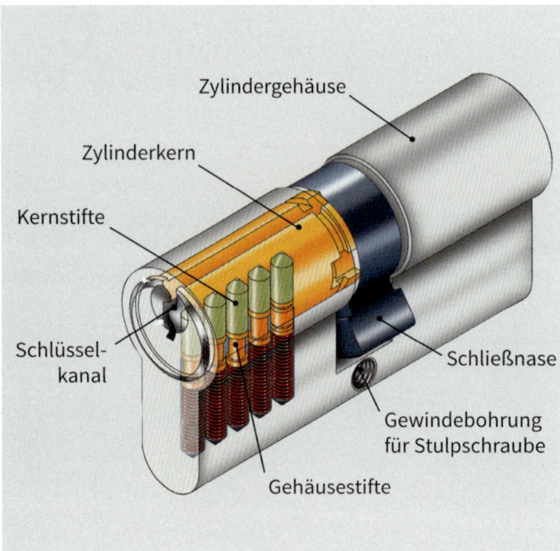

Abb. 1: Profilzylinder

Die Maße von Profilzylindern sind genormt. So passen sie in die Öffnungen der Einsteckschlösser. Die Profilzylinder werden für unterschiedliche Türdicken in verschiedenen Längen angeboten (Abb. 2).

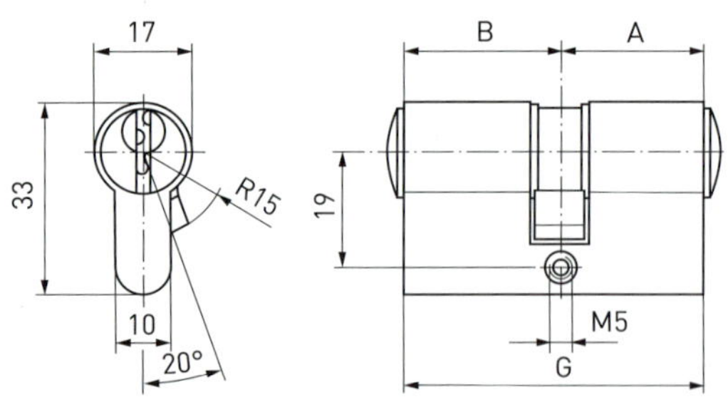

Abb. 2: Genormte Maße von Profilzylindern

Die Außenlänge A, die Innenlänge B und die Grundlänge G sind variabel und werden in unterschiedlichen Längen geliefert (➔📖). Dies ist erforderlich, da Profilzylinder nicht immer symmetrisch angeordnet sind (Abb. 3).

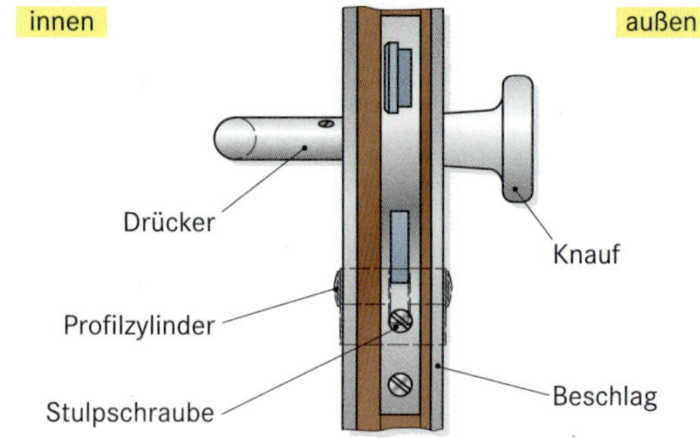

Abb. 3: Lage des Profilzylinders im Schloss

Wenn kein Schlüssel eingeführt ist, kann der Zylinderkern nicht gedreht werden, da die Drehbewegung durch die Kern- und Gehäusestifte blockiert wird (Abb. 4).

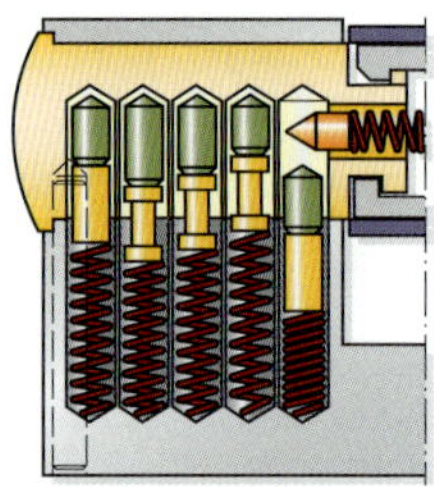

Abb. 4: Profilzylinder ungeöffnet

Beim Schließvorgang wird der Schlüssel in den Schlüsselkanal des Zylinderkerns eingeführt. Dabei werden die Kernstifte und die Gehäusestifte heruntergedrückt. Diese sind federnd zwischen Zylinderkern und Zylindergehäuse gelagert. Die Kernstifte besitzen unterschiedliche Längen und bilden mit ihren Unterseiten nur dann eine gerade Linie, wenn der passende Schlüssel eingeführt wird (Abb. 5).

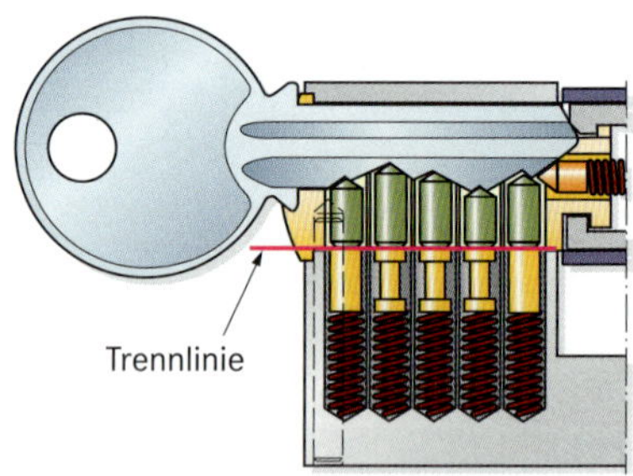

Abb. 5: Profilzylinder in Öffnungsposition

Durch diese „Trennlinie" zwischen Kernstiften und Gehäusestiften wird eine Drehung des Zylinderkerns im Gehäuse ermöglicht. Die Schließnase ist mit dem Zylinderkern verbunden und wird dabei ebenfalls gedreht. Die Schließnase bewegt den Riegel. Passt der Schlüssel nicht zum Schloss, liegen die Kanten der Stifte nicht auf der Trennlinie. Die Drehbewegung des Zylinderkerns wird blockiert. Dadurch ist ein Entriegeln und Öffnen der Tür nicht möglich (Abb. 6).

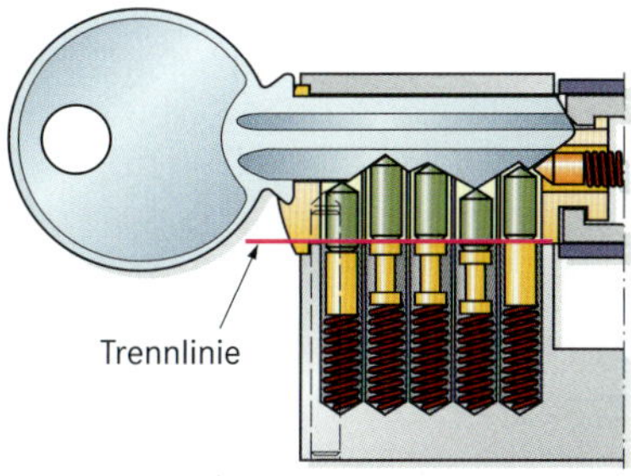

Abb. 6: Profilzylinder mit nicht passendem Schlüssel

In Profilzylindern werden zusätzliche Maßnahmen gegen das Ziehen oder das Aufbohren des Zylinderkerns angewandt. Geeignete Maßnahmen sind:

- Auswahl des Profilzylinders nach der Türdicke,
- gehärtete Kernstifte oder
- zusätzliche Stahlstifte.

Das Ziehen beschreibt das Herausreißen oder Ausbrechen des Profilzylinders aus dem Schloss mit Hilfe einer Zange oder Ähnlichem. Dabei müssen die Backen der Zange einen Angriffspunkt am Schloss finden. Dies wird durch die Auswahl eines zur Türdicke passenden Profilzylinders und durch die Auswahl eines geeigneten Schlüsselschildes bzw. Drückergarnitur vermieden.

Der Profilzylinder darf nicht mehr als 3 mm aus dem Türblatt oder dem Beschlag herausragen. Die erforderliche Länge des Profilzylinders wird entweder an der Breite des Türblattes und der Dicke des Beschlages gemessen oder mit Hilfe eines Messschlüssels ermittelt (Abb. 7).

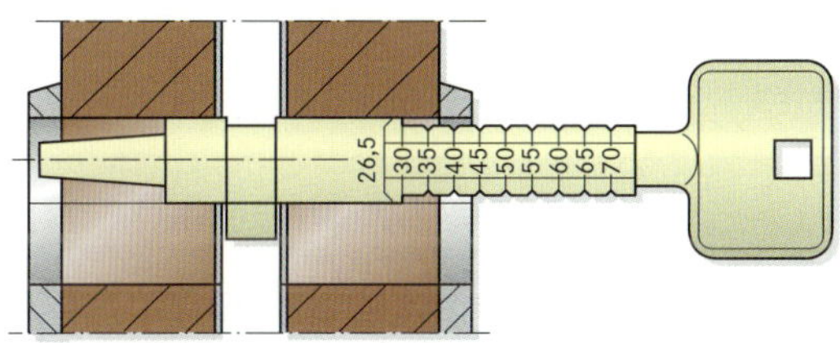

Abb. 7: Messschlüssel

Der Messschlüssel wird in das Schloss eingeführt, in dem noch kein Profilzylinder montiert ist. Die Nase des Messschlüssels befindet sich dabei an der Position, wo sich später die Schließnase des Profilzylinders befindet. So können die Außenlänge A und die Innenlänge B des Profilzylinders abgelesen werden.

Das Aufbohren des Zylinderkerns kann durch die Verwendung von gehärteten Kernstiften erschwert werden. Die gehärteten Stahlstifte sorgen beim Kontakt mit dem Schlüssel für einen Abrieb. Zur Verringerung dieses Abriebes werden die Stifte meist mit einem Bronzemantel überzogen.

Auch der Einbau von zusätzlichen Stahlstiften in Zylinderkern oder -gehäuse ist möglich (Abb. 8).

Abb. 8: Aufbohrschutz

Die Seite mit den Sicherheitsstiften muss sich auf der Außenseite der Tür befinden. Das unbefugte Öffnen eines Schließwerkes ohne den dazugehörenden Schlüssel wird als Nachschließen bezeichnet. Das Aufsperren eines Zylinderschlosses geschieht mit Hilfe einer Picking-Pistole (Abb. 9).

Abb. 9: Picking-Pistole

Die Picking-Pistole verfügt über einen Elektromotor. Dieser treibt die bewegliche Zunge an, die dadurch in hochfrequente Schwingung versetzt wird. Wird die Zunge in den Schlüsselkanal eingeführt, werden dabei die Kernstifte nach unten geschlagen. Durch leichtes Verdrehen des Zylinderkerns mit einem Hebel kann das Schloss geöffnet werden. Eine weitere Variante ist eine handbetriebene Picking-Pistole. Durch eine besondere Konstruktion der Gehäusestifte als Fangstifte wird ein Schutz gegen dieses Öffnungsverfahren erreicht, da sich die Fangstifte durch die pilz- oder diaboloförmige Ausbildung der Köpfe an der Kante des Zylindergehäuses verhaken und das Schloss nicht geöffnet werden kann (Abb. 10).

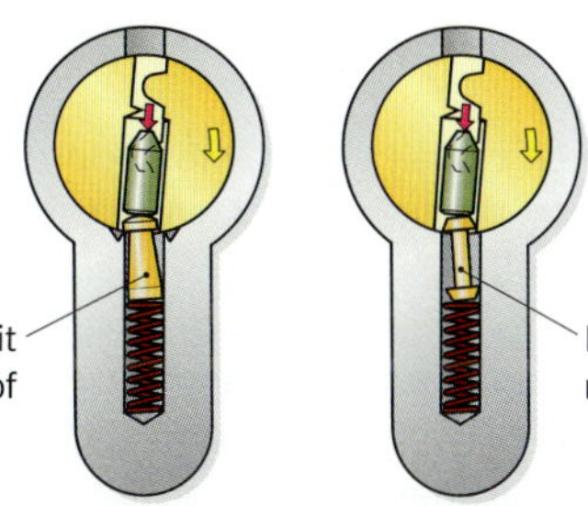

Abb. 10: Konstruktive Gestaltung von Fangstiften

Andere Varianten von Profilzylindern sind mit seitlich angeordneten Kernstiften versehen, um einen größeren Schutz gegen unbefugtes Aufsperren zu erzielen. Dabei liegt der Schlüsselkanal um 90° verdreht zur herkömmlichen Anordnung. In den Seitenflächen des Schlüssels sind Bohrungen angebracht, in die Kernstifte greifen. Zusätzlich zu den beschriebenen Maßnahmen können seitliche Kontrollstifte angebracht sein, welche die Sicherheit weiter erhöhen (Abb. 1).

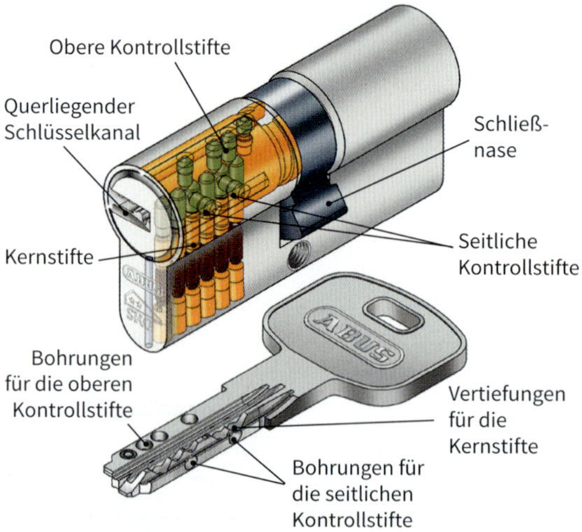

Abb. 1: Profilzylinder mit querliegendem Schlüsselkanal

Die meisten Profilzylinder sind als Doppelzylinder ausgeführt. Sie sind von beiden Seiten zu schließen. Neben der Bauform als Doppelzylinder sind auch Ausführungen als Halbzylinder oder Knaufzylinder möglich (Abb. 2).

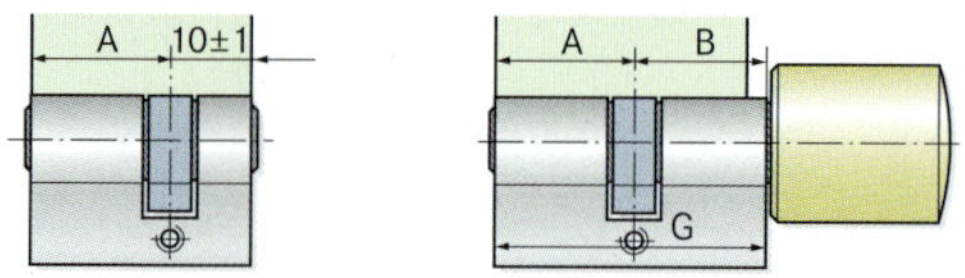

Abb. 2: Halb- und Knaufzylinder

Andere Entwicklungen der Sicherheitstechnik sind Magnetsysteme und elektronische Schließsysteme. Diese Schließsysteme ermöglichen den Zugang durch:

- Code-Zahlen oder -Buchstaben,
- Magnetkarten sowie
- Iris-,
- Fingerabdruck- oder
- Stimmenscan.

Bei der geplanten Türanlage handelt es sich um eine Flurabschlusstür in einem Verwaltungsgebäude. Es ist nur eine geringe Sicherheitsanforderung gegeben. Daher ist der Einbau eines Profilzylinders vorgesehen.

Zusammenfassung

Auswahl der Türelemente

- Rahmen
  - RP-Profile
    - mit Brandschutz
    - ohne Brandschutz
- Füllung
  - Brandschutzglas
  - Verbundscheiben-Sicherheitsglas
  - Einscheiben-Sicherheitsglas
  - Drahtglas
- Beschläge
  - Türbänder
  - Schließbeschläge
  - Schließvorrichtung
- Türschlösser
  - Schlossarten
    - Einsteckschloss für Türblatt
    - Einsteckschloss für Rohrrahmen
  - Schließwerke
    - Buntbartschloss
    - Chubb-Schloss
    - Profilzylinder

Aufgaben

1. Welche Funktion hat der Meterriss an einem Gebäude?

2. Welchen Vorteil bieten Rahmenprofilrohre gegenüber herkömmlichen Profilen, wie Rechteckrohren oder L-Profilen?

3. Welche Rahmenprofilrohre werden für Brandschutztüren verwendet? Begründen Sie Ihre Antwort.

4. Beschreiben Sie den grundsätzlichen Aufbau von Brandschutzglas.

5. Wozu werden Federbänder verwendet?

6. Erläutern Sie, warum es bei Obentürschließern zwei Montagepositionen gibt.

7. Erklären Sie die Funktion des Wechsels in einem Türschloss.

8. Welche Möglichkeiten gibt es, die Aufbruchsicherheit von Profilzylindern zu erhöhen?

10.1.3 Fertigen der Türelemente

ARBEITSAUFTRAG

Die Türanlage soll in der Werkstatt gefertigt werden. Dazu müssen die Profile durch Sägen getrennt und durch Schweißen gefügt werden. Die Gläser für die Türflügel sind einzusetzen sowie die Montage vorzubereiten.

In der Werkstatt sollen die beiden Türflügel sowie der Rahmen hergestellt werden. Dafür werden die RP-Profile aus Stahl gesägt und durch Schweißen gefügt. Danach wird die Brandschutzverglasung mit Hilfe von Dichtungen und Glashalteleisten eingesetzt. Die obere und seitliche Festverglasung des Rahmens wird erst auf der Baustelle eingesetzt (Abb. 3).

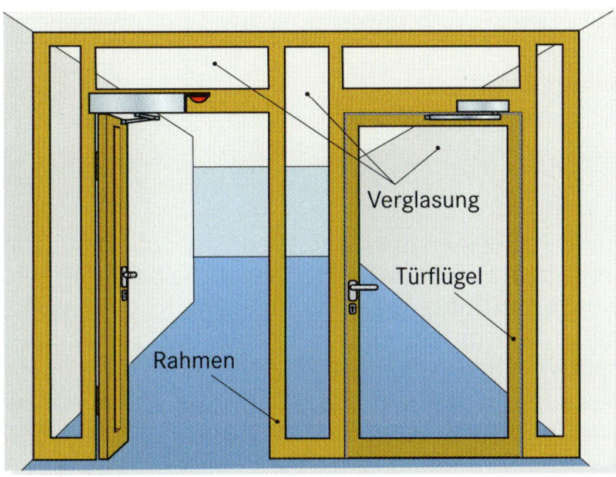

Abb. 3: Türanlage

Zuschnitt der Rahmenprofile

Die RP-Profile des Türflügels und des Rahmens werden zunächst auf Maß und Gehrung gesägt. Der Systemhersteller empfiehlt dazu die Verwendung einer Stahlgehrungssäge (Abb. 4).

Abb. 4: Gehrungssäge

Dabei muss das Einspannen mit besonderer Vorsicht durchgeführt werden, da die RP-Profile sehr dünnwandig sind und über vorstehende Falze verfügen. Diese können durch unsachgemäßes Spannen verbogen oder abgeknickt werden und werden daher über pneumatische Stempel gespannt, bei denen der Anpressdruck auf das Profil abgestimmt werden kann (Abb. 5).

Abb. 5: Spannen von Aluminiumprofilen

Für das Sägen der RP-Profile muss wegen der geringen Wanddicke ein Sägeblatt mit feiner Zahnteilung verwendet werden. Die senkrechten RP-Profile des Türflügels nehmen die Türdichtung bis zum Profil-ende auf. Dazu bleibt am Rand des PR-Profils eine 25 mm breite Falz stehen. Es ergeben sich Gehrungswinkel von 53° bzw. 37° (Abb. 6).

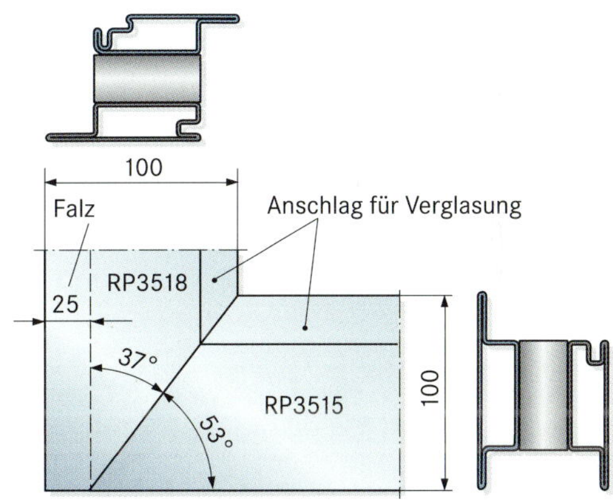

Abb. 6: Gehrungswinkel Sockelprofil

Anschließend werden alle RP-Profile an einem Bandschleifer entgratet. Außerdem werden die Glashalteleisten gesägt und ebenfalls entgratet.

Fügen der Bänder

Für die Tür werden Stahltürbänder zur Befestigung des Türflügels am Rahmen verwendet (Abb. 7).

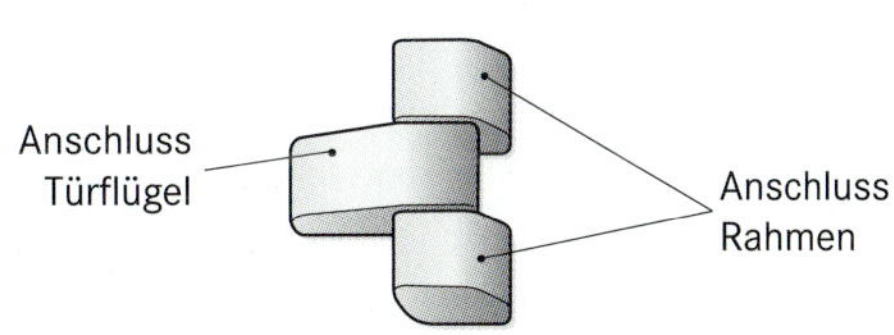

Abb. 7: Stahltürband

Die Montage der Türbänder erfolgt in der Werkstatt. Dort ist es möglich, die Bauelemente liegend zu lagern und somit eine einfachere Positionierung von Türflügel und Rahmen zu erreichen.

Die Türbänder werden mit Rahmen und Türflügel verschraubt. Für den Transport zur Baustelle wird der Zapfen wieder entfernt, damit Türflügel und Rahmen getrennt transportiert werden können.

Um Fehler bei der Herstellung der Bohrungen an den Flügeln zu vermeiden, wird eine Bohrschablone verwendet. Diese ermöglicht ein genaues Positionieren der Bohrungen auf den Bauelementen. Sie kann vom Systemhersteller der Bänder bezogen werden (Abb. 1).

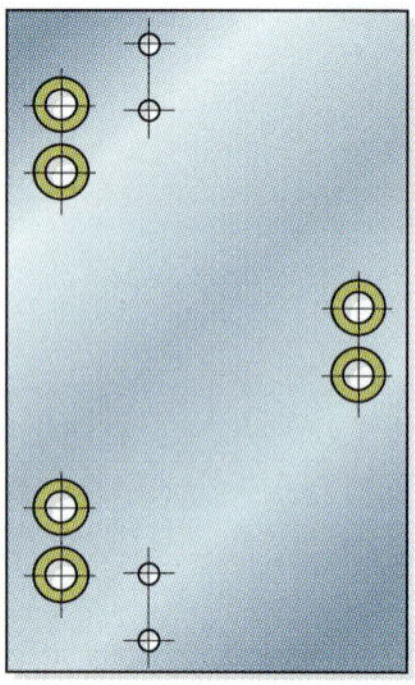

Abb. 1: Bohrschablone für Türbänder

Da die Wanddicke der RP-Profile sehr gering ist, kann dort kein Gewinde gebohrt werden. Daher werden Montageplatten aus Stahlband in Rahmen- und Flügelprofil eingesetzt. Diese Montageplatten haben eine Länge von ca. 100 mm und werden an der Montagestelle der Bänder mit Federn fixiert. Dabei ist eine Dicke der Montageplatte von 8 mm ausreichend (Abb. 2).

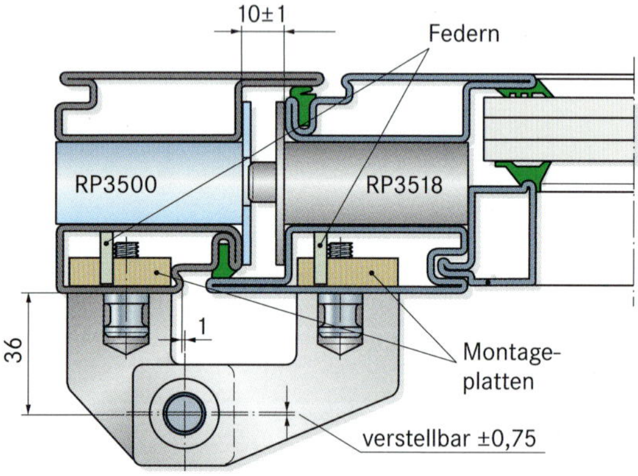

Abb. 2: Lage der Montageplatten

Fügen der Rahmenteile

Die RP-Profile werden durch

- Schweißen oder
- Kleben

gefügt.

Das Schweißen erfolgt durch das MAG-Verfahren. Wegen der geringen Blechdicke kann die Schweißnaht als I-Naht mit einer Nahtdicke von 1,6 mm ausgeführt werden. Dazu wird ein Schweißdrahtdurchmesser von 0,8 mm verwendet (Tab. 1).

Tab. 1: Einstellgrößen für das MAG-Schweißen

Blech- bzw. Nahtdicke *t* in mm	Nahtart	Zusatzdraht *d* in mm	Stromstärke *I* in A
1	I-Naht	0,8	60
2	I-Naht	1,2	120
3	I-Naht	1,2	180
4	I-Naht	1,2	180
8	I-Naht	1,6	180–240
10	I-Naht	1,6	180–240
3	Kehlnaht	1,2	160
4	Kehlnaht	1,6	350
5	Kehlnaht	1,6	350

Beim Schweißen der Türelemente ist auf eine ebene Unterlage zu achten. Ein Höhenversatz der RP-Profile würde dazu führen, dass die Tür nicht richtig schließt. Außerdem müssen die Elemente des Türrahmens rechtwinklig ausgerichtet werden. Dies erfolgt durch das Ausrichten mit einem Flachwinkel und durch die Kontrolle des Diagonalmaßes. Nach dem Schweißen wird die Schweißnaht nachbearbeitet.

Die Nachbearbeitung der Schweißnaht erfolgt zunächst mit einer Schruppscheibe. Danach wird mit einer Fächerscheibe und anschließend einer Schleiftellerscheibe gearbeitet. Durch die feinere Körnung der Scheiben wird eine bessere Oberflächengüte erzeugt. Die Schweißnaht muss eben abgeschliffen werden, damit keine Hohlkehle entsteht. Dabei muss besonders sorgfältig gearbeitet werden, da unsaubere Schweißnähte auch nach dem Beschichten noch zu erkennen sind.

Eine wesentliche Erleichterung für das Einspannen und Schweißen der Rahmenprofile stellt ein Schweißtisch mit Auflageplatten dar (Abb. 3). Diese Auflageplatten ermöglichen ein präzises und stabiles Einpannen der vier Ecken eines Elementes.

Jede Auflageplatte verfügt über vertikale und horizontale Spannelemente, mit denen der Türrahmen rechtwinklig und eben auf dem Schweißtisch fixiert werden kann. Dabei sind je zwei Auflageplatten auf einem Querschlitten montiert und können über eine Verstellspindel verfahren werden.

Die verwendeten Profile werden auf die Auflageplatten gelegt und an den Außenanschlägen angeschlagen. Das vertikale Spannelement wird auf die richtige Spannposition geschwenkt und das

Profil vorsichtig auf die Auflageplatte gespannt. Mit Hilfe der horizontalen Spannelemente wird der Rahmen nun auf einer oder mehreren Auflageplatten ausgerichtet und gegen den Innenanschlag gespannt. Zum leichten Anpassen auf unterschiedliche Rahmengrößen sind jeweils zwei Auflageplatten auf einem Querschlitten montiert, der über eine Verstellspindel bewegt wird.

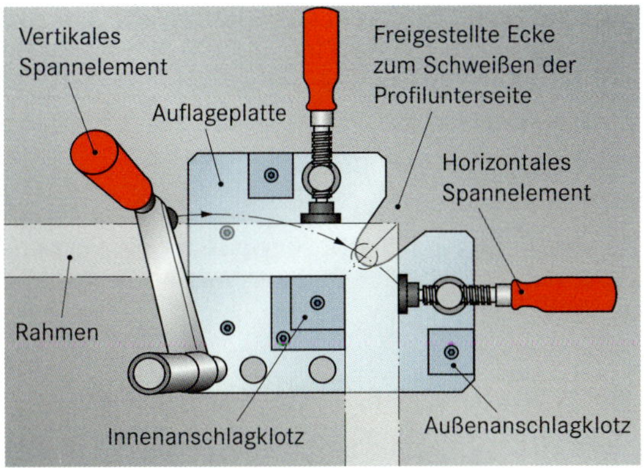

Abb. 3: Auflageplatte

Nachdem der Eckverbinder in die Profile gesteckt wurde, wird er durch Nägel gesichert. Zum Versteifen des Eckverbinders im Profil wird ein Kleber verwendet. Der Kleber wird in die Kammer des Profils gefüllt, das den Eckverbinder aufnimmt. Er kann als 1-Komponenten-Kleber oder 2-Komponenten-Kleber vorliegen. Nach dem Aushärten des Klebers ist die Verbindung fest.

Vorbereitung der Montage der Bodendichtung

In das untere RP-Profil der Türflügels soll eine Bodendichtung eingebaut werden, um den Rauchschutz zu gewährleisten. Für die Aufnahme der Bodendichtung musste ein besonderes Sockelprofil für den Türflügel ausgewählt werden. Zum Einbau der Bodendichtung muss der Gehrungsstoß besonders ausgeführt werden (Abb. 4).

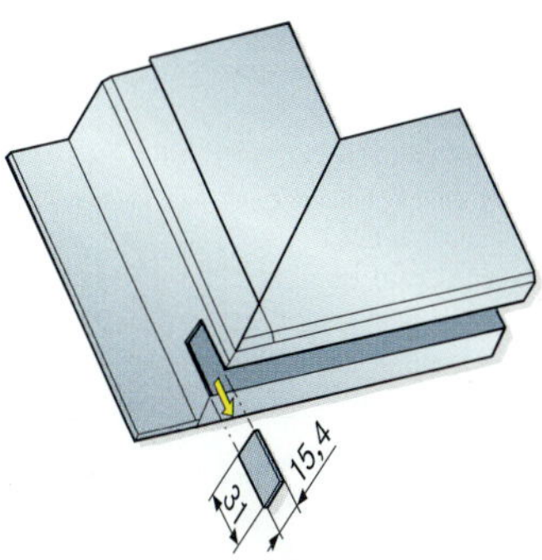

Abb. 4: Gehrungsstoß Bodendichtung

Anschließend wird eine Öffnung zur Montage der automatischen Bodendichtung aus dem Seitenprofil des Türflügels ausgeklinkt.

Vorbereitung der Montage des Türschlosses

Das Seitenprofil des Türflügels und das Rahmenprofil werden schon in der Werkstatt für die Aufnahme des Rohrrahmen-Einsteckschlosses und des Schließblechs vorbereitet.

Dazu werden

- die Öffnung für das Einsteckschloss,
- die Bohrung für den Türdrücker und
- die Einbauöffnung für den Profilzylinder

gefertigt.

Der Türdrücker soll nach der Montage eine Höhe von 1050 mm über der Oberkante des Fertigfußbodens (OKFF) besitzen. Aufgrund der Bodendichtung hat die Tür eine Spalthöhe von 5 mm. Daher ist als Maß für die Höhe des Türdrückers 1045 mm über der Türunterkante anzureißen (Abb. 5).

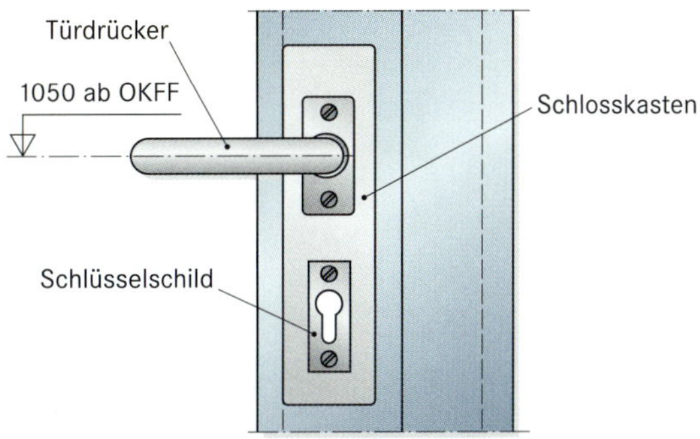

Abb. 5: Montagehöhe des Türschlosses

Für ein Rohrrahmen-Einsteckschloss sind die Einbaumaße durch den Profilhersteller vorgegeben (Abb. 6).

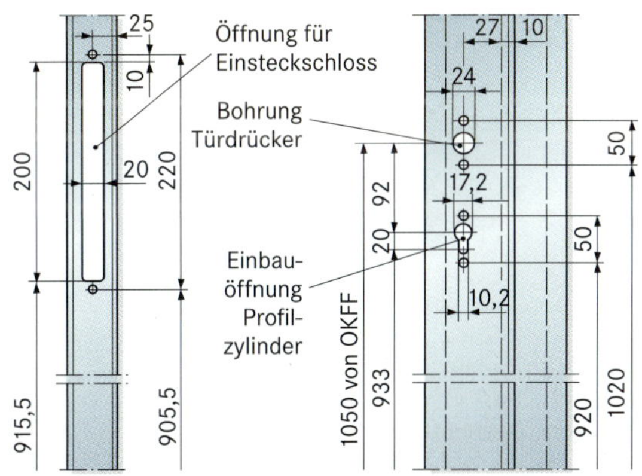

Abb. 6: Einbaumaße des Türschlosses

Zunächst wird die Öffnung für das Einsteckschloss gefertigt. Es wird ein Rohrrahmen-Einsteckschloss der Maßreihe 224/130 verwendet (➜📖). Ausgehend vom Maß für die Höhe des Türdrückers und einer Höhe des Einsteckschlosses von 200 mm werden zunächst die entsprechenden Maße angerissen.

Dann werden innerhalb dieser Anrisslinien zwei Bohrungen gesetzt, um mit der Säge ansetzen zu können. Das Sägen erfolgt mit einer Stichsäge oder einer Säbelsäge.

Danach wird die Öffnung für das Einsteckschloss auf eine Höhe von 200 mm und eine Breite von 20 mm ausgesägt und mit einer Feile nachbearbeitet. Anschließend wird die Bohrung für den Türdrücker gebohrt. Diese hat einen Durchmesser von 24 mm. Abschließend wird die Einbauöffnung für den Profilzylinder hergestellt. Dazu werden nach den Angaben des Systemherstellers zwei Bohrungen Ø17 mm und Ø10 mm im Abstand von 20 mm gebohrt und das dazwischen verbliebene Material durch Sägen entfernt und durch Feilen geglättet. Dazu muss der Hub des Sägeblattes entsprechend eingestellt werden.

Das Sägeblatt darf nicht an der Profilwand anstoßen, da sonst das Profil beschädigt werden oder das Sägeblatt abbrechen könnte. Danach wird die Tür beschichtet.

Einbau der Verglasung

Das Verglasen des Türflügels erfolgt bereits in der Werkstatt. Um den Transport und die Montage des Rahmens zu vereinfachen, soll der Einbau der seitlichen und oberen Festverglasung erst auf der Baustelle erfolgen. Zum Einbau der Verglasung werden folgende Zubehörteile verwendet:

- Dichtungen,
- Glashalteleiste und
- Schrauben.

Der Systemhersteller gibt Hinweise für die Verwendung der Zubehörteile in einer Verglasungstabelle an (Abb. 1).

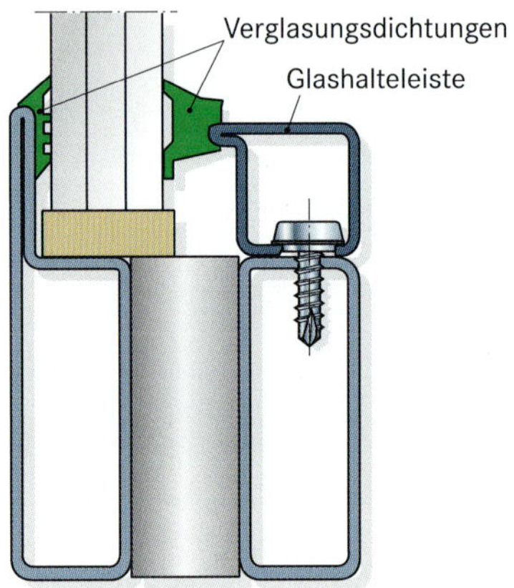

Glasdicke in mm	Glashalteleiste	Verglasungsdichtung außen / innen
15	400540	300600 / 300600
16	400540	300600 / 300600
18	400540	304650 / 300520
20	400540	300650 / 300520
22	400530	304650 / 304160
24	400530	300650 / 304160
26	400530	300650 / 304140
28	400520	304650 / 300520
30	400520	300650 / 300520
32	400510	304650 / 304180
34	400510	300650 / 304180
36	400510	300650 / 304140

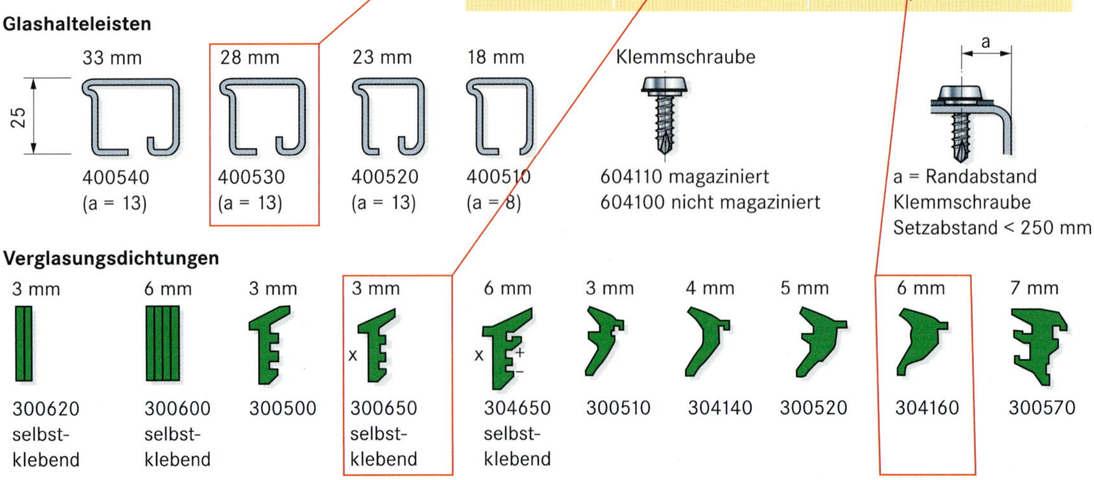

Abb. 1: Verglasungstabelle

Die Dicke des Brandschutzglases beträgt in diesem Fall 24 mm. Die Auswahl der Schraube hängt dabei vom verwendeten Schraubwerkzeug ab. Dieser Schraubentyp ist magaziniert und kann somit in Magazinschraubern verwendet werden (Abb. 4). Nach Vorgaben darf ein Setzabstand von 250 mm zwischen den Schrauben nicht überschritten werden. Zunächst wird die äußere Verglasungsdichtung nach der Verglasungstabelle ausgewählt und eingesetzt. Die Verglasung selbst wird von einem Zulieferer zurechtgeschnitten und geliefert.

Um übermäßige Spannungen in der Scheibe zu vermeiden, werden diese geklotzt. Klötze übertragen das Gewicht der Glasscheibe auf den Rahmen und stellen den Abstand zwischen der Glasscheibe und dem Türprofil sicher. Nach dem Klotzen der Scheibe wird die innere Verglasungsdichtung eingesetzt. Die Dichtungen müssen bis in die Ecken der Profile reichen, um eine ausreichend hohe Dichtheit der Türanlage zu erreichen.

Dazu müssen die Dichtungsbänder eine Gehrung haben. Die Gehrungsschnitte werden mit einer Gehrungsschere gefertigt (Abb. 2).

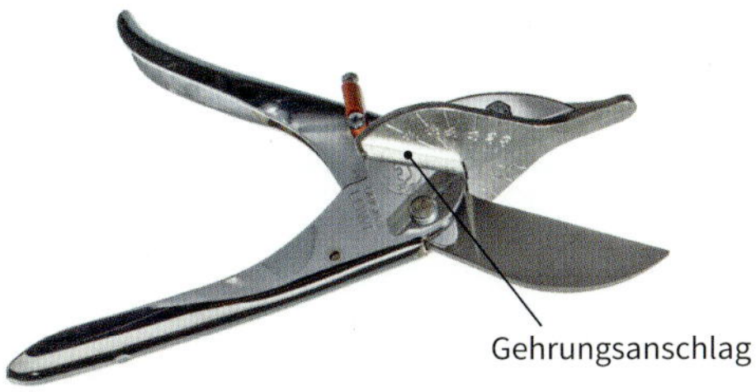

Abb. 2: Gehrungsschere

Nach dem Zuschneiden und Einsetzen der Dichtungen werden die Glashalteleisten eingesetzt. Dazu werden selbstschneidende Blechschrauben am RP-Profil des Türflügels befestigt. Das Einschrauben erfolgt in vielen Fällen mit einem Selbstbohrschrauber (Abb. 3).

Abb. 3: Selbstbohrschrauber

Ein Selbstbohrschrauber verfügt über eine Aufnah -me für die Sechskantköpfe der Klemmschrauben. Zusätzlich kann das Anzugsdrehmoment eingestellt werden. Dadurch wird ein Überdrehen der Schrauben bei geringen Wanddicken verhindert.

Wenn eine große Anzahl Schrauben eingesetzt werden muss, empfiehlt der Systemhersteller die Verwendung eines Magazinschraubers (Abb. 4).

Abb. 4: Magazinschrauber

Durch die automatische Zuführung der Schrauben wird eine Zeitersparnis erreicht.

Anschließend wird die Glashalteleiste angebaut (Abb. 5).

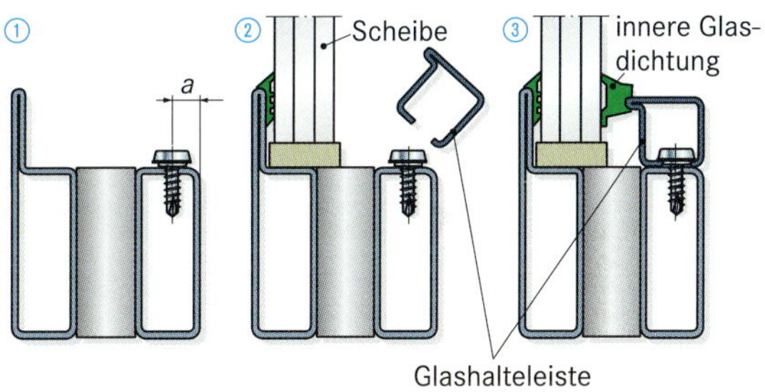

Abb. 5: Clips-Anschlagverglasung

① Zunächst wird die Schraube eingeschraubt. Der Abstand *a* zur Außenkante des Profils ist aus der Verglasungstabelle zu entnehmen. ② Die Glashalteleiste wird mit der unten offenen Seite über den Schraubenkopf „geclipst“. ③ Nach dem Einrasten sitzt die Glashalteleiste fest und presst die Verglasung über die Dichtungen gegen den Glashaltefalz des Türflügelprofils. Dazu muss die Tür entweder waagerecht liegen oder es werden Dichtungen mit selbstklebender Rückseite verwendet. Es ist auch möglich, zunächst die Glashalteleiste einzusetzen und anschließend die Dichtung einzupressen.

Eine andere Verglasungsart ist die Anschlagverglasung. Diese wird für die geplante Türanlage angewendet. Sie setzt andere Glashalteleisten und Profile voraus. Dabei wird die Glashalteleiste über eine „Nase“. Sie wird in eine entsprechende Ausbuchtung des Türrahmenprofil eingesetzt.

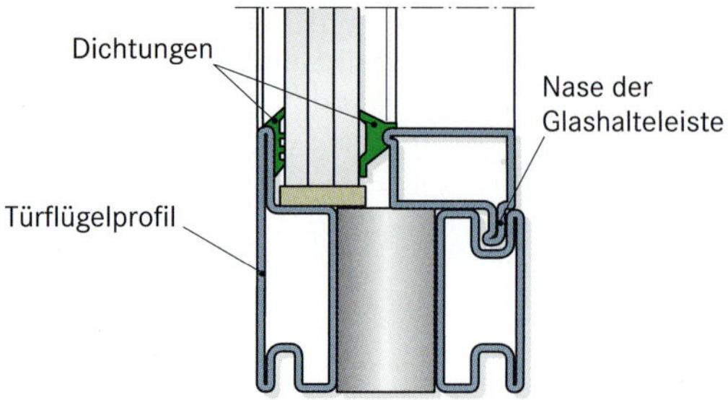

Abb. 1: Geklemmte Halteleiste

Montieren der Bodendichtung

Die Bodendichtung hat die Aufgabe, die Ausbreitung von Rauch durch den unteren Türspalt zu verhindern (Abb. 2).

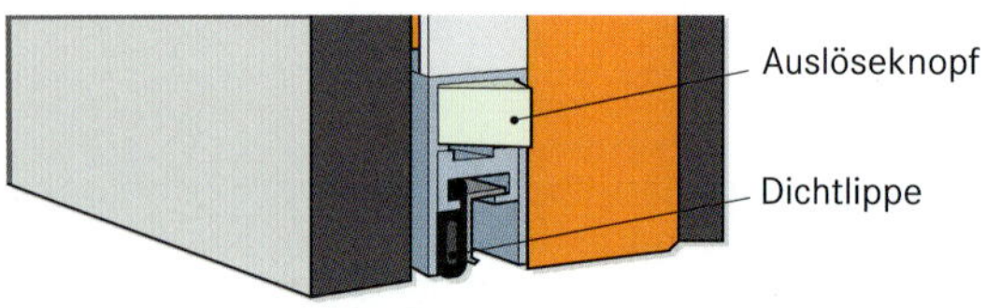

Abb. 2: Bodendichtung

Die Bodendichtung ist in verschiedenen Längen lieferbar und muss zum Anpassen an den Türflügel auf die entsprechende Länge gekürzt werden. Dazu wird der Auslöseknopf herausgezogen und abgeschraubt.

Die Gewindestange springt dann zurück. Sie wird festgeklemmt und die Bodendichtung mit Gewindestange kann auf das passende Maß gesägt werden. Anschließend wird die Gewindestange mit einem Schlauchstück o. Ä. herausgezogen. Der Auslöseknopf wird angeschraubt.

Zur Montage wird die Tragschiene der Bodendichtung im unteren Flügelprofil der Tür montiert (Abb. 3).

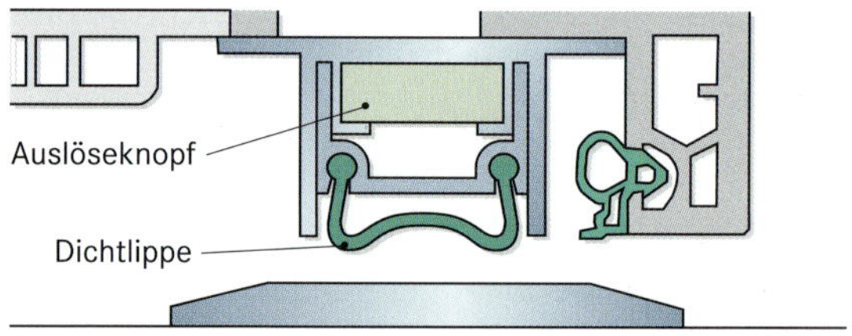

Abb. 3: Einbau der Bodendichtung

Anschließend wird die Türanlage verladen und zur Baustelle transportiert.

Zusammenfassung

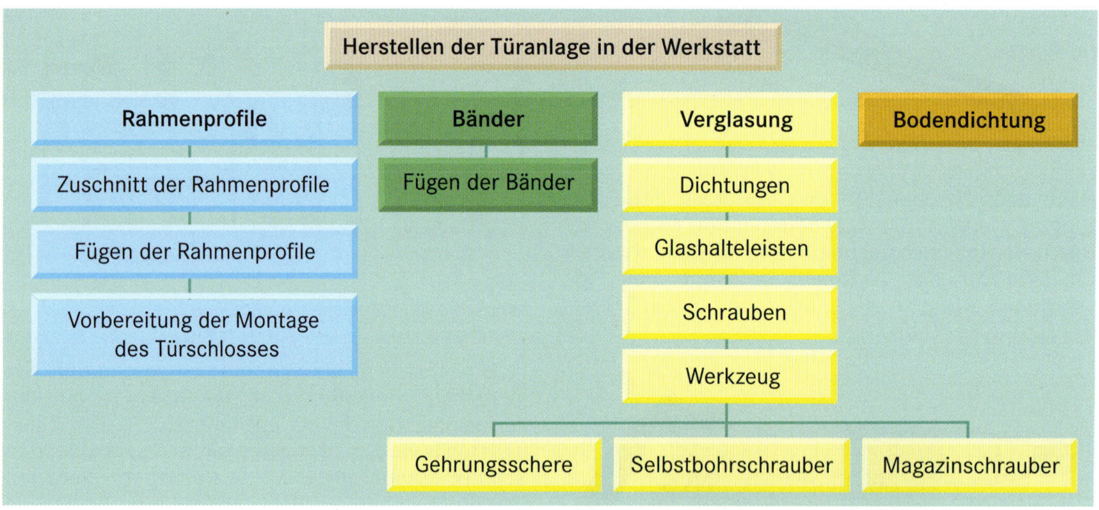

Aufgaben

1. Begründen Sie, warum das Einspannen von RP-Profilen mit besonderer Vorsicht geschehen muss.

2. Erläutern Sie, wie es zu einem Gehrungswinkel von 55° zwischen unterem und seitlichem Flügelprofil der Tür kommt.

3. Beschreiben Sie das Fügen durch Kleben beim Herstellen einer Eckverbindung.

4. Welche Maße hat ein Rohrrahmen-Einsteckschloss der Maßreihe 224/130?

5. Erklären Sie das Vorgehen beim Herstellen einer Clips-Anschlagverglasung.

6. Warum wird beim Zuschneiden der Dichtungen eine Gehrungsschere verwendet?

7. Beschreiben Sie die Montage der Bodendichtung.

10.2 Verpacken und Transportieren der Türanlage

ARBEITSAUFTRAG

Die Durchgangstür für das Verwaltungsgebäude soll nach ihrer Herstellung in der Werkstatt auf die Baustelle transportiert werden. Sie ist dort abzuladen und sicher zu lagern. Für den Transport auf die Baustelle sind sowohl das Transportmittel als auch geeignete Transportsicherungen festzulegen. Hierbei sind die gesetzlichen Bestimmungen einzuhalten. Das Abladen und Abstellen der Türflügel und des Türrahmens auf der Baustelle hat so zu erfolgen, dass Beschädigungen ausgeschlossen werden. Von den gelagerten Bauteilen dürfen keine Gefahren ausgehen. Um die Türanlage bis zu ihrem Einbau vor Beschädigungen zu schützen, ist eine geeignete Verpackung auszuwählen.

10.2.1 Transport im öffentlichen Straßenverkehr

Gesetzliche Grundlagen für den Transport im öffentlichen Straßenverkehr

Die Straßenverkehrsordnung (StVO) beinhaltet allgemeine Verkehrsregeln. Diese gelten auch für den Transport der Türanlage auf bzw. in Transportern und Lastkraftwagen sowie deren Anhängern. Im § 22 der StVO wird speziell auf die Ladungssicherung eingegangen.

! Die Ladung einschließlich Geräte zur Ladungssicherung sowie Ladeeinrichtungen sind so zu verstauen und zu sichern, dass sie selbst bei Vollbremsung oder plötzlicher Ausweichbewegung nicht verrutschen, umfallen, hin- und herrollen, herabfallen oder vermeidbaren Lärm erzeugen können. Dabei sind die anerkannten Regeln der Technik zu beachten.

Der § 23 der StVO legt fest, wer für das sichere Führen eines Kraftfahrzeuges verantwortlich ist.

! Der Fahrzeugführer ist dafür verantwortlich, dass seine Sicht ... nicht durch die ... Ladung, Geräte oder den Zustand des Fahrzeugs beeinträchtigt wird. Er muss dafür sorgen, ... dass die Verkehrssicherheit des Fahrzeugs durch die Ladung nicht leidet.

Mit beiden Paragrafen wird eindeutig geregelt, dass jeder Fahrzeugführer selbst für den sicheren Transport der Ladung zuständig ist. Für jedes zu transportierende Gut ist deshalb neben der Transportart auch eine Ladungssicherung festzulegen. Deren Funktionsfähigkeit muss auch während der Fahrt sichergestellt sein und ggf. kontrolliert werden.

Grundregeln für den Transport mit Fahrzeugen

Unabhängig von den zu transportierenden Gütern und Transportmöglichkeiten sind folgende grundsätzliche Sachverhalte bei der Beladung, der Ladungssicherung und dem Transport zu beachten:

- Das im Fahrzeugschein (Abb. 4) angegebene zulässige Gesamtgewicht des Fahrzeuges bzw. des Anhängers ist einzuhalten.
- Darüber hinaus dürfen die Nutz- oder Aufliegelast sowie die Anhängelast nicht überschritten werden.
- Auf eine optimale Lastenverteilung ist zu achten. Dies stellt auch sicher, dass die im Fahrzeugschein ebenfalls angegebenen Achslasten eingehalten werden.
- Die bei Kurvenfahrten sowie beim Beschleunigen und Bremsen auftretenden Massenkräfte sind zu berücksichtigen.

Schlüsselnummern
zu 1 010251 zu 2 0603 zu 3 687073 5
1 PKW GESCHLOSSEN
98/69/EG III;A
2 VOLKSWAGEN-VW
3 7HC
4 Fahrzeug-Ident. Nr. WV2ZZZ7HZ5H061919 5
5 DIESEL-D 22 6 Höchstgeschwindigkeit Km/h 159
7 Leistung kW bei min⁻¹ K77 /3500
8 Hubraum cm³ 1896
9 Nutz- oder Aufliegelast kg – 10 Rauminhalt des Tanks m³ –
11 Steh-/Liegeplätze – /– 12 Sitzplätze einschl. Führerpl. u. Nots. 9
13 Maße über alles mm L 4890 B 1904 H 1949
14 Leergewicht kg 1865 15 Zul. Gesamtgewicht kg 2800
16 Zul. Achslast kg v 1480 m – h 1500
17 Räder u./od. Gleisketten 1 18 Zahl d. Achsen 2 19 davon angetriebene Achs. 1
20 Größenbezeichnung der Bereifung vorn 205/65R16C107T
21 mitten u. hinten 205/65R16C107T
22 od. vorn 215/65R16C106T
23 mitten u. hinten 215/65R16C106T
Überdruck am Bremsanschluss 24 Einleitungsbremse – bar 25 Zweileitungsbremse – bar
26 Anhängekupplung DIN 740-Form u. Größe –
27 Anhängekupplung Prüfzeichen –
28 Anhängelast kg bei Anhänger mit Bremse 2200 29 bei Anhänger ohne Bremsen 750
30 Standgeräusch dB (A) 80 31 Fahrgeräusche dB (A) 72
32 Tag der ersten Zulassung 17.03.05 0/–
33 Bemerkungen
ZIFF.12:MAX.S-PL.*ZIFF.13:LANG BIS 4989,HOCH BIS 1969
U.ZIFF.14:BIS 2095 JE NACH AUSR.*ZIFF.15:+100 U.ZIFF.1
6:H.+75 B.ANH-BETR.*ZIFF.20 BIS 23 A.FELGE 6.5JX16,ET
51MM*ZIFF.27 GEN.:E13 00-1087 OD.E13 00-0983 FALLS WER
KSEITIG MONTIERT*ZUL.GES-GEW.D.ZUGES MAX.4900KG*ZIFF.2
8:2500 BIS 8% STEIG.,DANN ZUL.GES-GEW.D.ZUGES MAX.5200
KG*FZ ENTSPR.EG-RL:AC=KOMBILIMOUSINE*

Abb. 4: Auszug aus einem Fahrzeugschein

Zur Ermittlung aller zulässigen Lasten sind weiterhin die zusätzlichen Eintragungen im Fahrzeugschein zu beachten. Dort sind auch Informationen zu nachträglich montierten Anhängevorrichtungen vermerkt. Darüber hinaus ist die an der Anhängevorrichtung zulässige Aufliegelast einzuhalten.

Nachträglich montierte Anhängevorrichtungen, die keine EU-Zulassung besitzen, müssen von einem amtlich anerkannten Sachverständigen (in der Regel vom TÜV oder der DEKRA) überprüft und abgenommen werden.

Auswahl eines geeigneten Verpackungssystems

Die Türanlage ist vor Beschädigung zu schützen, daher ist diese zu verpacken. Bevor die Art der Verpackung gewählt wird, ist der gesamte Transportvorgang festzulegen. Insbesondere sind vorab folgende Aspekte zu klären:

- Wie erfolgt das Aufladen der Türflügel und des Rahmens in der Werkstatt?
- Welches Transportsystem wird verwendet?
- Wie wird das Transportsystem auf bzw. an dem Fahrzeug befestigt?
- Wie erfolgt die Sicherung der einzelnen Bauteile auf dem Transportsystem bzw. dem Fahrzeug?
- Welche Möglichkeiten des Abladens der Türanlage gibt es auf der Baustelle?
- Wo werden die Türflügel und der Rahmen bis zu ihrem Einbau gelagert?
- Wie werden die jeweiligen Bauteile auf der Baustelle (z. B. gegen Umfallen) gesichert?

Aus den verschiedenen Möglichkeiten des Transports, des Be- und Entladens sowie der Ladungssicherung ergeben sich spezielle Anforderungen an die Verpackung.

Deshalb ist für die Türflügel und den Rahmen zuerst das Transportsystem festzulegen.

Zusätzlich ist zu klären, wie die einzelnen Bauteile auf- und abgeladen sowie auf dem Transportmittel gesichert werden. Darüber hinaus bestimmt die Art der Lagerung und der Sicherung der Türanlage auf der Baustelle die zum Einsatz kommenden Verpackungsmittel.

10.2.2 Auswählen des Transportsystems

Die Türanlage besteht aus mehreren Baugruppen und Einzelteilen.

Beim Transport zur Baustelle sind insbesondere die Stahlprofile und die Glaseinsätze vor mechanischer Beschädigung zu schützen. Das zu verwendende Transportsystem muss die sichere Beförderung der Türanlage von der Werkstatt auf die Baustelle gewährleisten.

Der Rahmen der Türanlage ist für den Transport (auf einer normalen Ladefläche) oder in einem Transporter zu groß. Darüber hinaus können verglaste Bauteile wie die Türflügel bei liegendem Transport sehr schnell beschädigt werden.

Aus diesen Gründen gilt für Fenster, Türen und Fassadenelemente:

! Glas oder verglaste Bauteile werden stehend transportiert und auch stehend gelagert.

Glasbauteile, aber auch Fenster- und Türrahmen werden deshalb auf so genannten „Böcken“ transportiert. Nach der Form der jeweiligen Gestelle unterscheidet man „A-Böcke“ und „L-Böcke“.

Transport auf einem A-Bock

Für den stehenden Transport der Türanlage eignen sich besonders A-Böcke (Abb. 1). Auf diesen können auch größere Güter problemlos transportiert werden. Darüber hinaus ist bei A-Böcken durch die Möglichkeit der beidseitigen Beladung eine gleichmäßige Lastverteilung auf dem Fahrzeug möglich.

Abb. 1: A-Böcke in verschiedenen Größen

A-Böcke können zudem in der Werkstatt beladen und erst hiernach auf das Transportmittel gehoben und dort verankert werden. Dies vereinfacht das Be- und Entladen sowie die Befestigung der Bauteile am Bock durch bessere Zugänglichkeit.

! A-Böcke sind immer beidseitig mit den zu transportierenden Gütern zu beladen (Abb. 2).

Abb. 2: Beladung eines A-Bockes

Die Verankerung von A-Böcken auf der Ladefläche von Transportern erfolgt durch Krallen. Diese können flexibel in einem Schienensystem verschoben und befestigt werden (Abb. 3).

Abb. 3: Schienensystem und Befestigungskrallen auf der Ladefläche eines Transporters

Transport auf einem L-Bock

Kleinere Glasbauteile bzw. Fenster- und Türrahmen können auch auf so genannten L-Böcken transportiert werden.

L-Böcke, die an der Außenwand eines Transporters angebracht sind, werden als Außenreff bezeichnet (Abb. 4). Bei der Verwendung eines solchen Außenreffs zum Transport von sehr schweren Bauteilen tritt unter Umständen eine ungünstige Lastverteilung am Fahrzeug auf.

L-Böcke und auch A-Böcke bieten jedoch den Vorteil, dass für die Transportsicherung der Bauteile ggf. flexibel einsetzbare Schienen genutzt werden können. Diese Schienen werden je nach Stärke der Bauteile am oberen und unteren Ende des Bockes in Profilen mit Aufnahmeöffnungen befestigt.

Abb. 4: Außenreff (L-Bock) am Fahrzeug montiert

! Sowohl A-Böcke als auch L-Böcke sind so zu beladen, dass große Bauteile zuerst (innen) und kleinere Bauteile zuletzt (außen) aufgeladen werden (Abb. 5).

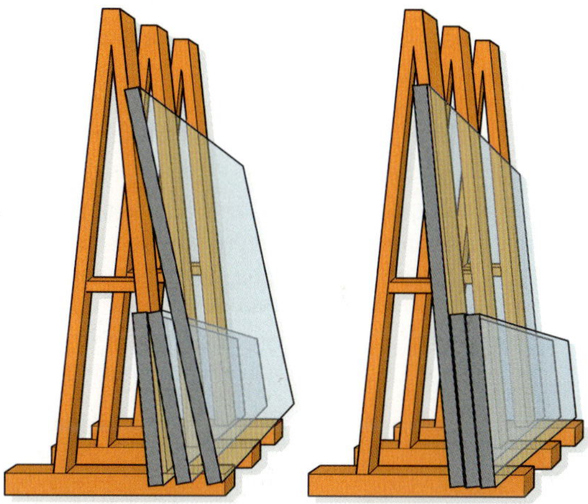

Abb. 5: Beladung eines A-Bockes

Transport von Bauteilen in und auf Fahrzeugen

Für die Nutzung des Innenraumes oder der Ladefläche eines Fahrzeugs zum Transport von Montagematerial, Werkzeug oder kleinerer Bauteile sind folgende Regeln einzuhalten:

- Das zulässige Gesamtgewicht des Fahrzeugs, die Nutz- oder Aufliegelasten sowie die Anhängelast und die Achslasten dürfen keinesfalls überschritten werden.
- Einzelne schwere Lasten sollten mittig zwischen den Achsen und nach Möglichkeit direkt an der Trennwand zwischen Fahrerhaus und Ladefläche verstaut werden.

- Sind mehrere Bauteile zu transportieren, müssen schwere nach unten, leichte nach oben (Abb. 1).

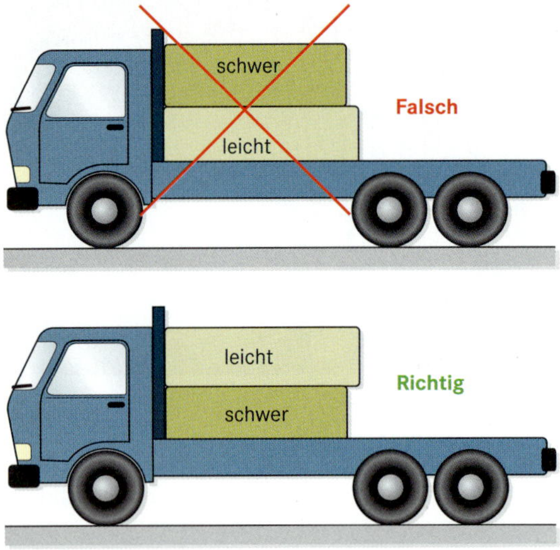

Abb. 1: Anordnung von Bauteilen nach Gewicht

- Es ist ausgehend von der Trennwand zwischen Fahrerhaus und Ladefläche zu beladen. Freiräume müssen mit festem Füllmaterial, z. B. Decken, Staupolster oder speziellen Luftsäcken ausgestopft werden.
- Die gesamte Ladung ist mit Gurten, Netzen oder so genannten Zwischenwandverschlüssen (Abb. 2) zu sichern. Solche Zwischenwandverschlüsse halten die Ladung jedoch nur bedingt zurück. Deshalb ist bei schweren Gütern eine ergänzende Ladungssicherung notwendig.

Abb. 2: Transportsicherung leichter Güter mit einem Klemmbrett

- Kleineres Montagematerial und Werkzeuge müssen in fest installierten Schubladen oder Kisten verstaut werden (Abb. 3). Diese sind so zu verschließen, dass diese sich während der Fahrt nicht selbsttätig öffnen.

Abb. 3: Auf einer Ladefläche befestigte Werkzeugkiste

Nachdem der A-Bock mit dem Türrahmen und den Türflügeln beladen wurde, muss die richtige Befestigung der Bauteile sichergestellt werden.

10.2.3 Bestimmen der Ladungssicherung

Jedes zu transportierende Bauteil, Werkzeug usw. ist gegen Umfallen und Wegrutschen zu sichern.

! Das Gewicht allein ist keine ausreichende Ladungssicherung.

Transportsicherung der Türanlage

Zur Befestigung der Türanlage am A-Bock werden Zurrgurte verwendet (Abb. 4).

Abb. 4: Zurrgurt

! Die Verwendung von Hanfseilen, Seilen aus Kunststofffasern oder Gummibändern zur Ladungssicherung ist nicht zulässig. Beschädigte Zurrgurte sind auszusondern.

Die Aussonderung von Zurrgurten muss erfolgen bei:

- Garnbrüchen oder Garnschnitten im Längs- oder Quergewebe, die mehr als 10 % des Gewebes zerstören,
- Beschädigungen tragender Nähte,
- Verformungen durch Reibungs- bzw. Strahlungswärme,
- Anrissen (insbesondere Querrissen oder Kerben) sowie Brüchen oder bedenklichen Korrosionserscheinungen an Spann- oder Verbindungselementen sowie
- mehr als 5 % Aufweitung oder bei erkennbar bleibender Verformung im Hakenmaul.

Neben Zurrgurten können auch Drahtseile, Stahlketten oder -bügel jeweils mit Spannvorrichtungen als Befestigungsmittel zur Ladungssicherung verwendet werden. Bei Zurrdrahtseilen ist die Seilwinde zum Spannen oftmals fest mit dem Fahrzeug verbunden.

Zurrgurte sind mit einem eingenähten Etikett versehen (Abb. 5).

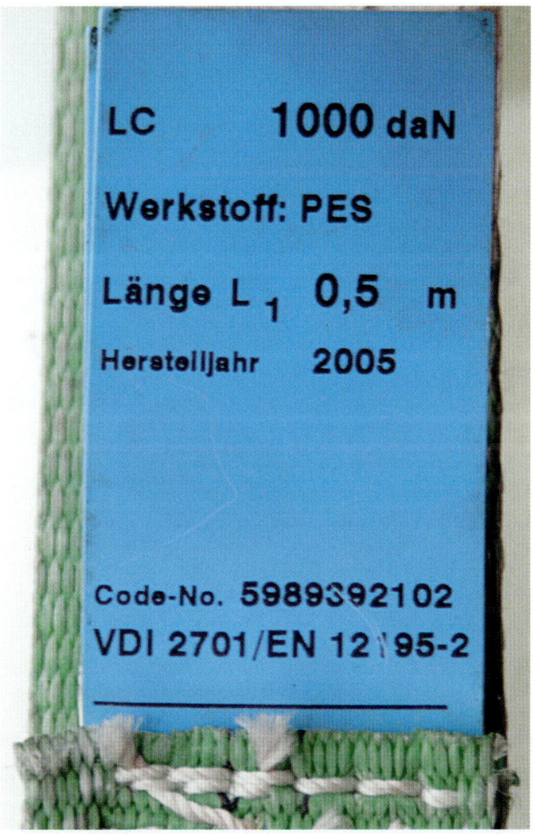

Abb. 5: Etikett eines Zurrgurtes

An Zurrketten und -seilen werden hingegen Metallplaketten befestigt (Abb. 6).

Abb. 6: Plakette an einer Zurrkette

Auf beiden Kennzeichnungen ist jeweils die zulässige Zurrkraft *LC* vermerkt.

! Zurrmittel dürfen keinesfalls zum Heben von Lasten verwendet werden.

Zurrgurte können direkt am Bock befestigt oder an so genannten Zurrpunkten der Ladefläche eingehängt werden (Abb. 7).

Abb. 7: Zurrpunkt auf einer Ladefläche

Zurrpunkte sind ebenfalls mit einem Schild gekennzeichnet, auf dem die maximal zulässige Zurrkraft und der mindestens einzuhaltende Zurrwinkel vermerkt sind (Abb. 8).

Die Auswahl der Zurrgurte richtet sich nach den zur Verfügung stehenden Zurrpunkten und der Zurrart.

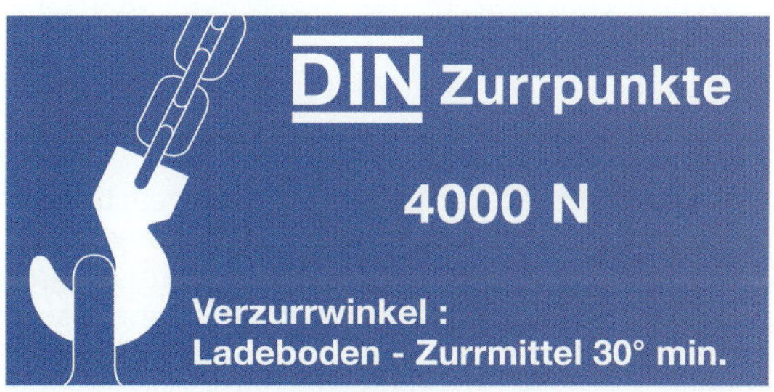

Abb. 8: Zurrpunktkennzeichnung

Zurrarten

Beim Schräg- und beim Diagonalzurren halten die Zurrgurte die Ladung durch Vorspannen in alle Richtungen in der Ausgangsposition. Bei beiden Verfahren verlaufen die Zurrgurte nicht über das zu sichernde Gut, sondern werden jeweils von der Ladung zu den Zurrpunkten der Ladefläche geführt.

Das Schrägzurren kann entweder längs oder quer zur Fahrtrichtung erfolgen.

Schrägzurren:

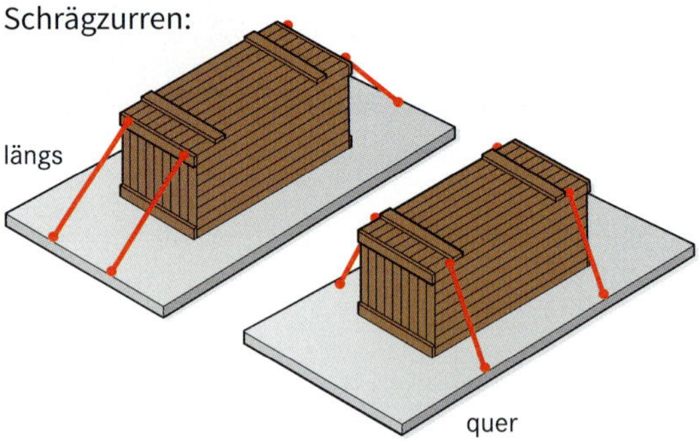

Beim Diagonalzurren verlaufen die Zurrgurte von den Befestigungspunkten an der Ladung

- entweder direkt zu den entsprechenden Zurrpunkten an den Ecken der Ladefläche oder

Diagonalzurren zur gleichen Ecke der Ladefläche:

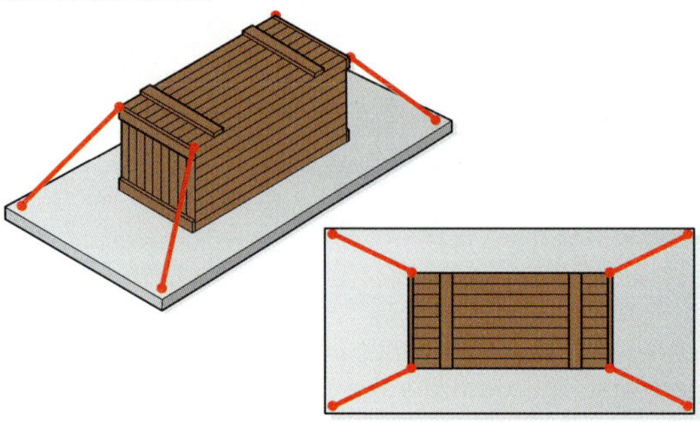

- zu den jeweils gegenüberliegenden Zurrpunkten. Hierbei kreuzen sich die Gurte.

Bei beiden Varianten ist darauf zu achten, dass die Zurrgurte entweder an den Ecken der Ladefläche befestigt werden oder auf einer gedachten Linie längs oder quer zur Fahrtrichtung liegen.

Diagonalzurren über die Gurte:

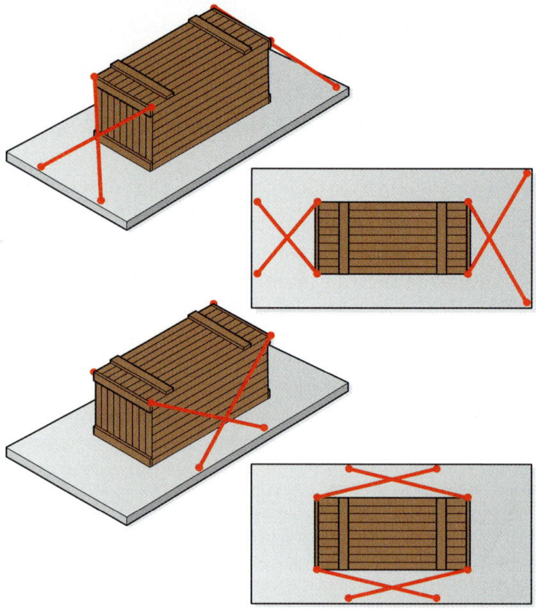

Die Zurrgurte begrenzen beim Schräg- und Diagonalzurren die Bewegungsfreiheit der Ladung im Fahrbetrieb. Beim Beschleunigen, bei Kurvenfahrten oder beim Bremsen werden die Gurte stark belastet.

Beim Niederzurren werden die Zurrgurte direkt über die Ladung geführt. Die Sicherung des Gutes wird allein durch sehr hohe Vorspannkräfte erreicht. Hierdurch steigt die Reibung zwischen Ladung und Fahrzeugboden. Diese Reibkraft sorgt dafür, dass die Ladung nicht verrutschen kann.

Niederzurren:

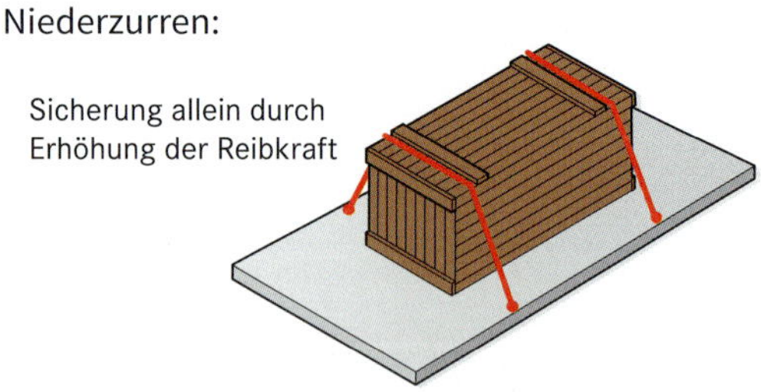

Antirutschmatten geben beim Niederzurren zusätzliche Sicherheit gegen das Verrutschen der Ladung.

Für die einzelnen Zurrverfahren wird gegebenenfalls unterschiedliches Zurrmaterial benötigt. Zum Beispiel müssen beim Niederzurren deutlich größere Vorspannkräfte erzeugt werden. Deshalb sind auch die Ratschen an den Gurten größer dimensioniert und der Spannhebel zum Erzeugen der Vorspannkraft ist länger.

Die Türflügel sowie die erst auf der Baustelle zu montierenden Glaseinsätze für die obere und seitliche Festverglasung werden mit einem A-Bock transportiert. Dieser kann bereits in der Werkstatt beladen werden. Die Befestigung der Türflügel sowie der Glaseinsätze am Gestell des A-Bockes erfolgt mit Spanngurten.

Durch Niederzurren werden die einzelnen Türelemente fest mit dem A-Bock verbunden. Hierbei ist darauf zu achten, dass die Vorspannkräfte nicht zu groß sind, da sonst der Rahmen und andere Bauteile beschädigt werden. Auf den Gestellen von Böcken werden Antirutschmatten befestigt. Diese unterstützen einerseits die Transportsicherung, andererseits reduzieren sie die zur sicheren Befestigung notwendigen Vorspannkräfte.

Der A-Bock wird nach dem Verzurren auf die Ladefläche eines Transporters gehoben und dort mit Befestigungskrallen verankert.

Der Türrahmen ist für den Transport auf einem A-Bock zu groß. Deshalb wird dieser mit einem Außenreff transportiert. Dieses kann Bauteile bis zu einer Höhe von 3,2 m aufnehmen. Die Ladungssicherung erfolgt hierbei mit den Sicherungsschienen.

Transportsicherung von Schüttgut, Flüssigkeiten, Paletten und Rollen

Schüttgut, z. B. Kies oder Zement, wird in Fässern, Kisten oder Wannen transportiert. Beim Transport ist darauf zu achten, dass sowohl der Transportbehälter als auch das Schüttgut ausreichend gesichert sind.

! Behälter oder Fässer, in denen Flüssigkeiten transportiert werden, sind zu verschließen.

Um ein Herausschleudern von Schüttgut aus offenen Kisten oder Wannen während der Fahrt zu verhindern, werden diese ebenfalls verschlossen oder mit einer Plane abgedeckt. Große, leichte Gegenstände können auch durch ein Netz gesichert werden.

Platten, Säcke oder Steine werden oftmals in Einheiten verpackt und auf Paletten zusammengestellt. Die Verpackung durch eine Folienhülle oder eine Umreifung dient aber nur dem Zusammenhalt der einzelnen Güter bei der Verladung oder Lagerung (Abb. 1).

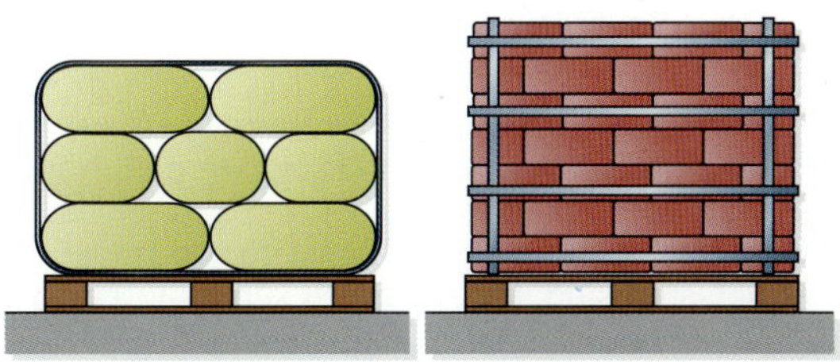

Abb. 1: Folienhülle und Umreifung bei Stückgut

Für einen sicheren Transport sind diese Umverpackungen ungeeignet. Deshalb ist palettiertes Stückgut zusätzlich zu sichern.

Grundsätzlich sollen Paletten bündig an die Trennwand zwischen Fahrerhaus und Ladefläche gestellt sowie mit Spanngurten verzurrt werden. Eine Antirutschmatte erhöht zusätzlich die Sicherheit gegen Verrutschen (Abb. 2).

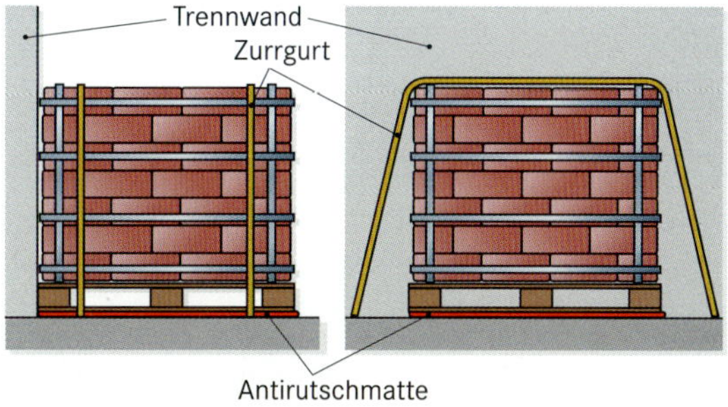

Abb. 2: Transportsicherung von Stückgut auf Paletten

Rollen, kegel- und kugelförmige Güter können bereits ohne großen Kraftaufwand aus der Ruhelage gebracht werden. Deshalb sind beim Transport von derartigen Gegenständen spezielle Vorkehrungen zur Ladungssicherung zu treffen (Abb. 3).

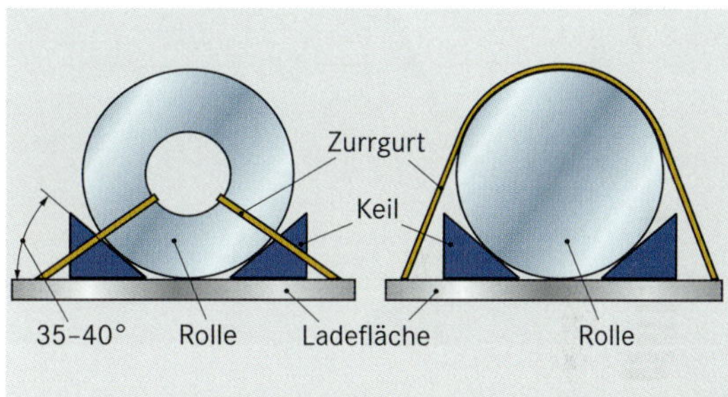

Abb. 3: Lagesicherung und Verzurren runder Bauteile

Keile sichern runde Bauteile gegen das selbständige Wegrollen. Zusätzlich sorgen Spanngurte für eine sichere Fixierung der Rollen zwischen den Keilen und auf der Ladefläche. Antirutschmatten zwischen den Keilen und der Ladefläche sowie zwischen den Keilen und der Rolle erhöhen wiederum die Sicherheit gegen das Verrutschen.

Sehr schwere Bauteile müssen mit großen Haltekräften auf dem Transport gesichert werden. Hierfür sind Zurrgurte nicht geeignet, da mit ihnen nur geringe Vorspannkräfte aufgebracht werden können. Beim Transport von Gütern mit hohem Gewicht werden deshalb

- Stahlseile oder Stahlketten bzw.
- Stahlbügel und Stahlketten

jeweils mit Spanneinrichtungen zur Ladungssicherung verwendet.

In der Praxis werden die jeweiligen Zurrverfahren und die dementsprechenden Zurrmittel oft mit weiteren unterstützenden Maßnahmen zur Lagesicherung kombiniert (Abb. 1).

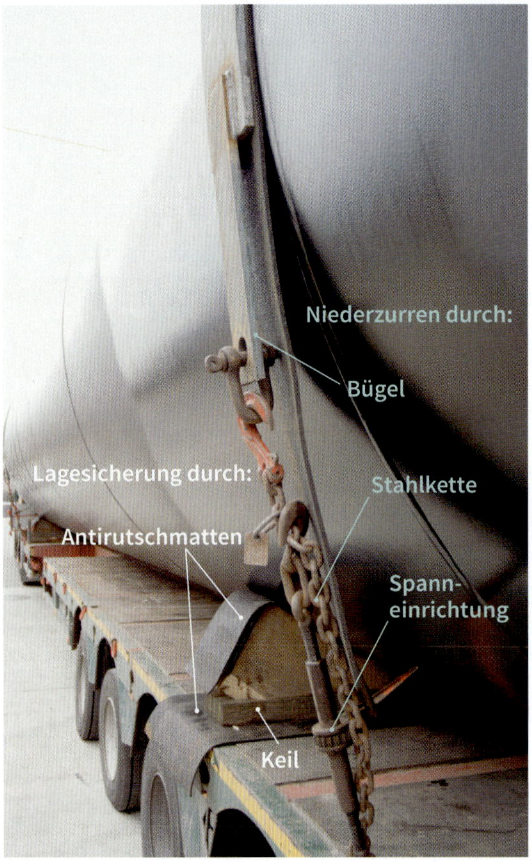

Abb. 1: Verzurren runder Bauteile in der Praxis

Durch die Antirutschmatten wird für das abgebildete Rohr mit einem Gewicht von ca. 50 t die aufzubringende Spannkraft um etwa die Hälfte reduziert. Die verwendeten Keile unterstützen zusätzlich die Transportsicherung. Dadurch steigt insgesamt die Sicherheit auf dem Transport.

Dies zeigt auch die Bedeutung zusätzlicher Maßnahmen zur Ladungssicherung. Gegebenenfalls erübrigt sich durch solch einfache Mittel teures, eventuell gesondert zu beschaffendes Zurrmaterial bei Einzeltransporten.

10.2.4 Verpackung und Schutz der Türanlage zum Transport

Die Einzelteile der Türanlage müssen auf dem Transport vor Beschädigungen geschützt werden. Dies geschieht durch Verpackungen und weitere Schutzmaßnahmen gegen eine Beschädigung der Profile oder eine Zerstörung der Verglasung.

Die Verpackung und der Transportschutz müssen sowohl beim Aufladen und Verzurren in der Werkstatt als auch auf der Fahrt zur Baustelle eine Beschädigung der Türanlage ausschließen. Darüber hinaus müssen diese Schutzmaßnahmen auch für das Abstellen auf der Baustelle geeignet sein.

Hierbei ist zu beachten, dass die gesamte Verglasung für die Türanlage in die Werkstatt geliefert wurde. Die Türflügel sind bereits fertig montiert und verglast. Die Glaseinsätze für die obere und seitliche Festverglasung werden aber erst auf der Baustelle in den Türrahmen eingesetzt. Deshalb müssen diese ebenfalls mit auf die Baustelle transportiert werden.

Für den Transport der Türanlage sind geeignete Schutz-maßnahmen auszuwählen. Hierbei sind die Abmaße, das Gewicht und die Gestalt der einzelnen Bauteile zu beachten.

Für die Türflügel, die Glaseinsätze und den Türrahmen sind deshalb zuerst

- die Art und die Größe des Transportsystems sowie die Anordnung der Bauteile festzulegen.
- Hiernach können geeignete Maßnahmen zum Schutz der Bauteile vor Beschädigungen beim Beladen und Verzurren bestimmt werden.

Bestimmung der Art und Größe des Transportsystems sowie der Anordnung der Bauteile

! Böcke müssen immer so groß gewählt werden, dass die zu transportierenden Güter nicht über den Bock hinausragen.

Da A-Böcke auf der Ladefläche von Transportern oder Anhängern befestigt werden, können in der Regel nur Bauteile bis zu einer Höhe von ca. 2 m transportiert werden.

Sollen größere Bauteile transportiert werden, erfolgt dies mit einem Außenreff. So werden Transportgestelle bezeichnet, die die Form eines L-Bockes haben und an der Außenseite von Transportern befestigt sind. Ein Außenreff kann Bauteile bis zu einer Höhe von 3,2 m aufnehmen.

Aus diesen Gründen können nur die Türflügel sowie die Glaseinsätze für die seitliche und obere Festverglasung auf einem A-Bock befestigt werden. Der Türrahmen muss aufgrund seiner Größe mit einem Außenreff transportiert werden. Dieser wird auf dem Außenreff mit Sicherungsschienen befestigt und benötigt kein gesondertes Verzurren.

Auf dem A-Bock werden gleiche Bauteile auf derselben Seite angeordnet. Dies vereinfacht den Transportschutz und das Verzurren. Hierbei ist jedoch auf eine annähernd gleichmäßige Gewichtsverteilung zu achten.

Schutz der Türflügel beim Beladen und Verzurren

Die Profile der Türflügel und des Türrahmens wurden nach dem Fügen pulverbeschichtet. Diese Beschichtung muss beim Beladen der Türflügel vor Beschädigungen geschützt werden.

Die Holme und Aufstellflächen an Böcken sind normalerweise gummiert (Abb. 2). Deshalb ist ein zusätzlicher Schutz der Türflügel zum Abstellen auf dem A-Bock ist nicht erforderlich.

Abb. 2: Gummierter Bock mit Sicherungsschiene

Vor dem Beladen ist jedoch die Gummierung des Bockes zu kontrollieren. Sollte eine Gummierung nicht vorhanden oder beschädigt sein, sind entsprechende Gummimatten unterzulegen.

Die Türflügel wurden bereits verglast. Die Rahmenprofile verhindern eine Berührung der Glasflächen untereinander. Deshalb kann die Verglasung bei einem sachgerechten Anlehnen der Türprofile an den gummierten Holmen des A-Bocks nicht beschädigt werden.

Zwischen sich berührenden Profilflächen der beiden Türflügel sind jedoch Gummiunterlagen oder ähnliche, vor Kratzern schützende Materialien anzubringen.

Beim Verzurren der Türflügel müssen die Stellen, an denen die Gurte über die Profile laufen, durch Kantengleiter vor Beschädigungen geschützt werden (Abb. 3).

Abb. 3: Verzurren mit einem Kantengleiter

Die glatte Oberfläche des Kantengleiters vermindert die Reibung zwischen Bauteil und Gurt. Dadurch sind die Spannkräfte über die gesamte Gurtlänge gleich. Das heißt, die Gurtbereiche vor und nach dem Kantengleiter werden nahezu gleich belastet. Die Gefahr von Gurtrissen durch zu hohe Spannkräfte beim Verzurren sinkt.

Kantengleiter verhindern bei weichem Profilmaterial zusätzlich eine Verformung von Profilkanten oder Profilstegen, denn die Spannkraft wird durch den Kantengleiter auf einen größeren Bereich verteilt.

Schutz der Glaseinsätze beim Beladen und Verzurren

Beim Beladen der Glaseinsätze für die obere und seitliche Festverglasung werden diese ebenfalls auf den gummierten Aufstellflächen des A-Bocks abgestellt.

Der erste Glaseinsatz kann wiederum vorsichtig an die gummierten Holme angelehnt werden. Alle weiteren Scheiben müssen jedoch gegen Beschädigungen geschützt werden.

Der Schutz aneinanderliegender Glasflächen vor Kratzern erfolgt durch selbstklebende Polster aus Kork oder Gummi. Bei der Verwendung solcher

Polster ist darauf zu achten, dass diese jeweils nur im Bereich der Ecken oder Kanten angebracht werden (Abb. 1). Keinesfalls dürfen die Polster nur auf die Mitte der Scheibe geklebt werden.

Abb. 1: Schutz der Verglasung mit Kork-Polstern

Für das spätere Verzurren der Glaseinsätze für die obere und seitliche Festverglasung müssen Polster auch an die Bereiche geklebt werden, über die die Gurte laufen. Diese Polster verhindern eine Durchbiegung der Glaseinsätze (Abb. 4) oder einzelner Glasscheiben (Abb. 5) und vermindern somit die Gefahr von Glasbrüchen.

Die Ecken einzelner Glasscheiben sind besonders gefährdet. Deshalb werden diese mit einem Eckenschutz versehen. Hierfür gibt es Schutzecken aus Kunststoff (Abb. 2).

Abb. 2: Schutzecke aus Kunststoff an einer Glasscheibe

Diese Schutzecken verringern zudem die Verletzungsgefahr und werden z. B. auch beim stehenden Transport von Blechtafeln verwendet.

Glasscheiben zum Einbau in Fassaden sind ab Werk meist zusätzlich durch Schrumpffolien geschützt. Diese Folien verhindern ein Zerkratzen der Glasfläche beim Transport und der Lagerung (Abb. 3).

Abb. 3: Schutz einer Glasscheibe mit Schrumpffolie

Beim Entfernen der Schrumpffolie ist darauf zu achten, dass die Glasfläche und bei Isolierverglasungen der Randverbund nicht beschädigt werden.

Zum gesonderten Verzurren der Glaseinsätze für die obere und seitliche Festverglasung werden ebenfalls Kantengleiter verwendet. Sie verhindern hierbei zusätzlich ein Durchschneiden des Zurrmittels durch scharfe Glaskanten (Abb. 4).

Abb. 4: Kantengleiter beim Verzurren der Verglasung

Steht kein Kantengleiter zur Verfügung, können unter den Gurt auch Materialien gelegt werden, die sich schwer schneiden lassen (Abb. 5).

Abb. 5: Schutz verzurrter Glasscheiben durch Pappe

Beim Verzurren von Glasscheiben besteht die Gefahr von Glasbrüchen durch zu große Kräfte beim Niederzurren. Die Gummierung des A-Bockes unterstützt bereits die Transportsicherung der Verglasung gegen unbeabsichtigtes Verrutschen. Das Verzurren kann deshalb mit geringen Spannkräften erfolgen. Die Gefahr eines Glasbruches sinkt.

Die Türflügel und die Glaseinsätze für die obere und seitliche Festverglasung sind damit ausreichend vor Beschädigungen geschützt und fest auf dem A-Bock verzurrt (Abb. 6).

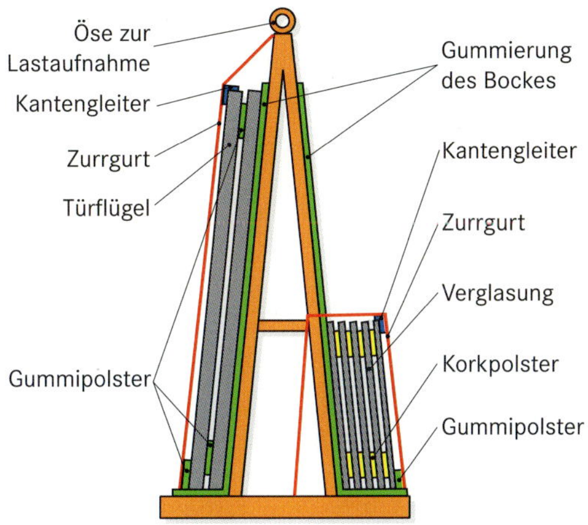

Abb. 6: Türflügel und Glaseinsätze auf dem A-Bock

Somit kann der A-Bock mit den darauf verzurrten Einzelteilen auf die Ladefläche eines Transporters gehoben werden.

Böcke besitzen Ösen zur Lastaufnahme und Einfahrpunkte für Gabelstapler. Sind Ösen oder Einfahrpunkte nicht vorhanden, können auch spezielle Krallen zum Heben des Bockes verwendet werden (Abb. 7).

Abb. 7: Kralle zum Heben eines Bockes

Der Bock wird danach mit Halteklammern auf der Ladefläche befestigt. Diese Klammern sind in einem Schienensystem frei verschiebbar (Abb. 8).

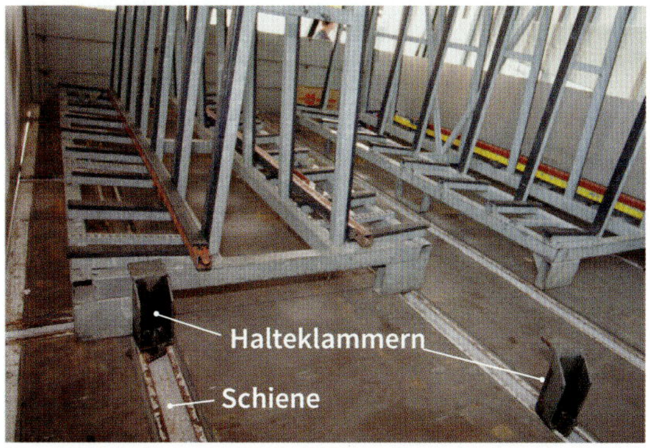

Abb. 8: Befestigung eines A-Bockes auf einer Ladefläche

Schutz des Türrahmens beim Beladen und Befestigen auf einem Außenreff

Der Türrahmen wird aufgrund seiner Größe auf einem Außenreff transportiert (Abb. 9).

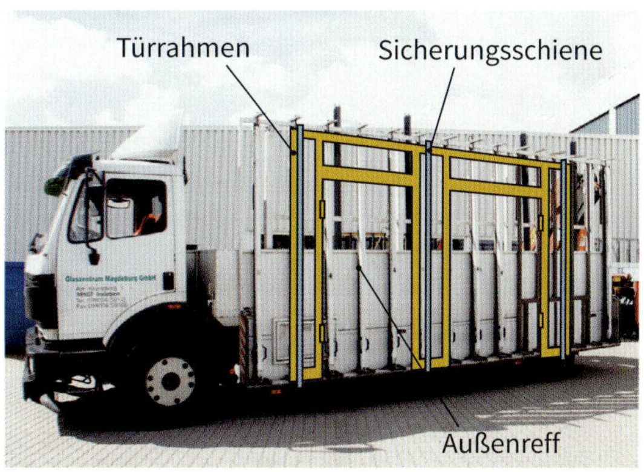

Abb. 9: Transport des Türrahmens auf einem Außenreff

Auch die Holme und Schienen eines Außenreffs sind gummiert. Ein gesonderter Transportschutz ist deshalb nicht erforderlich.

Der Türrahmen wird jedoch nicht verzurrt, sondern mit den Sicherungsschienen am Außenreff befestigt.

Schutz sich berührender Bauteilflächen vor Beschädigung durch Reibung im Fahrbetrieb

Bewegungen der Bauteile im Fahrbetrieb stellen eine erhöhte Gefahr für die Türflügel sowie die Glaseinsätze für die obere und seitliche Festverglasung dar.

Alle Einzelteile der Türanlage wurden mit Gummiunterlagen, Korkpolstern und Kantengleitern geschützt sowie mit Gurten fest verzurrt.

Dies verhindert eine Beschädigung durch Reibung sich berührender Bauteilflächen beim Beschleunigen, Bremsen und Durchfahren von Kurven.

Alle Schutzmaßnahmen sowie die Ladungssicherung sind jedoch auf der Fahrt zur Baustelle in regelmäßigen Abständen zu kontrollieren.

Bei Bedarf werden verrutschte Polster und Matten wieder justiert und die Zurrgurte nachgespannt.

10.2.5 Fahrt zur Baustelle

Unabhängig von den zu transportierenden Gütern und den verschiedenen Transportmöglichkeiten sind folgende grundsätzliche Sachverhalte bei der Beladung und der Fahrt zur Baustelle zu beachten:

- Das zulässige Gesamtgewicht des Transportmittels ist einzuhalten. Das zulässige Gesamtgewicht und das Leergewicht eines Fahrzeuges oder Anhängers können der jeweiligen Zulassung entnommen werden. Die maximale Zuladung ergibt sich aus der Differenz beider Werte. Bei der Bestimmung der Zuladung sind u. a. die Gewichte der Insassen, der Transport- und Befestigungsmittel, des zu transportierenden Gutes inkl. der Verpackung und weiterer beförderter Gegenstände (zusätzliche An- und Aufbauten, andere Bauteile, Material, Werkzeuge usw.) zu berücksichtigen.
- Selbst bei der Einhaltung des zulässigen Gesamtgewichts ist darauf zu achten, dass die ebenfalls im Fahrzeugschein angegebenen Achslasten nicht überschritten werden. Beim Transport auf Anhängern ist weiterhin darauf zu achten, dass die zulässige Aufliegelast sowie die Anhängelast des ziehenden Fahrzeuges eingehalten werden.
- Auf eine optimale Lastenverteilung ist zu achten. Der Schwerpunkt der Ladung sollte möglichst über der Längsmittellinie des Fahrzeugs bzw. Anhängers liegen. Darüber hinaus ist der Schwerpunkt der Zuladung so niedrig wie möglich zu halten. Weiterhin bestimmen die jeweiligen Achslasten und die bei unterschiedlicher Lastverteilung veränderte Lenkbarkeit das maximal zu transportierende Gewicht.
- In Kurven, beim Bremsen oder Beschleunigen wirken erhöhte Kräfte auf die Ladung und die Zurrmittel (Abb. 1). Deshalb ist die Fahrweise entsprechend anzupassen.

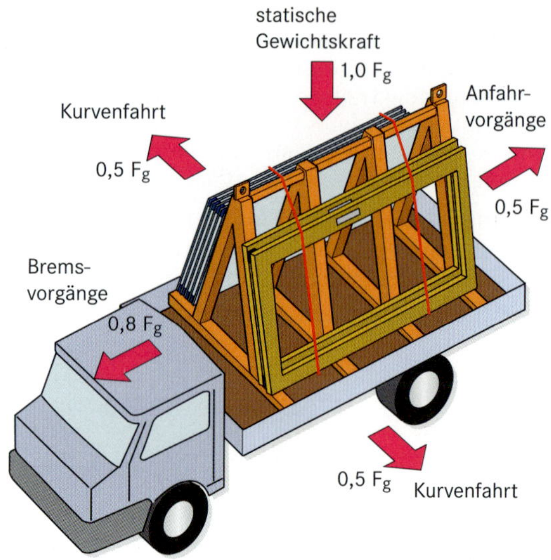

Abb. 1: Kräfte im Fahrbetrieb (die Zahlen geben die Maximalkräfte an)

! Je höher die Geschwindigkeit, umso größer sind auch die auftretenden Kräfte.

Die beim Durchfahren von Kurven auftretenden Fliehkräfte (max. 0,5 FG) können dazu führen, dass das Fahrzeug aus der Kurve „getragen" wird oder sogar umkippen kann.

Durch die im Fahrbetrieb auftretenden Kräfte werden auch die Zurrmittel zusätzlich belastet. Deshalb ist vor dem Durchfahren von Kurven die Geschwindigkeit zu reduzieren, so dass die Kräfte und die Belastungen der Zurrgurte möglichst gering gehalten werden.

10.2.6 Abladen, Lagern und Sichern auf der Baustelle

Beim Abladen der Teile der Türanlage sowie deren Lagerung und Sicherung auf der Baustelle sind Beschädigungen zu vermeiden. Darüber hinaus soll ein möglichst schneller Zugriff auf die Bauteile für die anstehenden Arbeiten sichergestellt werden. Letztendlich wird durch eine ordnungsgemäße Lagerung die Arbeitssicherheit gewährleistet.

Der A-Bock wird gemeinsam mit den darauf befestigten Türflügeln und den Glaseinsätzen mit einem Kran abgeladen und auch zur sicheren Lagerung auf der Baustelle genutzt.

Für das Abladen des A-Bockes sind die allgemeinen Regeln für das Heben von Lasten einzuhalten.

! Auf gar keinen Fall dürfen Zurrgurte für den Entladevorgang verwendet werden.

Beim Abladen des A-Bockes auf der Baustelle ist unbedingt darauf zu achten, dass dieser nur auf einem ebenen und tragfähigen Untergrund abgestellt wird. Anderenfalls kann das Gestell umkippen.

Bei unebenem oder nachgebendem Untergrund müssen Kanthölzer, Paletten oder Schaltafeln untergelegt werden. Dadurch wird ein sicherer Stand des Bockes gewährleistet.

Der Türrahmen wurde auf einem Außenreff transportiert. Nach dem Entfernen der Sicherungsschienen wird der Rahmen abgeladen und abgestellt. Für das Abstellen werden meist Unterlagen aus Holz verwendet. Auf diese Holzunterlagen sind Gummimatten zu legen, um den Türrahmen vor Beschädigungen zu schützen. Nach dem Abstellen ist der Türrahmen gegen Umfallen zu sichern.

Zusammenfassung

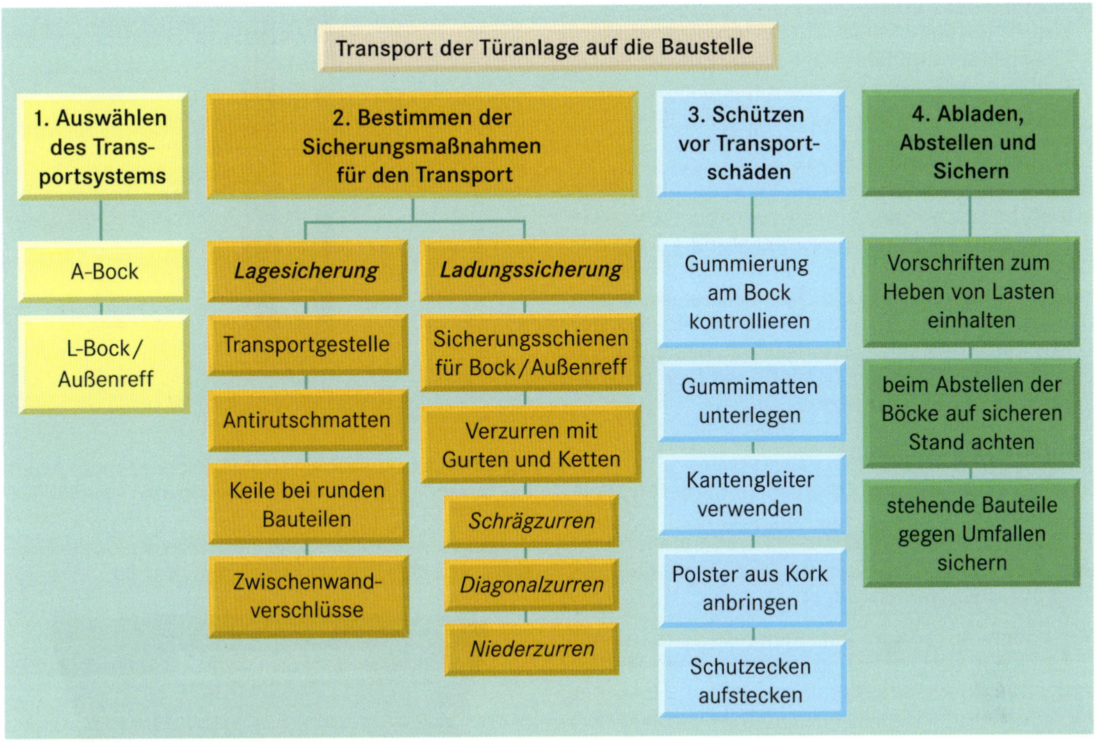

Aufgaben

1. Erläutern Sie, warum Glas und verglaste Bauteile nur stehend transportiert und auch auf der Baustelle nicht flach abgelegt werden dürfen.

2. Welche Vorteile ergeben sich, wenn eine Ladungssicherung durch Schräg- oder Diagonalzurren und nicht durch Niederzurren erfolgen kann?

3. Welche Informationen können von dem Etikett eines Zurrgurtes entnommen werden?

4. Wie werden A-Böcke und L-Böcke mit mehreren Bauteilen richtig beladen? Begründen Sie Ihre Aussagen unter Berücksichtigung des späteren Verzurrens der Bauteile und Verladens der Böcke.

5. Wann dürfen Zurrmittel nicht mehr verwendet und müssen ausgesondert werden? Begründen Sie die von Ihnen aufgeführten Sachverhalte.

6. Erläutern Sie, warum Werkzeuge und Kleinmaterial auf dem Transport gesondert gesichert werden müssen. Beschreiben Sie mögliche Sicherungsarten.

7. Beschreiben Sie, durch welche Maßnahmen Isolierverglasung oder einzelne Glasscheiben beim Beladen und Verzurren auf Böcken vor Beschädigung geschützt werden. Wie sind die einzelnen Maßnahmen anzuwenden?

8. Empfindliche Transportgüter können beim Niederzurren nur mit einer geringen Vorspannkraft gesichert werden. Durch welche Maßnahmen kann die erforderliche Vorspannkraft verringert werden?

9. Wie werden die Kanten von Profilen zuverlässig vor Beschädigungen beim Verzurren geschützt? Beschreiben Sie das Wirkprinzip der von Ihnen angeführten Schutzmaßnahmen.

Montieren

10.3 Montieren der Türanlage auf der Baustelle

ARBEITSAUFTRAG

Die Türanlage soll auf der Baustelle montiert werden. Dazu muss der Türrahmen in der Türöffnung befestigt, die Türflügel eingebaut und ausgerichtet werden. Die seitlichen und oberen Festverglasungen sind einzusetzen. Türantrieb, Türschließer und Beschläge sowie Schloss und Profilzylinder sind zu montieren und ggf. einzustellen.

Die Montage der Türanlage auf der Baustelle erfolgt in mehreren Schritten. Zunächst wird der Rahmen in der Türöffnung montiert. Anschließend erfolgt das Einsetzen des Türschlosses mit dem Profilzylinder sowie der oberen und seitlichen Festverglasungen. Danach werden Türschließer und elektrischer Türantrieb eingebaut und eingestellt. Abschließend erfolgt die Montage der Schließbeschläge und die Endkontrolle der Türanlage.

Montieren des Rahmens

Nachdem die Teile der Türanlage auf die Baustelle transportiert wurden, beginnt die Montage des Türrahmens. Dieser wird in der Türöffnung lotrecht und waagerecht ausgerichtet. Das Ausrichten erfolgt mit einer Wasserwaage.

Nach dem Ausrichten des Rahmens wird er mit Holzkeilen in seiner Position gesichert. Dann wird er in der Türöffnung befestigt. Dazu werden die Löcher zur Aufnahme der Dübel direkt durch die vorhandenen Befestigungsbohrungen des Türrahmens gebohrt. Die Art der Befestigung ergibt sich aus dem Baugrund der Türöffnung. Für die geplante Türanlage besteht dieser aus Beton. Dafür empfiehlt der Systemhersteller folgende Anschlussmethode (Abb. 1).

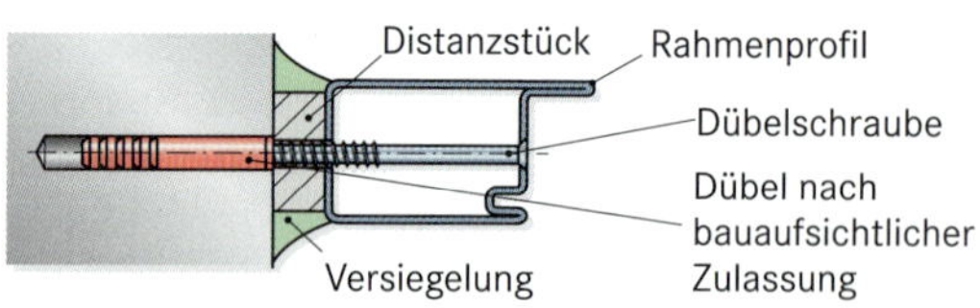

Abb. 1: Anschluss an die Türöffnung

Die erforderlichen Mindestrandabstände der Dübel sind einzuhalten.

Nach der Befestigung des Rahmens werden die Türflügel montiert. Die Türbänder verfügen über verstellbare Exzenterbuchsen. Diese ermöglichen ein Ausrichten des Türflügels parallel zum Rahmen. Während des Einbaus muss der Türflügel gegen Umfallen gesichert werden.

Montieren des Türschlosses

Anschließend wird das Türschloss eingebaut. Dazu wird das Rohrrahmen-Einsteckschloss in die vorbereitete Öffnung und der ausgewählte Profllzylinder eingesteckt. Dieser wird mit der Stulpschraube befestigt. Anschließend werden die Bohrungen für die Befestigung des Schlosses im Türflügel markiert und gebohrt (Abb. 2).

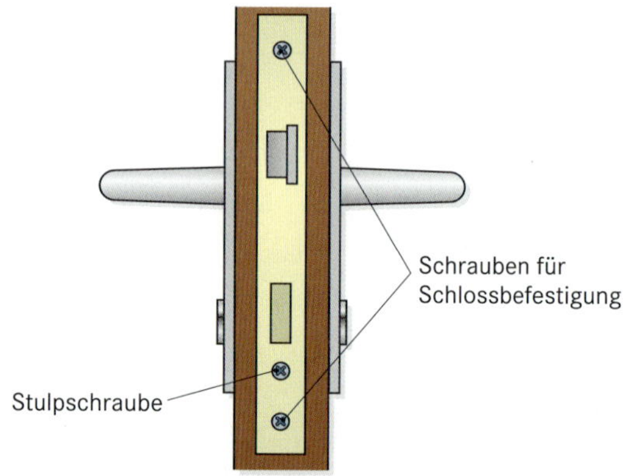

Abb. 2: Schlossbefestigung

Die RP-Profile besitzen eine Materialdicke von nur 1,6 mm. Ein Gewinde kann nicht hineingeschnitten werden. Um die Haltbarkeit der Schlossbefestigung zu gewährleisten, werden Einnietmuttern verwendet. Diese werden mit speziellen Einnietmutterzangen befestigt (Abb. 3).

Abb. 3: Einnietmutterzange

In der ersten Phase 1 wird die Einnietmutter eingesetzt. Danach wird der Kopf der Mutter mit der Zange eingezogen 2. Dabei verformt sich die Hülse und füllt das Nietloch aus. Anschließend wird der Nietkopf aus dem Gewinde geschraubt 3 (Abb. 4).

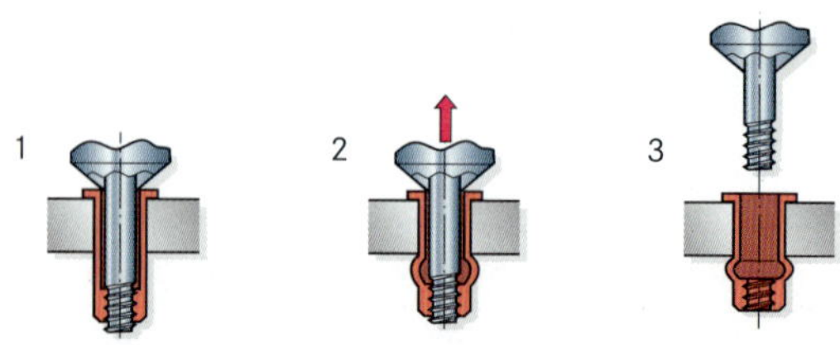

Abb. 4: Einsetzen der Einnietmutter

Danach wird das Einsteckschloss mit Senkkopfschrauben am Türflügel befestigt.

Einsetzen der Festverglasungen

Das Einsetzen der Festverglasungen entspricht dem Einbau der Verglasung am Türflügel. Auch hier ist eine Clips-Anschlagverglasung vorgegeben.

Montage und Einstellen des Türschließers

Für die geplante Türanlage soll eine Tür mit einem Obentürschließer in Sturzmontage ausgerüstet werden (Abb. 5).

Abb. 5: Türschließer an der Türanlage

Die Montage und die Einstellung der Türschließer erfolgt nach der Montageanleitung des Schließerherstellers. Sie ist dem Türschließer beigepackt. Hier sind die Bohrmaße zur Befestigung des Türschließers angegeben (Abb. 6).

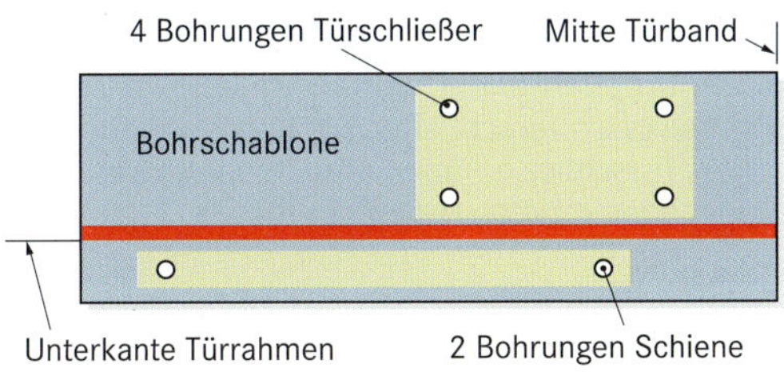

Abb. 6: Bohrschablone Sturzmontage

Nach der Montageanleitung werden zunächst die Bohrlöcher zur Befestigung hergestellt. Dann wird der Türschließer an den Rahmen und die Gleitschiene an den Türflügel geschraubt.

Bei der geplanten Feuerschutztür darf der Türschließer nicht direkt auf dem Türrahmen montiert werden. Die Montage muss über eine Montageplatte erfolgen (Abb. 7).

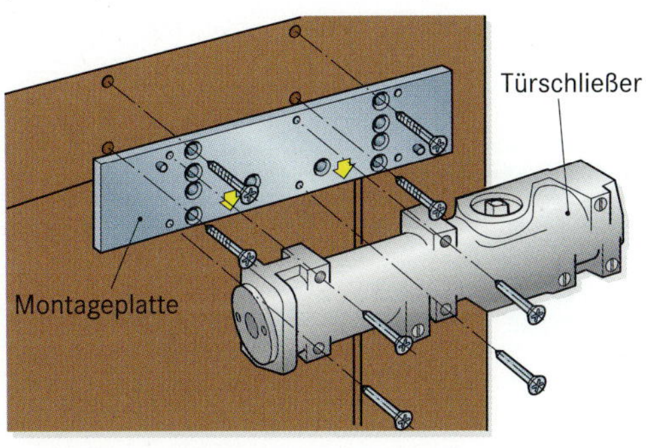

Abb. 7: Montageplatte am Türschließer

Ohne Montageplatte würden die Befestigungsschrauben des Türschließers nicht halten und der Türschließer sich vom Türflügel bzw. Türrahmen lösen.

Nach der Montage wird der Türschließer eingestellt. Es können

- Schließgeschwindigkeit,
- Endschlag und
- Öffnungsdämpfung

reguliert werden.

Dazu sind am Türschließer entsprechende Einstellschrauben vorhanden (Abb. 8).

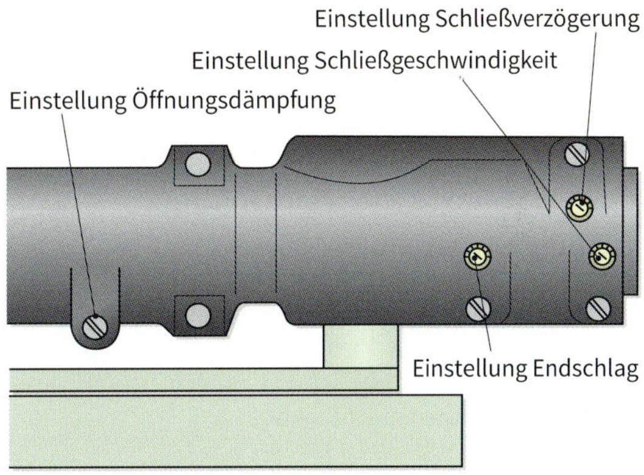

Abb. 8: Einstellschrauben am Türschließer

Die Schließkraft wird über eine Schraube am Kopf des Türschließers eingestellt. Sie hängt von der Masse des Türflügels ab. Je größer die Masse des Türflügels ist, desto größer ist die erforderliche Schließkraft. Im Unterschied zu den übrigen Einstellschrauben, die als Schlitzschrauben ausgeführt sind, wird hier eine Schraube mit Innensechskant verwendet.

Die Schließgeschwindigkeit ist die Geschwindigkeit, mit der sich der Türflügel selbstständig schließt. Die Zeit, die die Tür zum Schließen braucht, sollte ungefähr 5 Sekunden betragen. Sie ist jedoch auf die Bedürfnisse der Benutzer einzustellen. Andererseits darf die Tür in Wohngebäuden nicht so langsam schließen, dass ein Benutzer die Tür während des Schließens nicht mehr im Auge hat. So könnten sich Personen unbefugt Zutritt durch die nicht geschlossene Tür verschaffen. Die maximale Schließzeit sollte bei 30 Sekunden liegen. Am Türschließer ist die Einstellung für die Schließgeschwindigkeit entsprechend gekennzeichnet.

Die Schließverzögerung gewährleistet, dass die Tür nach dem Öffnen eine gewisse Zeit in der geöffneten Position verharrt, bevor der Schließvorgang beginnt. Dadurch wird die Unfallgefahr, z. B. beim Transport von Lasten, herabgesetzt.

Der Endschlag sorgt dafür, dass die Tür sicher ins Schloss fällt. Die Einstellschraube für den Endschlag ist ebenfalls gekennzeichnet.

Die Öffnungsdämpfung verhindert, dass die Tür beim Öffnen ungebremst an eine Wand stößt. Am Türschließer ist die Einstellschraube meist mit der Bezeichnung ÖD gekennzeichnet.

Montage des Türantriebs

Ein Türflügel der Türanlage wird über einen elektromechanischen Türantrieb geöffnet und geschlossen.

Ein Türantrieb verfügt über

- Sensoren sowie
- Antriebseinheit.

Als Sensoren können z. B.

- Handtaster,
- Infrarot-Bewegungsmelder,
- Radar-Bewegungsmelder,
- Funksteuerungen,
- Fußkontaktschalter oder
- Photozellen dienen.

Die geplante Türanlage ist mit einem Radarbewegungsmelder ausgestattet (Abb. 1).

Da die geplante Tür als Brandschutztür dient, ist zusätzlich eine Rauchschaltzentrale vorzusehen. Diese sorgt im Brandfall für ein Schließen der Tür (Abb. 2).

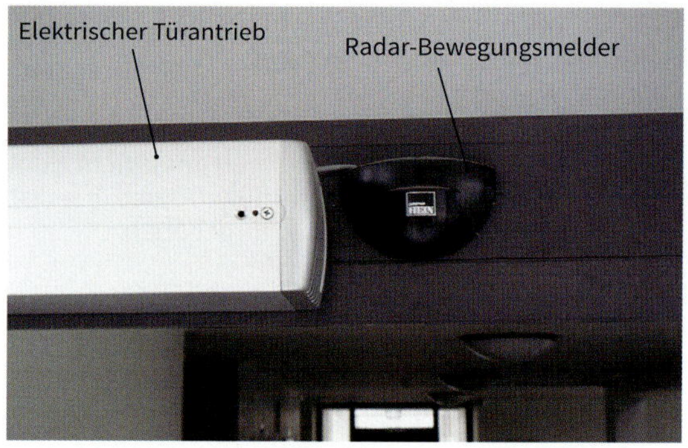

Abb. 1: Radar-Bewegungsmelder

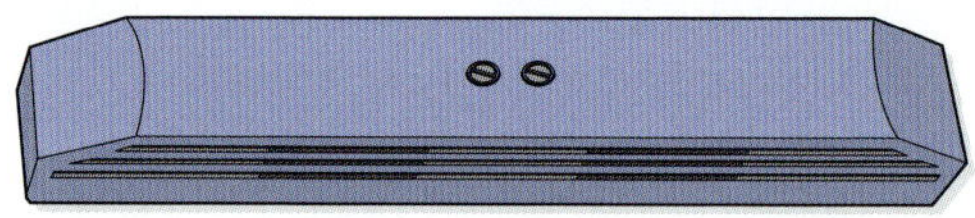

Abb. 2: Rauchschaltzentrale

Antriebseinheit

In der Antriebseinheit sind neben dem eigentlichen Antrieb auch die Steuerung und die Einstellvorrichtungen untergebracht. Neben den Bauteilen zum Öffnen der Tür sind dort auch die Einstellvorrichtungen für Schließgeschwindigkeit, Endschlag und Öffnungsdämpfung vorhanden. Die Einstellung erfolgt wie beim Türschließer. Die Antriebseinheit wird wie der Türschließer über eine Montageplatte am Türflügel oder Rahmen befestigt (Abb. 3).

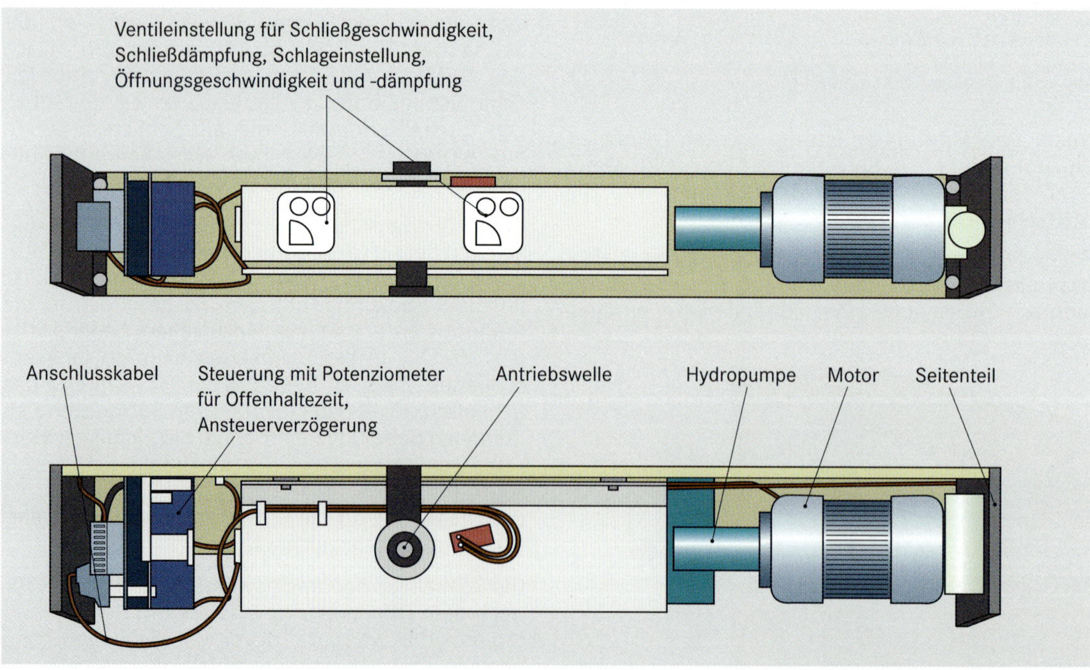

Abb. 3: Antriebseinheit Türanlage

Das Anschließen des Türantriebes an das elektrische 230 V-Netz darf vom Metallbauer nur über einen Netzstecker vorgenommen werden.

Montieren der Schließbeschläge

Schließbeschläge haben die Aufgabe, das Schloss und den Profilzylinder vor Beschädigung und Aufbrechen zu schützen. Schließbeschläge unterscheiden sich durch die Art der Befestigung. Schließbeschläge ohne besonderen Schutz werden auf den Türflügel geschraubt und mit einer aufsteckbaren Blende abgedeckt. Für die geplante Türanlage sind keine besonderen Sicherheitsbestimmungen gefordert. Daher wird sie mit einem Schließbeschlag ohne besonderen Schutz ausgerüstet. Bei erhöhten Anforderungen werden Sicherheitsschutzbeschläge verwendet (Abb. 4).

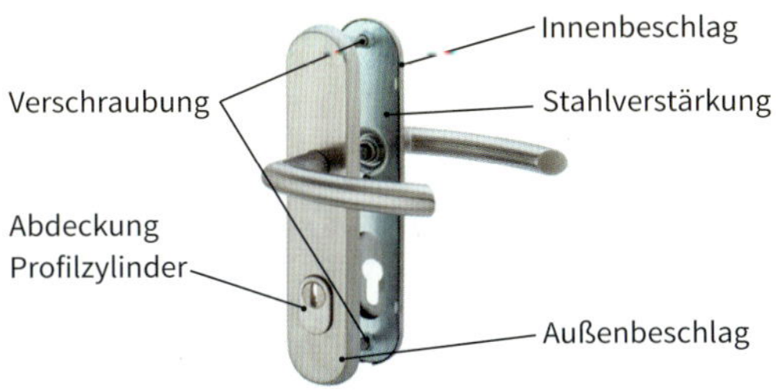

Abb. 4: Sicherheitsschutzbeschlag

Diese Sicherheitsschutzbeschläge weisen eine Stahlverstärkung auf, die ein Durchbohren des Schutzbeschlages erschweren soll.

Außerdem werden sie von außen unzugänglich verschraubt. Die Verschraubung erfolgt von innen durch das Türschloss. Dadurch soll eine Demontage des Schutzbeschlages verhindert werden.

Endkontrolle der Türanlage

Nach der Montage der Türanlage wird eine Endkontrolle vorgenommen. Hierbei werden alle Funktionen der Tür überprüft. Dazu zählen:

- Freigängigkeit des Türflügels,
- Passgenauigkeit des Türflügels,
- Funktion des Türschlosses,
- Funktion des Profilzylinders,
- Funktion des Türschließers,
- Funktion des Türantriebs sowie
- Sitz des Schließbeschlages.

Nach Abschluss der Endkontrolle werden die Türschlüssel an den Benutzer übergeben. Die Baustelle wird gesäubert und Abfälle fachgerecht entsorgt.

Zusammenfassung

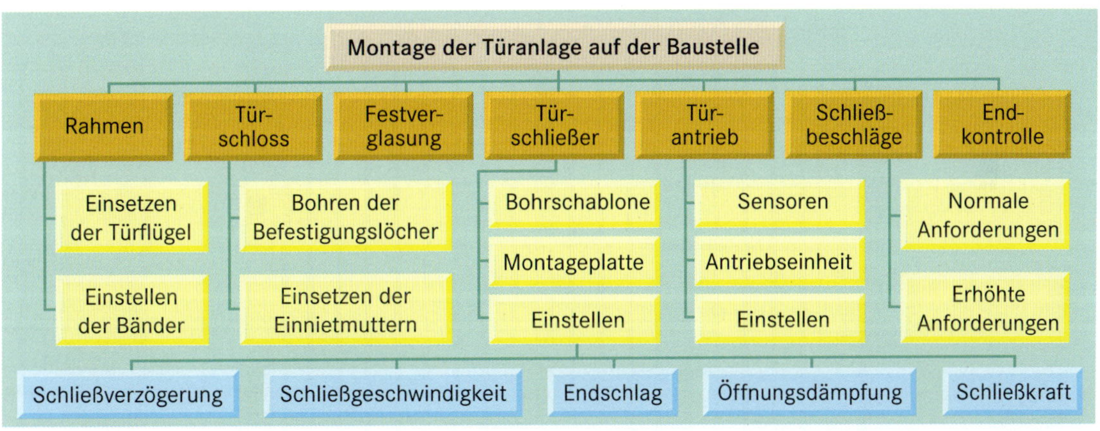

Aufgaben

1. Worauf ist bei der Montage des Rahmens zu achten, um Unfällen vorzubeugen?

2. Beschreiben Sie das Einsetzen der Einnietmutter.

3. Warum ist dem Türschließer eine Bohrschablone beigelegt?

4. Warum muss bei Feuerschutztüren eine Montageplatte für den Türschließer verwendet werden?

5. In welchem Zeitrahmen soll die Schließgeschwindigkeit von Türen liegen?

6. Wozu dient der Endschlag?

7. Welche Sensoren könnten alternativ bei der Türanlage verwendet werden? Begründen Sie Ihre Antwort.

8. Welche Aufgabe hat eine Rauchschaltzentrale?

9. Vergleichen Sie Schließbeschläge für normale Anforderungen und solche mit erhöhten Sicherheitsanforderungen. Beschreiben Sie die Unterschiede.

10. Worauf ist bei der Endkontrolle der Türanlage zu achten?

10.4 Herstellen von Toren und Gittern

ARBEITSAUFTRAG

Für einen Kunden soll eine Grundstückeinzäunung mit einem Hoftor hergestellt werden. Dazu muss ein Tor- und Zaunsystem ausgewählt und montiert werden.

10.4.1 Auswählen des Torsystems

Für einen Privatkunden soll ein Hoftor und eine dazu passende Grundstückseinzäunung gefertigt werden. Für den Auftrag liegen folgende Kundenwünsche vor:

- Öffnen und Schließen des Tores mit elektrischem Antrieb über eine Fernbedienung,
- Anpassung an die Gegebenheiten des Grundstücks,
- hohe Zuverlässigkeit, Langlebigkeit und Witterungsbeständigkeit,
- Breite der Einfahrt 2300 mm,
- Höhe der Umzäunung min. 1500 mm,
- Übersteigschutz am Tor
- Farbe: grün, RAL 6005.

Um den Kundenwunsch nach einer hohen Zuverlässigkeit erfüllen zu können, wird eine Toranlage aus dem Programm eines Systemherstellers ausgewählt.

Neben der Toreinfahrt des Kunden ist eine Bepflanzung vorhanden. Somit reicht der Aufschiebebereich für ein Schiebetor nicht aus. Auf Grundlage dieser örtlichen Gegebenheiten entscheidet sich der Kunde daher für ein Drehflügeltor (Abb. 1).

Da die Breite der Toranlage 2300 mm betragen soll, kann das Tor einflügelig sein. Die nächst größere genormte Torbreite beträgt 2500 mm. Diese wird gewählt.

Die Kundenwünsche und sonstige Vereinbarungen werden in einem Leistungsverzeichnis des Torherstellers festgehalten (Abb. 2).

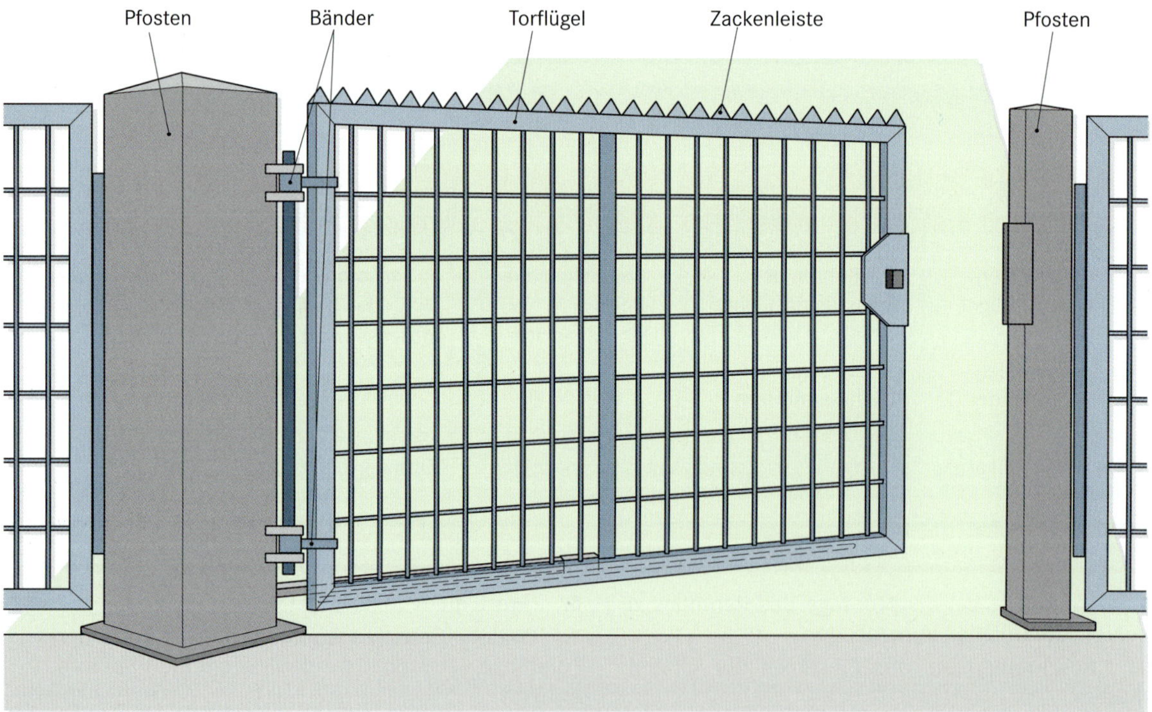

Abb. 1: Drehflügeltor

Pos.	Menge	Text	Preis je Einheit € Ct.	Betrag € Ct.
	1	Stück **Drehflügeltor(e) SWINGNOVA** 1-flügelig, liefern und montieren wie folgt: * Entsprechendes bitte ankreuzen + Siehe Ausschreibungsvorschläge Rahmenhöhe ohne Übersteigschutz 1600 mm Rahmenhöhe inkl. Übersteigschutz 1630 mm Rahmenbreite 2500 mm Öffnungsrichtung*: ☒ innen ☐ außen Steigung der Einfahrt (von außen gesehen) von ______ nach ______ = 0 % Achtung: Der Torflügel kann nicht gehoben werden !!! **Konstruktion:** Rahmenkonstruktion aus Rechteckrohr in der der Flügelgröße entsprechenden Dimensionierung, durchbiegungssicher und verwindungssteif. Antriebspfosten als Sonderkonstruktion 300/300 mm, vorgerichtet zur verdeckten Aufnahme des kompletten Antriebes und der Steuerung. Anschlagpfosten bestehend aus Quadratrohr mit angeschraubter, justierbarer Abdeckleiste. Die Flügel sind durch Torgehänge aus starken, geschmiedeten Augenschrauben und Bolzen mit den Pfosten befestigt. Die Aufhängungen sind jederzeit mühelos nachstellbar. Die Verriegelung besteht aus einem, in den Rahmen eingelassenen elektrischen Schloss mit ☒ Profilzylinder eingebaut ☐ Profilzylinder vorgerichtet Bei Verwendung eines elektrischen Antriebes mit Fernbedienung ist die Bauartbescheinigung des TÜV/BG über die Zulässigkeit der Sicherheitseinrichtung entsprechend den neuesten Sicherheitsvorschriften EN-12453 zwingend beizulegen. **Füllung:** ☐ Stabfüllung 20/20 mm ☐ Gitter MIDI MW 50/200/400 mm ☒ Gitter TOP MW 50/200 mm ☐ ARTE CLASSIC (schmiedeeisernes Spitzendesign) ☐ ARTE BOLA (schmiedeeisernes Kugeldesign) ☐ ARTE LUNA ☐ ARTE RONDO ☐ ARTE KARO **Übersteigschutz:** ☐ ohne Übersteigschutz ☒ Zackenleiste 30 mm hoch **Gewährleistung:** ☐ **5 Jahre Garantie** auf alle elektrischen und mechanischen Komponenten (ausgenommen Verschleißteile) bei Abschluss eines Wartungsvertrages ☒ entsprechend den gesetzlichen Vorschriften		

Abb. 2: Leistungsverzeichnis

Das Leistungsverzeichnis bildet die Grundlage für Umfang und Ausführung des Auftrages. Neben den Maßen des Tores wird dort u. a. die Füllung des Tores und die Art der Schließsicherung festgelegt.

Die Torfüllung kann so der Umzäunung angepasst werden. Dies sorgt für ein einheitliches Aussehen.

Ausgehend vom Leistungsverzeichnis dient eine Zeichnung des Tores als Grundlage für die Montage (Abb. 1).

Nach dem Leistungsverzeichnis soll auf den Torflügel eine Zackenleiste geschweißt werden. Diese dient als Übersteigschutz.

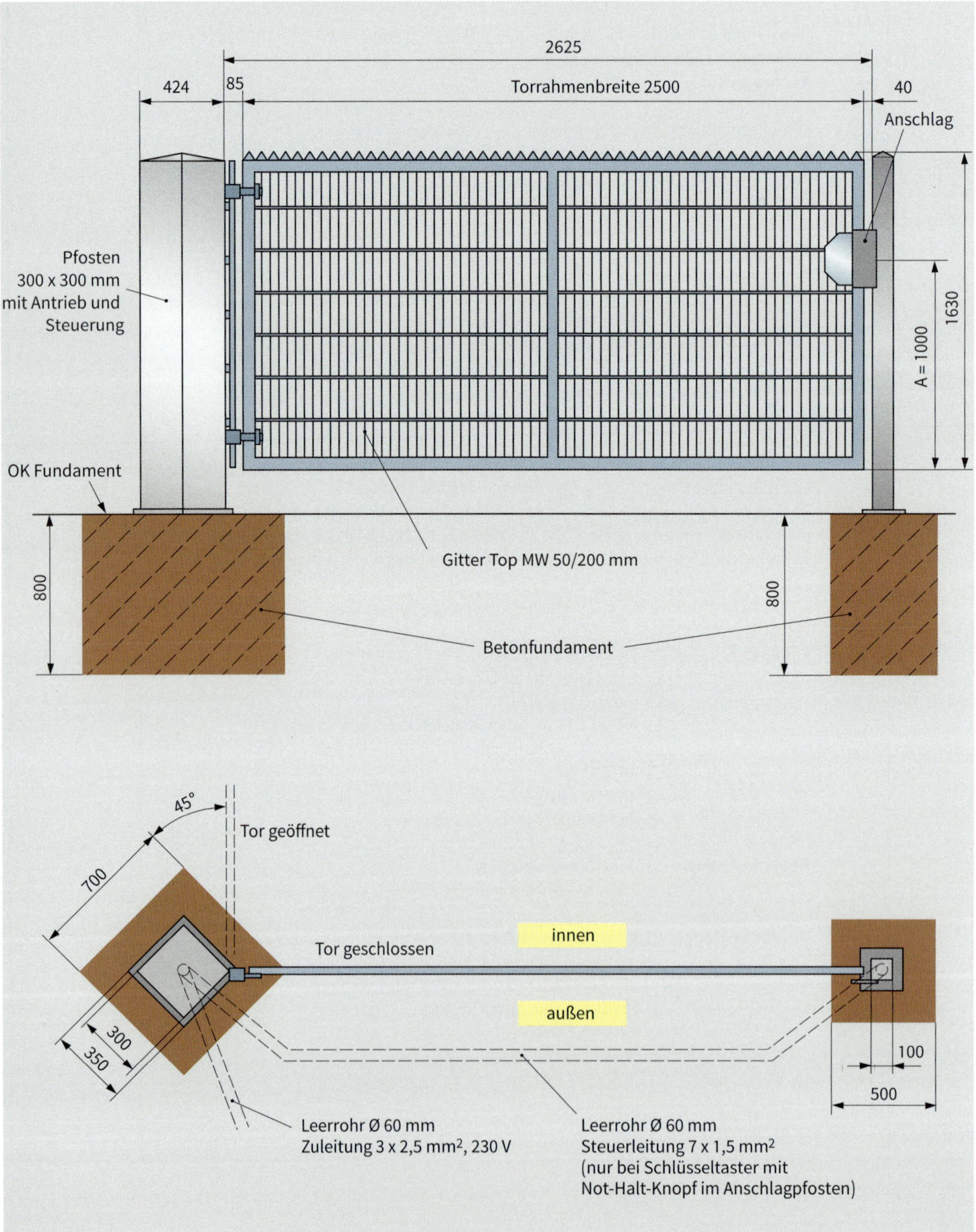

Abb. 1: Toranlage

10.4.2 Montieren der Toranlage

Montieren von Torpfosten und Torflügel

Nach der Auswahl des Torsystems erfolgt die Montage der Toranlage. Die Betonfundamente für die beiden Torpfosten sind zuvor vom Kunden in Eigenarbeit erstellt worden. Auf den Betonfundamenten werden die beiden Torpfosten aufgestellt und mit geeigneten Dübelverbindungen befestigt. Ein Torpfosten ist als Quadratrohr aus Stahl mit einer Kantenlänge von 300 mm ausgeführt. Er nimmt die Torsteuerung und den Antrieb auf. An diesem Torpfosten ist das Tor mit den Bändern befestigt (Abb. 2).

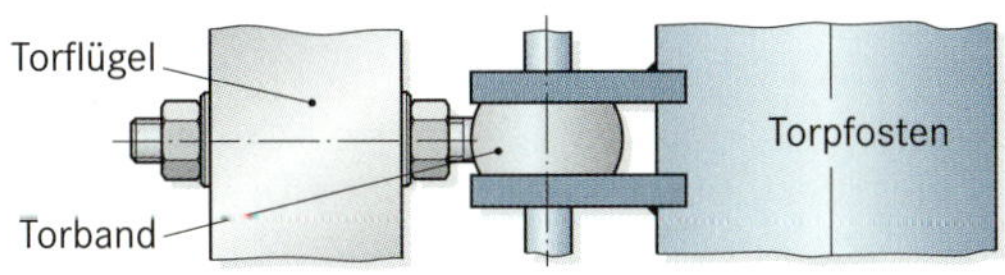

Abb. 2: Torband

Bei der geplanten Toranlage werden zwei Laschen an den Torpfosten geschweißt. Zwischen diesen befindet sich das Auge eines verstellbaren Torbandes, das in den Torpfosten geschraubt wird. Zur Fixierung des Auges zwischen den Laschen dient ein durchgeschobenes Rundprofil. Dieses stellt zusätzlich sicher, dass alle Bänder fluchten. Bei anderen Toren ist das Torband an Pfosten und Torrahmen verstellbar (Abb. 3).

Abb. 3: Verstellbares Torband

Diese Torbänder werden mit dem Torflügel und dem Torpfosten verschraubt und ermöglichen eine waagerechte Ausrichtung und eine Höhenverstellung des Torflügels durch Unterlegscheiben. Alternativ können auch Anschweißbänder verwendet werden. Diese können nicht nachträglich waagerecht ausgerichtet bzw. nachgestellt werden.

Bei schwereren Toren werden Halseisen und Pfanne als Torlagerung verwendet. Das Halseisen dient als obere Lagerung. Die Pfanne wird anstelle des unteren Torbandes eingesetzt. Das Torgewicht kann besser aufgenommen werden (Abb. 4).

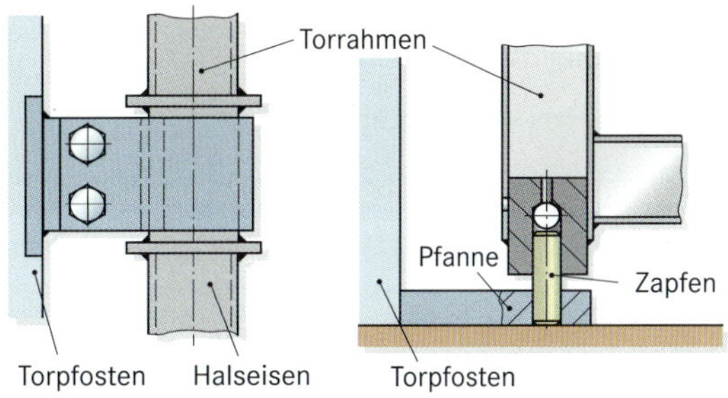

Abb. 4: Torlagerung mit Halseisen und Pfanne

Auf der anderen Seite des Tores wird der Anschlagpfosten montiert. Dieser besteht aus Quadratrohr aus Stahl mit einer Kantenlänge von 100 mm.

Das Schließblech wird in den Torpfosten eingearbeitet oder als Fertigteil gekauft und auf den Anschlagpfosten aufgeschraubt (Abb. 5).

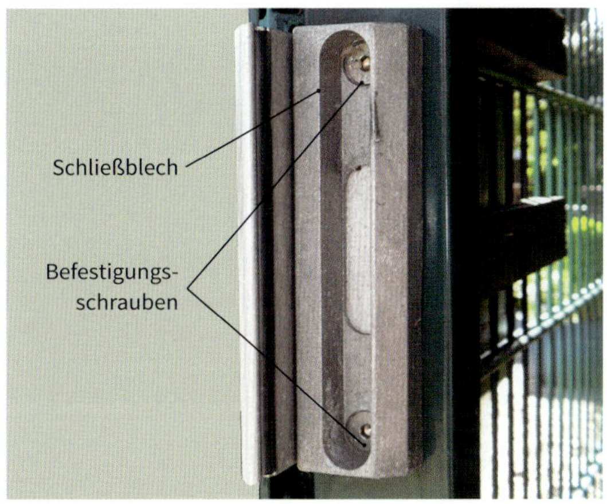

Abb. 5: Schließblech Tor

Anschluss und Einstellung des Torantriebs

Das Tor soll über einen elektrischen Antrieb verfügen. Dieser besteht aus:

- dem Antriebsmotor,
- der Kraftübertragung und
- der Steuerung.

Der Antriebsmotor ist in einem Pfosten des Tores untergebracht (Abb. 6).

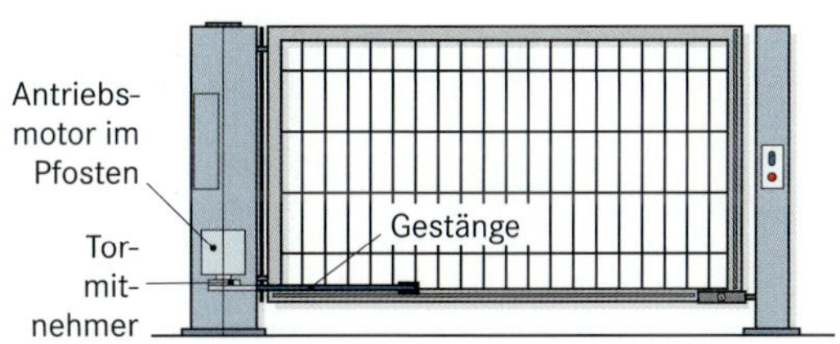

Abb. 6: Antrieb des Tores

Grundlagen

Bestimmung der Drehachse

Drehachse bei ebener Einfahrt

Um sicherzustellen, dass das Tor auch um 180° öffnet, muss die Drehachse der Torbänder bestimmt werden. Die Lage der Drehachse wird zeichnerisch ermittelt. Die Eckpunkte A und B sowie A' und B' werden festgelegt. Dazu wird das Tor in Schließposition und 90° Öffnungsposition gezeichnet.

Die beiden Eckpunkte A und A' sowie B und B' des pfostenseitigen Rahmenprofils werden jeweils mit einer Geraden verbunden. Auf jeder dieser Geraden wird die Mittelsenkrechte errichtet (➡📖).

Der Schnittpunkt der beiden Mittelsenkrechten M ergibt den Drehpunkt der beiden Torbänder.

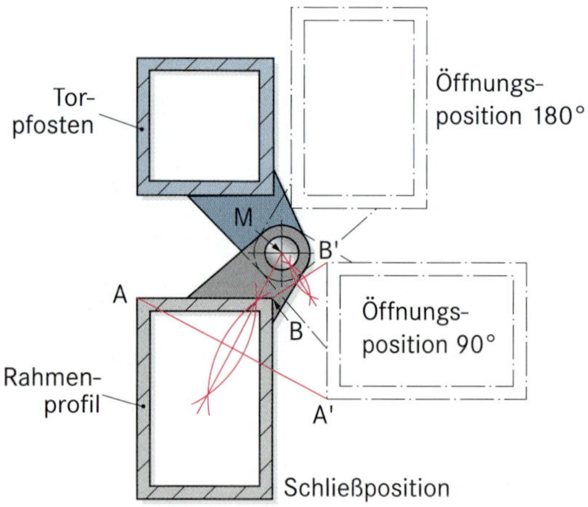

Drehachse bei steigender Einfahrt

Weist die Toreinfahrt eine Steigung auf, muss das äußere Torende so angehoben werden, dass die Torunterkante in geöffnetem Zustand parallel zur Oberkante der Einfahrt liegt. Dazu muss der Drehpunkt des unteren Bandes versetzt werden. Der Rahmenversatz x zwischen unterem und oberem Drehpunkt des Torrahmens wird ermittelt.

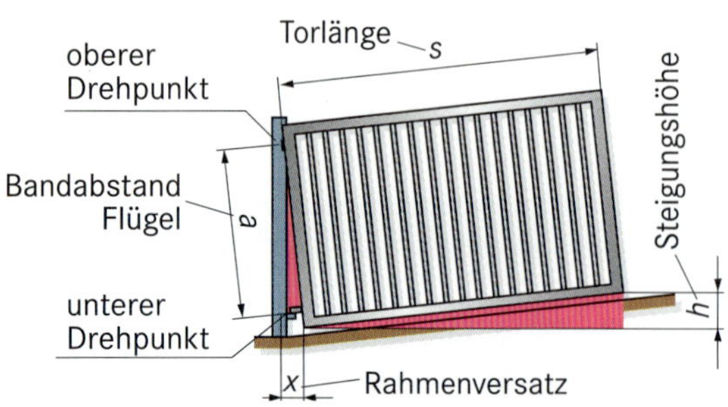

Es gilt die Formel:

$$\frac{s}{h} = \frac{a}{x}$$

Nach der Umstellung ergibt sich für den Rahmenversatz x:

$$x = a \cdot \frac{h}{s}$$

Das Tor wird in Schließposition und 90° Öffnungsposition gezeichnet. Die Punkte A' und B' werden eingezeichnet und daraus der Drehpunkt M1 konstruiert. Anschließend wird das Maß x bei der zeichnerischen Ermittlung der Drehachse für die unteren Eckpunkte des Torflügels eingetragen und die Punkte A'' und B'' ermittelt. Die Schnittpunkte der Mittelsenkrechten auf den Verbindungsgeraden zwischen diesen Punkten ergeben den Drehpunkt der unteren Torbänder M2.

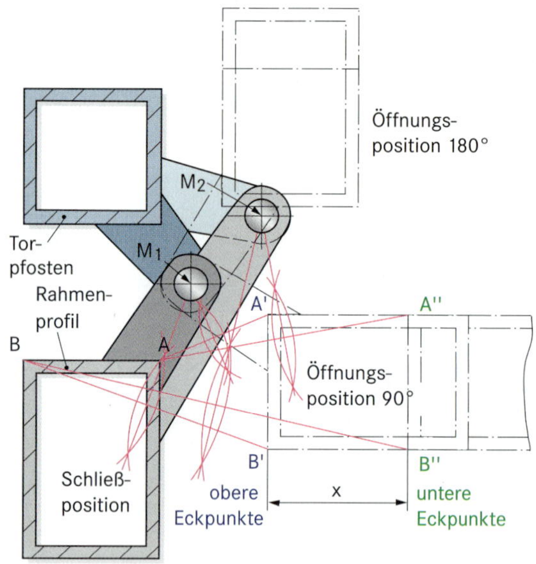

Die beiden ermittelten Drehpunkte M_1 und M_2 bilden zusammen die Drehachse des Tores. M_1 stellt den Drehpunkt des oberen Torbandes, M_2 den Drehpunkt des unteren Torbandes dar.

Der Antrieb verfügt über ein Getriebe mit eingebauten Endschaltern. Damit kann die Öffnungs- bzw. Schließposition des Tores eingestellt werden. Das Getriebe ist mit dem Torrahmen durch den Tormitnehmer über ein Gestänge verbunden. Die Kraftübertragung des Motors zum Getriebe erfolgt über einen Keilriemen (Abb. 4).

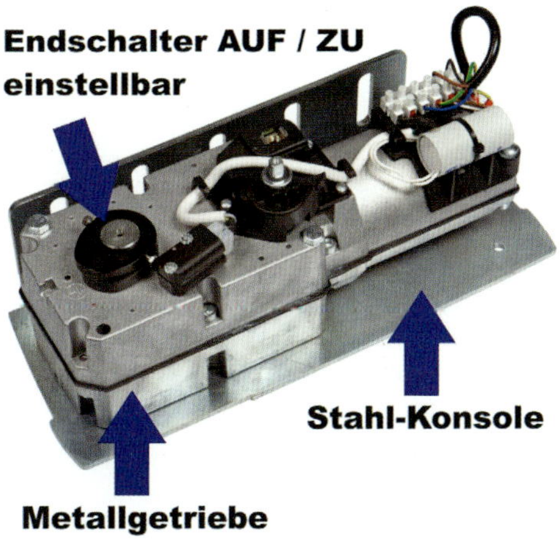

Abb. 4: Aufbau Torantrieb

Der Elektromotor wird in der Regel mit 230 V Wechselstrom betrieben. Die Antriebsleistung liegt bei 0,25 KW.

Arbeitssicherheit

Der bauseitige Elektroanschluss ist aus Sicherheitsgründen von einer autorisierten Elektrofirma vorzunehmen.

Bei Arbeiten an der Torsteuerung ist diese spannungsfrei zu halten und auf Spannungsfreiheit zu prüfen sowie gegen unbeabsichtigtes Einschalten zu sichern.

Mit den Schaltnocken am Getriebe des Antriebsmotors kann die Endposition des Tores beim Öffnen bzw. Schließen eingestellt werden (Abb. 5).

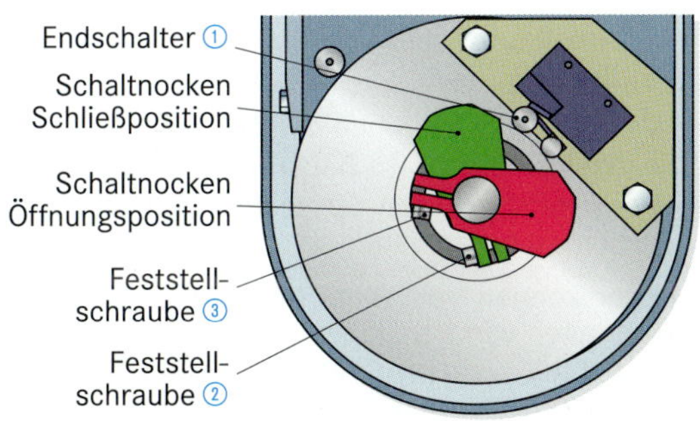

Abb. 5: Einstellung der Endposition

Die Einstellung der Endposition erfolgt in folgenden Schritten:

- Die Antriebshaube abnehmen.
- Den Torflügel motorisch in die Endposition „Zu“ bewegen.
- Die Feststellschraube ② der Schaltnocke „Zu“ lösen und die Schaltnocke mit dem Endschalter ① abstimmen.
- Die Feststellschraube wieder anziehen.
- Den Torflügel motorisch in die Endposition „Auf“ bewegen.
- Die Feststellschraube ③ der Schaltnocke „Auf“ lösen und die Schaltnocke mit dem Endschalter „Auf“ abstimmen.
- Die Feststellschraube wieder anziehen.
- Endabschaltung und Verriegelung des Schlosses kontrollieren und ggf. nachstellen.
- Die Antriebshaube auf das Gehäuse aufsetzen und befestigen.

Um im Notfall das Tor auch mit der Hand öffnen oder schließen zu können, ist eine Handentriegelung eingebaut.

Der Tormitnehmer überträgt die Kraft über ein Gestänge auf den Türflügel. Da das Gestänge der Witterung ausgesetzt ist, muss es durch eine Manschette geschützt werden.

Nachdem die Toranlage montiert wurde, erfolgt die Einstellung der Öffnungs- bzw. Schließgeschwindigkeit. Sie hängt von der Größe und dem Gewicht des Torflügels ab. Als Faustregel gilt, dass große Tore eine geringere Geschwindigkeit haben als kleine.

Die Geschwindigkeit kann durch Auswahl der Keilriemenscheibe am Elektromotor oder am Getriebe bestimmt werden.

Tab. 1: Öffnungszeit von Toren

Riemenscheibe Elektromotor [mm]	Übersetzung i	Abriebsdrehzahl [U/min]	Drehmoment [Nm]	Öffnungszeit [s]
40	1400	1,00	1600	30
50	1150	1,25	1275	24
71	800	1,77	900	17
100	570	2,49	650	12
125	450	3,12	510	9
140	400	3,49	450	8

Informieren

10.4.3 Elektrische Torsteuerung

ARBEITSAUFTRAG

Das elektrisch angetriebene Drehflügeltor soll durch eine Torsteuerung geöffnet und geschlossen werden. Diese Steuerung soll montiert und in Betrieb genommen werden.

Die Steuerung des Torantriebes erfolgt elektrisch über eine Steuereinheit, Bedienelemente und Sensoren. Die Torsteuerung wird vom Lieferanten des Torantriebes bezogen. Zum Lieferumfang gehören:

- eine Aufbau- und Funktionsbeschreibung,
- ein elektrischer Schaltplan/Stromlaufplan,
- eine Stückliste der Einzelteile und
- eine Montageanleitung.

Steuerungsaufbau und Funktion

Das Öffnen und Schließen des Tores erfolgt über eine Fernbedienung. Auf dieser sind ein Taster „TOR AUF“ und ein Taster „TOR ZU“ angeordnet. Über einen weiteren Taster auf der Fernbedienung mit der Bezeichnung „STOP“ kann die Bewegung des Tores jederzeit angehalten werden (Abb. 1).

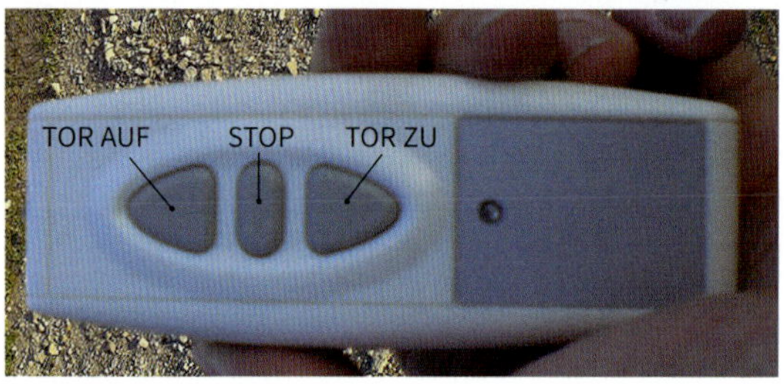

Abb. 1: Fernbedienung für Torantrieb

In vollständig geöffneter und vollständig geschlossener Torposition wird der Antrieb über Sensoren, in diesem Fall über Rollenendschalter abgeschaltet.

Eine Sicherheitseinrichtung verhindert, dass Personen verletzt oder Sachen beschädigt werden. Dies geschieht durch eine Begrenzung des Drehmoments des Antriebsmotors durch einen Strombegrenzungsschalter.

Für die Abschaltung des Torantriebes ist außerdem ein NOT-AUS-Schalter vorgesehen.

Elektrische Betriebsmittel

Das Zusammenwirken der elektrischen Bauteile und Baueinheiten der Torsteuerung wird im elektrischen Schaltplan erkennbar. Dazu müssen die entsprechenden Schaltzeichen, Normen und Darstellungsarten bekannt sein. Die elektrischen Bauteile und Baueinheiten werden als elektrische Betriebsmittel bezeichnet. Sie werden in Schaltplänen durch Schaltzeichen nach DIN EN 60617 dargestellt. Die Schaltzeichen kennzeichnen die Funktionsweise der Betriebsmittel.

Schalter

Ein wesentliches Betriebsmittel in der Torsteuerung sind Schalter. Durch diese Schalter werden Signale in die Steuerung eingegeben. Schalter haben Schaltkontakte, die Stromkreise schließen oder unterbrechen (Abb. 2).

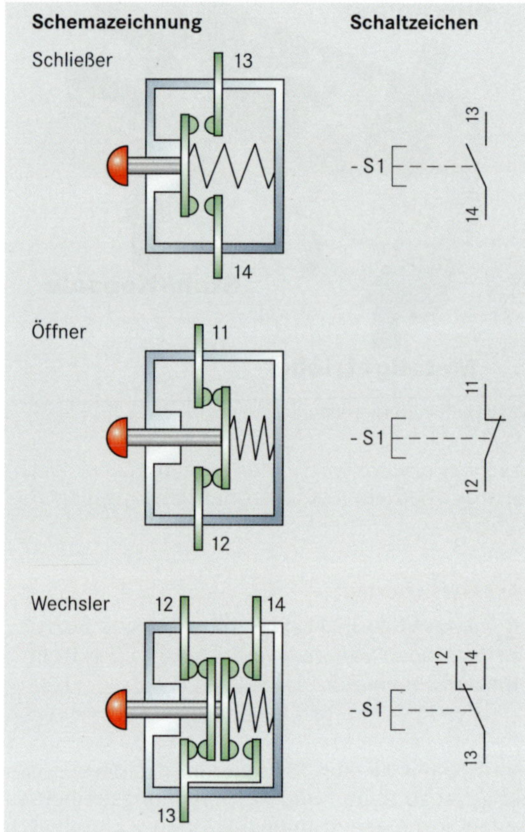

Abb. 2: Fernbedienung für Torantrieb

Schaltkontakte können ausgeführt sein als:

- Schließer, die bei Betätigen einen Stromkreis schließen,
- Öffner, die bei Betätigen einen Stromkreis unterbrechen,
- Wechsler, die sowohl einen Schließer als auch einen Öffnerkontakt haben. Sie unterbrechen bei Betätigen einen Stromkreis und schließen gleichzeitig einen anderen.

Schalter können von Hand (manuell) oder durch Baueinheiten von Maschinen und Anlagen (mechanisch) betätigt werden. Bei manuell betätigten Schaltern unterscheidet man Tastschalter und Stellschalter. Tastschalter kehren nach Betätigung selbsttätig in die Ausgangsposition zurück. Stellschalter bleiben in der Schaltstellung, in die sie bei Betätigung gebracht werden.

Mechanisch betätigte Schalter sind Grenztaster oder Endschalter (Abb. 3). Sie fragen die Lage beweglicher Teile ab, z. B. die Endstellungen des Tormitnehmers.

Abb. 3: Handbetätigter Schalter

Schalter werden in elektrischen Schaltplänen durch Schaltzeichen dargestellt. Die Schaltzeichen für Schalter bestehen aus dem Zeichen für die Schaltkontakte, an dem seitlich das Zeichen für die Art der Betätigung, z. B. handbetätigter Schalter, angetragen wird (Abb. 4).

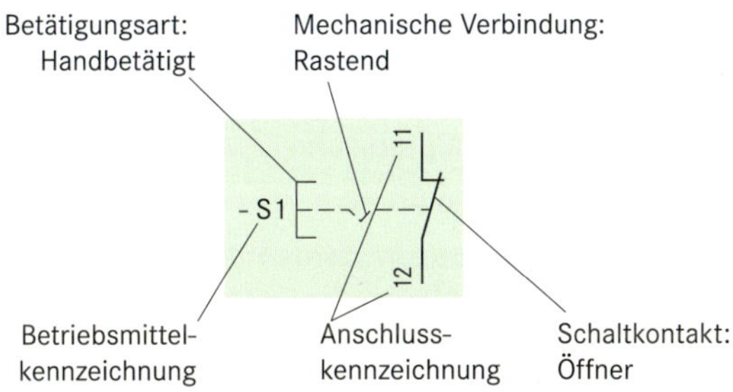

Abb. 4: Schaltzeichenaufbau eines Schalters

Mechanische Verbindungen werden durch gestrichelte Linien dargestellt. An der Verbindung wird das Einrasten der Stellschalter besonders gekennzeichnet.

Alle Betriebsmittel werden zur eindeutigen Identifizierung gekennzeichnet. Die Kennzeichnung erfolgt nach **DIN 40 719 Teil 2**.

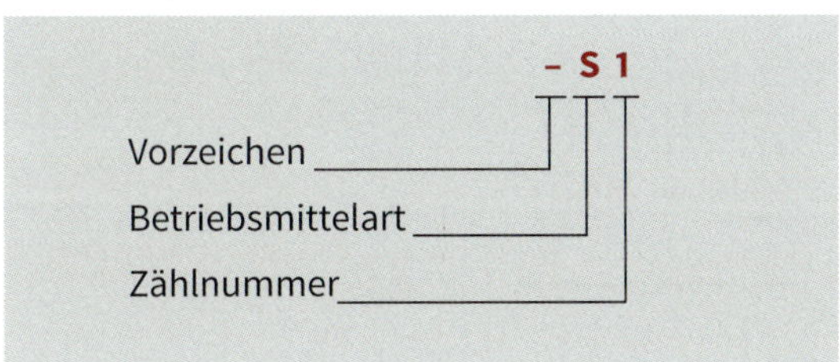

Die Betriebsmittelart wird mit einem Kennbuchstaben angegeben (Tab. 1).

Tab. 1: Kennbuchstabe der Betriebsmittelart

Kennbuchstaben	Art des Betriebsmittels	Beispiele
F	Schutzeinrichtung	Sicherungen
K	Relais	Zeitrelais
S	Schalter (manuell betätigt)	Tastschalter, Wahlschalter
B	Schalter, Sensor	Endschalter, induktiver Näherungsschalter
M	elektrisch betätigte mechanische Einrichtung	Magnetspule

Dem Buchstaben für die Betriebsmittelart wird eine Zählnummer angehängt. Jedes Betriebsmittel erhält eine fortlaufende, mit 1 beginnende Zählnummer. Vor dem Kennbuchstaben kann ein Bindestrich als Vorzeichen gesetzt werden.

Daraus ergeben sich die Schaltzeichen für die handbetätigten Taster auf der Fernbedienung sowie für die rollenbetätigten Taster zur Erfassung der Torstellung (Tab. 2).

Tab. 2: Tastschalter für Torsteuerung

Handbetätigter Tastschalter mit Schließerkontakten	Rollenbetätigter Taster mit Schließerkontakten
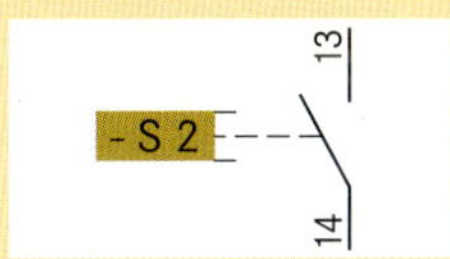	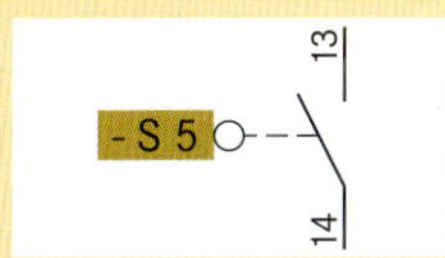

Entsprechend der Steuerungsbeschreibung werden deshalb folgende Bauteile verwendet:

- ein handbetätigter NOT-AUS-Schalter (S1),
- insgesamt 3 handbetätigte Tastschalter (S2, S3 und S4) auf der Fernbedienung,
- zwei rollenbetätigte Tastschalter zur Endlagenabfrage des Torantriebshebels (S5 und S6),
- eine Sicherung als Schutzeinrichtung (F1).

Geräte wie z. B. der Torantrieb werden wegen ihrer hohen Stromaufnahme nicht direkt durch einen Schalter, sondern über ein Relais geschaltet.

Relais

Relais bestehen aus einer Magnetspule mit Eisenkern und mehreren Öffner- und Schließerkontakten. Sie werden elektromagnetisch betätigt und können mehrere Stromkreise schalten.

Liegt Spannung an der Magnetspule an und fließt Strom durch die Magnetspule, wird der Anker angezogen. Dadurch werden die Schaltkontakte gleichzeitig geschaltet. Im stromlosen Zustand fällt der Anker wieder ab. Die Kontakte gehen wieder in die Ausgangslage zurück (Abb. 1).

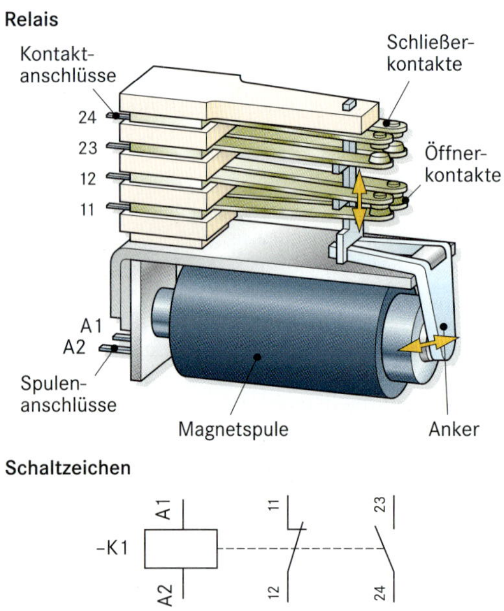

Abb. 1: Relaisaufbau

Das Schaltzeichen für Relais besteht aus den Zeichen für die Magnetspule, die Schaltkontakte und die mechanische Verbindung (Anker) zwischen ihnen (Abb. 1). Das Zeichen für die Magnetspule besteht aus einem Rechteck. An das Rechteck werden die Spulenanschlüsse als senkrechte Striche gezeichnet.

Die Kennzeichnung der Anschlüsse eines Relais ist festgelegt. Kontakte zum Schalten von Stromkreisen in Steuerungen erhalten eine zweistellige Kennziffer. Die erste Ziffer (Zehnerstelle) kennzeichnet die Rangfolge der Kontakte. Sie wird Ordnungsziffer genannt. Die zweite Ziffer (Einerstelle) gibt die Art des Kontaktes an. Sie wird Funktionsziffer genannt.

Es ist folgende Funktionsziffernzuordnung genormt:

- Öffner 1 – 2
- Schließer 3 – 4
- Wechsler 1 – 2 – 4

Die Spulenanschlüsse des Relais erhalten den Kennbuchstaben A, für den Spuleneingang A1 und für den Spulenausgang A2 (Abb. 2).

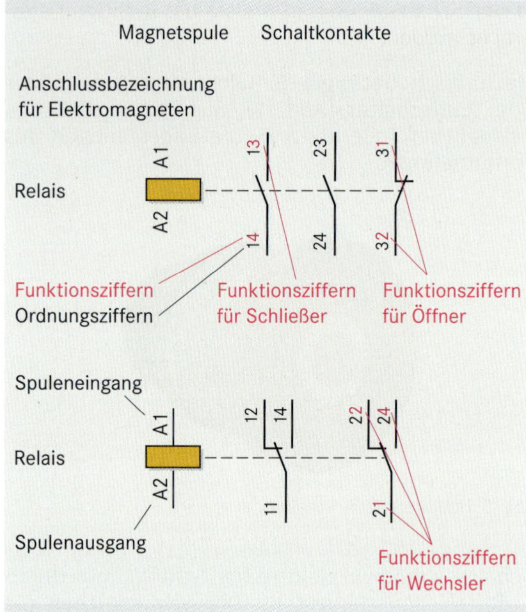

Abb. 2: Kennzeichnung der Relaisanschlüsse

Grundschaltungen

Zur Realisierung der beschriebenen Steuerungsfunktion müssen verschiedene Grundschaltungen realisiert werden, und zwar

- die UND-Verknüpfung,
- die ODER-Verknüpfung und
- die NICHT-Verknüpfung.

Diese Grundschaltungen werden durch elektrische Schaltungen realisiert.

Schaltet man Kontakte in Reihe, so erhält man eine UND-Verknüpfung. Nur wenn S1 und S2 betätigt sind, ist der Strompfad zum Relais K1 geschlossen und es zieht an (Abb. 3).

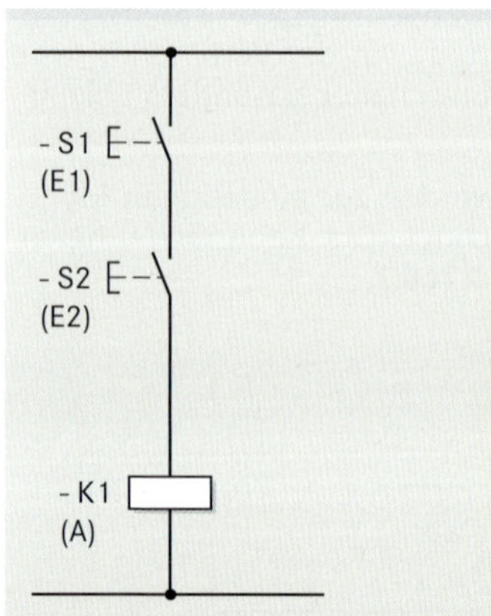

E1	E2	A
0	0	0
1	0	0
0	1	0
1	1	1

Abb. 3: UND-Verknüpfung

Werden Kontakte parallel (nebeneinander) geschaltet, so erhält man eine ODER-Verknüpfung. Wenn S1 oder S2 oder beide zusammen betätigt werden, ist der Strompfad zum Relais K1 geschlossen und es zieht an (Abb. 4).

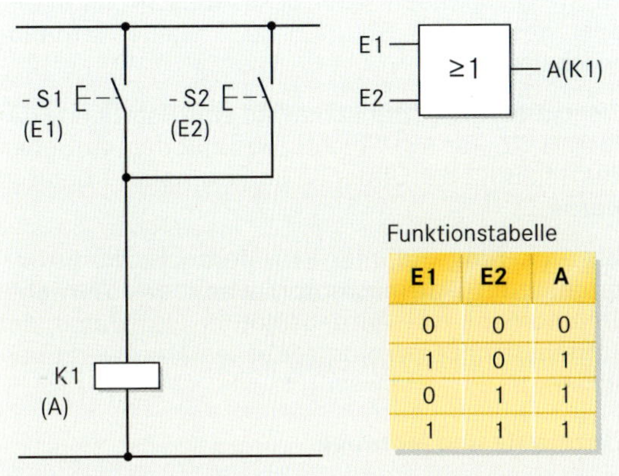

Funktionstabelle

E1	E2	A
0	0	0
1	0	1
0	1	1
1	1	1

Abb. 4: ODER-Verknüpfung

Die NICHT-Verknüpfung wird im vorliegenden Fall mit Hilfe eines Relais realisiert. Folgende zwei Fälle lassen sich unterscheiden:

1. S1 ist nicht betätigt. Dadurch ist der Strompfad 1 zum Relais K1 nicht geschlossen und das Relais ist abgefallen. Der Öffnerkontakt von K1 im Strompfad 2 zu Relais K2 ist geschlossen, der Strompfad 2 zu Relais K2 geschlossen und K2 ist angezogen.
2. S1 ist betätigt. Der Strompfad 1 zum Relais K1 ist geschlossen und Relais K1 ist angezogen. Im Strompfad 2 zum Relais K2 öffnet der Öffner-Kontakt von Relais K1 und somit ist der Strompfad 2 offen. Relais K2 ist abgefallen. Durch den Öffnerkontakt von K1 im Strompfad 2 hat K2 stets den entgegengesetzten Signalzustand von K1. Es findet eine Signalumkehr statt (Abb. 5).

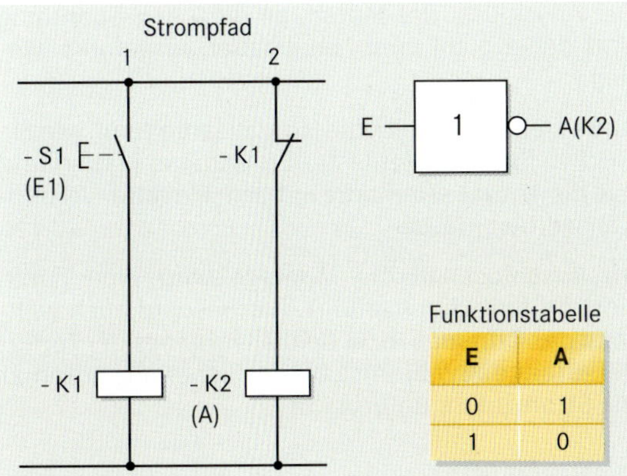

Funktionstabelle

E	A
0	1
1	0

Abb. 5: NICHT-Verknüpfung

Stromlaufplan der Torsteuerung

Die Funktion elektrischer Systeme, wie z. B. der Torsteuerung, wird durch Stromlaufpläne beschrieben. Dies erfolgt mit Hilfe von grafischen Zeichen. Aus Stromlaufplänen sind die Funktionsweise einer Anlage und die Verbindung der Bauteile durch elektrische Leitungen ersichtlich, nicht aber deren bauliche Gestaltung und Anordnung.

Nach **DIN EN 61 082** können Stromlaufpläne in aufgelöster Form dargestellt werden. Hierbei werden die einzelnen Strompfade dargestellt, während die bauliche Zusammengehörigkeit einzelner Betriebsmittel unberücksichtigt bleibt. Das bedeutet, dass die Magnetspule eines Relais und die einzelnen Schaltkontakte desselben Relais räumlich voneinander getrennt in verschiedenen Strompfaden eingetragen werden. Mechanische Verbindungen werden ebenfalls nicht dargestellt.

Elektrische Verbindungen werden mit Volllinien dargestellt. Verzweigungen sind durch einen Punkt gekennzeichnet. Die Strompfade verlaufen geradlinig, meist senkrecht vom Pluspol L+ zum Minuspol L–. Die Strompfade sind von links nach rechts angeordnet. Die einzelnen Strompfade können fortlaufend durchnummeriert werden. Die Nummern der Strompfade stehen dabei über der Linie für den Pluspol L+ (Abb. 6).

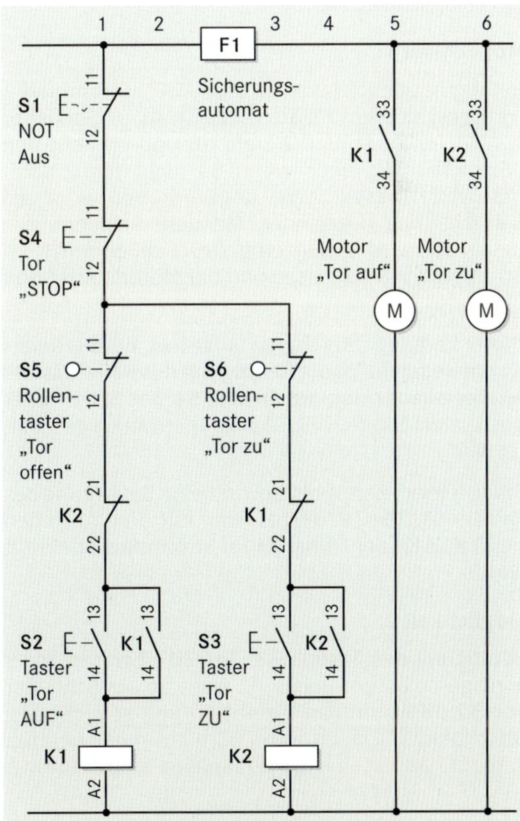

Abb. 6: Stromlaufplan der Torsteuerung

Die Schaltzeichen werden so angeordnet, dass die Betätigung von links nach rechts erfolgt. Schalter werden unbetätigt, Relais im spannungslosen Zustand dargestellt. Er wird Ausgangszustand genannt.

Aus der Betriebsmittelkennzeichnung ist zu ersehen, welche Teile zu einem Betriebsmittel gehören. Beispielsweise ist das Relais K1 in vier verschiedene Strompfade eingebaut. Die Magnetspule befindet sich im Strompfad 1, ein Schließerkontakt im Strompfad 2, ein Öffnerkontakt im Strompfad 3 und ein Schließerkontakt im Strompfad 5. Spule und Kontakte haben die gleiche Kennzeichnung K1.

Funktionsbeschreibung

Im dargestellten, nicht betätigten Zustand wird weder das Relais K1 für die Toröffnung noch das Relais K2 für die Torschließung angesteuert. Dass weder der Rollentaster S5 noch der Rollentaster S6 betätigt sind, bedeutet, dass das Tor weder vollständig geöffnet noch vollständig geschlossen ist.

Eine Betätigung des NOT-AUS-Schalters S1 bringt keine Änderung der Situation, weil dann nur zusätzlich die Verbindung zu L+ im Strompfad 1 unterbrochen wird. Ebenso wenig bewirkt an dieser Stelle die Betätigung des Stoppschalters S4.

Für eine Inbetriebnahme gibt es in dieser Situation zwei Möglichkeiten.

Möglichkeit 1:

Betätigung des Tasters S2 „Tor AUF“. Strompfad 1 wird geschlossen. Relais K1 zieht an. → Schließer von K1 im Strompfad 2 zieht an und schließt den Strompfad 1/2, auch wenn S2 nicht mehr betätigt wird. Dieses Steuerungsverhalten wird als Selbsthaltung bezeichnet. Mit dem Anziehen des Relais K1 wird gleichzeitig der Schließer K1 im Strompfad 5 geschlossen und der Motor startet und öffnet das Tor.

Dieser Vorgang setzt sich so lange fort, bis das Relais K1 entweder durch die Betätigung des Rollentasters S5 „Tor offen“ oder des Tasters S4 „Tor STOP“ oder des Tasters S1 „NOT-AUS“ wieder stromlos geschaltet wird.

Bis zu diesem Zeitpunkt bewirkt eine Betätigung des Tasters S3 „Tor ZU“ nichts, weil mit dem Anziehen des Relais K1 der Öffner K1 im Strompfad 3 betätigt wurde.

Möglichkeit 2:

Betätigung des Tasters S3 „Tor ZU“. Strompfad 3 wird geschlossen. Relais K2 zieht an. → Schließer von K2 im Strompfad 4 zieht an und schließt den Strompfad 3/4, auch wenn S3 nicht mehr betätigt wird. Es handelt sich wieder um eine Selbsthaltung.

Mit dem Anziehen des Relais K2 wird gleichzeitig der Schließer K2 im Strompfad 6 geschlossen und der Motor startet und schließt das Tor.

Dieser Vorgang setzt sich so lange fort, bis das Relais K2 entweder durch die Betätigung des Rollentasters S6 „Tor geschlossen“ oder des Tasters S4 „Tor STOP“ oder des Tasters S1 „NOT-AUS“ wieder stromlos geschaltet wird.

Bis zu diesem Zeitpunkt bewirkt eine Betätigung des Tasters S2 „Tor AUF“ nichts, weil mit dem Anziehen des Relais K2 der Öffner K2 im Strompfad 1 betätigt wurde.

Der Sicherungsautomat F1 unterbricht die Stromzufuhr zum Antriebsmotor, wenn das Antriebsdrehmoment des Antriebsmotors und damit der Antriebsstrom einen vorgegebenen Grenzwert überschreitet.

Einzelteile und Montage

Die Torsteuerung wird über einen Netzspannungsstecker an das 230-V-Netz angeschlossen. Über ein Netzteil in der Steuerung wird ein 24-V-Gleichstrom erzeugt. Mit dieser Spannung werden alle Komponenten der Steuerung versorgt. Nur der Antriebsmotor wird mit 230 V betrieben.

Der Lieferumfang der Torsteuerung umfasst

- den Antriebsmotor samt Antriebsgehäuse sowie Antriebs- und Befestigungselemente,
- die auf dem Getriebegehäuse angeordneten Rollentaster-Endschalter zur Erfassung der Endlagen „Tor offen“ bzw. „Tor geschlossen“,
- die Steuerungseinheit mit Anschlussstecker an die Netzspannung, Netzteil und Anschlussleiste,
- die elektrischen Anschlussleitungen und
- die Fernbedienung.

Die Montageanleitung beschreibt, mit welchen Anschlüssen in der Anschlussleiste die Anschlüsse des NOT-AUS-Schalters, der Rollentaster-Endschalter und der Antriebseinheit verbunden sind.

Der Anschluss des Motors an die 230-V-Spannung darf dabei nicht vom Metallbauer ausgeführt werden.

Außerdem beschreibt die Montageanleitung, wie die Nocken für die Rollentaster-Endschalter justiert und wie die Antriebselemente mit dem Flügeltor verbunden werden müssen.

Im Anschluss an die Montage wird eine Funktionsprüfung durchgeführt. Hierbei wird auch während des Öffnungs- bzw. Schließvorgangs der Torflügel so lange abgebremst, bis der Sicherungsautomat die Stromzufuhr unterbricht.

10.4.4 Zaunsysteme

Umzäunungen dienen der Abgrenzung von Grundstücken. Zusätzlich sollen sie unbefugten Zutritt erschweren. Der geplante Zaun soll optisch auf die Toranlage abgestimmt werden. Daher werden Zaungitter mit der gleichen Maschenweite wie beim Torflügel verwendet. Die Bezeichnung der Maschenweite (MW) gibt den waagerechten und senkrechten Mittenabstand der Gitterstäbe an. Eine Bezeichnung MW 50/200 mm ergibt einen waagerechten Abstand von 50 mm und einen senkrechten Mittenabstand von 200 mm (Abb. 1).

Abb. 1: Maschenweite am Zaun

Die einzelnen Zaunelemente werden in vorgefertigten Längen von 2500 mm geliefert. Als Zaunpfosten empfiehlt der Systemhersteller Rechteckrohre 60x40 mm. Bei anderen Zaunsystemen können auch Winkelprofile oder Rundrohre zum Einsatz kommen. Die Zaunpfosten werden je nach Bodenbeschaffenheit eingegraben oder auf einem vorgefertigten Fundament befestigt (Abb. 2).

Abb. 2: Zaunpfosten

Die Höhe der Pfosten muss an die Höhe des Zaungitters angepasst werden. Dieser sollte ca. 20 mm über den obersten Querstab des Zaunelementes ragen. Die Befestigung der Zaunelemente am Pfosten erfolgt durch Klemmung über ein am Zaunpfosten befestigtes Flachprofil (Abb. 3).

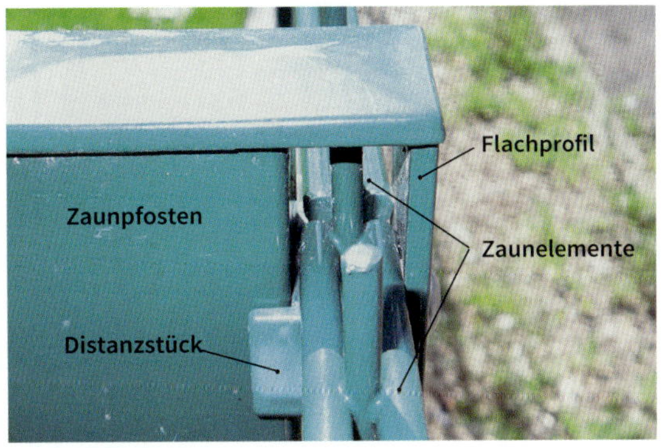

Abb. 3: Klemmung der Zaunelemente

Das eingesetzte Distanzstück besteht aus Kunststoff. Es dient zur Vermeidung von Geräuschen, z. B. dem Klappern der Zaunelemente am Pfosten. Die Flachprofile werden mit Schlossschrauben aus rostfreiem Stahl am Zaunpfosten befestigt (Abb. 4).

Abb. 4: Befestigung der Flachprofile

Bei der Montage der Zaunelemente ist auf die senkrechte Ausrichtung der Pfosten sowie die senkrechte und waagerechte Ausrichtung der Zaunelemente zu achten. Zusätzlich muss die Höhe jedes Zaunelementes an das nächstfolgende angepasst werden. Anstelle des einfachen Gittermusters können unterschiedliche Zaunfüllungen realisiert werden.

Daneben stehen vom Systemhersteller unterschiedliche Muster von Schmuckzäunen zur Verfügung. Diese können mit den entsprechenden Torfüllungen kombiniert werden und stehen in allen RAL-Farben zur Auswahl.

Neben Umzäunungen von Privat- oder Firmengrundstücken sind auch Zaunsysteme für öffentliche Plätze, wie z. B. Sportanlagen, erhältlich.

Diese Zaunsysteme unterscheiden sich in Höhe und Gestaltung der Oberkante von Grundstückseinzäunungen (Abb. 1). Ballfangzäune sind bis zu einer Höhe von 9 m lieferbar.

Abb. 1: Schmuckzaun

In Stadien oder sicherheitsempfindlichen Objekten sind die Oberkanten abgewinkelt, um ein Überklettern der Zaunanlage zu erschweren (Abb. 2).

Abb. 2: Sicherheitszaun mit abgewinkelter Oberkante

Zusammenfassung

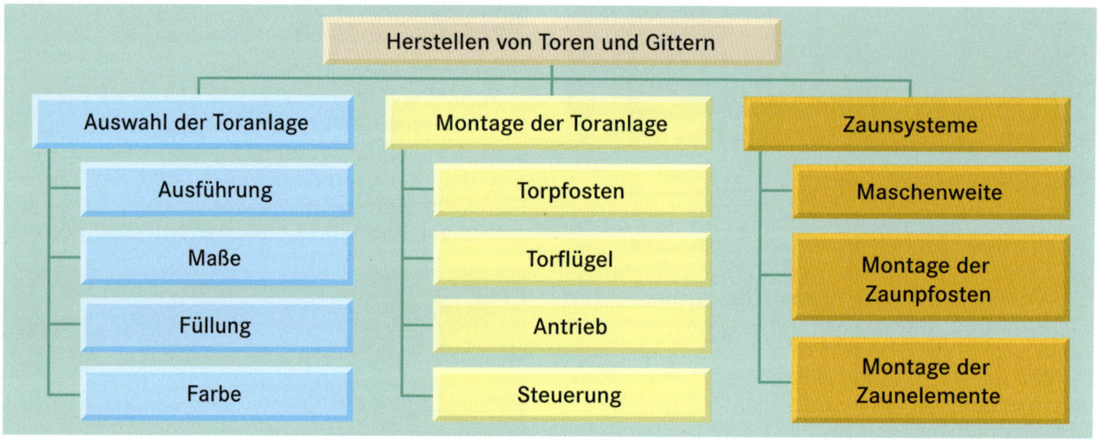

Aufgaben

1. Was für ein Farbton ist RAL 6005?

2. Wozu dient eine Zackenleiste?

3. Welchen Vorteil bieten verstellbare Torbänder?

4. Warum werden für schwere Tore Halseisen und Pfanne verwendet?

5. Für welche Stromstärke muss die Sicherung des Motors eines Torantriebs ausgelegt sein, wenn die Spannung 400 V und die Antriebsleistung 6,4 kW beträgt?

6. Bestimmen Sie zeichnerisch die Lage des Drehpunktes für die skizzierte Toranlage.

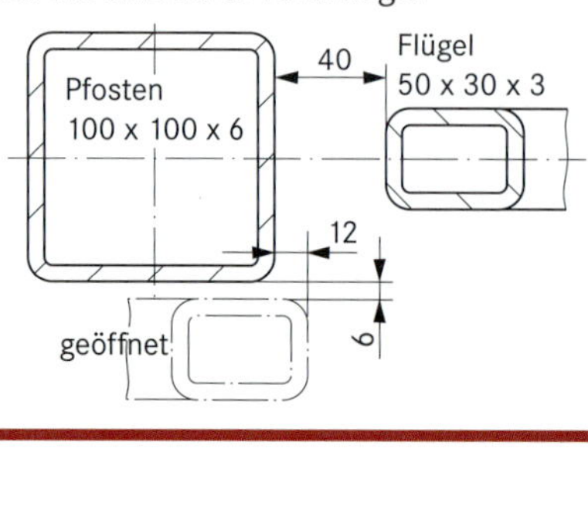

7. Beschreiben Sie das Einstellen der Endposition der Schaltnocken des Torantriebes mit eigenen Worten.

8. Bestimmen Sie den Durchmesser der Riemenscheibe nach Tabelle 1 bei einer Öffnungszeit des Drehflügeltores von 30 Sekunden.

9. Erläutern Sie die Ausführungen Schließer, Öffner und Wechsler bei Schaltkontakten.

10. Warum kommen bei elektrischen Schaltungen Relais zum Einsatz?

11. Benennen Sie verschiedene Fälle, bei denen UND- bzw. ODER-Schaltungen zur Anwendung kommen.

12. Erstellen Sie eine Funktionsbeschreibung des Stromlaufplans der Torsteuerung mit eigenen Worten.

13. Erläutern Sie die Bezeichnung Gitter MW 40/160.

14. Welche Aufgabe hat das in den Zaunpfosten eingesetzte Distanzstück?

Der Personaleingang auf ein Firmengelände soll modernisiert werden. Dazu liegt die abgebildete Zeichnung vor. Der Auftrag umfasst eine neue Tür, ein Drehflügeltor und einen neuen Zaun. Die Tür soll ausreichend Sicherheit gegen Einbruch bieten. Das Tor soll vom Pförtnerhäuschen aus entriegelt werden können. Nach dem Öffnen soll das Tor selbständig schließen. Der Zaun soll optisch zum Tor passen.

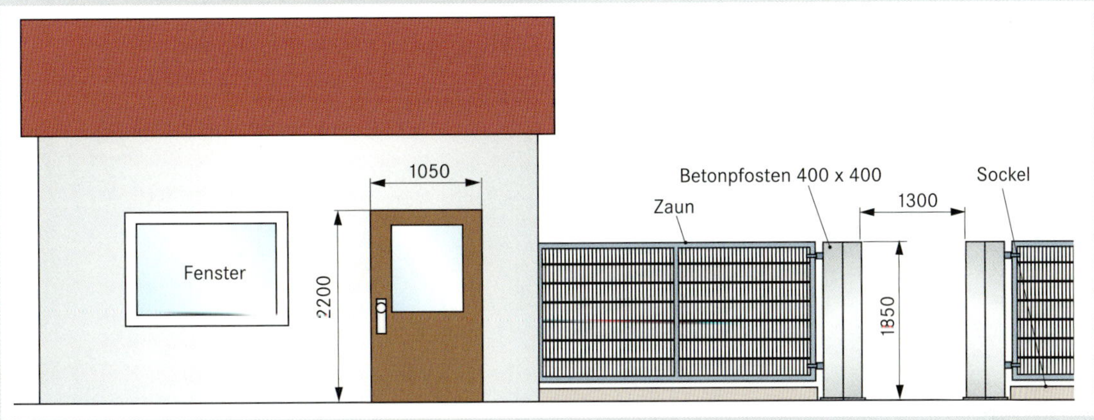

Tür

1. Die Maueröffnung für die Türanlage gilt als Grundlage für die Planung. Geben Sie an, aus welchen Elementen die Türanlage besteht.

2. Der Kunde entscheidet sich für das Angebot eines Systemherstellers. Im Lieferverzeichnis ist die Tür als DIN rechts angegeben. Was bedeutet das?

3. Der Kunde wählt Aluminium für den Türrahmen und den Türflügel. Nennen Sie Gründe dafür.

4. Das Ablängen der Alu-Profile erfolgt auf einer Gehrungssäge. Beschreiben Sie die Arbeitsschritte.

5. Wählen Sie für die Glasfüllung der Tür ein geeignetes Glas aus und begründen Sie Ihre Auswahl.

6. Die Verglasung wird als Trockenverglasung eingebaut.

a) Wie wird diese ausgeführt?

b) Welche Vorteile bietet dieser Einbau?

7. Der Türflügel soll nach innen öffnen. Laut Leistungsververzeichnis soll die Tür selbständig schließen. Wählen Sie einen geeigneten Türschließer aus und begründen Sie Ihre Auswahl.

8. Für die Türbeschläge wählt der Kunde innen einen Türdrücker. Geben Sie dem Kunden eine Entscheidungshilfe für den äußeren Schließbeschlag.

9. Welche Kriterien sind bei der Auswahl des Schließzylinders zu beachten?

10. Der Türrahmen ist schon mit den Bohrungen für die Wandbefestigung versehen. Geben Sie die erforderlichen Arbeitsschritte für die Montage des Türrahmens an.

11. Nach der Montage des Türschließers fällt der Türflügel nicht in das Türschloss. Wie können Sie den Fehler beheben?

Drehflügeltor

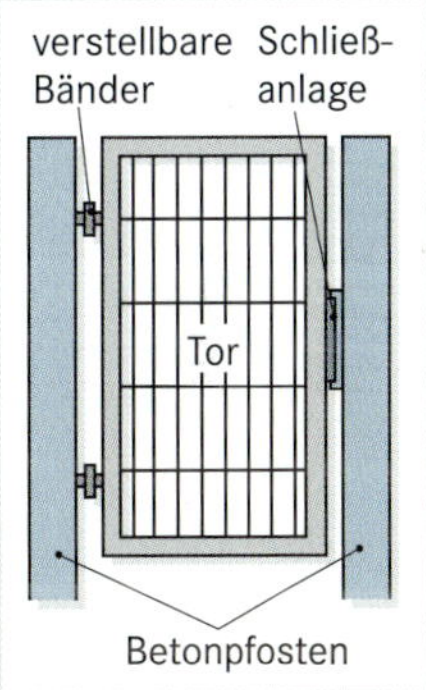

12. Welche Aufgaben muss das Tor erfüllen?

13. Geben Sie eine konstruktive Möglichkeit für einen Übersteigschutz an.

14. Für das Tor werden verstellbare Torbänder verwendet. Welche Vorteile besitzen diese?

15. Wählen Sie für die Befestigung des Torbandes mit dem Gewinde M 20 ein Befestigungssystem aus.

16. Wie wird sichergestellt, dass beide Torbänder fluchten?

17. Welche Torbänder verwendet man bei schweren Toren? Beschreiben Sie die Funktionsweise.

18. Das Tor soll selbständig nach dem Öffnen wieder schließen. Wie lässt sich dies erreichen?

Zaun

19. Der Zaun wird mit Zaunelementen eines Systemherstellers erstellt. Auf dem Lieferschein steht MW 40/150. Was bedeutet diese Angabe?

20. Worauf ist bei der Montage der Zaunelemente zu achten?

GESAMTAUFTRAG GEBÄUDEMODERNISIERUNG

Im Rahmen der Modernisierung eines Bürogebäudes soll die Fassade erneuert und der Eingangsbereich des Gebäudes neu gestaltet werden. In die Fassadenkonstruktion aus Aluminium sollen Fenster integriert werden. In der Werkstatt sind die benötigten Fassadenelemente zu fertigen und vorzumontieren. Die Fenster werden in der Werkstatt vollständig zusammengebaut. Für die Montage der Fassadenelemente am Gebäude sind geeignete Befestigungs- und Dichtungselemente zu verwenden.

ANALYSE

Technische Unterlagen

Für die Auftragsabwicklung stehen folgende technische Unterlagen zur Verfügung:

- Ausführungszeichnung,
- Stückliste,
- Herstellerkataloge,
- gesetzliche Vorschriften.

Aufbau der Fassade und der Fenster

Die herzustellende Fassade besteht aus Pfosten und Riegeln. Durch die Befestigung der waagerechten Riegel an den Pfosten ergeben sich rechteckige Rahmen. In diese Rahmen sind die Einsatzelemente eingebaut. Die Einsatzelemente sind entweder Fenster oder feststehende Glasfelder. Die Fenster verfügen über Befestigungs- und Verriegelungssysteme, die das Öffnen und Schließen ermöglichen.

Funktion der Fassade und der Fenster

Die Fassade schützt das Gebäude vor Feuchtigkeit, Wind, Lärm und Wärmeverlusten. Die zur Fassade gehörenden Fenster können manuell geöffnet werden. Dadurch ist eine individuelle Versorgung der Innenräume mit Frischluft möglich.

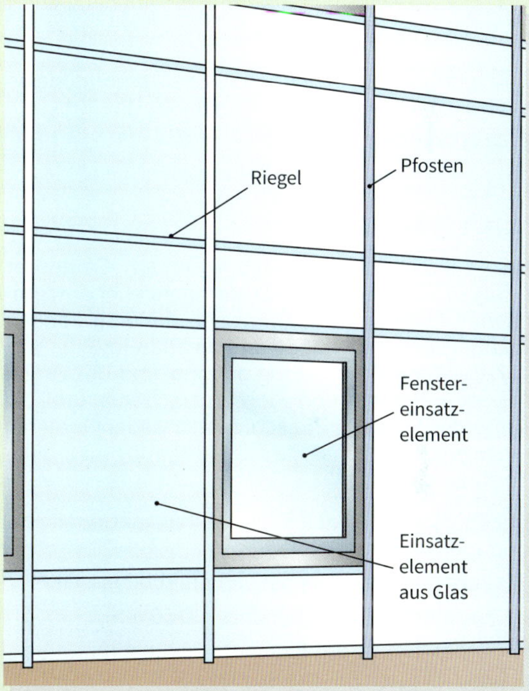

Detail einer Pfosten-Riegel-Fassade

Fertigung und Montage

Für die Fassaden- und Fenstereinsatzelemente werden Hohlprofile aus Aluminium verwendet, die speziell für den Fassaden- und Fensterbau entwickelt wurden. Die Bearbeitung der Profile erfolgt in der Werkstatt. Nach der Bearbeitung werden die Profile nach den Vorgaben des Systemherstellers zusammengebaut, dann sind die für die weitere Montage notwendigen Verbindungselemente und Dichtungen zu befestigen. Die Montage der Fassade wird in der Werkstatt vorbereitet. Einzelne Fassadenelemente werden unter Berücksichtigung ihrer Größe und der vorhandenen Transportmittel so weit wie möglich vormontiert. Die Fenstereinsatzelemente werden unabhängig davon komplett hergestellt. Durch die Vormontage in der Werkstatt wird die Montage auf der Baustelle erleichtert und die Montagezeit verringert. Nachdem die vormontierten Fassadenelemente am Gebäude befestigt wurden, werden die Fenstereinsatzelemente und die Festfelder eingebaut.

11.1 Vorbereiten einer Pfosten-Riegel-Fassade

ARBEITSAUFTRAG

Die Pfosten und Riegel der Fassadenelemente sind in der Werkstatt für die Montage vorzubereiten. Bei der Montagevorbereitung sollen die vom Systemhersteller in 6 m Länge gelieferten Aluminiumhohlprofile zunächst abgelängt werden. Die Profile sind anschließend

- für die Befestigung der Riegel an den Pfosten,
- für die Abdichtung des Fassadenelements

und

- für die Befestigung der Pfosten am Bauwerk

vorzubereiten.

Alle für das Ablängen und die Bearbeitung der Profile benötigten Maße sind der Zuschnittliste zu entnehmen.

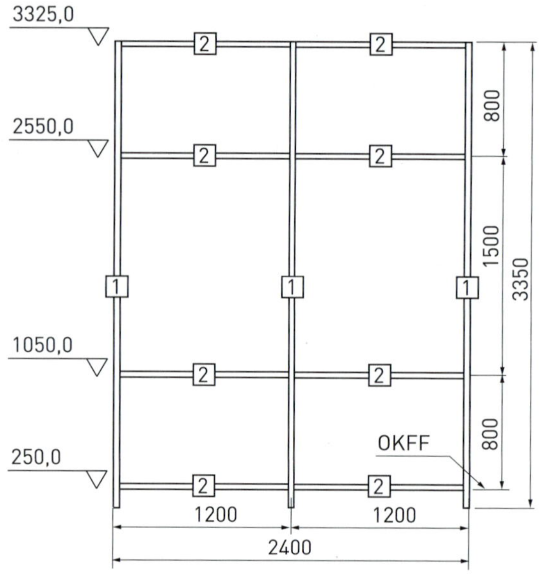

Abb. 1: Zeichnung Fassadenelement

Informieren

11.1.1 Zuschnittliste

Die Planung von Fassaden kann am Computer erfolgen. Dazu bieten die Systemhersteller entsprechende Planungsprogramme an, dadurch können Planungsfehler verringert und die Planungszeit verkürzt werden. In den Programmen sind die vorgegebenen Pfosten- und Riegelquerschnitte und die Maße der Feldaufteilungen des Fassadenelements einzugeben. Grundlage der Planung ist eine Zeichnung (Abb. 1).

Der Zeichnung können folgende Informationen entnommen werden:

- Lage der Oberkante des Fertigfußbodens (OKFF),
- Gesamthöhe des Elements = 3100 mm,
- Gesamtbreite des Elements = 2400 mm,
- Aufteilung der Fassadenfelder,
- Länge der Baugruppe Pfosten 1 = 3350 mm,
- Länge der Baugruppe Riegel 2 =1200 mm und
- Höhenlage der Riegelbefestigung z. B. 1050,0 ▽ .

Nachdem alle Daten in die Planungssoftware eingegeben wurden, berechnet das Programm die für die Herstellung des Fassadenelements benötigten Bauteillängen und gibt diese in Form einer Zuschnittliste aus (Abb. 2).

Neben den Zuschnittlängen enthält die Zuschnittliste folgende Angaben:

- die Baugruppennummer,
- die Bauteilnummer,
- die Bezeichnung der Bauteile,
- die Anzahl der benötigten Bauteile.

Zuschnittliste Fassadenelement

Baugruppen-nummer	Bauteil-nummer	Bezeichnung	Menge	Zuschnittlänge in mm
1		**Pfosten**		
	11	Pfostenprofil	3	3350
	12	Isolationsprofil	3	3350
	13	Andruckprofil	3	3350
	14	Abdeckprofil	3	3350
2		**Riegel**		
	21	Riegelprofil	8	1155
	22	Isolationsprofil	8	1155
	23	Andruckprofil	8	1120
	24	Abdeckprofil	8	1124

Abb. 2: Zuschnittliste des Fassadenelements

Die Baugruppen Pfosten und Riegel bestehen aus:

- dem Pfosten- bzw. Riegelprofil,
- dem Isolationsprofil,
- dem Andruckprofil und
- dem Abdeckprofil (Abb. 3).

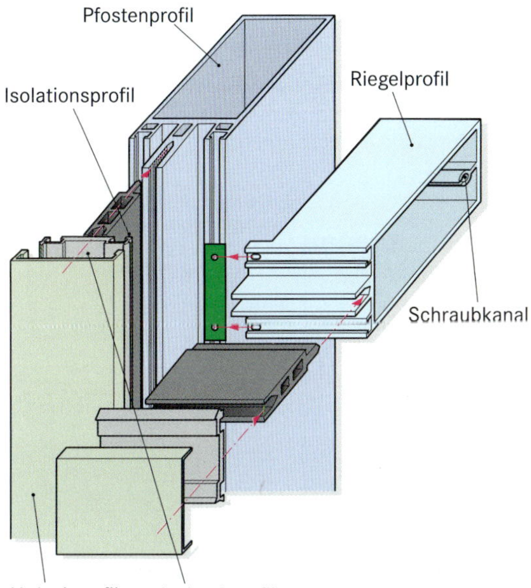

Abb. 3: Bauteile der Baugruppe Pfosten

Die Pfosten- und Riegelprofile bilden das Gerüst des Fassadenelements. An ihnen werden die Isolationsprofile aus Kunststoff befestigt (Abb. 4).

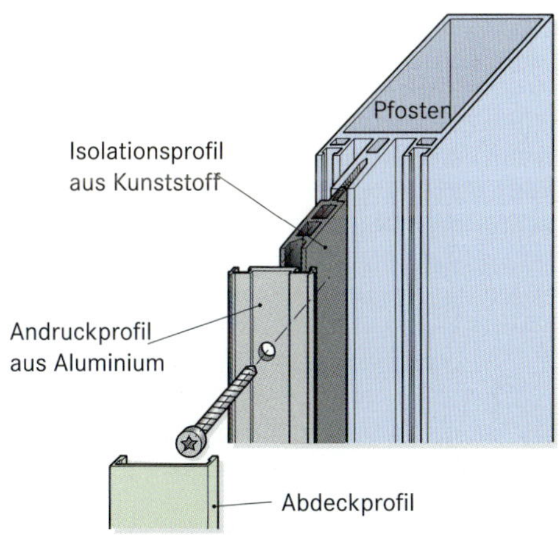

Abb. 4: Baugruppe Pfosten mit befestigtem Isolationsprofil

So können die Andruckprofile aus Aluminium auf der Fassadenaußenseite an die Aluminiumhohlprofile der Innenseite geschraubt werden, ohne dass Metallteile in direkten Kontakt kommen. Bei einem direkten Kontakt metallischer Bauteile entstehen zwischen der Außen- und Innenseite Wärmebrücken. Diese verschlechtern die Wärmedämmung.

Mit den Andruckprofilen werden die Glaselemente am Fassadenelement befestigt. Die Abdeckprofile bestimmen durch ihre Form und Farbe das äußere Erscheinungsbild der Fassade.

11.1.2 Fertigen der Pfosten und Riegel

Fertigen

Nach der Profilauswahl sind alle Pfosten- und Riegelbauteile abzulängen. Anschließend werden die Pfosten- und Riegelprofile für die Montage vorbereitet.

Dazu sind folgende Arbeiten notwendig:

- Vorbereiten der T-Verbindung,
- Vorbereiten der Pfosten für die Abdichtung der Bauwerksanschlussfugen,
- Vorbereiten der Pfosten für die Fußpunktbefestigung.

Ablängen der Pfosten- und Riegelbauteile

Laut Zuschnittliste sind für das Fassadenelement drei Pfostenprofile, acht Riegelprofile und die dazugehörenden Isolations-, Andruck- und Abdeckprofile abzulängen.
Die Schnittdaten der Zuschnittliste werden entweder direkt von der Planungssoftware auf die Sägemaschine übertragen oder müssen von Hand in die Steuerung der Maschine eingegeben werden.
Zum Ablängen werden die in 6 m Länge gelieferten Profilstangen auf dem Maschinentisch der Ablängsäge positioniert. Durch gleichzeitige Betätigung von zwei Starttastern erfolgt der automatische Sägevorgang.

Dazu gehören:

- Das Festspannen der Profile mittels Pneumatikspannern,
- das Sägen der Profile (Abb. 5) und
- das Lösen der Einspannung nach Beendigung des Sägevorgangs.

Abb. 5: Ablängen eines Pfostenprofils

Nach dem Sägen erhalten die Profile ein Etikett mit ihrer aufgedruckten Bauteilnummer. Dadurch können die Profile beim Zusammenbau des Fassadenelements genau zugeordnet werden.

Bis zur Montage werden die abgelängten Profile auf Werkstattwagen zwischengelagert.

Vorbereiten der T-Verbindung

Damit die Pfosten und Riegel miteinander verbunden werden können, müssen sie nach dem Ablängen weiter bearbeitet werden.

Bei der späteren Montage werden die Riegel so an den Pfosten befestigt, dass ein Fassadenraster entsteht. An den Stellen, wo zwei Riegel im rechten Winkel auf einen Pfosten treffen, entstehen Kreuzpunkte (Abb. 1).

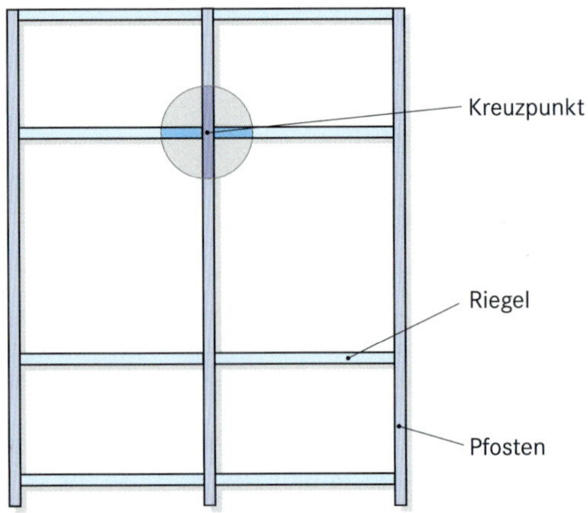

Abb. 1: Fassadenraster mit T-förmigen Kreuzpunkten

Die rechtwinklige Befestigung eines Riegels an einem Pfosten wird als T-Verbindung bezeichnet (Abb. 2).

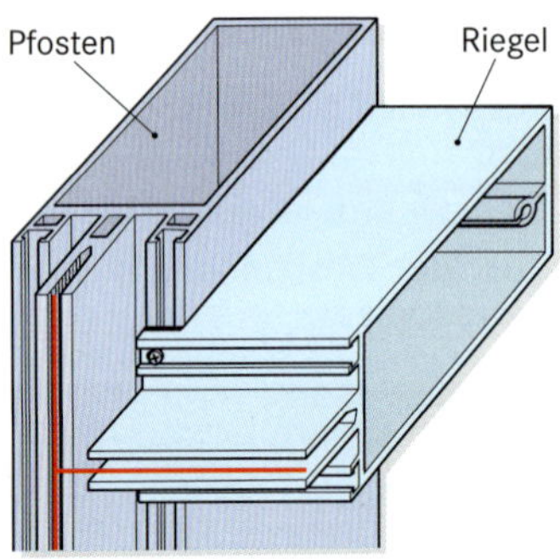

Abb. 2: T-Verbindung zwischen Pfosten und Riegel

Zur Herstellung T-förmiger Verbindungen zwischen Pfosten und Riegeln aus Aluminium gibt es mehrere Möglichkeiten. Meist erfolgt die Verbindung als Steck- oder Schraubverbindung. Dazu werden zusätzliche Verbindungselemente benötigt. Diese können aus Halbzeugen selbst hergestellt oder als Zubehörteil vom Systemanbieter bezogen werden.

Bei der Montage von Fassaden mit Profilen von Systemherstellern sind Halbzeuge und Zubehörteile zu verwenden, die vom Systemhersteller angeboten bzw. empfohlen werden. Andere Montagevarianten führen grundsätzlich zum Verlust von Gewährleistungsansprüchen an den Systemhersteller.

Die Verbindung zwischen den Pfosten- und Riegelprofilen soll durch Bolzen-T-Verbinder erfolgen. Der Bolzen-T-Verbinder ist ein Zubehörteil, das vom Systemhersteller geliefert wird. Er wird vor der späteren Montage auf den Schraubkanal des Riegels gesteckt und festgeschraubt. Folgende Bearbeitungsschritte sind zur Vorbereitung der Verbindung nötig (Abb. 3):

- Sägen der Ausklinkung an den Riegeln,
- Stanzen der Langlöcher an den Riegeln,
- Herstellen der Bohrungen für die Bolzenaufnahme und die Riegelbefestigung an den Pfosten.

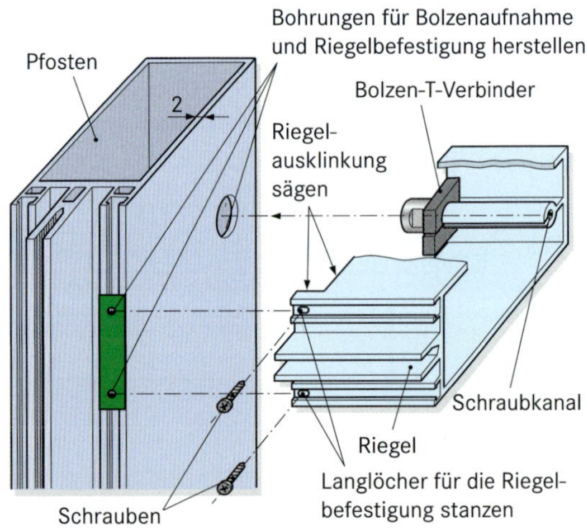

Abb. 3: Bearbeitungsschritte zur Vorbereitung der T-Verbindung

Das Ausklinken der Riegel erfolgt an einer Ausklinksäge. Zur Herstellung der Ausklinkung wird der Riegel durch druckluftbetätigte Spannelemente auf dem Maschinentisch festgespannt. Die beiden zur Herstellung der Ausklinkung notwendigen Schnitte werden von der Maschine selbständig nacheinander ausgeführt (Abb. 4). Ein Umspannen des Riegels ist dazu nicht notwendig.

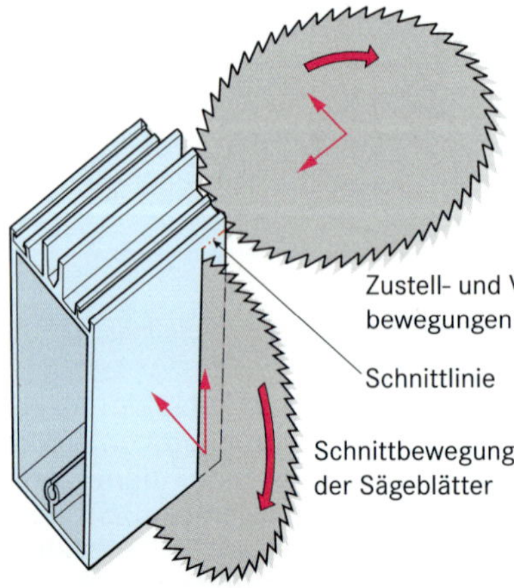

Abb. 4: Sägen einer Ausklinkung

Nach dem Ausklinken werden in die Riegel die Langlöcher für die Befestigung an den Pfosten gestanzt (Abb. 5).

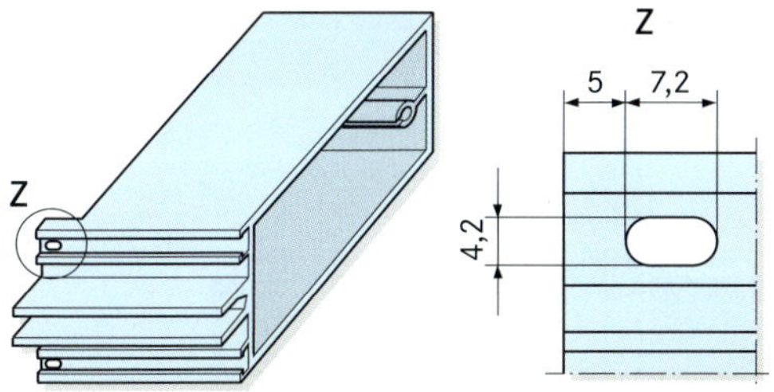

Abb. 5: Größe und Lage der Langlöcher

Die Herstellung der Langlöcher erfolgt am effektivsten an einer Lochstanze, da hierbei kein Entgraten der Löcher notwendig ist. Vor dem Stanzen wird an der Lochstanze der für die geforderte Lage der Langlöcher passende Anschlag gewählt (Abb. 6).

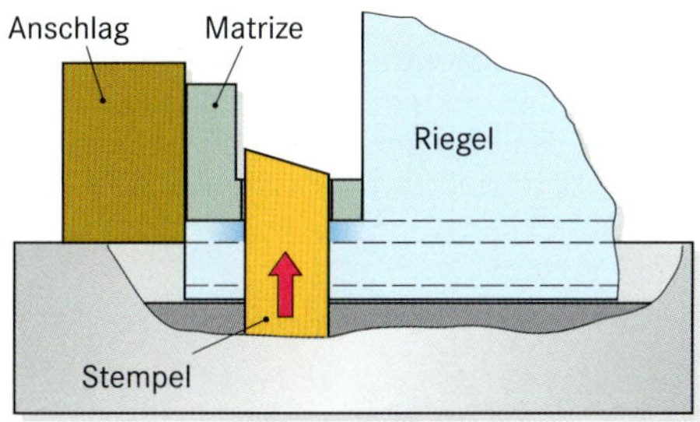

Abb. 6: Stanzen der Langlöcher an der Lochstanze

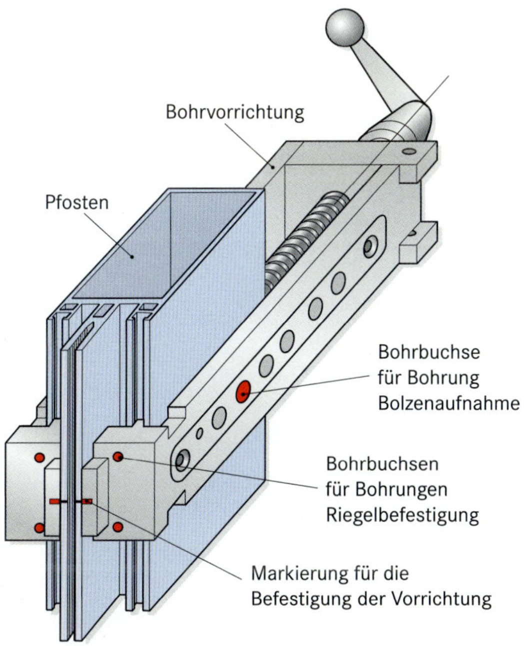

Abb. 7: Bohrvorrichtung zum Setzen der Bohrungen für Bolzenaufnahme und Riegelbefestigung

Die Löcher für die Bolzenaufnahme und Riegelbefestigung werden mit einer Handbohrmaschine in die Pfosten gebohrt.

Damit die Bohrungen exakt positioniert werden können, wird vor dem Bohren am Pfosten eine Bohrvorrichtung befestigt (Abb. 7).

Die Maße für die Befestigungslage der Bohrvorrichtung können direkt von der Zeichnung des Fassadenelements auf die Pfostenprofile übertragen werden. Dies ist möglich, da auf der Zeichnung die Achslagen der Riegelprofile bezogen auf OKFF dargestellt sind (Abb. 8).

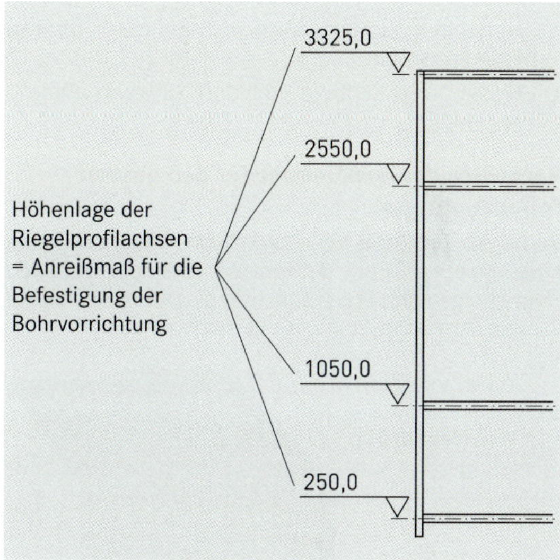

Abb. 8: Anreißmaße für die Befestigung der Bohrvorrichtung

Die vorzubereitende Pfosten-Riegel-Fassade wird später auf der Baustelle aus mehreren Fassadenelementen zusammengebaut. Jedes Fassadenelement soll aus drei Pfosten und acht Riegeln hergestellt werden. Beim Bohren der Pfosten ist deren spätere Position in der Fassade zu beachten. Die äußeren Pfosten der Fassade dürfen nur auf einer Pfostenseite gebohrt werden (Abb. 9). An ihnen werden die Riegel nur auf einer Seite befestigt.

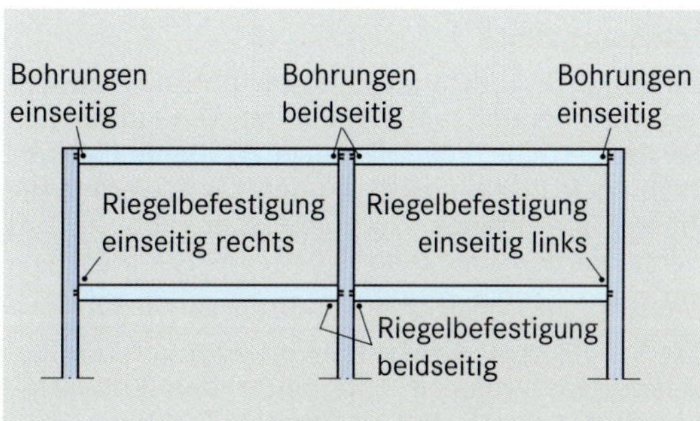

Abb. 9: Lage der Bohrungen für die Riegelbefestigung an den Pfosten

Vorbereitung der Pfosten für die Abdichtung der Bauwerksanschlussfugen

Bei der späteren Montage der Fassade am Bauwerk werden alle Fugen zwischen der Fassade und dem Bauwerk mit Kunststofffolien abgedichtet.

Damit eine kontrollierte Belüftung und Entwässerung der Fassade gewährleistet ist, müssen die Pfosten an den Kopf- und Fußpunkten entsprechend bearbeitet werden.

Dazu müssen die Pfosten an den Kopf- und Fußpunkten so abgedichtet werden, dass keine Feuchtigkeit aus der Fassade in das Bauwerk bzw. in die Dämmung eindringen kann. An den Pfosten sind folgende Arbeiten durchzuführen:

- Herstellen der Ausklinkung für den oberen Folienanschluss,
- Fräsen der Schlitze für den unteren Folienanschluss.

Herstellen der Ausklinkung für den oberen Folienanschluss

Damit die Dichtfolie eben am Pfosten anliegen kann, muss am oberen Ende des Pfostens eine entsprechende Fläche hergestellt werden. Dazu müssen alle Nuten auf der Vorderseite des Pfostens entfernt werden (Abb. 1).

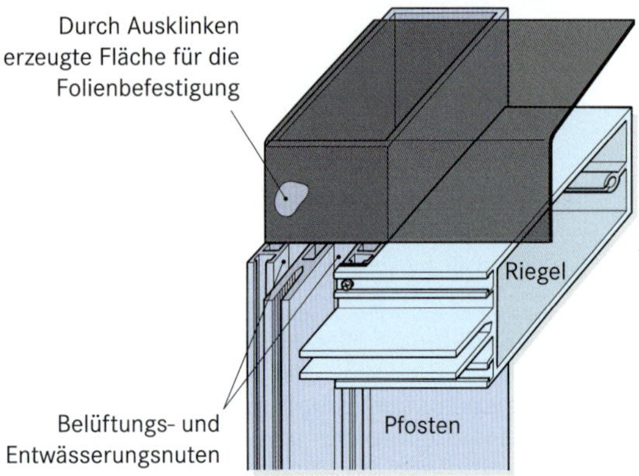

Abb. 1: Ausklinkung für Folienanschluss

Die Ausklinkung kann an einer Ausklinksäge oder einer Fräsmaschine hergestellt werden.

Fräsen der Schlitze für den unteren Folienanschluss

Zur Bauwerksabdichtung und Ableitung des Tauwassers wird bei der späteren Montage im Fußbereich der Pfosten eine Dichtfolie eingelegt. Damit die Folie nach Vorschrift eingelegt werden kann, werden die Pfosten am unteren Ende geschlitzt (Abb. 2). Das Herstellen der Schlitze erfolgt an einer Fräsmaschine mit einem Scheibenfräser.

Der Schlitz muss mindestens bis zum unteren Riegelanschluss reichen und hinter den Entwässerungsnuten liegen. Nur so kann die Dichtfolie dicht am Anschlussprofil des unteren Riegels befestigt werden.

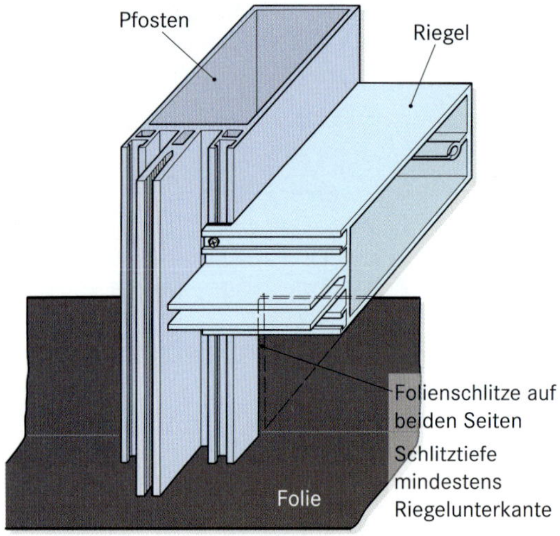

Abb. 2: Pfosten mit eingelegter Dichtungsfolie

Bohren der Pfosten für die Fußpunktbefestigung

Bei der späteren Montage am Bauwerk werden die Pfosten an Fußpunkten befestigt. Diese Fußpunkte können aus Halbzeugen selbst hergestellt werden oder als Zubehörteil vom Systemhersteller bezogen werden (Abb. 3).

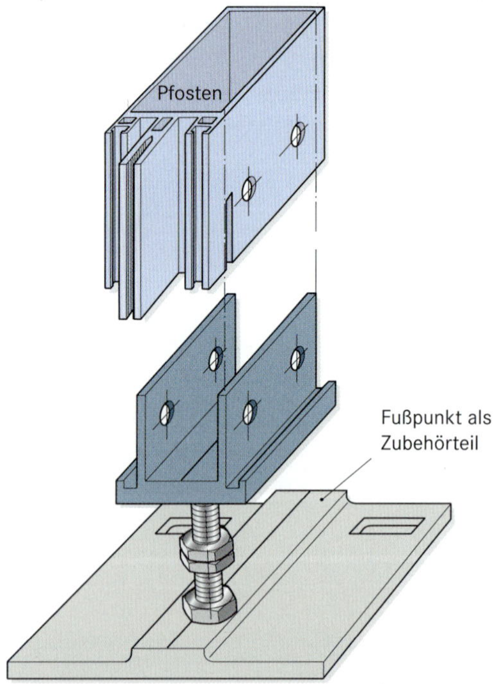

Abb. 3: Höhenverstellbarer Fußpunkt für Pfostenbefestigung

Zur Befestigung der Pfosten an den Fußpunkten sind entsprechende Bohrungen erforderlich. Als Hilfsmittel bei der Herstellung der Bohrungen wird eine Bohrvorrichtung verwendet (Abb. 4).

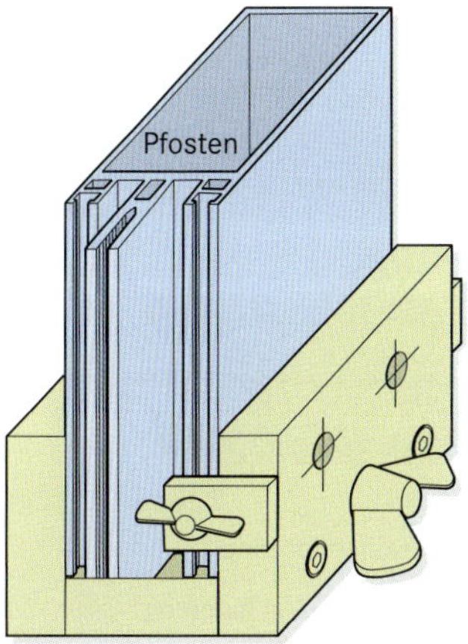

Abb. 4: Herstellen der Bohrungen für die Fußpunktbefestigung mit einer Bohrvorrichtung

ontieren

11.1.3 Vormontage eines Fassadenelementes in der Werkstatt

Die herzustellende Fassade wird später auf der Baustelle aus einzelnen Fassadenelementen zusammengesetzt. Die Fassadenelemente bestehen aus jeweils drei Pfosten- und acht Riegelprofilen.

Zur Erleichterung der späteren Montage auf der Baustelle sind die einzelnen Fassadenelemente in der Werkstatt vorzumontieren.

Die Befestigung der Riegel an den Pfosten erfolgt in der Stabbauweise unter Verwendung von Bolzen-T-Verbindern. Bei der Montage in Stabbauweise werden die Riegel in einer vorgegebenen Reihenfolge an den Pfosten befestigt.

Zusammenbau der Riegel und Pfosten

Das Fassadenelement ist aus drei Pfosten und acht Riegeln zusammenzubauen. Für die Montage in Stabbauweise wird folgende Montagereihenfolge vorgegeben (Abb. 5).

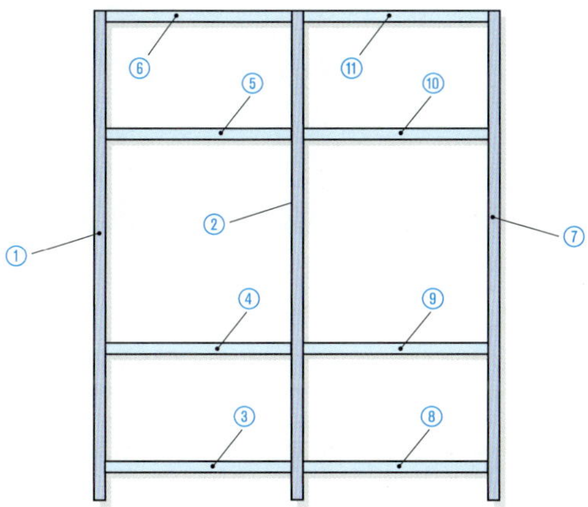

Abb. 5: Montagereihenfolge der Pfosten und Riegel

Die Befestigung der Riegel an den Pfosten erfolgt durch Bolzen-T-Verbinder. Zur Herstellung dieser Verbindungsart sind vier Arbeitsschritte notwendig:

1. Eindrücken der Riegelanschlussdichtstücke in die Dichtungsaufnahmenuten der Pfosten. Für ein Fassadenelement werden 16 Dichtstücke benötigt. Durch die Dichtstücke wird das Eindringen von Feuchtigkeit in die Riegelprofile verhindert.

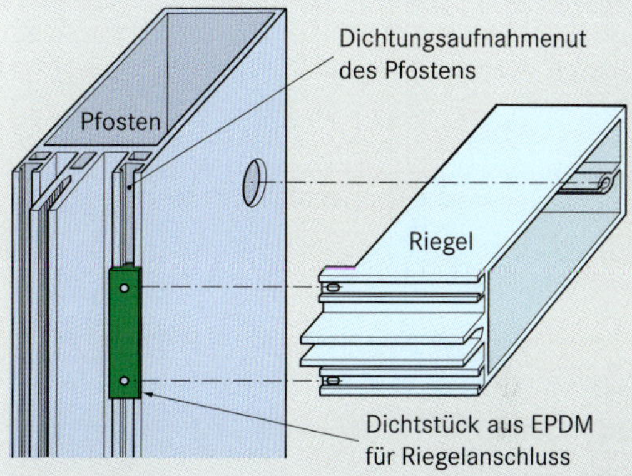

2. Befestigung der Bolzen-T-Verbinder am Schraubkanal der Riegell. Zur Befestigung der 16 Verbinder werden zusätzlich 16 Blechschrauben ISO 7050-ST 4,8 x 30 benötigt.

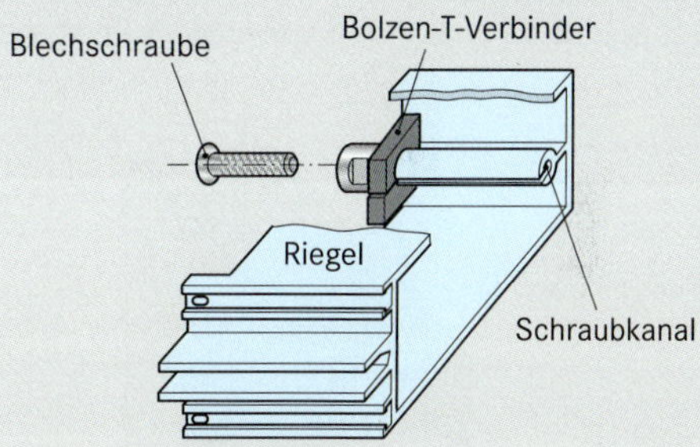

3. Bolzen-T-Verbinder in die Bolzenaufnahme-boh-rung der Pfosten schieben und Riegel nach hinten einrasten. Der Kopf des Bolzens klemmt dann im Pfostenprofil.

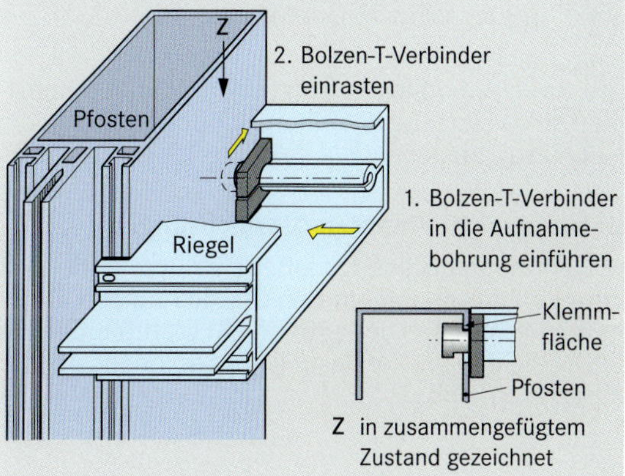

4. Riegel an die Pfosten schrauben. Dafür werden insgesamt 32 Sonderblechschrauben aus nichtrostendem Stahl A4 3,9 x 15 benötigt.

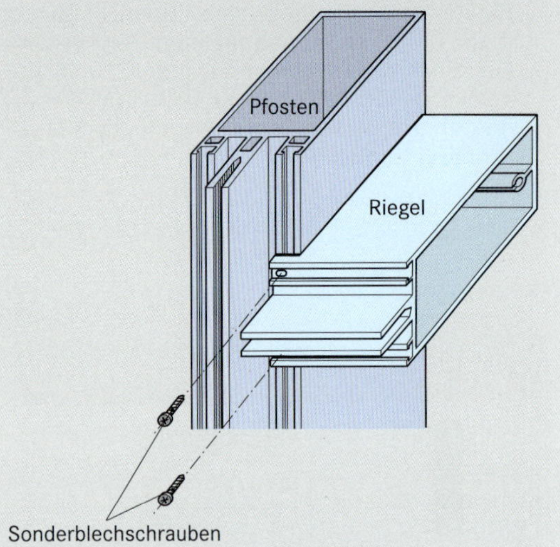

Befestigung der Isolationsprofile

Nachdem alle Pfosten und Riegel zu einem Fassadenraster zusammengebaut wurden, werden die zuvor abgelängten Isolationsprofile befestigt. Dazu befindet sich mittig auf der Vorderseite der Pfosten- und Riegelprofile eine entsprechende Aufnahmenut (Abb. 1).

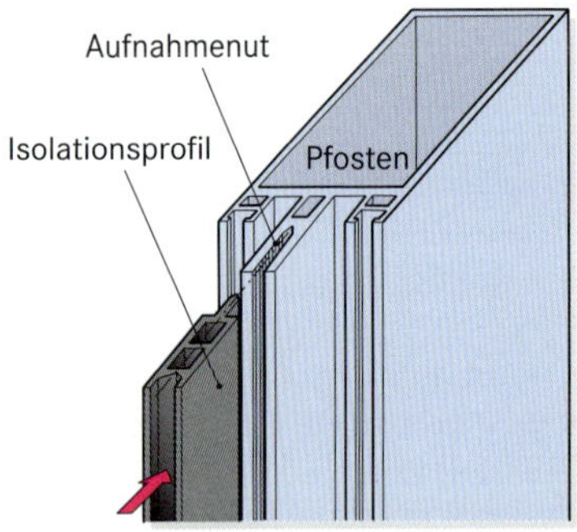

Abb. 1: Lage der Aufnahmenut am Pfosten

Die stoßempfindlichen Isolationsprofile aus Kunststoff sind vorsichtig mit einem Schonhammer in die Nut einzuschlagen.

Befestigung der inneren Glasdichtungen

Die Vormontage des Fassadenelements endet mit dem Eindrücken der inneren Glasdichtungen. Diese gummielastischen und profilierten Dichtbänder aus EPDM dichten die Verglasung auf der Innenseite der Fassade ab (Abb. 2).

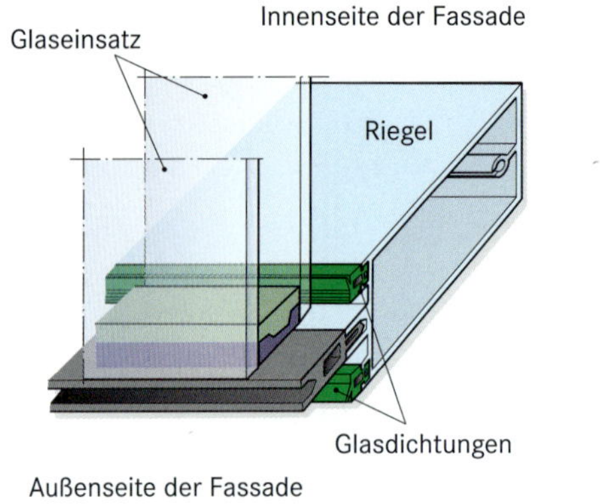

Abb. 2: Lage der inneren Glasdichtung

Die Glasdichtungen sind so profiliert, dass sie genau in die Dichtungsaufnahmenuten der Pfosten und Riegel passen. Bevor mit der Befestigung der Dichtung begonnen wird, sollten die Aufnahmenuten mit Silikon eingesprüht werden. Dadurch gleiten die Dichtungsbänder aus Gummi bei der Montage leichter in die Nut.

Bei der Befestigung der Dichtung ist darauf zu achten, dass das Dichtungsband in die Nut „gedrückt" wird. Damit ist gemeint, dass das elastische Dichtungsband bei der Montage in zwei Richtungen gleichzeitig gedrückt werden muss (Abb. 3).

Die Druckrichtung 1 bewirkt die Befestigung des Dichtungsbandes in der Aufnahmenut des Profils. Durch die Druckrichtung 2 wird das elastische Dichtungsband gestaucht.

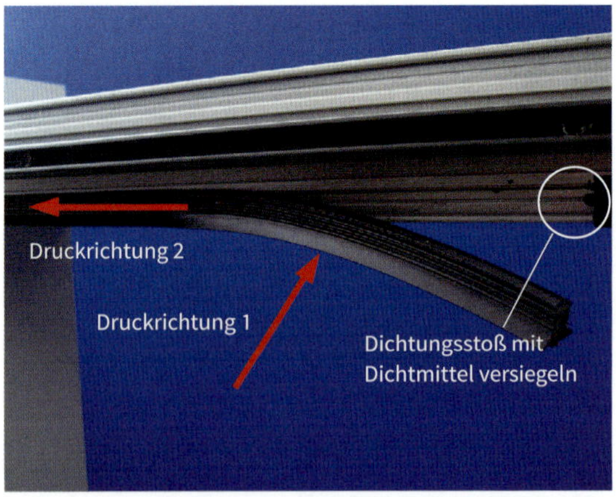

Abb. 3: Druckrichtungen bei der Dichtungsmontage

Die Dichtung ist mit einer Längenzugabe von ca. 1 cm abzuschneiden. Durch das Stauchen der Dichtung und die Längenzugabe können Längenänderungen infolge von Temperaturschwankungen ausgeglichen werden. Alle Dichtungsstöße sind mit einem vom Systemhersteller empfohlenen Dichtmittel zu versiegeln.

Zusammenfassung

Montagevorbereitung für eine Pfosten-Riegel-Fassade

Planen
- Zeichnungen
- Zuschnittlisten
  - Pfosten-Riegel-Bauteile
  - Pfosten-Riegel-Baugruppen

Fertigen
- Ablängen
  - Profile und Zubehörteile
- Zuschnitt der Pfosten
  - Herstellen der Ausklinkungen und Schlitze für die Folienanschlüsse
    - Fräsen
    - Sägen
- Bohren der Pfosten
- Zuschnitt der Riegel
  - Sägen der Ausklinkungen
  - Stanzen der Langlöcher

Montieren
- Pfosten
  - Befestigen der Riegeldichtstücke
- Riegel
  - Befestigen der Bolzen-T-Verbinder
- Zubehörteile
  - Befestigen der Isolationsprofile und der inneren Glasdichtungen

Aufgaben

1. Aus welchen Bauteilen besteht die Baugruppe Pfosten?

2. Aus welchem Grund werden Isolationsprofile aus Kunststoff verwendet?

3. Beschreiben Sie den automatischen Sägevorgang an einer Ablängsäge.

4. Warum erhalten die Profile nach dem Ablängen Etiketten mit ihrer Bauteilnummer?

5. Was versteht man unter einer T-Verbindung?

6. Wie können T-Verbindungen zwischen Pfosten- und Riegelprofilen hergestellt werden?

7. Beschreiben Sie, wie der Riegelausschnitt mit einer Ausklinksäge erfolgt.

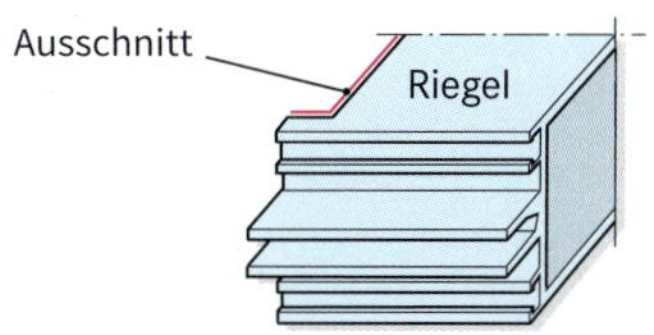

8. Welche Vorteile hat das Stanzen von Löchern gegenüber dem Bohren?

9. In die Pfosten müssen verschiedene Löcher gebohrt werden. Erläutern Sie, welche Vorteile sich ergeben, wenn das Bohren mit Hilfe von Bohrvorrichtungen erfolgt.

10. Welche Vorteile hat die Vormontage von Fassadenelementen in der Werkstatt?

11. An welchem Fassadenbauteil befindet sich der Schraubkanal und welche Funktion hat er?

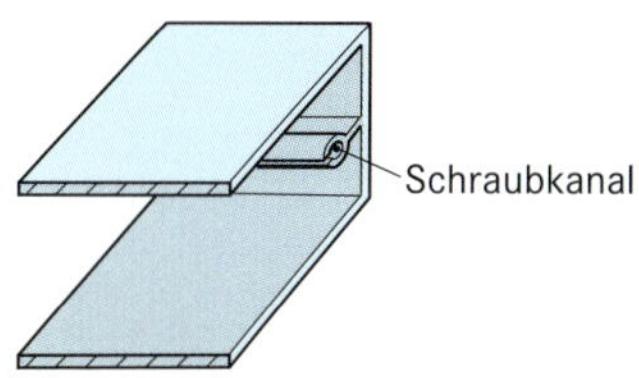

12. Welche Funktion haben die Riegelanschlussdichtstücke, die an den Pfosten zu befestigen sind?

13. Erläutern Sie, welcher Montageschritt in der Abbildung dargestellt wird.

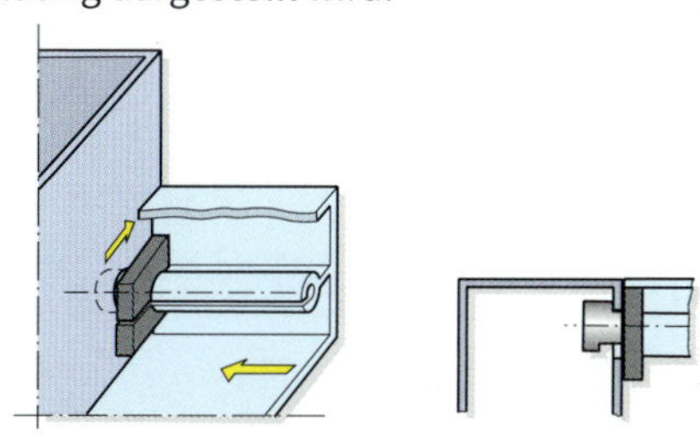

14. Nach dem Zusammenbau des Fassadenelements wird die innere Glasdichtung befestigt.
a) Welche Funktion hat diese Dichtung?
b) Beschreiben Sie, wie die Montage der Dichtung zu erfolgen hat.
c) Warum müssen Dichtungen mit einer Längenzugabe eingebaut werden?

Informieren

11.2 Herstellen eines Fenstereinsatzelementes

ARBEITSAUFTRAG

Ein Feld des Fassadenelements soll mit einem Fenstereinsatzelement ausgestattet werden. Das Fenster ist in der Werkstatt herzustellen. Dabei werden zunächst die abgelängten und auf Gehrung geschnittenen Rahmenprofile zusammengebaut. Das Fenster soll durch Drehen oder Kippen des Fensterflügels zu öffnen sein. Dazu sind die Beschläge zu montieren.

Die Bezeichnung eines Fensters wird bestimmt durch:

- die Öffnungsart des Fensterflügels und
- die Öffnungsrichtung.

Bei der Öffnungsart wird beispielsweise unterschieden zwischen Fenstern mit

- Drehflügel,
- Kippflügel,
- Klappflügel,
- Schwingflügel und
- Drehkippflügel (→).

Die Bezeichnung der Öffnungsrichtung erfolgt nach **DIN 107** in:

- DIN rechts und
- DIN links (→).

Laut Auftrag soll das Fenster mit einer Drehkippfunktion ausgestattet werden. Durch Betätigung des Fenstergriffs kann der Fensterflügel in Dreh- oder Kippstellung gebracht werden (Abb. 1).

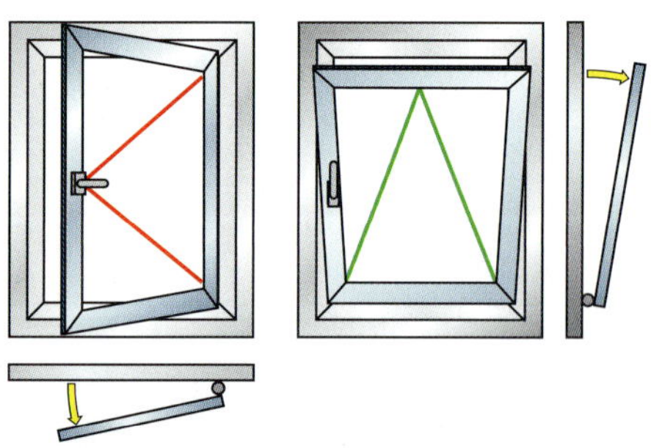

Abb. 1: Mögliche Stellungen des Fensterflügels bei einem Drehkippfenster

Die Öffnungsart des Fensters wird sinnbildlich durch Symbole auf dem Fensterflügel vorgegeben. Auf Metallbauzeichnungen werden die herzustellenden Fenster immer von der Innenansicht betrachtet dargestellt (Abb. 2).

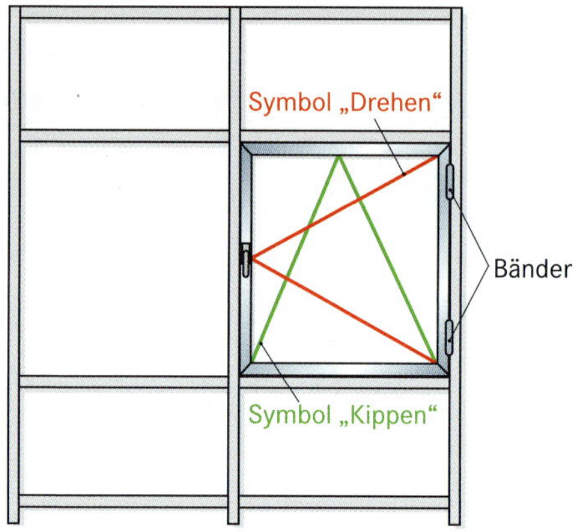

Abb. 2: Fassadenelement mit Drehkippfenster

An der Lage des Symbols „Drehen“ ist die Öffnungsrichtung des Fensterflügels erkennbar. Die offene Seite des Symbols zeigt immer auf den Schenkel des Fensters, an dem die Bänder montiert werden sollen. Aus der Zeichnung ergibt sich, dass die Bänder auf der rechten Fensterseite zu montieren sind. Deshalb ist nach **DIN 107** ein Fenster „DIN rechts“ herzustellen.

11.2.1 Aufbau des Fenstereinsatzelementes

Das Fenstereinsatzelement setzt sich aus vier Baugruppen zusammen (Abb. 3):

- dem Einsatzblendrahmen (Blendrahmen),
- dem Flügelrahmen,
- den Drehkipp-Beschlagteilen und
- dem Fensterglas.

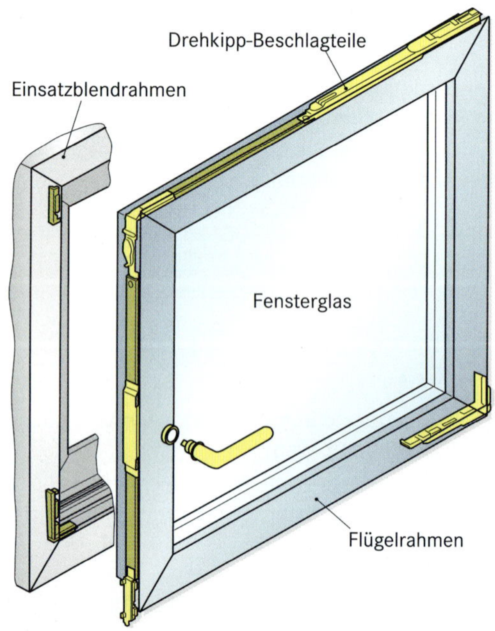

Abb. 3: Fensterbaugruppen

Der Flügelrahmen, die Beschlagteile und das Fensterglas bilden zusammen den Fensterflügel.

Durch die Beschlagteile wird der Fensterflügel beweglich mit den Einsatzblendrahmen verbunden. Der Einsatzblendrahmen wird fest am Fassadenelement montiert.

Alle Baugruppenteile werden von Systemherstellern geliefert und sind nach deren Vorgaben zu montieren.

Fertigen

11.2.2 Herstellen der Fensterrahmen

Für die Einsatzblend- und Flügelrahmen werden Aluminiumhohlprofile mit unterschiedlichen Querschnitten verwendet (Abb. 4). Diese Profile werden, entsprechend der geforderten Fenstergröße, an einer Säge abgelängt und auf Gehrung geschnitten.

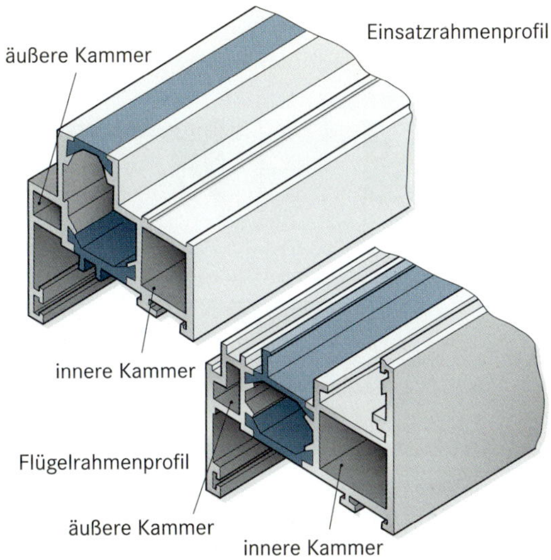

Abb. 4: Profilquerschnitte

Das Fügen der auf Gehrung geschnittenen Rahmenteile erfolgt durch Eckverbinder (Abb. 5).

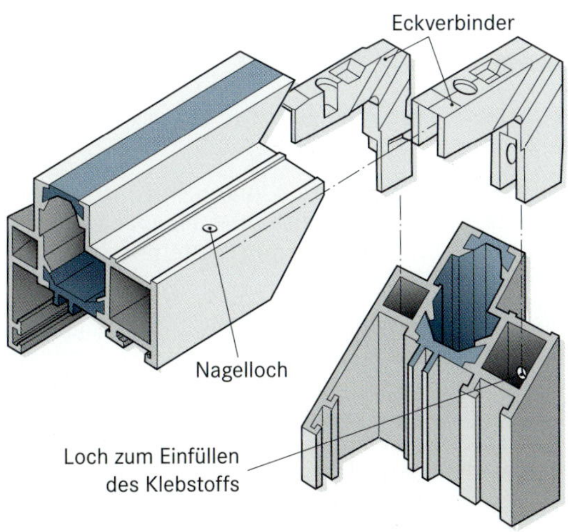

Abb. 5: Verbindung von Rahmenteilen durch Eckverbinder

Die Eckverbinder können durch Nageln oder Pressstanzen mit den Profilen verbunden werden. Welche Variante zum Einsatz kommt, hängt von der Ausstattung der Werkstatt ab.

Montieren

Herstellen von Eckverbindungen durch Nageln

Zunächst müssen an den Profilen alle für die Montage benötigten Löcher hergestellt werden. Dies erfolgt durch Lochen an einer Lochstanze. Anschließend werden die Gehrungsflächen der Profile mit Klebstoff bestrichen. Durch den Klebstoff wird an der Fügestelle das Eindringen von Feuchtigkeit in die Hohlprofile verhindert.

Nach dem Einsetzen der Eckverbinder in die entsprechenden Profilkammern werden die Rahmenteile zusammengesetzt und die Spezialnägel von Hand oder mit einem Drucklufthammer durch die Nagellöcher in die Eckverbinder eingetrieben (Abb. 6).

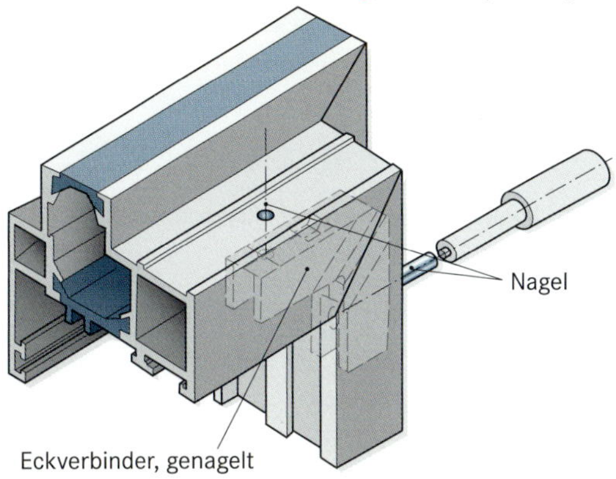

Abb. 6: Eintreiben eines Nagels mit Handtöpper

Durch die Anordnung der Nägel in den Nagellöchern werden die Rahmenteile aneinandergedrückt und fixiert.

Herstellen von Eckverbindungen durch Pressstanzen

Das Herstellen von Eckverbindungen durch Pressstanzen erfolgt an einer Eckverbindermaschine. Dazu werden die Rahmenteile mit Eckverbindern bestückt, zusammengesteckt und auf der Maschine positioniert (Abb. 7).

Abb. 7: Eckverbindermaschine mit eingelegtem Fensterrahmen

Danach werden nacheinander alle vier Rahmenecken verpresst. Das Verpressen erfolgt durch Pressstanzen.

Bei diesem Fertigungsverfahren wird das Rahmenprofil durch ein spezielles Messer eingeschnitten und in eine Aussparung des Eckverbinders gedrückt (Abb. 1).

Dadurch werden die Rahmenteile und der Eckverbinder zunächst formschlüssig miteinander verbunden.

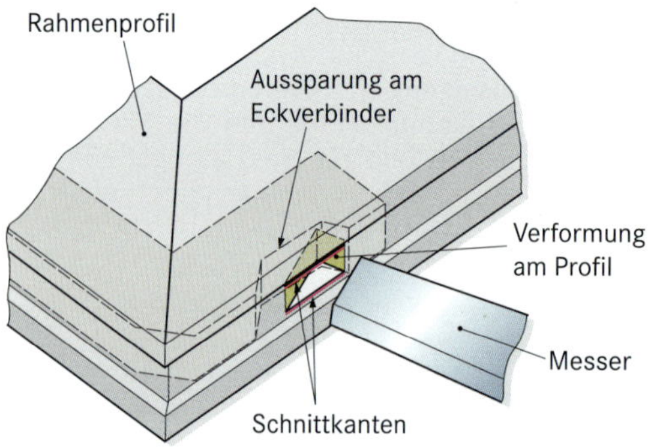

Abb. 1: Formschlüssiges Fügen des Rahmenprofils am Eckverbinder

Nach dem Nageln oder Pressstanzen sind noch kleinere Korrekturen der Eckverbindungen möglich.

Erst durch das Verfüllen der Rahmenecken mit Zweikomponentenklebstoff erhalten die Fensterrahmen die für den Gebrauch notwendige Stabilität.

Verfüllen der Rahmenecken

Nachdem alle Rahmenecken durch Nageln oder Pressstanzen hergestellt wurden, wird ein Zweikomponentenklebstoff zur zusätzlichen Versteifung und Abdichtung der Fügestelle durch Löcher in die entsprechenden Kammern gespritzt (Abb. 2).

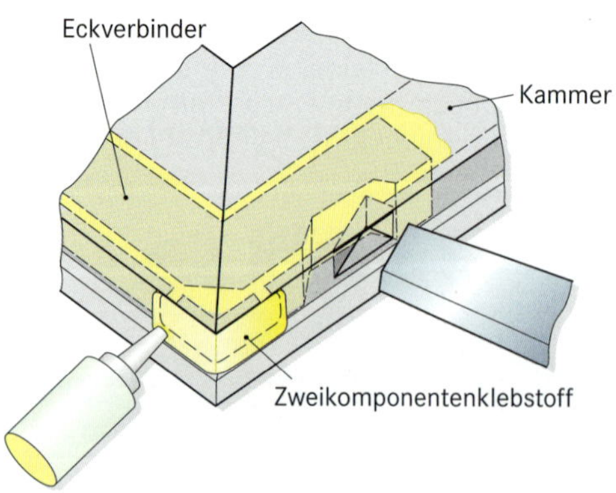

Abb. 2: Rahmenecke mit eingefülltem Klebstoff

Der Klebstoff ist nach etwa 20 Minuten so weit ausgehärtet, dass mit der Montage der Beschlagteile begonnen werden kann. Bei Raumtemperatur ist der Klebstoff nach 24 Stunden vollständig ausgehärtet. Erst dann darf das Fensterglas in den Flügelrahmen eingesetzt werden.

11.2.3 Befestigen der Dichtungen

Am Flügel- und Einsatzblendrahmen müssen verschiedene Dichtungen befestigt werden. Diese haben neben dem Feuchteschutz auch Wärme- und Lärmschutzfunktionen.

Zur fachgerechten Abdichtung eines Fenster sind folgende Dichtungen notwendig:

- äußere Glasdichtung,
- Mitteldichtung,
- Anschlagdichtung und
- innere Glasdichtung (Abb. 3).

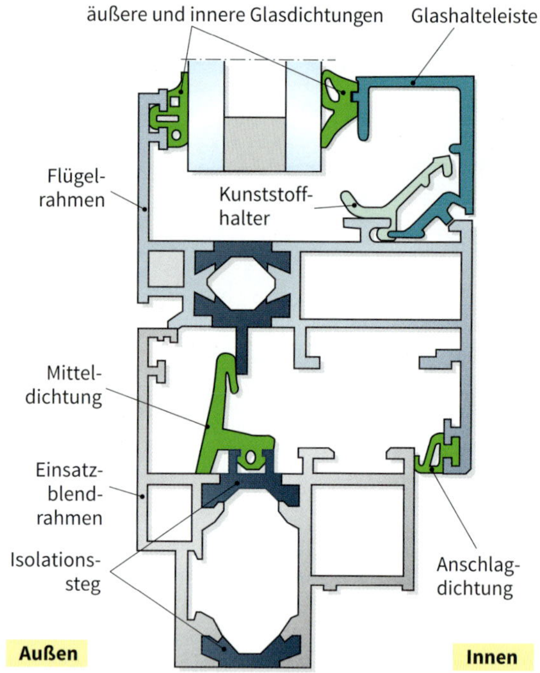

Abb. 3: Fensterrahmen mit montierten Dichtungen

Fensterdichtungen haben unterschiedliche Querschnitte. Sie bestehen aus EPDM, einem elastischen Kunststoff, und werden vom Systemhersteller als Meterware geliefert.

Die äußere Glasdichtung dichtet die Fuge zwischen dem Fensterglas und dem Flügelrahmen ab. Dadurch wird das Eindringen von Feuchtigkeit in den Rahmen verhindert. Trotz ordnungsgemäß montierter Dichtungen kann dennoch Regenwasser oder Tauwasser in die Hohlräume der Fensterrahmen eindringen. Diese Feuchtigkeit muss durch ein Belüftungs- und Entwässerungssystem kontrolliert abgeführt werden (Abb. 4).

Dazu wurden bereits während des Zuschnitts der Fensterprofile entsprechende Lüftungs- und Entwässerungsöffnungen gestanzt.

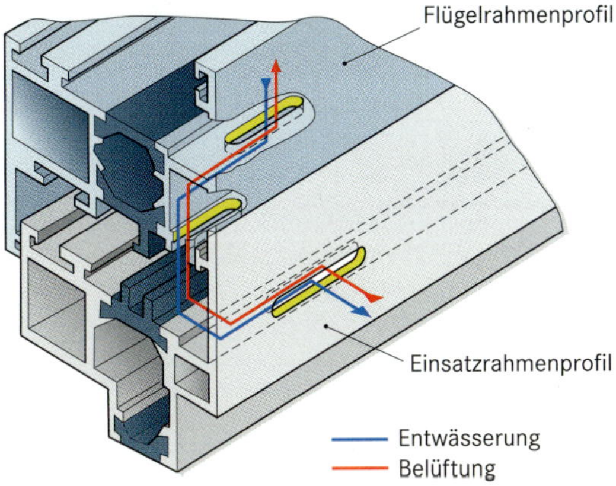

Abb. 4: Entwässerung und Belüftung eines Fensters

Die Mitteldichtung dichtet die Fuge zwischen Einsatzblendrahmen und Flügelrahmen ab. Diese Dichtung teilt den Hohlraum zwischen den Rahmen in einen Außen- und Innenbereich. Dadurch behindert sie den Luftaustausch zwischen der Innenseite und der Außenseite (Abb. 5). Dies bewirkt eine Erhöhung der Wärme- und Schalldämmung.

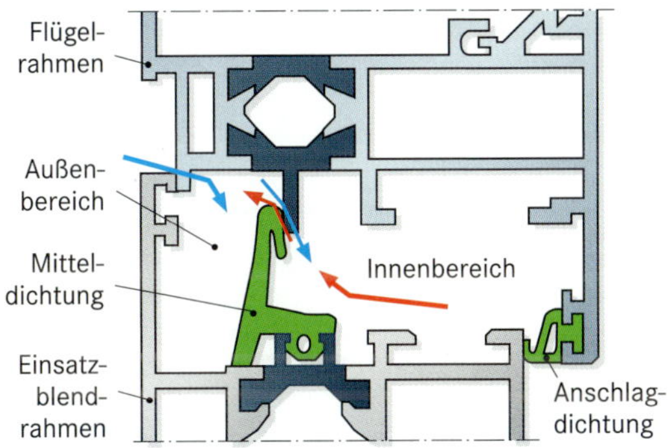

Abb. 5: Behinderung des Luftaustauschs

Je geringer der Luftaustausch über die Fuge zwischen Einsatzblendrahmen und Flügelrahmen ist, desto geringer sind die Wärmeverluste und umso besser ist die Schalldämmung.

Sollte bei gleichzeitig auftretendem Wind und Regen (Schlagregen) Feuchtigkeit in den Außenbereich des Fensters eintreten, dann verhindert die Mitteldichtung durch ihre Form und Einbaulage ein weiteres Eindringen von Feuchtigkeit in den Innenbereich des Fensters (Abb. 6).

Die Anschlagdichtung dichtet den Spalt zwischen Einsatzblendrahmen und Flügelrahmen ab. Durch sie werden Bewegungen des Fensterflügels im geschlossenen Zustand verhindert. Diese Lagefixierung

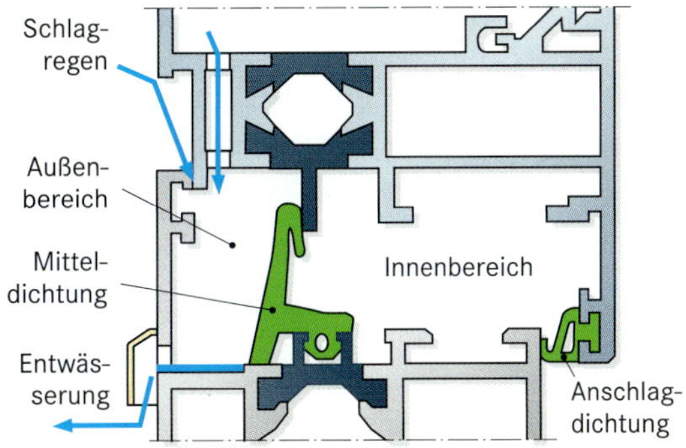

Abb. 6: Ableitung von Regenwasser

ist für einen ausreichenden Schall- und Wärmeschutz notwendig.

Durch die innere Glasdichtung wird das Eindringen von Tauwasser in den Flügelrahmen verhindert. Außerdem fixiert diese Dichtung die Isolierglasscheibe im Flügelrahmen.

Die Dichtungen werden in die entsprechenden Aufnahmenuten der Rahmen gedrückt (Abb. 7). Sie sind vor der Montage der Beschlagteile am Einsatzblendrahmen und am Flügelrahmen zu befestigen. Damit die Dichtungen leichter in die Aufnahmenuten hineingedrückt werden können, sind diese zuvor mit Silikonspray einzusprühen.

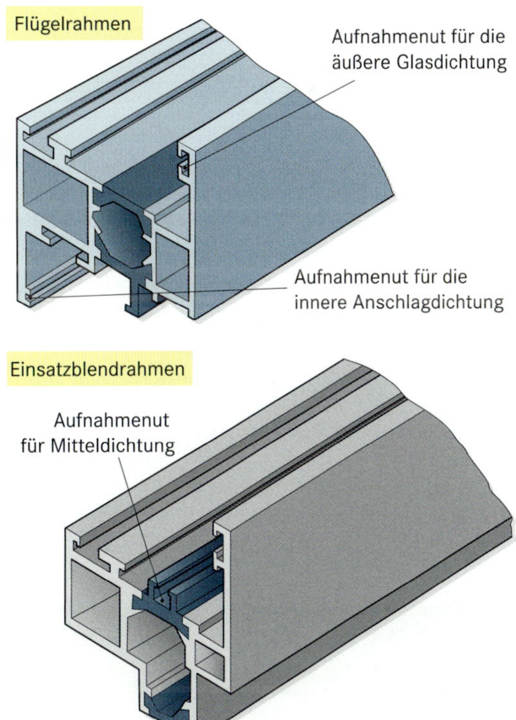

Abb. 7: Lage der Dichtungsaufnahmenuten an den Einsatz- und Flügelrahmen

Grundsätzlich werden drei Möglichkeiten der Dichtungsmontage unterschieden:

- Montage einer umlaufenden Dichtung,
- Montage umlaufend mit Gehrungsschnitt und
- Montage mit Dichtungsecken.

Die Anschlagdichtung und die innere Glasdichtung werden als umlaufende Dichtungen am Flügelrahmen befestigt. Dazu wird das entsprechende Dichtungsprofil am oberen Schenkel beginnend in die entsprechende Dichtungsaufnahmenut gedrückt und an den Enden abgedichtet (Abb. 1).

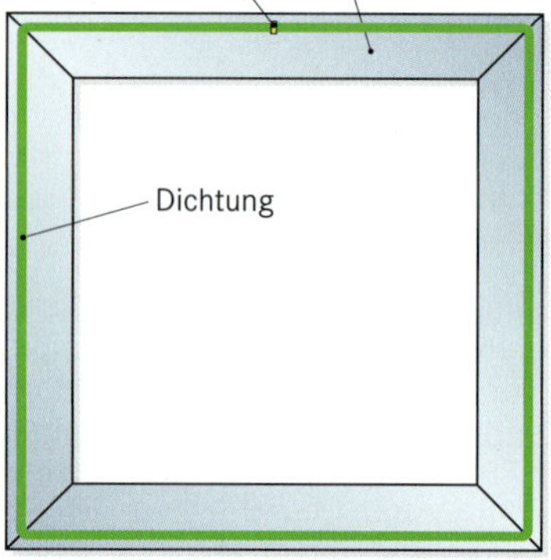

Abb. 1: Umlaufend montierte Dichtung

Es ist darauf zu achten, dass sich die Dichtungsenden nach dem Eindrücken um etwa einen Zentimeter überlappen. Durch diese Zugabe kann die Dichtung vor dem Kleben gestaucht werden. So müssen die Dichtungsenden bis zum Aushärten des Klebstoffs nicht von Hand zusammengedrückt werden. Außerdem können durch die Zugabe Längenänderungen infolge von Temperaturschwankung ausgeglichen werden.

Durch das Verkleben der Dichtungsenden wird verhindert, dass an der Stoßstelle Feuchtigkeit eindringt.

Die Montage der äußeren Glasdichtung erfolgt ebenfalls umlaufend. Allerdings erhält das Dichtungsprofil bei dieser Montagevariante an den Ecken 90° Gehrungsschnitte (Abb. 2). Dadurch werden für die Abdichtung nicht benötigte Dichtungsteile entfernt. So wird die Bildung einer Wulst durch das Verwerfen der Dichtung verhindert und eine fachgerechte Abdichtung gewährleistet.

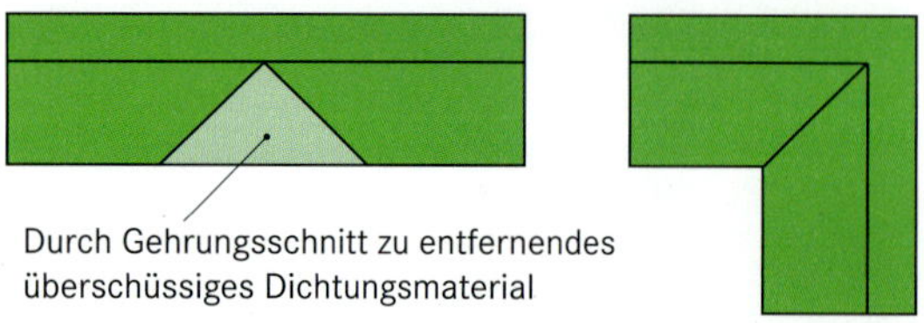

Abb. 2: Dichtungsprofil mit 90° Gehrungsschnitt

Die Herstellung der Gehrungsschnitte erfolgt mit einer Gehrungsschere. Durch sie wird sichergestellt, dass der Schnittwinkel 90° beträgt und die Dichtung nicht vollständig durchtrennt wird (Abb. 3).

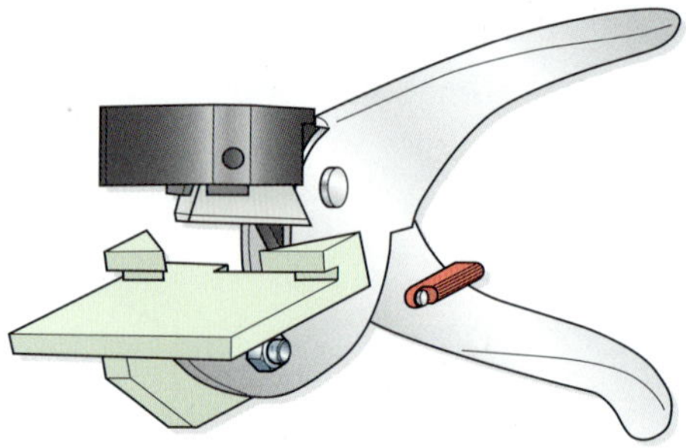

Abb. 3: Gehrungsschere

Auch bei dieser Montagevariante ist auf eine Längenzugabe von etwa einem Zentimeter zu achten.

Die Mitteldichtung wird am Einsatzblendrahmen mit Dichtungsecken montiert. Diese werden als Zubehör geliefert.

Bei der Montage werden die Dichtungsecken zunächst in die Aufnahmenut eingeklebt. Nachdem die Abstände LRB und LRH zwischen den Dichtungsecken am Einsatzblendrahmen gemessen wurden, werden die Dichtungsprofile für die Mitteldichtung mit der erforderlichen Zugabe abgelängt und eingebaut. Anschließend werden die Dichtungsprofile mit den Dichtungsecken verklebt (Abb. 4).

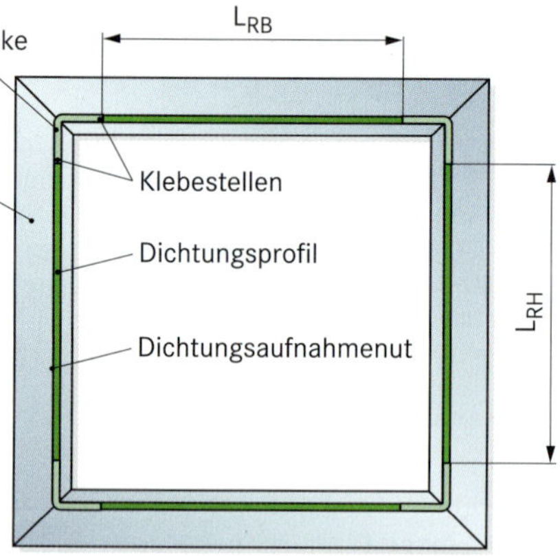

Abb. 4: Einsatzblendrahmen mit eingebauten Dichtungsecken

Die Fensterabdichtung kann auch durch vorgefertigte Dichtungsrahmen erfolgen. Diese werden vom Dichtungshersteller entsprechend der Fenstergröße hergestellt. Die Dichtungsrahmen werden, wie die Dichtungsprofile, in die Aufnahmenuten der Rahmen gedrückt. Vorteile der Dichtungsrahmen sind die leichtere Montage und das Fehlen von geklebten Stößen.

11.2.4 Montieren des Drehkipp-Beschlages

Der Beschlag des Fensters wird vom Systemhersteller als Zubehör geliefert und ist zu montieren. Für die Drehkipp-Funktion des Fensters wird der Standard-Drehkippbeschlag verwendet. Beim Standardbeschlag wird das Fenster auf der Griffseite und der Oberseite verriegelt. Er besteht aus folgenden Bauteilen:

- Dem Scherenlager,
- der Eckumlenkung,
- dem Kippriegel,
- dem Schließgetriebe,
- dem Griff,
- dem Drehkipplager
- dem Auflaufbock,
- dem Riegelstück und
- drei Riegelstangen.

Zum Schutz vor Einbruch müssen ab einer bestimmten Fenstergröße zusätzliche Beschlagteile montiert werden. Durch diese wird das Fenster auch auf der Band- und Unterseite verriegelt.

Vor Beginn der Beschlagmontage sind die Riegelstangen abzulängen. Durch die Riegelstangen sind alle Beschlagteile des Flügelrahmens, die für die Verriegelung des Fensters notwendig sind, miteinander verbunden. Dazu gehören:

- Das Schließgetriebe,
- die Eckumlenkung,
- das Scherenlager und
- der Kippriegel (Abb. 5).

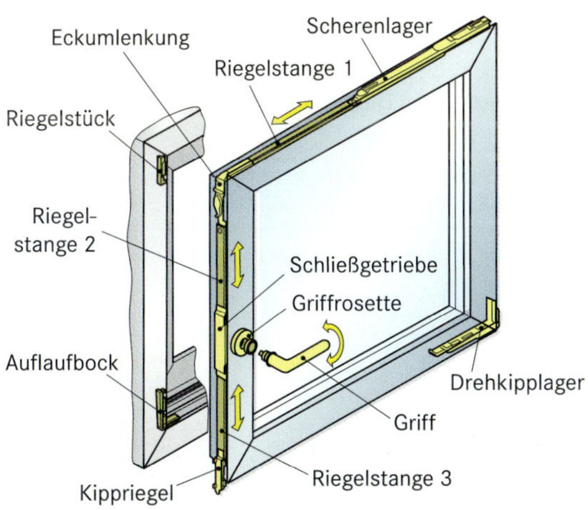

Abb. 5: Beschlagteile der Fensterverriegelung

Durch das Schließgetriebe wird die Drehbewegung des Griffes in eine Längsbewegung übersetzt. Diese Längsbewegung wird über die Riegelstangen auf die Eckumlenkung, das Scherenlager und den Kippriegel übertragen.

Die Länge der Riegelstangen richtet sich nach:

- Der Fenstergröße,
- der Höhenlage des Griffes und
- der Größe der Beschlagteile.

Unter Berücksichtigung dieser Größen können mit dem Systemkatalog die Riegelstangenlängen LR ermittelt werden (Abb. 6). Die Ermittlung der Riegelstangenlängen erfolgt mit folgenden Formeln:

$LR1 = b - 398\ mm$
$LR2 = h - G - 208\ mm$
$LR3 = G - 221\ mm$

Die Abzugsmaße 398, 208 und 221 mm ergeben sich aus der Größe der verwendeten Beschlagteile. Sie werden im Systemkatalog des Herstellers vorgegeben.

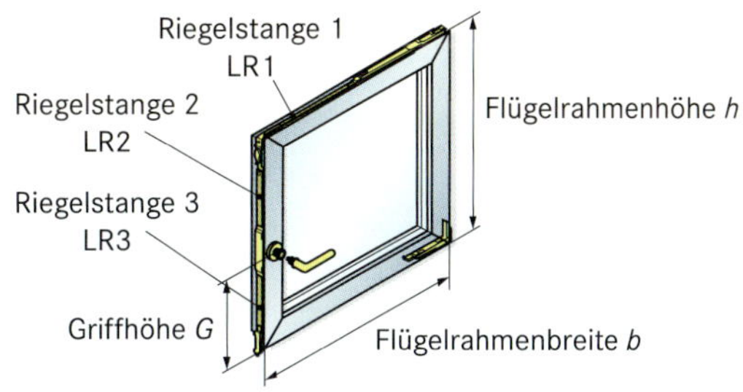

Abb. 6: Bestimmung der Riegelstangenlängen

Beispiel

Der Flügelrahmen eines Fensters hat die Breite b = 1149 mm und die Höhe h = 1474 mm. Der Griff soll mittig am linken Fensterschenkel angebaut werden. Die Riegelstangenlängen sind zu ermitteln.

Gegeben: $b = 1149\ mm$
$h = 1474\ mm$

Gesucht:
Länge der Riegelstangen LR1, LR2, LR3 in mm

Vorüberlegung:

$G = \frac{h}{2}$ (Griffhöhe = halbe Flügelrahmenhöhe h)

$G = \frac{1474\ mm}{2} = 737\ mm$

Lösung:
$LR1 = b - 398\ mm$ (aus Katalog entnommen)
$LR1 = 1149\ mm - 398\ mm$
$LR1 = \underline{\underline{751\ mm}}$
$LR2 = h - G - 208\ mm$
$LR2 = 1474\ mm - 737\ mm - 208\ mm$
$LR2 = \underline{\underline{529\ mm}}$
$LR3 = G - 221\ mm$
$LR3 = 737\ mm - 221\ mm$
$LR3 = \underline{\underline{516\ mm}}$

Die Riegelstangenprofile werden als Meterware vom Systemhersteller geliefert. Sie sind entsprechend abzulängen und zu lochen. Danach wird der Drehkipp-Beschlag an den Rahmen montiert.

Befestigen des Drehkipp-Beschlages

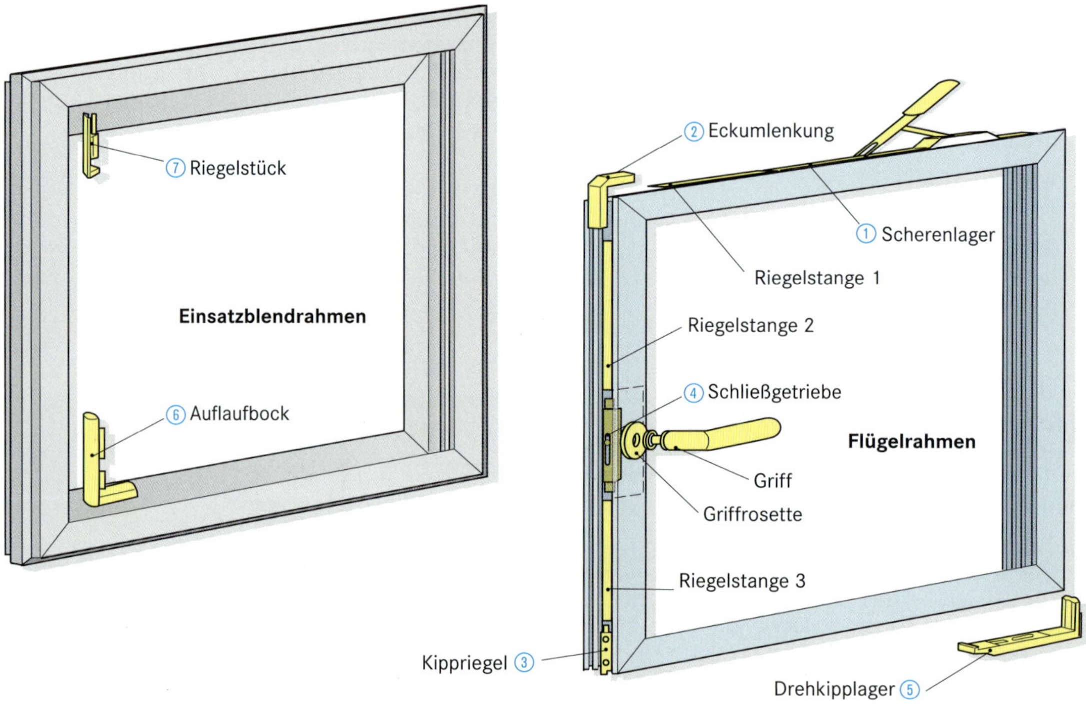

Abb. 1: Montage des Drehkipp-Beschlages

Lfd.Nr.	Montagereihenfolge
①	Scherenlager zusammen mit Riegelstange 1 von der Bandseite in die obere Beschlagnut einschieben und verschrauben.
②	Eckumlenkung zusammen mit Riegelstange 2 von oben in die Beschlagnut der Griffseite einschieben und fixieren.
③	Kippriegel zusammen mit Riegelstange 3 von unten in die Beschlagnut der Griffseite einschieben.
④	Schließgetriebe einsetzen, dabei in die Bohrungen der Riegelstangen 2 und 3 einrasten und durch Griffrosette fixieren. Griff einsetzen und Funktion überprüfen.
⑤	Drehkipplager montieren
⑥	Auflaufbock am Einsatzblendrahmen montieren.
⑦	Riegelstück am Einsatzblendrahmen montieren.

Es wird empfohlen, die Montage auf speziellen Beschlagtischen durchzuführen. An diesen Tischen sind alle zur Montage notwendigen Messeinrichtungen vorhanden. Außerdem wird durch ihre gummierte Oberfläche die Gefahr einer Beschädigung der Rahmenteile verringert.

Die Montage kann auch auf herkömmlichen Montageböcken erfolgen. Hier ist ein zusätzlicher Oberflächenschutz für die Rahmenteile zu berücksichtigen.

Befestigen des Flügelrahmens am Einsatzblendrahmen

Für die Funktion des Fensters ist es notwendig, dass zwischen dem Flügelrahmen und dem Einsatzblendrahmen eine bewegliche Verbindung vorliegt. Dazu wird der Flügelrahmen über das Drehkipplager und das Scherenlager mit dem Einsatzblendrahmen verbunden. Die Befestigung der Lager erfolgt in einer Nut des Einsatzblendrahmens durch Nutensteine. Nutensteine sind kleine quaderförmige Plättchen, die drehbar an den Lagern montiert sind. Zur Befestigung des Flügelrahmens am Einsatzblendrahmen werden die Nutensteine mit einem Schraubendreher in der Aufnahmenut verspannt (Abb. 2).

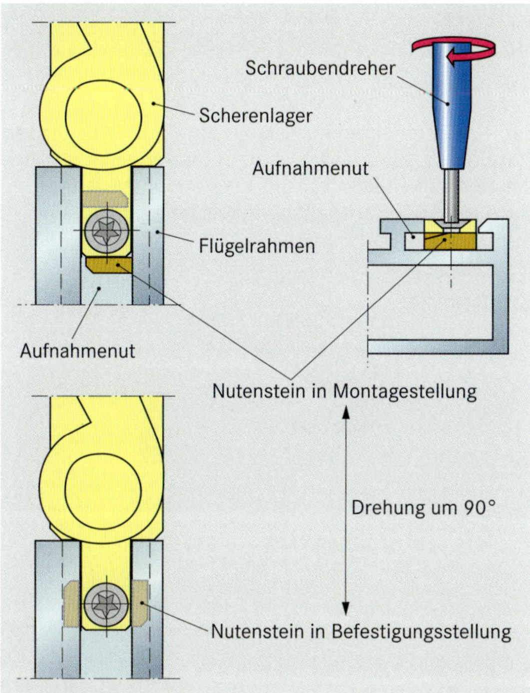

Abb. 2: Lagerbefestigung mittels Nutenstein

Bei der Montage wird zuerst das untere Drehkipplager und dann das obere Scherenlager mit dem Einsatzblendrahmen verbunden.

Funktionskontrolle

Nach dem Zusammenbau ist eine erste Funktionskontrolle durchzuführen. Dazu sind die geforderten Funktionen Drehen, Kippen und Schließen zu überprüfen.

11.2.5 Einsetzen des Isolierglases

In den Flügelrahmen des Fensters ist ein Isolierglas einzusetzen (Abb. 3). Isolierglas besteht aus mindestens zwei Flachglasscheiben, die durch einen Randverbund aus Aluminium, Edelstahl oder Kunststoff miteinander verbunden werden.

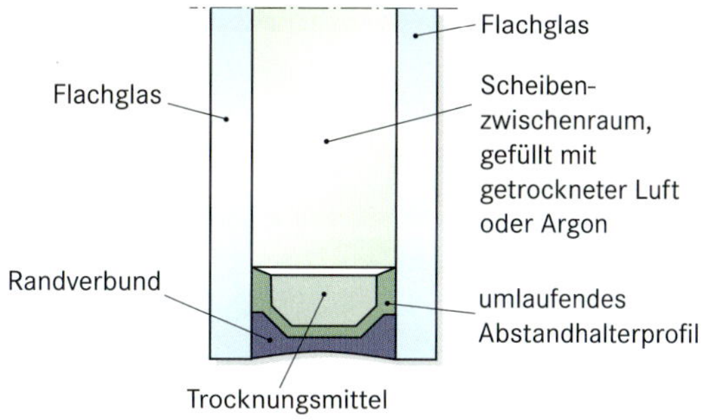

Abb. 3: Aufbau eines Isolierglases

Um die Funktion des Isolierglases sicherzustellen, ist der Scheibenzwischenraum mit trockener Luft oder z. B. Argon gefüllt. Es wird zwischen unbeschichteten und beschichteten Isoliergläsern unterschieden (Abb. 4).

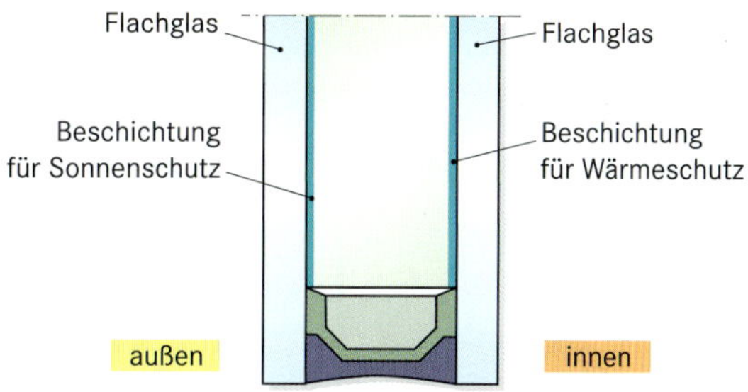

Abb. 4: Isolierglas mit Beschichtung

Durch das Beschichten von Isoliergläsern wird deren Wirkung bezüglich des Wärme-, Schall-, Sonnen- und Brandschutz beeinflusst. Eine Beschichtung der inneren Flachglasscheibe bewirkt eine Verbesserung des Wärmeschutzes. Die Sonnenschutzfunktion wird durch das Beschichten der äußeren Flachglasscheibe verbessert. Damit die gewünschte Funktion von beschichteten Isoliergläsern gewährleistet ist, muss beim Einsetzen die vorgegebene Einbauseite beachtet werden. Die Innenseite ist mit einem Aufkleber gekennzeichnet.

Isoliergläser werden vom Glashersteller mit den geforderten Eigenschaften geliefert.

Zum Einsetzen eines Isolierglases sind folgende Arbeitsschritte erforderlich:

- Einsetzen der Verglasungsbrücken,
- Ausrichten des Isolierglases,
- Befestigung der Glashalteleisten und
- Eindrücken der inneren Glasdichtung.

Das Einsetzen des Isolierglases kann in der Werkstatt oder auf der Baustelle erfolgen. Dies hängt von der Fenstergröße und den vorhandenen Montagemöglichkeiten auf der Baustelle ab.

Einsetzen der Verglasungsbrücken

Damit zwischen dem Isolierglas und dem Glasfalzgrund genügend Freiraum für die Belüftung und Entwässerung des Falzgrundes vorhanden ist, werden Verglasungsbrücken verwendet (Abb. 1).

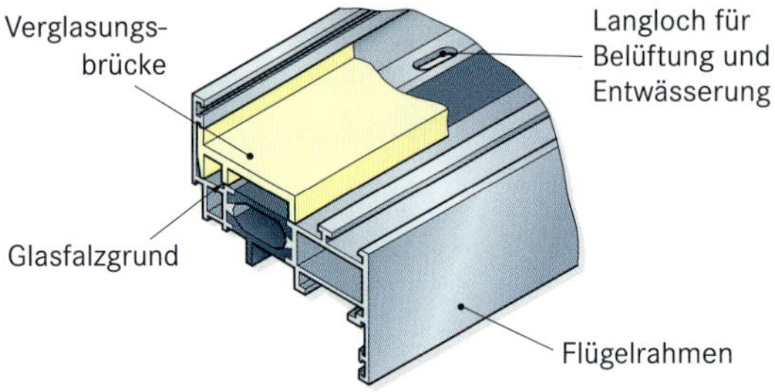

Abb. 1: Lage der Verglasungsbrücke auf dem Glasfalzgrund

Die Verglasungsbrücken aus Kunststoff werden auf den Glasfalzgrund gelegt. Dadurch kann das Tauwasser unterhalb der Verglasungsbrücken ungehindert zu den Entwässerungsöffnungen im Flügelrahmen abfließen (Abb. 2).

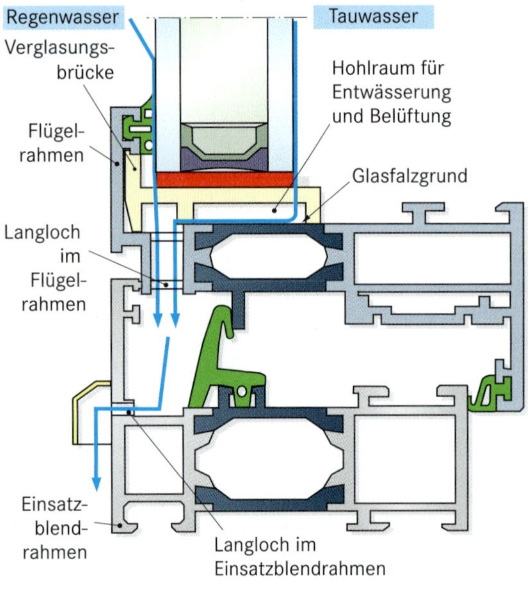

Abb. 2: Belüftung und Entwässerung des Glasfalzes

Durch die ungehinderte Belüftung wird außerdem ein schnelles Abtrocknen des Glasfalzgrundes erreicht. Die Abtrocknung ist notwendig, da der Randverbund des Isolierglases bei dauerhaftem Wasserkontakt zerstört wird. Dies hätte eine erhebliche Reduzierung der Lebensdauer des Isolierglases zur Folge.

Ausrichten des Isolierglases

Das Isolierglas ist nach dem Einsetzen in den Flügelrahmen auszurichten. Das Ausrichten des Isolierglases im Flügelrahmen erfolgt mit flachen Kunststoffklötzen. Aus diesem Grund wird das Ausrichten auch als Klotzen bezeichnet.

Die Kunststoffklötze werden vom Systemhersteller in verschiedenen Dicken geliefert. Die Dicke der Klötze ist durch Farben gekennzeichnet (Abb. 3).

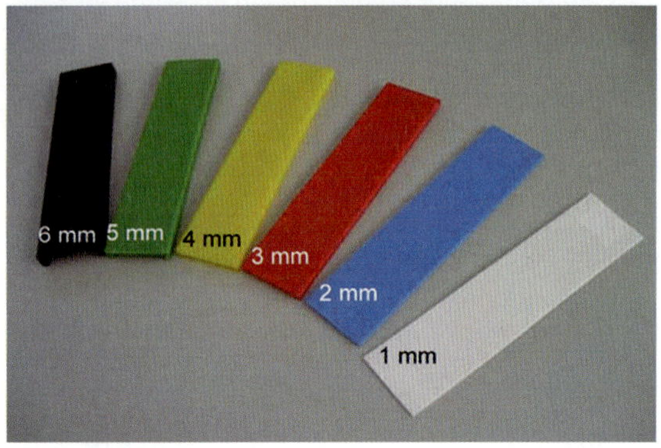

Abb. 3: Klotzfarben

Die unterschiedlichen Dicken sind zum Ausrichten notwendig. Bevor das Isolierglas eingesetzt wird, werden die Klötze auf die Verglasungsbrücken des unteren Flügelrahmenschenkels gelegt (Abb. 4).

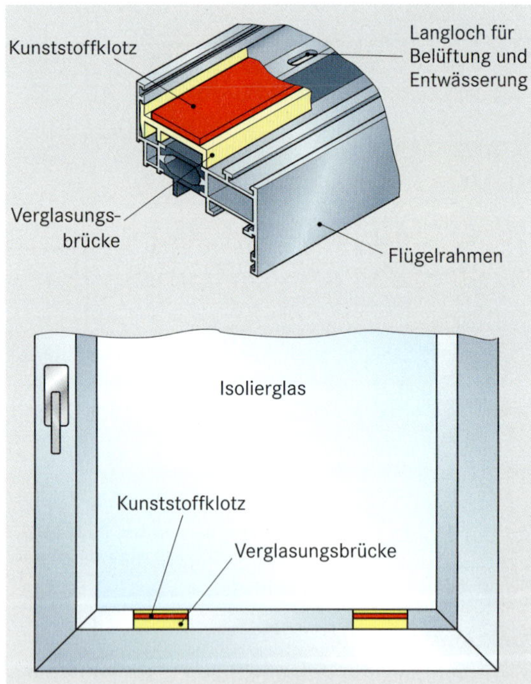

Abb. 4: Lage der Klötze auf den Verglasungsbrücken des unteren Rahmenschenkels

Zum Klotzen des Drehkippflügels werden mehrere Klötze benötigt. Einige davon werden als Tragklötze eingebaut und andere als Distanzklötze. Die Tragklötze verhindern bei geöffnetem Fenster das Verziehen des Flügelrahmens durch das Gewicht des Isolierglases. Durch die Distanzklötze wird das Isolierglas zusätzlich fixiert.

Klotzen

Klötze haben folgende Aufgaben:

- Ausrichten und Fixieren des Isolierglases im Flügelrahmen und
- Stabilisierung des Flügelrahmens.

Lage der Klötze

Die Position der Klötze ist abhängig von der Öffnungsart des Fensterflügels. Diesbezüglich sind Klotzungsvorschläge zu berücksichtigen.

Außerdem sollen Klötze:

- Etwa eine Klotzlänge (80–100 mm) von den Rahmenecken auf den Verglasungsbrücken positioniert werden und
- auf der Vorderseite des Isolierglases etwa 1 mm überstehen.

Es wird unterschieden zwischen Trag- und Distanzklötzen:

Tragklötze übertragen das Glasgewicht auf den Flügelrahmen. Distanzklötze fixieren das Isolierglas im Flügelrahmen und verhindern dadurch das Verrutschen. Durch unterschiedlich dicke Klötze kann der Flügelrahmen rechtwinklig ausgerichtet werden.

Klotzlage unter dem Isolierglas

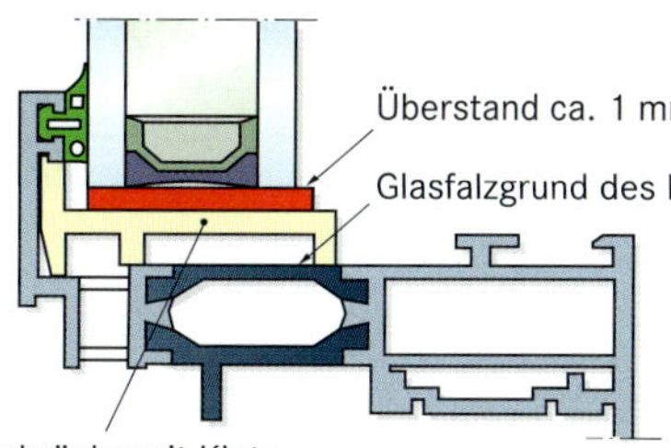

Bei Schiebeflügeln werden an den seitlichen Schenkeln elastische Distanzklötze aus stoßdämpfendem Kunststoff eingesetzt. Sie nehmen beim Öffnen und Schließen die seitlich wirkenden Kräfte der Verglasung auf.

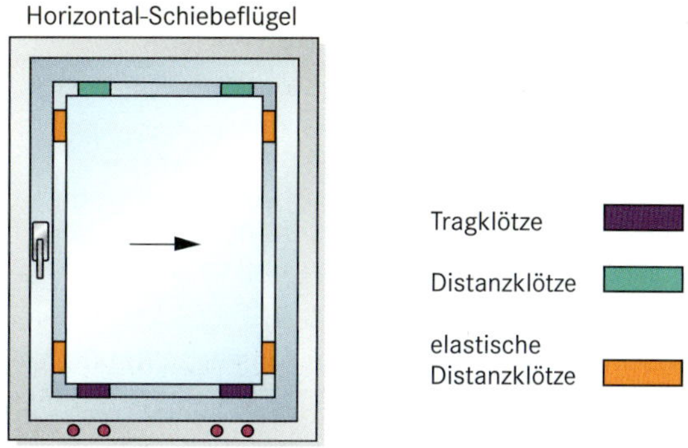

Klotzungsvorschläge für ausgewählte Öffnungsarten

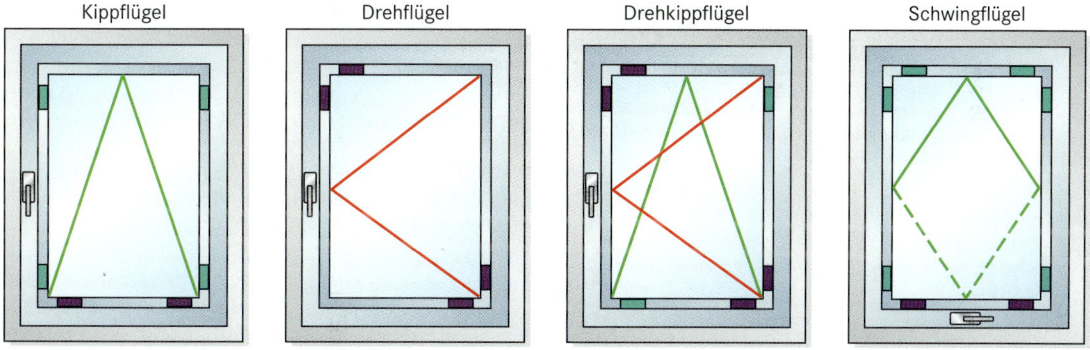

Befestigen der Glashalteleisten

Nachdem das Isolierglas eingesetzt und der Flügelrahmen fachgerecht geklotzt wurde, erfolgt die Befestigung der Glashalteleisten. Dazu sind zuvor Kunststoffhalter an den Glashalteleisten zu befestigen (Abb. 5). Durch diese werden die Glashalteleisten in der entsprechenden Aufnahmenut des Flügelrahmens eingeklemmt.

Bei der Montage sind zuerst die oberen und unteren und dann die seitlichen Leisten zu befestigen. Es wird empfohlen für einen Meter Glashalteleiste vier Kunststoffhalter zu verwenden.

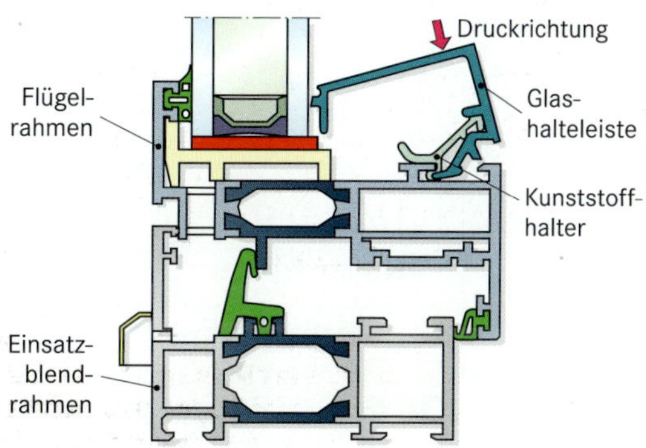

Abb. 5: Befestigung der Glashalteleiste

Eindrücken der inneren Glasdichtung

Das Eindrücken der inneren Glasdichtung erfolgt umlaufend beginnend von der Mitte des oberen Schenkels. Dazu wird das Isolierglas zunächst mit einem Verglasungskeil gegen die äußere Glasdichtung geschoben und die innere Glasdichtung eingedrückt (Abb. 1).

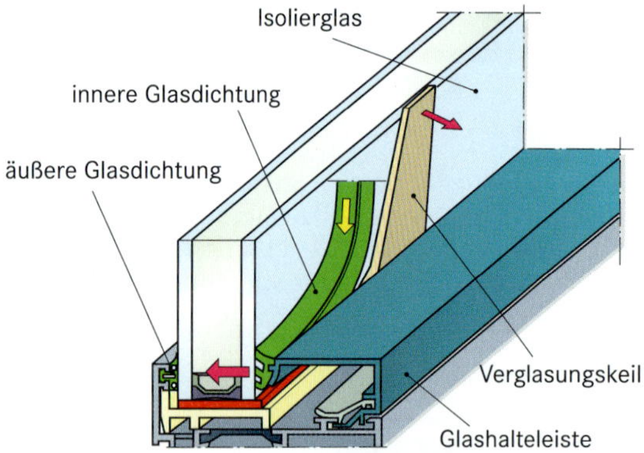

Abb. 1: Eindrücken der inneren Glasdichtung

Die innere Glasdichtung hat einen keilförmigen Querschnitt. Dadurch wird das Isolierglas gegen die äußere Dichtung gedrückt und es entsteht eine wasserdichte Verbindung.

Prüfen

Abschließend ist der Griff am Fenster zu montieren und eine Funktionskontrolle durchzuführen. Dabei wird überprüft, ob sich das Fenster problemlos öffnen und schließen lässt.

Wenn sich das Drehkippfenster nur durch Anheben des Flügelrahmens ohne Probleme schließen lässt, kann dies folgende Ursachen haben:

- Falsche Einstellung des Scheren- oder Drehkipplagers oder
- der Flügelrahmen ist nicht rechtwinklig ausgerichtet (Abb. 2).

Wenn eine Winkelabweichung vorliegt, dann sitzt der Flügelrahmen gegenüber der Bandseite unten zu stark auf dem Einsatzblendrahmen auf.

Diese Funktionsstörung ist durch Hochklotzen zu beseitigen. Ein Nachstellen der Beschlagteile ist zu vermeiden.

Hochklotzen des Flügelrahmens

Zum Hochklotzen sind die innere Glasdichtung und die Glashalteleisten zu demontieren. Bei einem hängenden Flügelrahmen ist der Tragklotz 1 gegen einen dickeren Tragklotz auszutauschen. Der Austausch ist nur möglich, wenn vorher der Tragklotz 2 und der Distanzklotz 3 entnommen werden. Für die Entnahme des Distanzklotzes 3 ist das Isolierglas mit einem Verglasungskeil nach oben zu drücken (Abb. 3).

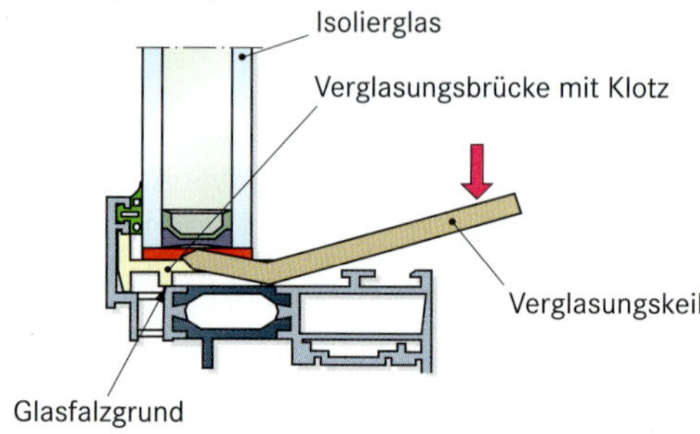

Abb. 3: Hochhebeln des Isolierglases mit einem Verglasungskeil

Nach der Entnahme des Distanzklotzes 3 wird das Isolierglas wieder abgesenkt. Der Tragklotz 1 kann dann entnommen werden. An dieser Stelle wird nun ein dickerer Tragklotz 4 eingelegt. Damit der Distanzklotz 5 eingelegt werden kann, ist das Isolierglas wieder mit einem Verglasungskeil nach oben zu drücken.

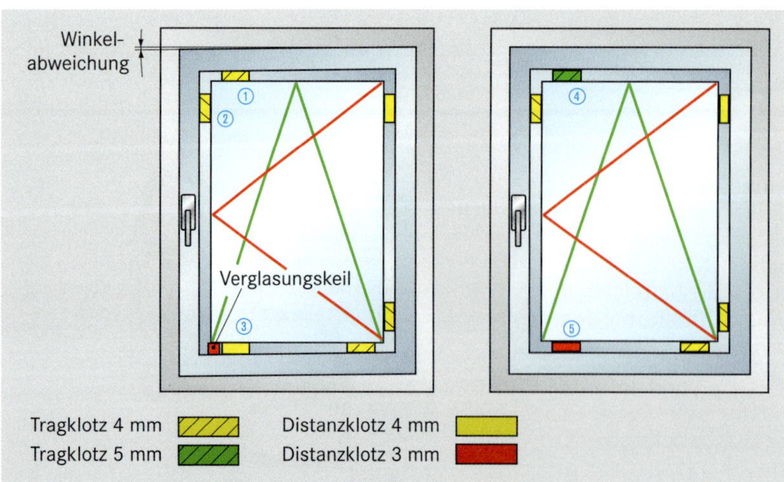

Abb. 2: Hochklotzen eines hängenden Drehkippflügels

Die Rechtwinkligkeit des Flügelrahmens ist hergestellt, wenn der Fensterflügel ohne größeren Kraftaufwand geöffnet und geschlossen werden kann und die Rahmendiagonalen gleich groß sind. Nachdem die korrekte Lage aller Klötze überprüft wurde, werden die Glashalteleisten wieder befestigt und die innere Glasdichtung wird eingedrückt.

Zusammenfassung

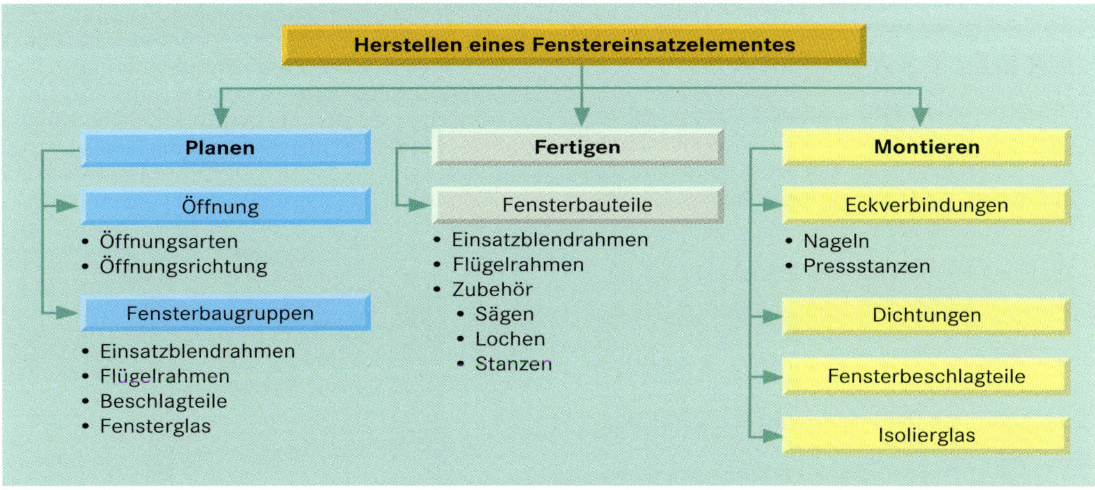

Aufgaben

1. Die Bezeichnung der Öffnungsrichtung von Fenstern erfolgt nach DIN links und DIN rechts. Skizzieren Sie die sinnbildliche Darstellung eines Drehfensters mit der Öffnungsrichtung DIN links.

2. Aus welchen Baugruppen besteht ein Fenstereinsatzelement?

3. Wie werden die Eckverbindungen von Systemprofilen aus Aluminium hergestellt?

4. Warum müssen die Gehrungsflächen der Profile vor dem Zusammensetzen mit den Eckverbindern mit Klebstoff bestrichen werden?

5. Nach dem Herstellen der Eckverbindungen müssen die Hohlräume der Profile im Bereich der Rahmenecken mit Klebstoff verfüllt werden.
a) Mit welcher Klebstoffart erfolgt das Verfüllen?
b) Warum ist das zusätzliche Verfüllen mit Klebstoff notwendig?

6. Nennen Sie die Dichtungen, die zum fachgerechten Abdichten von Fenstern notwendig sind, und erläutern Sie deren Funktion.

7. Beschreiben Sie, wie Feuchtigkeit aus den Hohlräumen der Fensterrahmen abgeführt wird.

8. Beschreiben Sie die Montage von Dichtungen mit Dichtungsecken.

9. Aus welchen Bauteilen besteht ein Standard-Drehkippbeschlag?

10. Durch welche Beschlagteile wird die Kippfunktion eines Drehkipp-Fensters ermöglicht?

11. Beschreiben Sie, wie der Flügelrahmen am Einsatzblendrahmen befestigt wird.

12. Skizzieren Sie den Aufbau eines Isolierglases mit Sonnenschutzbeschichtung. Kennzeichnen Sie in der Skizze die Innen- und Außenseite.

13. Beschreiben Sie das Einsetzen eines Isolierglases in den Flügelrahmen.

14. Bei bestimmten Fensteröffnungsarten werden Tragklötze und Distanzklötze benötigt.
a) Welche Funktionen haben die Klötze?
b) Weshalb werden die Klötze in verschiedenen Dicken angeboten?

15. Beschreiben Sie, wie das Eindrücken der inneren Glasdichtung erfolgt.

16. Ein Fenster lässt sich nur schließen, wenn der Flügelrahmen auf der Griffseite angehoben wird.
a) Erläutern Sie, welche Ursachen diese Fehlfunktion haben kann.
b) Beschreiben Sie, wie die Fehlfunktion korrigiert werden kann.

11.3 Montieren einer Fassade

ARBEITSAUFTRAG

Die in der Werkstatt vormontierten Fassadenelemente sind am Bauwerk zu befestigen. Nach der Befestigung sind die Einsatzelemente zu montieren und alle erforderlichen Abdichtungen herzustellen.

Die Fassadenmontage erfolgt in drei Schritten:

- Befestigen der Fassadenelemente am Bauwerk,
- Einsetzen der Einsatzelemente und
- Abdichten der Fugen zwischen den Fassadenelementen und dem Bauwerk.

Informieren

11.3.1 Befestigen der Fassadenelemente am Bauwerk

Nach der Lage der Fassade am Bauwerk wird unterschieden zwischen:

- vorgehängten und
- eingestellten Fassaden (Abb. 1).

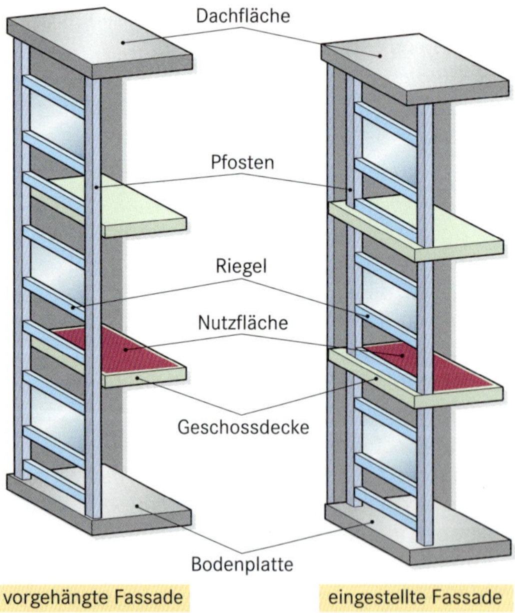

Abb. 1: Befestigungsmöglichkeiten der Fassade

Bei vorgehängten Fassaden werden die Pfosten auf der Bodenplatte, unter dem Dach und an den Stirnseiten der Geschossdecken befestigt. Die Befestigung der Pfosten von eingestellten Fassaden erfolgt von Stockwerk zu Stockwerk getrennt, jeweils an den Ober- und Unterseiten der Geschossdecken.

Befestigungspunkte

Jeder Pfosten wird durch mindestens zwei Lagerpunkte am Bauwerk befestigt. Dabei muss ein Punkt so gestaltet werden, dass Längenänderungen des Pfostens infolge von Temperaturschwankungen ausgeglichen werden können. Diese Befestigungspunkte werden als Lospunkte oder Loslager bezeichnet. Punkte, die sich nicht bewegen, werden als Festpunkte oder Festlager bezeichnet (Abb. 2).

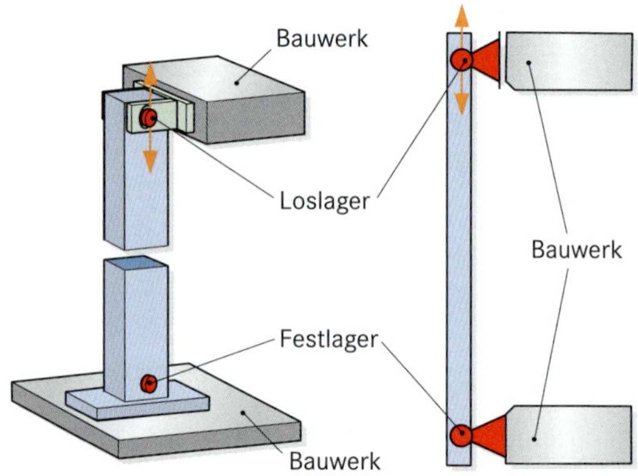

Abb. 2: Befestigungspunkte

Je nach Position der Festlager wird unterschieden zwischen stehenden und hängenden Konstruktionen (Abb. 3).

Die herzustellende Fassade ist eine stehende Konstruktion. Hier werden die Pfosten der Fassadenelemente unten fest und oben lose am Bauwerk befestigt. Bei hängenden Konstruktionen bildet der Kopfpunkt das Festlager und der Fußpunkt das Loslager.

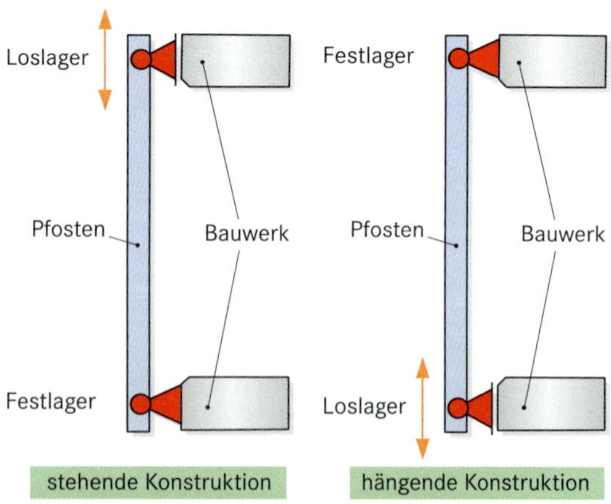

Abb. 3: Anordnungsmöglichkeiten von Festlagern

Befestigungselemente

Die Pfosten werden durch Befestigungselemente mit dem Bauwerk verbunden. Diese werden als Zubehör vom Systemhersteller angeboten, können aber auch aus Halbzeugen selbst hergestellt werden.

Die Befestigungselemente werden entsprechend ihrer Position am Pfosten bezeichnet als:

- Fußlager,
- Lagerschuh und
- Kopflager (Abb. 4).

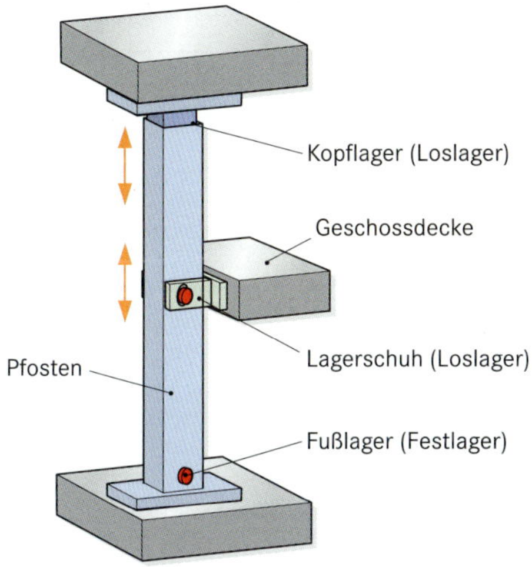

Abb. 4: Lage und Bezeichnung von Befestigungselementen

Die Pfosten der Fassadenelemente werden durch jeweils ein Fußlager, einen Lagerschuh und ein Kopflager mit dem Bauwerk verbunden. Die verwendeten Befestigungselemente sollen:

- korrosionsbeständig sein und
- ausreichende Verstellmöglichkeiten in horizontaler, vertikaler und seitlicher Richtung haben (Abb. 5).

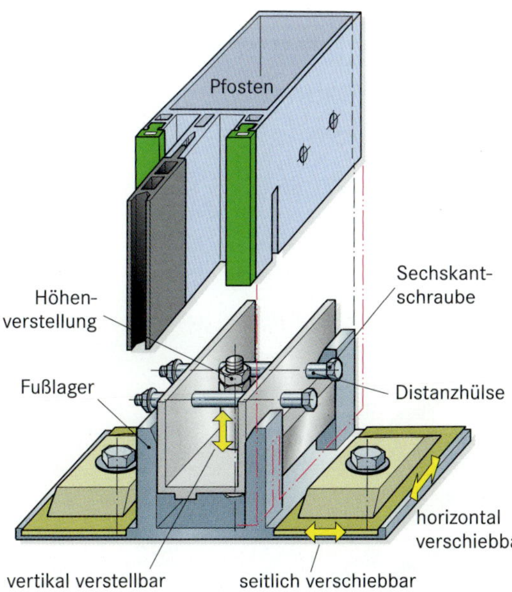

Abb. 5: Verstellmöglichkeiten eines Fußlagers

Durch die Verstellmöglichkeiten der Befestigungselemente wird die Montage erheblich vereinfacht und Maßabweichungen am Bauwerk können ausgeglichen werden.

Die Pfosten werden durch jeweils zwei Sechskantschrauben fest mit den Fußlagern verbunden, dadurch sind nach der Montage keine Vertikalbewegungen der Pfosten möglich.

An den Lagerschuhen und Kopflagern hingegen können sich die Pfosten auch nach der Montage in vertikaler Richtung bewegen. Durch diese Loslager können Längenänderungen ausgeglichen werden (Abb. 6).

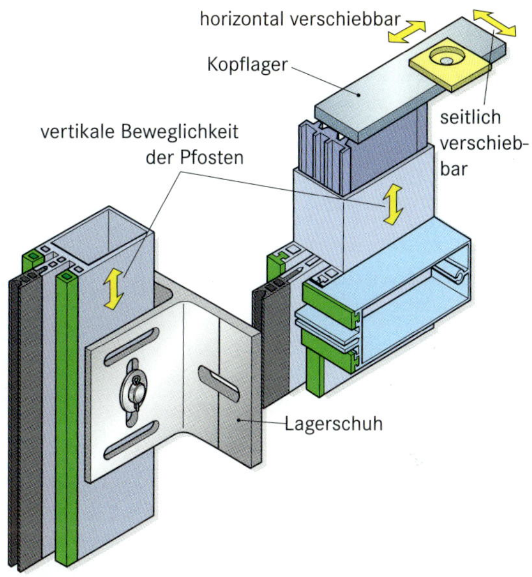

Abb. 6 : Längenausgleich durch die Loslager

Zur Befestigung von eingestellten Fassaden können die gleichen Befestigungselemente wie bei vorgehängten Fassaden verwendet werden.

Die Montage der Befestigungselemente am Bauwerk erfolgt mit geeigneten Dübeln. Bei der Auswahl des Dübelsystems sind die erwarteten Belastungen und die Beschaffenheit des Bauwerks zu beachten.

Montieren

Die herzustellende Fassade ist als vorgehängte Fassade zu montieren. Die Montage soll in der Leiterbauweise erfolgen.

Bei dieser Montagevariante werden die Pfosten der einzelnen vorgefertigten Fassadenelemente zunächst durch die Fuß- und Kopflager lose mit dem Bauwerk verbunden. So ist das Ausrichten der Fassadenelemente am Bauwerk möglich. Die Pfosten der einzelnen Fassadenelemente werden nur oben und unten am Bauwerk befestigt. Deshalb werden für die Montage keine Lagerschuhe benötigt. Zwischen den einzelnen Fassadenelementen ist jeweils eine Riegellänge entsprechend der Rasterbreite freizulassen.

Zum Ausrichten der Fassadenelemente sind folgende Arbeitsschritte notwendig:

- Elemente lotrecht sowie zu einer gemeinsamen Fassadenebene ausrichten und
- Elemente parallel zueinander ausrichten.

Bei der Montage werden zunächst die Pfosten durch horizontales Verschieben der Fußlager entlang einer Hilfslinie ausgerichtet (Abb. 1). Dann erfolgt durch horizontales Verstellen der Kopflager das lotrechte Ausrichten der Fassadenelemente vor dem Bauwerk.

Das Ausrichten wird mit einer Richtschnur, an deren Ende ein Senkblei befestigt ist, oder mit einer geeigneten Wasserwaage überprüft.

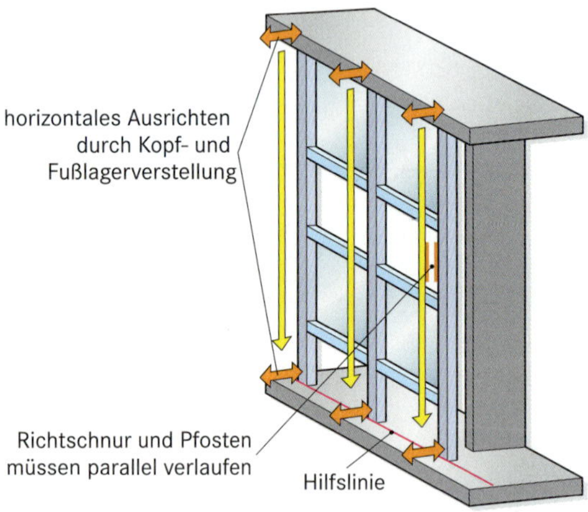

Abb. 1: Ausrichten eines Fassadenelementes

Beim Ausrichten von Fassadenelementen ist zu beachten, dass jeder Pfosten einzeln ausgerichtet wird. Dadurch werden Verspannungen im Element vermieden.

Wenn alle Elemente lotrecht ausgerichtet sind und eine gemeinsame Fassadenebene bilden, können die Fuß- und Kopflager am Bauwerk fixiert werden (Abb. 2).

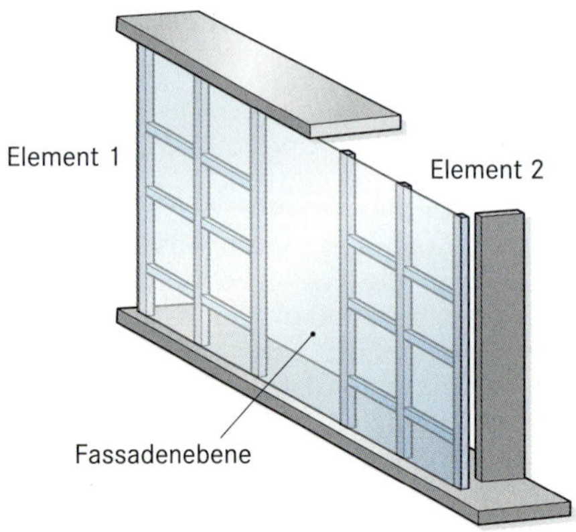

Abb. 2: Gemeinsame Ebene von Fassadenelementen

Danach erfolgt das parallele Ausrichten der einzelnen Fassadenelemente zueinander (Abb. 3).

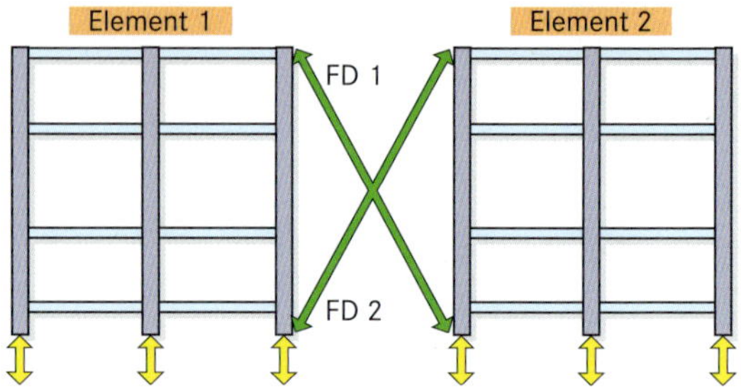

Abb. 3: Paralleles Ausrichten von Fassadenelementen

Dazu werden die Pfosten durch die Höhenverstellung der Fußlager angehoben. Die Veränderung der Höhenlage der Pfosten kann durch die Kopflager aufgenommen werden, da diese als Loslager ausgelegt sind und seitlich verschiebbar sind. Beim Ausrichten sind ständig die Felddiagonalen FD1 und FD2 zu messen. Wenn FD1 und FD2 unter Berücksichtigung der vorgegebenen zulässigen Maßabweichung gleich groß sind, dann sind die Fassadenelemente parallel ausgerichtet.

Nach dem Ausrichten werden die einzelnen Fassadenelemente miteinander verbunden. Dies erfolgt durch Montageriegel, die zwischen die Einzelelemente geschoben werden (Abb. 4).

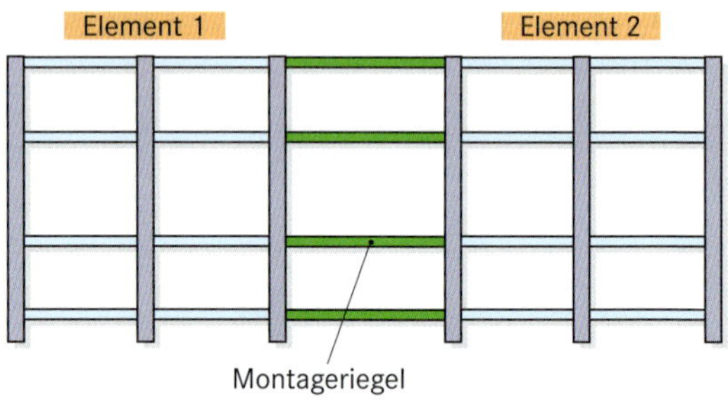

Abb. 4: Durch Montageriegel verbundene Fassadenelemente

In die für die Verbindung der Fassadenelemente verwendeten Montageriegel werden Federbolzen-T-Verbinder eingebaut (Abb. 5).

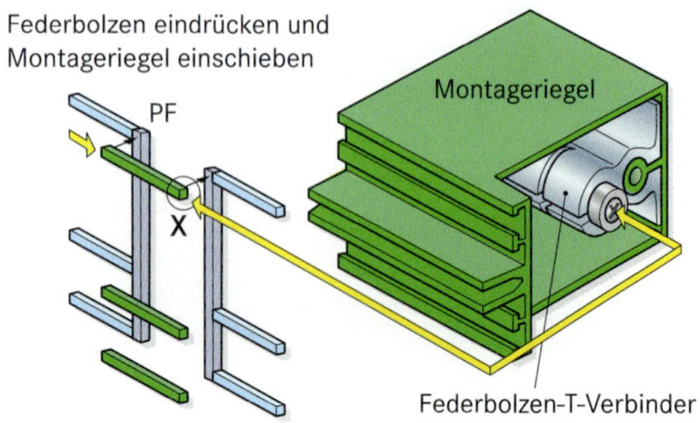

Abb. 5: Riegel mit Federbolzen-T-Verbinder

Zur Montage werden die Federbolzen der T-Verbinder eingedrückt und die Montageriegel zwischen die bereits montierten Pfosten geschoben. Wenn die Federbolzen in den entsprechenden Bohrungen der Pfosten eingerastet sind, werden die Montageriegel durch Schrauben an den Pfosten fixiert (Abb. 6).

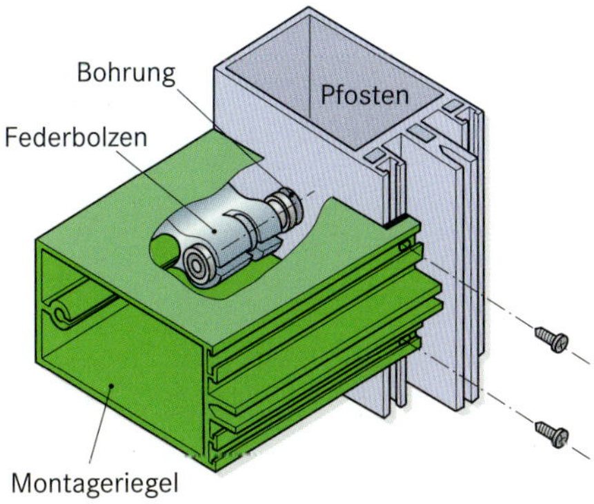

Abb. 6: Befestigung eines Montageriegels

Die Montageriegel können nicht zerstörungsfrei demontiert werden.

Neben der Leiterbauweise wird unterschieden zwischen

- der Stabbauweise und
- der Elementbauweise.

Bei der Stabbauweise werden die Pfosten und Riegel ohne Vormontage direkt am Bauwerk befestigt (Abb. 7).

Diese Montage wird vor allem bei komplizierten Bauwerksstrukturen, versetzten Geschossdecken und im Rahmen der Sanierung alter Bauwerksfassaden angewendet. Die Montagefolge wird auf Ausführungszeichnungen durch Ziffern vorgegeben.

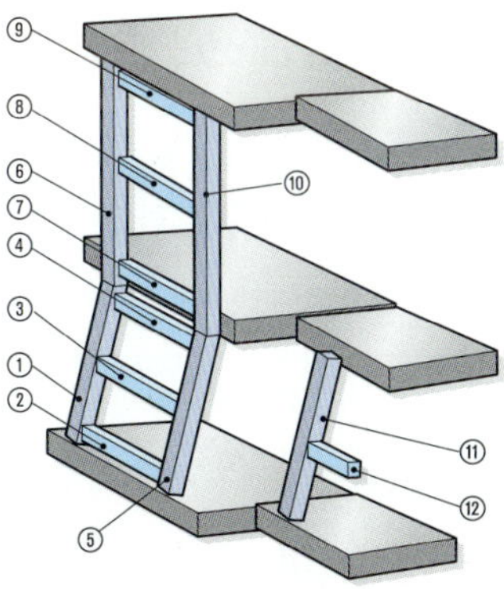

Abb. 7: Montagereihenfolge bei der Stabbauweise

Nachteil der Stabbauweise ist der höhere Montageaufwand auf der Baustelle.

Die Elementbauweise wird bei Elementfassaden angewendet. Elementfassaden bestehen aus industriell vorgefertigten Fassadenteilen.

Bei der Montage werden vollständig zusammengebaute Fassadenteile am Bauwerk befestigt (Abb. 8).

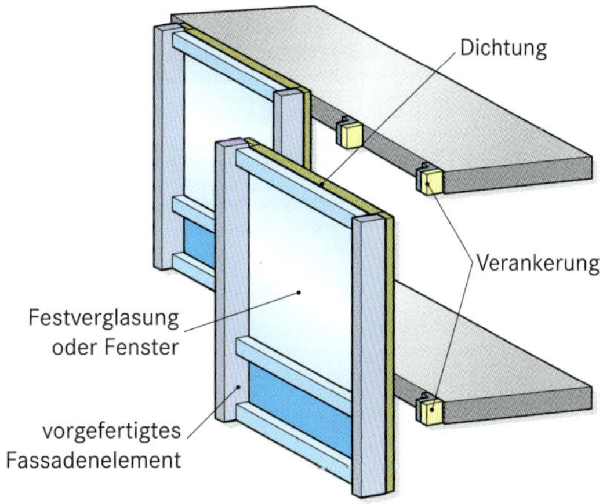

Abb. 8: Fassadenmontage durch die Elementbauweise

Durch die Elementbauweise wird die Montagezeit auf der Baustelle erheblich reduziert, weil:

- der Einbau von Einsatzelementen, Isoliergläsern und Dichtungen auf der Baustelle nicht mehr erforderlich ist und
- durch die Verwendung von Kranen und Hebebühnen kein Baugerüst benötigt wird.

Die Elementbauweise wird vor allem bei großen und ebenen Bauwerkstrukturen verwendet.

11.3.2 Einsetzen der Einsatzelemente

Nach der Befestigung der Fassadenkonstruktion am Bauwerk werden die Einsatzelemente eingesetzt. Für die Fassade sind

- Fenstereinsatzelemente und
- feststehende Glaseinsätze

vorgesehen.

An welcher Stelle die Fenstereinsatzelemente und die Glaseinsätze einzusetzen sind, kann dem Fassadenraster entnommen werden (Abb. 9).

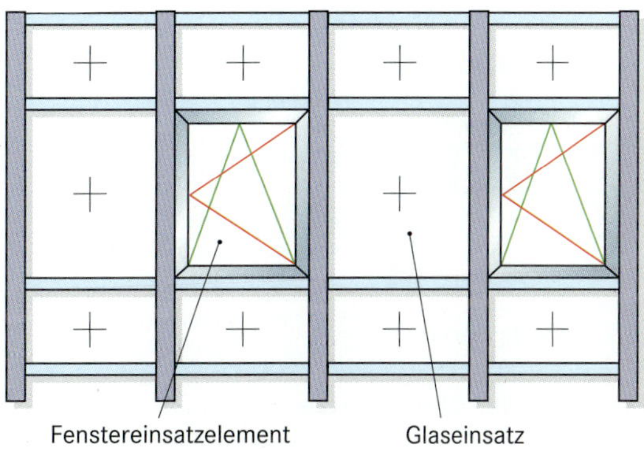

Abb. 9: Ausschnitt Fassadenraster

Die Fenstereinsatzelemente werden in der Werkstatt hergestellt. Bei der Herstellung der Fenstereinsätze werden für die Blendrahmen speziell geformte Hohlprofile verwendet. Diese werden als Einsatzblendrahmen bezeichnet. Die Montage der Einsatzelemente erfolgt über die Befestigungsadapter der Einsatzblendrahmen (Abb. 1).

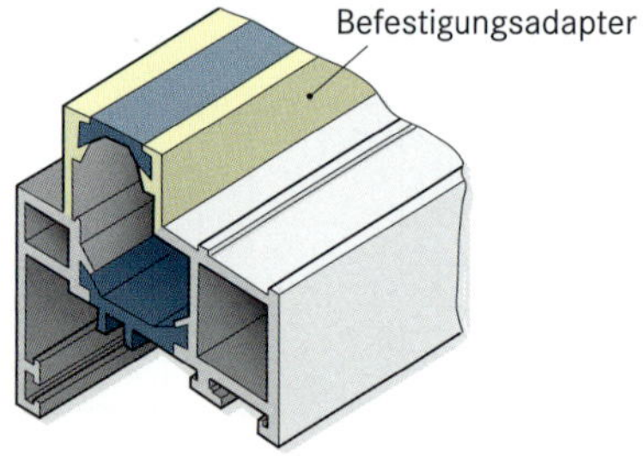

Abb. 1: Einsatzblendrahmen

Nach dem Einsetzen und Ausrichten des Einsatzelementes werden mit einer Handbohrmaschine zunächst Löcher durch den Befestigungsadapter in die Pfosten und Riegelprofile gebohrt (Abb. 2). Die Befestigung der Einsatzelemente erfolgt an jedem Schenkel mit jeweils zwei Blechschrauben ST 4,8 x 50, die durch den Befestigungsadapter in die Dichtungsaufnahmenuten der Pfosten und Riegel geschraubt werden. Zur Stabilisierung wird der Einsatzblendrahmen zusätzlich mit Blechschrauben ST 4,8 x 13 an den Pfosten und Riegeln befestigt.

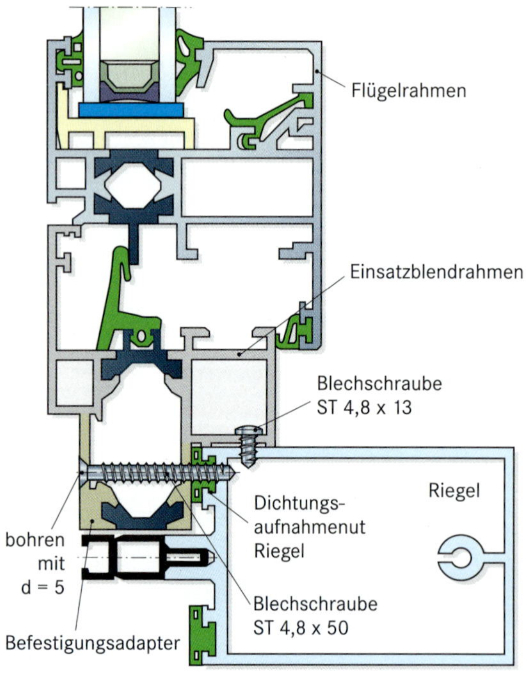

Abb. 2: Befestigung eines Fenstereinsatzes

Einsetzen der Glaseinsätze

Die feststehenden Glaseinsätze bestehen aus Isolierglas und werden vom Glashersteller geliefert.

Beim Einsetzen der Glaseinsätze sind grundsätzlich die selben Vorgaben zu beachten, die für das Einsetzen von Isolierglas in einen Fensterrahmen gelten. Zur Fixierung und Abdichtung der Glaseinsätze in der Fassadenkonstruktion werden folgende Zubehörteile benötigt (Abb. 3):

- Glasträger,
- Verglasungsbrücken,
- Dichtungskreuze und als Meterware
- Glasdichtungen,
- Andruckprofile.

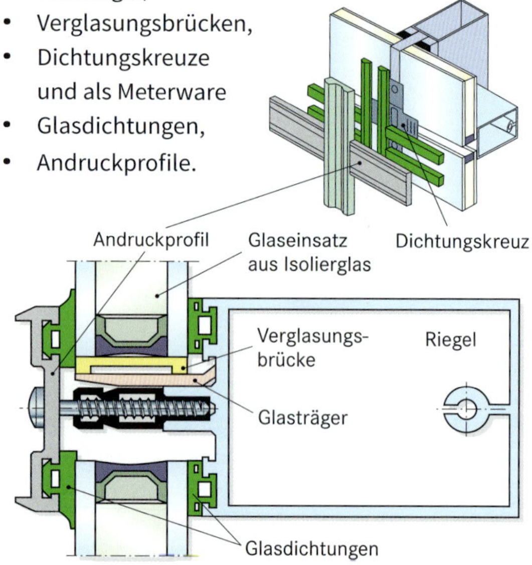

Abb. 3: Zubehör für Fassadenverglasung

Beim Einbau der Glaseinsätze sind folgende Montageschritte einzuhalten:

- Einlegen der Glasträger und Verglasungsbrücken,
- Einsetzen und Sichern der Isolierglaseinsätze,
- Eindrücken der Dichtungskreuze und
- Befestigen der Andruckprofile.

Einlegen der Glasträger und Verglasungsbrücken

Vor dem Einbau der Glaseinsätze werden in die Riegel Glasträger und Verglasungsbrücken eingelegt (Abb. 4).

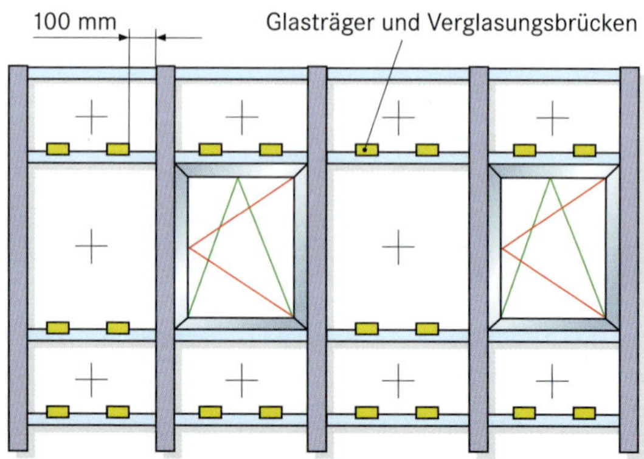

Abb. 4: Position der Glasträger und Verglasungsbrücken

Pro Glaseinsatz werden zwei Glasträger benötigt. Die Glasträger werden in die entsprechenden Aufnahmen der Riegel eingehakt (Abb. 5). Sie übertragen das Gewicht der Glaseinsätze auf die Riegel, so dass die darunter liegenden Isolationsprofile nicht beschädigt werden.

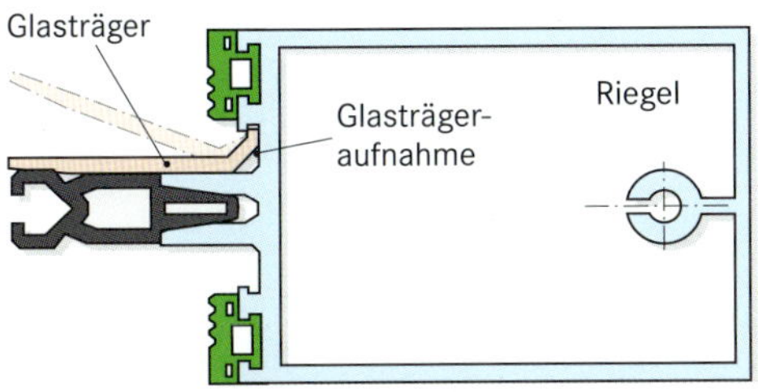

Abb. 5: Befestigung des Glasträgers am Riegelprofil

Auf die Glasträger werden die Verglasungsbrücken gelegt. Diese gewährleisten die Belüftung und Entwässerung des Riegelfalzgrundes (Abb. 6).

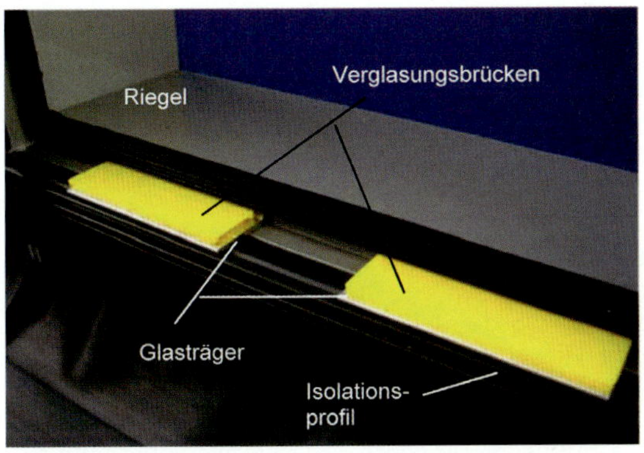

Abb. 6: Glasträger und Verglasungsbrücken auf dem Riegel

Einsetzen und Sichern der Glaseinsätze

Bevor die Glaseinsätze eingesetzt werden, müssen die Befestigungen für die Glashalter vorbereitet werden (Abb. 7). Die Glashalter sind Montagehilfen aus Federstahl, die das Herausfallen bereits eingesetzter Glaseinsätze während der weiteren Montage verhindern.

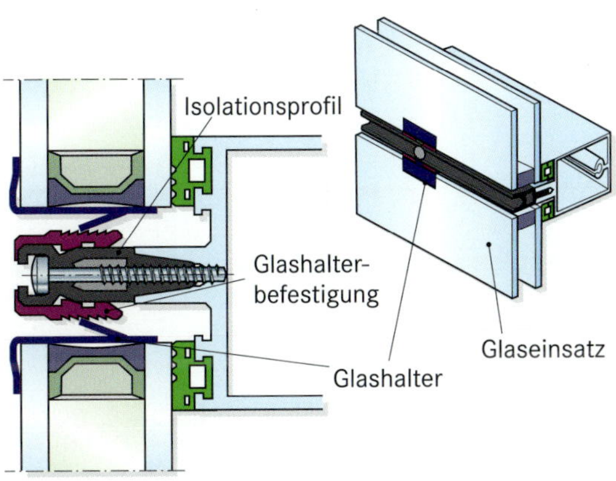

Abb. 7: Montagehilfe zur Fixierung der Glaseinsätze

Damit eingesetzte Glaseinsätze durch die Glashalter zuverlässig gegen das Herausfallen gesichert sind, werden an den Riegeln jeweils zwei Glashalterbefestigungen aus Kunststoff befestigt. Durch die Federkraft der Glashalter werden die Glashalterbefestigungen druckbelastet (Abb. 8).

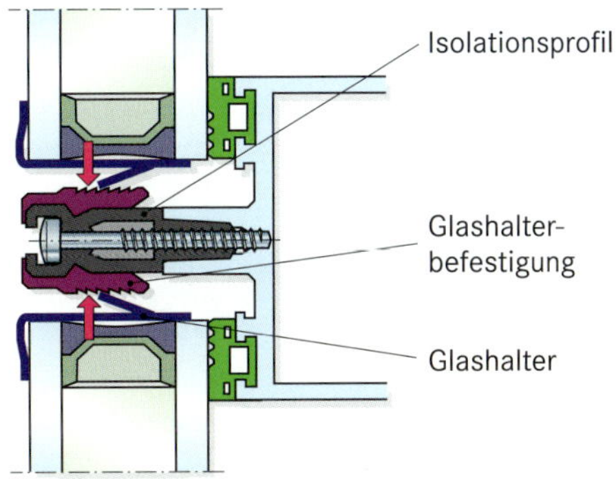

Abb. 8: Federkraft der Glashalter

Damit die Glashalterbefestigungen durch die Federkraft nicht zusammengedrückt werden, müssen an den Fügestellen zur Stabilisierung des Isolationsprofils zwei Sonderblechschrauben ST 5,5 x 24 in den Schraubkanal des Riegels geschraubt werden (Abb. 9).

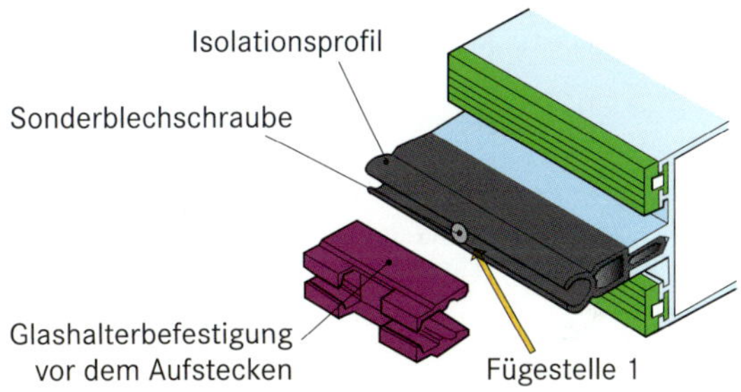

Abb. 9: Durch Sonderblechschraube stabilisiertes Isolationsprofil

Zur Stabilisierung des Isolationsprofils sind nur vom Systemhersteller vorgeschriebene Sonderblechschrauben zu verwenden. Der Schraubenkopf dieser Schrauben hat den zur Stabilisierung erforderlichen Durchmesser.

Bei der Befestigung der Glashalterbefestigungen ist darauf zu achten, dass diese direkt auf die stabilisierten Fügestellen gesteckt werden (Abb. 10).

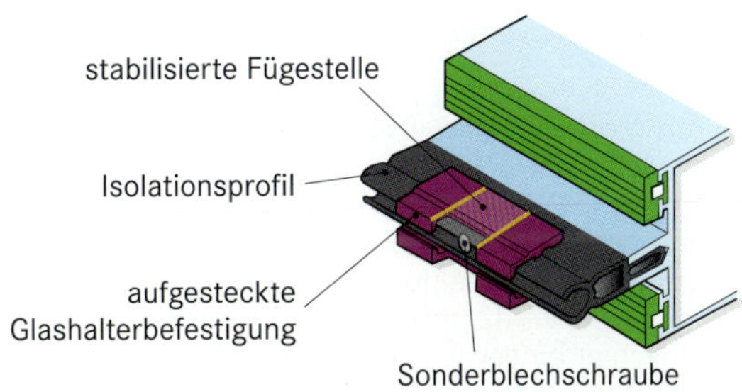

Abb.10: Glashalterbefestigung auf dem Isolationsprofil

Nach dem Aufstecken der Glashalterbefestigungen erfolgt das Einsetzen der Glaseinsätze. Diese werden zunächst auf den Verglasungsbrücken abgestellt und seitlich ausgerichtet.

Die ausgerichteten Glaseinsätze werden dann durch Glashalter für die weitere Montage fixiert (Abb. 1).

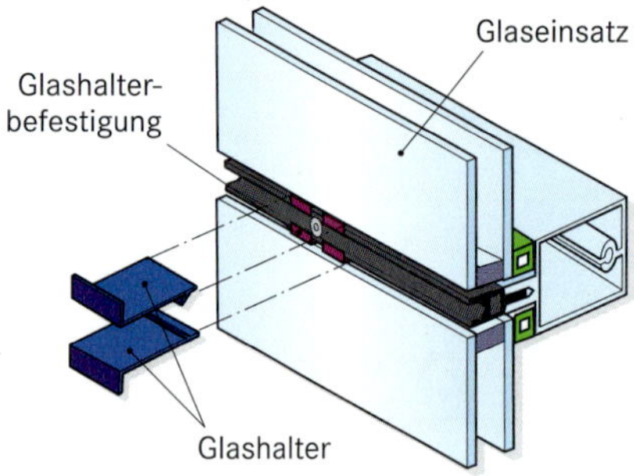

Abb. 1: Durch Glashalter gesicherte Glaseinsätze

Zur Fixierung werden die Glashalter in die Fuge zwischen Glaseinsatz und Glashalterbefestigung gedrückt. Pro Glaseinsatz werden vier Glashalter benötigt.

Das Sichern der Glaseinsätze kann auch mit Resten von Andruckprofilen erfolgen (Abb. 2). Die selbst hergestellten Montagehilfen werden als „Verglasungsstücke" bezeichnet.

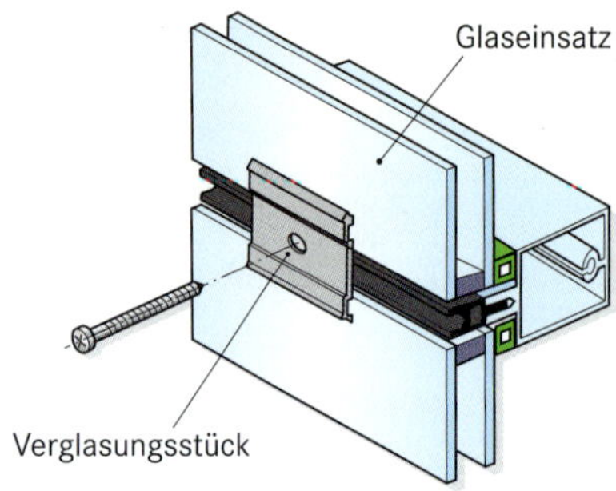

Abb. 2: Mit Verglasungsstück gesicherte Glaseinsätze

Diese zunächst kostengünstiger erscheinende Variante hat den Nachteil, dass die Verglasungsstücke vor der Befestigung der Andruckprofile wieder entfernt werden müssen. Durch den zusätzlichen Montageaufwand wird der Kostenvorteil gegenüber den Glas-haltern wieder aufgehoben. Die Glashalter verbleiben als verlorene Montagehilfen in der fertigen Fassade.

Durch Montagehilfen fixierte Glaseinsatzelemente sind noch nicht sicher mit der Fassadenkonstruktion verbunden. Diese Elemente dürfen bis zur Befestigung der Andruckprofile noch nicht belastet werden. Personen, die auf der Innenseite mit Montagearbeiten beschäftigt sind, müssen auf die bestehende Unfallgefahr hingewiesen werden. Dazu sind alle vormontierten Einsatzelemente auf der Innenseite mit einem Baustellenaufkleber zu kennzeichnen.

Eindrücken der Dichtungskreuze

Zur besseren Abdichtung gegen Witterungseinflüsse werden an den Kreuzungspunkten zwischen den Pfosten und Riegeln Dichtungskreuze montiert (Abb. 3).

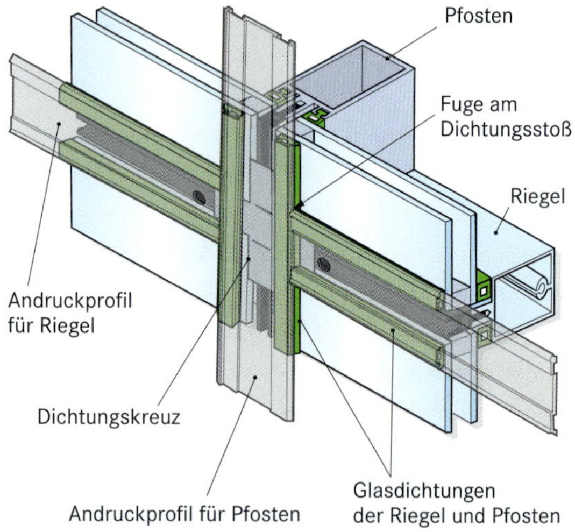

Abb. 3: Dichtungskreuz am Kreuzungspunkt zwischen Pfosten und Riegel

Die Dichtungskreuze dichten die Fugen an den Dichtungsstößen ab. Diese Fugen entstehen an den Stellen, wo die äußeren Glasdichtungen der Pfosten und Riegel zusammentreffen. Durch die äußeren Glasdichtungen wird das Eindringen von Feuchtigkeit in die Fassadenkonstruktion verhindert. Sie werden durch die Andruckprofile gegen die Einsatzelemente gedrückt.

Dichtungskreuze bestehen aus Kunststoff und werden als Zubehör geliefert. Sie sind an allen Kreuzungspunkten, Ecken und T-Stößen zu montieren (Abb. 4).

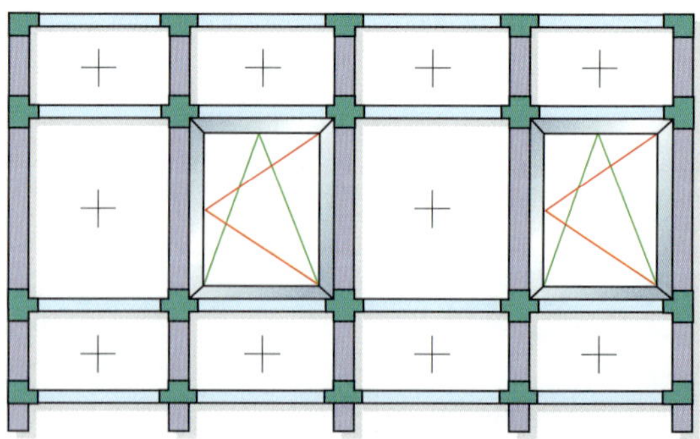

Abb. 4: Lage der Dichtungskreuze

Zur Abdichtung von Ecken und T-Stößen werden Dichtungsstücke verwendet, die aus Dichtungskreuzen hergestellt werden. Dazu sind die nicht benötigten Teile von den Dichtungskreuzen abzuschneiden.

Bei der Montage wird die mittlere Befestigungslippe des Dichtungskreuzes in den Schraubkanal des Isolationsprofils gedrückt (Abb. 5).

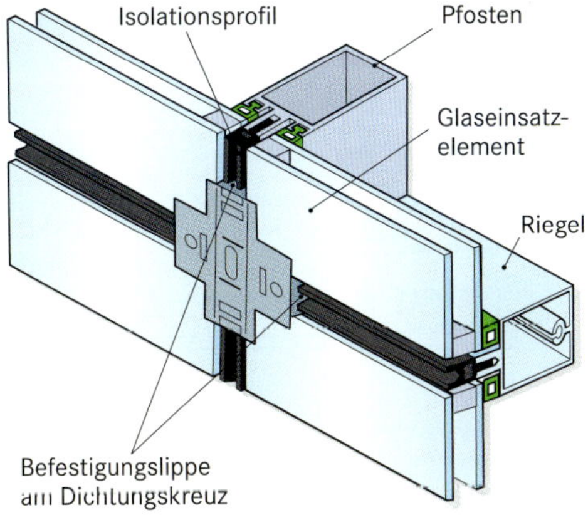

Abb. 5: Befestigung des Dichtungskreuzes

Befestigen der Andruckprofile und der äußeren Glasdichtungen

Nach der Befestigung aller Dichtungskreuze erfolgt die Montage der Andruckprofile (Abb. 6).

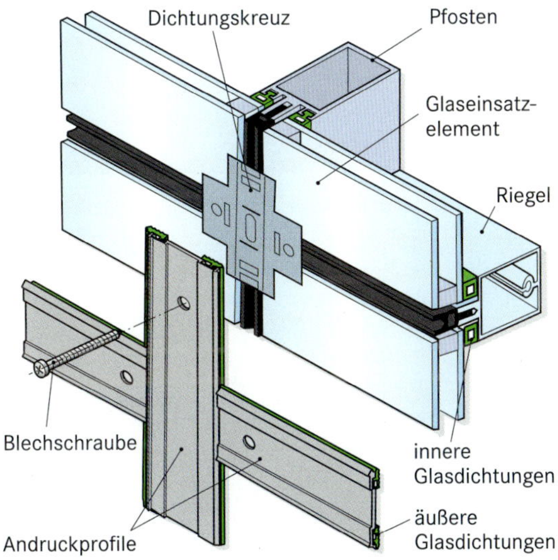

Abb. 6: Bauteile zur Befestigung von Fassadenelementen

Durch die Andruckprofile werden die Glaseinsätze fest mit den Pfosten- und Riegelprofilen verbunden. Außerdem wird die Fassadenkonstruktion durch die äußeren Glasdichtungen, die mit den Andruckprofilen gegen die Glaseinsätze gedrückt werden, vor Witterungseinflüssen geschützt.

Die Andruckprofile aus Aluminium werden vom Systemanbieter als Meterware geliefert. Zur Verringerung des Montageaufwands besitzen die Profile bereits vorgestanzte Löcher.

Diese Löcher sind im Abstand von 250 mm mittig auf den Profilen.

Für die Pfosten und Riegel werden Andruckprofile mit dem gleichen Querschnitt verwendet (Abb. 7).

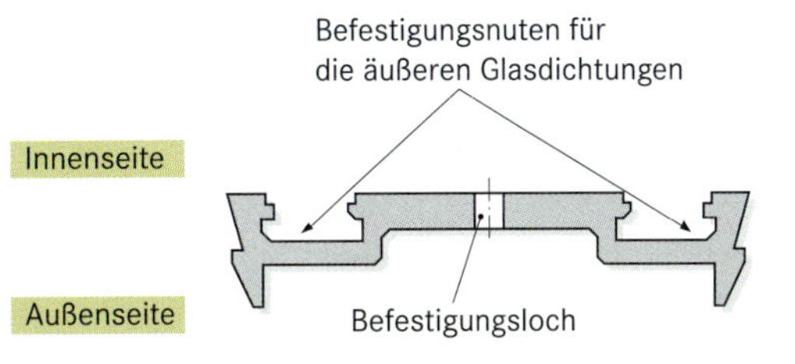

Abb. 7: Profilquerschnitt

Die Andruckprofile sind in der Werkstatt für die Montage vorzubereiten. Dabei werden nach dem Ablängen zunächst fehlende Endlöcher gebohrt oder gestanzt (Abb. 8). In die Pfostenandruckprofile sind zusätzlich oben und unten Langlöcher für die Entwässerung und Belüftung zu stanzen. Abschließend werden in alle Andruckprofile die äußeren Glasdichtungen gedrückt.

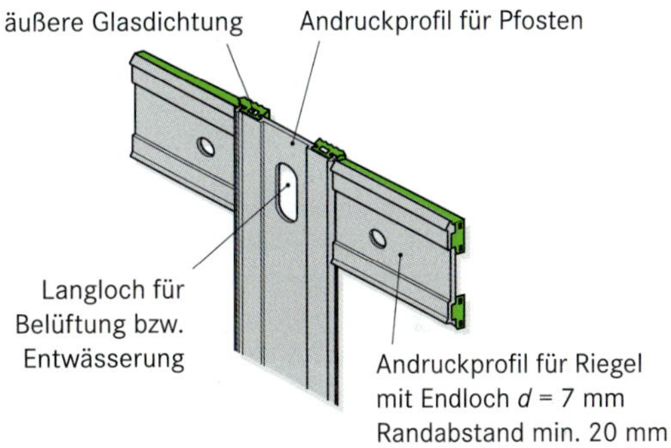

Abb. 8: Für Montage vorbereitete Andruckprofile

Bei der Montage auf der Baustelle werden zuerst die Pfosten- und danach die Riegelandruckprofile befestigt (Abb. 9).

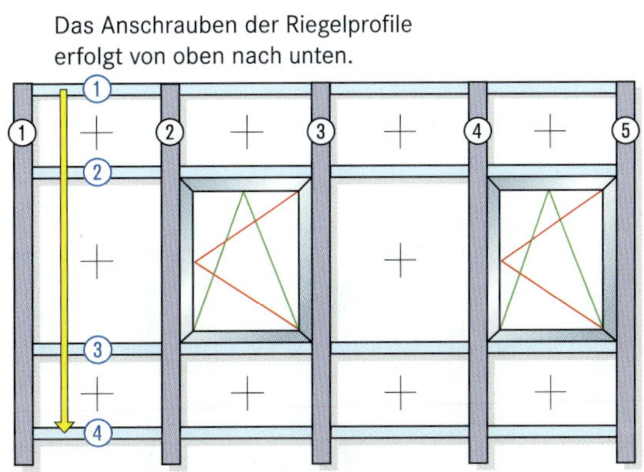

Abb. 9: Montagereihenfolge der Andruckprofile

Damit sich die langen dünnen Pfostenandruckprofile bei der Montage nicht verbiegen, werden sie von oben nach unten befestigt. Dabei werden die Profile an den vorgestanzten Löchern (Lochabstand 250 mm) mit den Pfosten verbunden.

Die Befestigung der Andruckprofile erfolgt mit Blechschrauben ST 5,5 x 36 über die Isolationsprofile an den Schraubkanälen der Pfosten (Abb. 1).

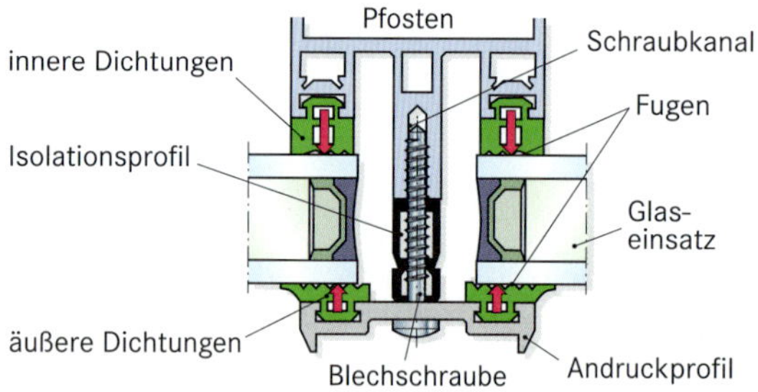

Abb. 1: Befestigung des Andruckprofils am Pfosten

Beim Eindrehen schneidet die Blechschraube ein Innengewinde in den Schraubkanal. Dadurch kann das Andruckprofil mit der zur Abdichtung erforderlichen Druckkraft auf das Einsatzelement gedrückt werden.

Das Eindrehen der Blechschrauben muss mit einem Drehmoment von ca. 4,5 Nm erfolgen. So wird erreicht, dass das Andruckprofil überall mit gleichem Anpressdruck an den Glaseinsätzen anliegt. Bei einem zu niedrigen Anpressdruck besteht die Gefahr, dass über die Fugen zwischen den Glasdichtungen und dem Einsatzelement Feuchtigkeit in die Fassadenkonstruktion eindringt. Ein zu hoher Anpressdruck kann eine Beschädigung der Dichtung zur Folge haben.

Anschließend erfolgt die Befestigung der Riegelandruckprofile. Dazu werden bei langen Profilen durch die vorgestanzten Bohrungen Montagehilfen gesteckt (Abb. 2).

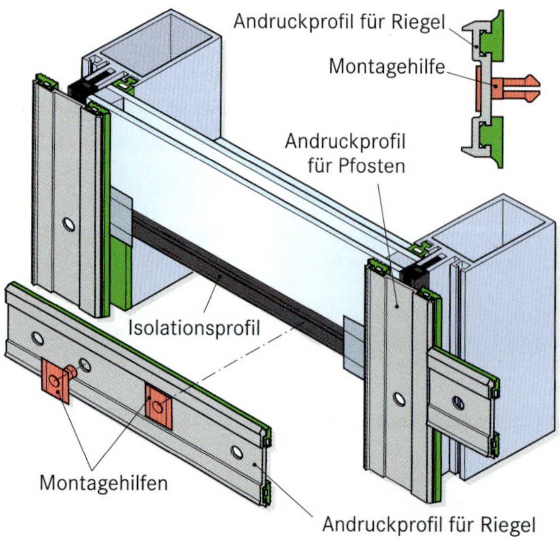

Abb. 2: Montage der Riegelandruckprofile mit Montagehilfen

Die Andruckprofile werden zusammen mit den Montagehilfen in die Isolationsprofile der Riegel gedrückt, so dass sie für die weitere Montage fixiert sind (Abb. 3).

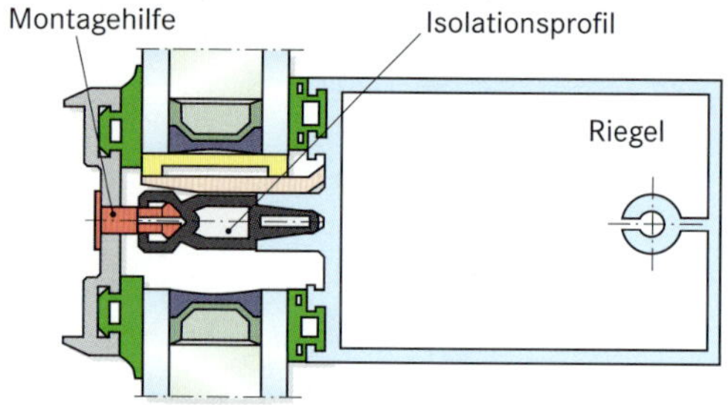

Abb. 3: Befestigung eines Riegelandruckprofils mit Montagehilfe

Die endgültige Befestigung erfolgt wie bei den Pfostenandruckprofilen mit Blechschrauben an den Schraubkanälen der Riegel.

11.3.3 Abdichten der Anschlussfugen

Nach dem Einsetzen der Fenstereinsatzelemente und der Glaseinsätze erfolgt die Abdichtung der Bauanschlussfugen zwischen der Fassadenkonstruktion und dem Bauwerk (Abb. 4).

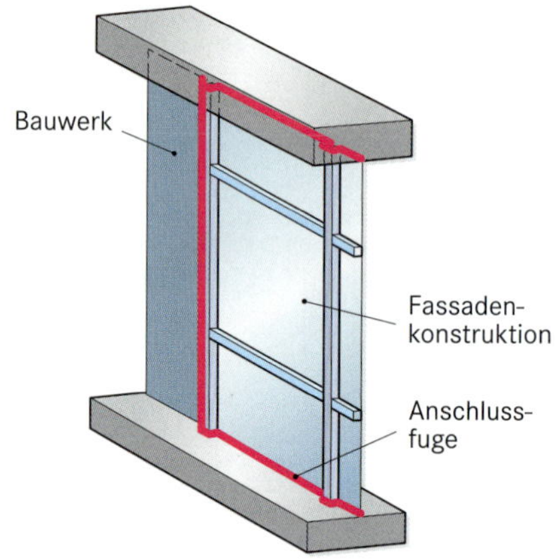

Abb. 4: Bauanschlussfugen

Neben den Vorschriften bezüglich des Wärme-, Feuchtigkeits-, Schall- und Brandschutzes sind bei der Abdichtung die baulichen Gegebenheiten der Anschlussfugen der Fassade zu beachten. Zur Abdichtung der Anschlussfugen sind geeignete Dichtstoffe zu verwenden.

Dazu gehören:

- Dichtfolien,
- Dichtschnüre oder -bänder und
- Fugendichtstoffe auf Silikonbasis.

Außerdem wird zur Abdichtung von Bauanschlussfugen gegen Feuchtigkeit vom Systemhersteller folgendes Abdichtungszubehör angeboten:

- Folienanschlussprofile aus Aluminium,
- Dichtfolien mit Anschlusswulst,
- Abschlussprofile aus Kunststoff und
- Abdeckprofile (Abb. 5).

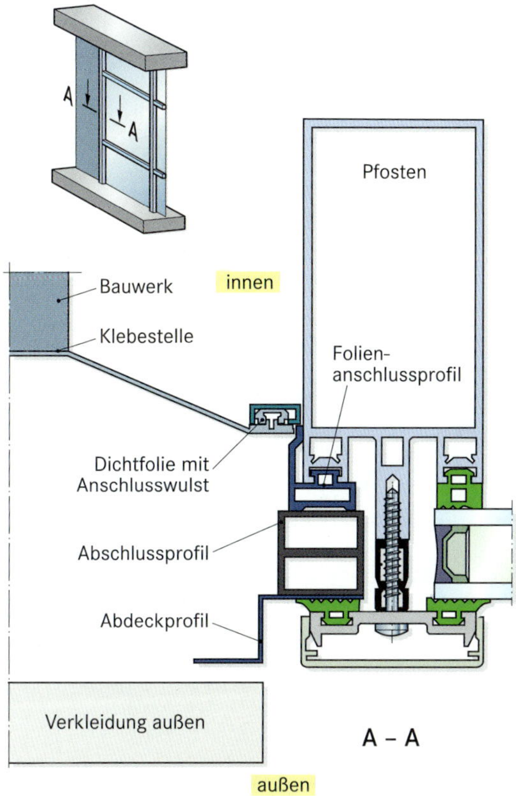

Abb. 5: Schnittdarstellung einer Wandanschlussfuge

Befestigung der Dichtfolien

Der Schutz vor Feuchtigkeit erfolgt grundsätzlich durch zwei Maßnahmen:

- Verhinderung des Eindringens von Feuchtigkeit in das Gebäude bzw. die Fassadenkonstruktion und
- Wegführen von Tauwasser aus der Fassadenkonstruktion.

Dazu werden entlang den Anschlussfugen Dichtfolien an der Fassadenkonstruktion und am Bauwerk befestigt, die sich an den Ecken überlappen (Abb. 6).

Die Abdichtung auf der Innenseite erfolgt mit luftdichten Folien. Diese verhindern das Eindringen von feuchter Raumluft in die Hohlräume der Pfostenprofile und in die Fassadenkonstruktion. Die zu verwendenden Dichtfolien mit dieser Eigenschaft werden auch als Dampfsperre bezeichnet.

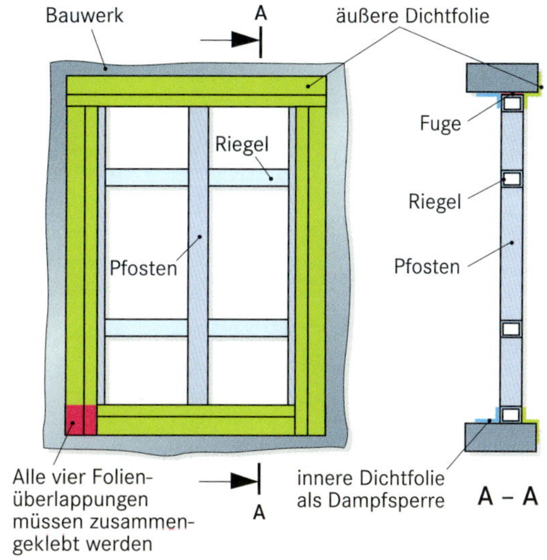

Abb. 6: Abdichtung der Anschlussfugen durch Dichtfolien

Die Abdichtung nach außen erfolgt entweder mit Abdeckprofilen oder Dichtfolien. Werden Dichtfolien verwendet, dann müssen diese diffusionsoffen sein. Diffusionsoffen bedeutet, dass die in der Luft enthaltene Feuchtigkeit die Folie nach außen durchdringen kann. Dadurch wird sichergestellt, dass Feuchtigkeit, die in die Fassadenkonstruktion eingedrungen ist, nach außen abgeleitet wird.

! Bei der Abdichtung von Anschlussfugen gilt der Grundsatz: „Innen dichter als außen".

Zur Abdichtung der oberen Anschlussfuge werden die Dichtfolien stoffschlüssig durch Kleben oder formschlüssig an Folienanschlussprofilen mit dem Bauwerk und der Fassade verbunden (Abb. 7). Beim Verkleben der Dichtfolie muss die Klebefläche frei von Fremdstoffen und Lufteinschlüssen sein. Die Folien sind in den vom Hersteller vorgegebenen Mindestbreiten zu verkleben. Die Abdichtungsarbeiten dürfen nur bei trockener Witterung und Außentemperaturen oberhalb 5°C erfolgen.

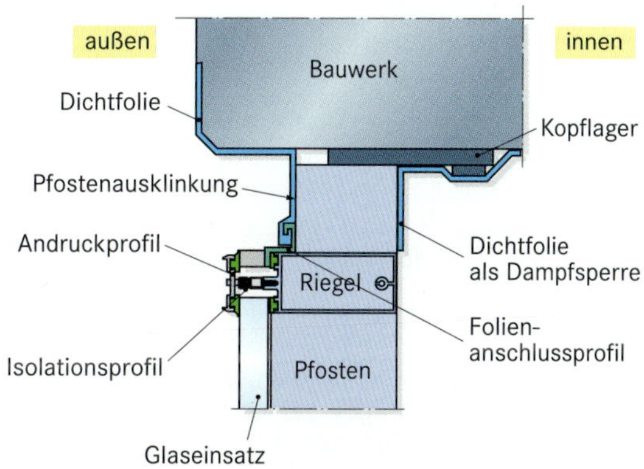

Abb. 7: Abdichtung der oberen Anschlussfuge

Die Abdichtung der unteren Anschlussfuge erfolgt in ähnlicher Weise wie die obere (Abb. 1).

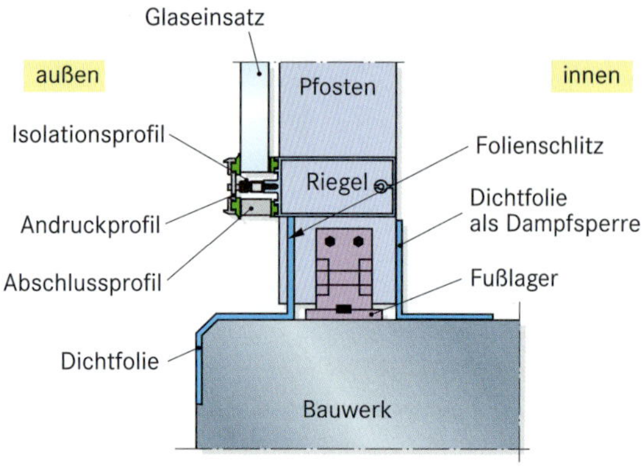

Abb. 1: Abdichtung der unteren Anschlussfuge

Durch die äußere Dichtfolie wird von außen eingedrungene Feuchtigkeit und das in der Fassadenkonstruktion entstandene Tauwasser vom Gebäude weggeführt und ein Eindringen von Feuchtigkeit in die Hohlräume der Pfostenprofile verhindert.

Informieren

Belüften und Entwässern von Fassaden

Es ist davon auszugehen, dass sich in der Fassadenkonstruktion Tauwasser bildet. Tauwasser entsteht, wenn warme feuchte Luft auf eine kalte Oberfläche trifft. Außerdem kann durch Schlagregen Wasser von außen in die Konstruktion eindringen. Das Tau- und Regenwasser sammelt sich im Glasfalzgrund der Riegel und muss von dort kontrolliert aus der Fassadenkonstruktion und vom Gebäude weggeleitet werden (Abb. 2).

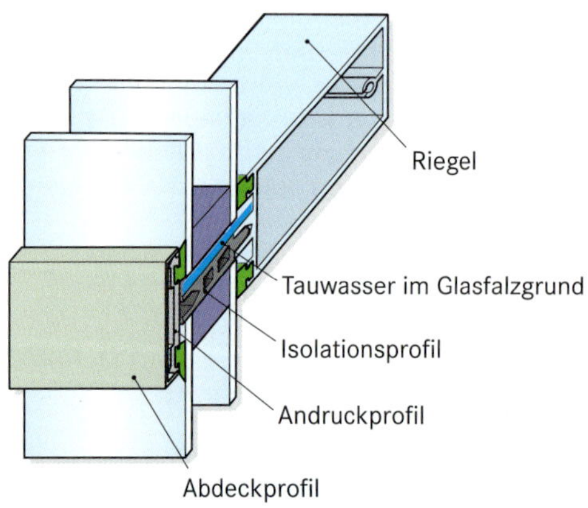

Abb. 2: Tauwasser im Glasfalz eines Riegels

Die Ableitung von Feuchtigkeit aus der Fassadenkonstruktion erfolgt über das Belüftungs- und Entwässerungssystem der Fassade.

Es werden zwei Belüftungs- und Entwässerungssysteme unterschieden:

- Das Mehrfeldsystem und
- das Einzelfeldsystem.

Die Belüftung und Entwässerung der herzustellenden Fassade erfolgt nach dem Prinzip des Mehrfeldsystems (Abb. 3).

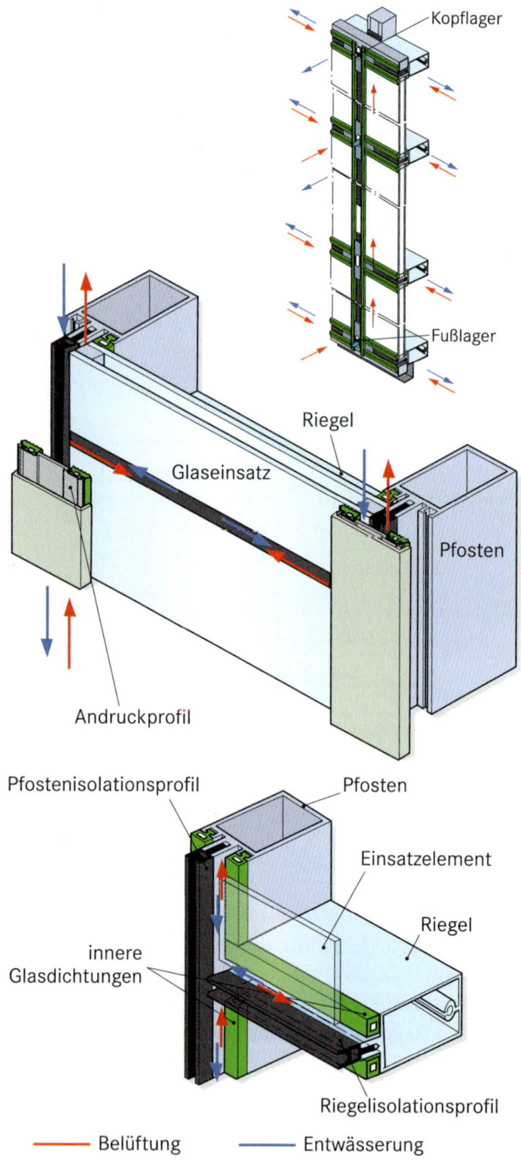

Abb. 3: Mehrfeldsystem

Bei diesem System fließt das in der Fassadenkonstruktion entstandene Tauwasser und das eingedrungene Regenwasser entlang der Riegelisolationsprofile in die angrenzenden Pfosten. Über die entsprechenden Entwässerungsnuten der Pfosten gelangt das Wasser zu den Entwässerungsöffnungen (Abb. 4). Dort wird es nach außen abgeleitet.

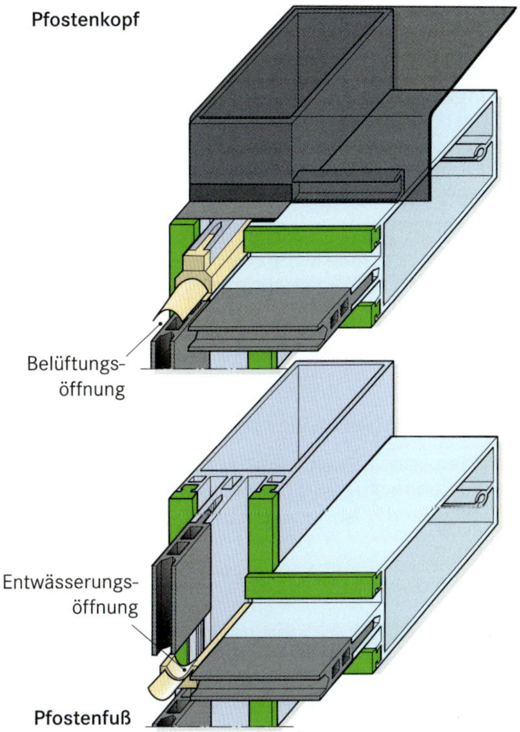

Abb. 4: Belüftungs- und Entwässerungsöffnung am Pfosten

Die Belüftung der Fassade erfolgt über das gleiche System nur in entgegengesetzter Richtung. Der Vorteil des Mehrfeldsystems ist der geringere Fertigungs- und Montageaufwand.

Beim Einzelfeldsystem erfolgt die Belüftung und Entwässerung direkt über die Riegel. Das Wasser wird dort durch entsprechende Öffnungen nach außen geleitet (Abb. 5).

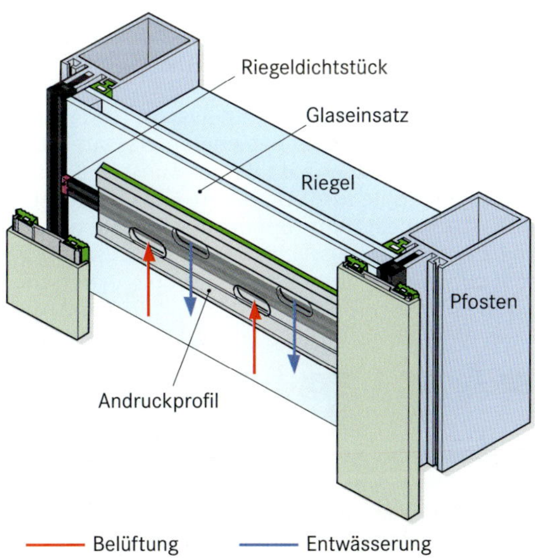

Abb. 5: Einzelfeldsystem

Bei diesem System muss sichergestellt sein, dass kein Wasser von den Riegeln in die Pfosten gelangt. Dazu ist eine zusätzliche Abdichtung mit Riegeldichtstücken erforderlich.

Das Einzelfeldsystem wird vor allem bei kleinen und versetzten Fassadenflächen verwendet, wo eine ausreichende Belüftung und Entwässerung durch das Mehrfeldsystem nicht gewährleistet ist.

Wärmeschutz

Maßnahmen zum Wärmeschutz sind durch die **Energieeinsparverordnung (EnEV)** geregelt. Es wird dabei zwischen sommerlichen Wärmeschutz und winterlichen Wärmeschutz unterschieden.

Der sommerliche Wärmeschutz begrenzt die durch Sonneneinstrahlung verursachte Aufheizung von Räumen so weit, dass ein behagliches Raumklima gewährleistet bleibt.

Der winterliche Wärmeschutz dient dazu, während der Heizperiode an den Innenoberflächen der Bauteile eine ausreichend hohe Oberflächentemperatur zu gewährleisten. Damit soll das Auftreten von Oberflächenkondensat und Schimmelwachstum in Räumen ausgeschlossen werden. Mit der Verordnung wird festgelegt, wie viel Energie zur Erwärmung eines Gebäudes auf 19°C pro Jahr verwendet werden darf. Bei Wohngebäuden wird der Energiebedarf auf die Gebäudenutzfläche und bei Bürogebäuden auf das zu beheizende Gebäudevolumen bezogen.

Die Vorgaben der **Energieeinsparverordnung** sind bereits bei der Fassadenplanung zu berücksichtigen. Durch die Auswahl geeigneter Dämmstoffe kann der Energiebedarf beträchtlich verringert werden.

Wärmedämmstoffe

Die zur Wärmedämmung von Fassaden verwendeten Dämmstoffe sollen:

- Leicht,
- formbeständig,
- schwer entzündbar,
- temperatur- und witterungsbeständig,
- fäulnis- und schimmelfest,
- schwer verrottbar sowie
- leicht bearbeit- und montierbar sein.

Diese Anforderungen können durch organische und anorganische Dämmstoffe erfüllt werden (Tab. 1).

Tab. 1: Dämmstoffarten

Rohstoffbasis	organisch		anorganisch
	natürlich	künstlich	
Bezeichnung	Kork	Polystyrol	Glaswolle
	Zellulose	Polyurethan	Steinwolle

Dämmstoffe werden als Platten, Matten oder Schaum angeboten.

Montieren

Einbau der Wärmedämmung

Für eine fachgerechte Wärmedämmung der Anschlussfugen wurde die Fassadenkonstruktion mit einem Versatz seitlich z. B. der Betonstützen des Bauwerks montiert (Abb. 1).

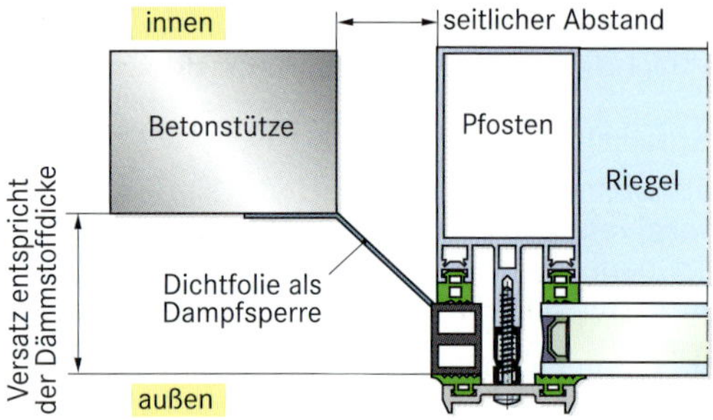

Abb. 1: Form der seitlichen Anschlussfuge

Der Versatz sowie der seitliche Abstand zwischen der Fassadenkonstruktion und dem Bauwerk sollten der Dicke des verwendeten Dämmstoffes entsprechen. Dadurch wird die Bildung von Wärmebrücken entlang der Anschlussfuge verhindert.

Aus der Position der Fassadenkonstruktion zum Bauwerk ergibt sich die Form der Anschlussfuge für die herzustellende Fassade.

Zur Wärmedämmung der Anschlussfugen werden Matten aus Glaswolle verwendet. Für einen zwängungsfreien Einbau müssen die Matten der Anschlussfugenform angepasst werden (Abb. 2). Der zwängungsfreie Einbau der Matten aus Glaswolle ist notwendig, weil ein Großteil des Dämmstoffvolumens aus Luft besteht. Diese Luft wirkt als Isolationsschicht. Wird der Dämmstoff beim Einbau zu stark zusammengedrückt, dann wird die Luft verdrängt. Dadurch verliert der Dämmstoff fast vollständig seine Dämmwirkung und es kommt zu erheblichen Wärmeverlusten entlang der Anschlussfuge.

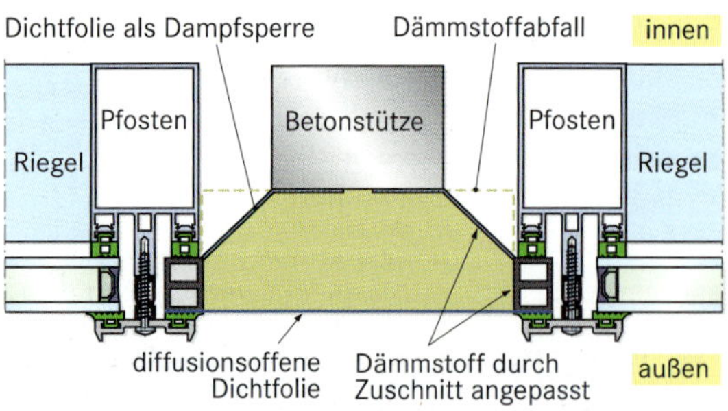

Abb. 2: Fachgerecht angepasster Dämmstoff

Zum Anpassen der Dämmstoffmatten werden spezielle Messer mit sehr langen Klingen verwendet. Die erforderlichen Zuschnittmaße werden dabei direkt am Bauwerk ermittelt und auf dem Dämmstoff angezeichnet.

Bei der Fassadenmontage können durch einen sorgfältigen und fachgerechten Einbau der Wärmedämmung die Energieverluste an den Anschlussfugen verringert werden.

Beim Einbau der Wärmedämmung sind folgende Arbeitsregeln einzuhalten:

- Dämmstoff zwängungsfrei an die Anschlussfuge anpassen.
- Dämmung muss während der Montage und nach dem Einbau vor Feuchtigkeit geschützt werden.
- Dämmstoff muss flächig und bündig am Bauwerk und der Fassade anliegen.

11.3.4 Montieren der Abdeckprofile

Nachdem die Fassade fertig montiert wurde und alle Anschlussfugen abgedichtet sind, erfolgt die Befestigung der Abdeckprofile (Abb. 3).

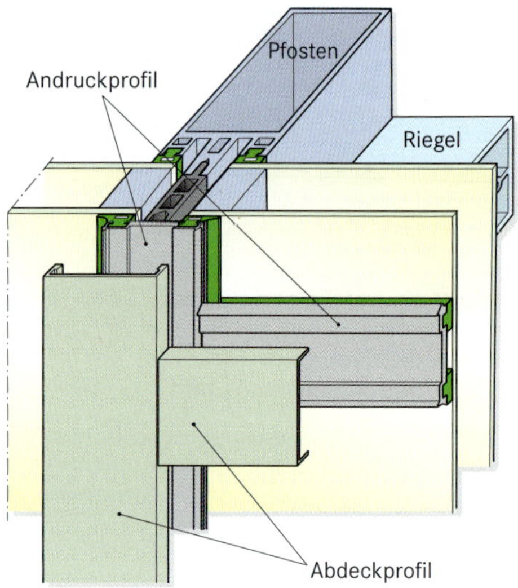

Abb. 3: Lage der Abdeckprofile an der Fassade

Die Abdeckprofile werden vom Systemhersteller als Meterware geliefert. Sie bestehen meist aus Aluminium, nichtrostendem Stahl oder Kunststoff. Durch die Abdeckprofile wird das äußere Erscheinungsbild der Fassade bestimmt. Um bei der Fassadengestaltung den unterschiedlichen Kundenwünschen gerecht zu werden, gibt es Abdeckprofile in verschiedenen Formen und Farben (Abb. 4).

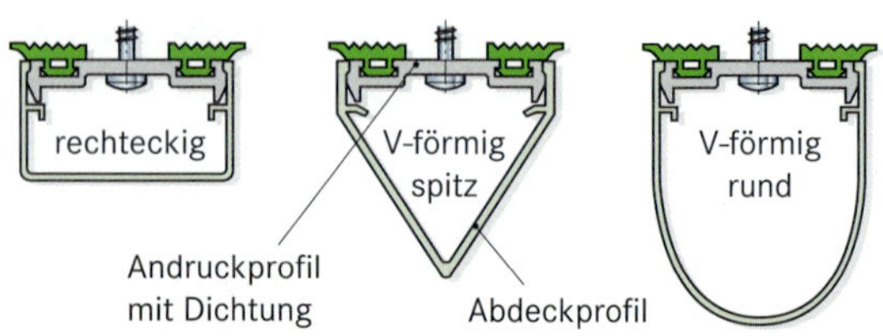

Abb. 4: Auswahl von Abdeckprofilformen

Die herzustellende Fassade soll mit rechteckigen Abdeckprofilen ausgestattet werden. Dazu müssen die Profile in der Werkstatt abgelängt werden. Die benötigten Maße sind der Zuschnittliste der Fassade zu entnehmen.

Bei der Montage auf der Baustelle müssen zuerst die Abdeckprofile der Pfosten befestigt werden, da sonst die Befestigung der Riegelabdeckprofile nicht mehr möglich ist. Die Befestigung erfolgt formschlüssig an den Andruckprofilen (Abb. 5). Dazu sind die Abdeckprofile von Hand auf die Andruckprofile zu drücken, bis sie hörbar einrasten.

Wenn alle Profile an den Pfosten befestigt sind, werden in gleicher Weise die Andruckprofile an den Riegeln befestigt.

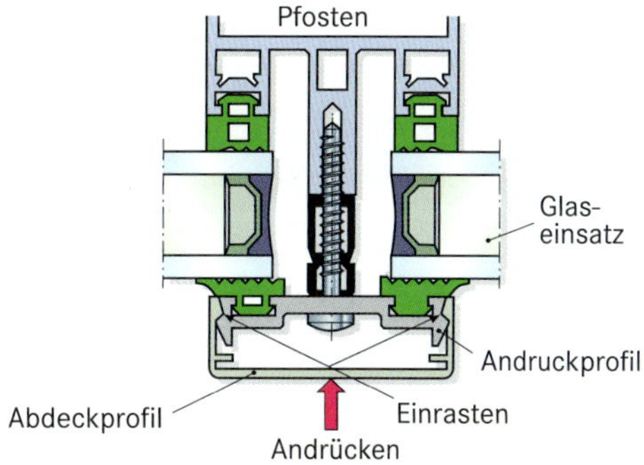

Abb. 5: Befestigung eines Abdeckprofils

Zusammenfassung

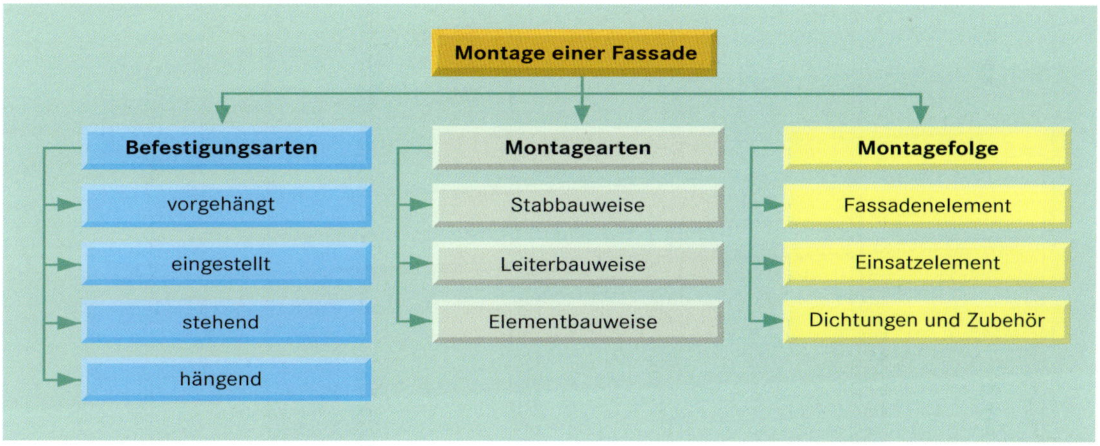

Aufgaben

1. Welchen Vorteil haben vorgehängte Fassaden gegenüber eingestellten?

2. Beschreiben Sie das Ausrichten von Fassadenelementen bei der Leiterbauweise.

3. Was versteht man unter Montageriegeln?

4. Erklären Sie, weshalb fehlerhaft montierte Montageriegel nicht zerstörungsfrei demontierbar sind.

5. Nennen Sie weitere Montagevarianten.

6. Beschreiben Sie, wie das Einsetzen von Fenstereinsatzelementen zu erfolgen hat.

7. Welche Arbeitsschritte sind beim Einsetzen von Isolierglaseinsätzen durchzuführen?

8. Welche Funktion haben Dichtungskreuze bei der Abdichtung?

9. Wie werden lange Riegelandruckprofile für die weitere Montage fixiert?

10. Die Fassadenkonstruktion und das Gebäude werden durch Dichtfolien vor Feuchtigkeit geschützt.

a) Welche Eigenschaft muss die innere Dichtfolie haben?

b) Erklären Sie den Begriff diffusionsoffen.

11. Erklären Sie die Begriffe Mehrfeld- und Einzelfeldsystem.

12. Welche Eigenschaften sollen Wärmedämmstoffe haben?

13. Beschreiben Sie, wie die Wärmedämmung der Anschlussfugen zu erfolgen hat.

11.4 Verbinden von Metallbaukonstruktionen mit dem Bauwerk

ARBEITSAUFTRAG

Die Fassade soll auf der Baustelle sicher mit dem Bauwerk verbunden werden. Hierzu sind für die Lager der Pfosten geeignete Dübelbefestigungen auszuwählen und auszuführen.

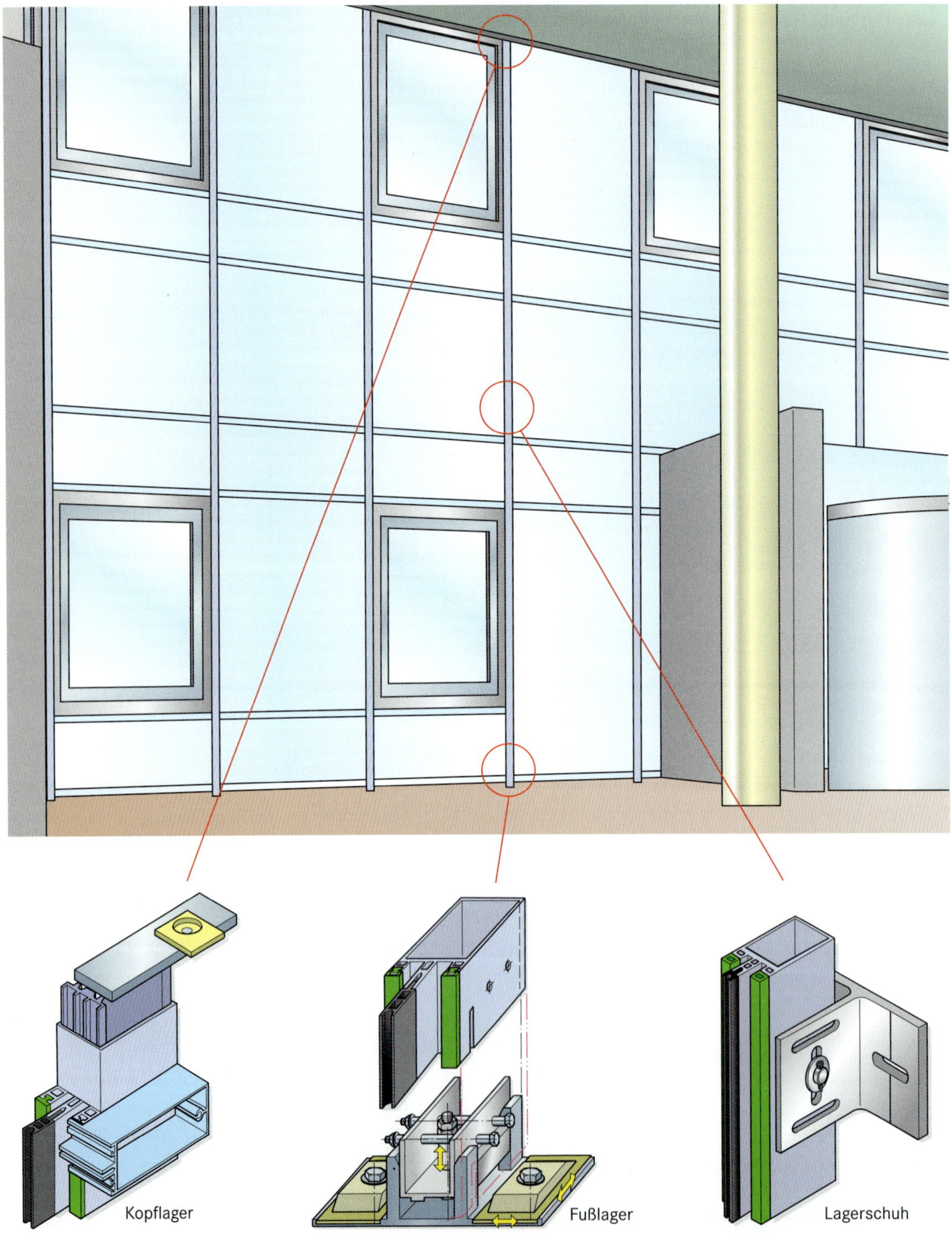

11.4.1 Auswählen des Befestigungssystems

Jede Befestigung ist als ein System zu verstehen, das besteht aus:

- dem jeweiligen Baustoff, z. B. Beton,
- dem zu befestigenden Bauteil, z. B. Pfosten, und
- dem Befestigungsverfahren, z. B. Dübeln.

Diese Einzelaspekte müssen aufeinander abgestimmt sein, um die sichere Befestigung eines Bauteils und ggf. seine Demontage zu ermöglichen.

Für den Einbau der Fassade werden Dübelsysteme verwendet. Die Art, die Gestalt sowie die Größe des zu verwendenden Dübels und des Befestigungsmittels, z. B. Schraube oder Gewindestange, werden maßgeblich durch folgende Faktoren bestimmt:

- Baustoff des Bauwerks und Beschaffenheit des Befestigungsuntergrundes,
- Beanspruchungsart und Wirkprinzip des Dübelsystems,
- erforderliche Gestalt des Bohrloches und Bohrverfahren sowie
- Montageart und lastunabhängige Einflüsse auf das Dübelsystem.

Für die Fuß- und Kopflager sowie die Lagerschuhe der Fassade müssen diese Aspekte jeweils neu beurteilt werden. Erst hiernach kann die Auswahl des zum Einsatz kommenden Dübelsystems erfolgen.

11.4.2 Befestigen der Fußlager

Baustoff und Beschaffenheit des Befestigungsuntergrundes

Für die Auswahl geeigneter Dübelsysteme ist zuerst die jeweilige Baustoffart und deren Aufbau, z. B. Voll- oder Lochstein, zu bestimmen.

Bei den Baustoffen werden Beton, Mauerwerksbaustoffe und Plattenbaustoffe unterschieden. Die verwendeten Baumaterialien können den Zeichnungen oder der Baubeschreibung entnommen werden.

Liegen diese Dokumente nicht vor und wurde das Bauwerk verputzt oder mit Belagsmaterialien, z. B. Fliesen verkleidet, muss eine Probebohrung durchgeführt werden. Diese Probebohrung erfolgt an verdeckter Stelle mit einem kleinen Bohrer.

Während der Probebohrung sind der Bohrfortschritt und die Farbe des Bohrmehls zu beurteilen. Diese geben Auskunft über den Baustoff, aus dem das Bauwerk besteht (Tab. 1).

Tab. 1: Bestimmung des Baustoffes durch Probebohrungen

Bohrfortschritt (Drehbohren)		**Untergrund**	**Farbe des Bohrmehls**	**Baustoff**	
gleichmäßig	sehr langsam	gegossener Beton	grau	Normalbeton/ Stahlbeton	
	langsam	Vollstein mit dichtem Gefüge	rot	Ziegel, Klinker	
			weiß	Kalksandstein	
	schnell	Vollstein mit porigem Gefüge	weiß	Porenbeton	
ungleichmäßig/ ruckartig		Loch- oder Hohlkammerstein mit dichtem Gefüge	grau	Hohlblockstein	
			rot	Hochlochziegel	
			weiß	Kalksandstein mit Löchern	

Bei der anschließenden Beurteilung der Beschaffenheit des Befestigungsuntergrundes sind Aspekte wie Unebenheiten, Risse oder die Gefahr der Rissbildung zu berücksichtigen. Weiterhin ist auf das Vorhandensein von nicht tragfähigen Belägen oder Verunreinigungen zu achten.

Unebenheiten und nicht tragfähige Beläge müssen entfernt werden. Sind bereits Risse vorhanden oder besteht eine Rissbildungsgefahr, ist dies bei der späteren Dübelauswahl zu berücksichtigen.

Der Fußboden, auf dem die Fußlager verdübelt werden, besteht aus gegossenem Normalbeton. Da Dübelsysteme zur Kraftübertragung meist vollständig die Festigkeit des Bauuntergrundes ausnutzen, muss gegossener Beton vollständig durchgehärtet sein. Bei Normalbeton, der älter als 28 Tage ist, gilt dies als gesichert.

Auf dem Normalbeton des Fußbodens sind keine Belagsmaterialien vorhanden. Sichtprüfungen ergaben keine Risse, Unebenheiten oder nicht tragfähige Verunreinigungen.

Beanspruchungsart und Wirkprinzip des Dübelsystems

Auf Bauteilbefestigungen können sowohl reine Zug- oder Querkräfte als auch eine Kombination aus beiden wirken. Auf die Fassade wirken Winddruck oder Windsog. Dadurch wird das Dübelsystem zur Befestigung der Fußlager der Pfosten überwiegend rechtwinklig zum Bohrloch beansprucht (Abb. 1).

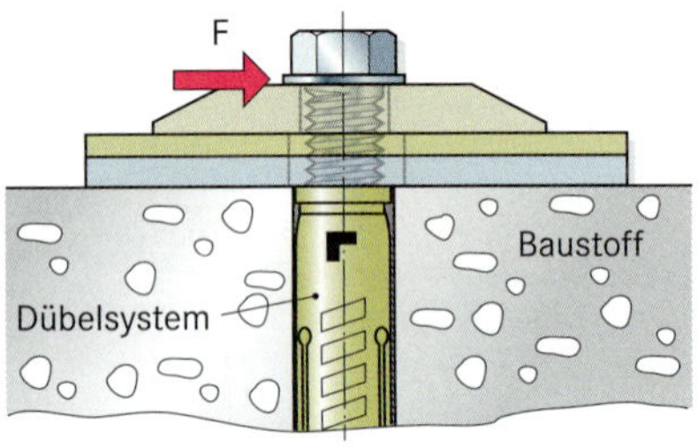

Abb. 1: Querkraftbelastung eines Dübelsystems

Der Dübel und das Befestigungsmittel werden demzufolge vorrangig auf Abscherung belastet. Für diese Beanspruchungsart empfehlen die Dübelhersteller kraftschlüssig wirkende Dübelsysteme. Bei diesen verkeilt sich der Dübel im Baustoff durch Aufspreizung (Abb. 2).

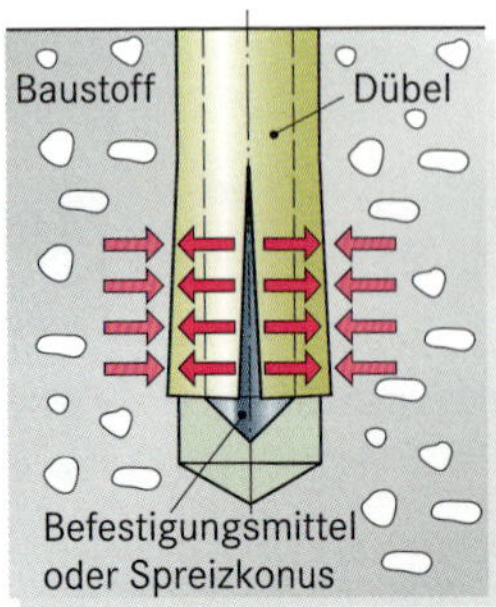

Abb. 2: Kraftschluss durch Spreizung des Dübelkörpers

Gestalt des Bohrloches und Bohrverfahren

Für kraftschlüssig wirkende Dübelsysteme ist eine gerade und zylindrische Gestalt des Bohrloches erforderlich.

Der Baustoff, an dem ein Bauteil befestigt werden soll, entscheidet maßgeblich darüber, mit welchem Bohrverfahren gearbeitet werden kann. Es gibt die Bohrverfahren:

- Drehbohren,
- Schlagbohren und
- Hammerbohren.

Beim Drehbohren vollzieht der Bohrer lediglich eine Drehbewegung (Abb. 3).

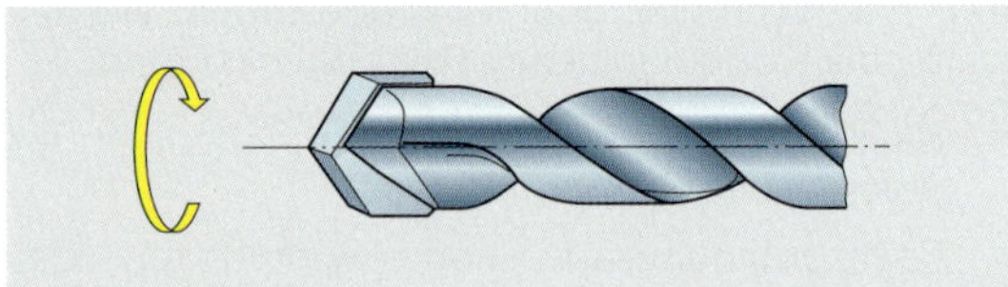

Abb. 3: Drehbohren

Das Drehbohren eignet sich für Leichtbeton, Mauerwerksbaustoffe mit porigem Gefüge und Plattenbaustoffe.

Zur Befestigung der Fußlager der Fassade am gegossenen Normalbeton des Fußbodens muss hingegen mit dem Schlagbohren oder sogar mit dem Hammerbohren gearbeitet werden. Bei beiden Verfahren erfolgt zusätzlich zur Drehbewegung noch eine Schlagbewegung in Bohrrichtung.

Beim Schlagbohren bewirken viele Schläge mit relativ wenig Energie das Abtragen von Material im Bohrloch (Abb. 4).

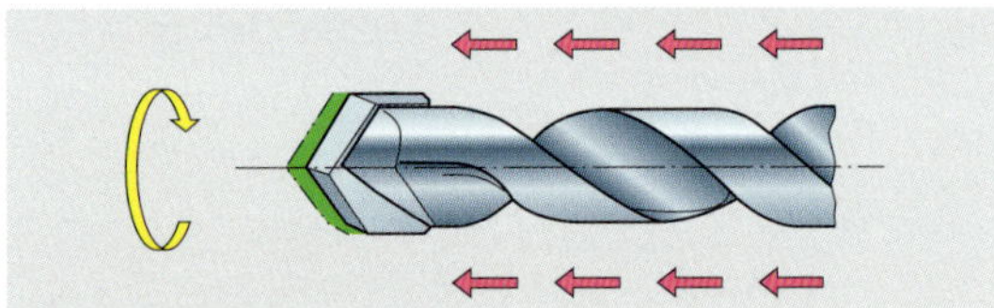

Abb. 4: Schlagbohren

Das Schlagbohren eignet sich für Mauerwerksbaustoffe mit dichtem Gefüge sowie für Normal- und Stahlbeton.

Beim Hammerbohren werden wenige Schläge mit hoher Energie ausgeführt (Abb. 5).

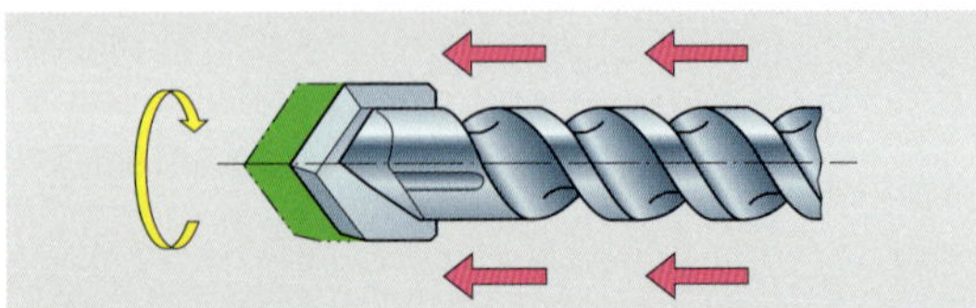

Abb. 5: Hammerbohren

Die hohe Schlagenergie bewirkt einen großen Materialabtrag. Durch die großen Schläge können jedoch Loch- oder Hohlkammersteine leicht ausbrechen. Auch bei bereits vorhandenen Rissen in Normal- oder Stahlbeton sowie bei geringen Randabständen (→📖) darf nicht mit dem Hammerbohren gearbeitet werden. Risse könnten sich ausweiten oder der Beton sogar abplatzen.

Montageart und lastunabhängige Einflüsse auf das Dübelsystem

Bei den Montagearten wird unterschieden in:

- Vorsteckmontage,
- Durchsteckmontage und
- Abstandsmontage.

Bei der Abstandsmontage verbleibt zwischen Baukörper und zu befestigendem Bauteil ein Abstand. Die Abstandsmontage wird z. B. bei Fassadenelementen verwendet, die vor einem Wärmedämmverbundsystem befestigt werden.

Als Montageart wird bei der Befestigung der Fußlager die Vorsteckmontage verwendet. Nach der Erstellung des Bohrloches wird der Dübel in die Bohrung des Bauwerkes gesteckt und erst danach das Bauteil auf das Bauwerk gesetzt. Zuletzt wird eine Schraube oder eine Gewindestange in den Dübel eingebracht und das Bauteil befestigt.

Charakteristisches Merkmal der Vorsteckmontage ist, dass der Dübel nach der Montage bündig mit der Oberfläche des Bauwerks abschließt (Abb. 6).

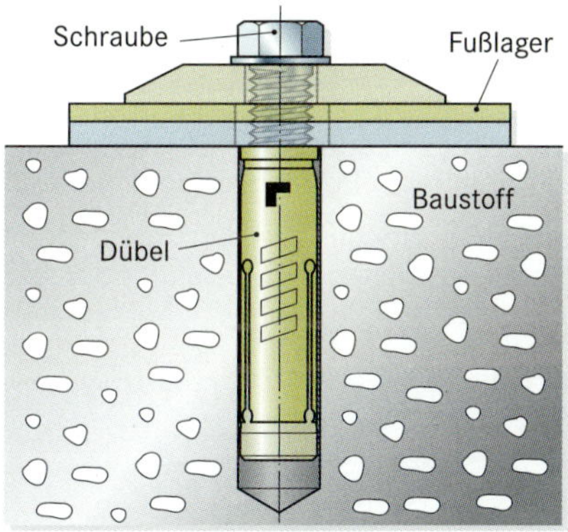

Abb. 6: Prinzip der Vorsteckmontage

Wesentlich für die Auswahl des Dübelsystems sind auch die jeweils während der Nutzungsdauer auftretenden lastunabhängigen Einflüsse. Schadstoffe in der Luft, Niederschlag, Sonneneinstrahlung, Frost und damit verbundene starke Temperaturwechsel oder eine Brandgefahr müssen bei der Auswahl des Dübelsystems berücksichtigt werden.

Auswahl des Dübelsystems

Sind alle Einbaubedingungen bestimmt, kann die Auswahl eines geeigneten Dübelsystems vorgenommen werden.

Für die Verbindung der sicherheitsrelevanten Pfosten mit dem Bauwerk eignen sich

- Schwerlastbefestigungen-Stahl oder
- Schwerlastbefestigungen-Chemie.

Beide Gruppen stellen Dübelsysteme dar, mit denen schwere und sicherheitsrelevante Metallbaukonstruktionen zuverlässig am Bauwerk befestigt werden können.

Bei den Schwerlastbefestigungen-Stahl bestehen sowohl der Dübelkörper als auch das Befestigungsmittel aus Stahl. Bei den Schwerlastbefestigungen-Chemie wird das Befestigungsmittel, meist eine Gewindestange oder ein besonders geformter Anker, mit einem speziellen Mörtel in das Bohrloch geklebt.

Die Befestigung der Fußlager erfolgt mit einem Schwerlastanker aus der Gruppe Schwerlastbefestigung-Stahl (Abb. 7).

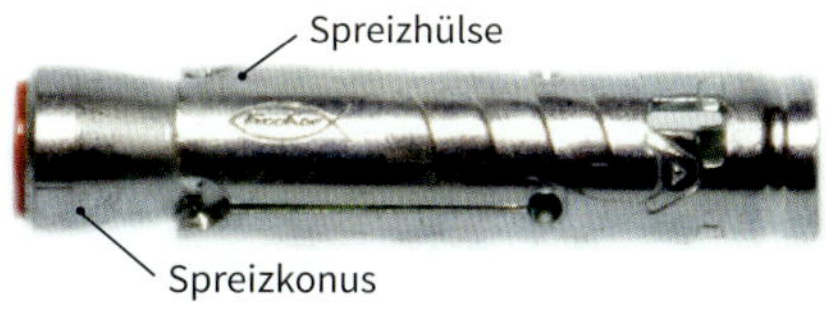

Abb. 7: Schwerlastanker aus Stahl

Bei diesen Schwerlastankern wird durch das Anziehen der Schraube ein Spreizkonus in die Spreizhülse gezogen. Dadurch weitet sich die Spreizhülse und verspannt sich gegen die Bohrlochwandung. Es entsteht eine kraftschlüssige Verbindung, die das Dübelsystem fest in der Bohrung fixiert (Abb. 8).

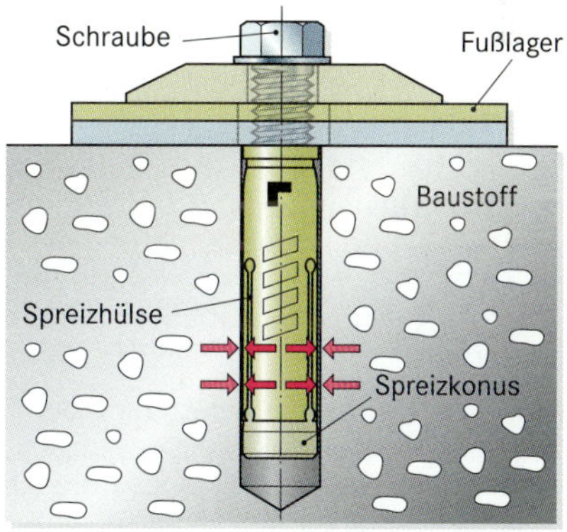

Abb. 8: Haltemechanismus eines Schwerlastankers

Bei der Auswahl und Dimensionierung von Dübelsystemen sind noch weitere Aspekte zu beachten, und zwar:

- Sicherheitsrelevanz, d.h., es sind ggf. Dübelsysteme mit Zulassung erforderlich;
- baurechtliche Bestimmungen, z.B. Tragfähigkeit oder Brandschutz, sowie
- allgemeine Anforderungen, wie Gestalt der Anbauteile oder Korrosionsschutz.

Bei der Dübelauswahl müssen sicherheitsrelevante Aspekte beachtet werden. Bestehen beim Versagen (→📖) der Befestigung Gefahren für den Menschen, dann müssen Dübel verwendet werden, die auch für das jeweilige Einsatzgebiet zugelassen sind.

Dübel mit „Europäisch Technischer Zulassung" wurden von einer europäischen Zulassungsbehörde auf ihre jeweilige Eignung überprüft. Das entsprechende Prüfzeichen „European Technical Approval – ETA" befindet sich auf der Dübelverpackung (Abb. 1).

Abb. 1: Prüfzeichen „Europäisch Technische Zulassung"

Die CE-Kennzeichnung gibt darüber hinaus an, dass das Dübelsystem mit den Leitlinien für europäisch technische Zulassungen übereinstimmt.

Die „Allgemeine Bauaufsichtliche Zulassung" wird vom Deutschen Institut für Bautechnik (DIBt) erteilt und bestätigt die Übereinstimmung mit den gültigen Anforderungen der Bauordnungen (Abb. 2).

Abb. 2: Prüfzeichen „Allgemeine Bauaufsichtliche Zulassung"

Da im Versagensfall die einstürzende Fassade eine erhebliche Gefahr darstellt, dürfen bei der Befestigung der Pfosten nur zugelassene Dübel verwendet werden.

Für nicht sicherheitsrelevante Befestigungsfälle kann die Auswahl und Dimensionierung des Dübelsystems auch mit Hilfe von Katalogen oder Berechnungssoftware der Dübelhersteller vorgenommen werden.

Darüber hinaus muss für die Befestigung der Pfosten geklärt werden, ob baurechtliche Regelungen zu beachten sind. Da die Fassade Teil eines Bürogebäudes ist, sind spezielle Brandschutzauflagen einzuhalten. Alle Dübelhersteller bieten jedoch Schwerlastbefestigungen-Stahl an, die den Feuerwiderstandsklassen F30 bis F120 gerecht werden (Abb. 3).

Abb. 3: Dübelsystem für die Feuerwiderstandsklasse F120

Weiterhin werden allgemeine Anforderungen an die Dübelauswahl beurteilt. Bei Fassaden müssen immer Aspekte des Korrosionsschutzes berücksichtigt werden. So können Dübel aus galvanisch verzinktem Stahl nur in trockenen Räumen eingesetzt werden. Dübel aus nicht rostendem oder aus korrosionsbeständigem Stahl können auch im Freien und in Industrieatmosphären verwendet werden.

In der Fassade bildet sich Tauwasser. Dieses wird durch das Belüftungs- und Entwässerungssystem abgeleitet, so dass an den Fußpunkten keine Korrosionsbelastung des Dübelsystems zu erwarten ist. Aus diesem Grund können zur Befestigung der Fußlager galvanisch verzinkte Schwerlastanker verwendet werden.

Die Art und die Größe des jeweils zu verwendenden Dübelsystems werden bei allen tragenden und sicherheitsrelevanten Metallbaukonstruktionen der Zeichnung oder der Stückliste entnommen.

Einbau des Dübelsystems

Für die Befestigung der Fußlager mit den Schwerlastankern werden die Bohrlöcher durch Schlag- oder Hammerbohren hergestellt.

! Ein Dübel kann nur dann seine Befestigungsaufgabe erfüllen, wenn er richtig ausgewählt und fachgerecht montiert wurde. Das Bohrloch ist immer senkrecht zum Befestigungsgrund zu erstellen.

Nach dem Bohren der erforderlichen senkrechten Löcher im Betonfußboden ist das Bohrmehl aus dem Bohrloch zu entfernen.

Bei waagerechten Bohrungen kann die Reinigung des Bohrloches mit speziellen Bürsten erfolgen, die von den Dübelherstellern angeboten werden.

Senkrechte Bohrlöcher werden meist durch Aussaugen oder Ausblasen mit Pressluft oder speziellen Luftpumpen gereinigt (Abb. 4).

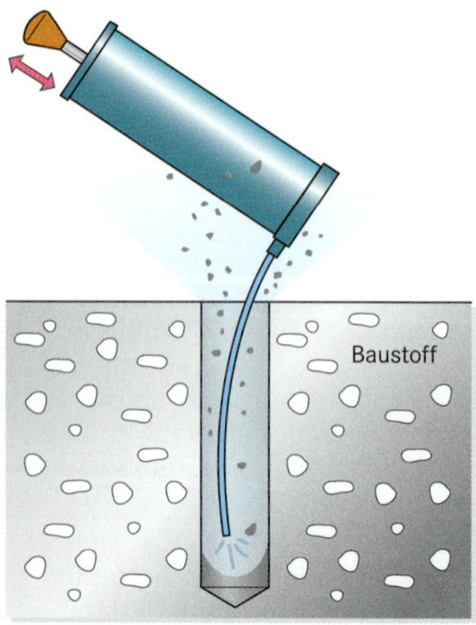

Abb. 4: Reinigen einer Bohrung mit einer Luftpumpe

Bei der Verwendung von Pressluft zur Säuberung von Bohrlöchern ist auf einen ausreichenden Schutz der Augen und der Atemwege zu achten.

Das Reinigen des Bohrloches ist unerlässlich, denn vorhandenes Bohrmehl kann das Wirkprinzip des Dübelsystems beeinträchtigen und damit zum Versagen der Dübelbefestigung führen.

Die Befestigung der Fußlager erfolgt in Vorsteckmontage. Deshalb wird nach dem Reinigen der Bohrung zuerst der Schwerlastanker in das Bohrloch gesteckt. Hiernach wird dieser mit einem Handhammer vorsichtig in das Bauwerk eingetrieben (Abb. 5).

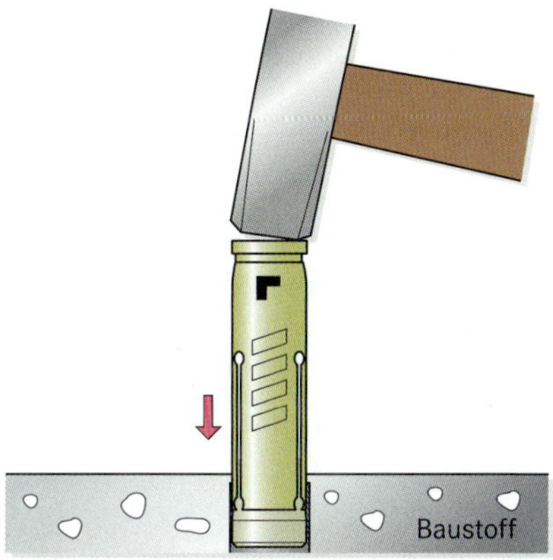

Abb. 5: Eintreiben eines Schwerlastankers mit Handhammer

Nachdem der Dübel vollständig eingetrieben ist, wird das Fußlager aufgesetzt und ausgerichtet.

Anschließend werden geeignete Schrauben mit metrischem Gewinde in den Dübel eingeschraubt (Abb. 6).

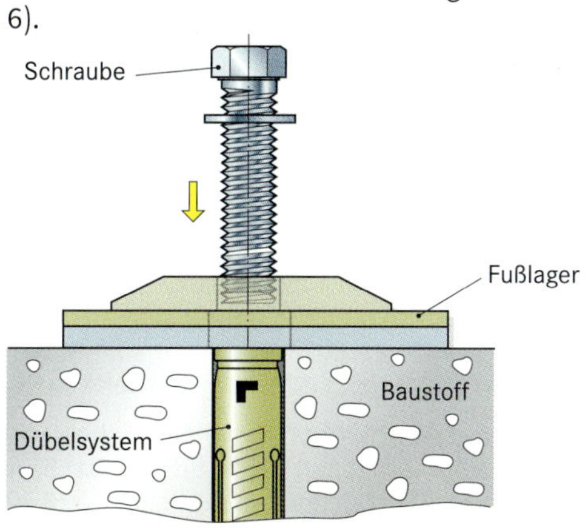

Abb. 6: Einsetzen der Schraube durch das Bauteil in den Dübel bei Vorsteckmontage

Im letzten Arbeitsschritt wird die Schraube mit dem auf der Dübelverpackung angegebenen Drehmoment angezogen. Hierzu ist bei allen Schwerlastbefestigungen ein Drehmomentschlüssel zu verwenden.

Durch das richtige Anzugsdrehmoment wird sichergestellt, dass der Schwerlastanker mit dem entsprechenden Kraftschluss im Bohrloch verankert wird.

Auf Dübelverpackungen sind alle zum Einbau der entsprechenden Dübel erforderlichen Angaben, wie zu verwendende Schrauben, Bohrlochdurchmesser und -tiefe sowie Hinweise zur Montage, aufgeführt (Abb. 7).

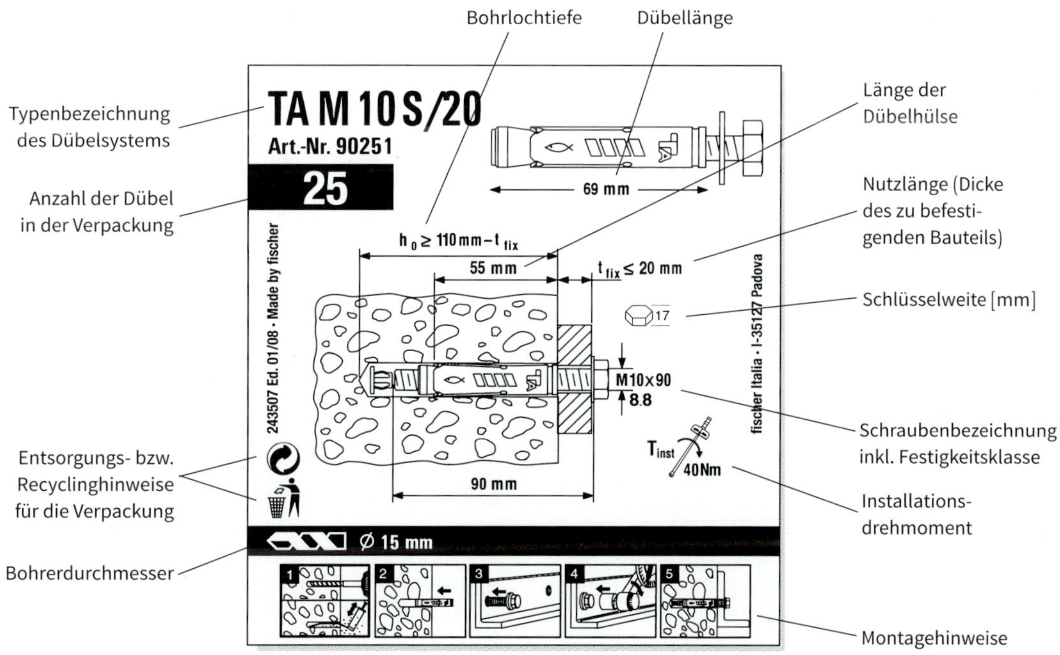

Abb. 7: Ausschnitt einer Dübelverpackung

Zur Befestigung der Fußlager können alternativ zu den Schwerlastankern auch Ankerbolzen verwendet werden (Abb. 1).

Abb. 1: Ankerbolzen aus galvanisch verzinktem Stahl

Diese Schwerlastbefestigungen sind sowohl galvanisch verzinkt als auch aus nicht rostendem oder hochkorrosionsbeständigem Stahl lieferbar.

Auch bei den Ankerbolzen wird durch den Spreizkonus beim Anziehen der Mutter der Spreizclip aufgeweitet. Dadurch verspannt sich der Spreizclip kraftschlüssig gegen die Wandung des Bohrloches.

Zum rationellen Setzen solcher Ankerbolzen können spezielle Setzwerkzeuge mit SDS-Einsteckende verwendet werden (Abb. 2).

Abb. 2: Setzwerkzeug mit SDS-Einsteckende

Das SDS-Einsteckende des Setzwerkzeuges kann in die SDS-Aufnahme von Schlag- oder Hammerbohrmaschinen gesteckt werden.

Die Abkürzung SDS stand ursprünglich für **S**teck-**D**reh-**S**itzt, wird aber heute international als **S**pecial **D**irect **S**ystem bezeichnet. Das aktuelle System ist SDS-plus und wurde 1975 von der Robert Bosch GmbH eingeführt. Das SDS-System ermöglicht, im Gegensatz zu vielen Spannfuttersystemen, einen werkzeuglosen und schnellen Bohrer- oder Meißelwechsel. Mit diesem System wird eine zuverlässige Übertragung des Drehmomentes von Schlagbohrmaschinen oder Bohrhämmern sichergestellt.

Zum Setzen von Ankerbolzen wird das Setzwerkzeug auf das Ende des Ankerbolzens gesteckt. Dieser wird danach mit einem Bohrhammer schlagend in das Bohrloch getrieben. Hierbei ist unbedingt darauf zu achten, dass der Bohrhammer in der Position „Hämmern" steht.

! Ankerbolzen dürfen nicht mit einer Schlagbohrmaschine in das Bohrloch gesetzt werden, da die drehende Bewegung zu einer Zerstörung des Spreizclips führen kann.

Steht kein Setzwerkzeug zur Verfügung, können Ankerbolzen auch mit einem Handhammer in das Bohrloch getrieben werden. Hierzu ist die Sechskantmutter so zu positionieren, dass der Einschlagzapfen nur ca. 2–3 mm aus der Mutter herausragt. Dadurch wird verhindert, dass beim Schlagen mit dem Handhammer das Gewinde des Bolzens beschädigt wird.

Nach dem Setzen des Ankerbolzens wird bei der Vorsteckmontage das Bauteil aufgesetzt, ausgerichtet und die Mutter mit dem vorgeschriebenen Drehmoment angezogen.

11.4.3 Befestigen der Kopflager

Informie

Baustoff und Beschaffenheit des Befestigungsuntergrundes

Die Dübel für die Kopflager der Pfosten müssen in Stahlbeton befestigt werden. Bei Stahlbeton ist eine Beschädigung oder Durchtrennung der Bewehrung auszuschließen. Entsprechende Bewehrungssuchgeräte können bis zu einer Tiefe von ca. 150 mm Bewehrungen orten und damit helfen, eine Beschädigung zu vermeiden (Abb. 3).

Abb. 3: Bewehrungssuchgerät

Wird beim Bohren dennoch ein Bewehrungseisen getroffen, so darf dieses Bohrloch aus Sicherheitsgründen nicht benutzt werden, da oftmals nicht die erforderliche Einbautiefe gewährleistet werden kann.

Neue Bohrungen müssen dann an anderer Stelle erstellt werden. Ist dies nicht möglich, muss ein anderes Befestigungssystem mit geringerer Einbautiefe, z. B. Schwerlastbefestigun–Chemie mit kurzen Bolzen, verwendet werden.

! Falsch gesetzte und wieder ausgebaute Dübel dürfen nicht weiter verwendet werden.

Die Überprüfung der Beschaffenheit des Untergrundes zur Befestigung der Fassade für die Kopflager ergab keine Besonderheiten. Alle Flächen sind eben und frei von Verunreinigungen. Risse im Baustoff waren nicht zu erkennen.

Beanspruchungsart und Wirkprinzip des Dübelsystems

Durch Winddruck oder -sog werden auch die Kopflager der Fassade vorwiegend mit Querkräften und somit auf Abscherung belastet. Für die Befestigung der Kopflager könnten wiederum Schwerlastanker oder Ankerbolzen verwendet werden. Solche spreizenden Dübelsysteme setzen allerdings große Rand- und Achsabstände voraus, die bei der Befestigung der Kopflager nicht eingehalten werden können.

Als Randabstand wird die kürzeste Entfernung eines Bohrloches zur Abschlusskante des Bauwerks bezeichnet. Der Achsabstand ist der kürzeste Abstand zwischen benachbarten Bohrungen (→📖).

! Für jede Schwerlastbefestigung sind die minimal zulässigen Rand- und Achsabstände einzuhalten. Nur so ist sichergestellt, dass es zu keinem Abplatzen des Baustoffes oder zur Rissbildung kommt und das Dübelsystem seine Funktion erfüllt.

Dübelsysteme, die Bauteile mit dem Wirkprinzip Formschluss am Bauwerk befestigen, erfordern geringere Randabstände.

Dübelsysteme, die formschlüssig wirken, passen sich der Form des Bohrloches an. Hierzu sind bei so genannten Bolzenankern die Hülsen speziell gestaltet (Abb. 4).

Abb. 4: Bolzenanker aus nicht rostendem Stahl

Beim Setzen dieser Dübelsysteme wird durch den Spreizkonus die Ankerhülse stark gespreizt. Dieses Aufspreizen führt zu einem Formschluss des Dübelsystems im Bohrloch (Abb. 5).

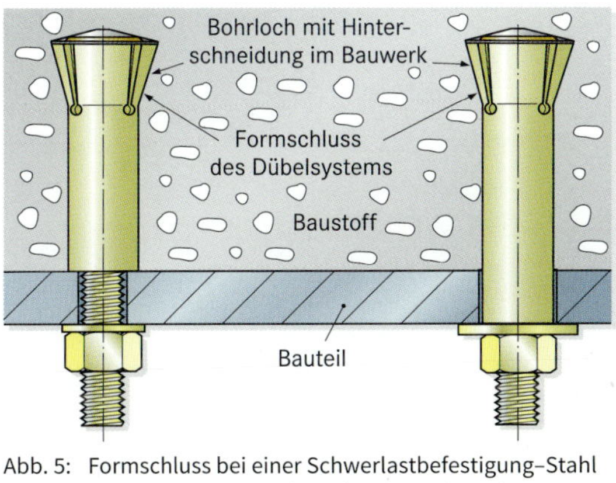

Abb. 5: Formschluss bei einer Schwerlastbefestigung-Stahl in Vorsteckmontage (links) und Durchsteckmontage (rechts)

Gestalt des Bohrloches und Bohrverfahren

Formschlüssige Dübelverbindungen stellen besondere Anforderungen an die Gestalt des Bohrloches. Dieses muss eine Hinterschneidung aufweisen, die der letztendlichen Form des eingebauten Dübelsystems entspricht.

Das für den Formschluss erforderliche hinterschnittige Bohrloch wird mit Spezialbohrern erstellt (Abb. 6).

Abb. 6: Spezialbohrer zum Herstellen eines Bohrloches mit Hinterschneidung

Der jeweils zu verwendende Spezialbohrer ist auf der Dübelverpackung angegeben.

Zum Herstellen der hinterschnittigen Bohrung für formschlüssig wirkende Dübelsysteme wird mit dem Spezialbohrer zuerst ein gerades, zylindrisches Bohrloch erstellt.

Durch die Verwendung des Spezialbohrers für Hinterschneidungen wird durch die Anschlagplatte die Tiefe der Bohrlöcher begrenzt. Dies ist für das spätere Setzen des Dübels von Bedeutung.

Die Hinterschneidung des Bohrloches wird nach dem Tiefbohrvorgang erstellt (Abb. 7).

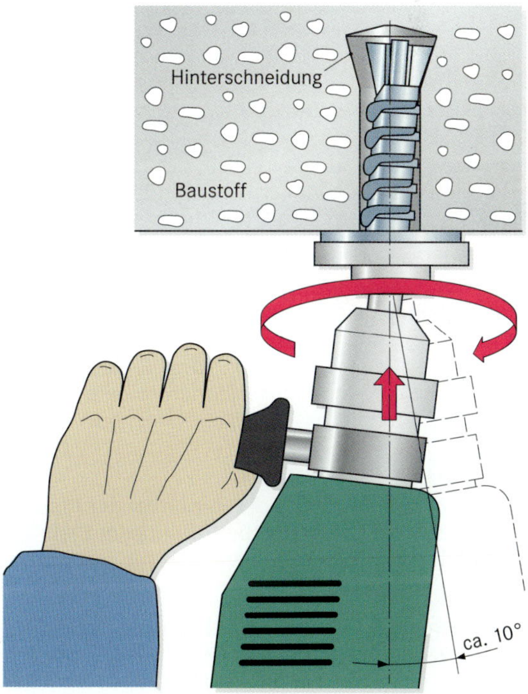

Abb. 7: Herstellen der Hinterschneidung

Der Formschluss durch den Hinterschnitt im Bohrloch und die Aufspreizung am unteren Ende der Dübelhülse bietet eine hohe Sicherheit gegen das Herausziehen des Dübels.

Durch den Formschluss wirken auf die Wand des Bohrloches nur geringe Kräfte. Formschlüssig wirkende Dübelsysteme zeichnen sich deshalb durch eine nahezu spreizdruckfreie Funktion aus. Dadurch sind geringe Rand- und Achsabstände der Bohrungen möglich.

Montageart und lastunabhängige Einflüsse auf das Dübelsystem

Dienen Löcher oder Öffnungen am zu befestigenden Bauteil direkt als „Bohrschablone" und wird der Dübel nach dem Bohren und der Reinigung des Bohrloches durch das Bauteil in den Baukörper gesteckt, liegt eine Durchsteckmontage vor.

Charakteristisches Merkmal der Durchsteckmontage ist, dass der Dübel nach der Montage bündig mit der Bauteiloberfläche abschließt (Abb. 1).

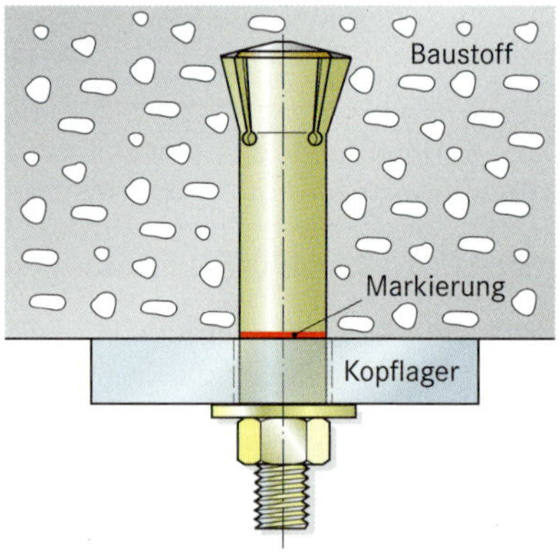

Abb. 1: Sitz des Dübelsystems bei Durchsteckmontage

Die Markierung auf der Hülse des Bolzenankers gibt an, wie tief die Ankerhülse mindestens in den Baukörper eingebracht werden muss.

Die vorliegende Einbausituation stellt keine besonderen Anforderungen an das Dübelsystem. Lastunabhängige Einflüsse wie z. B. Tauwasser treten an den Kopflagern nicht auf. Das für die Befestigung der Kopflager zum Einsatz kommende Dübelsystem muss jedoch wiederum der Feuerwiderstandsklasse F120 entsprechen.

Auswahl des Dübelsystems

Zur sicheren Befestigung der Kopflager der Pfosten können sowohl Schwerlastbefestigungen-Stahl als auch Schwerlastbefestigungen-Chemie verwendet werden.

Im vorliegenden Fall ist entsprechend der Stückliste die Verwendung von Bolzenankern aus korrosionsbeständigem Stahl zur Befestigung der Kopflager vorgeschrieben.

Einbau des Dübelsystems

Nach der Herstellung der hinterschnittigen Bohrung muss wiederum das Bohrloch gereinigt werden.

Zum Setzen der Bolzenanker wird ein spezielles Setzwerkzeug verwendet (Abb. 2).

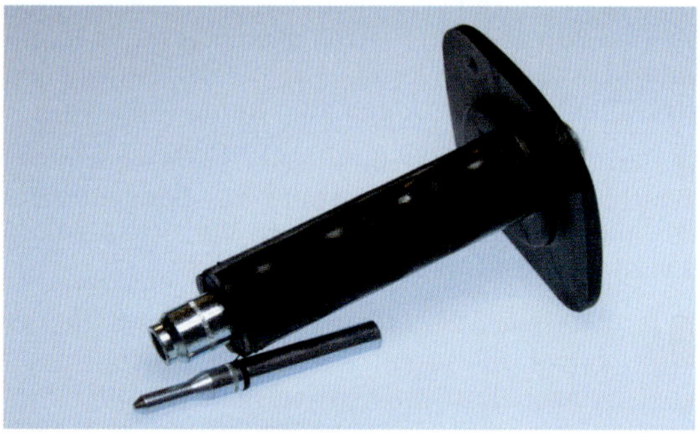

Abb. 2: Setzwerkzeug für Bolzenanker

Das jeweils zu verwendende Setzwerkzeug ist auf der Dübelverpackung angegeben.

Zum Setzen wird der Bolzenanker in das Bohrloch gesteckt. Danach wird das Setzwerkzeug auf die Ankerhülse aufgesetzt. Durch anschließendes kräftiges Schlagen mit einem Handhammer auf das Ende des Setzwerkzeugs wird die Hülse über den Konus getrieben und dadurch gespreizt. Durch die Tiefenbegrenzung beim Bohren mit dem Spezialbohrer wird sichergestellt, dass sich der Konus beim Eintreiben am Grund des Baukörpers abstützen kann. Das hinterschnittige Bohrloch wird dadurch formschlüssig ausgefüllt (Abb. 3).

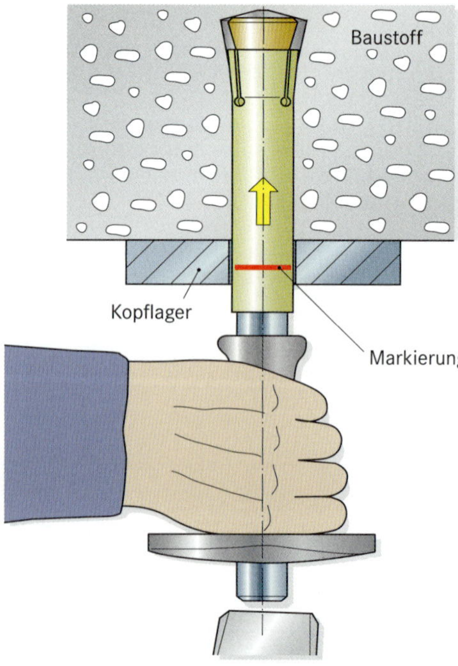

Abb. 3: Setzen eines Bolzenankers mit Setzwerkzeug

Erst nach diesem eigentlichen Setzen wird auf das Ende der Gewindestange die Scheibe gesteckt, die Mutter aufgeschraubt und mit dem auf der Verpackung angegebenen Drehmoment angezogen (Abb. 4).

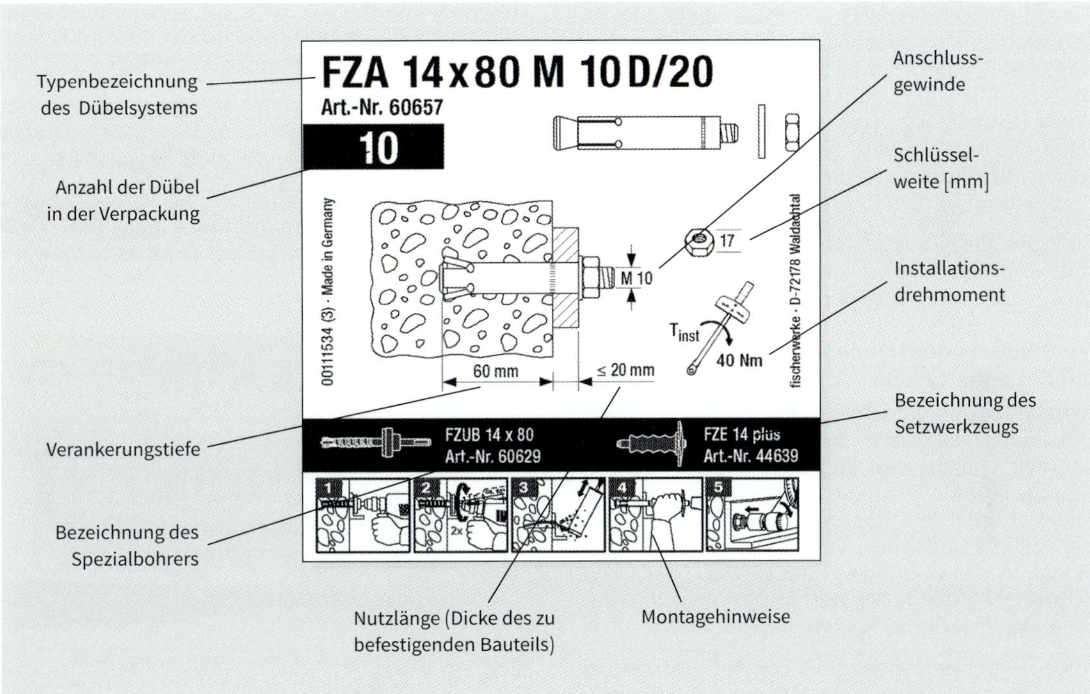

Abb. 4: Angabe des Spezialbohrers, des Setzwerkzeuges und von Montagehinweisen auf einer Dübelverpackung

11.4.4 Befestigen der Lagerschuhe

Baustoff und Beschaffenheit des Befestigungsuntergrundes

Die Lagerschuhe für die Pfosten müssen an einer Zwischendecke aus Stahlbeton befestigt werden. Beim Bohren ist wiederum darauf zu achten, dass Bewehrungseisen nicht beschädigt werden.

Der Befestigungsuntergrund ist eben und frei von Verunreinigungen. Der Stahlbeton weist jedoch kleine Risse auf. Zudem können die für kraftschlüssig wirkende Schwerlastbefestigungen-Stahl vorgeschriebenen Rand- und Achsabstände nicht eingehalten werden.

Beanspruchungsart und Wirkprinzip des Dübelsystems

Der auf die Fassade wirkende Windsog führt dazu, dass die Lagerschuhe von der Fassade abgezogen werden. Das Dübelsystem wird demzufolge auf Herausziehen beansprucht. Aus diesem Grund muss das Befestigungssystem ein Herausziehen des Dübels und des Befestigungsmittels verhindern.

Aufgrund der sehr geringen Randabstände und Risse im Stahlbeton können keine formschlüssig wirkenden Schwerlastbefestigungen-Stahl für die Befestigung der Lagerschuhe verwendet werden. Der Einsatz stoffschlüssig wirkender Dübelsysteme ist deshalb erforderlich.

Dieser Stoffschluss wird durch das direkte Einkleben des Befestigungsmittels, meist eine Gewindestange oder ein speziell geformter Anker, in das Bohrloch erreicht (Abb. 5).

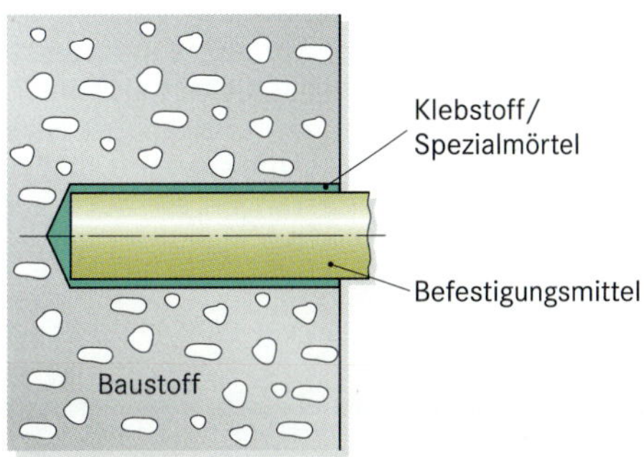

Abb. 5: Stoffschluss durch direktes Einkleben des Befestigungsmittels

Verschiedene stoffschlüssig wirkende Dübelsysteme werden von den Dübelherstellern unter dem Oberbegriff Schwerlastbefestigungen-Chemie angeboten.

Gestalt des Bohrloches und Bohrverfahren

Stoffschlüssig wirkende Dübelsysteme erfordern eine normale, zylindrische Gestalt des Bohrloches. Eine Hinterschneidung ist nicht unbedingt erforderlich, unterstützt jedoch die Befestigung durch einen zusätzlichen Formschluss des Verbindungsmittels. Allerdings müssen die Bohrungen für Schwerlastbefestigungen-Chemie besonders sorgfältig gereinigt werden, denn im Bohrloch befindliches Gesteinsmehl würde eine stoffschlüssige Verbindung mit dem Baustoff behindern.

Aufgrund der geringen Randabstände und der bereits vorhandenen Risse kann zum Erstellen der Bohrungen nur das Schlagbohren eingesetzt werden.

Montageart und lastunabhängige Einflüsse auf das Dübelsystem

Als Montageart wird bei stoffschlüssig wirkenden Dübelsystemen meist die Vorsteckmontage verwendet. Hierzu wird bei den Schwerlastbefestigungen-Chemie zuerst der Klebstoff oder ein Injektionsmörtel in das Bohrloch eingebracht und danach ein spezieller Anker oder eine Gewindestange in das Bohrloch gesteckt. Nach der vorgeschriebenen Dauer der Aushärtung wird das Bauteil aufgesetzt und befestigt.

Auch bei der Befestigung der Lagerschuhe sind ein ausreichender Korrosionsschutz und die Feuerbeständigkeit des Dübelsystems zu berücksichtigen.

Auswahl des Dübelsystems

Die Schwerlastbefestigungen-Chemie können durch ihre spreizdruckfreie Funktion auch bei sehr geringen Rand- und Achsabständen verwendet werden. Darüber hinaus dichten sie das Bohrloch gegen eindringende Feuchtigkeit ab. Bei den Schwerlastbefestigungen-Chemie ist jedoch zu beachten, dass diese nach der Montage nicht mehr justiert oder aus dem Baustoff entfernt werden können, ohne diesen zu zerstören.

Die Auswahl des chemischen Bindungsstoffes und des Befestigungsmittels richtet sich nach den Einbaubedingungen und dem jeweiligen Baustoff. Im Bereich der Schwerlastbefestigungen-Chemie können sowohl Gewindestangen als auch speziell geformte Anker als Befestigungsmittel verwendet werden (Abb. 1).

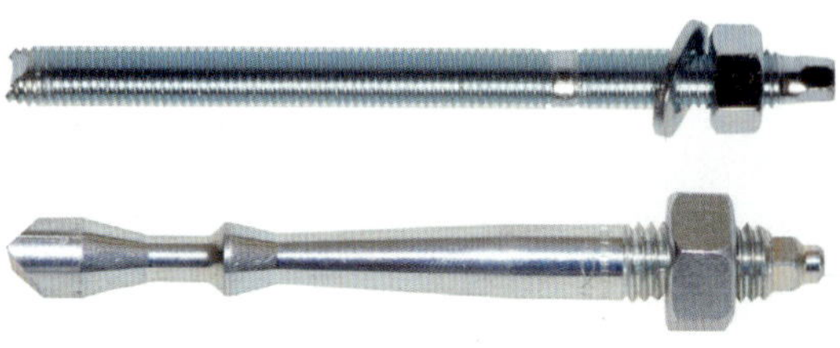

Abb. 1: Gewindestange (oben) und spezieller Anker (unten) für Mörtelpatrone oder Injektionsmörtel

Die Unterbrechung im Gewindegang der Gewindestange dient als Markierung für die richtige Montage. Diese Markierung gibt an, wie tief die Gewindestange mindestens in das Bauwerk eingebracht werden muss. Die Anker sind immer bis zum Anfang des Gewindes in das Bohrloch zu stecken.

Auf den Verpackungen der Gewindestangen oder der Anker sind der Durchmesser der zu erstellenden Bohrung sowie deren Mindesttiefe angegeben.

Die jeweiligen Befestigungsmittel werden entweder mit Hilfe von Mörtelpatronen oder mit Injektionsmörtel (Abb. 2) stoffschlüssig mit dem Bauwerk verbunden.

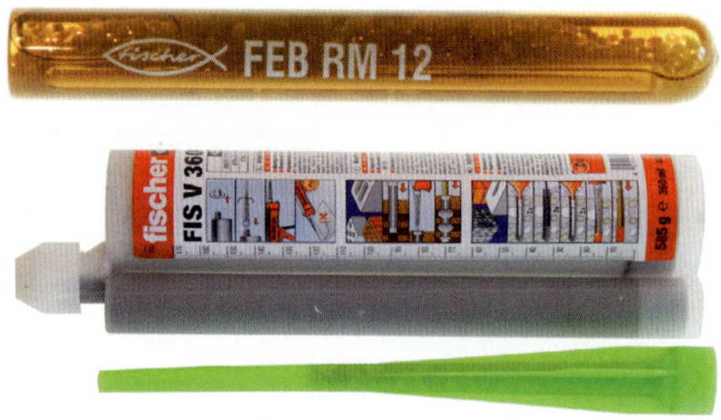

Abb. 2: Mörtelpatrone (oben) und Injektionsmörtel mit Statikmischer (unten)

Injektionsmörtel bestehen meist aus zwei Komponenten. Bei diesen Mörtelsystemen wird durch den Hersteller die Verwendung eines Statikmischers vorgeschrieben. Dieser stellt sicher, dass sich die einzelnen Mörtelkomponenten beim Auspressen aus der Kartusche vollständig durchmischen.

Je nach verwendetem Injektionsmörtel wird zum Auspressen entweder eine normale Kartuschenpresse oder eine Spezialpresse des Herstellers benötigt. Bei Anbruch einer neuen Kartusche sollte durch den Statikmischer zuerst etwa 10 cm Mörtel ungenutzt ausgepresst und erst danach das Bohrloch gefüllt werden. Dies stellt sicher, dass sich die Komponenten des Mörtels vollständig vermischt haben.

Die Lagerschuhe werden mit einem System aus Gewindestange und Mörtelpatrone an der Zwischendecke aus Stahlbeton befestigt.

Einbau des Dübelsystems

Für die Befestigung der Lagerschuhe werden die Bohrlöcher aufgrund der geringen Randabstände und der bereits vorhandenen Risse im Bauwerk durch das Schlagbohren erstellt.

Bei den Schwerlastbefestigungen-Chemie muss das Bohrloch nach dem Bohren besonders gründlich durch Bürsten und Ausblasen gereinigt werden (Abb. 3).

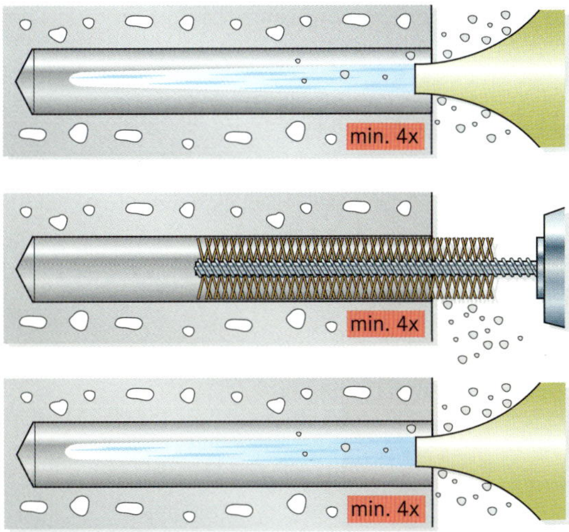

Abb. 3: Reinigungsfolge für ein Bohrloch bei stoffschlüssig wirkenden Dübelsystemen

Zur Montage wird zuerst die Mörtelpatrone in das gereinigte Bohrloch gesteckt (Abb. 4).

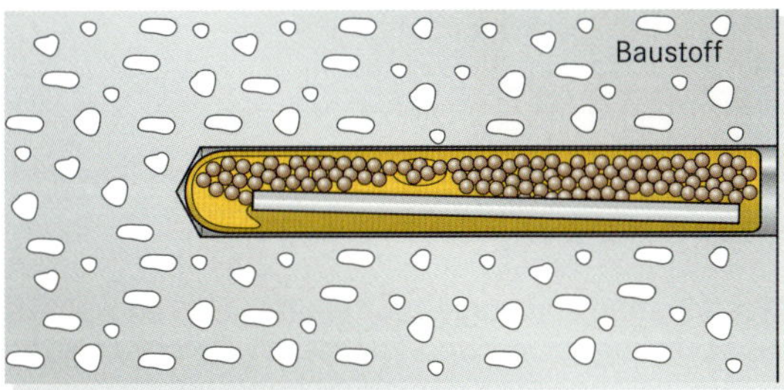

Abb. 4: Lage der Mörtelpatrone im Bohrloch

Nachdem die Mörtelpatrone bis zum Grund des Bohrloches eingesetzt wurde, ist die Gewindestange mit einer Schlagbohrmaschine oder einem Bohrhammer schlagend-drehend mit Hilfe eines Setzwerkzeuges mit SDS-Einsteckende in das Bohrloch zu setzen (Abb. 5).

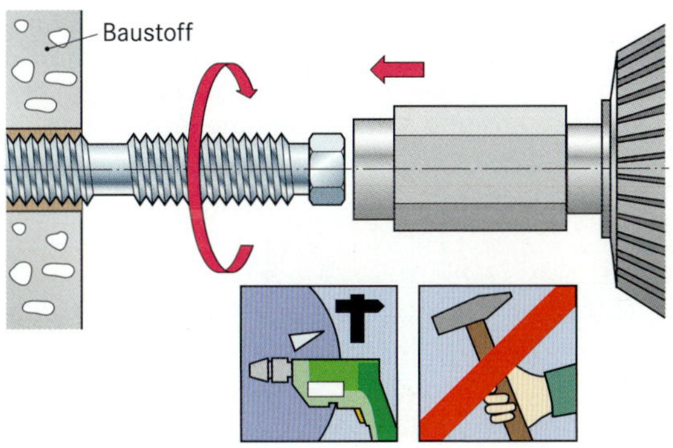

Abb. 5: Setzen einer Gewindestange in eine Mörtelpatrone

Durch das Schlagen wird die Mörtelpatrone mit Hilfe der Dachschräge der Gewindestange aufgebrochen. Die drehende Bewegung stellt sicher, dass sich die Mörtelbestandteile vollständig durchmischen.

! Bei Verwendung einer Mörtelpatrone darf die Gewindestange nicht mit einem Handhammer eingeschlagen werden, da es hierbei zu keiner ausreichenden Durchmischung der Mörtelkomponenten kommt.

Beim Setzen muss sich die Markierung auf der Gewindestange, d. h. die Unterbrechung des Gewindeganges, vollständig im Baukörper befinden. Nur so ist sichergestellt, dass das Dübelsystem seine Funktion erfüllt.

Die Mörtelmenge in der Glaspatrone ist darüber hinaus so bemessen, dass bei richtiger Setztiefe etwas Mörtel zwischen Bohrlochwandung und Gewindestange austritt (Abb. 6).

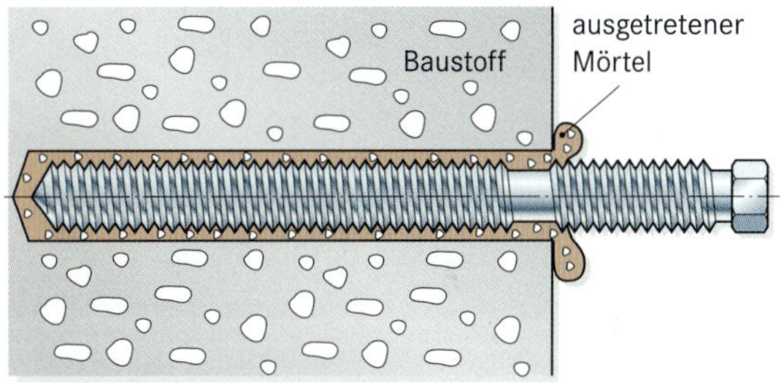

Abb. 6: Richtiger Sitz einer Gewindestange im Baukörper

Schwerlastbefestigungen-Chemie dürfen nach dem Setzen nicht sofort belastet werden, sondern müssen entsprechend den Herstellerangaben aushärten. Dies dauert entsprechend der Herstellerangaben je nach Mörtel und Temperatur im Verankerungsgrund zwischen 10 Minuten und 80 Stunden.

Die genaue Aushärtezeit sowie alle weiteren Informationen zur Montage des Dübelsystems sind den Herstellerunterlagen bzw. der Verpackung zu entnehmen.

Auf den Verpackungen der Mörtelpatronen und auf den Kartuschen des Injektionsmörtels ist darüber hinaus das Datum vermerkt, bis zu dem die Patrone bzw. der Injektionsmörtel verbraucht werden soll.

Angebrochener Injektionsmörtel kann eine gewisse Zeit gelagert werden. Bei Weiterverwendung ist jedoch ein neuer Statikmischer zu benutzen.

Nach der Aushärtung des Mörtels werden die Lagerschuhe an die Zwischendecke aus Stahlbeton angesetzt, die Unterlegscheibe auf den Gewindebolzen gesteckt und die Mutter aufgeschraubt.

Abschließend werden die Muttern mit dem auf der Verpackung angegebenen Drehmoment unter Verwendung eines Drehmomentschlüssels angezogen (Abb. 1).

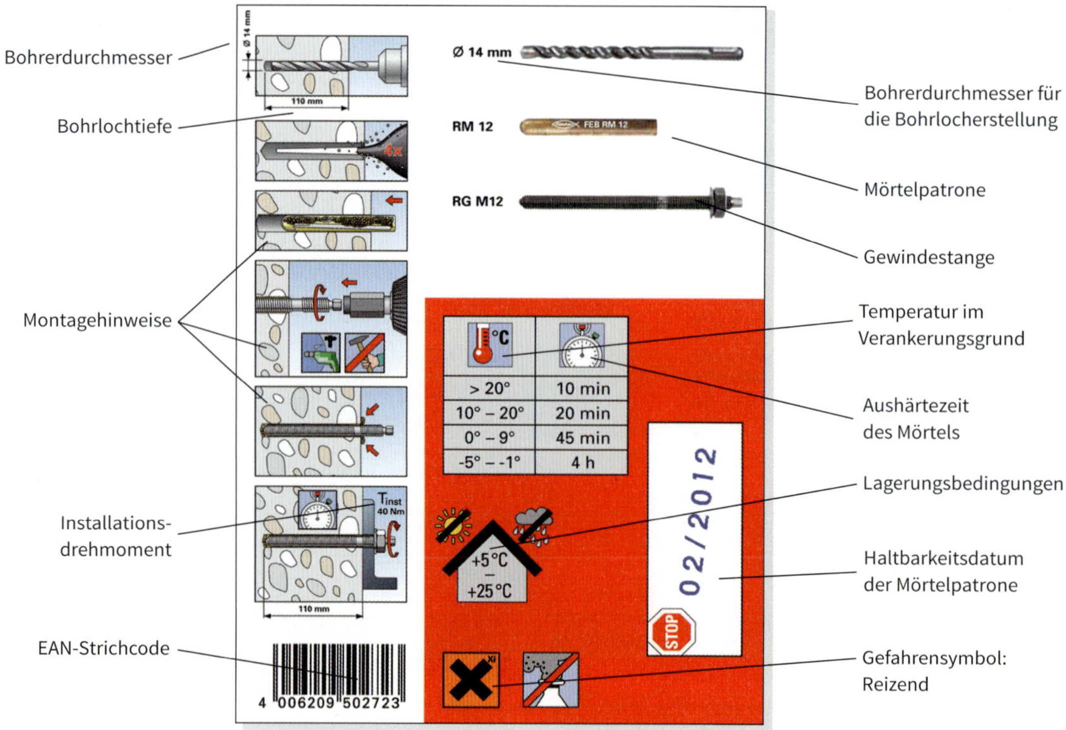

Abb. 1: Montagevorschriften auf einer Dübelverpackung für eine Schwerlastbefestigung – Chemie

Informieren

Einsatz von Schwerlastbefestigungen-Chemie bei Loch- oder Hohlkammersteinen

Bei Bauwerken aus Loch- bzw. Hohlkammersteinen oder Vollsteinen mit porigem Gefüge können Schwerlastbefestigungen-Stahl meist nicht verwendet werden, da diese zu große Kräfte auf die Bohrlochwandung ausüben. Dadurch werden entweder das porige Gefüge oder die Stege bei Hohlkammersteinen beschädigt und das Dübelsystem kann nicht sicher im Bauwerk verankert werden.

Die Befestigung von Metallbaukonstruktionen an Bauwerken aus solchen Mauerwerksbaustoffen kann jedoch durch Schwerlastbefestigungen-Chemie erfolgen. Hierbei müssen Siebhülsen verwendet werden, da nur so eine gleichmäßige Verteilung des Mörtels gewährleistet wird (Abb. 2).

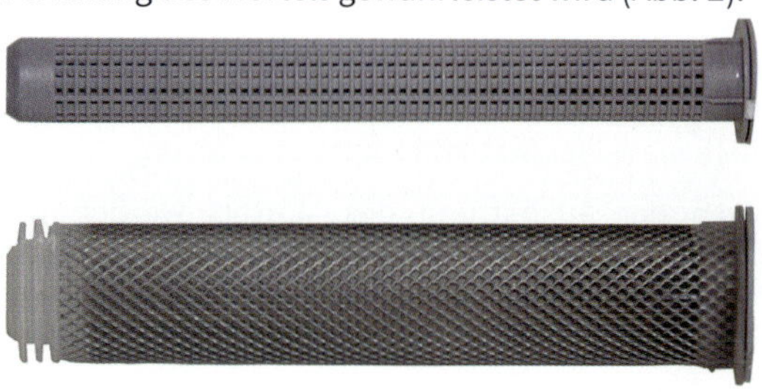

Abb. 2: Siebhülsen aus Kunststoff (oben) und Stahl (unten)

Diese Siebhülsen sorgen für einen sicheren Halt im Verankerungsgrund und zentrieren gleichzeitig die Gewindestange oder den Anker im Bohrloch.

Die erforderlichen Bohrungsdurchmesser und -tiefen sind der Verpackung oder den Herstellerunterlagen zu entnehmen. Es darf jedoch nur mit dem Drehbohren gearbeitet werden, da beim Schlag- oder Hammerbohren einzelne Stege oder das porige Gefüge zerstört werden können.

Bei der Montage sind die Siebhülsen vom Grund her vollständig mit Mörtel zu füllen. Anschließend wird die Gewindestange oder der Anker von Hand mit einer leichten Drehbewegung bis zur Markierung eingedrückt. Hierbei tritt der Injektionsmörtel durch die Löcher der Siebhülse in die Kammern des Baustoffes aus und sorgt so für eine formschlüssige Verbindung mit dem Mauerwerk (Abb. 3).

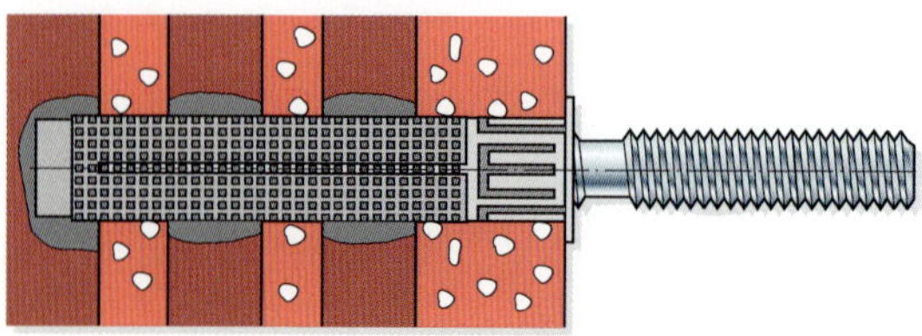

Abb. 3: Wirkprinzip der Siebhülse bei Schwerlastbefestigung – Chemie an einem Hohlkammerstein

Zusammenfassung

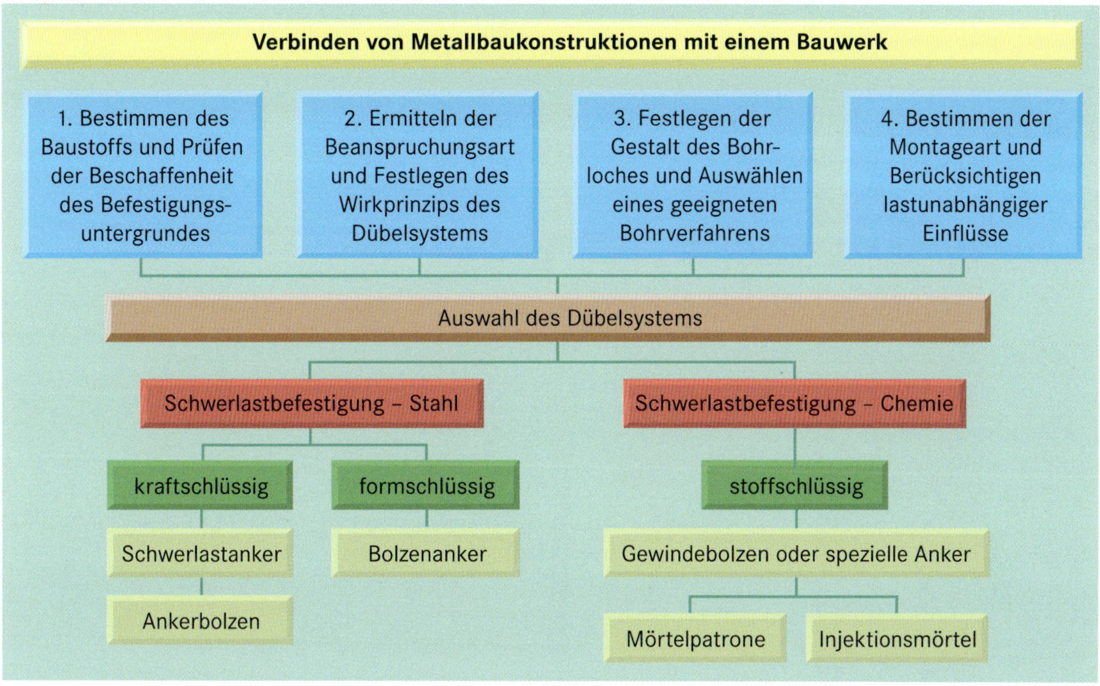

Aufgaben

1. Erklären Sie, wie der Baustoff bei verputztem Bauwerk ermittelt werden kann und was dabei zu beachten ist.

2. Welche Aspekte sind bei der Beurteilung der Beschaffenheit des Befestigungsuntergrundes zu berücksichtigen?

3. Beschreiben Sie das Wirkprinzip kraftschlüssiger Dübelsysteme.

4. Begründen Sie, warum bei einer Beanspruchung auf Abscherung kraftschlüssig wirkende Dübelsysteme zur Befestigung von Bauteilen verwendet werden.

5. Beurteilen Sie die einzelnen Bohrverfahren hinsichtlich ihrer Einsetzbarkeit bei den verschiedenen Baustoffen.

6. Welche lastunabhängigen Einflüsse sind bei der Auswahl von Dübelsystemen zu berücksichtigen?

7. Beschreiben Sie den Arbeitsablauf zum Einbau eines kraftschlüssig wirkenden Dübelsystems bei Vorsteckmontage.

8. Beschreiben Sie das Wirkprinzip formschlüssiger Dübelsysteme.

9. Erläutern Sie die Herstellung eines Bohrloches mit Hinterschneidung.

10. Begründen Sie, warum bei kraftschlüssig wirkenden Dübelsystemen die einzuhaltenden Randabstände größer sind als bei formschlüssig wirkenden Dübelsystemen.

11. Beschreiben Sie den Arbeitsablauf zum Einbau eines formschlüssig wirkenden Dübelsystems.

12. Begründen Sie, warum die Durchsteckmontage eine effektivere Befestigung von Metallbauteilen erlaubt.

13. Beschreiben Sie das Wirkprinzip stoffschlüssiger Dübelsysteme.

14. Begründen Sie, warum stoffschlüssig wirkende Dübelsysteme insbesondere bei gerissenem Beton verwendet werden können.

15. Warum sollte bei gerissenem Beton oder bei geringen Rand- und Achsabständen nicht mit dem Hammerbohren gearbeitet werden?

16. Beschreiben Sie den Arbeitsablauf zum Einbau eines stoffschlüssig wirkenden Dübelsystems mit Mörtelpatrone und Gewindebolzen.

17. Begründen Sie, warum Schwerlastbefestigungen – Chemie nach der Montage nicht sofort belastet werden dürfen.

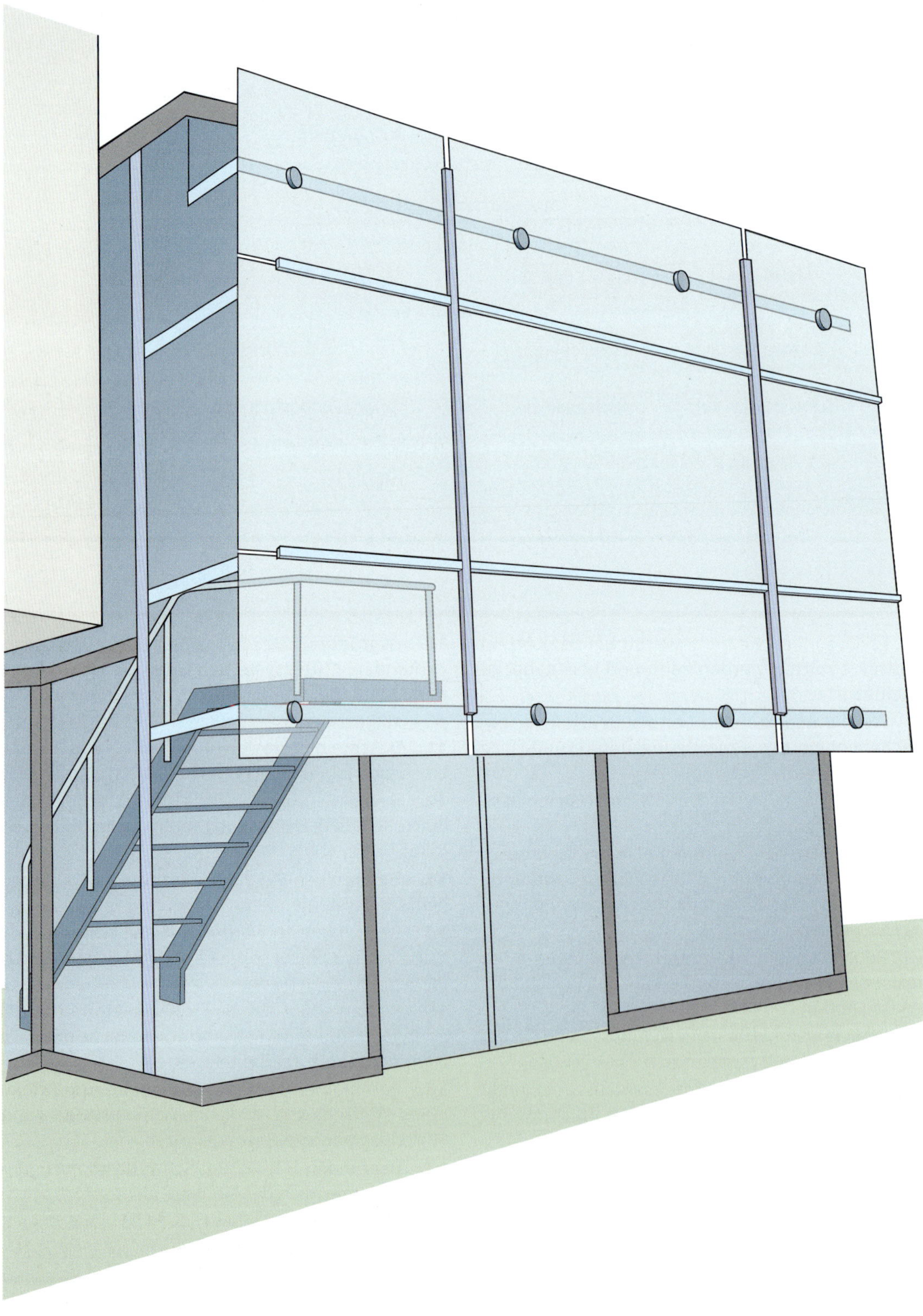

11.5 Herstellen von Glasanbauten

ARBEITSAUFTRAG

Bei einem bereits bestehenden Gebäude soll durch einen Umbau die nutzbare Bürofläche vergrößert werden. Nach dem Umbau befindet sich das Zwischenpodest einer zweiläufigen Treppe vor dem Gebäude. Die Treppe soll durch einen Glasanbau vor Witterungseinflüssen geschützt werden. Der Anbau besteht aus einer Stahlgrundkonstruktion in Pfosten-Riegel-Bauweise. An der Grundkonstruktion sind Isoliergläser befestigt. Für die Herstellung des Glasanbaus sind geeignete Profile und Isoliergläser zu verwenden. Nach der Montage der Grundkonstruktion sind die Isoliergläser zu montieren und die Bauanschlüsse abzudichten.

ormieren

11.5.1 Statische und wärmetechnische Vorüberlegungen

Für die Herstellung des Glasanbau müssen neben der Bauzeichnung zusätzlich

- statische Berechnungen und
- der Energieeinsparnachweis

berücksichtigt werden.

Durch die statischen Berechnungen wird der Nachweis erbracht, dass die Grundkonstruktion in der Lage ist, alle auftretenden Belastungen in das Fundament abzuleiten. Beim Glasanbau wird mit folgenden Belastungen gerechnet:

- Eigenlast des Glasanbaus sowie
- Wind- und Schneelasten.

Die Eigenlast des Glasanbaus ergibt sich aus der Summe der Massen der verwendeten Baustoffe. Da das Treppenpodest keine Verbindung zum Glasanbau hat, müssen Verkehrslasten, die durch die Benutzung der Treppe entstehen, nicht berücksichtigt werden. Die zu erwartenden Wind- und Schneelasten ergeben sich aus der geografischen Lage und der Ausrichtung des Glasanbaus bezüglich der Himmelsrichtung.

Neben den statischen Vorgaben ist die Einhaltung der **Energieeinsparverordnung (EnEV)** durch einen Energieeinsparnachweis zu belegen. Bei Gebäuden

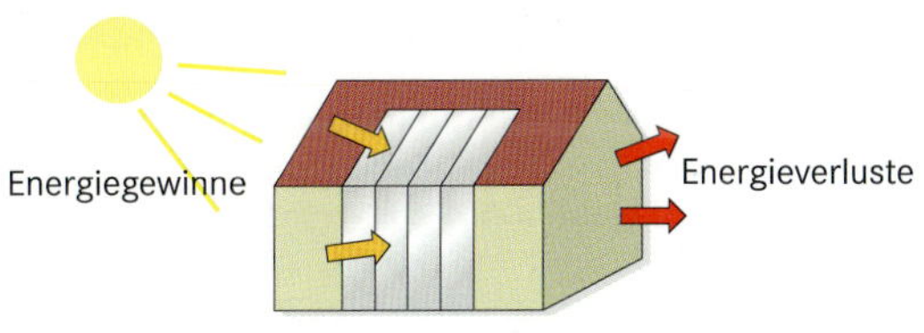

Abb. 1: Energiebilanz eines Gebäudes mit Glasanbau

mit Glasanbau ist die Besonderheit zu berücksichtigen, dass sich durch die große Glasfläche das Gebäude erwärmt. Dadurch werden Energiegewinne erzielt (Abb. 1).

Diese Energiegewinne beeinflussen die Energiebilanz des Gebäudes zunächst positiv, da Heizenergie eingespart wird. Bei niedrigen Außentemperaturen geht über die Außenwände des Gebäudes Wärmeenergie verloren. Diese Energieverluste müssen für ein behagliches Innenklima ausgeglichen werden. Dadurch wird die Energiebilanz des Gebäudes negativ beeinflusst.

Eine starke Sonneneinstrahlung bei hohen Außentemperaturen kann allerdings auch zu einer Überhitzung des Glasanbaus führen. Dies ist durch die Verwendung geeigneter Sonnenschutzeinrichtungen zu vermeiden (Abb. 2).

Abb. 2: Sonnenschutzmaßnahmen einer Fassade

Durch den Glasanbau wird die Energiebilanz des gesamten Gebäudes verändert. Diese Veränderung ist nach der Energieeinsparverordnung (EnEV) zu belegen.

11.5.2 Auswählen der Profilwerkstoffe

Das Tragwerk des Glasanbaus ist eine Stahlkonstruktion in Pfosten-Riegel-Bauweise. Für die Pfosten und Riegel sind laut Zeichnung folgende Profile zu verwenden:

- Für die Pfosten
  HFRHF- EN 10210-120 x 60 x 6 Stahl EN 10025 S235JR
- und für die Riegel
  HFRHF- EN 10210-100 x 60 x 8 Stahl EN 10025 S235JR

Durch die Verwendung dieser Halbzeuge können trotz geringer Breiten hohe Stütz- und Tragkräfte in das Fundament eingeleitet werden.

Die geringen Breiten der Pfosten und Riegel bewirken, dass der Glasanbau von außen rahmenlos erscheint.

Das Tragwerk für den Glasanbau könnte auch mit industriell vorgefertigten Systemprofilen hergestellt werden. Verschiedene Systemanbieter bieten dafür entsprechende Lösungen an.

Aus wärmeschutztechnischer Sicht sind Systemprofile zum Bau von Glasanbauten zu bevorzugen. Mit diesen Profilen wird eine bessere thermische Trennung zwischen der Innen- und Außenseite erreicht. Bei Systemprofilen werden die Andruckprofile für die Isolierglasbefestigung an Kunststoffhalter geschraubt (Abb. 1).

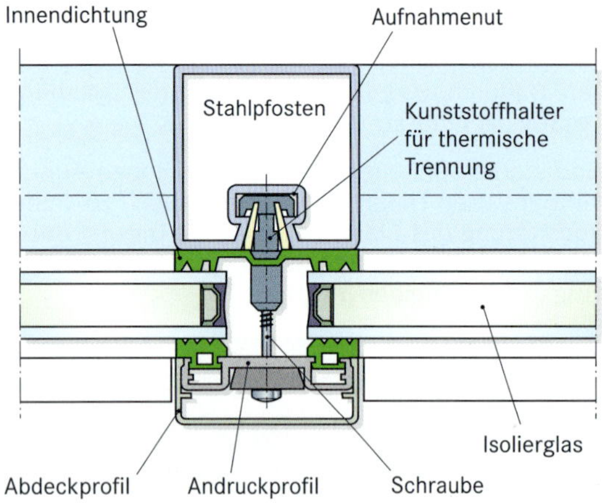

Abb. 1: Systemstahlprofil mit thermischer Trennung

Die Kunststoffhalter werden in die Aufnahmenuten der Pfosten- und Riegelprofile geschoben und dort im Abstand von 250 mm positioniert. Die bessere thermische Trennung wird erreicht, da die Andruckprofile nur an diesen Punkten mit den Pfosten und Riegelprofilen verbunden sind (Abb. 2).

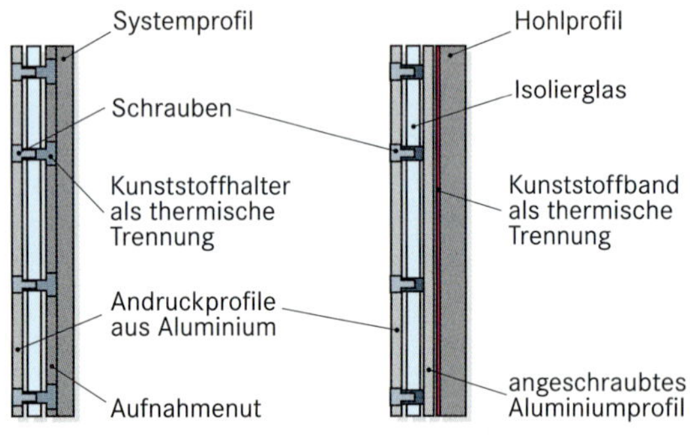

Abb. 2: Thermische Trennung

Bei Pfosten- und Riegelprofilen, die aus Halbzeugen hergestellt sind, erfolgt die Verbindung entlang der gesamten Profillänge. Die thermische Trennung zwischen dem Hohlprofil und einem Aluminiumprofi erfolgt hier durch ein Kunststoffband.

Individuelle Kundenwünsche können mit Systemprofilen oft nicht umgesetzt werden. Außerdem sind zur Bearbeitung dieser Profile spezielle Maschinen und Werkzeuge notwendig.

Für Glasanbauten können auch Profile aus Aluminium, Kunststoff oder Holz verwendet werden.

Bei der Profilauswahl sind zu berücksichtigen:

- Die Festigkeit der Profile,
- die Wärmedämmung,
- die Wartung und Pflege sowie
- die Lebensdauer (Tab. 1).

Tab. 1: Kriterien für die Werkstoffauswahl von Profilen

Auswahlkriterien	**Werkstoffe**			
	Stahl	**Aluminium**	**Kunststoff**	**Holz**
Festigkeit	xxx	xx	x	xx
Wärmedämmung	x	x	xx	xxx
Wartungs- und Pflegeaufwand	xx	x	x	xxx
Legende: xxx = hoch, xx = mittel, x = gering				

Neben den genannten Kriterien sind außerdem die Bauwerksarchitektur und der Preis zu berücksichtigen.

Die geringe Festigkeit von Kunststoffprofilen wird durch den Einbau eines Stahlprofils erhöht (Abb. 3).

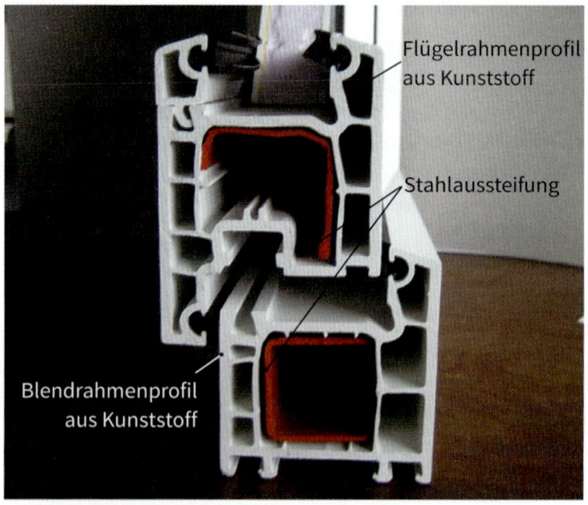

Abb. 3: Aufbau eines Kunststoffprofils mit Stahlaussteifung

Hierbei wird in den Hohlraum eines vorgefertigten Kunststoffprofils als Versteifung ein entsprechend gebogenes und gefalztes Stahlprofil geschoben.

Es ist zu beachten, auch Kunststoffprofile mit Stahlaussteifung dürfen nicht für die tragenden Pfosten und Riegel des Glasanbaus verwendet werden. Auf Grund ihrer geringen Festigkeit sind sie nur für Fenster- und Türelemente des Glasanbaus geeignet.

Bezüglich des Wärmeschutzes haben Holzprofile die besten Dämmwerte. Der Nachteil von Holzprofilen ist deren geringe Witterungsbeständigkeit und der damit verbundene höhere Pflegeaufwand. Dieser Nachteil kann durch die Verbindung eines Holzprofils mit einem Aluminiumprofil aufgehoben werden (Abb. 4).

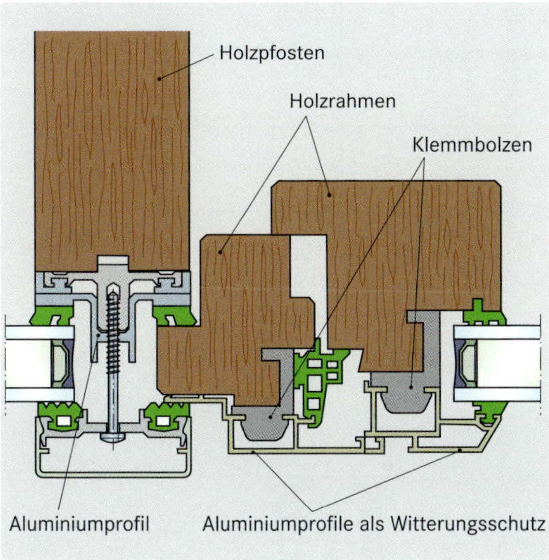

Abb. 4: Verbundprofilaufbau

Hierbei übernimmt ein außenliegendes Aluminiumprofil den Witterungsschutz und das Holzprofil den Wärmeschutz sowie die Tragfunktion. Beide Profile sind für die Hinterlüftung mit Klemmbolzen verbunden. Außerdem wird durch die Klemmbolzen die unterschiedliche Längenausdehnung der Holz- und Aluminiumprofile ermöglicht.

11.5.3 Auswählen des Isolierglases

Der Glasanbau schützt eine Treppenanlage vor Witterungseinflüssen. Durch die große Glasfläche wird der Innenbereich des Gebäudes mit Tageslicht durchflutet. Allerdings kann eine große Glasfläche bei intensiver Sonneneinstrahlung auch eine Überhitzung der Innenräume bewirken. Aus diesem Grund sind bei Glasanbauten geeignete Sonnenschutzmaßnahmen einzuplanen. Da die Glasflächen des Anbaus an eine Treppe mit Podest grenzen, sind in diesem Bereich aus Sicherheitsgründen Verbundglasscheiben zu verwenden.

Aus den Vorgaben bezüglich des Sonnenschutzes und der Wärmedämmung ergibt sich ein spezieller Aufbau des Isolierglases.

Das Isolierglas setzt sich aus einer beschichteten Einscheibensicherheitsglasscheibe (ESG) und einer beschichteten Verbundsicherheitsglasscheibe (VSG) zusammen (Abb. 5).

Zur eindeutigen Beschreibung, an welcher Stelle die Beschichtung aufgebracht ist, werden die Glasoberflächen von außen nach innen mit Positionsnummern bezeichnet.

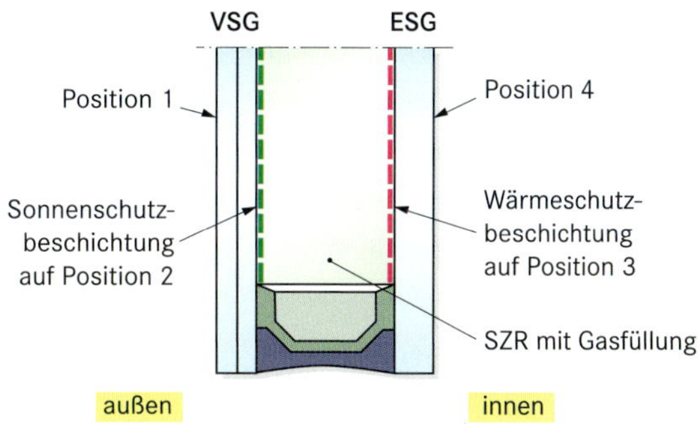

Abb. 5: Aufbau eines Isolierglases für Glasanbauten

Beim verwendeten Isolierglas befindet sich die Sonnenschutzbeschichtung auf Position 2. Dadurch wird die größte Reflexionswirkung erzielt und eine Überhitzung des Glasanbaus vermieden. Die hohe Reflexionswirkung wirkt sich allerdings auch nachteilig aus, weil an trüben Tagen weniger Licht durch das Glas in den Innenraum gelangen kann. Diese Glaseigenschaft wird als Lichtdurchlässigkeit bezeichnet. Der Wert wird in Prozent angegeben.

! Es gilt, je besser der Sonnenschutz, desto schlechter ist die Lichtdurchlässigkeit.

Neben der Sonnenschutzfunktion sind entsprechend der **EnEV** Maßnahmen zum Wärmeschutz zu berücksichtigen. Die Glasbeschichtung auf Position 3 bewirkt eine Verringerung des Wärmedurchgangskoeffizienten *U* des Isolierglases und damit eine Verbesserung der Wärmedämmung.

Wärmedurchgangskoeffizient *U*

Der Wärmedurchgangskoeffizient ist die Wärmemenge, die in einer Stunde durch 1 m^2 Baustofffläche hindurchgeht, wenn der Temperaturunterschied zwischen der warmen Raumluft zur kalten Außenluft ein Kelvin beträgt. Der Wärmedurchgangskoeffizient wird vereinfacht auch als *U*-Wert bezeichnet. Er hat die Einheit W/m^2K.

Die Ermittlung von *U*-Werten kann rechnerisch, mit Diagrammen oder mit Tabellen erfolgen. Diagramme und Tabellen zur *U*-Wertbestimmung werden von Glasherstellern oder Herstellern von Systemprofilen angeboten.

Zur Ermittlung des *U*-Gesamtwertes für den herzustellenden Glasanbau müssen die *U*-Einzelwerte der Rahmen und Isoliergläser bestimmt werden. Dies erfolgt mit Tabellen und Diagrammen. Die ermittelten *U*-Einzelwerte müssen mit den entsprechenden Baustoffflächen multipliziert werden. Beim Glasanbau sind dies die Isolierglas- und Rahmenflächen.

Grundlagen

Die Bestimmung von *U*-Werten für gerahmte Glasflächen erfolgt vereinfacht mit folgender Formel:

$$U_{GA} = \frac{A_g \cdot U_g + A_f \cdot U_f + l_g \cdot \Psi_g}{A_g + A_f}$$

U_{GA} - *U*-Wert für gerahmte Glasflächen in W/m²K

A_g - Fläche Isolierglas in m²

U_g - *U*-Wert des Isolierglases in W/m²K

A_f - Fläche Rahmen in m²

U_f - *U*-Wert des Rahmens in W/m²K

l_g - Länge des Profils für den Randverbund in m

Ψ_g - *U*-Wert des Isolierglasrandverbundes in W/mK

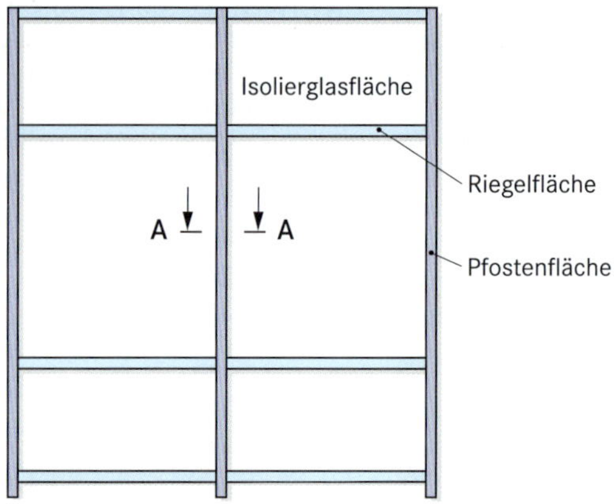

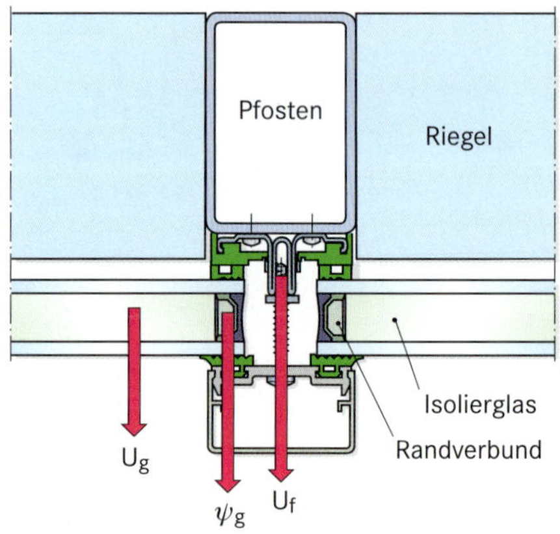

A - A

U-Wertbestimmung für Isoliergläser

Die Wärmedurchgangskoeffizienten U_g und Ψ_g werden mit Tabellen bestimmt. Diese werden von Glasherstellern zur Verfügung gestellt.

U_g ist abhängig von:

- der Dicke des Scheibenzwischenraumes und
- dem verwendeten Füllgas.

Ψg ist abhängig von:

- dem Werkstoff des Randverbundes.

Das Profil des Randverbundes kann aus Aluminium, Edelstahl oder Kunststoff bestehen.

Glasaufbau Scheiben	Beschichtung	SZR in mm	U_g in W/m²K	Füllung des SZR	Ψ in W/mK	Lichtdurchlässigkeit L_T in %
Float 4/4	3	16	1,7	Luft	0,11	80
Float 4/4	3	16	1,4	Argon	0,07	70
VSG 8/ESG 8	2/3	16	1,1	Argon	0,07	60
VSG 8/ESG 10	2/3	16	0,9	Krypton	0,05	50
VSG 8/Float 4/4	2/5	2 x 12	0,5	Krypton	0,04	45

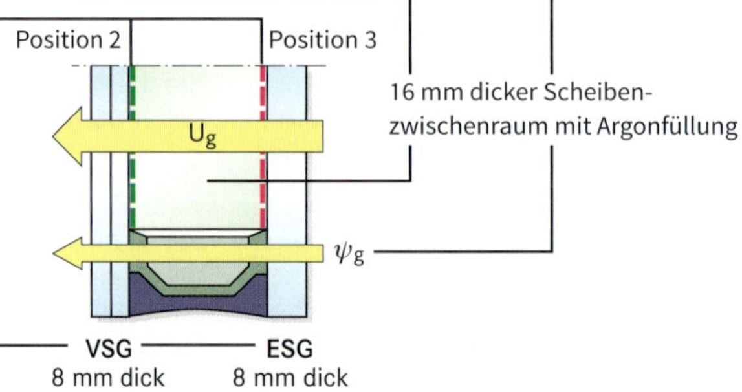

Grundlagen

Die Bestimmung von U_f erfolgt mit einem Diagramm.

Dazu müssen folgende Größen bekannt sein:

- Profilwerkstoff,
- Profilgröße und
- Glasdicke.

Für die *U*-Wertbestimmung mit einem Diagramm ist aus einem Katalog das verwendete Profil auszuwählen, z. B.

HFRHF- EN 10210-120 x 60 x 6
Stahl EN 10025 S235JR

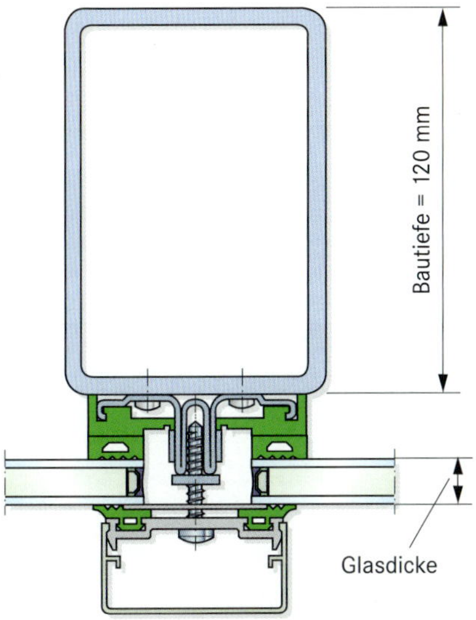

Unter Berücksichtigung der Bautiefe des Profils und der Glasdicke wird aus dem Diagramm der U_f-Wert abgelesen.

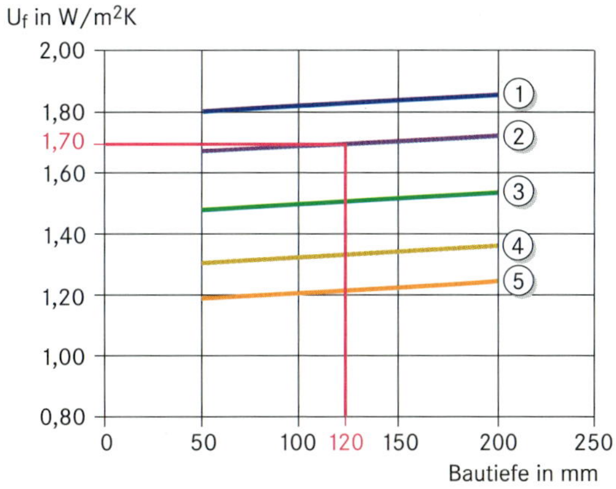

Glasdickenbereiche:
① 24–28 mm
② 28–32 mm
③ 34–38 mm
④ 40–44 mm
⑤ 46–50 mm

Flächenbestimmung

Bestimmung der Isolierglasflächen A_g:

A_g wird entsprechend den Maßangaben auf der Zeichnung berechnet.

Bestimmung der Rahmenfläche A_f:

A_f wird entsprechend den Maßangaben auf der Zeichnung berechnet. Sie setzt sich aus den an die Glasfläche angrenzenden Pfosten- und Riegelflächen zusammen. Die Pfosten- und Riegelflächen ergeben sich aus deren Längen und Breiten.

Bestimmung der Länge des Randverbundes

In der Formel zur Berechnung des *U*-Wertes von gerahmten Isoliergläsern wird Ψ_g mit der Länge des Randverbundes l_g multipliziert. Die Länge l_g entspricht dem Scheibenumfang des Isolierglases und wird entsprechend berechnet.

Der *U*-Wert des Glasanbaus wird in die Formel zur Berechnung des jährlichen Energiebedarfes des Bürogebäudes mit einbezogen. Die Berechnung dient als Nachweis entsprechend der Vorgaben aus der **EnEV**.

Die Gebäudeseite, an der sich der herzustellende Glasanbau befindet, ist nach Nordwesten ausgerichtet. Aus diesem Grund ist nur in den Sommermonaten abends mit intensiver Sonneneinstrahlung zu rechnen. Diese Bedingungen lassen es zu, beim Glasanbau auf zusätzliche Sonnenschutzsysteme zu verzichten.

Üblicherweise werden Glasanbauten zusätzlich mit innen- oder außenliegenden Sonnenschutzsystemen ausgestattet.

Informieren

11.5.4 Auswählen von Schattierungssystemen

Die Innenräume von Gebäuden sind durch geeignete Maßnahmen gegen eine zu starke Aufheizung durch Sonneneinstrahlung zu schützen. Bei der Planung von Neubauten ist durch die Berücksichtigung der örtlichen Gegebenheiten der Sonnenschutz mit einzubeziehen. Dies können bereits vorhandene Gebäude oder alter Baumbestand sein. Sollte keine natürliche Schattierung vorhanden sein, dann ist das Gebäude durch ein Sonnenschutzsystem zu schützen.

Bei Sonnenschutzsystemen wird unterschieden zwischen:

- Innen- und Außensystemen sowie
- feststehenden und beweglichen Systemen.

Den wirkungsvollsten Sonnenschutz bieten außenliegende bewegliche Systeme. Trotzdem sollte zunächst ein feststehender Sonnenschutz im Außenbereich geplant werden. Dazu zählen:

- Sonnensegel,
- Vordächer und
- Blenden (Abb. 1).

Abb. 1: Sonnenschutz mit Blenden

Diese Systeme zeichnen sich aus durch:

- Geringe Anschaffungskosten,
- keine zusätzlichen Betriebskosten,
- geringen Wartungsaufwand und
- keinen Wärmestau.

Die Lage und die Größe feststehender Sonnenschutzsysteme sind durch die Planung vorgegeben. Bei der Montage ist zu beachten, dass sie entsprechend der Planungsvorgabe am Gebäude ausgerichtet werden.

Neben den feststehenden Sonnenschutzsystemen gibt es für den Außenbereich auch bewegliche Systeme. Dazu gehören:

- Raffstore,
- Großlamellen und
- Markisen.

Mit beweglichen Sonnenschutzsystemen kann auf die unterschiedlichen Sonnenstände reagiert und die gewünschten Lichtverhältnisse im Raum eingestellt werden. Dies erfolgt durch Veränderung der Stellung des Sonnenschutzsystems.

Auch die beweglichen Sonnenschutzsysteme sollten bereits bei der Gebäudeplanung berücksichtigt werden. Eine nachträgliche Ergänzung führt meist zu einer Beeinträchtigung der Gebäudeoptik. Geplante Sonnenschutzsysteme hingegen können in die Fassadenkonstruktion integriert werden.

Raffstore werden außen an der Fassade oder am Bauwerk befestigt. Die Auf- und Abbewegung des Raffstores erfolgt durch einen Seilzugmechanismus, der sich im Wetterkasten befindet (Abb. 2). In diesem befindet sich im geöffneten Zustand auch das Lamellenpaket. Die Führung des Raffstores erfolgt durch zwei seitliche Führungsschienen.

Abb. 2: Sonnenschutz mit Raffstore

Durch das Verstellen aller Lamellen oder einzelner Lamellengruppen können die Lichtverhältnisse im Raum dem jeweiligen Sonnenstand angepasst oder das Tageslicht an die Raumdecke geleitet werden.

Die Schattierung moderner Bauwerkstrukturen kann durch Großlamellen erfolgen. Hier wird das Sonnenschutzsystem als architektonisches Stilelement bei der Gebäudegestaltung mit einbezogen (Abb. 3).

Abb. 3: Sonnenschutz durch verstellbare Großlamellen

Bei diesem System erfolgt der Sonnenschutz durch die Lamellen und die Änderung ihrer Stellung. Dazu werden die Lamellen um ihre Längsachse gedreht. Die Antriebsenergie für die Drehbewegung wird durch einen Rohrmotor bereitgestellt.

Rohrmotoren wurden speziell für den Antrieb von Rollläden oder Rolltoren entwickelt. Durch ein eingebautes Getriebe haben sie ein hohes Drehmoment und eine geringe Drehzahl. Meist besitzen sie zwei eingebaute Endschalter. An diesen Schaltern können die Abschaltpunkte des Motors eingestellt werden. So wird erreicht, dass die Drehbewegung der Lamellen stoppt, wenn diese senkrecht oder waagerecht ausgerichtet sind.

Zum Sonnenschutz von Glasanbauten werden auch Markisen verwendet. Bei Markisen erfolgt die Schattierung durch ein Tuch aus kunststoffbe-schichtetem Leinen- oder Glasfasergewebe. Im eingefahrenen Zustand ist das Markisentuch auf einer Welle aufgewickelt, die sich im Markisenkasten befindet (Abb. 4). Beim Aus- und Einfahren wird das Markisentuch durch zwei seitlich liegende Führungsprofile geführt.

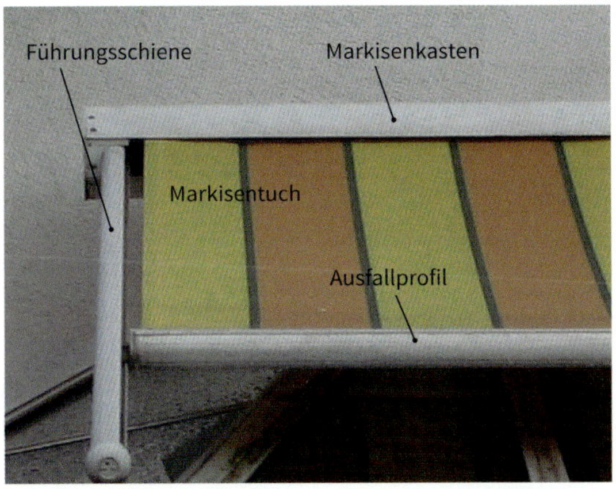

Abb. 4: Wintergarten-Markise

Spannmechanismen in den Führungsprofilen und im Ausfallprofil sorgen dafür, dass das Markisentuch in jeder Stellung straff gespannt ist. Markisen können zur Schattierung des Dach- und des Vertikalbereichs von Glasanbauten verwendet werden.

Das Ein- und Ausfahren des Markisentuches erfolgt je nach verwendeter Technik manuell oder automatisch. Bei automatisch betriebenen Sonnenschutzsystemen ist sicherzustellen, dass das System durch Niederschlag und Wind nicht beschädigt oder zerstört wird. Diese Vorgabe wird durch automatische Steuerungen erfüllt. Die zur Steuerung gehörenden Regensensoren und Windmesser bewirken bei entsprechenden Witterungsverhältnissen das Einfahren des Sonnenschutzsystems (Abb. 5). Zusätzlich überwachen Lichtsensoren die Intensität der Sonneneinstrahlung.

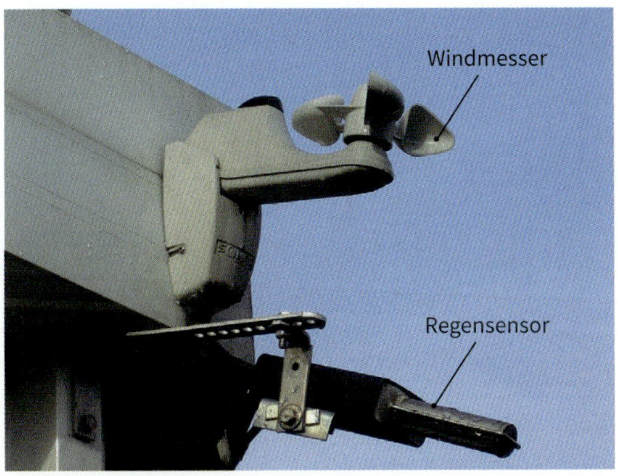

Abb. 5: Regensensor und Windmesser

11.5.5 Montieren von Glasanbauten

Nach der Montage des Stahlgrundgerüsts werden die Isoliergläser durch Andruckprofile und Punkthalter befestigt (Abb. 6).

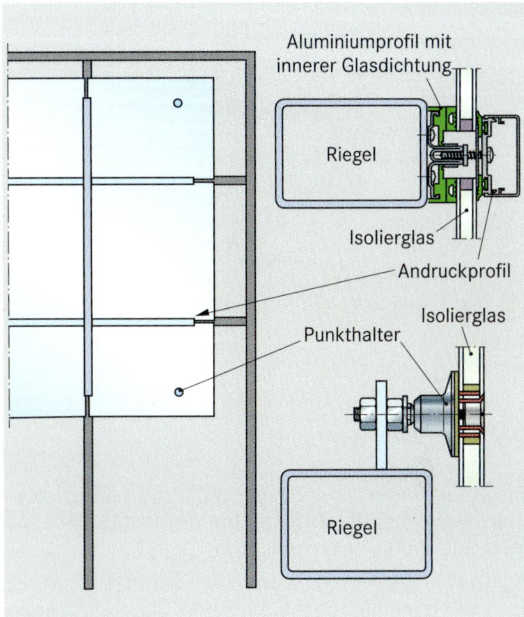

Abb. 6: Isolierglasbefestigung

Die Befestigung der Isoliergläser mit Andruckprofilen erfolgt prinzipiell so wie an Fassaden aus Systemprofilen. Da die Pfosten und Riegel des Glasanbaus keine Aufnahmenuten für die Befestigung der inneren Glasdichtung haben, sind entsprechende Aufnahmeprofile aus Aluminium zu verwenden. Diese werden vorn mittig auf die Pfosten und Riegel geschraubt (Abb. 7).

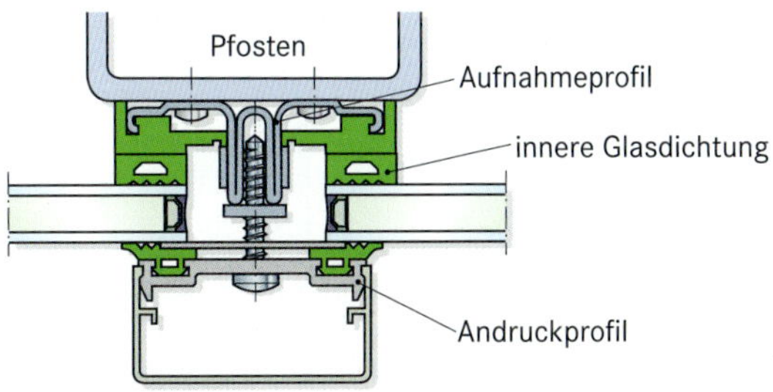

Abb. 7: Aufnahmeprofil für Isolierglasbefestigung

Nach dem Eindrücken der inneren Glasdichtungen und dem Einsetzen des Isolierglases werden die Andruckprofile an die Aufnahmeprofile geschraubt. Hierbei sind dieselben Arbeitsregeln und Montagehinweise wie beim Fassadenbau mit Systemprofilen zu beachten.

Die Isoliergläser, die mit Punkthaltern befestigt werden, sind für die Montage vorzubereiten. Dazu werden zunächst alle Punkthalter am Isolierglas befestigt (Abb. 1).

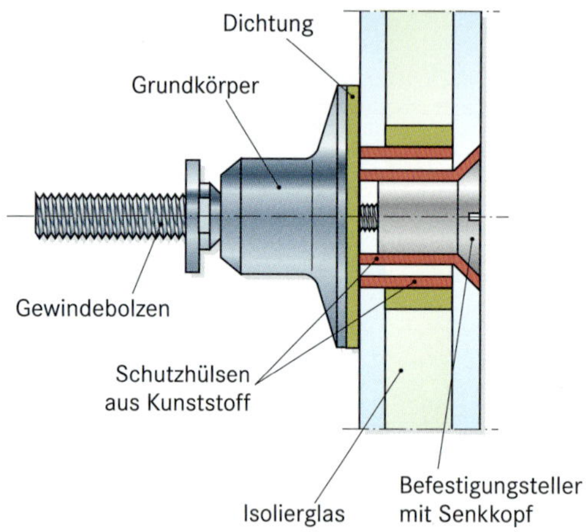

Abb. 1: Punkthalterbefestigung am Isolierglas

Die Punkthalter sind Zulieferteile aus nichtrostendem Stahl. Bei der Befestigung am Isolierglas sind folgende Hinweise zu beachten:

- Durch die Verwendung der Schutzhülsen ist sicherzustellen, dass zwischen Glas und Punkthalter kein direkter Kontakt besteht.
- Zur Vermeidung von Zwängungen darf der Befestigungsteller nur von Hand mit einem Spezialschraubenschlüssel am Grundkörper befestigt werden.

Wenn alle benötigten Punkthalter an den Isoliergläsern befestigt sind, erfolgt die Montage am Stahlgrundgerüst. Die Isoliergläser werden dabei zusammen mit den Punkthaltern an den entsprechenden Haltelaschen der Pfosten und Riegel befestigt (Abb. 2).

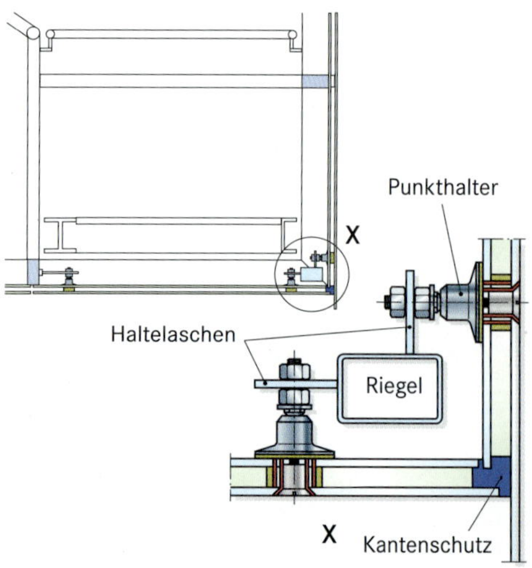

Abb. 2: Punkthalterbefestigung am Stahlgrundgerüst

Der Kantenschutz ist ein elastisches Kunststoffprofil und wird als Zubehör geliefert. Er verhindert, dass die Isoliergläser infolge von Bauwerksschwingungen oder Längenänderungen zusammenstoßen. Die Befestigung erfolgt beim Einsetzen der Isoliergläser entlang der Stoßstellen.

Werden Isoliergläser mit mehr als einem Punkthalter befestigt, dann muss die Befestigung mit Fest- und Loslagern erfolgen. Bei der Montage ist ein Punkthalter als Festlager, alle anderen sind als Loslager zu gestalten (Abb. 3).

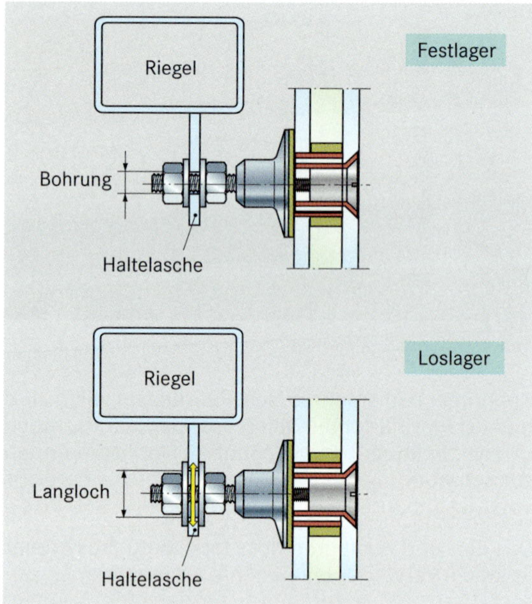

Abb. 3: Befestigung der Punkthalter als Fest- und Loslager

Bei den Loslagern sind in den Haltelaschen entsprechend ausgerichtete Langlöcher oder größere Bohrlöcher herzustellen. Durch das Langloch des oberen Loslagers wird eine Abwärtsbewegung des Isolierglases in diesem Punkt verhindert. Trotzdem ist ein Ausgleich der Längenänderung in x-Richtung möglich.

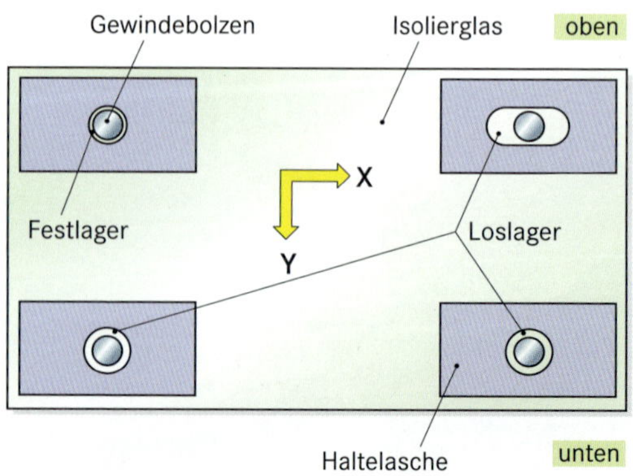

Abb. 4: Isolierglasbefestigung mit Fest- und Loslagern

Damit ein Längenausgleich in den Loslagern möglich ist, dürfen die Punkthalter dieser Lager nicht zu fest mit den Haltelaschen verbunden werden. Aus diesem Grund sind die Sechskantmuttern nur von Hand anzuziehen.

Der Längenausgleich des Isolierglases in den Loslagern ist nur dauerhaft gewährleistet, wenn für die Befestigung an den Haltelaschen Unterlegscheiben aus Kunststoff verwendet werden. Da die Sechskantmuttern nur von Hand angezogen werden dürfen, sind alle Schraubverbindungen mit Klebstoff gegen Lösen zu sichern.

Zusammenfassung

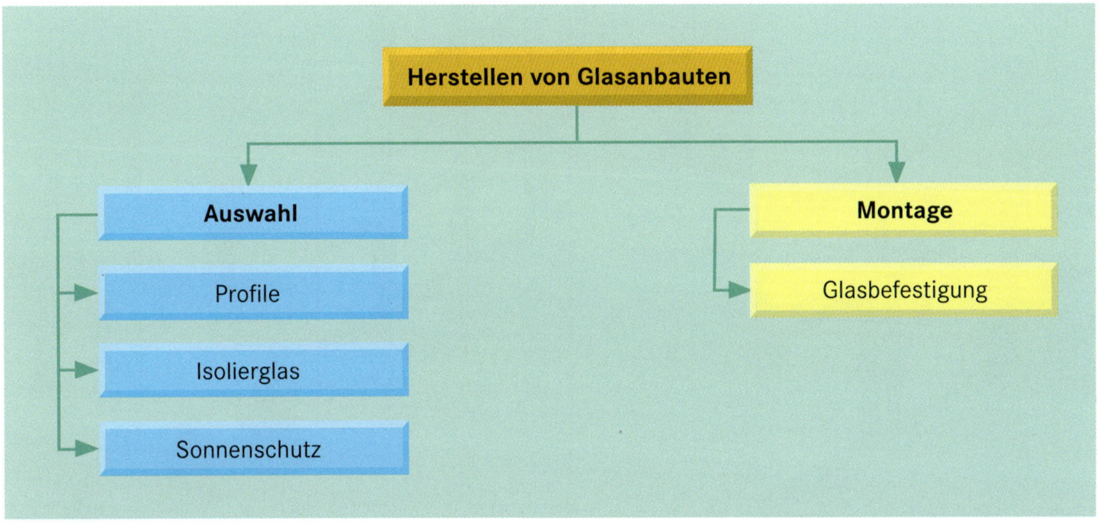

Aufgaben

1. Erklären Sie, weshalb sich die Energiebilanz eines Gebäudes durch einen Glasanbau verändert.

2. Aus welchem Grund sind Kunststoffprofile nur eingeschränkt für den Bau von Glasanbauten geeignet?

3. Erklären Sie, durch welche Maßnahme der Witterungsschutz von Holzprofilen verbessert werden kann.

4. Welche Flächen und Längen müssen ermittelt werden, damit der *U*-Wert für gerahmte Glasflächen berechnet werden kann?

5. Nach welchen Kriterien erfolgt bei Glasanbauten die Auswahl eines Sonnenschutzsystems?

6. Welche Vorteile haben feststehende Sonnenschutzsysteme?

7. Beschreiben Sie den Aufbau einer Wintergartenmarkise.

8. Welche Steuerungseinrichtungen sind bei automatisch betriebenen Sonnenschutzsystemen zusätzlich vorzusehen?

9. Beschreiben Sie, wie Isoliergläser mit Andruckprofilen an genormten Stahlhohlprofilen befestigt werden.

10. Isoliergläser können mit Punkthaltern an der Fassadenkonstruktion befestigt werden. Beschreiben Sie die Montage von Isolierglas mit Punkthaltern.

Gesamtaufgabe

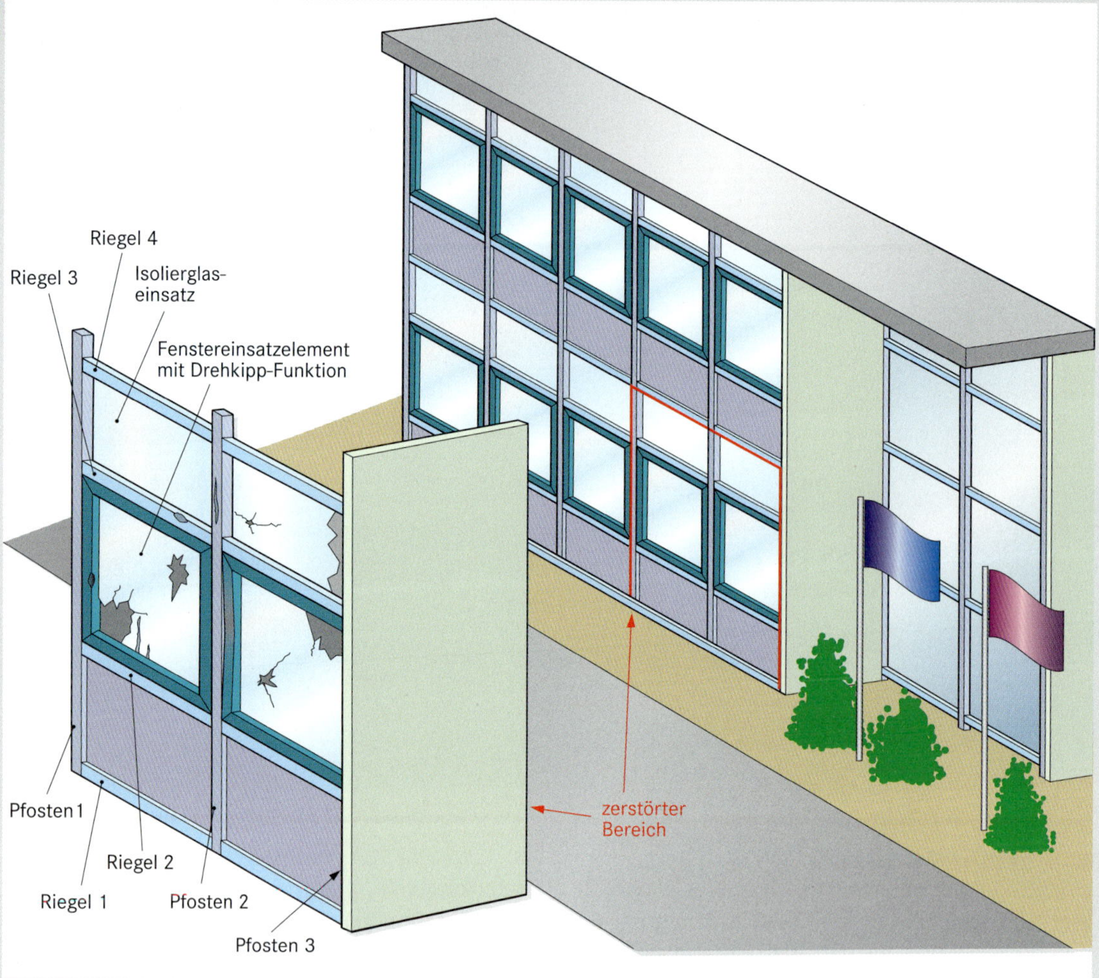

Durch ein Unwetter wurde die Fassade eines Gebäudes beschädigt. Laut Gutachten wurden drei Pfosten, acht Riegel sowie die entsprechenden Fenstereinsatzelemente und Isolierglaseinsätze beschädigt. Die beschädigten Bauteile sind von der Fassade zu entfernen und durch neue zu ersetzen.

1. Welche Arbeitsschritte sind für die Reparatur notwendig?

2. Zur Befestigung der Riegel an den Pfosten sind entsprechende Riegelausklinkungen herzustellen.

a) Mit welchem Fertigungsverfahren werden die Ausklinkungen hergestellt?

b) Beschreiben Sie den Fertigungsablauf für das gewählte Verfahren.

3. Nach dem Ausklinken sind an den Riegeln Langlöcher herzustellen.

a) Wozu dienen die Langlöcher?

b) Wie werden die Langlöcher hergestellt?

4. Was ist beim Bohren der Löcher für die Riegelbefestigung am Pfosten 3 zu beachten?

5. An den Riegeln sind Bolzen-T-Verbinder zu befestigen.

a) Welche Aufgabe haben diese?

b) Wie werden die Bolzen-T-Verbinder an den Riegeln befestigt?

Für den Austausch der beschädigten Fenstereinsatzelemente mit Drehkipp-Funktion sind in der Werkstatt zwei neue Elemente herzustellen.

6. Welche Arbeitschritte sind dazu notwendig?

7. Wie erfolgt die Belüftung und Entwässerung von Fensterrahmen aus Aluminium?

8. Beschreiben Sie das Herstellen von Eckverbindungen durch Pressstanzen.

9. Beschreiben Sie den Einbau der Mitteldichtung am Einsatzblendrahmen.

10. Zum Standardbeschlag eines Drehkippfensters gehören drei Riegelstangen.

a) Welche Funktion haben die Riegelstangen?

b) Berechnen Sie für die Fenster die benötigten Riegelstangenlängen.

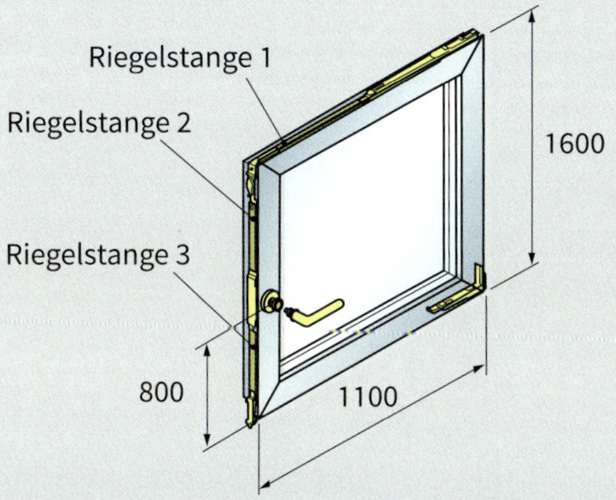

11. In welcher Reihenfolge erfolgt die Befestigung eines Drehkipp-Beschlages am Flügelrahmen?

Vor der Montage der neuen Pfosten und Riegel sind alle beschädigten Bauteile vom Bauwerk zu entfernen.

12. Bei der Demontage stellen Sie fest, dass die Riegel 1–4 mit Federbolzen-T-Verbindern an den Pfosten befestigt sind.

a) Wie werden diese Riegel bezeichnet?

b) Bei welcher Montageart werden Riegel mit Federbolzen an Pfosten befestigt?

c) Warum können die Riegel 1–4 nicht zerstörungsfrei demontiert werden?

13. Die Pfosten und Riegel wurden nicht in der Werkstatt vormontiert. Wie wird die Montageart bezeichnet, bei der die Pfosten und Riegel nacheinander am Bauwerk befestigt werden und skizzieren Sie eine möglich Montagereihenfolge.

14. Bei der Montage der Pfosten wird das Fußlager als Festlager und die Befestigung am Lagerschuh als Loslager gestaltet.

a) Warum müssen Pfosten durch Fest- und Loslager am Bauwerk befestigt werden?

b) Wie werden Los- und Festlager bei hängenden Fassadenkonstruktionen angeordnet?

15. Bevor die Riegel an den Pfosten befestigt werden, sind in den Dichtungsaufnahmenuten der Pfosten Dichtstücke einzudrücken. Welche Funktion haben die Dichtstücke?

16. Die Montage der Riegel 5–8 soll mit Federbolzen-T-Verbindern erfolgen. Beschreiben Sie die Montage.

17. Nach dem Zusammenbau der Pfosten und Riegel werden die Isolationsprofile befestigt. Welche Aufgabe haben diese Profile?

18. Vor dem Einsetzen des Isolierglases sind Glasträger auf dem Riegel zu befestigen. Welche Funktion haben die Glasträger?

19. Das einzusetzende Isolierglas ist ein kombiniertes Sonnen- und Wärmeschutzglas.

a) Auf welchen Positionen befinden sich die für die jeweilige Funktion notwendigen Beschichtungen?

b) Was ist beim Einsetzen der Isoliergläser zu beachten?

c) Warum dürfen Isoliergläser mit einem beschädigten Randverbund nicht verwendet werden?

20. Wie wird das Herausfallen bereits eingesetzter Isolierglaseinsätze während der weiteren Montage verhindert?

21. Bei der Montage der Pfostenandruckprofile stellen Sie fest, dass ein Dichtungskreuz fehlt. Welche Folgen hätte eine Montage ohne Dichtungskreuz?

22. Welche Funktion haben die Montagehilfen bei der Befestigung der Riegelandruckprofile?

23. Beschreiben Sie, wie das Einsetzen des Isolierglases in den Flügelrahmen zu erfolgen hat.

24. Warum dürfen Isoliergläser nicht direkt auf den Glasfalzgrund des Flügelrahmens gestellt werden?

25. In welcher Reihenfolge sind die Glashalteleisten am Flügelrahmen zu befestigen?

26. Warum dürfen die Glashalteleisten von Aluminiumfenstern nicht auf Gehrung geschnitten werden?

27. Die Belüftung und Entwässerung der Fassade erfolgt durch ein Mehrfeldsystem. Wie wird bei diesem System das Tauwasser kontrolliert aus der Fassade geführt?

28. Beschreiben Sie, wie der Einbau der Wärmedämmung an der rechten Anschlussfuge zum Bauwerk zu erfolgen hat.

29. Zum Schluss werden die Abdeckprofile befestigt. Wie erfolgt die Befestigung und welche Funktion haben die Abdeckprofile?

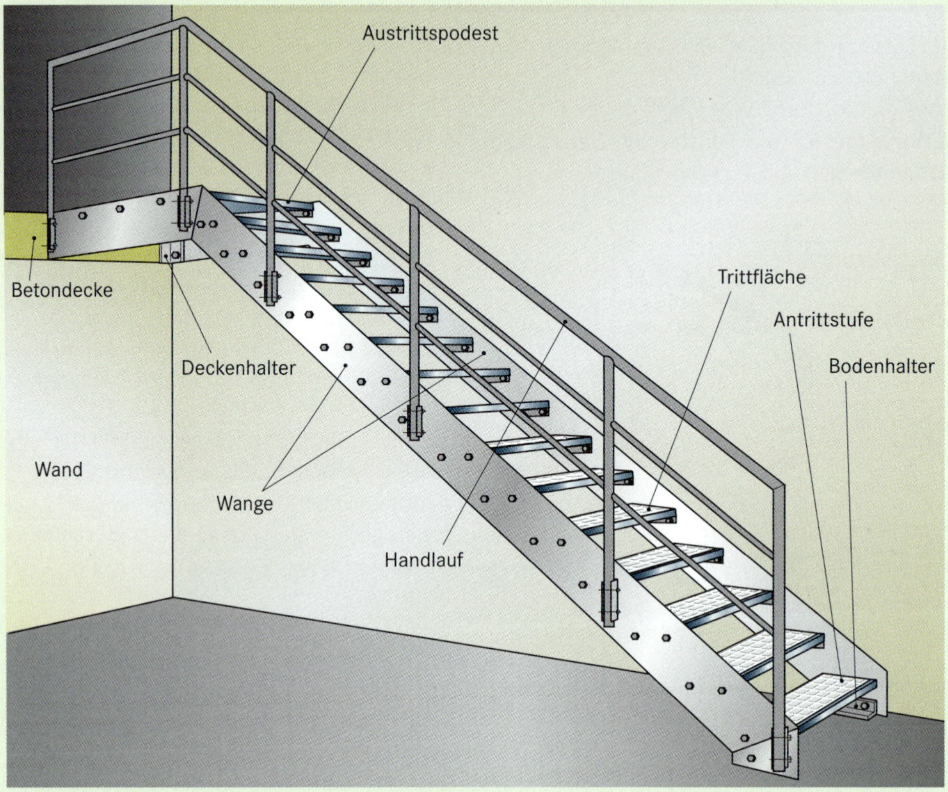
Austrittspodest
Betondecke
Deckenhalter
Trittfläche
Antrittstufe
Bodenhalter
Wand
Wange
Handlauf

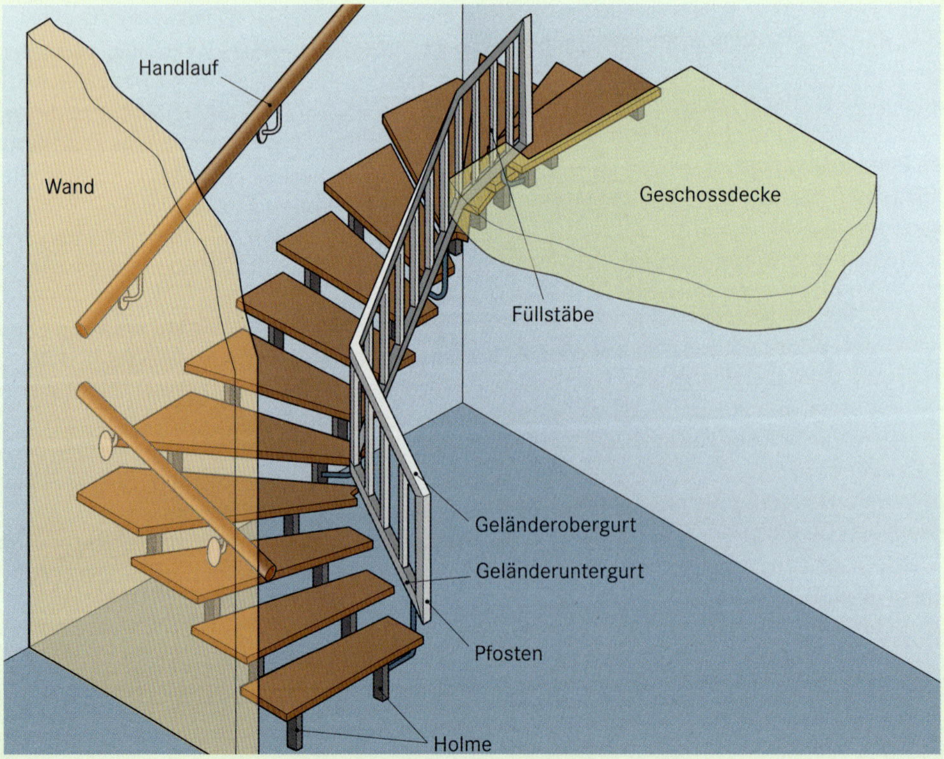
Handlauf
Wand
Geschossdecke
Füllstäbe
Geländerobergurt
Geländeruntergurt
Pfosten
Holme

HERSTELLEN VON TREPPEN UND GELÄNDERN

12

GESAMTAUFTRAG

Eine Metallbaufirma erhält zwei Aufträge zum Bau von Treppen.

Für einen Hallenneubau soll eine gerade Treppe aus Stahl hergestellt werden. Die Treppe verbindet den Werkstattbereich mit Maschinenräumen im 1. Geschoss. Die Stahltreppe soll bequem begehbar, die Treppenstufen rutschhemmend ausgeführt sein. Grundlage für die Fertigung ist das Leistungsverzeichnis des Auftraggebers und die Zeichnung eines Architekten.

Ein anderer Kunde bestellt eine Treppe für sein Wohnhaus. Der Metallbaubetrieb muss sie planen, herstellen und montieren. Diese Treppe soll das Erd- mit dem Dachgeschoss des Wohnhauses verbinden. In diesem Fall gibt es keine Zeichnung. Für die Ausführungsart der Treppe erfolgt eine Absprache nach Vorlage mehrerer Vorschläge.

Die Termine zur Fertigstellung der Treppen bestimmen die Reihenfolge der Fertigung und Montage. Zunächst wird die Stahltreppe für den Hallenneubau und anschließend die Wohnhaustreppe gefertigt und montiert.

ANALYSE

Technische Unterlagen

Für die Herstellung der Stahltreppen stehen folgende Unterlagen zur Verfügung:

- Leistungsverzeichnis des Auftraggebers,
- Normen und Vorschriften für den Treppenbau,
- Gesamtzeichnung des Architekten und
- Fertigungsskizzen.

Als Planungsunterlagen für die Wohnhaustreppe sind zunächst

- der Grundriss des Hauses und
- Normen und Vorschriften für den Treppenbau vorhanden.

Funktion und Aufbau der Treppen

Das Treppensystem besteht aus verschiedenen Baugruppen und Bauelementen:

- der Antrittstufe, den Trittstufen, dem Austrittspodest,
- den tragenden Elementen,
- den Befestigungselementen sowie
- dem Geländer.

Die Stufen der Stahltreppe und das Podest werden als Gitterroste ausgeführt. Um Unfälle auf der Treppe zu verhindern, sind die Stufen in besonderer Weise rutschhemmend auszuführen.

Die auf die Treppenstufen einwirkenden Belastungen, Eigen- und Verkehrslast, werden über die Wangen auf die Lagerpunkte übertragen. Die Treppe ist durch L- Profile am Boden und an der Geschossdecke befestigt und gelagert. Die Wangen bestehen aus mehreren Einzelteilen. Diese wurden aus warmgewalztem Band durch verschiedene Trenn- und Fügeverfahren gefertigt.

Das beidseitige Geländer aus Rohr sichert den Benutzer der Treppe gegen einen Absturz. Die Rohre werden zugeschnitten und geschweißt. Das Geländer ist durch Anschlusslaschen aus Flachstab an den Wangen befestigt.

Die Wohnhaustreppe verbindet das Erdgeschoss des Einfamilienhauses mit dem Dachgeschoss. Die Treppe muss als Haupttreppe gut begehbar sein. Die Lage im Eingangsbereich macht die Treppe und das Geländer zusätzlich noch zu einem gestalterischen Element im Haus.

Die Einzelteile beider Treppen werden in der Werkstatt gefertigt. Alle Treppenteile sind gegen Korrosion zu schützen. Die Montage der Treppensysteme erfolgt auf den Baustellen.

12.1 Herstellen einer geraden Stahltreppe

ARBEITSAUFTRAG

Eine gerade, einläufige Stahltreppe ist herzustellen. Um die Fertigung zu planen, müssen das Leistungsverzeichnis, für diese Treppe zutreffende Normen und Vorschriften sowie die Gesamtzeichnung analysiert werden.

Informieren

12.1.1 Analyse des Leistungsverzeichnisses

Die Vorstellungen des Kunden werden in ein Leistungsverzeichnis aufgenommen (Abb. 1). Es ist die verbindliche Grundlage für die Abwicklung des gesamten Auftrages. Jede Abweichung vom Leistungsverzeichnis muss mit dem Kunden abgesprochen werden.

Leistungsverzeichnisse sind vor allem bei großen Aufträgen üblich. Bei öffentlichen Aufträgen sind sie vorgeschrieben.

Im Kopf des Leistungsverzeichnisses sind die Projektnummer und die genaue Bezeichnung des Auftrages aufgeführt.

Die Ordnungszahl (OZ) sorgt in umfangreichen Leistungsverzeichnissen für die Struktur.

Vom Leistungsverzeichnis ausgehend werden Halbzeuge und Normteile ausgewählt sowie die Fertigung und Montage geplant.

Wenn Arbeiten notwendig sind, die vom Leistungsverzeichnis abweichen, sollten diese erst nach Abstimmung mit dem Kunden ausgeführt werden.

Das Leistungsverzeichnis ist neben der planerischen Grundlage auch die rechtliche Grundlage für die Abwicklung des Auftrages. Weichen die Anforderungen des Leistungsverzeichnisses von bestehenden Normen ab, so ist der Kunde ausdrücklich darauf hinzuweisen und über mögliche Konsequenzen aufzuklären.

Liegt kein Leistungsverzeichnis vor, sind Absprachen mit dem Kunden erforderlich.

Für den Treppenbau sind in unterschiedlichen Normen Grundbegriffe festgelegt. Damit werden Missverständnisse zwischen den Beteiligten vermieden.

Dem Leistungsverzeichnis kann man u.a. entnehmen, dass die gerade Treppe als ortsfester Zugang zu maschinellen Anlagen ausgeführt werden soll. Bei der Konstruktion der Treppe ist die entsprechende Norm angewendet worden.

Leistungsverzeichnis					
Projekt: LV: 1.	08-15-7777 6.007-5 Stahltreppen	3N DY - 42 IVA – Plus, Werkhalle mit Versuchsfeldern, Laboren und Lagerräumen Schlosserarbeiten – Stahltreppen			
OZ	Kurztext/Langtext	Menge	AE	Einheitspreis in EUR	Gesamtbetrag in EUR
1.	**Stahltreppen**				
1.10	Wangen-Stahltreppe Wangen-Stahltreppe, als ortsfester Zugang zu maschinellen Anlagen, 1-läufig und gerade mit Austrittspodest. Podestfläche ca. 165 x 100 cm. Wangen aus Flachstahl. Trittstufen und Austrittspodest als Schweißpressroste (Gitterroste) mit umlaufendem Rahmen verschweißt, Maschenweite 30/30 mm. Beidseitiges Rohrgeländer dem Industriestandard entsprechend, mit zusätzlicher Knieleiste. Das gesamte Treppensystem in verzinkter Ausführung liefern und aufbauen, einschl. aller statischen Nachweise sowie die Anfertigung sämtl. Planungsunterlagen. Der statische Nachweis ist dem Prüfstatiker zu übergeben. Der Aufwand ist dem Einheitspreis/Stück einzurechnen. Breite der Treppenanlage 100 cm, 15 Steigungen 18,7 cm, Stufenbreite 26,0 cm. OK Podest +2,80 m OK Sohle +0,00 m				
		1,00	Stück		
	Summe 1	Stahltreppe			

Abb. 1: Auszug vom Leistungsverzeichnis

Grundbegriffe im Treppenbau

Gebäudetreppen nach **DIN 18065**

- Wohngebäude
- öffentliche Gebäude

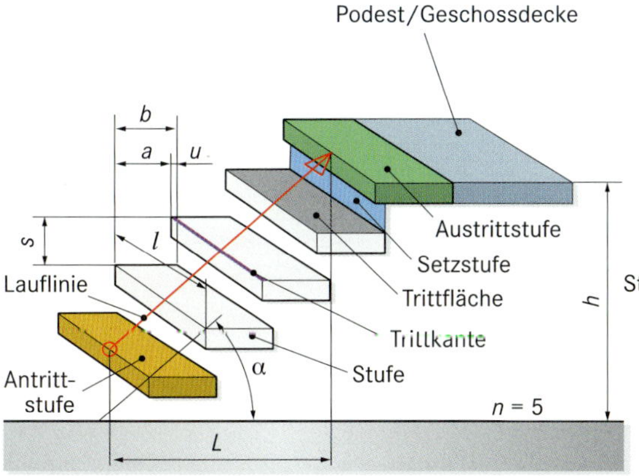

Steigung	*s*
Auftritt	*a*
Unterschneidung	*u*
Stufenbreite	*b*
Stufenlänge	*l*
Steigungswinkel	*α*
Treppenlauflänge	*L*
Treppensystemhöhe (Stockwerkshöhe)	*h*
Anzahl der Steigungen	*n*

Ortsfeste Zugänge zu maschinellen Anlagen nach **DIN EN ISO 14122-3**

- Treppen, Treppenleitern
- Geländer

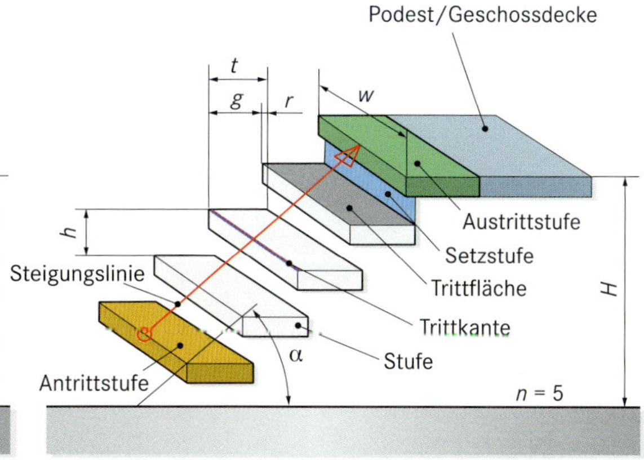

Steigung	*h*
Auftritt	*g*
Unterschneidung	*r*
Stufentiefe	*t*
Laufbreite	*w*
Steigungswinkel	*α*
Treppenhöhe	*H*
Anzahl der Steigungen	*n*

Lauflinie/Steigungslinie

- Sie ist eine gedachte Linie von der Trittkante der Antrittstufe zur Trittkante der Austrittstufe.
- Auf der Lauflinie/Steigungslinie ist der Auftritt aller Stufen gleich.
- Sie kennzeichnet die Schnittebene für eine Treppe.

Unterscheidung von Rampen, Treppen und Leitern nach dem Steigungswinkel

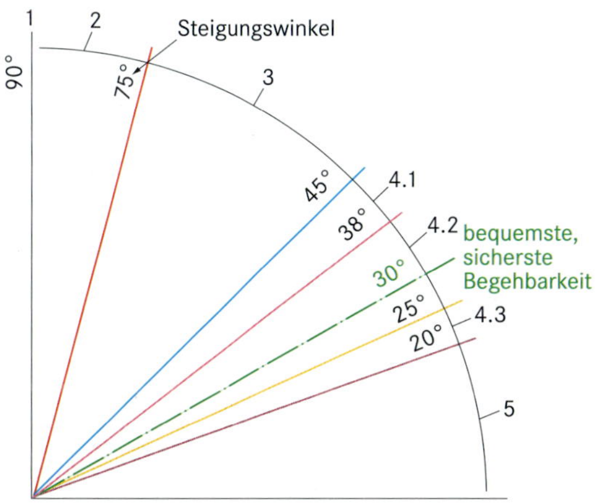

1 Steigeisen

2 Leitern

3 Maschinentreppen

4 Treppen

4.1 Keller- und Bodentreppen, die nicht zu Aufenthaltsräumen führen, sowie baurechtlich nicht notwendige (zusätzliche) Treppen

4.2 Baurechtlich notwendige Treppen (Haupttreppe) für Wohngebäude und öffentliche Gebäude

4.3 Freitreppen

5 Rampen

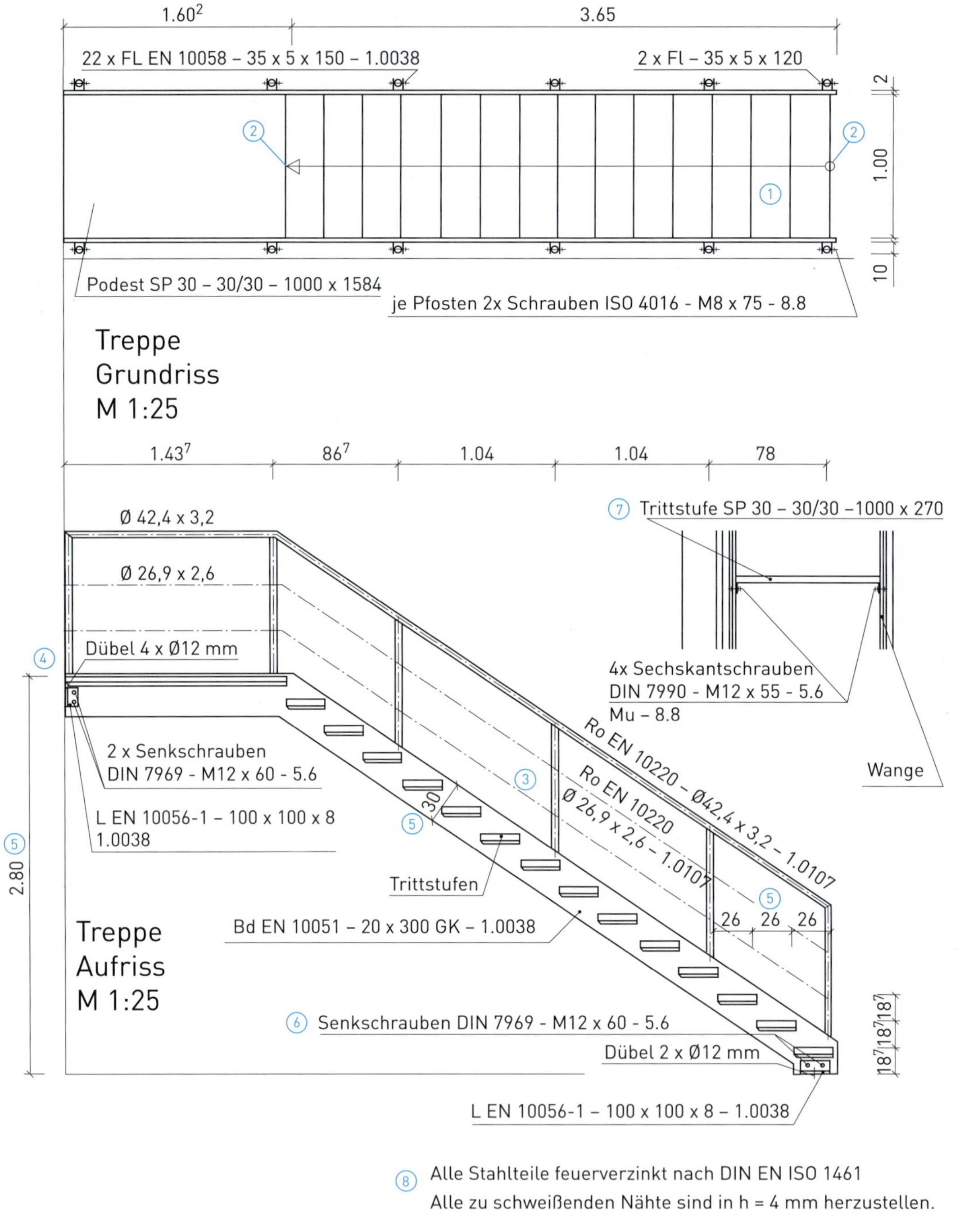

Verantwortliche Abt.	Technische Referenz M. Petter	Dokumentenart Gesamtzeichnung		Dokumentstatus freigegeben		
westermann	Erstellt durch A. Sperling	Titel, zusätzliche Titel Treppe				
	Genehmigt von G. Tiedt		Änd.	Ausgabedatum 2018-02-09	Spr. de	Blatt 1/1

Abb. 1: Gesamtzeichnung Treppe

12.1.2 Analyse der technischen Unterlagen

Gesamtzeichnung

Die Gesamtzeichnung ist zunächst Grundlage für das Angebot des Metallbaubetriebes und später für die Fertigung.

Der Gesamtzeichnung können alle notwendigen Angaben wie z. B.

- Halbzeuge,
- Normteile und
- Maße

entnommen werden.

In Zeichnungen für Metallbaukonstruktionen ist es üblich, die Ansichten im Grundriss und im Aufriss darzustellen.

① Die Treppe ist mit der Treppenlauflinie im Grundriss dargestellt.

② Die Treppenlauflinie wird als schmale Volllinie ausgeführt. Sie beginnt an der Trittkante der Antrittstufe und endet an der Trittkante der Austrittstufe.

Der Lauflinienanfang wird durch einen Kreis dargestellt, das Ende durch einen Pfeil. Kreis und Pfeil sind nicht geschwärzt.

③ Unter dem Grundriss wird der Aufriss dargestellt. In der Gesamtzeichnung ist der Aufriss als Schnitt entlang der Treppenlauflinie gezeichnet. Dadurch ist die Einbaulage der Trittstufen darstellbar. Auf die Schraffur wurde verzichtet.

④ Zur Begrenzung der Maßlinien wird ein kurzer Schrägstrich unter einem Winkel von 45° zur Leserichtung durch den Schnittpunkt von Maßlinie und Maßhilfslinie gezogen (➜📖).

Die Maßhilfslinien berühren nicht die Körperkanten. Kettenmaße sind zulässig.

⑤ Die verwendeten Maßeinheiten sind Meter *m* und Zentimeter *cm* (Tab. 1). *mm* werden als hochgestellte Zahl an die *cm*-Angabe geschrieben. Die Maße für Trittstufen werden immer in *cm* angegeben.

Tab. 1: Bemaßungsbeispiele in Bauzeichnungen

Maße	Bemaßung		
	nach DIN 406-11 in *mm*	in Bauzeichnungen nach DIN 1356-1 in *cm*	in *cm* und *m*
<1 m	300	30	–
	187	18.7	18^7
≥1 m	1040	104	1.04

⑥ Die Bemaßung der Normteile, z. B. der Schrauben und der Halbzeuge, erfolgt in der Maßeinheit *mm*.

⑦ Zur Vereinfachung der Darstellung ist die Verbindung Stufe – Wange als Einzelheit gezeichnet. Die Lage der Mutter ist durch den zusätzlichen Strich gekennzeichnet. Die Montage erfolgt auf der Baustelle (Abb. 2; ➜📖).

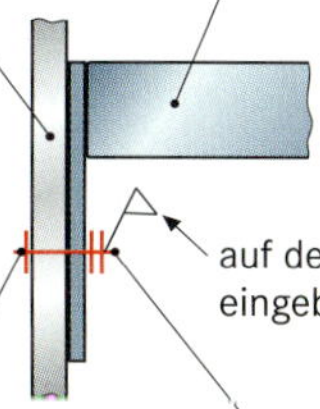

Abb. 2: Auszug aus der Gesamtzeichnung

⑧ Über dem Schriftfeld sind weiterführende Hinweise zur Fertigung, Schweißnahtdicke und zur Nachbearbeitung in Textform gegeben.

Die Wangen werden aus Band EN 10 051–20 x 300 – 1.0038 hergestellt. Wangen und Stufen werden durch jeweils 4 Sechskantschrauben DIN 7990 – M12 x 55 Mu – 5.6 miteinander verbunden.

Die Geländer sind aus verzinktem Rohr. Handläufe und Pfosten werden aus Rohr EN 10 220 42,4 x 3,2 – 1.0107 gefertigt. Die Füllstäbe bzw. Knieleisten sind aus Rohr EN 10 220 26,9 x 2,6 – 1.0107. Die Geländer werden durch je 2 Sechskantschrauben ISO 4016 M8 x 75 Mu – 8.8 an jeweils zwei Anschlusslaschen je Pfosten befestigt. Die Anschlusslaschen sind an den Wangen angeschweißt.

Die Befestigung am Bauwerk wird durch mehrere Decken- und Bodenhalter aus Winkelprofil EN 10056-1 – 100 x 100 x 8 – 1.0038 ermöglicht.

Die Trittstufen und das Podest sollen aus zugekauften, genormten Schweißpressrosten hergestellt werden.

Rechtsvorschriften

Die rechtliche Grundlage zur Planung der Treppe ist die **EN ISO 14122-3** „Ortsfeste Zugänge zu maschinellen Anlagen".

Außer der Norm müssen die Vorschriften der gültigen Bauordnungen und die Arbeitsstättenverordnung beachtet werden. Die Vorschriften der Bauordnungen können in den einzelnen Bundsländern voneinander abweichen. Es müssen die am Einbauort gültigen Regeln beachtet werden. Die Arbeitsstättenverordnung ist bundesweit einheitlich.

12.1.3 Fertigen der Treppe

ARBEITSAUFTRAG

Die Stahltreppe ist dem Leistungsverzeichnis und der Zeichnung entsprechend herzustellen.

Die Trittstufen und das Podest werden als fertige Baugruppen bezogen und anschließend montiert.

Die Wangen, die Winkel zur Befestigung an der Decke und auf dem Fußboden sowie die Laschen zur Befestigung des Geländers sind aus Halbzeugen durch Sägen, Bohren und Schweißen herzustellen.

12.1.3.1 Trittstufen und Podest aus Gitterrosten

Die Stufen der Treppe sind als genormte Trittstufen aus Schweißpressrosten ausgeführt.

Es wurde ein Rost mit der Bezeichnung SP 30 - 30/30 -1000 x 270-R11 ausgewählt.

Die Bezeichnung der Gitterroste nach **RAL - GZ 638**:

SP 30 -30/30 - 1000 x 270 - R11

- SP: Schweißpressrost
- 30: Tragstabhöhe in mm
- 30/…: Maschenweite Tragstab in mm
- …/30: Maschenweite Querstab in mm
- 1000 x 270: Stufenlänge x Stufenbreite in mm
- R11: Bewertungsgruppe der Rutschhemmung

Auch das Podest wird laut Leistungsverzeichnis und Gesamtzeichnung aus einem Schweißpressrost gefertigt. Die Maschenweite ist die gleiche wie bei den Trittstufen.

Das Maß für den Abstand von Tragstab zu Tragstab und Querstab zu Querstab wird als lichtes Maß angegeben und als Maschenweite bezeichnet (Abb. 1).

Die Hersteller verwenden verschiedene Halbzeuge zur Fertigung ihrer Gitterroste. Dies kann bei gleicher Maschenweite zu verschiedenen Querstabteilungen führen. Die Vergleichbarkeit der Roste wird durch die Angabe der Maschenweite gesichert.

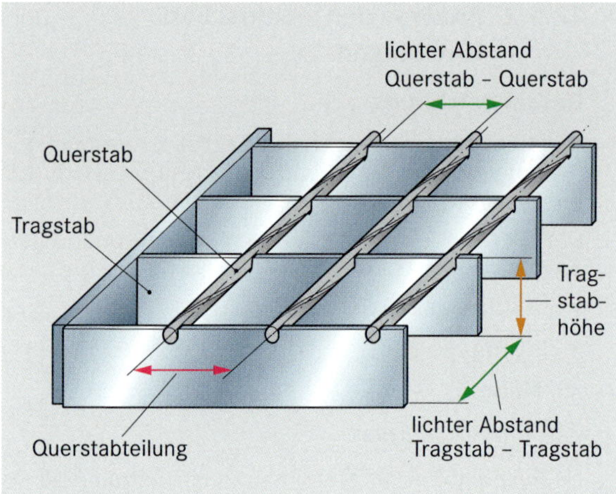

Abb. 1: Schweißpressrost

Aus diesem Grund hat sich die Bezeichnung nach RAL gegenüber der Benennung nach **DIN 24531-1** durchgesetzt.

Die Bezeichnung der Gitterroste nach **DIN 24531-1**:

SP 30 -38,1 - 1000 x 270 - R11

- SP: Schweißpressrost
- 30: Tragstabhöhe in mm
- 38,1: Querstabteilung in mm
- 1000 x 270: Stufenlänge x Stufenbreite in mm
- R11: Bewertungsgruppe der Rutschhemmung

Die **DIN 24531-1** gibt als Abstandsmaß den Abstand von Querstabmitte (-achse) zu Querstabmitte an. Dieser Abstand wird als Querstabteilung oder als Achsmaß der Querstäbe bezeichnet (Abb. 1).

Gitterroste werden nicht nur mit quadratischen, sondern u. a. auch mit rechteckigen Maschen hergestellt. Die lichten Abstände von Tragstab zu Tragstab und von Querstab zu Querstab bestimmt das Maschenbild. Um Verwechslungen auszuschließen, wird der Tragstababstand unterstrichen.

Die Teilung und die Maschenweite bestimmen

- die Verteilung der einwirkenden Kräfte,
- das Gewicht des Rostes,
- den Lichtdurchlass.

Außerdem beeinflusst die Maschenweite die Gehsicherheit. Die Gehsicherheit ist bei einer kleinen Maschenweite und Maschenbild 30/10 (Abb. 2a) am größten. Eng beieinander liegende Querstäbe bzw. der Blick auf die lange Seite der rechteckigen Masche ergeben für das Auge des Begehenden eine geschlossene Fläche. Dies vermittelt ein Gefühl der Sicherheit.

Der Lichtdurchlass ist bei großen Maschenweiten und Maschenbild 10/30 besser (Abb. 2b).

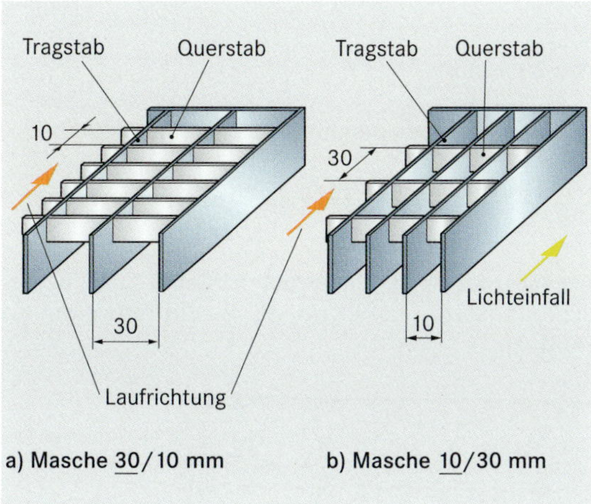

Abb. 2: Maschenbilder

Zur Befestigung der Gitterroste auf oder an den tragenden Bauteilen gibt es verschiedene Möglichkeiten:

- Randeinfassung aus Flachstab,
- Randeinfassung aus Profilen und
- Randeinfassung mit Befestigungsplatten (Tab. 1).

Schweißpressroste bestehen aus:

- Tragstäben aus Flachstab,
- verdrillten Vierkantstäben bzw. Rundstäben als Querstäbe und
- verschiedenen Randeinfassungen.

Die Querstäbe werden unter hohem Druck in den Tragstab gepresst und gleichzeitig durch Widerstandspressschweißen geschweißt. Werden zur Randeinfassung Flachstäbe genommen, haben diese die gleiche Höhe und Dicke wie die Tragstäbe.

Trittstufen aus Schweißpressrosten sind in Länge und Breite genormt (→📖). Sie sind hergestellt aus einem Schweißpressrost. An diesem sind zwei gelochte Befestigungsplatten angeschweißt. Die Sicherheitsantrittkante wird durch ein besonders profiliertes und gekantetes Blech gebildet (Abb. 3).

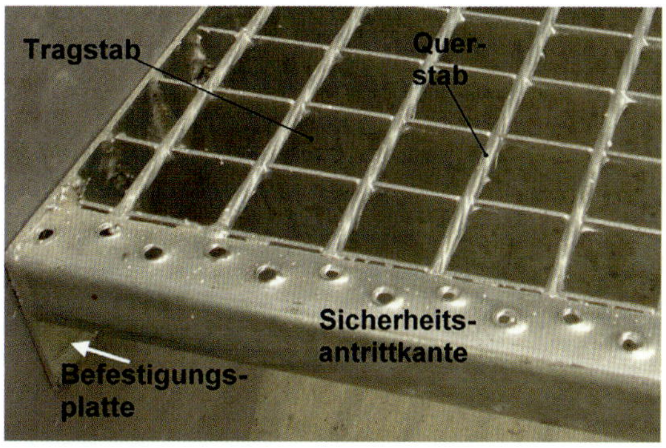

Abb. 3: Ausschnitt aus einer Trittstufe aus Schweißpressrost

Laut Gesamtzeichnung müssen die Trittstufen mit einer Rutschhemmung R11 versehen sein. Damit wird eine Forderung der Berufsgenossenschaften (BGR) und der Arbeitsstättenverordnung umgesetzt.

Die Rutschhemmung R11 wird durch die besondere Sicherheitsantrittkante und die profilierten Querstäbe erreicht. Dadurch wird die Unfallgefahr beim Begehen der Treppe vermindert.

Tab. 1: Randeinfassungen an Gitterrosten

Randeinfassung mit:			Bemerkung
Flachstäben		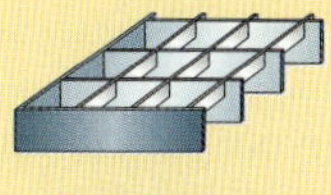	Roste müssen gegen Verschieben in alle Richtungen gesichert werden
Profilen	U-	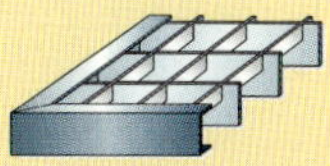	Roste müssen gegen Verschieben in alle Richtungen gesichert werden
	Z-	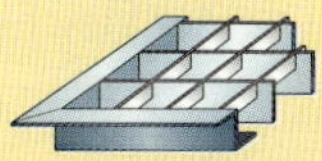	Roste müssen gegen Verschieben in Querrichtungen gesichert werden
	L-	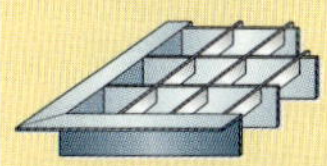	Roste müssen gegen Verschieben in Querrichtungen gesichert werden
Befestigungsplatten			keine zusätzlichen versteifenden Bauteile notwendig

Die an den Stufen angeschweißten Befestigungsplatten sind ebenfalls genormt (Abb. 1). Die Höhe der Befestigungsplatte und die Lage der vorderen Bohrung sind immer gleich. Der Abstand Mitte Bohrung – Mitte Langloch, der Bohrungsabstand *n*, ist abhängig von der Stufenbreite (➡📖).

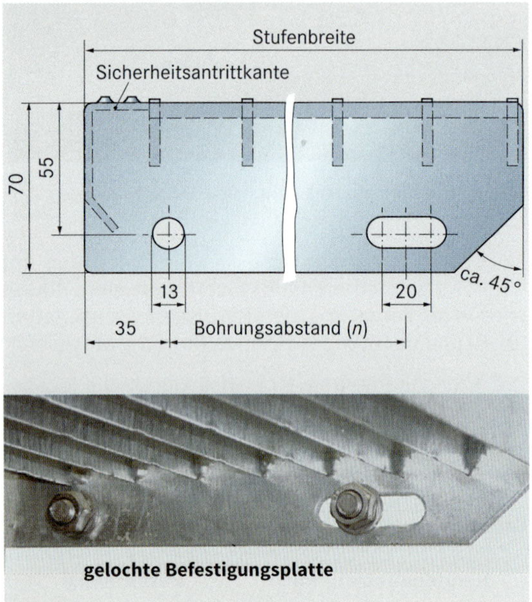

Abb. 1: Befestigungsplatte

Durch die Verwendung von Trittstufen mit Seitenplatten wird eine verwindungssteife Verbindung zwischen den Wangen hergestellt. Zusätzliche versteifende Bauteile zwischen den Wangen sind nicht mehr erforderlich.

Das Podest wird aus Schweißpressrosten mit der gleichen Tragstabhöhe und der gleichen Maschenweite wie die Trittstufen gefertigt. Länge und Breite für den Gitterrost müssen bei der Bestellung angegeben werden. Die Schweißpressroste werden vom Hersteller zugeschnitten und in den bestellten Abmaßen mit Flachstahl eingefasst. Die Randeinfassung wird mit gestanzten Langlöchern versehen. Die Lage der Löcher muss bei der Bestellung mit angegeben werden.

Neben den Schweißpressrosten werden Gitterroste auch als Pressroste ausgeführt.

Bei der Herstellung von Pressrosten werden die Füllstäbe mit hohem Druck in die Schlitze der Tragstäbe gepresst (Abb. 2). Die Schlitze sind mittig verengt und garantieren einen festen, verwindungssteifen Gitterrost.

In der Bezeichnung nach RAL und DIN wird ein Pressrost wie ein Schweißpressrost bezeichnet. Nur der Kennbuchstabe P unterscheidet die Roste.

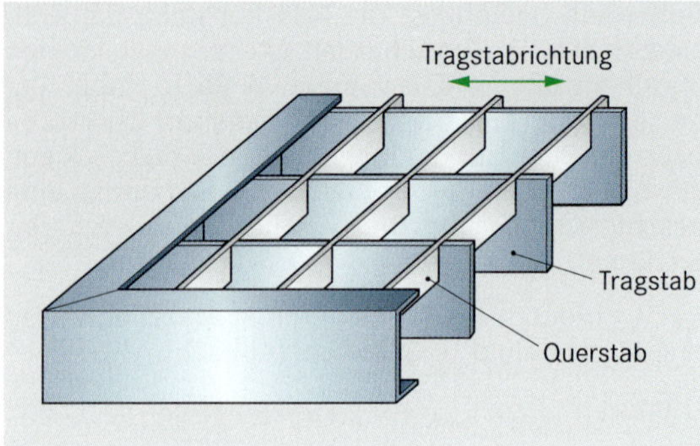

Abb. 2: Pressrost

Bezeichnungsbeispiel für Pressroste nach RAL:

P 30 – 30/30 – 1000 x 270 – R11

Als Alternative zu Gitterrosten bieten sich in verschiedensten Ausführungen Blechprofilroste an (Abb. 3).

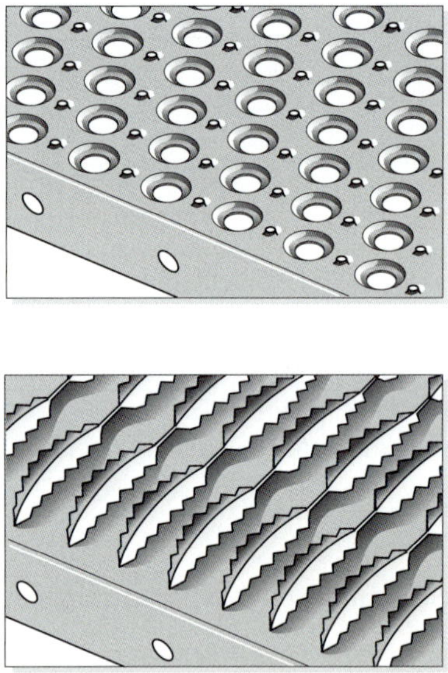

Ausführung: Formstep

Ausführung: Stepbloc

Abb. 3: Auswahl Blechprofilroste

Befestigt werden Trittstufen aus Blechprofilrosten durch angeschweißte Befestigungsplatten oder durch andere geeignete Befestigungsmittel.

Die Abmessungen der Bohrungen in den Befestigungsplatten sind die gleichen wie bei Gitterroststufen.

Gitterroste und Blechprofilroste werden in roher Ausführung, verzinkt oder aus korrosionsbeständigem Stahl angeboten.

Ebenso werden Gitterroste und Blechprofilroste aus Aluminiumlegierungen geliefert.

Bewertung der Rutschhemmung

Der R-Wert eines Bodenbelags kennzeichnet den Grad der Rutschhemmung. Der erforderliche Grad der Rutschhemmung eines Boden- und Stufenbelages ist abhängig von der Bewertung der Rutschgefahr am Einbauort. Folgende Kriterien liegen der Bewertung der Rutschgefahr zu Grunde:

- Häufigkeit des Auftretens gleitfördernder Stoffe und deren Verteilung,
- Art und Eigenschaft der gleitfördernden Stoffe,
- durchschnittlicher Grad der Verunreinigung sowie
- sonstige bauliche, verfahrenstechnische oder organisatorische Verhältnisse.

Es gibt die fünf Bewertungsgruppen R9 bis R13. Beläge mit der Bewertungsgruppe R9 genügen den geringsten und mit der Bewertungsgruppe R13 den höchsten Anforderungen an die Rutschhemmung.

Die Rutschhemmung von Gitterrosttreppenstufen liegt zwischen Bewertungsgruppe R10 und Bewertungsgruppe R13.

Die Bewertungsgruppen R12 und R13 werden durch konstruktive Maßnahmen an den Gitterrosten oder durch die Veränderung des Gitterrostwerkstoffes erreicht.

Auf gemusterten Blechen (Riffel- oder Tränenbleche) können sich gleitfördernde Stoffe sammeln. Sie dürfen deshalb dort nicht eingebaut werden, wo Fette, Öle, Flüssigkeiten oder Ähnliches die Stufen verunreinigen können.

Sollen gemusterte Bleche als Stufenbelag verwendet werden und die Gefahr der Verschmutzung besteht, müssen die Stufen eine Neigung von 1–2 % aufweisen.

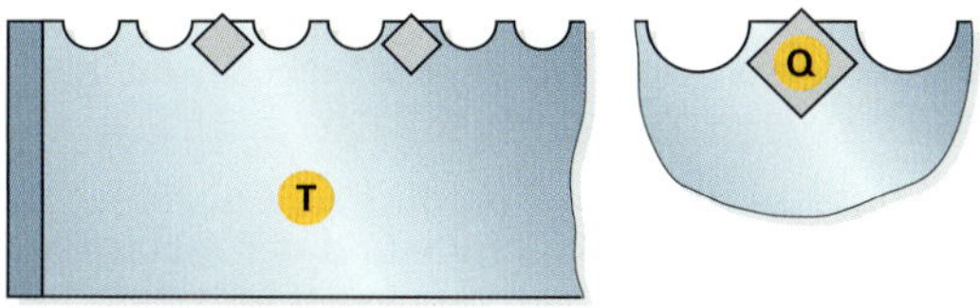

SP-Gleitschutz

Schweißpressrost Rutschhemmung
- Tragstab ausgeklinkt, Querstab verdrillt, Rutschhemmung = R10
- mit Sicherheitsantrittskante (SAK), Rutschhemmung = R11

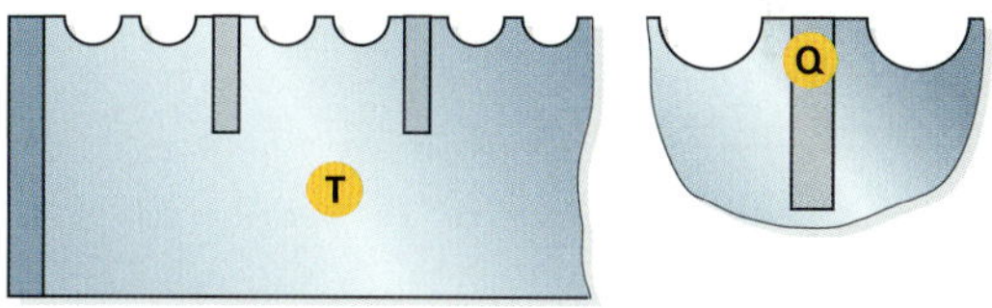

Gleitschutz – Standard

Pressrost Rutschhemmung
- Trag- oder Querstäbe ausgeklinkt roh, verzinkt oder rostfrei, Rutschhemmung = R11

T Tragstab Q Querstab

Richtwerte zur Auswahl von Trittstufenbelägen

Einbausituation	Trittstufen aus / Bewertungsgruppe	Schweißpressrost ohne SAK	Schweißpressrost mit SAK	Pressrost (St), Trag- oder Querstab profiliert	Pressrost (Al), Trag- oder Querstab profiliert	gemustertes Stahlblech (Tränenblech)	Holz, behandelt	Holz, behandelt, mit SAK	Naturstein, poliert
Treppen, Wohnhaus, innen	R9	o	o	o	o	o	+	o	+
Treppen, öffentlich, innen	R10	o	o	o	o	+	–	+	–
Treppen, allgemein, außen	R10	+	o	o	o	–	–	–	–
Treppen in Instandsetzungs- und Wartungsräumen	R11	–	+	o	o	–	–	–	–
Schrägrampen, nicht überdacht	R12	–	–	+	o	–	–	–	–
Treppen in Schlachthäusern	R13	Sonderanfertigung mit besonderer Profilierung der Trag- und Querstäbe							

+ empfohlen o möglich – nicht zulässig Angaben der Hersteller beachten!

Fertigen

12.1.3.2 Fertigen der Wangen

Die Wangen werden aus Einzelteilen geschweißt und mit Anschlusslaschen für das Geländer versehen.

Die Fertigung der Wangen erfolgt in den folgenden Arbeitschritten:

- Auswahl der Halbzeuge,
- Zuschnitt der Wangenteile,
- Schweißen der Wangenteile,
- Bohren der Wange,
- Fertigen und Montieren der Anschlusslaschen für das Geländer und
- Fertigen der Decken- und Bodenhalter.

Auswahl der Halbzeuge

Nach dem Leistungsverzeichnis werden die Wangen aus Band EN 10 051 - 20 x 300 Stahl EN 10 025 - S235JR hergestellt. Die Einzelteile müssen nur angerissen und auf Länge zugeschnitten werden.

Ist das Halbzeug nicht festgelegt, ist die Auswahl abhängig von:

- dem Einsatzbereich,
- der Ausführungsart der Treppe und
- dem Auflagerabstand (→📖).

Der Einsatzbereich der Treppe ist in einem Betriebsgebäude. Die Empfehlungen des Stahlinformationszentrums zur Ausführung von Wangentreppen unterscheiden in Wohn- und öffentliche Gebäude.

Bei der Auswahl des Wangenprofils für die Treppe im Hallenneubau müssen die Vorgaben für öffentliche Gebäude berücksichtigt werden.

Nach ihrer Ausführungsart werden Treppen in leichte, mittelschwere und schwere Treppen unterschieden (Tab. 1).

Tab. 1: Treppenausführungen

Treppenausführung	Stufen aus ...	Treppeneigenlast
leichte Treppe	Holz, Blech, Gitterroste	$g \leq 1{,}0\ kN/m^2$
mittelschwere Treppe	Stahlprofil, Stahlbeton	$1{,}0\ kN/m^2 < g \leq 3{,}0\ kN/m^2$
schwere Treppe	Natur- oder Betonsteine	$3{,}0\ kN/m^2 < g \leq 5{,}0\ kN/m^2$

Nach dem Leistungsverzeichnis sollen die Stufen aus Gitterrosten gefertigt sein. Für die Bestimmung des Wangenhalbzeuges wird deshalb von einer leichten Treppe ausgegangen.

Aus der Gesamtzeichnung lässt sich ein Auflagerabstand von ca. 5,25 m entnehmen.

Der Einsatz in einem öffentlichen Gebäude, die Ausführung als leichte Treppe und der Auflagerabstand erfordern für die Wangen mindestens ein Band EN 10 051 - 15 x 240 (→📖). Das laut Gesamtzeichnung verwendete Band EN 10 051 - 20 x 300 ist größer als das empfohlene Band und entspricht somit der Empfehlung des Stahlinformationszentrums.

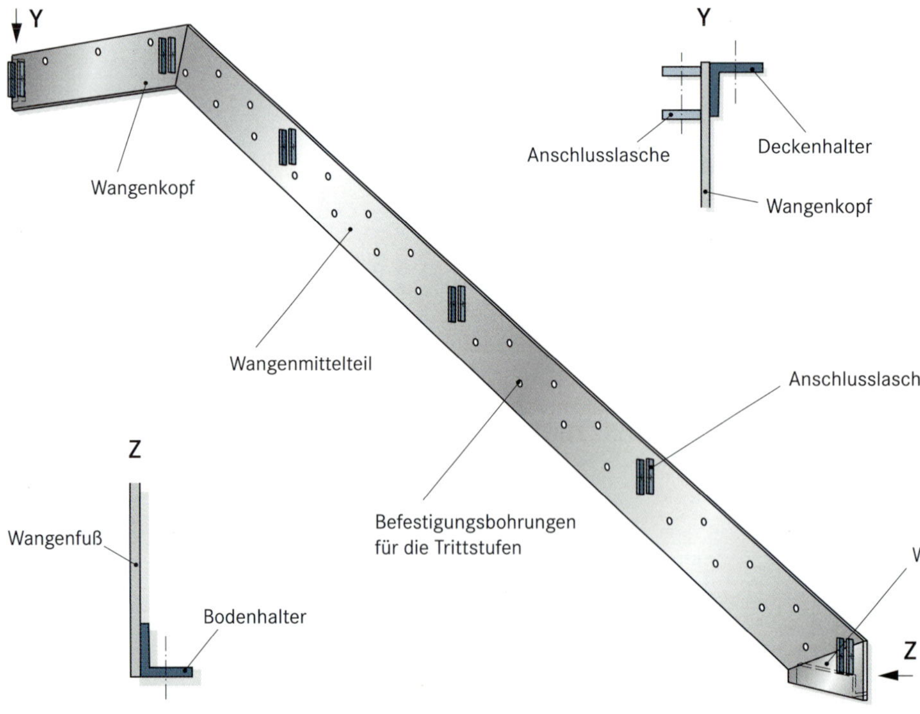

Abb. 1: Wange

Zuschnitt der Wangenteile

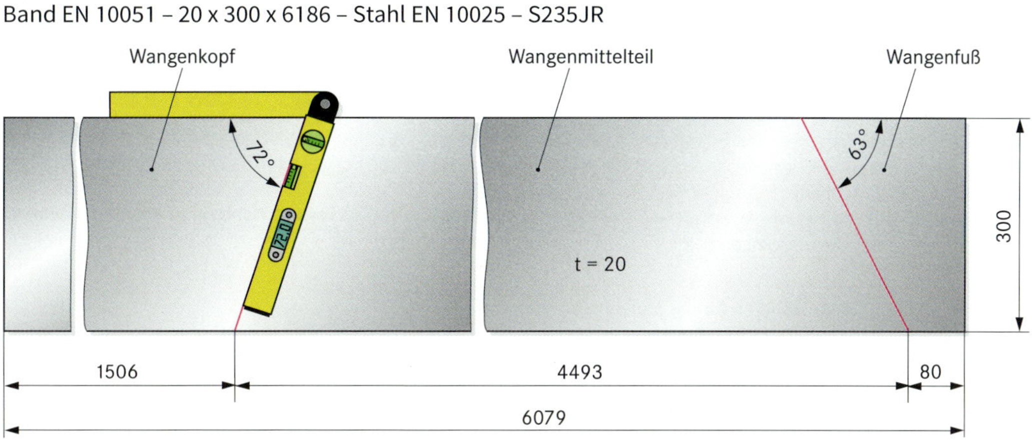

Abb. 2: Zuschnittskizze mit Winkelmesser

Der Zuschnitt der Wangenteile erfolgt durch Sägen.

Die Anreißmaße werden der Zuschnittskizze entnommen (Abb. 2). Zum Anreißen wird ein digitaler Winkelmesser oder eine Schmiege verwendet.

Beim Anreißen muss die Schnittbreite des Sägeblattes berücksichtigt werden.

Schweißen der Wangenteile

Nach dem Zuschnitt sind die Wangeneinzelteile zu fügen. Den Schweißangaben wird die Nahtart, Nahtdicke und das Schweißverfahren entnommen (Abb. 3).

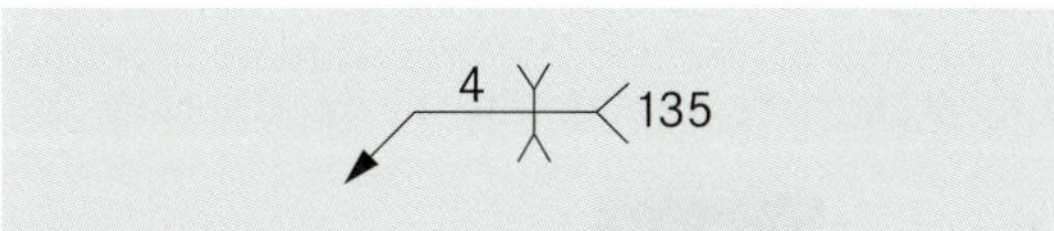

Abb. 3: Schweißanweisung aus der Einzelteilzeichnung

Für Doppel-Y-Naht beträgt die Nahtdicke 4 mm. Sie kann einlagig geschweißt werden. Die Einzelteile der Wangen sind auf Grund der Nahtausführung nicht durchgeschweißt.

Als alternative Nahtart könnte bei einer Halbzeugdicke von 20 mm auch eine X-Naht eingesetzt werden. Die im Vergleich geringere Festigkeit ist für diese Schweißaufgabe nicht von Bedeutung. Deshalb waren bei der Auswahl des Schweißverfahrens technologische und ökonomische Gründe ausschlaggebend. Das Nahtvolumen der X-Naht ist etwa 3-mal größer als das Nahtvolumen der Doppel-Y-Naht. Das bedeutet, bei der Doppel-Y-Naht werden wesentlich weniger Zusatzwerkstoffe verbraucht und die Fertigung ist schneller und günstiger. Die Wärmeeinbringung in die Wangenbauteile ist vergleichsweise gering, dadurch sind Richtarbeiten nicht notwendig.

Die Schweißkanten an den Einzelteilen sind den Zeichnungsanweisungen entsprechend vorbereitet. Sie werden mit einem Schweißkantenformer im Winkel von 30° angefast (Abb. 4).

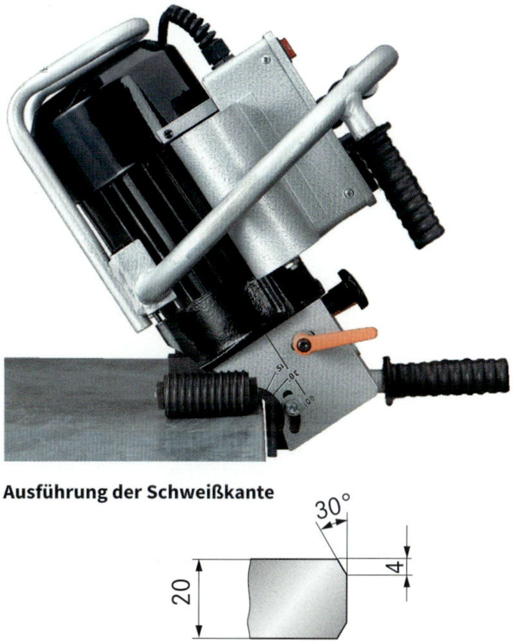

Abb. 4: Schweißkantenformer

Der Wangenkopf und das Wangenmittelteil werden ausgerichtet, geheftet und die Ausrichtung nochmals überprüft. Danach ist die Naht laut Zeichnung beidseitig mit dem MAG-Schweißen herzustellen.

Anschließend sind nach dem gleichen Ablauf der Wangenfuß und das Wangenmittelteil zu schweißen.

Alle Arbeitsschritte werden beim Schweißen der zweiten Wange wiederholt.

Bohren der Wange

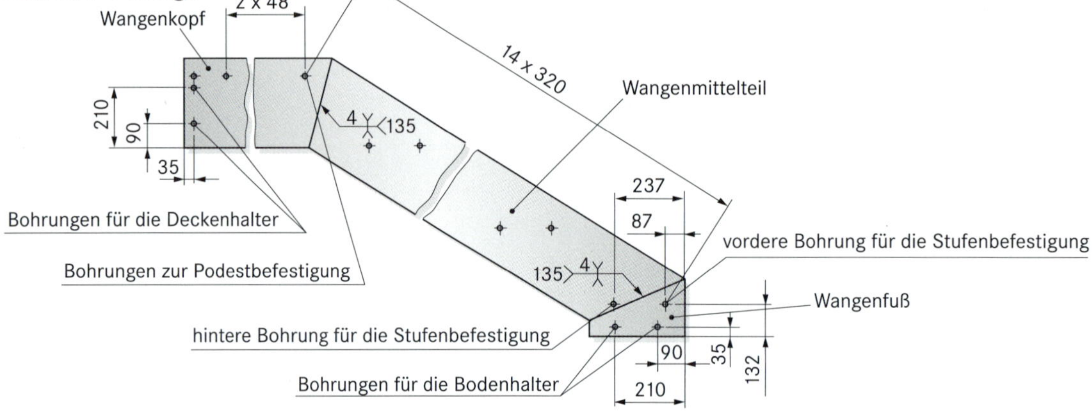

Abb. 1: Wange mit Bohr- und Schweißangaben

Zur Befestigung der Decken- und Bodenhalter sowie der Gitterroststufen muss die Wange gebohrt werden. Die Lage der Bohrungen wird der Zeichnung entnommen (Abb. 1).

Zuerst sind die Bohrungen für den Bodenhalter und für die erste Stufe auf dem Wangenfuß anzureißen. Danach wird eine Hilfslinie gezeichnet, die parallel zur Wangenoberkante und durch den Mittelpunkt der vorderen Befestigungsbohrung für die Stufe im Wangenfuß verläuft. Auf dieser Linie werden die 13 vorderen Bohrungen zur Befestigung der Gitterroststufen und die erste Bohrung zur Podestbefestigung angerissen.

Anschließend erfolgt der Anriss der jeweils zweiten Bohrungen zur Stufenbefestigung. Der Abstand für Gitterroststufen 1000 x 270 beträgt 150 mm (➔📖). Der Winkel zur Wangenvorderkante wird an den Bohrungen der Antrittstufe mit einer Schmiege abgenommen (Abb. 2).

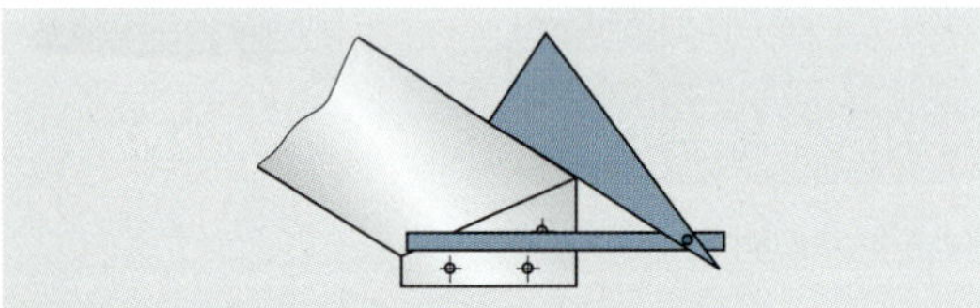

Abb. 2: Abtragen des Winkels mit einer Schmiege

Mit der Einstellung der Schmiege werden dann die weiteren Befestigungsbohrungen der Stufen angerissen (Abb. 3).

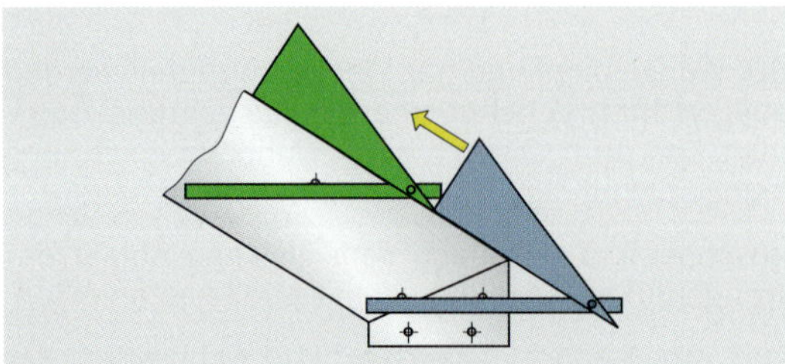

Abb. 3: Anriss der Bohrungen mit einer Schmiege

Das Anreißen der Bohrungen für die Befestigung des Podestes und der Deckenhalter erfolgt als letzter Arbeitsschritt des Anreißens.

Beide Wangen werden mit Schraubzwingen verspannt und gemeinsam gebohrt.

Die Wangen sind während des Bohrens so zu lagern, dass sie nicht durchhängen und die Bohrungsrückseiten freiliegen.

Beide Wangen werden mit einer Magnetbohrmaschine (Abb. 4) gebohrt und gesenkt. Das Bohren auf einer Säulenbohrmaschine ist sehr schwierig, da die Wangen schwer und sperrig sind.

Die Köpfe der zur Montage verwendeten Sechskantschrauben behindern an einigen Stellen die Montage des Geländers. Deshalb werden die erste, vierte, achte und zwölfte vordere Bohrung zur Stufenbefestigung, die letzte Bohrung zur

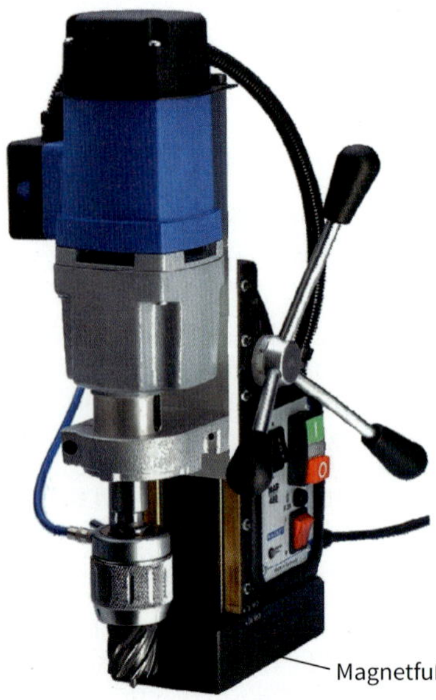

Abb. 4: Magnetbohrmaschine

Podestbefestigung sowie die Bohrungen für Decken- und Bodenhalter auf der Außenseite der Wangen gesenkt. Hier werden Senkschrauben **DIN 7969** eingebaut.

Magnetbohrmaschinen können immer dann eingesetzt werden, wenn das zu bohrende Werkstück ferromagnetisch ist und eine ebene Oberfläche hat. Im Fuß der Bohrmaschine befindet sich ein Elektromagnet. Dieser wird nach dem Ausrichten vor dem Bohren eingeschaltet. Durch die Magnetwirkung haftet die Bohrmaschine am Werkstück. Nach dem Bohren wird der Magnet abgeschaltet und die Maschine an der nächsten Bohrstelle neu angesetzt.

Bei Verwendung von Magnetbohrmaschinen kommen häufig Kernbohrer zum Einsatz. Die Bearbeitungsfläche beim Kernbohren ist ringförmig (Abb. 5). Der zurückbleibende Bohrkern wird mit Federkraft durch einen Auswerferstift am Ende des Bohrvorganges aus dem Bohrloch herausgedrückt.

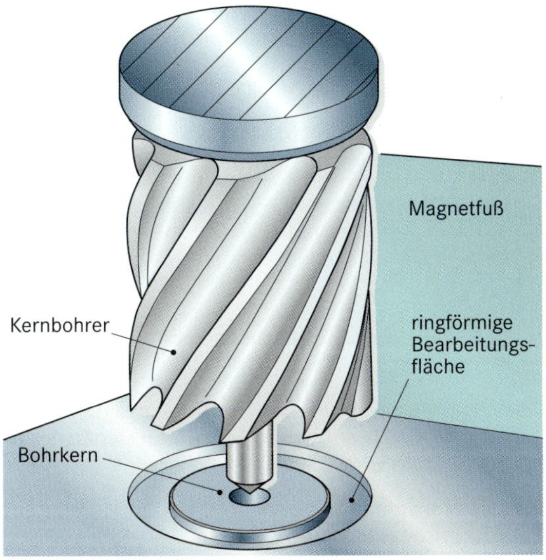

Abb. 5: Kernbohren

Kernbohrer gibt es von 12 mm bis zu 130 mm Durchmesser. Die maximalen Schnitttiefen liegen zwischen 30 mm und 110 mm.

Vorteile von Kernbohrern gegenüber Spiralbohrern sind:

- geringerer Kraftaufwand beim Bohren,
- reduzierter Energiebedarf,
- weniger Zeit bei gleichen Bohrergebnissen und
- kein Vorbohren und kein Werkzeugwechsel, dadurch reduziert sich die Bearbeitungszeit um 30–40 %.

Mit Kernbohrern können nur Durchgangsbohrungen hergestellt werden. Kernbohrer werden aus Schnellarbeitsstahl hergestellt.

Der Bohrvorgang beim Bohren mit Kernbohrern verläuft in drei Phasen:

- Zentrieren,
- Bohren und
- Auswerfen (Abb. 6).

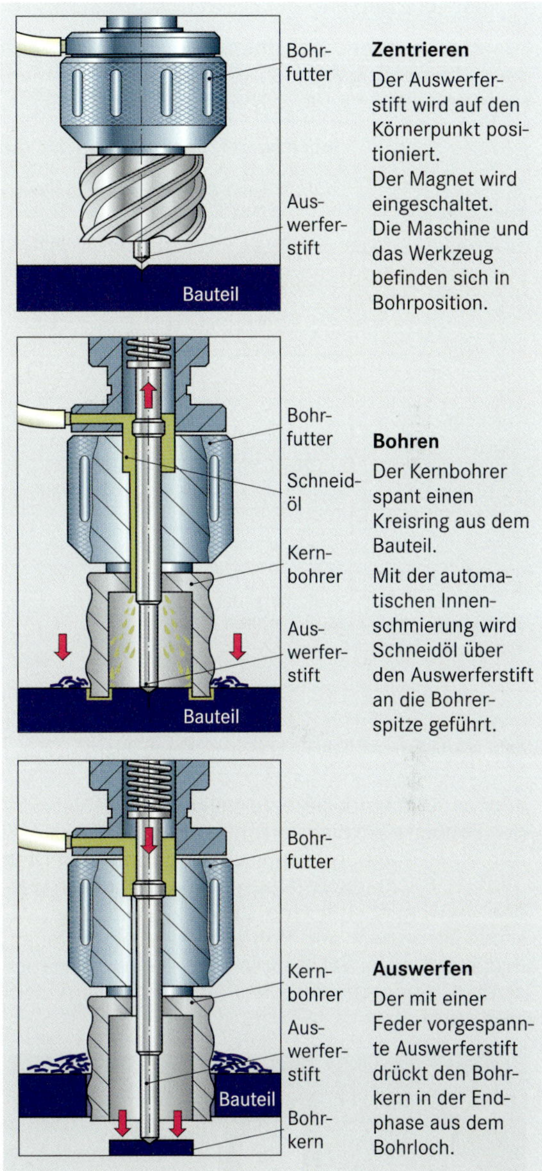

Abb. 6 : Phasen beim Kernbohren

Zur Innenschmierung werden Schneidöle verwendet, da herkömmliche Kühlschmierstoffe an der Bohrstelle verdampfen würden. Bei Überkopfarbeiten wird die Bohrstelle von außen durch Schneidpaste gekühlt und geschmiert.

Wird Schneidöl verwendet, müssen die Vorschriften zum Gesundheits- und Umweltschutz eingehalten werden.

Zur Bestimmung der Arbeitswerte sind die erforderlichen Daten den Herstellerunterlagen zu entnehmen.

Beim Bohren müssen

- die Umdrehungsfrequenz *n* und
- der Vorschub *f*

ermittelt werden. Die Umdrehungsfrequenz wird dem Umdrehungsfrequenzdiagramm entnommen.

Bei manuellem Vorschub ist darauf zu achten, dass die Vorschubkraft nicht größer wird als die Magnetkraft. Die Maschine würde sonst vom Werkstück abheben. Die Magnetkraft kann z. B. durch Lack-, Zunder- oder Zinkschichten herabgesetzt werden. Eine LED-Anzeige an der Maschine wechselt bei Erreichen der maximalen Vorschubkraft ihre Farbe von Grün nach Rot. Der Vorschub muss dann so weit reduziert werden, bis die Anzeige wieder grün leuchtet.

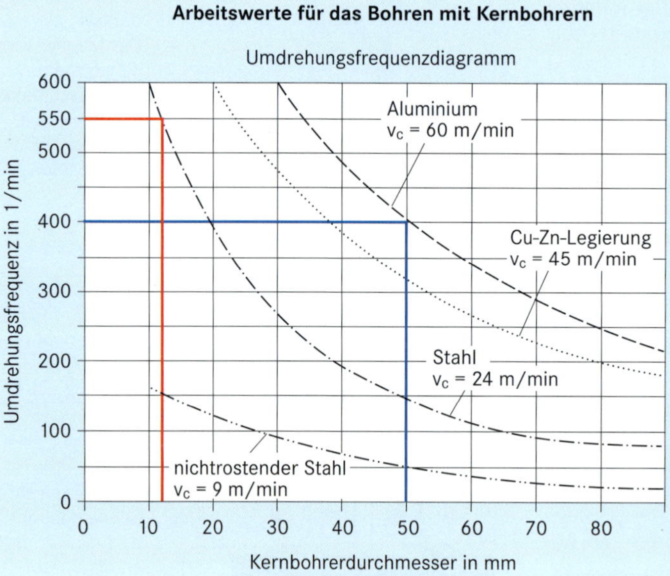

Ablesebeispiel:

Werkstoff:	Aluminium
Schnittgeschwindigkeit:	v_c = 60 m/min
Durchmesser Kernbohrer:	*d* = 50 mm
Umdrehungsfrequenz:	*n* = 400 1/min
Werkstoff:	Stahl (S235JR)
Schnittgeschwindigkeit:	v_c = 24 m/min
Durchmesser Kernbohrer:	*d* = 13 mm
Umdrehungsfrequenz:	*n* = 550 1/min

Abb. 1: Arbeitswerte für das Bohren mit Kernbohrern

Wird eine magnetisierbare Vakuumplatte verwendet, können auch nicht ferromagnetische Werkstoffe mit einer Magnetbohrmaschine gebohrt werden (Abb. 2). Die magnetisierbaren Vakuumplatten werden verwendet, um eine sichere Verbindung zwischen Werkstück und Bohrmaschine herzustellen. In den Füßen der Vakuumplatte wird ein Unterdruck erzeugt. Dadurch hält die Platte sicher auf dem Werkstück.

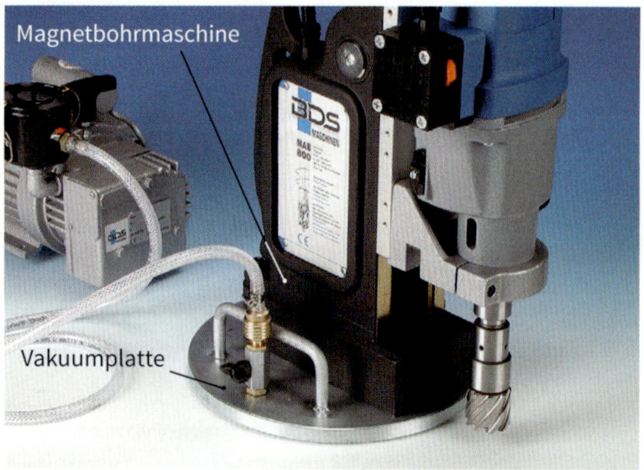

Abb. 2: Vakuumplatte

Eine Spannvorrichtung für Rohre ermöglicht den Einsatz von Magnetbohrmaschinen auch zum Bohren von Rohren.

Dabei passt sich die Spannvorrichtung flexibel dem Rohrdurchmesser an (Abb. 3).

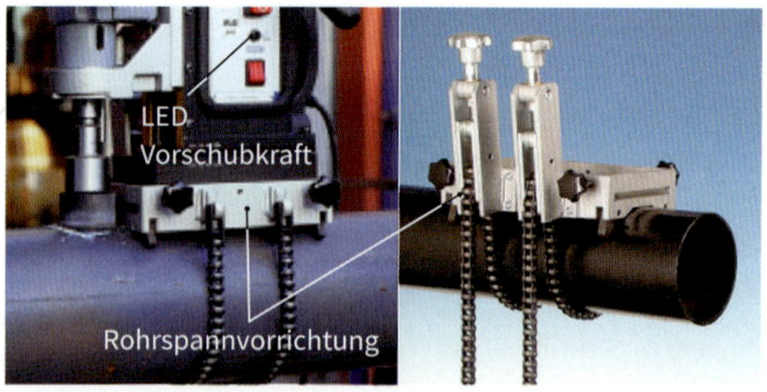

Abb. 3: Rohrspannvorrichtung für Magnetbohrmaschinen

Die Spannvorrichtung ist nicht magnetisierbar. Die Magnetbohrmaschine wird durch Schrauben sicher in der Vorrichtung gehalten.

Fertigen und Fügen der Anschlusslaschen für das Geländer

Die Anschlusslaschen für das Geländer werden aus Flachstab EN 10058 35 x 5 gefertigt (Abb. 4).

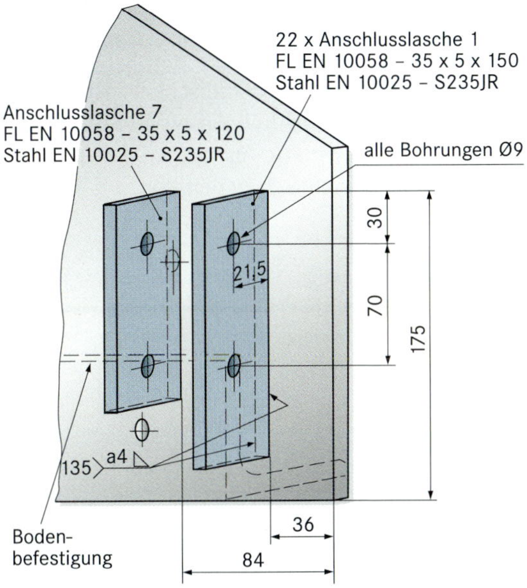

Abb. 4: Positionen der Anschlusslaschen am Wangenfuß

Nachdem alle Laschen zugeschnitten wurden, werden die Löcher mit Durchmesser 9 mm angerissen und auf der Säulenbohrmaschine gebohrt.

Die Laschen sollen mit dem MAG-Verfahren an die Wangen geschweißt werden.

Um später das Geländer montieren zu können, müssen die Laschen genau positioniert werden. Bezugspunkt für die Positionierung der Anschlusslaschen ist die Vorderkante der Anschlusslasche 1 am Fuß der Wange.

Nachdem die erste Lasche geheftet, nochmals ausgerichtet und an die Wange angeschweißt wurde, wird die Position der Laschen 2–6 angerissen. Damit die Laschen später senkrecht zum Fußboden stehen, muss die Anrisslinie in einem Winkel von 35° zur Wangenvorderkante verlaufen.

Anschließend werden die Laschen ausgerichtet und geschweißt.

Um die Anschlusslaschen 7–12 zu positionieren, wird eine Lehre verwendet (Abb. 5). Diese sichert:

- Die Einhaltung des Abstandes von 43 mm,
- die senkrechte Position zur Wange und
- die gleiche waagerechte Höhe der Anschlusslaschen im jeweiligen Halterpaar.

Die Breite 43 mm der Lehre entspricht dem Abstand der Anschlusslaschen und resultiert aus dem Rohrdurchmesser Ø 42,4 mm der Pfosten. Zunächst werden alle Laschen geheftet, ausgerichtet und danach geschweißt. Am Ende muss die Rechtwinkligkeit nochmals geprüft und eventuell gerichtet werden.

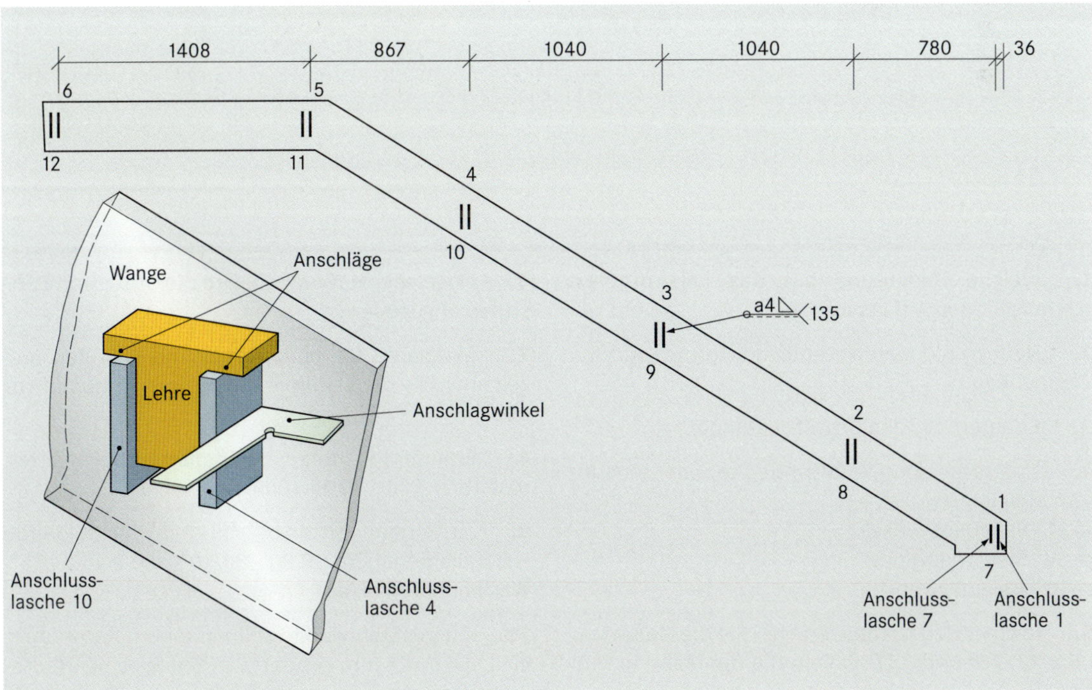

Abb. 5: Positionierung der Anschlusslaschen und Schweißfolge

Fertigen

Fertigen der Decken- und Bodenhalter

Die Decken- und Bodenhalter nehmen die Eigen- und die Verkehrslasten der Treppe auf und leiten diese ins Bauwerk ab. Die Decken- und Bodenhalter werden aus L EN 10056-1-100 x 100 x 8 – S235JR gefertigt (Abb. 1).

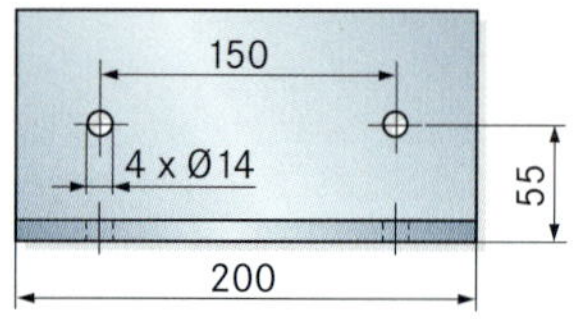

Abb. 1: Decken- und Bodenhalter

Die Halter werden nach der Zuschnittskizze gesägt, die Bohrungen zur Befestigung an der Decke und am Boden sowie zur Verschraubung mit den Wangen angerissen und gebohrt.

Korrosionsschutz

Alle Treppenteile sind laut Leistungsverzeichnis zu verzinken. Das erfolgt nach der Fertigstellung der Wangen, dem Schweißen der Anschlusslaschen und der Fertigung der Decken- und Bodenhalter.

Vor dem Transport auf die Baustelle sind alle Bohrungen von Zinknasen zu befreien.

Zusammenfassung

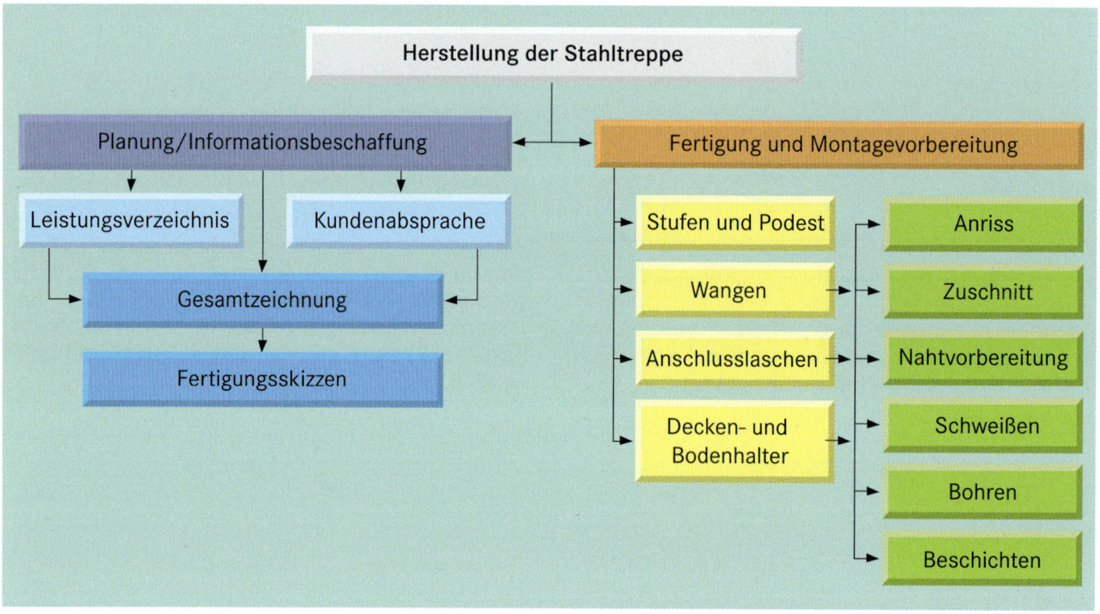

Aufgaben

1. Welche Bedeutung hat das Leistungsverzeichnis für den Arbeitsauftrag?

2. Nennen Sie zwei wesentliche Normen für den Treppenbau.

3. Erläutern Sie den Begriff „Lauflinie".

4. Unterscheiden Sie folgende Treppen nach ihrem Steigungswinkel:
a) 21° Steigungswinkel
b) 30° Steigungswinkel
c) 60° Steigungswinkel

5. In einer Bauzeichnung lesen Sie die Maßangaben: 17, 26^8 und 3.25. Geben Sie die Maße in mm an.

6. In welcher Maßeinheit wird die Größe von Trittstufen angegeben?

7. Skizzieren Sie eine Treppe mit 4 Stufen und zeichnen Sie die Lauflinie mit Steigung und Auftritt ein.

8. Erläutern Sie folgende Angabe zu einer Gitterroststufe: P 40 - 38,1 - 1000 x 240 - R11

9. Zu einem Gitterrost finden Sie folgende Herstellerangaben: SP 30 - 30/10 - 800 x 240 - R11. Was bedeuten diese?

10. In eine Stahlwange soll mit einem Kernbohrer ein Loch $d = 25$ mm gebohrt werden. Welche Umdrehungsfrequenz ist einzustellen?

12.1.4 Fertigen der Treppengeländer

ARBEITSAUFTRAG

Die Geländer für die Stahltreppe sollen gefertigt werden. Das Leistungsverzeichnis gibt vor, dass sie den Vorschriften für ortsfeste Zugänge zu maschinellen Anlagen entsprechen sollen.

Dazu müssen Stahlrohre nach Zeichnung und Zuschnittliste zugeschnitten, geschweißt und verzinkt werden.

Planen

12.1.4.1 Auswählen der Halbzeuge

Geländer sollen das Abstürzen von Personen und Gegenständen, z. B. von Treppen und Podesten, verhindern. Dazu müssen Geländer u. a. horizontale Verkehrslasten aufnehmen. Die anzunehmenden Größen der Lasten sind in Normen und Verordnungen festgelegt. Sie hängen von der Nutzung der Treppe ab (Tab. 1; ➜📖).

Tab. 1: Horizontale Verkehrslasten

Treppennutzung	Horizontallast [kN/m]
für Wartungs- oder Fachpersonal, mit der Anwesenheit von Kindern ist nicht zu rechnen	0,3
Gebäude mit großen Menschenansammlungen, Fluchttreppen	2,0

Geländer sollen nicht nur theoretische Sicherheitsanforderungen erfüllen, sie müssen sich ebenso am subjektiven Sicherheitsempfinden der späteren Nutzer orientieren.

So kann die im Toleranzbereich liegende Durchbiegung eines Geländers vom Auftraggeber als unangenehm und verunsichernd empfunden werden. Es sind daher in der Planungsphase genaue Absprachen notwendig.

Auf Grund der Sicherheitsanforderungen sind die Mindestmaße für die Halbzeuge für die Geländerbauelemente in Tabellen zusammengefasst (Tab. 2; ➜📖).

Geländer nach dem Industriestandard bestehen aus:

- Pfosten,
- Handläufen,
- Knieleisten und
- Fußleisten (Abb. 2).

Für Geländerbauteile werden in der Regel Rohr- und L-Profile verwendet. Sollen andere Halbzeuge verwendet werden, sind die erforderlichen Profilquerschnitte zu ermitteln.

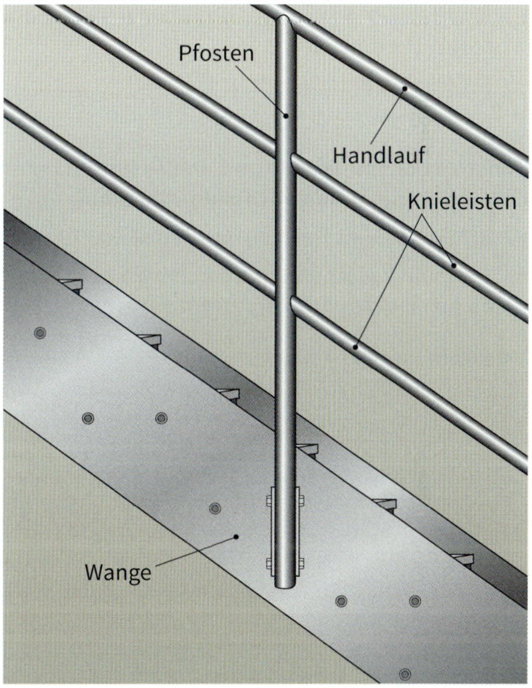

Abb. 2: Geländer nach DIN EN ISO 14222-3

Tab. 2: Halbzeuge für Geländerbauelemente

Bauelement	Aufgaben	Halbzeug	
Pfosten	Verbinden des Geländers mit der Tragkonstruktion der Treppe; Leiten auf das Geländer einwirkende Kräfte ab	Rohr EN 10220 - 42,4 x 3,2	L EN 10056-1 - 60 x 60 x 6
Handlauf	Haltemöglichkeit für Personen	Rohr EN 10220 - 42,4 x 3,2	L EN 10056-1 - 40 x 40 x 4
Knieleiste	Verhindern das Hindurchfallen von Personen oder Gegenständen	Rohr EN 10220 - 26,9 x 2,6	L EN 10056-1 - 30 x 30 x 4
Fußleiste	Verhindern das Durchtreten und das Herabfallen kleinerer Gegenstände	FL EN 10058 - 100 x 10	

Grundlagen

Anforderungen an Geländer nach Industriestandard EN ISO 14122-3

Konstruktionsmerkmale und -maße für Geländer an Treppen

- Mindesthöhe des Geländers 900 mm über der Auftrittvorderkante; an Arbeitsstätten Mindesthöhe des Geländers 1000 mm über dem Auftritt
- lichter Abstand der Knieleiste von benachbarten Bauteilen höchstens 500 mm, bei Abständen über 500 mm zweite Knieleiste erforderlich

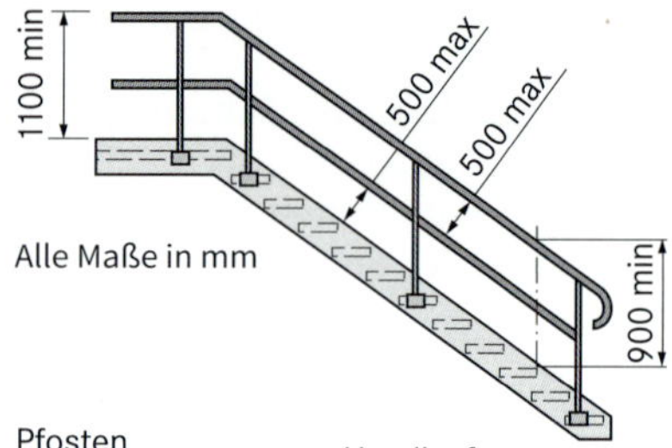

Konstruktionsmerkmale und -maße für Geländer an Podesten

- Mindesthöhe des Geländers 1100 mm über der Laufebene des Podestes
- lichter Abstand der Knieleiste von benachbarten Bauteilen höchstens 500 mm, bei Abständen über 500 mm zweite Knieleiste erforderlich
- Fußleiste mindestens 100 mm breit
- Abstand der Fußleiste zur Laufebene nicht größer als 10 mm

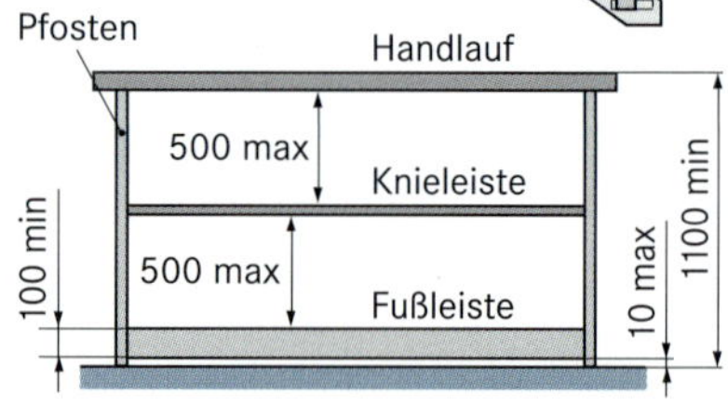

Konstruktionsmerkmale und -maße für Geländer mit Füllstäben und unterbrochenem Handlauf

- lichter Abstand von Füllstäben maximal 180 mm
- Freiraum zwischen unterbrochenen Handläufen mindestens 75 mm und höchstens 120 mm.

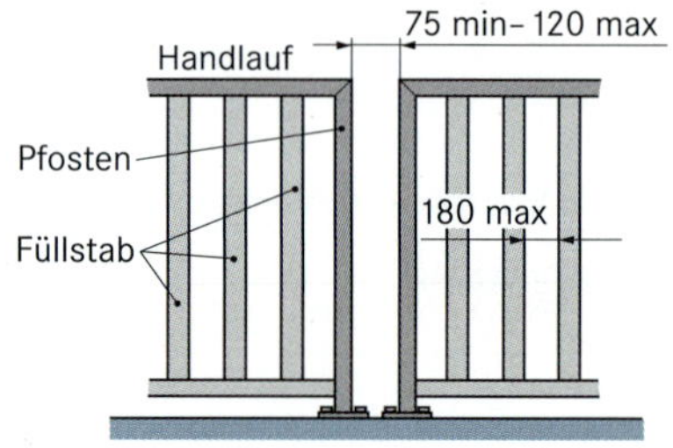

Berechnung der Teilung

Ein Geländerfeld mit einer lichten Weite L = 1500 mm zwischen den Randprofilen soll mit senkrechten Stäben aus HFRHF EN 10 210-2 50 x 30 gefüllt werden. Es soll eine gleichmäßige Teilung erzielt werden. Der lichte Abstand zwischen den Stäben darf maximal S_{max} = 180 mm betragen.

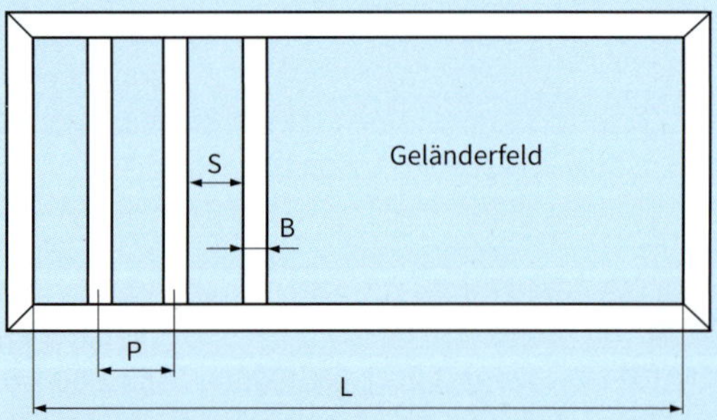

Gegeben:

Lichte Weite $L = 1500$ mm

Lichter Abstand zwischen den Stäben $S_{max} = 180$ mm

Gesucht:

Stabteilung P in mm

Lösung:

$P_{max} = S_{max} + B$ — B: Breite des Profil

$P_{max} = 180\text{ mm} + 30\text{ mm}$

$\underline{P_{max} = 210\text{ mm}}$

$z = \frac{L}{P_{max}}$ — z: Anzahl der Teilungen

$z = \frac{1500\text{ mm}}{210\text{ mm}}$

$z = 7{,}14$ — z aufrunden, damit P_{max} nicht überschritten wird

$n = z - 1$ — n: Anzahl der Stäbe

$n = 8 - 1$

$\underline{n = 7}$

P nachrechnen

$P = \frac{L}{z}$

$P = \frac{1500\text{ mm}}{8}$

$\underline{\underline{P = 187{,}5\text{ mm}}}$

Die Teilung für die Füllstäbe beträgt 187,5 mm.

Fertigen

12.1.4.2 Herstellen des Geländers

Zur Herstellung der Treppengeländer werden die Rohre

- zugeschnitten,
- ausgeklinkt oder ausgeschliffen,
- gebohrt,
- geschweißt und
- verzinkt.

Zuschnitt der Einzelteile des Geländers

Die Geländerhöhe der Treppe beträgt 1000 mm, die des Podestes 1100 mm. Der lichte Abstand zwischen den Knieleisten im Treppenlauf beträgt 295 mm und 317 mm im Bereich des Podestes.

Der Zuschnitt der Rohre für den Handlauf, die Pfosten und die Knieleisten erfolgt nach der Zuschnittliste (Tab. 1). Das Zuschnittmaß bezieht sich immer auf die Mittellinie des Profils.

Die Zuschnittlängen wurden aus den Zeichnungsmaßen berechnet (Abb. 1).

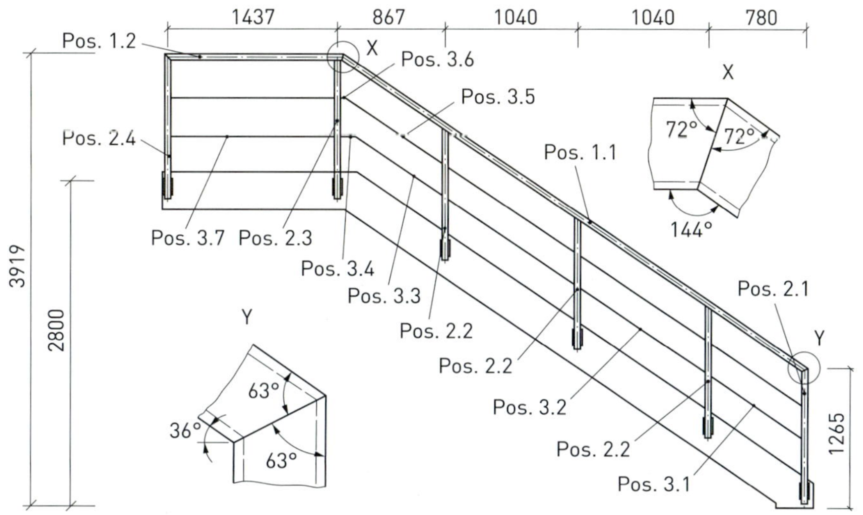

Abb. 1: Geländer

Tab. 1: Zuschnittliste Geländer

Benennung	Pos. Nr.	Menge	Länge [mm]	Form			Profilart
Handlauf	1.1	2	4551	63°		72°	Rohr EN 10 220 - 42,4 x 3,2
Handlauf	1.2	2	1437	63°		45°	Rohr EN 10 220 - 42,4 x 3,2
Pfosten	2.1	2	1250	63°		90°	Rohr EN 10 220 - 42,4 x 3,2
Pfosten	2.2	6	1250	55°		90°	Rohr EN 10 220 - 42,4 x 3,2
Pfosten	2.3	2	1300	90°		90°	Rohr EN 10 220 - 42,4 x 3,2
Pfosten	2.4	2	1300	90°		45°	Rohr EN 10 220 - 42,4 x 3,2
Knieleiste	3.1	4	923	55°		55°	Rohr EN 10 220 - 29,6 x 2,6
Knieleiste	3.2	8	1242	55°		55°	Rohr EN 10 220 - 29,6 x 2,6
Knieleiste	3.3	2	915,5	55°		72°	Rohr EN 10 220 - 29,6 x 2,6
Knieleiste	3.4	2	82	72°		90°	Rohr EN 10 220 - 29,6 x 2,6
Knieleiste	3.5	2	960,5	55°		72°	Rohr EN 10 220 - 29,6 x 2,6
Knieleiste	3.6	2	45	72°		90°	Rohr EN 10 220 - 29,6 x 2,6
Knieleiste	3.7	4	1380	90°		90°	Rohr EN 10 220 - 29,6 x 2,6

Grundlagen

Lehrsatz des Pythagoras

Im rechtwinkligen Dreieck ist die Summe der Kathetenquadrate gleich dem Hypotenusenquadrat

$$a^2 + b^2 = c^2$$

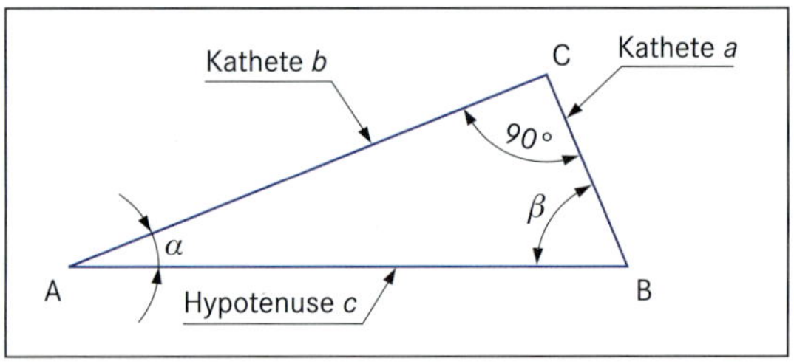

Eine praktische Anwendung findet der Lehrsatz des Pythagoras in der **3-4-5-Regel**. D. h., wenn eine Kathete 3 und die zweite Kathete 4 ist, so ist die Hypotenuse 5.

$$3^2 + 4^2 = 5^2$$

$$9 + 16 = 25$$

Die Regel gilt für alle Vielfachen von 3, 4 und 5!

Mit der 3-4-5-Regel und einem 2-m-Gliedermaßstab lässt sich auf der Baustelle schnell überprüfen, ob der rechte Winkel z. B. in einem Treppenhaus gegeben ist.

Die 2000 mm des Gliedermaßstabes sind das 400-fache von 5. Aus der Mauerecke heraus werden auf der einen Wand 1200 mm, das 400-fache von 3 und auf der anderen Wand 1600 mm, das 400-fache von 4 abgetragen und angerissen. Zwischen die beiden Anreißpunkte wird der voll aufgeklappte Gliedermaßstab gehalten. Berührt er beide Punkte, stehen die Wände rechtwinklig zueinander.

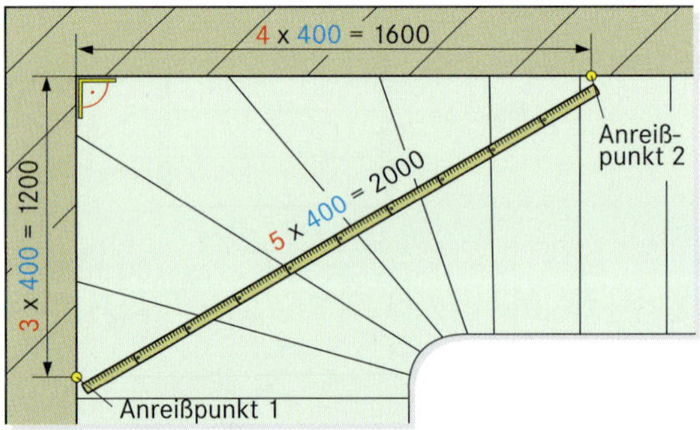

Berechnung der Länge des Handlaufes

Gegeben:

Geländermaße laut Zeichnung

$h_R = 1265$ mm

$h_L = 3919$ mm

$L = 4000$ mm

Gesucht:

Zuschnittlänge L_Z in mm für die Handläufe der Treppe

Lösung:

1. Schritt:
rechtwinkliges Dreieck in der Zeichnung (Skizze) festlegen

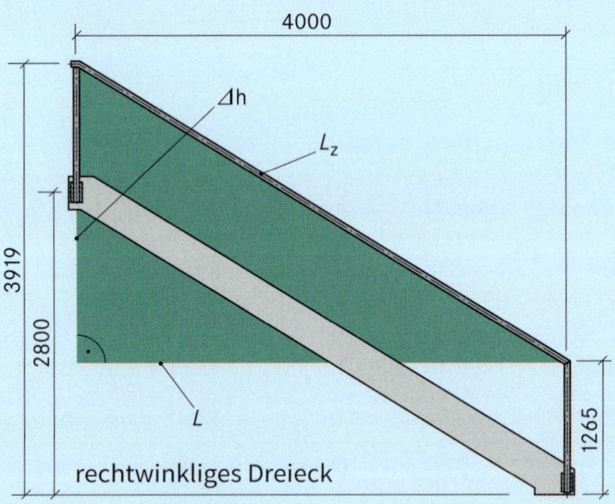

2. Schritt:
Kantenlängen des Dreiecks bestimmen

Länge Δh

Höhendifferenz = Höhe $_{\text{links}}$ – Höhe $_{\text{rechts}}$

$\Delta h = h_L - h_R$

$\Delta h = 3919 \text{ mm} - 1265\text{mm}$

$\Delta h = 2654$ mm

Zuschnittlänge L_Z

Länge der Mittellinie

Zuschnittlänge $L_Z^2 = \Delta h^2 + L^2$

$L_Z = \sqrt{\Delta h^2 + L^2}$

$L_Z = \sqrt{(2654 \text{ mm})^2 + (4000 \text{ mm})^2}$

$L_Z = 4800{,}4$ mm

Die Zuschnittlänge je Treppenhandlauf beträgt 4800,4 mm.

Winkelfunktionen

Winkelfunktionen drücken die Beziehungen zwischen Winkeln und Seitenlängen in einem rechtwinkligen Dreieck aus. Mit Hilfe dieser Funktionen ist es möglich, Seitenlängen und Winkel in einem rechtwinkligen Dreieck zu berechnen (→📖).

Bezogen auf den Winkel α gilt:

- Die Seite a liegt dem Winkel α gegenüber, sie heißt Gegenkathete.
- Die Seite b liegt an dem Winkel α, sie heißt Ankathete.
- Die Seite c liegt dem rechten Winkel gegenüber.
  Sie heißt Hypotenuse und ist die längste Seite des Dreiecks.

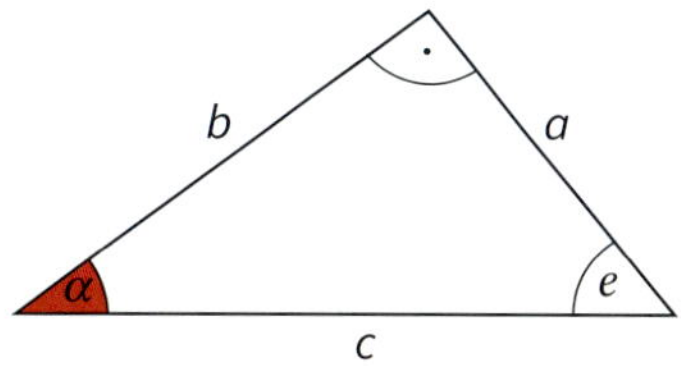

Der Sinus eines Winkels wird aus dem Quotient von Gegenkathete und Hypotenuse gebildet:

$$\sin\alpha = \frac{\text{Gegenkathete}}{\text{Hypotenuse}} \rightarrow \sin\alpha = \frac{a}{c} \qquad \sin\beta = \frac{\text{Gegenkathete}}{\text{Hypotenuse}} \rightarrow \sin\beta = \frac{b}{c}$$

Der Kosinus eines Winkels wird aus dem Quotient von Ankathete und Hypotenuse gebildet:

$$\cos\alpha = \frac{\text{Ankathete}}{\text{Hypotenuse}} \rightarrow \cos\alpha = \frac{b}{c} \qquad \cos\beta = \frac{\text{Ankathete}}{\text{Hypotenuse}} \rightarrow \cos\beta = \frac{a}{c}$$

Der Tangens eines Winkels wird aus dem Quotient von Gegenkathete und Ankathete gebildet:

$$\tan\alpha = \frac{\text{Gegenkathete}}{\text{Ankathete}} \rightarrow \tan\alpha = \frac{a}{b} \qquad \tan\beta = \frac{\text{Gegenkathete}}{\text{Ankathete}} \rightarrow \tan\beta = \frac{b}{a}$$

Berechnung der Länge für eine Knieleiste

Gegeben:
Pfostenabstand $l_P = 1200$ mm
Steigungswinkel der Treppe $\alpha = 35°$

Gesucht:
Länge der Mittellinie der Knieleiste l_K in mm

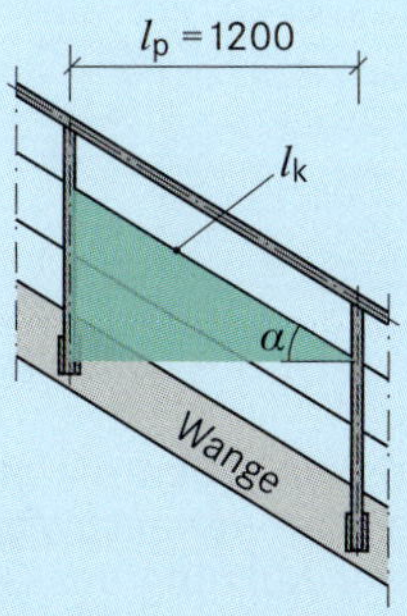

Lösung:
1. Schritt
Winkelfunktion bestimmen

l_P = Ankathete zu α

l_K = Hypotenuse

→ Winkelfunktion Kosinus

2. Schritt
Berechnung von l_K

$$\cos \text{Steigungswinkel} = \frac{\text{Pfostenabstand}}{\text{Länge Knieleiste}}$$

$$\cos\alpha = \frac{l_P}{l_K}$$

$$l_K = \frac{l_P}{\cos\alpha}$$

$$l_K = \frac{1200\text{ mm}}{\cos 35°}$$

$$\underline{\underline{l_K = 1465\text{ mm}}}$$

Die Länge der Mittellinie der Knieleiste beträgt 1465 mm.

Fertigen

Für das Anreißen der Zuschnittmaße, das Ausklinken und das Ausschleifen wird zunächst die Mittellinie auf die Wandung der Rohrstücke übertragen.

Beim Anreißen der übertragenen Mittellinie auf der Wandung muss darauf geachtet werden, dass die Linie gerade verläuft. Dies ist auf Grund der Länge der Rohre nur mit Hilfsmitteln möglich.

Das Rohr wird fest im Schraubstock eingespannt. Damit das Rohr nicht beschädigt, gleichzeitig aber ein sicherer Halt gewährt wird, werden dazu Prismeneinsätze für die Spannbacken verwendet (Abb. 1).

Abb. 1: Prismeneinsatz für Parallelschraubstock

Dann setzt man eine Feile auf der Rohrwandung an und führt diese von einem Rohrende zum anderen. Die Feile muss dabei möglichst waagerecht geführt werden. Der entstehende Strich ist die übertragene Mittellinie. Anschließend wird das Rohr um 180° gedreht und der Vorgang wiederholt (Abb. 2).

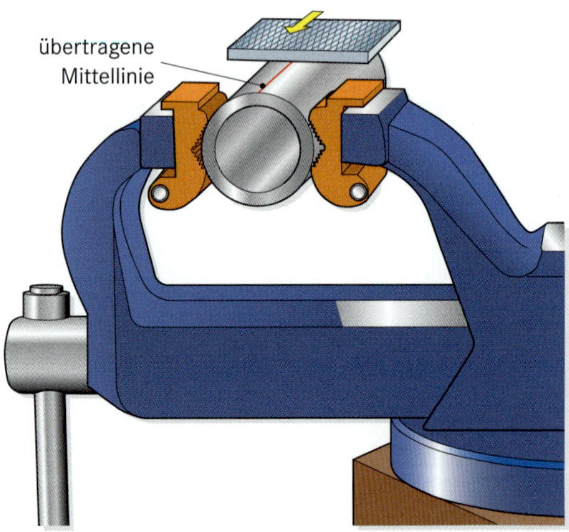

Abb. 2: Übertragen der Rohrmitte

Bei geschweißten Rohren wird die Schweißnaht als eine übertragene Mittellinie betrachtet und nur die zweite Linie, genau gegenüber der Schweißnaht, angerissen.

Der Zuschnitt der Rohre erfolgt auf der Gehrungssäge. Die Rohrlängen und die Gehrungswinkel werden der Zuschnittliste entnommen. Die Rohrlängen werden auf den übertragenen Mittellinien abgetragen, die Winkel an der Gehrungssäge eingestellt. Dabei ist die Lage der Gehrungswinkel besonders zu beachten.

Ausklinken der geraden Rohrenden

Am Podest stehen Handlauf, Pfosten und Knieleisten senkrecht zueinander (Abb. 3).

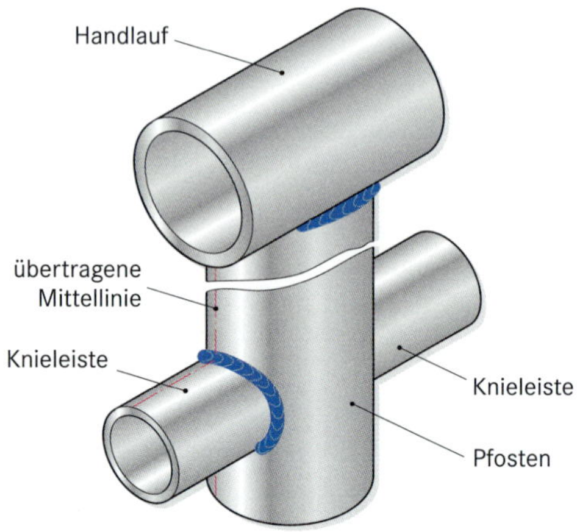

Abb. 3: Verbindung Handlauf – Pfosten und Pfosten – Knieleiste

Um die Schweißverbindungen herstellen zu können, müssen die Rohrenden an den Fügestellen ausgeklinkt oder ausgeschliffen sein (Abb. 4).

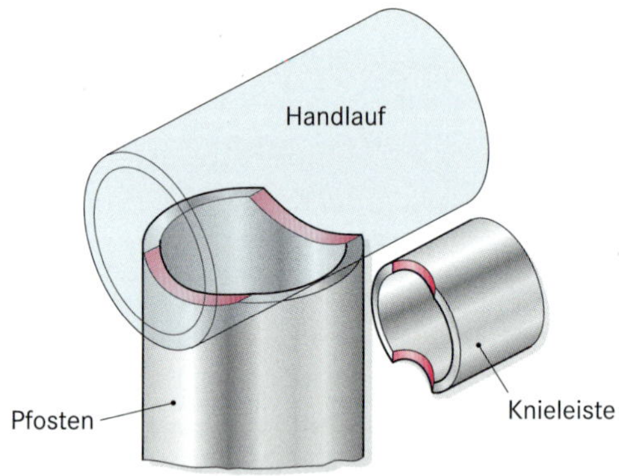

Abb. 4: Ausklinkungen an Pfosten und Knieleiste

Handlauf und Pfosten haben die gleichen Durchmesser. Damit die Schweißnaht zwischen Handlauf und Pfosten bei der Nutzung des Geländers nicht stört, wird das Rohrende am Pfosten so ausgearbeitet, dass der Pfosten den Handlauf etwa 1/6 des Rohrdurchmessers durchdringt.

Dies trifft ebenso für Pfosten und Knieleisten zu. Die Knieleisten durchdringen die Pfosten ca. 1/6 des Pfostendurchmessers. Da Pfosten und Knieleiste unterschiedliche Durchmesser haben, müssen die Ausklinkungen der Knieleisten an den Pfostendurchmesser angepasst werden.

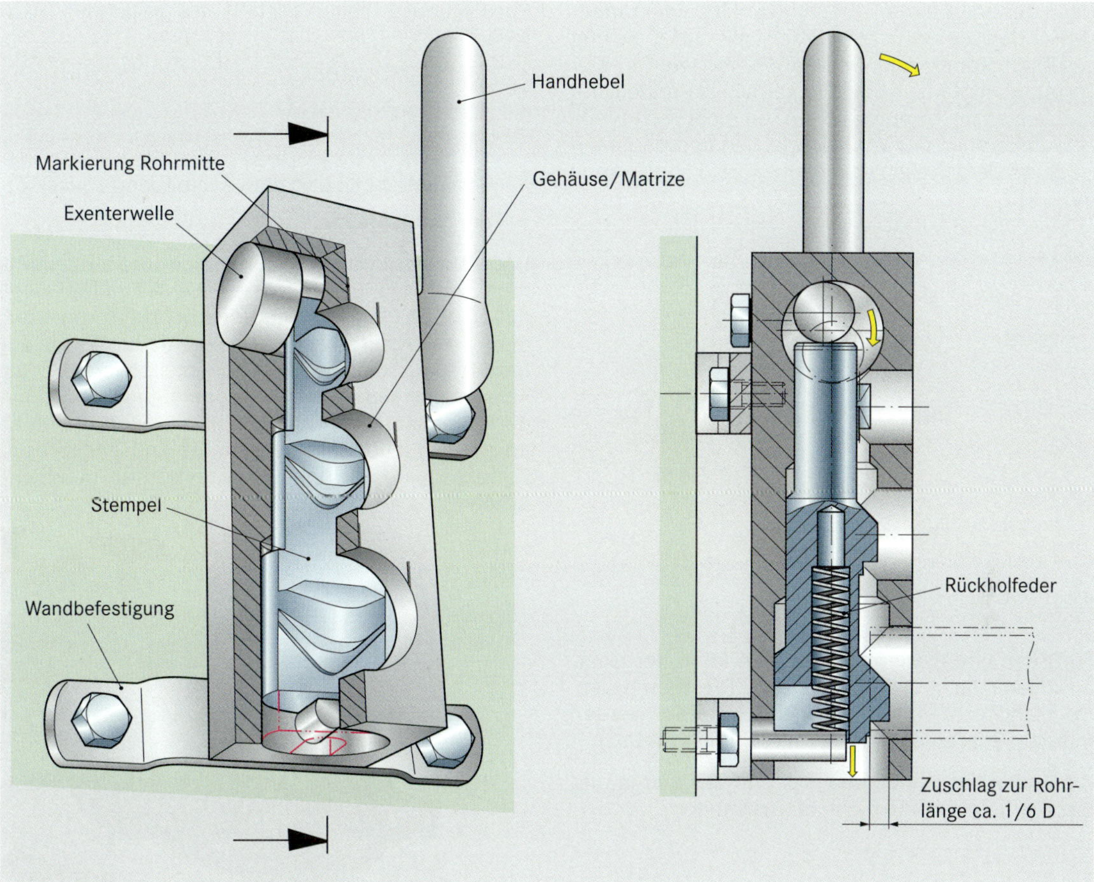

Abb. 5: Handbetätigter Rohrausklinker

Die Bearbeitung der Rohrenden erfolgt mit einem Rohrausklinker (Abb. 5).

Mit Rohrausklinkern können unterschiedliche Rohrdurchmesser ausgeklinkt werden, ohne Werkzeuge bzw. Geräteteile auswechseln zu müssen. Allerdings kann man mit Rohrausklinkern nur rechtwinklige Rohrverbindungen vorbereiten.

Ein Rohrausklinker für Handbedienung besteht aus:

- der Matrize, die gleichzeitig das Gehäuse bildet,
- dem Stempel (Schneiddorn),
- der Exenterwelle mit Hebel,
- der Rückholfeder und
- der Wandbefestigung.

Zum Ausklinken wird das Rohr in eine dem Rohrdurchmesser entsprechende Öffnung der Matrize bis zum Anschlag eingeführt. Die übertragene Mittellinie auf der Rohrwandung bildet mit der mittleren Markierung auf der Matrize eine Linie.

Mit Hilfe des Handhebels wird die Exenterwelle gedreht und mit dem Stempel eine Hälfte der Ausklinkung hergestellt.

Anschließend wird das Rohr um 180° gedreht, so dass die zweite übertragene Mittellinie mit der Markierung auf dem Rohrausklinker eine Linie bildet. Dann wird der Ausklinkvorgang wiederholt.

Handbetätigte Rohrausklinker sind für äußere Rohrdurchmesser zwischen 26,9 mm und 61,0 mm und Wanddicken bis 4 mm geeignet.

Rohrausklinker mit Elektroantrieb (Abb. 6) sind auch für Rohre mit Wanddicken bis 6 mm geeignet.

Abb. 6: Rohrausklinker mit Elektroantrieb

Nach der Bearbeitung der rechtwinklig aufeinander stoßenden Rohrstücke werden die auf Gehrung gesägten Rohre zum Schweißen vorbereitet. Der Treppenhandlauf und die Pfosten sowie Pfosten und Knieleisten im Treppenlauf stoßen nicht rechtwinklig aufeinander. Der Winkel zwischen den Bauteilen ist gleich dem Steigungswinkel α = 35,5° der Treppe (Abb. 1).

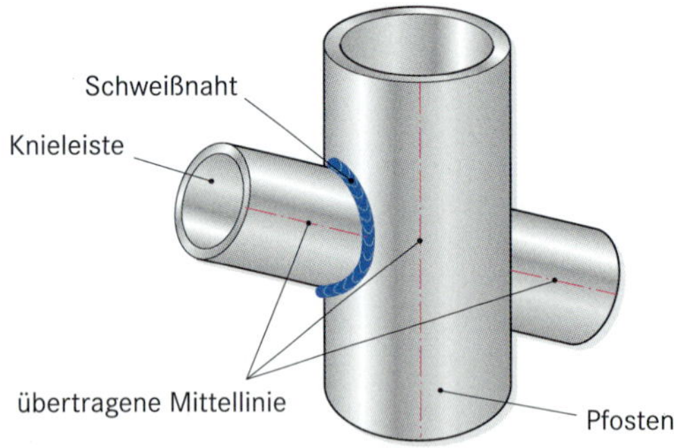

Abb. 1: Verbindungen im Treppenlauf

Zur Bearbeitung dieser Rohrenden kann der Rohrausklinker nicht benutzt werden. Die Rohrenden, die nicht rechtwinklig aufeinanderstoßen, werden mit dem Rohrausschleifer ausgeschliffen (Abb. 2).

Die Enden der Handlaufstücke und des ersten und letzten Pfostens sind nicht auszuschleifen.

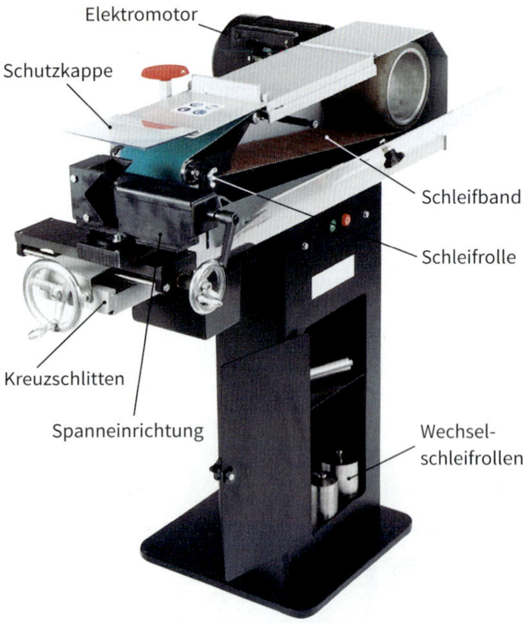

Abb. 2: Rohrausschleifer

Ein Rohrausschleifer besteht aus folgenden Bauteilen:

- dem Elektromotor,
- dem Kreuzschlitten
- der Spanneinrichtung für das Rohr,
- der Schleifrolle und dem Schleifband sowie
- der Schutzkappe.

Das Rohr wird in der Spanneinrichtung aufgenommen (Abb. 3). Eine übertragene Mittellinie liegt dabei oben. Die Rohrspanneinrichtung kann auf dem Kreuzschlitten gedreht und dadurch der geforderte Ausschleifwinkel eingestellt werden. Der Ausschleifwinkel entspricht dem Steigungswinkel der Treppe. Mit dem Längsschlitten wird das Rohr an das Schleifband herangeführt und angepresst. Dadurch wird die gewünschte Kontur in einem Arbeitsgang ausgeschliffen.

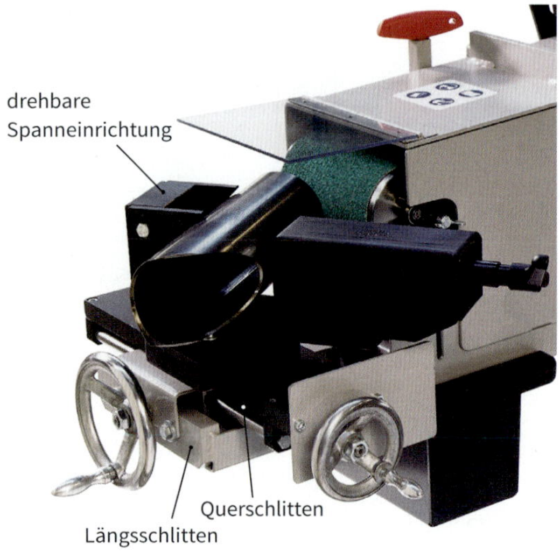

Abb. 3: Spanneinrichtung des Rohrausschleifers

Um Rohre mit unterschiedlichen Durchmessern ausschleifen zu können, gibt es Schleifrollen mit entsprechenden Durchmessern.

Wird ein Wechsel der Schleifrolle nötig, ist die richtige Spannung des Schleifbandes laut Herstellerangabe einzustellen.

Damit der Aufwand an Nacharbeit, vor allem für das Entgraten, möglichst gering bleibt, müssen verschlissene Schleifbänder ausgetauscht werden.

! Je verschlissener die Schleifbänder, umso höher der Aufwand für die Nacharbeit!

Zur Bearbeitung von Rohren aus nichtrostenden Stählen sind neue Schleifbänder einzusetzen und der Rohrausschleifer gründlich zu reinigen. Damit kann die Gefahr der Korrosion durch Verunreinigungen vermindert werden.

Damit beim Schweißen der Rohre der Werkstoff nicht verbrennt, muss beim Anschliff an den übertragenen Mittellinien mindestens eine Wanddicke stehen bleiben (Abb. 4).

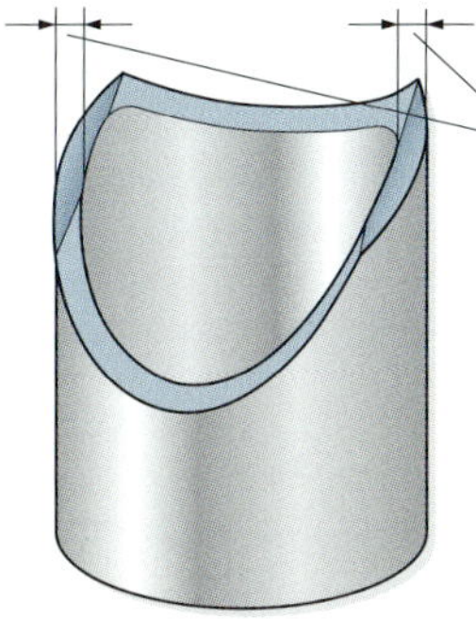

Abb. 4: Maximaler Ausschnitt

Rohrausschleifer sind sowohl bei runden als auch quadratischen und rechteckigen Rohren einsetzbar.

Zum verzinkungsgerechten Gestalten gehört das Herstellen von Zulauf- und Entlüftungsöffnungen (Abb. 5).

Abb. 5: Ausgeklinktes Rohr mit Zinkauslauf

Deshalb werden an den vorgeschriebenen Stellen Zinkausläufe ausgeklinkt. Dazu kommt ein spezieller Ausklinker zum Einsatz (Abb. 6).

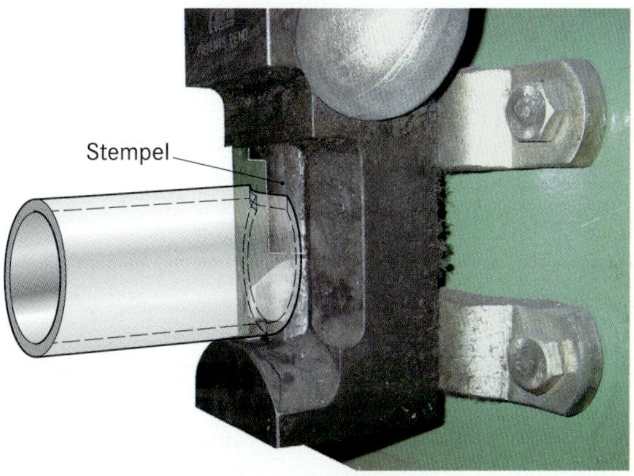

Abb. 6: Ausklinker für Zinkausläufe

Bohren der Befestigungslöcher in die Pfosten

Die Geländer werden über Anschlusslaschen mit den Wangen verbunden. Dies erfolgt mit jeweils zwei Sechskantschrauben ISO 4016 - M8 x 75 - 8.8 und dazugehörigen Sechskantmuttern ISO 4032 - M8 - 8 sowie Unterlegscheiben DIN 7989 - 8 - A.

Die Durchgangsbohrungen in den Pfosten sind zu bohren. Damit nach dem Verzinken die Schrauben durch die Bohrung passen, müssen bei der Bestimmung des Bohrerdurchmessers die Regeln für verzinkungsgerechtes Gestalten berücksichtigt werden (➡📖).

Beim Anreißen und Bohren der Durchgangslöcher muss auf die Lage der Ausklinkungen und der Gehrungen geachtet werden. Als Hilfslinien werden wieder die übertragenen Mittellinien benutzt (Abb. 7).

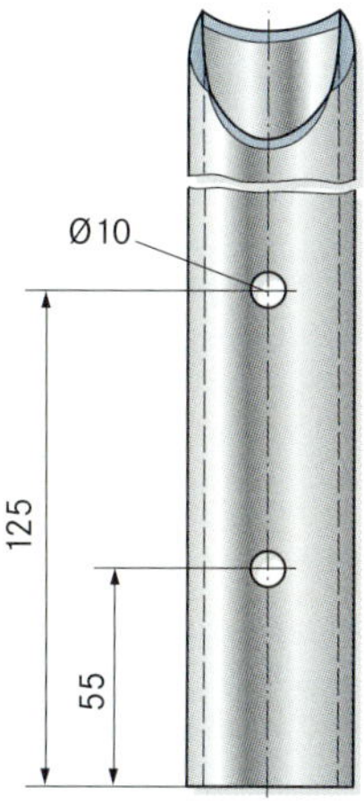

Abb. 7: Lage der Bohrungen

Die Bohrungen liegen zu den Mittellinien im Winkel von 90°. Damit nicht bei jedem Anreißen dieser Winkel nachgemessen werden muss, erfolgt dies nur beim ersten Pfosten.

Der Pfosten wird im Schraubstock mit Prismeneinsätzen gespannt. Während des Einspannens wird das Rohr so gedreht, dass die übertragenen Mittellinien parallel zum Werkstattboden verlaufen. Die Lage der übertragenen Mittellinien wird mit einem Stift auf den Stirnseiten der Prismen markiert und kann anschließend zum Anreißen aller Pfosten benutzt werden (Abb. 8).

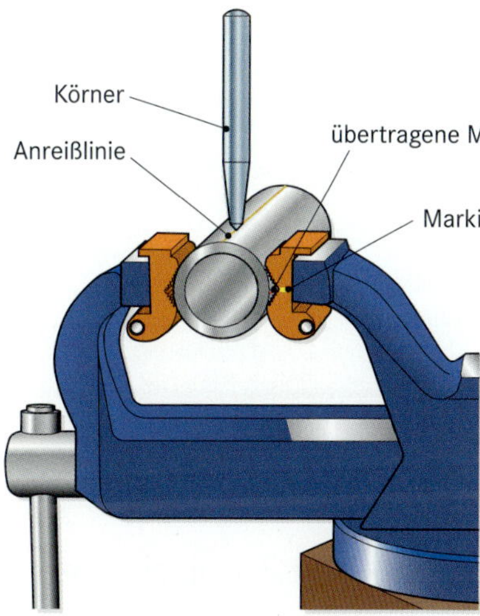

Abb. 8: Anreißen der Durchgangsbohrungen

Schweißen der Geländerteile

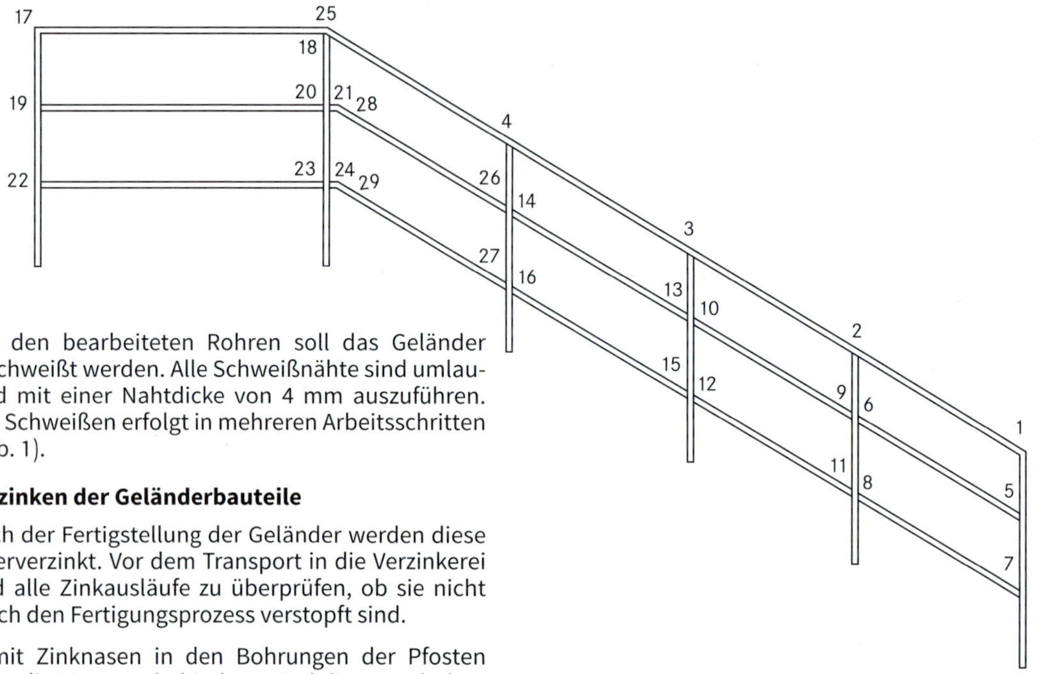

Aus den bearbeiteten Rohren soll das Geländer geschweißt werden. Alle Schweißnähte sind umlaufend mit einer Nahtdicke von 4 mm auszuführen. Das Schweißen erfolgt in mehreren Arbeitsschritten (Abb. 1).

Verzinken der Geländerbauteile

Nach der Fertigstellung der Geländer werden diese feuerverzinkt. Vor dem Transport in die Verzinkerei sind alle Zinkausläufe zu überprüfen, ob sie nicht durch den Fertigungsprozess verstopft sind.

Damit Zinknasen in den Bohrungen der Pfosten nicht die Montage behindern, sind diese nach dem Verzinken mit geeigneten Mitteln zu entfernen.

Abb. 1: Schweißfolgeplan Geländer

Zusammenfassung

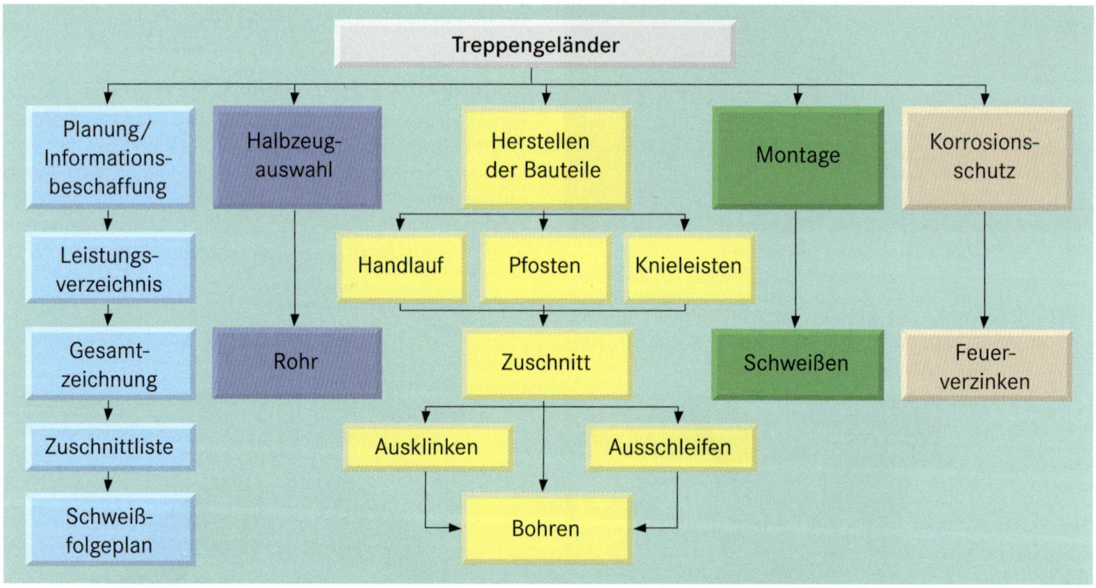

Aufgaben

1. Nennen Sie die Bauteile, aus denen Industriegeländer bestehen.

2. Welche Aufgaben haben die Pfosten?

3. Wie hoch müssen Geländer im Treppenlauf laut Arbeitsstättenverordnung mindestens sein?

4. Beschreiben Sie den Aufbau eines handbedienten Rohrausklinkers.

Fertigen

12.1.5 Montieren der Stahltreppe

ARBEITSAUFTRAG

Die Bauteile der Stahltreppe müssen am Einbauort montiert und mit dem Baukörper verbunden werden. Dazu sind eine günstige Montagereihenfolge zu planen und die Befestigungselemente auszuwählen.

Nach der Montage soll die Treppe durch den Auftraggeber abgenommen werden.

Die Treppeneinzelteile können nach ihrer Fertigstellung am Einsatzort der Treppe oder in der Werkstatt montiert werden. Dies ist von der Baugröße und dem Gewicht der Treppe sowie den Transportmöglichkeiten des Betriebes abhängig. Außerdem ist zu prüfen, ob die örtlichen Gegebenheiten eine Montage der Treppe am Einsatzort zulassen.

Das Treppensystem, d. h. die Wangen, die Stufen, die Geländer, Decken- und Bodenhalter und Normteile, werden unmontiert auf die Baustelle geliefert. Die Treppe wird auf dem Hallenboden vormontiert. Anschließend wird die vormontierte Treppe mit Hilfe des vorhandenen Deckenkranes montiert. Für alle Montageschritte sind die geeigneten Lastaufnahmen, Hebezeuge und Sicherungseinrichtungen auszuwählen.

Die Montageschritte im Einzelnen:

- Aufstellen der Wangen auf dem Hallenboden und im Abstand von einem Meter ausrichten,
- Einsetzen der Stufen in der angegebenen Reihenfolge (Abb. 2).

Die Positionen der Senkschrauben sind besonders gekennzeichnet. Über diesen Schrauben werden sich später die Pfosten befinden. Die Geländermontage ist nicht möglich, wenn an den vorgegebenen Punkten Sechskantschrauben eingebaut sind.

- Montieren der Decken- und Bodenhalter
- Montieren der Geländer an der Wange
- Anschlagen des Treppensystems
- Aufrichten des Treppensystems mit Hilfe des Deckenkranes
- Positionieren des Treppensystems
- Überprüfen der waagerechten Lage der Trittstufen, eventuell Treppensystem ausrichten

! Die Treppe darf erst dann betreten werden, wenn die Montage abgeschlossen ist!

- Befestigungslöcher in Decke und Boden anreißen, Decken- und Bodenhalter werden als Bohrschablone verwendet
- Treppe mit Deckenkran von den Bohrstellen abrücken
- Bohren der Befestigungslöcher in Decke und Boden
- Auswahl des Dübelsystems (Abb. 3)

Die Kopf- und Fußpunkte der Wange werden mit Winkelprofilen am Betonfußboden und an der Stirnseite einer Betondecke befestigt. Hierzu werden Dübelsysteme verwendet. Die Hersteller solcher Dübelsysteme bieten für die Befestigung von Metallbaukonstruktionen an einem Baukörper verschiedene Systeme an. Die Auswahl findet in der Regel über den Katalog der Herstellerfirma statt. Montagehinweise sind immer zu beachten. Bei der Sichtprüfung konnten im Beton der Decke und des Fußbodens keine Risse festgestellt werden. Deshalb und auf Grund der einfachen Einbringung hat man sich für einen Schwerlastdübel entschieden. Die Randabstände sind für diesen Bolzen ausreichend.

Abb. 3: Schwerlastdübel, galvanisch verzinkt

- Positionieren und Ausrichten der Treppe
- Einsetzen des Dübelsystems
- Verschrauben der Decken- und Bodenbefestigung
- Endkontrolle der Treppe

Die tolerierten Maßabweichungen für Steigung, Auftritte und Neigung der Treppe bzw. Stufen sind genormt (→📖) und in der Regel die Prüfmaße bei der Abnahme der Treppe.

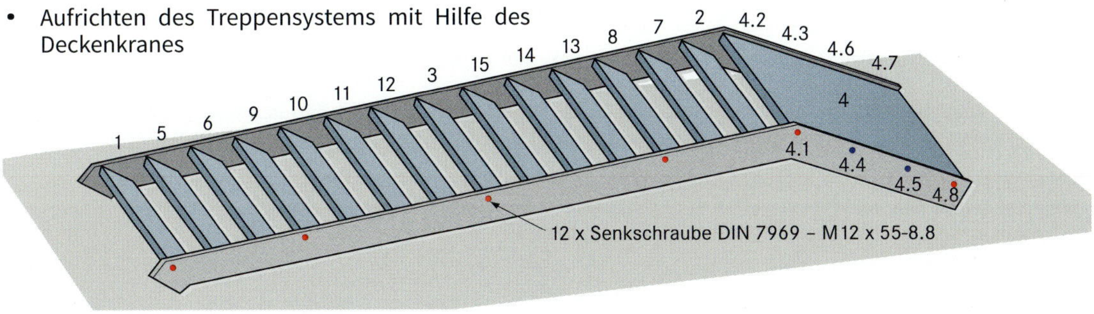

Abb. 2: Montagereihenfolge für die Stufen

Informieren

Abnahme der Stahltreppe

Nach der Montage und betriebsinternen Abnahme wird die Treppe an den Auftraggeber übergeben. Zunächst wird dem Auftraggeber die Fertigstellung des Auftrages mitgeteilt.

Fertigstellungsmitteilung

An den Auftraggeber

Fertigstellungsmitteilung gemäß § 12 Nr. 5 VOB/B
Bauvorhaben ______________________ in ______________________

Sehr geehrte Damen und Herren,
der guten Ordnung halber teilen wir Ihnen mit, dass die von uns zu erbringende Leistung
am ______________ fertiggestellt worden ist.

Mit freundlichem Gruß

____
(Stempel/Unterschrift)

Verteiler:
1. ______________________
2. ______________________
3. ______________________

In seltenen Fällen kommt nach der Fertigstellung keine Terminabsprache zustande. Die Übergabe kann in so einem Fall durch den ausführenden Betrieb angemahnt und verlangt werden.

Abnahmeverlangen

An den Bauherren

____

Betreff: Herbeiführung der Abnahme
Bauvorhaben: ______________________ Vertrag vom: ______________

Sehr geehrte Damen und Herren,
wir möchten auf § 12 Nr. 1 VOB/B verweisen, wonach die Abnahme der Leistung innerhalb von zwölf Werktagen von Ihrer Seite aus durchzuführen ist, soweit die Leistung erbracht ist.

Wir haben unsere Leistung gemäß Mitteilung vom ____________ fertiggestellt und bitten um Abnahme:

❑ der gesamten vertraglichen Leistung *)
❑ folgender in sich geschlossener Leistungsteile im Sinne des § 12 Nr. 2 VOB/B *)

____

____

*) (Zuftreffendes bitte ankreuzen)

Es wird gebeten, dass innerhalb der nächsten zwölf Werktage eine gemeinsame Abnahme durchgeführt wird.

Als Termin schlagen wir den ____________ vor. Wir danken für Ihr Verständnis.

Sollte der Auftraggeber die Abnahme nicht selbst durchführen, bitten wir uns verbindlich mitzuteilen, wer zur Abnahme bevollmächtigt ist: Einen entsprechenden Vordruck einer Vollmacht stellen wir gern zur Verfügung.

Sollte Ihnen dieser Terminvorschlag nicht zusagen, bitten wir um einen Alternativvorschlag für eine gemeinsame Abnahme innerhalb der nächsten zwölf Werktage. Für den Fall, dass Sie keinen Abnahmetermin vereinbaren, weisen wir rein vorsorglich auf die uns in § 640 Abs. 1 Satz 3 BGB eingeräumten Möglichkeiten hin.

____
Auftragnehmer/Stempel

Die Abnahme der Treppe erfolgt gemeinsam mit dem Autraggeber. Um den Sach- und Leistungsstand festzuhalten, sollte die Übergabe protokolliert werden.

Protokoll über die Abnahme einer Bauleistung

Auftraggeber: ______________________________

Auftragnehmer: ______________________________

Bauvorhaben:

______________________________ in ______________________________

Abzunehmende Leistungen: ______________________________

____

____

A) Teilnehmer an der Abnahme, für den

a) AG: ______________________________

b) AN: ______________________________

Wenn der Auftraggeber (AG) oder der Auftragnehmer (AN) nicht selbst an der Abnahme teilnehmen, liegt eine rechtliche Vollmacht vom AG beziehungsweise AN dem Abnahmeprotokoll bei.

B) Art der Abnahme:

❑ Abnahme der Gesamtleistung *)

❑ Abnahme nachstehender Teilleistungen: *)

____

____

C) Feststellungen der Abnahme:

❑ Die abgenommenen Leistungen sind mangelfrei *)

❑ Die abgenommenen Leistungen sind mit Ausnahme der nachstehend beschriebenen Mängel in vertragsgemäßem Zustand: *)

a) ______________________________

b) ______________________________

c) ______________________________

Eventuell auf Zusatzblatt weitere Mängel auflisten; Zusatzblatt vorhanden? *) ❑ ja / ❑ nein

Die Vertragsstrafe wird

❑ vorbehalten *)

❑ nicht vorbehalten *)

*) Zutreffendes bitte ankreuzen beziehungsweise ergänzen.

D) Fristen zur Beseitigung der unter C) angeführten Mängel:

Die Mängel sind bis zu nachstehendem Termin in vertragsgemäßen Zustand zu bringen:

Mangel	Termin	Bemerkung
a) ____________	____________	____________
b) ____________	____________	____________
c) ____________	____________	____________
d) ____________	____________	____________

E) Bemerkungen:

____

____

____

F) Datum und Unterschriften:

Datum der Abnahme: ____________ Uhrzeit: von ____________ Uhr bis ____________ Uhr

______________________________ ______________________________

Auftraggeber Auftragnehmer

Das Abnahmeprotokoll besteht aus insgesamt ______ Seiten. Davon sind ______ Seiten Anlage(n).

12.2 Herstellen einer gewendelten Wohnhaustreppe

ARBEITSAUFTRAG

Ein Kunde möchte in seinen Wohnhausrohbau eine Treppe einbauen lassen. Die Wohnhaustreppe soll nicht nur die Geschosse gut begehbar miteinander verbinden, sondern auch als gestalterisches Element dienen. Der Kunde erwartet vom ausführenden Metallbaubetrieb Vorschläge für die Gestaltung. Dabei müssen zuerst die baulichen Gegebenheiten erfasst werden. Die Rohbaumaße, die entsprechenden DIN-Normen und Bauvorschriften geben die Grundabmessungen für die Treppe vor.

Die Konstruktion der Treppe muss die baulichen Bedingungen berücksichtigen. Außerdem soll ein repräsentatives Treppen- und Geländerdesign entworfen und umgesetzt werden. Die Planung der Treppe erfolgt in Absprache mit dem Kunden.

Planen

12.2.1 Planung

Für die zu fertigende Wohnhaustreppe gibt es keine Vorgaben durch einen Architekten. Die Verantwortung für die Gestaltung und Fertigung liegt somit allein beim ausführenden Metallbaubetrieb.

In einem ersten Gespräch wird der Kunde über verschiedene Gestaltungsaspekte informiert. So können ihm z. B. verschiedene Treppenbauarten und Tragwerke vorgestellt werden. Dabei sind die baulichen Gegebenheiten zu berücksichtigen.

Der Kunde ist so in der Lage, sich einen Eindruck über die bestehenden Möglichkeiten zu verschaffen. Er kann seine Vorstellungen erläutern und im Beratungsgespräch präzisieren.

Zur Vorbereitung der Fertigung der Wohnhaustreppe sind folgende Arbeitsschritte notwendig:

- Maßaufnahme,
- Auftritte und Steigung berechnen,
- Treppenart und Tragwerk auswählen,
- Stufenabmaße konstruieren und
- Tragwerk konstruieren.

12.2.1.1 Maßaufnahme

Der erste planerische Arbeitsschritt ist die Maßaufnahme auf der Baustelle. Der Antritt und der Austritt der Treppe sind aus der Bauzeichnung ersichtlich. Damit ist die Laufrichtung der Treppe festgelegt.

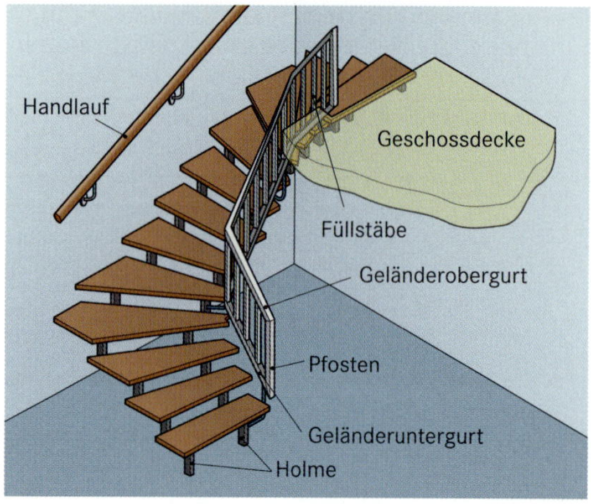

Abb. 1: Gewendelte Wohnhaustreppe

Während der Maßaufnahme sind festzustellen:

- die Rohbaumaße des Treppenhauses,
- der senkrechte Stand und die Ebenheit der Wände im Treppenhaus und
- die Rechtwinkligkeit der Wände im Treppenhaus.

Zunächst werden die waagerechten und senkrechten Grundmaße des Treppenhauses aufgenommen und in das Aufmaßprotokoll übertragen. Dies sind die Wandlängen und die Deckenhöhen der Geschosse. Bei der Maßaufnahme sind die meist fehlenden Bodenbeläge zu berücksichtigen. Alle Maße sollten mit Hilfe des Meterrisses bestimmt werden.

Sind die Grundmaße bestimmt, wird der senkrechte Stand der Wände des Treppenhauses mit einem Richtscheit und der Wasserwaage überprüft. Gleichzeitig wird geprüft, ob die Wände eben sind. Abweichungen vom senkrechten Stand oder der Ebenheit sind im Aufmaßprotokoll zu notieren.

Anschließend wird überprüft, ob die Wände rechtwinklig zueinander stehen. Dazu bedient man sich der 3-4-5-Regel (Abb. 2).

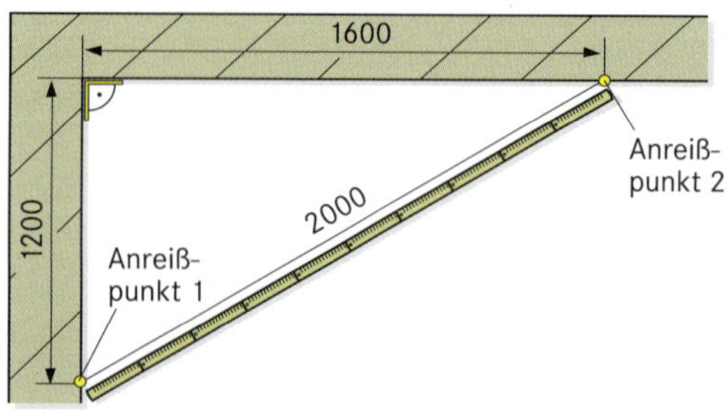

Abb. 2: Prüfen des rechten Winkels

Dazu wird auf einer Wand ein Punkt im Abstand von 1200 mm von der Wandecke abgetragen. Auf der zweiten Wand wird in der gleichen Höhe wie auf der ersten Wand ein Punkt im Abstand von 1600 mm abgetragen. Der ausgeklappte 2-m-Gliedermaßstab wird zwischen den Punkten angehalten. Stehen die Wände rechtwinklig zueinander, berühren die Enden die Punkte auf den Wänden.

Stehen die Wände des Treppenhauses nicht rechtwinklig zueinander, muss der Winkel bei der Planung der Treppe beachtet werden. Die Maße für den Treppenaufriss unter Beachtung des Winkels können in Abwandlung der 3-4-5-Regel ermittelt werden (Abb. 3).

Zunächst werden auf der einen Wand wieder 1200 mm abgetragen. Danach wird der ausgeklappte 2-m-Gliedermaßstab so waagerecht angelegt, dass er die zweite Wand berührt. Der Berührungspunkt wird gekennzeichnet und zur Wandecke ausgemessen. Mit Hilfe des Konstruktionsmaßes *x* kann später der Aufriss konstruiert werden.

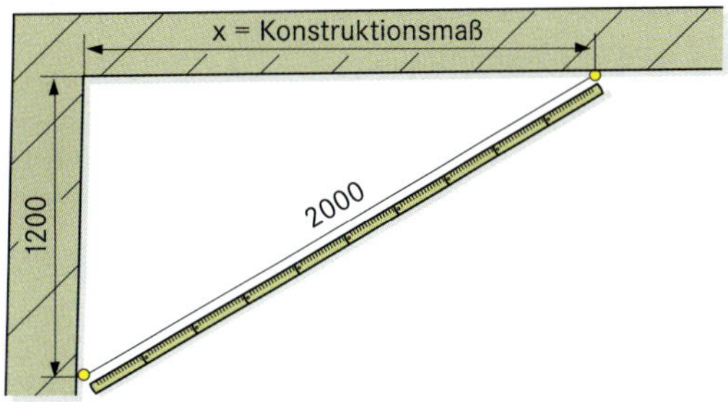

Abb. 3: Ermitteln des Konstruktionsmaßes

Während der Maßaufnahme werden weitere bauliche Gegebenheiten, wie z.B. der Wandbaustoff, geplanter Wand- und Bodenbelag, notiert. Nach der Maßaufnahme erfolgt die weitere Planung in der Werkstatt.

Aufmaßprotokoll

Auftrags-Nr.: 230405 Datum: 29.02.2018

Kunde, Anschrift: Maxi Westermann

Baustelle, Anschrift: Baugebiet Am Wiesenteich, 11112 Entenhausen

Ansprechpartner: Hr. Westermann Telefon: 0123 / 4444

Aufmaßskizze
Grundriss

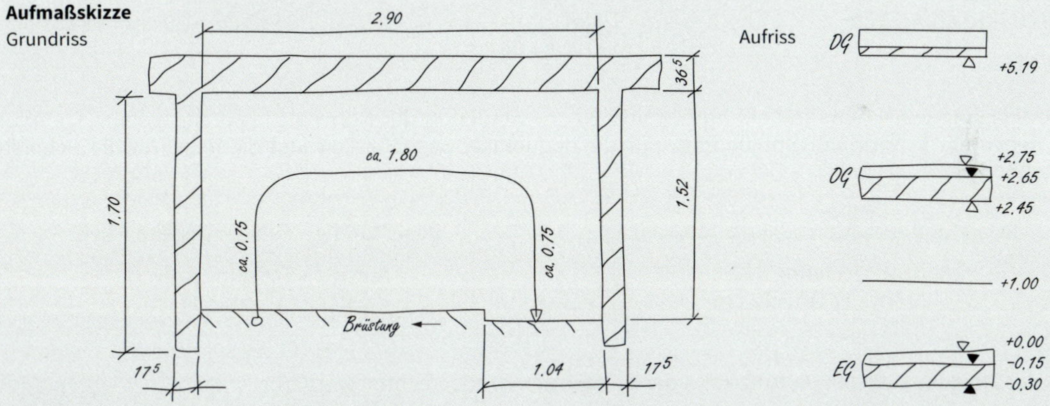

Treppenart
Einholm ☐ Zweiholm ☒ Wangen ☐ andere ☐

Stufen
Breite: 95 cm Dicke: 4 cm Werkstoff: Buche, lackiert

Baugrund
Kalksandstein
Wände: 17,5 / 36,5

Putz
ja ☐ nein ☒

Decke
Beton, bewehrt

Geländer
ca. lfdm: 2 m, Harfe

Brüstung
ca. lfdm: 2 m

Handlauf
ja ☐ nein ☒ Werkstoff: ca. lfdm:

Wandhandlauf
ja ☒ nein ☐ Werkstoff: Buche ca. lfdm: 6 m

Abb. 4: Aufmaßprotokoll

Grundlagen

Regeln des Treppenbaus

Die durchschnittliche Schrittweite eines Erwachsenen wurde in der Norm mit 63 cm festgelegt. Ein Treppenschritt setzt sich aus 2 Steigungen und einem Auftritt zusammen. Daraus folgt die Schrittmaßregel (→📖)

$$2 \cdot \text{Steigung} + \text{Auftritt} = 63\ \text{cm}$$

$$2 \cdot s + a = 63\ \text{cm}$$

Drei „Treppensituationen"

„flachste" Treppe

Steigung gleich null;
Auftritt ganze Schrittlänge;
Steigungswinkel 0°
$s = 0$ cm; $a = 63$ cm
$2 \cdot s + a = 63$ cm
$2 \cdot 0$ cm + 63 cm = 63 cm

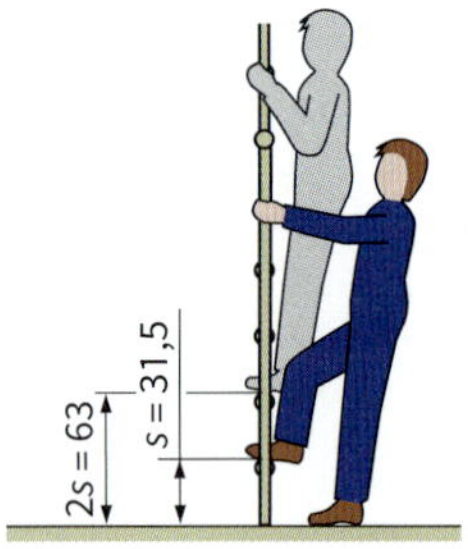

„steilste Treppe"

Steigung gleich halbe Schrittlänge;
Auftritt gleich null;
Steigungswinkel 90°
$s = 31{,}5$ cm; $a = 0$ cm
$2 \cdot s + a = 63$ cm
$2 \cdot 31{,}5$ cm + 0 cm= 63 cm

ideale Normtreppe

Steigung 17 cm,
Auftritt 29 cm
Steigungswinkel 30°
$s = 17$ cm; $a = 29$ cm
$2 \cdot s + a = 63$ cm
$2 \cdot 17$ cm + 29 cm = 63 cm

Eine Steigung von 17 cm und ein Auftritt von 29 cm werden in der Norm als ideal angegeben. Sie erfüllen neben der Schrittmaßregel die Regel für die bequemste Begehbarkeit und die Regel für die sicherste Begehbarkeit.

Regel für die bequemste Begehbarkeit:	Regel für die sicherste Begehbarkeit:
Auftritt - Steigung = 12 cm 29 cm - 17 cm = 12 cm	Auftritt + Steigung = 46 cm 29 cm + 17 cm = 46 cm

Aus der Steigung und dem Auftritt kann der Steigungswinkel berechnet werden:

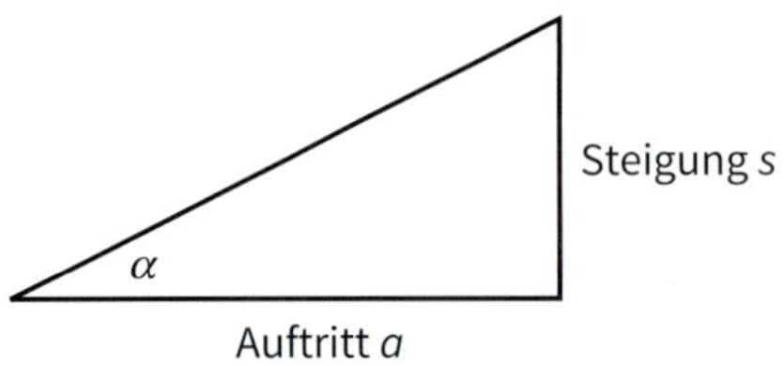

$$\tan\alpha = \frac{\text{Steigung}}{\text{Auftritt}}$$

$$\tan\alpha = \frac{17\ \text{cm}}{29\ \text{cm}}$$

$$\tan\alpha = 0{,}586$$

$\alpha \approx 30°$ bequemste, sicherste Begehbarkeit

! In der Praxis können die drei Regeln des Treppenbaus selten gleichzeitig angewendet werden. Die Schrittmaßregel muss innerhalb der erlaubten Abweichungen eingehalten werden!

12.2.2 Erstellen der Fertigungsunterlagen

ARBEITSAUFTRAG

Zur Herstellung der Treppe müssen die notwendigen Fertigungsunterlagen erstellt werden. Dazu sind die Anzahl und die Höhe der Steigungen, der Auftritt und der Steigungswinkel der Treppe zu berechnen.

Die Treppenbauart, das Tragwerk und die Stufen sollen ausgewählt und gezeichnet werden.

Planen

12.2.2.1 Berechnen der Grundmaße

Für die zu bestimmenden Größen sind in Normen und Bauordnungen Grenzwerte festgelegt worden (➔📖). Die Werte sind abhängig vom Einsatzort der Treppe.

Die Berechnungen verlaufen in folgenden Schritten:

1. Bestimmung von Steigung, Auftritt und Steigungswinkel mit der idealen Steigung und der Schrittmaßregel,
2. Überprüfung der errechneten Werte an Hand der baulichen Gegebenheiten und Anpassen unter Berücksichtigung von Normen und Verordnungen.

Bestimmen der Steigung: Auftritt und Steigungswinkel werden bestimmt mit der idealen Steigung und der Schrittmaßregel.

Gegeben: Geschosshöhe $h = 2{,}75$ m
ideale Steigung $s_{ideal} = 17$ cm

Gesucht: Anzahl der Steigungen n, Steigung s, Auftritt a, Steigungswinkel α, Treppenlauflänge L

Lösung:

$$\text{Anzahl der Steigungen} = \frac{\text{Geschosshöhe}}{\text{ideale Steigung}}$$

$$n = \frac{h}{s_{ideal}} \qquad n = \frac{275\text{ cm}}{17\text{ cm}}$$

$n = 16{,}18$ gewählt: $n = 16$

$$\text{Steigungen} = \frac{\text{Geschosshöhe}}{\text{Anzahl der Steigungen}}$$

$$s = \frac{h}{n} \qquad s = \frac{275\text{ cm}}{16} \qquad \underline{\underline{s = 17{,}19\text{ cm}}}$$

Auftritt a nach der Schrittmaßregel

$2 \cdot \text{Steigung} + \text{Auftritt} = 63$ cm

$\text{Auftritt} = 63\text{ cm} - 2 \cdot \text{Steigung}$

$a = 63\text{ cm} - 2 \cdot 17{,}19\text{ cm}$ $\underline{\underline{a = 28{,}62\text{ cm}}}$

Steigungswinkel α

$$\tan\alpha = \frac{\text{Steigung}}{\text{Auftritt}} \qquad \tan\alpha = \frac{17{,}19\text{ cm}}{28{,}62\text{ cm}} \qquad \underline{\underline{\alpha = 31°}}$$

Treppenlauflänge L =
(Anzahl der Steigungen −1) · Auftritt

$L = (n-1) \cdot a \qquad L = (16-1) \cdot 28{,}62$ cm

$\underline{\underline{L = 429{,}3\text{ cm}}}$

Überprüfung der errechneten Werte an Hand der baulichen Gegebenheiten: Die errechneten Werte sind nicht für das Treppenprojekt umsetzbar. Die Treppenlauflänge ist auf Grund der Abmaße des Treppenhauses auf ca. 3,30 m begrenzt. Die errechnete Lauflänge übertrifft die mögliche Treppenlauflänge. Sie muss daher angepasst werden.

Gegeben: Geschosshöhe $h = 2{,}75$ m
maximale Steigung für Treppen zu Aufenthaltsräumen $s_{max} = 20$ cm
kleinster Auftritt für Treppen zu Aufenthaltsräumen $a_{min} = 23$ cm
Treppenlauflänge ca. $L = 3{,}30$ m

Gesucht: Anzahl der Steigungen n, Steigung s, Auftritt a, Steigungswinkel α

Lösung: Steigung s

$$\text{Anzahl der Steigungen} = \frac{\text{Geschosshöhe}}{\text{max. Steigung}}$$

$$n = \frac{h}{s_{ideal}} \qquad n = \frac{275\text{ cm}}{20\text{ cm}}$$

$n = 13{,}75$ gewählt: $n = 14$

$$\text{Steigungen} = \frac{\text{Geschosshöhe}}{\text{Anzahl der Steigungen}}$$

$$s = \frac{h}{n} \qquad s = \frac{275\text{ cm}}{14} \qquad s = 19{,}65\text{ cm} \qquad s < s_{max}$$

Auftritt a nach der Treppenlauflänge

$$\text{Auftritt} = \frac{\text{Treppenlauflänge}}{(\text{Anzahl der Steigungen} - 1)}$$

$$a = \frac{L}{(n-1)} \qquad a = \frac{330\text{ cm}}{(14-1)} \qquad a = 25{,}3\text{ cm} \qquad a > a_{min}$$

Prüfung des Ergebnisses mit der Schrittmaßregel

$2 \cdot \text{Steigung} + \text{Auftritt} \le 65$ cm

$2 \cdot 19{,}65\text{ cm} + 25{,}38\text{ cm} = 64{,}68$ cm

Die Werte erfüllen die Schrittmaßregel.

Steigungswinkel α

$$\tan\alpha = \frac{\text{Steigung}}{\text{Auftritt}} \qquad \tan\alpha = \frac{19{,}65\text{ cm}}{25{,}3\text{ cm}} \qquad \underline{\underline{\alpha = 37{,}75°}}$$

Informieren

12.2.2.2 Treppenbauarten und Tragwerke

Nachdem die Größe der Steigungen und der Auftritte bestimmt wurde, müssen die Treppenbauart und das Tragwerk durch den Auftraggeber ausgewählt werden.

Der Auftraggeber hat sich für eine rechte, zweimal viertelgewendelte Treppe entschieden.

Grundlagen

Treppenbauarten

Treppen mit geraden Läufen

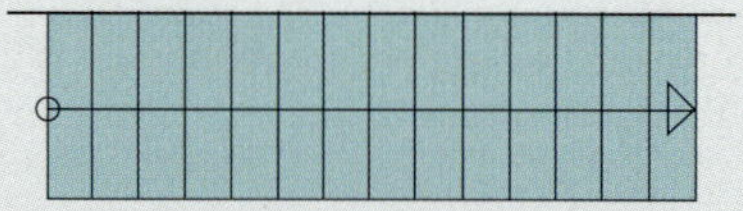

gerade, einläufige Treppe

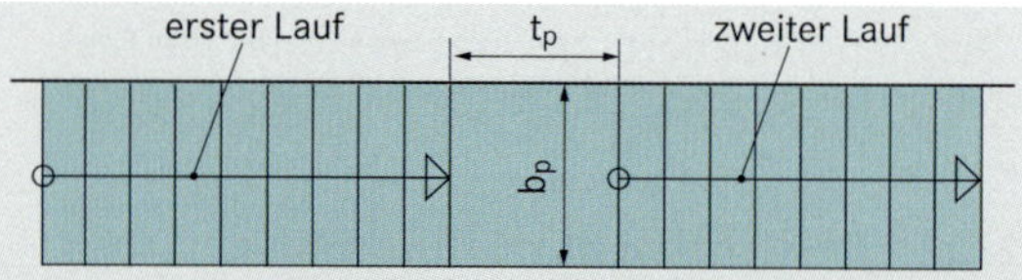

gerade, zweiläufige Treppe

Die Laufrichtung des ersten Treppenlaufes unterteilt in rechte und linke Treppe

nach 18 Steigungen soll ein Podest eingefügt werden, nach jedem Podest beginnt ein neuer Treppenlauf (t_p – Podesttiefe b_p – Podestbreite)

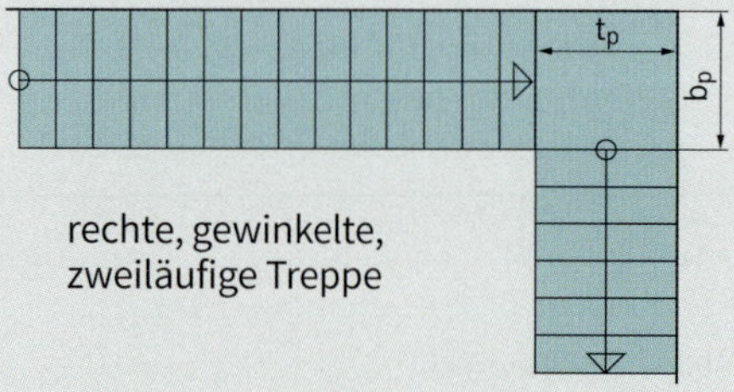

rechte, gewinkelte, zweiläufige Treppe

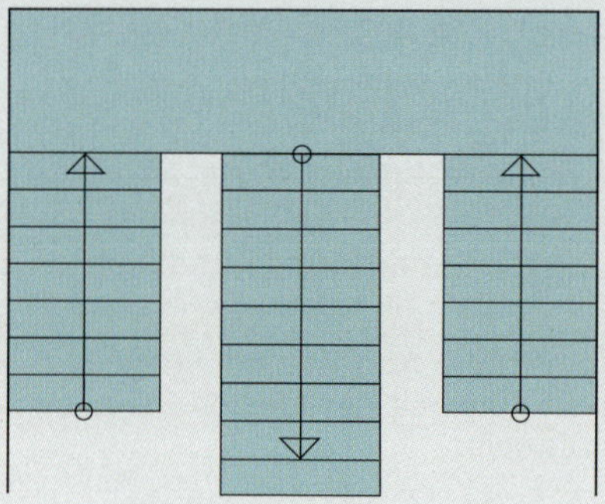

zweimal gewinkelte, dreiläufige, gegenläufige Treppe

Treppen mit geraden und gewendelten Läufen

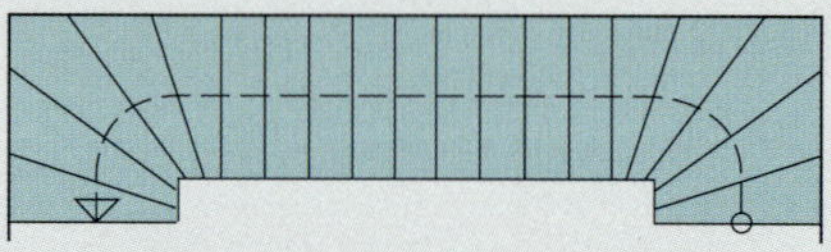

zweimal viertelgewendelte, linke Treppe

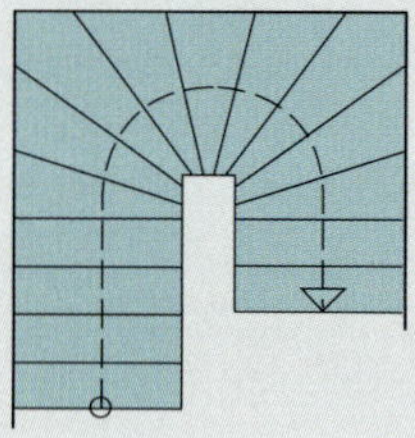

halbgewendelte, rechte Treppe

Treppen mit gewendelten Läufen

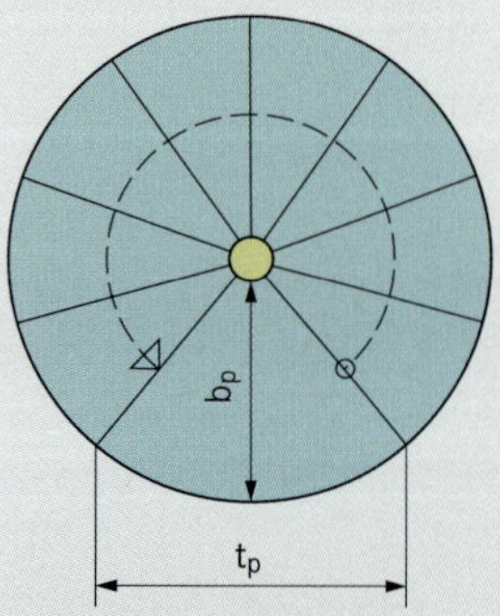

linke Spindeltreppe

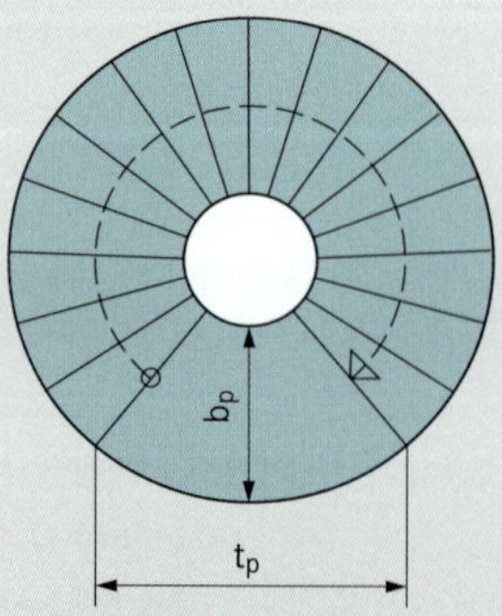

rechte Wendeltreppe

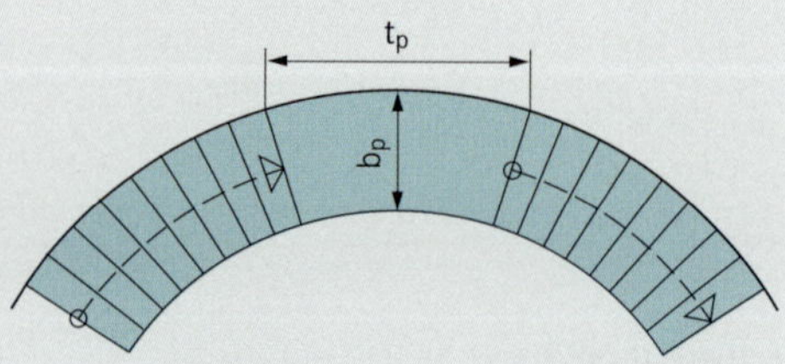

zweiläufige, rechte Bogentreppe

Zunächst muss zu dieser Treppe das Tragwerk geplant werden. Dieses überträgt die Eigen- und die Verkehrslasten, die auf die Treppe einwirken, in den Baukörper.

Es wird, nach der Bauart des Tragwerkes, unterschieden in

- Holmtreppen,
- Wangentreppen,
- Kragtreppen und
- freitragende Treppen.

Holmtreppen

Bei Holmtreppen werden die auftretenden Lasten durch ein oder mehrere Holme auf das Bauwerk übertragen. Es werden

- Mehrholm- oder
- Einholmtreppen hergestellt.

Die Holme können aus verschiedenen Profilen, z. B. Rechteckrohr, gefertigt sein.

Bei Zwei- oder Mehrholmtreppen sind die Stufen auf den Holmen montiert. Diese Montageweise nennt man aufgesattelt. Die Holme können dabei parallel zu den Auftritten oder parallel zur Lauflinie verlaufen (Abb. 1).

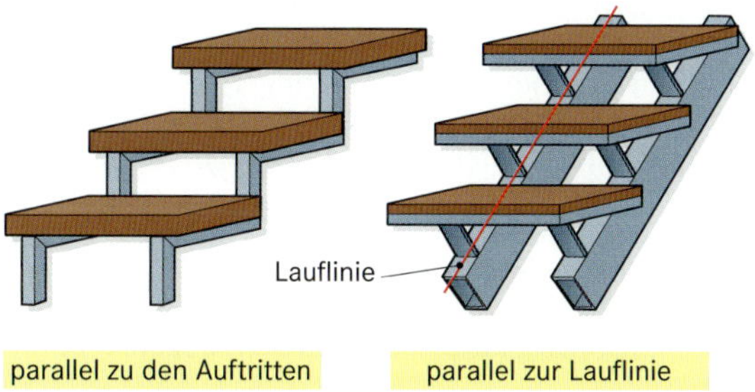

Abb. 1: Holmausführungen

Bei Einholmtreppen werden die Stufen rechts und links des in der Stufenmitte verlaufenden Holmes durch zusätzliche Konstruktionen, z. B. Bleche, abgestützt (Abb 2). Dies nennt man aufgespannt.

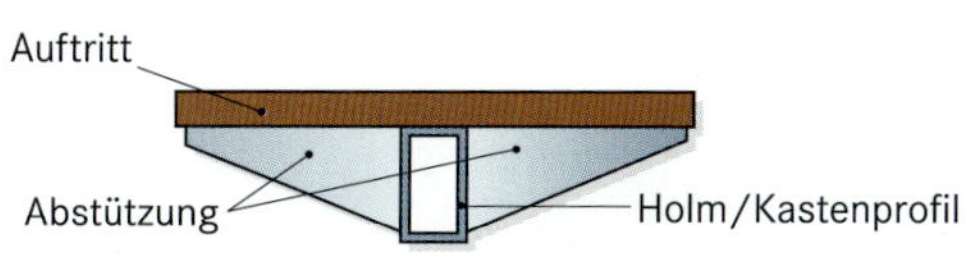

Abb. 2: Einholmtreppe mit aufgespannter Stufe

Wangentreppen

Bei Wangentreppen werden die Lasten über seitliche Wangen in das Bauwerk übertragen. Sie können aus unterschiedlichen Werkstoffen, wie Stahl oder Holz, gefertigt werden (Abb. 3). Die Stufen sind zwischengespannt.

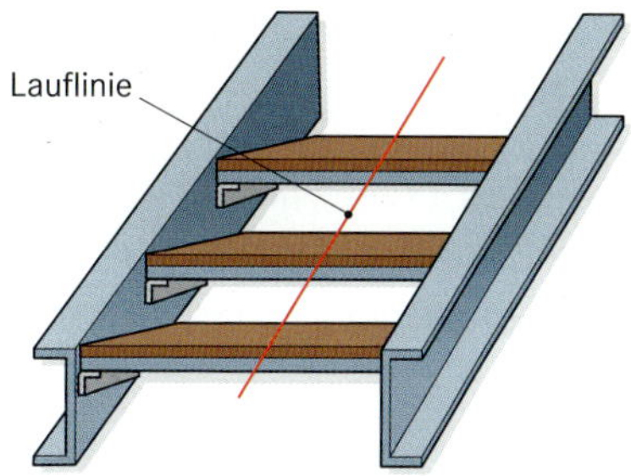

Abb. 3: Wangentreppe mit zwischengespannten Stufen

Beide Wangen verlaufen immer parallel zueinander und parallel zur Lauflinie.

Kragtreppen

Die Stufen von Kragtreppen sind einseitig eingespannt (Abb. 4). Bei frei auskragenden Stufen müssen diese fest mit dem Bauwerk verbunden sein. Da keine weitere tragende Konstruktion vorhanden ist, müssen der Baukörper und die Stufen eine ausreichende Tragfähigkeit besitzen.

Abb. 4: Kragtreppen

Freitragende Treppen

Freitragende Treppen besitzen kein Tragwerk. Ihre Stufen und deren Verbindungselemente sind so gestaltet, dass die auftretenden Eigen- und Verkehrslasten von diesen aufgenommen werden können.

Abb. 5: Freitragende Treppe

Planen

12.2.2.3 Planen der Stufen und des Tragwerkes

Im Treppenlauf betragen die Steigungen 19,65 cm und die Auftritte 25,38 cm. Zur Fertigung der Stufen und Holme müssen ihre Maße bestimmt werden.

Zunächst sollen die Stufenlänge und die Stufenbreite ermittelt werden. Auf Grund der Rohbaumaße der Wohnhaustreppe ergibt sich eine maximale Länge der Austrittstufe von 104 cm. Auf der Wand- und der Geländerseite sollen die Stufen Abstand vom Baukörper haben. Damit ein Durchtreten und das Durchfallen größerer Gegenstände verhindert wird, darf der Abstand höchsten 6 cm groß sein. Die Abstände der Stufen der Wohnhaustreppe vom Geländer und von der Wand sollen 5 cm betragen. Dies ergibt für alle Stufen eine Stufenlänge von 94 cm (Abb. 1).

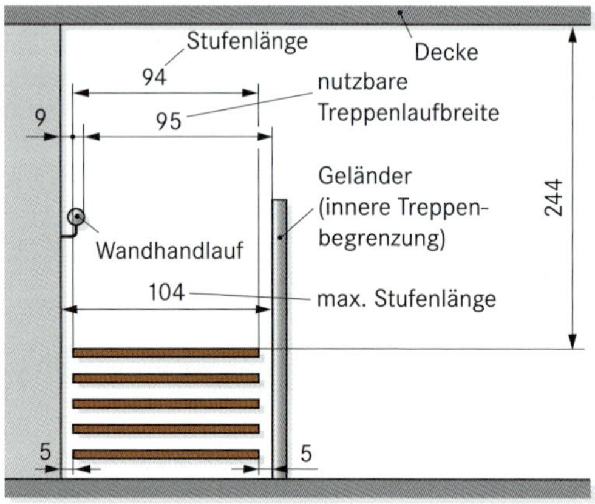

Abb. 1: Treppenraummaße nach DIN

Der berechnete Auftritt auf der Lauflinie beträgt 25,3 cm. Dieser Auftritt ist nur dann normgerecht, wenn es eine Stufenunterschneidung von u ≥ 3 cm gibt. Die gewählte Unterschneidung beträgt 4 cm. Daraus ergibt sich, gemessen auf der Lauflinie, eine Stufenbreite von 29,4 cm.

Aus der Stufenlänge, dem geplanten Geländer und der Form und Größe des Wandhandlaufs leitet sich die nutzbare Treppenlaufbreite ab (➜📖).

Auf der Geländerseite haben die Stufen einen Abstand von 5 cm zum Geländer. Der Wandhandlauf ragt 9 cm in den Treppenlauf. Um die nutzbare Treppenlaufbreite zu bestimmen, müssen von der maximal möglichen Treppenlaufbreite von 104 cm 9 cm abgezogen werden. Die daraus resultierende nutzbare Treppenlaufbreite beträgt 95 cm (Tab. 1).

Tab. 1: Ermittelte Treppenmaße

Größe	Maß
Steigung	19,65 cm
Auftritt	25,3 cm
Unterschneidung	4 cm
Stufenbreite	29,4 cm
Stufenlänge	94 cm
nutzbare Treppenlaufbreite	90 cm

Für die Konstruktion der Stufen der gewendelten Treppe werden die Lauflinie und eine Hilfslauflinie benötigt. Im Beispiel liegt die Lauflinie in der Mitte der nutzbaren Treppenlaufbreite. Die Hilfslauflinie hat immer einen Abstand von 150 mm von der inneren Treppenbegrenzung (Abb. 2).

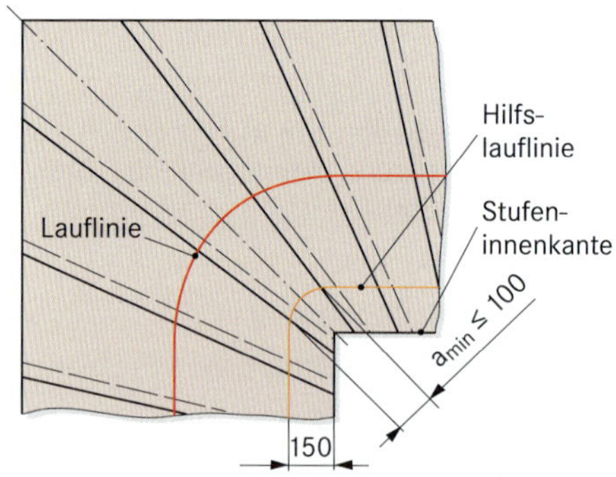

Abb. 2: Lage der Hilfslauflinie

Bei gewendelten Treppen ist die Hilfslauflinie kürzer als die Lauflinie. Der Längenunterschied zwischen Lauflinie und Hilfslauflinie wird Gesamt-Verschmälerung genannt. Die Auftrittmaße auf der Hilfslauflinie müssen verringert werden. Dies wird als Stufenverschmälerung bezeichnet. Die Summe aller Stufenverschmälerungen ergibt die Gesamtverschmälerung. Um eine gut begehbare Treppe zu erhalten, muss die Gesamtverschmälerung auf möglichst viele Stufenverschmälerungen verteilt werden. Die dadurch erfolgende Veränderung der Stufenform wird als Stufenverziehen bezeichnet.

Beim Verziehen von Trittstufen müssen verschiedene Vorschriften eingehalten werden.

- Der Auftritt *a* ist auf der Lauflinie für alle Stufen gleich.
- Die Stufenvorderkante der Eckstufe soll nicht in die Mauer- oder Geländerecke laufen (Abb. 3). Die Eckstufe soll eine „Drachenform" haben und wird Drachenstufe genannt.

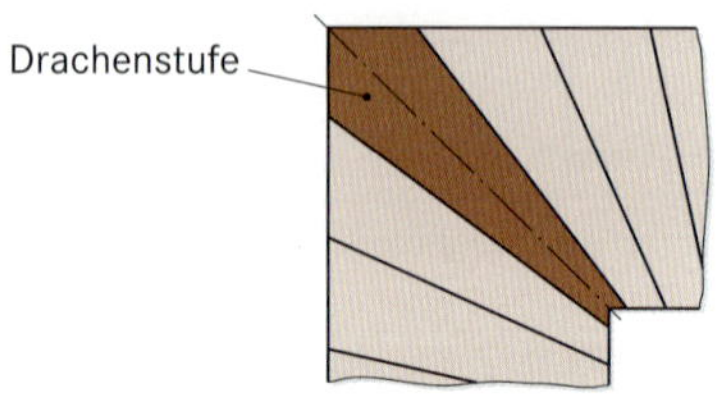

Abb. 3: Drachenstufe

Auf der Hilfslauflinie muss der Auftritt *a* mindestens 100 mm betragen (Abb. 2).

Zum Verziehen werden u. a. folgende Methoden angewendet:

- Auslegemethode als Werkstattmethode und
- Fluchtpunktmethode als konstruktive Methode.

Auslegemethode

1. Umriss der Treppe auf Werkstattboden aufreißen.
2. Laufline einzeichnen
   - gerade Teilstücke zeichnen
   - Radien konstruieren.
3. Hilfslauflinie nach Bauvorschrift 150 mm von der inneren Begrenzung der Treppe einzeichnen.

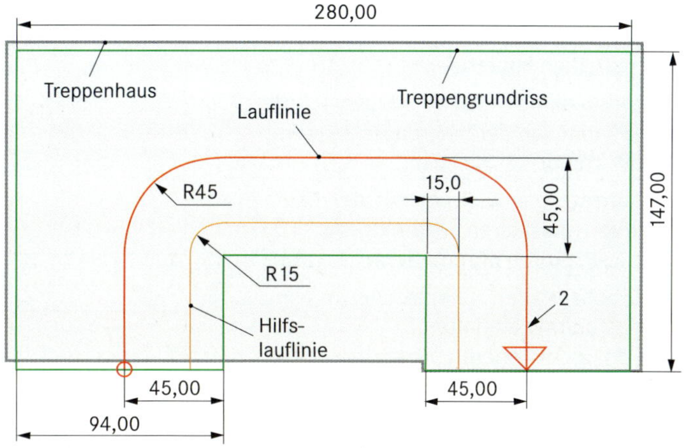

4. Auftritte a = 25,3 cm auf der Lauflinie markieren (Punkte a, b, c … l), Stufen nummerieren.

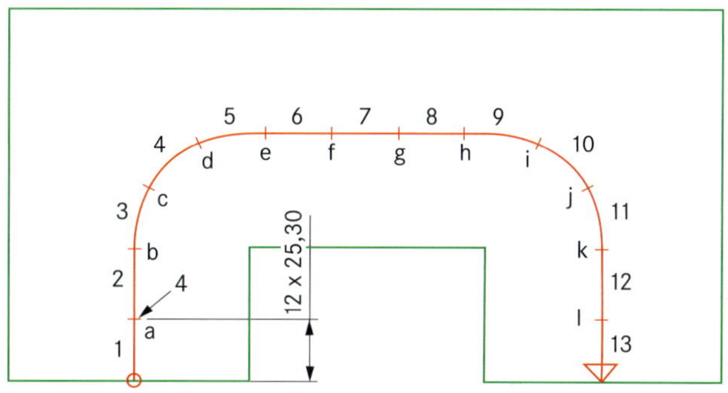

5. Stufenvorderkanten mit Holzleisten, beginnend mit den Drachenstufen auslegen, Breite der Holzleisten gleich Stufenunterschneidung, u ≥ 4 cm Mindestauftritt von 10 cm auf der Hilfslauflinie beachten.

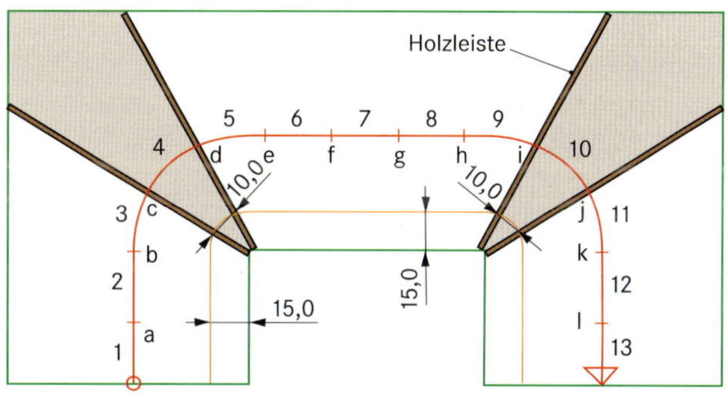

6. Restliche Holzleisten auf die Schnittpunkte a bis l mit der Lauflinie auslegen, dabei möglichst gleichmäßige Stufenverschmälerung erzielen.
7. Maße für jede Stufe aufnehmen.

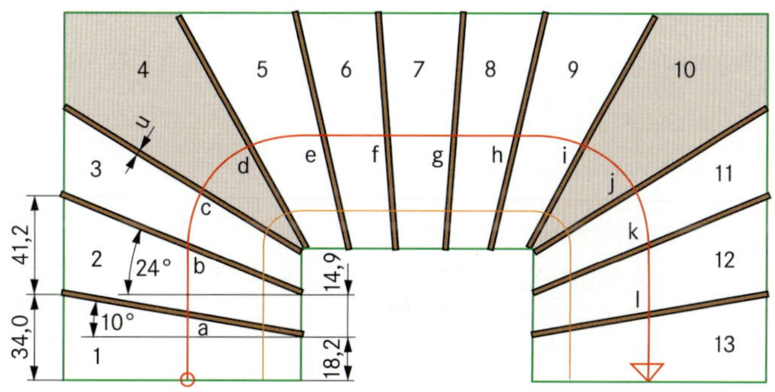

Fluchtpunktmethode

1. Umriss der Treppe auf Werkstattboden aufreißen.
2. Lauflinie einzeichnen
   - gerade Teilstücke zeichnen
   - Radien konstruieren.
3. Hilfslauflinie nach Bauvorschrift 150 mm von der inneren Begrenzung der Treppe einzeichnen.
4. Auftritte a = 25,3 cm auf der Lauflinie markieren (Punkte a, b, c … l), Stufen nummerieren (1 …13).
5. Drachenstufen einzeichnen, Mindestauftritt einhalten.
   Von den inneren Grundrissecken werden im Abstand von 7,1 cm die Punkte I und II markiert. Die Strecke zwischen den Punkten I und II beträgt 10 cm. Damit ist gesichert, dass die Auftritte der Drachenstufen auf der Hilfslauflinie größer als 10 cm sind.
6. Senkrecht zur Lauflinie liegende Stufenkanten festlegen
   - Vorderkante Stufe 1
   - Vorderkante Stufe 8
   - Hinterkante Stufe 13 (Deckenausschnitt).
7. Verziehen Stufe 1 bis Stufe 7

a) Stufenvorderkanten der Stufen 1 und 8 verlängern, Schnittpunkt S

b) Stufenvorderkante der Stufe 4, (Drachenstufe) verlängern, schneidet die Verlängerung der Stufe 1 in Fluchtpunkt c'

c) Den Abstand S-c' auf der Verlängerung der Stufe 1 für die Stufen 2 und 3 abtragen, Fluchtpunkte b' und a'.

d) Geraden vom Fluchtpunkt a' und b' über a und b zur Treppenaußenkante bilden die Stufenvorderkanten 2 und 3.

e) Stufenvorderkante der Stufe 5 verlängern, schneidet die Verlängerung der Stufe 8 in Fluchtpunkt d'.

f) Den Abstand S-d' auf der Verlängerung der Stufe 8 für die Stufen 6 und 7 abtragen, Fluchtpunkte e' und f'.

g) Geraden vom Fluchtpunkt e' und f' über e und f zur Treppenaußenkante bilden die Stufenvorderkanten 6 und 7.

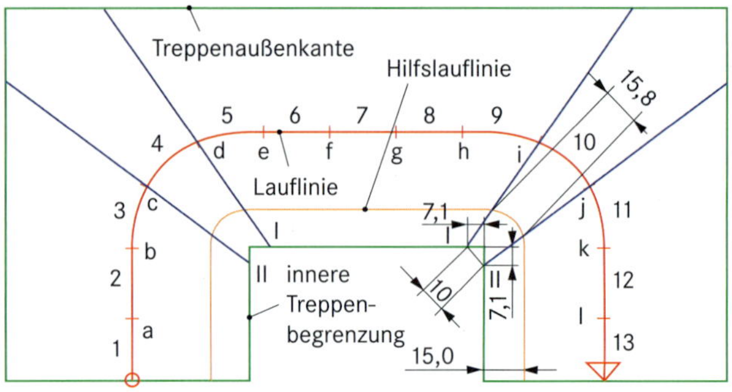

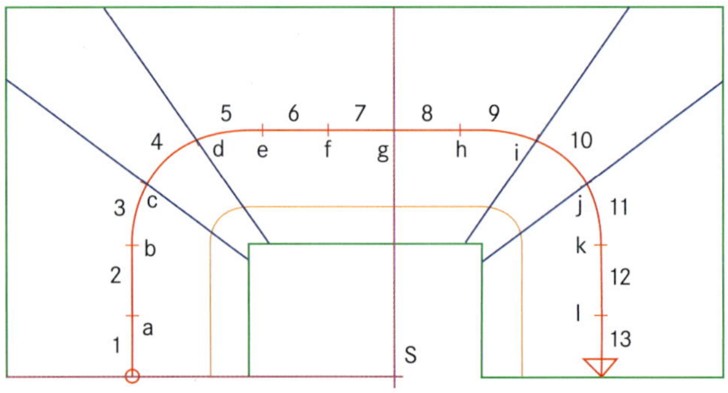

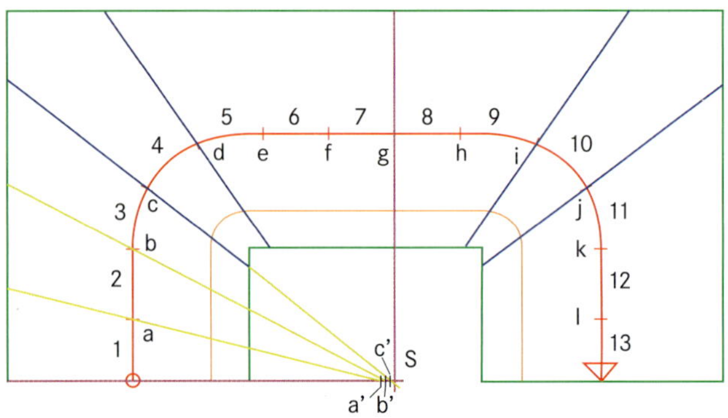

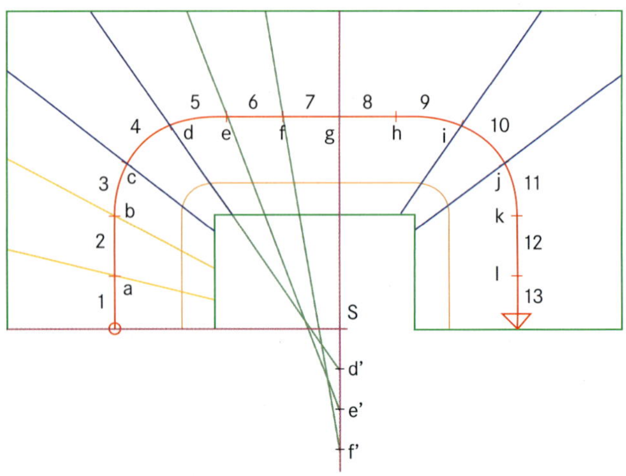

8. Verziehen der Stufen 9 bis Stufe 13 entsprechend Stufen 1 – 7.

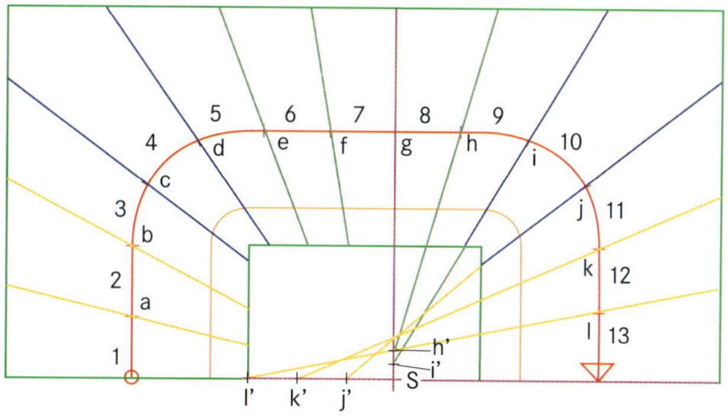

9. Einzeichnen der Unterschneidung $u = 4$ cm als Strichlinie.

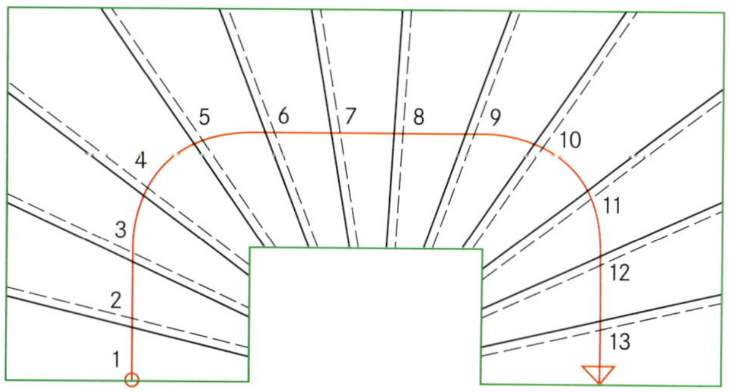

10. Maß für jede Stufe aufnehmen, auf Schablone übertragen.

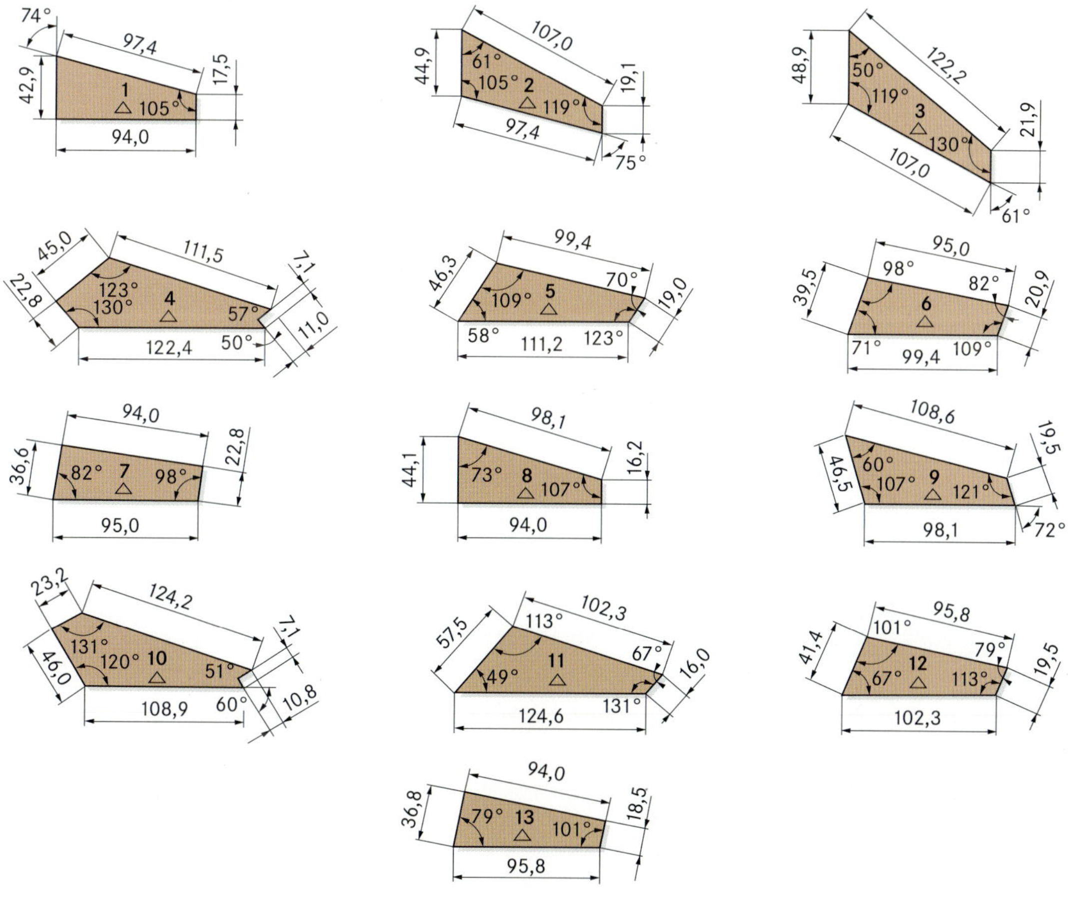

Planen des Tragwerkes

Nach der Planung der Stufen soll das Tragwerk für die Wohnhaustreppe als Grundlage der Fertigung gezeichnet werden. Der Kunde hat sich für eine Zweiholmtreppe mit parallel zu den Stufen verlaufenden Holmen entschieden. Dazu sind als Erstes die Holmprofile festzulegen. Dabei gelten dieselben Kriterien wie bei Stahltreppen. Für eine leichte Wohnhaustreppe mit maximal 18 Stufen und einer Stützweite von 2500 mm wird u. a. ein Hohlprofil DIN EN 10 210-2 – 90 x 50 x 5 empfohlen (➜📖).

Da das Tragwerk der Beispieltreppe an drei Stellen in der Wand gelagert ist, hat es wesentlich geringere Stützweiten als in der Norm festgelegt. Der Kunde hat sich für kleinere Profile, HFRHF – EN 10 210-60 x 40 x 4, entschieden. Dadurch wirkt die Treppe leichter und passt besser in das Wohnhauskonzept.

Zur Konstruktion der waagerechten Holmprofile wird der bereits vorhandene Treppengrundriss mit verzogenen Stufen genutzt (Abb. 1). In den Grundriss der Treppe werden die Holme eingezeichnet (Abb. 1; Abb. 2). Die senkrechten Abschnitte der Holme werden symbolisch dargestellt.

Der Abstand der Holme zu den Treppenaußen- und Treppeninnenkanten ist nicht festgelegt und kann auch im Treppenlauf variieren. Im Beispiel liegen die Kantenabstände zwischen 130 und 185 mm.

Zur Vorbereitung der Montage werden an die ersten senkrechten Holmstücke Laschen geschweißt und die letzten waagerechten Holmstücke ausgeklinkt. Der wandseitige Holm wird später durch Wandanker befestigt. Die auf den inneren Holm wirkenden Kräfte werden durch quer eingeschweißte Profile auf die Befestigungspunkte übertragen.

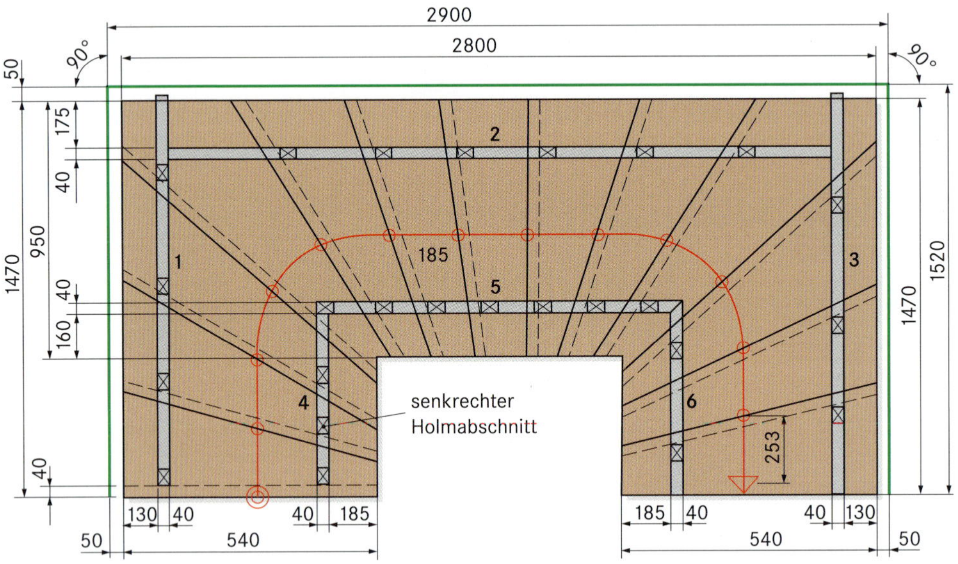

Abb. 1: Treppengrundriss mit Holmen

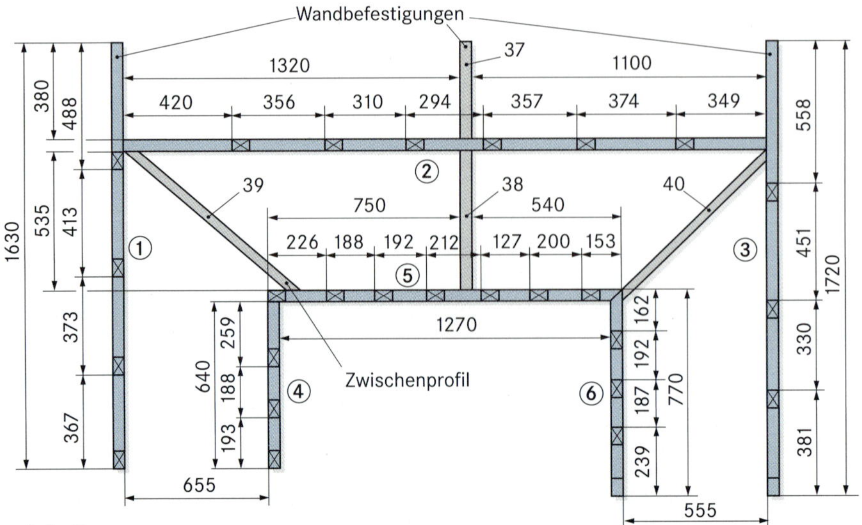

Abb. 2: Tragwerk der Treppe

Die Grundlage zur späteren Fertigung der Holmabschnitte und Holme bilden die Vorderansichten. Aus ihnen wird die Zuschnittliste abgeleitet.

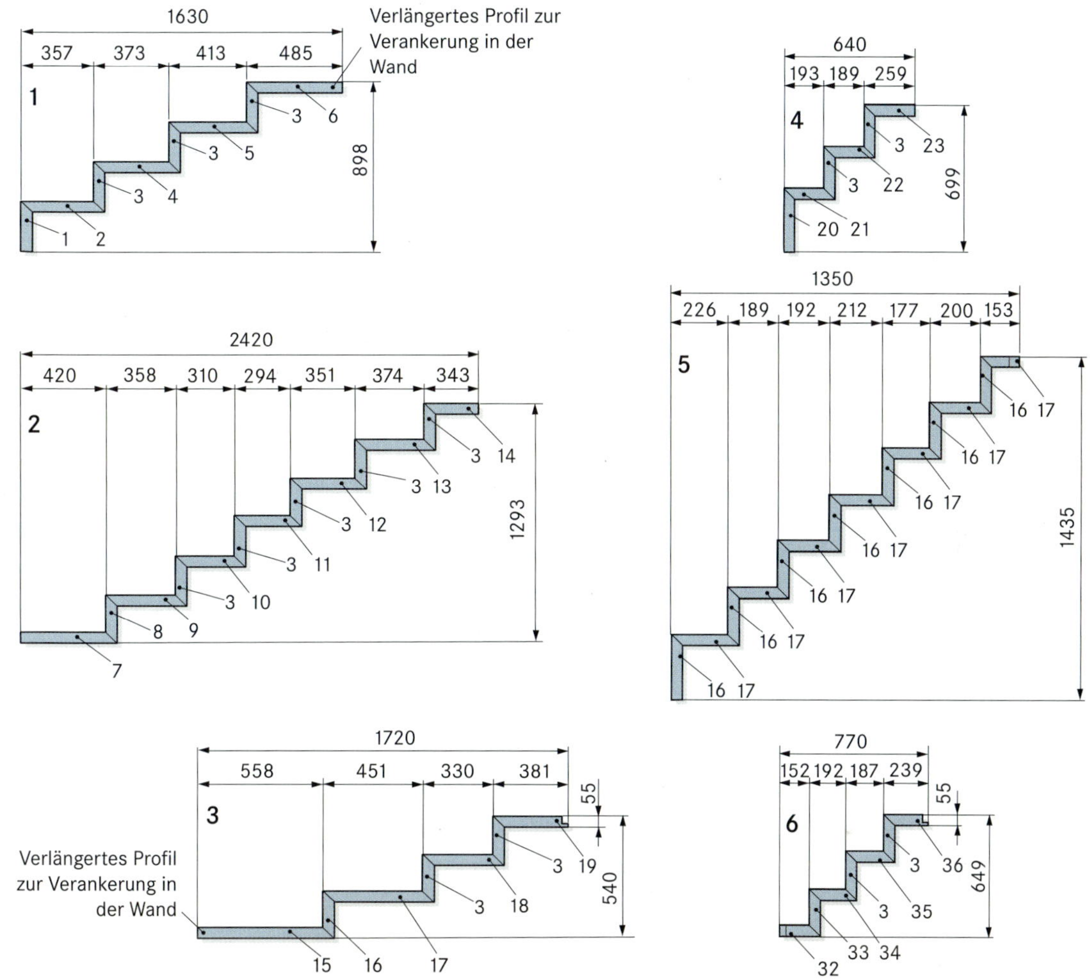

Abb. 3: Vorderansichten der Holmabschnitte 1–6

Planen der Treppe mit dem Computer

Zur Planung von Treppen wird zunehmend spezielle Software eingesetzt. Mit Hilfe dieser Programme können Treppenentwürfe mit vergleichsweise geringem zeitlichem Aufwand erstellt werden (Abb. 4).

Ein weiterer Vorteil liegt in der Visualisierung für den Kunden. Schon vor der Fertigung und der Montage kann der Kunde sich einen Eindruck von der Treppe verschaffen. Änderungen können früh in den Planungsprozess einfließen.

Nach der Eingabe der vorgegebenen Maße macht das Programm einen Vorschlag zur Gestaltung der Treppe. Häufig ist es notwendig, die Vorschläge dem Kundenwunsch oder auch den Fertigungsmöglichkeiten des Betriebes anzupassen. Dies setzt voraus, dass wichtige Begriffe und die Normen des Treppenbaus bekannt sind und angewendet werden können.

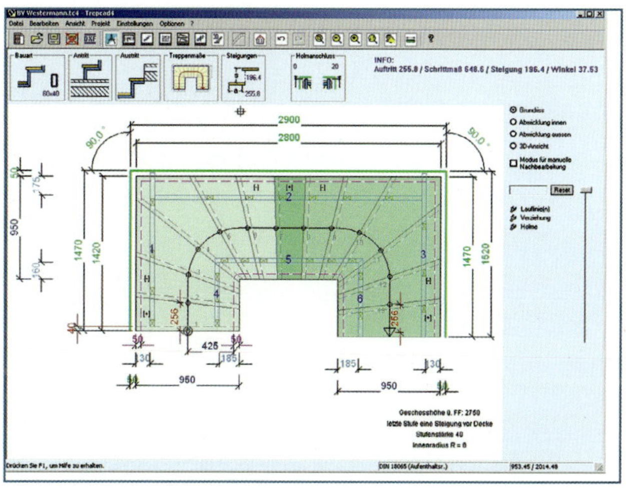

Abb. 4: Software zur Treppenplanung

12.2.2.4 Planen einer halbgewendelten Treppe

Halbgewendelte Treppen ermöglichen einen Richtungswechsel des Treppenlaufes um 180°. Im Vergleich mit zweimal viertelgewendelten Treppen ist der Platzbedarf geringer. Die Planung einer halbgewendelten Treppe verläuft ähnlich wie die Planung viertelgewendelter Treppen.

Stufenverziehen für halbgewendelte Treppen nach der Halbkreismethode

Eine Methode, Stufen halbgewendelter Treppen zu verziehen, ist die Halbkreismethode.

Dazu müssen folgende Zeichenschritte ausgeführt werden:

- Grundriss der Treppe, Lauflinie aufreißen und die Auftritte auf der Lauflinie abtragen – Punkte a bis n,
- Punkt M ermitteln; M ist der Schnittpunkt der Vorderkanten der ersten verzogenen und der gegenüberliegenden, unverzogenen Stufe mit der Treppenachse,
- Punkt A festlegen; A ist der Schnittpunkt der Innenkante der Treppe mit der Treppenachse,
- Halbkreis mit *r* = MA um Punkt M ziehen,
- Schnittpunkte des Halbkreises mit den Vorderkanten der ersten verzogen und der gegenüberliegenden unverzogenen Stufe bilden die Punkte B und B',
- Spickelstufe* einzeichnen; von A nach rechts und links 50 mm auf der Innenwange abtragen, damit ist der Mindestauftritt für die Spickelstufe gesichert, Punkte über die Kennzeichnung des Auftrittes auf der Lauflinie mit der Außenkante der Treppe verbinden,
- Halbkreis in so viele gleiche Teile teilen (→ „Grundkonstruktionen“), wie verzogene Stufen vorhanden sind (ohne Spickelstufe), es ergeben sich die Punkte C bis G und C' bis G',
- Punkte C und C', D und D' usw. miteinander verbinden,
- Schnittpunkte der Verbindungslinien mit der Treppeninnenkante ergeben die dortigen Auftrittsbreiten,
- Schnittpunkte über die Punkte a bis n auf der Lauflinie mit der Außenkante der Treppe verbinden,
- wenn vorhanden, Unterschneidung einzeichnen,
- Stufenbreiten an der Innen- und Außenkante ausmessen.

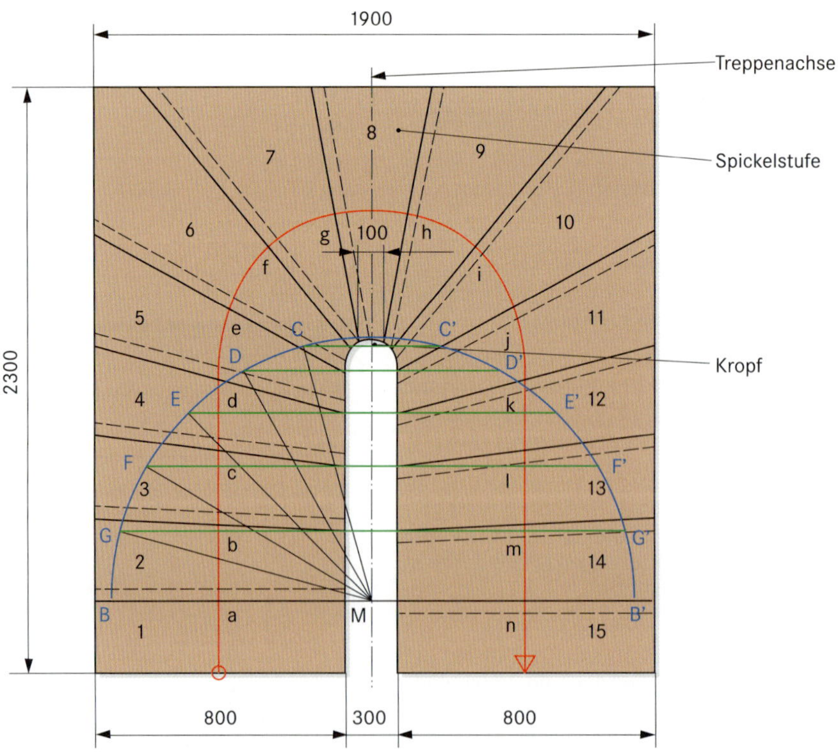

Abb. 1: Verziehen von Stufen mit der Halbkreismethode

* Ein Spickel, auch Zwickel genannt, ist in der Heraldik eine Wappenfigur, die das Dreieck als Bild verwendet. (Quelle: Wikipedia)

Konstruieren der Wange einer halbgewendelten Wangentreppe

Die Wangen halbgewendelter Treppen müssen konstruiert werden. Zum Konstruieren der Außenwange der dargestellten Treppe sind folgende Zeichenschritte nötig:

a. Aufriss der Stufenaußenkante auf Zeichenkarton oder als Naturgrößen auf der Werkstattwand abtragen,

b. Überstand der Wange an den Stufenvorderkanten über dem Auftritt einzeichnen, Kreise mit *r* = gewünschter Überstand,

c. Kreisbögen parallel zur Lauflinie verbinden, Linie bildet die Oberkante der Wange,

d. parallel zur Oberkante die Unterkante der Wange einzeichnen; Stufen dürfen an der Unterkante nicht herausragen,

e. Maße abtragen.

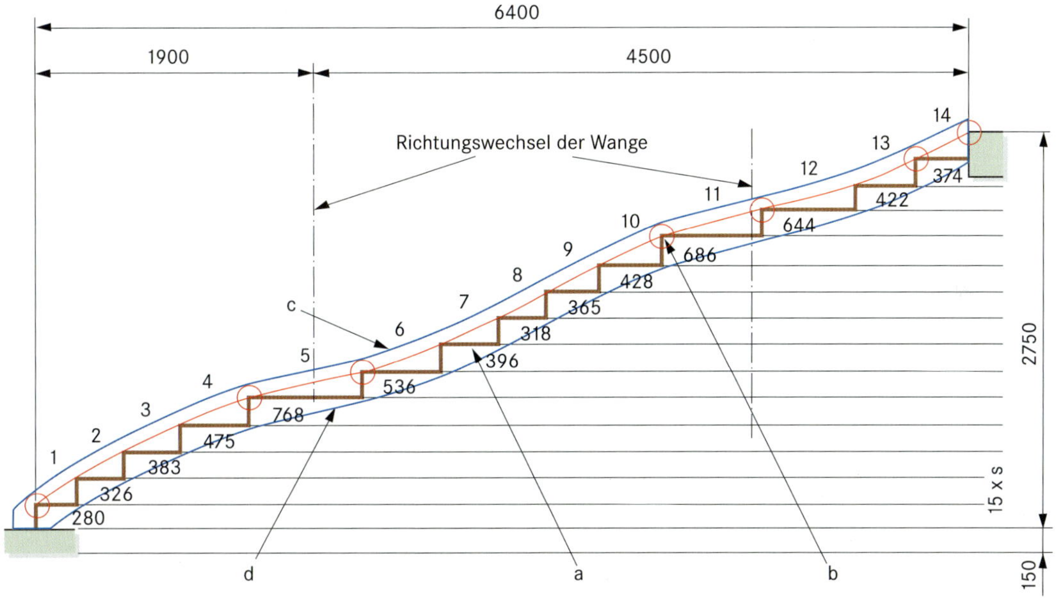

Abb. 2: Aufriss der Außenwange

In der Regel werden die Wangenteile gesondert gefertigt und anschließend gefügt.

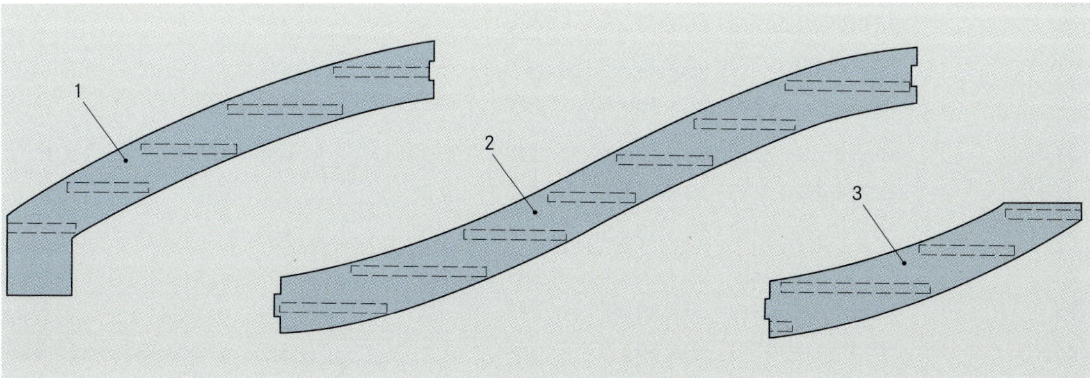

Abb. 3: Wangenteile der Außenwange

Die Innenwange wird entsprechend auf der Grundlage des Aufrisses der Treppeninnenkante gefertigt.

Fertigen

12.2.3 Fertigen der Stufen und Holme

ARBEITSAUFTRAG

Nach Erstellung der Fertigungsunterlagen ist die Wohnhaustreppe zu fertigen. Die geplanten Holzstufen sind zu bestellen und Holme aus Stahlprofilen abzulängen und zu fügen.

Fertigen der Stufen

Der Kunde hat sich für mit Buchenholz furnierte Stufen entschieden. Diese werden nach den erstellten Schablonen durch einen Tischler gefertigt und geliefert.

Fertigen der Holme

Die Profile für die Holme müssen zugeschnitten und geschweißt werden. Der Zuschnitt erfolgt nach der Zuschnittliste (Tab. 1). Geschweißt werden die Gehrungsstöße rundum mit dem MAG-Verfahren.

Damit die Holme 1 und 20 auf dem Rohfußboden befestigt werden können, sind zwei Flachstäbe an die Holme anzuschweißen (Abb. 1).

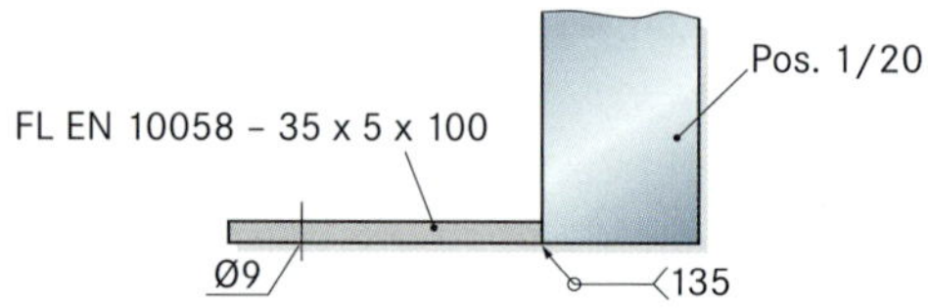

Abb. 1: Holm mit Lasche

Zur Befestigung an der Geschossdecke müssen die Holme ausgeklinkt werden (Abb. 2).

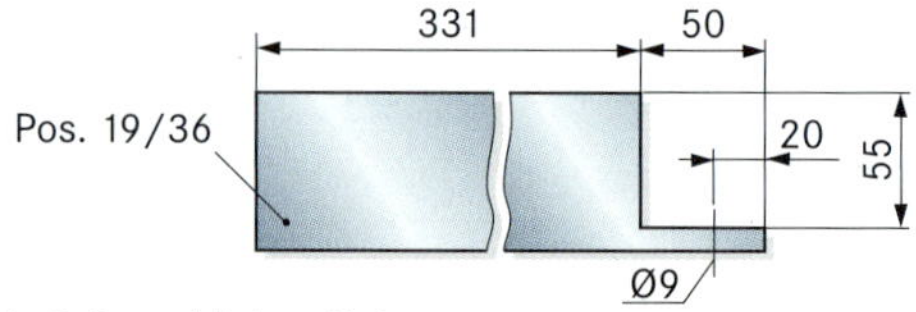

Abb. 2: Ausgeklinkter Holm

Die waagerechten und senkrechten Holmteile bilden einen Gehrungsstoß und werden geschweißt. Vor dem Schweißen sind in den waagerechten Holmteilen Bohrungen zur Stufenbefestigung zu bohren. Die Lage der Bohrungen und der erforderliche Durchmesser wird in Absprache mit dem Stufenlieferanten festgelegt.

Tab. 1: Zuschnittliste für die Holme

Pos.-Nr.	Menge	Profilart	Länge [mm]	Form	Bemerkung
1	1	HFRHF-EN-10210 - 60 x 40 x 5	306	0° 45°	
2	1	HFRHF-EN-10210 - 60 x 40 x 5	417	45° 45°	
3	20	HFRHF-EN-10210 - 60 x 40 x 5	256	45° 45°	
4	1	HFRHF-EN-10210 - 60 x 40 x 5	433	45° 45°	
5	1	HFRHF-EN-10210 - 60 x 40 x 5	473	45° 45°	
6	1	HFRHF-EN-10210 - 60 x 40 x 5	486	0° 45°	
7	1	HFRHF-EN-10210 - 60 x 40 x 5	480	0° 45°	
8	1	HFRHF-EN-10210 - 60 x 40 x 5	256	45° 45°	
9	1	HFRHF-EN-10210 - 60 x 40 x 5	416	45° 45°	
10	1	HFRHF-EN-10210 - 60 x 40 x 5	370	45° 45°	
31	1	HFRHF-EN-10210 - 60 x 40 x 5	153	0° 45°	45,0° 0,0°
32	1	HFRHF-EN-10210 - 60 x 40 x 5	212	0° 45°	45,0° 0,0°
33	1	HFRHF-EN-10210 - 60 x 40 x 5	256	45° 45°	
34	1	HFRHF-EN-10210 - 60 x 40 x 5	252	45° 45°	
35	1	HFRHF-EN-10210 - 60 x 40 x 5	247	45° 45°	
36	1	HFRHF-EN-10210 - 60 x 40 x 5	189	0° 45°	gerades Ende 50 x 55 ausklinken
37	1	HFRHF-EN-10210 - 60 x 40 x 5	380		
38	1	HFRHF-EN-10210 - 60 x 40 x 5	535		
39	1	HFRHF-EN-10210 - 60 x 40 x 5	874	40° 40°	
40	1	HFRHF-EN-10210 - 60 x 40 x 5	791	42° 42°	

Planen

12.2.4 Planen und Fertigen des Geländers und des Handlaufes

ARBEITSAUFTRAG

Gemeinsam mit dem Kunden wurden die Gestaltung von Handlauf und Geländer festgelegt. Der Wandhandlauf aus Holz wird bei einem Zulieferer bestellt. Das Geländer ist aus Stahl herzustellen. Zur Fertigung des Geländers müssen die Halbzeuge ausgewählt, zugeschnitten und umgeformt sowie geschweißt werden.

Bei der Planung sind die gesetzlichen Vorgaben zu berücksichtigen.

An der Wandseite der Treppe soll ein Holzhandlauf montiert werden. Unter Angabe der erforderlichen Längen werden sie bei einem Systemhersteller bestellt und fertig geliefert.

Damit die Treppe des Wohnhauses sicher begehbar ist, wird an ihrer Innenseite ein Geländer angebracht. Es dient der Sicherheit und übernimmt auf seiner Seite zusätzlich die Funktion des Handlaufes.

Das Geländer ist aus Hohlprofilen herzustellen. Im Treppenlauf wird das Geländer an mehreren Stellen am inneren Holm angeschweißt (Abb. 3). Im Obergeschoss geht das Treppengeländer in ein Brüstungsgeländer über und steht auf dem Rohfußboden des Obergeschosses.

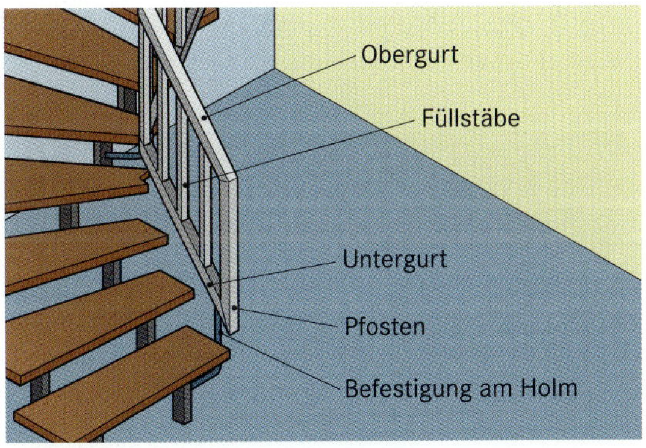

Abb. 3: Geländer im mittleren Treppenteil

Der Ober- und Untergurt des Geländers verläuft parallel zur Lauflinie neben der Treppe. Der Obergurt dient als Handlauf auf der Geländerseite. Wie die Pfosten sind der Ober- und Untergurt aus CFRHS - EN 10 219 - 30 x 30 x 2,5 zu fertigen. Die Füllstäbe werden aus CFRHS - EN 10 219 - 30 x 20 x 2 hergestellt.

Alle Einzelteile des Geländers werden zugeschnitten und geschweißt.

Die Befestigungen am Holm sollen aus Rundstab EN 10 060 - 20 zugeschnitten und gebogen werden.

Die grundsätzlichen Abmessungen von Geländern werden in der DIN 18065 geregelt. Daneben gibt es verschiedene Verordnungen oder Vorschriften, wie z. B. Bauordnungen oder die Arbeitstättenverordnung. Die in diesen Vorschriften angegebenen Maße sind vorrangig zu beachten.

Die vorgeschriebene Geländerhöhe wird abhängig von der Absturzhöhe angegeben (Tab. 2). Dabei wird die Absturzhöhe vom höchsten Treppenauftritt zum Untergrund gemessen.

Tab. 2: Geländerhöhen

Absturzhöhe	Gebäudeart	Geländerhöhe nach DIN	Geländerhöhe Bauordnung
≤ 12 m	Wohn- und öffentliche Gebäude	900 mm	1100 mm (Bauordnung ist abhängig vom Bundesland)
	Arbeitsstätten	1000 mm	
> 12 m	alle	1100 mm	

Die lichten Abstände der Gurte, Geländerstäbe und Pfosten zu benachbarten Bauteilen dürfen 120 mm nicht überschreiten.

Wird das Geländer über den Treppenstufen geführt, muss der Untergurt so angeordnet sein, dass ein genormter Prüfkörper nicht darunter durchgeschoben werden kann (Abb. 4).

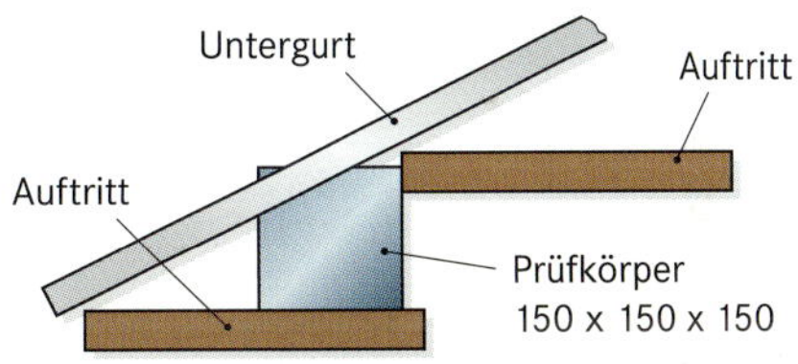

Abb. 4: Lage des Untergurtes über den Stufen geführt

Bei Geländern, die neben den Treppenstufen verlaufen, muss der Untergurt so geführt werden, dass sein Schnittpunkt mit der halben Auftrittbreite zusammenfällt (Abb. 5).

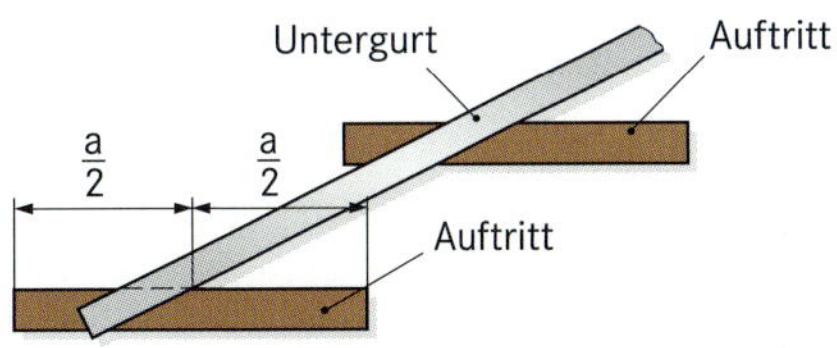

Abb. 5: Lage des Untergurtes neben den Stufen geführt

Der seitliche Abstand zwischen Auftritt und Geländer darf maximal 60 mm betragen.

Handläufe müssen sich in einer Höhe zwischen 800 mm und 1150 mm befinden. Die Höhe wird senkrecht zur Stufenvorderkante gemessen. Der seitliche Abstand zu angrenzenden Bauteilen muss mindestens 50 mm betragen.

Fertigen

12.2.5 Montieren der Treppe

ARBEITSAUFTRAG

Die vorgefertigten Teile der Treppe müssen im Treppenhaus montiert werden. Damit beim Begehen kein Trittschall übertragen wird, ist eine Trittschalldämmung vorzusehen.

Die Holme und das Geländer sind vormontiert auf der Baustelle angeliefert worden. Die Holme werden einzeln aufgestellt, die Zwischenprofile werden eingeschweißt. Anschließend wird das Geländer mit dem inneren Holm verbunden.

Zuerst wird der wandseitige Holm aufgestellt und an der Außenwand durch schallgedämmte Wandanker befestigt.

Schallgedämmte Wandanker gibt es in verschiedenen Ausführungen:

- einfacher schalldämmender Wandanker und
- geschraubter schalldämmender Wandanker (Abb. 1).

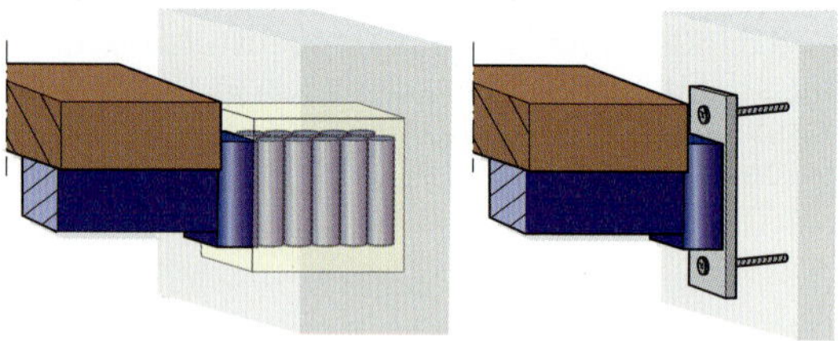

einfacher schallgedämmter Wandanker | geschraubter schallgedämmter Wandanker

Abb. 1: Befestigung mit schalldämmendem Wandanker

Welcher Wandanker eingesetzt wird, ist abhängig von der Dicke des Baugrundes. Zur Befestigung der Holme an der 36 cm dicken Außenwand wird der einfache schallgedämmte Wandanker verwendet.

Bei geringeren Wanddicken sollten geschraubte Wandanker verwendet werden.

Am Fußpunkt wird der wandseitige Holm mit einem speziellen Nylondübel befestigt. Zur Trittschalldämmung werden Kunststoffstreifen eingesetzt, die als Schallisolierung zwischen den Bauteilen wirken (Abb. 2).

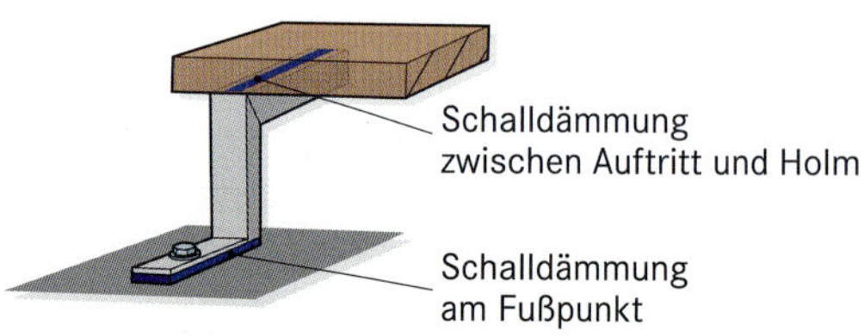

Abb. 2: Schalldämmung am Fußpunkt

An der Geschossdecke wird der Holm ebenfalls durch spezielle Nylondübel befestigt. Die Trittschalldämmung erfolgt nach dem gleichen Prinzip wie an den Fußpunkten.

Nachdem der wandseitige Holm aufgestellt und mit dem Bauwerk verbunden wurde, sind die Zwischenprofile einzuschweißen. Diese leiten die auf den inneren Holm wirkenden Lasten über den äußeren Holm in die Wand ab.

Der innere Holm wird zunächst lose gegen die Zwischenprofile gestellt und wie der wandseitige Holm am Rohfußboden und an der Geschossdecke befestigt. Für die Zeit der Montage muss der Holm gegen Umkippen gesichert sein.

Zum Schluss wird das Geländer am inneren Holm angeschweißt.

Nach Abschluss der Montagearbeiten sind die Holme und das Geländer zu beschichten.

Anschließend werden die Stufen montiert. Die Art der Befestigung wurde mit dem Kunden abgesprochen. Die Stufen werden von unten durch die waagerechten Holmteile verschraubt. Der Tischler hat dazu Gewindehülsen in die Stufen eingesetzt. Die Bohrungen in den Holmen wurden nach Absprache in der Werkstatt hergestellt.

Zwischen die Stufen und die Holme wird zur Trittschalldämmung ein Streifen aus Kunststoff eingelegt.

Alternativ zu dieser Befestigungsart bieten Hersteller Systeme zur verdeckten Montage von Stufen an (Abb. 3). Die Befestigungselemente sind bei dieser Befestigungsart nach der Montage nicht mehr sichtbar.

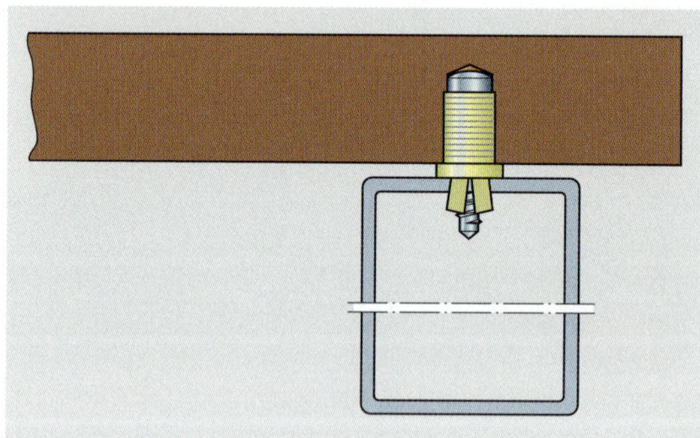

Abb. 3: Verdeckte Stufenmontage

Die Montageschritte sind von den Herstellern vorgeschrieben und müssen eingehalten werden.

Zum Schutz der Stufenoberfläche müssen diese einzeln bis zum Abschluss der Bautätigkeiten abgedeckt werden.

Die Teile des Wandhandlaufes sind nach der Montageanleitung des Systemherstellers zu montieren.

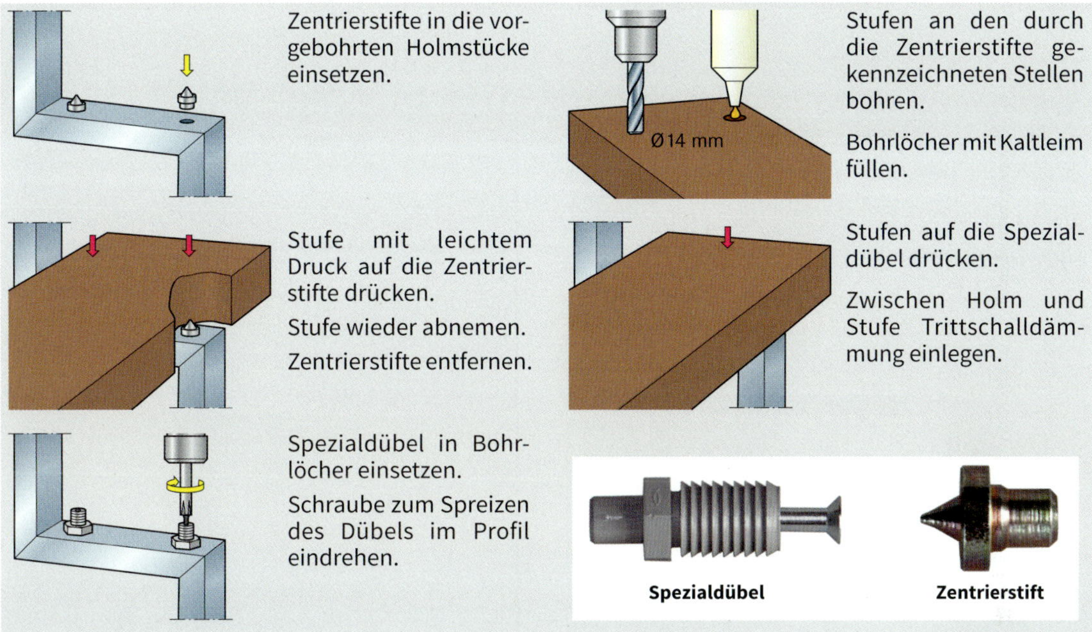

Abb. 4: Montagefolge

Zusammenfassung

Aufgaben

1. Beschreiben Sie, wie Sie mit einem Gliedermaßstab die Rechtwinkligkeit zweier Wände feststellen können.

2. Für eine Treppenplanung sind folgende Daten gegeben:
- einläufige, gerade Treppe
- Geschosshöhe $h = 2{,}55$ m

Bestimmen Sie die Steigung S, den Auftritt a, die Lauflänge L und den Steigungswinkel α.

3. Ein Geländerfeld hat eine lichte Weite von L = 1400 mm. Als senkrechte Füllstäbe sind Rohre EN 10 220 - 26,9 x 2,9 vorgesehen. Der lichte Abstand S zwischen den Stäben soll 120 mm nicht überschreiten. Berechnen Sie die Teilung P, wenn alle Abstände gleich sind.

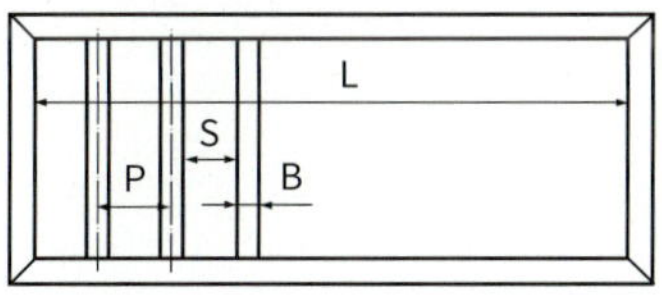

Gesamt-
aufgabe

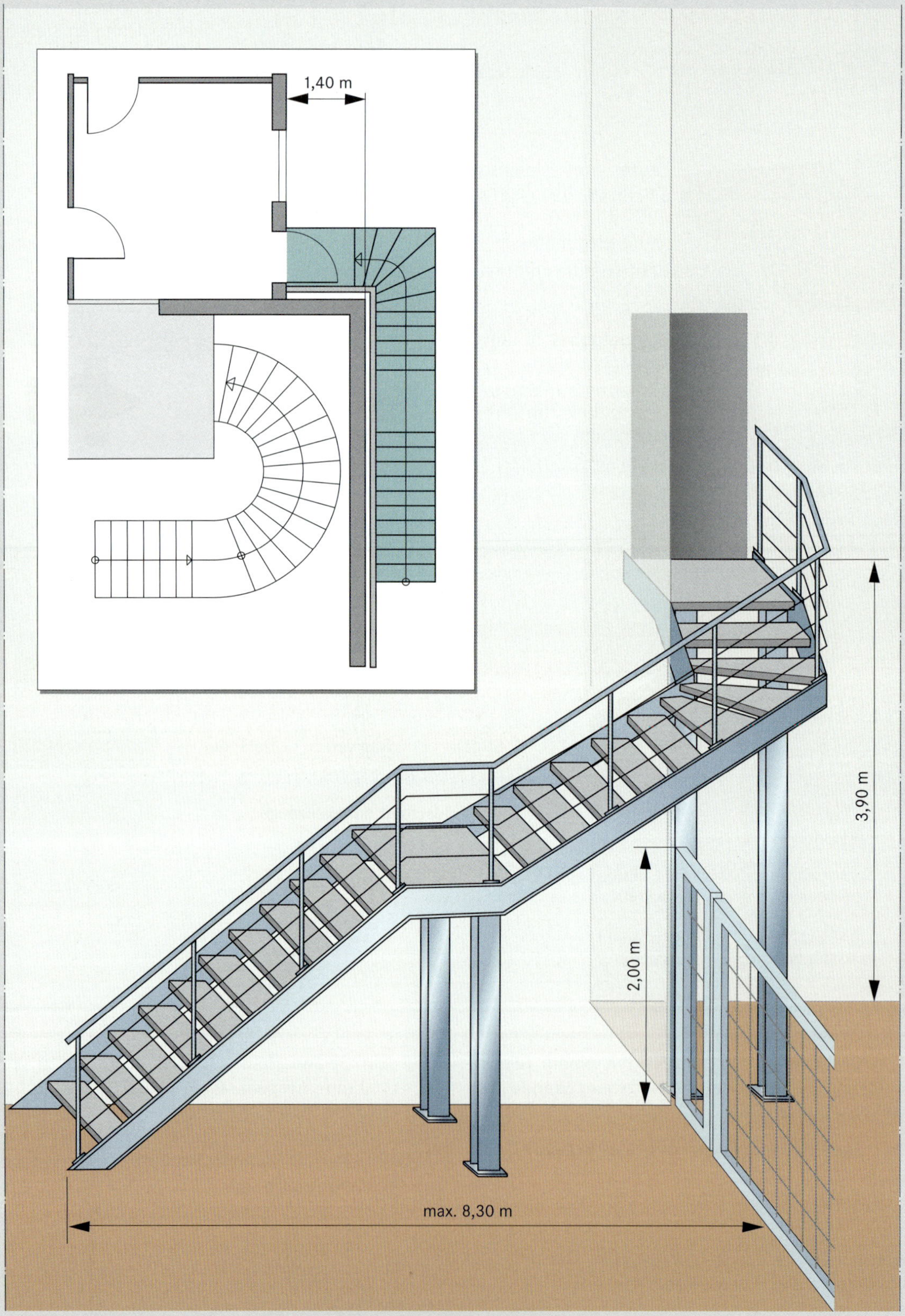

Für ein Geschäftshaus ist eine Fluchttreppe zu planen, herzustellen und aufzustellen. Die Treppe soll im Katastrophenfall das Verlassen des Obergeschosses außerhalb des Gebäudes sicherstellen. Der Kunde möchte eine Stahltreppe, die stabil, breit und sicher begehbar ausgeführt ist. Gegen Korrosion sind die Bauteile der Treppe durch Verzinken zu schützen. Zusätzlich führt die Treppe über die Grundstücksabgrenzung, einen ca. 2 m hohen Zaun mit Tor. Die Treppe muss an der Gebäuderückseite entlanggeführt werden, damit die Zufahrt auf dieser Seite zum Grundstück gewährleistet ist.

Maßaufnahme

1. Skizzieren Sie die Treppe anhand der nebenstehenden Abbildungen im Grund- und Aufriss.

2. Entnehmen Sie die notwendigen Maße der Zeichnung und bemaßen Sie Ihre Treppenskizzen.

Planung Treppe

3. Ermitteln Sie für Ihre Treppe die Steigung *s*, den Auftritt *a*, die Lauflänge *L* und den Steigungswinkel α.

4. Vergleichen Sie die errechneten Werte mit der Zeichnung und bestehenden gesetzlichen Vorschriften, Verordnungen und Normen und passen Sie Ihre Maße, wenn nötig, an.

5. Warum empfehlen Sie dem Kunden eine viertelgewendelte Treppe mit Zwischenpodest und Podest am Austritt?

6. Welches Tragwerk soll die von Ihnen vorgeschlagene Treppe erhalten?

7. Ermitteln Sie die Stufen- und Podestmaße:
a) Legen Sie die Anzahl der geraden Stufen fest.
b) Verziehen Sie die Stufen im Bereich der Verschmälerung. Benutzen Sie die Auslegemethode und anschließend die Fluchtpunktmethode. Vergleichen und bewerten Sie die ermittelten Stufenmaße.
c) Wählen Sie Gitterroste für die Stufen sowie das Podest aus und erläutern Sie die Angaben.
d) Bestimmen Sie die Abmaße des Austrittpodestes.
e) Bestimmen Sie die Abmaße des Zwischenpodestes.
f) Erstellen Sie eine Bestellliste für die Gitterroste nach folgendem Muster:

Benennung	Menge	Bezeichnung/Abmaße	Bemerkung

8. Wählen Sie das Halbzeug für die Wangen aus.

Planung Geländer

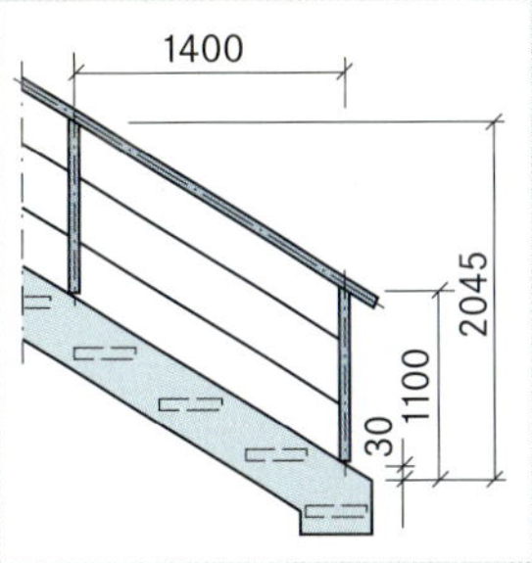

9. Das Geländer soll nach EN ISO 14 122-3 hergestellt werden. Welche Bauelemente sind zu planen?

10. Bestimmen Sie die Zuschnittmaße für einen Geländerabschnitt (Fußplatte an den Pfosten bleibt unberücksichtigt).

Fertigung Treppe/ Geländer

11. Erläutern Sie das Anreißen der Befestigungslöcher für die Stufen im geraden Treppenlauf.

12. Mit welcher Werkzeugmaschine können die Wangen ohne großen Aufwand gebohrt werden? Bestimmen Sie die Arbeitswerte.

13. Wie wird der Korrosionsschutz der Geländerbauteile bei der Fertigung berücksichtigt?

Montage der Treppe

14. Erstellen Sie einen Montageplan.

Lfd. Nr.	Montagevorgang	Montagemittel	Bemerkung

SEKTIONALTOR

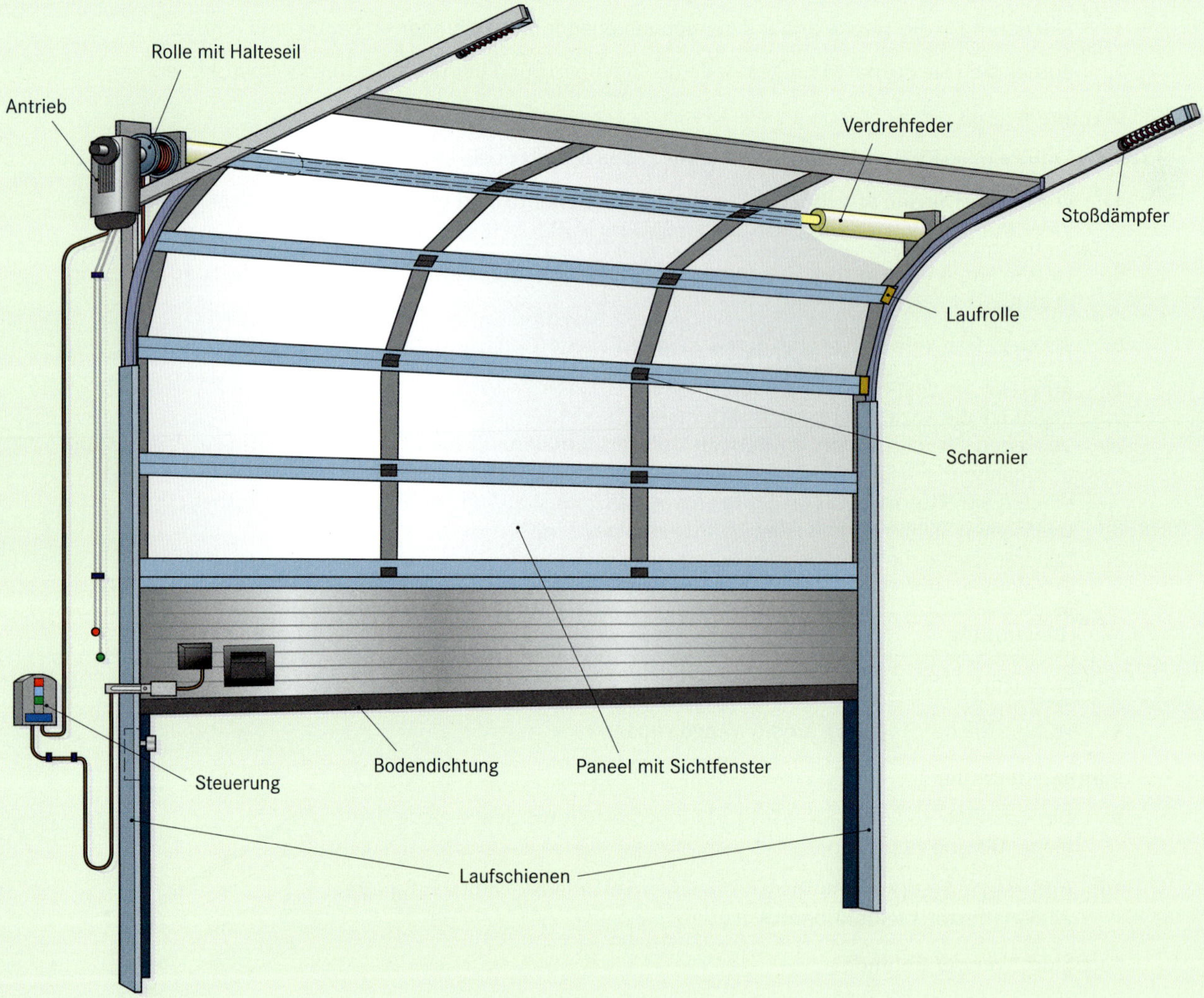

GESAMTAUFTRAG

Das Sektionaltor für eine Halleneinfahrt muss instand gehalten werden. Es wird durch einen Motor angetrieben. Eine einwandfreie Funktion des Tores ist eine Voraussetzung, um betriebliche Abläufe sicherzustellen.

An Hand der technischen Unterlagen des Torherstellers sind Instandhaltungsarbeiten durchzuführen. Die jeweiligen Tätigkeiten sind nach ihrer Ausführung zu prüfen. Das Tor ist am Ende wieder in Betrieb zu nehmen.

Bei allen Tätigkeiten ist auf die Einhaltung der Arbeitssicherheitsvorschriften zu achten.

ANALYSE

Technische Unterlagen

Für die Durchführung der Instandhaltung des kraftbetätigten Sektionaltores stehen folgende Herstellerunterlagen zur Verfügung:

- ein Wartungs- und Inspektionsplan
  sowie
- einzelne Sicherheitsblätter.

Die Sicherheitsblätter enthalten die berufsgenossenschaftlichen Vorschriften und geben Hinweise über die Funktion, Prüfung und Instandsetzungsmaßnahmen bestimmter Baugruppen des Tores. Den Angaben auf den Sicherheitsblättern ist unbedingt Folge zu leisten.

Aufbau

Das Sektionaltor besteht aus einzelnen Paneelen, die durch Scharniere verbunden sind. An den Paneelen sind seitlich Laufrollen befestigt, die in Laufschienen geführt werden. In geschlossener Position steht das Tor senkrecht. Mit der Türsteuerung können die Torzustände Auf–Halt–Ab gewählt werden.

Ein Elektromotor zieht das Tor an Seilen nach oben. In den waagerecht angebrachten Laufschienen befindet sich das Tor in geöffneter Position unter der Decke. Die Verdrehfedern balancieren das Tor aus und ermöglichen ein leichtes Öffnen. Weiter kann es in jeder beliebigen Höhe angehalten werden.

Beim Auftreten eines Fehlers ist das Tor gegen einen Absturz durch eine Federbruch-Fangvorrichtung gesichert. Wenn sich Gegenstände oder Personen unter dem herunterfahrenden Tor befinden, dient die Bodendichtung auch als Notschalter.

Für Reparatur- oder Wartungsarbeiten lässt sich das Tor auch über eine Kupplung vom Motor trennen und von Hand betätigen.

Instandhalten des Sektionaltores

Nach **DIN 31051** umfasst die Instandhaltung die Maßnahmen

- Wartung,
- Inspektion,
- Instandsetzung und
- Verbesserung (→📖).

Die Überprüfung der Sicherheitseinrichtungen darf nur eine zertifizierte Fachkraft durchführen.

Informieren

13.1 Warten und Inspizieren

ARBEITSAUFTRAG

An Hand der Betriebsanleitung sind die Wartungs- und Inspektionsarbeiten am Sektionaltor durchzuführen.

Die Überprüfung der Sicherheitseinrichtungen muss nach den Vorgaben der Sicherheitsblätter BGR 232 und DGUV Information 208–22 der Berufsgenossenschaft erfolgen.

Für die Durchführung der Arbeiten muss das Sektionaltor außer Betrieb genommen und die Umgebung abgesichert werden. Mit einer Funktionsprüfung ist das Tor wieder in Betrieb zu nehmen.

Einige Bauteile des Sektionaltores nutzen sich durch ihren Gebrauch ab. So führt die Bewegung der Laufrolle in der Laufschiene zu einem Materialabtrag. Ab einem Mindestdurchmesser der Laufrolle ist eine einwandfreie Funktion des Tores nicht mehr möglich und es kann ein Unfallrisiko entstehen.

Durch entsprechende Wartungsmaßnahmen kann die Abnutzung von Bauteilen vermindert werden. Der Grad der Abnutzung wird durch vorgeschriebene Inspektionstätigkeiten kontrolliert. An Hand der Ergebnisse wird entschieden, ob ein Bauteil ausgewechselt werden muss.

Bevor die eigentliche Wartung und Inspektion am Sektionaltor erfolgen kann, müssen vorbereitende Tätigkeiten durchgeführt werden.

13.1.1 Vorbereitende Tätigkeiten

Für die Durchführung der Wartung und Inspektion sind Kenntnisse über

- die Betriebsanleitung und
- Sicherheitsmaßnahmen

erforderlich.

Die Betriebsanleitung wird dem Torbesitzer mit dem Tor ausgehändigt. Den Angaben der Betriebsanleitung ist unbedingt Folge zu leisten, um eine Gefährdung von Personen und Einrichtungen zu vermeiden. Folgende Informationen sind vorhanden:

- Montageanleitung,
- Hinweise zur Inbetriebnahme und zum sachgerechten Umgang sowie
- Angaben zur Pflege und Wartung.

Sicherheitshinweise weisen auf Gefahren im Umgang mit dem Tor hin. Besondere Gefahren bestehen durch:

- Quetschungen durch Paneelspalt,
- Stromschlag durch defekte elektrische Leitungen und
- Verletzungen bei der Montage von Bauteilen.

Sicherheitsmaßnahmen sollen verhindern, dass es beim Arbeiten am Tor zu Unfällen kommt. Maßnahmen zur Sicherheit sind unter anderem:

- Freischalten vom elektrischen Strom und
- Absicherung der Umgebung.

Bei Arbeiten am Tor, wie Reinigen oder Reparieren, muss die Toranlage außer Betrieb genommen werden. Dies erfolgt durch das Freischalten am Sicherungskasten sowie das Überprüfen, ob die Anlage spannungslos ist. Weiter muss ein Schild angebracht werden, das auf Wartungsarbeiten hinweist. Zusätzlich muss das Tor gegen Wiedereinschalten abgesichert werden.

Durch das Aufstellen von Signalkegeln oder das Aufhängen von Signalbändern werden Personen frühzeitig auf Arbeiten am Tor hingewiesen (Abb. 1).

Abb. 1: Signalkegel und Signalband

Die Sicherheitskegel müssen gut sichtbar auf beiden Seiten des Tores aufgestellt werden.

13.1.2 Durchführen der Wartung

Warten

Um die Wartung des Sektionaltores durchführen zu können, sind Hilfsmittel und Hilfsstoffe erforderlich. Deren Einsatz und der Umgang mit ihnen erfordert Fachkenntnisse. Bei der Durchführung der Wartung des Sektionaltores ist deswegen unter anderem zu berücksichtigen:

- der vorschriftsmäßige Einsatz von Aufstiegshilfen,
- der fachgerechte Umgang mit Schmierstoffen und
- die umweltgerechte Entsorgung von Hilfsstoffen.

Aufstiegshilfen sind bei Tätigkeiten oberhalb der Körpergröße erforderlich. Sie kommen beim Reinigen der waagerechten Laufschienen zum Einsatz. Aufstiegshilfen können Leitern, Tritte oder Gerüste sein. Der Umgang mit Aufstiegshilfen ist in den Bestimmungen der Berufsgenossenschaften geregelt und durch einen Aufkleber dargestellt.

Danach gelten für Leitern folgende Verhaltensregeln (Tab. 1):

Tab. 1: Symbole für den Umgang mit Leitern

Symbol	Erklärung
	GS: Geprüfte Sicherheit Es dürfen nur Leitern mit diesem Prüfsiegel verwendet werden.
	Der Anstellwinkel muss 65°–75° betragen.
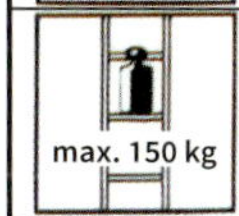	Die zulässige Tragfähigkeit beträgt 150 kg.
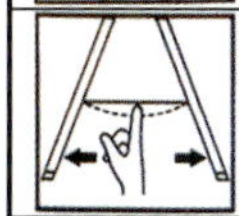	Bei Klappleitern muss die Spreizsicherung gespannt sein.
	Das obere Ende der Leiter muss mindestens einen Meter über die Brüstung ragen.
	Bei einer mehrteiligen Leiter muss der Sprossenhaken eingerastet sein.
	Die Leiter muss auf festem Untergrund stehen.
	Das Aufstellen der Leiter auf rutschigem Untergrund ist verboten.
	Den Körper möglichst nahe der Leiter halten.
	Die Leiter darf nur soweit bestiegen werden, dass die Hände die Sprossen greifen können.
	Leiter an sichere Auflagepunkte anlegen.
	Es dürfen nicht mehr als 2 Leitern nebeneinander verwendet werden.
	Das Abstützen oder Austreten auf benachbarte Einrichtungen ist verboten.
	Anstellleitern müssen ohne Ausgleichshilfen senkrecht stehen.

Eine Erhöhung der Standsicherheit der Leiter bieten Fußverbreiterungen und Gummiaufsätze (Abb. 2).

Abb. 2: Fußverbreiterung mit Gummiaufsätzen

Nach den Bestimmungen der Berufsgenossenschaften müssen Leitern jährlich überprüft werden.

Für den Umgang mit Schmierstoffen gelten die Betriebsanweisungen der Berufsgenossenschaft. Sie informieren über:

- Schmierstoffbezeichnung, z.B. Schmierfett K2K-20,
- Gefahren für Mensch und Umwelt, intensiver Hautkontakt kann zu Hautreizungen und Infektionen führen,
- Schutzmaßnahmen und Verhaltensregeln, wie Behälter an kühlen und belüfteten Orten aufbewahren und Schmierstoffe nicht in die Kanalisation oder in Gewässer einleiten,
- Verhalten im Gefahrfall, beim Brand von Schmierstoffen mit Sand, Löschpulver oder Schaum löschen,
- Erste Hilfe, bei Hautkontakt sofort mit Wasser und Seife spülen und bei anhaltenden Beschwerden den Arzt aufsuchen,
- sachgerechte Entsorgung.

Die Schmierstoffe müssen sorgfältig auf die vorgeschriebene Schmierstelle aufgetragen werden. Fett wird mit einer Fettpresse oder einem Pinsel, Öl mit einer Ölkanne aufgetragen. Überflüssiger Schmierstoff ist mit einem geeigneten Mittel aufzunehmen, damit er nicht ins Erdreich gelangt. Schmierstoffe sind in dafür vorgesehenen und beschrifteten Behältern aufzubewahren. Sie sind vor starker Erwärmung zu schützen und von Feuerstätten fernzuhalten.

Umweltschutz

Die Sammlung zur Entsorgung von Schmier- und Hilfsstoffen erfolgt in besonders gekennzeichneten Behältern. Sie werden von Fachbetrieben abgeholt und umweltgerecht entsorgt oder wiederverwertet.

Während der Wartung erfolgt gleichzeitig eine Inspektion durch eine Sicht- und Funktionskontrolle der Bauteile.

Anhand der Betriebsanleitung ergeben sich folgende Wartungstätigkeiten am Sektionaltor (Tab. 1).

Tab. 1: Wartungstätigkeiten am Sektionaltor

Bauteil	Tätigkeit	Hilfsstoffe/-mittel	Häufigkeit	Bemerkungen
Paneele, Scheiben und Dichtungen	reinigen	geeignetes Reinigungsmittel	vierteljährlich	Schmutz- und Staubteilchen zuerst gründlich mit Wasser abspülen, um Kratzer zu vermeiden
Laufschienen	reinigen	Lappen, Bürste	nach Bedarf	Laufschienen nicht fetten
Scharniere und Rollenhalter	ölen	CP 46	jährlich	
Stoßdämpfer	fetten	K2K-20	jährlich	
Befestigungs-elemente	prüfen, nachziehen	Schraubenschlüssel	jährlich	Die Befestigungselemente zum Baukörper hin mit der Hand auf festen Sitz prüfen
Laufrollen	prüfen, nachstellen	Schraubenschlüssel	jährlich	Bei geschlossenem Tor müssen sich die Laufrollen leicht drehen lassen
Stoßdämpfer	prüfen, nachstellen	Schraubenschlüssel	jährlich	Beide Stoßdämpfer sollen vom Tor gleichzeitig angefahren werden

Prüfen

13.1.3 Inspektion am Sektionaltor

Die Inspektion des Sektionaltores erfolgt nach

- der Betriebsanleitung und den
- Sicherheitsblättern der Berufsgenossenschaften **BGR 232** und **DGUV Information 208-22**.

Bei der Inspektion nach der Betriebsanleitung wird hauptsächlich der Ist-Zustand von Verschleißteilen bewertet. Die Inspektion nach den Sicherheitsblättern der Berufsgenossenschaft überprüft alle Sicherheitseinrichtungen am Sektionaltor, um eine Gefährdung für Personen sowie eine Beschädigung von Gegenständen zu verhindern.

Grundlagen

Abnutzung von Verschleißteilen

Reibung zwischen Bauteilen führt zur Abnutzung bzw. Verschleiß. Übersteigt die Abnutzung eine bestimmte Größe, dann ist die Funktion des Bauteils nicht mehr gewährleistet. Um die Bauteilfunktion zu gewährleisten, wird das Bauteil größer dimensioniert. Dies wird als Abnutzungsvorrat bezeichnet. Der Verbrauch des Abnutzungsvorrates kann durch eine Abnutzungskurve dargestellt werden. Hierbei unterscheidet man die Phasen:

- Einlaufphase,
- gleichmäßige Abnutzung und
- Phase des Schadensfalls.

Einlaufphase

In dieser Phase werden fertigungsbedingte Materialspitzen schnell abgetragen. Die Oberfläche wird geglättet.

Gleichmäßige Abnutzung

Diese Phase zeigt einen proportionalen Verlauf. Je nach der Belastung wird das Material entsprechend abgenutzt. In dieser Phase muss der Abnutzungsvorrat regelmäßig kontrolliert werden.

Phase des Schadensfalls

In dieser Phase ist der Abnutzungsvorrat aufgebraucht. Eine Funktionsfähigkeit des Bauteils ist nicht mehr gegeben. Das Bauteil muss ausgetauscht werden.

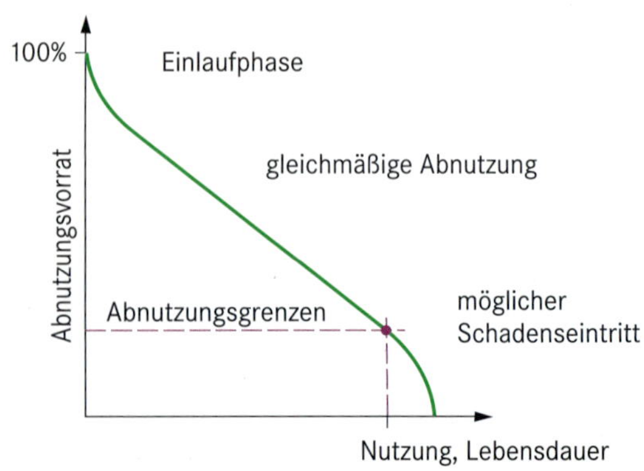

Inspektion der Verschleißteile

Die Inspektion von Bauteilen beinhaltet folgende Maßnahmen:

- Ist-Zustand feststellen und beurteilen,
- Abnutzungsursachen bestimmen und
- Herstellen des Soll-Zustandes (→📖).

Feststellen und Beurteilen des Ist-Zustandes

Das Feststellen des Ist-Zustandes des Sektionaltores kann:

- subjektiv durch die Sinnesorgane und
- objektiv durch Prüfmittel erfolgen.

Subjektiv können folgende Veränderungen und Unregelmäßigkeiten wahrgenommen werden:

Sichtbar sind z. B. größere Risse und Formänderungen, starke Verunreinigungen oder Bewegungsänderungen.

Auf diese Weise lassen sich z. B. Schäden an den Paneelen feststellen (Abb. 1).

Abb. 1: Riss im Paneel

Hörbar sind z. B. Geräusche, die durch einen fehlerhaften Bewegungsablauf entstehen. Ein Beispiel ist das Schleifen von Bauteilen, wie der Laufrolle an der Führungsfläche der Laufschiene.

Fühlbar sind z. B. erhöhte Temperaturen oder Schwingungen.

Riechbar ist z. B. das thermische Zersetzen von Isoliermaterial elektrischer Leitungen.

Neben dem subjektiven Erfassen des Ist-Zustandes kommen objektive Prüfmethoden zum Einsatz. Zu den objektiven Prüfmethoden zählen zum Beispiel das Messen und Lehren.

Das Tor wird in den Laufschienen geführt. Deswegen müssen die Laufschienen parallel zueinander laufen. Dies wird überprüft, indem man den Abstand der Laufschienen an mehreren Stellen mit einem Bandmaß misst. Liegen die Messwerte außerhalb der Toleranz, muss der Abstand der Laufschienen korrigiert werden.

Das geöffnete Tor hängt in den waagerechten Laufschienen unter der Hallendecke. Für eine einwandfreie Funktion ist es wichtig, dass die Laufschienen zueinander waagerecht angeordnet sind. Dies wird mit einer Wasserwaage ermittelt.

Je nach dem Ergebnis einer Inspektion ergeben sich für die untersuchten Bauteile folgende Fälle:

- das Bauteil ist technisch in Ordnung (i.O.). Es kann weiterhin genutzt werden. Mit einem Ausfall ist vor der nächsten Inspektion nicht zu rechnen.
- Das Bauteil ist nicht in Ordnung (n.i.O.) und muss ausgetauscht werden. Das Tor ist gegebenenfalls stillzulegen.

Bestimmen von Abnutzungsursachen

Starke Abnutzungen können zu Funktionsstörungen führen. Um dies zu verhindern, muss die Ursache für die Abnutzung bestimmt werden. Dies können sein:

- mangelhafte Schmierung der Reibflächen,
- kein optimal eingestelltes Spiel zwischen den Führungselementen,
- Verzug von Bauteilen durch Kräfte,
- keine ausreichende Abkapselung gegen aggressive Umgebungseinflüsse oder
- fehlerhafte Handhabung.

Subjektive Wahrnehmungen und objektive Messwerte ergeben ein Datenbündel, das die Grundlage für eine Feststellung des Ist-Zustandes bildet. Mit der Bestimmung der Abnutzungsursachen ist die Grundlage für die Auswahl von geeigneten Gegenmaßnahmen gegeben.

Erreicht ein Bauteil seine vom Hersteller vorgegebene Lebensdauer, so ist eine Bestimmung der Abnutzungsursachen nicht erforderlich.

Maßnahmen zur Herstellung des Soll-Zustandes

Die Ursachen, die z. B. zu der starken Abnutzung führten, sind zu beheben.

Zu veranlassende Gegenmaßnahmen können sein:

- Ausrichten und Nachstellen von Führungseinrichtungen, z. B. Führungsspiel verkleinern,
- Anpassen von Wartungs- und Inspektionsplänen, z. B. Verwendung eines Schmierfettes mit Zusätzen zur Herabsetzung der Reibung,
- Umgebungseinflüsse verändern, z. B. Abkapselung von Führungsbahnen gegen Spritzwasser
- Austausch schadhafter Bauteile.

Wenn Bauteile ersetzt werden müssen, sind nur vom Hersteller zugelassene Originalteile zu verwenden. Der Einbau erfolgt entsprechend der Montageanleitung des Herstellers.

Beispiel: Einseitige Abnutzung einer Laufrolle

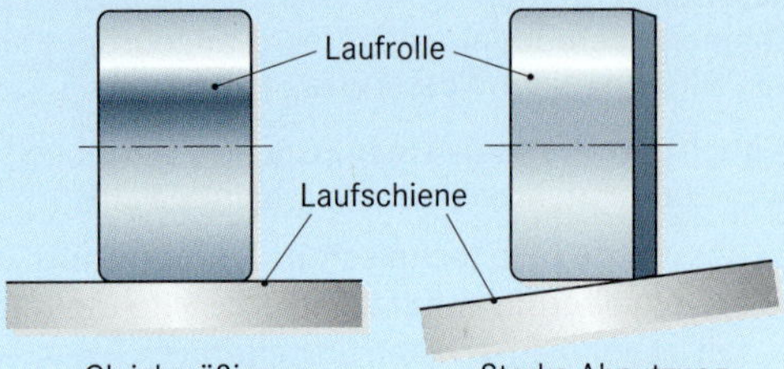

Feststellen und Beurteilen des Ist-Zustandes

An der Laufrolle wurde durch eine Sichtprüfung eine einseitige Abnutzung der Lauffläche festgestellt. Auf Grund dieses Schadens wird die einwandfreie Funktion nicht erfüllt und die voraussichtliche Lebensdauer nicht erreicht. Die Laufrolle muss ausgetauscht werden. Bevor der Austausch jedoch erfolgt, muss die Ursache für den Schaden gefunden werden, sonst würde die neue Rolle gleiche fehlerhafte Abnutzungserscheinungen aufweisen.

Bestimmen der Abnutzungsursachen

Die Berührung der Lauffläche erfolgte einseitig. Die Gründe sind entweder der Schiefstand der Rolle oder der Führungsschiene. Beide Ursachen müssen überprüft werden. Als Ergebnis wird festgestellt, dass die Laufschiene schief steht. Damit es jedoch nicht erneut zu einem vorzeitigen Ausfall kommt, ist zu klären, warum sich die Laufschiene verstellen konnte. Als Grund wird die falsch ausgerichtete Deckenbefestigung der Laufschiene festgestellt.

Veranlassen von Gegenmaßnahmen

Die Laufschiene muss neu ausgerichtet werden. Durch die Behebung der Schieflage wird die ordnungsgemäße Funktion der Laufrolle und der Laufschiene wieder sichergestellt.

An Hand des Inspektionsplanes und der Betriebsanweisung sind folgende Bauteile am Sektionaltor zu überprüfen (Tab. 1).

Tab. 1: Inspektionstätigkeiten

Prüfgegenstand	Durchführung
	**Paneel** Die Paneele werden auf Beschädigung überprüft. Beschädigte Paneele müssen ausgetauscht werden, da sie keine ausreichende Stabilität besitzen.
	**Laufschienen** Durch das Rütteln von Hand werden die Laufschienen auf festen Sitz geprüft.
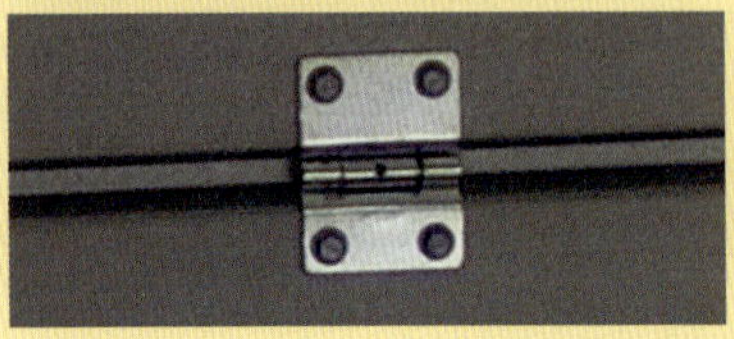	**Paneel-Scharniere** Hier wird die Leichtgängigkeit der Scharniere der Paneele durch das Betätigen des Tores geprüft. Verbogene, nicht beschädigte Paneele ausrichten. Austausch der Paneele, wenn ein Scharnier klemmt.

Prüfgegenstand	Durchführung
	**Laufrollen und Rollenhalter** Beim geschlossenen Tor stehen die Paneele senkrecht in den Laufschienen. Die Laufrollen sind unbelastet und müssen sich von Hand leicht drehen lassen. Ist dies nicht der Fall, müssen die jeweiligen Rollenhalter entsprechend ausrichtet werden. Falls ein Nachstellen nicht mehr möglich ist, muss ein Austausch veranlasst werden.
	**Seile und Seilbefestigung** Die Seile sowie die Seilbefestigung sind auf Beschädigung, wie Aufspreizung, Quetschung oder Bruch, zu überprüfen.
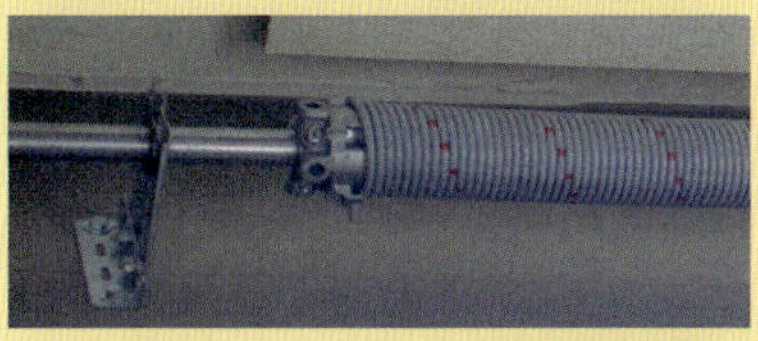	**Federbefestigung** Die Feder muss an der jeweiligen Seite mit der Welle und der Federhalterung fest verbunden sein.
	**Federspannung** Bei richtiger Federspannung ist das Tor ausbalanciert und bleibt in jeder Lage stehen. Wenn das Tor absackt, ist die Federspannung zu gering. Dann muss die Feder gespannt werden. **Hinweis:** Bei Arbeiten an Federn besteht hohe Verletzungsgefahr!
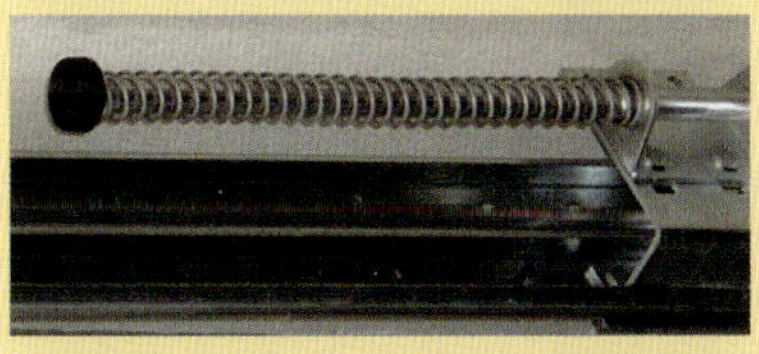	**Stoßdämpfer** Die Stoßdämpfer sind so einzustellen, dass beide Dämpfer das Tor gleichzeitig in der Endlage fixieren.
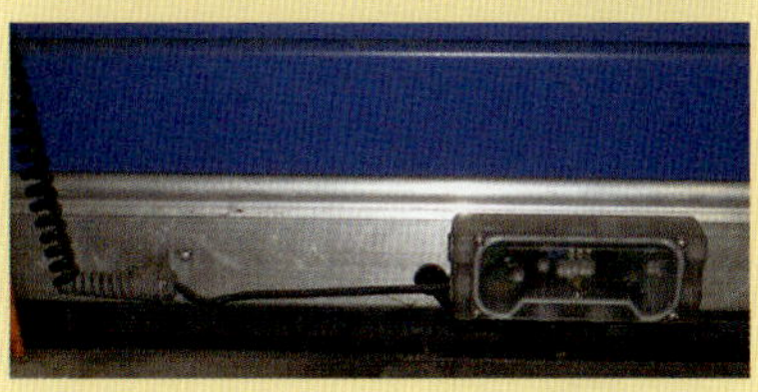	**Seiten-, Oberfeld- und Bodendichtungen** Die Seiten-, Oberfeld- und Bodendichtungen werden auf Porosität und Quetschungen geprüft. Die Dichtungen müssen gegebenenfalls mit der Hand auf Risse kontrolliert werden.

Für kraftbetätigte Sektionaltore werden von der Berufsgenossenschaft besondere Vorschriften herausgegeben.

Inspektion der Sicherheitseinrichtungen

Die Sicherheitseinrichtungen des Sektionaltores haben die Aufgabe, eine Gefährdung von Personen zu verhindern. Folgende Bauteile gehören dazu:

- Torseile,
- Federn,
- Seilrisssicherung,
- Federbruch-Fangvorrichtung,
- Rutschkupplung und
- Bodendichtung (Schließkantensicherung).

Diese Bauteile unterliegen besonderen Sicherheitsansprüchen.

Sie werden an Hand von Sicherheitsblättern überprüft, die von der Berufsgenossenschaft herausgegeben werden. Sie verpflichten den Betreiber von Sektionaltoren, die Funktionsfähigkeit der sicherheitsrelevanten Bauteile eines Tores zu gewährleisten. Der Inspektionsplan des Sektionaltores zeigt die zu prüfenden Sicherheitseinrichtungen (Abb. 1). Die Durchführung der Prüfung ist in den Sicherheitsblättern vorgeschrieben. Diese Tätigkeiten darf nur eine zertifizierte Fachkraft durchführen.

Durch Verträge kann der Betreiber von Sektionaltoren die Wartungs- und Inspektionsarbeiten an autorisierte Fremdfirmen vergeben.

Abb. 1: Inspektionsplan der Sicherheitseinrichtungen des Sektionaltores

nbetrieb-nehmen

13.1.4 Funktionsprüfung und Inbetriebnahme

Nachdem die Wartungs- und Inspektionstätigkeiten durchgeführt worden sind, erfolgt eine Funktionsprüfung. Mit dieser wird kontrolliert, ob:

- alle Bauteile ordnungsgemäß montiert,
- bewegliche Bauteile leichtgängig und
- alle Schmierstellen ausreichend versorgt sind.

Bei der Funktionsprüfung muss darauf geachtet werden, dass sich keine Person im Gefahrenbereich des Sektionaltores befindet.

Die Funktionsprüfung am Sektionaltor erfolgt durch:

1. leichtes Rütteln von Hand an den Laufschienen zum Prüfen des festen Sitzes,
2. Strom einschalten und
3. einen Testlauf. Bei diesem Testlauf wird
   - akustisch die Leichtgängigkeit der beweglichen Bauteile, wie Scharniere, geprüft und
   - visuell die Bewegungsabläufe, wie die Laufrollen in den Laufschienen, geprüft.

Wenn das Prüfergebnis zeigt, dass die Anlage nicht in Ordnung ist, sind Instandsetzungsmaßnahmen zu ergreifen und eine erneute Funktionsprüfung durchzuführen.

Nach erfolgreicher Prüfung sind alle bereitgestellten Montage- und Hilfsmittel sowie die Absicherungseinrichtungen zu entfernen. Sollten keine sicherheitsrelevanten Mängel vorliegen, so wird am Sektionaltor ein Aufkleber angebracht (Abb. 1).

Abb. 1: Prüfplakette

Die Prüfplakette gibt an, wann der nächste Prüftermin für die Sicherheitseinrichtungen ist (05.19).

Nach der Funktionsprüfung wird das Sektionaltor wieder freigegeben. Falls gewünscht, ist dem Betreiber des Tores ein Probelauf vorzuführen. Die durchgeführten Wartungstätigkeiten sind zu dokumentieren.

Zusammenfassung

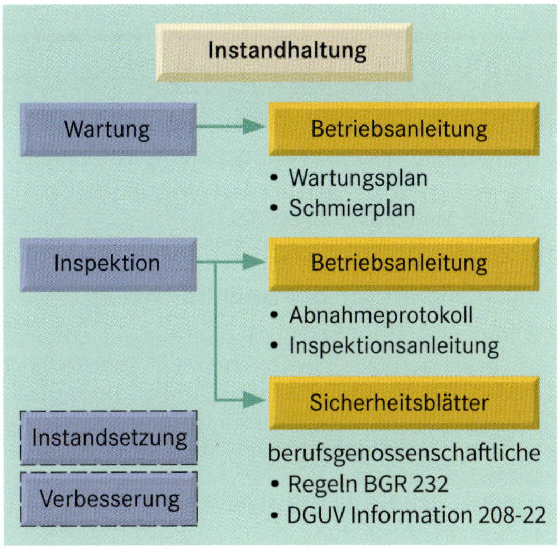

Aufgaben

1. Welche Sicherheitsmaßnahmen müssen vor Instandhaltungsarbeiten durchgeführt werden?

2. Nennen Sie die Regeln, die für das Arbeiten mit Leitern gelten.

3. Wie lässt sich der richtige Anstellwinkel einer Leiter überprüfen?

4. Die Stoßdämpfer des Sektionaltores werden mit dem Schmierstoff K2K-20 geschmiert. Entschlüsseln Sie die Angaben des Schmierstoffes.

5. Bei der Inspektion des Sektionaltores kann die Prüfung subjektiv oder objektiv erfolgen.
a) Nennen Sie für jede Prüfung ein Beispiel.
b) Geben Sie den Unterschied zwischen beiden Prüfungen an.

6. Erklären Sie am Beispiel der Laufrolle des Sektionaltores den Begriff Abnutzungsvorrat.

7. Beschreiben Sie den Verlauf der Abnutzung der Laufrolle des Sektionaltores.

8. Wann ist die Bestimmung der Abnutzungsursachen für ein Verschleißteil erforderlich?

9. Warum müssen die Sicherheitseinrichtungen des Sektionaltores durch eine zertifizierte Fachkraft geprüft werden?

10. Nach den Wartungs- und Inspektionstätigkeiten am Sektionaltor erfolgt eine Funktionsprüfung.
a) Welche Aufgabe hat diese Prüfung?
b) Was muss veranlasst werden, wenn das Ergebnis nicht in Ordnung ist?

13.2 Instandsetzen

ARBEITSAUFTRAG

Bei der Inspektion des Sektionaltores wurde festgestellt, dass die Bodendichtung ausgetauscht werden muss. Sie ist durch ein Originalteil des Herstellers zu ersetzen.

Instandhalten

13.2.1 Austausch der Bodendichtung

Die Bodendichtung des Sektionaltores muss ausgetauscht werden. Ob sie bevorratet oder im Bedarfsfall bestellt wird, hängt von verschiedenen Faktoren ab. Die Lagerhaltung von Bauteilen empfiehlt sich bei häufigem Ausfall oder wenn Stillstandszeiten zu vermeiden sind. Gründe für eine Bestellung von Bauteilen sind häufiger Typenwechsel des Bauteils oder kurze Lieferzeiten.

Die Bodendichtung wird in diesem Fall bevorratet. So ist sie schnell austauschbar, damit der Automatikbetrieb kurzfristig wieder hergestellt werden kann.

Die Betriebsanleitung enthält den Montageplan für die Bodendichtung (Abb. 1).

Für die Demontage der Dichtung müssen die zur Montage erforderlichen Schritte in umgekehrter Reihenfolge abgearbeitet werden.

Dafür sind folgende Schritte erforderlich:

- Gesamte Anlage vom Strom freischalten und prüfen, ob Anlage spannungslos ist.
- Anschlusskasten öffnen und elektrische Leitungen des Druckschalters lösen (Abb. 1d).
- Druckschalter aus der Dichtung entfernen (Abb. 1c).
- Dichtung aus der Nut der Bodenpaneele entfernen (Abb. 1a).

Bei der Demontage ist darauf zu achten, dass der Druckschalter und die Kanten der Nut nicht beschädigt werden.

Die ausgebaute Bodendichtung muss umweltgerecht entsorgt werden.

Die Montage der neuen Bodendichtung beginnt mit der Reinigung des Druckschalters und der Aufnahmenut für die Dichtung. Gegebenenfalls sind Gratbildungen an den Nutkanten zu entfernen.

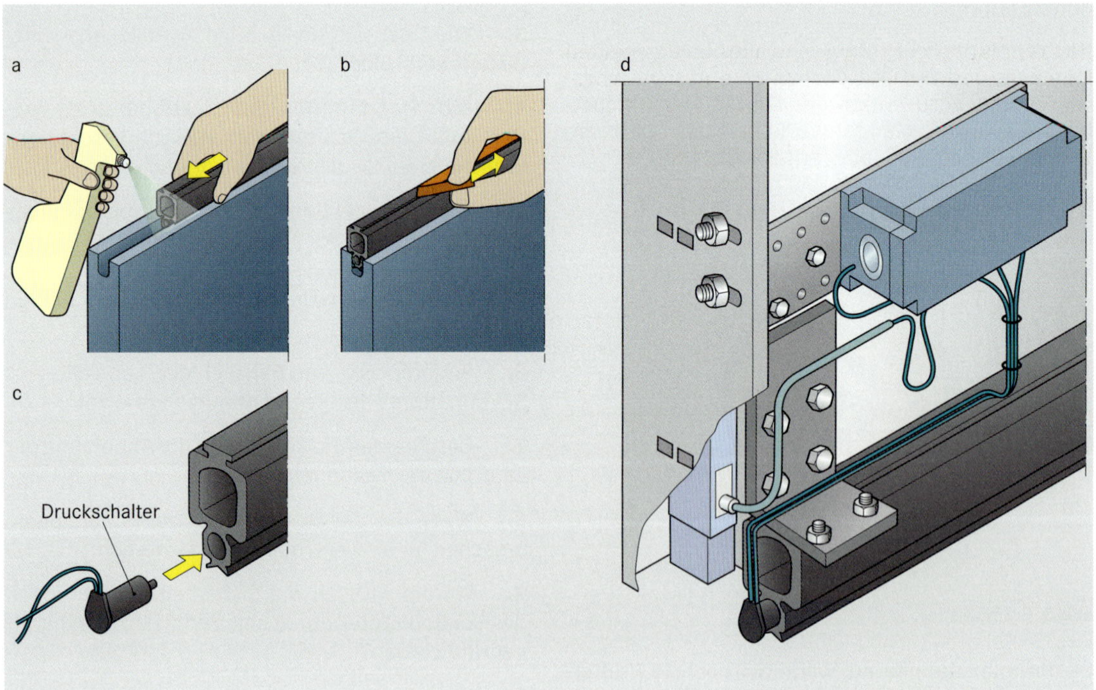

Abb. 1: Montageplan

Danach sind die in der Betriebsanleitung angegebenen Montageschritte auszuführen:

- Bodendichtung mit der Hand in die Nut schieben. Als Gleitmittel ist z. B. ein Spülmittel zu verwenden (Abb. 1a).
- Schutzbelag der Dichtlippe mit der Hand entfernen (Abb. 1b).
- Druckschalter in die Dichtung einsetzen (Abb. 1c).
- Elektrische Steuerleitung im Anschlusskasten an den entsprechenden Kontakten anklemmen (Abb. 1d).

Nach Abschluss der Montage ist eine Funktionsprüfung am Sektionaltor durchzuführen, indem das Tor auf einen Gegenstand, z.B. Lagerbock, auffährt. Das Tor muss dann automatisch wieder hochfahren.

Abschließend wird die Durchführung der Instandsetzung protokolliert und von der ausführenden Person unterschrieben.

13.2.2 Instandhaltungsstrategien

Durch Instandhaltungsmaßnahmen entstehen Kosten. Sie werden dem erzielbaren Nutzen gegenübergestellt und gewichtet. Daraus werden Maßnahmen zur Kostenminimierung abgeleitet.

Kosten werden minimiert, wenn ein bestimmter Nutzen mit möglichst geringem Aufwand oder mit einem bestimmten Aufwand der größtmöglicheNutzen erzielt wird.

Die geeignete Instandhaltungsstrategie für eine Anlage wird so gewählt, dass sich eine möglichst hohe Zuverlässigkeit für die Anlage ergibt.

Im Rahmen einer Instandhaltungsstrategie wird festgelegt, wann und wie Instandsetzungsmaßnahmen durchgeführt werden. Man unterscheidet die (➡📖):

- zeitabhängige Instandhaltung,
- zustandsabhängige Instandhaltung und
- ereignisorientierte Instandhaltung.

Die Auswahl der Strategie hängt von folgenden Faktoren ab:

- Sicherheit,
- Verfügbarkeit und
- Wirtschaftlichkeit.

Bei der zeit- und zustandsabhängigen Instandhaltung steht die Sicherheit und die Verfügbarkeit im Vordergrund. Bei der ereignisorientierten Instandhaltung spielt hauptsächlich die Wirtschaftlichkeit eine Rolle.

An Hand einer Analyse wird festgestellt, welche Strategie für eine Anlage oder Maschine am geeignetsten ist (Tab. 1).

Die Entscheidung für eine bestimmte Instandhaltungsstrategie hängt von vielen Faktoren ab. Es können auch unterschiedliche Strategien gleichzeitig zum Einsatz kommen.

Veränderte Situationen bewirken oftmals eine Anpassung der Instandhaltungsstrategie.

Tab. 1: Instandhaltungsstrategien

Instandhaltungsstrategien		
Zeitabhängige Instandhaltung	Zustandsabhängige Instandhaltung	Ereignisorientierte Instandhaltung
Instandhaltung in festgelegten Abständen, vorbeugender Teileaustausch.	Austausch der Teile nach Abnutzungsgrad. Bestimmung der Abnutzung durch regelmäßige Inspektion.	Austausch der Teile nach Fehlermeldung oder Eintreten einer Störung. Es wird keine Inspektion durchgeführt.
Anwendung bei		
Schmieren	Abnutzung der Laufrollen	Federbruch
Vorteile		
Planbare Stillstandszeiten, Ausfallzeiten werden verringert.	Planbare Stillstandszeiten, Ausfallzeiten werden verringert.	Geringer Planungsaufwand für die Instandhaltung.
Nachteile		
Abnutzungsvorrat wird nicht voll ausgenutzt.	Hoher Aufwand für die Ermittlung des Ist-Zustandes.	Nicht planbare Stillstandszeiten, Instandsetzung unter Zeitdruck, Gefahr von Folgekosten.

Informieren

13.3 Verbessern

ARBEITSAUFTRAG

Bei der Inspektion der Bodendichtung wurde eine starke Abnutzung an den Dichtlippen festgestellt. Nach Aussagen des Herstellers hat die Bodendichtung die vorgesehene Lebensdauer nicht erreicht. Eine Schadensanalyse soll den Grund für die starke Abnutzung klären.

An Hand der Informationen des Torherstellers soll eine Bodendichtung ausgewählt werden, die den Anforderungen besser standhält.

13.3.1 Schadensanalyse

Die Dichtlippen der Bodendichtung sind vorzeitig abgenutzt (Abb. 1).

Abb. 1: Abnutzungsspuren an der Bodendichtung

Es besteht die Gefahr, dass die Luftkammer für den Druckschalter zerstört wird.

Da die Bodendichtung die vorgesehene Lebensdauer nicht erreicht hat, muss eine Schadensanalyse durchgeführt werden. Sie erfasst alle Einflussgrößen, wie Belastung, Klima oder Werkstoffeigenschaften, die auf die Bodendichtung wirken. Die Durchführung einer Schadensanalyse erfolgt nach folgendem Ablauf:

- Beschreiben des Schadensbildes und
- Feststellen möglicher Schadensursachen.

Das Schadensbild der Dichtlippe zeigt Riefen und Kratzer entlang der beiden Dichtlippenkanten.

Grund für die Abnutzung der Dichtlippe können folgende Einflüsse sein:

- Verschmutzung,
- rauer Industrieboden und
- Streusalz.

Als Schadensursache wurde an Hand einer Bewertung aller Einflussfaktoren der raue Industriefußboden festgestellt.

Um einen erneuten Ausfall der Bodendichtung zu vermeiden, muss eine geeignete Bodendichtung eingesetzt werden.

13.3.2 Durchführen der Verbesserung

Führen die Erkenntnisse einer Inspektion oder einer Schadensanalyse dazu, dass häufig gleiche Teile ausfallen, handelt es sich um eine Schwachstelle. Die anschließende Fehleranalyse zeigt, ob eine technische Verbesserung möglich, sinnvoll und wirtschaftlich ist. Mittels einer Verbesseerung soll sich der Abnutzungsvorrat gegenüber dem anfänglichen Abnutzungsvorrat vergrößern.

Dem Hersteller der Bodendichtung wurde das Problem schriftlich mitgeteilt (Abb. 2). Dem abgebildeten Briefwechsel ist zu entnehmen, dass der Hersteller für einen rauen Industriefußbodens eine abriebfestere Bodendichtung empfiehlt. Sie ist zu bestellen und einzubauen. Die neue Bodendichtung muss in der Betriebsanleitung eingetragen werden.

Bei der nächsten Inspektion muss die Abnutzung der neuen Dichtlippen beurteilt werden. Die Beurteilung ergibt, dass entweder

- die Abnutzung geringer ist als bei der alten Dichtlippe und somit ist die Veränderung eine Verbesserung oder
- die Abnutzung weiterhin hoch ist und eine Verbesserung nicht erreicht wurde. Es muss eine erneute Schadensanalyse durchgeführt werden.

Instandsetzung und Verbesserung bilden den umfangreichsten und kostenintensivsten Teil der Instandhaltung.

Aufgaben

1. Welche technischen Unterlagen sind zum Austausch der Bodendichtung erforderlich?

2. Geben Sie die Gründe an, warum die Bodendichtung bevorratet wird.

3. Begründen Sie, warum für das Sektionaltor eine zeitabhängige Instandhaltungsstrategie geeignet ist.

4. Warum ist die Verbesserung der Bodendichtung erforderlich?

5. Nennen Sie die Schritte der Schadensanalyse.

6. Warum muss nach dem Einbau der Bodendichtung die Abnutzung kontrolliert werden?

7. Übersetzen Sie den Brief
a) der Firma Metallbau Krüger ins Englische,
b) der Firma Johnson Seals ins Deutsche.

Metallbau Krüger GmbH
Postweg 14
30000 Hannover
Germany

Hannover, 14.12.2018

Johnson Seals
Box 12345
Houston
77001 Texas

Bodendichtung des Sektionaltores A14W3

Sehr geehrte Damen und Herren,

ich habe bei einem Kunden die Instandhaltung des Sektionaltores A14W3 durchgeführt. Das Tor ist in einer Produktionshalle eingebaut und wird an Werktagen ungefähr 20 mal betätigt. Der raue Untergrund der Toreinfahrt führte zu einer vorzeitigen Abnutzung der Bodendichtung (Bestell-Nr. 23.5-7-W3).
Haben Sie in Ihrer Produktserie eine verschleißfestere Bodendichtung, die den Umgebungseinflüssen besser standhält?

Ich bitte um eine baldige Antwort und verbleibe

mit freundlichen Grüßen

Christian Krüger
Metallbau Krüger GmbH

Johnson Seals
Box 12345
Houston
77001 Texas

Metallbau Krüger GmbH
Postweg 14
30000 Hannover

Germany

Subject: Your letter from December 14th, 2018

Dear Mr. Krüger,

Thank you for your letter. The floor seal used by you (order number 23.5-7-W3) is commonly applied with normal smooth floors, where it proved its value for many years. Your case seems to concern a rough industry floor. Here we recommend to our clients the fiber-reinforced rubber profile Duroflex 2000 as a floor seal. The profile has the same dimensions as the floor seal used by you, but the abrasion resistance is 3 times higher. The rubber profile Duroflex 2000 can be ordered under the number 23.5-9x-W3. I included a list of suppliers from whom you can order the floor seal Duroflex 2000.

Good luck and best regards,

Ronald Donald

Abb. 2: Briefwechsel

Schritte der Instandsetzung

1. Schaden erkennen
- Sichtprüfung
- Funktionsprüfung

2. Demontieren
- Arbeitsplanung
- Ergreifen von Sicherheitsmaßnahmen

3. Schaden beheben
- Reparatur
- Austausch

4. Montieren
- Arbeitsplanung
- Einstellen

5. Inbetriebnahme
- Funktionsprüfung
- Dokumentation

Schritte der Verbesserung

1. Schwachstelle erkennen
- Schadensbild beschreiben

2. Ursachen feststellen
- Analyse der Umgebungseinflüsse

3. Bauteil einbauen
- Auswahl
- Demontage
- Montage

4. Im Betrieb beobachten und bewerten
- Langzeituntersuchung
- Prüfprotokoll
- Verbesserung beurteilen

Gesamtaufgabe

Mit dem abgebildeten Säulenschwenkkran werden schwere Lasten auf Paletten umgeladen. Die Säule ist über den Fußflansch mit dem Fußboden verschraubt. Der Schwenkarm ist durch das Kopf- und Gegenlager an der Säule befestigt, er lässt sich um 360° drehen.

Die Laufkatze läuft auf vier Laufrollen auf dem Profil des Schwenkarms. Durch das Ziehen am Bedienelement wird der Schwenkarm und die Laufkatze von Hand geschwenkt und verschoben. Die elektrische Leitung für den elektrischen Kettenzug ist über Gleitschuhe beweglich befestigt. Beim Heben der Last wird die Kette in einen Kettenkasten aufgewickelt.

An Hand der technischen Unterlagen sind die Instandhaltungstätigkeiten an der Laufkatze und der Kette des Säulenschwenkkrans durchzuführen.

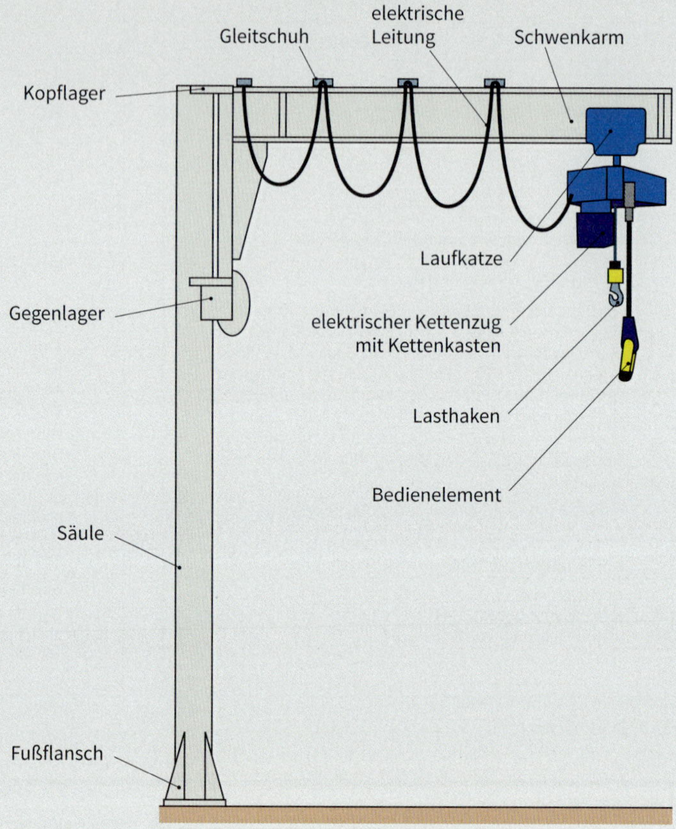

Laufkatze

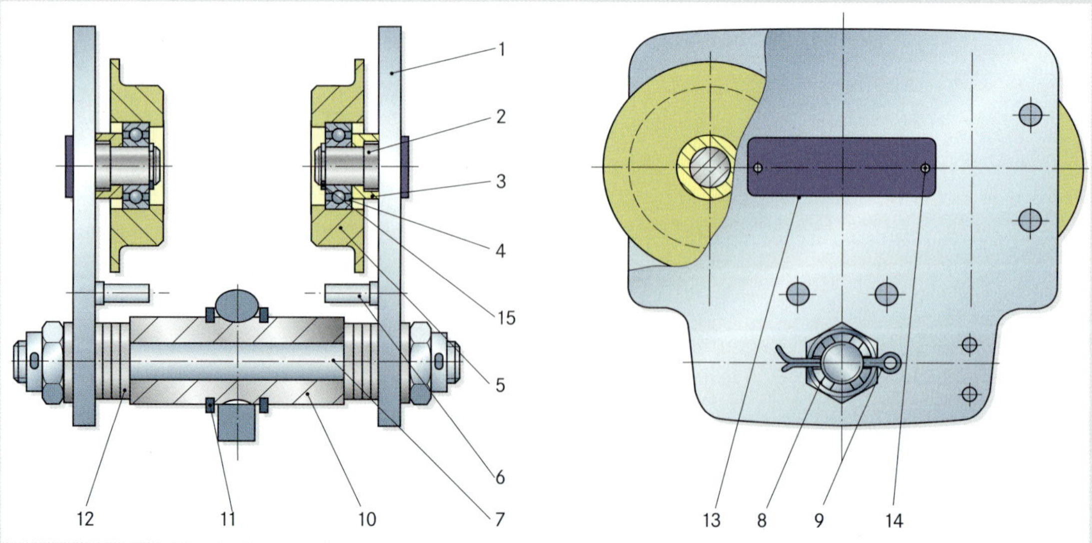

15	4	Stck.	Sicherungsring	DIN 471 - 20 x 1,2	Federstahl
14	4	Stck.	Halbrundkerbnagel	DIN 8746 - 3 x 5	St
13	2	Stck.	Firmenschild	108 x 32	St
12	16	Stck.	Abstandsring		S235JRG1
11	2	Stck.	Sicherungsring	DIN 471 - 38 x 1,75	Federstahl
10	1	Stck.	Rohr	DIN 2391 - 38 x 8	E 295
9	2	Stck.	Splint	DIN EN ISO 1234 - 5 x 45	St
8	2	Stck.	Kronenmutter	DIN 935 - M 24	8
7	1	Stck.	Traverse		S235JRG1
6	4	Stck.	Führungsstift		S235JRG1
5	4	Stck.	Laufrollen		C35
4	4	Stck.	Rillenkugellager 6204	DIN 625	
3	4	Stck.	Kragendichtbuchse		PA 6.6
2	4	Stck	Laufrollenbolzen		S235JRG1
1	2	Stck.	Seitenschild		S235JRG1
Pos.	Menge	Einheit	Benennung	Sachnummer/Norm-Kurzbezeichnung	Bemerkung
1	2	3	4	5	6

				Datum	Name	Benennung
			Bearb.			Laufkatze
			Gepr.			
			Norm			

1. Welche Bauteile gewährleisten eine sichere Führung der Laufkatze auf dem Schwenkarm?

2. Der Säulenschwenkkran muss regelmäßig gewartet werden. Begründen Sie die Maßnahme.

3. Wen müssen Sie in Ihrem Betrieb informieren, bevor Sie mit Instandhaltungsarbeiten von technischen Systemen beginnen?

4. Welche vorbereitenden Tätigkeiten müssen Sie durchführen, bevor Sie mit der Instandhaltung des Säulenschwenkkranes beginnen?

5. Für die Arbeit an der Laufkatze benötigen Sie eine Leiter. Welche Regeln gelten für das Arbeiten mit Leitern?

6. Die Laufkatze ist entnommen und wird nach der Demontage inspiziert. Welche Prüfungen sind durchzuführen?

7. Die Wälzlager sind laut Betriebsanleitung mit dem Schmierfett K3M-30 geschmiert. Erläutern Sie die Schmierstoffbezeichnung.

8. Die Laufrollen besitzen einen Abnutzungsvorrat. Geben Sie an, worin dieser besteht.

9. Welche Aufgabe haben die Abstandsringe?

10. Woran erkennen Sie, wann ein Wälzlager defekt ist?

11. Das Wälzlager ist defekt. Geben Sie die erforderlichen Arbeitsschritte zur Demontage und Montage des Wälzlagers an.

12. Das Wälzlager weist eine starke Verschmutzung auf. Geben Sie eine konstruktive Verbesserung an, um das Wälzlager vor Verschmutzung zu schützen.

13. Eine Last wird durch den Kettenzug gehoben. Dabei wird die Kette im Kettenkasten über Umlenkrollen geführt. Geben Sie Gründe an, warum die Kette zu ölen ist.

14. Zur Überprüfung der Kette wurde sie aus dem elektrischen Kettenzug herausgenommen. Laut Herstellerangaben muss die Kette ausgetauscht werden, wenn sich der Ausgangsdurchmesser (5 mm) um zehn Prozent verringert hat.
a) Ab welchem Durchmesser ist die Kette auszutauschen?
b) Geben Sie ein geeignetes Prüfmittel an.
c) Beschreiben Sie das Prüfverfahren.

A

A-Bock / A-rack 304 ff.
Abdeckfolie montieren / mounting protective sheet 368
Abdeckprofil / cover profile 337 ff.
Abdeckprofile montieren / mounting cover profiles 368
Abdichten von Anschlussfugen / sealing installation gaps 364 f.
Ablaufplan / work schedule 217 f.
Abnahme einer Stahltreppe / factory acceptance test of a steel stairs 424 f.
Abnutzung von Verschleißteilen / abrasion of wear parts 450
Abnutzungsursachen / causes of wear 451 f.
Abnutzungsvorrat / wear margin 450
Abrasivschneiden / abrasive cutting 37
Abscherung / shearing 372
Abstand von Stäben / bar distance of bars 68
Abstandsmontage / distance mounting 373
Absturzsicherungsgurt / fall protection belt 260
Abtragen / electro erosion 35 ff.
Abwicklung prismatischer Körper / development drawing of cylindrical bodies 23
Abwicklung pyramidenförmiger Körper / development drawing of pyramidal bodies 24
Abwicklung zylindrischer Körper / development drawing of cylindrical bodies 25
Abwicklungen / developed views 22 ff.
Abziehen von Lagern / removal of bearings 184
Achsabstand / axial distance 377
Aktiver Korrosionsschutz / active corrosion protection 109
Aluminium / aluminium 134
Aluminium, Korrosionsverhalten / corrosion behaviour of aluminium 116
Aluminiumblech / aluminium sheet 17
Andruckprofile / pressure profile 363
Anfangsschmiedetemperatur / initial forging temperature 151
Anforderungen an Geländer / banister requirements 414
Anforderungsliste / requirement list 160
Ankerbolzen / anchor bolt 376
Anlassen / quenching 152 f.
Anlasstemperatur / tempering temperature 152
Anlauffarben / temper colours 94
Anreißmaß / mark dimension 83
Anschläger / ground man 208
Anschlagmittel / lifting tackle 202 ff.
Anschlagsketten / chain sling 204
Anschlagverglasung / rabbet glazing 285
Anschlussfugen abdichten / sealing installation gaps 364 f.
Anschlusslasche / bracket joint 221
Anschlusslaschen für das Geländer / bracket joints for the banister 411
Anschlusswinkel / angle end fitting 251
Anschweißbänder / welded hinges 286
Antirutschmatten / anti-slip mat 308
Antrieb, formschlüssig / drive, positive locking 192
Antrieb, kraftschlüssig / drive actuated by adherence 191
Antriebe, elektrisch / electric drives 187
Antriebseinheit, Türanlage / drive unit, door system 318
Antriebseinheiten / drive units 163
Anwärmzone / pre-heating zone 84
Anziehmoment / tightening torque 173
Arbeits- und Umweltschutz / safety at work and environment protection 210 f.
Arbeitsablauf beim Heben von Lasten / process sequence of hoisting of loads 208
Arbeitsplan / operation chart 140
Arbeitsposition beim Schweißen / work position when welding 100
Arbeitsregeln beim Schleifen / work rules for grinding 96
Arbeitsschutz / safety at work 210
Arbeitssicherheit beim Heben von Lasten / safety at hoisting of loads 208
Arbeitssicherheit beim Schweißen / safety at work when welding 102 f.
Aufbohrschutz / bore protection 295
Aufhängeöse, / suspension eye 205
Auflager / support 266 f.
Auflagerabstand / support distance 406
Auflagerberechnung / support calculation 267
Aufmaßprotokoll, Treppe / measurements production log, stairs 427
Aufnahmeglied / uptake unit 206
Aufstiegshilfen / climbing aids 448 f.
Auftritt / stair tread 399
Augenschutz beim Schweißen / eye protection when welding 101
Augenschutzgerät / eye protection unit 102 f.

Ausbringung / output 99
Ausgangsventil / output valve 83
Ausklinkeinrichtung / notching unit 86
Ausklinken / notching 86
Ausklinken von Rohrenden / notching of tube ends 418 f.
Ausklinkung sägen / sawing notch 338
Auslegemethode / positioning method 433
Außenreff / outside rack 313
Äußere Glasdichtung / outside glazing seal 363
Axiale Lagesicherung, / axial safety device 183

B

Band, Tor / hinge, gate 323
Bänder / hinges 297
Bänder, warmgewalzt / hot-rolled bands 15
Bandsägen für Metall / band saws for metal 75 ff.
Bauelement / component 163
Bauformen von Trägern / structural form of girders 245 ff.
Baugruppe / assembly 163
Baustahl, fügen / assembling of structural steel 90 ff.
Baustahl, legiert / alloyed structural steel 94
Baustelle einrichten / setup of the construction site 255
Baustelleneinrichtung / construction site equipment 255
Baustellenplan / construction site plan 255
Bauzeichnungen, bemaßen / construction drawing, dimensioning 401
Befestigungselemente / fastening elements 356 f.
Befestigungspunkte / fastening points 356
Befestigungssystem auswählen / selecting fastening system 371
Begehbarkeit / walk-on stability 428
Beizen / deoxidising 96, 120
Belüften von Fassaden / ventilation of facades 366 f.
Belüften von Fenster / ventilation of windows 347
Bemaßung in Bauzeichnungen / dimensioning of construction drawing 401
Berechnen von Auflagern / calculating supports 267
Berechnung der Rohlänge / calculating base length 141
Berechnung der Schnittgeschwindigkeit / calculation of cutting speed 80
Berechnung von Schweißnähten / calculation of welds 228
Beschichten mit Pulver / powder coating 115
Beschläge / fittings 286
Bestimmung der Drehachse / determination of the hinge 324
Betriebsanleitung / operating instructions 448
Betriebsanweisung / operating instructions 103
Betriebsanweisung beim Schweißen / instruction manual for welding 102 f.
Betriebsdruck / operating pressure 83
Betriebsdrücke, einstellen / adjusting operating pressure 83
Betriebsmittel, elektrisch / electrical equipment 326
Betriebsmittel, Kennzeichnung / equipment, identification 327
Bewehrungssuchgerät / reinforcement detector 376
Bewerten von Schweißnähten / evaluation of welded joints 104 ff.
Bezeichnen von Stahlprofilen / designating of steel sections 72
Bezeichnung einer Drahtelektrode / designation of a wire electrode 91
Bezeichnung einer Stabelektrode / designation of a rod electrode 97 f.
Bezeichnung von Elektroden / designation of electrodes 91
Biegemaschinen / bending machines 137 f.
Biegen / bending 39 ff., 137 ff., 143 f.
Biegeprüfung / bending test 147
Biegeradius / bending radius 42 46 ff.
Biegespannungen am Winkelprofil / bending stress on angle section 136 ff.
Biegeversuch / bending test 138
Biegevorrichtungen / devices for bending 143
Biegewalzen / bending rolls 137
Biegewange / bending beam 40
Biegezentrum, CNC / CNC bending centre 139
Bimetall, Sägeblatt / bi-metal, saw blade 33
Blausprödigkeit / blue brittleness 142
Blech / sheet metal 14 ff.
Blech aus Nichteisenmetallen / sheet of non-ferrous metal 17
Blech aus nichtrostenden Stahl / sheet of stainless steel 16
Blech trennen / cutting sheet 21 ff.

Blech, kaltgewalzt / cold-rolled sheet 15
Blechbauteile fügen / assembling of sheet components 50 ff.
Bleche umformen / forming of sheets 39 ff.
Bleche, warmgewalzt / hot-rolled sheets 15
Blechschrauben / sheet metal screw 59 f.
Blindnieten / blind riveting 64 ff.
Blindnietmuttern / blind-rivet nut 60
Blockdüse / block tip 82
Bodendichtung / floor seal 2840,3
Bodendichtung, Austausch / exchange of the floor seal 456
Bodendichtung, montieren / floor seal, mounting 302
Bodenhalter / ground support 412
Bodentürschließer / bottom-mounted door closer 288
Bogentreppe / circle stairs 430
Bohr-Schneid-Schraube / thread cutting screw 270
Bohren / drilling 372, 408 f., 421
Bohrloch reinigen / cleaning drill hole 3740,38
Bohrmaschine / drilling machine 408 f.
Bohrschablone / drill template 2980,32
Bohrvorrichtung / drilling device 339
Bolzenanker / stud bolt anchor 377
Bolzenanker, Setzwerkzeug / stud bolt anchor, mounting tool 378
Bord / upward lip 40
Bord, doppelter / double skirt 46
Brandschutztür / fire protection door 282
Brandschutztür, Kennzeichnungsschild / fire protection door, identification label 282
Brandschutzverglasung / fire-protective glazing 284
Brennerhaltung / holding the torch 93
Brennschneidemaschine, CNC / CNC oxygen-cutting machine 225
Brennschneiden / oxygen cutting 82 ff., 89
Brennschneidfehler / oxygen cutting defects 85
Brennschneidmaschinen, mobile / oxygen cutting machine, mobile 84
Brennschneidmaschinen, stationär / oxygen cutting machine, stationary 85
Brinell, Härteprüfung / Brinell hardness test 154
Bruchdehnung / elongation at break 135
Bruchflächenprüfung / fracture surface test 147
Buntbartschloss / warded lock 293

C

Chemische Korrosion / chemical corrosion 109, 116
Chromatieren / chromating 113 f.
Chubbschloss / chubb lock 293
CNC-Brennschneidemaschine / CNC oxygen-cutting machine 225
CNC-Profilbearbeitungszentrum / CNC profile machining centre 224
CNC-Biegezentrum / CNC bending centre 139

D

Dacheindeckung montieren / mounting roof covering 269 f.
Dacheindeckung, herstellen / producing roof covering 269
Dachträger herstellen / producing roof girder 236 ff.
Dämmstoffarten / types of insulation materials 367
Dampfsperre / moisture barrier 274
Datenblatt / data sheet 132 f.
Deckenhalter / ceiling support 412
Deckenkran / ceiling crane 207
Decklage schweißen / welding final pass 93
Dehngrenze / yield strength 135
Demontage / disassembling 164
Demontage von Lagern / disassembling of bearings 184
Demontageplan / disassembling plan 184
Diagonalstab / diagonal bar 250
Diagonalzurren / diagonal lashing 308
Dichte / density 73 f.
Dichtfolien / sealing foils 365
Dichtungen / seals 181
Dichtungen befestigen / fastening sealing foils 346 ff
Dichtungskreuze / sealing crosses 362 f.
Dimensionierung von Schraubenverbindungen / dimensioning of bolted connections 261, 265
Doppel-V-Naht / double-V-seam 89, 238
Doppelstehfalz / double standing seam 62 f.
Doppelter Bord / double skirt 46
Dornbiegemaschine / mandrel bending machine 139
Drachenstufe / dragon stair 432
Drahteinlage / wire core 47
Drahtelektrode / wire electrode 95

Drahtelektrode, Bezeichnung / wire electrode, designation 91
Drahtglas / wired glass 285
Dreh-Kipp-Beschlag, Fenster / tilt and turn hardware, window 349 ff.
Drehachse bestimmen / determining rotation axis 324
Drehbohren / drilling 372
Drehflügeltor / revolving swing out gates 320
Drehimpulsverfahren / angular momentum process 264
Drehkipp-Beschlag / tilt turn hardware 349 f.
Drehkippfenster / tilt and turn window 344
Drehmoment-Werkzeuge / torque wrenches and equipment 174
Drehmomentberechnung / torque calculation 195
Drehmomente an Zahnradgetrieben / gear drive, torque 195
Drehmomentverfahren / torque process 264
Drehstrommotor / three-phase a.c. motor 187
Dreipunktbiegen / three-point bending 43
Dreiwalzen-Rundbiegemaschine / three-roll circling machine 137 f.
Drückendes Schneiden / pressurised cutting 26
Drückergarnitur / door handle set 289
Druckminderer / pressure-reducing valve 83
Druckstütze / pressure prop 219 ff.
Dübel / dowel 372 ff.
Dübelsystem, Einbau / dowel system, mounting 374 ff.
Dübelsysteme / dowel systems 372 ff.
Duplex-System / duplex system 121
Durchsetzen / beading 62
Durchsteckmontage / through-hole mounting 373, 378
Durchstrahlungsprüfung / radiographic testing 107

E

Eckverbinder / corner joints 345 f.
Eigenschaften von Mischgas / mixed gas characters 91
Einbrand / weld penetration 91
Einfeldsystem / single-field system 366 f.
Einlaufphase / running-in time 450
Einnietmutter / hank nut 316
Einnietmutterzange / hank nut pliers 316
Einrichten der Baustelle / setup of the construction site 255
Einsatzblendrahmen / insert blind frame 347 f., 351
Einsatzelemente / insert elements 359 f.
Einscheiben-Sicherheitsglas / tempered safety glass 285
Einschraubtiefe / length of thread engagement 59
Einspannlagen / chuck positions 76
Einsteckschloss / mortise lock 290 ff.
Einsteckschloss, Rohrrahmen / mortise lock for tube frame 293
Eintouriges Schloss / single-turn lock 290
Elektolyt / electrolyte 109
Elektrische Antriebe / electric drives 187
Elektrische Betriebsmittel / electrical equipment 326
Elektrische Grundschaltungen / electrical basic circuits 328 f.
Elektrische Torsteuerung / electrical gate control 326 ff.
Elektrischer Torantrieb / electric gate drive 187
Elektrischer Türöffner / electrical door openers 292
Elektrochemische Korrosion / electrochemical corrosion 109, 117 f.
Elektrochemische Spannungsreihe / electro-chemical series 116 f.
Elektrode / electrode 95
Elektrodenbezeichnung / designation of electrodes 91, 97 f.
Elektrofuchsschwanz / electric reciprocating saw 34
Elektrohandschere / electric metal snips 28 f.
Elementbauweise / construction from elements 359
Eloxieren / anodic oxidation 118
Endkontrolle, Türanlage / final check, door system 319
Endschlag / end impact 318
Endschmiedetemperatur / final forging temperature 151
Energiebilanz / energy balance 385
Energiefluss / power flow 162
Energieübertragungseinheiten / energy transmission units 163
Entwässern von Fassaden / draining of facades 366 f.
Entwässern von Fenstern / draining of windows 347

F

Fächerscheibe / serrated lock washer 172
Fachwerkträger / trussed girder 245
Falle, Schloss / lock catch 292
Falzen / folding 61 ff.
Falzschließmaschine / seaming machine 63
Fangstift / pilot pin 295
Farbeindringverfahren / liquid penetration testing 105
Farbtonkarten / colour cards 177
Fassade montieren / mounting facade 356 ff.
Fassade, kalt / facade, cold 274
Fassade, Pfosten-Riegel / post-and-cross-bar facade 336 ff.
Fassade, ungedämmt / facade, no insulated 275
Fassade, warm / facade, warm 274
Fassaden / facades 335 ff.
Fassaden belüften / ventilation of facades 366 f.
Fassaden entwässern / draining of facades 366 f.
Fassadenelement ausrichten / levelling facade element 358
Fassadenelement vormontieren / pre-assembling facade element 341 f.
Federband / spring hinge 286 f.
Fehler beim Brennschneiden / defects during oxygen cutting 85
Fehlerarten bei Schweißnähten / types of failures by welded seams 104
Feilprobe / filing test 147
Feinblech / sheet 14
Fenster / window 335 ff., 344 ff.
Fenster belüften / ventilation of windows 347
Fenster entwässern / draining of windows 347
Fenster, Öffnungsart / window, opening operation 344
Fenster, Öffnungsrichtung / window, opening direction 344
Fenstereinsatzelement herstellen / producing window insert element 344 ff.
Fensterrahmen / window frame 345 ff.
Fertigungsablauf / process of producing 171
Fertigungsablauf bei der Torrahmenherstellung / process of producing the gate frame 171
Festforderung / fixed requirement 160
Festlager / fixed bearing 266, 356 f., 392
Festverglasung, einsetzen / assembling fixed glazing 317
Feuerverzinken / hot-dip zinc coating 111 f.
Flachdichtungen / flat seals 182
Flächenbezogene Masse / area-related mass 18 f.
Flächenkorrosion / overall corrosion 110
Flächenpressung / surface pressure 197
Flächenpressung in Passfederverbindungen / parallel key joints, surface pressure 197
Flacherzeugnisse aus Nichteisen-Metallen / flat products of non-ferrous metals 17
Flacherzeugnisse aus Stahl / flat products of steel 14 ff.
Flachmeißel / flat chisel 145 ff.
Flammrichten / flame straightening 101
Flammspritzen / flame spray coating 113 f.
Flaschenventil / cylinder valve 83
Floatglas / float glass 284
Fluchtpunktmethode / vanishing point method 434 f.
Flügelrahmen / casement frame 347, 351
Flügelrahmen hochklotzen / block setting window sash 354
Folienanschluss herstellen / producing foil connection 340
Formen von Passfedern / form of parallel keys 198
Formen, Sägeblatt / types of saw blades 33
Formiergas / Formiergas (nitrogen mixture) 94
Formschlüssiger Antrieb / positive locking drive 192
Freiformbiegen / free form bending 143
Freiformschmieden / free form forging 149 f.
Freitragende Treppe / unsupported stairs 431
Fuchsschwanz, elektrisch / electric reciprocating saw 34
Fuge abdichten / sealing groove 339 f.
Fügen / assembling 50 ff., 164
Fügen von Blechbauteilen / assembling of sheet components 50 ff.
Fugenform von Stumpfnähten / edge form of butt welds 227
Führungsschiene / guide bar 178
Fülllage / filler 92
Fülllage schweißen / welding filler bead 93
Funkenprobe / spark test 148
Funktionsanalyse / functional analysis 162
Funktionseinheit / functional unit 162 f.
Funktionsprüfung / function test 455

Fußlager, Befestigen / foot bearing, fastening 371
Fußplatte / bed plate 224

G

Gabelkopf / clevis 250
Galvanisches Verzinken / electro-plated zinc coating 113
Galvanisieren / electro-plating 123
Gase zum Schweißen / welding gases 170
Gasflaschen, Kennzeichnung / identification of gas bottles 52 f.
Gebotszeichen / mandatory sign 210
Gefahrenhinweise / notices of dangers 211
Gefahrgutaufkleber / dangerous gas label 53
Gefahrstoffverordnung / hazardous substances regulation 210
Gegenspannung / counter voltage 124
Gehrungsschere / bevelling shear 301, 348
Gehrungsschnitt / bevel cutting 32
Geländer / banister 411 ff.
Geländer fertigen / manufacturing banister 441
Geländer herstellen / producing banister 415 ff.
Geländer, Anforderungen an / banister, requirements 414
Geländer, Zuschnittliste / banister, blank list 415
Geländerhöhen / banister heights 441
Geometrie, Sägeband / geometry of a saw band 76
Gerade Treppen / straight stairs 430
Gerüst / scaffold 260
Geschraubte Trägerstöße / bolted girder joints 244
Geschweißte Halbzeuge / welded semi-finished products 136 f.
Geschweißte Trägerstöße / welded girder joints 244
Gesenk / die 43
Gesenkbiegen / die bending 43 f.
Gesenkschmieden / welded beam joints 150
Gestalten, Korrosionsschutzgerecht / designing against corrosion 122 f.
Getriebe / gearbox 188 ff.
Getriebübersetzungen / transmissions 195
gewendelte Wohnhaustreppe / helical stairs for a residential building 426 ff.
Gewindestange setzen / mounting thread rod 381
Gewinkelte Treppen / angled stairs 430
Gitter / grid 320 ff.
Gitterroste / gratings 402 ff.
Glas / glass 285
Glasanbauten / glass extension 335 ff.
Glasanbauten herstellen / producing glass annexes 385
Glasanbauten montieren / mounting glass annexes 391 f.
Glasdichtung / glazing seal 346
Glasdichtung, äußere / outside glazing seal 363
Glasdichtung, innere / inside glazing seal 354
Glasdichtungen, innere, befestigen / fastening inside glazing seals 342
Glaseinsätze / glass applications 360 ff.
Glaseinsätze, Einsetzen / glass applications, mounting 360 f.
Glashalteleiste / glazing bead 300
Glashalteleisten befestigen / fastening glazing bead 353
Glashalter / glass clamp 361
Glasträger / glass supporter 360 f.
Glasträger, Einsetzen / glass supporter, mounting 360
Gleichstrommotor / direct current motor 187
Gleitfest-vorgespannte Schraubenverbindung / slide-proof prestressed bolted connections 265
Gleitlager / plain bearing 1790,27
Gleitlagerbuchse, / plain bearing bush 179
Glühfarben / heat colours 150 f.
Gripzange / locking pliers 63
Grobblech / plate 14
Grundbegriffe im Treppenbau / basic concept stair construction 399
Grundmaße, Treppe / basic measurements, stairs 429 ff.
Grundschaltungen / basic circuits 328 f.
Gummibolzenkupplung / rubber-bolt coupling 199
Güteklasse / quality standard 204
GV-Verbindung herstellen / producing GV connection 263 f.
GV-Verbindung, prüfen / testing GV connection 264
GVP-Verbindung / GVP connection 263

H

Halbgewendelte Treppe planen / planning half helical stairs 438
Halbgewendelte Wangentreppe / half helical string stairs 438
Halbkreismethode / semi-circle method 438

Halbzeuge / semi-finished products 14, 134, 136 ff., 142
Halbzeuge auswählen / selecting semi-finished products 413
Halfenschiene / Halfen channel 232
Hammerbohren / hammer drilling 372
Handhaben / handling 164
Handhebelschere / hand-lever shear 27
Handkreissäge / circular saw 34
Handlauf / handrail 441
Handlauf fertigen / producing handrail 441
Handschneidbrenner / hand cutting torch 83
Handzeichen / hand signal 208
Hängegang / hanging course 202
Härte / hardness 153
Härten / hardening 151 f.
Härteprüfung / hardness test 153 f.
Härteprüfung, Brinell / Brinell hardness test 154
Härteprüfung, Rockwell / Rockwell hardness test 155
Härteprüfung, Vickers / Vickers hardness test 155
Härtetemperatur / hardening temperature 152 f.
Hartmetallsägeblätter / hard metal saw blades 78
Hebeband / lifting belt 202
Heben von Lasten / lifting of loads 201 ff.
Heben von Lasten, Arbeitsablauf / lifting of loads, process flow 208
Hebezeuge / lifting tools 207 f.
Hebezeuge auswählen / selecting lifting tools 406
Heften / tack welding 90
Heizdüse / heating nozzle 84
Heizsauerstoff / heating oxygen 82
Herstellerangaben bei Gefahrstoffen / manufacturer's data about hazardous substance 210
Hilfslauflinie / auxiliary walking line 432
Hilfsstoffe / additives 449
Hinterschneidung / undercut 377
Hochklotzen, Flügelrahmen / block setting, window sash 354
Hohlprofil / hollow section 223
Hohlumschlag / hollowly fold over 47
Holme / tread supports 440
Holme fertigen / producing tread support 440
Holme, Zuschnittliste für / tread supports, blank list 440
Holmtreppe / tread support stairs 431
Hookesche-Gerade / Hooke's straight line 135
Hubbühne / hoisting platform 260
Hubsägen / hacksaw 32
Hubvorrichtungen / lifting units 209
Hydraulikstanze / hydraulic punch 222

I

I-Profile / I-sections 223
Impulslichtbogen / pulsed arc 95
Inbetriebnahme / start-up 455
Industriegase / industrial gas 53
Informationsfluss / information flow 162
Innere Glasdichtung / inside glazing seal 354
Inspektionstätigkeiten / inspection activities 452 f.
Inspizieren / inspection 448, 450 f.
Inspizieren von Sicherheitseinrichtungen / inspecting safety devices 454
Instandhaltungsstrategien / maintenance strategies 457
Instandsetzen / repairing 456 ff.
Integrierter Türschließer / integrated door closer 288
Inverter / inverter 92
IPE-Trägerprofile / IPE girder sections 237
Isolationsprofil / isolation profile 337, 361
Isolationsprofile befestigen / fastening isolation profile 342
Isolierglas / insulating glass 387
Isolierglas ausrichten / bringing insulating glass into line 352
Isolierglas auswählen / selecting insulation glass 387
Isolierglas befestigen / fastening insulation glass 391 f.
Isolierglas einsetzen / applying insulating glass 351 ff.
Ist-Zustand feststellen / detecting actual state 451 f.

K

Kaltfassade / cold-facade 274
Kaltgewalzte Halbzeuge / cold-rolled semi-finished products 136
Kaltgewalztes Blech / cold-rolled sheet 15
Kaltrichten / cold straightening 100
Kaltumformen / cold forming 131 ff.
Kaltverfestigung / cold-work hardening 136
Kaltverzinken / cold galvanizing 114

Kantengleiter / edge protection 311
Kantenpressung bei Trägerdurchbiegung / edge pressure by girder bending 266
Kantfolge / seaming sequence 63
Kappschnittverfahren / cutting cut process 80
Kastenträger / box girder 245
Kathodischer Korrosionsschutz / cathodic corrosion protection 124
Kegelverbindung / taper joint 197
Kegelverbindungen mit Scheibenfeder / taper joints with woodruff key 197
Keilriemengetriebe / variable belt transmission 191, 195
Keilscheiben / wedge plate 259
Kennzeichenschilder bei Gefahrstoffen / identification sign for hazardous substance 211
Kennzeichnen von Gasflaschen / identification of gas bottles 52
Kennzeichnung von Reinigungsmitteln / marking of cleaning supplies 211
Kennzeichnungsschild Brandschutztür / identification label for a fire protection door 282
Kernbohrer / trepanning drill 409 f.
Ketten / chains 203
Kettendurchhang / chain sagging 194
Kettengetriebe / chain drive 193
Kettenkennzeichnung / chain identification 204
Kettenspannrad / chain clamping wheel 194
Kettenverbindungsglied / chain shackle 194
Kettenzug / chain hoist 207
Klangprobe / ringing test 147
Klemmbrett / clamp board 306
Klemmlänge / rivet grip 65
Klemmplatte / connection plate 252
Klotzen / block setting 352 f.
Knieleiste berechnen / calculating knee batten 417
Köcherfundament / sleeve foundation 257
Konstruktionsbänder / supporting hinges 286
Kontaktkorrosion / contact corrosion 116
Kopflager, Befestigen / fastening of the head bearing 376
Kornsickenhammer / grooving hammer 46
Korrosion / corrosion 109 ff.
Korrosion, chemische / chemical corrosion 109, 116
Korrosion, elektrochemische / electrochemical corrosion 109, 117 f.
Korrosionsarten / types of corrosion 109
Korrosionsschutz / corrosion protection 109 ff., 412
Korrosionsschutz für Stahl / corrosion protection for steel 110 ff.
Korrosionsschutz, aktiv / active corrosion protection 109
Korrosionsschutz, kathodischer / cathodic corrosion protection 124
Korrosionsschutz, passiv / passive corrosion protection 109
Korrosionsschutzgerechtes Gestalten / designing against corrosion 122 f.
Korrosionsverhalten von Aluminium / corrosion behaviour of aluminium 116
Korrosionsverhalten von Stahl / corrosion behaviour of steel 110
Kraft-Verlängerungs-Diagramm / impact extension diagram 134
Kräfteparallelogramm / parallelogram of forces 203
Kraftschlüssige Verbindung / force closure 196
Kraftschlüssiger Antrieb / drive actuated by adherence 191
Kraftzerlegung / resolution of a force 203
Kragtreppe / hanging stairs 431
Krane / cranes 207
Kranführer / crane driver 208
Kreissäge / circular saw 77 ff.
Kreissäge, handgeführt / circular saw, hand-operated 34
Kreissäge, Metall / metal circular saw 169
Kreissägen / circular sawing 32
Kreissägen für Metall / circular saw for metal 77 ff.
Kreisschere / circle-cutting shear 28 f.
Kreuzfalle / cross catch 292
Kunststoffprofil mit Stahlaussteifung / plastic profile with steel stiffing 386
Kupfer / copper 134
Kupplungen / couplings 199
Kurzlichtbogen / short arc 92
Kurzzeichen für Schweißverfahren / short signs for welding processes 95

L

L-Bock / L-rack 304 ff.
Laborprüfverfahren / laboratory testing procedures 154 f.

Lacke / lacquers 114 f.
Lackieren / lacquering 110, 114
Ladungssicherung / load securing 306 ff.
Lagefixierung / fixing 175
Lager, fest / fixed bearing 356 f.
Lagerarten / types of bearings 266
Lagerdemontage / disassembling of bearing 184
Lagerschuhe, Befestigen / bearing shoes, fastening 379
Lagesicherung von Bauteilen / safety devices for components 183
Längenbezogene Masse / mass-per-unit length 73
Laserstrahlschneiden / laser beam cutting 35
Lastaufnahmeart / load handling type 202
Lastaufnahmeeinrichtung / load handling equipment 201
Lastaufnahmemittel / load handling device 201
Lasten heben / lifting of loads 201 ff.
Lastenverteilung / load distribution 314
Lasthaken / lifting hook 206
Lauflinie / walking line 399 ff.
Legierter Baustahl / alloyed structural steel 94
Lehrsatz des Pythagoras / theorem of Pythagoras 416
Leistungsverzeichnis / contract document 321
Leistungsverzeichnis, Stahltreppe / contract specification, steel stairs 398
Leiter / ladder 449
Leiterbauweise / ladder construction 357
Leitern / ladders 449
Lichtbogenhandschweißen / manual arc welding 97 ff.
Liegefalz / horizontal seam 62
Lochstanzen / hole stamping 30
Losdrehsicherung / locking device against loosening 175
Loslager / loose bearing 266, 356 f., 392
Luftkanten / free-bending 43

M

MAG-Schweißen / metal active gas welding 90 ff., 298
Magazinschrauber / magazine-screwdriver 301
Magnetbohrmaschine / magnet power drill 408 f.
Magnetischer Streufluss / magnetic leakage flux 106
Magnetprobe / magnet test 147
Magnetpulverprüfung / magnetic particle testing 106
MAK-Werte / maximum working-site concentration 211
Maßaufnahme / determination of dimensions 280 f.
Maßaufnahme, Datenblatt / data sheet for determination of dimensions 132
Maßaufnahme, Treppe / determination of dimensions, stairs 426 f.
Masse, längenbezogene / mass-per-unit length 73
Massenberechnung / mass calculation 18 f. , 73
Maßprüfung / gauging 177
Maurermeißel / mason chisel 145 ff.
Maximale Arbeitsplatzkonzentrationen / MAK-Werte / maximum working-site concentration 211
Mechanische Lagermontage / mechanical bearing assembly 180
Mehrfeldsystem / multiple-span system 366
Meißel / chisel 145 ff.
Messschlüssel / gauging key 295
Metall-Aktivgasschweißen (MAG) / metal active gas welding 90 ff.
Metall-Inertgasschweißen (MIG) / shielded inert-gas metal arc welding 54 ff.
Metallbandsägen / metal band saws 75 ff.
Metallkreissäge / metal circular saw 77 ff. , 169
Meterriss / reference for level difference 257, 280 f.
MIG-Schweißen / shielded inert-gas metal arc welding 54 f.
Mindestbiegeradius / minimum bending radius 42, 138
Mindestforderung / minimum requirement 160
Mindestzugfestigkeit / minimum tensile strength 135
Mischgas / mixed gas 94
Mischgaseigenschaften / mixed gas characters 91
Mittelblech / sheet 14
Mittenverglasung / middle glazing 285
Mobile Brennschneidmaschinen / mobile oxygen cutting machine 84
Modul / module 189
Montage / assembling 164
Montage der Torführung / assembling the gate guide way 176 ff.

Montage von Passfederverbindungen / assembling parallel key joint 198
Montageablauf / assembling sequence 164
Montageeinrichtungen / mounting devices 260
Montagereihenfolge Treppenstufen / mounting sequence of stairs 423
Montageriegel / assembling cross-bar 358 ff.
Montagestufen / assembling levels 164
Montagetätigkeiten / assembling actions 164
Montagevorbereitung / assembling preparation 165
Montagezange für Sicherungsringe / retaining ring pliers 183
Montieren der Stahlbaukonstruktion / mounting steel construction 256
Mörtelpatrone / grout cartridge 380 f.
Motor, Drehstrom / three-phase a.c. motor 187
Motor, Gleichstrom / direct current motor 187
Multisägen / multisaws 33

N

Nachbehandeln von Schweißnähten / finishing treatment of weld seams 93, 96
Nahtaufbau / seam structure 92
Nahtlose Halbzeuge / seamless semi-finished products 136
Nahtquerschnittsfläche / seam section 227
Nahtverzug / seam distortion 93
Nahtvolumen / seam volume 227
Nebentätigkeiten / sideline job 164
Nibbeln / nibbling 30 f.
NICHT-Verknüpfung / NOT-interconnection 328 f.
Nichtmetallische Schutzschichten / non-metallic protective coating 114 f.
Nichtrostender Stahl, Bleche / sheet of stainless steel 16
Niederzurren / down-lashing 308
Nietauswahl / choice of rivets 64
Nieten / riveting 61 ff., 65 f.
Nietverbindungen / riveted joints 65 f.
Nivelliergerät / leveller 281

O

O-Ringe / O-rings 182
Oberflächenprüfung / surface inspection 177
Obentürschließer / top-mounted door closer 287 f.
Oberwange / upper beam 40
ODER-Verknüpfung / OR-interconnection 328 f.
Öffnungsart, Fenster / opening operation, window 344
Öffnungsdämpfung / opening attenuation 318
Öffnungsrichtung, Fenster / opening direction, window 344
Opferanode / galvanic anode 124

P

Passfederformen / parallel key types 198
Passfedermontage / parallel key assembling 198
Passfederverbindung / parallel key joint 197
Passfederverbindungen montieren / assembling parallel key joint 198
Passfederverbindungen, Flächenpressung / parallel key joints, surface pressure 197
Passiver Korrosionsschutz / passive corrosion protection 109
Passivschicht / passive layer 119
Pfetten / purlins 271 ff.
Pfettenbefestigungen, typisierte / standardized purlin fasteners 253
Pfettenprofile / purlin sections 271
Pfettenschuh / purlin shoe 272
Pfosten / post 336 ff.
Pfosten-Riegel-Fassade / post-and-cross-bar facade 336 ff.
Pfostenprofil / post section 337 ff.
Picking-Pistole / picking pistol 295
Planschleifen / face grinding 172
Planschleifen von Schweißnähten / face grinding of welded joints 172
Plasmaschneiden / plasma cutting 35 f.
Podeste aus Gitterrosten / stair heads made of grates 402 ff.
Poldihammer / Poldi hardness tester 153
Polieren / polishing 960,12
Portalkran / portal crane 207
Prägen / press forming 44
Pressklemme / ferrule 205
Pressroste / press gratings 404
Pressstanzen / stamping 345 f.
Pressverbindung / compression joint 196
Prismatische Körper abwickeln / development drawing of cylindrical bodies 23
Profilbearbeitungszentrum, CNC / CNC profile machining centre 224
Profile / sections 72 ff.
Profile schweißen / welding sections 88 ff.

Profile spannen / clamping sections 75 ff.
Profile trennen / cutting sections 74 ff.
Profile, I / I-sections 223
Profilieren / profiling 45
Profilstahlschere / iron section working machine 86
Profilwerkstoffe auswählen / selecting profile material 385 f.
Profilzylinder / profile cylinder 294 ff.
Prüfen / testing 164
Prüfen der Schlaghärte / impact hardness test 153 f.
Prüfverfahren / method of test 147
Pulverbeschichten / powder coating 115
Punkthalter / point holding device 392
Punkthalterbefestigung / point holding device 392
Punktschweißen / spot welding 56
Pyramidenförmige Körper abwickeln / development drawing of pyramidal bodies 24
Pythagoras / theorem of Pythagoras 416

R

Rahmen montieren / mounting frame 316
Rahmenarten / types of frames 230
Rahmenbauweise / frame construction 229
Rahmenprofile / frame sections 297, 282 f.
Rahmenstütze herstellen / producing frame stanchion 229 ff.
Rahmenstütze, Stückliste / frame stanchion, list of parts 230
Rahmenstützenfuß / frame stanchion foot 232
Rahmenstützenkopf fertigen / producing frame stanchion head 231
Rahmenstützenschaft fertigen / producing frame stanchion shaft 232
Rahmenteile, Fügen / frame elements, jointing 298
Rahmenträger herstellen / producing frame girder 240 ff.
RAL-Farbtonkarten / RAL colour cards 177
Randabstand / edge distance 377
Randversteifungen / edge strengtheners 46 ff.
Rauchschaltzentrale / smoke-sensitive fire-detection system 318
Rechtsvorschriften im Treppenbau / legal regulations for stairs construction 401
Reff / rack 313
Regelungseinheiten / closed-loop control units 163
Reinigungsmittel kennzeichnen / marking cleaning supplies 211
Reinwasserschneiden / screened water cutting 37
Rekristallisationsglühen / recrystallisation annealing 136
Rekristallisationstemperatur / recrystallisation temperature 136
Relais / relay 328
Repassivierung / repassivation 116
Richten / straightening 100 ff.
Richten mit Wärmekeilen / straightening with thermal wedge 101
Richten, kalt / cold straightening 100
Richtpresse / straightening press 100
Riegel / cross-bar 336 ff.
Riegelprofil / cross-bar section 337 ff.
Riemengetriebe / belt drive 191, 195
Riemenvorspannung / belt preload 192
Riffelblech / channelled sheet 15
Rillenkugellager mit Dichtscheiben / deep-groove ball bearing with stationary seal ring 180
Rillenkugellager / deep-grove ball bearing 179 f.
Rockwell, Härteprüfung / Rockwell hardness test 155
Rohlänge berechnen / calculating base length 141
Rohrausklinker / notching machine for tubes 419
Rohrausschleifer / grinding machine for tubes 420
Rohre, Spannvorrichtung für / clamping device for tubes 410
Rohrenden ausklinken / notching of tube ends 418 f.
Rohrrahmen-Einsteckschloss / mortise lock for tube frame 293
Rollenfalle / roll catch 292
Rollenketten / roller chains 193 f.
Rollenlager / roller bearing 266
Rollgerüst / mobile scaffold 260
Rollnahtschweißen / seam welding 56
RP-Profil / RP-profile 297
Rundbiegemaschine / circular bending machine 137
Rundbiegen / circular bending 137
Rundschlinge / circular loop 202
Rutschhemmung bei Treppen / slip resistance at stairs 405

S

Säbelsägen / sabre saw 33
Sägebänder / saw bands 76
Sägebandgeometrie / geometry of a saw band 76
Sägeblatt aus Bimetall / saw blade of bi-metal 33
Sägeblätter / saw blades 78
Sägeblattformen / types of saw blades 33
Sägen / sawing 32 ff., 75 ff.
Sägen, Ausklinkung / sawing notch 338
Sandwichelemente / sandwich elements 273
Sattelllager / saddle bearing 266
Schablone, verstellbar / adjustable form plate 132
Schadensanalyse / damage analysis 458
Schadensfall / event of damage 450
Schäkel / shackle 206
Schaleisen / flat scraper 63
Schalter / switches 326
Schaltungen / circuits 328 f.
Schattierungssystem auswählen / selecting shading systems 389 ff.
Scheibenfeder / woodruff key 197
Scheibenkupplung / disc coupling 199
Scher-Lochleibungs-Schraubenverbindungen / shearing bearing stress connections 261
Scher-Lochleibungs-Verbindungen / shearing bearing stress joint 258 f.
Scheren / shearing 86
Scherschneiden / shear cutting 26 ff.
Scherspalt / shear gap 27
Schiebetor / sliding gate 160 ff.
Schiebetormontage / assembling the slide gate 166
Schierstoffe, Umgang mit / lubricants, handling 449
Schnittgeschwindigkeit, Berechnung / calculation of cutting speed 80
Schlagbohren / percussion drilling 372
Schlagbohrschrauber / percussion drill screwdriver 264
Schlaghärteprüfung / impact hardness test 153 f.
Schlagschere / gate shears 222
Schlauchwaage / water level 281
Schleifen / grinding 79 ff., 96, 119
Schleifen, Arbeitsregeln / work rules for grinding 96
Schleifen, plan / face grinding 172
Schleifmaschine / grinding machine 169
Schließbeschläge / locking hardware 289 ff.
Schließbeschläge montieren / mounting locking hardware 319
Schließgeschwindigkeit / closing speed 317
Schließkraft / closing force 317
Schließverzögerung / closing delay 317
Schließwerke / lock systems 293 ff.
Schlitzschere / slit-cutting shear 28
Schloss, zweitourig / double-turn lock 290
Schlossfalle / lock catch 292
Schlüssel / key 293
Schmelzschneiden / fusion cutting 36
Schmieden / forging 149 ff.
Schmiedetemperatur / forging temperature 151
Schmiedezangen / forging tongs 149
Schmiege / bevel 408
Schmierstoffe / lubricants 449
Schneckengetriebe / worm gear 190, 195
Schneckenrad / worm wheel 190
Schneidbrenner / cutting torch 82
Schneiden / cutting 26
Schneiden mit Wasserstrahl / water jet cutting 37
Schneiden, drücken / pressurised cutting 26
Schneiden, ziehend / pull cutting 26
Schneidfehler / cutting defects 85
Schneidsauerstoff / cutting oxygen 82
Schneidsauerstoffventil / cutting oxygen valve 83
Schneidschraube / self-cutting screw 270
Schneidspalt / cutting clearance 27
Schnitt ziehend / pulling cut 31
Schnitt, stoßend / pushing cut 31
Schnittgeschwindigkeit / cutting speed 79 f.
Schnitttiefen beim Wasserstrahlschneiden / depth by water jet cutting 37
Schnürgang / tying course 202
Schrägzurren / tilted lashing 308
Schrauben / screws 58 ff.
Schraubenbock / screw support 209
Schraubensicherungen / bolt lock 175
Schraubenverbindung dimensionieren / dimensioning of bolted connections 265
Schraubenverbindung, gleitfest-vorgespannte / slide-proof prestressed bolted connections 265
Schraubenverbindungen / bolted connections 173
Schraubenverbindungen sichern / locking bolted connections 175

Schraubenverbindungen, Dimensionierung / dimensioning of bolted connections 261, 265
Schrauber / screwdriver 301
Schutzgas / shielding gas 94
Schutzgasschweißen / shielded welding 54 ff.
Schutzgläser, Schutzstufen / protection grade for lenses 101
Schutzschichten, nichtmetallische / non-metallic protective coating 114 f.
Schutzstufe / protection grade 102
Schutzstufen für Schutzgläser / protection grade for lenses 101
Schweißen / welding 52 f., 88 ff., 170 ff. 298, 407
Schweißen von Profilen / welding sections 88 ff.
Schweißen, Arbeitsposition / work position when welding 100
Schweißen, Arbeitssicherheit / safety at work when welding 102 f.
Schweißen, Augenschutz / welding, eye protection 101
Schweißen, Betriebsanweisung / instruction manual for welding 102 f.
Schweißen, Decklage / welding final pass 93
Schweißen, Fülllage / welding filler bead 93
Schweißen, Wurzellage / welding root layer 92
Schweißen, Wurzelschutz / welding, gas backing 94
Schweißfolge / welding sequence 411
Schweißfolgeplan / welding sequence plan 97 ff., 178
Schweißgase / welding gases 170
Schweißinformationen / weld information 51
Schweißkantenformer / welding edge moulder 89, 407
Schweißnahtaufbau / weld seam structure 92
Schweißnahtberechnung / calculation of welds 228
Schweißnähte beizen / acid cleaning of welding seams 96
Schweißnähte bewerten / evaluation of welded joints 104 ff.
Schweißnähte nachbehandeln / finishing treatment of weld seams 93, 96
Schweißnähte, Fehlerarten / types of failures by welded seams 104
Schweißnahtfehler / weld defects 104
Schweißnahtlänge / weld seam length 228
Schweißnahtlehre / weld seam gauge 105
Schweißnahtnachbehandlung / post weld treatment 93
Schweißnahtvorbereitung / weld preparation 89 ff., 169
Schweißpressroste / welded press grids 402 ff.
Schweißspalt / weld gap 90
Schweißstromquelle / power supply for welding 92
Schweißverbindung / welded joint 226
Schweißverbindungen im Stahlhochbau / steel structural engineering welded joints 226
Schweißverfahren, Kurzzeichen / short signs for welding processes 95
Schweißzusatzstoffe / filler material for welding 170
Schwenkbiegen / swing bending 40 ff.
Schwenkkran / swing crane 207
Schwerlastanker / stud bolt 373
Schwerlastanker Chemie / heavy load fastenings, chemistry 382
Schwerlastbefestigungen, Chemie / heavy load fastenings, chemistry 380 ff.
Schwerlastbefestigungen, Stahl / heavy load fastenings, steel 373 ff.
Schwerlastdübel / heavy-duty dowel 423
Segmentsägeblätter / segment saw blades 78
Seilendverbindung / cable end-connection 205
Seilzug / winch traction 207
Selbstbohrschrauber / screw driller 301
Selbsthemmung / self-retention 190
Sensoren / sensors 318
Setzsicherung / locking device against deformation 175
Setzwerkzeug für Bolzenanker / mounting tool for stud bolt anchor 378
Sicherheitseinrichtungen / safety devices 190, 454
Sicherheitseinrichtungen inspizieren / inspecting safety devices 454
Sicherheitsglas / safety glass 285
Sicherheitsmaßnahmen / safety measures 448
Sicherheitsratschläge / safety advices 211
Sichern von Schraubenverbindungen / locking bolted connections 175
Sicherung, Ladung / load securing 306 ff.
Sicherungsgurt / retaining belt 260
Sicherungsmutter / retaining nuts 259
Sicherungsring / retaining ring 183
Sicherungsscheiben / retaining washers 183

Sichtprüfung / visual testing 177
Sichtprüfung von Schweißnähten / visual testing of weld seam 105
Sicken / beading 45 f.
Sickenmaschine / beading machine 46
Sickenstock / beading stand 46
Sickenwalzen / beading rolls 45
Skizze / sketch 133, 282
SLP-Verbindung / SLP connections 259
SLV-Verbindung / SLV connections 259
SLVP-Verbindung / SLVP connections 259
Soll-Zustand herstellen / detecting target state 451
Sonnenschutz / sunblind 385, 390 f.
Sonnenschutzsystem auswählen / selecting sunblind system 389 f.
Spaltkorrosion / crevice corrosion 110
Spannelemente / clamping elements 198
Spannelementverbindung / clamping element joint 198
Spannen von Profilen / clamping sections 75 f.
Spannung-Dehnungs-Diagramm / stress-strain diagram 135
Spannungsreihe, elektrochemische / electro-chemical series 116 f.
Spannvorrichtung für Rohre / clamping device for tubes 410
Sperrfalle / block catch 292
Spindeltreppe / spiral stairs 430
Splint / split pin 183
Sprühlichtbogen / spray arc 93
Stababstand / distance of bars 168
Stabbauweise / bar construction 359
Stabelektrode, Bezeichnung / rod electrode, designation 97
Stabelektrode, umhüllt / covered rod electrode 97
Stabelektroden, Umhüllungstypen / cover types of rod electrodes 98
Stablänge / bar length 247
Stahl / steel 134
Stahl, Flacherzeugnisse / flat products of steel 14 ff.
Stahl, Korrosionsschutz / steel, corrosion protection 110 ff.
Stahl, Korrosionsverhalten / corrosion behaviour of steel 110
Stahlaussteifung / steel stiffing 386
Stahlbaukonstruktion montieren / mounting steel construction 256
Stahldrahtseile / steel wire cables 205
Stahldrahtseilkennzeichnung / identification of steel wire cable 205
Stahlhochbau, Schweißverbindungen / steel structural engineering welded joints 226
Stahlhochbau, Stoßarten / type of joints in steel structural engineering 227
Stahlprofile / steel sections 72 ff.
Stahlprofile bezeichnen / designating of steel sections 72
Stahltreppe / steel stairs 398 ff.
Stahltreppe abnehmen / factory acceptance test of the steel stairs 424 f.
Stahltreppe montieren / mounting steel stairs 423 ff.
Stahltreppe, gerade / straight steel stairs 398 ff.
Stahltreppe, Leistungsverzeichnis / steel stairs, contract specification 398
Standardisierte Tafelgrößen / standardized plate 14
Stanze / die cutter 222
Stationäre Brennschneidmaschinen / stationary oxygen cutting machine 85
Stegblechträger / web plate girder 245
Stegblechträger / web girder 245
Stehfalz / standing seam 62
Steifen / stiffeners 225
Steigung berechnen / calculating the slope 429
Steigungslinie / slope line 399 ff.
Steigungswinkel / gradient angle 132
Steuerung / control 326
Steuerungs- und Regelungseinheit / control and closed-loop control unit 163
Steuerungseinheiten / control units 163
Stichsägen / pad saw 32 f.
Stirnplatte / faceplate 222
Stirnplattenanschluss / faceplate connection 239 ff.
Stirnplattenanschlüsse, typisierte / standardized faceplate connection 241
Stofffluss / material flow 162
Stoßarten im Stahlhochbau / type of joints in steel structural engineering 227
Stoßender Schnitt / pushing cut 31
Strahlen / blast cleaning 119
Strahlenschutz / radiation protection 107
Straßenverkehr, öffentlich / public traffic 303

Streben / braces 216, 243
Streben herstellen / producing braces 251
Streben montieren / mounting braces 268
Streckgrenze / yield point 135
Stromlaufplan / circuit diagram 329 f.
Stromquelle beim Schweißen / power supply for welding 92
Stückliste / parts list 167
Stückliste, Rahmenstütze / list of parts, frame stanchion 230
Stufen fertigen / producing treads 440
Stufen, verziehen von / balancing treads 432
Stufenmontage / tread mounting 442
Stufenmontage, verdeckte / tread mounting, subsurface 442
Stufenverschmälerung / tread tapering 432
Stufenverziehen / tread balancing 438
Stumpfnähte, Fugenformen / edge form of butt welds 227
Stütz- und Trageinheit / supports and brackets 163
Stützeinheiten / supports 163
Stützen / props 219 ff.
Stützen montieren / mounting props 255 f.
Stützen schweißen / welding pillars 226
Stützenfuß / prop foot 224
Stützenfuß fertigen / producing prop foot 224 f.
Stützenkopf / prop head 221
Stützenkopf fertigen / producing prop head 221 f.
Stützenprofile / prop sections 223
Stützenschaft / prop shaft 223
Stützenschaft fertigen / producing prop shaft 223

T

T-Verbinder / T-jointer 358
T-Verbindung / T-joint 338 ff.
Tafelgrößen, standardisiert / standardized plate 14
Tafelschere / guillotine shear 27
Temperatur für das Warmumformen / temperature for thermoforming 142
Temperaturstift / temperature stick 152
Termin- und Ablaufplan / schedule and operation chart 217 f.
Thermische Trennung / thermal break 386
Tiefziehen / deep drawing 48
Tor, Drehflügel / deep drawing 320
Toranlage / gate system 322 ff.
Toranlage montieren / mounting gate system 323
Torantrieb anschließen / connecting gate drive 323 ff.
Torantrieb einstellen / setting gate drive 323 ff.
Torantrieb / gate drive system 187, 317 ff.
Toraufbau / gate assembly 161
Torband / gate hinge 323
Tore / gates 320 ff.
Torflügel montieren / mounting gate leaves 323
Torführung / gate guide way 176 ff.
Torlagerung / gate bearing 178
Torpfosten montieren / mounting gatepost 323
Torrahmen herstellen / producing the gate frame 166
Torsteuerung, elektrisch / electrical gate control 326 ff.
Torsystem / gate system 320 ff.
Torsystem auswählen / selecting gate system 320 ff.
Trageinheiten / carriers complete 163
Trageinrichtung / bearing device 216
Trageinrichtung herstellen / producing bearing device 252
Trageinrichtung montieren / mounting bearing device 268
Träger / girder 216
Träger herstellen / producing girders 236 ff.
Träger montieren / mounting girders 262 f.
Trägeranschluss / girder end fitting 221
Trägeranschlüsse, typisierte gelenkige / girder end fittings, standardized 239
Trägerauflager / girder support 266
Trägerbauformen / structural form of girders 245 ff.
Trägerdurchbiegung / girder deflexion under load 266
Trägerstöße, geschraubt / bolted girder joints 244
Trägerstöße, geschweißt / welded girder joints 244
Tragfähigkeit / lifting capacity 202
Tragfähigkeitstabelle / lifting capacity table 204
Tragmittel / carry devices 206
Tragwerke / supporting structures 430, 436
Tränenblech / raised pattern plate 15
Transformator / transformer 57
Transport, Grundregeln / transport, basic rules 303
Transportieren / transporting 303 ff.
Transportsicherung / transport securing 306 ff.

Transportsystem, auswählen / selecting transport system 304
Trapezblech / trapezoidal sheet 269
Traufriegel / eaves tie bar 216
Traverse / cross-beam 206
Trennen / cutting 35 ff., 74 ff.
Trennen durch Abtragen / cutting by removal operations 35 ff.
Trennen von Blechen / cutting sheet 21 ff.
Trennschleifmaschinen / abrasive cutting machines 79 f.
Trennschleifscheibe / abrasive cutting-off wheel 80 f.
Trennstemmer / parting chisel 146
Trennung, thermische / thermal break 386
Treppe montieren / mounting stairs 442 f.
Treppe, freitragend / stairs, self supporting 431
Treppe, gewendelt / helical stairs 426 ff.
Treppe, Grundmaße / stairs, basic measurements 429 ff.
Treppe, halbgewendelte, planen / planning half helical stairs 438
Treppen / stairs 396 ff.
Treppen, Rutschhemmung / stairs, slip resistance 405
Treppen, Verkehrslasten / stairs, traffic loads 413
Treppenausführungen / types of stairs 406
Treppenbau, Grundbegriffe / stairs construction, basic terms 399
Treppenbau, Grundmaße / stairs construction, basic dimensions 429
Treppenbau, Rechtsvorschriften / stairs construction, legal regulations 401
Treppenbau, Regeln / stairs construction, rules 428
Treppenbauarten / stair designs 430
Treppengeländer / banisters 413 ff.
Treppengeländer, Anforderungen / banisters, requirements 414
Treppenstufen, Montagereihenfolge / stairs, mounting sequence 423
Treppentragwerk planen / planning supporting structure for stairs 436 ff.
Trittstufen / stair treads 403
Trittstufen aus Gitterrosten / stair treads made of grates 402
Trittstufen, verziehen von / balancing treads 432
Trittstufenbeläge auswählen / selecting stair treads flooring 405
Türanlage montieren / mounting door system 316 ff.
Türanlage, Endkontrolle / door system, final check 319
Türantrieb / door drive 289
Türantrieb montieren / mounting door drive 318
Türbänder / hinges for doors 286
Türdrücker / door handles 289
Türelemente / door elements 282
Türelemente fertigen / producing door elements 297
Türen herstellen / producing doors 280 ff.
Türfüllung / door panel 284
Türknauf / doorknob 289
Türknopf / doorknob 289
Türöffner, elektrisch / electrical door opener 292
Türrahmen montieren / mounting door frame 316
Türschließer / door closer 287 f.
Türschließer einstellen / setting door closer 317
Türschließer montieren / mounting door closer 317
Türschloss / door lock 290 ff.
Türschloss einbauen / inserting door lock 299 f.
Türschloss montieren / mounting door lock 316
Typisierte gelenkige Trägeranschlüsse / girder end fittings, standardized 239
Typisierte Pfettenbefestigungen / standardized purlin fasteners 253
Typisierte Stirnplattenanschlüsse / standardized faceplate connections 241
Typisierte Trägeranschlüsse / standardized girder end fittings 239

U

U-Wert / U-value 387 ff.
U-Wertbestimmung / determination of the U-value 388
Ultraschallprüfung / ultrasonic testing 106
Umformbarkeit / plasticity 134
Umformen / forming 39 ff.
Umformen von Blechen / forming of sheets 39 ff.
Umformen, kalt / cold forming 131 ff.
Umformen, warm / hot forming 141 ff.
Umhüllte Stabelektrode / covered rod electrode 97 f.
Umhüllungstypen von Stabelektroden / cover types of rod electrodes 98 f.

Umweltschutz / environment protection 211
UND-Verknüpfung / AND-interconnection 328
Ungedämmte Fassade / no insulated facade 275
Universal-Schwenkbiegemaschine / universal swing bending machine 41
Unterlegscheibe mit Fase / flat washer with bezel 262
Unterwange / lower beam 40

V

Ver- und Entsorgungseinheit / supply and disposal unit 163
Verbessern / improving 458
Verbindung, kraftschlüssig / force closure 196
Verbindung, Welle-Nabe / shaft- hub-connection 196
Verbindungen mit Schrauben / bolted connections 173
Verbrennungstemperatur / combustion temperature 82
Verbundscheiben-Sicherheitsglas / laminated safety glass 285
Verdeckte Stufenmontage / subsurface tread mounting 442
Verglasung / glazing 285
Verglasung, Einbau / glazing, assembling 300
Verglasungsarten / types of glazing 285
Verglasungsbrücken / glazing bridges 352, 360 f.
Verglasungsbrücken einsetzen / mounting glazing bridges 360
Verglasungsdichtungen / glazing seals 300
Verglasungskeil / glazing chock 354
Vergleichsnormale / reference standard 263
Vergüten / hardening and tempering 151
Verkehrslasten / traffic loads 413
Verkehrslasten, Treppen / traffic loads, stairs 413
Verliersicherung / locking device against losing 175
Verpacken / packaging 310
Verpackungssystem, auswählen / selecting package system 304
Verschleißteile, Abnutzung / abrasion of wear parts 450 f.
Versorgungseinheiten / supply units 163
Verstellbare Schablone / adjustable form plate 132
Verziehen von Trittstufen / balancing treads 432
Verzinken / zinc coating 111 ff.
Verzinken, galvanisch / zinc coating, electro-plated 113
Verzinken, kalt / cold zinc coating 114
Verzundern / oxidation 142
Vickers, Härteprüfung / Vickers hardness test 155
Vollprofilträger / solid profile girder 236
Vollstahlsägeblätter / steel saw blades 78
Volumen / volume 73
Volumenberechnung / volume calculation 18 f.
Vorbereiten von Schweißnähten / weld preparation 89 ff.
Vorrichtungen zum Biegen / devices for bending 143
Vorschub / feed rate 79 f.
Vorspannkraft / prestress force 173
Vorsteckmontage / front-feed mounting 373, 375

W

Wabenträger / honeycomb girder 245
Wälzlager / rolling bearing 179
Wandriegel / bay rail 216
Wandverkleidung herstellen / producing wall covering 273 f.
Wandverkleidung montieren / mounting wall covering 273 f.
Wange konstruieren / constructing stringers 439
Wangen fertigen / producing stringers 406 ff.
Wangentreppe / string stairs 431
Wärmebehandlung / heat treatment 151
Wärmedämmstoffe / thermal insulation materials 367
Wärmedämmung / thermal insulation 368
Wärmedurchgangskoeffizient U / thermal transmission coefficient U 387 ff.
Wärmekeile zum Richten / thermal wedge for straightening 101
Wärmeofen / thermal stove 150
Wärmeschutz / thermal insulation 367, 385
Warmfassade / warm-facade 274
Warmgewalzte Bänder / hot-rolled bands 15
Warmgewalzte Bleche / hot-rolled sheets 15
Warmgewalzte Halbzeuge / hot-rolled semi-finished products 136
Warmumformen / hot forming 141 ff.
Warmumformen, Temperatur / temperature for thermoforming 142
Warten / maintenance 448 ff.

Wartungstätigkeiten / maintenance work 450
Wasserstrahlschneiden / water jet cutting 37
Wasserstrahlschneiden, Schnitttiefen / water jet cutting, cutting depth 37
Wechselstrommotor, / alternating current motor 187
Weißblech / tin sheet 16
Wellen-Naben-Verbindung / shaft- hub-connection 196
Wendeltreppe / helical stairs 430
Werkstattfertigung / shop fabrication 218
Werkstattprüfverfahren / workshop testing procedures 147
Werkstoffe / materials 134 ff., 142
Werkstoffprüfung, zerstörungsfrei / non-destructive testing of materials 105 ff.
Werkzeuge, Drehmoment / tools, torque 174
Widerstandspressschweißen / pressure resistance welding 56
WIG-Schweißen / tungsten inert-gas welding 55
Windverband / wind bracing element 216, 243, 249 ff.
Windverbände herstellen / producing wind bracings 249 f.
Windverbände montieren / mounting wind bracings 258 ff.
Winkelanschluss / angle connection 239
Winkelfunktionen / trigonometric functions 417
Winkelpolierer / angle polishing machine 96
Winkelprüfkopf / angle probe 107
Winkelschleifer / angle grinding machine 89
Winkelschleifmaschinen / angle grinding machines 80
Winkelstehfalz / angular standing seam 62
Wohnhaustreppe / stairs for a residential building 426 ff.
Wohnhaustreppe, gewendelt / helical stairs for a residential building 426 ff.
Wolfram-Inertgasschweißen (WIG) / tungsten inert-gas welding 55
Wulst / bead 46
Wurzellage / root layer 92
Wurzellage schweißen / welding root layer 92
Wurzelschutz beim Schweißen / gas backing on welding 94

Z

Zahnformen / tooth form 78
Zahnradabmessungen / gear dimensions 189
Zahnradgetriebe / gear drive 188 f., 195
Zahnradgetriebe, Drehmoment / gear drive, torque 195
Zahnriemengetriebe / toothed belt drive 191
Zahnriemenprofile / toothed belt contour 192
Zahnstangengetriebe / gear rack drive 195
Zahnstangenwinde / rack-and-lever jack 209
Zahnteilung / tooth spacing 79
Zaunsystem montieren / mounting fence 331
Zaunsysteme / fence systems 331 f.
Zentrierstift / centre pin 442
Zerstörungsfreie Werkstoffprüfung / non-destructive testing of materials 105 ff.
Ziehender Schnitt / pulling cut 31
Ziehendes Schneiden / pull cutting 26
Zinkausläufe ausklinken / notching zinc outfalls 421
Zugversuch / tensile test 135
Zulage beim Schwenkbiegen / shim for swing bending 41
Zurrarten / types of lashing 308
Zurrgurt / tie-down strap 306
Zurrkette / lash chain 307
Zusatzstoffe zum Schweißen / filler material for welding 170
Zusatzwerkstoff / filler material 91, 95, 97
Zuschnitt / blank 169
Zuschnittbreite / blank width 44
Zuschnittliste / blank list 167 f., 336
Zuschnittliste für Holme / blank list tread support 440
Zuschnittliste Geländer / blank list banister 415
Zweitouriges Schloss / double-turn lock 290
Zylinderschloss / cylinder lock 294 ff.
Zylindrische Körper abwickeln / development drawing of cylindrical bodies 25

ABUS / August Bremicker Söhne KG, Wetter: 294, 295, 296.

Almi Machinefabriek, Vriezenveen: 419, 420.

AS-Torantriebe Schmid Alexander, Waldstetten: 325.

August Rüggeberg GmbH & Co. KG, Marienheide: 81.

BC GmbH Verlags- und Medien-, Forschungs- und Beratungsgesellschaft, Ingelheim: 211.

BDS Maschinen GmbH, Mönchengladbach: 407, 408, 410.

Berufsgenossenschaft Holz und Metall, Mainz-Weisenau: 449.

Beuth Verlag GmbH, Berlin: 263.

BEYER-Mietservice KG, Roth - Heckenhof: 260.

C. & E. FEIN GmbH, Schwäbisch Gmünd-Bargau: 96, 301.

Carl Cloos Schweißtechnik GmbH, Haiger: 92.

Crawford hafa GmbH, Wennigsen: 451, 453.

Dahlke, Martin, Gehrden / Leveste: 281, 317, 318, 323, 331.

DALEX Schweißmaschinen GmbH & Co. KG, Wissen/ Sieg: 56.

Demag Cranes & Components GmbH, Wetter: 207.

Druwe & Polastri, Cremlingen/Weddel: 327.

DUSAR Kunststoff- und Metallwaren GmbH, Anhausen: 134.

ESAB Welding & Cutting GmbH / Zweigstelle Langenfeld (Schweißtechnik), Langenfeld: 102.

Fischerwerke GmbH & Co. KG, Waldachtal: 374, 375, 376, 379, 382.

Gebr. Schröder GmbH, Kiel: 301.

Gedore Tool Center GmbH & Co. KG, Remscheid: 174.

GEZE GmbH, Leonberg: 288.

Gieseke, Friedrich-Wilhelm, Burgdorf: 170, 171, 172, 176, 177, 187, 198, 225, 262, 270, 275, 326.

GRAITEC GmbH, Essen: 437.

Handelsagentur Baxmeier, Dorsten: 169.

Hans Kaltenbach Maschinenfabrik GmbH & Co. KG, Lörrach: 169.

Hebezone GmbH, Hanau: 209.

Hörmann KG Verkaufsgesellschaft, Steinhagen: 158, 162, 191, 193, 198.

HYTORC / Barbarino & Kilp GmbH, Krailling / München: 174.

Kaba GmbH, Dreieich: 319.

KNIPEX-Werk C. Gustav Putsch KG, Wuppertal: 63.

Langanke, Lutz, Hannover: 143, 149, 150, 153, 448, 452, 453.

Linde AG, Pullach: 92, 93, 94.

Masche Metallbau GmbH & Co. KG, Langenhagen: 297, 385.

Maschinenfabrik Herbert Meyer GmbH, Roetz: 224.

Mauer Antriebstechnik oHG, Hamburg: 187.

MEBA Metall- Bandsägemaschinen GmbH, Westerheim: 75.

Messer Cutting Systems GmbH, Groß-Umstadt: 89.

Messer Group GmbH, Bad Soden: 82, 84, 85.

Metabowerke GmbH, Nürtingen: 32, 33, 34, 169.

Multipick-Service, Bonn: 295.

Peddinghaus Anlagen & Maschinen GmbH, Gevelsberg: 222.

Petter, Wolfsburg: 15, 45, 62, 68, 403, 404, 421.

PFEIL MagnetspannTECHNIK GmbH, Mühlacker: 14.

RAS Reinhardt Maschinenbau GmbH, Sindelfingen: 27, 41, 45.

Reichmann & Sohn GmbH, Weißenhorn: 79.

Richter, Mario, Helmstedt: 86, 126, 342, 352, 361, 386, 390, 391.

Robert Bosch GmbH, Gerlingen-Schillerhöhe/ Stuttgart: 33, 34, 80.

S. DUNKES GmbH, Kirchheim unter Teck: 100.

Schlebach Maschinen GmbH, Friedewald: 63.

Schüco International KG, Bielefeld: 337.

sia Abrasives Industries AG, Frauenfeld: 172.

Siemens AG, München: 199, 200.

Sondermaschinen Vertriebs GmbH, Bad-Säckingen: 27, 46.

stock.adobe.com, Dublin: chungking Titel; Dinges, Stephan 332; Gracchus, Tiberius 212; kelifamily 285; Michaylov, Andrei 285; Rokfeler 332; sutichak 134; sveta 16.

STÜRMER Maschinen GmbH, Hallstadt: 29, 41.

Tiedt, Günter, Wunstorf: 147, 151, 152.

TRUMPF GmbH + Co KG, Ditzingen: 89.

Wefringhaus, Klaus, Braunschweig: 17, 43, 58, 61, 70, 93, 99, 100.

wikimedia.commons: 179.

Willi Zimmer Werksvertretungen, Freiberg: 75.

Woelm GmbH, Heiligenhaus: 109, 111, 114, 115, 117, 119, 120, 138, 149, 178, 183, 187, 190.

Wollmann, Carsten, Mehringen, Stadt Aschersleben: 36, 37, 113, 135, 137, 139, 152, 153, 224, 264, 303, 304, 305, 306, 307, 310, 311, 312, 313, 371, 373, 376, 377, 378, 380, 382, 423, 443.

Würth Group, Künzelsau-Gaisbach: 289, 316.

Wir arbeiten sehr sorgfältig daran, für alle verwendeten Abbildungen die Rechteinhaberinnen und Rechteinhaber zu ermitteln. Sollte uns dies im Einzelfall nicht vollständig gelungen sein, werden berechtigte Ansprüche selbstverständlich im Rahmen der üblichen Vereinbarungen abgegolten.

M. Sitzer, H. Steinmetz (Hrsg.)
Neurologie hoch2

Zur hoch2-Reihe gehören

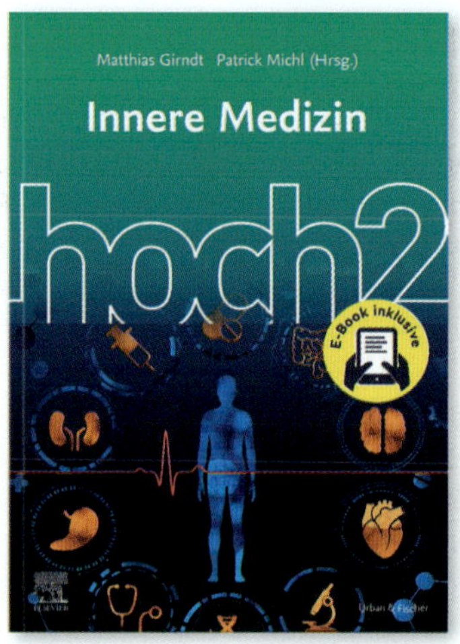

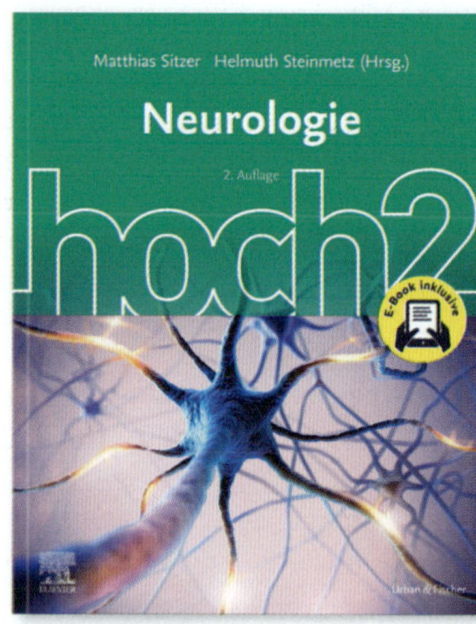